Stephanie Thiel
Olaf Holm
Elisabeth Thomé-Kozmiensky
Daniel Goldmann
Bernd Friedrich

Recycling und Rohstoffe

Band 12

TK

Bibliografische Information der Deutschen Nationalbibliothek

Die Deutsche Nationalbibliothek verzeichnet diese Publikation in der Deutschen Nationalbibliografie; detaillierte bibliografische Daten sind im Internet über http://dnb.dnb.de abrufbar

Stephanie Thiel • Olaf Holm • Elisabeth Thomé-Kozmiensky
Daniel Goldmann • Bernd Friedrich (Hrsg.):
Recycling und Rohstoffe – Band 12

ISBN 978-3-944310-46-6 Thomé-Kozmiensky Verlag GmbH

Verlag: Thomé-Kozmiensky Verlag GmbH • Neuruppin 2019

Redaktion und Lektorat:	Dr.-Ing. Stephanie Thiel, Dr.-Ing. Olaf Holm, Elisabeth Thomé-Kozmiensky, M.Sc.
Erfassung und Layout:	Elisabeth Thomé-Kozmiensky, Claudia Naumann-Deppe, Janin Burbott-Seidel, Ginette Teske, Sarah Pietsch, Roland Richter, Cordula Müller, Gabi Spiegel
Druck:	Beltz Grafische Betriebe GmbH, Bad Langensalza

Inhaltsverzeichnis

Wirtschaft – Strategien – Recht

Metalle

Wirtschaft – Strategie – Recht

Recycling 4.0 – Auf dem Weg zur Digitalisierung der Kreislaufwirtschaft

Daniel Goldmann

Zunehmend komplexere Produkte und damit auch Abfallströme, eine steigende Bedeutung von Abfall als Rohstoffquelle und aufwändigere Prozessketten verlangen die Weiterentwicklung der bisherigen Kreislaufwirtschaft. Höhere Flexibilität bei der Verarbeitung von Abfallströmen und damit verbunden ein schneller und möglichst vollständiger Datensatz an Informationen, der den Fluss von Stoff- und Komponentenströmen begleitet, ist zur Steuerung von technischen sowie Geschäftsprozessen notwendig. Eine effiziente ganzheitliche Steuerung von Recycling- bzw. Verwertungssystemen existiert bis zum heutigen Tage jedoch noch nicht. Dies ist der Tatsache geschuldet, dass erst jetzt einerseits Systemkomplexitäten, die eine entsprechende Steuerung zwingend erfordern und andererseits die Basis für die Schaffung geeigneter Instrumente zu deren Beherrschung gegeben sind.

Durch eine zunehmende Digitalisierung industrieller Prozesse können entlang von Supply Chains große Datenmengen gewonnen werden. Das Potenzial, die gewonnen Daten mit innovativen Auswertungs-, Prognose- und Planungsmethoden bzw. -werkzeugen zu verknüpfen, wird oft im Kontext des Begriffs *Industrie 4.0* genannt. Digitalisierung, eine effektive Informationsbereitstellung und die Verknüpfung der verschiedenen Akteure zu Closed-loop Supply Chains können helfen, die Probleme der Zukunft auch in der Kreislaufwirtschaft anzugehen.

Hierzu sind Potentiale und Systemgrenzen effizienter Recyclingtechnologien und intelligenter Kreislaufwirtschaftsstrukturen auszuloten, die in diesem Rahmen angemessenen Möglichkeiten durch eine Digitalisierung zu charakterisieren und Lösungsansätze zu entwickeln.

1. Potentiale und Systemgrenzen effizienter Recyclingtechnologien und intelligenter Kreislaufwirtschaftsstrukturen

Effiziente Recyclingtechnologien und intelligente Kreislaufwirtschaftsstrukturen haben das Potential, einen wesentlichen Beitrag zur Rohstoffsicherung zu leisten [7]. Deutschland und andere Industrienationen Europas verfügen über hervorragende Voraussetzungen, einen wachsenden Teil ihrer Ressourcensicherung über Maßnahmen des Recyclings zu bewerkstelligen, denn den Nachteilen aus teilweise höheren Lohn- und Sozialkosten sowie Umweltstandards stehen viele Vorteile gegenüber. Dies sind eine hervorragende Verkehrsinfrastruktur und das Vorhandensein kompletter Produktionsketten von der Grundstoffindustrie über Halbzeughersteller bis zum Produkthersteller. Daneben existieren bereits heute effiziente Abfallwirtschaftssysteme, intelligente Recyclingtechnologien und eine Vielzahl von Maschinen- und Anlagenbauern in diesem Bereich. Die erforderlichen Weiterentwicklungen können daher auf hohem Niveau aufsetzen. So ist die Sekundärrohstoffbranche und damit der Entsorgungs- und Recyclingsektor nach Angaben des Instituts der deutschen Wirtschaft in Köln der wachstumsstärkste Wirtschaftssektor in Deutschland. Im Zeitraum von 1995 bis 2009 konnte der Umsatz um 520 % gesteigert werden. Im Jahre 2010 lag der Produktionswert der Sekundärrohstoffe bei etwa 10 Milliarden EUR. Damit stellt die Branche einen Sektor von relevanter volkswirtschaftlicher Bedeutung dar.

Eine zunehmend schwer überschaubare Zahl von Faktoren beeinflusst aber die Recyclingmärkte und erfordert weitergehende Beobachtungs- und Steuerungsmechanismen um betriebs- aber auch volkswirtschaftlich tragfähige Lösungen zu erreichen. Den wachsenden Herausforderungen ist daher auch mit neuen Strategien und Strukturen zu begegnen. Es ist dabei unerlässlich, Annahmen über Rohstoffverbrauch und Rohstoffsicherungskonzepte, globale politische Entwicklungen im Umweltbereich und den Platz, den in diesem Spannungsfeld das Recycling einnimmt, zu treffen und daraus Schlüsse für das eigene Handeln zu ziehen. Methodische Ansätze wie jene der System Dynamics Methode können hier helfen [9, 10, 11].

Bild 1 gibt am Beispiel des Elements Kupfer einen Überblick über Einsatz in Neuprodukten, Bestand und Ausschleusung als End of Life Produkt für alle relevanten Anwendungen.

Mit Hilfe geeigneter System Dynamics Ansätze lassen sich Stock and Flow Systeme berechnen (Bild 2) auf deren Basis übergeordnete Zufluss- und Abflussparameter für ein Kreislaufwirtschaftssystem kalkuliert und als Steuerungsindikatoren eingesetzt werden können.

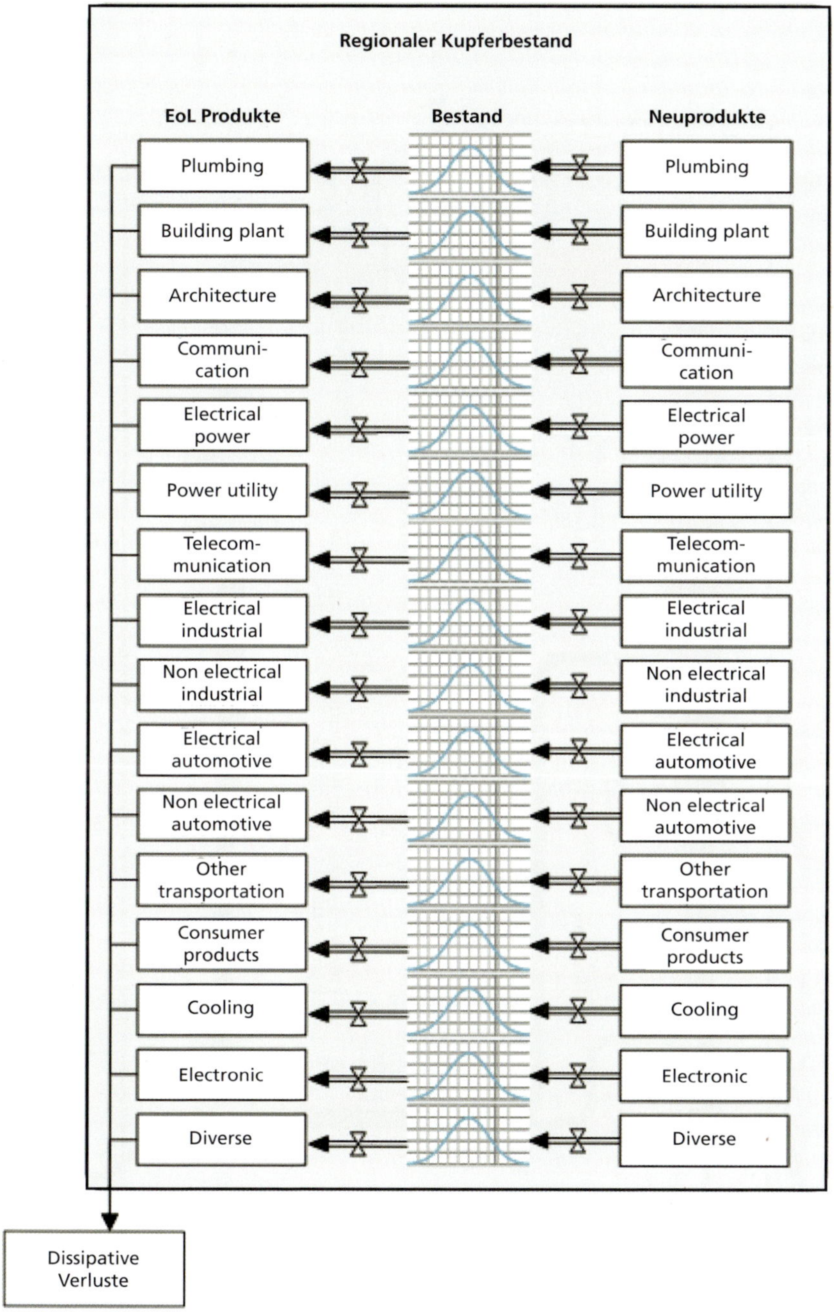

Bild 1: Anthropogener Kupferbestand einer Region unterteilt nach Endprodukten

Quelle: Soulier, M.: Modellierung regionaler Kupferkreisläufe unter Verwendung eines systemdynamischen Ansatzes, Dissertationsschrift, TU Clausthal, 2017

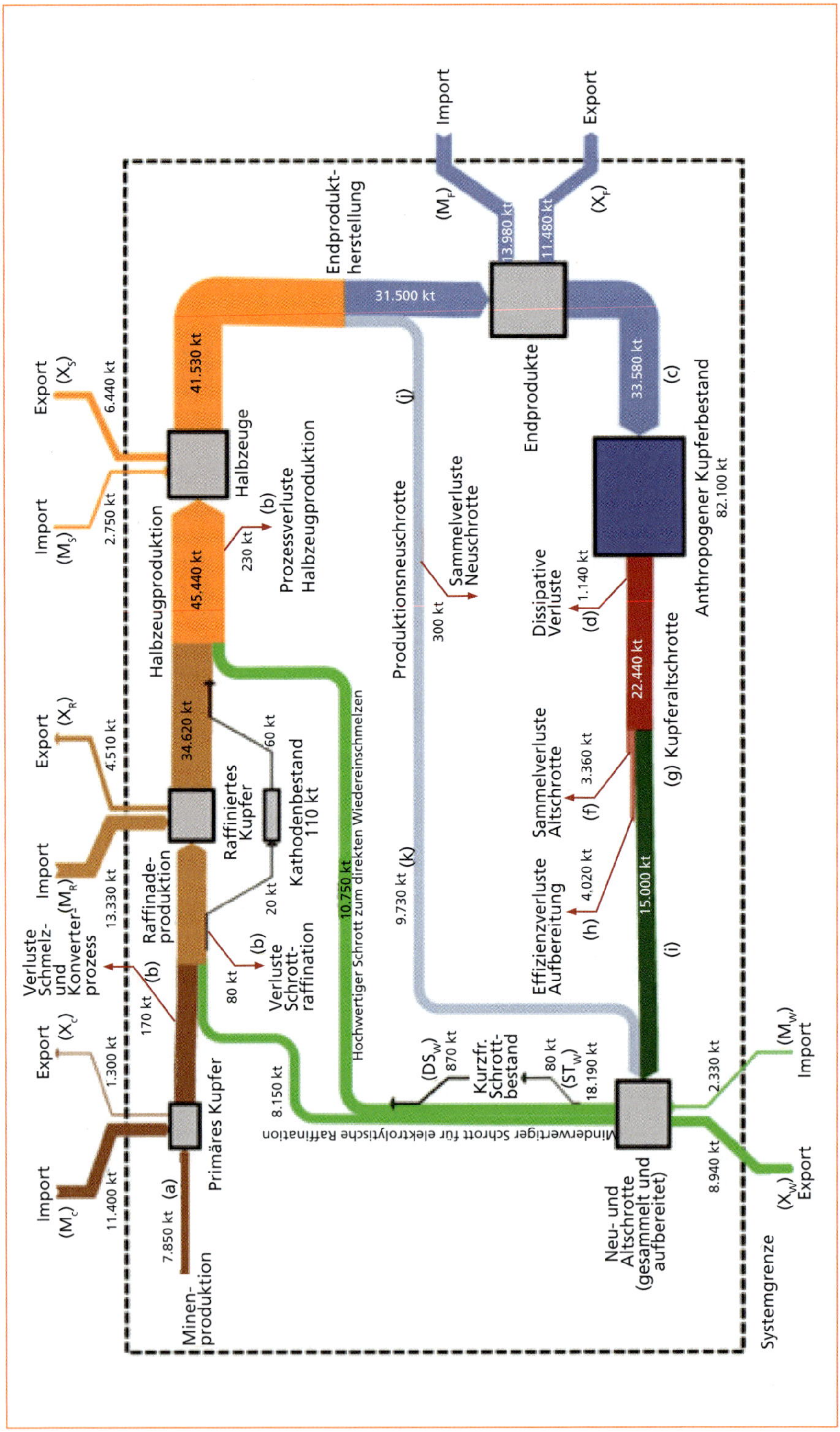

Bild 2: Kumulierte Kupferflüsse und -bestände der Europäischen Union im Zeitraum 2005 bis 2014 im Sankey-Diagramm

Quelle: Soulier, M.: Modellierung regionaler Kupferkreisläufe unter Verwendung eines systemdynamischen Ansatzes, Dissertationsschrift, TU Clausthal, 2017

Die Komplexität von Abfallströmen steigt und damit auch die Komplexität der erforderlichen Recyclingsysteme. Große Umbrüche in der Produktgestaltung wie der Einstieg in die Elektromobilität, der Umstieg bei der Energieerzeugung oder Sprunginnovationen in der Kommunikationstechnik werden erhebliche Umstellungen in der Recyclingkette erzwingen. Dies fordert massiven Einsatz, birgt aber auch große Chancen für diejenigen, die sich als erste darauf einstellen können. Gleichzeitig nimmt das Maß an Veränderungen bei den Rahmenbedingungen stetig zu. Kürzere Produktzyklen und die Zunahme globaler Einflüsse wirken sich ebenso verstärkt auf die Recyclingbranche aus wie Veränderungen im rechtlichen Rahmen, die notwendigerweise den Fokus von der umweltfreundlichen Entsorgung zur Ressourcensicherung aus Abfallströmen verschieben.

2. Ausgangssituation und Herausforderungen

Eine umfassende Kreislaufwirtschaft besteht aus einem breitem Netzwerk aus Gliedern der Produktionskette, von Serviceunternehmen wie Werkstätten, die in der Nutzungsphase aktiv sind, Entsorgungslogistikern, Erstbehandlern bzw. Demontagebetrieben, Austauschteilefabriken, mechanischen Aufbereitungsanlagen, Sekundärrohstoff-Verarbeitern und Sekundärwerkstoff-Erzeugern [8]. Bei hochwertigen Komponenten kommen verstärkt tiefgestaffelte Second-Life Ebenen hinzu. Entlang der Prozesskette besteht für die beteiligten Unternehmen eine Vielzahl an Herausforderungen, wie etwa dem Fehlen von Entscheidungshilfen und Anreizen zum Austausch von Information.

Viele der eingesetzten Komponenten und erzeugten Produkte sind nicht so konstruiert, dass sie unter Berücksichtigung gegebener Prozesse, optimal recycelt werden können. Dies ist nicht zuletzt darauf zurückzuführen, dass Produkthersteller häufig keine vollständigen Informationen über die Technologieketten und Netzwerke im Recyclingsektor haben. Während Hersteller durch Bereitstellung von Demontageinformationen den ersten Schritt der Verwertungskette auf Basis eigener Kenntnisse noch überschauen und unterstützen können, benötigen sie für die späteren Stufen im Recyclingprozess Informationen aus der Recyclingkette. Dies betrifft sowohl die Wiederverwendung von Komponenten als auch die Verwertung von Werkstoffen. Das Inverkehrbringen von aufbereiteten Komponenten birgt z.B. für Austauschteilehersteller ein gewisses Risiko, da sie im Zweifelsfall nicht bestimmen können, wo und wie lange die gebrauchten Teile, die das Vormaterial der Austauschteileproduktion sind, bereits eingesetzt wurden. Verwerter von Sekundärrohstoffen benötigen Informationen über Zusammensetzung und Entwicklung zu verwertender Stoffströme. Darüber hinaus müssen Recyclingunternehmen ihre Prozesse technisch und wirtschaftlich optimieren. Technisch bedingt ist es in einzelnen Prozessstufen bzw. Betrieben oftmals nur möglich, einen geringen Anteil der enthaltenen Elemente durch stoffliche Verwertung aus den Altprodukten zu gewinnen. Bei den Verwertungsprozessen, die auf ein bestimmtes Element oder einen bestimmten Rohstoff ausgelegt sind, verlassen andere potentielle Wertstoffe bisher ungenutzt den Wirtschaftskreislauf. Dies gilt insbesondere für komplexe Produkte und vielstufige Prozessketten, die sich über mehrere unabhängige Unternehmen und Standorte erstrecken.

Die einzelnen Unternehmen entlang der Produktions- und Verwertungsroute müssten im Hinblick auf eine optimierte Nutzung aller Materialströme zudem wissen, welche Komponenten etwa von Konsumenten, Werkstätten oder Austauschteileherstellern nachgefragt werden und welche Vorstoffe von Werkstofferzeugern in welcher Form und Qualität benötigt werden, um ihre Prozesse technisch und wirtschaftlich zu optimieren. Aufbereitungs- und Verwertungsanlagen für die stoffliche Verwertung werden auf Grund ungenügender Informationen oft falsch dimensioniert oder ungenügend ausgelastet, da eine Vielzahl prinzipiell geeigneter Eingangsströme mangels Information und datentechnischer Prozessverknüpfung gar nicht oder nicht an der richtigen Stelle in den Wirtschaftskreislauf gelangen. Insbesondere kleinere Unternehmen können den Aufwand eigener Marktrecherchen nicht tragen, wenn es nicht um den Absatz ihrer Produkte, sondern die effiziente Verwertung ihrer Reststoffe geht.

3. Fallbeispiel Automobil

Das Produktsegment Automobil spielt für die deutsche Wirtschaft eine herausragende Rolle und stellt ein Paradebeispiel für komplexe Produkte und Prozessketten über die Phasen Produktion, Nutzung und Entsorgung bis zum Recycling dar.

Beispielhaft ist in Bild 3 die heutige, bereits sehr komplexe Struktur des Lebenszyklus derzeitiger Fahrzeuge dargestellt. Aus technischer Sicht sind die einzelnen Stationen in der Produktions-, Nutzungs-, Wartungs- und End-of-Life-Phase zwar recht weit entwickelt, allerdings fehlt oftmals eine geeignete Verknüpfung der Stationen insbesondere im Hinblick auf die jeweiligen Abfallströme.

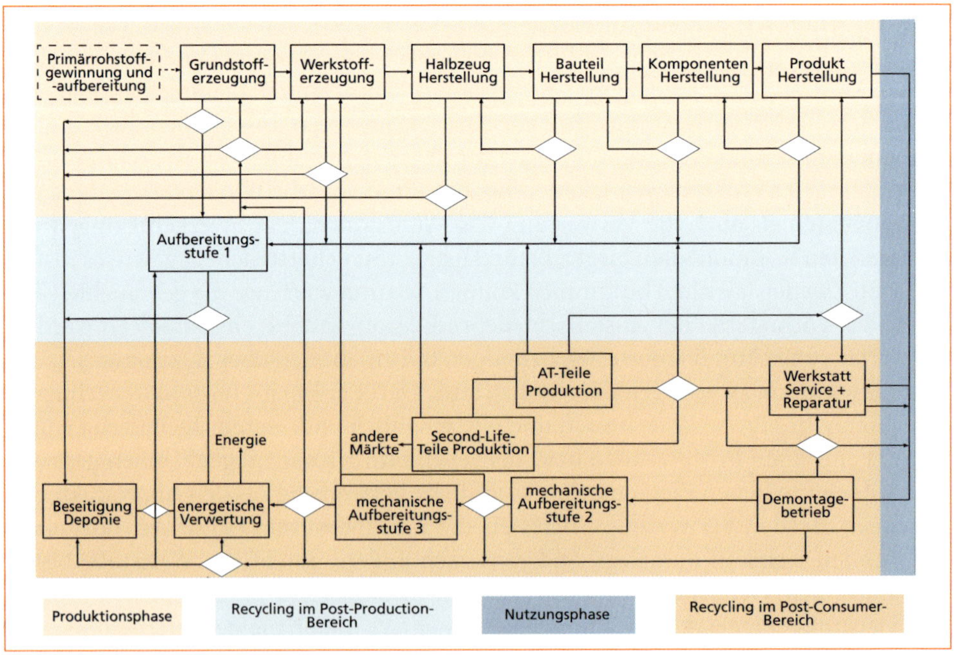

Bild 3: Grobe schematische Darstellung der Stationen des Lebenszyklus von Fahrzeugen

Fahrzeuge werden am Ende ihrer Nutzungsdauer in Demontagebetrieben zunächst zerlegt und entweder direkt als Gebrauchtersatzteil an Reparaturwerkstätten abgegeben oder als sogenannte *Core-Ware* an Austauschteilehersteller. Im Gegenzug fallen in Reparaturwerkstätten oder Austauschteilewerken Altkomponenten und Bearbeitungsrückstände an, die ihrerseits in die stoffliche Verwertung gehen. Die Integration der Weiterverwendung (auch Second Life), die nicht das volle Funktionsspektrums eines älteren Produkts oder einer älteren Komponente sondern nur bestimmte Eigenschaften davon benötigt, erhöht die Komplexität des Netzes weiter und führt zu weiteren Anfallstellen von Abfällen zur stofflichen Verwertung. Letztlich muss auch eine Verknüpfung in der Verwendung und Verwertung von Abfallströmen aus der Produktionskette (Post-Production-Abfälle) mit den Abfallströmen aus der Nutzungsphase (Post-Consumer-Abfälle) erfolgen, da so die Effizienz des Gesamtsystems erheblich erhöht werden kann. Vor diesem Hintergrund sollen neue technische Verfahren, wie automatisierte Demontagesysteme und hocheffiziente stoffspezifische Verwertungsprozesse integriert werden, um insbesondere die Herausforderungen beim Recycling innovativer Fahrzeugsysteme anzugehen.

Diese Situation verschärft sich mit der Einführung innovativer Fahrzeugsysteme wie etwa Fahrzeuge mit Elektro- und Hybridantrieben, die im Fokus des Projektes stehen, mit modernen spezialisierten Systemen (production on demand) und Herstellprozessen (z.B. additive manufacturing), die aus der Perspektive des Recyclings aufgrund veränderbarer stofflicher Zusammensetzung und Bauteilvarianz zu einer weiteren Steigerung der Komplexität führen [3]. Während bei Fahrzeugen mit Verbrennungsmotoren und aus Produktionen mit Großserienfertigung der Komponenten in den letzten Jahren viele Informationen zusammengetragen wurden, fehlen diese im Bereich innovativer Fahrzeugsysteme noch weitgehend. Die strukturellen Defizite bei der Bereitstellung bzw. dem Austausch von recyclingrelevanten Informationen werden durch neue Materialien, Batteriesysteme, Antriebstränge, etc. nur noch deutlicher. Auf Grund der sich verschärfenden Fragestellungen zur Rohstoffsicherung für die Produktion einerseits, sowie zur Schaffung einer global wettbewerbsfähigen Verwertungsindustrie, ist der Anreiz gegeben, Lösungen zu schaffen, die allerdings eine zeitsparende und effiziente Informationsstruktur erfordert.

4. Schritte zu einer koordinierten Closed-loop Supply Chain

Aufbauend auf der voranschreitenden Digitalisierung müssen technologisch relevante Fragestellungen der Gestaltung und Lenkung komponenten- und stoffspezifischer Verwertungssysteme sowie automatischer Demontagesysteme mit Fragestellungen des Informationsaustauschs und der Informationsverwaltung sowie Fragestellung des Supply Chain Management, miteinander verknüpft werden, um koordinierte Closed-loop Supply Chains im Sinne einer *Advanced Circular Economy* etablieren zu können.

In einer Reihe vorlaufender Forschungsprojekte wurden bereits einzelne Fragestellungen adressiert. Ausgerichtet auf die Verwertungs- und Demontageprozesse bietet die Erema GmbH mit ihrem Careformance-Smart Factory Paket ein auf die Kunststoffbranche ausgerichtetes Recyclingsystem an, das mit Digitalsierungsansätzen und Auswertungs- und Vorhersagewerkzeugen gleichbleibende Qualität beim Recycling verspricht [4]. Ein auf die Werkstoff- und Produkt-Datensammlung und -Informationsverwaltung ausgelegtes Projekt ist das *Material-Data-Space* Projekt des Fraunhofer-Verbund *Materials*. Dieses schafft digitale Abbilder der Materialien und Werkstoffe von Werkstücken und Bauteilen. Eingebettet in einer digitalen Infrastruktur können bis zum Verwertungs- und Recyclingsschritt relevante Produktdaten gesammelt werden. Hierdurch soll die Demontage und Weiterbehandlung in einer Closed-loop Supply Chain erleichtert werden [6]. Eine übergeordnete Datenplattform der Axians IT Solutions GmbH vernetzt bestehende Software-Lösungen und *umfasst Meldungen zu Abfallverbringungen über das „eANV Portal" und die Zentrale Koordinierungsstelle der Länder, Datenflüsse aus Logistik und Telematik, Waagenprotokolle, Containermanagement, Aufstellungen von Warenein- und -verkäufen, Erstellung von Rechnungen, Ablage von Verträgen und Aufträgen und verschiedenste andere Datenerfassungen* [5]. Diese Lösung deckt jedoch noch keine material- und branchenübergreifenden Stoffkreisläufe ab. Bislang fehlt ein ganzheitlicher Ansatz zur Integration von Managementsystem- und Leistungssystemebene über einen entsprechend gestalteten Informationsmarktplatz, der zu koordinierten Entscheidungen in Closed-loop Supply Chains führen kann.

Koordinierte Closed-loop Supply Chains zeichnen sich dadurch aus, dass Material- und Informationsflüsse nicht mehr nur in eine Richtung stattfinden, sondern relevante Informationen konsequent entlang der Supply Chain bereitgestellt werden. Hierdurch soll ein abgestimmtes Handeln der Akteure ermöglicht werden, um durch das Recycling Produkte bzw. Komponenten und Sekundärrohstoffe bestmöglich im Kreislauf zu führen. Dies erfordert die Überwindung bestehender Informationsdefizite, welche insbesondere in komplexen vernetzten Produktions- und Recycling-Ketten zu lokal, wie auch global nicht optimalen Produktions- und Recycling-Entscheidungen führen können.

Ziel ist, dass die einzelnen Glieder der Recyclingkette Informationen über den Aufbau und die Produktion der zu verwertenden Altprodukte und den zukünftigen Bedarf von recycelten Bauteilen, Ersatzteilen und Sekundärrohstoffen erhalten. Auch in die andere Richtung, vom Recyclingunternehmen zum Produzenten, müssen Produktinformationen fließen. Darüber hinaus muss ein bidirektionaler Austausch zwischen Komponenten- und Verwertungsprozesswissen stattfinden. Nur so kann sichergestellt werden, dass stoffspezifische Demontage- und Verwertungsprozesse ökonomisch und ökologisch effizient ausgelegt und betrieben werden können.

Vor diesem Hintergrund kann der gezielte Informationsaustausch grundlegend als bedeutender Erfolgsfaktor für die Entwicklung einer Kreislaufwirtschaft der Zukunft gewertet werden. Oftmals verhindern jedoch noch organisatorische und Verhaltenshemmnisse die Koordination von Closed-loop Supply Chains. Dies ist nicht unwesentlich durch den hohen Aufwand für die einzelnen Akteure begründet, der entsteht, wenn jeder Marktteilnehmer die relevanten Informationen selbst und ohne geeignete Tools beschaffen muss. Mit dem Aufkommen der Digitalisierung und fortschrittlicher Technologien aus der Informationstechnik besteht heute die Chance, diese Hemmnisse zu überwinden. Das Internet der Dinge und Cyber-Physische Systeme ermöglichen es, dass jederzeit Daten zwischen hochgradig vernetzten Geräten und Systemen ausgetauscht werden. Diese großen Mengen an Daten bilden eine wichtige Entscheidungsgrundlage, werden allerdings erst mit Big-Data-Analyseverfahren beherrschbar. Zudem können geeignete Plattformen geschaffen werden, die den sicheren und zielgruppengerechten Austausch, auch von vertraulichen, Informationen ermöglichen, um zu einem verbesserten Closed-loop Supply Chain Management in Form neuer Planungsansätze etwa für die Bedarfs- oder Bestandsplanung beizutragen.

5. Das Projekt Recycling 4.0 – Digitalisierung als Schlüssel für die *Advanced Circular Economy* am Beispiel innovativer Fahrzeugsysteme

Ausgehend von dieser Situation wurde im Jahr 2018 ein großes, vom Land Niedersachsen und der EU gefördertes Forschungsprojekt gestartet, in welchem sechs Hochschulinstitute der TU Clausthal, der TU Braunschweig und der Hochschule Ostfalia gemeinsam mit elf Unternehmen, entlang der gesamten Produktions-, Service- und Verwertungskette mit innovativen IT-Unternehmen ein unternehmens- und branchenübergreifendes System einer digitalen Kreislaufwirtschaft entwickeln.

Das Land Niedersachsen ist derzeit dabei, sich zu einer der zentralen europäischen Regionen im Recycling wirtschaftsstrategischer Rohstoffe zu entwickeln bzw. dort, wo bereits eine Führungsposition besteht, diese weiter auszubauen. Dies gilt insbesondere auch für jene Materialien, die für innovative Fahrzeugsysteme benötigt werden. So sind in der Region Harz mit Firmen wie Albemarle, H.C.Starck oder PPM weltweit führende Werkstoffhersteller tätig, die bei der Versorgung mit Rohstoffen zunehmend auf Recyklate setzen. Mit Unternehmen wie Electrocycling oder MPM sind einige der führenden deutschen Unternehmen als Erststufenbehandler und Aufbereiter in Südniedersachsen tätig, die gemeinsam mit Unternehmen aus anderen Abfallbereichen die Basis der Recyclingkette bilden. Ebenso sind hervorragende Spezialisten im Bereich Recyclingmaschinenbau, Abfalllogistik oder EDV-Systeme wie Exner Technologies, Spedition Hahne oder pdv-software in der Region ansässig und letztlich bezogen auf ganz Niedersachsen wichtige Produkt- und Komponentenhersteller wie Volkswagen, MAN oder Bosch. Viele dieser Unternehmen sind bereits heute im Recyclingcluster REWIMET zusammengeschlossen. In Verbindung mit den Aktivitäten des CFK Valley in Stade, der Battery Lab Factory in Braunschweig und der Open Hybrid Lab Factory in Wolfsburg, sowie führenden Demontagebetrieben wie RETEK und hochinnovativen Entsorgern wie TSR an Niedersächsischen Standorten soll Recycling 4.0 die Vernetzung von Unternehmen und Prozessen stärken und so einen wichtigen Beitrag zur Steigerung von Energie- und Ressourceneffizienz leisten.

Insgesamt bietet das Projekt Recycling 4.0 somit das Potenzial, aufbauend auf Digitalisierung und Industrie-4.0-Technologien in Form eines Informationsmarktplatzes für den Informationsaustausch von Material-, Produkt- und Prozessdaten, effiziente Recycling- und Verwertungskreisläufe auf Ebene des Leistungs- und des Managementsystems zu gestalten. Der angestrebte Informationsmarktplatz bietet für die Akteure die Möglichkeit neuer Kooperationsmodelle. Daten, die ein Akteur für sich selbst erfasst, kann er ebenso anderen Akteuren zur Verfügung stellen – etwa im Austausch gegen Daten, die er selber wieder zur Optimierung seiner Prozesse nutzen kann.

Ein weiterer positiver Effekt ist, dass durch den Rückfluss bestimmter Komponenten oder Stoffe zum Produzenten für diesen Anreize entstehen, seine Produkte recyclinggerechter zu gestalten. Eine engere Kopplung zwischen Produzent und den verschiedenen Gliedern der Closed-loop Supply Chain soll dazu führen, dass die Produkte einfacher und bedarfsgerecht wieder- und weiterverwendet oder recycelt und dass die durch das Recycling gewonnen Komponenten und Sekundärrohstoffe effektiv genutzt werden können. Neben den wirtschaftlichen Vorteilen für die einzelnen Akteure trägt dieses Verfahren somit auch zu einer ökologischeren Gesamtbilanz bei.

Zentrale Instanz der angestrebten zu schaffenden Struktur wird ein Informationsmarktplatz sein, auf dem die Akteure der Closed-loop Supply Chains untereinander Informationen handeln können. Im Bereich der Mobilitätsdaten gibt es ähnliche Modelle wie den Mobilitätsdatenmarktplatz [1] in dem unterschiedliche Informationen zum Thema Verkehr und Infrastruktur gehandelt werden. Im Bereich des Recyclings existiert die Onlineplattform Callparts [2], eine Plattform auf der mit Ersatzteilen gehandelt wird. Auch bei Callparts werden die unterschiedlichen Akteure der Supply Chain zusammen gebracht, allerdings wird nicht mit Daten und Informationen gehandelt, sondern mit Produkten. Während bei Callparts also konkrete, bereits demontierte Ersatzteile angeboten werden, werden in dem hier angestrebten Informationsmarktplatz die Informationen angeboten werden, welche Ersatzteile wie demontiert werden können, welche Stoffe aus den Produkten gewonnen werden können, welche Nachfragen es gerade gibt und viele weitere Informationen, die vor allem bei der Entscheidungsfindung helfen können. Der Fokus liegt dabei nicht allein auf der Demontage sondern auf der gesamten Closed-loop Supply Chain von innovativen Fahrzeugsystemen.

Bild 4 zeigt eine schematische Darstellung der angestrebten Struktur mit einem geschlossenen Kreislauf von Produkten, Stoffen und Informationen über mehrere Akteure einer Supply Chain hinweg. Die technischen und betriebswirtschaftlichen Prozesse eines einzelnen Akteurs werden durch Informationen aller Akteure optimiert und koordiniert.

Das Gesamtkonzept ist in drei Ebenen darstellbar: Auf der im Bild rosa hinterlegten Ebene stehen die Produktion und das Recycling – die technischen Prozesse. Die anfallenden Informationen aus den Prozessen können in einem Marktplatz von jedem Akteur angeboten und erworben werden (grün hinterlegte Ebene). Dies schafft die Grundlage für die Etablierung eines erfolgreichen Closed-loop Supply Chain Managements (blau hinterlegte Ebene), welches für die Optimierung und Koordination der lokalen und der globalen Produktions- und Recycling-Ketten sorgt. Entscheidungen auf dieser Ebene wirken wiederum steuernd über die Informationsebene zurück in die Prozessebene.

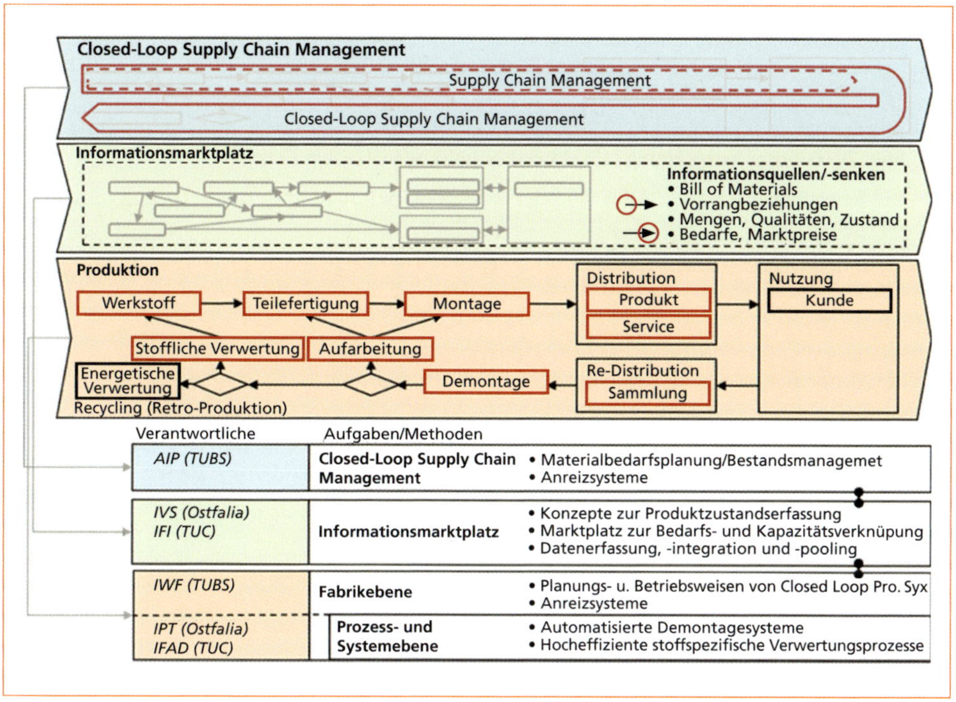

Bild 4: Schematische Darstellung des Gesamtsystems nach dem Projektansatz Recycling 4.0

6. Perspektiven

Das in Abschnitt 5 dargestellte und derzeit in Entwicklung befindliche System vernetzt im Wesentlichen gewerbliche und industrielle Stakeholder und fokussiert sich auf aktuell verfügbare Marktdaten. Eine Erweiterung wird in Zukunft durch eine Verknüpfung mit System Dynamics Ansätzen zur Einbindung übergeordneter Prognosemodelle auf der einen Seite sowie durch die An- und Einbindung von konkreten technischen Prozess- und Anlagensteuerungssystemen erfolgen. Auch völlig neue Ansätze zur Einbindung des Bürgers als Konsument etwa über Gamification- oder App-Systeme sind derzeit in der Entwicklung und könnten zu einem späteren Zeitpunkt eingekoppelt werden, um den Akteursbereich über den rein gewerblichen Sektor hinaus zu erweitern.

Alles in allem ist erkennbar, dass hier gerade erst der Auftakt für die Entwicklung einer digitalisierten Kreislaufwirtschaft gelegt wurde, das aber eine massive Entwicklung notwendig und zu erwarten ist.

7. Quellen

[1] Bundesanstalt für Straßenwesen: MDM - Mobilitätsdatenmarktplatz. [Online] 2016. http://www.mdm-portal.de/.

[2] callparts: callparts Recycling. [Online] 2017. https://www.callparts.de/.

[3] Elwert, T.; Goldmann, D.; Römer, F.; Buchert, M.; Schüler, D.: Aktuelle Entwicklungen und Herausforderungen beim Recycling von Elektro- und Hybridfahrzeugen. In: Thomé-Kozmiensky, K. J.; Goldmann, D. (Hrsg.): Recycling und Rohstoffe, Band 9. Neuruppin: TK Verlag Karl Thomé-Kozmiensky, 2016, S. 275-294

[4] EREMA Pressemitteilung: Erema revolutioniert mit Recycling 4.0 die Kunststoffbranche. [Online] 2016. http://www.erema.at/de/pressemitteilungen/IDobj=1339.

[5] EU-Recycling: Recycling: Alles 4.0 oder was? [Online] 2016. http://eu-recycling.com/Archive/12955.

[6] Fraunhofer-Gesellschaft: Materials Data Space – Der Werkstoff wird digital. [Online] 2017. http://www.fraunhofer-materials-data-space.de/.

[7] Goldmann, D.: Die Wertstoffwende und wie wir sie erreichen können, Recy & DepoTech 2018, Leoben, 07. – 09.11.2018. Veröffentlicht in: Tagungsband zur 14. Recy & DepoTech-Konferenz, Hrsg.: Pomberger, R. et al., Abfallverwertungstechnik & Abfallwirtschaft Eigenverlag, S. 71-76

[8] Goldmann, D.: Stand der Altfahrzeugverwertung – Entwicklungen der letzten zwanzig Jahre und Perspektiven für die Zukunft. In: Thomé-Kozmiensky, K. J.; Goldmann, D. (Hrsg.): Recycling und Rohstoffe, Band 2. Neuruppin: TK Verlag Karl Thomé-Kozmiensky, 2009, S. 471-490

[9] Soulier, M.: Modellierung regionaler Kupferkreisläufe unter Verwendung eines systemdynamischen Ansatzes, Dissertationsschrift, TU Clausthal, 2017

[10] Soulier, M., Glöser-Chahaud, S., Goldmann, D., Tercero Erspinoza, L.A.: Dynamic analysis of European copper flows, Resources, Conservation & Recycling, 129 (2018) S. 143-152, Elsevier Verlag 2017

[11] Soulier, M., Pfaff, M., Goldmann, D., Walz.R., Yong, G., Ling, Z., Tercero Espinpoza, L.: The Chinese copper cycle: Tracing copper through the economy with dynamic substance flow and input-output analysis, Journal of cleaner production 195 (2018), Elsevier Verlag 2018, S. 435-447

Ansprechpartner

Professor Dr.-Ing. Daniel Goldmann
Technische Universität Clausthal
Institut für Aufbereitung, Deponietechnik und Geomechanik
Institutsleiter
Walther-Nernst-Straße 9
38678 Clausthal-Zellerfeld, Deutschland
+49 5323-72-2735
daniel.goldmann@tu-clausthal.de

Smart Waste
– Wie Digitalisierung und IoT die Welt des Abfalls verändern –

Ralf Mittermayr und Sandra Klünsner

Für über 90 % der Österreicher ist Abfalltrennung ihr wesentlicher Beitrag zum Umweltschutz. [7] Trotzdem landen oft nur rund 25 bis 30 % Restmüll in der Restmülltonne, die übrigen Anteile sind Wertstoffe und biogene Abfälle. Trotz des Einsatzes der Abfallwirtschaftsverbände ist keine Verbesserung zu verzeichnen. Hier besteht also noch eine gewaltige Lücke, die so schnell wie möglich geschlossen werden muss.

Um die vorgegebenen Recyclingquoten und die Ziele des Kreislaufpaktes, speziell im Bereich der Siedlungsabfälle, zu erreichen, gibt es zwei mögliche Zugänge. Einerseits kann direkt beim Anfall bei den BürgerInnen angesetzt werden. Andererseits kann die optimale Trennung von Abfällen durch eine noch ausgereiftere Technik der Aufbereitungsanlagen erzielt werden. Im Idealfall wird an beiden Seiten angesetzt.

Dieser Beitrag beschäftigt sich mit der Frage, inwieweit moderne Technologien eingesetzt werden können, damit sich die Trennqualität der BürgerInnen verbessert. Bisher eingesetzte Methoden stagnieren und müssen durch neuartige Ansätze ergänzt werden. Im Folgenden werden neue Technologien, wie der Wertstoffscanner und die intelligente Mülltonne vorgestellt und erste Erkenntnisse deren Einsatzes gezeigt.

1. Problematik

1.1. Fehlwürfe im Restmüll

Ein Key Indikator zur Erreichung von hohen Recyclingzielen ist die Analyse von Fehlwürfen in der Restabfalltonne. Die nachstehende Grafik zeigt die Restabfallmengen Österreichs pro Einwohner und Bundesland.

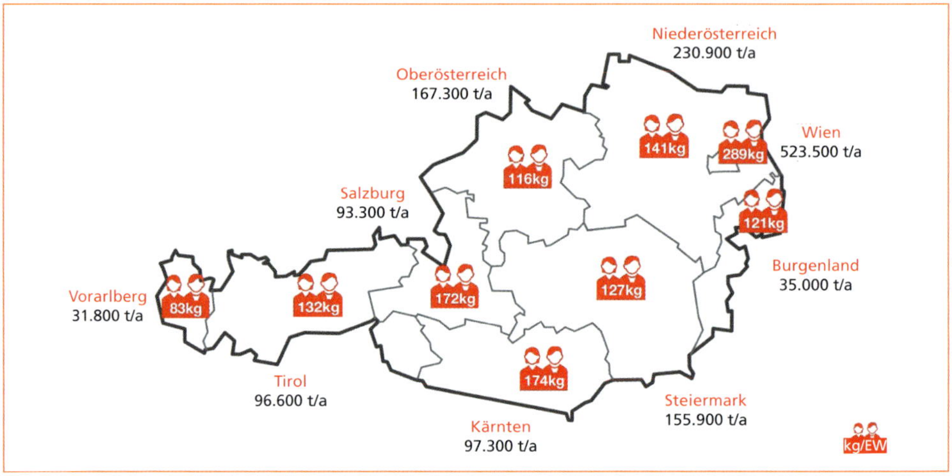

Bild 1: Restabfallaufkommen in Österreich

Quelle: VOEB Pressemitteilung vom 16. März 2018: 80 Kilo Restmüll ist Idealgewicht. http://www.voeb.at/service/presse-news/presse-detail/show-article/80-kilo-restmuell-ist-idealgewicht/, 2018.

Die/Der ÖsterreicherIn wirft im Durchschnitt 166 Kilogramm Abfall in die Restabfalltonne, das sind in Summe rund 1,4 Millonen Tonnen pro Jahr. Davon sind aber etwa 587.000 Tonnen, also 41 %, Wertstoffe. Im Genauen sind es 250.000 Tonnen Kunststoffe, 200.000 Tonnen Altpapier, 70.000 Tonnen Glas und 67.000 Tonnen Metalle. Neben diesen Wertstoffen befinden sich zusätzlich noch rund 35 % biogene Abfälle in der Restabfalltonne. Somit gehört nur ein Viertel des Abfalls, der in der Restabfalltonne landet auch wirklich dort hin. [8] Besonders erschreckend ist, dass sich diese Werte in den letzten 20 Jahren nicht verändert haben. Dies verdeutlicht auch die Restabfallanalyse des Bundeslandes Steiermark.

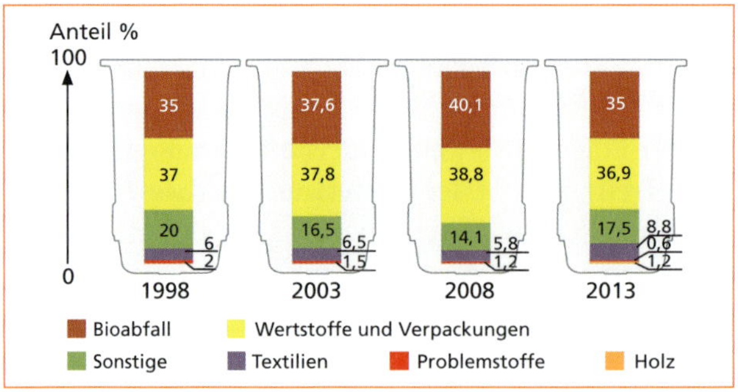

Bild 2: Restabfallanalyse der Steiermark

Die Grafik stellt die beinahe gleich bleibenden Anteile der verschiedenen Abfallarten im Restabfall von 1998 bis 2013 dar. Der Anteil der Wertstoffe und biogenen Abfälle bleibt über die Jahre hinweg unverändert hoch.

Grundsätzlich sollten über die Restabfalltonne jene Abfälle entsorgt werden, die sonst auf keine andere Weise mehr verwertbar sind. Somit dürften also weder Wertstoffe, noch Bioabfälle in der schwarzen Tonne landen. Außerdem ist die Fraktion Restabfall im Vergleich zu anderen Fraktionen wesentlich teurer. Nachstehendes Rechenbeispiel soll dies verdeutlichen.

Tabelle 1: Rechenbeispiel Kosten Restmüll

Anteil	**Fraktion**	**Menge**	**Kosten**	**Kosten**
%		kg	EUR/t	EUR/240 l
40	Restmüll	16	150,00	2,40
15	Papier u. Karton	6	80,00	0,48
10	Verpackung	4	-	-
15	Metall und Glas	6	80,00	0,48
20	Bioabfall	8	75,00	0,60
100		**40**		**2,04**

Beispiel: Es wird angenommen, dass ein 240 Liter Restabfallbehälter rund 40 Kilogramm Abfall beinhaltet. Aufgrund der Fehlwurf-Analyse könnte die Fraktionszusammensetzung der Restabfalltonne wie in Tabelle 1 dargestellt aussehen – einschließlich Kosten.

Die Kosten für 40 kg Restabfall, bei angenommenen 150 EUR/t, betragen 6 EUR und können bei 100 % perfekter Trennung – dies ist natürlich nicht in vollen Umfang umsetzbar – auf rund 2 EUR gesenkt werden. Bei einer realistischen Verbesserung von 25 % entsteht eine Verschiebung von Wertstoffen aus dem Restabfall im Wert von 1 EUR. Damit können die Kosten für neue Technologien gedeckt und Maßnahmen in Richtung Abfallwirtschaft umgesetzt werden, ohne dass sich die Gebühren der BürgerInnen, Gemeinden oder des Verbands erhöhen. Zusätzlich würden sich die Fehlwürfe um 25 % reduzieren und die Recyclingquoten positiv entwickeln.

Neben der falschen Entsorgung von Papier, Verpackungen usw. sind aber vor allem Problemstoffe und Batterien – im Speziellen Lithium-Ionen-Batterien – ein großes Problem. Diese Fraktionen bergen ein erhebliches Gefahrenpotenzial in sich.

1.2. Falsche Wahrnehmung

Interessant in diesem Zusammenhang ist auch die falsche Selbsteinschätzung der BürgerInnen. Wenn diese nach ihrem wichtigsten Beitrag zum Thema Umweltschutz befragt werden, gibt die Mehrheit *Abfalltrennung* als Antwort an. [7] Eine Umfrage nach den Gründen für die Abfalltrennung ergab die in Bild 3 dargestellten Ergebnisse.

Es überwiegen altruistische Gründe wie Recycling, Umweltschutz oder Ressourcenschonung. Zwang und Abfallgebühren hingegen sind keine treibenden Faktoren. Zusätzlich legt diese Studie dar, dass sich fast 80 % der BürgerInnen gut oder sogar sehr gut über Abfalltrennung informiert fühlen. [7]

Es besteht also seit Jahren die paradoxe Situation, dass die Mehrheit der BürgerInnen die Abfalltrennung als ihren wichtigsten Beitrag zum Umweltschutz wahrnimmt und sich überwiegend gut informiert fühlt, trotzdem aber rund 70 % Fehlwürfe im Restabfall landen. Diesen Erkenntnissen nach gibt es nur zwei Möglichkeiten, die Recyclingquoten zu verbessern: Das Fehlverhalten der Menschen wird einfach akzeptiert und die Sortiertechnik der Anlagen wird noch weiter ausgebaut. Alternativ wird das Handeln der BürgerInnen verändert. Dies braucht jedoch neue bzw. andere Ansätze als bisher.

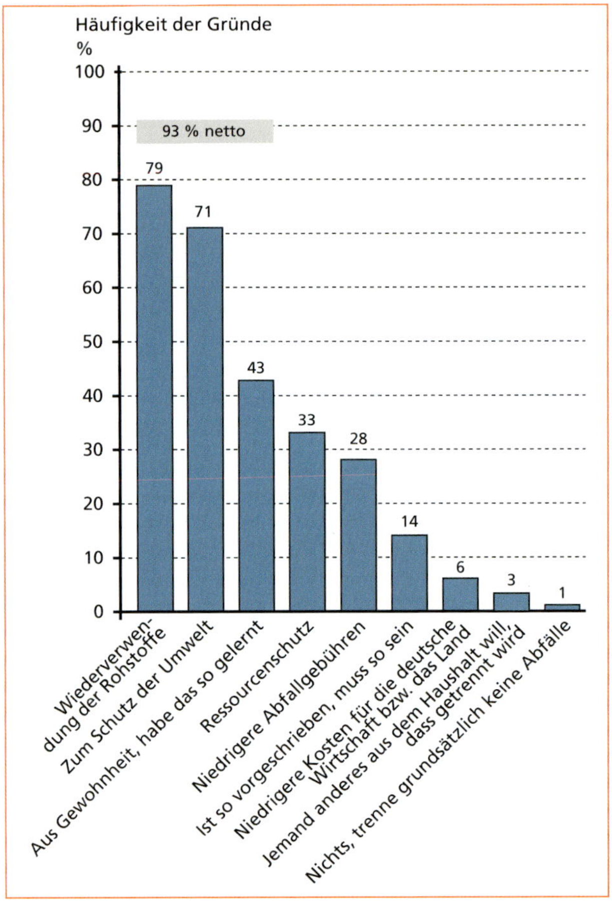

Bild 3:

Gründe für Abfalltrennung

Quelle: Verbraucherzentrale Bundesverband: Umfrage Wertstofftonne. Berlin, 2015.

2. Umsetzung mittels neuer Technologien

Damit mechanische Sortieranlagen gute Ergebnisse liefern, muss laufend justiert und geregelt werden. Die Grundlage für solche Anlagenadaptierungen sind sogenannte Regelkreise. Auch der Mensch funktioniert grundsätzlich nach diesen Prinzipien. Um das Verhalten bei Menschen zu verändern, muss im ersten Schritt das aktuelle Handeln festgestellt bzw. gemessen werden. Diese Erkenntnisse müssen zurüc kgespielt und erklärt werden. Im Bereich der Abfallwirtschaft gibt es derzeit nur sehr weit gefasste Regelkreise. In Österreich werden in allen Bundesländern alle fünf Jahre Restabfallanalysen durchgeführt und die Ergebnisse davon in den klassischen Medien publiziert. Trotz der leicht unterschiedlichen Resultate je Bundesland kann überall eine hohe Wertstoffquote im Restabfall festgestellt werden.

Wie bereits erläutert, ist es notwendig, dass neue Ansätze verfolgt werden, damit die vorgegebenen Recyclingziele erreicht werden können. Aus diesem Grund beschäftigt sich Saubermacher bereits seit Jahren mit dem Einsatz von neuen Technologien im Bereich der Abfallwirtschaft. Im Folgenden werden diese nun vorgestellt.

2.1. Wertstoffscanner

Einer der neuen Technologien ist der Wertstoffscanner. Dieser nimmt Bilder im Abfallfahrzeug nach dem Schüttvorgang auf. Der Wertstoffscanner besteht aus mehreren Komponenten. Die Bildaufnahme erfolgt durch verschiedene Sensoren und mittels Kameras. Die folgende Abbildung zeigt links, das vom Wertstoffscanner aufgenommene Bild und rechts, das nach Abfallfraktionen klassifizierte Bild.

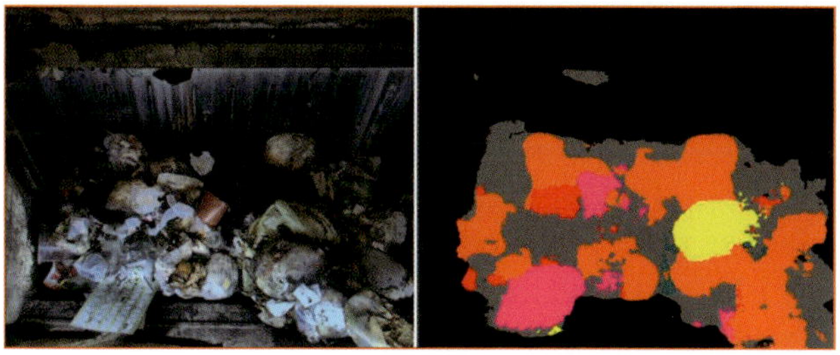

Bild 4:

Wertstoffscanner-Bilder

Der Abfall wird in Echtfarben, 3D und in verschiedenen spektralen Kanälen aufgenommen. Die 3D-Informationen dienen zur Unterscheidung des Abfalls vom Fahrzeughintergrund und liefern Grobinformationen über das Volumen. Die Multispektralkamera ermöglicht eine Spektralanalyse des Stoffes, damit das jeweilige Material klassifiziert werden kann. Als Beleuchtung kommen zwei Punktprojektoren und sechs Halogenstrahler zum Einsatz. Die Halogenstrahler haben den Vorteil, dass sie ein kontinuierliches Farbspektrum ohne auffälligen Spitzen besitzen. Das Farbspektrum ist nötig, damit die Multispektralkamera in allen Farbkanälen geeignete Informationen liefern kann.

Bild 5:

Im Abfallfahrzeug verbauter Wertstoffscanner

Das wasserdichte Gehäuse schützt die Technik vor den rauen Verhältnissen im Abfallwagen. Die gesamte Apparatur ist fest verbaut und hält möglichen Vibrationen und Stößen stand. Eine zusätzliche Funktion ist die Öffnung der Abfallsäcke. Mit dem sogenannten Sackaufreißer kann die Sichtbarkeit des Abfalles wesentlich erhöht werden.

Zum Erkennen der Wertstoffe wird ein Convolutional Neural Network (CNN) – ein neuronales Netz – trainiert. Dieses erkennt aufgrund der Aktivierung von vielen Millionen Parameter den Inhalt von Bildern. Das Grundgerüst eines CNN sind mehrere hintereinander angeordnete Convolutional Layers, die eine Faltung des Bildes mit einem sogenannten Filterkernel vornehmen. Eine Aktivierungsfunktion steuert den Fluss des Outputs der Faltung in die folgenden Layer. Nach jedem Layer wird ein Pooling Layer eingefügt, der die Information zur Weiterverarbeitung komprimiert. Die ersten Layer eines CNN dienen zum Erkennen von *low level* Features wie Farbe oder Textur, während die späteren Layer in der Lage sind, gröbere Konzepte zu bilden, indem sie die komprimierte Information vorhergegangener Layer ausnützen. Am Ende steht einer oder mehrere fully connected Layer, die beispielsweise entscheiden, welches Objekt (Menschen, Autos, ...) sich im Inputbild befindet. Die Parameter des Netzwerkes werden durch Optimierung gelernt und iterativ verbessert. Einem Segmentierungs-CNN übergibt man neben den Bildern auch ein Labelbild, in welchem jeden einzelnen Bildpunkt (Pixel) eine Klasse zugeordnet ist. Das CNN versucht dann mittels Optimierung zu lernen, zu welcher Klasse ein bestimmtes Pixel im Bild zugehörig ist und kann dies dann auf neue, noch nicht klassifizierte, Bilder übertragen.

2.2. Intelligente Abfalltonne

Eine weitere neue Technologie sind in Abfalltonnen verbaute Hightech-Sensoren, die Füllstand, Temperaturanstieg und Bewegungsmuster messen. Der Sensor *ANDI* – automatisch, nachhaltig, digital und innovativ – ist an der Deckelinnenseite der Tonne montiert und ermittelt auf Basis von Ultraschall und innovativen neuen Verfahren. Die Messdaten werden an ein IoT-Portal übermittelt. Als Datenübertragungstechnologie wird Narrow Band IoT (NB-IoT) verwendet. Diese neue und speziell auf das Internet of Things ausgelegte Technologie ist wesentlich energiesparender und durchdringt

Bild 6:

Hightech-Sensor ANDI

auch dicke Kellerwände besser als herkömmliche Übertragungstechnologien. Die lange Batterielaufzeit wird durch einen energy harvesting Algorithmus erreicht. Dieser entscheidet, wann der Sensor misst und Daten sendet.

Aufgrund des Befüllungsgrades der Tonne wird die Abholung automatisch veranlasst. So können bedarfsgerechte Abholintervalle erreicht werden. Die Sensoren verfügen auch über eine Temperaturerkennungsfunktion. Mit dieser kann Brandgefahr frühzeitig an die BesitzerInnen gemeldet und erkannt werden. Bei beiden vorgestellten Technologien kommt als Kommunikationsmittel die Daheim App von Saubermacher zum Einsatz. Diese ist die direkte Verbindung zu den BürgerInnen und informiert sie über die Ergebnisse.

Erwähnenswert ist auch die Tatsache, dass diese Technologien nicht nur im kommunalen, sondern auch im gewerblichen Bereich gut eingesetzt werden können. Vor allem für Unternehmen ist die Zeit- und damit zusammenhängende Kostenersparnis durch den Einsatz von smarten Sensoren erheblich.

2.3. Erste Erkenntnisse

Die neuen Technologien, Wertstoffscanner und intelligente Abfalltonne, werden bereits seit Sommer 2018 im Rahmen eines Pilotprojektes eingesetzt und liefern bereits erste Erkenntnisse und Rückschlüsse. Verbesserungspotenziale werden laufend aufgedeckt und die damit verbundene Technologie und Kommunikation angepasst. Die ersten Ergebnisse zeigen deutlich das zukünftige Potenzial auf.

Der Wertstoffscanner ist in einem Testgebiet in zwei steirischen Gemeinden seit August 2018 im Einsatz. Im vierwöchigen Intervall werden die Restabfalltonnen entleert, die dort entsorgten Abfälle mittels Wertstoffscanner aufgenommen, automatisch ausgewertet und an die BürgerInnen kommuniziert. Die direkte, persönliche Kommunikation läuft einerseits über SMS. Die Haushalte erhalten etwa drei Tage nach Abfallabholung eine Nachricht über ihre Trennqualität, kategorisiert nach gut, mittel und schlecht. Zusätzlich wird in der Daheim App über die Ergebnisse des gesamten Testgebietes informiert. Und auch in den Gemeindezeitungen gibt es laufend Berichterstattung zu den Erkenntnissen. Somit wird ein umfangreicher Mix aller möglichen Kommunikationsmedien erreicht.

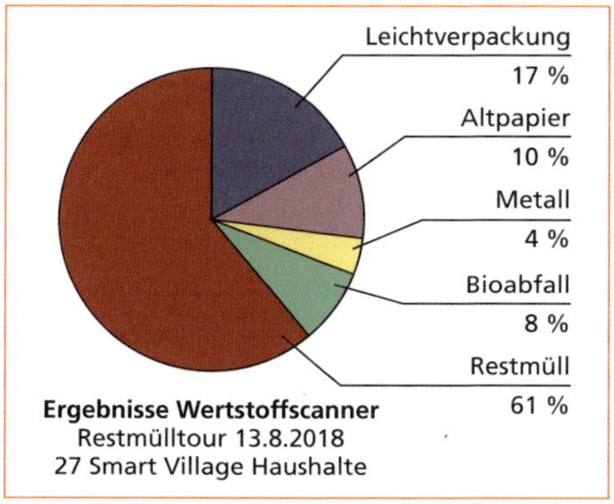

Bild 7: Ergebnis des Wertstoffscanners bei der ersten Abfuhr Gemeinde 1*

Die Ergebnisse der ersten beiden Abfuhren zeigen deutlich das vorhandene Potenzial auf. Aufgrund der begleitenden und umfangreichen Kommunikation im Vorhinein konnte bereits ein positives Ergebnis im Rahmen der ersten Abfuhr verzeichnet werden. Der Restabfallanteil von rund 60 % liegt wesentlich höher als im steirischen Durchschnitt – etwa 30 %.

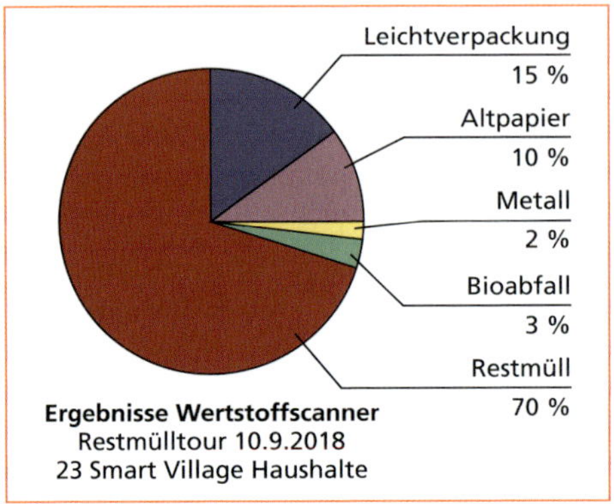

Bild 8: Ergebnis des Wertstoffscanners bei der zweiten Abfuhr Gemeinde 1*

*Die unterschiedlich ausgewertete Anzahl der Haushalte in Gemeinde 1 ist darauf zurückzuführen, dass nach der ersten Abholung Haushalte aus dem Pilotprojekt ausgestiegen sind bzw. das Testgebiet leicht verändert wurde.

Beim Vergleich der beiden Auswertungen ist ersichtlich, dass sich der Restabfallanteil von 61 % auf 70 % erhöht hat und der Anteil der Wertstoffe somit gesunken ist. Hauptstörstoff in beiden Abfuhren ist Leichtverpackung, gefolgt von Altpapier und Bioabfall. Die Verbesserung der Trennquote ist unter anderem auf die Sensibilisierung und Bewusstseinsbildung der BürgerInnen zurückzuführen. Nach jeder Abfuhr werden diese persönlich und auch über die Daheim App informiert. Die Endergebnisse des Pilotprojektes werden im Sommer 2019 präsentiert.

Die zweite vorgestellte Technologie sind die Hightech-Sensoren in den Abfalltonnen. Diese Sensoren sind mit der Daheim App gekoppelt und melden Füllstand, Temperaturanstieg und Bewegungsmuster direkt auf das Smartphone. Während der Testphase können die BürgerInnen zusätzlich zu den fixen Abholintervallen Zwischenabholungen über die Daheim App bestellen. Aufgrund der zahlreich eingegangenen Bestellungen, kann eine positive Rückmeldung auf dieses Service abgeleitet werden.

Im Großen und Ganzen geht es um das Sichtbarmachen bzw. die Transparenz der Trennqualität. Durch die Kommunikation an die BürgerInnen kann das Bewusstsein geschärft, die Trennmoral verbessert und ein positiver Wettbewerb erzeugt werden.

2.4. Kommunikation als Schlüsselfaktor

Zahlreiche Studien belegen die Wichtigkeit der direkten und zweiseitigen Kommunikation zwischen BürgerInnen und der Gemeinde bzw. der Stadt. [1, 2, 3, 4, 5] Hier geht es vor allem um Transparenz, Regelmäßigkeit und Mitentscheidungsmöglichkeit. Die Ergebnisse und möglichen Verbesserungspotenziale müssen unmittelbar an die betroffenen Personen weitergegeben werden. Die Nutzung von verschiedenen, direkten Kommunikationskanälen ist in diesem Fall essentiell.

Die Ergebnisse der Restabfallanalysen werden zwar veröffentlicht, sind jedoch nicht personalisiert oder zielgerichtet. Die angebotenen Abfallberatungen können auch nur Informationen im Vorhinein zur Verfügung stellen, jedoch kein Feedback auf das tatsächliche Trennverhalten geben. Um die Trennqualität wirklich zu verbessern, ist es notwendig, Rückmeldung in Echtzeit an den Bürger zu übermitteln.

Eine neue Möglichkeit für Bürgerkommunikation ist die Daheim App (www.daheim-app.at) von Saubermacher. Diese stellt neben einem Informationstool für die User auch einen wesentlichen Kommunikationskanal für die Ergebnisse des Wertstoffscanners dar.

Auf diesem Weg können BürgerInnen auch mit nur wenigen Klicks eine Zwischenabholung der vollen Abfalltonne bestellen. Zusätzlich kann über die Daheim App direkt an die Gemeinde bzw. Stadt kommuniziert werden.

Bild 9: Daheim App zur Bürgerkommunikation

Neben dem neuesten Kanal der Daheim App spielen aber auch SMS-Nachrichten, Einschaltungen in Gemeindezeitungen und nicht zuletzt die persönliche Kommunikation eine wichtige Rolle. Wichtig ist in diesem Zusammenhang auch die Verstärkung der Trenn-Motivation z.B. durch einen Gaming-Effekt. Der positive Wettbewerb zwischen einzelnen Haushalten, verschiedenen Straßen, Gemeinden oder Städten wirkt positiv auf die Verbesserung der Trennqualität.

Die wichtige Rolle der direkten, unmittelbaren Kommunikation an die Betroffenen zeigt auch folgendes Beispiel im Bereich Verkehr. Aufgrund von dialogen Geschwindigkeitsanzeigen konnte die Übertretung der Höchstgeschwindigkeit um bis zu 60 % reduziert werden. Sofort nach Abbau der Anzeigen fielen die Autofahrer wieder in ihr ursprüngliches Verhalten zurück. [6] Diese Erkenntnisse können auch in der Abfallwirtschaft eingesetzt werden und betonen abermals die Wichtigkeit eines Feedback-Zyklus. Somit ist der Schlüssel zur Erreichung der vorgegebenen Recyclingquoten und der Ziele des Kreislaufpaktes die gemeinsame Gestaltung von Technologie und Kommunikationsmaßnahmen.

3. Resümee

Werden neuartige und innovative Technologien mit modernen Feedback-Kanälen wie der Daheim App kombiniert, wird es möglich, zeitnahe nach der Entleerung den BürgerInnen die Qualität ihrer Abfalltrennung zurückzumelden oder ihnen Tipps zur besseren Trennung zu geben. Diese Ergebnisse führen zu einer positiven Trendkurve, indem sie das tägliche Handeln jedes Einzelnen sichtbar machen und so ein verbessertes Trennverhalten anstoßen.

Solch smarte Lösungen sind kein Selbstzweck, sondern notwendig, um den Herausforderungen von Morgen angemessen begegnen zu können. Wenn sich dieses System über die gesamte Pilotphase hinweg bestätigt, sind die Autoren überzeugt, dass diese und vergleichbare Methoden einen neuen Standard in der Abfallwirtschaft setzen werden.

4. Quellen

[1] Gerhards, J.: Öffentlichkeit. In: Jarren, O., Sarcinelli, U. & Saxer, U. (Hrsg.): Politische Kommunikation in der demokratischen Gesellschaft. Ein Handbuch (S. 268–274). Opladen, Wiesbaden: Westdeutscher Verlag, 1998.

[2] Gerhards, J.; Neidhardt, F.: Strukturen und Funktionen moderner Öffentlichkeit. Fragestellungen und Ansätze. In: Langenbucher, W. R. (Hrsg.): Politische Kommunikation: Grundlagen, Strukturen, Prozesse (S. 52–89). Wien: Braumüller, 1993.

[3] Habermas, J.: Strukturwandel der Öffentlichkeit. Frankfurt am Main: Suhrkamp, 1991.

[4] Imhof, K.: Öffentlichkeitstheorien. In: Bentele, G., Brosius, H.-B. & Jarren, O. (Hrsg.): Öffentliche Kommunikation. Handbuch Kommunikations- und Medienwissenschaft (S. 193–209). Wiesbaden, 2003.

[5] Peters, B.: Die Leistungsfähigkeit heutiger Öffentlichkeiten – einige theoretische Kontroversen. In: Imhof, K., Jarren, O. & Blum, R. (Hrsg.): Integration und Medien (S. 23–35). Wiesbaden: Westdeutscher Verlag, 2002.

[6] Unfallforschung der Versicherer: Geschwindigkeitsanzeigen: Dialog-Display wirkt am besten, 2010. Online im Internet unter: https://udv.de/en/node/50876 [12.10.2018].

[7] Verbraucherzentrale Bundesverband: Umfrage Wertstofftonne, 2015. Online im Internet unter: https://www.vzbv.de/sites/default/files/downloads/wertstofftonne-umfrage-vzbv-2015.pdf [10.10.2018].

[8] VOEB: Pressemitteilung vom 16. März 2018: 80 Kilo Restmüll ist Idealgewicht. 2018. Online im Internet unter: http://www.voeb.at/service/presse-news/presse-detail/show-article/80-kilo-restmuell-ist-idealgewicht/ [10.10.2018].

Ansprechpartner

Dipl.-Ing. Ralf Mittermayr
Saubermacher Dienstleistungs AG
Sprecher des Vorstandes, CMO
Hans-Roth-Straße 1
8073 Feldkirchen bei Graz, Österreich
+43 59-800-1040
r.mittermayr@saubermacher.at

Parallelen zwischen Energie- und Rohstoffwende – Zur Bedeutung von neuen Businessmodellen, Digitalisierung und Mittelstand –

Eveline Lemke

Sowohl Energiewende wie Circular Economy sind auf der Agenda der globalen Player angekommen. Sowohl die Vereinten Nationen, World Economic Forum oder die Teilnehmenden der Internationalen Klimakonferenz COP 24 diskutieren über die Notwendigkeit der Einführung beider Prinzipien in unsere ökonomischen Systeme und Modelle. Die Transformation in beiden Bereichen bringt jedoch ihre Herausforderungen mit, hat aber auch systematische Parallelen und ermöglicht einen Lernprozess für die Gestaltung des Wandels. In diesem Artikel wird ein systemischer Blick auf die Parallelen für Businessmodelle und Chancen aus der Digitalisierung geworfen – auch für den Mittelstand, in dem die notwendige Innovation entsteht.

1. RESOLVE – Ein einheitliches Prinzip als Grundlage

Energiewende und Rohstoffwende sind zwei Projekte der konkreten Anwendung des RESOLVE-Prinzips, welches zu einer nachhaltigen Wirtschaftsweise und einer Entkopplung des Wirtschaftswachstums vom Ressourcenverbrauch führen soll. Dieses grundlegende Prinzip bildet das große systemische Dach für die ablaufende Transformation. RESOLVE steht dabei als Abkürzung für Charaktereigenschaften der Rohstoffe: **RE**newable, **RE**use, **RE**cycle; **S**hare; **O**ptimize (Efficiency, Effektiveness), **L**oop (Close the Loop), **V**irtualize (Digitalisierung/Virtuelle Erfassung) und **E**xchange (Austausch von Wissen/Daten/Lernen/künstliche Intelligenz).

Der Begriff der Erneuerbaren Energien hat dabei längst Eingang in unseren Sprachgebrauch gefunden und findet in **RE**newables seinen englischen Ausdruck. Für die Kreislaufwirtschaft hat sich das **RE**cycling ebenfalls längst seinen Weg in die Alltagssprache gebahnt. Beide Begriffe drücken damit auch aus, wo Akzente in bisherigen Transformationsgeschehen in der Energiewende (bei den Erneuerbaren Energien) und in der Kreislaufwirtschaft (im Recycling) gesetzt werden konnten.

Die Vereinten Nationen haben in ihrem Circularity-Gap-Report festgehalten, worauf es bei der Rohstoffwende ankommen wird. Vor allem die Bedeutung des Designkonzepts *Cradle to Cradle* wird deutlich und legt den Game-Change über neue Designs für technische Lösungen und für Dienstleistungen vom Entwurf her nahe, die dem RESOLVE Prinzip entsprechen. Der Gap-Report zeigt auch wie wenig zirkulär unsere Ökonomie tatsächlich ist. Zum Vergleich ist global die *Circularity* bei 9 Prozent. Die Quoten der Energiewende werden im aktuellen Jahresreport der IRENA deutlich, der vor allem Best-Practice-Regionen präsentiert. Hier hat besipielsweise Rheinland-Pfalz bei der Erzeugung der Erneuerbaren Energien inzwischen fast 50 Prozent erreicht. Verschiedene andere Trends sind zudem sichtbar. So unter anderem die Sharing-Economy, Second-Hand-Use, Energieeinsparmaßnahmen als Effizienzmaßnahmen oder Blockchain zum Austausch von Daten im modern gemanagten Energiesystemen. Dies sind weitere Hinweise auf den Erfolg der Einhaltung der RESOLVE-Prinzipien.

2. Die Glaubwürdigkeitskrise

Breite Bündnisse aus NGOs und Umweltaktivisten halten den Druck zum Klimaschutz hoch und stellen Glaubwürdigkeitsfragen an diejenigen, welche die bisherigen Systeme mit erbaut haben und in ihnen reich geworden sind. Besonderer Druck entstand nach Katastrophen, wie den SuperGAU Tschernobyl oder Fukushima. Diese waren Wendepunkte in der strategischen Ausrichtung zur Erzeugung von Energie. Seitdem haben sich immer weniger Länder für eine strategische Weiterentwicklung der Atomtechnologie entschieden. Zu riskant wurde die Investition und der Betrieb in laufende Anlagen. Die großen Energiekonzerne haben daher von langer Hand eine Transformation der Energieversorgung vornehmen müssen. Das zeichnet sich jetzt auch in der Rohstoffwelt der Verpackung ab und hat damit Symbolcharakter.

Aktuell hat Paul Polman, CEO von Unilever, ein Vorwort für *From Linear to Circular, the Future of Packaging* geschrieben, welches anlässlich des Weltwirtschaftsforums 2019 in Davos vorgelegt wurde. Das ist als sicheres Zeichen zu werten, dass die globalen Player den Gamechange bei der Rohstoffwende erkannt haben. 15 der weltweit wichtigsten Chefs der Industrie haben zudem Beiträge zum Buch geliefert, welches sie selbst als *Roadmap from our current wasteful lifestyle to a more sustainable future* beschreiben. Diese Roadmap ist als Antwort auf den Vortrag der Ellen MacArthur Stiftung aus dem Vorjahr zu werten, welche zugleich Marine Littering und Global Gap Report auf die Agenda der Manager der weltweit größten Unternehmen gesetzt und damit ein Bündnis gegen Plastic-Littering, die Verschmutzung der Ozeane mit Plastikverpackung, ins Leben rief. Besonders glaubwürdig scheint der mediale

Aufschlag aber nicht. Vielmehr wird entscheidend sein, ob die großen Lebensmittel- und Konsumgüterkonzerne in der Lage sein werden, Verpackungen und Vertrieb neu und klimaschonender zu organisieren. Die Glaubwürdigkeitskrise macht sich bereits in den offenen Stellen bemerkbar – warum für eine Firma arbeiten, der man selbst nicht glaubt? In Zeiten von Fachkräftemangel besteht ausreichend Auswahl für einen Arbeitgeberwechsel. Das wird auch wahrgenommen.

Und wir kennen dieses Phänomen auch aus der Energiewende. Als die Atomindustrie in die Glaubwürdigkeitskrise geriet, wollte niemand mehr Atom-Physiker werden. Heute fehlen deshalb Experten zum Abbau von Atomanlagen. Wofür wird sich die junge Generation entscheiden? Werden sie für Verpackungsauslaufmodelle arbeiten wollen? Vermutlich eher nicht.

3. Von Oligopolen zum Prosuming

Die Abfallverbrennung wird in vielen Ländern noch subventioniert oder die Abfallwirtschaft liegt in den Händen weniger. So in Mexiko, wo die Abfallindustrie von dem reichsten einem Prozent der Bevölkerung kontrolliert wird. Kommunen mit geringem Einkommen können die Chancen der Rohstoffwende, die in Mexiko auf 24 Milliarden Dollar geschätzt wird, nicht wahrnehmen. Das Spiel im Markt wird dann nur von den jetzt schon Reichsten gespielt. Aber die Businessmodelle ändern sich und damit ändern sich die ökonomischen Regeln:

Bei der Energiewende entstand das sogenannte Prosuming. Aus Strom-Konsumenten, sonst abhängig von einem Oligopol-Stromproduzenten, wurden im Zuge der Energiewende Produzenten von Strom mit der Solaranlage auf dem Dach. Die Parallele zur Rohstoffwende: Konsumgüterproduzenten starten als Recycler durch und Ownership von raren Rohstoffen erhält eine neue Qualität. Ein Beispiel dafür ist Nespresso, die in der Schweiz schon entsprechende Lösungen zum Recycling ihrer Kaffeekapseln anbieten, gleichzeitig aber durch das Start-Up Halo mit einer voll biologisch abbaubaren Kapsel Konkurrenz ins Feld rückt. Ein anderes Beispiel ist Terracycle, welches einen Lieferservice mit Retourverpackungsentgegennahme in den Metropolen der Welt anbieten wird. Diese Erfindung ist nicht neu, der altbekannte Milchmann oder die wöchentliche Bio-Gemüsekiste sind längst etablierte Businessmodelle, die jetzt wiederbelebt werden. Auch REEP wird mit der neuen Technik zum De-Inking und De-Imaging von Papier im Büro einen Gamechange auslösen.

Und natürlich werden die Erfinder der neuen Techniken klein anfangen. Hier liegt auch für Deutschland eine große Chance. Deutschland ist für die Umwelttechnologien international anerkannt und die Analogien zur Energiewende werden im Green-Tech Bereich verstanden. Jetzt gilt es pragmatisch Projekte umzusetzen, an denen ein neuer Mittelstand wachsen kann. Sofern neue Industrien von der Politik unterstützt werden, kann dies gelingen. Im Bereich der deutschen Photovoltaikindustrie ist das nicht gelungen, hier hat Deutschland in der Debatte über die Vergütung von Strom aus erneuerbaren Energien die neue Industrie im Regen stehen lassen. Der neue grüne Mittelstand wird Unterstützung brauchen, um sich gegen globale Gamechanger durchzusetzen.

4. Neue Technik – neue Möglichkeiten

Die Entwicklung der Kreislaufwirtschaft könnte schneller vorangehen, als die Energiewende, da die Themen der Green Tech bereits bekannt sind und Innovationsbarrieren, aufgrund rechtlicher Anpassungen leichter zu überwinden sind. Die Mechanismen des Wandels werden verstanden und wurden mit der Energiewende bereits durchlebt: Regional und Dezentral; Vielfalt statt Einfalt; Dauerdruck durch NGO und Konsumänderung mit dem wachsenden Öko-Markt. Nicht zuletzt ermöglichen neue Technologien wie die Blockchain und neue Kommunikationstechniken wie RFID zur Kennzeichnung von Material neue Chancen des Trackings von Materialien und Produkten. So bringt Scantrust mit der Plattform SaaS sogar wieder Vertrauen in die Produktions- und Lieferkette von Kaffee. Das ist jedoch erst der Anfang, denn die Plattform verbindet schon jetzt Millionen am Markt befindlicher Produkte, die nun nachverfolgt werden können. Es ist also technisch kein Problem mehr, Produkte zu kennzeichnen und Materialien zu bestimmen, sie während ihrer Nutzungsdauer und danach zu identifizieren und in den biologischen oder technischen Kreislauf zurückzuführen. Die grundlegenden Regeln, wie Material und Produkte designt werden, das legen die Branchen mittlerweile zügig selber fest. So orientiert sich die Europäische Kunststoffindustrie seit dem letzten Jahr an Monomaterial, weil es leichter zu kennzeichnen und nachzuverfolgen ist.

5. *One-Size-fits-it-all* gibt es nicht

Thinking Circular als Kreislaufdenken ist kleinteilig. Die Kleinteiligkeit kann vor allem mit der Notwendigkeit der Synchronisierung des Stoff- mit dem Abfallrechts beschrieben werden. Rund 2000 Stoffe sind im Europäischen Chemikalienrecht unter REACH registriert. Jeder Stoff ist damit zugelassen und kann sich in einem Produkt in Kombination mit einem anderen wiederfinden. In dieser Vielfalt liegt die Kleinteiligkeit begraben. Bei der Energiewende haben wir die Vielfalt mit dem Ausstieg aus Atom und Kohle und dem Einstieg in die Vielfalt der Biomasse, Sonnenenergienutzung, Windenergienutzung, Wasserstoffnutzung, verschiedenen Speichertechnologien etc. erlebt. Zudem ist hier noch kein Ende der Vielfalt abzusehen. Die Kleinteiligkeit liegt in der detaillierten Organisation der Energieströme verschiedener sogenannter Energiewaben oder Netze, die es zu koordinieren gilt. Hier ist eine große Ähnlichkeit mit der Rohstoffwende zu sehen. Tatsächlich ist die pure Anzahl unterschiedlicher durchzuführender Ordnungen aber auch kein Problem mehr. In jedem Hochregallager wird heute Vielfalt gemanagt.

Ganz klar ist es eine strategische Marketingfrage und der Kampf um den Platz im Regal. Das wird für die Akteure der Rohstoffwende ein zentraler Punkt sein. Konsumenten ändern schnell ihr Verhalten, wenn die Glaubwürdigkeit sich verändert. Darum sollten sich Marketingstrategen um Produktdesign vor dem Hintergrund der Umwelt Gedanken machen und ihre Produktverantwortung auch ernst nehmen. Aber wenn die Beteiligten das nicht in eigener Verantwortung hinbekommen, muss am Ende wieder die Politik ran, das ist dann auch *Circular*.

6. Einfache Orientierung durch klare Definition

Die große Komplexität sorgt für Informationsmangel und verdeckt eine einfache Regel. 3.300 unterschiedliche Substanzen sind bekannt. Davon sind rund 2.000 in der Chemiedatenbank der Europäischen Union REACH registriert. Zudem werden diese Stoffe in sogenannten Verbunden (z.B. Kunststoff-Metall-Verbunde) als Produkte angeboten. Die fehlende Synchronisation von Stoff- und Abfallrecht löst Unklarheit aus. Beispiel: Die Definition für Abfall ist in beiden Rechtsgebieten unterschiedlich, dabei gäbe es eine einfache Orientierung. Wenn als Definition für Abfall gelte, was für Mensch und Natur gefährlich ist, wäre eine Identifikation leichter möglich. Die Identifikation von Abfall könnte dann für jeden Innovationsschritt die Ausschleusung von gefährlichen Stoffen aus den Stoffkreisläufen ermöglichen. Wäre Abfall damit illegal, könnte über die Stoffdatenbank die Identifikation exakt erfolgen. Stoffe, deren Wirkung auf Mensch und Natur nicht exakt bekannt sind, könnten über eine Stoffampel gekennzeichnet werden, bis diese Frage abschließend geklärt würde. Das Gelb in der Ampelfarbe – analog der im Straßenverkehr – könnte die Stoffe anzeigen, die sich in der Prüfung befänden. Rot würde bedeuten, der Stoff wäre illegal, also Abfall.

Sehen wir von dem Ampelprinzip ab, gelten die gleichen Regeln auch bei der Energiewende. Das Beispiel von illegalen Abfällen, wie strahlendem Plutonium-Abfall aus Atomkraftwerken zählt hier genauso hinein, wie CO_2 aus der Kohleverstromung. Beides sind Abfälle, die als gefährlich für uns Menschen gelten und dauerhaft ausgeschleust werden müssen.

7. Der Gamechange erfolgt für die gesamte Wertschöpfungskette: Beispiel Papierindustrie

Die Einspeisung von privat erzeugter Sonnenenergie, die quasi frei zur Verfügung steht, hat die Wertschöpfungskette der Energiewirtschaft völlig verändert. Dies wird auch beim Thema der Transformation der Papierindustrie deutlich:

Eine Studie des Verbandes Deutscher Papierfabriken e.V. zeigte schon 2011 auf, dass 4,6 Millionen Tonnen Rückstände aus Recyclingprozessen von Papier anfallen, obgleich die Papierindustrie mit ihren hohen Recyclingquoten als Musterknabe in der Recyclingwirtschaft gilt. Mit einer steigenden Altpapiereinsatzquote steigt auch absolut der spezifische Anteil an Rückständen aus dem Altpapier an der Gesamtrückstandsmenge. Dieser liegt derzeit bei 12 %. Das De-Inking, also das Ausschleusen von grafischen Druckerzeugnissen, die sogar zu nachhaltigen Anlageschäden führen können, ist dabei ein wesentlicher Faktor. Die Papiertechnische Stiftung hat ermittelt, dass das Verhältnis der grafischen Altpapiere zu Verpackungsaltpapieren in der Handelssammelware sinkt. Derzeit kommen auf eine Tonne frische grafische Papiere zwei Tonnen Verpackungspapiere. Auskömmliche Ausbeuten an hochwertiger De-Inkingware werden zunehmend schwieriger. Deshalb wird bei der Sortierung grafischer Papiere an verfeinerter Sortiertechnik zur Identifikation von spezifischen Druckverfahren gearbeitet. Mit steigender Sortierintensität muss jedoch auch damit gerechnet werden, dass die erzeugte

Altpapierqualität bezogen auf die Störstoffgehalte steigt. Und das auch, wenn zunehmend Barrierepapiere in den Stoffstrom kommen, die aus frischen Fasern bestehen. Dabei erhöhen sich die Sortierkosten überproportional. Hier stellt sich nun die Frage zukünftiger Marktmodelle oder Wettbewerbskonstellationen im Stoffstrom des Altpapiers.

Absehbar ist, dass die Papierproduktion sich in Richtung Osteuropa ausweiten wird. Dies resultiert aus dem großen Absatzmarkt für deutsche, polnische und österreichische Papierhersteller in Tschechien und einer Handelsdrehscheibe in Polen. Auch dies macht strategische Entscheidungen für die deutsche Papierindustrie nicht leichter. Daneben wird ein Rückgang von Papiererzeugnissen durch die zunehmende Nutzung digitaler Medien um 5 % bis 2020 den Druck erhöhen, auch wenn Verpackungs-, Spezial- und Hygienepapiere dies derzeit noch auffangen. Die Gesamtproduktion ist mit rund 23 Millionen Tonnen Papier in den letzten Jahren konstant geblieben.

Die Sicherheit vor gasförmigen Mineralöbestandteilen aus altpapierhaltigen Verpackungsmaterialien ist dennoch ein Problem und soll beispielsweise durch Barrierepapiere bei Verpackungsmaterialien gelöst werden. Das Problem für weitere Vermischungen des Altpapiers ist damit jedoch nicht gelöst. Auch der BDE (Bundesverband der Deutschen Entsorgungs-, Wasser- und Rohstoffwirtschaft e. V.) kennt die Schwierigkeit aus der Perspektive der Recycler. Seit 2013 kam es in der Praxis immer wieder zu unterschiedlichen Einschätzungen der tatsächlich gehandelten Qualität der Recyclingpapiere. Der BDE beauftragte eine Studie beim Institut für Wasser und Ressourcen-Umwelt (IWARU) in Münster, die aufzeigt, wie Feuchte und Störstoffgehalte von Altpapier verlässlich bestimmt werden können. Auch kleine Recyclingbetriebe könnten heute mit einfachen reproduzierbareren Mess- und Prüfverfahren die Qualität ihrer Ware bestimmen und mit ihren Abnehmern verbindliche Qualitätsbewertungsverfahren einführen. Damit könnten sie dann auch den seit dem Jahr 2000 einheitlich geltenden Standards für Altpapier (EN 643) nachkommen. Die Europäische Normungsbehörde CEN arbeitet an weiteren Konkretisierungen von Standards.

Es ist nicht zu erwarten, dass sich die Normungsbehörde für einen Standard entscheiden wird, der einem für Mensch und Natur verträgliches Papier nach dem Cradle-to-Cradle Prinzip entspricht. Solchermaßen zertifiziertes Papier findet vor allem in den Niederlanden seinen Absatz. Dort mischt es bereits den Papiermarkt auf – das Problem der Trennung der Stoffströme besteht dort offensichtlich. Voraussetzung für eine Separierung dieser Papierart wären Kennzeichnungen, welche die unterschiedlichen Nutzungen von Recyclingwaren differenzieren. Ansonsten passiert das, was heute mit den Barrierepapieren geschieht – sie vermischen sich mit sonstiger Recyclingware und grafischen Papieren. Hinzu kommt, dass immer mehr Verpacker auf der Verwendung auf Zellulose basierter Papiere als Ersatz für Papier bestehen. Das Mengenvolumen ist derzeit nicht absehbar, die technischen Lösungen haben noch keine industriellen Dimensionen erreicht, wachsen aber. Hieraus ergibt sich eine neue Herausforderung der Zuordnung des Materials schon im privaten Haushalt – sofern es Verpackungsmaterial ist, würde die Zelluloseverpackung ihren Weg erst über das Duale System zum Papier finden, je nachdem in welche Sortieranlage das Material gebracht wird.

Eine Lösung des Problems ist deshalb nur teilweise technisch vorhanden, aber für die Zukunft nicht unmöglich. Was jedoch heute fehlt, sind Regeln zur Kennzeichnung von

Papier, damit im Zeitalter von Barcodes und RFID-Technik die einheitliche technische Identifikation der Qualitäten von Papier möglich wird, die eine Trennung der Stoffströme ermöglicht. Bei zusätzlich einheitlichem Monitoring der recyclierten Papierqualität, braucht keiner Sorge vor Schwermetallverschleppung durch Altpapier in eine neue Papierqualität zu befürchten. So könnte mit der Digitalisierung das Papier an dieser Stelle zwar nicht digital werden– aber es bliebe im Sinne der Industrie 4.0 zeitgemäß. Zusätzliche lokale Circular Economy Lösungen, wie DiPa sie mit dem De-Inking und De-Imaging im Bürokopierer oder -drucker ermöglichen, werden die Papierindustrie zu dieser Entwicklung herausfordern. Denn die zirkuläre Papierversorgung im digitalen Zeitalter a la REEP verspricht, ihr Papier zu verleihen und nicht mehr zu verkaufen. Sharing-Paper ist das neue Recycling-Papier. Der Digitale Papierassistent bedient dabei die Welt des Digitalen Papiers ebenso wie die des auf Zellulose basierten Papiers. Und diesem unschlagbar günstigen Angebot des Papiersharings nach dem RESOLVE-Prinzip wird sich die alte Papier-Wertschöpfungskette stellen müssen. Jetzt ist die Zeit, dafür Aufstellung zu nehmen.

8. Fazit

Das RESOLVE-Prinzip liegt sowohl der Energie- wie der Rohstoffwende zu Grunde. Beide Themen stehen auf der internationalen Agenda zur Erreichung der Sustainability Goals. Der ökonomische Überbau findet seine Begründung in der Circular Economy. Hier gilt grundsätzlich, dass Stoffe, die schädlich für Mensch und Umwelt sind, aus den Stoffströmen ausgeschleust werden sollen. Hierfür sollten sie zunächst gekennzeichnet werden. Dies kann durch digitale Identifikation ermöglicht und systematisch betrieben werden (z.B. Atomausstieg, Kohleausstieg, Circular Economy).

Wenn Wachstum unabhängig von Rohstoffen entsteht, wird der Rohstoff zunehmend an Wert verlieren jedoch als *Share* einen Service-Wert erhalten, was gleichzeitig die ökonomische Grundlage verändert. Materialvielfalt fordert die Organisation von Stoffströmen und ökonomischem System heraus, während digitale Techniken hierfür Lösungen anbieten. Hierbei ist zu berücksichtigen, dass neue Businessmodelle gesamte Wertschöpfungsketten verändern werden. Die Veränderungen werden mit ungewohnter Dynamik und Wucht ausgelöst werden. Wer morgen ein Gewinner sein will, muss sich dafür heute aufstellen. Der Gamechange kommt, es ist nur die Frage, von wem. Und das neue Spiel der Kräfte wird zudem neue Regeln benötigen, was bedeutet, dass auch die Politik eine größere Agilität an den Tag legen muss.

Ansprechpartner

Eveline Lemke
Thinking Circular
Eveline Lemke Sustainability and Circular Economy Consulting
Im Schülert 13
56651 Niederzissen, Deutschland
+49 2636-9691795
info@thinking-circular.com

Waste Management

Editors: Thomé-Kozmiensky (et.al.)

Package Price

Waste Management, Volume 2 – 8 • CD Waste Management, Volume 2 and 3

395.00 EUR
save 175.00 EUR

Waste Management, Volume 2 (2011) **+ CD Waste Management, Volume 2**	ISBN: 978-3-935317-69-6 ISBN: 978-3-935317-70-2	CD includes translations in Polish and German	**50.00 EUR**
Waste Management, Volume 3 (2012) **+ CD Waste Management, Volume 3**	ISBN: 978-3-935317-83-2 ISBN: 978-3-935317-84-9	CD includes translations in various languages	**50.00 EUR**
Waste Management, Volume 4 (2014)	ISBN: 978-3-944310-15-2		**50.00 EUR**
Waste Management, Volume 5 (2015)	ISBN: 978-3-944310-22-0		**90.00 EUR**
Waste Management, Volume 6 (2016)	ISBN: 978-3-944310-29-9		**90.00 EUR**
Waste Management, Volume 7 (2017)	ISBN: 978-3-944310-37-4		**120.00 EUR**
Waste Management, Volume 8 (2018)	ISBN: 978-3-944310-42-8		**120.00 EUR**

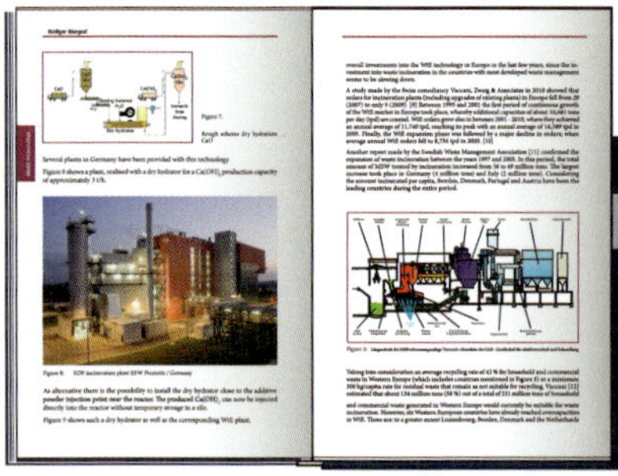

order now www.vivis.de

TK Verlag GmbH

Vivis

Dorfstraße 51
D-16816 Nietwerder-Neuruppin
Phone: +49.3391-45.45-0 • Fax +49.3391-45.45-10
E-Mail: order@vivis.de

Die EU als Recyclingstrategin

Kathrin Glastra und Reinhard Bütikofer

Recycling ist ein Gedanke, der sich aufdrängt, sobald wir verstehen, dass wir in einer Welt leben, in der Rohstoffe endlich sind. Politisch ist heute eine umfassende Recyclingpolitik, die über die nationalstaatlichen Grenzen hinweg europäisch kooperiert, ein Gebot der praktischen Vernunft. Sie ist nicht nur eine Umweltfrage, sondern sie ist auch entscheidender Faktor für erfolgreiche EU-Wirtschaftspolitik. Der vielberufene Standort Europa hat ohne Zirkularität keine gute Zukunft.

Recycling ist zum Markenzeichen dafür geworden, dass die europäische Wertegemeinschaft dem Schutz der Umwelt spätestens seit den 1970er Jahren einen hohen Stellenwert einräumt. Ebenso stark wie die ökologischen sind die ökonomischen Argumente für eine verbesserte Abfallpolitik, bei der an erster Stelle die Vermeidung von überflüssigem Müll stehen muss. In ihrer Kreislaufwirtschaftsstrategie, die die Europäische Kommission 2015 vorgestellt hat, rechnet sie mit Nettoeinsparungen für die europäische Wirtschaft von bis zu 600 Milliarden EUR. Es lässt sich damit europäische Wettbewerbsfähigkeit unter Beweis stellen und es können gleichzeitig viele neue Arbeitsplätze geschaffen werden.

1. Globaler Ressourcenverbrauch und europäische Perspektiven

Der globale Rohstoffverbrauch hat sich in den vergangenen vier Jahrzehnten verdreifacht. Ursache ist die Kombination von steigendem Lebensstandard und in hohem Maße Abfall produzierenden Lebensstil in immer mehr Ländern. Mit den verbesserten Lebensbedingungen erwächst allerdings auch eine höhere Verantwortung für die

Rohstoffintensität, die wir leben. Die Europäische Union importiert deutlich mehr Rohstoffe als sie exportiert, wie die folgende Grafik zeigt, in der Importe und Exporte verschiedener Rohstoffgruppen zusammengefasst werden (dunkel für Exporte, hell für Importe):

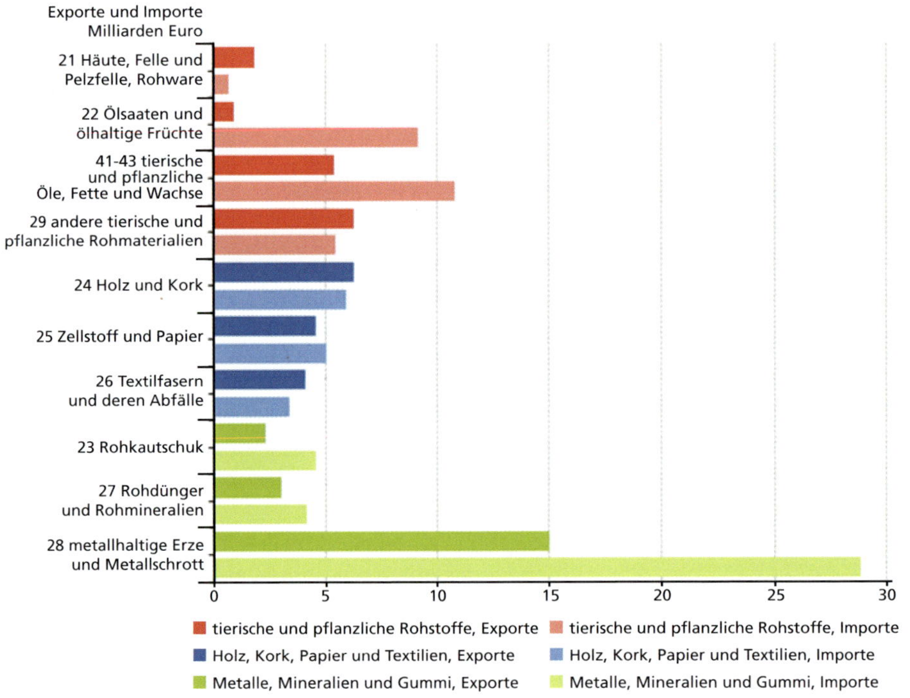

Bild 1: EU-28 Exporte und Importe von Rohstoffen nach Produktkategorien, 2017

Quelle: Eurostat

In der Europäischen Union wurden laut der Europäischen Statistikbehörde im Jahr 2016 pro Kopf 13,3 t Materialien verbraucht (Eurostat; 6,8 Milliarden Tonnen gesamt), das umfasst eigene Rohstoffgewinnung ebenso wie Importe. Zum Vergleich: Der Durchschnittswert weltweit liegt aktuell bei 12 t. Der Pro-Kopf-Verbrauch in den EU-Staaten ist sehr unterschiedlich, von etwa 8,5 t in Italien bis zu 31,5 t in Finnland. Allerdings haben die letzten Jahre einen leichten Abschwung verzeichnet: im Jahr 2000 lag der Verbrauch EU-durchschnittlich noch bei 15,6 t *per capita*. Experten gehen davon aus, dass der Materialverbrauch weltweit ansteigen wird, wohingegen der Trend in der EU, nicht zuletzt wegen des steigenden politischen Bewusstseins über die Endlichkeit unserer Ressourcen, dem globalen entgegenläuft. *Closed-loop Recycling* ist jetzt auch in großen europäischen Industriebranchen als Ziel angesehen. Aber wir brauchen mehr Ehrgeiz.

Wie effizient gehen wir mit den verfügbaren, importierten oder eigens abgebauten Ressourcen um? Die folgende Eurostat-Grafik veranschaulicht, wie sich die sogenannte Ressourcenproduktivität, also die Effizienz beim Materialverbrauch, seit dem Jahr 2000 entwickelt hat (im Vergleich zum BIP und zum Materialverbrauch).

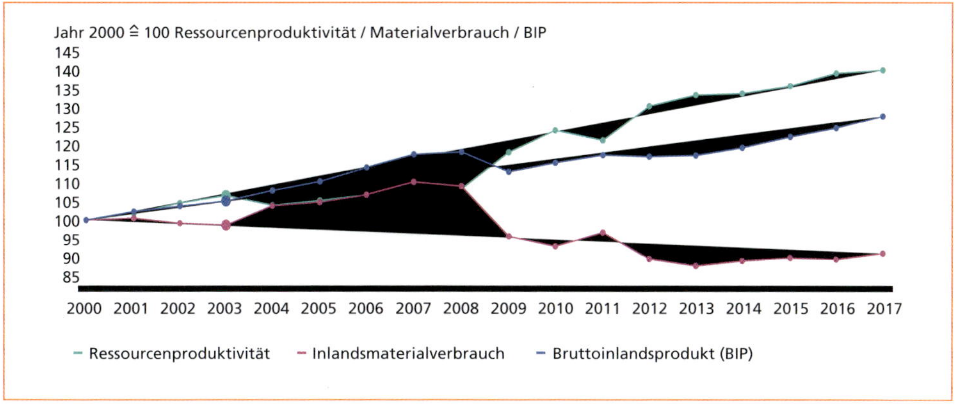

Bild 2: Entwicklung der Ressourcenproduktivität im Vergleich zum BIP und zum Materialverbrauch

Quelle: Eurostat: Development of resource productivity in comparison with GDP and DMC 2000-2017

Es zeigt sich, dass seit dem Jahr 2000 die Ressourceneffizienz beinah um 40 % gestiegen ist. Laut Eurostat ist der Anstieg nicht gleichmäßig verlaufen, sondern mäßig bis zur Finanzkrise 2008, um im Anschluss deutlich nach oben zu gehen.

Im Vergleich zur Gesamtsumme der weiterverarbeiteten Materialien ist die Rate der Stoffe, die wieder in die EU-Wirtschaft eingespeist werden (*circular material use rate*), allerdings noch immer relativ klein mit 11,7 % in 2016. Das liegt zum einen daran, dass beinahe 40 % in die Energieproduktion fließen und weitere 40 % in EU Infrastruktur.

Zum anderen liegt noch viel Potenzial brach, welches für eine echte europäische Kreislaufwirtschaft besser genutzt werden kann.

Was hat die EU in den vergangenen Jahren unternommen, um den europäischen Rohstoffverbrauch zu reduzieren, Recyclingquoten zu verbessern und insgesamt der übergeordneten europäischen Vision von Nachhaltigkeit Rechnung zu tragen? Im Folgenden wollen wir die vergangene Legislatur der Europäischen Kommission dahingehend untersuchen, welche Maßnahmen vorgeschlagen wurden im Bereich Recyclingstrategie und bei der Ausgestaltung der 2018er Plastikstrategie ebenso wie bei der Ökodesignrichtlinie. Zugleich wollen wir aber auch bewerten, wie erfolgreich die vorgeschlagenen Mittel für eine umfassende EU-Recyclingstrategie tatsächlich sein können und wo mehr politische Aufmerksamkeit notwendig ist.

Schließlich enden wir mit einer *Wunschliste* an die neue Kommission, die nach den im Mai stattfindenden Wahlen zum Europäischen Parlament im Herbst 2019 ihre Aufgaben aufnehmen wird.

2. Rückblick auf die vergangene Legislatur bis zur heutigen Recyclingpolitik

Die Barroso-II-Kommission hatte kurz vor Toresschluss noch ein ambitioniertes Recyclingpaket auf den Weg gebracht. Der damalige, slowenische Umweltkommissar Janez Potočnik sagte am 2. Juli 2014 auf der Pressekonferenz zur Kreislaufwirtschaft und Grüner Beschäftigungsinitiative, dass das verabschiedete Paket bedeutsam sei – ... *nicht nur, weil es dokumentenreich ist oder die bisherigen Grenzen der Abfallgesetzgebung verschiebt, sondern weil es dem Umstand Rechnung trägt, dass der Wachstumspfad, auf dem wir uns befinden, nicht der richtige für Europa im 21. Jahrhundert ist.* Die vorgeschlagenen Maßnahmen umfassten verschiedene Recyclingziele, die von Teilen der Branche als zu ambitioniert dargestellt wurden. Die neue EU-Kommission unter Leitung von Jean-Claude Juncker, die am 1. November 2014 ihr Amt antrat, hatte unter Führung des ersten Vizepräsidenten Frans Timmermans das Kreislaufwirtschaftspaket zurückgezogen und eine Bedenkzeit eingerichtet. Am Ende dieser Periode sollte dann ein ambitionierterer Gesetzgebungsvorschlag stehen. Gegen das Vorgehen, das Timmermans damals verfocht, gab es viel Kritik von der Umweltlobby, aber auch aus der Wirtschaft, insbesondere der Recyclingwirtschaft, die in einem Nachrichtenartikel sogar fragte *Null-Abfall-Programm oder null Programm für Europa?*. Das Endergebnis von Timmermans Denkpause wurde im Dezember 2015 präsentiert. Es erwies sich als Frucht widersprüchlicher Lobby-Einwirkungen. Einige der ambitionierteren Ziele Potočnik wurden aufgegeben, während andere deutlich in die Länge gezogen wurden, bzw. in ihrer Verbindlichkeit mit späteren Zieldaten ausgestattet wurden. Insgesamt gab der neue Vorschlag dem ursprünglichen Ansinnen der Barroso-Kommission in vielen Punkt Recht: er war eigentlich weniger dramatisch schlecht, als Timmermans ursprünglich glauben ließ.

Aber, trotz allem: der Weg zu einem ressourceneffizienten, abfallvermeidenden und recyclingaffinen Europa hätte energischer angepackt werden können, aber immerhin wurde er nicht verbarrikadiert, wie es manche Lobbyisten gehofft hatten.

Wo steht die EU-Recyclingpolitik heute? Das 2015er Kreislaufwirtschaftspaket hat in regelmäßigen Abständen Aktualisierungen erfahren. Aus Platzgründen soll hier nur auf die im Mai 2018 verabschiedeten Recyclingquoten verwiesen werden:

Bis 2030 sollen 60 % Siedlungsabfälle und 70 % Verpackungsabfälle recycelt werden. Bis 2035 sollen nur noch höchsten 10% Siedlungsabfälle auf der Deponie landen; für getrennt gesammelten Abfall gibt es ein Deponieverbot. Auch sollen wirtschaftliche Anreize geschaffen werden, um Deponieabfälle zu verringern und zu vermeiden.

Um diese Zielsetzungen einheitlich nachhalten zu können, sollen auch die Definitionen vereinfacht und die Berechnungsgrundlagen harmonisiert werden. Das ist gut, denn das bisherige Wirrwarr unterschiedlicher Berechnungsansätze hat nur jenen geholfen, die sich dem Fortschritt verweigern und von der Intransparenz profitieren wollten. Zudem will die EU mehr Anstrengungen unternehmen, um zur Wiederverwendung und Weiterverwendung zu ermutigen: mit industrieller Symbiose kann das Beiprodukt eines Industriestranges der Rohstoff für einen anderen Industriezweig werden. Und schließlich soll es Anreize für *grünere* Produkte geben sowie für Sammelstellen und Recyclingsysteme (z.B. Für Verpackungsabfall, Batterien, elektrische und elektronische Geräte sowie Fahrzeuge).

3. 2018 im Zeichen von Plastik – mit einem besonderen Weihnachtsgeschenk

Das Jahr 2018 stand insbesondere im Zeichen der seit langem erwarteten Plastikstrategie, die am 16. Januar 2018 veröffentlicht wurde. Der 1. Vizepräsident der Europäischen Kommission, Frans Timmermans, sagte dazu: *Wenn wir nicht die Art und Weise ändern, wie wir Kunststoffe herstellen und verwenden, wird 2050 in unseren Ozeanen mehr Plastik schwimmen als Fische. Wir müssen verhindern, dass Kunststoffe in unser Wasser, unsere Lebensmittel und sogar unsere Körper gelangen. Die einzige langfristige Lösung besteht darin, Kunststoffabfälle zu reduzieren, indem wir sie verstärkt recyceln und wiederverwenden.*

Laut der EU-Kommission fallen in Europa jährlich 25 Millionen Tonnen Plastikmüll an, die Recyclingrate liegt allerdings bei unter 30 %. Erst durch das chinesische Importverbot, welches seit Anfang 2018 für 24 verschiedene Recyclingmaterialien gilt, ist eine europäische Unart ins Licht der Öffentlichkeit geraten: 87 % aller Plastikabfälle hat die EU nach China ausgeschifft und sich so dem wachsenden Plastikmüllberg in Europa, eher weniger elegant als mehr, entledigt. Mit dem Wegfall dieser Entsorgungsmöglichkeit für den europäischen Müll, der übrigens genau so wenig nach Afrika oder anderswohin exportiert werden sollte, war Europa zum Handeln gezwungen. Auch sind die Europäerinnen und Europäer zunehmend sensibilisiert durch die vielen Medienberichte und Dokumentationen über Plastikabfall im Meer. Sie wollen nicht, dass sich Vögel, Schildkröten und andere Meerestiere in Plastiktüten und alten Fischereinetzen verfangen, sie wollen aber auch keine Mikroplastik im Shampoo oder im Meersalz, und so ist der Druck auch von unten gewachsen. Die vorgelegte Strategie hat zum ersten Mal alle Aspekte des Umgangs mit Kunststoffen, von der Rohstoffgewinnung bis zur Abfallentsorgung, abgedeckt und bindet die entsprechenden Akteure mit ein. Die wichtigste Zielvorgabe ist wohl, dass bis 2030 alle Plastikverpackungen in der EU recyclingfähig oder mehrmals verwendbar sein sollen. Aber auch die Anstrengungen bei der Entwicklung von Produkten mit Blick auf ihre spätere Wiederverwertbarkeit bzw. schadstoffarme Entsorgung sind nicht zu unterschätzen. Denn ein Produkt wird in Zukunft nur so gut bewertet werden können, wie es sich auch wieder in seine Einzelstoffe zurückversetzen oder recyceln lässt. Zugleich muss sich die Wegwerfmentalität der Verbraucherinnen und Verbraucher ändern und Anreiz geschaffen werden, schädliche Produkte und Einwegwaren zu ersetzen. Laut Kommission lassen sich mit verstärkten Innovationsanstrengungen der Industrie auch bis zu 200.000 neue Arbeitsplätze in der Abfallindustrie bis 2030 schaffen.

Wie konkret das allerdings passieren soll, davon war anfangs noch zu wenig zu lesen im Vorschlag der Kommission. An einigen Stellen greift die Politik bei der Plastikstrategie noch zu kurz, zum Beispiel, wenn es um den Meeresschutz geht oder um die

Eindämmung von Plastiktüten. Schließlich sind auch keine klaren Vorgaben gemacht, wie für Umwelt und Mensch schädliche Stoffe aus Plastik herausgehalten werden sollen, Es bräuchte Mut für die auf der Hand liegenden Prioritäten: Giftstoffe raus, dann reduzieren, wiederverwenden und recyceln.

Kurz vor dem Weihnachtsfest ist es der EU am 19. Dezember 2018 dann aber doch gelungen, die Verhandlungen zwischen Parlament, Rat und Kommission über die Richtlinie gegen Wegwerfplastik erfolgreich zum Ende zu bringen, um ab 2021 neue Regelungen stufenweise in Kraft treten zu lassen. Hier hatte vor allem das Europäische Parlament seine im Oktober 2018 beschlossene Position, insbesondere zum Einwegplastikstopp 2021, verteidigt und entscheidend zum Erfolg der letztlichen Einigung beigetragen.

Die final verabredete Regelung betrifft insbesondere Einwegartikel wie Strohhalme, Plastikgeschirr und Wattestäbchen, aber auch Styroporbecher, welche vollständig verboten werden. Plastikflaschen sollen bis 2029 eine Sammelquote von 90 % erreichen. Auch muss die Tabakindustrie ran: das Einsammeln von Zigarettenkippen soll sie in Zukunft finanziell unterstützen. Bei dem vom Verbot betroffenen Produkten geht es insbesondere um jene, die für einen Großteil der Verschmutzung verantwortlich sind und zu denen es gute Alternativen gibt. Auch andere Plastikhersteller werden zur Kasse gebeten für die Kosten von Abfallsammlung und zur Vermeidung von Umweltvermüllung, auch durch verbesserte Aufklärung der Verbraucherinnen und Verbraucher, um den oben genannten Mentalitätswandel – weniger Verbrauch, mehr Wiederverwendung und Recycling – in die breite Öffentlichkeit zu bringen.

4. Ökodesign – vom Prügelknaben zum Trendsetter?

Wenn die Plastikstrategie insbesondere beim Verbraucher ansetzt, dann sind die bereits seit 2009 gültigen Ökodesignvorgaben insbesondere für die Industrie relevant, denn sie setzen bei der Produktentwicklung an. Im letzten Europawahlkampf wurde das Thema noch belächelt und als Negativbeispiel für eine übergriffige EU gebrandmarkt: wieso kümmere sich die EU um solche Kleinigkeiten wie effiziente Glühbirnen und verändere laufend die Effizienzklassen von Kühlschränken, bis niemand mehr schlau daraus werde? – so der gängige Tenor der Spitzenkandidaten Jean-Claude Juncker und Martin Schulz 2014. Es war der Kommissions-Vizepräsident Katainen, der als Erster anderthalb Jahre später einen realistischeren Ton anschlug.

Fünf Jahre später hapern zwar noch manche Prozesse bei der Kategorisierung der Produkte; in ausgewählten Fällen bräuchte es einen erweiterten Produktansatz, der der Produktionslogik und nicht einer Klassifizierung am Schreibtisch folgt. Insgesamt gehört Ökodesign inzwischen zum festen Inventar der Industrie, wo es bei energieverbrauchsrelevanten Produkten eine immer größere Rolle spielt: zum einen, weil EU-weit einheitliche Produktstandards gelten, so dass sich die europäischen Verbraucher sicher sein können, dass von Polen bis Portugal, Finnland bis Frankreich, dieselben Regeln für energieeffiziente Produkte gelten. Zudem werden Handelshemmnisse vermieden durch die Angleichung von unterschiedlicher nationaler Gesetzgebung. Dadurch ist ein neuer Markt für standardisierte, energiesparende Produkte entstanden, mit dem Europa mittlerweile Trendsetter auf internationaler Ebene ist. Weltweit interessieren sich Endverbraucher immer mehr auf die nachhaltige Produktion, Wiederverwertbarkeit und einfache Rückgabemöglichkeiten und Sammelstellen für ihre gebrauchten Produkte. Ökodesign verschafft Wettbewerbsvorteile und bringt Innovationen in den Markt und hilft, hohe europäische Standards in einen wachsenden Weltmarkt zu bringen. Ob wärmedämmende Fenster, wassersparende Duschköpfe – die wiederum den Energieverbrauch einschränken – oder einheitliche Öko-Label für Haushaltsgeräte, es gelten für europäische Kundinnen und Kunden gleiche Regeln für gleiche Produkte. Der nächste Schritt im nächsten Arbeitsprogramm der Kommission zum Ökodesign, welches aktuell erarbeitet wird, sollte auch einen stärkeren Fokus auf die einheitlichere Recyclingfähigkeit dieser Produkte legen, um den Kreislauf zu schließen.

5. Aus dem Rampenlicht: Strategische Rohstoffe und Seltene Erden

In den letzten fünf Jahren weniger prominent, aber nicht weniger wichtig ist die Befassung mit strategischen Rohstoffen und Seltenen Erden, um die es in den vergangenen Jahren zu still geworden ist. Nachdem 2011 die EU-Rohstoffstrategie veröffentlicht wurde, haben wir im Europäischen Parlament dafür gekämpft, dass eine Innovationsstrategie an erster Stelle steht. Durch einen effizienteren und besseren Umgang mit unseren Ressourcen soll nicht nur der Importbedarf reduziert werden, sondern gleichzeitig unsere Wettbewerbsfähigkeit gestärkt und unsere Umwelt geschont werden. Dafür wurde 2012 das europäische Kompetenznetzwerk für Seltene Erden (ERECON) geschaffen, welches Forschungsinstitute, Unternehmen, Universitäten und weitere Experten in Europa zusammenbringen sollte. Nach dem Ende des ERECON-Projekts wurde mit SCRREEN 2016 ein festes Expertennetzwerk ins Leben gerufen, welches von der Generaldirektion GROW unterstützt wird. Auch gibt es jetzt eine bei der EU-Kommission angedockte stakeholder-Plattform, die *European Innovation Platform on Raw Materials*.

Strategische Rohstoffe sind solche, die für zentrale Produktionszweige, im Bereich der Erneuerbaren Energien ebenso wie im Medizin- oder Verteidigungssektor, unersetzbar sind und teilweise für deutlich mehr Effizienz sorgen. Ein bekanntes Beispiel ist das Mineral Terbium, welches den Energiebedarf von Lampen um bis zu 80 % senken kann. Und mit einer kleinen Menge Dysprosium kann das Gewicht von Magneten in Elektromotoren erheblich reduziert werden.

Die europäische Industrie hat direkten Zugang zu einigen wenigen Rohstoffen, zum Beispiel dem in Frankreich vorkommenden Hafnium, welches in der Kerntechnik verwendet wird. Die meisten kritischen Rohstoffe müssen von Nicht-EU-Staaten importiert werden. China ist dabei Hauptlieferant für Seltene Erden, Magnesium, Antimon und Naturgraphit, während andere Länder wie Brasilien (Niobium), die Vereinigten Staaten (Beryllium und Helium), Russland (Palladium) und Südafrika (Iridium, Platinum,

Rhodium und Ruthenium) in die EU importieren. Der Druck dieser deutlichen Marktkonzentration kann nur nachlassen, wenn alternative Quellen aufgetan werden und insbesondere das Recycling, einschließlich dem sogenannten *urban mining* von diesen seltenen Rohstoffen, technologisch vorangetrieben wird. Das verringert nicht nur die Abhängigkeit von teils zweifelhaften Vertriebspartnern, sondern erhöht auch die Umweltbilanz. Das chinesische Ausfuhrverbot für Seltene Erden im Jahr 2010 hatte sein Übriges beigetragen, um die europäische Suche nach Alternativen zu beschleunigen. (Zur Erinnerung: Nachdem Japan, USA und die EU gegen China bei der Welthandelsorganisation Einspruch eingelegt hatten, wurde diesem 2014 stattgegeben und das Ausfuhrverbot als unrechtmäßig erklärt. Seit 2015 hat China das Ausfuhrverbot komplett aufgehoben und kommt damit dem Schiedsspruch nach.)

Das Thema der Strategischen Rohstoffe und ihrer Kritikalität verlor an Bedeutung, weil die Nachfrage sich krisenbedingt anders entwickelte als angenommen und demgemäß die Preise zum Teil erheblich nachgaben, wie Bild 3 zeigt:

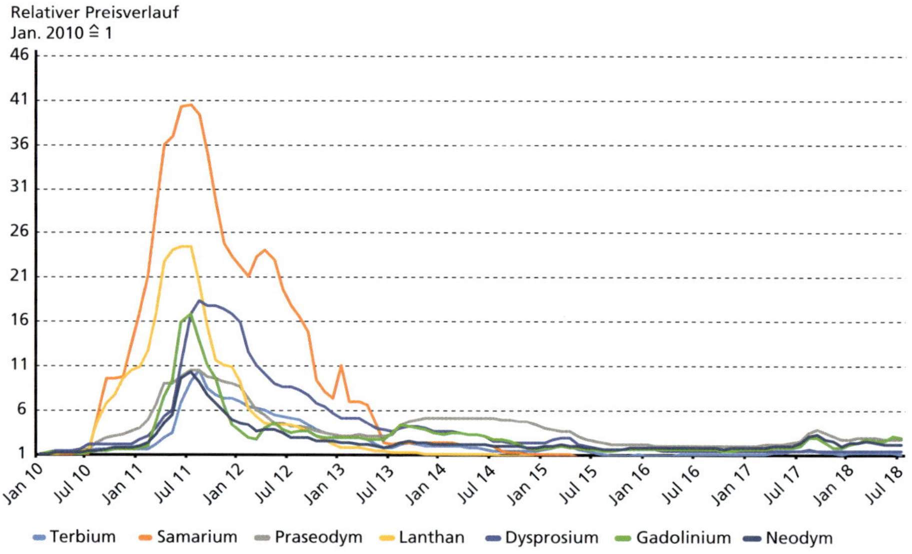

Bild 3: Relativer Preisverlauf ausgewählter kritischer Rohstoffe 2010 bis 2018

Quelle: Deutsche Rohstoffagentur (DERA) in der Bundesanstalt für Geowissenschaften und Rohstoffe (BGR)

Strategisch hatte die Entspannung der Nachfrage die Folge, dass Alternativprojekte, die insbesondere die Abhängigkeit von China hätten reduzieren können, unterblieben oder aufgegeben worden, so dass im Ergebnis die strukturelle Abhängigkeit nach wie vor besteht.

Weil die EU zur Erreichung ihrer Klimaziele mehr in kohlenstoffarme Technologien investieren will und dafür bis zum Jahr 2030 die Nachfrage nach einigen kritischen Rohstoffen um den Faktor 20 wird erhöhen müssen, gibt es wieder mehr Anlass, sich des Themas verstärkt anzunehmen.

Die EU-Liste Kritischer Rohstoffe, welche 2017 in ihrer dritten, erweiterten Fassung vorgelegt wurde, thematisiert in Ansätzen auch die Recyclingdimension. Sie knüpft damit an die Diskussion von vor einigen Jahren an, die sich in Folge der Rohstoffstrategie 2011 entwickelt hat.

Im Januar 2018 wurde zudem erstmals ein Bericht zu *Raw Materials and the Circular Economy* vorgelegt worden, welcher die Bedarfe an kritischen Rohstoffen für eine zirkuläre europäische Wirtschaft ausbuchstabiert. Der Bericht konstatiert: obwohl eine Reihe von kritischen Rohstoffen ein hohes Recyclingpotenzial aufweisen, ist die Inputrate von recycelten kritischen Rohstoffen sehr klein (Bild 4). Dafür gibt es eine Vielzahl von Gründen, u.a. fehlende Sortier- und Recyclingtechnologien zu erschwinglichen Preisen sowie die Unerreichbarkeit von fest eingebauten kritischen Rohstoffen. Es handelt sich hier aber um eine industriespezifische Dimension von Zirkularität, die noch eine viel größere Rolle spielen muss. Europa kann und sollte hier Pionierarbeit leisten.

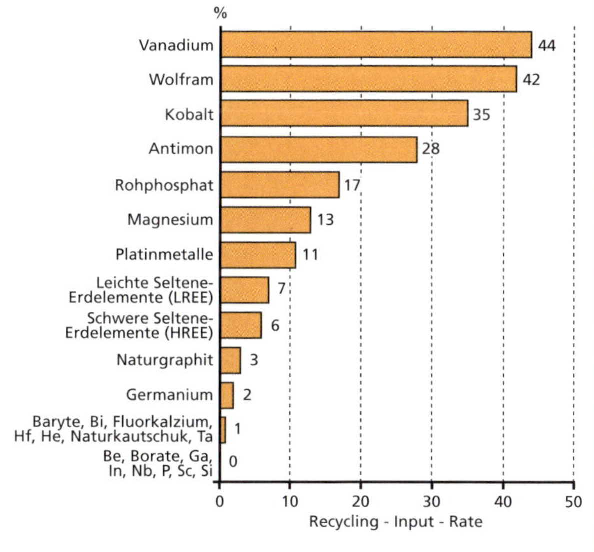

Bild 4:

Recycling-Input-Rate von Kritischen Rohstoffen

Quelle: EU Kommission: Raw Materials and the Circular Economy, Januar 2018. S. 12.

Auch wird es immer mehr auf zuverlässige internationale Kooperationen ankommen zu verantwortungsvollem Fördern von kritischen Rohstoffen. Hierzu hat das STRADE Projekt, welches bis Ende 2018 von der Europäischen Kommission gefördert wurde, intensiv geforscht.

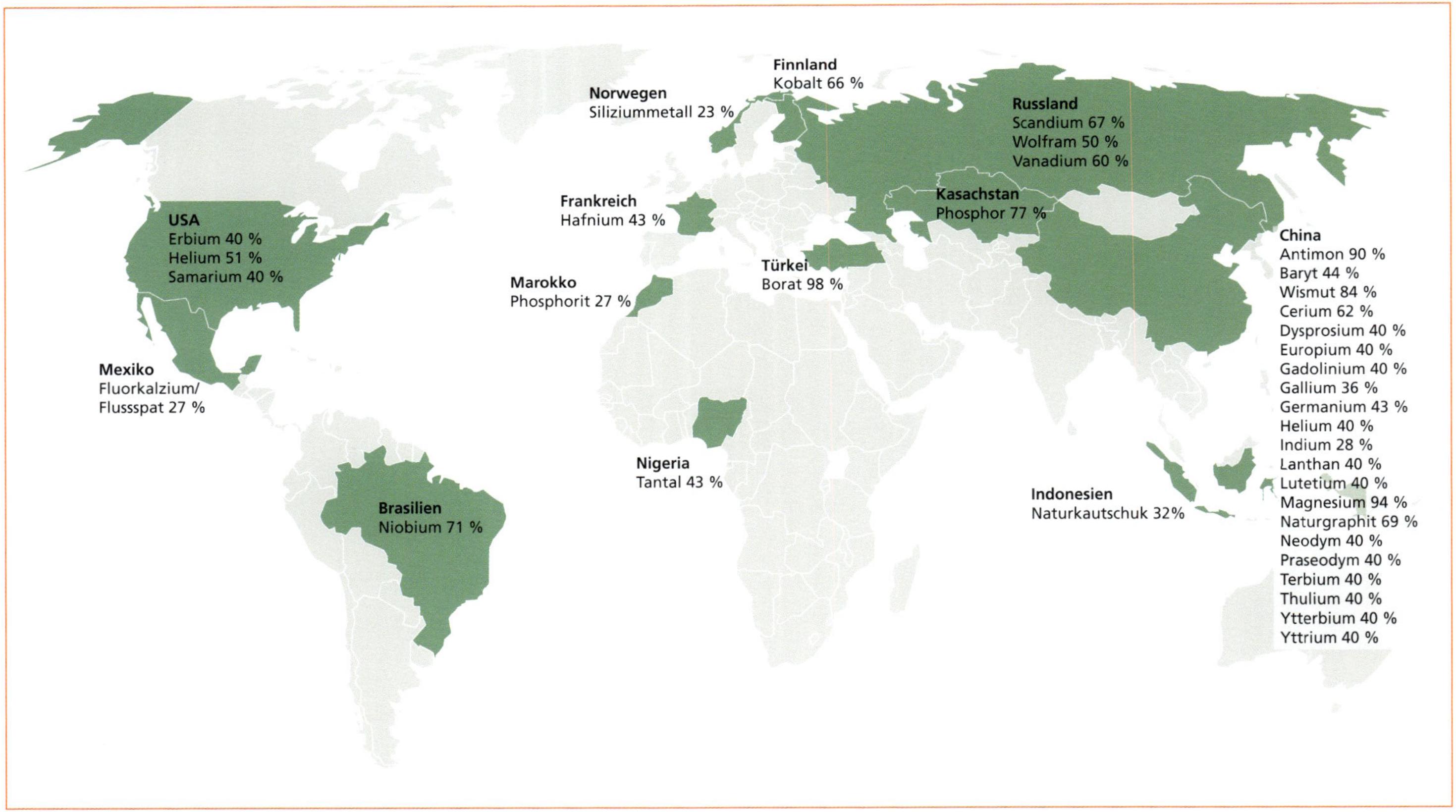

Bild 5: Übersicht der Länder mit dem größten Anteil an Importen von kritischen Rohstoffen in die EU

Quelle: http://ec.europa.eu/growth/sectors/raw-materials/specific-interest/critical_de

6. Ausblick: Wie weiter mit der europäischen Recyclingstrategie?

2018 hat eine Reihe von wichtigen Fortschritten gebracht: die Plastikstrategie, die Überarbeitung der Recyclingziele, aber auch das neue Interesse und Augenmerk auf die für die europäische kohlenstoffarme Wirtschaft so wichtigen kritischen Rohstoffe. Jetzt gilt es, in 2019 Taten folgen zu lassen. Dazu gehört zum einen, die Recyclingziele in den Mitgliedsstaaten zu konkretisieren und bei Nichterreichung zu sanktionieren. Die Ziele sind von allen 28 Mitgliedsstaaten gemeinsam verabschiedet worden, nun muss dafür gesorgt werden, dass auch zu Hause für diese Ziele eingetreten wird. Des Weiteren muss die EU-interne Kooperation im Bereich Forschung und Entwicklung für neue Recyclingstrategien, aber auch für neue, nachhaltige Rohstoffverarbeitung verstärkt und finanziell kräftig unterstützt werden. Die neuen Forschungsprogramme Horizon Europe und weitere sollten hierfür genutzt werden. Auch ist vielversprechend, dass im Kommissionsentwurf für den nächsten mehrjährigen Finanzrahmen ein Klimainvestitionsziel von diesmal 25 % vorsieht. Das Parlament ist auch hier ambitionierter und schlägt 30 % vor. Die laufenden Verhandlungen werden zeigen, wer sich am Ende durchsetzt. Wie viel Ambition die EU am Ende vorweist, wird natürlich auch von den Mitgliedsländern und den Ergebnissen der Wahlen zum Europäischen Parlament abhängen.

Bislang deutlich unterbelichtet ist die Nutzung digitaler Angebote zur besseren Umsetzung von Recyclingzielen. An erster Stelle sollte hier eine EU-weite Datenbank für Sekundärrohstoffe dauerhaft erstellt werden, wie sie im Pilotprojekt *Prospecting Secondary Raw Materials in the Urban Mine and Mining Waste* erstmals im Januar 2018 online gestellt wurde. An diesem EU-geförderten Projekt haben 17 Forschungseinrichtungen aus zwölf Ländern teilgenommen. Der nächste logische Schritt wäre eine entsprechende Plattform zum Austausch von best practices, aber auch langfristig eine Börse, an der recycelte Sekundärrohstoffe gehandelt werden können.

Im Bereich Plastikrecycling ist zu hoffen, dass die Industrie den Ball aufnimmt und verstärkt in recycelbare Produkte und schadstoffarme Recyclingprozesse investiert, die ein Endprodukt vorbringen, welches gleichwertig ist mit reinem Plastik. Denn Recyclingquoten alleine bringen keinen Fortschritt, wie das Beispiel der Niederlande gezeigt hat, wo ein *race to the bottom* stattgefunden hat, bei dem die Qualität des recycelten Endprodukts keine Rolle spielte. Qualitätsvolles Recycling muss im Vordergrund stehen.

Das im Mai 2019 neugewählte Europäische Parlament wie auch die im November 2019 antretende neue Kommission haben hier noch eine Menge zu tun, um einem effizienten, qualitätsvollen, europaweit standardisierten und innovationsfreundlichen Recycling in Europa, aber auch dem europäischen Ziel der Kreislaufwirtschaft, einen bedeutenden Schritt näher zu kommen. Die Bürgerinnen und Bürger der EU verlangen nicht weniger als das.

7. Quellen

[1] Bütikofer, R.: Seltene Erden und die Entdeckung der Rohstoffpolitik. Brüssel, 26. November 2014. Online: https://reinhardbuetikofer.eu/publikationen/seltene-erden-und-die-neuentdeckung-der-rohstoffpolitik/

[2] Deutsche Rohstoffagentur (DERA) in der Bundesanstalt für Geowissenschaften und Rohstoffe (BGR): Übersicht über Preisniveau ausgewählte seltene Erden, Januar 2019.

[3] ERECON (2015) Strengthening the European rare earths supply chain: Challenges and policy options. Kooroshy, J., G. Tiess, A. Tukker, and A. Walton (Hg.), 2015.

[4] Euractiv: Verbot von Einwegplastik kommt. Websitenbericht vom 19.12.2018, online: https://www.euractiv.de/section/energie-und-umwelt/news/verbot-von-einwegplastik-kommt/

[5] EU-Recycling Umwelttechnik (Newsletter): Null-Abfall-Programm oder null Programm für Europa?. Online: http://eu-recycling.com/Archive/7535

[6] Europäische Kommission: EU Raw Materials Scoreboard 2016. Online: https://publications.europa.eu/en/publication-detail/-/publication/1ee65e21-9ac4-11e6-868c-01aa75ed71a1/language-en

[7] Europäische Kommission: Factsheet zur Kreislaufwirtschaft. Online: https://ec.europa.eu/commission/sites/beta-political/files/circular-economy-factsheet-general_en.pdf

[8] Europäische Kommission, Kreislaufwirtschaft, 16. Januar 2018 (Übersicht). Online: https://ec.europa.eu/commission/priorities/jobs-growth-and-investment/towards-circular-economy_de

[9] Europäische Kommission: Mitteilung zu Horizon Europe 2018. Online: https://ec.europa.eu/info/designing-next-research-and-innovation-framework-programme/what-shapes-next-framework-programme_en

[10] Europäische Kommission: Pressemitteilung Plastikstrategie, 16. Januar 2018. Online: http://europa.eu/rapid/press-release_IP-18-5_de.htm

[11] Europäische Kommission: Raw Materials and the Circular Economy, Januar 2018. Online: https://publications.europa.eu/en/publication-detail/-/publication/d1be1b43-e18f-11e8-b690-01aa75ed71a1/language-en/format-PDF/source-80004733

[12] Europäische Kommission: Übersicht Kritische Rohstoffe. Online: http://ec.europa.eu/growth/sectors/raw-materials/specific-interest/critical_de

[13] European Innovation Platform on Raw Materials Website: https://ec.europa.eu/growth/tools-databases/eip-raw-materials/?field_newsroom_topics_tid=229

[14] Eurostat: Circular material use rate for the EU-28. Online: https://ec.europa.eu/eurostat/tgm/table.do?tab=table&init=1&language=en&pcode=cei_srm030&plugin=1

[15] Eurostat: Development of resource productivity in comparison with GDP and DMC 2000-2017. Online: https://ec.europa.eu/eurostat/statistics-explained/index.php/Material_flow_accounts_and_resource_productivity

[16] Eurostat: EU-28 Exporte und Importe von Rohstoffen nach Produktkategorien, EU-28, 2017. Online: https://ec.europa.eu/eurostat/statistics-explained/index.php/International_trade_in_raw_materials#Raw_materials_by_product_group

[17] ProSum Projekt Website: www.prosumproject.eu

[18] SCRREEN Projekt Website: http://scrreen.eu/

[19] STRADE Projekt Abschlussbericht 2018: http://www.stradeproject.eu/fileadmin/user_upload/pdf/STRADE_Final_Brochure_2018.pdf

[20] UNEP: Annual Report 2016 – Empowering People to Protect the Planet.

[21] Webster, K.: The Circular Economy: A Wealth of Flows – 2nd Edition. Ellen Mac Arthur Foundation. Januar 2017.

Ansprechpartner

Reinhard Bütikofer
Mitglied des Europäischen Parlaments,
Ko-Vorsitzender der Europäischen Grünen Partei
Europäisches Parlament
ASP 05 F 369, Rue Wiertz 60
1047 Brüssel, Belgien
+32 2-284-7816
reinhard.buetikofer@europarl.europa.eu

Kathrin Glastra
Büroleiterin MEP Bütikofer
Europäisches Parlament
ASP 05 F 369, Rue Wiertz 60
1047 Brüssel, Belgien
+32 2-284-7816
kathrin.glastra@europarl.europa.eu

Herausforderungen für den Sekundärrohstoffmarkt im Kunststoffbereich zwischen chinesischen Handelsrestriktionen und der Kunststoffstrategie der EU

Ulrich Teich

1. *Wohin mit dem Plastikmüll?*

Das Jahr 2018 war für die Kunststoffindustrie weltweit ein besonderes Jahr.

- Mit zahlreichen Veröffentlichungen in allen wichtigen Medien, Videoaufnahmen bei YouTube usw. wurde in diesem Jahr die Aufmerksamkeit der Menschen, vor allem auch in Europa und Deutschland, auf die rasch **wachsende Verschmutzung der Umwelt und vor allem der Meere mit Kunststoffabfällen** gelenkt.
- Die Volksrepublik **China** führte mit Wirkung vom 01.01.2018 weitgehende **Einfuhrbeschränkungen für Abfälle, darunter vor allem Kunststoffabfälle** ein. Ab 01.01.2019 werden weitere solche Importverbote für Kunststoffabfälle folgen.
- Nahezu zeitgleich veröffentlichte die **EU-Kommission** am 16.01.2018 ihre **Vorschläge für eine *Europäische Strategie für Kunststoffe in der Kreislaufwirtschaft*.**

Kunststoff-verarbeitung 2017 Branchen	Insgesamt Neuware und Rezyklat	Verarbeitung von Neuware und Rezyklat			
		Neuware	Rezyklat	Neuware	Rezyklat
	kt	kt	kt	%	%
Verpackung	4.348	3.979	399	90,9	9,1
Bau	3.520	2.763	758	78,5	21,5
Fahrzeuge	1.611	1.534	77	95,2	4,8
Elektro/Elektronik	901	872	29	96,8	3,2
Haushaltswaren, Sport/Spiel/Freizeit	490	480	10	98,0	2,0
Möbel	463	444	19	96,0	4,0
Landwirtschafdt	568	370	198	65,1	34,9
Medizin	262	262	0	99,9	0,1
Sonstiges	2.176	1.901	275	87,4	12,6
Total	**14.370**	**12.605**	**1.765**	**87,7**	**12,3**

Die Verarbeitungsmenge für Kunststoffwerkstoff (Neuware und Rezyklat) in Deutschland betrug im Jahr 2017 etwa 14,4 Mio. t.
Die erstmalige Untersucheng des Einsatzes von Rezyklat (aus Post-Consumer bzw. Produtions- und Verarbeitungsabfällen) weist unterschiedliche Einsatzgrade von Rezyklat im Vergleich der Branchen aus. Signifikante Einsatzmengen von Rezyklat finden sich insbesondere in Landwirtschafts-, Bau- und Verpackungsanwendungen wieder.
In diesen drei Segmenten liegt der Rezyklat-Anteil bei etwa 9 % (Verpackung) oder höher (etwa 22 % in Bau- bzw. etwa 35 % in landwirtschaftlichen Anwendungen).

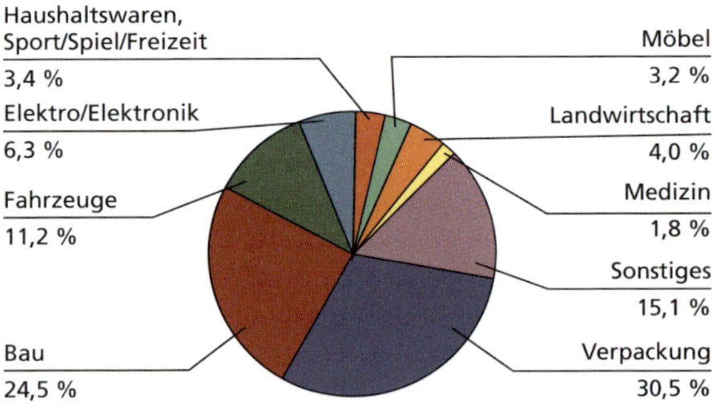

Anteile der Branchen an der Verarbeitungsmenge 2017
Gesamtmenge inkl. Neuware und Rezyklat
Kunststoffverarbeitung 14.370 kt

Bild 1: Kunststoffverarbeitung – Verarbeitung von Neuware und Rezyklat nach Branchen

Quelle: Conversio Market & Strategy GmbH: Stoffstrombild Kunststoffe in Deutschland 2017 [Kurzfassung], September 2018. Abgerufen: https://www.bvse.de/images/pdf/kunststoff/2018/Kurzfassung_Studie_Stoffstrombild_2017.pdf

Im Ergebnis führte dies zu einer tiefgreifenden Veränderung der Marktverhältnisse, sowohl bei den bisher in großen Mengen Kunststoffabfälle exportierenden Ländern, vor allem den USA und in der EU, als auch in China, wo kurzfristig die Produktion umgestellt werden muss, und den umliegenden Ländern, in welche zum Teil die Abfallströme umgelenkt wurden.

Kunststoff ist eine zunehmend wichtige Ware in der internationalen Wirtschaft geworden und betrifft heute praktisch alle Aspekte des menschlichen Lebens. Er ist ein äußerst vielseitig verwendbares Material, das heute weltweit für alle möglichen Zwecke verwendet wird. Von 1950 bis 2015 wurden weltweit insgesamt 8,3 Milliarden Tonnen Kunststoff hergestellt, in 2017 rund 14,4 Millionen Tonnen in Deutschland. Hiervon entfiel der größte Anteil auf Verpackungen, es folgten die Bauwirtschaft, der Fahrzeugbau, Elektro- und Elektronikprodukte, bis hin zur Landwirtschaft.

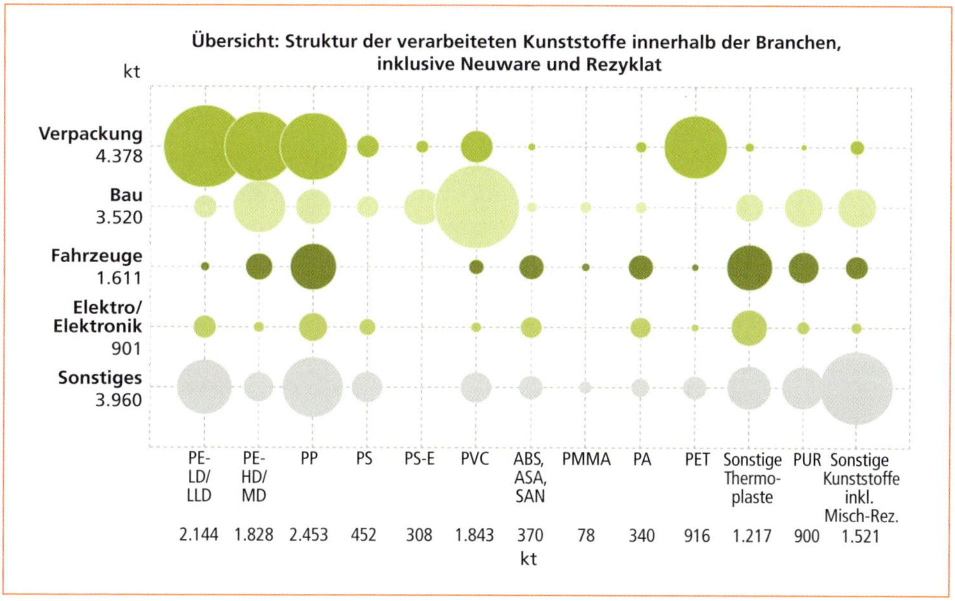

Bild 2: Kunststoffverarbeitung – Kunststoffarten und Branchen

Quelle: Conversio Market & Strategy GmbH: Stoffstrombild Kunststoffe in Deutschland 2017 [Kurzfassung], September 2018. Abgerufen: https://www.bvse.de/images/pdf/kunststoff/2018/Kurzfassung_Studie_Stoffstrombild_2017.pdf

Die *Schattenseite* dieser so erfolgreichen und rasch wachsenden Produktion von Kunststoffen ist der enorme Zuwachs der Kunststoffabfälle. Allein Kunststoffverpackungen und Einwegprodukte aus Kunststoff machten von 1950-2015 kumuliert insgesamt 6,3 Milliarden Tonnen Kunststoffabfall weltweit aus. Die Verwertung dieses enormen Zuwachses der Menge von Kunststoffabfall ist eine große Herausforderung, vor allem in Regionen von raschem wirtschaftlichen und Bevölkerungswachstum. Nur 9 % des Kunststoffabfalls werden weltweit recycelt, während die überwiegende Mehrheit des weltweiten Kunststoffabfalls deponiert oder in der Umwelt abgelagert wird (79 %), mit der weiteren Folge, dass zwischen 4 und 12 Millionen Tonnen Kunststoffabfälle jährlich in den Meeren entsorgt werden. 63 % des in die Ozeane gelangten Kunststoffabfalls stammt aus acht asiatischen Ländern, darunter vor allem China. [1]

In **China** war es bisher ein lukratives Geschäft, weltweit Abfälle aller Art zu importieren und daraus Rohmaterialien zu gewinnen. Es war oftmals billiger und bedurfte eines geringeren Aufwandes, um bestimmte Materialien wie Kupfer, Eisen, Papier und natürlich Kunststoff im Land zu recyceln, als sie neu herzustellen. Auch machten die niedrigen Qualitäten von verschiedenen chinesischen Rohmaterialien den Import von Abfällen attraktiv.
Chinas Bedarf an Rohstoffen und der weltweite Import von *Müll* entwickelten sich auf diese Weise zu einem Milliarden-Dollar-Geschäft. Noch in 2017 war China der weltweit größte Importeur der verschiedensten Arten von Abfällen. Nach Informationen des chinesischen Umweltministeriums importierte China im Jahr 2016 56 % des weltweit anfallenden Feststoffabfalls (einschließlich Kunststoffabfall). Zwischen 1995 und 2016 verzehnfachte sich die Menge des importierten Abfalls, von 4,5 Millionen auf 45 Millionen Tonnen pro Jahr. Allein in 2016 importierte China 7,3 Millionen Tonnen Kunststoffabfall im Wert von 3,7 Milliarden USD, auf Europa entfielen davon 1,6 Millionen Tonnen (22 %). Allerdings waren die Europäer nicht die größten Profiteure des Exports von Müll nach China. Die wichtigste *Exportware* von den USA nach China war in 2016 – Abfall. In letzter Zeit hat die Entwicklung Chinas zu einer Konsumentengesellschaft die Geschäftsgrundlage für dieses Handelsmodell gewandelt, und die Marktsituation hat sich dadurch stark verändert. [24]

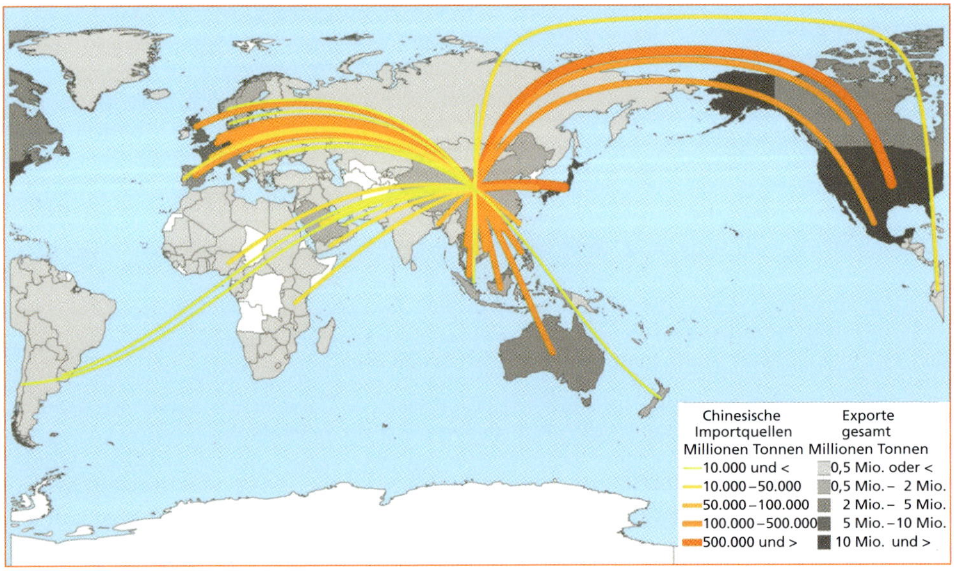

Bild 3: Herkunft des Imports von Plastikabfall nach China in 2016 und kumulative Menge des Exports von Plastikabfall von 1988 bis 2016

Quelle:: Brooks, A. L; Wang, S.; Jambeck, J. R.: The Chinese import ban and its impact on global plastic waste trade. In: Science Advances 20 Jun 2018: Vol. 4, no. 6, eaat0131. Abgerufen: http://advances.sciencemag.org/content/4/6/eaat0131

In der **EU** ist das Potenzial für Recycling von Kunststoffabfällen großteils bisher nicht ausgeschöpft. Die Wiederverwendung und die Recyclingquoten sind relativ niedrig. Angestrebt ist eine Reduzierung von Deponierung (31 %, fallend) und Verbrennung (39 %, steigend) mit dem Ziel der Steigerung des Anteils von recycelten Produkten. Allerdings gibt es derzeit nur noch einen geringen Bedarf für recycelte Kunststoffe (nur etwa 6 % in Europa). [31]

Darauf soll in den nachfolgenden Untersuchungen im Einzelnen eingegangen werden.

2. Die neue chinesische Abfallstrategie, insbesondere für Kunststoffabfälle

2.1. Überblick

Umweltschutz und vor allem Abfallentsorgung sind heute in China ein herausragend wichtiges Thema in der Politik, Verwaltung und Gesellschaft. Im Jahr 2014 erzeugte das Land bereits ein Volumen von 179 Millionen Tonnen städtischem Siedlungsabfall, welches sich bis zum Jahr 2016 auf 203,6 Millionen Tonnen erhöhte. Nicht erfasst werden etwa 8 bis 10 % des Abfalls, weil dieser Teil von privaten Abfallsammlern (*Waste Picker*) entsorgt wird. Das Volumen an industriellen Festabfällen lag im Jahr 2016 bei 3,09 Milliarden Tonnen und bei Sondermüll bei 53,5 Millionen Tonnen. Prognosen zufolge steigen die jährlichen Siedlungsabfallmengen Chinas bis zum Jahr 2030 auf über 480 Millionen Tonnen. Im Jahr 2000 waren es noch rund 118 Millionen Tonnen. Diese Zunahme der Abfallmengen ist auf die Folgen der Urbanisierungspolitik – eine unterschiedliche Bevölkerungsdichte in Megastädten einerseits und im ländlichen Bereich –, rasche wirtschaftliche Entwicklung sowie die Abfallimporte zurückzuführen. Dies hat dazu geführt, dass vor allem die Menge an Siedlungsabfall in China jährlich um 9 % gewachsen ist. In manchen Städten wie Beijing stieg sie im Jahr 2015 um rund 15 % bis 20 %. Im Jahr 2014 erreichte der Siedlungsabfall in China bereits ein Volumen von 179 Millionen Tonnen. Im Jahr 2015 lag die Abfallentsorgung durch Deponien bei 63,7 % und durch Verbrennung bei 34,3 %. [29]

Diese Entwicklungen erfordern die Weiterentwicklung von Abfallentsorgungsmöglichkeiten und Investitionen in die Abfallwirtschaft hin zu einer Kreislaufwirtschaft. Im Vordergrund steht der massive Ausbau von Müllverbrennungsanlagen sowie die Reduktion von Deponien, insbesondere der wilden Deponien. [24]

Die konkreten Probleme wie zum Beispiel die schlechte Luftqualität, aber auch die Verschmutzung der Böden und Gewässer, über die international immer wieder berichtet wird, beeinflussen heute das Handeln von Politik und Verwaltung in allen Bereichen. Auf den zunehmenden Druck der chinesischen Bevölkerung wird deswegen an Verbesserungen auf den Gebieten Luft, Abfall und Wasser gearbeitet. Erste Erfolge sind in einigen chinesischen Großstädten bereits erreicht.

2.2. Die rechtlichen Rahmenbedingungen (Überblick)

Nachdem die chinesische Regierung in den achtziger Jahren den Umweltschutz zu einer grundlegenden Staatspolitik erklärte, wurde 1984 die Staatliche Kommission für Umweltschutz gegründet. Am 26.12.1989 wurde das erste ***Umweltschutzgesetz der Volksrepublik China (zur versuchsweisen Durchführung)*** erlassen. [8]

An dem lediglich 47 Paragrafen umfassenden Gesetz wurde zu Recht kritisiert, dass es der chinesischen Umwelt und den natürlichen Ressourcen nur einen Basisschutz gewährte. Unter anderem waren die Strafen so niedrig, dass Unternehmen sie nicht selten als laufende Betriebskosten in Kauf nahmen.

Vor dem Hintergrund der immer drängender werdenden Umweltprobleme wurde am 24.04.2014 das neue ***Umweltschutzgesetz der VR China*** erlassen, das am 01.01.2015 in Kraft trat. [9] Bemerkenswert ist, dass in dem neuen Gesetz der Umweltschutz zu einer grundlegenden nationalen Aufgabe erklärt wurde, die künftig von allen Einheiten und Individuen zu beachten ist. Das Gesetz enthält detaillierte Regelungen über den Schutz und die Verbesserung der Umwelt, bis hin zur Einführung der Prinzipien der Mülltrennung und des Recyclings. Eine wichtige Neuerung war die Öffentlichkeitsbeteiligung an der Durchführung und Überwachung der Umweltschutzmaßnahmen, die die Mitwirkung von sozialen und nichtstaatlichen Organisationen mit einbezog. Von besonderer Bedeutung sind die neu eingeführten Regelungen über die Haftung für Umweltschutzverletzungen, bis hin zur Verhängung von Bußgeldern auf fortlaufender Tagesbasis, der Betriebseinstellung oder gar Schließung von Unternehmen und sogar der Verhaftung von Verantwortlichen.

Zeitgleich wurden am 08.12.2014 die ***Erläuterungen des Obersten Volksgerichts zu einigen Fragen der Rechtsanwendung bei der Behandlung von zivilen Umweltklagen im öffentlichen Interesse*** veröffentlicht, in denen einige Hinweise zur Auslegung der neuen gesetzlichen Vorschriften gegeben wurden. Dies ist eine in der chinesischen Rechtspraxis durchaus übliche Handhabung, um Richtlinien und Anwendungshinweise für die Rechtspraxis zu geben.

Auf der Basis dieses neuen Gesetzes ergingen sowohl weitere, bestimmte Bereiche regelnde Gesetze, als insbesondere auch auf praktisch allen Verwaltungsebenen der VR China Erlasse und Verordnungen zur Behandlung konkreter Umweltfragen. Das bedeutet unter anderem, dass heute umweltrechtliche Fragen immer konkret vor Ort mit den zuständigen Behörden geklärt werden müssen.

Am 01.01.2009 trat das ***Kreislaufwirtschaftsgesetz der VR China*** in Kraft. [5]

In Kapitel III (Art. 18 ff) ***Reduction*** enthält das Gesetz ausführliche Regelungen über die Verwendung von Produkten und Stoffen, die eingeteilt werden in Kataloge für empfohlene, beschränkte oder untersagte Technologien, Ausrüstungen und Materialien.

Gemäß Kapitel IV (Art. 29 ff) ***Reusing and Recycling*** sollen alle Verwaltungsebenen künftig auf die zuständigen Planungsbehörden, ebenso auf Unternehmen usw., einwirken, die Grundsätze der Wiederverwendung und des Recyclings bei der Planung zum Beispiel von Industriezonen und Gewerbegebieten wie auch in der Produktion zu beachten.

Die VR China folgt damit heute dem *Drei-R-Prinzip – Reduce, Reuse, Recycle* – und dem Verursacherprinzip, also Grundprinzipien der Abfallwirtschaft, die alle entwickelten Staaten mehr und mehr umsetzen.

Auch dieses Gesetz enthält ausführliche Regelungen über die Haftung von Unternehmen und Personen bei Verstößen gegen diese Prinzipien.

Vor diesem Hintergrund trat unter anderem am 01.01.2018 das ***Umweltschutzsteuergesetz*** in Kraft, aufgrund dessen rund 260.000 chinesische Unternehmen und öffentliche Einrichtungen eine Umweltsteuer für Lärm-, Luft- und Wasseremissionen sowie die Entsorgung von Feststoffen quartalsweise zahlen müssen. Mit dieser Steuer wurde im Übrigen die bis dahin geltende Schadstoffabgabe abgeschafft. [10]

2.3. Vom *Green Fence* bis zum Importstopp von Kunststoffabfällen ab 01.01.2018

Im Februar 2013 wurde in China eine neue Richtlinie mit der Bezeichnung ***Operation Green Fence*** eingeführt – Chinas grüner Zaun [30]. Damit verschärfte die Zentralregierung Chinas die Einfuhrregeln für Abfallstoffe, die für das Recycling in China bestimmt waren. Dazu zählten praktisch alle Arten von importierten Abfällen, wie Altmetalle, Kunststoffabfälle, Elektroschrott, Textilien, Gummi und Altpapier. Nach offiziellen Angaben dienten die neuen Regularien dazu, die öffentliche Gesundheit und Sicherheit zu erhöhen, sowie Chinas Wertschöpfungskette zu verbessern. In der Praxis wurden zunehmend strenge Kontrollen von oftmals illegal importierten Containern mit Abfällen in den Häfen durchgeführt.

Am 18.07.2017 wurde die ***Notice of the General Office of the State Council on Issuing the Implementation Plan for Prohibiting the Entry of Foreign Garbage and Advancing the Reform of the Solid Waste Import Administration*** (Mitteilung des Generalbüros des Staatsrats zum Erlass des Umsetzungsplans bzgl. des Verbots der Einführung ausländischer Abfälle und des Vorantreibens der Reform der Verwaltung für den Import von Festabfällen) [23] veröffentlicht, die nunmehr eine weitere erhebliche Einschränkung des Imports von Abfällen regelte, mit einem Zeitrahmen bis Ende 2019. Begründet wurde dieser Erlass mit weiter bestehenden Problemen des illegalen Einführens fremder Abfälle in das Land trotz wiederholter staatlicher Verbote, was mit Schäden für die Gesundheit der Bevölkerung und dem Schutz des chinesischen Ökosystems in Zusammenhang steht.

Die angestrebten Ziele sind:

- ein flächendeckendes Verbot der Einfuhr ausländischer Abfälle in das Land sowie das Vorantreiben der Reform des Verwaltungssystems für den Import von Festabfällen; die Förderung schadloser Recyclingnutzung heimischer Festabfälle und die Sicherheit des Ökosystems sowie der Schutz der Gesundheit der Bevölkerung.
- **Hauptziele:**

  Ende 2017 wird der Import von Festabfällen, die eine erhebliche Gefahr für die Umwelt darstellen (darunter mehrere Sorten von Kunststoffabfällen) komplett verboten;

bis **Ende 2019** wird der Import von Festabfällen, die durch heimische Ressourcen ersetzt werden können, schrittweise beendet (Reduzierung der Abfalltypen und der Quantität);

- sofortige Erhöhung der Schwellenwerte von Inhaltsstoffen für den Import von Festabfällen;
- bestehende Richtlinien für die *Verwaltungsbehörden für den Import von Festabfällen* sollen überarbeitet und angepasst werden;
- die Häfen, in denen Festabfall importiert wird, sollen limitiert und bestimmt werden. Zu diesem Zwecke soll die Anzahl der Häfen reduziert werden (bis Ende 2018);
- härteres Vorgehen gegen ausländische Abfallschmuggler (Schmuggler gefährlicher Abfälle, medizinischer Abfälle, Elektroschrott, Hausmüll);
- spezielle behördenübergreifende Inspektionen von Unternehmen, die Kunststoffabfälle importieren, verarbeiten und verbrauchen;
- die staatliche Lizenzvergabe für den Import von Festabfällen soll in ihrer Anzahl reduziert werden;
- Entwicklung eines länderübergreifenden Kooperationsmechanismus zur Bekämpfung ausländischer Abfallschmuggler mit Vietnam und anderen ASEAN-Ländern;
- Steigerung des Recyclings inländischer Abfälle (inländisches Festabfall-Recyclingsystem, verbesserte Forschung und Weiterentwicklung der entsprechenden Wissenschaft und Technologien);
- die Bevölkerung soll in die Abfallsortierung eingewiesen werden, grüner Konsum soll unterstützt werden und exzessive Produktverpackung soll eingeschränkt werden.

Dieser Erlass gilt als eine der Grundlagen von Chinas *National Sword Initiative* – Chinas nationales Schwert gegen die Umweltverschmutzung [7].

Am gleichen Tag, am 18.07.2017 richtete das chinesische Umweltministerium eine *Notification an die WTO World Trade Organization,* aufgrund deren ein Einfuhrverbot für 24 verschiedene Abfallarten ab dem 01.01.2018 verhängt wurde, darunter Altkunststoffe z.B. aus Polyethylen, Polystyrol, PVC, PET und andere Kunststoffe, außerdem Textilien und Papier sowie Vanadiumschlacke. [32]

Im Rahmen der National Sword Initiative wurden unter anderem strengere Grenzwerte für den in einer Lieferung zulässigen Verschmutzungsgrad von Kunststoffabfällen eingeführt. Der Reinheitsgrad wurde von 90 bis 95 % auf 99,5 % erhöht.

Am 19.04.2018 kündigte das chinesische Umweltministerium – in Ausführung der oben bereits zitierten Mitteilung – weitere Verbote für die Einfuhr von 16 Abfallkategorien ab 31.12.2018 an (ab Ende 2018 nicht mehr zulässig: Produktionsabfälle aus Polyethylen, Polystyrol, PVC, PET u.a.), sowie 16 weitere Stoffströme ab 31.12.2019 (detaillierte Liste 2018 und 2019 [2]).

Infolge der chinesischen Importrestriktionen kam es zu einer teilweise dramatischen Lage am Altkunststoff-Markt sowohl in China als auch den bisherigen Lieferländern, und natürlich auch in Deutschland. Wie den zahlreichen Berichten in der Presse zu entnehmen ist, wird mit einem Verschwinden von bis zu 80 % der chinesischen Kunststoffrecyclingindustrie gerechnet. Zusätzlich werden Importlizenzen für Altkunststoffe nur noch an nicht beanstandete Recyclingunternehmen in China erteilt, nach Schätzungen können nur noch 30 bis 40 % der bestehenden Importunternehmen Anträge auf Einfuhrlizenzen stellen.

Gleichermaßen führten diese Maßnahmen zu einem drastischen Rückgang der Altkunststoffexporte aus der EU und vor allem aus Deutschland nach China.

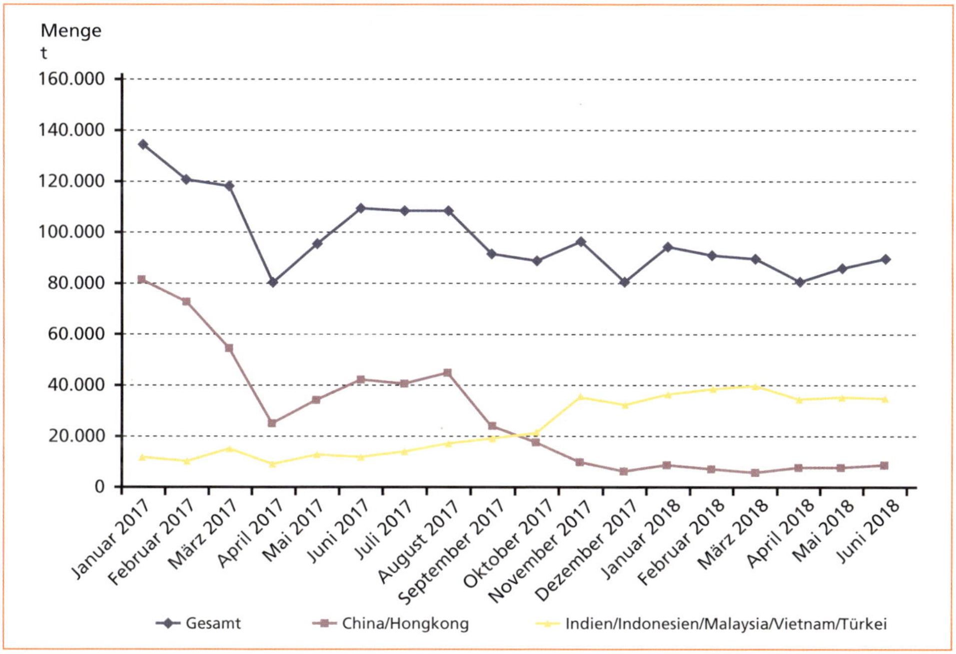

Bild 4: Entwicklung der deutschen Altkunststoffexporte seit Januar 2017

Quelle: Destatis; eigene Berechnungen und Darstellungen. Veröffentlicht in: EUWID Recycling und Entsorgung, 11.09.2018

Dies bedeutet, dass für eine erhebliche Menge Kunststoffabfall zusätzliche Verwertungswege gesucht werden müssen.

Infolge dieser Probleme übernahmen vorübergehend mehrere Anrainerstaaten Chinas die Rolle der Importeure von Altkunststoffen, wie Indien, Thailand, Vietnam, Indonesien und Malaysia. Durch die Produktion von Rezyklaten in diesen Ländern konnte die Versorgungslücke Chinas jedenfalls teilweise geschlossen werden. Allerdings wird inzwischen von erheblichen Schwierigkeiten beim Export von Kunststoffabfall nach Vietnam und nach Malaysia berichtet, Thailand hat mit Wirkung vom 24.06.2018 die Einfuhr von Kunststoffabfällen mit sofortiger Wirkung überhaupt verboten. [14]

Weiter wird in der Presse berichtet, dass sogar die polnische Regierung inzwischen Abfallimporte von Kunststoff stärker kontrollieren will, weil es in 2018 schon zahlreiche Brände auf Recyclinghöfen und insbesondere auf Abfallhalden gab. [16]

Ein wichtiger Hinweis auf die künftige Importpolitik Chinas ist eine Mitteilung der chinesischen Zollverwaltung Mitte Mai 2018, wonach China die Einfuhr von aus Kunststoffabfällen hergestelltem Recyclingkunststoffgranulat und von PET-Flakes unter bestimmten Voraussetzungen ohne Importlizenzen zulassen will. [15] Zu diesen Bedingungen gehört, dass die importierten Chargen die gleiche Farbe, Korngröße und -form sowie eine einheitliche Verpackung haben und die einschlägigen Spezifikationen und Anforderungen für Kunststoffmaterialien oder -produkte erfüllen.

Nach einem im Juli 2018 veröffentlichen Papier zur zukünftigen chinesischen Rohstoffstrategie will China bis 2020 generell keinen Abfall mehr aus Europa importieren. Da China gleichzeitig eine Umwelt- wie Technikrevolution samt nahezu vollständiger rohstoffbasierter Autarkie anstrebt (*Made in China 2025*), muss nunmehr in Deutschland ein Umdenken in der gesamten Branche stattfinden.

3. Die *Europäische Strategie für Kunststoffe in der Kreislaufwirtschaft*

3.1. Das neue Problembewusstsein in der EU

Schon allein durch das Inkrafttreten des chinesischen Importverbotes für Kunststoffabfälle ab 01.01.2018 kamen die EU-Staaten unter Druck, jährlich für viele 100.000 Tonnen Kunststoffabfälle zusätzliche Verwertungswege suchen zu müssen. Zahlreiche Verbände der Entsorger appellierten deshalb an die Politik, das Recycling mit wirtschaftlichen Instrumenten zu stärken, unter anderem mit Einsatzquoten für Recyklate in Produkten. Andernfalls laufe die Branche Gefahr, auf aufwändig gesammelten und sortierten Wertstoffen sitzen zu bleiben. [12]

3.2. Die europäische Strategie für Kunststoffe in der Kreislaufwirtschaft

Praktisch zeitgleich mit dem Inkrafttreten der chinesischen Importrestriktionen für Kunststoffabfälle zum 01.01.2018 veröffentlichte die EU-Kommission am 16.01.2018 ihre *Mitteilung der Kommission an das Europäische Parlament, den Rat, den Europäischen Wirtschafts- und Sozialausschuss und den Ausschuss der Regionen: Eine europäische Strategie für Kunststoffe in der Kreislaufwirtschaft* [11].

Gegenstand der Mitteilung ist vor allem eine Darstellung der Grundprobleme: Umweltverschmutzung, Kunststoffabfälle im Meer, Recyclingprobleme durch Verunreinigungen und recyclingfeindliche Zusammensetzung des Kunststoffabfalls usw., verbunden mit dem Hinweis, dass diese Probleme sich durch die Exportschwierigkeiten noch verstärken werden.

In der umfangreichen Darstellung sind folgende Punkte hervorzuheben:

- Die Einsicht der EU: Europa braucht eine eigene Strategie für die Kreislaufwirtschaft
- Einige Lösungsansätze der EU:
  - Förderung innovativer Verpackungen, insbesondere keine mehrschichtigen Verpackungen, da die Recyclingindustrie diese dann nicht mehr aufwändig und teuer trennen muss; Ersatz chemischer Substanzen, die das Recycling behindern;
  - Verbesserung von Recyclingverfahren
  - Vorgehen gegen Verpackungsabfälle, Schaffen eines allgemeinen Bewusstseins bei Herstellern, Verwertern und Konsumenten usw. z.B. in Bezug auf Ankauf, Produktdesign und Getrenntsammlung; Förderung der Extended Producer Responsibility (ERP); Schaffung von Hafenauffangeinrichtungen für Kunststoffabfälle; freiwillige Selbstverpflichtungserklärungen der Unternehmen (Verpflichtung, mehr recycelte Kunststoffe zu verwenden);
  - Schaffung rentabler Märkte durch Abbau von Vorurteilen, Senkung der Recyclingkosten; die Verwendung von Rezyklaten soll für Unternehmen attraktiver gemacht werden; Aufbau eines europäischen Binnenmarktes für Recyclingprodukte;
  - Klarer Rechtsrahmen für biologisch abbaubare und kompostierbare Stoffe;
- Beispielhaft werden einige Ziele der EU bis 2030 genannt:
  - Bis 2030 sind alle auf dem EU-Markt in Verkehr gebrachten Kunststoffverpackungen wiederverwertbar oder können kosteneffizient recycelt werden;
  - Bis 2030 wird mehr als die Hälfte der in Europa entstehenden Kunststoffabfälle recycelt und bei der getrennten Sammlung von Kunststoffabfällen werden sehr hohe Quoten erzielt;
  - Bis 2030 haben sich die Trenn- und Recyclingkapazitäten gegenüber 2015 vervierfacht. [11]

Auf diese sehr umfassende Darlegung der künftigen EU-Kunststoffstrategie erfolgten zahlreiche Reaktionen und überwiegend positive Stellungnahmen von den Fachverbänden und der Politik, etwa vom GKV Gesamtverband Kunststoffverarbeitende Industrie e.V. Der Strategie müssen nach Auffassung des GKV nun entschlossene und für sämtliche EU-Mitgliedstaaten verbindliche Schritte, z.B. zu einem zeitnahen europaweiten Deponierungsverbot für Post-Consumer-Kunststoffabfälle, folgen.

Gleichwohl soll nach der Überzeugung des GKV *werkstoffliches Recycling auch in Zukunft bevorzugt zum Einsatz kommen, wenn es ökonomisch und ökologisch sinnvoll ist. Unter Berücksichtigung der zusätzlichen Potentiale des Kunststoffrecyclings soll aber die thermische Verwertung von Kunststoffabfällen auch in Zukunft ihren Platz in der Entsorgungshierarchie behalten, denn auch sie trägt zu einer effizienten Ressourcennutzung und zum Klimaschutz bei.* [27]

Der Umweltausschuss des Europäischen Parlaments beschloss am 10.07.2018 eine Stellungnahme, in der die Vorschläge der Kommission begrüßt und unterstützt werden. Allerdings soll die EU-Kommission nach dem Willen des Ausschusses Maßnahmen zur Festlegung eines Mindestanteils von Rezyklaten in Produkten prüfen. Dies sei ein geeignetes Mittel, einen Markt für Recyclingkunststoffe zu schaffen. [17]

Die EU-Kunststoffstrategie soll nunmehr Teil einer *EU-Richtlinie zur Verringerung der Umweltbelastung durch bestimmte Kunststoffprodukte* werden. [22]

Ziel dieser Richtlinie soll es sein, die Auswirkungen bestimmter Kunststoffprodukte auf die Umwelt, insbesondere das Meeresmilieu und die menschliche Gesundheit zu vermeiden und zu vermindern und den Übergang zu einer Kreislaufwirtschaft mit innovativen Geschäftsmodellen, Produkten und Werkstoffen zu fördern, um auf diese Weise auch zum reibungslosen Funktionieren des Binnenmarktes beizutragen. In dem Anhang werden umfassend zahlreiche Einweg-Kunststoffartikel aufgeführt, die Gegenstand der Richtlinie sein sollen.

Der Umweltausschuss des Europäischen Parlaments hat inzwischen dafür gestimmt, die geplante EU-Richtlinie für bestimmte Kunststoffprodukte in Teilen zu verschärfen. Betroffen sein sollen auch Lebensmittel- und Getränkebehälter aus EPS, Kunststoffbeutel mit einer Wandstärke unter 15 Mikrometer sowie Verpackungen und Mulchfolien aus oxoabbaubaren Kunststoffen, die ab 2021 verboten werden sollen. [19]

4. Die Entwicklung der Abfallwirtschaft in Europa und in China

4.1. Globale Trends

Nach der Studie der Weltbank *What a Waste 2.0* wird ohne die heute schon dringend erforderlichen Maßnahmen das weltweite Abfallaufkommen bis 2050 um 70 % wachsen. Aufgrund der rasanten Urbanisierung und des Bevölkerungswachstums wird erwartet, dass die jährliche Abfallmenge in den nächsten 30 Jahren auf 3,4 Milliarden Tonnen ansteigen wird, im Jahr 2016 lag die Menge bei knapp über 2 Milliarden Tonnen. [28]

Für besonders problematisch hält die Weltbank Kunststoffabfälle. Wenn sie nicht ordnungsgemäß gesammelt und entsorgt werden, werden sie Wasserstraßen und Ökosysteme für hunderte, wenn nicht gar Tausende von Jahren verunreinigen und beeinträchtigen. Im Jahr 2016 fielen bereits weltweit insgesamt über 240 Millionen Tonnen Kunststoffabfälle an, das sind immerhin 12 % aller festen Abfälle.

Der Bericht betont, dass die Bewirtschaftung fester Abfälle für nachhaltige, gesunde und integrative Städte und Gemeinden von entscheidender Bedeutung ist. Insbesondere in Ländern mit geringem Wirtschaftsniveau findet ein sachgemäßer Umgang mit Abfällen bisher aber nur selten statt. Während in Ländern mit hohem Einkommen mehr als ein Drittel der Abfälle durch Recycling und Kompostierung verwertet wird, werden in Ländern mit niedrigem Einkommen nur 4 % der Abfälle verwertet. [18]

4.2. Die Entwicklung in China

4.2.1. 13. Fünfjahresplan (2016 – 2020), *Made in China 2025*

Nach dem laufenden 13. Fünfjahresplan (2016 – 2020) will China bis 2020 rund 38 Milliarden USD in die Abfallwirtschaft investieren. Davon entfallen fast 25,7 Milliarden USD auf die umweltschonende Behandlung von Siedlungsabfällen, weitere 3 Milliarden USD auf Abfallsammlung und -transport. Rund 2,8 Milliarden USD sind für die Behandlung von Küchenabfällen sowie 3,6 Milliarden USD für die Beseitigung und Entsorgung *wilder Deponien*. Für den Aufbau von Recycling- und Sortieranlagen sind 1,4 Milliarden USD und für Vertriebsstellen im Rahmen von Pilotprojekten 0,6 Milliarden USD vorgesehen. [25]

Der Slogan *Made in China 2025* steht für einen strategischen Plan, der vom chinesischen Staatsrat im Mai 2015 veröffentlicht wurde. [4] Hierbei handelt es sich um eine Initiative zur umfassenden Entwicklung der chinesischen Industrie, die offensichtlich von der deutschen *Industrie 4.0* inspiriert wurde. Laut Plan läuft die strategische Zielsetzung bis zum Jahr 2049, und soll in mehreren Schritten umgesetzt werden. Im ersten Schritt soll bis 2025 die Qualität der Entwicklung wesentlich verbessert, Chinas Position als Fertigungsnation gestärkt, die Innovationskapazität deutlich gesteigert und die Integration von IT in die Industrie gesteigert werden. Um die Transformation zur Industriemacht zu schaffen, setzt China auf die Entwicklung und Fortschritte in zehn Schlüsselindustrien.

Außerdem werden im Rahmen von *Made in China 2025* neun strategische Aufgaben gestellt, die unter anderem die Förderung umweltfreundlicher Produktion zum Gegenstand haben (5. Aufgabe).

Schließlich sieht Made in China 2025 fünf landesweite Initiativen vor. Gegenstand der 3. Initiative ist die *Entwicklung von Projekten mit Fokus auf Green Manufacturing/ umweltfreundlicher Produktion*. Mit diesen Projekten soll die Energieeffizienz gesteigert und der Ressourceneinsatz gesenkt werden. Außerdem soll die Umwelt geschützt werden. Ziel ist es, bis 2020 1.000 grüne Firmen und 100 grüne Parks zu bauen, und den CO_2-Emissionsausstoß um 20 % zu senken. Bis 2025 soll der Energieverbrauch dem eines fortgeschrittenen weltweiten Standards entsprechen. [3]

4.2.2. Entwicklungstendenzen in der Praxis

In jüngster Zeit ist der Anfall von Abfällen in China selbst auf mehr als 520.000 Tonnen pro Tag gestiegen. Meistens werden die Abfälle entweder auf Deponien abgelagert oder thermisch behandelt. Nach Informationen der chinesischen Regierung sind heute bis zu 7 Milliarden Tonnen Abfälle rund um die größeren Städte des Landes aufgeschüttet.

Vor diesem Hintergrund wird deutlich, dass China inzwischen ein solches Wohlstandsniveau erreicht hat, dass der Import von vielen Sorten von Abfällen aus dem Ausland nicht mehr erforderlich ist. Zugleich bekommt Chinas Abfallwirtschaft enormen Rückenwind. Zum einen macht das Importverbot von Kunststoffabfällen, Altpapier und Textilresten inländisches Recycling attraktiver. Zum anderen werden Vorschriften zur Abfallsammlung, -trennung und -behandlung sowie deren Kontrolle strenger. Bis 2020 soll eine Recyclingrate von 35 % erreicht werden. Darüber hinaus werden massiv Abfallverbrennungsanlagen gebaut. Ausländische und deutsche Abfall- und Recyclingtechnologien sind hierbei gefragt.

Durch die Importrestriktionen ausländischer Abfälle entstehen zugleich neue Anreize, inländische Abfallstoffe stärker zu nutzen. Im März 2017 wurde die Trennung von Hausmüll zur Pflicht und soll bis 2020 schrittweise umgesetzt werden. Bis Ende 2017 haben bereits 43 große chinesische Städte entsprechende Anweisungen erhalten. Die chinesische Regierung setzt auf Recycling einerseits und die thermische Verwertung des Abfalls andererseits. Insgesamt wurden 2016 rund 36 % der Siedlungsabfällen in Städten verbrannt. Der 13. Fünfjahresplan sieht für die Behandlung von Hausmüll vor, dass dieser Anteil bis 2020 auf 54 % steigt. Gleichzeitig soll die Deponierung von Abfällen reduziert werden. Im Jahr 2016 waren es immer noch knapp über 58 %.

Für ausländische und deutsche Anbieter ergeben sich besondere Chancen, moderne Sortier- und Aufbereitungsanlagen zu liefern, insbesondere für Industrieabfälle. Projekte mit deutscher Beteiligung gibt es bereits, weitere sind geplant.

Um all diesen staatlichen Forderungen gerecht zu werden, muss Chinas Abfallbranche professioneller organisiert werden. Derzeit ist die Abfallsammlung in hohem Maße dezentral strukturiert und kaum reguliert, professionelle Unternehmen sind nur zu 20 % an der landesweiten Abfallsammlung beteiligt. Es gibt eine große Zahl von Familienbetrieben, die kaum staatlich kontrolliert werden und oftmals nicht die Abfallsammlungskriterien erfüllen und damit Schäden bei Luft, Wasser und Boden anrichten. Viele solcher Abfallsammler laden unverwertbare Abfälle auf Müllkippen oder in Flüsse und Bäche, oder verbrennen sie. Für diese Unternehmen wird es in Zukunft schwierig werden. Überlebensfähig scheinen vor allem große, überregional agierende, häufig staatlich kontrollierte Recycling- und Abfallbehandlungsunternehmen, mit einem ausreichenden Netz an Sammelstationen und moderner Technologie und damit weitere Chancen für deutsche Unternehmen.

Angesichts der veränderten Rahmenbedingungen verfolgen auch ausländische und deutsche Firmen Projekte im Entsorgung und Recyclingmarkt. Umgekehrt investieren chinesische Branchenfirmen in ausländische Entsorgungsfirmen, zum Teil in Deutschland. So erwarb im Oktober 2016 die Firma Techcent jeweils 60 % der Sparten Services sowie Elektro- und Autoschrott der Alba Gruppe. [26]

4.3. Die künftige Entwicklung in Europa – das EU-Abfallpaket

Am 23.02.2018 billigte der Ausschuss der ständigen Vertreter der EU-Mitgliedstaaten das neue **EU-Abfallpaket**, bestehend aus der Abfallrahmenrichtlinie, der Deponierichtlinie, der Verpackungsrichtlinie und der Richtlinie zur Änderung der Richtlinien über Altfahrzeuge, Elektro- und Elektronikaltgeräte (WEEE) und Altbatterien. Nach Annahme durch das Plenum des Europäischen Parlaments und Zustimmung der EU-Mitgliedsstaaten wurden die vier Richtlinien des Abfallpakets am 14.06.2018 im Amtsblatt der EU veröffentlicht und traten am 04.07.2018 in Kraft. Die Mitgliedsstaaten müssen nun die Änderungen bis zum 05.07.2020 in nationales Recht umsetzen.

Nach der Verabschiedung des Abfallpakets sollen Siedlungsabfälle bis 2020 zu 50 %, 2025 zu 55 % und bis 2030 zu 60 % verwertet werden. Ab 2035 ist eine Recyclingquote von 65 % vorgesehen. Darüber hinaus gibt es Mindestanforderungen für erweiterte Systeme der Herstellerverantwortung (EPRs) sowie neue Anforderungen an die getrennte Sammlung von Textilien, gefährlichen Abfällen und Bioabfällen aus Haushalten. [13]

Das Abfallpaket stellt eine Weichenstellung für die Abfallpolitik der EU bis zum Jahr 2035 und eine Vereinheitlichung zentraler Definitionen dar.

4.4. Die Umsetzung der neuen EU-Politik in der Praxis

Die europäische Kunststoffstrategie wie auch das EU-Abfallpaket haben eine rege Diskussion in Verbänden und Unternehmen ausgelöst, u.a.:

- Obermeier/Henkel, *Kunststoffeintrag in der Umwelt – Millionen von Mikro- und Makroplastikteilen verschmutzen die Umwelt*, in: DGAW Kunststoff-Newsletter, 31.10.2018
- Stengler, *Die neue EU Kreislaufwirtschaft: Vision vs. Realität?*, 30. VDI/ITAD Fachkonferenz thermische Abfallbehandlung 2018, Würzburg, 10./11.10.2018

Besonders hervorzuheben ist in dem Beitrag von Obermeier/Henkel ein ausführlicher Bericht, wonach Handel und Industrie sowie Verpackungshersteller neue Verpackungsstrategien für ihre Produkte entwickeln und bereits umsetzen (Aldi, Rewe, Henkel usw.).

In diesem Sinne haben europäische Unternehmen und Verbände der EU-Kommission bis zum 30.09.2018 in freiwilligen Selbstverpflichtungen zugesagt, bis 2025 rund 10 Millionen Tonnen Recyclingkunststoff bereitzustellen. Nach Auskunft der Behörde sind jedoch auf der Nachfrageseite bisher nur etwa 5 Millionen Tonnen zu erwarten. Es muss also mehr passieren, um das Ziel eines gut funktionierenden EU-Markts für recycelte Kunststoffe zu erreichen. [20]

5. Künftige Entwicklungen und Geschäftschancen: EU, China – und Südostasien

Im Ergebnis der vorstehenden Ausführungen eröffnen sich für deutsche und europäische Unternehmen vielfältige Möglichkeiten und Geschäftschancen:

5.1. Welche Marktchancen bietet der chinesische Importstopp für Europa?

Eingangs soll hier nochmals auf die zahlreichen Vorgaben und Handlungshinweise in dem EU-Abfallpaket, den nachfolgenden Richtlinienvorschlägen und den daran anschließenden Entwicklungen in der EU und in Deutschland hingewiesen werden.

Die chinesischen Importbeschränkungen für Kunststoffabfälle haben für den hiesigen Markt für absehbare Zeit eine erheblich geringere Nachfrage nach niedrigwertigen Sekundärkunststoffen zur Folge. In diesem Bereich steht aber die Entwicklung neuer Anwendungsfelder in Deutschland und der EU noch am Anfang. Wegen des hohen Auslastungsgrades von Abfallverbrennungsanlagen ist die energetische Verwertung von solchen Kunststoffen zurzeit sehr kostenintensiv.

Auf längere Sicht ist jedoch davon auszugehen, dass in Deutschland und auch in anderen Ländern neue Recyclingkapazitäten entstehen. Wenn die bereits existierenden Sortier- und Trenntechnologien besser genutzt werden, können auch mehr Kunststoffe qualitativ höherwertig verwertet werden und sich weitere Produkte aus Recyclingmaterialien in wichtigen neuen Marktsegmenten etablieren. Die Voraussetzungen dafür sind günstig: die entsprechenden Technologien für die Verbesserung der Recyclingverfahren sind vorhanden. Gleichzeitig lässt sich beobachten, dass sich Markenhersteller und Handelsunternehmen (z.B. Aldi, Rewe, Henkel etc.) zunehmend für neue Anwendungen von Recyclingkunststoffen öffnen.

Mittel- und langfristig wird also die geänderte Politik Chinas für das Kunststoffrecycling kein Problem, sondern eine Chance darstellen. Auf längere Sicht sind die Perspektiven des Kunststoffrecyclings gerade bei höherwertigen Materialien gut. Der Wettbewerb um hochwertige Sekundärkunststoffe wird zunehmen und die Marktkräfte werden dazu führen, dass neue Marktfelder für höherwertige Produkte erschlossen werden. Auch China setzt übrigens für die Zukunft verstärkt auf diese Marktsegmente. [31]

5.2. Welche Marktchancen bieten sich für europäische Anbieter im Chinageschäft?

In Anbetracht der schieren Größe von Land und Bevölkerung ist China ein interessanter Markt für deutsche und europäische Unternehmen auf allen Gebieten der Entsorgung und Kreislaufwirtschaft, von Planungs- und Ingenieurleistungen bis hin zur Lieferung von Anlagen und der Errichtung eigener Produktionen vor Ort.

In China werden große Anstrengungen unternommen, um die Umweltsituation in allen Bereichen zu verbessern. Vor allem die Abfallwirtschaft wird seit Jahren mit sehr hohen Investitionen weiterentwickelt. Hier bieten sich Marktchancen für europäische Unternehmen als Dienstleister und Lieferanten. Im laufenden Fünfjahresplan sind Milliardenbeträge vorgesehen für die Verbesserung von kommunalen Abfallbehandlungsanlagen. In den wichtigsten chinesischen Städten sollen umfassende Maßnahmen zu einer erheblichen Erhöhung der Getrenntsammlungsrate und der Recyclingquote führen. Daraus ergeben sich für europäische Unternehmen große Geschäftschancen, von der Sammellogistik bis zu der Planung und dem Bau von Recyclinghöfen, Sortier- und Behandlungsanlagen. Die Fuhrparks und Behältersysteme der Entsorger sind zumeist veraltet und entsprechen nicht den heutigen Anforderungen einer Getrenntsammlung. Auch ist der Bedarf an Behandlungsanlagen bei weitem nicht gedeckt. Schließlich müssen noch rund 500 Millionen Chinesen im ländlichen Bereich überhaupt erst eine geregelte Abfallentsorgung erhalten.

Ein weiteres Gebiet ist der Rückbau von Deponien (oftmals einfache Müllkippen). Deutsche Unternehmen können auch hier Verfahren und Technologien zum Deponierückbau liefern.

Aus den vorstehenden Überlegungen ist zu schließen, dass für deutsche und europäische Unternehmen im Kunststoffbereich, vor allem in Zusammenarbeit mit chinesischen Unternehmen, eine ganze Reihe von neuen Geschäftsfeldern bestehen und noch entstehen werden.

Nachfolgend dazu einige Vorschläge (in Stichpunkten):

- Herstellung von hochwertigen, den chinesischen Vorschriften entsprechenden Rezyklaten und Granulaten zum Export nach China, aber auch weltweit;
- Ansiedlung chinesischer Recyclingunternehmen in Deutschland zur Produktion von solchen Rezyklaten und Granulaten zum Export nach China, aber auch weltweit;
- Kooperation mit oder Beteiligung deutscher Unternehmen an solchen chinesischen Unternehmen in Deutschland und Europa;
- Kooperation mit oder Beteiligung deutscher Unternehmen an chinesischen Unternehmen in China auf den Gebieten Sammeln, Sortieren und Verwerten/Verbrennen (WtE) von Kunststoffen;
- *Landfill Mining* in China in Zusammenarbeit mit chinesischen Unternehmen;
- Kooperation mit chinesischen Unternehmen auf diesen Gebieten in den aufstrebenden Märkten in Südostasien (dazu siehe unten) oder Afrika.

Es bleibt den Marktkräften und dem Geschäftssinn der am Chinageschäft mit Kunststoffrecycling und Recyclingkunststoffen Beteiligten vorbehalten, den Kreis der Möglichkeiten zu erweitern.

5.3. Der erweiterte Blick auf den südostasiatischen Markt und seine Chancen

Das Jahr 2018 steht sinnbildlich für eine erhebliche Änderung der Märkte im Kunststoffbereich, aber auch des Bewusstseins der Bevölkerung weltweit über die fortschreitende Verschmutzung der Umwelt, vor allem der Meere durch Kunststoffabfälle. Dies gilt insbesondere für den asiatisch-pazifischen Ozean und die Anrainerstaaten.

In dieser Situation haben internationale Konzerne neue Allianzen gegen Kunststoffabfälle in der Umwelt gegründet.

- Die *Alliance to End Plastic Waste (AEPW)* wurde soeben von internationalen Konzernen der Petrochemie-, Kunststoff- und Konsumgüterindustrie gegründet. Es werden insgesamt 1,5 Milliarden USD für den Kampf gegen Umweltverschmutzung durch Kunststoffabfälle bereitgestellt.
- Die Mitglieder der Allianz stammen vorwiegend aus der Chemie- und Kunststoffindustrie, wie BASF, Berry Global, Braskem, Chevron Phillips Chemical Company LLC, Clariant, Covestro, Dow, DSM, ExxonMobil, Formosa Plastics Corp. USA, LyondellBasell, Mitsubishi Chemical Holdings, Mitsui Chemicals, Nova Chemicals, OxyChem, Poly-One, Reliance Industries, SABIC, Sasol, Shell, SCG Chemicals, Sumitomo Chemical, Total, und Versalis (ENI). Weitere Mitglieder sind Henkel und Procter & Gamble sowie die Umweltdienstleister Suez und Veolia.
- Für die wissenschaftliche Unterstützung ist eine Zusammenarbeit mit Hochschulen und anderen Institutionen geplant.

- AEPW will Städte bei der Entwicklung der Entsorgungsinfrastruktur unterstützen und entsprechende Partnerschaften für Investitionsprojekte aufbauen. Dies soll über die Investmentgesellschaft *Circulate Capital* geschehen. Schwerpunkt soll zunächst Südostasien sein.
- Um besonders verschmutzte Flüsse säubern zu helfen, will AEPW die Initiative *Renew Oceans* unterstützen, die im Jahr 2019 beginnen wird, Kunststoffabfälle aus dem indischen Fluss Ganges zu entfernen.
- Der weltgrößte Lebensmittelkonzern Nestlé beteiligt sich an dem Projekt *Stop Ocean Plastics (STOP)*, das vor allem in Südostasien dazu beitragen soll, die Verschmutzung der Meere durch Kunststoffe einzudämmen. Das Projekt war im Jahr 2017 von den Firmen Borealis und System IQ gegründet worden. Ein Schwerpunkt der Aktivitäten wird in Indonesien liegen, wo als erstes Projekt eine Städtepartnerschaft mit der Hafenstadt Muncar begründet wurde, in der 90 % der Haushalte keine reguläre Abfallsammlung haben, weshalb etwa 45 % der Einwohner ihren Abfall in Flüsse werfen. [21]

Dies alles zeigt beispielhaft, dass das Geschäftsfeld von Unternehmen, die auf allen denkbaren Gebieten des Kunststoffsammelns und -recyclings tätig sind, sich inzwischen über China hinaus erheblich ausweitet auf die Region Südostasien. Dem zum Teil weltweit führenden Know-how deutscher Unternehmen auf allen Gebieten des Sammelns, Sortierens und Verwertens von Kunststoffen eröffnen sich damit langfristig weitere neue geschäftliche Möglichkeiten.

6. Quellen

[1] Brooks, A. L; Wang, S.; Jambeck, J. R.: The Chinese Import Ban and its Impact on Global Plastic Waste Trade. In: Science Advances 20 Jun 2018: Vol. 4, no. 6, eaat0131. Abgerufen: http://advances.sciencemag.org/content/4/6/eaat0131

[2] Bureau of International Recycling: China verkündete weitere 32 Einfuhrverbote für feste Abfälle. Abgerufen bei bvse-Nachrichten am 01.11.2018: https://www.bvse.de/recycling/recycling-nachrichten/3022-china-verkuendete-weitere-32-einfuhrverbote-fuer-feste-abfaelle.html

Siehe auch: EUWID Recycling und Entsorgung 17.2018, 24.04.2018, S. 1

[3] China-Britain Business Council: MADE IN CHINA 2025. China Manufacturing in the 21st Century - Opportunities for UK-China Partnership. Abgerufen: https://www.mta.org.uk/system/files/resource/downloads/Made%20in%20China%202025%20Booklet%20One.pdf

[4] China News Service: Made in China 2025. Mai 2015.

[5] Circular Economy Promotion Law of the People's Republic of China, veröffentlicht am 29. August 2018. Abgerufen: https://www.cecc.gov/resources/legal-provisions/circular-economy-promotion-law-of-the-peoples-republic-of-china-chinese

[6] Dehio, J.; Rothgang, M.: Der Markt der Recyclingkunststoffe im Umbruch – Veränderungen durch Importbeschränkungen nach China und neue EU-Regeln. RWI Position #70, 10.07.2018. Abgerufen: www.rwi-essen.de/media/content/pages/publikationen/rwi-positionen/rwi-position_70_recyclingmarkt.pdf

[7] Eng, T.: Tomra: Chinas National Sword-Initiative ist Chance für Innovationen. Abgerufen bei bvse-Nachrichten am 01.11.2018: https://www.bvse.de/recycling/recycling-nachrichten/3457-tomra-chinas-national-swort-initiative-ist-chance-fuer-innovationen.html

[8] Environmental Protection Law of the People's Republic of China, vom 26. Dezember 1989. Abgerufen: http://www.china.org.cn/english/environment/34356.htm

[9] Environmental Protection Law of the People's Republic of China, vom 24 April 2014 https://www.chinadialogue.net/Environmental-Protection-Law-2014-eversion.pdf

[10] China's New Environmental Protection Tax Law: https://www.cginabusinessreview.com/chinas-new-environmental-protection-tax-law/

[11] Europäische Kommission, SWD (2018) 16 final, 16.01.2018 (mit Anhang I – III, Liste der künftigen Maßnahmen der EU zur Umsetzung der Strategie, Liste der Maßnahmenempfehlungen für nationale Behörden und die Industrie, Selbstverpflichtungskampagne)

[12] Euwid Recycling und Entsorgung Nr. 46.2017, 14.11.2017

[13] Euwid Recycling und Entsorgung, 27.02.2018 und 22.05.2018

[14] Euwid Recycling und Entsorgung news, 08.05.2018; 07.06.2018 (Vietnam, Malaysia); 04.07.2018 (Thailand)

[15] EUWID Recycling und Entsorgung International, 17.05.2018

[16] EUWID Recycling und Entsorgung International, 30.05.2018 (Polen)

[17] EUWID Recycling und Entsorgung, 11.07.2018

[18] EUWID Recycling und Entsorgung International, 24.09.2018

[19] EUWID Recycling und Entsorgung, 10.10.2018 und 16.10.2018

[20] EUWID Recycling und Entsorgung, 48.2018, 21.11.2018

[21] EUWID vom 22.01.2019/ 4.2019, S. 1 und 2: *Internationale Konzerne gründen Allianz gegen Plastikmüll in der Umwelt* und *Nestlé neuer Partner von Stop Ocean Plastics*

[22] Europäische Kommission: Vorschlag für eine Richtlinie des europäischen Parlaments und des Rates über die Verringerung der Auswirkungen bestimmter Kunststoffprodukte auf die Umwelt, COM(2018) 340 final (mit Anhang).

[23] General Office of the State Council: Notice of the General Office of the State Council on Issuing the Implementation Plan for Prohibiting the Entry of Foreign Garbage and Advancing the Reform of the Solid Waste Import Administration System [Effective], 18.07.2017. Abgerufen: http://en.pkulaw.cn/display.aspx?cgid=b931b308160acd51bdfb&lib=law

[24] German Industry & Commerce Greater China: China is Sorting its Waste and Recycling Sector. In: econet monitor – Green Markets & Climate Challenge, Dec. 2017

[25] Germany Trade & Invest: Branche kompakt: China will bis 2020 über 38 Milliarden USD in die Abfallwirtschaft investieren. Recycling- und Entsorgungswirtschaft, 30.01.2018. Abgerufen: https://www.gtai.de/GTAI/Navigation/DE/Trade/Maerkte/Branchen/Branche-kompakt/branche-kompakt-recycling-und-entsorgungswirtschaft,t=branche-kompakt-china-will-bis-2020-ueber-38-milliarden-usdollar-in-die-abfallwirtschaft-investieren,did=1859194.html#Marktchancen-

[26] Germany Trade & Invest: Branche kompakt – Recycling- und Entsorgungswirtschaft, 30.01.2018 siehe auch: econet monitor – Green Markets & Climate Challenge, 30. Dec. 2017

[27] Gesamtverband Kunststoffverarbeitende Industrie e.V., Webseite 16.01.2018, siehe auch Euwid Recycling und Entsorgung 4.2018, 23.01.2018

[28] Kaza, S.; Yao, L.; Bhada-Tata, P.; Van Woerden, F.: WHAT A WASTE 2.0 A Global Snapshot of Solid Waste Management to 2050. In: International Bank for Reconstruction and Development / The World Bank (Hrsg): Urban Development Series. Abgerufen: https://openknowledge.worldbank.org/bitstream/handle/10986/30317/9781464813290.pdf?sequence=10&isAllowed=y siehe auch: Euwid Recycling und Entsorgung International, 21.09.2018

[29] Li, Y.; Zhengyu, Z.; Teng, W.; Yang, T.; Li, R.: Future Development of Waste Management in China According to the 13th Five-Year Plan. In: Thomé-Kozmiensky, K. J.; Thiel, S. (Eds.): Waste Management, Volume 6, Waste-to-Energy. Neuruppin: TK Verlag Karl Thomé-Kozmiensky, 2016, S. 139-146, ISBN 978-3-944310-29-9

[30] Resource Recycling: From Green Fence to red alert: A China timeline. Abgerufen am 01.11.2018: https://resource-recycling.com/recycling/2018/02/13/green-fence-red-alert-china-timeline/

[31] Stengler, E.: Die neue EU Kreislaufwirtschaft: Vision vs. Realität. 30. VDI-/ITAD Fachkonferenz Thermische Abfallbehandlung 2018, S 10 f

[32] World Trade Organization, Committee on Technical Barriers to Trade: NOTIFICATION (17-3880) vom 18.07.2017. Abgerufen: https://resource-recycling.com/resourcerecycling/wp-content/uploads/2017/07/CHN1211.pdf

Ansprechpartner

Rechtsanwalt Dr. Ulrich Teich
Schindhelm Schmidt Rogge Thoma Rechtsanwälte
Partnerschaftsgesellschaft mbB
Berliner Allee 27-29
40212 Düsseldorf, Deutschland
+49 211-601013-50
ulrich.teich@schindhelm.com

Umsetzung des Verpackungsgesetzes

Hartmut Gaßner

1. Das Verpackungsgesetz ist das gescheiterte Wertstoffgesetz

Die Neuordnung der Wertstoffentsorgung in Deutschland sollte die Unterscheidung von Verpackungsabfällen und stoffgleichen Nichtverpackungsabfällen hinter sich lassen. Es sollten nicht unterschiedliche Entsorgungszuständigkeiten maßgeblich bleiben; die gleiche stoffliche Beschaffenheit der Abfälle sollte zu einer einheitlichen Wertstofferfassung führen. Das haben wir für den Bereich Papier, Pappe, Kartonagen (PPK) schon immer, denn die Entsorgung der sogenannten PPK-Verkaufsverpackungen, die in der Verantwortung der Systembetreiber liegt, wird im Rahmen der kommunalen PPK-Sammelstrukturen in der blauen Tonne mit erledigt. Es gab im vermeintlichen Vorgriff auf ein Wertstoffgesetz auch vielerorts die Einführung der sogenannten Wertstofftonne, die in Sachen Leichtverpackungen (LVP) dem Bürger nicht mehr die Auswahl aufdrängt zwischen LVP-Verkaufsverpackungen und stoffgleichen Nichtverpackungen zu unterscheiden. Was die Bürger bei den Regeln zur Bepfandung von Ein- und Mehrwegflaschen zum Wahnsinn zu treiben droht, macht sie auch insbesondere bei Kunststoffabfällen entweder ratlos oder ärgerlich. Die einheitliche Wertstofftonne wollte Schluss machen mit Unterscheidungen, die rechtlich finanzielle Verantwortlichkeiten zur Grundlage haben und nicht die stoffliche Verschiedenheit der Abfälle. Jeder kennt die Beispiele, dass es nicht einsichtig ist, weshalb der gleiche Kunststoff eine getrennte Erfassung erfahren soll, je nachdem ob es sich um eine lizensierte Verkaufsverpackung oder eine stoffgleiche Nichtverpackung handelt.

Die einheitliche Wertstofftonne wurde also vielerorts eingeführt, aber ihre Einführung wurde nicht Gesetz. In der Politik war es nicht gesetzlich umsetzbar, wie bei PPK auch bei LVP zu einer Mitentsorgung der LVP-Verkaufsverpackungen in einer kommunalen Sammelstruktur zu kommen. Hier ging es nicht um die ökonomisch und ökologisch beste Lösung; es wurde das ordnungspolitische Primat: privat vor Staat zum ausschlaggebenden Faktor.

Desgleichen wollten die Vertreter der kommunalen Abfallwirtschaft nicht einsehen, weshalb ihnen zwar die Entsorgungszuständigkeit für PPK, Bioabfälle, Schadstoffe und Restmüll zugewiesen ist, ihnen aber die Entsorgung der in den privaten Haushaltungen anfallenden stoffgleichen Nichtverpackungen zugunsten der Systembetreiber entzogen werden sollte. Dabei war auch bestimmend, dass die Systeme in ihrer Gesamtheit weder finanziell noch ökologisch gut beleumundet waren. Das Wertstoffgesetz kam nicht, vielmehr wurde das Verpackungsgesetz zusammengeschustert, in dem die Streit- und Konfliktlinien weiterleben.

2. Abstimmungsvereinbarung und Rahmenvorgabe

Die getrennte Erfassung von Glas und LVP-Verpackungen auf der einen Seite und die Zuständigkeit insbesondere für den Restmüll im kommunalen Bereich erfordert die Abstimmung zwischen den öffentlich-rechtlichen Entsorgungsträgern (örE) und den Systembetreibern. Dabei geht es nicht nur um logistische Fragen. Als Entgegenkommen der Politik sieht das neue Verpackungsgesetz statt der geforderten Entsorgungsverantwortlichkeit für die Kommunen Steuerungsmöglichkeiten zur Ausgestaltung des dualen Systems vor. Das Verpackungsgesetz will dem Umstand Rechnung tragen, dass es die örE sind, die von den Bürgerinnen und Bürgern angesprochen werden, wenn es zu Mängeln im dualen Systembetrieb kommt. Obwohl die örE hier seit über 20 Jahren keine Zuständigkeit haben, sehen die Bürgerinnen und Bürger den örE als Ansprechpartner beispielsweise für Beschwerden an, wenn sich gelbe Säcke zu unansehnlichen Hindernissen im öffentlichen Verkehrsräumen auftürmen; als noch schlimmer wird es angesehen, wenn die gelben Säcke reißen und die Leichtverpackungen durch Verwehungen das Stadtbild verschandeln.

Das Symbol für die Einräumung kommunaler Steuerungsmöglichkeiten soll deshalb das Recht der örE sein, sich vor entsprechenden Bürgerbeschwerden durch die Forderung nach einer Tonnen- statt einer Sacksammlung schützen zu können. Die Tonnensammlung ist für die Systembetreiber aber mit Mehrkosten verbunden. Deshalb zeichnet sich ab, dass sie dem neu geschaffenen Instrument Rahmenvorgabe durch die örE den vergleichbaren Widerstand entgegenbringen, wie sie ihn bereits in der Vergangenheit gegenüber entsprechenden Forderungen nach einer Umstellung von Sack und auf Tonne zeigten.

Das neue Verpackungsgesetz zieht jedenfalls in § 22 Abs. 2 das Recht des örE vor, durch schriftlichen Verwaltungsakt gegenüber den Systemen festzulegen,

1. die Art des Sammelsystems, entweder Holsystem, Bringsystem oder Kombination aus beiden Sammelsystemen,
2. der Art und Größe der Sammelbehälter, sofern es sich um Standard-Sammelbehälter handelt, sowie
3. der Häufigkeit und des Zeitraums der Behälterleerung,

wenn eine einvernehmliche Lösung im Zuge der erforderlichen Abstimmungsvereinbarung nicht gelingt.

Die Rahmenvorgabe ist allerdings nur zulässig, soweit

1. eine solche Vorgabe geeignet ist, um eine möglichst effektive und umweltverträgliche Erfassung der Abfälle aus privaten Haushalten sicherzustellen,
2. deren Befolgung den Systemen bei der Erfüllung ihrer Aufgaben nach diesem Gesetz nicht technisch unmöglich oder wirtschaftlich unzumutbar ist und
3. die Vorgabe nicht über den Entsorgungsstandard hinausgeht, welchen der örE der in seiner Verantwortung durchzuführenden Sammlung der gemischten Siedlungsabfälle aus privaten Haushaltungen zugrunde legt.

Diese Vielzahl von Voraussetzungen dürfte eine Vielzahl von Streitigkeiten nach sich ziehen. Oder anders: die Praxis wird zeigen müssen, ob die Rahmenvorgabe tatsächlich ein wirksames Instrument für die örE ist oder die kommunalen Steuerungsmöglichkeiten nur eine politische Chimäre sind und sie sich in gerichtlichen Streitigkeiten verfangen.

3. Das Kreuz mit der Übergangsvorschrift

Das Verpackungsgesetz ist am 05.07.2017 ausgefertigt worden und am 01.01.2019 in Kraft getreten. Es sieht aber in § 35 Abs. 3 eine sogenannte Übergangsvorschrift vor. Die Vorschrift in Satz 1 lautet:

Liegt zum 1. Januar 2019 noch keine neue Abstimmungsvereinbarung, die den Vorgaben des § 22 entspricht, vor, gelten bis zum Abschluss einer solchen Vereinbarung, längstens jedoch für einen Übergangszeitraum von zwei Jahren, die auf Grundlage von § 6 Abs. 4 der Verpackungsverordnung getroffenen Abstimmungen als Abstimmungsvereinbarung im Sinne dieses Gesetzes fort.

Soweit die Übergangsvorschrift greift, bedarf es also erst ab 01.01.2021 einer neuen Abstimmungsvereinbarung und in Folge ist vor diesem Zeitpunkt auch eine Rahmenvorgabe nicht durchsetzbar. Viele örE wollen mit der Umsetzung des Verpackungsgesetzes nicht weitere zwei Jahre warten und verweisen darauf, dass für ihren Bereich keine fortdauernde Abstimmungsvereinbarung vorhanden ist. Bereits vor Inkrafttreten des Verpackungsgesetzes entwickelte sich deshalb ein heftiger Streit um die Auslegung des § 35 Abs. 3. Die Systembetreiber sahen die Übergangsvorschrift als generell anwendbar. Die örE, getragen beispielsweise von gutachterlichen Stellungnahmen von [GGSC], verweisen auf die Unterschiedlichkeit der vorliegenden Sachverhalte. Es ging darum deutlich zu machen, dass es auf der einen Seite unbefristete Abstimmungsvereinbarungen gibt, auf die die Übergangsvorschrift des § 35 Abs. 3 Satz 1 anzuwenden ist. Davon unterschiedlich zu beurteilen sind die Fälle, in denen eine Abstimmungsvereinbarung gekündigt ist, bereits seit längerem ausgelaufen war oder zum 31.12.2018 befristet wurde. Zur Begründung ist die Kurzformel anzuführen: Es kann nicht ab dem 01.01.2019 fortgelten, was spätestens am 31.12.2018 ausgelaufen ist. Der Gesetzgeber kann nicht durch eine Übergangsvorschrift wieder aufleben lassen, was die Vertragsparteien bereits aufgekündigt oder befristet haben. Das BMU war bei Schaffung der Übergangvorschrift davon ausgegangen, dass es weithin nur unbefristete Abstimmungsvereinbarungen gibt und wollte die anderen Fälle aus Zweckmäßigkeitserwägungen entsprechend behandelt sehen. Gutachterliche Stellungnahmen und Schreiben einer Reihe von Bundesländern machten deutlich, dass die Übergangsvorschrift nicht unisono angewendet werden darf. Zwischenzeitlich ist auch das BMU von seiner Beurteilung abgewichen, die nicht mit dem Gesetz vereinbar war. Dieser Auslegungsstreit war ein nicht unwesentlicher Baustein für die Systembetreiber, sich nur zögerlich auf die neue Systematik des Verpackungsgesetzes einzulassen. Die vorbereitende Umsetzung des Verpackungsgesetzes in 2017/2018 wurde am Ende mit dem Hinweis verzögert, dass Verpackungsgesetz würde erst am 01.01.2019 in Kraft treten. Die Umsetzung in 2018/2019 litt unter dem Streit des Anwendungsbereichs des § 35 Abs. 3. [Es bleibt abzuwarten, welcher Sachstand sich zum Zeitpunkt der Veröffentlichung dieses Beitrags eingestellt hat].

4. Integration der PPK-Mitentsorgung in die Abstimmungsvereinbarung

Bereits die abgelöste Verpackungsverordnung sah das Rech der örE vor, von den Systemen eine Mitbenutzung der kommunalen PPK-Sammelstrukturen zu verlangen und zwar gegen ein angemessenes Entgelt. Tatsächlich kam es weithin zur Mitentsorgung der PPK-Verkaufsverpackungen durch die örE. An keinem Ort haben die Systeme eine eigene, getrennte Erfassung von PPK-Verkaufsverpackungen installiert. Aber über die Frage der Angemessenheit der Entgelte kam es vielerorts zu zeitweise heftigen Auseinandersetzungen zwischen den örE und den Systembetreibern, die eine Vielzahl von Rechtsstreitigkeiten auslösten.

Um solche Streitigkeiten in Zukunft nicht wieder eintreten zu lassen, finden sich im neuen Verpackungsgesetz eine Reihe von Bestimmungen:

1. Die Regelungen der Mitbenutzung der kommunalen PPK-Sammelstrukturen sollen Teil der erforderlichen Abstimmungsvereinbarung sein.
2. Die Kostenermittlung soll sich an gebührenrechtlichen Grundsätzen orientieren.
3. Der Anteil der Kostenbeteiligung der Systeme soll nach Vorgaben der örE nach dem Masse- oder dem Volumenanteil der PPK-Verkaufsverpackungen an der PPK-Gesamtmenge bestimmt werden.

4. Es gibt ein Wahlrecht der Systembetreiber, ob sie einer gemeinsamen Verwertung der kommunalen PPK-Mengen und der PPK-Verkaufsverpackungen zustimmen oder eine körperliche Herausgabe ihres PPK-Anteils verlangen.

5. Je nachdem, ob es zu einer gemeinsamen Verwertung oder der körperlichen Herausgabe kommt, sieht das Gesetz unterschiedliche Regelungen zur Erlösbeteiligung und zum Ausgleich der unterschiedlichen Wertigkeit des kommunalen PPK-Anteils und der PPK-Verkaufsverpackungen vor.

Es kann im Rahmen dieses Beitrags nicht aufgezeigt werden, wie viele Fallstricke sich bereits kurz nach Inkrafttreten des Verpackungsgesetzes zeigen. Zu jedem der vorstehend aufgezählten Punkte gibt es in der Praxis jedenfalls schon vielfältigen Streit. Vertreter der kommunalen Spitzenverbände sowie des VKU und der Systembetreiber haben sich zu den Streitpunkten nicht verständigen können. Allein die Frage, wie der Volumenanteil der PPK-Verkaufsverpackungen zu bestimmen ist, löste einige methodische Streitigkeiten aus, die ein ursprünglich geplantes gemeinsames Gutachten zu Auswertung von Sortieranalysen verhindert haben. Das zwischenzeitlich vorgelegte Gutachten von INFA wurde nur von der kommunalen Seite beauftragt und wird von den Systembetreibern nicht anerkannt. Inwieweit die Systembetreiber auch einen Wertausgleich dafür zu zahlen haben, dass der höhere Wert des kommunalen PPK-Anteils im Zuge der Mitentsorgung minderwertiger PPK-Verkaufsverpackungen durch Vermischung sinkt (Abschlag für Qualitätsminderung durch Vermischung), ist ebenfalls ein offener Streitpunkt.

Schließlich ist man bislang vielerorts den Weg gegangen, nicht das neue Recht anzuwenden, sondern sich mit der Verlängerung der bestehenden (privatrechtlichen) Verträge zu behelfen. Aus insoweit stockt die Umsetzung des Verpackungsgesetzes noch an vielen Orten.

5. Schlussbetrachtung

Dieser Beitrag legt den Schwerpunkt der Betrachtung auf das Verhältnis von örE und Systembetreibern. Das Verpackungsgesetz hat noch eine Reihe weiterer Regelungsbereiche, von denen nachfolgend noch einige wenige kurz angesprochen werden sollen.

5.1. Einführung der Zentralen Stelle

Die Praxis der Vergangenheit war geprägt von wettbewerblichen Auseinandersetzungen zwischen den Systembetreibern, die von dieser Seite selbst zeitweilig als *betrügerisches Vorgehen* bezeichnet wurde. Unter den Inverkehrbringern gab es nicht wenige, die sich der Lizensierung ihrer Verkaufsverpackungen entzogen haben und das bestehende duale System ohne Kostenbeteiligung als sog. Trittbrettfahrer mitbenutzen.

Solchen Verstößen soll zukünftig eine Zentrale Stelle begegnen, die zwar auf privatwirtschaftlichen Füßen steht (Stiftung), aber mit hoheitlichen Befugnissen ausgestattet ist.

5.2. Steigerung der Verwertungsquoten

Die Erwartungen an eine stoffliche Verwertung der LVP-Verkaufsverpackungen wurden in der Vergangenheit bei weitem nicht erfüllt. Dem Vorhalt: *getrennt erfasst, gemeinsam verbrannt* konnte nicht wirklich, sondern nur mit statistischer Arithmetik begegnet werden. Bereits zum Inkrafttreten des Verpackungsgesetzes wurden die Stimmen wieder lauter, die die für die stoffliche Verwertung der LVP-Verpackungen vorgesehenen Quoten als zu ambitioniert einordnen. Mit Sorge blicken dies Systembetreiber auch auf den erwarteten Anstieg der lizensierten PPK-Mengen, die sich über den Ausbau des Online-Handels und die verbesserten Kontrollmöglichkeiten bzgl. der Registrierung ergeben. In Zukunft müssen 85% der in Verkehr gebrachten PPK-Verkaufsverpackungen verwertet werden. Diese Quoten werden nicht eher nebenbei zu erfüllen sein.

5.3. Ökologisierung der Lizenzentgelte

Die Grundidee bei Einführung des dualen Systems war eine Verminderung der Verpackungsmengen in Folge eines Kostendrucks durch die Finanzierungsbeteiligung der Inverkehrbringer an der Entsorgung der Verkaufsverpackungen. Der Autor hat an anderer Stelle in diesem Zusammenhang vom *Mythos der Produktverantwortung* gesprochen. Zwar sind die Inverkehrbringer zur Beteiligung am dualen System verpflichtet worden, aber der Kostenanteil der Lizenzierungsentgelte ist viel zu gering hier wirksame Vermeidungsanreize zu setzen. Trotzdem sieht das Verpackungsgesetz nunmehr noch zusätzlich eine Ökologisierung der Lizenzentgelte vor. Es sollen Inverkehrbringer begünstigt werden, deren Verpackungen eine hohe Recyclingfähigkeit aufweisen; umgekehrt soll denjenigen eine hohe Kostenlast treffen, dessen Verpackungen keine gute Recyclingfähigkeit haben. Es bleibt abzuwarten, inwieweit hier unter den Wettbewerbsbedingungen der Systembetreiber merkliche Kostendifferenzierungen möglich werden. Aber vielleicht kann die Bewertung der Recyclingfähigkeit von Verkaufsverpackungen zu Einstufungen führen, die ihr Ziel nicht über unterschiedliche Kostenbelastungen erreichen, sondern über ihren Einsatz im Bereich des (Verpackungs-)Marketings.

5.4. Fazit

Der Start der Umsetzung des Verpackungsgesetzes verläuft mehr als holprig. Das Verpackungsgesetz ist von Anbeginn durchzogen von Kompromisslinien, deren Auslegung viel Streit erwarten lässt. Die Verpackungsentsorgung ist mit einem hohen Symbolwert verbunden, der weit über ihre abfall- und volkswirtschaftliche Bedeutung hinausgeht. Das heißt aber auch, dass die Verpackungsentsorgung als Teil der Ausgestaltung einer nachhaltigen Gesellschaft zu verstehen ist und die Umsetzung des Verpackungsgesetzes als entsprechender Beitrag kritisch begleitet werden muss.

Ansprechpartner

Rechtsanwalt Professor Hartmut Gaßner
Gaßner, Groth, Siederer & Coll.
Partnerschaft von Rechtsanwälten mbB
Energieforum Berlin
Stralauer Platz 34
10243 Berlin, Deutschland
+49 30-7261026-0
berlin@ggsc.de

Stand der Umsetzung der novellierten Gewerbeabfallverordnung aus Sicht der Wirtschaft

Peter Kurth und Jens Loschwitz

Die novellierte Gewerbeabfallverordnung (GewAbfV 2017) [15] trat in großen Teilen bereits am 1. August 2017 in Kraft. Bestimmte Anforderungen an die Anlagentechnik hat der Verordnungsgeber erst zum 1. Januar 2019 scharf geschaltet. [16] Ein flächendeckender und gleichlaufender Vollzug der GewAbfV 2017 wie er seitens der in Deutschland tätigen privaten Entsorgungswirtschaft schon von Anbeginn des Verordnungsgebungsverfahrens gefordert wurde, blieb zunächst aus. Der Grund für dieses Vollzugsdefizit liegt nicht nur in der häufig unzureichenden personellen Ausstattung der Umweltbehörden in den deutschen Bundesländern. [2] Auch die Überarbeitung der *Vollzugshinweise zur Gewerbeabfallverordnung* durch den Ausschuss für Abfallrecht der Bund/Länder-Arbeitsgemeinschaft Abfall (LAGA) dauerte zu lange. Erst am 24.08.2018 – also über ein Jahr nach Inkrafttreten der GewAbfV 2017 – endete eine Anhörung der betroffenen Kreise zu dem Entwurf einer neugefassten *Mitteilung 34* (M34), also den LAGA-Vollzugshinweisen zur Gewerbeabfallverordnung. Zwar ist diese Verzögerung nicht zuletzt dem starren Korsett für LAGA-Entscheidungen geschuldet, dass diese stets zeitintensiv macht. Im Ergebnis lag bei Redaktionsschluss dieser Veröffentlichung (12. Oktober 2018) aber eine verbindliche M34 nicht vor. Frühestens wird das Inkrafttreten einer neuen M34 für Frühjahr 2019 erwartet.

Die in Deutschland tätige private Entsorgungswirtschaft hat diese Verzögerung kritisiert, da Investitionen in die erforderliche Nachrüstung der Technik der Vorbehandlungsanlagen Rechtssicherheit und Verbindlichkeit beim Vollzug erfordern. Der Verordnungsgeber erwartet einen einmaligen Umstellungsaufwand in Höhe von rund 192 Millionen EUR. [7] Die private Entsorgungswirtschaft hat auf das Ausbleiben einer verbindlichen M34 mit eigenen Hinweisen reagiert. Der auch seitens vieler Verwaltungsvertreter positiv aufgenommene Leitfaden zur GewAbfV 2017 des BDE Bundesverband der Deutschen Entsorgungs-, Wasser- und Rohstoffwirtschaft e. V. liegt bereits in der zweiten Auflage vor. [1]

1. Stoffstrom gewerbliche Siedlungsabfälle

Maßgeblich für die Einstufung als *gewerbliche Siedlungsabfälle* ist die Herkunft. [12] Die Abgrenzung erfolgt negativ (*aus anderen Herkunftsbereichen als privaten Haushaltungen*) und umfasst – vereinfacht – gewerbliche und industrielle Abfälle sowie Abfälle aus privaten und öffentlichen Einrichtungen. Die GewAbfV 2017 regelt außerdem den Umgang mit bei Bau- und Abbrucharbeiten anfallenden mineralischen und weiteren nicht mineralischen Abfällen, wobei es sich mengenmäßig um den größten Stoffstrom handelt. Der Fokus dieser Ausarbeitung liegt auf den gewerblichen Siedlungsabfällen.

1.1. Wirtschaftliche Bedeutung

Nach den Bauabfällen sind gemäß Erhebungen des Umweltbundesamts (UBA) die *übrigen Abfälle (insbesondere aus Produktion und Gewerbe)* gegenwärtig die bedeutendste Abfallgruppe. [14]

1.1.1. Zirka 40 Millionen Tonnen gewerbliche Siedlungsabfälle

Gewerbebetriebe produzieren in Deutschland jedes Jahr zirka 40 Millionen Tonnen *Abfälle* (Berechnungen von Prognos AG, 2015). Davon werden heute zirka 33 Millionen Tonnen bei den Abfallerzeugern getrennt erfasst; nur 7 Millionen Tonnen – also gut 17 Prozent – werden als sogenannte Gemische erfasst. Aufgrund der Datenbasis gibt es inzwischen eine ganz gute Vorstellung vom wirtschaftlichen Potential der

Gewerbeabfälle am Standort Deutschland. Dabei variieren die Zahlen nur im Detail; auch die kommunale Seite beziffert z.B. das Aufkommen von gemischten Gewerbeabfällen in Deutschland mit zirka 6,35 Millionen Tonnen (2015). [13]

1.1.2. Betriebswirtschaftliche Bedeutung

Dabei hat der Stoffstrom der Gewerbeabfälle für alle beteiligten Akteure – also insbesondere Abfallerzeuger und deren jeweiligen Entsorgungspartner – zum einen eine betriebswirtschaftliche Komponente, weil insbesondere die Abfallerzeuger durch kluges Abfallmanagement regelmäßig Kosten senken und Erträge steigern können.

1.1.3. Volkswirtschaftliche Bedeutung

Zum anderen hat der Stoffstrom der Gewerbeabfälle auch eine volkswirtschaftliche Komponente: Die gestiegene Bereitschaft zu einem klugen Abfallmanagement insbesondere in der Großindustrie liegt nicht zuletzt an dem positiven Marktwert mancher Stoffströme. Immer deutlicher wird die standortpolitische Bedeutung von Sekundärrohstoffen für den Produktionsstandort Deutschland und auch die übrigen Mitgliedstaaten der Europäischen Union. Sekundärrohstoffe sind auch im Fokus der Deutschen Bundesregierung. Zutreffend führt so z.B. auch das Bundesministerium für Wirtschaft und Energie (BMWE) unter der Überschrift *Rohstoffe – unverzichtbar für den Zukunftsstandort Deutschland* aus:

Rund 80 Prozent der in Deutschland anfallenden Abfälle und Schrotte werden heute recycelt oder in anderer Form […] verwertet. Selbst geringe Mengen von wertvollen Metallen in Schlämmen und Schrotten werden zurückgewonnen. Diese aus Recycling gewonnenen Sekundärrohstoffe tragen zur heimischen Rohstoffversorgung bei und verringern die Importabhängigkeit. Dennoch wird ihr Potenzial bei Weitem noch nicht ausgeschöpft. Hier können neue innovative Technologien und Verfahren die Rohstoffeffizienz erhöhen und damit auch die heimischen Lagerstätten schonen. [4]

Das BMWE betont zu der Rohstoffstrategie der Bundesregierung weiter, dass ihre Maßnahmen sich an vier Kernzielen orientieren (*Hervorhebung im Fettdruck durch Verfasser*):

- die deutsche Wirtschaft bei der Diversifizierung der Rohstoffbezugsquellen unterstützen,
- **die nachhaltige Ressourcenwirtschaft durch verstärktes Recycling und erhöhte Ressourceneffizienz stärken,**
- die Zusammenarbeit mit den Rohstoffpartnerländern verbessern und
- die Entwicklung innovativer Technologien unterstützen und die Forschung im Material- und Rohstoffbereich ausbauen. [4]

Sekundärrohstoffe sind aus Sicht der Bundesregierung also ein sehr wichtiger Baustein im Rohstoffmix mit weiteren Rohstoffquellen wie heimischen Primärrohstoffen und auch Importrohstoffen aus dem Ausland. Diverse Bundesinstitutionen nehmen Recycling als Teil einer Rohstoffstrategie aus einem Guss in den Blick. [3]

Insbesondere Importrohstoffe werden in der letzten Zeit kritischer beleuchtet. Immer mehr wird im Hinblick auf weite Transportwege von Importrohstoffen – insbesondere aus dem Nicht-EU-Ausland – auch auf die CO_2-Bilanz geachtet oder auch die Umstände ihrer Gewinnung im Hinblick auf ethische Fragen im Umgang mit Arbeitskräften hinterfragt. [5] Hinzukommt, dass die Vorkommen an Primärrohstoffen endlich sind.

1.2. Bedeutung der Getrennthaltung

Eine wichtige Voraussetzung für eine erfolgreiche stoffliche Verwertung ist die möglichst sortenreine Sammlung der Wertstoffe. [10] Nur möglichst sortenreine Erfassung garantiert im späteren Recycling hohe Qualitäten und vermeidet ein sogenanntes *down-cycling*. Die Sortenreinheit bei den geschlossenen Kreisläufen, wie dem PET-Flaschenrecycling, garantiert eine so hohe Qualität des aus zurückgegebenen PET-Flaschen gewonnenen Rezyklats, das den Wiedereinsatz in der PET-Flaschenproduktion ermöglicht. Ebenso gilt es, im Gewerbebereich Gemische zu vermeiden. So verhindern beispielsweise Verschmutzungen mit biologischen (feuchten) Abfällen regelmäßig ein stofflich anspruchsvolles Recycling von PPK-Fraktionen.

1.3. Fokus auf Abfallerzeuger

Die GewAbfV 2017 legt einen klaren Fokus auf den Abfallerzeuger. Das ist ein deutlicher Fortschritt. Der Abfallerzeuger ist der entscheidende Steuermann für seine Abfälle. Die Abfälle sind bereits an der Anfallstelle zu separieren. [11]

Die Novelle der Gewerbeabfallverordnung stärkt die schon jetzt von vielen Gewerbebetrieben praktizierte Getrennthaltung von Abfallströmen. Dabei machen schon heute die getrennt gesammelten Gewerbeabfälle mehr als das Dreifache der in Gewerbebetrieben anfallenden Abfallgemische aus. Mit dem weiteren Ausbau der Getrennthaltung übernimmt die Novelle die guten Erfahrungen des Gesetzgebers mit der Getrennthaltung von Abfällen aus Privathaushalten.

2. Bedeutung des Vollzugs

Insbesondere die Gesetzgebung der Kreislaufwirtschaft ist auf einen begleitenden Vollzug angewiesen. Die umweltpolitische Bedeutung einer gelebten Kreislaufwirtschaft – mit einem substantiellen Beitrag zur Verminderung des Ausstoßes von Treibhausgasen – wie auch die volkswirtschaftlichen Vorteile für den Produktionsstandort Deutschland (s.o.) sind in betrieblichen Abläufen von kleinen und mittelständischen Unternehmen (KMU) nicht unmittelbar präsent.

2.1. Vollzugsausfall allgemein

Umso ärgerlicher ist es, dass in vielen Bereichen der Vollzug der Umweltgesetzgebung in der Fläche ausfällt. Ein Beispiel ist die Getrenntsammlungspflicht für Bioabfälle aus Privathaushaltungen, die seit 01.01.2015 vom Kreislaufwirtschaftsgesetz 2012 (KrWG) vorgeschrieben ist (vgl. § 11 Absatz 1 KrWG, *Kreislaufwirtschaft für*

Bioabfälle und Klärschlämme). Auch Jahre später gibt es immer noch Landkreise, wo diese gesetzliche Pflicht nicht umgesetzt ist und Landesumweltministerien, die eine gesetzliche Verpflichtung – höflich formuliert – als Prüfauftrag missverstehen. Auch die vorangehende – gut gemeinte – Gewerbeabfallverordnung aus dem Jahr 2002 fristete überwiegend ein Nischendasein, da ein Vollzug faktisch nicht stattfand. Scharfe Kritik am ausbleibenden Vollzug von Umweltgesetzen übt u.a. die Deutsche Umwelthilfe. [6] Im Hinblick auf den Vollzug der GewAbfV 2017 gibt es erste positive Signale u.a. aus Baden-Württemberg, Hamburg und Berlin.

2.2. Richtiger Vollzugsansatz

Nicht zuletzt aufgrund der Erfahrungen des ausbleibenden Vollzugs der Gewerbeabfallverordnung 2002 gilt es, aus den damaligen Fehlern zu lernen. Bei vielen Abfallerzeugern lag der Verordnungstext so nur in der Schublade –wenn überhaupt.

2.2.1. Fokus auf Abfallerzeuger

Zurecht legt die GewAbfV 2017 einen klaren Fokus auf den Abfallerzeuger (s.o.). Der Abfallerzeuger ist der Herr seiner Abfälle, zumal er letztlich bereits über deren Entstehung entscheidet, und lenkt maßgeblich die Abfallströme. Beim Abfallerzeuger werden die wesentlichen Weichen gestellt. Der Regelfall nach der GewAbfV 2017 ist gerade die Getrenntsammlung. Abweichungen von der Getrenntsammlung sind Ausnahmen und bedürfen der Begründung. Deswegen ist es auch essentiell, dass beim Abfallerzeuger der Vollzug ansetzt.

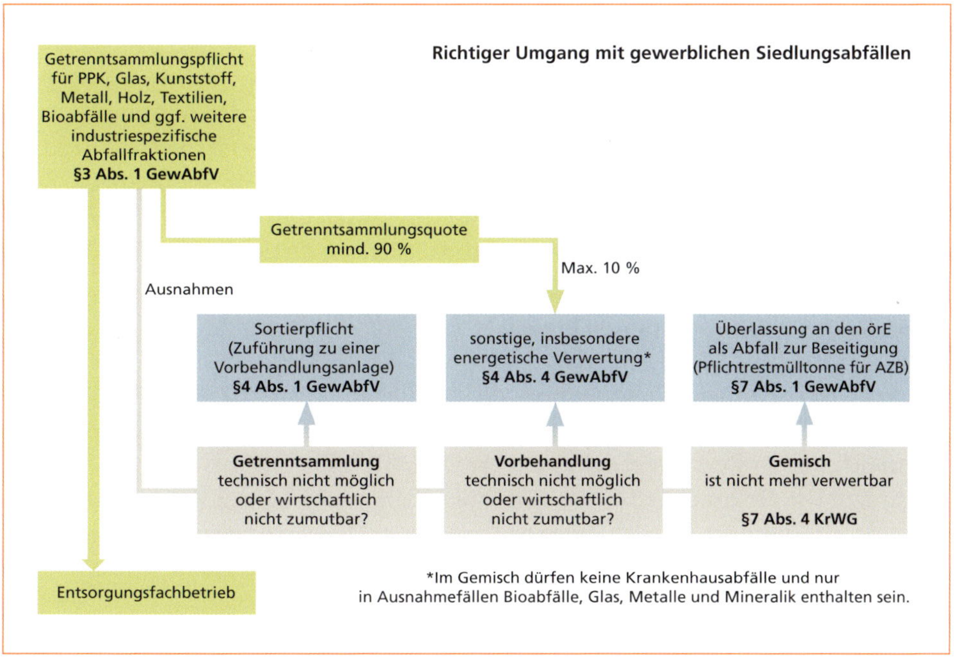

Bild 1: Kaskade des Umgangs mit Gewerbeabfällen

Die vorstehende Grafik zeigt – prominent links oben – deutlich die hervorgehobene Rolle des Abfallerzeugers. Die Ausnahmen sind farblich deutlich abgesetzt. Den jeweiligen Abfallerzeuger als *Steuermann* seiner Abfälle gilt es daher, besonders in den Fokus zu nehmen. Die stoffliche Verwertung funktioniert am besten bei sortenreinen Stoffströmen.

2.2.2. Vollzugshinweise der LAGA

Große Bedeutung kommt dem Inkrafttreten der überarbeiteten M34 zu. An den Vollzugshinweisen werden sich sämtliche Vollzugsbehörden der Bundesländer und natürlich die Abfallerzeuger orientieren.

Wichtig: Finalisierung durch LAGA

Wichtig ist, dass die Vollzugshinweise der LAGA nun endlich finalisiert werden. Nur so kann ein flächendeckend einheitlicher Vollzug sichergestellt werden. Gewerbetreibende von Hamburg bis München müssen die Gewissheit haben, dass die Abfalltrennung, wie sie in Privathaushalten ohnehin schon lange üblich ist und sich im Übrigen auch in der Großindustrie bewährt hat, auch für kleine und mittelständische Gewerbebetriebe jetzt die Regel ist. Gewerbetreibenden, die die Trennpflichten der Gewerbeabfallverordnung beachten, darf kein Wettbewerbsnachteil dadurch entstehen, dass Behörden bei *schwarzen Schafen* wegsehen.

Hilfreich: *Checklisten* mit Praxis-Tipps

Hilfreich könnten kurze *Checklisten* sein, mit der die LAGA den Vollzugsorganen Tipps zur Umsetzung des Vollzugs gibt. Der Vollzugsbeamte vor Ort darf mit den zum Teil komplexen Regelungen nicht allein gelassen werden. Ziel muss es sein, die Kontrollbehörden auch tatsächlich vollzugsfit für die Umsetzung beim Abfallerzeuger zu machen. Kurze Praxistipps für die Vollzugsbehörden vor Ort sind sicherlich dienlich.

Ansatzpunkt: Dokumentationspflichten

Die diversen Dokumentationspflichten, die die GewAbfV 2017 festlegt, sind ein wichtiger Ansatzpunkt für den Vollzug. Dabei ist das *Wie* der Dokumentation – KMU-freundlich – sehr offen, um in der Praxis etablierte Dokumentationsverfahren nicht zu gefährden. Die Dokumentation der getrennten Sammlung kann z.B. alternativ durch Lagepläne, Lichtbilder, Praxisbelege wie Liefer- oder Wiegescheine oder ähnliche Dokumente erfolgen. Das Wahlrecht hat der Abfallerzeuger oder Abfallbesitzer.

Nachfolgend ist ein kursorischer Überblick zu den Dokumentationspflichten gemäß GewAbfV 2017 eingeblendet:

Tabelle 1: Kursorischer Überblick zu den Dokumentationspflichten gemäß GewAbfV 2017

Zu dokumentieren ist…	Vorschrift in GewAbfV 2017
I. Der Regelfall der Getrenntsammlungspflichten … - durch Lagepläne, Lichtbilder, Praxisbelege, wie Liefer- oder Wiegescheine oder ähnliche Dokumente	§ 3 Abs. 3 Ziffer 1
… und die Übergabe an ein Entsorgungsunternehmen - durch eine Erklärung desjenigen, der die Abfälle übernimmt, wobei die Erklärung dessen Namen und Anschrift sowie die Masse und den beabsichtigten Verbleib des Abfalls zu enthalten hat **(Übernahme-Nachweis)**	§ 3 Abs. 3 Ziffer 2
II. Das Vorliegen einer Ausnahme von den Getrenntsammlungspflichten… - durch eine Darlegung der technischen Unmöglichkeit oder der wirtschaftlichen Unzumutbarkeit	§ 3 Abs. 3 Ziffer 3 und § 3 Abs. 2
… und die Übergabe an ein Entsorgungsunternehmen - durch Praxisbelege, wie Liefer- oder Wiegescheine, Entsorgungsverträge oder Nachweise desjenigen, der die zuzuführenden Abfälle übernimmt **(Übernahme-Nachweis)**	§ 4 Abs. 1 Satz 1 und § 4 Absatz 5 Sätze 1 und 2 (Fall 1)
und - die Einholung einer Bestätigung des Anlagenbetreibers, dass die Anforderungen für Vorbehandlungsanlagen erfüllt werden; bei „erstmaliger Übergabe“ **(Betreiber-Erklärung)**	§ 4 Abs. 2
III. Das Vorliegen einer Ausnahme von den Vorbehandlungspflichten… - durch Darlegung, dass die Behandlung der Gemische in einer Vorbehandlungsanlage technisch nicht möglich oder wirtschaftlich nicht zumutbar ist	§ 4 Abs. 3 und § 4 Abs. 5 Sätze 1und 2 (Fall 2)
oder - durch Erfüllung der Getrenntsammlungsquote (Bestätigung Sachverständiger)	§ 4 Abs. 3 Satz 3 und § 4 Absatz 5 Satz 4
… und die Übergabe an ein Entsorgungsunternehmen - durch Praxisbelege, wie Liefer- oder Wiegescheine, Entsorgungsverträge oder Nachweise desjenigen, der die zuzuführenden Abfälle übernimmt **(Übernahme-Nachweis)**	§ 4 Abs. 5 Sätze 1 und 2 (Fall 2)

Quelle: BDE Leitfaden Gewerbeabfallverordnung (2. Aufl. 2018)

2.3. Regionaler Missbrauch Pflichtrestmülltonne

Punktuell wurde in der Vergangenheit die sogenannte *Pflichtrestmülltonne* als Vollzugsinstrument missbraucht.

2.3.1. Vermutungsregelung für Pflichtrestmülltonne

Wie schon die alte Verordnung enthält auch die GewAbfV 2017 die Vorgabe, eine sogenannte Pflichtrestmülltonne vorzuhalten (§ 7 GewAbfV 2017). Demnach sind gewerbliche Siedlungsabfälle, die nicht verwertet werden, grundsätzlich dem öffentlich-rechtlichen Entsorgungsträger zu überlassen. Erzeuger und Besitzer haben hierfür Abfallbehälter des öffentlich-rechtlichen Entsorgungsträgers im angemessenen Umfang vorzuhalten, mindestens aber einen Behälter (Pflichtrestmülltonne). Diese Vorschrift beruht auf der Vermutung, dass bei jedem Erzeuger und Besitzer gewerblicher Siedlungsabfälle auch Abfälle anfallen, die nicht verwertet werden können.

2.3.2. Aber: Vorrang der Getrenntsammlung oder Vorbehandlung

Wichtig ist in diesem Zusammenhang, dass sowohl die Getrenntsammlungs- bzw. Vorbehandlungspflichten für gewerbliche Siedlungsabfälle als auch die Verwertungspflichten aus § 7 Abs. 2 KrWG Vorrang vor ihrer Beseitigung haben. Die Abfallerzeuger sind weder berechtigt und erst recht nicht verpflichtet, von einer Erfüllung ihrer nach § 7 Abs. 2 KrWG bestehenden Verwertungspflicht und der damit einhergehenden Getrennthaltungs- sowie Vorbehandlungspflichten nach der Gewerbeabfallverordnung zugunsten einer Überlassung von Abfällen an den öffentlich-rechtlichen Entsorgungsträger abzusehen. Erzeuger und Besitzer gewerblicher Siedlungsabfälle können sich den Pflichten der GewAbfV 2017 nicht dadurch entziehen, dass sie ihre Abfälle freiwillig und ausnahmslos über die kommunale Restmülltonne des öffentlich-rechtlichen Entsorgungsträgers entsorgen.

2.3.3. Augenmaß bei Satzungsrecht

Soweit die öffentlich-rechtlichen Entsorgungsträger per Satzungsrecht und mit Hilfe von Einwohnergleichwerten Anzahl, Volumen und Leerungszyklus der vorzuhaltenden Pflichtrestmülltonnen näher bestimmen, ist das Restabfallbehältervolumen so zu bestimmen, dass es den tatsächlich anfallenden Mengen an überlassungspflichtigen Abfällen grundsätzlich entspricht. Andernfalls verstoßen entsprechende satzungsrechtliche Vorgaben gegen den höherrangigen § 7.

2.3.4. Pflicht zur Nutzung einer Pflichtrestmülltonne kann entfallen

Laut der Verordnungsbegründung darf weiterhin auf die bereits bestehende Rechtsprechung zur Pflichtrestmülltonne und insbesondere auf das Urteil des Bundesverwaltungsgerichts vom 17.02.2005 (7 C 25.03) zurückgegriffen werden. In dieser wegweisenden Entscheidung stellte das Bundesverwaltungsgericht fest, dass die Pflicht zur Nutzung einer Pflichtrestmülltonne entfalle, wenn die Erzeuger und Besitzer gewerblicher Siedlungsabfälle im Einzelfall nachweisen können, dass bei ihnen keine Abfälle zur Beseitigung anfallen. Der Nachweis dürfte heute jedoch umso eher gelingen, umso mehr Abfälle bereits getrennt erfasst werden. Für die restlichen nicht getrennt erfassten Abfälle müsste dann nur noch der Nachweis erbracht werden, dass die restlichen gemischt erfassten Abfälle einer thermischen Verwertung in einer Anlage mit R1-Status zugeführt werden. Denn nach § 3 Abs. 23 KrWG in Verbindung mit der Anlage 2 des KrWG stellt die thermische Behandlung in einer R1-Anlage eine Verwertung im Sinne der Abfallrechts und keine Beseitigung dar.

2.3.5. Risiko: Missachtung der Abfallhierarchie

Ordnungswidrig handelt auch, wer die Pflichtrestmülltonne *nicht richtig nutzt* (§ 13 Absatz 1 Ziffer 5 GewAbfV 2017). Eine unter Missachtung der Abfallhierarchie erfolgende Befüllung der Pflichtrestmülltonne mit Abfällen zur Verwertung (AzV) unterfällt also dem hohen Bußgeldrahmen von bis zu 100.000 EUR. Auch vor diesem Hintergrund sollten Gewerbetreibende überdimensionierten Pflichtrestmülltonnen mit

Vorsicht begegnen. Es bleibt zu hoffen, dass der Missbrauch der Pflichtrestmülltonne als Vollzugsinstrument Vergangenheit bleibt. Letztlich muss auch die kommunale Entsorgungswirtschaft an einer Stärkung des Recyclings Interesse haben, zumal immer wieder Entsorgungsengpässe in der thermischen Verwertung zu vergegenwärtigen sind. [9]

3. Investitionen in Anlagen

Viele Unternehmen der Recyclingwirtschaft hatten im Zuge der Gewerbeabfallverordnung 2002 in Sortieranlagentechnik investiert. Nicht zuletzt aufgrund des ausbleibenden Vollzugs der vorangehenden Verordnung (s.o.) lohnten sich diese Investitionen regelmäßig nicht. Anlagen wurden sogar stillgelegt und blieben als Investitionsruinen zurück, Diese schlechten Vollzugsverfahrungen führten im Hinblick auf die GewAbfV 2017 zu einer gewissen Zurückhaltung auf Seiten der Entsorgungswirtschaft im Hinblick auf Investitionen in neue Anlagentechnik. Zwar sind Deutschlandweit Investitionen in Sortiertechnik erfolgt. Ein umfassender Überblick zu den Anlagen, die den Anforderungen der GewAbfV 2017 entsprechen, ist aber frühestens Anfang 2019 zu erwarten. Zumindest in großen Bundesländern wie Baden-Württemberg und Nordrhein-Westfalen werden von den Landesbehörden erstellte Übersichten zu den Anlagen erwartet. Maßgeblich wird aber der Vollzugswille wie auch der tatsächliche Vollzug über die Investitionen in die nötige Anlagentechnik entscheiden.

4. Ausblick

Letztlich regelt die Gewerbeabfallverordnung *nur* den Eingang in die Verwertungsanlagen der Entsorgungswirtschaft. Recycling ist kein Selbstzweck. Der *Ausgang*, d.h. insbesondere der Einsatz von Rezyklaten, also zum Beispiel der Einsatz von Ersatzbaustoffen, wird vom Markt bestimmt. Die Recyclingwirtschaft konkurriert oft mit (Primär-)Produkten, die auf diesem Markt gehandelt werden. Hier kommt der öffentlichen Hand eine Vorreiterrolle zu. Zahlreiche Regelungen verlangen von der öffentlichen Hand bereits, dass ökologische Gesichtspunkte – und nicht nur der Preis – zu berücksichtigen sind. Leider wird in der Praxis noch zu häufig Primärrohstoffen – auch aus Unkenntnis – der Vorzug vor Sekundärrohstoffen gegeben. Hier gibt es Überlegungen, dass Beschaffungsstellen künftig begründen müssen, warum sie Primärrohstoffe einsetzen wollen bzw. den Vorzug geben wollen. [8]

5. Quellen

[1] BDE Bundesverband der Deutschen Entsorgungs-, Wasser-, und Rohstoffwirtschaft e. V.: BDE-Leitfaden zur Gewerbeabfallverordnung, 2. Aufl. 2018, Quelle: https://bde.de/assets/public/Dokumente/Presse/BDE-Leitfaden-GewAbfV.pdf

[2] Bogumil J, Bogumil S., Ebinger F., Grohs S.: Weiterentwicklung der baden-württembergischen Umweltverwaltung, Wissenschaftliches Gutachten im Auftrag des Ministeriums für Umwelt, Klima und Energiewirtschaft Baden-Württemberg; Bochum, Speyer, Wien; 2016; S. 25 ff; Quelle: https://um.baden-wuerttemberg.de/fileadmin/redaktion/m-um/intern/Dateien/Dokumente/1_Ministerium/Aufgaben_und_Organisation/160822_Gutachten_Weiterentwicklung_Umweltverwaltung.pdf

[3] Bundesanstalt für Geowissenschaften und Rohstoffe: Deutschland - Rohstoffsituation 2015. S. 25 ff; ISBN: 978-3-943566-78-9 (Druckversion); 2016. Quelle: https://www.bgr.bund.de/DE/Themen/Min_rohstoffe/Downloads/Rohsit-2015.pdf?__blob=publicationFile&v=3

[4] Bundesministerium für Wirtschaft und Energie: Rohstoffe – unverzichtbar für den Zukunftsstandort Deutschland. Quelle: https://www.bmwi.de/Redaktion/DE/Dossier/rohstoffe-und-ressourcen.html (Abruf: 19.09.2018)

[5] Deutsche Presse Agentur GmbH: Apple will keine Rohstoffe aus Konfliktregionen mehr. Abgerufen bei FAZ-Net am 01.09.2018. Quelle: http://www.faz.net/aktuell/wirtschaft/netzwirtschaft/ethische-standards-apple-will-keine-rohstoffe-aus-konfliktregionen-mehr-12799595.html

[6] Deutsche Umwelthilfe: Deutsche Umwelthilfe kritisiert Bundesländer für fehlenden Vollzug der Gewerbeabfallverordnung, Pressemitteilung vom 27.06.2018; Quelle: https://www.duh.de/presse/pressemitteilungen/pressemitteilung/deutsche-umwelthilfe-kritisiert-bundeslaender-fuer-fehlenden-vollzug-der-gewerbeabfallverordnung/ (Abruf: 20.09.2018)

[7] Deutscher Bundestag – 18. Wahlperiode, Drucksache 18/11294, Seite 3. Quelle: http://dip21.bundestag.de/dip21/btd/18/112/1811294.pdf.

[8] EUWID Recycling und Entsorgung,: Anwältin Stede für verbindlichen Einsatz von Ersatzbaustoffen. Ausgabe 29/2018 vom 17.07.2018.

[9] EUWID Recycling und Entsorgung: Verbrennungskapazitäten erneut sehr knapp. Online (29.06.2018). Quelle: https://www.euwid-recycling.de/news/wirtschaft/einzelansicht/archive/2018/june/Artikel/verbrennungskapazitaeten-erneut-sehr-knapp.html (Abruf: 20.09.2018)

[10] Industrie- und Handelskammer Nürnberg für Mittelfranken: *Recycling und Wiederverwertung*. In: Online-Lexikon der Nachhaltigkeit (Stand: 03.11.2015). Quelle: https://www.nachhaltigkeit.info/artikel/recycling_und_wiederverwertung_1656.htm

[11] Konzak, O., Suhl, C.: Die neue Gewerbeabfallverordnung. Köln: Bundesanzeiger Verlag, 2018, S. 21ff

[12] Loschwitz, J.: Gewerbeabfall. In: Kurth, P; Oexle, A., Faulstich, M. (Hrsg.): Praxishandbuch der Kreislauf- und Rohstoffwirtschaft. Wiesbaden: Springer Vieweg, 2018, S. 465-480 (467)

[13] trend:research GmbH: Gewerbeabfallentsorgung in Deutschland bis 2030. Quelle: https://kommunalwirtschaft.eu/pwc/detail/i24226.html (Abruf: 19.09.2018)

[14] Umweltbundesamt, Dessau-Roßlau, Daten für 2015 (weite Definition, da nicht nur gewerbliche Siedlungsabfälle umfasst sind). Quelle: https://www.umweltbundesamt.de/daten/ressourcen-abfall/abfallaufkommen#textpart-2

[15] Verordnung über die Bewirtschaftung von gewerblichen Siedlungsabfällen und von bestimmten Bau- und Abbruchabfällen; Basis dieser Veröffentlichung: Gewerbeabfallverordnung vom 18. April 2017 (BGBl. I S. 896), die durch Artikel 2 Absatz 3 des Gesetzes vom 5. Juli 2017 (BGBl. I S. 2234) geändert worden ist. Quelle: https://www.gesetze-im-internet.de/gewabfv_2017/BJNR089600017.html.

[16] Verordnung über die Bewirtschaftung von gewerblichen Siedlungsabfällen und von bestimmten Bau- und Abbruchabfällen § 4 Absatz 2, § 6 Absatz 1 und Absätze 3 bis 6 (gem. § 15 Absatz 2 GewAbfV).

Ansprechpartner

Peter Kurth
BDE Bundesverband der Deutschen Entsorgungs-,
Wasser- und Rohstoffwirtschaft e.V.
Geschäftsführender Präsident
Von-der-Heydt-Straße 2
10785 Berlin, Deutschland
+49 30-5900335-10
kurth@bde.de

Recyclingquoten – Wo stehen Deutschland, Österreich und die Schweiz mit dem neuen Rechenverfahren im Blick auf die EU-Ziele?

Thomas Obermeier und Sylvia Lehmann

Im Ländervergleich zwischen Deutschland, Österreich und der Schweiz werden die Auswirkungen der in der neuen Abfallrahmenrichtlinie 2018/851 vom Mai 2018 beschriebenen Berechnungsmethode auf die Erreichung der festgelegten Recyclingquoten beleuchtet.

Alle drei Länder liegen derzeit europaweit deutlich über der durchschnittlichen Recyclingquote der EU28-Mitgliedsstaaten von 45 %; Deutschland mit 67 %, Österreich mit 59 % und die Schweiz mit 52 %.

Mit diesen Ergebnissen würden die neuen Recyclingziele im Jahr 2025 von 55 % bereits übertroffen bzw. annähernd erreicht werden. Deutschland würde sogar die Ziele für 2030 von 60 % und für 2035 von 65 % bezogen auf das Siedlungsabfallaufkommen übertreffen.

Dies wird sich mit der Anwendung der neuen Berechnungsmethode und dem Bezug auf die Grundgesamtheit des Siedlungsabfalls nach der neuen Definition in allen drei Ländern signifikant ändern. Während in Deutschland bereits auf die Summe der Siedlungsabfallmengen abgehoben wird, wird in Österreich und der Schweiz auf Grundlage der Summe der Haushaltsabfallmengen gerechnet.

Die neue Vorgabe, wonach nur der Input in Recyclingverfahren zur Berechnung herangezogen werden darf, nachdem alle vorgelagerten Prüf-, Sortier- und sonstigen vorbereitenden Verfahren zur Entfernung von nicht recycelbaren Abfällen durchlaufen wurden, führt dazu, dass es vor allem in Deutschland, gefolgt von Österreich und der Schweiz zu einem Absinken der aktuell errechneten Recyclingquoten kommen wird.

Eine von den Autoren durchgeführte Abschätzung auf Grundlage der neuen Berechnungsmethode ergibt rund 50 % Recyclingquote bezogen auf das Haushaltsabfallaufkommen für alle drei Länder, wobei Deutschland und Österreich knapp darüber liegen. Bezogen auf das Siedlungsabfallaufkommen kann Deutschland diese Recyclingquote bestätigen. Für Österreich und die Schweiz kann hierzu mangels Daten keine Aussage getroffen werden.

Das bedeutet, dass alle drei Länder erhebliche Anstrengungen unternehmen müssen, um die Recyclingziele zu erreichen.

1. Neue Vorgaben für Recyclingquoten und Berechnungsverfahren nach Inkrafttreten des Abfallwirtschaftspaketes

Das Kreislaufwirtschaftspaket, welches insgesamt vier Richtlinien umfasst, wurde am 14. Juni 2018 im Amtsblatt der EU veröffentlicht und ist 20 Tage darauf in Kraft getreten. Bis zum 5. Juli 2020 sind die Richtlinien in nationales Recht der Mitgliedstaaten zu überführen. Die Abfallrahmenrichtlinie 2018/851 vom 30.05.2018 sieht folgende Recyclingziele vor:

Tabelle 1: Recyclingziele des Abfallwirtschaftspaket

Recyclingquote bezogen auf Siedlungsabfallaufkommen	
Jahr	Gew.%
2025	55
2030	60
2035	65

Quelle: Richtlinie (EU) 2018/851 des Europäischen Parlaments und des Rates vom 30. Mai 2018 zur Änderung der Richtlinie 2008/98/EG über Abfälle, Amtsblatt der Europäischen Union vom 14.6.2018

In der neuen Abfallrahmenrichtlinie soll die statistische Ermittlung der Recyclingquoten in allen Mitgliedsstaaten auf eine einheitliche Grundgesamtheit den Siedlungsabfall, entsprechend Definition[1], bezogen werden. Zusätzlich wird eine neue einheitliche Berechnungsmethode zur Ermittlung der Recyclingquote in der Abfallrahmenrichtlinie Artikel 11a vorgesehen, die sich bezieht auf

[1] Artikel 3, 2b Siedlungsabfall

a) gemischte Abfälle und getrennt gesammelte Abfälle aus Haushalten, einschließlich Papier und Karton, Glas, Metall, Kunststoff, Bioabfälle, Holz, Textilien, Verpackungen, Elektro- und Elektronik-Altgeräte, Altbatterien und Altakkumulatoren sowie Sperrmüll, einschließlich Matratzen und Möbel;

b) gemischte Abfälle und getrennt gesammelte Abfälle aus anderen Herkunftsbereichen, sofern diese Abfälle in ihrer Beschaffenheit und Zusammensetzung Abfällen aus Haushalten ähnlich sind; Siedlungsabfall umfasst keine Abfälle aus Produktion, Landwirtschaft, Forstwirtschaft, Fischerei, Klärgruben, Kanalisation und Kläranlagen, einschließlich Klärschlämme, Altfahrzeuge und aus Bau- und Abbruch.

Diese Definition gilt unbeschadet der Verteilung der Verantwortlichkeiten für die Abfallbewirtschaftung auf öffentliche und private Akteure.

a) das Gewicht, der in einem gegebenen Kalenderjahr erzeugten und zur Wiederverwendung vorbereiteten oder recycelten Siedlungsabfälle,

b) das Gewicht der zur Wiederverwendung vorbereiteten Siedlungsabfälle, nachdem alle vorgelagerten Prüf-, Reinigungs- oder Reparaturarbeiten erfolgt sind,

c) das Gewicht der Siedlungsabfälle, die dem Recyclingverfahren zugeführt werden, welches tatsächlich zu Produkten, Materialien oder Stoffen führt, nachdem alle vorgelagerten Prüf-, Sortier- und sonstigen vorbereitenden Verfahren zur Entfernung von Abfällen, die anschließend nicht weiterverarbeitet werden, durchlaufen wurden,

Abweichend von c) kann der Output von Sortieranlagen herangezogen werden, sofern dieser Output anschließend

- recycelt wird bzw.
- das Gewicht der Materialien und Stoffe, die im Rahmen weiterer Verfahren vor dem Recycling entfernt und anschließend nicht recycelt werden, nicht für das Gewicht der als recycelt gemeldeten Abfälle berücksichtigt werden.

Die Mitgliedsstaaten richten ein System zur Qualitätskontrolle und Rückverfolgbarkeit von Siedlungsabfällen ein. Dies kann über ein elektronisches Register erfolgen, welches technische Spezifikationen für Qualitätsanforderungen für getrennte Abfälle oder durchschnittliche Verlustquoten (*average loss rates*) für sortierte Abfälle für die einzelnen Abfallarten bzw. für Verfahren der Abfallbewirtschaftung enthält. In delegierten Rechtsakten werden Berechnungsmethoden für die durchschnittlichen Verlustquoten bis 31.03.2019 (Artikel 11a (3)) festgelegt. Diese sind verbindlich anzuwenden, jedoch nur, wenn keine anderweitige belastbare Datengrundlage vorhanden ist.

- Biologisch abbaubare Siedlungsabfälle, die aerob oder anaerob behandelt werden, können als recycelt angerechnet werden, wenn durch die Behandlung Kompost, Gärrückstände oder ein anderer Output mit im Verhältnis zum Input vergleichbaren Recyclinganteil erzeugt werden, die als recycelte Produkte, Materialien oder Stoffe verwendet werden. Wenn der Output auf Flächen ausgebracht wird, gilt er als recyceltes Material, wenn dadurch Vorteile für die Landwirtschaft oder eine Verbesserung des Umweltzustandes eintreten.

  Ab 2027 können getrennt erfasste Bioabfälle als recycelte Abfälle angerechnet werden. Bis zum 31. Dezember 2018 werden auf der Grundlage der besten verfügbaren Verfahren europäische Normen für Bioabfälle, die biologischen Recyclingverfahren zugeführt werden, für Kompost und für Gärrückstände erarbeitet.

- Metalle, welche aus der Verbrennungsasche von Müllverbrennungsanlagen getrennt wurden, können als recycelt bewertet werden, sofern sie bestimmte Qualitätsanforderungen erfüllen.

Bis zum 31.03.2019 sind Durchführungsrechtsakte zur Berechnung des Gewichts der Metalle aus MVA´s und zu den Qualitätskriterien der recycelten Metalle und der getrennt erfassten Bioabfälle zu erlassen.

2. Ausgangslage in Deutschland, Österreich und der Schweiz

Im Jahr 2016 erreichen die untersuchten Länder mit den derzeit angewendeten Berechnungsmethoden folgende Recyclingquoten:

- Deutschland 67 % bezogen auf das Siedlungsabfallaufkommen,
- Österreich 59 % bezogen auf das Siedlungsabfallaufkommen,
- Schweiz 52 % bezogen auf das Siedlungsabfallaufkommen.

Demgegenüber liegt der Durchschnitt in der Europäischen Union (EU 28) bei 45 %, vgl. [4].

Damit werden scheinbar die Recyclingziele der neuen Abfallrahmenrichtlinie für 2025 in Höhe von 55 % von Deutschland und Österreich bereits 2016 erfüllt und von der Schweiz knapp verfehlt. Deutschland erfüllte bereits die Zielvorgaben für 2035.

Wie sich die neue Berechnungsmethode sowie die Definition der Siedlungsabfälle auf die Ermittlung der Recyclingquote auswirken, wird im Folgenden länderspezifisch analysiert.

2.1. Deutschland

In Deutschland werden in der Abfallbilanz 2016 [19] die Recyclingquoten auf das Siedlungsabfallaufkommen bezogen, welches entsprechend der in der neuen Abfallrahmenrichtlinie genannten Definition für Siedlungsabfall ermittelt wird. Das heißt, dass neben Haushaltsabfällen auch gemischte und getrennt erfasste hausmüllähnliche Gewerbeabfälle, die von privaten Entsorgungsunternehmen eingesammelt werden sowie Straßenkehricht und Garten- und Parkabfälle unter der Summe der sonstigen Siedlungsabfälle mit einbezogen werden.

Die Basis für die Ermittlung der recycelten Abfallmenge ist der Input der Abfallströme in Verwertungsanlagen (R2-R13) (Tabelle 2).

Das bedeutet, dass in den separat gesammelten Abfallfraktionen enthaltene Fremdstoffe, die nach Vorbehandlung bzw. Sortierung nicht stofflich verwertet werden, mit in die Recyclingquote einfließen. Genauso der gesamte Input an gemischtem Hausmüll, der in Mechanisch Biologischen Anlagen (MBA) mit Verwertungsstatus behandelt wird. Damit weicht Deutschland von dem neuen Berechnungsverfahren ab, wonach nur der Input in Recyclinganlagen als stofflich verwertet gelten soll, nachdem alle vorgelagerten Prüf-, Sortier- und sonstigen vorbereitenden Verfahren zur Entfernung von Abfällen bereits durchlaufen wurden.

Tabelle 2: Stand der Abfallentsorgung in Deutschland 2016

Deutschland 2016	Einheit	Abfallaufkommen	Anteil am Abfallaufkommen	Recycling	Entsorgung	Verbrennung	Deponie
				R2–R13	D2-D9, D11-D13	R1, D10	D1
Einwohnerzahl	**Mio.**	**82,5**					
Siedlungabfallaufkommen	**1.000 t**	**52.133**	**100 % ***	**34.958**	**800**	**16.252**	**122**
Behandlungsquote				**67 %**	**2 %**	**31 %**	**0,2 %**
spezifisches Siedlungabfallaufkommen	**kg/Ew.,a**	**632**		**424**	**10**	**197**	**1**
Summe Haushaltsabfälle	**1.000 t**	**46.605**	**89 % ***	**69 %**	**1 %**	**30 %**	**0 %**
Summe Hausmüll, hausmüllähnliche Gewerbeabfälle, Sperrmüll	**1.000 t**	**17.172**	**37 % ****	**25 %**	**3 %**	**72 %**	**-**
Abfall aus der Biotonne	1.000 t	4.446	**10 % ****	98 %	0 %	2 %	0 %
Garten- und Parkabfälle biologisch abbaubar	1.000 t	5.925	**13 % ****	97 %	0 %	3 %	0 %
Summe Biogene Abfälle	**1.000 t**	**10.371**	**22 % ****	**98 %**	**0 %**	**2 %**	**0 %**
Glas	1.000 t	2.629	**6 % ****	100 %	-	0 %	0 %
Papier, Pappe, Kartonagen	1.000 t	7.814	**17 % ****	100 %	0 %	0 %	-
Leichtverpackungen/ Kunststoffe	1.000 t	5.844	**13 % ****	85 %	0 %	15 %	-
Elektroaltgeräte	1.000 t	617	**1 % ****	100 %	0 %	0 %	-
Sonstiges (Verbunde, Metalle, Textilien usw.)	1.000 t	2.159	**5 % ****	80 %	0 %	19 %	0 %
Summe Wertstoffe	**1.000 t**	**19.062**	**41% ****	**93 %**	**0 %**	**7 %**	**0 %**
Summe Sonstige Siedlungsabfälle	**1.000 t**	**5.528**	**11 % ***	**51 %**	**5 %**	**41 %**	**2 %**

*Prozentualer Anteil am Siedlungsabfallaufkommen; **Prozentualer Anteil am Haushaltsabfallaufkommen

Quelle: Statistisches Bundesamt: Umwelt Abfallbilanz 2016, Wiesbaden 2018

2.2. Österreich

In Österreich werden die Recyclingquoten auf das Haushaltsaufkommen bezogen, d.h. das sonstige Siedlungsabfallaufkommen wird nicht berücksichtigt.

Die Recyclingquoten werden auf den Output nach mechanischer Sortierung bezogen, (Tabelle 3).

Allerdings werden neben den Wertstoffen die nach der Sortierung in Mechanisch-Biologischen-Anlagen (MBA) gewonnen werden, auch die heizwertarme Fraktion, welche in Folge einer biologischen Behandlung unterzogen wird, als Recycling gezählt. Der danach erhaltene Output wird deponiert und stellt somit keinen Vorteil für die Landwirtschaft oder eine Verbesserung des Umweltzustandes dar. Bei den getrennt erfassten biogenen Abfällen und sonstigen Wertstoffen werden die nach einer Sortierung abgetrennten Stoffe, die zumeist in die Verbrennung gehen, von der getrennt erfassten Menge in Abzug gebracht.

Tabelle 3: Stand der Abfallentsorgung in Österreich 2016

Österreich 2016	Einheit	Abfallaufkommen	Anteil am Abfallaufkommen	Recycling R2–R13	Verbrennung R1, D10	Deponie D1
Einwohnerzahl	**Mio.**	**8,8**				
Haushaltsabfallaufkommen	**1.000 t**	**4.269**	**100 %**	**2.498**	**1.748**	**3**
Behandlungsquote				**59 %**	**41 %**	**0,1 %**
spezifisches Haushaltsabfallaufkommen	**kg/Ew.,a**	**286**		**285**	**199**	**0**
Summe Haushaltsabfälle	**1.000 t**	**4.269**	**100 %**	**59 %**	**41 %**	**0,1 %**
Summe Hausmüll, hausmüllähnliche Gewerbeabfälle, Sperrmüll	**1.000 t**	**1.684**	**39 %**	**17 %**	**82 %**	**-**
sortierte Altstoffe aus Aufbereitung von gemischten Siedlungsabfällen u. Sperrmüll	**1.000 t**	**-**	**-**	**1 %**	**-**	**-**
Abfall aus der Biotonne	1.000 t	531	**12 %**	97 %	k. A.	k. A.
Garten- und Parkabfälle biologisch abbaubar	1.000 t	483	**11 %**	100 %	k. A.	k. A.
Summe Biogene Abfälle	**1.000 t**	**1.014**	**24 %**	**98 %**	**2 %**	**0,3 %**
Glas	1.000 t	218	**5 %**	k. A.	k. A.	k. A.
Papier, Pappe, Kartonagen	1.000 t	655	**15 %**	k. A.	k. A.	k. A.
Leichtverpackungen/ Kunststoffe	1.000 t	186	**4 %**	k. A.	k. A.	k. A.
Elektroaltgeräte	1.000 t	83	**2 %**	k. A.	k. A.	k. A.
Sonstiges (Verbunde, Metalle, Textilien usw.)	1.000 t	430	**10 %**	k. A.	k. A.	k. A.
Summe Wertstoffe getrennt erfasst	**1.000 t**	**1.572**	**37 %**	**76 %**	**24 %**	**0,2 %**
Summe Sonstige Siedlungsabfälle	**1.000 t**	**k. A.**	**-**	**k. A.**	**k. A.**	**k. A.**

Quelle: Bundesministerium für Nachhaltigkeit und Tourismus: Die Bestandsaufnahme der Abfallwirtschaft in Österreich, Statusbericht 2018, Wien, April 2018

Österreich verfügt über ein zentrales Erfassungssystem für Umweltdaten [2] und damit über gute Voraussetzungen neue einheitliche Berechnungsmethoden landesweit zu implementieren.

2.3. Schweiz

In der Schweiz werden die Recyclingquoten auf das Haushaltsaufkommen bezogen, d.h. das sonstige Siedlungsabfallaufkommen wird nicht berücksichtigt.

Tabelle 4: Stand der Abfallentsorgung in der Schweiz 2016

Schweiz 2016	Einheit	Abfallaufkommen	Anteil am Abfallaufkommen	Recycling	Verbrennung	Deponie
				R2–R13	R1, D10	D1
Einwohnerzahl	**Mio.**	**8,4**				
Haushaltsabfallaufkommen	**1.000 t**	**6.050**	**100 %**	**3.174**	**2.875**	**0**
Behandlungsquote				**52 %**	**48 %**	**0 %**
spezifisches Haushaltsabfallaufkommen	**kg/Ew.,a**	**286**		**377**	**342**	**0**
Summe Haushaltsabfälle	**1.000 t**	**6.050**	**100 %**	**52 %**	**48 %**	**0 %**
Summe Hausmüll, hausmüllähnliche Gewerbeabfälle, Sperrmüll	**1.000 t**	**2.875**	**48 %**	**0 %**	**100 %**	**0 %**
Abfall aus der Biotonne	1.000 t	k. A.	k. A.	k. A.	k. A.	k. A.
Garten- und Parkabfälle biologisch abbaubar	1.000 t	k. A.	k. A.	k. A.	k. A.	k. A.
Summe Biogene Abfälle	**1.000 t**	**1.300**	**21 %**	**100 %**	**-**	**-**
Glas	1.000 t	342	**6 %**	100 %	-	-
Papier, Pappe, Kartonagen	1.000 t	1.279	**21 %**	100 %	-	-
PET-Getränkeflaschen	1.000 t	37	**1 %**	100 %	-	-
Elektroaltgeräte	1.000 t	132	**2 %**	100 %	-	-
Sonstiges (Verbunde, Metalle, Textilien usw.)	1.000 t	84	**1 %**	100 %	-	-
Summe Wertstoffe getrennt erfasst	**1.000 t**	**1.874**	**31 %**	**100 %**	**-**	**-**
Summe Sonstige Siedlungsabfälle	**1.000 t**	**k. A.**	**-**	**k. A.**	**k. A.**	**k. A.**

Quelle: Schweizerische Eidgenossenschaft, Abfallmengen und Recycling 2016 im Überblick, Bundesamt für Umwelt BAFU, Bern Dezember 2017

Die Recyclingquoten beziehen sich auf die getrennt erfasste Menge an biogenen und sonstigen Wertstoffen, (Tabelle 4).

In den getrennt gesammelten Wertstoffen enthaltene Fremdstoffe werden bei Glas, PET-Getränkeflaschen und Aluminiumverpackungen von der Sammelmenge abgezogen [14]. Der Anteil an Fremdstoffen wird i.d.R. als Pauschalabzug (Glas 6,8 % [22], PET 18 % und Aluminium 10 % Störstoffgehalt [17]) berücksichtigt. Zur Methodik der Ermittlung der Verwertungsquote für PET-Getränkeflaschen und Aluminiumverpackungen siehe [15, 16].

Für die übrigen getrennt erfassten Wertstoffe (biogene Abfälle, Altpapier, Elektroaltgeräte, Textilien, Weißblech und Batterien) werden die Sammelmengen, inklusive der Fremdstoffe zugrunde gelegt [14].

3. Folgen der neuen Berechnungsmethodik für die Recyclingquote im Ländervergleich

Alle drei Länder müssen in unterschiedlichem Ausmaß Anpassungen ihrer Berechnungsmethoden zur Bestimmung der Recyclingquote vornehmen. Je nach dem bisher durchgeführten Vorgehen wird dies zu unterschiedlichen Konsequenzen bei den erhaltenen Recyclingquoten führen.

Während in der Schweiz nur eine geringfügig niedrigere Recyclingquote zu erwarten ist, werden in Österreich und Deutschland deutlich niedrigere Recyclingquoten zu erwarten sein.

3.1. Deutschland

In Deutschland müssen, abhängig vom Einsatzmaterial und Anlagentyp, von dem Input in als R2 bis R13 klassifizierten Verfahren die nach der Sortierung anfallenden Reststoffe, die keinem Recyclingverfahren zugeführt werden, in Abzug gebracht werden. Der Anteil dieser Reststoffe kann zwischen 3 % und 95 % des Inputs betragen. Zur Abschätzung der Recyclingquote nach der neuen Berechnungsmethode werden die stofflich verwerteten Mengen anhand einer Input-Output-Analyse von Anlagendaten von 2016 vgl. [18] bzw. anhand von aktuellen Veröffentlichungen zu Abfallarten bzw. Abfallbehandlungsanlagen ermittelt. Die angewendete Methode ist von den Autoren in [11] für das Jahr 2015 beschrieben. Tabelle 5 zeigt die Abschätzung der Recyclingquote für das Jahr 2016.

Im Ergebnis liegen die Recyclingquoten nach der neuen Berechnungsmethode der Abfallrahmenrichtlinie 2018 für Siedlungsabfälle maximal bei 48,5 % gegenüber 67 % bei dem derzeitigen Berechnungsverfahren.

Nach Abfallrahmenrichtlinie 2018 können die zurückgewonnenen Metalle aus der Verbrennungsasche von Müllverbrennungsanlagen mit in die Recyclingquote einfließen. Im Jahr 2016 wurden rund 100.000 Tonnen Metalle, entsprechend der Auswertung der Outputdaten der Thermischen Abfallverbrennungsanlagen [18] gewonnen. Nach Gosten [6] führen viele Verbrennungsanlagen keine oder nur eine rudimentäre Metallabscheidung auf dem Gelände der Verbrennungsanlage durch und geben die Rostaschen an spezialisierte Schlackeaufbereitungsanlagen ab, die über die Effektivität der Rückgewinnung der Metalle nicht berichten, so dass die dort gewonnenen Mengen nicht in der Statistik erfasst werden. Die ITAD [7] geht von etwa 400.000 Tonnen Metallschrotten pro Jahr aus. Mit diesen Mengen ergibt sich eine Steigerung der Recyclingquote um höchstens 1 %, auf insgesamt rund 49 % des Siedlungsabfallaufkommens. Bezogen auf die Menge der Haushaltsabfälle läge die Recyclingquote bei rund 52 %.

Tabelle 5: Abschätzung der Recyclingquote nach der neuen Berechnungsmethode der Abfallrahmenrichtlinie 2018 für Deutschland im Jahr 2016

Abfallbilanz 2016		**Deutschland**			
Abfallart	**Recycling-anlagen R2–R13**	**Abfallmenge, insgesamt**	**Input R2–R13**	**Recyclinganteil am Output**	**Input Recycling-verfahren ohne Fremdstoffe**
		1.000 Tonnen	1.000 Tonnen	%	1.000 Tonnen
Hausmüll, hausmüllähnliche Gewerbeabfälle[1]	MBA	14.631	2.859	5	143
Sperrmüll[8]	Sortieranlage	2.541	1.408	50	704
Abfall aus der Biotonne[2,3]	Kompostierung/ Vergärung	4.446	4.356	97	4.225
Garten- und Parkabfälle biologisch abbaubar[2,3]	Kompostierung/ Vergärung	5.925	5.768	99	5.710
Glas[4]	Sortieranlage	2.629	2.626	89	2.337
Papier, Pappe, Kartonagen[4]	Sortieranlage	7.814	7.780	87	6.792
Leichtverpackungen / Kunststoffe[4]	Sortieranlage	5.844	4.966	50	2.493
Elektroaltgeräte[8]	Sortieranlage	617	617	80	494
Metalle[4] Aluminium[4] Textilien[5] Altholz[4] Problemstoffe[8] Sonstiges (Verbunde[4])	Summe Sonstiges Sortieranlage[6]	2.159	1.734	55	954
Summe Haushaltsabfälle		**46.606**	**32.114**		**23.852**
Recyclingquote			**69 %**		**51 %**
Hausmüllähnliche Gewerbeabfälle, getrennt vom Hausmüll gesammelt[7]	Sortieranlage	3.320	1.209	20	242
Straßenkehrricht/Garten- und Parkabfälle (Boden, Steine)[8]	k.A.	942	495	50	248
Biologisch abbaubare Küchen- und Kantinenabfälle	Vergärung	968	911	97	884
Marktabfälle	Kompostierung/ Vergärung	70	60	97	58
Leuchtstoffröhren und andere quecksilberhaltige Abfälle[8]	Sortieranlage	11	11	80	9
Andere getrennt gesammelte Fraktionen[8]	Sortieranlage	217	159	10	16
Summe Sonstiger Siedlungsabfall		**5.528**	**2.845**		**1.456**
Recyclingquote			**51 %**		**26 %**
Summe Siedlungsabfall		**52.133**	**34.960**		**25.308**
Recyclingquote			**67 %**		**49 %**

Quellen: [1] Auswertung Input/Output von Mechanisch-biologischen Anlagen nach [18]
[2] etwa 3 % Störstoffe [10]
[3] Störstoffanteil: Bioabfall 0,5 bis 8% (4 Beispielanalysen Durchschnitt 3 %), Grünabfall 0,5 bis 1% [8]
[4] Schüler, K.: Aufkommen und Verwertung von Verpackungsabfällen in Deutschland im Jahr 2016. UBA-Texte 58/2018.
[5] Korolkow, J.: Konsum, Bedarf und Wiederverwendung von Bekleidung und Textilien in Deutschland. bvse, 2015.
[6] Prozentualer Anteil der Einzelfraktionen am Input von Sortieranlagen nach [18].
[7] Dehne, I.; Oetjen-Dehne, R.; Siegmund, N.: Stoffstromorientierte Lösungsansätze für eine hochwertige Verwertung von gemischten gewerblichen Siedlungsabfällen. UBA-Texte 18/2015
[8] TOMM+C, eigene Mengenabschätzung.

3.2. Österreich

Nach der neuen Berechnungsmethode reduziert sich die Recyclingquote in Österreich von 59 % auf 52 %, nachdem die biologisch abbaubare, heizwertarme Fraktion aus MBAs und der Reststoffanteil der aus MBA gewonnenen Wertstoffe abgezogen wurde (Tabelle 6).

Tabelle 6: Abschätzung der Recyclingquote nach der neuen Berechnungsmethode der Abfallrahmenrichtlinie 2018 für Österreich im Jahr 2018

Abfallbilanz 2016		Österreich			
Abfallart	Recycling-anlagen R2–R13	Abfallmenge, insgesamt	Input Wertstoffe + Output MBA	Recyclinganteil am Output	Input Recycling-verfahren ohne Fremdstoffe
		1.000 Tonnen	1.000 Tonnen	%	1.000 Tonnen
Hausmüll, hausmüllähnliche Gewerbeabfälle	MBA*	1.437	286	0	0
	Wertstoffe aus MBA[1]		24	80	19
Sperrmüll	Sortieranlage	247	-	-	-
Abfall aus der Biotonne	Kompostierung/ Vergärung	531	515	100	515
Garten- und Parkabfälle biologisch abbaubar	Kompostierung/ Vergärung	483	483	100	483
Glas	Sortieranlage	218	1.191	100	1.191
Papier, Pappe, Kartonagen	Sortieranlage	655			
Leichtverpackungen / Kunststoffe	Sortieranlage	186			
Elektroaltgeräte	Sortieranlage	83			
Metalle	Sortieranlage	430			
Aluminium					
Textilien					
Altholz					
Problemstoffe					
Sonstiges					
Summe Haushaltsabfälle		**4.269**	**2.498**		**2.208**
Recyclingquote			**59 %**		**52 %**

* heizwertarme, biologisch abbaubare Fraktion

[1] stofflich verwerteter Anteil Wertstoffe aus MBA eigene Schätzung, [20]

Quellen: Die Bestandsaufnahme der Abfallwirtschaft in Österreich, Statusbericht 2018, Bundesministerium für Nachhaltigkeit und Tourismus, Wien, April 2018

Im Statusbericht 2018 [1]werden keine Angaben zu der Rückgewinnung von Metallen aus der Verbrennungsschlacke von Müllverbrennungsanlagen getroffen. Nach Sichtung einzelner Anlagenbeschreibungen der insgesamt elf thermischen Abfallbehandlungsanlagen wird vorrangig Eisenschrott aus der Schlacke zurückgewonnen. In der Umwelterklärung der MVA Dürnrohr [5] wird eine Rückgewinnung von Fe-Metall von 20 bis 30 kg pro Tonne Abfall angegeben. Insgesamt werden im Jahr 2016 in allen MVAs in Österreich 2,6 Millionen Tonnen Siedlungsabfälle verbrannt und 670.000 Tonnen Sekundärabfälle erzeugt [1]. Schätzt man die zurückgewonnene Fe-Metallmenge mit 20 bis 30 kg pro Tonne Abfall ab, ergibt sich eine Gesamtmenge von 52.000 bis 78.000 Tonnen zurückgewonnene Metalle. Dies führt zu einem Anstieg der stofflich verwerteten Haushaltsabfälle auf 2,26 bis 2,29 Millionen Tonnen, entsprechend einer Recyclingquote von rund 53 % bezogen auf das Haushaltsabfallaufkommen.

3.3. Schweiz

Nach Abzug des nicht stofflich verwerteten Reststoffanteils der getrennt erfassten Fraktionen (Biogener Abfall, Papier, Elektroaltgeräte, Metalle, Textilien und Problemstoffe) reduziert sich die Recyclingquote von 52 % auf 48 % bezogen auf die Haushaltsabfälle, siehe folgende Tabelle.

Tabelle 7: Abschätzung der Recyclingquote nach der neuen Berechnungsmethode der Abfallrahmenrichtlinie 2018 für die Schweiz im Jahr 2018

Abfallbilanz 2016		Schweiz			
Abfallart	Recycling-anlagen R2–R13	Abfallmenge, insgesamt	Input bzw. Output Wertstoffe	Recyclinganteil am Output	Input Recycling-verfahren ohne Fremdstoffe
		1.000 Tonnen	1.000 Tonnen	%	1.000 Tonnen
Hausmüll, hausmüllähnliche Gewerbeabfälle	-	2.875	-	-	-
Sperrmüll	-	-	-	-	-
Abfall aus der Biotonne[1]	Kompostierung/ Vergärung	1.300	1.300	97	1.261
Garten- und Parkabfälle biologisch abbaubar	Kompostierung/ Vergärung	-	-	-	-
Glas	Sortieranlage	342	342	100	342
Papier, Pappe, Kartonagen[1]	Sortieranlage	1.279	1.279	87	1.112
PET-Getränkeflaschen	Sortieranlage	37	37	100	37
Elektroaltgeräte[1]	Sortieranlage	132	132	80	105
Metalle[1]	Sortieranlage	84	13	90	12
Aluminium			11	100	11
Textilien[1]			58	80	46
Altholz			-	-	-
Problemstoffe[1]			3	80	2
Sonstiges			-	-	-
Summe Haushaltsabfälle		**6.050**	**3.174**		**2.929**
Recyclingquote			**52 %**		**48 %**

[1] stoffliche Verwertungsquote getrennt gesammelter Fraktionen angelehnt an deutsche Quellen, vgl. Tabelle 4

Quellen: Schweizerische Eidgenossenschaft, Abfallmengen und Recycling 2016 im Überblick, Bundesamt für Umwelt BAFU, Bern Dezember 2017

Die Metallrückgewinnung aus Verbrennungsschlacken in der Schweiz wird vom Verband der Betreiber Schweizerischer Abfallverwertungsanlagen [21] mit 60.000 Tonnen Fe-Metall und 16.000 Tonnen Ne-Metall, insgesamt 76.000 Tonnen Metalle für das Jahr 2016 angegeben. Dies führt zu einem Anstieg der stofflich verwerteten Haushaltsabfälle auf rund 3,0 Millionen Tonnen, entsprechend einer Recyclingquote von 50 % bezogen auf das Haushaltsabfallaufkommen.

4. Fazit

Der Ländervergleich zeigt, dass Deutschland, Österreich und die Schweiz unter Berücksichtigung der neuen Berechnungsvorgaben alle etwa eine Recyclingquote von rund 50 % erreichen und damit das Recyclingziel der Abfallrahmenrichtlinie 2018 von 55 % bezogen auf das Siedlungsabfallaufkommen im Jahr 2025 verfehlen.

Eine Abschätzung wie sich die Quote bei zusätzlicher Berücksichtigung der sonstigen Siedlungsabfälle in Österreich und der Schweiz entwickelt, kann nicht abgegeben werden. Die Abfallbilanz von Deutschland im Jahr 2016 zeigt, dass für die sonstigen Siedlungsabfälle deutlich niedrigere Recyclingquoten nach neuer Berechnungsmethode von 26 % gegenüber den Haushaltsabfällen, die 51 % Recyclingquote erreichen, erhalten werden, vgl. Tabelle 5. Daher ist bei der Einbeziehung dieser Abfallströme eine weitere Reduzierung der Recyclingquote für Österreich und die Schweiz naheliegend.

Im Ländervergleich zeigt sich, dass das Verfahren mit dem die Restabfälle behandelt werden, bei der neuen Berechnungsmethode keine Auswirkungen auf die Höhe der Recyclingquote mehr ausübt. Deutschland und Österreich, die beide noch etwa 25 % der Restabfälle in MBAs und etwa 75 % in MVAs behandeln, erreichen keine höhere Quote bei der Restabfallbehandlung als die Schweiz, die die Restabfälle zu 100 % thermisch verwertet, vgl. Tabellen 2 bis 4. Zumal nach dem neuen Berechnungsverfahren, die aus der Verbrennungsasche gewonnenen Metalle, bei Einhaltung von Qualitätsvorgaben, mit in die Recyclingquote einbezogen werden können.

Ein Vergleich des Anteils der getrennten Sammlung von Bioabfällen und Wertstoffen am Haushaltsabfallaufkommen zeigt, dass Deutschland mit 63 % getrennt erfassten Abfallfraktionen (22 % biogener Abfall und 41 % Wertstoffe) am Haushaltsabfallaufkommen im Vergleich zu Österreich 61 % (24 % biogener Abfall und 37 % Wertstoffe) und der Schweiz 54 % (21 % biogener Abfall und 31 % Wertstoffe) höhere Mengen an getrennt erfassten Stoffen für ein stoffliches Recycling bereitstellt, vgl. Tabellen 2 bis 4. Nach Abzug der thermisch verwerteten Reststoffe wird jedoch eine leicht niedrigere Recyclingquote als in Österreich und eine kaum höhere Quote als in der Schweiz erreicht. Ein Grund liegt darin, dass Deutschland zwar Leichtverpackungen und Kunststoffe mit 13 % Anteil am Haushaltsaufkommen getrennt erfasst, jedoch davon nur abgeschätzt 50 % einem Recyclingverfahren zuführt, die übrigen 50 % gelangen mangels Marktes oder Qualitäten in die thermische Verwertung, vgl. Tabelle 5.

In Österreich werden Kunststoffe und LVP nur zu 4 % des Haushaltsaufkommens getrennt erfasst; die Recyclingquote für die getrennt gesammelten Kunststoffverpackungen liegt mit 33,6 % niedriger als die in Deutschland [1]. Die geringere gesammelte Quantität und Recyclingquote für Kunststoffe wird in Österreich durch die bessere Getrenntsammlungsquote von biogenen Abfällen mit nur 2 % thermischer Reststoffbehandlung gegenüber Deutschland mehr als ausgeglichen, vgl. Tabelle 3.

In der Schweiz werden von Kunststoff- und LVP-Abfällen im Wesentlichen nur PET-Getränkeflaschen in Höhe von 1 % des Haushaltsaufkommens direkt der stofflichen Verwertung zugeführt, vgl. Tabelle 5. Für die sortenrein gesammelte Kunststofffraktion liegt eine 90-prozentige Recyclingquote zu Grunde. Bei den übrigen getrennt gesammelten Wertstoffen überwiegen die Stoffe mit hohen Recyclingquoten wie Papier und Glas und die getrennte Sammlung von biogenen Abfällen liegt gleichauf mit Deutschland.

5. Quellen

[1] Bundesministerium für Nachhaltigkeit und Tourismus: Die Bestandsaufnahme der Abfallwirtschaft in Österreich, Statusbericht 2018. Wien, April 2018

[2] Bundesministerium für Nachhaltigkeit und Tourismus: Elektronisches Datenmanagement. Wien, www.edm.gv.at

[3] Dehne, I.; Oetjen-Dehne, R.; Siegmund N.: Stoffstromorientierte Lösungsansätze für eine hochwertige Verwertung von gemischten gewerblichen Siedlungsabfällen. UBA-Texte 18/2015

[4] EUROSTAT, Stand 26.08.2018, [Online]

[5] EVN Abfallverwertung Niederösterreich: MVA Dürnrohr, Umwelterklärung 2016. Zwentendorf, 06.06.2017

[6] Gosten, A.: Potential des Metallrecyclings durch Abfallverbrennung. In: Thomé-Kozmiensky, K. J.; Goldmann, D. (Hrsg.): Recycling und Rohstoffe, Band 6. Neuruppin: TK Verlag Karl Thomé-Kozmiensky, 2013, S. 455-470

[7] ITAD, Thermische Abfallbehandlung, mechanische Schlackenaufbereitung und Metallrecycling, Pressemitteilung vom 12.06.2013

[8] Kern, M.; Raussen, T.; Funda, K.; Lootsma, A.; Hofmann H.: Aufwand und Nutzen einer optimierten Bioabfallverwertung hinsichtlich Energieeffizienz, Klima und Ressourcenschutz. UBA-Texte 43/2010

[9] Korolkow, J.: Konsum, Bedarf und Wiederverwendung von Bekleidung und Textilien in Deutschland. bvse, 2015

[10] Landesanstalt für Umwelt Baden-Württemberg: Sortenreinheit von Bioabfällen, Datenerhebung am Beispiel zweier öffentlich-rechtlicher Entsorgungsträger in Baden-Württemberg. 2018

[11] Obermeier, T; Lehmann, S.: Recycling-Quotenzauber – Schaffen wir in Deutschland die europäischen Recyclingziele? In: Thiel, S.; Thomé-Kozmiensky, E.; Quicker, P.; Gosten, A. (Hrsg.): Energie aus Abfall, Band 15. Neuruppin: Thomé-Kozmiensky Verlag GmbH, 2018, S. 59-78

[12] Richtlinie (EU) 2018/851 des Europäischen Parlaments und des Rates vom 30. Mai 2018 zur Änderung der Richtlinie 2008/98/EG über Abfälle, Amtsblatt der Europäischen Union vom 14.6.2018

[13] Schüler, K.: Aufkommen und Verwertung von Verpackungsabfällen in Deutschland im Jahr 2016. UBA-Texte 58/2018

[14] Schweizerische Eidgenossenschaft, Bundesamt für Umwelt BAFU: Abfallmengen und Recycling 2016 im Überblick. Bern, Dezember 2017

[15] Schweizerische Eidgenossenschaft, Bundesamt für Umwelt BAFU: Berechnung der Verwertungsquote von Alu-Dosen. Bern, März 2013

[16] Schweizerische Eidgenossenschaft, Bundesamt für Umwelt BAFU: Faktenblatt- Berechnung der Verwertungsquote von PET-Flaschen. Bern, März 2013

[17] Schweizerische Eidgenossenschaft, Bundesamt für Umwelt BAFU: Recycling von Getränkeverpackungen 2016. Bern, Dezember 2017

[18] Statistisches Bundesamt: Abfallentsorgung 2016. Fachreihe 19 Reihe 1, Wiesbaden 2018

[19] Statistisches Bundesamt: Umwelt Abfallbilanz 2016, Wiesbaden 2018

[20] TOMM+C, eigene Mengenabschätzung

[21] Verband der Betreiber Schweizerischer Abfallverwertungsanlagen: Monitoring-Bericht zur CO_2-Branchenvereinbarung für das Jahr 2016. Zuhanden vom Bundesamt für Umwelt (BAFU) und Bundesamt für Energie (BFE), 25.09.2017

[22] vetroswiss: Faktenblatt Verwertungsquote 2016, Berechnung der Verwertungsquote von Getränkeverpackungen aus Glas. Auftraggeber: Bundesamt für Umwelt BAFU, Bern, Dezember 2017

Ansprechpartner

Dipl.-Ing. Thomas Obermeier
DGAW, Ehrenpräsident
TOMM+C, CEO
Nieritzweg 23
14165 Berlin, Deutschland
+49 30-84509553
thomas.obermeier@tomm-c.de

Weiterentwicklung der Kreislaufwirtschaft – welche Beschäftigungseffekte bringt die optimierte Restabfallbehandlung?

Michael Altendorfer, Roland Pomberger und Ulrike Gelbmann

Die Abfallwirtschaft hat sich zu einem wichtigen Wirtschaftszweig entwickelt. Sowohl nach Umsatz als auch nach Beschäftigten ist sie in Österreich deutlich größer als der Wirtschaftszweig Bergbau und Gewinnung von Steinen und Erden. Das WKO Statistik 2017 gibt für die primäre Rohstoffgewinnung einen Beschäftigtenstand von 5.842 und für die gewerbliche Abfallwirtschaft 12.582 Personen an. Dazu kommen noch etwa 6.000 Beschäftigte im Bereich der kommunalen Abfallwirtschaft. Diese Zahlen zeigen, dass die Abfallwirtschaft u.a. durch die Beschäftigung hohe volkswirtschaftliche Bedeutung erlangt hat.

Neben einer guten Dokumentation über die Sammelmengen und deren Behandlung besteht ein umfangreiches Regelwerk über den Umgang mit Abfällen [3]. Eine genauere Betrachtung der wirtschaftlichen Auswirkungen ist allerdings kaum vorhanden. Eine Erfassung der Abfallwirtschaft in den Wirtschaftsstatistiken wurde lange vernachlässigt und die ersten Konjunkturbetrachtungen der Statistik Austria gibt es erst seit 2008. Die Darstellung erfolgt gemäß der Wirtschaftsklassifikation ÖNACE 2008, Abschnitt E [19].

Studien, die von der Europäischen Kommission in Auftrag gegeben wurden, liefern Werte über den Zuwachs von direkten Arbeitsplätzen bei einer Verbesserung der Recyclingquote für verschiedene Szenarien [10, 11, 12]. Bei Einhaltung der Ziele für die Kreislaufwirtschaft prognostiziert die Europäische Kommission einen Zuwachs von über 170.000 direkten Arbeitsplätzen in der Abfallwirtschaft bis 2030 [6]. Die verwendeten Werte für die benötigten Arbeitsplätze der einzelnen Behandlungsschritte stammen jedoch aus durchaus älterer Literatur. Zudem ist die Herkunft oftmals nicht nachvollziehbar. Dementsprechend sind diese Ergebnisse auch mit Vorbehalt und Vorsicht zu verwenden [9].

In den letzten 50 Jahren hat die Abfallwirtschaft in vielen Teilen Europas einen enormen Wandel gemacht. Aufgrund von ökonomischen, sozialen, ökologischen und rechtlichen Einflüssen gelang es, sich von der *Nicht-Beachtung* des Abfalls hin zum *Industriellen Stoffkreislauf* zu entwickeln [14]. Damit verbunden ist eine Zunahme an Arbeitsschritten in der Behandlung von Abfall. In der Podiumsdiskussion am 16. März 2016 bei der Berliner Recycling und Rohstoffkonferenz wurde von Professor Roland Pomberger darauf aufbauend folgende Hypothese aufgestellt:

Je differenzierter die Sammlung und Behandlung von Siedlungsabfällen erfolgt, umso höher ist auch der Bedarf an Arbeitsplätzen.

Bisher bestand dazu nur eine modellhafte Überlegung ohne wissenschaftlicher Fundierung. Die konkrete Forschungsfrage lautet also: Wie viele direkte Beschäftigte braucht es um 100.000 t Restabfall pro Jahr zu sammeln und zu behandeln und wie unterscheiden sich verschiedene Behandlungssysteme?

Um diese Abschätzung zu überprüfen, werden unterschiedliche abfallwirtschaftliche Modelle miteinander verglichen. Dazu erfolgt eine Zuordnung von Personalkoeffizienten zu den einzelnen Behandlungsschritten bzw. Anlagen. Ausgehend von einem normierten Systeminput von 100.000 t pro Jahr wird der jeweilige Personalaufwand errechnet und miteinander verglichen. Die Behandlungsmodelle und die Beschäftigtendaten sollen die abfallwirtschaftliche Praxis möglichst realitätsnah abbilden.

1. Daten und Methoden

Als Methode werden für die Modellentwicklung Daten aus einer umfangreichen Sekundäranalyse mit Ergebnissen aus einer unstrukturierten, aus offenen Fragen und auf die jeweiligen Standorte und Anlagen abgestimmten Befragung trianguliert. Die zusätzlich durchgeführten Experteninterviews dienen nochmals dazu, die bereits gewonnenen Daten auf Plausibilität zu prüfen oder bei unzureichenden Informationen einen brauchbaren Wert zu erhalten. Im ersten Schritt wurde eine Recherche zum aktuellen Forschungsstand durchgeführt [5]. Eine detaillierte Betrachtung der Beschäftigungseffekte konnte jedoch nicht ausgemacht werden. Um brauchbare Daten für die Modelle zu generieren wurde der methodische Dreischritt der empirischen Forschung gewählt [13]. Als spezielle Form des Mixed-Methods-Paradigmas, welches qualitative und quantitative Datenerhebungsmethoden gleichermaßen nutzt, fand somit die Daten-Triangulation Anwendung, um ein Höchstmaß an theoretischem Gewinn zu erzielen [5, 8]. Auf Wunsch nahezu aller Befragten wurden die Angaben anonymisiert, da es sich meist um vertrauliche Informationen handelte. Das durchschnittliche Aufkommen und die Zusammensetzung des Restabfalls wurden aus den Restabfallanalysen der einzelnen Bundesländer berechnet.

1.1. Restabfall

Im Fokus stehen die gemischten Siedlungsabfälle bzw. der kommunale Restabfall. Als Ausgangslage dienen die Restabfallanalysen der österreichischen Bundesländer. Bei den gemischten Siedlungsabfällen zeigt das Pro-Kopf-Aufkommen deutliche Unterschiede. Es bewegt sich zwischen 83 kg/a in Vorarlberg bis 289 kg/a in Wien [3].

Die vorhandenen Daten wurden aufbereitet und etwaige Diskrepanzen bereinigt. Dazu dient der Leitfaden zur Erstellung von Restabfallanalysen [2]. Anhand der Zuordnungsliste wurden die verwendeten Analysen neu klassifiziert und das durchschnittliche Pro-Kopf-Aufkommen errechnet. In Bild 1 ist die Aufteilung der Fraktionen in Hauptgruppen dargestellt.

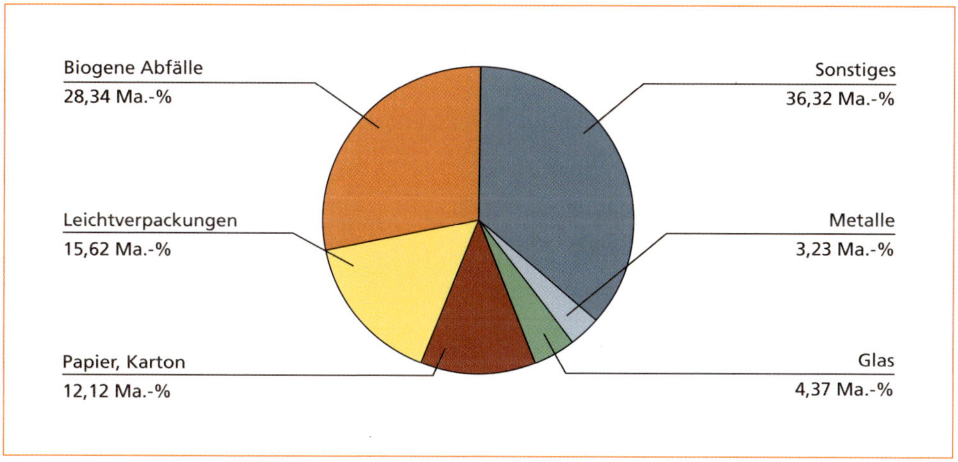

Bild 1: Aufteilung der Restabfall-Fraktionen in Hauptgruppen

Im Sinne der verbesserten getrennten Sammlung ist es notwendig, schon bei der Trennung in die einzelnen Sammelfraktionen anzusetzen. Ziel ist es, die Qualität der Materialien für das Recycling zu erhöhen [15]. Dies erfolgt bei den Modellen 4.a und 4.b (Verbesserte getrennte Sammlung). Es werden dazu zwei unterschiedliche Ansätze gewählt. Einerseits kommt die Annahme einer Reduktion um 50 % von der Ausgangslage zur Anwendung, so wie es in *Benchmarking für die österreichische Abfallwirtschaft* [4] aufgezeigt wurde, andererseits dient als Best Practice-Beispiel das durchschnittliche Restabfallaufkommen von Vorarlberg [17] als Grundlage. Tabelle 1 zeigt die Gegenüberstellung zum österreichischen Durchschnitt.

Tabelle 1: Getrenntsammlung – Gegenüberstellung österreichischer Durchschnitt mit Benchmark-Studie und Best-Practice Vorarlberg

Sammelsystem	Österreich-Schnitt	Benchmark-Studie	Best-Practice Vorarlberg
	%		
Restabfallsammlung	100,0	66,7	54,7
Altstoffsammlung Leichtverpackungen	0,0	8,1	10,4
Altstoffsammlung Bioabfall	0,0	14,6	20,0
Altstoffsammlung Altpapier	0,0	7,0	9,9
Altstoffsammlung Altglas	0,0	2,3	3,2
Altstoffsammlung Altmetalle	0,0	1,3	1,8
Summe	**100,0**	**100,0**	**100,0**

1.2. Sammlung und Transporte

Grundsätzlich wird für die Restabfallsammlung angenommen, dass sie im Holsystem erfolgt. Dies gilt auch für die meisten Fraktionen der Altstoffsammlung. Ausgenommen davon sind Altglas und Altmetalle, wo die Abholung von Sammelinseln aus erfolgt (Bringsystem). In Tabelle 2 sind die Werte für die Modelle dargestellt.

Tabelle 2: Gewählter Personalaufwand für die Sammlung in den Modellen

Sammelfraktion	**Beschäftigte** pro 100.000 t
Restabfall	90
Leichtverpackungen (LVP)	200
Bioabfall	90
Altpapier	70
Altglas	24
Altmetalle	200

Literaturangaben und Informationen durch die Befragungen zum Transport konnten nicht ermittelt werden. Um der Komplexität der Modelle entgegenzuwirken gilt die Annahme, dass die Durchführung aller Transporte per LKW durchgeführt wird. Weiters wurde das Ladegewicht auf drei Größen reduziert, die Transportwege abgeschätzt und in 50 km-Intervalle eingeteilt sowie die Be- und Entladezeiten als auch die regionalen und überregionalen Fahrzeiten auf eine halbstündige Taktung reduziert [1]. Im Anhang in Tabelle i befinden sich die Werte für das Ladegewicht, die Transportwege und der Beschäftigungsaufwand pro 100.000 t.

1.3. Behandlungsanlagen

Für die Datengewinnung wurden insgesamt 105 Anlagenbetreiber mit Standorten in Österreich sowie drei ausländische Standorte befragt. In allen Fällen wurde der Erstkontakt via Telefon hergestellt. Auf Wunsch erfolgte eine schriftliche Anfrage per Mail.

Die Befragung erfolgte unstrukturiert mit offenen Fragen und wurde auf die jeweiligen Standorte und Anlagen abgestimmt. Ziel war es, Zahlen zu erhalten um den Personalaufwand für einen Input von 100.000 t Abfall pro Jahr zu errechnen. Zusätzlich erfolgten noch Experteninterviews. Diese dienen dazu, die bereits gewonnenen Daten auf Plausibilität zu bestätigen oder bei unzureichenden Informationen einen brauchbaren Wert zu bekommen. Wie bei den Befragungen wurden diese Interviews auf

Wunsch der meisten Experten anonymisiert. Auch der Aufbau der Interviews erfolgte unstrukturiert mit offenen Fragen und wurde auf die jeweiligen Standorte, Anlagen oder Schwerpunkte abgestimmt.

Die Literaturwerte wurden mit den Ergebnissen der Befragung verglichen und mit den Expertenmeinungen abgestimmt. Die in den Modellen verwendeten Personalkoeffizienten sind in Tabelle 3 dargestellt.

Tabelle 3: Gewählter Personalaufwand für die Abfallbehandlungsanlagen in den Modellen

Abkürzung	Anlagen-Bezeichnung	Beschäftigte pro 100.000 t
AV-R	Abfallverbrennungsanlage mit Rostfeuerung	24
AV-W	Abfallverbrennungsanlage mit Wirbelschichtfeuerung	22
Dep-Hm	Hausmülldeponie	5
Dep-Ma	Massenabfalldeponie	10
Dep-Rs	Reststoffdeponie	10
EBS-P	Ersatzbrennstoff-Produktionsanlage	16
Gl-S	Altglas-Sortieranlage	10
Gl-Um	Altglas-Umladestation	3
Gr-Sh	Groß-Shredder-Anlage	40
Komp	Kompostierungsanlage	35
Kst-R	Kunststoff-Recyclinganlage	200
LVP-S	Leichtverpackungen-Sortieranlage	200
MBA	Mechanisch-Biologische Behandlungsanlage	18
MBA-tr	Mechanisch-Biologische Behandlungsanlage mit Trockenstabilisierung	18
Met-Um	Metall-Umladestation	3
PAP-S	Altpapier-Sortieranlage	25
Po-Sh	Post-Shredder-Anlage	150
Zem	Abfallmitverbrennungsanlage mit Drehrohrofen im Zementwerk (abfallspezifisch)	4

1.4. Exkurs Re-Use

Der Sektor Re-Use findet zwar in den Modellen keine Anwendung, es soll hier dennoch durch diesen Exkurs das große Potential an Arbeitsplätzen im Bereich der Abfallvermeidung aufgezeigt werden. War es früher noch üblich, Dinge zu reparieren und wieder in Gang zu setzen, so verschwand dies in der letzten Zeit nahezu vollständig. Doch es gibt teilweise einen Paradigmenwechsel und in den letzten Jahren stiegen die gesammelten Mengen an Gütern für die Vorbereitung zur Wiederverwertung an und bewegen sich in Österreich bei etwa 0,1 % des gesamten österreichischen Aufkommens an Siedlungsabfällen aus Haushalten und ähnlichen Einrichtungen. Eine Steigerung auf 1 % ist eine realistische Annahme, wie das Beispiel in Flandern zeigt [16].

Der Personalaufwand im Re-Use-Sektor bewegt sich bei etwa 4.000 bis 7.500 Beschäftigten pro 100.000 Tonnen. Auch wenn die Menge, welche aus dem Abfallstrom ausgeschleust wird, sehr gering ist so hat sie einen großen Einfluss auf die Beschäftigungseffekte.

2. Modelle

Durch die Komplexität und den großen regionalen Unterschieden ist eine reale Darstellung der Abfallwirtschaft kaum bis nicht möglich. Daher wurden idealisierte und vereinfachte Abläufe angenommen. Diese haben nicht den Anspruch die Realität genau abzubilden, sondern zeigen eine auf das Wesentliche konzentrierte Abfolge des Abfallstroms. Beginnend bei der Sammlung durchläuft ein Eintrag von 100.000 t die einzelnen Modelle bis der verbleibende Abfall auf der Deponie landet oder wieder als Produkt aus dem Abfallregime ausgeschleust wird. Bei jedem Behandlungsschritt – auch Sammlung und Transport – wird der jeweilige Personalaufwand berechnet und in weiterer Folge für das gesamte Modell summiert.

Für den Vergleich wurden vier unterschiedliche Modelle gebildet die sich auf grundlegende abfallwirtschaftliche Systeme stützen. Als Teilsystem versteht sich die Sammlung. Sie kommt im Gesamtsystem vor, scheidet als Basissammlung im Vergleich der Modelle jedoch aus. In den Modellen 1 bis 3 wird der gesamte Input direkt an die verschiedenen Behandlungsanlagen verteilt. Nur im vierten Modell gelangen Teile aus dem Restabfall bereits beim Abfallerzeuger in die Altstoffsammlung.

Im Anhang (Bild I bis VII) sind die schematischen Abläufe dargestellt.

Modell 1: Ungeordnete Deponierung [UD]

Im diesem Modell landet das gesamte Aufkommen unbehandelt in einer naheliegenden Hausmülldeponie. Eine Ablagerung des Abfalls ohne vorige Behandlung ist in Österreich seit der Deponieverordnung 2004 nicht mehr zulässig. Dennoch soll dieses Modell nicht außer Acht gelassen werden, da es in vielen europäischen Ländern wie Tschechien, Bulgarien oder Rumänien teilweise noch immer so gehandhabt wird.

Modell 2: Reine Abfallverbrennung [RM]

Anders als im Modell 1 landet hier der gesamte Restabfall in einer Abfallverbrennungsanlage mit Rostfeuerung. Diese sind in der Lage den unbehandelten Abfall direkt zu verbrennen. Die Rückstände der Verbrennung gelangen auf eine Reststoffdeponie. In den Verbrennungsrückständen befindet sich noch ein geringer Anteil an Metallen. Diese werden von der Deponiefraktion getrennt und dem Recyclingprozess zugeführt.

Modell 3: Mechanisch-Biologische Behandlung

Der gesammelte Restabfall landet in diesem Modell zuerst in einer Mechanisch-Biologischen Behandlungsanlage (MBA). Je nach Anlagentyp werden unterschiedliche Mengen an heizwertreicher Fraktion und Deponiefraktion erzeugt. Das Modell 3 ist in vier Untermodelle geteilt. Drei der Untermodelle bedienen sich derselben MBA, jedoch wird der Output auf unterschiedlicher Weise verwertet. Eine Mechanisch-Biologische Behandlung mit Trockenstabilisierung zeigt das vierte Untermodell. Dabei wird versucht, einen möglichst hohen Anteil an energetisch verwertbaren Fraktionen zu erzeugen.

Untermodelle der Mechanisch-Biologischen Behandlung (MBA):

- Modell 3.1: MBA + Verbrennung [MV]
- Modell 3.2: MBA + Verbrennung + Zementwerk [MVZ]
- Modell 3.3: MBA + Zementwerk [MZ]
- Modell 3.4: MBA + Trockenstabilisierung + Verbrennung + Zementwerk [MTVZ]

Modell 4: Verbesserte getrennte Sammlung

Dieses Modell sieht eine verbesserte Sammlung vor, die sich in einer Trennleistung schon bei den Haushalten zeigt. Die wesentliche Veränderung ist in der Aufteilung in mehrere Sammelfraktionen zu finden. In zwei Untermodellen wird die Aufteilung in einzelne Altstoffströme anhand realistischer Szenarien dargestellt.

- Modell 4.a: Verbesserte getrennte Sammlung nach Benchmark-Studie [VGSa]
- Modell 4.b: Verbesserte getrennte Sammlung nach Best-Practice Vorarlberg [VGSb]

Durch die Betrachtung von nun sechs verschiedenen Materialströmen erhält dieses Modell die größte Komplexität. Wie schon in der Sammlung und den unterschiedlichen Behandlungsschritten für den Restabfall, sind auch für die anderen Fraktionen Vereinfachungen und Idealisierungen getroffen worden. Basis für die Berechnung der Restabfallzusammensetzung bilden die Restabfallanalysen der einzelnen Bundesländer, woraus sich die Mengen für die Altstoffsammlung ableiten lassen.

3. Vergleich der Modelle

In Tabelle 4 sind die Ergebnisse für die benötigten direkten Beschäftigten für alle Modelle aufgelistet.

Tabelle 4: Personalaufwand aller Modelle pro 100.000 t Input

	Abk.		Sammlung	Anlagen	Transporte	Summe
Modell 1	**UD**	Ungeordnete Deponierung	90,0	5,0	–	**95,0**
Modell 2	**RM**	Reine Abfallverbrennung	90,0	27,9	3,0	**120,9**
Modell 3.1	**MV**	Mechanisch-Biologische Behandlung + Verbrennung	90,0	35,6	18,3	**143,9**
Modell 3.2	**MVZ**	Mechanisch-Biologische Behandlung + Verbrennung + Zementwerk	90,0	34,7	21,5	**146,2**
Modell 3.3	**MZ**	Mechanisch-Biologische Behandlung + Zementwerk	90,0	26,6	22,8	**139,4**
Modell 3.4	**MTVZ**	Mechanisch-Biologische Behandlung + Trockenstabilisierung + Verbrennung + Zementwerk	90,0	38,5	26,9	**155,4**
Modell 4.a	**VGSa**	Verbesserte getrennte Sammlung	97,4	56,4	20,2	**174,0**
Modell 4.b	**VGSb**	Verbesserte getrennte Sammlung	99,3	62,5	19,5	**181,3**

Eine gesonderte Betrachtung erfährt die Sammlung. Diese wird als flächendeckend angenommen, die Höhe des Personalaufwandes für eine Basissammlung festgelegt und bei jedem Modell abgezogen. Danach werden die Modelle miteinander verglichen, um das Verhältnis des Personalaufwandes zwischen den einzelnen Modellen zu erhalten.

Die Anzahl der Beschäftigten für die Sammlung beläuft sich bei den Modellen 1 bis 3 auf 90 Arbeitsplätze pro 100.000 t Input. Hierbei handelt es sich um die Holsammlung von Restabfall. Erst in den Modellen mit einer verbesserten getrennten Sammlung (VGSa und VGSb) erhöht sich die Beschäftigungsintensität.

Der Wert von 90 Personen wird somit für die Basissammlung festgelegt. Um diese Personalsumme wird jedes Modell reduziert. Nur wenn die Sammlung diese Beschäftigungszahl überschreitet, hat es einen Einfluss in den Vergleichen. Die Ergebnisse ohne Basissammlung sind in der Tabelle 5 angeführt und in Bild 2 dargestellt.

Tabelle 5: Personalaufwand Modell-Vergleich (ohne Basissammlung) pro 100.000 t Input

	Abk.		Sammlung	Anlagen	Transporte	Summe
Modell 1	**UD**	Ungeordnete Deponierung	–	5,0	–	**5,0**
Modell 2	**RM**	Reine Abfallverbrennung	–	27,9	3,0	**30,9**
Modell 3.1	**MV**	Mechanisch-Biologische Behandlung + Verbrennung	–	35,6	18,3	**53,9**
Modell 3.2	**MVZ**	Mechanisch-Biologische Behandlung + Verbrennung + Zementwerk	–	34,7	21,5	**56,2**
Modell 3.3	**MZ**	Mechanisch-Biologische Behandlung + Zementwerk	–	26,6	22,8	**49,4**
Modell 3.4	**MTVZ**	Mechanisch-Biologische Behandlung + Trockenstabilisierung + Verbrennung + Zementwerk	–	38,5	26,9	**65,4**
Modell 4.a	**VGSa**	Verbesserte getrennte Sammlung	7,4	56,4	20,2	**84,0**
Modell 4.b	**VGSb**	Verbesserte getrennte Sammlung	9,3	62,5	19,5	**91,3**

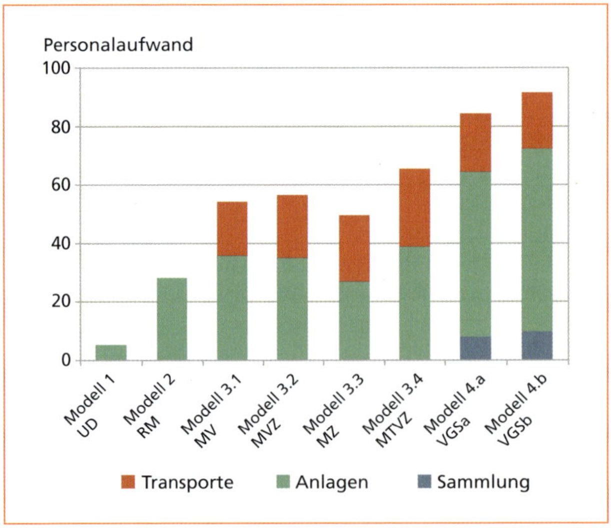

Bild 2:

Vergleich des Personalaufwands der Modelle (ohne Basissammlung)

Ausgehend von den berechneten Beschäftigungszahlen werden zwei Modelle als Ausgangspunkte festgelegt

- Basis Modell 1: Ungeordnete Deponierung [UD]
- Basis Modell 2: Reine Abfallverbrennung [RM]

und auf den Zahlenwert Eins normiert. Daraufhin kann der Faktor erhoben werden, um welchen sich der Personalaufwand der anderen Modelle zum Basismodell verändert. In der Tabelle 6 sind die Ergebnisse für beide Basismodelle aufgelistet.

Tabelle 6: Faktor-Vergleich des Personalaufwands (ohne Basissammlung)

			Vergleich zu	
	Abk.		**Basis Modell 1**	**Basis Modell 2**
Modell 1	**UD**	Ungeordnete Deponierung	1,0	0,2
Modell 2	**RM**	Reine Abfallverbrennung	6,2	1,0
Modell 3.1	**MV**	Mechanisch-Biologische Behandlung + Verbrennung	10,8	1,7
Modell 3.2	**MVZ**	Mechanisch-Biologische Behandlung + Verbrennung + Zementwerk	11,2	1,8
Modell 3.3	**MZ**	Mechanisch-Biologische Behandlung + Zementwerk	9,9	1,6
Modell 3.4	**MTVZ**	Mechanisch-Biologische Behandlung + Trockenstabilisierung + Verbrennung + Zementwerk	13,1	2,1
Modell 4.a	**VGSa**	Verbesserte getrennte Sammlung	16,8	2,7
Modell 4.b	**VGSb**	Verbesserte getrennte Sammlung	18,3	3,0

Basis Modell 1: Ungeordnete Deponierung [UD]

Es ist zu erkennen, dass sich bereits bei der reinen Abfallverbrennung, wie im Modell 2 errechnet, der Personalaufwand um einen Faktor von über sechs erhöht. Die Aufbereitung des Restabfalls in einer MBA erhöht den Beschäftigungseffekt weiter um einen Faktor von rund 11 gegenüber dem Basismodell. Die jeweiligen Herangehensweisen der weiteren Verwertung des Outputstroms sind hier ausschlaggebend und schwanken somit zwischen 9,9 und 13,1. Ein wesentlicher Beitrag kommt bereits aus den Transporten. Bei der verbesserten getrennten Sammlung ist der Beschäftigungseffekt um rund 17 Mal höher als bei der ungeordneten Deponierung. Bild 3 zeigt die graphische Darstellung der gegenüber gestellten Modelle mit dem Modell 1 [UD] als Ausgangspunkt.

Basis Modell 2: Reine Abfallverbrennung [RM]

Die Verhältnisse der einzelnen Modelle untereinander bleiben natürlich gleich. Nur die Zahlenwerte verändern sich durch die Verschiebung des Ausgangspunkts auf Modell 2 [RM]. Das Basismodell, wo die Verbrennung im Vordergrund steht, stellt ein sehr etabliertes Verfahren im Umgang mit Restabfall dar. Beim Vergleich mit den Modellen der Mechanisch-Biologischen Behandlung und anschließender Verbrennung bzw. Mitverbrennung erhöht sich der Personalaufwand um das 1,6-Fache bis 2,1-Fache (Bild 4).

Eine Umstellung von der reinen Abfallverbrennung hin zu einer verbesserten getrennten Sammlung und somit auch einer deutlichen Erhöhung der Recyclingquote bringt eine Steigerung des Beschäftigungseffektes um rund das Dreifache.

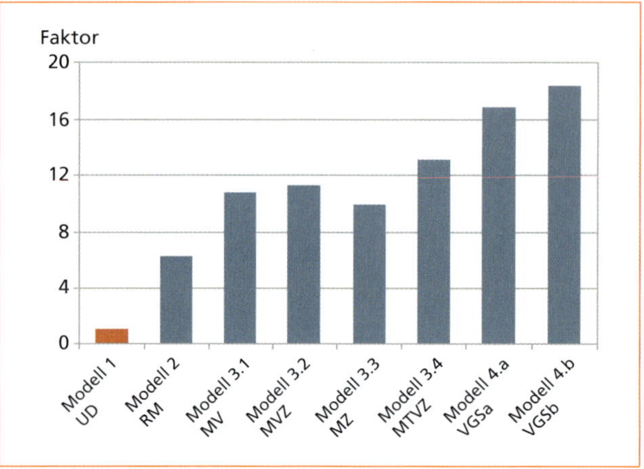

Bild 3:

Faktor-Vergleich des Personalaufwands (ohne Basissammlung): Basis Modell 1

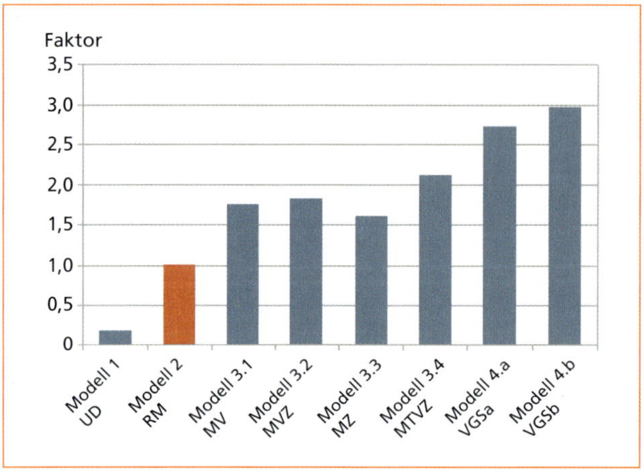

Bild 4:

Faktor-Vergleich des Personalaufwandes (ohne Basissammlung): Basis Modell 2

4. Diskussion der Ergebnisse

Ein verbessertes Abfallwirtschaftssystem eröffnet ein enormes Potential an neuen Arbeitsplätzen. Verglichen mit der ungeordneten Deponierung (Modell 1 [UD]) und der reinen Abfallverbrennung (Modell 2 [RM]) handelt es sich um eine Steigerung um das rund 18-Fache bzw. Dreifache des direkten Beschäftigungseffekts. Auch wenn die Darstellung nicht genau der Realität entspricht, zeigt sie sehr wohl das mögliche Potential auf. Zudem hilft es endliche Ressourcen und die Umwelt zu schonen, da durch eine bessere Aufbereitung der Altstoffe deutlich mehr Materialien verwertet bzw. wiederverwendet werden.

Die größten Beschäftigungseffekte sind zwischen der ungeordneten Deponierung (Modell 1 [UD]) bzw. der reinen Abfallverbrennung (Modell 2 [RM]) und der verbesserten getrennten Sammlung (Modell 4.b [VGSb]) zu sehen. Bei einem Input von 100.000 Jahrestonnen entstehen beim Modell der verbesserten getrennten Sammlung um etwa 86 Arbeitsplätze mehr als bei der ungeordneten Deponierung. Auch im Vergleich zum Modell 2, der reinen Abfallverbrennung, entstehen immerhin noch zusätzlich rund 60 Arbeitsplätze. Der Zuwachs an Arbeitsplätzen für einen Input von 100.000 Tonnen für das Modell 4.b [VGSb] im Vergleich zum Modell 1 [UD] sowie Modell 2 [RM] ist in Tabelle 7 angegeben.

		Vergleichsmodelle	
Zielmodell	Abk.	**Modell 1 UD** Ungeordnete Deponierung	**Modell 2 RM** Reine Abfallverbrennung
Modell 4.b	VGSb	86,4	60,6

Tabelle 7:

Zuwachs an Arbeitsplätzen pro 100.000 t Input

Von Interesse aus österreichischer Sicht ist sicherlich der Unterschied zwischen den Modellen 2 [RM] und 4.b [VGSb]. Immerhin wurden in Österreich im Jahr 2015 über 1,2 Millionen Tonnen Restabfall und Sperrmüll zur direkten Verbrennung gebracht [3]. Dies bedeutet ein Potential von rund 730 direkten Arbeitsplätzen (Tabelle 8). Weiters ergeben sich eine wesentlich höhere Recyclingquote sowie weitere indirekte Beschäftigungseffekte.

Auf EU-Ebene bedeutet diese Umstellung ein Potential von etwa 40.000 zusätzlichen direkten Beschäftigungen. Laut Eurostat gelangten im Jahr 2016 rund 66 Millionen Tonnen Restabfall in die Verbrennung [7]. Die ungeordnete Deponierung ist in der EU zudem noch immer gängig, konkrete Zahlen dazu konnten nicht gefunden werden. Insgesamt landeten in der EU im Jahr 2016 etwa 59 Millionen Tonnen an Abfällen in Deponien [7]. Geht man davon aus, dass es sich hierbei um eine ungeordnete Deponierung handelt, so bedeutet das etwa 51.000 weitere Jobs. In Summe besteht somit ein Potential auf EU-Ebene von etwa 91.000 zusätzlichen direkten Arbeitsplätzen. Diese direkten Beschäftigungseffekte werden natürlich noch durch indirekte Beschäftigungseffekte verstärkt.

	UD → VGSb	RM → VGSb	**Summe**	
Österreich	–	730	**730**	Arbeitsplätze
EU	51.000	40.000	**91.000**	Arbeitsplätze

Werte gerundet

Tabelle 8:

Potential an Arbeitsplätzen für Österreich und die EU

Die für diese Arbeit entwickelten **Modelle** stellen vier grundlegende Entwicklungsstufen in der Abfallwirtschaft dar. Die Erstellung *eines* brauchbaren und repräsentativen Modells ist nicht möglich, da es bereits auf kommunaler Ebene beträchtliche Unterschiede gibt. Zudem fehlt es in der Abfallwirtschaft in allen Bereichen bezüglich Beschäftigung an Literatur und Forschungsberichten. Für die Einzelbetrachtung einer Region, eines Gebietes oder einer Gemeinde kann das am besten passende Modell herangezogen bzw.

passende Modelle miteinander kombiniert werden. Genauere Ergebnisse lassen sich durch eine detailliertere Ausarbeitung bzw. durch Anpassung der Werte erzielen. Auch die Komposition des zu behandelnden Restabfalls stellt einen wichtigen Faktor dar.

Eine Schärfung der Modelle bezüglich des Personalaufwandes ist durchaus möglich. Die Datengewinnung aus der Befragung erwies sich als sehr schwierig. Viele Betriebe gaben keine Aussagen oder wollten keine detaillierten Informationen preisgeben, da es sich um vertrauliche Daten handelt. Erst die Zusage, die erhaltenen Zahlen absolut anonymisiert zu behandeln, führte zum Erfolg. Zwar hielt sich der Informationsgehalt weiterhin in Grenzen, aber es konnten durchaus plausible Werte berechnet werden, welche in Absprache mit Experten in die Modelle einflossen. Besonders die Werte bei den Transporten, welche nur mittels LKWs angenommen wurden, sind optimierbar.

Im gezeigten Vergleich wurde lediglich der Restabfall und die daraus entstehenden direkten Arbeitsplätze betrachtet. Für die gesamte Abfallwirtschaft verbirgt sich durchaus ein noch viel umfangreicheres Potential, wie auch im *Exkurs: Re-Use* gezeigt wurde. Zwar handelt es sich nur um einen geringen Mengenstrom, doch ist hier die Wertschöpfung und die Anzahl der Beschäftigten beachtlich. Bei 100.000 Tonnen würde eine Ausschleusung von nur 1 % an Gütern aus dem Abfallstrom eine Steigerung von rund 40 bis 75 Arbeitsplätzen bedeuten.

Die Annahme der EU verspricht durch eine Umstellung der Abfallwirtschaft hin zu einer Kreislaufwirtschaft rund 170.000 Arbeitsplätze bis 2030 [6]. Angesichts des oben gezeigten Potentials, scheint diese Schätzung sehr konservativ. Tamma und Hervey kritisieren die Berechnungen durch die Europäische Kommission. Diese Zahlen seien durch schwammige Berechnungen entstanden, was anhand fehlender Literatur oder nachvollziehbaren Studien durchaus glaubwürdig ist [18]. Die Meinung, dass es sich dabei um einen weit überzogenen Schätzwert handelt, scheint jedoch haltlos und unreflektiert.

Die vorliegende Abschätzung der direkten Beschäftigungseffekte auf EU Ebene (+91.000) bezieht sich rein auf die Umstellung und Verbesserung der Sammlung und Behandlung von gemischten Siedlungsabfällen (Restabfall). Sie berücksichtigen keine anderen Abfallströme oder ergänzende Dienstleistungen. Die Berechnung der indirekten Beschäftigungseffekte mit Hilfe eines geeigneten volkswirtschaftlichen Modelles wird als nächster Schritt in Kooperation mit dem Österreichischen Institut für Wirtschaftsforschung durchgeführt. Unter Berücksichtigung der direkten und indirekten Beschäftigungseffekte und der Berücksichtigung anderer Abfallströme und Dienstleistungen erscheint die Schätzung der EU (+170.000) aus Sicht der Autoren sehr konservativ.

Die erzielten Ergebnisse und Zahlen bezogen auf die Beschäftigungseffekte können jedoch nicht alleinstehend als Grundlage für abfallwirtschaftliche Entscheidungen herangezogen werden. Es handelt sich dabei nur um eine Komponente eines großen und sehr komplexen Systems. Für eine gesamtheitliche Betrachtung der Abfallwirtschaft müssen neben den Beschäftigungseffekten noch andere Systemkomponenten Beachtung finden.

So können die Modelle aus Ausgangsbasis dienen und durch zusätzliche Faktoren wie:

- indirekte Arbeitsplätze,
- Umweltauswirkungen,
- Energiebilanzen,
- Treibhausgas-Bilanzen,
- Recycling-Quoten,
- Wirtschaftlichkeit usw.

erweitert werden. Daraus abgeleitet kann in Bezug auf die Erzeugung und Produktion von Gütern aus Primärrohstoffen mit jenen, die durch die Verwendung von Sekundärrohstoffen – aus der getrennten Sammlung und dem Aufbereitungsprozess – entstehen, eine Gegenüberstellung erfolgen.

5. Schlussfolgerungen

Der Vergleich der praxisnahen abfallwirtschaftlichen Modelle zeigt starke direkte Beschäftigungseffekte. Die zugrundeliegenden Daten wurden bei Betreibern von Anlagen erhoben und sind daher realitätsnahe. Die zu Grunde liegende Hypothese *Je differenzierter die Sammlung und Behandlung von Siedlungsabfällen erfolgt, umso höher ist auch der Bedarf an Arbeitsplätzen* kann eindeutig bestätigt und mit konkreten Zahlen belegt werden.

Die Umstellung der europäischen Abfallwirtschaft von einem Deponie orientierten hin zu einem Recycling orientierten Behandlungssystem hat sehr hohe positive Beschäftigungseffekte. Aufbauend auf den Ergebnissen ist es einfach möglich die direkten Beschäftigungseffekte für eine Region, ein Land oder die EU abzuschätzen. Die Abschätzung der EU zu den Beschäftigungseffekten durch die Umsetzung der Kreislaufwirtschaft ist aus Sicht der Autoren sehr konservativ. Die Entwicklung der EU hin zur Kreislaufwirtschaft und damit insbesondere der Ersatz der Deponierung von Siedlungsabfällen durch ein Recycling orientiertes Behandlungssystem schafft viele neue Arbeitsplätze.

6. Literatur

[1] Altendorfer, M. (2018). Vergleich abfallwirtschaftlicher Systeme für Siedlungsabfälle mit Schwerpunkt Beschäftigungseffekte. Zugriff unter http://unipub.uni-graz.at/urn:nbn:at:at-ubg:1-131986

[2] BMLFUW. (2017). Leitfaden für die Durchführung von Restmüll-Sortieranalysen. Wien: Bundesministerium für Land- und Forstwirtschaft, Umwelt und Wasserwirtschaft.

[3] BMNT. (2017). Bundes-Abfallwirtschaftsplan 2017. Wien: Bundesministerium für Nachhaltigkeit und Tourismus. Zugriff 1. Februar 2018, unter https://www.bmnt.gv.at/umwelt/abfall-ressourcen/bundes-abfallwirtschaftsplan/BAWP2017-Final.html

[4] Brunner, P., Allesch, A., Getzner, M., Huber-Humer, M., Pomberger, R. [R], Müller, W., ... Kreindl, G., et al. (2015). Benchmarking für die österreichische Abfallwirtschaft. Wien: Technische Universität Wien, Institut für Wassergüte, Ressourcenmanagement und Abfallwirtschaft. Zugriff 20. Juli 2017, unter https://www.bmlfuw.gv.at/greentec/abfall-ressourcen/Benchmarking-Studie.html

[5] Döring, N. & Bortz, J. (2016). Forschungsmethoden und Evaluation in den Sozial- und Humanwissenschaften. Zugriff unter http://dx.doi.org/10.1007/978-3-642-41089-5

[6] Europäische Kommission. (2015). Circular Economy – Closing the loop: Clear targets and tools for better waste management. Europäische Kommission. Zugriff 22. August 2017, unter https://ec.europa.eu/commission/sites/beta-political/files/circular-economy-factsheet-waste-management_en.pdf

[7] Eurostat. (2018). Municipal waste statistics. Zugriff 4. April 2018, unter http://ec.europa.eu/eurostat/statistics-explained/index.php/Municipal_waste_statistics#Main_tables

[8] Flick, U. (2011). Triangulation : Eine Einführung (3., aktualisierte Auflage.).

[9] Gibbs, A., Elliott, T., Ballinger, A., Hogg, D., Gentil, E., Fischer, C., & Bakas, I. (2014a). Development of a Modelling Tool on Waste Generation and Management. Appendix 9: Employment in Municipal Waste Management Operations. In Development of a Modelling Tool on Waste Generation and Management. European Commission DG. Zugriff 13. September 2017, unter http://ec.europa.eu/environment/waste/target_review.htm.

[10] Gibbs, A., Elliott, T., Vergunst, T., Ballinger, A., Hogg, D., Gentil, E., ... Bakas, I. (2014b). Development of a Modelling Tool on Waste Generation and Management. European Commission DG. Zugriff 13. September 2017, unter http://ec.europa.eu/environment/waste/target_review.htm.

[11] Hogg, D., Vergunst, T., Elliott, T., Elliott, L., Corbin, M., & Ballinger, A. (2015). Further development of the European reference model on waste generation and management. Eunomia. Zugriff 13. September 2017, unter https://publications.europa.eu/de/publication-detail/-/publication/d188ce6e-9cac-11e5-b792-01aa75ed71a1/language-en/format-PDF/source-38735912

[12] Hogg, D., Vergunst, T., Elliott, T., Elliott, L., & Corbin, M. (2016). Support to the waste targets review. Appendix 1: Analysis for new policy options. In Support to the waste targets review: final report. Eunomia. Zugriff 13. September 2017, unter http://ec.europa.eu/environment/waste/target_review.htm

[13] Hug, T. (2015). Empirisch forschen: die Planung und Umsetzung von Projekten im Studium (2., überarb. Aufl.). Konstanz: UVK. Zugriff unter http://deposit.d-nb.de/cgi-bin/dokserv?id=4817804&prov=M&dok_var=1&dok_ext=htm

[14] Klampfl-Pernold, H. & Gelbmann, U. (2006). Quantensprünge in der Abfallwirtschaft: Entwicklung eines innovationsorientierten Phasenmodells der europäischen Abfallwirtschaft. Aachen: Shaker.

[15] Kranzinger, L., Schopf, K., Pomberger, R., & Punesch, E. (2017b). Case study: Is the 'catch-all-plastics bin' useful in unlocking the hidden resource potential in the residual waste collection system? Waste Management and Research, (35(2)), 155–162. Zugriff 19. Februar 2018, unter http://journals.sagepub.com/doi/abs/10.1177/0734242X16682608

[16] Neitsch, M. & Wagner, M. (2017). RepaNet Markterhebung 2015: Re-Use im Aufwind. Zahlen und Potential von Re-Use-Mengen und Beschäftigung im Re-Use-Sektor in Österreich. RepaNet. Zugriff 24. Mai 2018, unter http://www.repanet.at/re-use-in-oesterreich-im-aufwind/

[17] ÖÖI & TBH. (2012). Analyse von kommunalem Restabfall sowie von getrennt gesammelten biogenen Abfällen in Vorarlberg 2012. Korneuburg: Umweltverband Vorarlberg.

[18] Tamma, Paola and Hervey, Ginger. (2018). Hope for circular economy jobs could be a waste. Zugriff 24. Mai 2018, unter https://www.politico.eu/article/circular-economy-jobs-waste-garbage-trash-recycling/

[19] Weingärtler, M. (2009). Die österreichische Entsorgungswirtschaft: Daten und Fakten. Wien: Institut für Strategieanalysen. Zugriff 11. August 2017, unter http://www.voeb.at/fileadmin/user_upload/voeb.at/Dokumente/Branchenstudie/Studie_Entsorgungswirtschaft_Zwischenbericht_01.pdf

7. Anhang

Tabelle I: Transporte: Beladung der LKWs, Transportwege und Personalaufwand pro 100.000 t/a für die einzelnen Transporte

Abkürzung	Transport-Bezeichnung	Ladegewicht	Transportweg	Beschäftigte
		t	km	pro 100.000 t
AV-R – Dep-Rs	AV-Rost – Reststoffdeponie	20	50	9,0
AV-R – Gr-Sh	AV-Rost – Groß-Shredder-Anlage	25	100	12,0
AV-W – Dep-Rs	MV-Wirbel – Reststoffdeponie	20	50	9,0
MBA – Dep-Ma	MBA – Massenabfalldeponie	20	0	0,0
MBA – AV-W	MBA – AV-Wirbel	11	100	27,3
MBA – EBS-P	MBA – EBS-Produktion	11	50	16,4
MBA – Zem	MBA – Zementwerk	11	150	32,8
MBA – Gr-Sh	MBA – Groß-Shredder	25	100	12,0
EBS-P – Zem	EBS-Produktion – Zementwerk	11	150	32,8
Gr-Sh – Po-Sh	Groß-Shredder-Anlage – Post-Shredder-Anlage	25	0	0,0
Gr-Sh – Met-Ind	Groß-Shredder-Anlage – Metallindustrie	25	200	19,2
Po-Sh – Met-Ind	Post-Shredder-Anlage – Metallindustrie	25	200	19,2
LVP-S – MBA	LVP-Sortieranlage – MBA	20	100	15,0
LVP-S – EBS-P	LVP-Sortieranlage – EBS-Produktion	11	50	16,4
LVP-S – Kst-R	LVP-Sortieranlage – Kst-Recyclinganlage	11	200	43,7
Kst-R – AV-W	Kst-Recyclinganlage – AV-Wirbel	11	150	32,8
Komp – MBA	Kompostierungsanlage – MBA	20	50	9,0
Pap-S – Pap-F	Altpapier-Sortieranlage – Papierfabrik	20	50	9,0
Pap-S – MBA	Altpapier-Sortieranlage – MBA	20	150	18,0
Gl-Um – Gl-S	Altglas-Umladestation – Altglas-Sortieranlage	25	200	19,2
Gl-S – MBA	Altglas-Sortieranlage – MBA	20	150	18,0
Met-Um – Gr-Sh	Altmetall-Umladestation – Groß-Shredder-Anlage	25	200	19,2

Bild I: Modell 1: ungeordnete Deponierung

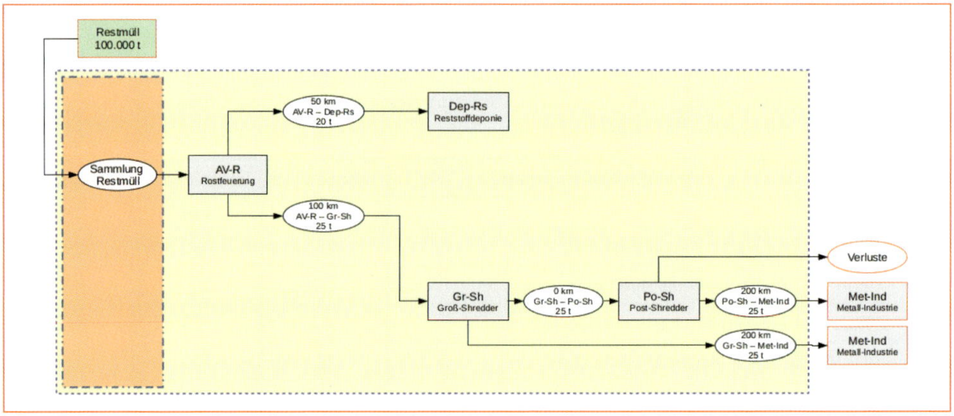

Bild II: Modell 2: reine Abfallverbrennung

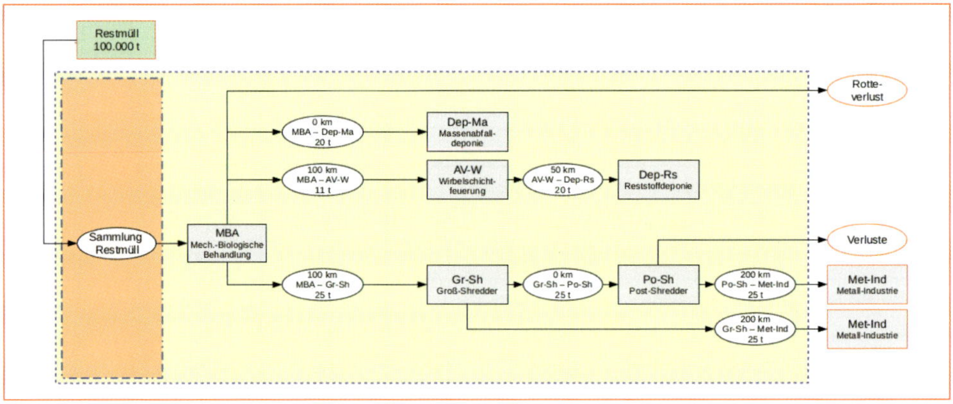

Bild III: Modell 3.1: MBA + Verbrennung

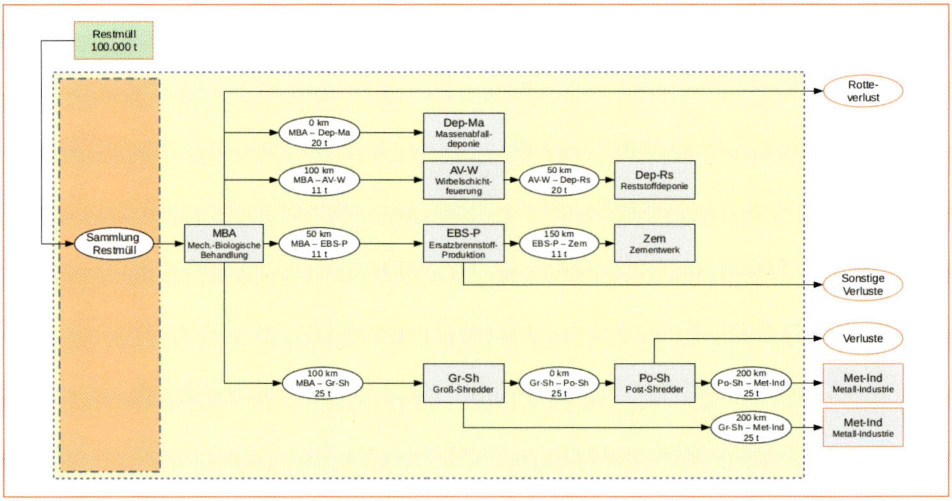

Bild IV: Modell 3.2: MBA + Verbrennung + Zementwerk

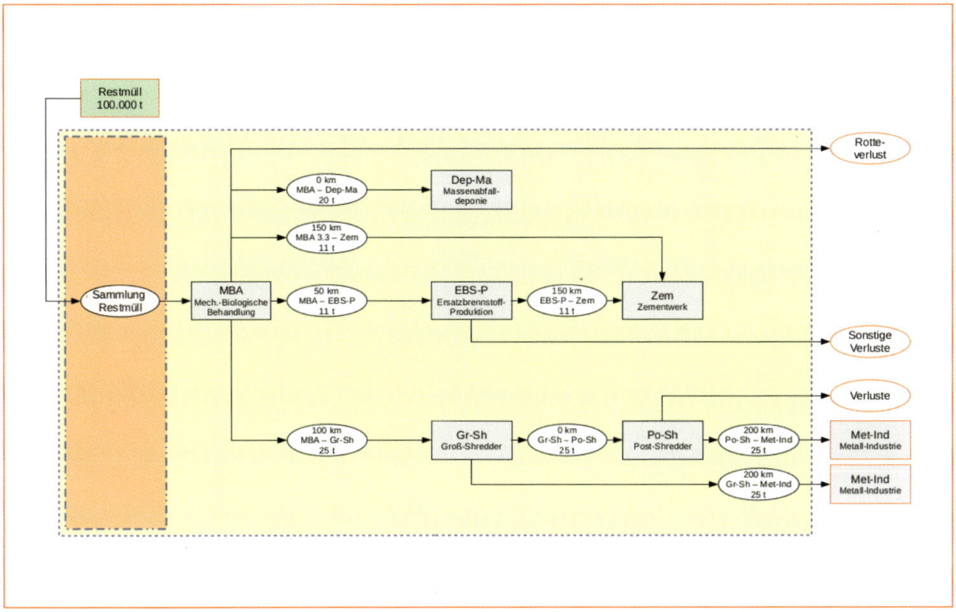

Bild V: Modell 3.3: MBA + Zementwerk

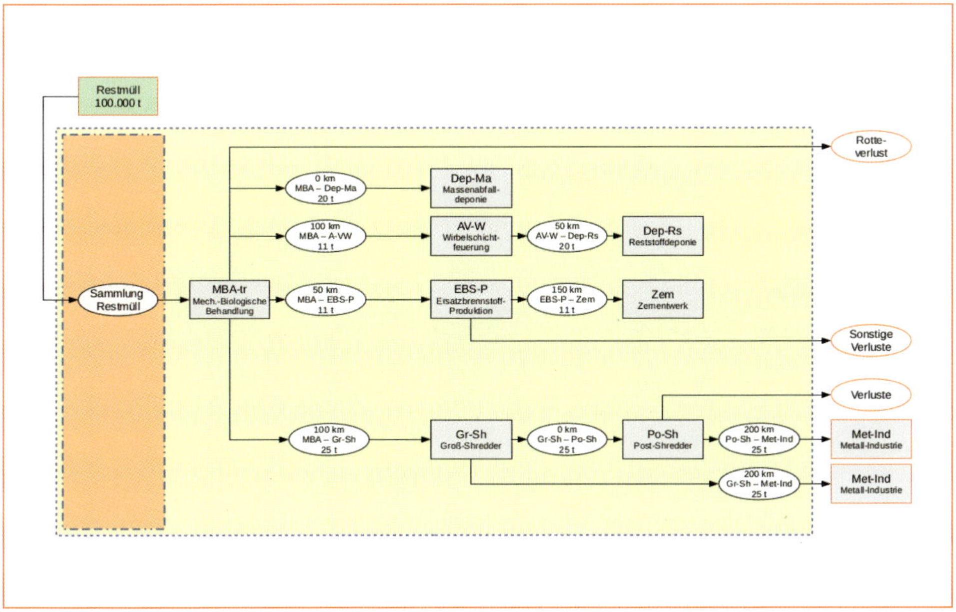

Bild VI: Modell 3.4: MBA + Trockenstabilisierung + Verbrennung + Zementwerk

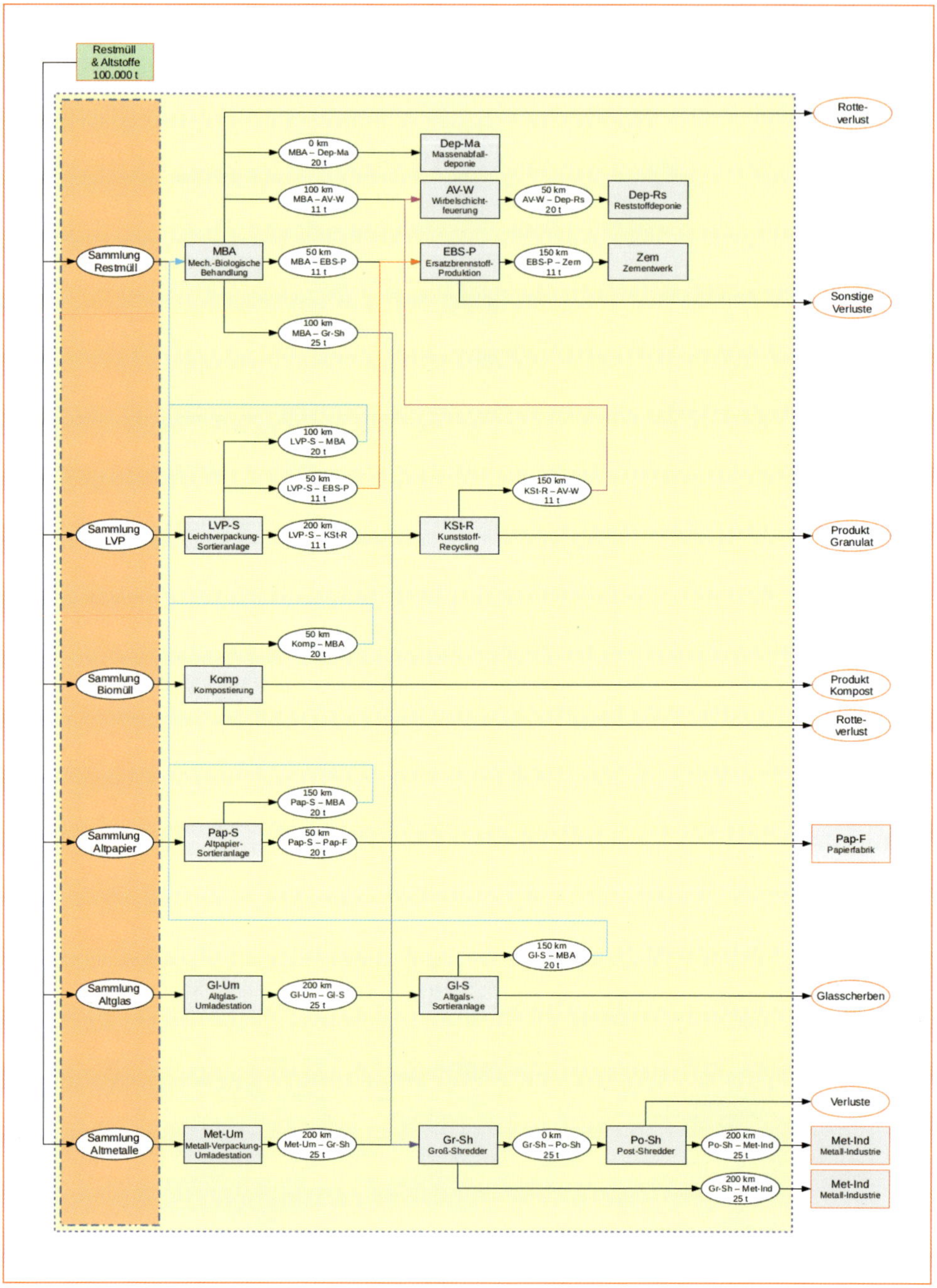

Bild VII: Modell 4: Verbesserte getrennte Sammlung

Ansprechpartner

Michael Altendorfer, B.Sc. MA
Montanuniversität Leoben
Lehrstuhl für Abfallverwertungstechnik und Abfallwirtschaft
Franz-Josef-Straße 18
8700 Leoben, Österreich
+43 3842-402-5150
avaw@unileoben.ac.at

Univ.-Prof. Dipl.-Ing. Dr. mont. Roland Pomberger
Montanuniversität Leoben
Leitung Lehrstuhl für Abfallverwertungstechnik
und Abfallwirtschaft
Franz-Josef-Straße 18
8700 Leoben, Österreich
+43 3842-402-5150
avaw@unileoben.ac.at

Weitere beteiligte Institutionen

Karl-Franzens-Universität Graz,
Institut für Systemwissenschaften, Innovations- und
Nachhaltigkeitsforschung

Ressourceneffiziente Kreislaufwirtschaft
– Aktuelle Fördermaßnahmen des BMBF –

Helmut Löwe

Das Forschungskonzept *Ressourceneffiziente Kreislaufwirtschaft* des Bundesministeriums für Bildung und Forschung (BMBF) beschreibt Forschungsbedarfe zum Umbau unserer überwiegend linearen Wirtschaft zu einer echten Kreislaufwirtschaft. Es ist eingebettet in die Hightech-Strategie 2025 der Bundesregierung und das BMBF-Rahmenprogramm *Forschung für Nachhaltige Entwicklung – FONA*[3]. Die ersten Fördermaßnahmen sind in diesem Rahmen gestartet. In diesem Beitrag wird über den Stand der Umsetzung sowie über weitere BMBF-Maßnahmen im Bereich Ressourceneffizienz und Kreislaufwirtschaft berichtet.

1. Forschungspolitische Ziele

Mit der im Jahr 2018 neu aufgelegten Hightech-Strategie 2025 [2] setzt die Bundesregierung ambitionierte Ziele. Die Gesamtausgaben für Forschung und Entwicklung des Bundes, der Länder und der Wirtschaft sollen von derzeit 3 % auf 3,5 % des Bruttoinlandproduktes erhöht werden. Außerdem soll Wissen stärker zur Wirkung gebracht werden, das heißt aus Ideen sollen Innovationen werden. Dafür wird die Forschungs- und Innovationspolitik an drei großen Handlungsfeldern ausgerichtet (Bild 1):

- Forschung für die großen gesellschaftlichen Herausforderungen,
- Stärkung von Deutschlands Zukunftskompetenzen,
- Etablierung einer offenen Innovations- und Wagniskultur.

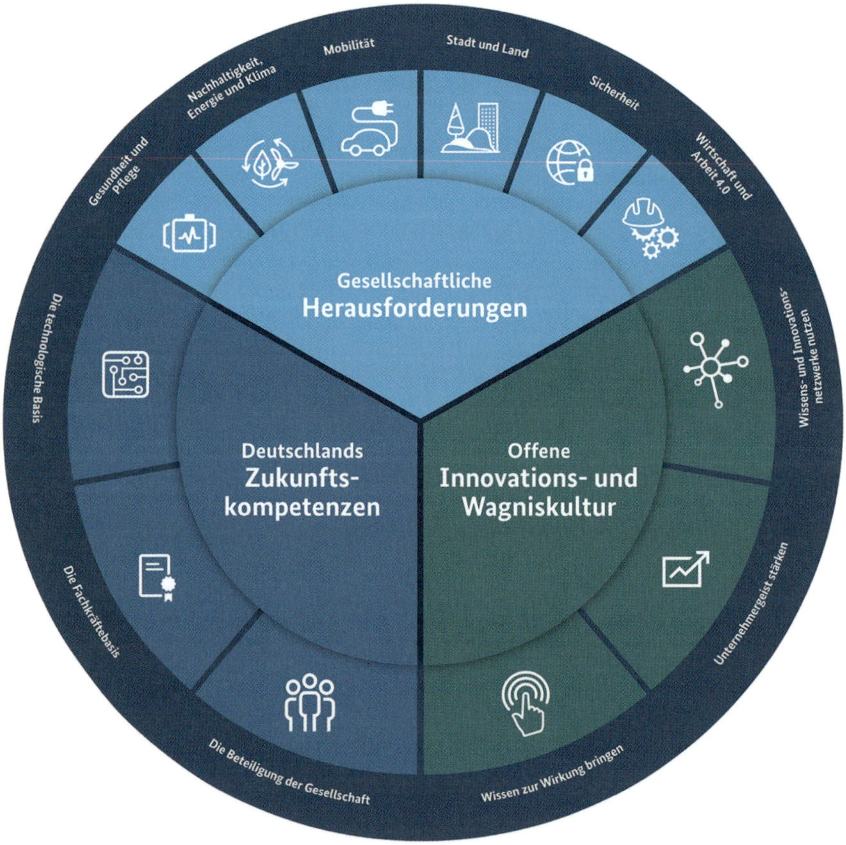

Bild 1: Handlungsfelder der Forschungs- und Innovationspolitik im Rahmen der Hightech-Strategie 2025 der Bundesregierung

Quelle: BMBF

Eine große gesellschaftliche Herausforderung ist der Bereich *Nachhaltigkeit, Klimaschutz und Energie*, zu dem das BMBF-Rahmenprogramm *Forschung für Nachhaltige Entwicklung – FONA*[3] maßgeblich beiträgt. Der Nutzen der Forschung für den Menschen soll im Vordergrund stehen. Dafür werden im Rahmen der Hightech-Strategie 2025 Missionen entwickelt, um konkrete Ziele zu setzen, auf die Wissenschaft, Wirtschaft und Gesellschaft gemeinsam hinarbeiten. Der Transfer von Forschungsergebnissen in die Wirtschaft und Gesellschaft steht im Vordergrund. Eine der Missionen befasst sich mit dem Thema *Nachhaltig Wirtschaften in Kreisläufen*. Zentraler Baustein dieser Mission sind die Förderaktivitäten des BMBF zum Forschungskonzept *Ressourceneffiziente Kreislaufwirtschaft* im Rahmenprogramm FONA[3].

Mit seinen Förderaktivitäten leistet das BMBF Beiträge zum Deutschen Ressourceneffizienzprogramm (ProgRess II, [4]), z.B. zur Sicherung der nachhaltigen Rohstoffversorgung, zum Ausbau von Recycling und Kreislaufwirtschaft und zur Steigerung der Ressourceneffizienz in der Produktion. Außerdem wird damit das Ziel der Deutschen Nachhaltigkeitsstrategie [5] zur kontinuierlichen Erhöhung der Gesamtrohstoffproduktivität um jährlich 1,5 % bis 2030 unterstützt. Forschungsseitig werden damit auch die Grundlagen bereitet für die Umsetzung des EU-Kreislaufwirtschaftspaketes in Deutschland.

2. Umsetzung des BMBF-Forschungskonzeptes *Ressourceneffiziente Kreislaufwirtschaft*

Die grundlegende Transformation unserer traditionell linearen Wirtschaftsweise (produzieren – nutzen – entsorgen) zu einer echten Kreislaufwirtschaft ist eine langfristige Aufgabe. Erste konkrete Schritte sollen kurz- bis mittelfristig umgesetzt werden. Durch Forschung und Innovation werden neue Konzepte, Technologien und Geschäftsmodelle entwickelt und Umsetzungen in die Praxis angestoßen. Best-Practice-Beispiele sollen verbreitet und die notwendigen Rahmenbedingungen angepasst werden. Ein verändertes Verbraucherverhalten und Akzeptanz bei allen Beteiligten sind Voraussetzungen für das Gelingen der Transformation.

Zu diesem Zweck wurde das BMBF-Forschungskonzept *Ressourceneffiziente Kreislaufwirtschaft* entwickelt [3]. Damit sollen durch Forschung und Entwicklung Impulse für den Übergang zu einer ressourceneffizienten Kreislaufwirtschaft gegeben werden. Das Konzept beschreibt den inhaltlichen Rahmen für die Forschungsförderung und wird durch mehrere Fördermaßnahmen umgesetzt, für die insgesamt Mittel des BMBF in Höhe von 150 Millionen EUR im Zeitraum von 2018 bis 2023 vorgesehen sind. Die Forschungsschwerpunkte sind:

- Design kreislauffähiger und ressourcenschonender Produkte,
- Digitale Technologien für die kreislauf- und ressourcenoptimierte Wirtschaft,
- Innovative Produktkreisläufe und Geschäftsmodelle,
- Optimierte Material- und Stoffkreisläufe (Kunststoffe, mineralische Stoffe, wirtschaftsstrategische Rohstoffe).

Die zentralen Forschungsthemen zielen auf die Verlängerung der Lebensdauer und Intensivierung der Nutzung von Produkten, Anlagen und Investitionsgütern. Das soll durch Innovationen im Bereich des Produktdesigns, durch Erschließung der Möglichkeiten digitaler Technologien sowie die Etablierung innovativer Geschäftsmodelle erreicht werden. Bei den neuen Geschäftsmodellen geht es z.B. nicht mehr primär um den Verkauf der Produkte, sondern um die Vermarktung der damit verbundenen Leistung – Nutzen statt Besitzen. Der Hersteller bleibt so im Besitz des Produktes und hat selbst ein erhebliches wirtschaftliches Interesse an der Verlängerung der Produktlebensdauer und an der Nutzenintensivierung. Durch die Lebensdauerverlängerung können deutlich mehr Ressourcen eingespart werden als durch stoffliches Recycling am Lebensende, weil Energie, Rohstoffe und Kosten für die Herstellung neuer Produkte und Komponenten aus den Ausgangsstoffen eingespart werden. Erst wenn am Ende des Lebensweges keine weitere wirtschaftlich und ökologisch sinnvolle Kreislaufführung von Produkten oder Komponenten möglich ist, sollen Materialien und Rohstoffe durch Recycling gezielt zurückgewonnen und als Sekundärrohstoffe dem Wirtschaftskreislauf erneut zugeführt werden. Forschungsbedarf zur verbesserten Kreislaufführung von Material- und Stoffströmen besteht insbesondere für Kunststoffabfälle, mineralische Reststoffe aus der Bauwirtschaft und von Verbrennungsanlagen sowie wirtschaftsstrategische Rohstoffe, wie Gallium oder Indium, aus Elektroschrott und anderen Quellen, die für Schlüsseltechnologien unverzichtbar sind.

Die ersten BMBF-Fördermaßnahmen zur Umsetzung des Forschungskonzeptes sind im vergangenen Jahr gestartet und werden im Folgenden kurz vorgestellt.

2.1. Fördermaßnahme *Ressourceneffiziente Kreislaufwirtschaft – Innovative Produktkreisläufe (ReziProK)*

Die erste Fördermaßnahme im Rahmen des Forschungskonzepts wurde im Dezember 2017 unter dem Titel *Ressourceneffiziente Kreislaufwirtschaft – Innovative Produktkreisläufe (ReziProK)* veröffentlicht. Sie fokussiert auf die verbesserte Kreislaufführung von Produkten und deren Komponenten. Dafür werden Verbundforschungsprojekte von Wissenschaft, Wirtschaft und Praxis in den folgenden Themenbereichen gefördert:

- Designkonzepte für die Kreislaufführung von Produkten
- Innovative Geschäftsmodelle für die Kreislaufwirtschaft
- Kreislaufschließung durch digitale Technologien

Die Förderbekanntmachung ist auf sehr hohe Resonanz gestoßen. Das BMBF hat 26 Verbundprojekte zur Förderung ausgewählt, die ab Frühjahr 2019 starten sollen. Dafür stellt das BMBF rund 30 Millionen EUR zur Verfügung, von den beteiligten Industriepartnern kommen eigene Mittel in Höhe von etwa 10 Millionen EUR dazu.

Das Themenspektrum der geplanten Projekte umfasst Beiträge zur Erhöhung des Einsatzes von Rezyklaten in neuen Produkten, zur Verlängerung und Intensivierung der Produktnutzung, zur Optimierung der Kreislauffähigkeit von z.B. Elektrofahrzeugen sowie zur Weiterentwicklung des Remanufacturing gebrauchter Produkte. Der Einsatz innovativer digitaler Technologien spielt dabei in vielen Projekten eine wichtige Rolle. Da Unternehmen für die Umsetzung der ressourceneffizienten Kreislaufwirtschaft in die Praxis die maßgeblichen Treiber sind, kommt der Entwicklung und Erprobung neuer Geschäftsmodelle eine hohe Bedeutung zu.

2.2. Fördermaßnahme *Ressourceneffiziente Kreislaufwirtschaft – Bauen und Mineralische Stoffkreisläufe (ReMin)*

Die zweite Fördermaßnahme im Rahmen des Forschungskonzepts nimmt die Optimierung mineralischer Stoffkreisläufe in den Blick. Im Dezember 2018 wurde die Förderbekanntmachung *Ressourceneffiziente Kreislaufwirtschaft – Bauen und Mineralische Stoffkreisläufe* veröffentlicht. Thematisch werden das Bauen in der Kreislaufwirtschaft, einschließlich neuer Designkonzepte und innovativer Bauprodukte, sowie die Verwertung von mineralischen Stoffströmen aus Baurestmassen, bergbaulichen Rückständen, Aschen, Stäuben und Schlacken adressiert.

Aufgrund der großen Mengen stellt die Verwertung mineralischer Stoffströme eine der größten Herausforderungen für die Umsetzung einer ressourceneffizienten Kreislaufwirtschaft dar. So fallen bei Rückbau-, Sanierungs- und Instandsetzungsmaßnahmen jährlich durchschnittlich rund 205 Millionen Tonnen Baurestmassen an [1]. Neben Baurestmassen stellen Schlacken metallurgischer Anlagen, Stäube und Aschen aus Abfallverbrennungs- und Ersatzbrennstoff-Rostaschen sowie bergbauliche Rückstände weitere bedeutende mineralische Stoffströme dar. Eine hochwertige Nutzung dieser Stoffströme als Sekundärrohstoff kann einen erheblichen Beitrag zur Schonung natürlicher Ressourcen leisten und wertvolle Stoffkreisläufe schließen.

Neben der Kreislaufschließung mineralischer Stoffströme setzt die Fördermaßnahme einen Schwerpunkt auf die Entwicklung der ressourceneffizienten Kreislaufwirtschaft im Bauwesen. Hier sollen Projekte gefördert werden, die darauf abzielen, den Wert von Bauwerken und Bauteilen so lange wie möglich zu erhalten und möglichst wenig Abfall zu erzeugen, um den Ressourcenverbrauch im Bausektor signifikant zu senken. Lösungsansätze sollen mit Blick auf den gesamten Lebenszyklus von Bauwerken den größtmöglichen Nutzen für die Ressourceneffizienz entfalten. So werden z.B. bereits bei der Planung von Bauvorhaben und der Auswahl der Bauprodukte und -stoffe wichtige Entscheidungen getroffen, die Auswirkungen auf eine spätere Wiederverwendung von Bauteilen haben. Die Anpassungsfähigkeit von Gebäuden an wandelnde Nutzeransprüche ist z.B. ein Ansatz zur Verlängerung ihrer Nutzungsdauer. Neben technischen Lösungen spielen auch neue Geschäftsmodelle und die Digitalisierung der Planungs-, Bau- und Rückbauprozesse eine wichtige Rolle.

Projektskizzen für diese Fördermaßnahme können bis zum 30. April 2019 eingereicht werden. Die Projekte sollen nach Abschluss des zweistufigen Auswahlverfahrens Anfang des Jahres 2020 starten.

2.3. Transnationale Kooperation im ERA-Net ERA-MIN 2

Das BMBF fördert auch transnationale Projekte zur Ressourceneffizienten Kreislaufwirtschaft, die einen Mehrwert durch die Zusammenarbeit von deutschen mit internationalen Partnern bieten. Dafür beteiligt sich das BMBF mit seinem Projektträger am europäischen Netzwerk des ERA-Nets ERA-MIN 2 (www.era-min.eu). Dieses ERA-Net ist eine gemeinsame Initiative von 21 Partnern aus 14 europäischen Ländern bzw. Regionen und vier außereuropäischen Ländern (Bild 2). Ziel des ERA-Nets ist die Förderung transnationaler Projekte zur Schließung von metallischen und mineralischen Rohstoffkreisläufen im dafür aufgelegten *Research & Innovation Programme on Raw Materials to foster Circular Economy*. Die adressierten Forschungsthemen umfassen die nachhaltige Versorgung mit Primärrohstoffen, das kreislaufwirtschaftsgerechte Produktdesign, die ressourceneffiziente Produktion, das Recycling von Produkten und Komponenten sowie Querschnittsaspekte der ressourceneffizienten Kreislaufwirtschaft. Um die Umsetzung der Ergebnisse in die Praxis zu unterstützen, sind an allen Forschungsverbünden Unternehmen beteiligt.

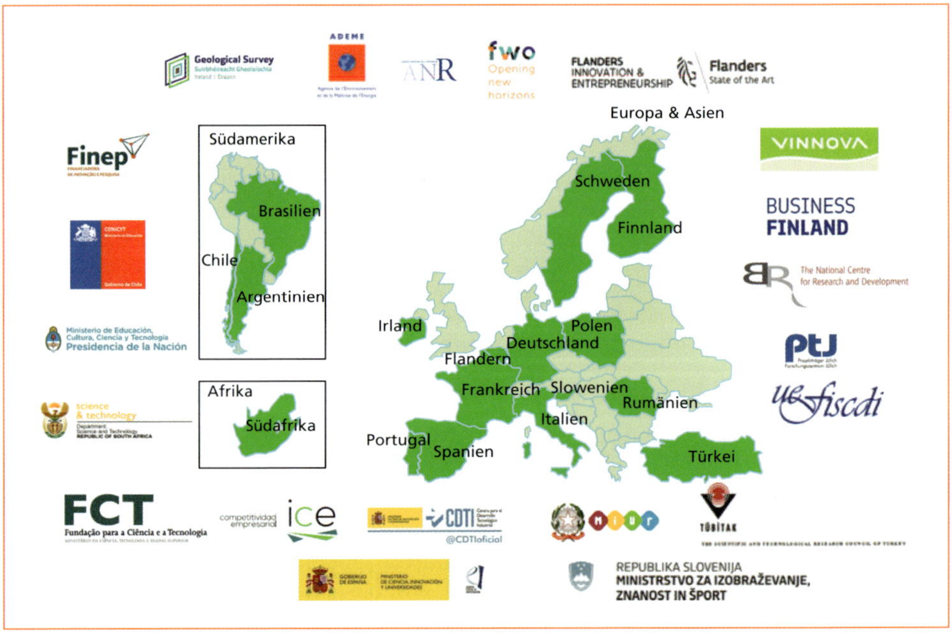

Bild 2: Internationale Kooperation zur Ressourceneffizienten Kreislaufwirtschaft mit den Partnern des ERA-Nets ERA-MIN 2

Quelle: ERA-MIN 2

Im Ergebnis der ersten gemeinsamen Bekanntmachung des ERA-MIN 2 zur Ressourceneffizienten Kreislaufwirtschaft starteten im Mai 2018 sechzehn Forschungsverbünde mit einem Gesamtvolumen von etwa 16 Millionen EUR, an denen insgesamt 19 deutsche Partner aus Wirtschaft und Wissenschaft beteiligt sind. Das BMBF und die Europäische Kommission fördern die deutschen Partner mit etwa 4,2 Millionen EUR.

Es werden von den Projekten u.a. Beiträge zur Erkundung von Rohstoffvorkommen unter schwierigen Bedingungen, zur Verwertung von Aschen sowie zu innovativen Recyclingtechnologien erwartet.

Als Beispiel für die Schließung von Stoffkreisläufen sei hier das Projekt MaXycle genannt. In diesem Verbund arbeiten Unternehmen und Forschungseinrichtungen aus Slowenien, Deutschland, Schweden und Großbritannien an einer ressourcenschonenden Wiederaufarbeitung für Neodym-Magnete. Dabei wird mit der Entwicklung eines Kennzeichnungssystems für neu produzierte Magnete bereits bei der Produktion angesetzt [6].

Eine zweite transnationale Bekanntmachung *Ressourceneffiziente Kreislaufwirtschaft – Optimierte Produkt- und Stoffkreisläufe* wurde am 31. Oktober 2018 veröffentlicht. Thematisch liegt der Schwerpunkt auf der Optimierung von Produkt- und Stoffkreisläufen in industriellen Produktionsprozessen und am Ende der Nutzungsdauer von Produkten. Das BMBF stellt für die Förderung deutscher Partner 2 Millionen EUR zur Verfügung. Insgesamt beteiligen sich Förderorganisationen aus 19 Ländern mit etwa 14 Millionen EUR Fördermitteln. Der Start der ausgewählten Projekte ist im November 2019 geplant.

3. Weitere BMBF-Förderinstrumente im Bereich Ressourceneffizienz und Kreislaufwirtschaft

Neben den bereits vorgestellten Fördermaßnahmen im Rahmen des Forschungskonzeptes *Ressourceneffiziente Kreislaufwirtschaft* bietet BMBF weitere Förderinstrumente für spezifische Zielgruppen und Themen an, die ebenfalls die Bereiche Ressourceneffizienz und Kreislaufwirtschaft adressieren.

3.1. Kleine und mittlere Unternehmen unterstützen: KMU-innovativ

In vielen Bereichen sind kleine und mittlere Unternehmen (KMU) Vorreiter des technologischen Fortschritts. Mit KMU-innovativ will das BMBF die Beantragung von Fördermitteln für KMU vereinfachen und den Zugang zu den Fachprogrammen des BMBF erleichtern. Ein zentraler Lotsendienst hilft bei Fragen zu den Fördermodalitäten und vermittelt die fachlichen Ansprechpartner bei den Projektträgern. Regelmäßige Einreichungstermine zum 15.4. und 15.10. sowie verbindliche Bearbeitungsfristen geben Planungssicherheit für die Antragsteller. KMU-innovativ umfasst mehrere zukunftsweisende Technologiefelder, dazu gehört *Ressourceneffizienz und Klimaschutz*. In diesem Technologiefeld werden u.a. innovative Projekte zur Steigerung der Rohstoffeffizienz gefördert, z.B. durch effiziente Produktionsverfahren, Kreislaufführung von Altprodukten, hochwertiges Recycling von Reststoffen oder ressourceneffizientes Produktdesign. BMBF stellt jährlich etwa 6 Millionen EUR für KMU-innovativ-Projekte im Schwerpunkt Rohstoffeffizienz zur Verfügung. Wichtig ist dabei, dass KMU wesentliche Treiber der Entwicklung und Hauptnutzer der Ergebnisse sind und der Großteil der Fördermittel KMU erreichen soll. Weitere Unternehmen oder Hochschulen und Forschungseinrichtungen können sich als Verbundpartner im begrenzten Umfang beteiligen.

Im abgeschlossenen KMU-innovativ-Verbundprojekt *RC-Zement* wurde beispielsweise ein Verfahren zur Wiederverwertung von Abbruchbeton in Form von Recycling-Zement entwickelt. Abbruchbeton wird bislang üblicherweise für geringwertige Straßenfundamente verwendet. Mit *RC-Zement* sind ein neues Verfahren und damit die Möglichkeit für höherwertige Recyclinganwendungen entstanden. Kern der Entwicklung ist eine neue Bindemitteltechnologie. Die Verbundpartner konnten zeigen, dass das neue Bindemittel in der hydraulischen Härtung und auch für hochwertige Zuschläge in der Mörtel- und Betontechnologie geeignet ist. Der RC-Zement zeichnet sich sowohl durch seine positiven Energie- und CO_2-Bilanzen als auch durch seine mineralische Ressourcenschonung aus.

3.2. Industrielle Umsetzung beschleunigen: r+Impuls

Um die Ressourceneffizienzpotenziale tatsächlich zu heben, muss die Übertragung vielversprechender Forschungsergebnisse in die industrielle Praxis verbessert werden, sodass sie rasch in Innovationen umgesetzt werden können. An Bedeutung gewinnen daher die enge Verzahnung von Forschung und Entwicklung mit der späteren Anwendung sowie die Erprobung in Prototyp-, Pilot- und Demonstrationsanlagen als Voraussetzung für eine Markteinführung neuer Technologien. Eine Übertragung von Ergebnissen aus dem Labor- in den Industriemaßstab ist ohne begleitende Forschung und Entwicklung zur Maßstabsvergrößerung oftmals nicht möglich und darüber hinaus – obwohl mit Umweltvorteilen und gleichzeitigen Gewinnerwartungen verbunden – mit hohen finanziellen und technischen Risiken verbunden, die einzelne Unternehmen oft nicht allein tragen können.

Diesen entscheidenden und riskanten Schritt vom Labor auf den Markt unterstützt die Fördermaßnahme *r+ Impuls – Impulse für industrielle Ressourceneffizienz* des BMBF. Voraussetzung ist eine erfolgreich beendete Vorlaufforschung, die mindestens zum technologischen Reifegrad 5 (Technology Readiness Level, kurz TRL), d.h. Versuchsaufbau in Einsatzumgebung, geführt hat. Die r+Impuls Vorhaben müssen auf industrielle Forschung und experimentelle Entwicklung innerhalb der TRL 6 bis 8 ausgerichtet sein, d. h. auf Prototypen bis hin zum qualifizierten System im Einsatzbereich. Somit sollen Forschungsergebnisse weiterentwickelt und möglichst nah an die Markteinführung gebracht werden. Es werden industriegetriebene Vorhaben gefördert, die auf eine Steigerung der Material- und Energieeffizienz in rohstoffintensiven Branchen; Ressourceneffiziente Kreislaufwirtschaft, Kreislaufführung von Altprodukten und deren Komponenten sowie die Rückführung hochwertiger Wertstofffraktionen aus Abfallströmen; auf Recycling und Substitution strategischer Rohstoffe oder die stoffliche Nutzung von CO_2 abzielen.

Unter den derzeit zwanzig laufenden Forschungsverbünden sind einige Preisträger und Nominierte für namhafte Auszeichnungen zu finden:

- Die Firma Lanxess AG und Projektpartner wurden für die Entwicklung einer modularen Anlage zur Gewinnung von Nachgerbstoffen aus Lederresten mit dem Deutschen Innovationspreis für Klima und Umwelt 2017 ausgezeichnet (Projekt ReeL).

- Die Firma Solvay Fluor GmbH und Projektpartner wurden für den Deutschen Innovationspreis für Klima und Umwelt 2017 nominiert für die Entwicklung eines Reinigungsgases, das den Treibhauswert bisher üblicher Gase in der Halbleiterbranche um das 17.000-fache senkt (Projekt ecoFluor).
- Das Deutsche Textilforschungszentrum Nord-West gGmbH wurde gemeinsam mit den beteiligten Unternehmen mit dem Effizienzpreis NRW 2017 für die Entwicklung eines neuartigen Adsorbertextils für die Rückgewinnung von Edelmetallen aus industriellen Abwässern ausgezeichnet (Projekt Edelmetalladsorber).

3.3. Kreislaufwirtschaft für Kunststoffe ausbauen: Pilotprojekt *KUBA* und *Plastik in der Umwelt*

Kunststoffe prägen wie nur wenige andere Materialien das heutige moderne Leben. Ihre vielfältigen Funktionen und Anwendungen werden durch die unterschiedlichsten chemischen Strukturen ermöglicht. Diese Diversität innerhalb der Kunststoffarten und der nachlässige Umgang mit den Kunststoffabfällen machen es gleichermaßen schwer, eine wirksame Kreislaufführung zu entwickeln. So landet der weit überwiegende Teil der Kunststoffe nach kurzer Nutzung in der Umwelt: in Form von Abfällen, Mikroplastik oder CO_2 (aus Verbrennungsanlagen).

Kunststoffe werden in Europa vor allem für Verpackungen (40 %), in Gebäuden (20 %) und im Elektro- und Automobilbereich (16 %) eingesetzt [7]. Ein Verbund aus universitären Partnern mit Unterstützung von Verbänden und Unternehmen haben sich im Pilotprojekt *KUBA – Nachhaltige Kunststoffwertschöpfungskette: Pilotfall Kunststoffe in Bauwirtschaft und Gebäuden* zusammengeschlossen, um das Gebäudesegment zu untersuchen. Die Partner wollen ein Konzept entwickeln für die wertschöpfungskettenübergreifende nachhaltige Nutzung von Kunststoffen aus der Bauwirtschaft und Gebäuden im Rahmen eines Circular Economy Ansatzes. Die besonderen Herausforderungen liegen in der erstmaligen Erfassung von Daten zu Kunststoffen im Baubestand, zu Bauabfall, zur Erfassung und Rückführlogistik sowie zu Technologien und Prozessen für die Aufbereitung zur rohstofflichen Verwertung gemischter Bauabfälle.

Die laufende BMBF-Fördermaßnahme *Plastik in der Umwelt* adressiert u.a. die Entwicklung neuer Recyclingtechnologien zur Verringerung von Kunststoff-Einträgen in die Umwelt. So arbeitet z.B. der Verbund ResolVe aktuell an der Entwicklung eines chemischen Recyclingverfahrens für Polystyrol.

Aufgrund der geschilderten Herausforderungen sind Kunststoffe im Forschungskonzept *Ressourceneffiziente Kreislaufwirtschaft* ein prioritärer Stoffstrom für die Entwicklung von optimierten Material- und Stoffkreisläufen. Weitere Maßnahmen dazu sind geplant.

3.4. CO_2 als nachhaltige Kohlenstoffquelle für die Industrie erschließen: CO_2-WIN

Kunststoffe, Kraftstoffe, Chemikalien, Düngemittel, Kosmetika oder Medikamente – sie alle basieren auf Kohlenstoff und werden zum überwiegenden Teil aus Erdöl hergestellt. In einer ressourceneffizienten Kreislaufwirtschaft müssen die kohlenstoffbasierten Stoffe und Materialien, auf die eine moderne Industriegesellschaft auch in Zukunft nicht verzichten kann, weitestgehend ohne fossile Ressourcen produziert werden. Neben der Biomasse, deren Verfügbarkeit durch den Flächenbedarf und andere Umweltfaktoren limitiert ist, stellt CO_2 die alternative Kohlenstoffressource dar. Mit Hilfe regenerativer Energie, Wasser und CO_2 lassen sich im Prinzip alle benötigten Kohlenstoffprodukte auf nachhaltige Weise herstellen. Daher ist die Kreislaufführung von Kohlenstoff durch die stoffliche Nutzung von CO_2 ein zentraler Baustein einer erfolgreichen Energie- und Rohstoffwende.

Für den Erfolg wird eine Vielfalt an neuen Technologien notwendig sein. Deshalb fördert BMBF seit 2010 intensiv deren Entwicklung. In der laufenden Fördermaßnahme *CO_2Plus – Stoffliche Nutzung von CO_2 zur Verbreiterung der Rohstoffbasis* (2016 bis 2019), werden insbesondere die CO_2-Abtrennung, die elektro- und photokatalytische Reduktion sowie die Entwicklung von industriellen Prozessen mit CO_2 als Feedstock gefördert. Die aktuelle Fördermaßnahme *CO_2 als nachhaltige Kohlenstoffquelle – Wege zur industriellen Nutzung* (CO_2*-WIN)* wird diese Themen weiter vorantreiben und widmet sich zudem erstmals der Carbonatisierung von CO_2 zur Herstellung mineralischer Rohstoffe. Diese können beispielsweise in der Bauindustrie Anwendung finden. Die zur Förderung ausgewählten Projekte werden im Herbst 2019 mit der Arbeit beginnen. Nach fast zehn Jahren Förderung haben erste Technologien, beispielsweise die Herstellung von Polyurethanschaumstoffen mit CO_2 für z.B. Matratzen, den Weg in die wirtschaftliche Umsetzung geschafft. Für andere Technologien wie beispielsweise Power-to-X ist diese Umsetzung absehbar, beziehungsweise nur durch ungünstige Rahmenbedingungen behindert. In den nächsten Jahren wird es darauf ankommen, die vielfältigen Technologien weiterzuentwickeln, dabei auch heute noch anwendungsferne Lösungen wie die künstliche Photosynthese zur Erzeugung von Chemikalien und Kraftstoffen voranzutreiben und den erfolgversprechendsten Technologien konsequent zur industriellen Anwendung zu verhelfen.

3.5. Internationale Partnerschaften für nachhaltige Innovationen: CLIENT II

Die größten Herausforderungen im Bereich Umweltschutz und Nachhaltigkeit können oft nicht allein in Deutschland gelöst werden, sondern haben eine globale Dimension. Deshalb ist die internationale Kooperation eine wichtige Säule der Nachhaltigkeitsforschung im Rahmen von FONA[3]. Die Fördermaßnahme *CLIENT II – Internationale Partnerschaften für nachhaltige Innovationen* bündelt die wirtschaftsorientierten internationalen Forschungsaktivitäten unter dieser Dachmarke. Im Fokus von CLIENT II steht die Förderung nachfrageorientierter Forschungskooperationen mit Partnern in ausgewählten Schwellen- und Entwicklungsländern. Das Ziel ist, für konkrete Herausforderungen im Partnerland innovative und nachhaltige Lösungsansätze zu entwickeln und zu implementieren. Gleichzeitig sollen damit neue Marktpotenziale für exportorientierte innovative deutsche Unternehmen – insbesondere kleine und mittlere Unternehmen (KMU) – erschlossen werden. Deutschland nimmt durch die Zusammenarbeit mit Schwellen- und Entwicklungsländern auch seine internationale Verantwortung bei der Bewältigung globaler Herausforderungen wahr.

Die CLIENT II Projekte sollen wirkungsvolle Impulse geben, um die Umweltbelastungen in den Partnerländern zu reduzieren, natürliche Ressourcen intelligent und schonend zu nutzen, alle Bevölkerungsschichten mit sicherer, sauberer und bezahlbarer Energie zu versorgen und einen Beitrag zum globalen Klimaschutz bzw. zur Anpassung an den Klimawandel und Naturrisiken zu leisten. Die zu untersuchenden Fragestellungen sollen so wichtig sein, dass Lösungsoptionen eine starke Hebelwirkung vor Ort erzielen und auf vergleichbare Gegebenheiten in anderen Regionen ausstrahlen. Deshalb sind neben den Forschungspartnern die Einbindung von Unternehmen und Praxispartnern für die Umsetzung und eine signifikante finanzielle Beteiligung aus dem Partnerland Voraussetzungen für die Förderung.

Im Themenbereich Rohstoffeffizienz und Kreislaufwirtschaft sind die Schwerpunktländer für die Kooperation in Südamerika (insbesondere Brasilien, Chile, Peru), Kasachstan, Mongolei, Vietnam und Indonesien. Im September 2019 ist die erste CLIENT II Konferenz in Berlin geplant, bei der sich alle bereits laufenden Projekte vorstellen werden. Der dritte und vorerst letzte Stichtag für die Einreichung weiterer Projektideen wird der 31. Mai 2019 sein.

4. Quellen

[1] bbs – Bundesverband Baustoffe – Steine und Erden e. V. (Hrsg.). Mineralische Bauabfälle: Monitoring 2014. Berlin, 2017

[2] Bundesministerium für Bildung und Forschung (BMBF): Forschung und Innovation für die Menschen: Die Hightech-Strategie 2025. Berlin, 2018

[3] Bundesministerium für Bildung und Forschung (BMBF): Ressourceneffiziente Kreislaufwirtschaft: Forschungskonzept für eine kreislaufoptimierte Wirtschaftsweise. Bonn, 2018

[4] Bundesministerium für Umwelt, Naturschutz, Bau und Reaktorsicherheit (BMUB): Deutsches Ressourceneffizienzprogramm II: Programm zur nachhaltigen Nutzung und zum Schutz der natürlichen Ressourcen. Berlin, 2016

[5] Bundesregierung: Deutsche Nachhaltigkeitsstrategie: Neuauflage 2016. Berlin, 2016

[6] ERA-MIN 2: ERA-MIN Joint Call 2017, Catalogue of Projects. https://www.era-min.eu/sites/default/files/docs/2018_09_20_eramin2_brochura_web.pdf, 2018

[7] PlasticsEurope: Plastics – the Facts 2017: An analysis of European plastics production, demand and waste data. Brussels, 2018

Ansprechpartner

RD Dr. rer. nat. Helmut Löwe
Bundesministerium für Bildung und Forschung (BMBF)
Stellvertretender Leiter des Referates 727
Ressourcen, Kreislaufwirtschaft; Geoforschung
Heinemannstraße 2
53175 Bonn, Deutschland
+49 228-9957-2110
Helmut.Loewe@bmbf.bund.de

Kostenfreie Artikel

WIE FINDE ICH DIE FÜR MICH INTERESSANTEN FACHARTIKEL?

www.Vivis.de

Möglichkeit 1: Fachartikel-Suche nach Thema

Auf der Startseite www.vivis.de befindet sich oben rechts der Button **Fachbeiträge**, den Sie bitte auswählen. Wenn Sie die Unterkategorie **Beiträge** anklicken, gelangen Sie zu der Themenliste. Hier sind die Oberbegriffe alphabetisch aufgelistet. Teilweise untergliedern sie sich noch in Unterthemen. Wenn Sie eines dieser Themen auswählen, finden Sie die dazu passenden, bei uns verfügbaren Beiträge mit den zugehörigen bibliographischen Angaben.

Möglichkeit 2: Fachartikel-Suche nach Tagung

Wenn Sie Artikel zu einer bestimmten Konferenz bzw. aus einem bestimmten Tagungsband suchen, gehen Sie in den Bereich Fachbücher. Dort sind die im TK Verlag erschienen Bücher – thematisch geordnet – zu finden. Die aktuellen Bücher finden Sie in der Kategorie **Neuerscheinungen**. Haben Sie das gesuchte Buch gefunden, folgen Sie dem Link **Inhaltsverzeichnis**.

Durch Klicken auf den Beitragstitel öffnet sich ein Fenster mit dem gesuchten Beitrag im PDF-Format. Dieser kann einfach und schnell heruntergeladen werden.

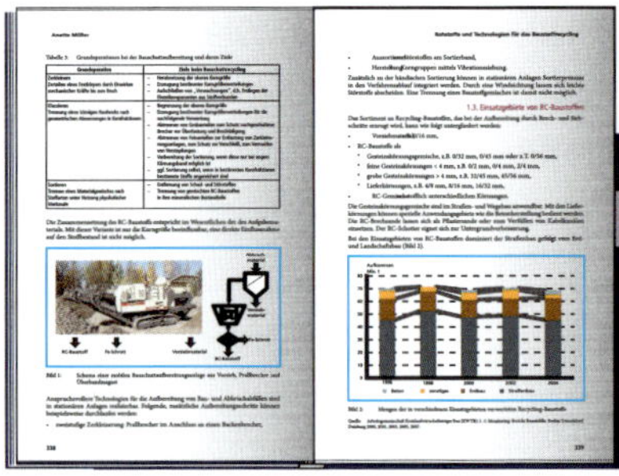

Sollten Sie Interesse an mehreren Beiträgen aus dem gleichen Buch haben, bietet es sich an, dieses direkt bei uns zu bestellen. Lieferbare Bücher sind in der Rubrik **Fachbücher** zu finden.

TK Verlag GmbH

Dorfstraße 51
D-16816 Nietwerder-Neuruppin
Tel. +49.3391-45.45-0 • Fax +49.3391-45.45-10
E-Mail: order@vivis.de

Vivis

r+Impuls – Ergebnisse aus den Forschungsvorhaben zu Geschäftsmodellen und rechtlichen Rahmenbedingungen

Christian Sartorius, Michael Pittroff, Klaus Opwis, Nils Schirmer und Christoph Fleischer-Trebes

Innovationen, die den Umbau der deutschen Wirtschaft in eine Green Economy vorantreiben, beginnen mit einer guten Idee. In den Laboren deutscher Unternehmen und Forschungsinstitute werden diese Ideen geboren und zunächst vom Grundprinzip bis zur technischen Funktionsfähigkeit im Labor oder im relevanten Umfeld entwickelt. Dieser Teil der Entwicklung umfasst die Technologiereifegrade (engl.: Technology Readiness Level) TRL 1 bis TRL 4 bzw. 5 [8]. Auf die Erreichung dieser Reifegrade zielten auch die drei Fördermaßnahmen ab, die im Rahmen der Forschung für Nachhaltige Entwicklung (FONA) des Bundesministeriums für Bildung und Forschung von 2009 bis heute unter der Überschrift *Innovative Technologien für Ressourceneffizienz* durchgeführt wurden. Inhaltlich orientierten sich diese an den jeweiligen aktuellen rohstoffwirtschaftlichen Herausforderungen: die *rohstoffintensiven Produktionsprozesse* (Fördermaßnahme: r^2) zu Zeiten der Rohstoffkrise und später, angesichts verschiedener Versorgungsengpässe *Strategische Metalle und Mineralien* (r^3) und schließlich die *Bereitstellung wirtschaftsstrategischer Rohstoffe* (r^4) [1].

Damit die grundsätzlich funktionsfähigen Technikansätze den Weg auf den Markt finden, müssen sie weitere Entwicklungsstufen durchlaufen und zunächst im anwendungsnahen Systemkontext (TRL 6), dann als Prototypen (TRL 7) und schließlich als Demonstrationsanlage (TRL 8) im industrienahen Umfeld (TRL 9) ihre technische und wirtschaftliche Machbarkeit unter Beweis stellen. In der Realität scheitert diese Weiterentwicklung oft an den hohen Risiken, die aus der Höhe der erforderlichen Investitionen und der hohen, damit verbundenen Unsicherheit resultieren und die vor allem kleinere Unternehmen nicht eingehen können oder wollen. Die BMBF-Fördermaßnahme *r+Impuls* setzt deshalb genau an dieser Stelle an: sie unterstützt Unternehmen in dieser herausfordernden Phase der Technologieentwicklung und setzt so *Impulse für industrielle Ressourceneffizienz* [2]. Neben den technischen treten auf dem Weg in Richtung Markt noch eine Reihe weiterer Herausforderungen zutage. So findet die technische Entwicklung beispielsweise in einem institutionellen Umfeld statt, welches den Umgang mit bestimmten Stoffen oder den Bau und Betrieb bestimmter Anlagen mit gesetzlichen Vorgaben belegt. Außerdem ändert sich durch die technische Innovation oft das Verhältnis zwischen dem Entwickler bzw. Anbieter einer Technologie und seinen Kunden, was veränderte Geschäftsmodelle erforderlich macht. Auf Fragen, die sich in diesen Kontexten ergeben, müssen Antworten gefunden werden, damit die innovativen Verfahren oder Produkte auf den Markt treten und sich dort behaupten können. Das Begleit- und Transferprojekt von *r+Impuls*, *r+TeTra*, hat es sich zum Ziel gesetzt, die Forschungsvorhaben bei der Erarbeitung entsprechender Antworten zu unterstützen [7] und zu diesem Zweck unter anderem zwei maßnahmeninterne Workshops organisiert [12], deren Ergebnisse im vorliegenden Beitrag vorgestellt und diskutiert werden.

Sowohl gesetzliche Rahmenbedingungen als auch Geschäftsmodelle lassen sich anschaulich nur vor dem Hintergrund konkreter Technikanwendungen diskutieren. Zu diesem Zweck werden in Kapitel 1 zunächst vier Forschungsvorhaben aus *r+Impuls* vorgestellt, deren Stellung innerhalb der Wertschöpfungskette sich durch die entwickelten innovativen Technikansätze deutlich verändert hat. Das betrifft in *r+Impuls* vor allem Vorhaben mit einem bestimmten Innovationstyp. Die Veränderungen der Wertschöpfungsketten und die Stellung der Innovatoren innerhalb der Ketten sind es auch, die, wie in den Kapiteln 2 und 3 dargestellt, einerseits das Potenzial für neue Geschäftsmodelle eröffnen, andererseits aber auch die Anpassung an veränderte gesetzliche Rahmenbedingungen nach sich ziehen. Kapitel 4 fasst die Ergebnisse und Schlussfolgerungen zusammen.

1. Forschungsvorhaben mit Anpassungsbedarf in *r+Impuls*

r+Impuls hat technisch gesehen vier Stoßrichtungen. Es fördert

- die effiziente Nutzung von Rohstoffen bei der Herstellung von Produkten und dem Betrieb von Anlagen,
- das Recycling von Altmaterialien zur Gewinnung von Sekundärrohstoffen,
- die Substitution von kritischen Rohstoffen und solchen mit großem ökologischem Fußabdruck durch weniger kritische und ressourcenleichtere sowie
- die Nutzung von Kohlendioxid als Inputmaterial.

Im Hinblick auf den Anwendungsbereich der Neu- und Weiterentwicklungen lassen sich zunächst Produkt- und Prozessinnovationen unterscheiden sowie bei den Prozessinnovationen solche, die innerhalb des eigenen Betriebs oder zwischenbetrieblich, beispielsweise beim Kunden, zur Anwendung kommen. Innerbetriebliche Prozessinnovationen dienen im r+Impuls-Kontext in der Regel dazu, Herstellungsverfahren für Produkte ressourcenschonender oder unter Einsatz weniger kritischer Einsatzstoffe zu gestalten, ohne dass die Qualität der Produkte dadurch beeinträchtigt wird.

Gleiches gilt für Produktinnovationen, bei denen meist Materialien zum Einsatz kommen, die in der Versorgung weniger kritisch sind [10] oder bei der Beschaffung einen geringeren kumulierten Rohstoffaufwand erfordern und damit nachhaltiger sind [9]. Dadurch, dass sich die Produktfunktionalität und -qualität für den Kunden nicht grundlegend ändert, ergibt sich für den Hersteller bezüglich Geschäftsmodellen und gesetzlichen Rahmenbedingungen gegenüber dem Kunden in der Regel kein unmittelbarer Änderungsbedarf. Ganz anders stellt sich die Situation dar, wenn veränderte Verfahren außerbetrieblich beim (Geschäfts-)Kunden zur Anwendung kommen oder diesen mit einbeziehen. In diesem Fall können sowohl die Geschäftsmodelle als auch die gesetzlichen Rahmenbedingungen betroffen sein. Um die möglichen Änderungen besser diskutieren zu können, werden vier Forschungsvorhaben aus *r+Impuls*, bei denen diese Konstellation vorliegt, im Folgenden vorgestellt.

Forschungsvorhaben *ecoFluor* – umweltfreundliche, Fluor(F_2)-basierte Reinigungsprozesse in der Halbleiterindustrie [3]

Mikrochips für Handys, Laptops oder Taschenrechner werden in Maschinen der Halbleiterindustrie gefertigt. Die kleinen Elektronikteile entstehen mittels planarer Halbleitertechnologie, das heißt Schicht für Schicht werden abwechselnd leitfähige und isolierende Schichten auf eine Siliziumscheibe aufgebracht. Anschließend erhält der Chip seine Strukturierung. All diese Arbeitsvorgänge finden in speziellen Vakuumkammern, sogenannten PECVD-Kammern, statt. Bei dieser Feinstarbeit – die einzelnen Schichten und Strukturen sind nur wenige Nanometer groß – ist höchste Sauberkeit bei Prozessen, Maschinen und eingesetzten Materialien notwendig. Deshalb müssen nach jeder aufgebrachten Schicht die Prozesskammern mit Gas gereinigt werden. Bisher geschieht die Reinigung mit perfluorierten Kohlenwasserstoffen (PFCs) und Stickstofftrifluorid (NF_3). Diese Gase sind für das Klima bis zu 17.000-mal schädlicher als das bekannte Treibhausgas Kohlendioxid, da sie besonders stabil sind und daher lange in der Atmosphäre verbleiben. Das Projekt *ecoFluor* setzt auf einen alternativen Gasmix aus Fluor, Stickstoff und Argon, wodurch nicht nur die Fluormenge verringert werden kann. Auch sein Treibhauspotenzial sinkt auf Null. Zudem ist die Nutzung dieser Fluorgasmischungen sehr zeit- und kosteneffizient.

Die Partner von *ecoFluor* verfolgen den Einsatz ihres Gases arbeitsteilig in zwei Phasen. Solvay, der Initiator aus der Chemie, lieferte die Reinigungsgas-Mischung und schulte das Personal im sicheren Umgang damit. Die Fraunhofer Einrichtung für Mikrosysteme und Festkörper-Technologien (EMFT) sorgte für die fortlaufende Optimierung der Gasmischung. Die Firma Muegge lieferte eine mikrowellenbasierte Technologie zur bestmöglichen Minimierung der Gasmenge. Texas Instruments schließlich setzte in der zweiten Phase die Mischung in seiner Halbleiterproduktion ein. Hierzu wurde am Produktionsstandort in Freising eine Gasversorgung aufgebaut, mit der die Gasmischung der Solvay Fluor GmbH an einzelnen Produktionsanlagen zur Verfügung gestellt und getestet wurde. Dabei wurde die Langzeitperformance und -stabilität in der Produktion über eine Dauer von neun Monaten und mit etwa 70.000 Wafern erfolgreich dargestellt. Durch den Austausch von NF_3 wurden mehr als 15 Prozent Fluor eingespart und die Reinigungszeit um 5 Prozent verkürzt. Der Ersatz von Hexafluorethan in einem *In situ-Plasma-Reinigungsverfahren* hat sich als noch effizienter erwiesen: Hier wurde die Reinigungsdauer um etwa 40 Prozent verkürzt und die eingesetzte Fluormenge um 90 Prozent reduziert. Nach der Freigabe für die industrielle Produktion soll das Reinigungsgas *ecoFluor* nicht nur an den internationalen Standorten von Texas Instruments eingesetzt werden. Stattdessen eröffnet die ökologisch nachhaltige Innovation auch einen Markt für andere Halbleiterproduzenten und Unternehmen verwandter Branchen.

Forschungsvorhaben *Edelmetalladsorber* – Rückgewinnung von Edelmetallen aus Reststoffströmen der metallverarbeitenden Industrie mit Hilfe faserfixierter Adsorber [4]

Industrielle Prozessabwässer können bedeutende Quellen hochwertiger Edelmetalle wie Platin, Gold, Palladium und Silber sein, deren Nutzung außer Frage steht. Ebenso wie die strategischen Metalle Indium, Gallium, Niob, Tantal und Seltene Erden werden sie für den Hightech-Standort Deutschland benötigt. Bisher existieren für die Rückgewinnung und Aufarbeitung von Metallen aus Prozesswässern unterschiedliche Methoden wie Ionenaustauscher sowie Fällungs-, elektrolytische und pyrometallurgische Verfahren. Ihre Nachteile sind ein hoher Energiebedarf sowie der Einsatz von organischen Lösemitteln und weiteren Hilfschemikalien. Auch sind die meisten dieser Verfahren nicht ausreichend selektiv. Damit ist die Aufkonzentrierung nicht ausreichend und die Verfahren erweisen sich vor allem für gering konzentrierte Prozess- und Spülwässer als unwirtschaftlich.

Durch das am Deutschen Textilforschungszentrum Nord-West entwickelte neue Verfahren können Polyelektrolyte dauerhaft und in hoher Auflage an textilen Trägermaterialien fixiert werden. Letztere bestehen aus Polyester und Polyvinylamin – preiswerten Grundmaterialien, die sich effizient kombinieren lassen. Durch die Beschichtung entstehen sogenannte Adsorbertextilien, die je nach Ausfertigung unterschiedliche Edelmetalle binden und insbesondere auch aus niedrig konzentrierten Prozesswässern der metallverarbeitenden Industrie herausfiltern können. Ihre Praxistauglichkeit haben die innovativen Fasern bereits beim Probefiltern eines Industrieabwassers mit Palladiumgehalt bewiesen: Sie banden das Palladium vollständig, die nachfolgende Verhüttung lieferte das reine Edelmetall. Anknüpfend an diesen Probelauf erhöhte das Projekt den technologischen Reifegrad des Verfahrens: Das Adsorbertextil ging in die industrielle Produktion und wurde zum Filtern industriellen Abwassers bei einem Leiterplattenhersteller eingesetzt. Hier kam der starke Verbund der Projektpartner entlang der gesamten Wertschöpfungskette zum Tragen: Heimbach Filtration sorgte für die Textilherstellung, Textilausrüstung Roessing übernahm die Ausrüstung und Konfektionierung, die Cornelsen Umwelttechnologie verantwortete den Anlagenbau für die Filtereinheit. Der Leiterplattenhersteller Unimicron Germany setzte das Textil für seine industriellen Wässer ein und die Firma Wieland Edelmetalle übernahm das abschließende Recycling der Edelmetalle.

Zwischenzeitlich wurde zudem nachgewiesen, dass sich das entwickelte Adsorbertextil auch für andere Fälle der selektiven Edelmetallrückgewinnung sowie bei der Adsorption von umweltproblematischen Metallen wie Chrom, Arsen oder Cadmium aus niedrigkonzentrierten Wässern einsetzen lässt. Dabei wird auch die Möglichkeit betrachtet, die neu entwickelte Technik bei der Gewinnung von Primärrohstoffen – etwa aus Sickerwässern im Bergbau oder aus Oberflächengewässern – zu nutzen. Daraus ergeben sich für die Partner weitere vielversprechende Arbeitsfelder.

Forschungsvorhaben *EZiRec* – Effizientes Zinn-Recycling aus Abfallprodukten der Leiterplattenfertigung [5]

Zinn ist ein traditioneller und zugleich moderner Rohstoff. Es ist ein wichtiges Metall zur Herstellung von Lötmaterial für die Elektronikbranche sowie von Weißblech und Chemikalien für die Galvano- und Katalysatorbranche. Seine Einsatzgebiete erweitern sich stetig. Das Wachstum der Zukunftsbranche Elektronikindustrie erhöht weltweit den Bedarf an Zinn – entsprechend steigen auch die Preise auf dem Weltmarkt. Im Projekt *EZiRec* widmet sich das Unternehmen TIB Chemicals dem effizienten Recycling von Zinn und Kupfer aus sogenannten Zinn-Strippern und führt die enthaltenen Metallanteile einer Wiederverwertung zu. Zinn-Stripper werden im Produktionsprozess verwendet, um überflüssige Zinnschichten von den Leiterplatten zu entfernen, zu strippen. Sie basieren auf konzentrierter Salpetersäure und enthalten mehrere Zusatzstoffe. Dieser chemische Mix ist notwendig, damit beim Entfernen des Zinns die Leiterbahnen aus Kupfer nicht beschädigt werden. Deutschlandweit werden bis zu 1.000 Tonnen Zinn-Stripper jährlich genutzt.

Zinn-Stripper werden verwendet bis ihre Kapazität erschöpft ist. Entsprechend hoch ist in der gesättigten Lösung der Gehalt an Zinn. Zudem enthält die Flüssigkeit geringe Anteile an Kupfer. Die verbrauchten Zinn-Stripper werden bisher in der Regel ungenutzt entsorgt, eine Verwertung der Metallgehalte findet nicht statt. TIB Chemicals hat nun eine Methode entwickelt, das Zinn effizient zu recyceln. Im Zentrum der Innovation steht eine hydrometallurgische Aufbereitung, die die saubere Trennung der Metalle Zinn und Kupfer von der verunreinigten, nitrathaltigen Stripperlauge erlaubt. Das aufbereitete zinnhaltige Material wird an Sekundärhütten verkauft, wo die Metalle Zinn und Kupfer durch ein pyrometallurgisches Verfahren in hoher Reinheit aus dem hydrometallurgisch vorbehandelten Zwischenprodukt gewonnen werden.

Auf dem Weg zum technischen Maßstab wurde zunächst auf Basis von Ergebnissen aus dem Labor und aus Betriebsversuchen der Aufbau der Anlagentechnik vorbereitet. Dafür wurden auch die Anlieferung der Rohstoffe, die Lagerung, der interne Transporte sowie die effiziente Verarbeitung und Trennung berücksichtigt. Für den Betrieb der Anlage wurde ein neuer Gebäudeteil auf dem Gelände der TIB Chemicals errichtet. Ziel des Projekts war ein stabiles Verfahren, das auch bei Zinnschlämmen unterschiedlichster Qualität kontinuierlich hohe Produktqualität für die Sekundärhütten sicherstellt. Mit dem Erreichen dieses Ziels können nun Abfälle mit hohem Zinngehalt aus unterschiedlichsten Industrien verwertet werden, die zuvor nicht oder nur schlecht in pyrometallischen Recyclingverfahren verarbeitet werden konnten. So steht die Technologie auch anderen Nutzern offen. Im ersten Halbjahr 2018 wurden ausreichende Mengen verbrauchter Zinn-Stripper geliefert, um den Prozess mit guter Auslastung zu betreiben. Die angestrebten monatlichen Recyclingquoten wurden erreicht oder sogar leicht übertroffen. Die Kostenvorteile des Verfahrens führen dazu, dass die Menge an verfügbarem Recyclingrohstoff aktuell weiter zunimmt, da weitere Partner gewonnen werden konnten.

Forschungsvorhaben *ReeL* – Ressourceneffiziente Herstellung von Lederchemikalien [6]

Bis eine Tierhaut in Leder für Schuhe, Taschen oder Jacken verwandelt wird, durchläuft sie einen vier-stufigen Produktionsprozess, in dessen Mittelpunkt das Gerben steht: Zunächst wird sie in einer Wasserwerkstatt auf den Gerbprozess vorbereitet. Dann erfolgt die Gerbung: Die Haut wird stabilisiert, indem ihre Kollagenfaser chemisch fixiert wird. Beim anschließenden Nachgerben erhält das Leder seinen artikelspezifischen Charakter, indem die fixierte Ledermatrix je nach Anwendung mit Nachgerbstoffen gefüllt, mit Farbstoffen gefärbt und mit Fettungsmitteln auf Weichheit und Funktionalität eingestellt wird. Im letzten Arbeitsgang erhält die Lederoberfläche einen dünnen Schutzfilm aus Lack. Erst nach diesen vier Schritten erfolgt die Verarbeitung zu den vielfältigen Lederprodukten.

Die Kerninnovation von *ReeL* besteht darin, aus den bei der Lederherstellung angefallenen Lederresten erneut Gerbstoffe zu gewinnen. Die Zutaten des nachhaltigen Nachgerbstoffes bestehen aus den Schnittabfällen und Falzspänen des Leders sowie pflanzlicher Biomasse. Beim Falzen, der Einstellung einer über die gesamte Fläche einheitlichen Lederdicke, fallen allein in Deutschland jedes Jahr etwa 7.000 Tonnen Falzspäne an, weltweit wird die Menge auf 600.000 Tonnen jährlich geschätzt. Hinzu kommen in Deutschland Schnittreste im Umfang von schätzungsweise 1.500 bis 2.000 Tonnen jährlich – eine Ressource, die es zu nutzen gilt.

ReeL ist aber auch eine Innovation in Sachen Logistik: Lederreste werden nicht zentral in industriellen Großanlagen aufbereitet, sondern dort, wo sie anfallen. Zu diesem Zweck wurde eine modulare Pilotanlage für den Betrieb in einer Gerberei errichtet. Zur Entwicklung dieser Anlage wie auch des gesamten Verfahrens haben sich das Forschungsinstitut Invite, das Chemieunternehmen Lanxess und die Gerberei Heller-Leder zusammengeschlossen. Schon Ende 2017 wurde eine Pilotanlage in Betrieb genommen, in der nachträglich verschiedene kleinere Veränderungen am Kessel vorgenommen wurden. Seitdem laufen alle chemischen Reaktionen problemlos und gut kontrolliert. Aktuell werden die Produktparameter des hergestellten Nachgerbstoffs noch besser an die jeweiligen Anwendungen angepasst und der gesamte Prozess hinsichtlich der Einsatzmengen optimiert, was für die Wirtschaftlichkeit wichtig ist.

In einer Weiterführung des Projekts ist geplant, den Einsatz von chromhaltigen Falzspänen – verbunden mit einer Abtrennung und Rückführung des Chroms als Gerbstoff – zu pilotieren. Dies wäre für eine Vermarktung der Technologie insbesondere in Asien sehr wichtig, da hier fast ausschließlich mit Chrom gegerbt wird. Ebenso soll der

Einsatz von Proteinhydrolysaten als flammhemmendes Additiv in anderen Industrien untersucht werden. Damit könnten dann 100 Prozent der anfallenden Lederreste einer sinnvollen Weiterverwendung zugeführt werden.

Ein weiteres Forschungsvorhaben aus *r+Impuls*, *KOMPASS*, wäre geeignet, die vorangegangene Liste zu ergänzen. Dabei handelt es sich, wie der ausführliche Projektname darstellt, um die Entwicklung einer kontinuierlichen Öl- und Metallrückgewinnungs-Prozessanlage für Schlämme und Späne. Auch diese Anlage ist für den dezentralen Einsatz in Unternehmen mit entsprechendem Aufkommen an Metallspänen und -schlämmen bestimmt. Das Projekt wird von Professor Rüdiger Deike et al. in einem anderen Beitrag zu diesem Band [11] beschrieben.

2. Geschäftsmodelle

Im vorangegangenen Kapitel wurden technische Innovationen dargestellt, die im Rahmen von Produktionsprozessen wertvolle Rohstoffe einsparen oder zurückgewinnen. Meist betreffen die Innovationen Betriebsmittel, die effizienter verwendet, substituiert oder recycelt werden. Damit ändert sich die Rolle der Lieferanten der jeweiligen Betriebsmittel in der Wertschöpfungskette, was zugleich Auswirkungen auf die Geschäftsmodelle hat, die zweckmäßigerweise zum Einsatz kommen. Geschäftsmodelle charakterisieren die Wechselbeziehungen, in die die Glieder einer Wertschöpfungskette, zum Beispiel Lieferant und Kunde, treten, um ein für beide Seiten vorteilhaftes Geschäft zu machen. Im einfachsten Fall verkauft der Lieferant dem Kunden ein Betriebsmittel ohne zu wissen, wofür es verwendet wird. In diesem Fall beschränkt sich die Beziehung auf den reinen Verkauf. Dieser ist sowohl für den Lieferanten profitabel, weil sein Erlös höher ist als die Gestehungskosten, als auch für den Käufer, weil das Betriebsmittel die Herstellung von Gütern erlaubt, die gewinnbringend verkauft werden können.

Hat nun, wie im Fall von *ecoFluor*, der Lieferant Kenntnisse über den Produktionsprozess, in den die Betriebsmittel einfließen, so kann er aktiv nach Alternativen suchen, die den Produktionsprozess effizienter gestalten. Die Firma Solvay übernimmt diese Rolle, indem sie für die Reinigung der Vakuumbeschichtungskammern anstelle von perfluorierten Kohlenwasserstoffen (PFCs) oder Stickstofftrifluorid (NF_3) einen klimafreundlicheren Gasmix aus Fluor, Stickstoff und Argon vorschlägt, der darüber hinaus eine effizientere Reinigung ermöglicht. Da der innovative Gasmix aggressiver ist als das ursprüngliche Reinigungsgas müssen die Mikrochip-Fertigungsanlagen nachgerüstet werden, um selbst nicht Schaden zu nehmen und die Gesundheit der Arbeiter nicht zu gefährden. Die Firma Solvay kennt sich mit dem Handling von Fluor aus und kann hier wertvolle Hilfestellung leisten. Ist der Einsatz des Gasmixes auch wirtschaftlich vorteilhaft, können sich beide den Vorteil teilen, so dass eine Win-win-Situation resultiert. Voraussetzung dafür ist im Vergleich zur reinen Lieferbeziehung, dass Informationen ausgetauscht werden: über den Produktionsprozess seitens des Leiterplattenherstellers Texas Instruments und über das Betriebsmittel und dessen Handling seitens des Fluorchemieherstellers Solvay. Wichtig ist in diesem Zusammenhang die Vertraulichkeit zwischen den Vertragspartnern, damit Informationen über die von ihnen angewendeten Technologien nicht in die Hände Dritter gelangen.

Die Firma TIB Chemicals im Projekt *EZiRec* ist Lieferant von sogenanntem Zinnstripper, einem Chemikaliengemisch, mit dem überschüssiges Zinn von Leiterplatten entfernt wird. Dieser Stripper verliert aber im Verlauf der Anwendung dadurch seine Funktionsfähigkeit, dass die enthaltene Säure verbraucht und durch die gestrippten Substanzen verunreinigt wird. Während der verbrauchte Zinnstripper bisher neutralisiert und entsorgt wurde, besteht der innovative Ansatz von EziRec darin, den gebrauchten Zinnstripper zurückzunehmen und sowohl die gestrippten Metalle Zinn und Kupfer als auch aus der Säure entstandenes Nitrat zurückzugewinnen. Auch in diesem Fall ist die Kenntnis des Stripp-Prozesses seitens des Stripper-Herstellers TIB Chemicals Anlass für die Innovation. Die Firma kennt die Anforderungen der Leiterplattenhersteller, die ihr Produkt verwenden, und die dem Prozess zugrundeliegende Chemie. In diesem Fall verwendet sie ihr Knowhow jedoch nicht dazu, die Strippereigenschaften zu verbessern, sondern den verbrauchten Stripper einer weiteren Verwendung zuzuführen. Maßgeblich ist hier ihre Kenntnis über die Zusammensetzung des verbrauchten Strippers und die weiteren Verwendungsmöglichkeiten seiner Bestandteile, insbesondere der Zinn- und Kupferbestandteile in der Hüttenindustrie. Kritisch für die Tragfähigkeit des Geschäftsmodells ist, dass das Recycling abzüglich der Erlöse für die Zurücknahme des gebrauchten Strippers und den Verkauf der zurückgewonnenen Metalle und des Nitrats kostengünstiger ist als die Neutralisierung und Deponierung des Altstrippers. Dazu muss der Metallgehalt des gebrauchten Strippers möglichst hoch und der Gehalt an sonstigen Verunreinigungen, die die Aufbereitung verteuern, möglichst niedrig sein. Um hier die richtigen Anreize zu setzen, wird der vom Verwender zu zahlende Rücknahmepreis für den gebrauchten Stripper so gestaltet, dass er mit zunehmendem Metallgehalt sinkt und mit zunehmender Verunreinigung steigt.

Noch weiter geht die Integration der Stoff- und Knowhow-Ströme im Projekt *ReeL*. Die Federführung hat hier die Firma Lanxess, die unter anderem Chemikalien zur Herstellung und Behandlung von Leder herstellt und damit Lederhersteller und -veredler wie die Firma Heller-Leder beliefert. Im Zuge der Kooperation der beiden Unternehmen und auf Basis der genauen Kenntnis der Chemie der verschiedenen Verarbeitungsprozesse und dazugehörigen Stoffströme seitens Lanxess hat sich herausgestellt, dass ein wichtiger Abfallstrom, Falzspäne und Schnittreste aus der Lederbearbeitung, zu einem Nachgerbstoff aufgearbeitet und damit wiederverwertet werden können. Diese Zusammenarbeit geht noch einen Schritt weiter als bei *EZiRec*, weil ein großer Teil der zurückgewonnenen Substanz im gleichen Unternehmen zum Einsatz kommt, wo zuvor der Abfall anfiel. Das war auch der Anlass, die Aufarbeitungsanlage so zu konzeptionieren, dass sie gleich bei Heller-Leder aufgestellt werden kann, weil dadurch aufwändige Transporte vermieden werden können. Verfahrenstechnisch ist die Anlage also in den Betrieb von Heller-Leder integriert, betrieben (d.h. gesteuert) wird sie aber weitgehend von Lanxess, die die entsprechende chemische Verfahrenstechnik beherrschen. Für das Geschäftsmodell bedeutet das, dass jenseits des Pilotbetriebs Unternehmen wie Heller-Leder die Anlage nicht kaufen, sondern für deren Nutzung ein Entgelt an den Betreiber zahlen würden.

Ist der Integrationsgrad weniger hoch, kommen auch andere Geschäftsmodelle in Frage. Im Projekt *Edelmetalladsorber* wird ein Textilfilter dazu genutzt, Edelmetalle aus einem industriellen Abwasserstrom zu adsorbieren und damit herauszufiltern. Diese

Technik erfordert keine hochqualifizierten verfahrenstechnischen Kenntnisse. Die Filteranlage könnte also vom Nutzer gekauft oder geleast und selbst betrieben werden. Die Herausforderung bzgl. des Geschäftsmodells besteht hier im Umgang mit den gebrauchten, mit Edelmetall beladenen Filtern. Aktuell ist vorgesehen, dass diese vom Hersteller zurückgenommen und der Wert des enthaltenen Edelmetalls nach Abzug der für die Rückgewinnung anfallenden Kosten dem Nutzer zurückerstattet werden.

3. Gesetzliche Grundlagen

In Kapitel 2 wurde dargestellt, dass es sinnvoll sein kann, Recyclinganlagen dezentral (d.h. On-Site) am Ort des Aufkommens von Produktionsrückständen zu installieren, um transportbedingte Nachteile und Umweltauswirkungen zu reduzieren. Allerdings ist zu berücksichtigen, dass auch die Errichtung und der Betrieb der dezentralen Anlagen selbst eine Genehmigung erfordert, die im Zuge der Erfüllung der Genehmigungsvoraussetzungen sicherstellt, dass z.B. Gefahren, erhebliche Belästigungen oder erhebliche Nachteile durch den Betrieb solcher Recyclinganlagen verhindert werden. Einige dieser Voraussetzungen, die auch für die Ausgestaltung von Geschäftsmodellen relevant sind, werden im Folgenden diskutiert.

Allgemein ergibt sich die Genehmigungspflicht für dezentrale Recyclinganlagen aus dem Bundesimmissionsschutzgesetz (BImSchG, insbesondere §§ 4 und 5). Wie aufwändig das entsprechende Genehmigungsverfahren wird, hängt unter anderem davon ab, ob es förmlich (mit Öffentlichkeitsbeteiligung) oder in vereinfachter Form (ohne Öffentlichkeitsbeteiligung) durchzuführen ist. Ein Verfahren in vereinfachter Form ist möglich, wenn

- der Betrieb als Nebeneinrichtung zu der die Rückstände produzierenden Anlage (aufgrund Änderungsgenehmigung gemäß § 16 BImSchG) erfolgt und sie im Vergleich zu letzterer von geringer immissionschutzrechtlicher Relevanz ist oder
- bei einer selbständigen Anlage für ein förmliches Verfahren geltende Leistungsmerkmale nicht erreicht werden sowie (in beiden Fällen)
- keine Umweltverträglichkeitsprüfung durchzuführen ist.

Bei einer Anlage handelt es sich um eine Nebeneinrichtung, wenn sie für den Betrieb der Hauptanlage unerlässlich ist oder wenn sie diesem dient, das heißt gegebenenfalls wenn mit ihrer Hilfe ein Nebenprodukt in der Anlage wiederverwendet wird. Außerdem muss die Nebeneinrichtung denselben Betreiber (= derjenige, der Weisungen zum Betrieb erteilt) aufweisen wie die Hauptanlage. Bei *ReeL* trifft letzteres nicht zu, deshalb müsste diese Anlage als selbständige Anlage genehmigt werden.

Die Frage der Selbständigkeit spielt auch im Hinblick auf die Genehmigungsfrist eine Rolle. Soll ein bei der Produktion entstehender, nicht als Produkt anfallender Stoff in *selbständigen* On-Site-Recyclinganlagen behandelt werden und handelt es sich um ein *Nebenprodukt* gemäß § 4 Kreislaufwirtschaftsgesetz (KrWG), dann sind diese Anlagen erst zwölf Monate nach Betriebsbeginn genehmigungspflichtig. Die 12-Monatsfrist kann dann beispielsweise dazu genutzt werden, die Anlage am Standort vor der Genehmigung zu testen. Handelt es sich dagegen um Abfall im Sinne des § 3 KrWG, dann ist die

Genehmigung von Beginn an erforderlich. Allerdings können auch abfallverarbeitende Anlagen die ersten zwölf Monate genehmigungsfrei sein, wenn die Behandlung des Abfalls am Entstehungsort stattfindet (Regelfall: Asphaltbrecher). Diese Bedingung kann im Fall von *ReeL* wohl erfüllt werden.

Ob eine Genehmigung als selbständige Anlage letztlich aufwändiger ist als eine Genehmigung als Nebeneinrichtung hängt im Einzelfall von den spezifischen Bedingungen vor Ort ab, insbesondere also von

- der Empfindlichkeit der jeweils gefährdeten Schutzgüter und der daraus resultierenden spezifischen immissionsschutzrechtlichen Tatbestände,
- der unterschiedlichen Auslegung unbestimmter Rechtsbegriffe durch die Behörden und
- der bundeslandspezifischen Erlasslage.

Hervorzuheben ist dabei, dass nach der derzeitigen Gesetzeslage jede einzelne dezentrale Recyclinganlage, die nicht nur Forschungs- oder Demonstrationszwecken dient und länger als ein Jahr betrieben werden soll, einer Genehmigung für ihren spezifischen Standort bedarf. Das kann für die weitere Verbreitung solcher Anlagen ein Hemmnis sein. Von großem Vorteil wäre hier eine Bauartzulassung, das heißt eine einmalige Genehmigung bauartgleicher Anlagen, wie sie beispielsweise auf der Grundlage von § 60, Absatz 3 Wasserhaushaltsgesetzes und den entsprechenden Landeswassergesetzen in Verbindung mit der Abwasserverordnung bei der Abwasserbehandlung gängige Praxis ist. Von dieser Regelung kann voraussichtlich auch der *Edelmetalladsorber* Gebrauch machen, da die Rückgewinnung des Edelmetalls aus dem Abwasser eine Abwasserreinigung darstellt.

Grundsätzlich sieht auch das BImSchG in § 33 die Möglichkeit einer Bauartzulassung vor. Allerdings muss dazu erst eine entsprechende Verordnung in Kraft gesetzt werden, die zunächst das Verfahren der Bauartzulassung regelt und darüber hinaus festlegt, für welche Arten von Anlagen unter welchen Bedingungen und Auflagen eine solche Zulassung möglich ist. Von dieser Möglichkeit hat der Gesetzgeber bislang nicht Gebrauch gemacht. Sollte sich jedoch herausstellen, dass dezentrale On-Site Recyclinganlagen ein großes Potenzial zur Umwelt- und Ressourcenschonung aufweisen, wäre zu überlegen, wie eine entsprechende Verordnungsinitiative auf den Weg gebracht werden kann.

4. Zusammenfassung

Ziel der vorgestellten *r+Impuls*-Vorhaben ist es, innovative industrielle Verfahren zur Marktreife zu bringen, mit deren Hilfe der Rohstoffverbrauch im Produktionsprozess unmittelbar oder durch das Recycling gebrauchter Rohstoffe mittelbar reduziert werden kann. Es zeigt sich, dass diese Steigerung von Effizienz und Recyclinggrad Veränderungen in der Verfahrenstechnik erfordert, die häufig nicht von einem Unternehmen alleine bewältigt werden können. In vielen Fällen leisten die Lieferanten von Anlagentechnik und Betriebsmitteln für die Weiterentwicklung entscheidende Beiträge.

Und selbst wenn andere Glieder der Wertschöpfungskette nicht unmittelbar einbezogen sind, ist es oft wichtig, dass zumindest die Bedürfnisse von Abnehmern eigener (Zwischen-)Produkte berücksichtigt werden. Das bedeutet, dass die Wechselwirkungen und der Informationsaustausch entlang der Wertschöpfungskette sich mit steigender Leistungsfähigkeit intensivieren. Das hat gleichzeitig bedeutende Auswirkungen auf die Geschäftsmodelle der beteiligten Unternehmen. Während früher das Geschäftsmodell im einfachsten Fall aus einer einfachen Lieferbeziehung zwischen Hersteller und Kunden bestand, werden die Anforderungen an Anlagen oder Betriebsmittel mit zunehmendem Innovationsgrad spezifischer. Entsprechendes Knowhow wird in größerem Umfang ausgetauscht, muss aber gleichzeitig auch als geistiges Eigentum geschützt werden. Außerdem müssen gerade beim Recycling geeignete Anreize gesetzt werden, damit aufbereitbares Altmaterial von den (vormaligen) Nutzern gesammelt und in geeigneter Qualität bereitgestellt wird.

Eine Steigerung der Recyclingquoten setzt nicht nur, wie dargestellt, eine intensivere Wechselwirkung zwischen Altmateriallieferanten und Aufbereitern voraus. Oftmals kann es sich auch als vorteilhaft erweisen, das Recycling dezentral dort durchzuführen, wo das Altmaterial anfällt und/oder der erzeugte Sekundärrohstoff gebraucht wird. Solche Anlagen brauchen in den meisten Fällen eine standortspezifische Betriebsgenehmigung, meist nach BImSchG. Der Aufwand für die Beantragung einer solchen Genehmigung hängt von einer Reihe von Umständen ab, die auch durch die jeweiligen Geschäftsmodelle bedingt und im Einzelfall abzuklären sind. Beispielsweise spielt es eine Rolle, wer Betreiber der Recyclinganlage ist, ob das Altmaterial als Abfall eingestuft wird und ob das recycelte Material im gleichen Betrieb oder auch extern zur Verwendung kommt. Dieser Beitrag gibt beispielhaft Hinweise zu den relevanten Faktoren, stellt aber keine umfassende Aufarbeitung dar. Insgesamt ist festzustellen, dass diese einzelfallbezogene Genehmigungspraxis hohe Transaktionskosten nach sich zieht, die für eine rasche Verbreitung der Technologie nicht förderlich sind, die aber durch die Einführung einer Bauartzulassung deutlich gemindert werden könnten.

Danksagung

Die Autoren danken dem Bundesministerium für Bildung und Forschung für die Förderung der im Beitrag dargestellten Forschungsvorhaben (FKZ 033R151, 033R153, 033R157, 033R158 und 033R160) und den TeilnehmerInnen des Workshops *Rechtliche Anforderungen und Geschäftsmodelle für den Betrieb dezentraler Anlagen* (08.03.2018, Düsseldorf), insbesondere Andreas Franz (Bezirksregierung Arnsberg), für ihre wichtigen Beiträge.

5. Referenzen

[1] Bundesministerium für Bildung und Forschung: r4 – Innovative Technologien für Ressourceneffizienz - Forschung zur Bereitstellung wirtschaftsstrategischer Rohstoffe. https://www.fona.de/de/r4-innovative-technologien-fuer-ressourceneffizienz-forschung-zur-bereitstellung-wirtschaftsstrategischer-rohstoffe-16664.html (30.11.2018)

[2] Bundesministerium für Bildung und Forschung: r+Impuls – Impulse für industrielle Ressourceneffizienz. https://www.fona.de/de/r-impuls-18039.html (30.11.2018)

[3] Bundesministerium für Bildung und Forschung: ecoFluor – Innovative und umweltfreundliche, auf Fluor (F2) basierte Reinigungsprozesse als Ersatz für NF_3 und PFCs in der Halbleiterindustrie. http://www.r-plus-impuls.de/rplus-de/verbundprojekte/projekte/ecofluor.php (30.11.2018)

[4] Bundesministerium für Bildung und Forschung: Edelmetalladsorber – Rückgewinnung von Edelmetallen aus Reststoffströmen der metallverarbeitenden Industrie mit Hilfe von faserfixierten Adsorbern. http://www.r-plus-impuls.de/rplus-de/verbundprojekte/projekte/edelmetalladsorber.php (30.11.2018)

[5] Bundesministerium für Bildung und Forschung: EZiRec – Effizientes Zinn-Recycling aus Abfallprodukten der Leiterplattenfertigung. http://www.r-plus-impuls.de/rplus-de/verbundprojekte/projekte/ezirec.php (30.11.2018)

[6] Bundesministerium für Bildung und Forschung: ReeL – Ressourceneffiziente Herstellung von Lederchemikalien. http://www.r-plus-impuls.de/rplus-de/verbundprojekte/projekte/reel.php (30.11.2018)

[7] Bundesministerium für Bildung und Forschung: r+TeTra – Begleit- und Transferprojekt der Fördermaßnahme r+Impuls. http://www.r-plus-impuls.de/rplus-de/begleit-transfer-projekt/ (30.11.2018)

[8] Bundesministerium für Wirtschaft und Energie: Technology Readiness Level (TRL). https://www.nks-kmu.de/teilnahme-trl.php (30.11.2018)

[9] Dittrich, M.; Kämper, C.; Ludmann, S.; Ewers, B.; Giegrich, J.; Sartorius, C.; Hummen, T.; Marscheider-Weidemann, F.; Schoer, K.: Strukturelle und produktionstechnische Determinanten der Ressourceneffizienz: Untersuchung von Pfadabhängigkeiten, strukturellen Effekten und technischen Potenzialen auf die zukünftige Entwicklung der Rohstoffproduktivität (DeteRess). Umweltbundesamt Texte 29/2018, Dessau/Roßlau, 2018, S. 74–90

[10] Marscheider-Weidemann, F.; Langkau, S.; Hummen, T.; Erdmann, L.; Tercero-Espinoza, L.A.; Angerer, G.: Rohstoffe für Zukunftstechnologien 2016. Studie im Auftrag der Deutschen Rohstoffagentur in der Bundesanstalt für Geowissenschaften und Rohstoffe, Berlin, 2016

[11] Reschke, C.; Schubert, D.; Biedermann, H.; Deike, R.: Verfahren zur Entölung von kühlschmierstoffbehafteten Metallspänen und -schlämmen. In: Thiel, S. et al. (Hrsg.): Recycling und Rohstoffe, Band 12. Neuruppin: Thomé-Kozmiensky Verlag GmbH, 2019

[12] Sartorius, C.: r+Impuls-Workshop *Rechtliche Anforderungen und Geschäftsmodelle für den Betrieb dezentraler Anlagen*. http://www.r-plus-impuls.de/rplus-de/veranstaltungen/2018/2018-03-08-workshop.php (30.11.2018)

Ansprechpartner

Dr. Dr. Christian Sartorius
Fraunhofer Institut für System- und Innovationsforschung ISI
Projektkoordinator
Nachhaltigkeit und Infrastruktursysteme
Breslauer Straße 48
76139 Karlsruhe, Deutschland
+49 721-6809-118
c.sartorius@isi.fraunhofer.de

Weitere beteiligte Institutionen

Deutsches Textilforschungszentrum Nord-West gGmbH, Krefeld
INVITE GmbH, Köln
Solvay Fluor GmbH, Hannover
TIB Chemicals AG, Mannheim

Wiederverwendung/
Nutzungsverlängerung von Produkten

Übersicht über den Gebrauchtmarkt für elektronische (IT) Geräte

Thomas Holberg

Der digitale Wandel treibt die Veränderungen in der Welt weiterhin mit Hochgeschwindigkeit an. *Hyperconnectivity* ist das Schlagwort, also die Verbindung von Menschen, Maschinen und Organisationen mittels mobiler Technologie. Der Absatz und Einsatz von IT-Geräten bleibt dabei Taktgeber. Ein gesellschaftliches Konsumverhalten das laut *Global E-Waste Monitor Report* der United Nations bis 2021 den Berg an Elektronikschrott weltweit auf über 50 Millionen Tonnen anwachsen lässt. Rund 50 % der weltweiten E-Schrott-Mengen setzen sich aus Computern, Smartphones, Tablets und TV-Geräten zusammen, die smarterer Technologie weichen mussten. Nur rund 20 % des Volumens werden derzeit erfasst und dem Recycling zugeführt. Die übrigen 80 % werden ungeregelt gehandelt und vielfach illegal in Schwellen- und Entwicklungsländer exportiert – mit den bekannten Auswirkungen auf die Umwelt und die Gesundheit der dort lebenden Menschen.

1. Circular Economy (Kreislaufwirtschaft)

Die Gesetzgeber sind weltweit bemüht diese Abfallströme durch Gesetze und Regelungen einer nachhaltigen und umweltschonenden Verwertung zuzuführen.

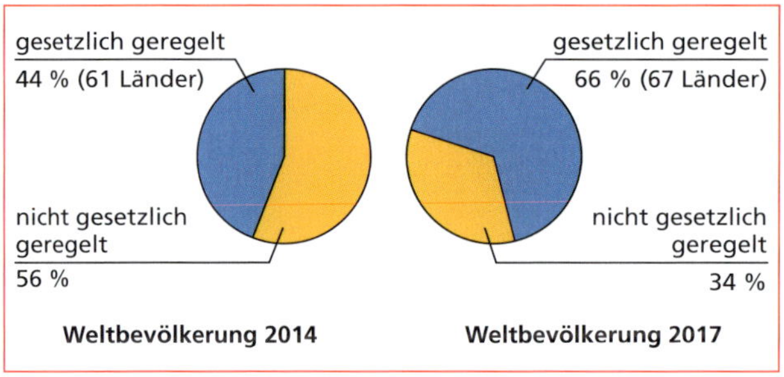

Bild 1:

Länder mit Elektronikschrottverordnung 2014 zu 2017

Quelle: Whitepaper TES – *STEERING SAFELY THROUGH E-WASTE REGULATIONS* Online: https://www.tes-amm.com/documents/press-documents/06July2018_Compliance-Complexity_WhitePaper.pdf

Heute leben bereits 66 % der Weltbevölkerung in Ländern mit einer gesetzlichen Regelung für Elektronikschrott und insbesondere in Asien erleben wir aktuell ein resolutes Durchsetzen der neuen Gesetzgebung. Im Rahmen der *National Sword-Initiative* blockt China seit 2017 den Import von bestimmten Abfallströmen ins Land. Thailand und Vietnam haben entsprechend auf die seitdem verstärkt einströmenden Mengen an Elektroschrott aus den Industrienationen reagiert und nun auch einen Bann ausgesprochen.

Das Funktionieren einer *Circular Economy* (Kreislaufwirtschaft) gerät aufgrund knapper Ressourcen wirtschaftlich und umweltpolitisch in allen Ländern mehr und mehr in den Fokus. Der Markt wird entsprechend reagieren, denn der Abfallstrom ist Lieferant wichtiger Rohstoffe.

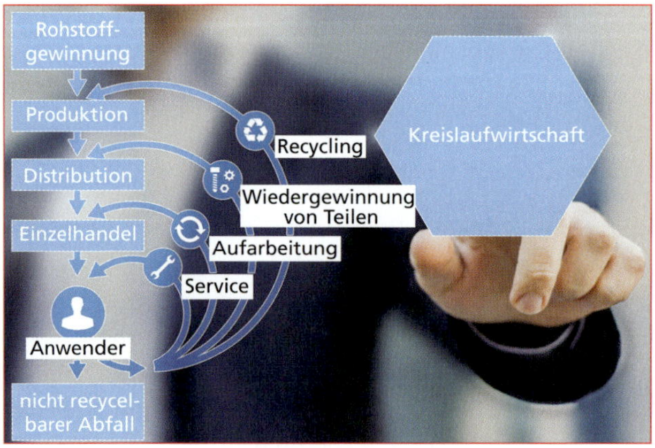

Bild 2:

Kreislaufwirtschaft (englisch: Circular Economy)

Quelle: iStock Foto lizensiert für TES unter #1004058106

Der *Global E-Waste Monitor Report* beziffert folgerichtig den rohstofflichen Wert des Elektronikschrotts auf rund 55 Billionen EUR. Die komplexe Zusammensetzung von Elektronikschrotten stellt dabei weiterhin eine Herausforderung für die Recyclingindustrie dar.

Neben der reinen Ressourcen-Betrachtung, ist aber auch das Potential der Wiederverwendbarkeit, also die Verlängerung der Nutzungsdauer von Elektrogeräten und speziell von IT, genauso bedeutend für die Wirtschaft.

2. Wiederverwendung vor Verwertung

So wundert es nicht, dass bei der Überarbeitung der EU-Richtlinie über Elektro- und Elektronik-Altgeräte auch das Thema Wiederverwendung (*Reuse*) besondere Würdigung erhalten hat und die Novellierung des Kreislaufwirtschaftsgesetzes in Deutschland, in der Abfallhierarchie weiterhin der Wiederverwendung klar Vorrang vor dem Recycling einräumt.

Der Markt für gebrauchte IT-Geräte ist in den vergangenen Jahren dementsprechend stark gewachsen – und er wird in Zukunft weiter an Bedeutung gewinnen. Die Gründe dafür liegen dabei nicht allein im verstärkten Umweltbewusstsein, im Bemühen um den Klimaschutz und in der immer weiter verbreiteten Einsicht, wie wichtig der nachhaltige Umgang mit Ressourcen ist.

Mindestens ebenso wichtige Treiber sind rein ökonomische Gründe, die neben Privatkunden auch Unternehmen über die Anschaffung gebrauchter Hardware nachdenken lässt. Der Wertverfall von Computern ist groß: Pro Jahr büßen PCs und Notebooks rund die Hälfte ihres Wertes ein. Ein Computer, der 1.000 EUR kostet, ist also in vier Jahren bestenfalls noch 125 EUR wert – sofern er unbeschädigt bleibt. Apple-Produkte sind wertstabiler. Immerhin liegt der Preis eines gut erhaltenen Mac vier Jahre nach Kauf noch bei rund der Hälfte des Neupreises.

3. Wertschöpfung durch Verkauf

Auch wenn er im Laufe der Jahre geringer wird: alte Geräte von Unternehmen haben in der Regel noch Restwerte. Diese auch zu erlösen, ist vor allem für Unternehmen sinnvoll. Zwar ist der Austausch, die Aufbereitung der Geräte für den Weiterverkauf mit einigem Aufwand verbunden und erfordert entweder eigene Manpower oder Budget für einen entsprechenden Dienstleister. Dennoch ist der Weiterverkauf wirtschaftlich deutlich sinnvoller als die fachgerechte Entsorgung der ausrangierten IT.

4. Der Neugerätemarkt bestimmt das Tempo

Die fortschreitende Professionalisierung des Gebrauchtmarktes beschleunigt den Reuse-Trend, die Zukunft des Marktes hängt aber grundsätzlich von der Innovationsgeschwindigkeit und der Dynamik im Neugerätemarkt ab. Dies bestimmt die Beschaffung aber auch den Absatz der gebrauchten Geräte.

Seit 2016 steigen die weltweiten Ausgaben für IT wieder jährlich um rund 3 % und betrug 2018 über 3,65 Billionen USD. Zwölf Jahre nach der Markteinführung des ersten Apple iPhones wurden 2018 weltweit mehr als 1,4 Milliarden Smartphones verkauft – so Statista. Cloud-Computing, Mobile Computing und Internet-of-Things (IoT) stimulieren den Markt und sind Bausteine der *Hyperconnectivity*.

Diese geben den Takt an, befeuern das Wachstum und nehmen aber auch verstärkt Einfluss auf den weltweiten PC-Markt. Dieser schrumpfte auch in 2018 weltweit auf 259 Millionen PC-Geräte und somit im siebten Jahr in Folge.

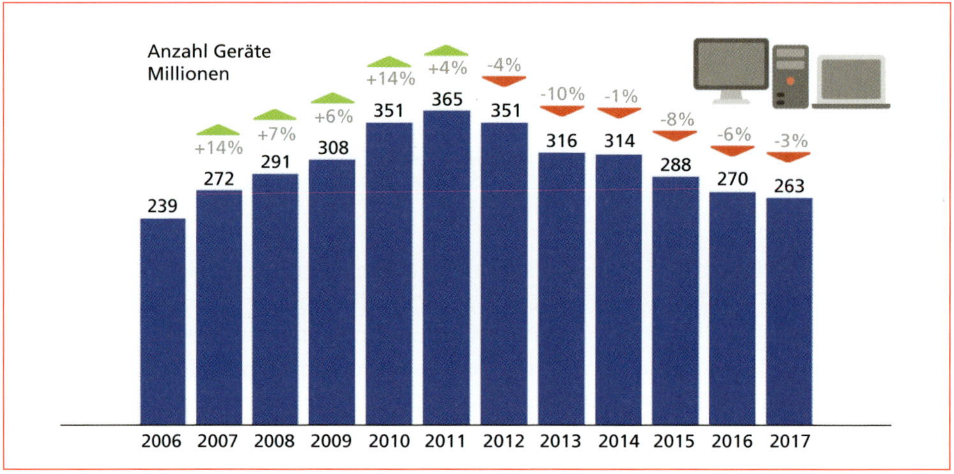

Bild 3: Entwicklung des weltweiten PC-Marktes

Quelle: Statista GmbH, Hamburg – Grafik lizenzfrei nutzbar. Online: Link: https://de.statista.com/infografik/4238/weltweiter-pc-absatz/

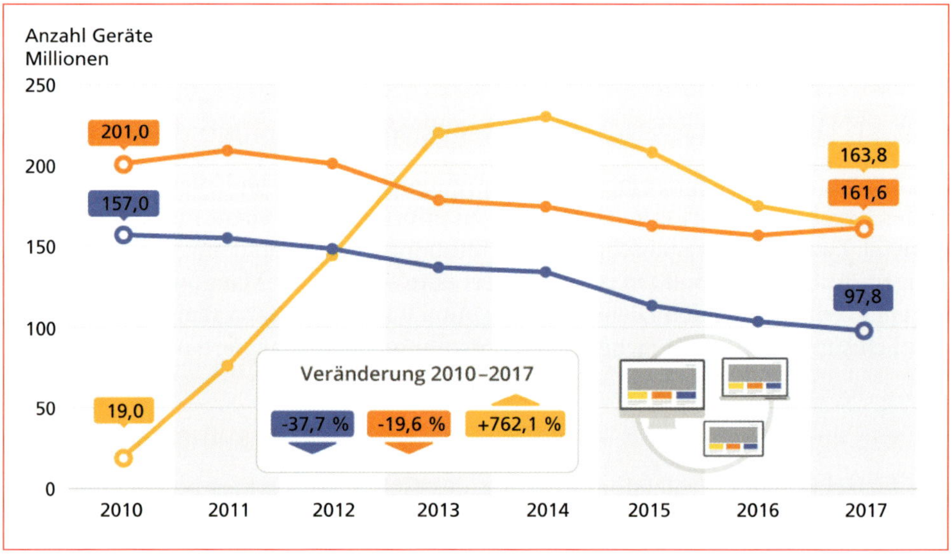

Bild 4: Produktmix des PC-Absatzes

Quelle: Statista GmbH, Hamburg – Grafik lizenzfrei nutzbar. Online: Link: https://de.statista.com/infografik/14625/weltweiter-absatz-von-desktop-pcs-notebooks-und-tablets/

Mobile Endgeräte übernehmen heute viele Funktionen, die sonst ein Desktop-PC erfüllt hat. Tablets sind an dessen Stelle getreten, Notebooks konnten sich noch weiterhin behaupten.

Der Produktmix ist in Bewegung, getrieben von der Mobilität. Ansprüche, Nutzerverhalten sowie Lebenszyklen der Geräte haben sich ebenso verändert.

Ein Trend der die Konsolidierung der Hersteller beschleunigt hat, so dass die Marktführer HP und Lenovo Ihre Marktanteile auf jeweils über 20 %, Dell auf über 15 % gegen den Trend steigern konnten. Die sogenannten Major Brands dominieren mit über 70 % Marktanteil den Markt.

Einer der großen und wichtigen Absatzmärkte in Europa bleibt dabei Deutschland mit einem Umsatz an IT-Hardware von etwa 25 Milliarden EUR und rund 10 Millionen verkaufter PCs pro Jahr. Insgesamt setzt aber der B2C-Markt (Business-to-Consumer) auch in Deutschland seinen Abwärtstrend fort. 57 Millionen Smartphone-Besitzer sowie der Ausstattungsgrad an PCs von etwa 90 % in den deutschen Haushalten erklärt diesen Trend. Dieses Marktsegment umfasst etwas über 40 % der Gesamtvolumens des PC-Marktes.

Dennoch – laut aktueller Erhebungen des Marktforschungsunternehmens Gartner wurden im dritten Quartal 2018 5 % mehr neue PCs in Deutschland ausgeliefert als im gleichen Zeitraum des Vorjahres und 20,9 % mehr als im zweiten Quartal 2018. Dieses Wachstum werde allerdings durch die Nachfrage nach Business-PCs getrieben, da Unternehmen auf Windows-10-kompatible Hardware umstellen. Bis 2020, so die Gartner-Prognose, werden rund 55 % der Unternehmens-Geräte mit Windows 10 laufen. Aufgrund der starken Nachfrage aus dem B2B-Sektor (Business-to-Business) ist die Prognose für 2019 für den Absatzmarkt entsprechend positiv.

5. Größere Nutzungsdauer der IT in Unternehmen

Dass Unternehmen in 2019 weiter verstärkt in neue PCs investieren, liegt vor allem daran, dass der Support für Windows 7 ausläuft und somit eine Aktualisierung der IT-Infrastruktur erforderlich wird. Ansonsten jedoch gilt auch für den Business-Bereich: Die Lebenszyklen der Geräte haben sich deutlich verlängert. War es noch vor wenigen Jahren – ebenfalls auf Grund der immer leistungshungrigeren Software – in vielen Unternehmen üblich, PCs nach einem Abschreibungszeitraum von zwei Jahren zu ersetzen, steigt die durchschnittliche Nutzungsdauer heute konstant an. Marktforscher und Branchenverbände wie der Bitkom verzeichnen bei Desktops und Business-Notebooks bereits eine durchschnittliche Nutzungsdauer von mehr als dreieinhalb Jahren. Dieser Durchschnittswert wäre mittlerweile noch höher, wenn nicht einzelne professionelle Anwendungen (z.B. SAP) nach wie vor hohe Anforderungen an die Hardware stellen würden.

6. Gebraucht-Markt mit zweistelligem Wachstum

Für die rückläufige Entwicklung im Consumer-Bereich gibt es vor allem zwei Gründe. Erstens hat sich die Entwicklung der Hardware verlangsamt. Galt noch vor wenigen Jahren das mooresche Gesetz, nach dem sich alle 12 bis 24 Monate die Leistung neuer CPUs verdoppelt, hat sich diese Entwicklung zuletzt deutlich verlangsamt.

Ein Trend, den vor allem Software-Anbieter nicht ignorieren konnten, Beispiel Microsoft: Wer im vergangenen Jahrtausend von Windows 3.1 auf Windows 95 umsteigen wollte – und dafür gab es gute Gründe – kam um die Anschaffung eines neuen Rechners nicht herum. Der Umstieg von Windows 7 auf Windows 10 hingegen erfordert für den durchschnittlichen Anwender keineswegs zwingend eine umfassende Hardware-Aufrüstung. Auch auf älteren Computern ermöglicht das neue Betriebssystem ein flüssiges Surfen, Filme Schauen und Arbeiten mit Office-Anwendungen.

Diese Entwicklung begünstigt zweitens das ohnedies schnelle Wachstum des Marktes für gebrauchte PCs und Notebooks, denn zwei bis drei Jahre alte Geräte können durchaus noch auf dem aktuellen Stand der Technik sein – einschließlich Windows 10 – und kosten unter Umständen nur einen Bruchteil vergleichbarer Neugeräte.

Neben Ebay buhlt inzwischen rund ein Dutzend größerer Online-Händler in Deutschland mit Gebraucht-Geräten um private Kundschaft – und alle Anbieter verzeichneten zuletzt zweistellige Zuwachsraten.

7. Gute Gründe für gebrauchte IT

Der Preis ist das wichtigste Kriterium bei der Kaufentscheidung eines Rechners, sagten 51,1 % der Teilnehmer einer Deutschland-Studie des US-Chipherstellers Intel. Der verbaute Prozessor spielt immerhin für 50,1 % der Befragten die wichtigste Rolle.

Wer beides will – einen guten Preis und einen starken Prozessor – wird auf dem Gebrauchtmarkt fündig. Wer zum Beispiel 250 EUR ausgeben kann, hatte im Januar 2019 folgende Wahl: Er nimmt entweder einen *Einsteiger-Laptop* mit 14-Zoll-Display, fabrikneu jedoch nur mit einem gemächlichen Celeron-Prozessor und kümmerlichen 64 GB auf Flash-Basis. Oder er legt sich einen drei Jahre alten Lenovo Thinkpad T420 mit schnellem i5-Prozessor und 320 GB SSD zu – aufgearbeitet, optisch einwandfrei und mit einem Jahr *Garantie*, die natürlich nicht ganz der entspricht, die man für Neugeräte bekommt. Gleichwohl stehen die Chancen nicht schlecht, dass das gebrauchte Markengerät Dank hochwertiger Materialien und aufwendigerer Verarbeitung den No-Name-Laptop überdauert.

8. Software-Lizenzen sind leicht und günstig zu haben

Wie bereits erwähnt, hat sich die Entwicklung der Hardware entschleunigt, neue Software ist effizienter und auch ältere Rechner kommen gut mit aktuellen Anwendungen zurecht. Eine gültige Windows-Lizenz für das Second-Hand-Gerät zu einem akzeptablen Preis zu bekommen, ist mittlerweile auch möglich. Microsoft hat bereits seit 2009 ein eigenes Programm für Microsoft Authorized Refurbisher (MAR). Zudem bietet Microsoft den MAR-Partnern die Möglichkeit, Pakete mit einer einjährigen Office-Lizenz zu schnüren, deren Preispunkt deutlich unter dem Einzelverkaufspreis liegt. Anders gesagt: Für eine geringe Lizenzgebühr können Kunden Gebrauchtgeräte erhalten, wie es auch bei Neuware üblich ist: bereit für die Arbeit.

9. Refurbishing – wie es geht und was es bedeutet

Auch wenn der Vergleich auf ein bis zwei Beinen hinkt: Der Handel mit gebrauchter IT funktioniert ähnlich wie der Gebrauchtwagen-Markt.

- Wer von einem Privatanbieter gekauft hat, wird möglicherweise Probleme haben, eventuell vorhandene versteckte Mängel zu reklamieren.
- Gewerbliche Anbieter sind auf ihren Ruf bedacht, haben ein vitales Interesse an zufriedenen Stammkunden und machen entsprechende Service-Angebote – und geben eine Gebrauchtwagen- bzw. Gebrauchtgeräte-Garantie.
- Ob Laptop oder Cabrio: Gewerbliche Händler haben ihre Ware in aller Regel geprüft, instandgesetzt, mit gültiger Software versehen und aufpoliert.
- Und der Preis? – Kann bei privaten Anbietern trotz allem dennoch höher sein als beim gewerblichen Anbieter, denn viele Menschen haben zu ihrem Auto ebenso wie zu ihrem PC ein emotionales Verhältnis aufgebaut und überschätzen den tatsächlichen Wert.

Offensichtlich fassen immer mehr IT-Käufer Vertrauen zur Second-Hand-Ware, denn der Markt für gebrauchte IT wächst seit Jahren zweistellig. Gartner geht davon aus, dass weltweit mehr als jeder zehnte aktuell genutzte PC gebraucht erworben wurde. Einen wesentlichen Anteil daran haben, insbesondere im B2B-Umfeld, die professionellen Refurbisher. Anstatt die gebrauchte Hardware lediglich einem Funktionstest zu unterziehen und sie dann weiterzureichen, bereiten sie die Geräte in einem aufwendigen Prozess bis ins kleinste Detail wieder auf. Was nicht mehr einwandfrei funktioniert, wird ausgetauscht, viele PCs werden sogar mit neuen Komponenten wie mehr RAM und SSDs aufgerüstet.

So erhalten die Kunden ein komplett überprüftes und sofort startklares Gerät (*refurbished*) mit Garantie. Zu einem Preis, der kaum über dem eines Einsteiger-Notebooks liegt, gibt es oft höhere Leistung und die bessere Verarbeitung eines Business-Gerätes. Dieses Qualitätsversprechen hilft den Geräten, im zweiten Lebenszyklus aus dem Schattendasein der Gebrauchten herauszutreten.

Datenschutz hat beim Refurbishing gebrauchter Hardware oberste Priorität. Alle Geräte, die nach dem Ende der ersten Nutzungsdauer von Unternehmen veräußert werden, haben daher eine zertifizierte Datenlöschung hinter sich. Das ist notwendig, damit niemand unbefugt sensible Daten rekonstruieren kann. Und auf der anderen Seite ist der Käufer eines Gebraucht-PCs wirklich sicher, dass sein Rechner frei von jeglicher Schadsoftware ist.

10. Reuse (*Wiederverwendung*) liegt im Trend

Sowohl für den privaten Bereich als auch für die IT-Infrastruktur großer Konzerne gibt es inzwischen eine ganze Reihe von Dienstleistern und Händlern, die ihren Beitrag dazu leisten, den Handel mit gebrauchten Geräten als festes und wachsendes Segment im Markt für IT-Ausstattung zu etablieren.

Grundsätzlich teilt sich das Lager dieser Unternehmen in zwei Gruppen, die eine die bei der Beschaffung der Gebrauchtgeräte überwiegend von B2C-Kunden ankaufen und die andere die sich im B2B Markt bewegen.

Sogenannte *Recommerce*-Unternehmen zielen mit ihren Online-Angeboten auf Privatkunden und bieten Rückkaufangebot für mobile Endgeräte mit dem Schwerpunkt Smartphones und Tablets. Zu den Größten der Branche in Deutschland gehört Rebuy. 2017 erwirtschaftete das Berliner Unternehmen einen Netto-Umsatz von 109,7 Millionen EUR – 24 % mehr als im Vorjahr. Wettbewerber Momox steigerte seinen Umsatz um 27 % auf 150 Millionen EUR – allerdings machen hier Smartphones & Co nur einen Teil der angekauften Waren aus.

Preis, Transaktionsgeschwindigkeit und Qualitätsversprechen beim Wiederverkauf bestimmen das B2C-Geschäft. Die gebrauchten Geräte unterliegen weltweiten Marktbewegungen und sind volatil durch schwankende Mengen im Markt. Der Innovationsgrad bei Markteinführung neuer Modelle durch die Marktführer Apple und Samsung bestimmt den Preisverfall.

Große Mobilfunkbetreiber nutzen weltweit diese Geschäftsmodelle als Trade-In Programm zur Stimulierung des Absatzes neuer Geräte und neuer Mobilfunkverträge.

Die zweite Gruppe ist im B2B-Umfeld aktiv, versteht sich oftmals auch als Dienstleister für die Rücknahme von ausgedienten IT-Geräten von Unternehmen und wird weltweit unter dem amerikanisch geprägten Begriff *ITAD Industry* (ITAD = IT-Asset-Disposition) geführt.

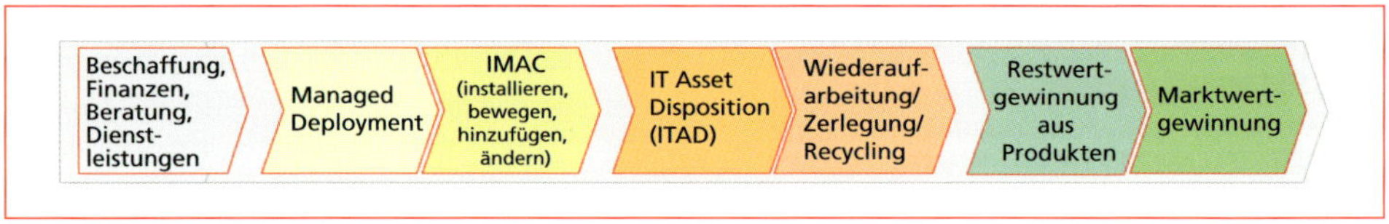

Bild 5: ITAD im Kontext des IT-Lebenzyklus

Der ITAD-Markt boomt weltweit. Die Marktforscher von Gartner rechnen in den nächsten Jahren mit Umsätzen in zweistelliger Milliardenhöhe. Gartner geht dabei davon aus, dass weltweit mehr als jeder zehnte aktuell genutzte PC gebraucht erworben wurde.

Der Austausch von IT-Geräten alle drei bis vier Jahre stellt für Unternehmen einen enormen Kostenfaktor dar. Diesen zu begrenzen, hilft der Verkauf ausrangierter IT und der Kauf gebrauchter Geräte. Und es gibt weitere gute Argumente fürs gebrauchte IT.

Damit diese Akzeptanz weiter steigt, damit der Markt überhaupt dauerhaft funktionieren kann, müssen die beteiligten Akteure hohe Qualitätsstandards vor allem mit Blick auf die Datensicherheit einhalten. Wer den Verlust oder gar den Missbrauch seiner persönlichen oder geschäftlichen Daten befürchten muss, wird kaum dem Weiterverkauf seiner ausgemusterten IT-Geräte zustimmen. Die Neuregelung der europäischen Datenschutzverordnung (GDPR) sowie der deutschen Datenschutz-Grundverordnung (DSGVO) verlangt eine Vielzahl technischer und organisatorischer Maßnahmen (TOM) zum Schutz von Daten.

Bild 6:

Datenlöschung bei TES

Eine *zertifizierte Datenlöschung* nach nationalem Gesetz ist in aller Regel schon eine anspruchsvolle Aufgabe. Unternehmen, die global agieren, müssen unter Umständen eine Vielzahl unterschiedlicher Verordnungen und Gesetzes beachten. Oder sie beauftragen einen ebenfalls global agierenden Dienstleister für die Rücknahme, Wiedervermarktung und Recycling von IT-Geräten. Die sorgfältige Auswahl eines verlässlichen ITAD-Partners ist ein wichtiger Baustein.

11. Die Globalisierung des ITAD-Marktes

Im Dezember 2013 hat Gartner erstmals eine weltweite Markt-Studie zum Thema ITAD veröffentlicht, in der elf global aktive Unternehmen identifiziert wurden. Drei Hersteller, die die Rücknahme und Wiederverwendung als Dienstleistung offerieren, sowie acht unabhängige ITAD-Unternehmen. Es folgten 2014 eine Aktualisierung des sogenannten Magic Quadrant für IT-Asset-Disposition (ITAD) sowie vom Umfang her reduzierte *Market Guides* in 2016 und 2018. Zwei Unternehmen der ersten Stunde, die TES-AMM mit Sitz in Singapur sowie die europaweit tätige Dataserv-Gruppe, gehören nach ihrem Zusammenschluss in 2016 zu den globalen Marktführern mit derzeit 33 Standorten und Services in mehr als 70 Ländern weltweit und firmieren heute unter dem Namen TES.

12. Weltweite IT-Asset-Disposition (ITAD) – ein Markt-Überblick

Nach Einschätzung von Gartner konsolidiert sich der globale ITAD-Markt weiterhin zu wenigen sehr großen globalen Anbietern, die mit Hunderten von lokalen Anbietern konkurrieren. Natürlich vermarkten alle ITAD-Dienstleister nach dem Refurbishing die ausgemusterten Geräte ihrer Auftraggeber in den gleichen internationalen Gebrauchtmarkt – Online-Angebote schaffen die nötige Transparenz im Absatzmarkt. Bis zu diesem Punkt haben sie bereits eine Menge Arbeit geleistet. Die meisten ITAD-Unternehmen bieten an, einige oder alle der folgenden Services durchzuführen.

- *Vor Ort Services:*

  Je nach Kundenanforderungen werden die IT-Geräte vor Ort inventarisiert. Die Altgeräte werden z.T. am Arbeitsplatz abgebaut oder an Sammelstellen bereitgestellt. Optional erfolgt eine Datenlöschung der Geräte mittels Software vor Ort, nicht löschbare Datenträger werden sicher zwischengelagert oder sofort mobil vernichtet.

  Die Geräte dann werden vorsortiert und transportsicher verpackt.

- *Managed Services:*

  Hoch spezialisierte ITAD-Partner bieten zusätzliche sogenannte *Managed Services* an, also ein breitgefächertes Angebot an Installationsdienstleistungen (u.a. Softwareinstallation, Datenmigration und Inbetriebnahme) für die neuen IT-Geräte. Diese werden oftmals mit den v.g. Prozessen für die Altgeräte kombiniert und koordiniert.

- *Transportlogistik:*

  Auch hierbei steht die Sicherheit im Vordergrund. Die beauftragten Spediteure müssen entsprechende Qualifikationen und Zertifikate vorweisen, gegebenenfalls erfolgt die Abholung als Abfalltransport – auch über Landesgrenzen hinweg. Die Beachtung der lokalen Gesetzgebung ist dabei ebenso wichtig, wie die sorgfältige Auswahl der technischen und organisatorischen Maßnahmen zum Schutz der Daten während des Transportes.

- *Datenlöschung und -vernichtung:*

  Bei diesem entscheidenden Arbeitsschritt in Sachen Datenschutz gelten international unterschiedliche Standards und Gesetze. Da global agierende Unternehmen ihre IT-Infrastruktur ebenfalls global beschaffen, nutzen und entsorgen, ist dies die besondere Stärke international aufgestellter ITAD-Anbieter, die sich an ihren einzelnen Standorten nach den jeweils geltenden Bestimmungen zertifizieren lassen – und somit ebenfalls global agieren können.

- *Audit – Überprüfung der gebrauchten IT:*

  Ob zur Feststellung der Tauglichkeit zur Wiedervermarktung oder als Nachweis vor der Rücklieferung an den Leasinggeber: die Altgeräte müssen technisch überprüft werden auf Funktionalität, Vollständigkeit und auf ihren kosmetischen Zustand.

  Das Ergebnis des Audits ist maßgeblich für die Bestimmung des Wertes des Altgerätes, sowie für die Festlegung von eventuell nachfolgenden Aufbereitungsschritten (*Refurbishing*). Der Gerätezustand entscheidet letztendlich über den adressierbaren Absatzkanal und damit über die Wertschöpfung.

- *Remarketing – Wiederverkauf:*

  Dieser Punkt entscheidet über die Kosten-Nutzen-Rechnung für den Kunden. Der ITAD-Dienstleister berechnet in der Regel die beauftragten Services und schreibt die Verkaufserlöse der gebrauchten Geräte gut. Der Verkaufserlös hängt natürlich von vielen Faktoren ab, darunter Art, Alter und Zustand der Geräte aber auch der Erfahrung des ITAD-Anbieters. Vom Verkaufserlös erhält der Kunde in aller Regel 60 % bis 80 %.

- *Optionen zum Wiederverkauf:*

  Vielfach werden ITAD-Dienstleister auch als unabhängige Dritte genutzt, um die Rückgabe zum Leasinggeber zu organisieren, gegebenenfalls Mängel vorab zu beseitigen oder Geräte nach dem *Like for Like* Prinzip auszutauschen. Oftmals werden Verkäufe der Altgeräte an Mitarbeiter gewünscht, hier übernimmt der Dienstleister Logistik, Gewährleistung und Support – ähnliches gilt für Hardware-Spenden an gemeinnützige Organisationen im Namen des Kunden.

- *Recycling und Komponentenrückgewinnung:*

  Was sich nicht verkaufen lässt, wird auf anderem Wege weiterverwertet. Einzelne Bauteile von PCs oder Notebooks aber auch Servern dienen als begehrte Ersatzteile, alles Übrige wird dem Recycling zugeführt – unter Beachtung der lokalen Gesetzgebung.

Bild 7:

Asset Management bei der TES

- *Reporting:*

  Kernstück der ITAD-Dienstleistung bleibt das Reporting, um zum einen für den Kunden lückenlos auf Seriennummernebene nachweisen zu können, dass sämtliche Datenträger nach den gesetzlichen Vorgaben gelöscht oder vernichtet wurden. Anderseits um für das eigene *Asset Management* – also die Verwaltung der eigenen IT-Infrastruktur und des Anlagevermögens – die nötigen Ausbuchungen vornehmen zu können.

  Mögliche Abfallströme werden ebenfalls dokumentiert und reportet.

Die Entwicklung des Marktes für gebrauchte Geräte an sich ist noch keineswegs abgeschlossen. Derzeit sind beim Handel mit gebrauchter IT Margen von über 40 % möglich, die sich derzeit allerdings noch Verkäufer, ITAD-Anbieter und (Zwischen-) Händler teilen. ITAD-Unternehmen bemühen sich daher um einen direkteren Marktzugang. Anders gesagt: Der Konkurrenzkampf beim Verkauf gebrauchter IT hat gerade erst begonnen – und Kunden können mit einer weiterhin günstigen Preisentwicklung rechnen.

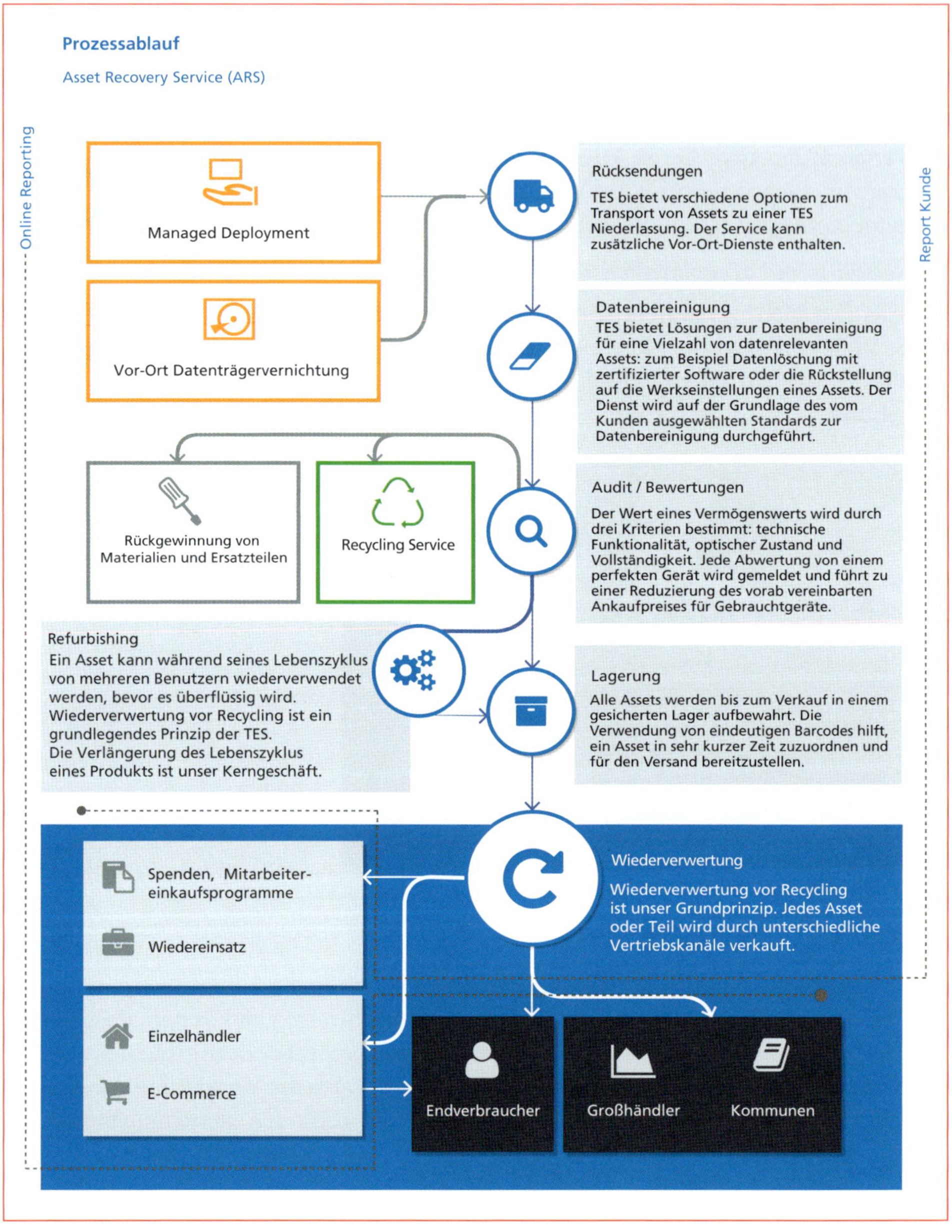

Bild 8: Der gesamte ITAD-Prozess

13. Fazit

Die Wettbewerbsfähigkeit von ITAD-Unternehmen hängt von der Kenntnis der Absatzmärkte, der Effizienz und Skalierbarkeit der Prozesse, aber auch vom Verständnis für die lokalen und regionalen Gesetze ab.

Die Fähigkeit sich und die eigene Organisation an die besonderen Anforderungen großer weltweiter Unternehmen anzupassen, wird dabei vorausgesetzt.

Wettbewerbsfähige ITAD-Unternehmen haben heute Kernkompetenzen im IT-Service-Umfeld sowohl im PC- und Mobilgeräte als auch im Data-Center Bereich, übernehmen also bereits die Auslieferung von neuen Geräten, die Migration von Daten vor Ort sowie den gleichzeitigen Abbau und die Rücknahme der Gebrauchtgeräte. Robuste IT-Systeme für das Reporting, Kompetenz in der Abfallgesetzgebung und im Bereich Datenschutz sowie in die ständige Optimierung der Stückkosten des Audit- und Refurbishing-Prozesses nach 5S-Prinzipien sind weitere Grundvoraussetzung.

ITAD-Unternehmen, die sich als Hybrid zwischen Logistik-, IT-Service und Recyclingunternehmen verstehen und ihre Kompetenzen in all diesen Bereichen weiterentwickeln sowie geografisch ausweiten können, werden den Markt anführen. Die TES ist eines der Unternehmen, die sich dieser Herausforderung stellen.

Ansprechpartner

Dipl.-Ing. Thomas Holberg
TES-AMM Central Europe GmbH
Geschäftsführer und General Manager Europe
Blitzkuhlenstraße 169
45659 Recklinghausen, Deutschland
+49 2366-1820-550
Thomas.Holberg@tes-amm.com

EU WEEE Richtlinie 2012: Wie geht das Gesetz mit Gebrauchtgeräten um?

Hans-Jochen Lückefett

Das Clausthaler Umwelttechnik-Institut (CUTEC) hat in einer Studie mit Partnern zweier bedeutender PC-Hersteller für die Bereiche Logistik, Reparatur und Wiederaufarbeitung mögliche Auswirkungen der Neuregelungen in Annex VI der WEEE-Richtlinie 2012 untersucht. Es ging in der Ende 2016 begonnenen Studie mit dem Arbeitstitel: *Impact of products and spare-parts to be considered waste in the context of the Basle Convention and WEEE Directive 2012* um die möglichen Folgen, die entstehen, wenn defekte Gebrauchtgeräte bei der grenzüberschreitende Verbringung legaliter als Abfall zu klassifizieren sind. Die Studie sollte dazu dienen, folgende Aspekte der gesetzlichen Neuregelung zu untersuchen:

1) Welche Kostentreiber entstehen aus der gesetzlichen Neuregelung?

2) Wie steigern die identifizierten Kostentreiber die Kosten der Reparatur und der Wiederaufarbeitung gebrauchter Geräte?

1. Die Bedeutung der gebrauchten Geräte für das Kreislaufwirtschaftsgesetz

§ 6 Abs. 1 Kreislaufwirtschaftsgesetz regelt die abfallrechtliche Zielhierarchie. Demnach gilt Vermeidung als vorrangigstes Ziel vor der Vorbereitung zur Wiederverwendung, dem Recycling, der sonstigen Verwertung, insbesondere energetische Verwertung und Verfüllung, und der Beseitigung. Es ist allgemein anerkannt, dass eine verlängerte Nutzungsdauer von EEE einen wesentlichen Beitrag zur Abfallvermeidung bzw. Abfallverringerung leistet. Hierzu kann unter anderem auf Veröffentlichungen des Umweltbundesamtes auf seiner Webseite verwiesen werden [2]. Dort heißt es: *Die Herstellung von neuen Elektro- und Elektronikgeräten ist mit einem hohen Energie- und Ressourcenverbrauch verbunden. Trotzdem werden sie von Verbraucherinnen und Verbrauchern immer früher weggeschmissen. Aber selbst bei sachgerechter Entsorgung können die wertvollen Ressourcen nicht vollständig zurückgewonnen werden. Deswegen gilt: Nutzen Sie Ihre Produkte solange wie möglich.* Reparatur und der Kauf eines wieder aufgearbeiteten Gerätes tragen also maßgeblich zu dessen verlängerter Nutzungsdauer bei.

Hersteller möchten die Nachfrage nach Reparatur und Wiederaufarbeitung zu angemessenen Preisen befriedigen. In Umsetzung dieser Zielsetzung haben Hersteller insbesondere der IT-, Foto- und der CE-Industrie (CE = elektronische Konsumgüter) die Reparatur und die Wiederaufarbeitung europaweit auf wenige Standorte zentralisiert. Dabei geht es nicht nur um Kostenreduzierung, sondern auch darum, hochwertige Technik wie Reinräume und Geräte, die gezielt für die Reparatur und die Wiederaufarbeitung entwickelt worden sind, wirtschaftlicher einsetzen zu können, weil Zentralisierung die notwendige kritische Masse gewährleistet. Darüber hinaus haben die Hersteller in diesen Zentren eine langfristige Zusammenarbeit mit den Herstellern von Komponenten und Ersatzteilen, vor allem in Asien, aufgebaut.

Tabelle 1: Aufwendungen für die Wiederaufarbeitung von IT nach Industriezweigen und Regionen

Wiederaufarbeitung pro Branche und Region	**USA**	**EU**	**Rest der Welt**	**UK**	**Summe**
	Mio. USD				
Luft- und Raumfahrt	13.000	22.000	7.000	3.200	42.000
stationäre Schwerlastausrüstung	7.800	5.500	2.700	790	16.000
Kfz-Teile	6.200	4.500	2.100	650	13.000
Maschinen	5.800	780	1.300	110	7.900
IT-Geräte	2.700	6.900	1.900	1.000	12.000
medizinische Geräte	1.500	760	450	110	2.700
Reifen	1.400	440	360	64,2	2.200
andere Geräte für Küche, Büro, Pumpen, Kompressoren Textilien und Haushaltsgroßgeräte	4.600	6.700	2.300	960	14.000
Summe (2012)	**43.000**	**48.000**	**18.000**	**6.900**	**110.000**

Quelle: Hieronymi, K.: Remanufacturing and Circular Economy in the IT industry. In: Make – New – Again by remanufacturing, rebuilding or refurbishment, ISBN 978-3.00-052381-6

Die gesamtwirtschaftliche Bedeutung dieses Wirtschaftszweiges in Europa ist nicht zu unterschätzen. Tabelle 1 zeigt, dass die Bedeutung der Wiederaufarbeitung in Europa im Vergleich zu den USA in etlichen Sparten größer und auf dem Gebiet der IT-Geräte aller Kategorien mehr als doppelt so groß ist.

2. Das ethische Dilemma Afrika

Bilder wie in Bild 1 sind weithin bekannt. Sie zeigen Kinder auf der Mülldeponie Agbogbloshie in der Nähe der Hauptstadt Accra, Ghana. Kinder versuchen dort, aus Elektroschrott werthaltige Bestandteile zu entnehmen, um sie verkaufen zu können. Sie tun dies unter anderem über offenem Feuer, setzen auf diese Weise ihre eigene Gesundheit aufs Spiel und gefährden in erheblichen Maße die Umwelt. Diese Bilder haben dazu beigetragen, die sogenannte Basel Convention, die allgemein ein Verbot für den Export gefährlichen Abfalls in Entwicklungsländer regelt, auf Elektroschrott auszudehnen. Die Basel Convention haben insgesamt 185 Länder unterschrieben. Die Europäische Union hat sie in der Abfallverbringungsverordnung verbindlich umgesetzt. Leider gab es danach erfolgreiche Versuche, das Exportverbot zu umgehen. Gefährlicher Elektroschrott wurde als Gebrauchtgeräte deklariert und auf diese Weise weiterhin nach Afrika verschifft.

Bild 1:

Waste picker in einem Haufen Elektroschrott

Quelle: Elektroschrott in Ghana, Beitrag aus Planet Wissen; https://www.planet-wissen.de/kultur/afrika/ghana/pwiegiftigerelektromuell100.html

3. Inhalt und Folgen der gesetzlichen Neuregelung

Vor diesem Hintergrund hat der europäische Gesetzgeber die Grundregeln der Basel Convention in der Abfallverbringungsverordnung durch Art. 23 und Annex VI der WEEE Richtlinie 2012 ergänzt. Der Inhalt von Annex VI im Überblick:

Hauptregel in Annex VI:

Gebrauchtgeräte dürfen nur dann als Güter über die Grenze verbracht werden, wenn sie – unter anderem:

- voll funktionsfähig sind und
- die Besitzer entsprechende Beweise dafür vorweisen können.

Von dieser Hauptregel sieht Annex VI drei Ausnahmen für nicht funktionsfähige Gebrauchtgeräte vor:

- Gewährleistungsreparatur oder
- Reparatur oder Wiederaufarbeitung von business-to-business (B2B) Geräten oder
- B2B Geräte, die der Hersteller zwecks Fehler-Ursachen-Analyse gesendet erhält.

Aus der Hauptregel folgt, dass Gebrauchtgeräte die zur Reparatur grenzüberschreitend verschickt werden, nicht als Güter sondern als Abfall deklariert werden müssen, weil sie naturgemäß nicht funktionsfähig sind. Wären sie es, so würden sie insbesondere nicht zum Zwecke der Reparatur verschickt werden. Das gleiche gilt für viele Geräte, die zum Zwecke der Wiederaufarbeitung verschickt werden. Sie müssen einem komplexen Funktionstest unterzogen werden, der in der Regel erst im Wiederaufarbeitungszentrum durchgeführt wird (kritische Masse).

Annex VI durchbricht die Legaldefinition für Abfall in der Abfallrahmenrichtlinie und im Kreislaufwirtschaftsgesetz. Bei Geräten, die zur Reparatur oder zur Wiederaufarbeitung verschickt werden, fehlt das wichtigste Element der Abfalleigenschaft, der Entledigungswille.

Diese unsystematische Durchbrechung der Legaldefinition für Abfall führt zu einer weiteren Konsequenz. Die betreffenden Geräte verlieren erst dann ihre Abfalleigenschaft und werden von WEEE wieder zu EEE, wenn sie gemäß Art. 6 der europäischen Abfallrahmenrichtlinie ein Verwertungsverfahren durchlaufen haben und weitere gesetzliche Kriterien erfüllen. Und dies bedeutet, dass gemäß Annex VI nicht nur der Grenzübergang nach den Regeln des Abfallrechtes organisiert werden muss, sondern auch der Umgang mit diesen Geräten/Abfällen bei Transport, Lagerung und Handling nach dem Grenzübergang. Mit anderen Worten: Die Neuregelung bewirkt, dass die Reparatur- und Wiederaufarbeitungszentren zu Entsorgungsfachbetrieben werden müssen.

Das bedeutet konkret:

- der Transport von Abfall bedarf einer Genehmigung, dazu gehören Anforderungen an die Transportfahrzeuge, den Fahrer und die Begleitdokumente,
- die Lagerung von Abfall ist an gesetzlichen Rahmenbedingungen geknüpft,
- ebenso der Umgang mit Abfall und
- Betriebe, die mit Abfall umgehen, unterliegen besonderen Dokumentationspflichten.

4. Der Einfluss der geschilderten Neuregelungen auf die Kosten von Reparatur und Wiederaufarbeitung

In Workshops wurde deutlich, dass die Geräte heute erst am Zielort getestet werden, um deren Zustand sowie den Umfang der Reparatur und der Wiederaufarbeitung zu bestimmen. Es liegt auf der Hand, dass die notwendigen Tests vor der grenzüberschreitenden Verbringung, die Dokumentation für die Verbringung von Gebrauchtgeräten als Abfall, die Kosten für Transport, Lagerung und für den Umgang mit seinen Geräten/Abfall, die Kosten für Reparatur und Wiederaufarbeitung beeinflussen. Die Studie hat deshalb die in Bild 2 skizzierten Untersuchungsschritte durchgeführt.

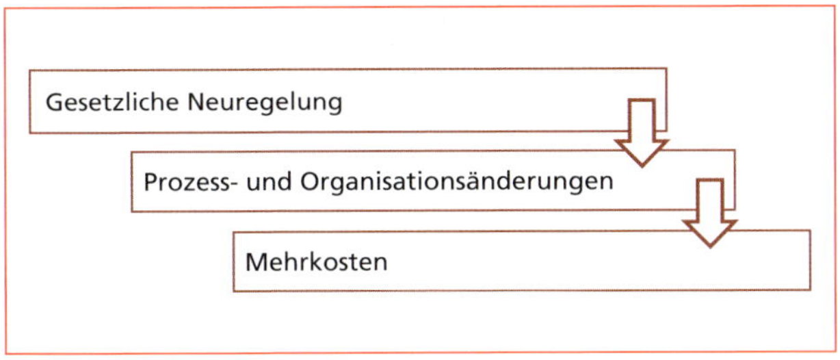

Bild 2:

Untersuchungsschritte der durchgeführten Studie

Mehrkosten führen in der Regel zu Preissteigerungen. Wie hoch diese ausfallen, wurde in der zweijährigen Studie mit aufeinander abgestimmten methodischen Instrumenten nachgegangen:

- **6 Workshops**

  Mit Logistikpartnern und mit den Compliance- und Servicefachleuten von ausgewählten Reparatur- und Wiederaufbereitungszentren. Sie waren Diskussionsplattform für alle Verfahrens- und Organisationsänderungen sowie die Kostenwirkungen, die sich aus den Neuregelungen ergeben.

  Besuchte Länder: DE, HU, NL PL, UK.

- **Behördenkontakte**

  Es war geplant, die Erkenntnisse aus den Workshops mit zuständigen Behörden zu erörtern. Nur die für Schottland zuständigen Umweltbehörden beantworteten die Fragen aus Kapitel 1 (siehe dazu nachfolgend Kapitel 5).

- **Kundenumfrage**

  Einer der beiden Hersteller gab eine Kundenumfrage in Auftrag, um deren Preissensitivität zu ermitteln – die Umfrage war indikativ, nicht repräsentativ. Sie diente zur Prüfung, ob ein Sachverhalt vorliegt, der einer vertieften Betrachtung bedarf, um den Gesetzgeber dazu zu bewegen, die nachteiligen Folgen seiner Regelung wieder zu beseitigen. Die ermittelten Ergebnisse beruhten auf Antworten von 500 Kunden.

Unter Berücksichtigung der jährlichen Volumina an Reparaturen und wiederaufgearbeiteten Produkten, die die beiden an der Studie beteiligten PC-Hersteller auf den Markt bringen, können die spezifischen Kosten wie folgt steigen für:

- die Wiederaufarbeitung um 11 % und
- die Reparatur um 20 bis 45 %.

5. Wie haben die Mitgliedsstaaten Annex VI umgesetzt?

Reaktionen der zuständigen Behörden auf die hier vorgestellten Folgen der Neuregelung:

- Unmittelbar nach Inkrafttreten des ElektroG vertraten das Bundes- und das Landesumweltministerium Baden-Württemberg in persönlichen Gesprächen die Auffassung, dass es sich bei Annex VI Nr. 1 nur um eine Beweislastregel handelt. Das ist falsch. Einen rechtswissenschaftlichen Nachweis enthält eine Veröffentlichung in der Zeitschrift für das Abfallrecht 2015 [1].
- Die ungarischen Behörden wollten unsere Fragen nicht beantworten. Sie schlugen per E-Mail vor, die deutschen Behörden um Antwort zu bitten.
- Die englischen Behörden haben die in dieser Präsentation vertretene Rechtsauffassung per E-Mail bestätigt.

In einem Vorspann zu diesem Abschnitt ist außerdem darauf hinzuweisen, dass es eine Stellschraube gibt, die es möglich macht, den Anwendungsbereich der Ausnahme in Annex VI Nr. 2 a – Gewährleistungsreparatur – mehr oder weniger weit festzulegen. Es ist der Interpretationsspielraum bei der Beantwortung der Frage, was unter Gewährleistung im Sinne dieser Bestimmung zu verstehen ist.

Hier setzen die sogenannten Correspondents Guidelines No. 1 an. Vertreter der Mitgliedstaaten haben sie u.a. als gemeinsame Interpretationshilfe für die Anwendung von Annex VI geschaffen. Nach diesen Guidelines greift die Ausnahme für Gewährleistungsreparaturen nach Annex VI Nr. 2 a immer dann, wenn die Reparatur beim Grenzübertritt durch einen Vertrag dokumentiert werden kann. Damit fallen unter die Ausnahme der Nr. 2 a in Annex VI folgende Sachverhalte:

- die Gewährleistung nach nationalem Kaufrecht,
- die Reparatur aufgrund einer vertraglichen Garantieerklärung des Herstellers,
- Garantieverlängerungen sowie
- vertragliche Verpflichtungen, die im Rahmen von Verkaufs-, Kundendienst-, Wartungs- und Reparaturvereinbarungen eingegangen wurden.

Trotz dieses Versuchs, eine einheitliche Anwendung von Annex VI sicherzustellen, sind heute nach aktuellem Kenntnisstand mindestens die folgenden drei Gruppen von Mitgliedstaaten zu unterscheiden:

1) **Frankreich, Polen und UK** verwenden die Definition entsprechend dem nationalen bürgerlichen Recht – rechtlich korrekt aber restriktiv. In Frankreich ist dies übrigens passiert, weil der Gesetzgeber zwar die Guidelines in nationales Recht überführt hat, nicht aber die dazugehörigen Definitionen, die hier zitiert worden sind. Somit gilt in Frankreich die Definition der Gewährleistung nach dem Code Civil. Auch die polnische Regelung bezieht sich nur auf die Gewährleistung nach dem dortigen Zivilrecht.

2) **Litauen, Österreich und Deutschland** verwenden die Definition der Correspondents Guidelines. Anmerkung zu Deutschland: die Interpretation ist gut versteckt in der Mitte der LAGA 25, Nr. 5.2.1, S. 76. Die Aussage für Österreich beruht auf der mündlichen Zusicherung des nationalen Correspondent, dass die Guidelines übernommen seien.

3) **Irland** hält es nach Gesprächen mit Industrievertretern für ausreichend, wenn der Versender als Zweck der Lieferung Reparatur und Wiederaufarbeitung angibt. Das ist zwar im Interesse der Industrie, widerspricht jedoch Annex VI.

Schon diese, nicht vollständige Aufzählung von drei Gruppen bei der Umsetzung von Annex VI beweist, dass es für die Regelung der grenzüberschreitenden Verbringung nicht funktionsfähiger Gebrauchtgeräte in Europa heute einen nur schwer zu durchschauenden Flickenteppich gibt. Dieser Flickenteppich, im Verbund mit anderen nicht harmonisierten Rechtsanwendungen im Bereich des Abfallrechtes führen dazu, dass es den Herstellern immer schwerer fällt, ein europaweit einheitliches System für die Durchführung kostengünstiger Reparaturen und Wiederaufarbeitung zu schaffen bzw. aufrecht zu erhalten.

6. Was sind die Auswirkungen des Befundes?

6.1. Reaktion der Gerätehersteller und ihrer Partner

Die Darlegungen in Kapitel 3 zeigen, dass die Gerätehersteller und ihre Partner gezwungen sind, Änderungen in den heutigen Geschäftsprozessen für Reparatur und Wiederaufarbeitung ins Auge zu fassen. Dazu aus den im Rahmen der Studie durchgeführten Workshops einige herausragende Beispiele:

- **Gerätetests:** Vor jeder Wiederaufarbeitung, aber auch bei Reparaturen finden Eingangstests statt, um den Zustand der Geräte und den Umfang der notwendigen Arbeiten abzuklären. Diese Tests finden bisher in den Zentren statt. Die Vorgaben von Annex VI zwingen die Hersteller dazu, sie künftig überall dort durchzuführen, wo Geräte für die grenzüberschreitende Versendung in die Zentren angenommen werden, sofern der Absender die Klassifizierung eines gebrauchten und nicht voll funktionsfähigen Gerätes als Abfall vermeiden will. Andernfalls, und dies ist aus Sicht der Hersteller eine erwägenswerte Option, müssen alle zur Reparatur oder zur Wiederaufarbeitung versendenden Geräte ohne Unterschied als Abfall deklariert werden, um einen einheitlichen Geschäftsprozess zu gewährleisten. Es wird vermutet, dass die Mehrkosten durch den Versand als Abfall geringer sind als die Investitionen dafür, überall in Europa Testlabors einzurichten.
- **Das Regime des Abfallrechts:** Im Kapitel 3 ist dargestellt, dass Reparatur und Wiederaufarbeitung künftig nicht nur mit Geräten sondern mit Geräten und Abfall umgehen müssen. Die zusätzlichen Anforderungen, die sich für sie daraus ergeben, sind in Kapitel 3 im Einzelnen aufgeführt. Diese Anforderungen – ein weiteres Ergebnis der sechs Workshops im Rahmen der Studie – kosten Geld.

- **Kooperation mit den Herstellern von Komponenten:** Mit ihnen tauschen Reparatur- und Wiederaufarbeitungszentren, wie bereits angedeutet, defekte Bauteile aus. Ziel dieser Kooperation ist es, die Bereitstellung, Überprüfung und qualitative Verbesserung von Bauteilen zu erleichtern. Viele dieser Hersteller sind in Ländern angesiedelt, die nicht der OECD angehören. Es ist folglich zu befürchten, dass hier die Exportverbote der europäischen Abfallverbringungsverordnung für die Verbringung gefährlicher Abfälle in Entwicklungsländer greifen. Sowohl die Basel Convention als auch die OECD Guidelines sehen Abfall aus Elektro- und Elektronikgeräten überwiegend als gefährlich an. Der erweiterte Abfallbegriff des Annex VI behindert also auch die wünschenswerte Kooperation zwischen Geräte- und Komponentenherstellern.
- **Nachfragedämpfung:** Diese Veränderung ist kostentreibend, weil dadurch ein Teil der kostendämpfenden Wirkung der Zentralisierung ausgehebelt wird. Sollte – wie hier vermutet wird – die Nachfrage nach Reparatur und Wiederaufarbeitung sinken, werden sich Hersteller und Partner gezwungen sehen, ihre Kapazitäten anzupassen.

Wie die Hersteller und ihre Partner am Ende mit diesen einschneidenden Veränderungen umgehen, bleibt offen. Hersteller denken bereits darüber nach als Alternative zu möglichen, teuren Reparaturen in zentralen Werkstätten, den Kunden Neugeräte zu überlassen und die defekten zu verschrotten.

6.2. Abfallrechtliche Ziele

In Abhängigkeit von den tatsächlichen Kundenreaktionen auf kostenverursachte Preiserhöhungen ist mit einem Anwachsen der Abfallmenge zu rechnen. Sollten Sie den Preis für eine Reparatur oder ein wieder aufgearbeitetes Gerät als zu teuer empfinden, bleibt Ihnen gar nichts anderes übrig, als alternativ ein neues Gerät zu kaufen.

6.3. Reaktion der zuständigen Behörden

In persönlichen Gesprächen mit Vertretern der zuständigen Behörden ergab sich das Bild, das dort die Tragweite der Neuregelungen noch nicht erfasst worden ist. So ist erklärlich, dass die Correspondents Guidelines trotz der Autorenschaft der Mitgliedstaaten nicht in allen Mitgliedstaaten vollständig umgesetzt worden sind.

6.4. Politik

Bisher gibt es zu diesem Thema keine Reaktionen.

7. Literatur

[1] Lückefett, H.-J.; Hieronymi, K.: Anhang VI zur WEEE Richtlinie 2012 - Gut gemeint, aber nicht gut gemacht. In: Zeitschrift für das Recht der Abfallwirtschaft, Heft 3, 2015

[2] Umweltbundesamt. Online: https://www.umweltbundesamt.de/themen/produkte-laenger-nutzen

Ansprechpartner

Rechtsanwalt Hans-Jochen Lückefett, MR a.D.
Rosenhofweg 8
73230 Kirchheim (Teck), Deutschland
+49 7021-489525
+49 7021-507392
lueckefett@lueckefett-law.com

FairCup
ein Pfand-Mehrwegsystem – vielseitig einsetzbar

Sibylle Meyer

Der Außer-Haus-Markt nimmt stetig und exponentiell zu und der Umweltgedanke bzw. das Umweltbewusstsein nimmt ab. Die Klimaschutzziele sind schon jetzt nicht mehr erreichbar. Hinzu kommt das sichtbare Littering von Einwegbechern und Verpackungen in den Städten sowie eine schnelle Füllung der öffentlichen Abfalltonnen, da die Becher durch ihr Volumen die Tonnen schnell füllen. So können in einer berufsbildenden Schule mit knapp 2.000 Schülern und Schülerinnen schon mal 120 Liter Säcke Abfall durch Einwegverpackungen auf dem Schulgelände neben den Abfalleimern im Gebäude zusammenkommen. Seit wir den FairCup in der Schule eingeführt haben, haben wir bei 75 Prozent Einsatz von Mehrweg diese Menge deutlich reduzieren können. Dies sollte Anlass genug sein über ein Pfand-Mehrwegsystem flächendeckend nachzudenken.

1. Hintergrund

Ein weiteres Problem der stetigen Zunahme des Außer-Haus-Marktes ist die Diskrepanz zwischen vorgesehener und realer Entsorgungsstruktur, damit ist die Wertstoffsammlung und der Recyclinganteil gemeint. Schon lange wissen wir, dass unsere Ressourcen endlich sind, dennoch verschwenden wir unsere Ressourcen, so auch im Bereich des Einwegbechers. Deutschlandweit greifen inzwischen 70 Prozent der Verbraucherinnen und Verbraucher besonders häufig oder gelegentlich zu Coffee-to-go-Bechern [1]. Neueste Erhebungen des Instituts für Energie- und Umweltforschung gGmbH (ifeu) im Rahmen eines aktuellen Forschungsvorhabens beziffern im Außer-Haus-Verkauf eine Gesamtmenge von 2,8 Milliarden Einwegbechern jährlich [5], davon etwa 1,2 Milliarden to-go-Becher. Zählt man Einwegbecher für Kaltgetränke hinzu, liegt diese Zahl wesentlich höher. Die Zahlen zeigen die Relevanz von Einwegbechern, die vor allem im Heißgetränke-Bereich meist aus Papierfasern bestehen und innen mit einer dünnen Kunststoffschicht aus Polyethylen überzogen sind. Die Papierfasern sind zu

70 Prozent aus Frischfasern, da Recyclingfasern für den Einsatz im Lebensmittelbereich in der Regel problematisch sind. So kommen diese Bestandteile z.B. aus Skandinavien, Kanada oder den Tropenwäldern. [4]

Danach werden die Fasern nach Asien geliefert und zu Bechern verarbeitet, die dann auf dem europäischen oder amerikanischen Markt zum Einsatz kommen. Hierbei handelt es sich um einen Verbundstoff, der sich nicht einfach recyceln lässt, da die Pflanzenfasern sich mit dem Kunststoff verbunden haben. Der Aufwand für die Trennung ist so hoch, dass das gewonnene Papier bzw. Pflanzenfasern nur als Spukstoffe verwertet werden können. Bevor also dieser Aufwand betrieben wird, werden Pappbecher einfach verbrannt und so zu *Energie*.

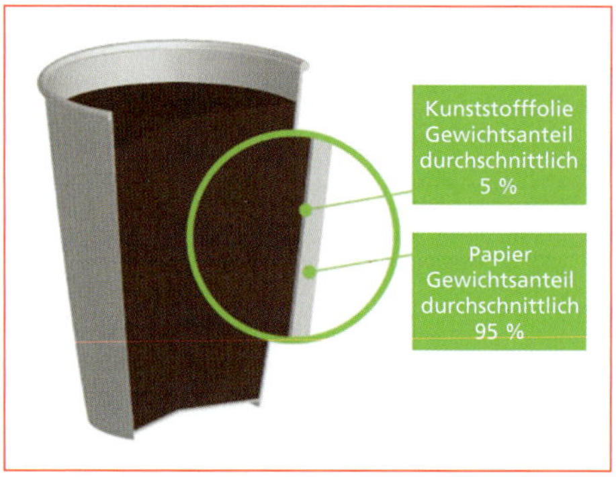

Bild 1: Zusammensetzung und Anteile der Materialien eines handelsüblichen Coffee-to-go-Bechers

Was hierbei nicht bedacht wird ist das die Bäume 20 bis 80 Jahre wachsen müssen, bis sie geerntet werden können. Auch die Aufzucht von Bäumen für die Papiergewinnung ist ökologisch bedenklich.

Hinzu kommen noch die Kunststoffdeckel, die üblicherweise aus Polystyrol bestehen. Einwegbecher für Kaltgetränke werden vorrangig aus fossilem Kunststoff hergestellt. Typische Kunststoffsorten sind hier Polypropylen, Polystyrol und Polyethylenterephthalat. Neben dem Ressourcenverbrauch und den damit verbundenen Umweltauswirkungen entstehen durch das hohe Abfallaufkommen auch zusätzliche Belastungen für die kommunalen Abfallbetriebe. Darüber hinaus stellt die Umweltverschmutzung durch das achtlose Wegwerfen von Einweggeschirr und anderem Abfall in Straßen, Parks oder der Landschaft (Littering) ein Problem dar. Zur Minderung der Umweltauswirkungen und des Abfallaufkommens von Einwegbechern können Mehrwegbecher genutzt werden.

Jedes Jahr werden etwa 300 Millionen Tonnen Plastik hergestellt. Vom Legostein bis zum Joghurtbecher, vom Gartenstuhl bis zum Fischernetz, Fahrradreifen, Klobrillen, Autoteile, Einmalbesteck, Handys – die Welt ist voller Plastik. Dabei ist Plastik kein schlechter Werkstoff, wenn auch dieser mehrmals benutzt bzw. recycelt werden kann.

Kunststoffe kommen in der Natur nicht vor und werden künstlich hergestellt. Es gibt viele Arten von Kunststoffen, gummiartig-weiche Kunststoffe oder welche, die hart sind. Manche sind durchsichtig, andere bunt. Kunststoffe halten ziemlich lang. Das ist praktisch, aber auch ein Problem. Denn in der Umwelt verschwinden Kunststoffe nicht so schnell wieder. Sie zerfallen nicht wie Holz oder andere Stoffe aus der Natur, sondern werden in immer kleinere Teilchen zerrieben. Es dauert zum Beispiel 450 Jahre, bis sich eine normale Getränkeflasche aus Plastik vollständig aufgelöst hat.

Der Plastikabfall nimmt jährlich zu.

2. Der Kaffeekonsum

Der Kaffeeumsatz in Deutschland betrug 2017 pro Kopf 65,27 EUR und wird bis 2021 voraussichtlich um 2 Prozent pro Jahr auf dann etwa 70,53 EUR steigen. In der neuesten Erhebungen des Instituts für Energie- und Umweltforschung gGmbH (ifeu) wird von 41 Liter Kaffee pro Kopf ausgegangen. Hiervon werden 25 Prozent im Einwegbecher angeboten. Unsere eigenen Recherchen haben ein ähnliches Bild ergeben, wie die Bilder 2 und 3 zeigen.

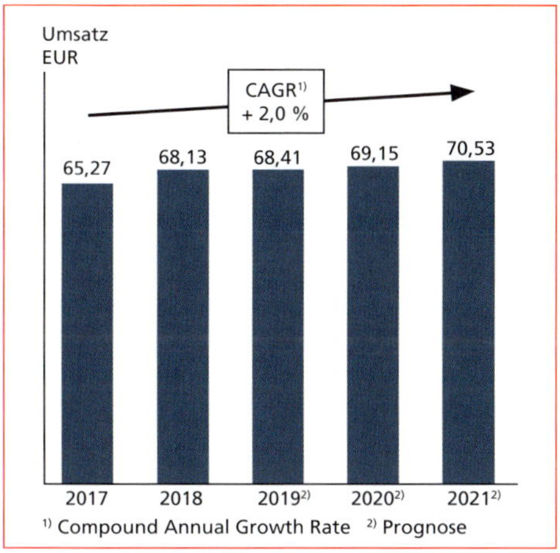

Bild 2: Kaffeeumsatz pro Kopf in Deutschland (2017 bis 2021)

Quelle: Deutscher Kaffeeverband, Statusreport

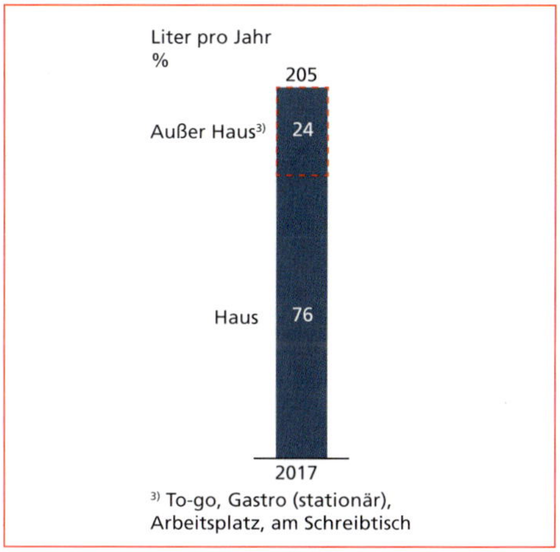

Bild 3: Kaffeekonsum von Kaffeetrinkern in Deutschland (2017)

Quelle: Deutscher Kaffeeverband, Statusreport

Betrachten wir dazu die Tendenz von Verpackungen, liegt der Verbrauch 2013 pro Kopf bei 212,4 kg und wuchs bis 2016 um 1,3 % pro Jahr auf 220,5 kg. Beziehen wir dies auf die Entwicklung den pro Kopfverbrauch von Kunststoffverpackungen, ergibt sich Bild 4 und 5.

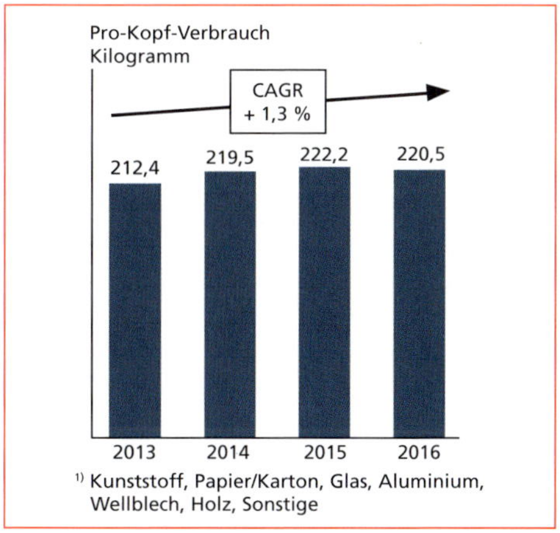

Bild 4: Pro-Kopf-Verbrauch von Verpackungen (2013 bis 2016)

Quelle: GVM Gesellschaft für Verpackungsmarktforschung mbH

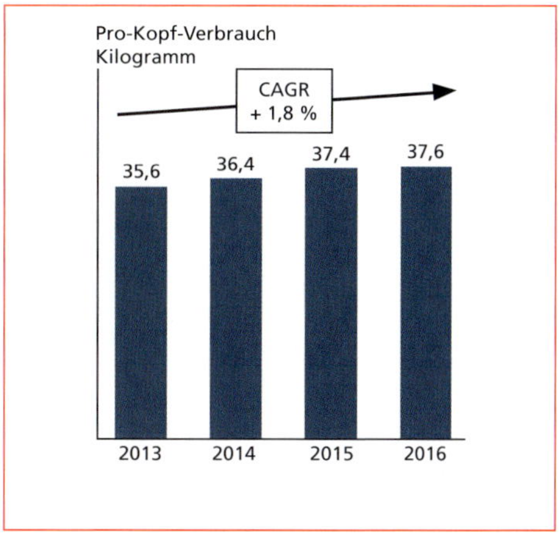

Bild 5: Kaffeeumsatz pro Kopf in Deutschland (2017 bis 2021)

Quelle: GVM Gesellschaft für Verpackungsmarktforschung mbH

Bei der Erhebung des Instituts für Energie- und Umweltforschung gGmbH (ifeu) wurden die Zahlen der Deutschen Umwelthilfe für den Außer-Haus-Verkauf einer Gesamtmenge von 2,8 Milliarden Einwegbechern jährlich bestätigt [5]. Interessant an dieser Menge ist jedoch die Aufschlüsselung, die hier erstmalig gegeben wurde.

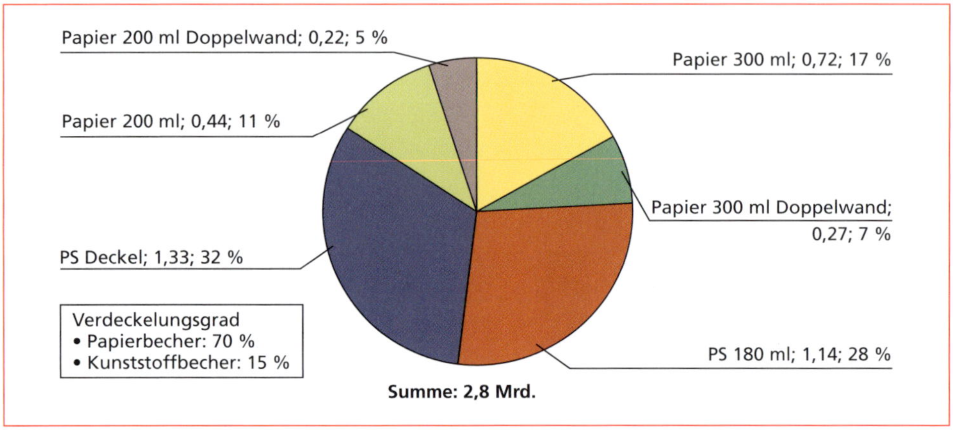

Bild 6: Aufkommen an Einwegbechern und -deckeln in Deutschland in Milliarden Stück

Quelle: ifeu – Institut für Energie- und Umweltforschung Heidelberg GmbH; Institut für ökologische Wirtschaftsforschung gGmbH (IÖW); GVM Gesellschaft für Verpackungsmarktforschung mbH; Klimaschutz+ Stiftung: 12.+13.11.2018

Anhand der Grafik ist gut zu sehen, wie viele Polysterol (PS)-Becher, wie viele Papierbecher und wie viele Deckel pro Jahr verwendet werden. Dabei spielt nicht nur der Becher eine ökologische Rolle, sondern auch der Deckel. Ein System, welches sich im Markt durchsetzen will, wird zu seinem Mehrwegbecher auch einen Mehrwegdeckel anbieten müssen. Diese Kriterien, welches auch für die Vergabe des Umweltsiegels *blauer Engel* als notwendig angesehen wird, erfüllt das FairCup-System.

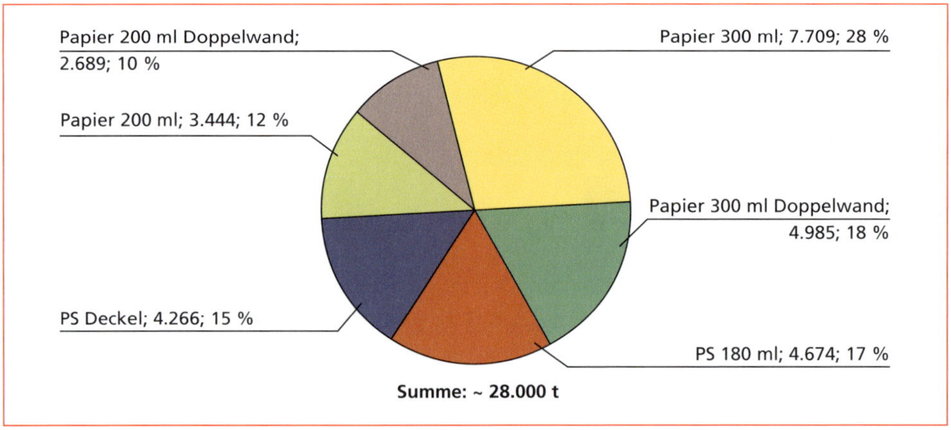

Bild 7: Aufkommen an Einwegbechern und -deckel in Deutschland in Tonnen

Quelle: ifeu – Institut für Energie- und Umweltforschung Heidelberg GmbH; Institut für ökologische Wirtschaftsforschung gGmbH (IÖW); GVM Gesellschaft für Verpackungsmarktforschung mbH; Klimaschutz+ Stiftung: 12.+13.11.2018

Die oben angegeben Mengen wurden auch für die Abfallwirtschaft in Betracht gezogen, da für den Abfall und deren Entsorgung in der Regel die Kommunen und weniger die Verursacher herangezogen werden. Betrachten wir das Aufkommen Deutschlandweit in Tonnen (Bild 7).

Der Massenanteil an Einwegbechern und Deckel ist gering gemessen am Aufkommen und den zur Verwertung erfassten Stoffströmen innerhalb der Materialfraktionen von Polystyrol und Papier. Auch ist die Verwertungsquote, das heißt auch die Quote, die für eine Recycling in Frage kommt, sehr gering und macht gerade mal 0,3 % aus. Die Bundesregierung hat gerade hier mit dem neuen Gesetz hohe Maßstäbe gesetzt, die wohl wie die Klimaziel kaum erreicht werden.

Betrachten wir nun das hohe Abfallvolumen in den öffentlichen Abfalleimern so sehen die Zahlen etwas anders aus. Nach Überschlägiger Berechnung (Füllvolumen der Becher zuzüglich 10 Prozent Hülle und Randzugabe) beträgt diese fast 475.000 m^3 Abfall nur durch die Papierbecher. Das heißt alle Becher ergeben etwa 700.000 m^3 Abfall. Dies führt in den Städten und Kommunen zu einer Überfüllung von Abfalleimern und somit zum Littering. Plastik und Papier sind die Top-Litter Materialien durch laminierte Papiergegenstände, die laut EU Kommissar Vella mit zu den häufigsten am Strand aufgefundenen Produkten zählen.

Das abfallwirtschaftliche Problem mit den Einwegbechern (und Deckeln) ist demnach vor allem das Littering sowie der Anfallort des Abfalls in den öffentlichen Abfalleimern. Dabei liegt die Entsorgungslast bei den Kommunen. Viele Kommunen registrieren hier eine Zunahme des Abfallaufkommen in den Einkaufsstraßen und begegnen diesem mit mehr Abfalleimern, statt die Verursacher mit ins Boot zu holen oder in ein Pfand-Mehrwegsystem zu investieren.

3. Polypropylen – ein nachhaltiges Material

Polypropylen (PP) hat eine lange Geschichte. In Deutschland entdeckte 1954, Karl Rehn, dieses Material von den *Farbwerken Hoechst*. Gleichzeitig wurde das Material vom Wissenschaftler Giulio Natta in Italien synthetisiert und industriell hergestellt. Es ist ein Thermoplast mit hoher Stabilität und Chemikalienbeständigkeit. Allerdings ist es härter und wärmebeständiger. Es kann kurzfristig auf 140 °C erhitzt werden. Kaffeemaschinen und Wasserkocher sind in der Regel aus PP. Sinkt die Temperatur auf unter 0 °C, so kann das Material spröde werden. Um dies zu vermeiden gibt es so genannte Copolymerisate mit Ethen. Die Besonderheit des Polypropylens ist die Taktizität, d.h. die Reihenfolge der Methylreste bei der Polymerisation. Je nach Anordnung der Methylreste werden die Polymere in drei Gruppen unterschieden. Auch ist die Taktizität für die Eigenschaften des Kunststoffes mit verantwortlich. Daher ist es für die Qualität eines Polypropylens schon entscheidend, um welche Art der Taktizität es sich handelt.

Das Polypropylen ist ein Thermoplast, d.h. das Granulat (kleine Körner) wird erhitzt bis es flüssig ist und in Form gebracht. Nach dem Abkühlen entsteht das Polymer in seiner neuen Form, beispielsweise als Becher. Thermoplaste, auch Plastomere genannt, sind Kunststoffe, die sich in einem bestimmten Temperaturbereich (thermoplastisch) verformen lassen. Dieser Vorgang ist reversibel, das heißt, er kann durch Abkühlung und Wiedererwärmung bis in den schmelzflüssigen Zustand beliebig oft wiederholt werden, solange nicht durch Überhitzung die sogenannte thermische Zersetzung des Materials einsetzt.

Daher sind Polypropylene, kurz PP [2]:

- **reliable** = Nachhaltigkeit als Produkt,
- **reusable** = Nachhaltigkeit durch Wiederverwendung und
- **recyclable** = Nachhaltigkeit durch Recycling.

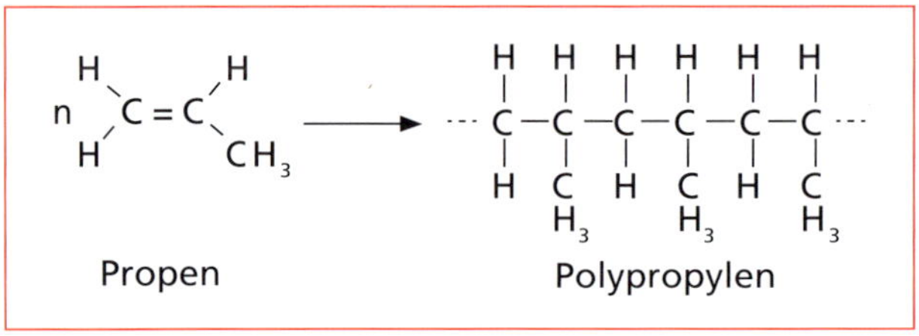

Bild 8:

Strukturformeln von Propen und Polypropylen

Polypropylen ist ein Premium-Material. Die Rückführung des Polypropylen-Materials aus den Zwischenlagen in den Herstellungsprozess ist immer sicher. Die Verwendung von Polypropylen sorgt für die vollständige Wiederverwertbarkeit am Ende des Produktlebenszyklus. Das recycelte Material wird für die Herstellung neuer Produkte genutzt und somit wird die Schadstoffausbreitung in der Umwelt minimiert. [2]

4. Das FairCup System

Der Fair-Cup-Becher ist vollständig recycelbar, da wir den Becher nicht bedrucken und auch sonst keine schädlichen Zusatzstoffe verwenden. Unsere Becher und Deckel bestehen aus nur einem Polymer (PP) und werden nach Ende Lebenszyklus (etwa 500 Gebrauchs- oder Spülzyklen) wieder zu Granulat. Der Wertstoff geht nicht verloren und bleibt im Wertstoffkreislauf erhalten, so dass dieses Produkt nicht nur ökologisch, sondern auch noch ökonomisch vorteilhaft ist.

Das FairCup System besteht aus einer individualisierten Mehrwegbecherserie mit Mehrwegdeckel zum Trinken und Verschließen des Bechers, der manuell mittlerweile in vielen Regionen ausgegeben und wieder angenommen wird. Zu unseren Partnern zählen Bäcker, Eisdielen, Kaffees, Supermärkte und Tankstellen. Auch Produzenten von Lebensmitteln wenden sich an uns, um unsere Becher mit ihren Produkten zu befüllen.

An unserem System ist besonders, dass unsere Becher mit Deckel automatentauglich sind, da wir den Mehrwegdeckel bereits seit 2017 im Pfandsystem in zwei Varianten anbieten. So sind unsere Becher nicht nur für Heiß- und Kaltgetränke geeignet, sondern auch als Verpackungsersatz. Wir testen gerade in zwei großen real-Märkten den Becher als Verpackungsersatz an den Frischetheken. Der Kunde kann am Fisch-, Fleisch, Wust-

und Käsestand seinen Salat, Frischkäse, Parmesan, Aufschnitt oder Fisch im Becher bekommen und nach Gebrauch den Becher einfach mit dem Leergut zusammen am Leergut-Automaten abgeben.

Hier sind wir bundesweit die ersten, die das testen und anbieten. Dadurch ist Alnatura auf uns aufmerksam geworden, die ihre Produkte gern in unserem Becher verpackt wissen wollen.

Das Einsatzspektrum umfasst demnach

- Coffee-to-go in den Größen 0,2 Liter, 0,3 Liter, 0,4 Liter und 0,5 Liter (ab 2019),
- Eisbecher-to-go für eine bis drei Kugeln Eis,
- Getränkebecher-to-go für Smoothies, Shakes, Bier oder weitere Softgetränke aber auch Cocktails und
- Verpackung im Supermarkt an der Frischetheke von Käse, Obst, Fisch, Gemüse und Fleisch. Es können Produkte zwischen 100 ml bis 400 ml ab 2019 auch 500 ml verpackt werden.

Dies zeigt, dass dieses Pfand-Mehrwegsystem die optimale Lösung für viele Einwegverpackungen ist, die nur einmalig genutzt werden und dann in der Tonne landen.

Neben der Becherserie haben wir auch ein System fürs Clearing, für die Umverteilung, Reinigung, Logistik und Entsorgung entwickelt.

Eine Datenbank hilft uns beim Clearen (Pfandausgleich) zwischen den Partnern, die Becher umzuverteilen, wenn Partner zu viele Becher angenommen haben oder neue Becher benötigen. Zum anderen ist eine Verfolgung der Becher per App möglich sowie ein Spül- und Lieferservice möglich. Die App, hinter der sich eine große Datenbank verbirgt kann noch mehr, beispielsweise den Bestand der einzelnen Partner messen, wenn diese Daten melden oder ihr Kassensystem mit unserer Datenbank verbinden, wie es bei den beiden real-Märkten der Fall ist. Hier erhalten wir zeitgenau die Verkaufs- und Annahmemengen. Die Schnellmelde-App ist auf alle Geräte spielbar, d.h. sie ist von mobilen Geräten genauso gut bedienbar wie auf festen Geräten. Über unsere Kunden-App können wir Kuriere gezielt leiten, da unsere Kunden-App über eine Navigationsfunktion verfügt und die Standorte angezeigt werden, die angefahren werden sollen. Eine weitere Besonderheit besteht darin, dass die Deckel unseres Bechers extrem dicht sind und so das Auslaufen des Inhalts verhindert wird. Dies wird zusätzlich durch die Form des Bechers erreicht. Gleiches gilt für den Verschlussdeckel, der dicht und stabil auf dem Becher sitzt, so dass Fleischsalat oder Frischkäse, Joghurt oder Milch abgepackt werden können.

5. Das Umweltsiegel – Blauer Engel

Ziel des Umweltzeichens für Mehrwegbechersysteme ist es, Einwegbecher zu reduzieren und umweltverträgliche Mehrwegbechersysteme zu stärken. Dies beinhaltet Anforderungen an die Becher selbst, die Ermittlung ihrer Umlaufzahlen und den Anreiz, Mehrwegbecher statt Einwegbecher zu nutzen.

Mit dem Umweltzeichen für Mehrwegbechersysteme können Mehrwegbechersysteme gekennzeichnet werden, die sich durch folgende Umwelt- und Materialeigenschaften auszeichnen:

- Vermeidung umwelt- und gesundheitsbelastender Materialien,
- Vermeidung von Abfall,
- hohe Lebensdauer der Mehrwegbecher und
- breite Einführung von Mehrwegdeckeln.

Die Vergabe des *blauen Engels* für das Pfand-Mehrwegsystem FairCup wird im März 2019 sein. [4]

6. Quellen

[1] Aral AG: Aral Studie, Trends beim Kaffeegenuss 2014

[2] Fair-Cup UG: Ein nachhaltiges Material – Polypropylen. Online: https://fair-cup.de/ein-nachhaltiges-material-polypropylen/ 27.01.2019

[3] RAL gGmbH (Hrg.): Ressourcenschonende Mehrwegbechersysteme. Online: Ressourcenschonende Mehrwegbechersysteme https://www.blauer-engel.de/de/produktwelt/gewerbe-kommune/mehrwegbechersysteme/reusable-cup-systems 27.01.2019

[4] Robin Wood: Papierherstellung. Online: https://www.robinwood.de/themen/papier

[5] Umweltbundesamt Vorhaben: Untersuchung der ökologischen Bedeutung von Einweggetränkebechern im Außer Haus-Verzehr und mögliche Maßnahmen zur Verringerung des Verbrauchs. FKZ 3717 34 339 0. Veröffentlichung der Ergebnisse im Januar 2019 geplant.

Ansprechpartner

Sibylle Meyer
Heinz-Hilpert-Straße 4
37085 Göttingen, Deutschland
+49 551-28879832
s.meyer@fair-cup.de

Kunststoffe

Stoffstrombild Kunststoffe in Deutschland 2017

Christoph Lindner

Kunststoffe

1. Rohstoffversorgung 2017: Kunststoffproduktion – Neuware und Rezyklat

Im Vergleich der Jahre 2015 und 2017 stieg die Kunststoff-Neuwarenproduktion von 18,5 Millionen Tonnen auf 19,9 Millionen Tonnen an. Der Export-Überhang verringerte sich leicht von 3,5 Millionen Tonnen in 2015 auf 3,2 Millionen Tonnen in 2017.

Die Produktionsmenge von Kunststoffwerkstoffen aus Neuware beträgt im Jahr 2017 etwa 11 Millionen Tonnen. Im Vergleich zu 2015 (rund 10,2 Millionen Tonnen) ergibt

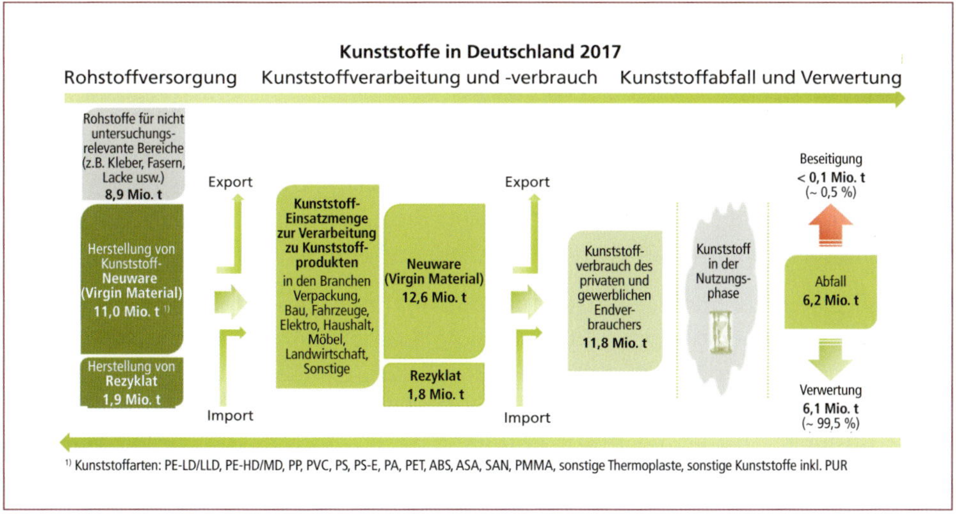

Bild 1: Produktion, Verarbeitung, Verbrauch und Verwertung von Kunststoffen in Deutschland 2017

sich ein Anstieg von 8,5 %. Dabei konnten bei nahezu allen Kunststoffarten Mengenzuwächse verzeichnet werden. Ausnahme ist die Produktion von PS (Polystyrol), die sich im Jahr 2017 auf einem ähnlichen Mengenniveau wie in 2015 bewegte.

Die Produktion von Rezyklat betrug 1,9 Millionen Tonnen, davon 0,8 Millionen Tonnen aus Post-Consumer Abfällen.

2. Kunststoffverarbeitung und Verbrauch

In der Kunststoffverarbeitung wurden in den vergangenen beiden Jahren Mengenzuwächse erzielt. Insgesamt stieg die Verarbeitungsmenge von Neuware von rund 12 Millionen Tonnen im Jahr 2015 auf 12,6 Millionen Tonnen im Jahr 2017. Dies entspricht einem Anstieg um insgesamt 5,5 %.

Moderate Mengenzuwächse ergaben sich im untersuchten Zweijahreszeitraum in den Bereichen Verpackungen, Bau und Fahrzeuge (jeweils Wachstumsraten um 3 bis 4 %). Höhere Wachstumsraten ergaben sich in mengenmäßig *kleineren* Bereichen wie Landwirtschaft, Medizin oder Möbel.

Bei der Betrachtung nach Kunststoffarten konnten gestiegene Mengen unter anderem bei den Polyolefinen (PE-LD/LLD + 3,2 %; PE-HD/MD + 6,0 %; PP + 6,5 %), aber auch bei anderen Kunststoffarten wie PET (+ 11,8 %) oder PUR (+ 10,0 %) verzeichnet werden. Die Verarbeitungsmenge von PVC, das zu großem Anteil im Baubereich eingesetzt wird, stieg dagegen moderat um 2,5 %.

Der Kunststoffverbrauch – bezogen auf Neuware und bereinigt um Im- und Export – stieg in 2017 (gegenüber 2015) um 2,4 % auf ein Niveau von 10,4 Millionen Tonnen.

3. Kunststoffabfälle und Verwertung

Der Einsatz von Rezyklat zur Kunststoffverarbeitung betrug in 2017 annähernd 1,8 Millionen Tonnen, davon etwa 0,8 Millionen Tonnen aus Post-Consumer Abfällen. Wesentliche Einsatzbereiche für Rezyklat waren die Anwendungssegmente Verpackung (22,6 % des insgesamt verarbeiteten Rezyklats) und Bau (42,9 %).

Bedingt durch die positive Wirtschaftsentwicklung und den damit gestiegenen Verbrauch von Kunststoffprodukten stieg die Kunststoffabfallmenge insgesamt von 5,9 Millionen Tonnen in 2015 auf etwa 6,2 Millionen Tonnen in 2017. Dies bedeutet einen Gesamtanstieg von rund 4 %. Hiervon entfallen etwa 5,2 Millionen Tonnen auf Post-Consumer Abfälle und etwa 1 Million Tonnen auf Produktions- und Verarbeitungsabfälle.

Die Abfallmenge im Bereich der Post-Consumer Abfälle stieg von 5 Millionen Tonnen in 2015 auf 5,2 Millionen Tonnen in 2017 bzw. insgesamt um 4,4 %.

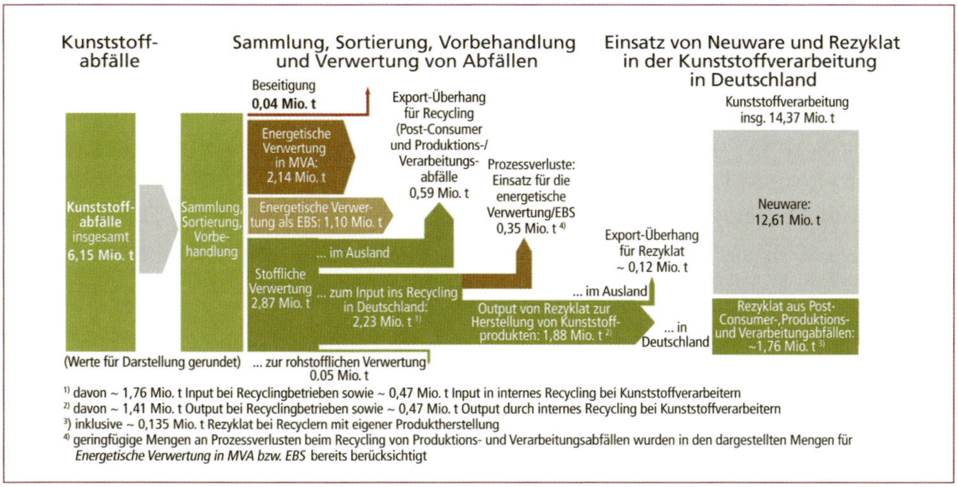

Bild 2: Aufbereitung von Kunststoffabfällen zum Wiedereinsatz in der Kunststoffverarbeitung

Bei Produktions- und Verarbeitungsabfällen ist im Vergleich zu 2015 ein leichter Zuwachs um 0,03 Millionen Tonnen feststellbar. Ursache hierfür ist die der Anstieg der Kunststoffverarbeitungsmenge, der sich in einer höheren Abfallmenge äußert. Der *Abfallquotient* in der Kunststoffverarbeitung – Abfallmenge in Verhältnis zur verarbeiteten Menge – blieb dabei relativ stabil.

Von den ermittelten rund 6,2 Millionen Tonnen Kunststoffabfällen in Deutschland im Jahr 2017 wurden rund 46 % einer werkstofflichen, 52 % einer energetischen sowie knapp 1 % einer rohstofflichen Verwertung zugeführt; 0,6 % wurden deponiert. Die

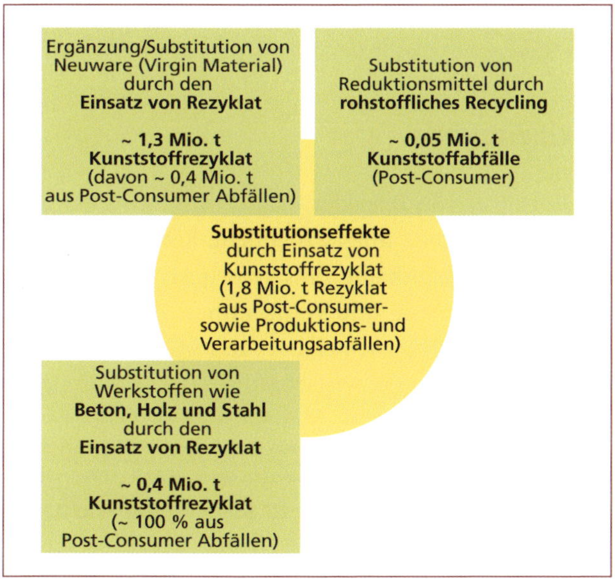

Bild 3:

Substitution von Neuware und anderen Werkstoffen durch die Verarbeitung von Kunststoffrezyklat

werkstofflichen Recyclingmengen haben dabei leicht zugenommen, die energetische Verwertung blieb im Vergleich zu 2015 relativ stabil.

Das aus Produktions-, Verarbeitungs- und Post-Consumer Abfällen gewonnene Kunststoffrezyklat findet insbesondere wiederum Einsatz im Bau-Bereich sowie zur Herstellung von Verpackungen, aber auch für landwirtschaftliche Anwendungen, im Fahrzeug-Bereich oder für Elektro-/Elektronik-Anwendungen. 2017 wurden insgesamt 1,8 Millionen Tonnen Rezyklat zur Herstellung von Kunststoffprodukten eingesetzt.

Der Output von Rezyklat insgesamt beträgt 1,88 Millionen Tonnen, davon werden 1,76 Millionen Tonnen in Deutschland zur Herstellung von Produkten eingesetzt.

Im Bereich Post-Consumer Abfälle beträgt der Output von Rezyklat 0,90 Millionen Tonnen, davon werden 0,81 Millionen Tonnen in Deutschland zur Herstellung von Produkten eingesetzt.

Bezogen auf die verarbeitete Kunststoffmenge beträgt der Rezyklatanteil somit insgesamt 12,3 %, für Post-Consumer Rezyklat etwa 5,6 %.

Von dem insgesamt rund 1,76 Millionen Tonnen in Deutschland eingesetzten Rezyklat, werden etwa 1,3 Millionen Tonnen als Ergänzung/Substitution von Neuware eingesetzt, 0,4 Millionen Tonnen als Substitution von Werkstoffen wie Beton, Holz und Stahl sowie 0,05 Millionen Tonnen als Reduktionsmittel im Stahlerzeugungsprozess.

Bei Post-Consumer Rezyklat (insgesamt 0,86 Millionen Tonnen) beträgt der Anteil für den Ersatz von Neuware 0,4 Millionen Tonnen, für die Substitution von anderen Werkstoffen 0,4 Millionen Tonnen und für den Einsatz als Reduktionsmittel im Stahlprozess 0,05 Millionen Tonnen.

3.1. Kunststoffverarbeitung nach Branchen

Die erstmalige Untersuchung des Einsatzes von Rezyklat – aus Post-Consumer bzw. Produktions- und Verarbeitungsabfällen – weist unterschiedliche Einsatzgrade von Rezyklat im Vergleich der Branchen aus. Signifikante Einsatzmengen von Rezyklat finden sich insbesondere in Landwirtschafts-, Bau- und Verpackungs- Anwendungen wieder. In diesen drei Segmenten liegt der Rezyklat-Anteil bei rund 9 % (Verpackung) oder höher (rund 22 % in Bau- bzw. rund 35 % in landwirtschaftlichen Anwendungen) (Bild 4).

Die Gruppe der Polyolefine stellte mit knapp 45 % weiterhin den stärksten Anteil unter den Kunststoffarten dar. PVC – mit einem Anteil von 12,8 % – ist der wichtigste Kunststoff im Baubereich.

Kunststoff-verarbeitung 2017	Insgesamt (Neuware u. Rezyklat)	Verarbeitung von Neuware und Rezyklat			
		Neuware	Rezyklat	Neuware	Rezyklat
	kt	kt		%	
Verpackung	4.378	3.979	399	90,9	9,1
Bau	3.520	2.763	758	78,5	21,5
Fahrzeuge	1.611	1.534	77	95,2	4,8
Elektro/Elektronik	901	872	29	96,8	3,2
Haushaltswaren, Sport/Spiel/Freizeit	490	480	10	98,0	2,0
Möbel	463	444	19	96,0	4,0
Landwirtschaft	568	370	198	65,1	34,9
Medizin	262	262	0	99,9	0,1
sonstiges	2.176	1.901	275	87,4	12,6
gesamt	**14.370**	**12.605**	**1.765**	**87,7**	**12,3**

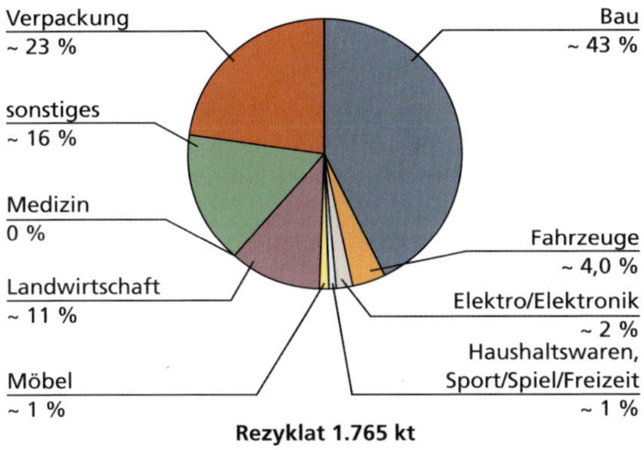

Bild 4:

Einsatz und Menge der verarbeiteten Kunststoffwerkstoffe nach relevanten Branchen 2017

Rezyklat-verarbeitung 2017	Verarbeitung Insgesamt (Rezyklat)	davon aus Produktions- u. Verarbeitungsresten		davon aus Post-Consumer-Abfällen	
		Verarbeitung	Anteil in dieser Branche	Verarbeitung	Anteil in dieser Branche
	kt	kt	%	kt	%
Verpackung	399	239	60	160	40
Bau	758	383	51	375	50
Fahrzeuge	77	51	67	26	34
Elektro/Elektronik	29	19	67	10	34
Haushaltswaren, Sport/Spiel/Freizeit	10	6	66	3	34
Möbel	19	10	52	9	49
Landwirtschaft	198	95	48	103	52
Medizin	0	0	97	0	3
sonstiges	275	151	55	124	45
gesamt	**1.765**	**954**	**54**	**811**	**46**

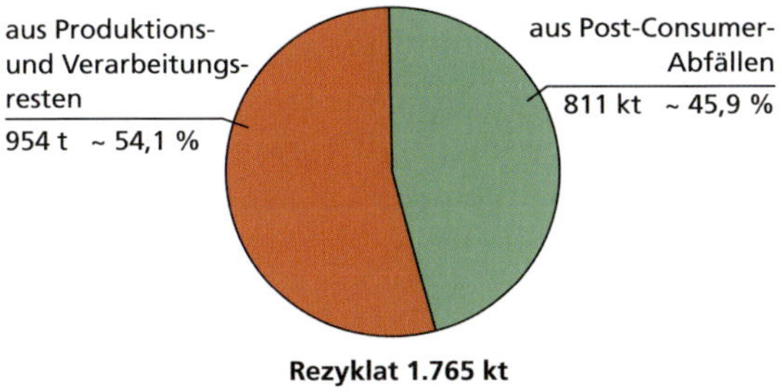

Bild 5:

Art des verarbeiteten Rezyklats nach Branchen: Post-Consumer versus Produktion und Verarbeitung

3.2. Kunststoffarten und Branchen

Bild 6 gibt eine Übersicht über die Struktur der Kunststoffarten innerhalb der Branchen inklusive Neuware und Rezyklat für das Jahr 2017.

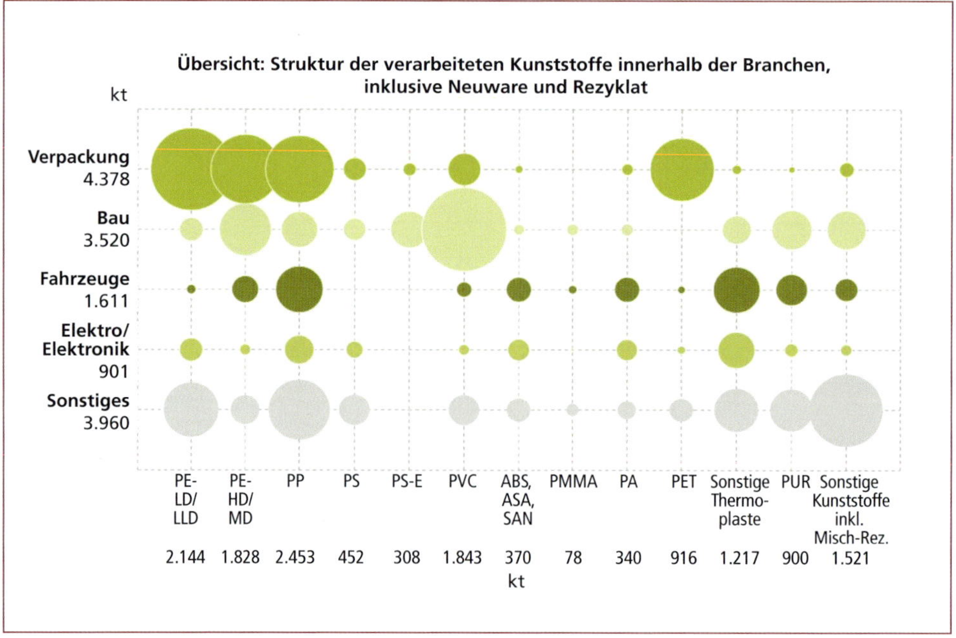

Bild 6: Struktur der verarbeiteten Kunststoffe (einschließlich Neuware und Rezyklat) innerhalb der Branchen

- Im Bereich **Verpackung** wird der Bedarf an Kunststoffen vorwiegend durch Polyolefine (rund 72 %) abgedeckt (PE-LD/LLD etwa 30 %, PE-HD/MD, etwa 22 %, PP etwa 20 %). Der Anteil von PET hat sich innerhalb der letzten 10 bis 15 Jahre signifikant erhöht und liegt heute bei rund 18 %.

  Der vornehmliche Einsatz liegt im Flaschenbereich. Ein weiterer von Jahr zu Jahr zunehmender Bereich ist das Segment der PET-Schalen, insbesondere für Frischprodukte. Von hoher Bedeutung ist darüber hinaus auch der Kosmetikbereich. Die letztgenannte Produktgruppe zeigt dabei ein starkes Wachstumspotenzial.

- Im **Baubereich** dominiert PVC (annähernd 40 %). Wesentliche Einsatzfelder sind hierbei Kunststoffprofile (z.B. für Kunststofffenster) und -rohre. Darüber hinaus spielen z.B. PE-HD/MD im Rohrbereich sowie PUR und PS-E, die im Rahmen von gebäudespezifischen Energiesparmaßnahmen vornehmlich zur Dämmung eingesetzt werden, eine wichtige Rolle.

- Im **Fahrzeugbereich** existiert eine breit gestreute Einsatzstruktur mit leichter Fokussierung auf PP (etwa 26 %), Polyamid, ABS/ASA/SAN und PUR. Generell steigt die absolute Kunststoffmenge im Automobilsektor weiter an.

- Im **Elektro-/Elektronikbereich** kommen aufgrund der heterogenen Anwendungen und Einsatzbereiche unterschiedlichste Kunststoffe zum Einsatz (u.a. PS, PP, PVC, ABS, ASA, SAN, PA, sonstige technische Kunststoffe und Sonstige Kunststoffe, z.B. Duroplaste).
- Im Bereich der ***Sonstigen Anwendungen*** finden sich unter anderem PUR (vorwiegender Einsatzbereich Möbel) und Sonstige Kunststoffe mit sehr heterogenen Einsatzfeldern. Stark vertreten ist hier auch der Werkstoff Polypropylen (rund 18 %), beispielsweise im Bereich Haushaltswaren bzw. Sport/Spiel/Freizeit.

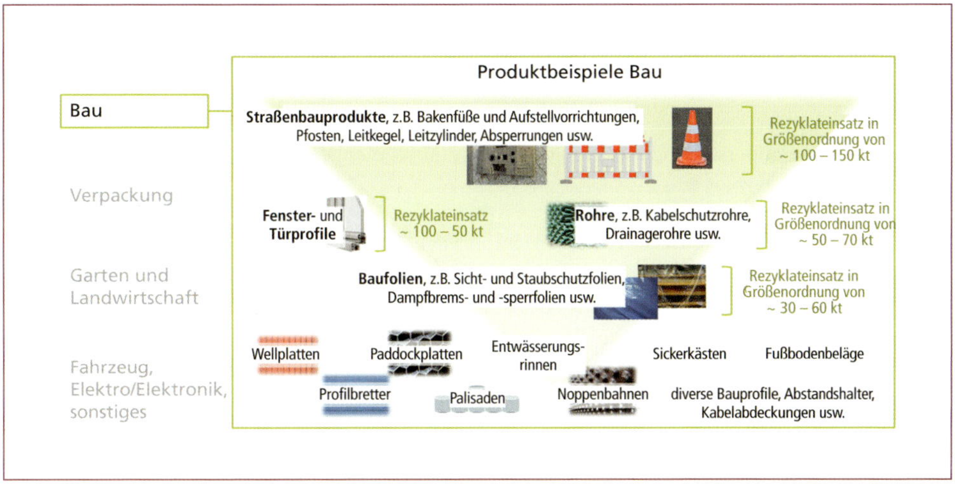

Bild 7: Produkte für den Einsatz von Kunststoffrezyklat am Beispiel Bau

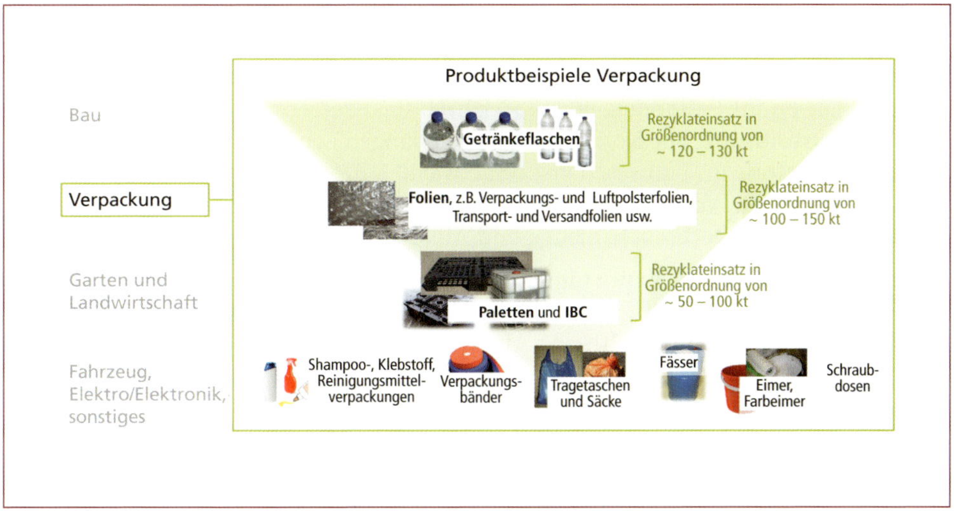

Bild 8: Produkte für den Einsatz von Kunststoffrezyklat am Beispiel Verpackungen

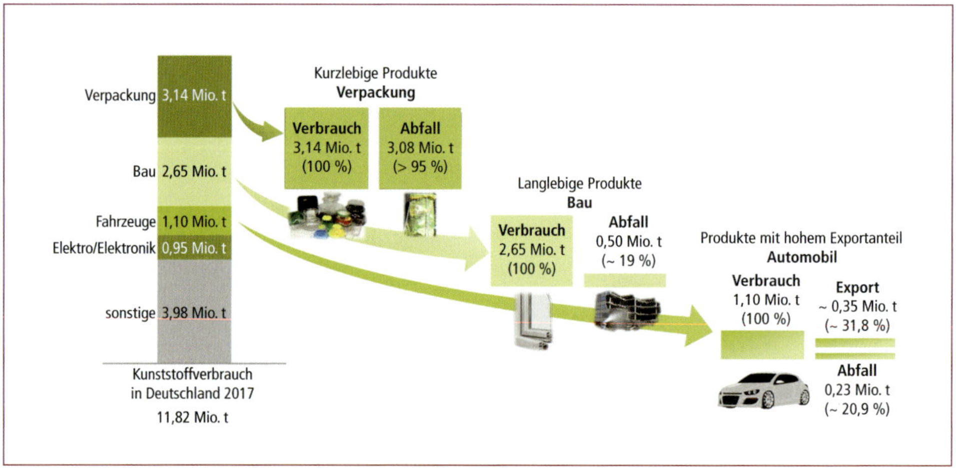

Bild 9: Gegenüberstellung von Verbrauchs- und Abfallmengen in Deutschland anhand wesentlicher Beispiele

Der private und gewerbliche Endverbrauch von Kunststoffen als Haupt- (z.B. Verpackung) oder als Teilkomponente eines Systems (z.B. Automobil) betrug in 2017 etwa 11,8 Millionen Tonnen. Aufgrund der unterschiedlichen Lebens- bzw. Gebrauchsdauer fallen aber nicht all diese Produkte im gleichen Jahr wieder als Abfall an. Die Lebens- bzw. Gebrauchsdauer von Produkten differiert dabei von wenigen Tagen (z.B. Verpackungen) bis hin zu 80 Jahren und mehr (z.B. Kunststoffrohre im Baubereich).

- **Kurzlebige Produkte, insbesondere Verpackungen**
  Verpackungen haben eine wichtige Funktion beim Schutz von Lebensmitteln und anderen Produkten. Sie haben in der Regel eine kurze Lebensdauer von wenigen Tagen oder Wochen. Insofern finden sich im Bezugszeitraum 2017 mehr als 95 % der verbrauchten Verpackungen in den untersuchten Abfallströmen wieder.
- **Langlebige Produkte, insbesondere Bauprodukte**
  Bauprodukte aus Kunststoffmaterial, beispielsweise Rohre oder Fenster, haben in der Regel eine sehr lange Lebens- bzw. Gebrauchsdauer. Diese reicht von etwa 25 bis 30 Jahren für Fußböden, 40 bis 50 Jahren für Fenster bis zu mehr als 80 Jahren für Kunststoffrohre. Die Kombination dieser langen Lebensdauer mit der Tatsache, dass Kunststoffe im Bauwesen erst seit etwa 40 Jahren verstärkt eingesetzt werden und seitdem der Verbrauch von Kunststoffen im Bau deutlich zugenommen hat, führt dazu, dass Verbrauchsmenge und Abfallaufkommen deutlich divergieren.
- **Produkte mit hohem Exportanteil, z.B. Automobil**
  Ein dritter Aspekt, der signifikante Auswirkungen auf das Abfallaufkommen von Produkten hat, wird beim Thema Automobil sichtbar. Nach einer mittleren Nutzungsdauer von 10 bis 12 Jahren wird ein Großteil der in Deutschland genutzten Fahrzeuge ins Ausland exportiert und dort weiter genutzt – die mittlere Gesamtlebensdauer der Fahrzeuge beträgt etwa 15 bis 18 Jahre. So werden weniger als 500.000 der jährlich etwa drei Millionen aus dem deutschen Fahrzeugregister gelöschten Fahrzeuge in einheimischen Schredderanlagen behandelt bzw. spiegeln sich im Abfallaufkommen in Deutschland wider.

Tabelle 1: Post-Consumer Abfälle nach wesentlichen Einsatzfeldern

Einsatzfelder 2017	Abfallaufkommen			Verwertung				Beseitigung		
				kt						
	kt	kg per capita	%	gesamt	werkstofflich	rohstofflich	energetisch	gesamt	Deponie	MVA ohne Energiegew.
Verpackungen	**3.081**	37	59,2	3.079	1.498	44	1.537	2	2	0
Bau	**495**	6	9,5	484	141	0	343	11	11	0
Fahrzeuge	**232**	3	4,5	225	70	2	153	7	7	0
Elektro/Elektronik	**307**	4	5,9	304	63	3	238	3	3	0
Haushaltswaren, Sport, Spiel, Freizeit	**158**	2	3,0	156	8	0	148	2	2	0
Landwirtschaft	**277**	3	5,3	273	112	0	161	4	4	0
Sonstiges	**651**	8	12,5	645	83	0	562	6	6	0
Gesamt	**5.201**	**63**	**100**	**5.166**	**1.975**	**49**	**3.142**	**35**	**35**	**0**
				99,3 %	38,0 %	0,9 %	60,4 %	0,6 %	0,6 %	0 %

Verpackungen 2017	Abfallaufkommen			Verwertung				Beseitigung		
				kt						
	kt	kg per capita	%	gesamt	werkstofflich	rohstofflich	energetisch	gesamt	Deponie	MVA ohne Energiegew.
Haushaltsnahe Verpackungen	**2.038**	24,5	66,1	2.036	1.083	44	909	2	2	0
Industrielle/gewerbl. Verpackungen	**1.043**	12,8	33,9	1.043	415	0	628	1	1	0
Gesamt	**3.081**	**37,3**	**100**	3.079	1.498	44	1.537	2	2	0
				99,9 %	48,6 %	1,4 %	49,9 %	0,1 %	0,1 %	0 %

Rund 76 % des stofflichen Recyclings gebrauchter Produkte basiert in Deutschland auf der Verwertung von Verpackungen. Mit jeweils etwa 7 % folgen Bauprodukte, wie Fenster und Rohre sowie mit knapp 6 % Folien und andere Produkte aus Anwendungen im Bereich der Landwirtschaft. Hierzu trägt auch das Sammel- und Verwertungssystem *Erde* bei.

Wesentliche Basis des gestiegenen werkstofflichen Recyclings von Verpackungen sind haushaltsnahe Verpackungen im Rahmen der Aktivitäten der dualen Systeme, das Recycling von PET-Flaschen sowie von Folien aus den Bereichen Transport und Industrie.

Ursache dieses Ergebnisses sind unter anderem unterschiedliche Nutzungs- und Gebrauchsdauern sowie -gewohnheiten im Zusammenhang mit verschiedenen Kunststoffprodukten. So fallen Verpackungen üblicherweise im Jahr der Herstellung und des Gebrauchs als Abfall an. Geeignete Systeme erfassen diese und führen sie zu bestimmten Anteilen dem Recycling zu.

Kunststoffprodukte aus Bauanwendungen hingegen finden sich zum Teil erst mit sehr großer zeitlicher Verzögerung (häufig nach mehr als 40 Jahren) im Abfallstrom wieder.

Ein Teil hochwertiger Güter wird nach dem Gebrauch in gewissem Umfang aus Deutschland exportiert und dort einer Wiederverwendung zugeführt. Daher finden sich beispielsweise Kunststoffe aus dem Automobilbereich nur zu einem unterproportionalen Anteil im Abfallstrom wieder. Dies gilt zum Teil auch für Elektro- und Elektronikprodukte.

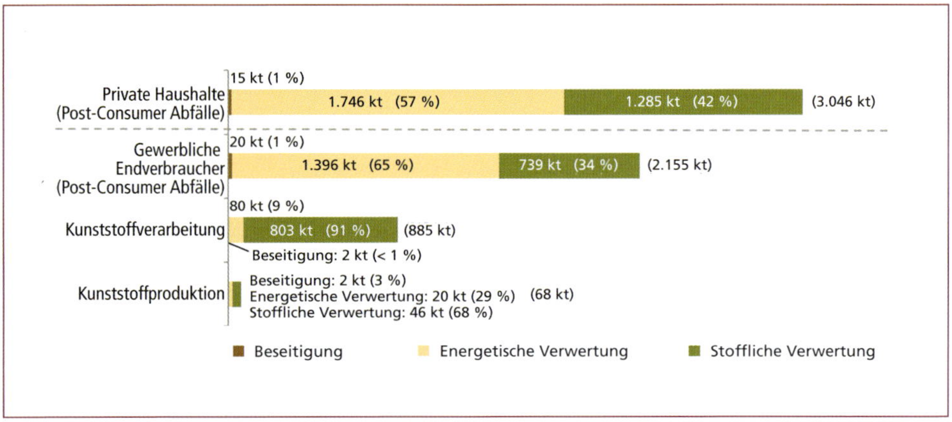

Bild 10: Kunststoffabfälle zur Verwertung und Beseitigung nach Herkunftsgruppen 2017

Während die stoffliche Recyclingquote bei Produktions- und Verarbeitungsabfällen – Abfälle aus Kunststoffverarbeitung und -produktion – aufgrund der Sauberkeit und Sortenreinheit bei Produzenten bei rund 68 % und bei Verarbeitern bei rund 91 % liegt, ist sie bei Post-Consumer Abfällen – privaten Haushalten – mit rund 42,2 % respektive 34,3 % bei gewerblichen Endverbrauchern aufgrund der Heterogenität der Abfallströme deutlich niedriger.

3.3. Verwertung und Beseitigung nach Herkunftsgruppen 2017

Anhand dieser Zahlen wird deutlich, dass Kunststoffabfälle – soweit sie sauber und sortenrein anfallen, wie im Bereich der Kunststoffproduktion und -verarbeitung – problemlos stofflich verwertet werden können. Gleiches gilt z.B. auch für sortenreine Abfallströme aus dem Gewerbe (z.B. Transport- und Umverpackungen) sowie dem sortenreinen Stoffstrom der PET-Flaschen.

Mit zunehmendem Verschmutzungs- und Vermischungsgrad – wie bei Post-Consumer Abfallströmen häufig vorkommend – wird aber auch die energetische Verwertung zur sinnvollen Alternative.

Mit Inkrafttreten der Abfallablagerungsverordnung ist seit Mitte 2005 die Deponierung heizwertreicher Abfallströme auf Hausmülldeponien (DK-II) nicht mehr möglich. So werden heute weniger als 0,5 % der Kunststoffabfälle beseitigt, beispielsweise als geringer Anteil überwiegend mineralischer Abfälle.

Der Anteil der Produktions- und Verarbeitungsabfälle und der Abfälle aus dem gewerblichen Endverbrauch am gesamten Abfallaufkommen beträgt etwa 50 %.

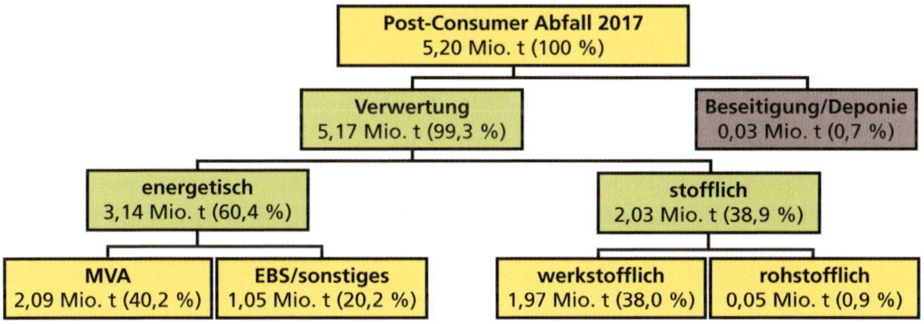

Bild 11: Verwertung von Kunststoffabfällen – Post-Consumer Abfälle

Wie bereits skizziert, werden in Deutschland mehr als 99 % aller Post-Consumer Kunststoffabfälle verwertet – einschließlich der Anrechnung energieeffizienter Abfallverbrennungsanlagen. Bezogen auf 5,2 Millionen Tonnen Post-Consumer Kunststoffabfälle werden etwa 38 % werkstofflich, 1 % rohstofflich und 60,4 % energetisch verwertet. Etwa 0,7 % der Abfälle werden noch deponiert.

Deutschland erreicht damit eine der höchsten stofflichen Verwertungsquoten in Europa. Rund 20 % aller Post-Consumer Abfälle werden als Ersatzbrennstoff in speziellen Kraftwerken in Gewerbe und Industrie, aber auch im Rahmen der Mitverbrennung (z.B. Zementöfen) verwendet.

Der Anteil der energetischen Verwertung über Abfallverbrennungsanlagen liegt bei rund 40 %.

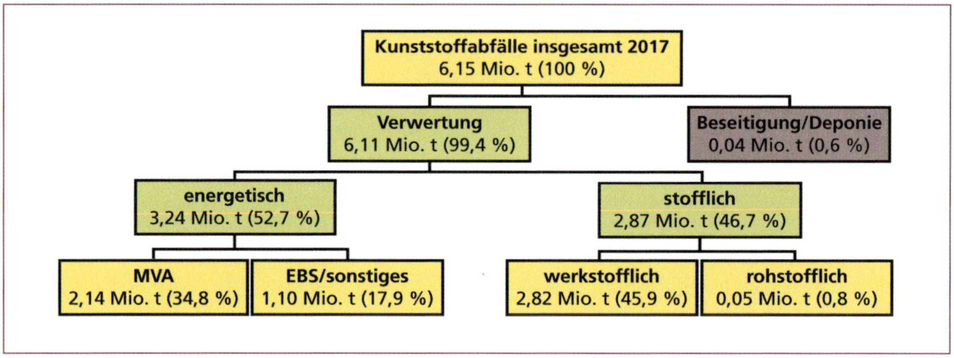

Bild 12: Verwertung von Kunststoffabfällen – einschließlich Produktions- und Verarbeitungsabfälle

Von den ermittelten rund 6,15 Millionen Tonnen Kunststoffabfällen in Deutschland im Jahr 2017 wurden 45,9 % einer werkstofflichen, weniger als 1 % einer rohstofflichen sowie 52,7 % einer energetischen Verwertung zugeführt; 0,6 % wurden deponiert. Die Anteile der stofflichen Verwertung sowie der energetischen Verwertung haben sich im Vergleich zu 2015 nur unwesentlich verändert.

Die Recyclingmengen beziehen sich auf in Deutschland angefallene Kunststoffabfälle, unabhängig ob diese in Deutschland selbst oder in anderen Ländern recycelt wurden. Die Recyclingmengen repräsentieren somit nicht die Recyclingmengen, die bei deutschen Recyclern verarbeitet werden. Bei der energetischen Verwertung nimmt der Einsatz von Kunststoffabfällen als Ersatzbrennstoff weiterhin einen wichtigen Raum ein (rund 18 % bezogen auf den Gesamtkunststoffabfall).

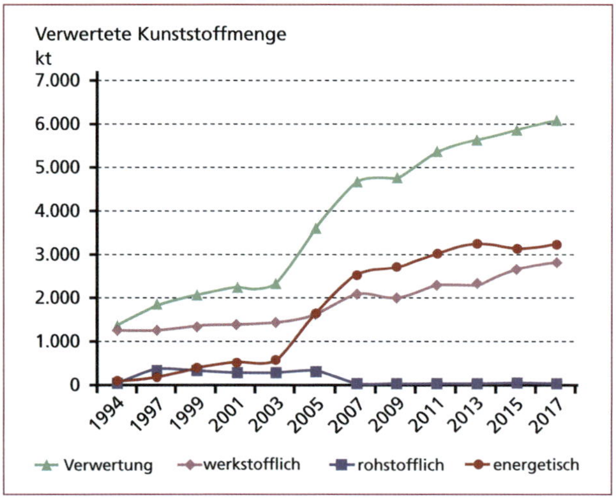

Bild 13: Kunststoffabfälle unter Einbeziehung der Verwertung: Entwicklung der Abfallverwertung in einer Zeitreihe von 1994 bis 2017

Die werkstoffliche Verwertung erreicht im Jahr 2017 ihren höchsten Wert und liegt mit etwa 2,82 Millionen Tonnen um etwa 1,57 Millionen Tonnen bzw. über 125 % über dem Wert von 1994. Die durchschnittliche Steigerung von 1994 bis 2017 betrug jährlich etwa 3,6 %. Nach etwas verhaltener Entwicklung in den Jahren 2009 bis 2013 hat das Recycling in den vergangenen vier Jahren wieder an Dynamik gewonnen.

Die rohstoffliche Verwertung, die zu Anfang der Dekade deutlich anstieg und lange auf einem Niveau von etwa 300.000 Tonnen verharrte, betrug in 2017 ähnlich wie 2009 bis 2013 rund 49.000 Tonnen und liegt damit in etwa auf dem Ausgangsniveau von 1994.

Die Mengen zur energetischen Verwertung bewegen sich in 2017 knapp unter dem Level von 2013. Der Mengenanteil zur Verwendung als Ersatzbrennstoff liegt im Jahr 2017 bei 18 % (von Kunststoffabfällen insgesamt) bzw. 20 % (von Post-Consumer Abfällen).

Ansprechpartner

Dipl.-Wirt.-Ing. Christoph Lindner
Conversio Market & Strategy GmbH
Geschäftsführender Gesellschafter
Am Glockenturm 6
63814 Mainaschaff, Deutschland
+49 6021-92199-91
c.lindner@conversio-gmbh.com

Kunststoffe in der Umwelt: Mikro- und Makroplastik
– Quellen, Mengen, Ausbreitung, Wirkungen und Lösungsansätze –

Jürgen Bertling, Ralf Bertling, Leandra Hamann, Torsten Weber und Markus Hiebel

Es ist kaum möglich, eine längere Strecke zu gehen, ohne am Wegesrand auf Kunststoffabfälle zu stoßen. Neben diesen offensichtlichen makroskopischen Kunststoffobjekten findet sich aber auch Mikroplastik in der Umwelt. Kunststoffobjekte, die ohne optische Hilfsmittel nicht unmittelbar erkennbar sind und deren Präsenz und Ausbreitung zunehmend Anlass zur Sorge bereitet. In diesem Beitrag werden die Mengen von Makro- und Mikroplastik in der Umwelt quantifiziert und der Status des Wissens bei Ausbreitung und Wirkungen grob skizziert. Darauf aufbauend werden die Grundzüge einer Lösungsstrategie vorgestellt.

Der Beitrag basieren auf einem Projekt, das Fraunhofer UMSICHT gemeinsam mit Partnern aus Siedlungswasserwirtschaft, Abfallwirtschaft, Kunststoff- und Konsumgüterindustrie durchgeführt hat. Dessen Ergebnisse wurden im Juni 2018 in einem ersten Bericht veröffentlicht [1] und sind hier in knapper Form zusammengefasst.

1. Gegenstand und Begriffe

Mikroplastik und *Makroplastik* bezeichnen unter Standardbedingungen feste Objekte aus thermoplastischen, elastomeren oder duroplastischen Kunststoffen, die direkt oder indirekt durch menschliches Handeln in die Umwelt gelangen. Mikroplastik umfasst dabei Partikel[1] und Fasern. Makro- und Mikroplastik stellen einen Teilaspekt der Gesamtproblematik *Anthropogene Polymere in der Umwelt* dar (vgl. Bild 1). Zu den anthropogenen Polymeren gehören weiterhin gelöste, dispergierte, gelartige und flüssige Polymere und auch natürliche Polymere, sofern sie durch menschliche Aktivitäten umgewandelt oder in andere Umweltkompartimente überführt wurden. Insbesondere die Abgrenzung zwischen natürlichen und synthetischen bzw. halbsynthetischen Polymeren oder zwischen fest und flüssig ist alles andere als trivial.

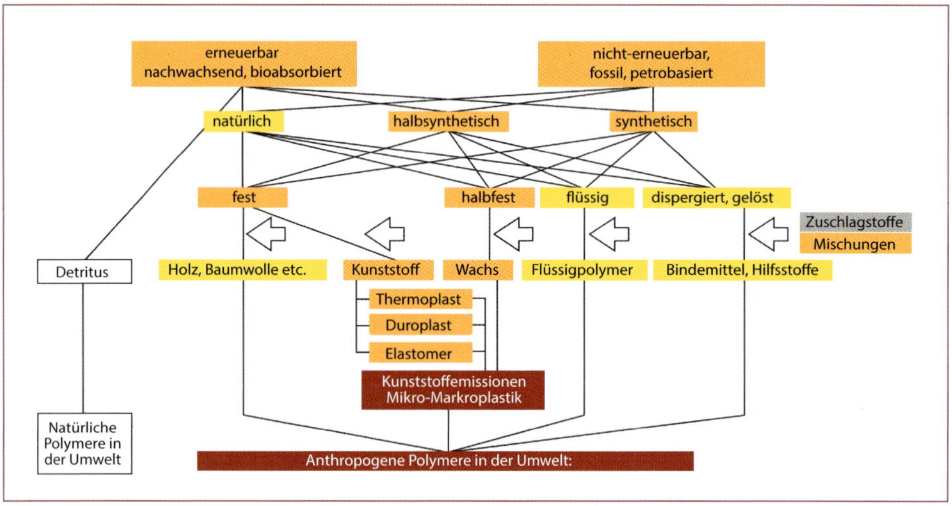

Bild 1: Anthropogene Polymere in der Umwelt unter Berücksichtigung von Herkunft, Zustand und Werkstoffgruppe; Mikro- und Makroplastik stellen einen Teilaspekt dar

Quelle: Bertling, Jürgen; Bertling, Ralf; Hamann, Leandra: Kunststoffe in der Umwelt: Mikro- und Makroplastik - Ursachen, Mengen, Umweltschicksale, Wirkungen, Lösungsansätze, Empfehlungen. Kurzfassung der Konsortialstudie, Fraunhofer-Institut für Umwelt-, Sicherheits- und Energietechnik UMSICHT (Hrsg.), Oberhausen, Juni 2018

Der Begriff *Mikroplastik* wurde erstmalig 2008 definiert [5]. Ein kritischer Blick auf die Chronologie zeigt, dass die Begriffsbildung zumeist auf Basis physikalischer Eigenschaften (Form, Größe, Material) und formaler oder pragmatischer Erwägungen (Abgrenzung zu Nanopartikeln, Inkludierung von Kunststoffgranulat (Pellets), verfügbare Messtechnik usw.) erfolgte. Eine problemorientierte Begriffsschärfung, die sich aus umweltwissenschaftlicher Perspektive die Festlegung einer Ober- und Untergrenze sowie die Eingrenzung auf relevante Stoffgruppen zum Ziel gesetzt hat, hat es bis heute nicht gegeben. Heutige Definitionen können daher nicht mehr bieten

[1] Unter Partikeln sind hier Microbeads, Fragmente, Pellets usw. zusammengefasst.

als eine grobe Orientierung und Einengung des Anwendungsbereichs. Öko- oder humantoxikologische Erkenntnisse liegen ihnen laut unseren Auswertungen nicht zugrunde. Gleichzeitig besteht die Gefahr, dass durch eine vorschnelle Festlegung von Größenbereichen und Stoffgruppen bei einer erwartbaren zukünftigen Regulierung bestimmte Gefährdungen unberücksichtigt bleiben, sofern heutige Definitionen, die zumeist der wissenschaftlichen Kommunikation und Vereinheitlichung dienen, unreflektiert als Legaldefinitionen übernommen werden.

Mikroplastik kann bereits bei der Herstellung eines Produktes gezielt erzeugt und eingesetzt werden. In diesem Fall handelt es sich um primäres Mikroplastik Typ A (Bild 2). Beispiele sind Reibkörper in Kosmetik, polymere Strahlmittel, Lasersinterpulver für den 3D-Druck oder Kunststoffpellets, die in der Industrie ein wichtiges Halbzeug darstellen. Die Freisetzung von primärem Mikroplastik Typ A kann intendiert, bewusst in Kauf genommen oder durch einen Unfall verursacht sein. Im Gegensatz dazu entsteht primäres Mikroplastik Typ B erst in der Nutzungsphase. Beispiele sind der Abrieb von Reifen, beim Waschen freigesetzte synthetische Fasern oder die Verwitterung von Farben. Die Entstehung ist häufig nur schwer vermeidbar, die Reduktion der Freisetzung eine Innovationsaufgabe. Sekundäres Mikroplastik, als dritter Typ, entsteht durch Verwitterung und Fragmentierung von Makroplastik in der Umwelt. Dabei gelangt das Makroplastik vor allem durch illegale Müllablagerung und Littering in die Umwelt. Da über die konkreten Mechanismen und Kinetiken der Umwandlung von Makro- zu Mikroplastik innerhalb der Umwelt noch wenig bekannt ist, macht es aus heutiger Sicht Sinn, die Emissionen an Makroplastik in die Betrachtung einzubeziehen.

Die Einteilung gemäß Bild 2 nützt nicht nur in Bezug auf eine Schärfung der Begriffe, sondern sie gibt bereits erste Hinweise auf die Verteilung der Verantwortung. Während primäres Mikroplastik vor allem die direkte (Typ A) und erweiterte (Typ B) Herstellerverantwortung adressiert, liegt die Verantwortung für die Vermeidung von Makroplastik und damit die Entstehung von sekundärem Mikroplastik vor allem bei Verbraucher und Staat. Dabei muss letzterer geeignete Anreizsysteme zur Vermeidung von Littering und illegaler Abfallentsorgung schaffen.

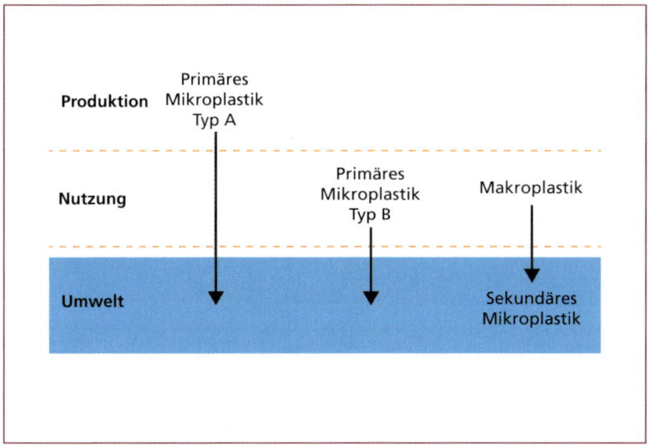

Bild 2:

Einteilung von Kunststoffemissionen in primäres Mikroplastik vom Typ A und Typ B sowie Makroplastik, das im Laufe der Zeit zu sekundärem Mikroplastik wird

Quelle: Bertling, Jürgen; Bertling, Ralf; Hamann, Leandra: Kunststoffe in der Umwelt: Mikro- und Makroplastik - Ursachen, Mengen, Umweltschicksale, Wirkungen, Lösungsansätze, Empfehlungen. Kurzfassung der Konsortialstudie, Fraunhofer-Institut für Umwelt-, Sicherheits- und Energietechnik UMSICHT (Hrsg.), Oberhausen, Juni 2018

2. Quellen und Mengen

2.1. Makroplastik

Eine Abschätzung der Freisetzung von Makroplastik ist mit großen Unsicherheiten behaftet, da bislang kaum empirische Studien zum Littering durchgeführt wurden. Die besondere Schwierigkeit ist, dass die nicht durch Straßenreinigung, Siedlungswasserwirtschaft oder Clean-ups erfassten Abfälle quantifiziert werden müssen. Dies kann nur durch aufwendige Untersuchungen zum Litteringverhalten unterschiedlicher Menschen in unterschiedlichen Situationen geschehen. Da bis heute keine vollständige Bilanzierung zum Kunststoffverbleib nach der Produktion existiert[2], kann auch keine Mengenabschätzung durch einen Abgleich von verbrauchter Menge zu als Abfall erfasster Menge vorgenommen werden [3]. Den Abfallbilanzen können jedoch Daten zu den erfassten Infrastrukturabfällen (Straßenkehricht, wilde Müllablagerung) entnommen werden. In Kombination mit Expertenmeinungen zum Anteil nicht erfasster Abfälle lässt sich daraus eine erste Größenordnung abschätzen.

In Tabelle 1 sind eigene Schätzungen für die Bruttoeinträge in die Umwelt von 1.405 g/(cap a) denen anderer Autoren gegenübergestellt. Die eigenen Werte und die von BKV weisen eine recht gute Übereinstimmung auf, sowohl was den Eintrag in die Umwelt als auch den Verbleib in der Umwelt (nach Infrastrukturreinigungsmaßnahmen) angeht. Die hohen Werte von Jambek et al. [4] basieren auf Schätzungen für die Abfallmengen, die aus Weltbankdaten abgeleitet wurden. Jambek et al bilanzieren keinen Verbleib in der Umwelt, sondern die Untermenge Einträge in die Meere. Auch dieser Wert erscheint im Vergleich sehr hoch. Gleichwohl basieren die niedrigen Einträge in die Meere aus dem BKV-Modell auf sogenannten Transportverlusten, die bislang nicht plausibilisiert sind.

Tabelle 1: Quantifizierung des Makroplastikaufkommens für Deutschland

Quelle	Bezugsgröße	Menge	Ergebnisgröße	Littering-rate	Makroplastikemissionen	
		kt/a		%	t/a	g/(cap a)]
[Jambeck et al. 2015]	Kunststofabfall-aufkommen in D gemäß Weltbank	14.614.000	Eintrag in die Umwelt	2,00	292.272	3.542
			Eintrag ins Meer	0,21	30.689	365
[Con-versio 2018]	erfasste Kunststoff-abfälle in D	5.921.000	Eintrag in die Umwelt	1,81	107.170	1.299
			Verbleib in der Umwelt	0,45	26.645	323
			Eintrag ins Meer	0,02	1.224	15
[Bert-ling et al. 2018]	erfasste Kunststoff-abfälle in D (Differenz von Verbrauch und erfassten Abfällen)	5.921.000 (4.219.000)	Eintrag in die Umwelt	1,76 (2,46)	115.913	1.405
			Verbleib in der Umwelt	0,57 (0,81)	34.000	412

Quelle: Bertling, Jürgen; Bertling, Ralf; Hamann, Leandra: Kunststoffe in der Umwelt: Mikro- und Makroplastik - Ursachen, Mengen, Umweltschicksale, Wirkungen, Lösungsansätze, Empfehlungen. Kurzfassung der Konsortialstudie, Fraunhofer-Institut für Umwelt-, Sicherheits- und Energietechnik UMSICHT (Hrsg.), Oberhausen, Juni 2018

[2] Insbesondere die Menge des noch in Nutzung und Bestand befindlichen Kunststoffs (anthropogenes Lager) sowie die Exportmengen sind nur unzureichend erfasst.

Für zukünftige Auswertungen zum Littering wäre es sinnvoll, die Litteringrate nicht auf die erfasste Abfallmenge, sondern auf die Differenz von Verbrauchsmenge und erfassten Abfällen zu beziehen (vgl. Werte in Klammern). Nur so werden sich zukünftige Änderungen bei Kunststoffverbrauch und eine verbesserte Abfallerfassung tendenziell korrekt auf die Änderung des Litteringaufkommens auswirken.

2.2. Mikroplastik

Bei den Quantifizierungen zu Mikroplastik konnten wir uns nur auf wenig experimentelle Daten stützen und verfolgten daher, häufig ausgehend von Abschätzungen zu Bestand, Produktion oder Verbrauch von Kunststoffen für eine Abwendung, einen Top-down-Ansatz. Zum jetzigen Zeitpunkt sollen die ermittelten Werte vor allem aufzeigen, wo wir Bedarf für eine vertiefte Analyse sehen. Wo immer dies möglich war, haben wir unsere Daten mit denen anderer Autoren abgeglichen oder mehrere Ansätze zur Bestimmung verfolgt.

Durch Befragungen[3] wurden 74 potenziell relevante Quellen für primäres Mikroplastik aus-gewählt, von denen bislang 44 quantifiziert wurden. Tabelle 2 stellt ein Ranking der Quellen in Bezug auf die Emission pro Kopf und Jahr dar. Zu den Top 10 gehören nach unserer Analyse: Reifenabrieb, Abrieb und Verwehung von künstlichen Sport- und Spielplätzen, Verluste bei Transport und Behandlung von Abfällen, Nassreinigung von Textilien, Pelletverluste, Abrieb von Straßenmarkierungen, Abrieb und Verwitterung von Farben und Lacken, Abrieb von Kunststoffverpackungen, Verluste durch Bearbeitung von Kunststoffen auf Baustellen sowie Abrieb in der Landwirtschaft.

Die bereits berechneten Quellen ergeben aufsummiert Emissionen von 2.617 g/(cap a). Unter der Annahme das mit den bekannten Quellen mengenmäßig etwa zwei Drittel erfasst wurden, lässt sich die Gesamtmenge der Emissionen primären Mikroplastiks auf etwa 4.000 g/(cap a) bzw. 330 000 t/a für Deutschland schätzen.[4]

Die mit Abstand größte Quelle ist der Reifenabrieb. Er macht nach aktuellen Schätzungen mindestens 46,9 % (nur Polymeranteil) der quantifizierten Quellen aus (Bild 3). Es folgt eine Reihe von Emissionen im einstelligen Prozentbereich. Die Quantifizierung der Quellen allein genügt, aber nicht, um zu entscheiden, ob und in welchem Umfang eine Reduktion erforderlich ist. Hierzu müssen das Verhalten und insbesondere der Abbau in der Umwelt bekannt sein.

Im Weiteren wurde eine Grobeinteilung der Quellen in drei Bereiche vorgenommen (Tabelle 2):

- Gebäude, Verkehr und Infrastruktur (GVI)
- Industrielle Prozesse (IP)
- Private und kommerzielle Endanwendung (PKE)

[3] E-Mail-Umfrage bei etwa 250 Wissenschaftlern des Fraunhofer-Instituts UMSICHT, ergänzt um eine externe Befragung von Experten und Laien (n = 142) sowie Diskussionen im Rahmen von Treffen mit den Partnern der Studie.

[4] Die Daten zu den Mikroplastikemissionen werden fortwährend aktualisiert und an den Erkenntnisfortschritt angepasst. Hinweise zu aktuellen Daten finden sich auf der Webseite www.plastikbudget.de

Die Darstellung in Bild 4 zeigt, dass Industrielle Prozesse und die private und kommerzielle Endanwendung von Kunststoffen nur für einen relativ kleinen Teil der Emissionen verantwortlich sind. Die größte Rolle spielen Gebäude, Verkehr und Infrastruktur.

Tabelle 2: Ranking der Mikroplastikquellen für Deutschland (Stand 12/2018)

Nr.	Quellen		Sektor
1	Reifenabrieb		GVI
1a		Kraftfahrzeuge	GVI
1b		Freizeitsportgeräte	GVI
2	Sportplätze		GVI
2a		Kunstrasenplätze	GVI
2b		Tartanbahnen/Spielplätze	GVI
3	Abfallentsorgung		IP
3a		Kunststoffrecycling	IP
3b		Bauschutt	IP
3c		Kompost	IP
3e		Metallzerkleinerung	IP
3f		Deponien	IP
3g		Papierrecycling	IP
4	Wäsche waschen		IP, PKE
4a		Haushaltswäsche	PKE
4b		Waschsalons	PKE
4c		Kommerzielle Wäschereinigungen	IP
5	Pelletverluste		IP
6	Straßenmarkierungen		GVI
7	Farben und Lacke		GVI
7a		Abrieb von Farben und Lacken	GVI
7b		Nassreinigung von Gebinden	GVI
8	Kunststoffverpackungen		IP
9	Baustellen		GVI
9a		Abbrucharbeiten	GVI
9b		Verarbeitung auf Baustellen	GVI
10	Landwirtschaft		IP
11	Bitumen		GVI
12	Kosmetik		PKE
13	Schuhsohlen		PKE
14	Besen und Kehrmaschinen		GVI, PKE
15	Antriebsriemen		IP, GVI, PKE
16	Wasch-, Pflege- und Reinigungsmittel		PKE
17	Wasser- und Abwasserrohre		IP
18	Medikamente		PKE
19	Düngemittel		IP
20	Pyrotechnik		PKE
21	Rasentrimmer		PKE
22	Bälle		PKE
23	Dolly Ropes		IP
24	Zahnräder		IP
25	Kontaktlinsen		PKE
26	WKA- Kabel		GVI

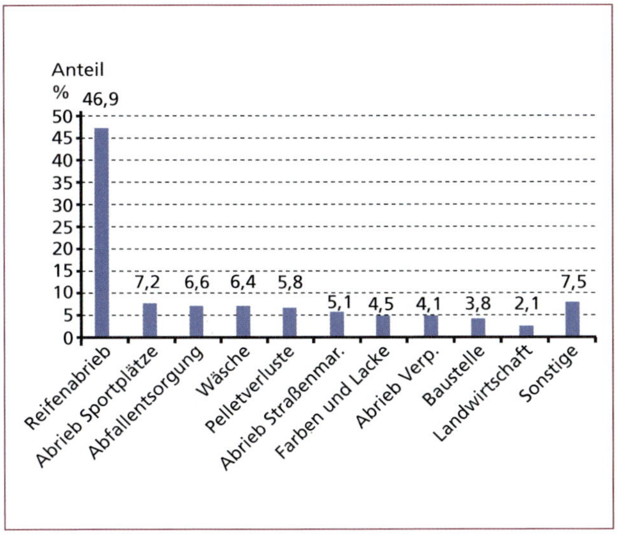

Bild 3:

Prozentualer Anteil bekannter Quellen (nur Polymeranteil) an den Gesamtemissionen von Mikro plastik

Quelle: Weber, Torsten: Entwicklung einer Methodik zur und Abschätzung der jährlichen, primären Mikroplastikemissionen in Deutschland, Bachelorarbeit Hochschule Ruhr-West (unveröffentlicht); 2019

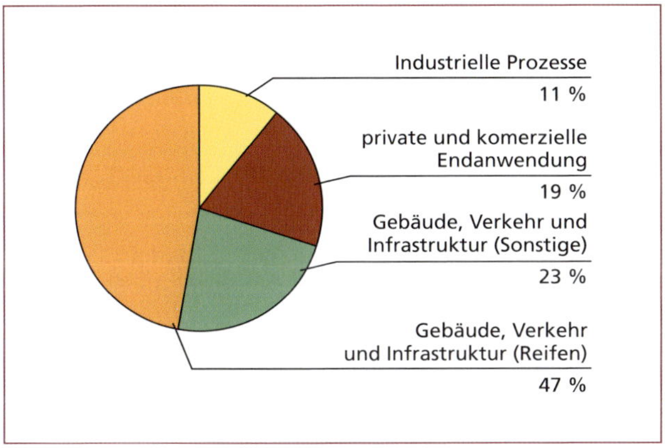

Bild 4:

Aufteilung der Gesamtemissionen (nur Polymeranteil) in die drei Bereiche (GVI unterteilt in Reifen und Sonstige)

Kunststoffe

2.3. Kunststoffemissionen insgesamt

In Deutschland werden etwa 15,2 Millionen Tonnen Kunststoffe pro Jahr (entsprechend etwa 185 kg/(cap a)) verwendet. Die mit diesem Einsatz von Kunststoffen verbundenen Emissionen belaufen sich auf etwa 446.000 Tonnen pro Jahr (entsprechend etwa 5,4 kg/(cap a)). Dies entspricht etwa 2,9 % des in Deutschland insgesamt verbrauchten Kunststoffs. Diese Kunststoffemissionen bestehen zu etwa 26 % aus Makroplastik und zu etwa 74 % aus Mikroplastik (Bild 5). Das Mikroplastik stammt dabei zum überwiegenden Teil aus Abrieb und Verwitterungsprozessen (Typ B), die intendierte Zugabe oder die Freisetzung durch Unfälle (Typ A) ist demgegenüber weniger relevant. Der offensichtlichen Menge an Makroplastik in der Umwelt, steht demnach eine etwa dreifach größere Menge Mikroplastik, das zum Teil nur unter dem Mikroskop sichtbar wird, gegenüber.

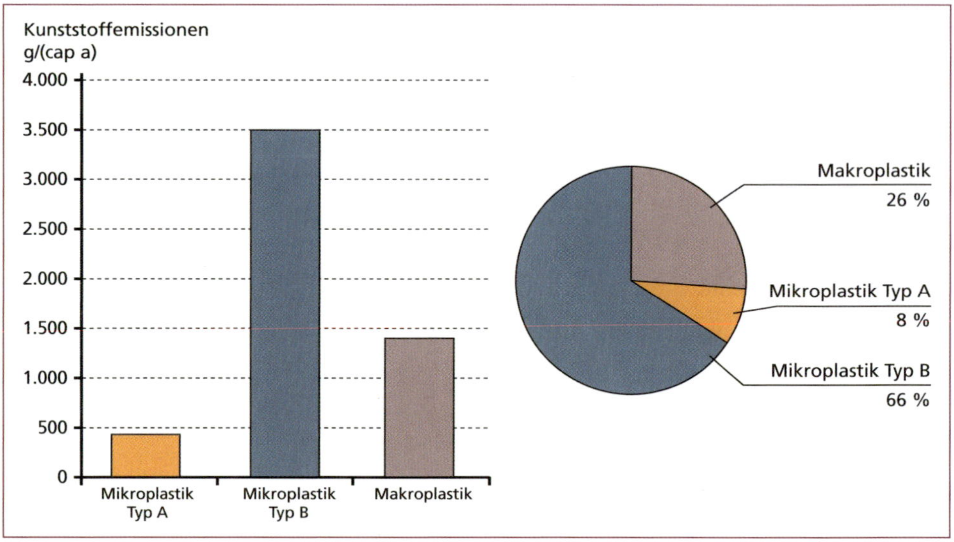

Bild 5: Verteilung der Kunststoffemissionen auf die drei Typen: Primäres Mikroplastik Typ A, Typ B und Makroplastik

Quelle: Bertling, Jürgen; Bertling, Ralf; Hamann, Leandra: Kunststoffe in der Umwelt: Mikro- und Makroplastik - Ursachen, Mengen, Umweltschicksale, Wirkungen, Lösungsansätze, Empfehlungen. Kurzfassung der Konsortialstudie, Fraunhofer-Institut für Umwelt-, Sicherheits- und Energietechnik UMSICHT (Hrsg.), Oberhausen, Juni 2018.

Vor dem Hintergrund der viel diskutierten Circular Economy ist es interessant, die Emissionen, die einen Verlust aus dem Stoffkreislauf darstellen, mit der stofflichen Verwertungsquote zu vergleichen. Etwa 46,2 % des verbrauchten Kunststoffs befinden sich in der Nutzungsphase (anthropogenes Lager) oder ihr Verbleib ist unklar. Abfallexporte machen etwa 6,1 % der verbrauchten Kunststoffmenge aus, energetisch verwertet werden etwa 32,8 %. Die stoffliche Verwertung erreicht zurzeit nur etwa 11,9 % (Wiedereinsatz von Rezyklaten in der Produktion). Vergleicht man diesen Wert mit der Emissionsrate von 2,9 %, so stellt letztere ein ernstzunehmendes Hindernis bei der Realisierung einer Circular Economy dar. In weniger als 25 Jahren hätte sich der Materialfeedstock einer Circular Economy aufgrund der Emissionen um mehr als die Hälfte reduziert. Eine ideale Kreislaufwirtschaft, die quasi ohne Rohstoffentnahme auskommen würde, wäre mit so hohen Emissionen nicht realisierbar.

3. Ausbreitung und Rückgewinnung

Kunststoffemissionen werden dann zum Problem, wenn sie sich irreversibel in der Umwelt verteilen und in verschiedenen Umweltkompartimenten akkumulieren. Den Infrastrukturflächen und der Siedlungswasserwirtschaft innerhalb derer noch eine gewisse Rückgewinnung möglich ist, kommt daher eine besondere Rolle zu.

3.1. Rückgewinnung von Infrastrukturflächen

Auf Basis einer Expertenbefragung lässt sich abschätzen, dass durch kommunale Entsorgungsunternehmen etwa 80 % sowie durch die in Landesverwaltung befindlichen Autobahn- und Straßenmeistereien etwa 50 % Makroplastik zurückgewonnen werden

[Konsortialstudie]. Die Hauptgründe für niedrige Erfassungsquoten sind Verwehungen, Weitertransport durch Tiere, schwer zugängliche Bereiche (Gräben, Sträucher usw.), private, nicht von der öffentlichen Entsorgung zu reinigende Flächen oder auch die Zerkleinerung beim Grünschnitt, so dass Objekte nicht mehr erfasst werden können, sowie die geringe Häufigkeit der außerörtlichen Reinigung (etwa 1 bis 2 x pro Jahr).

Ebenso wie Makro- wird auch Mikroplastik, z.B. Reifenabrieb, im Rahmen der Reinigung von Verkehrsflächen zurückgewonnen. Analysen dazu, in welchen Maße dies geschieht, existieren bis heute kaum. Es kann erwartet werden, dass die Rückgewinnung deutlich niedriger ist, da eine Straßenkehrung, durch die beispielsweise Reifen- und Fassadenabrieb zurückgewonnen werden könnte, nur eingeschränkt (vor allem innerorts) durchgeführt wird. Zudem wird insbesondere Mikroplastik durch Niederschlagsereignisse regelmäßig abgespült und fortgeschwemmt.

3.2. Kunststoffeinträge in die Gewässer

In der öffentlichen Wahrnehmung besitzen die Kunststoffeinträge in die Gewässer besondere Relevanz. Die Modellierung und empirische Bestätigung des Übergangs von Kunststoffemissionen in verschiedene aquatische Umweltkompartimente steht jedoch noch ganz am Anfang. Prognosen sind daher heute kaum möglich oder abhängig von sehr vielen Annahmen und empirisch anzupassenden Faktoren. Grundsätzlich lassen sich aber folgende Eintragspfade in die Gewässer unterscheiden.

Punktuelle Einträge:

- Gereinigte Abläufe der Kläranlage,
- Regenwasserkanäle im Trennsystem,
- Mischwasserüberläufe,
- direkt einleitende Haushalte/Industrien,
- Niederschlagsentwässerung außerorts und
- Direkteinträge von Schiffen und wasserbaulichen Einrichtungen.

Diffuse Einträge

- Atmosphärischer Transport (Wind, Regen),
- Abschwemmungen,
- Grundwasser und
- Transport durch Tiere.

Nur die ersten drei Pfade können durch die Siedlungswasserwirtschaft beeinflusst werden. Insbesondere für die diffusen Quellen liegen heute wenig belastbare Daten vor. Aus Analysen zu den Mechanismen der Bodenerosion lässt sich ableiten, dass in Norddeutschland der Transport durch Wind relevanter ist als in Süddeutschland, während umgekehrt in den Gebirgen Mittel- und Süddeutschlands der Transport durch Niederschlagswasser von besonderer Bedeutung ist. Von dem insgesamt in Deutschland niedergehenden Regenmengen werden nur etwa 0,1 % in der Siedlungswasserwirtschaft behandelt, es wird daher auch außerhalb der Siedlungswasserwirtschaft relevanten Transport durch abfließende Niederschläge geben.

Beim Transportverhalten spielen Partikelgröße und Materialdichte eine große Rolle. Während Polyolefine oder geschäumte Kunststoffe leichter als Wasser sind und deswegen auch von Niederschlägen gut transportiert werden, dürften vor allem Elastomere, Duroplaste und technische Thermoplaste, die zumeist Dichten über 1 g/cm^3 aufweisen, sedimentieren und sich wesentlich langsamer fortbewegen. Gleiches gilt für sehr feine Partikel, die zur Kohäsion neigen. Für Partikel gibt es sowohl für den Transport über abfließende Niederschläge als auch Wind eine kritische Mindestgeschwindigkeit, diese müsste für verschiedene Untergründe bestimmt werden, um das Transportverhalten annähernd prognostizieren zu können.

3.3. Kunststoffemissionen in der Siedlungswasserwirtschaft und in Kläranlagen

Mikro- und Makroplastik können mit dem Schmutz- und zum Teil mit dem Niederschlagswasser der Siedlungswasserwirtschaft zugeführt werden. Dabei müssen zwei Ableitungssysteme, das Misch- und das Trennsystem, unterschieden werden. Im Mischsystem gelangen beide Abwasserarten gemeinsam zur Kläranlage, im Trennsystem nur das Schmutzwasser, während das Niederschlagswasser direkt den Gewässern zugeleitet wird. Im Trennsystem, das in Norddeutschland überwiegt, bleiben die Niederschlagsmengen daher weitgehend ungeklärt. Auch bei dem in Süddeutschland überwiegenden Mischsystem werden für den Fall, dass die Niederschlagsmenge ein Volumen erreicht, dass die Kapazität von Kanälen, Entlastungsbauwerken und Kläranlagen überschreitet, Gemische aus Niederschlagswasser und Schmutzwasser in Form von unbehandeltem Mischwasserabschlägen dem Gewässer zugeführt.

Aus exemplarischen Daten für Berlin, statistischen Daten zur deutschen Abwasserentsorgung und Erfahrungswerten von Experten der Siedlungswasserwirtschaft schätzen wir den Anteil des Abwassers, das der Siedlungswasserwirtschaft zugeführt, aber nicht in Kläranlagen behandelt wird, auf 21,5 % [1]. Dies bedeutet aber nicht, dass dieser Anteil völlig ungereinigt in die Gewässer gelangt. In beiden Systemen gibt es auch außerhalb der eigentlichen Kläranlagen zahlreiche Senken für Mikro- und Makroplastik, wie die Sinkkästen (Gullis) an Verkehrsflächen, Versickerungsanlagen, Regenrückhalte- und Regenüberlaufbecken, Retentionsbodenfilter oder Regenklärwerke. Erfahrungsgemäß sind vor allem im Mischsystem mehr Sedimentationsstrecken und Retentionsbodenfilter installiert, so dass hier neben der Mengenbilanz ein Vorteil des Mischsystems zu erwarten ist. Die Abscheideeffizienz der verschiedenen Anlagen für Mikro- und Makroplastik ist aber bis heute nicht systematisch und zusammenhängend untersucht. Vergleichende Untersuchungen - inner- und außerorts - zur Belastung von Niederschlagswasser und Schmutzwasser mit Kunststoffen liegen gleichfalls bislang nicht vor. Es gibt aber Hinweise, dass vor allem bei Starkregenereignissen besonders hohe Belastungen im Niederschlagswasser auftreten.

Gelangen Kunststoffemissionen in die Kläranlage, verteilen sie sich auf vier ausgehende Stoffströme: Rechengut (1), Sandfanggut (2), Klärschlamm (3) und gereinigter Kläranlagenablauf (4). Durch die Zweckentfremdung der Toilette als Abfalleimer, ebenso durch die Niederschlagsentwässerung gelangt speziell innerorts ein Teil des Makroplastiks in das System der Abwasserbehandlung, der zum Teil als Rechengut ausgeschleust wird. Aus Daten zum Anfall und zur Zusammensetzung des Rechenguts lässt sich die aus dem Abwasserstrom entfernte Makroplastikmenge auf etwa 3.000 t/a abschätzen. Im nachgeschalteten Sandfang – oft als Kombination Sand- und Fettfang ausgeführt – dürften vor allem schwere Kunststoffpartikel (Elastomere aus Reifenabrieb, Duroplaste aus Farben und Lacken) abgeschieden werden. Ihr mengenmäßiger Anteil ist nicht bekannt. Leichte Kunststoffpartikel (Dichte < 1,0 kg/l) schwimmen tendenziell im Fettfang auf und werden so gemeinsam mit dem Fett in den Faulturm gepumpt, so dass sie letztendlich im Klärschlamm landen. Rechengut und Sandfanggut werden teilweise thermisch behandelt, weitere Anteile werden mechanisch-biologischer Behandlung, Deponierung oder Verwertung zugeführt.

Eine vergleichende Analyse von zwölf Studien zeigt, dass die Abscheideeffizienz für Mikroplastik in Bezug auf den gereinigten Kläranlagenablauf sehr hoch ist. Die Partikelanzahl vermindert sich um 80 bis 99,9 % [Konsortialstudie]. Vergleichende Messungen an Fasern und kleineren Partikeln weisen darauf hin, dass die partikelbezogene Abscheideeffizienz stark abhängig von Durchmesser und Form ist, und dass vor allem sehr kleine Partikel und Mikrofasern in den Kläranlagen deutlich schlechter abgeschieden werden. Berücksichtigt man, dass größere Partikel sehr viel wahrscheinlicher abgetrennt werden, so dürfte die massenbezogene Abscheidequote deutlich über 95 % liegen.

Um das Sedimentationsverhalten der Schlämme in Kläranlagen zu verbessern, kommen Flockungshilfsmittel (Flocculants) zum Einsatz. Flockungshilfsmittel sind natürliche, weitaus häufiger aber synthetische Polymere (Polyelektrolyte). Polyelektrolyte werden gegenwärtig von den meisten Autoren nicht dem Mikroplastik zugerechnet. Unter dem Oberbegriff *Anthropogener Polymere* sind sie aber durchaus umweltrelevant.

Die hohen Abscheideraten der Kläranlagen sorgen dafür, dass sich ein Großteil des Mikro- und Makroplastiks im Klärschlamm wiederfindet. Direkte Nachweise sind aufgrund der Konsistenz von Schlämmen, Rechen- und Sandfanggut schwierig. Ob und inwieweit durch die mechanischen und biologischen Prozessschritte bereits innerhalb einer Kläranlage Fragmentierung oder Abbau von Kunststoffen stattfinden, ist bislang nicht untersucht.

In Deutschland erfolgt die Ausbringung von kommunalem Klärschlamm als Düngemittel in der Landwirtschaft heute zu rund 23,5 % der gesamten, anfallenden Klärschlammmenge. Seltener ist die Verwendung von Klärschlamm im Landschaftsbau mit etwas über 10,5 % [BMU]. Zu rund zwei Dritteln wird Klärschlamm thermisch entsorgt. Bei der Verwendung von Klärschlamm in der Landwirtschaft oder als Material im Landschaftsbau können im Klärschlamm enthaltene Kunststoffe durch Niederschläge ausgewaschen werden und sich durch Windereignisse weiter in der Umwelt verbreiten. Vor der Verbrennung wird der Klärschlamm auf den Kläranlagen üblicherweise mechanisch entwässert, häufig geschieht dies mittels Zentrifugen oder Filterpressen. Das entfernte Wasser wird erneut dem Zulauf der Kläranlage zugeführt. Über diesen Weg gelangt ein Teil der Kunststoffe aus dem Klärschlamm erneut in den Reinigungsprozess und zerkleinert sich durch den kontinuierlichen Kreislauf möglicherweise immer weiter.

Ein relevantes Thema im Kontext von Klärschlamm und Mikroplastik ist der Einsatz von Co-Substraten. Co-Substrate sind zerkleinerte Speise- und Lebensmittelreste, die zur Erhöhung der Gasproduktion direkt in den Faulturm gepumpt werden. In den Co-Substraten finden sich gelegentlich Verpackungsreste, die den Kunststoffanteil im Klärschlamm erhöhen könnten. Die Problematik der Co-Vergärung auf Kläranlagen ohne anschließende Verbrennung des Klärschlamms ist spätestens seit den Plastikfunden in und an der Schlei bekannt.

4. Lösungsansätze

In der öffentlichen und politischen Debatte werden – forciert durch die europäische Kunststoffstrategie – eine Vielzahl von Lenkungsmaßnahmen diskutiert. Dabei werden häufig unabhängig von der Lenkungsmaßnahme positive Wirkungen auf eine Kreislaufwirtschaft der Kunststoffe und eine Verringerung der Kunststoffemissionen erwartet. Dies ist allerdings nur sehr eingeschränkt der Fall. Ressourcen- oder Kunststoffsteuern können die Menge des verbrauchten Kunststoffs reduzieren, auf die Kunststoffemissionen werden sie aber nur dann mindernd wirken, wenn es zu einer deutlichen absoluten Reduktion der Kunststoffverwendung kommt, also die Steuer nicht zu einem verstärkten Recycling, sondern zu Konsumverzicht (Suffizienz) führt. Gleichzeitig ist eine Einsparung von einigen Prozent Kunststoff in Bezug auf die heutigen Kunststoffemissionen nicht ausreichend. Steuern können allerdings auch zur Substitution von Kunststoffen durch andere Materialien führen, ob dies aus Sicht einer ganzheitlichen Ressourceneinsparung sinnvoll ist, wird durch stoffbezogene Steuern allerdings nicht berücksichtigt. Dies ist insbesondere bei Werkstoffen für energierelevante Produkte (beispielsweise Wärmedämmungen, Leichtbaukarosserien usw.) von Bedeutung. Durch Steuern, die erneuerbare Rohstoffe ausnehmen, könnte darüber hinaus die Konkurrenz um Biomasse verstärkt werden.

In Bezug auf die Verringerung von Kunststoffemissionen könnten sich Verbote oder Selbstverpflichtungen schnell positiv auswirken. Grundsätzlich stellt sich hier aber die Frage, was genau das Verbot umfasst, welche Substitutionseffekte damit ausgelöst und welche Ansprüche an die Alternativen gestellt werden. So müssten Substitute eine ausreichende Abbaubarkeit, Schadstofffreiheit und eine verbesserte Ökobilanz aufweisen.

Auch in der Nutzungsphase finden sich effiziente Lenkungsmaßnahmen, um beide Ziele zu erreichen. Pfandsysteme haben bereits jetzt zu einer effizienten Reduktion des Litterings beigetragen, sie könnten ausgeweitet werden. Die Mehrwegquote kann sich zwar auf den Kunststoffverbrauch stark mindernd auswirken, bei den Kunststoffemissionen sind die Effekte allerdings eher gering. Interessant sind Maßnahmen zur Verlängerung der Nutzungsdauer beispielsweise bei Reifen, Farben usw. durch sie verringern sich sowohl Kunststoffverbrauch als auch Emissionen in Form von Abrieb und Verwitterung, letztere stehen einer längeren Nutzung häufig entgegen. Längere Nutzungsdauern können z.B. durch eine deutliche Verlängerung von Gewährleistungspflichten oder Reparierbarkeitsgarantien begünstigt werden.

Die Vorgabe von Verwertungsquoten dient der Erhöhung der Recyclingquoten, da es sich aber bislang um Inputrecyclingquoten (*Vorbereitung für das Recycling und die Weiterverwertung*) handelt, weichen sie von der tatsächlichen Recyclingquote und insbesondere von der für eine echte Kreislaufwirtschaft relevanten Größe des Recyclinganteils (*recycled content*) in der Neuproduktion deutlich nach unten ab.

	Produktionsphase			Nutzungsphase			End-of-Life-Phase		
	Ressourcensteuer	Kunststoffsteuer	Verbot von bestimmten Produkten	Pfand unabhängig von Mehrweg oder Einweg	Mehrwegquote (Flaschen, Runderneuerung etc.)	Maßnahmen zur Verlängerung der Nutzungsdauer	Vorgabe von Verwertungsquoten	Plastikmüllabgabe	Beteiligungs-entgelte an Rezyklierbarkeit koppeln
Kreislaufwirtschaft der Kunststoffe forcieren									
Kunststoff-verbrauch reduzieren	+	++	+	0	++	++	0	0	+
Recyclinganteil erhöhen	+	+	0	+	0	+	+	+	++
Kunststoffemissionen reduzieren									
Abrieb und Verwitterung verringern (PMP-B)	0	0	0	0	0	++	0	0	+
intendierte Zugabe verringern (PMP-A)	0	0	++	0	0	0	0	0	0
Littering verringern (Makroplastik, SMP)	0	0	+	++	0	+	0	0	+

++ stark positiver Einfluss, + mäßig positiver Einfluss, 0 kein Einfluss, - negativer Einfluss

Bild 6: Übersicht und vergleichende Bewertung von Lenkungsmaßnahmen in Bezug auf die Kreislaufwirtschaft und Kunststoffemissionen

Quelle: Bertling, Jürgen; Bertling, Ralf; Hamann, Leandra: Kunststoffe in der Umwelt: Mikro- und Makroplastik - Ursachen, Mengen, Umweltschicksale, Wirkungen, Lösungsansätze, Empfehlungen. Kurzfassung der Konsortialstudie, Fraunhofer-Institut für Umwelt-, Sicherheits- und Energietechnik UMSICHT (Hrsg.), Oberhausen, Juni 2018

Die aktuell diskutierte *Plastikmüllabgabe*, soll durch Abgaben auf nicht stoffliche Verwertungswege die Attraktivität des Recyclings erhöhen. Die prinzipielle Rezyklierbarkeit würde sie aber nicht verbessern, so dass ein massives Downcycling die Folge sein könnte. Es bleibt insbesondere unklar, wie der Anteil stofflich nicht rezyklierter Polymere erfasst werden könnte und insbesondere wie den Kunststoffemissionen Abgaben zugeordnet werden könnten.

Eine bessere Option sehen wir in der Förderung von Rezyklierbarkeit durch eine entsprechende avancierte Gestaltung der Beteiligungsentgelte bei den dualen Systemen. Entsprechende Initiativen wären auch bei Reifen, Schuhsohlen usw. denkbar. In diesem Fällen könnten sie auch zu positiven Effekten bei der Emissionsminderung beitragen, weil eine gute Rezyklierbarkeit auch Materialbeständigkeit voraussetzt. Das Littering könnten sie verringern, wenn sich in der Zivilgesellschaft die Sicht durchsetzt, dass ernsthaft und effizient rezykliert wird. Vor diesem Hintergrund ist der *recycled content* im Primärprodukt eine wichtige Schlüsselgröße. Nur durch sie ist auch eine ernsthafte Reduktion des gesamten Kunststoffverbrauchs erzielbar, andernfalls werden Downcycling und Kaskadennutzungen in neuen Anwendungen zu Reboundeffekten führen.

Neben diesen Maßnahmen können weitere Maßnahmen positive Effekte haben, dazu gehören beispielsweise eine Ausweitung der Regulierungen zur Verbringung von Kunststoffabfällen, neue Deponie- oder Einfuhrverbote außerhalb von Deutschland für Kunststoffabfälle. In Bezug auf das Littering ist insbesondere auch zu fragen, warum die Umweltbußkataloge für illegale Abfallentsorgung kaum ausgeschöpft werden und eine aktive Verfolgung durch die Behörden kaum stattfindet.

5. Empfehlungen

Die wichtigsten Quellen für Mikroplastik finden sich im Bereich Gebäude, Verkehr und Infrastrukturen. Hier sollten prioritär Maßnahmen ergriffen werden. Es müssen vor allem Werkstoff- und Produktinnovationen für Langlebigkeit stimuliert werden, um die emittierten Kunststoffmengen zu reduzieren.

Soweit möglich sollte Mikroplastik durch dezentrale Techniken direkt am Ort des Entstehens zurückgehalten werden (z.B. Faserfilter für Waschmaschinen).

Die Reinigung der Infrastrukturflächen von Mikro- und Makroplastik – ohne dabei ökologische Schäden zu verursachen – ist eine der wichtigsten und effizientesten Handlungsoptionen, um die Einträge in die Gewässer zu minimieren.

Die Bewertung und Regulierung von Kunststoffen in der Umwelt muss sich vor allem an der hohen Persistenz und den damit verbundenen Schadwirkungen über sehr lange Zeiträume festmachen.

Die beiden Ziele der Umsetzung einer Kreislaufwirtschaft und die Reduktion von Kunststoffemissionen sind nicht identisch und werden nicht durch jede Lenkungsmaßnahme im gleichen Maße adressiert. Produkte, die häufig gelittert werden, sowie intendiert eingesetztes Mikroplastik, sollten verboten bzw. substituiert werden. Die möglichen Alternativen sind dabei unter dem Aspekt der Abbaubarkeit sowie sonstigen ökologischen Trade-offs kritisch zu evaluieren.

Wo immer logistisch möglich und ökologisch sinnvoll sollte eine Ausweitung der Pfandpflicht (unabhängig von Einweg oder Mehrweg) angestrebt werden. Eine avancierte Ausgestaltung der Beteiligungsentgelte in Bezug auf Rezyklierbarkeit verbessert das Image der Kunststoffe und wird langfristig das Littering verringern.

Eine wichtige Handlungsoption zur Reduktion von Kunststoffemission stellen darüber hinaus Anreizsysteme für Langlebigkeit und Reparierbarkeit dar. Verlängerte Gewährleistungs- und Garantiezeiten wären ein Weg zur Umsetzung.

6. Quellen

[1] Bertling, Jürgen; Bertling, Ralf; Hamann, Leandra: Kunststoffe in der Umwelt: Mikro- und Makroplastik - Ursachen, Mengen, Umweltschicksale, Wirkungen, Lösungsansätze, Empfehlungen. Kurzfassung der Konsortialstudie, Fraunhofer-Institut für Umwelt-, Sicherheits- und Energietechnik UMSICHT (Hrsg.), Oberhausen, Juni 2018

[2] Conversio: Vom Land ins Meer – Modell zur Erfassung landbasierter Kunststoffabfälle (Work in Progress, unveröffentlicht, im Auftrag der BKV GmbH), 2018

[3] Conversio: Stoffstrombild Kunststoffe in Deutschland 2017; verfügbar unter: https://www.bkv-gmbh.de/fileadmin/documents/Studien/Kurzfassung_Stoffstrombild_2017_190918.pdf; Letzter Zugriff: 03.01.2018

[4] Jambeck, J. R., R. Geyer, und C. Wilcox. 2015. Plastic waste inputs from land into the Ocean. Science 347 (6223): 764–768. doi: 10.1126/science.1260879.

[5] NOAA. 2018. What are microplastics?; https://oceanservice.noaa.gov/facts/microplastics.html. Letzer Zugriff: 12.06.2018.

Ansprechpartner

Foto: Fraunhofer UMSICHT/ Köhring PR-Fotografie

Dipl.-Ing. Jürgen Bertling
Fraunhofer UMSICHT
Projekt- und Strategieentwicklung Werkstoffe und Nachhaltigkeit
Bereich Produkte
Osterfelder Straße 3
46047 Oberhausen, Deutschland
+49 208-8598-1168
juergen.bertling@umsicht.fraunhofer.de

Maßnahmen und Lösungen gegen die Verschmutzung der Meere mit Kunststoffen

Stefanie Werner

Neben anderen Schlüsselthemen wie den Konsequenzen des Klimawandels stellt die Belastung der Meere mit anthropogenem Müll eines der wichtigsten Umweltprobleme unserer Zeit dar. Über die damit verbundenen negativen Auswirkungen auf die marine Biodiversität wird seit mittlerweile vier Jahrzehnten berichtet [11]. Als Meeresmüll wird in diesem Zusammenhang jeder beständige vom Menschen hergestellte Feststoff bezeichnet, welcher in den Küsten- und Meeresgewässern weggeworfen, entsorgt oder verloren wurde einschließlich Materialien, die von Land aus durch Flüsse, Entwässerung, Kanalisation oder Winde in die Meeresumwelt gelangen [13].

Obwohl sich die Müllfunde im Meer aus vielen Materialien inklusive Metall, Holz, Gummi, Glas und Papier zusammensetzen, dominieren bei Weitem Kunststoffe. Die Massenproduktion von Kunststoffen startete Mitte des letzten Jahrhunderts, was sich über ihr Vorhandensein in Erdsedimenten verifizieren lässt [19]. Neben großen Müllteilen wie Plastiktüten oder -flaschen werden auch regelmäßig Mikroplastikteilchen in Wasserkörpern, Sedimenten und marinen Lebewesen nachgewiesen. Meeresmüll ist ein komplexes Problem, welches schwerwiegende Auswirkungen für Meereslebewesen und -habitate und hohe Kosten für die Gesellschaft auslöst.

1. Wo kommt der Müll her?

Mitte der 50er Jahre des vergangenen Jahrhunderts wurden jährlich weltweit 1,5 Millionen Tonnen Kunststoffe produziert. Im Jahr 2016 wurden insgesamt 348 Millionen Tonnen hergestellt, was der mehr als 230-fachen Menge entspricht, PET-, PA- und Polyacrylfasern sind davon noch ausgenommen. Rund 25,8 Millionen Tonnen Kunststoffmüll fällt jährlich in Europa an, wovon weniger als 30 Prozent für Recycling gesammelt wird. Signifikante Mengen davon verlassen die EU, um in Drittländern mit intransparenten Umweltstandards behandelt zu werden [5]. 30 bis 40 Prozent der produzierten Kunststoffe werden für Einwegprodukte verwendet. Das spiegelt sich in der Meeresumwelt wieder: durchschnittlich dreiviertel der Müllfunde an europäischen Stränden bestehen aus Kunststoffen, an Stränden der deutschen Nordsee waren es im letzten Untersuchungszeitraum sogar 88,6 Prozent. 50 Prozent der Gesamtfunde bestehen aus Einwegkunststoffprodukten (Bild 1).

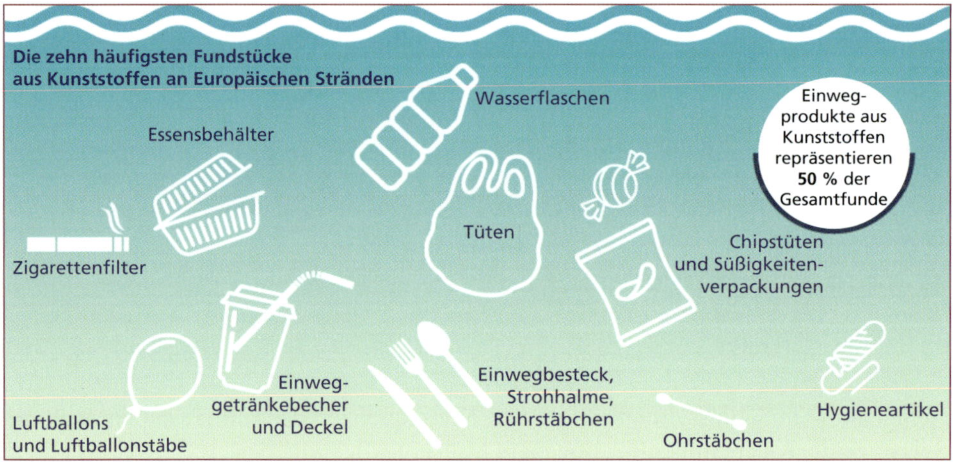

Bild 1: Die zehn häufigsten Fundstücke aus Kunststoffen an europäischen Stränden

Quelle: JRC, 2017

Eine ähnliche Dominanz wird bei Funden auf dem Meeresboden und in Biota beobachtet. Um bei dem Beispiel der deutschen Nordsee zu bleiben: pro Quadratkilometer Meeresboden findet sich hier bis zu 11,5 kg Müll, 83,9 Prozent davon sind Kunststoffe. 94 Prozent der Mägen tot gefundener Eissturmvögel enthalten Kunststoffteile – im Durchschnitt 38 Stück (BMU, MSRL Folgebewertung, in Vorbereitung). Infolge ihres zumeist geringen Gewichtes können Kunststoffteile mittels Meeresströmungen über lange Distanzen transportiert werden – sie sind allgegenwärtig und finden sich an den Polen und am Äquator, an der Meeresoberfläche und in der Tiefsee, in Flüssen und Seen und in Küstengewässern (Bild 2).

Bild 2:

Treibender Müll vor Kreta

Quelle: Stefanie Werner

Unzureichende Konzepte zur Abfallvermeidung, mangelnde Produzentenverantwortung, inadäquates Abfall- und Abwassermanagement, fehlendes Bewusstsein der Konsequenzen achtloser Entsorgung von Müll in der Umwelt, ein kurzer Lebenszyklus vieler Produkte in Kombination mit hohen Konsumraten, die Langlebigkeit von Kunststoffen und ihre Nutzung in Anwendungen auf See insbesondere in der Fischerei und Schifffahrt sind wesentliche Gründe, warum eine signifikante Menge der weltweit produzierten Kunststoffe in die Umwelt und als finale Senken in die Meere gelangt [16].

So modellierte Jambeck et al. [6] für das Jahr 2010 für 192 Staaten mit Meereszugang weltweit ein Gesamtaufkommen von 3,5 Milliarden Tonnen fester Abfälle, darunter 275 Millionen Tonnen Kunststoffabfälle. Infolge Missmanagements wurden acht Millionen Tonnen Kunststoffmüll in die angrenzenden Meere eingetragen. Basierend auf diesen Erkenntnissen wird momentan von einem jährlichen Kunststoffeintrag in die Weltmeere von 5 bis 13 Millionen Tonnen ausgegangen, was 1,5 bis 4 Prozent der jährlichen Gesamtproduktion entspricht [5]. Lebreton et al. [8] ermittelte weiterhin einen jährlichen Eintrag von Plastikmüll in die Meere durch Flüsse in Höhe von 1,15 bis 2,41 Millionen Tonnen, wobei 74 Prozent der Emissionen zwischen Mai und Oktober stattfinden.

2. *Müllstrudel* vielerorts

Meeresgebiete, in denen Müll infolge des vorherrschenden Strömungsregimes in der oberen Wassersäule akkumuliert, sind besonders in das öffentliche Bewusstsein gelangt. Das größte davon betroffene Areal befindet sich im Nordpazifik und wird etwas irreführend als Nordpazifischer Müllstrudel bezeichnet, es reicht von der Westküste Nordamerikas bis nach Japan. Ein Forscherteam beprobte diese Akkumulationsgebiete weltweit und ermittelte 5,25 Trillionen Plastikpartikel mit einem Gesamtgewicht von 270.000 Tonnen, die an der Oberfläche der Weltmeere treiben. Im Vergleich zu den Eintragsmengen erscheint das zwar vergleichsweise wenig, dabei gilt es allerdings zu beachten, dass Müllteile, die gesunken sind oder durch Meereslebewesen aufgenommen wurden, hiervon noch nicht berücksichtigt sind. Verfügbare Daten zeigen, dass etwa 70 Prozent des Kunststoffmülls in den Meeren auf den Boden sinkt, auch infolge des Bewuchses durch Mikroorganismen. Law et al. [7] wertete Daten von mitgefischtem Müll aus Fischereioperationen im Nordatlantik aus und ermittelte dabei bis zu 580.000 Partikel pro Quadratkilometer Meeresboden.

Der oben bereits erwähnte Eissturmvogel, ein kleiner Verwandter des Albatros, ernährt sich ausschließlich auf See und verwechselt dabei regelmäßig Müllteile mit Nahrung. Van Franeker [14] konnte nachweisen, dass die Vögel allein im Nordseeraum ungefähr sechs Tonnen Kunststoffe aufnehmen und teilweise andernorts wieder ausscheiden. Im globalen Maßstab werden auf diese Art und Weise viele Tonnen Kunststoffe durch Meereslebewesen umverteilt. Daten, um die biologische Degradation von synthetischen Polymeren durch Mikroorganismen zu quantifizieren, liegen momentan noch nicht vor.

3. Verfallsdatum: 2618

Die meisten Touristen nehmen Müll an ihren Urlaubszielen lediglich als ästhetische Störung wahr. Für viele Meereslebewesen bedeutet er allerdings eine ernsthafte Gefahr für ihre Gesundheit und oft sogar für ihr Überleben. Nach jetzigem Wissenstand kann die Zersetzung von Kunststoffen im Meer durch physikalische, chemische und biologische Prozesse bis zu Jahrhunderte benötigen. Je kleiner die Teilchen, je mehr Arten von Meereslebewesen können sie potenziell verschlucken/aufnehmen: vom Primärproduzenten bis zum großen Räuber – das gesamte Nahrungsnetz ist betroffen. Laut dem World Wildlife Found [18] wurden in der Ostsee im Jahr 2011 zwischen 5.000 bis 10.000 Stellnetze verloren oder zurückgelassen, welche danach herrenlos mit 6 bis 20 % ihrer ursprünglichen Kapazität als sogenannte Geisternetze weiter fischen und töten. Stellnetze bestehen aus Nylon und benötigen damit bis zu 600 Jahre für die Zersetzung [13]. Verheddern und strangulieren sich Meereslebewesen zunächst in Geisternetzen, werden diese mit der Zeit irgendwann zu Mikroplastik und damit bioverfügbar.

4. Meereslebewesen leiden

Eine aktuelle Literaturauswertung zeigt, dass mittlerweile 817 marine Arten von negativen Interaktionen mit Meeresmüll betroffen sind. Für mehr als die Hälfte wurde das Verheddern/Strangulieren und das Verschlucken/die Aufnahme von Müllteilen dokumentiert. Etwa 17 Prozent dieser Arten stehen auf der Roten Liste der Weltnaturschutzunion (IUCN) oder sind als bedroht oder gefährdet eingestuft. Zwar sind Auswirkungen auf Populationsebene erst in einigen Fällen nachgewiesen, doch ist es unvermeidlich, dass die bekannten Effekte eine Verschlechterung des physischen Zustands der betroffenen Individuen bedeuten und eine weitaus größere Anzahl von Meerestieren von noch nicht dokumentierten sub-lethalen Effekten betroffen ist. Jedes Jahr werden Millionen von Meereslebewesen durch Müll im Meer geschwächt, verstümmelt und getötet. Dabei bergen insbesondere Verpackungsmaterialien wie Schnüre und Folien sowie Fischereiutensilien ein hohes Risiko. Seile, Taue und Netze sind für 57 Prozent der Interaktionen von Meereslebewesen mit Müll verantwortlich, gefolgt von Fragmenten (10 Prozent), anderen Fischereiutensilien (8 Prozent) und Mikroplastik (6 Prozent) [1]. Ein Beispiel ist der nördliche Basstölpel, ein Seevogel, der treibenden Müll auf dem offenen Meer für seinen Nestbau sammelt. Die weltweit größte Brutkolonie befindet sich auf Grassholm (Wales, Großbritannien) mit etwa 40.000 Brutpaaren. Voteriera et al. [15] konnten zeigen, dass die Nester im Durchschnitt 470 Gramm Kunststoffe enthalten, was hochgerechnet für die Kolonie 18,6 Tonnen bedeutet. Besonders häufig waren dabei Netzreste, Seile, Scheuerschutz von Schleppnetzen, Schnüre und Verpackungen zu beobachten, was sich mit den Beobachtungen auf der deutschen Nordseeinsel Helgoland deckt, wo 97 Prozent der Nester der Basstölpelbrutkolonie Kunststoffe enthalten. Die Sterblichkeit der Vögel während der Brutsaison ist hier infolge des Verhedderns und Strangulierens in Müllteilen zwei- bis fünfmal höher als normalerweise ([3], Bild 3).

Bild 3: Strangulierter Basstölpel auf Helgoland

Quelle: Peter Hübner

Das Aufnehmen/Verschlucken von Müllteilen kann ein Verhungern mit gefülltem Magen aufgrund eines anhaltenden Sättigungsgefühls, innere Verletzungen oder Blockaden des Verdauungstraktes und die geringe Einlagerung von Körperfett nach sich ziehen. Darüber hinaus enthalten Kunststoffe oft toxische oder hormonell wirksame Chemikalien – diese Stoffe gelangen mit den aufgenommenen Partikeln in den Organismus. Kleine planktonische Organismen in Akkumulationsgebieten sind hierbei von besonderer Bedeutung, da sie die Basis des marinen Nahrungsnetzes darstellen. Beispielsweise im nordwestlichen Mittelmeer wurde ein Verhältnis von zwei Mesozooplanktontierchen auf ein Mikroplastikteilchen nachgewiesen, die Gefahr der Verwechselung mit Nahrung ist für Organismen, die sich von Zooplankton ernähren, dementsprechend hoch [2].

Darüber hinaus kann Müll im Meer als Vektor für den Transport von nicht einheimischen, darunter auch invasiven Arten fungieren, Meereshabitate schädigen, den Meeresboden verhärten und die Zusammensetzung von Lebensgemeinschaften verändern. Ein weiterer nicht zu vernachlässigender Aspekt betrifft das Tierwohl bzw. den Tierschutz. Meeresmüll birgt Schädigungspotenzial für viele marine Arten, akute Auswirkungen können minutenlange Qualen sein, während chronische Auswirkungen das Leiden für Tiere über Zeiträume bis zu Jahren bewirken können. Auch die sozioökonomischen Auswirkungen sind vielfältiger Art. Neben ästhetischen Beeinträchtigungen und damit Schädigung der Tourismusbranche interferieren Müllteile mit der Schifffahrt, indem z.B. Propeller blockiert werden, kontaminieren Fischfänge, blockieren Pumpensysteme z.B. in Kraftwerken und Aquakulturanlagen, verletzen an der Küste grasende Nutztiere, stellen eine Gefahr für die menschliche Gesundheit dar (z.B. Verletzungen durch Strandmüll und Verheddern von Tauchern) und verschmutzen Strände, Häfen und Marinas, was mit signifikanten Reinigungskosten für die lokalen Kommunen verbunden ist. So liegen die jährlichen Reinigungskosten in europäischen Ländern bei 3.000 bis 65.000 Euro pro Kilometer Strandlinie [16].

Häufig thematisiert werden weiterhin die potenziellen Folgen für die menschliche Gesundheit durch die Aufnahme von Mikroplastik und assoziierten Chemikalien durch Fische und Meeresfrüchte. Auf der Basis bisheriger Erkenntnisse ist das Risiko der Anreicherung von Chemikalien im menschlichen Organismus über diesen Eintragspfad allerdings als eher gering einzustufen [4].

5. Lösungsansätze

Der Eintrag von Müll in die Weltmeere ist weitestgehend unseren vorherrschenden Produktions- und Konsummustern geschuldet [9]. Sinnvolle Reinigungs- und gleichzeitig bewusstseinsbildende Maßnahmen sind beispielsweise Fishing-for-Litter Initiativen, bei denen Fischer mit haltbaren Säcken ausgestattet werden, um den Müll, den sie in ihren Netzen mitfangen, an Bord zu verstauen. Im Hafen stehen entsprechende Container bereit, um den beigefangenen Müll kostenlos und mit wenig Aufwand zu entsorgen. Grundsätzlich kann das Entfernen von Müll aus der Meeresumwelt aber immer nur kleine Mengen erfassen, ist zeit- und kostenintensiv und birgt zusätzliche ökologische Risiken wie beispielsweise den Beifang von Meeresorganismen und die Schädigung von Lebensgemeinschaften und Habitaten. Daher ist die Vermeidung weiterer Einträge das Gebot der Stunde. Die Einsparung von Ressourcen z.B. in Form unnötiger oder übertriebener Verpackungen, die Verlängerung der Lebensdauer von Produkten, das Festlegen gesetzlich verbindlicher Recyklatquoten, die verstärkte Etablierung von Systemen zur erweiterten Produzentenverantwortung, eine adäquate Abfall- und Abwasserbewirtschaftung, die auch die Aspekte Niederschlagseinleitungen und Klärschlamm adressiert, die Modifikation von Produkten oder deren Substitution durch andere Materialien und konsequente Bewusstseinsbildung sollten im Zentrum von resolutem Handeln stehen. In Zeiten globalisierter Märkte müssen Produzenten verpflichtend dafür Sorge tragen, dass ausreichende Abfallsammel- und Entsorgungsmöglichkeiten in den Ankunftsländern ihrer Exporte zur Verfügung stehen oder etabliert werden. Schlecht bewirtschaftete und illegale Landdeponien sind nach wie vor ein großes Problem in vielen Ländern, hier müssen Standards durchgesetzt werden, um zu verhindern, dass Verwehungen von Müll in die Umwelt stattfinden, die landseitige Verbringung von Kunststoffabfall auf Deponien sollte generell hinterfragt und perspektivisch verboten werden, so wie es in Deutschland bereits gängige Praxis ist. Der Einsatz von Kunststoffen muss neu überdacht werden, Stichworte sind insbesondere ein entsprechendes Produktdesign zur Vermeidung von Einträgen in die Umwelt und zur Förderung von Stoffkreisläufen, die Revision von Regelwerken, die dem sparsamen Einsatz von Kunststoffen im Wege stehen, Langlebigkeit und Reparaturfähigkeit von Produkten sowie Eindämmung von geplanter technischer Obsoleszenz und die Vermeidung von Einweganwendungen, wo immer möglich. Ein wesentlicher Aspekt betrifft den intransparenten Einsatz von Zusatzstoffen (Additiven), um bestimmte Produkteigenschaften zu generieren. Hier ist komplettes Umdenken vonnöten, sollte jemals eine wahre Kreislaufwirtschaft realisiert werden. Die Vielzahl dieser zugegeben Substanzen, darunter Weichmacher und Flammschutzmittel, verhindern ein ökoeffizientes Recycling. Da der Entsorger nicht weiß, was die Abfälle enthalten, können die Kunststoffe nicht in hoher Qualität re- sondern nur down-cycled werden.

Bioabbaubare Kunststoffe stellen momentan noch keine Lösung dar, um konventionelle Kunststoffe zu ersetzen, da sie sich lediglich unter bestimmten industriell erzeugten Bedingungen schneller zersetzen (z.B. konstant hohen Temperaturen), nicht aber in der unwirtlichen Meeresumwelt. Daher ist auch noch kein Standard verfügbar, der eine Zertifizierung in diesem Sinne erlaubt.

Mit Blick auf seebasierte Eintragsquellen kann eine hundertprozentige Einpreisung der Abfallentsorgungsgebühren in die allgemein zu entrichtenden Hafengebühren (No-Special-Fee System) helfen, die illegale Verbringung von Müll in die Meere zu verhindern. Weiterhin müssen aber auch adäquate Abfallentsorgungsstrukturen für den anfallenden Müll im Hinterland etabliert werden und Inspektionen auf See und damit verbundene Strafzahlungen bei Verstößen intensiviert werden. Die Entfernung von Geisternetzen aus den Meeren kann mittels digitaler Markierung von Netzen unterstützt werden.

Nicht zuletzt muss das Thema Meeresmüll in der allgemeinen Bildung verankert und in Schulen, Universitäten, aber auch der professionellen Ausbildung der verursachenden Sektoren vermittelt werden. Nur so erlangt jeder Einzelne die Wissensbasis, um die Folgen achtloser Entsorgung von Müll in der Umwelt zu begreifen und diese in Folge zu unterlassen und zu ächten.

Politisch ist das Thema mittlerweile hoch aufgehängt. Auf globaler Ebene sind die Strukturen, Instrumente und Organisation der Vereinten Nationen (UN) von zentraler Bedeutung. Die UN 2030 Agenda für Nachhaltige Entwicklung, der sowohl die EU als auch die EU Mitgliedsstaaten verpflichtet sind, listet 17 Ziele (Sustainable Development Goals, SDGs) als Basis für nationale Entwicklungspläne. SDG 14 adressiert das Leben unter Wasser – Ozeane, Meere und Meeresressourcen sind im Sinne nachhaltiger Entwicklung zu erhalten und zu nutzen. Bis 2025 soll jegliche Art von Meeresverschmutzung inklusive Meeresmüll und Überdüngung, vor allem durch landbasierte Aktivitäten, verhindert bzw. signifikant reduziert werden. Doch auch viele der anderen Ziele weisen einen direkten Bezug zu Meeresmüll auf. SDG 2 adressiert die Beendigung des Hungers, die Gewährleistung von Ernährungssicherheit und eine nachhaltige Landwirtschaft. Meeresmüll stellt eine Gefahr für produktive Ökosysteme dar, insbesondere verlorene und verlassene Fischereigeräte, auch Geisternetze genannt, die herrenlos über lange Zeiträume weiter fischen und töten, wirken sich auf Fischbestände direkt negativ im Sinne der Nahrungssicherheit aus. SDG 3 fordert ein gesundes Leben und Wohlergehen für alle Altersklassen. Meeresmüll stellt eine Gefahr für die menschliche Gesundheit dar. Durch Beeinträchtigung der Navigationssicherheit infolge treibenden Mülls hat beispielsweise die US Küstenwache im Jahr 2005 269 Bootsunfälle mit 15 Toten und 116 Verletzten registriert. SDG 6 beschäftigt sich mit der Verfügbarkeit und nachhaltigen Bewirtschaftung von Wasser und einer Sanitärversorgung für alle. Insbesondere die Kunststoffbelastung der Binnengewässer gefährdet den Zugang zu sauberem Wasser, die Flüsse sind ein signifikanter Eintragspfad für Müll unter anderem aus Abwasser- und Niederschlagseinleitungen. SDG 8 fokussiert auf ein dauerhaftes und nachhaltiges Wirtschaftswachstum, produktive Vollbeschäftigung und menschenwürdige Arbeit. Schnelles Wirtschaftswachstum insbesondere in Schwellenländern ohne adäquate Abfallentsorgung- und -verwertung führt jedoch zu hohen Einträgen von Müll in die Umwelt. SDG 12 adressiert die Notwendigkeit nachhaltiger Konsum- und Produktionsmuster und fordert eine signifikante Reduktion anfallender Abfälle. Dem stehen die beständig wachsenden Produktionsmengen von Kunststoffen entgegen.

Neben den SDGs sind folgende UN-Übereinkommen, Organisationen und Strukturen besonderes relevant:

- das Seerechtsübereinkommen (UNCLOS) als legales Rahmenwerk für alle Aktivitäten auf See mit der Vorgabe, die notwendigen Maßnahmen zu ergreifen, um die Verschmutzung der marinen Umwelt aus allen Quellen zu verhindern, zu reduzieren und zu kontrollieren;
- die Schifffahrtsorganisation (IMO) zur Regulierung der Schifffahrt inklusive Stofeinträgen, welche momentan an einem Aktionsplan zu Mülleinträgen durch die Schifffahrt arbeitet;
- die Basel und Stockholm-Konventionen als international verbindliche Instrumente, um insbesondere landbasierte Einträge zu regeln, hierüber sollen auch Quantitäten und Gefährdungen über den gesamten Lebenszyklus von Kunststoffen adressiert werden;
- die Expertengruppe zu wissenschaftlichen Aspekten des Meeresumweltschutzes (GESAMP) als Beratungsorgan für das UN-System arbeitet momentan an Richtlinien zur Terminologie und zu Methoden für die Probenahme und Analyse vom Makro- und Mikrokunststoffen, dem Auftreten und den Effekten von Nanokunststoffen und der Rolle von Kunststoffen als Vektor für einwandernde Arten;
- die Ernährungs- und Landwirtschaftsorganisation (FAO), hat 2018 freiwillige Richtlinien zur Markierung und damit Wiederauffindung verlorener Fischereigeräte veröffentlicht;
- die Weltgesundheitsorganisation (WHO) verfasst momentan ein Beratungsdokument zu Mikroplastik in Trinkwasser;
- die Weltbank als erklärter unabhängiger Baustein des UN Systems beschäftigt sich seit 2015 gezielt mit Abfallmanagement, um die land-basierte Verschmutzung der marinen Umwelt mit Kunststoffmüll zu reduzieren;
- das globale Aktionsprogramm für den Schutz der Meeresumwelt vor land-basierten menschlichen Aktivitäten, welches als eines von drei Multi-Stakeholder Prozessen das *Global Partnership on Marine Litter* als Antwort auf Rio +20 eingerichtet hat.

Trotz dieser vielfältigen Bemühungen wurde auf der UN-Umweltversammlung (UNEA) 2017 eine Bewertung des bestehenden Regelwerks gefordert mit dem Ziel, rechtliche Vorgaben zu entwickeln und zu implementieren, die Verbote und Verminderung der weiteren Kunststoffproduktion und hierbei insbesondere von Einweganwendungen ermöglichen. In der Tat muss man sich fragen, ob der bislang verfolgte Ansatz der Weltgemeinschaft, auf Freiwilligkeit zu setzen, angesichts des Ausmaßes der Kunststoffvermüllung der Umwelt noch zu verantworten ist, oder ob nicht vielmehr die Zeit gekommen ist, einen völkerrechtlichen Vertrag im Sinne eines weltweiten Plastik-Abkommens auszuhandeln – ein Ansatz, der zunehmend diskutiert wird [10].

Auf europäischer Ebene sind neben der Umsetzung der EU Meeresstrategie-Rahmenrichtlinie, auf die weiter unten eingegangen wird, folgende aktuelle Entwicklungen besonders wichtig:

- die Europäische Strategie für Kunststoffe in einer Kreislaufwirtschaft, die 2018 als Teil des Kreislaufwirtschaftspakets veröffentlicht wurde und eine Vielzahl an rechtlichen und nichtrechtlichen Maßnahmen listet, darunter eine potentielle Beschränkung von primärem Mikroplastik und oxo-abbaubaren Kunststoffen durch REACH;
- die EU Richtlinie über Hafenauffangseinrichtungen für Schiffsabfälle und Ladungsrückstände wurde gerade im Rahmen des Kreislaufwirtschaftspakets überarbeitet und sieht nun neben einem Mix aus Anreiz- und Kontrollmechanismen die Deckung der Kosten für die Entsorgung von Abfällen in den Häfen inklusive gefischter Abfälle über ein No-Special-Fee System unabhängig von der abgelieferten Menge vor;
- der Legislativvorschlag der EU-Kommission zu Einwegprodukten und Fischereigerät, der mittlerweile von Rat und Parlament bestätigt wurde und mit Blick auf besonders häufige Müllfunde in der Meeresumwelt Verbote, Reduktionsziele und Maßnahmen zur Erweiterten Produzentenverantwortung vorsieht;
- die EU Abfallrahmenrichtlinie und die EU Verpackungsrichtlinie, die ebenfalls einen Überarbeitungsprozess durchlaufen haben und nun Recyclingquoten für kommunale Abfälle in Höhe von 65 Prozent und für Kunststoffverpackungsabfälle in Höhe von 55 Prozent bis 2013 vorsehen, zusätzlich muss eine direkte Bezugnahme von Maßnahmen gegen Meeresmüll im Rahmen der Abfallbewirtschaftungs- und Vermeidungsprogramme erfolgen;
- die EU Deponierichtlinie, ebenfalls aktuell überarbeitet, sieht nun vor, dass alle Abfälle, die sich für ein Recycling oder eine andere Form der Rückgewinnung eignen, bis 2030 nicht mehr auf Deponien verbracht werden dürfen;
- die EU Richtlinie über die Behandlung von kommunalem Abwasser, in deren Rahmen momentan die Effektivität der Rückhaltung von Mikroplastik innerhalb der Behandlung von Abwässern, Niederschlagseinleitungen und Klärschlamm untersucht wird;
- die EU Wasserrahmenrichtlinie, momentan ebenfalls im Prozess der Überarbeitung, soll Bezug auf Makro- und Mikromüll nehmen, da dadurch die Wasserqualität und damit der gute ökologische Status von Binnengewässern beeinträchtigt wird.

Von besonderer Bedeutung für die praktische Prävention und Reduzierung von Meeresmüll sind die Aktionspläne, die auf regionaler Ebene 2014 und 2015 im Rahmen der Meeresschutzübereinkommen für den Nordostatlantik (OSPAR) und die Ostsee (HELCOM) verabschiedet wurden. Beide Pläne wurden unter deutscher Federführung erarbeitet und sehen zahlreiche Maßnahmen in verschiedenen Themenbereichen vor, wobei je nach Region unterschiedliche Schwerpunkte gesetzt sind, die sich an den Haupteintragswegen und häufig auftretenden Meeresmüllarten orientieren. Sie adressieren die wesentlichen land- und seebasierten Eintragsquellen, die Entfernung von Müll aus der Meeresumwelt sowie Bewusstseinsbildung und Öffentlichkeitsarbeit.

Laut EU Meeresstrategie-Rahmenrichtlinie (2008/56/EG, MSRL) soll ein guter Umweltzustand der Meeresgewässer bis 2020 erreicht oder wenn schon vorhanden, erhalten werden. Ein guter Umweltzustand in Bezug auf Meeresmüll (Deskriptor 10, Anhang I) liegt dann vor, wenn die Eigenschaften und Mengen der Abfälle im Meer keine schädlichen Auswirkungen auf die Küsten- und Meeresumwelt haben. Die Implementierung der MSRL umfasst die Aufstellung von Maßnahmenprogrammen, um den guten Umweltzustand zu erreichen (Tabelle 1).

Tabelle 1: National vorgesehene Maßnahmen gegen Meeresmüll (Deskriptor 10) der EU Meeresstrategie-Rahmenrichtlinie

Landbasierte Einträge	Seebasierte Einträge	Bewusstseinsbildung
UZ5-02: Modifikation/Substitution von Produkten unter Berücksichtigung einer ökobilanzierten Gesamtbetrachtung	UZ5-05: Müllbezogene Maßnahmen zu Fischereinetzen und -geräten	UZ5-01: Verankerung des Themas Meeresmüll in Lehrzielen, -plänen und -material
UZ5-03: Vermeidung des Einsatzes von primären Mikroplastikpartikeln	UZ5-06: Etablierung des Fishing-for-Litter-Konzepts	
UZ5-04: Reduktion der Einträge von Kunststoffmüll, z.B. Plastikverpackungen in die Meeresumwelt	UZ5-07: Reduzierung bereits vorhandenen Mülls im Meer	
UZ5-08: Reduzierung des Plastikmüllaufkommens durch lokale ordnungsrechtliche Vorgaben		
UZ5-09: Reduzierung der Emission und des Eintrags von sekundären Mikroplastikpartikeln		

Die regionalen Aktionen und nationalen Maßnahmen sind nicht nur eng verschnitten, die Pläne stellen zudem geeignete Instrumente für die effektive Einbindung aller betroffenen Stakeholder dar. In Deutschland geschieht das über den Runden Tisch Meeresmüll (www.muell-im-meer.de). Indem das Meer als finale Senke für Müll betrachtet und damit die komplexen Ursachen von Meeresmüll berücksichtigt werden, generieren sie einen Mehrwert zu bestehenden sektoralen Ansätzen. Die Vermeidung und Wiederverwertung von Kunststoffabfällen u.a. durch adäquates Abfallmanagement haben innerhalb dieser Aktionspläne eine zentrale Rolle inne: neben der Benennung von Lücken im System, die die Einträge von Müll in die Meere bedingen steht Erfahrungsaustausch und Wissenstransfer im Fokus, um den Zusammenhang von funktionierendem Abfallmanagement und Meeresmüll der weiten Öffentlichkeit, Politik, Wissenschaft und dem kommerziellen Sektor zu vermitteln.

6. Literatur

[1] CBD – Secretariat of the Convention on Biological Diversity (2016): Marine Debris Understanding, Preventing and Mitigating the Significant Adverse Impacts on Marine and Coastal Biodiversity, Montreal, Technical Series No. 83, 78 pages

[2] Collignon, A.; Hecq, J.; Galgani, F.; Voisin, P.; Collard, F.; Goffart, A. (2012): Neustonicmicroplastic and zooplankton in the North Western Mediterranean Sea. Marine Pollution Bulletin 64, 861-864

[3] Dürselen et al. (in Veröffentlichung). Endbericht des UBA F&E-Vorhabens: Kohärentes Monitoring der Belastungen deutscher Meeres- und Küstengewässer mit menschlichen Abfällen und der ökologischen Konsequenzen mit weiterem Fokus auf eingehende Identifizierung der Quellen

[4] EFSA Statement on presence of microplastics and nanoplastics in Food, with particular focus on seafood. (2016). By EFSA Panel on Contamination in the Food Chain (CONTM), EFSA Journal: 14(6): 4501

[5] European Strategy for Plastics in a Circular Economy. (2018). Communication from the Commission to the european parliament , the council , the european economic and social committee ant the committee of the regions {SWD(2018) 16 final}

[6] Jambeck, J.R.; Geyer, R.; Wilcox, C.; Siegler, T.R.; Perryman, M.; Andrady, A.; Narayan, R.; Law, K.L. (2015): Plastic waste inputs from land into the ocean. Marine Pollution Bulletin 347, pp. 768-771

[7] Law, K.L.; Moret-Ferguson, S.; Maximenko, N.A.; Proskurowski, G.; Peacock, E.E.; Hafner, J.; Reddy, C.M. (2010): Plastic Accumulation in the North Atlantic Subtropical Gyre. Science 329(5996): 1185-1188

[8] Lebreton, L.C.M.; van der Zwet, J.; Damsteeg, J.-W.; Slat, B.; Andrady, A.; Reiser, J. (2017): River plastic emissions to the word oceans. Nature Communications 8: 15611 (2017) doi: 10.1038/ncomms15611

[9] OSPAR. (2013): Regional Action Plan on Marine Litter: https://www.ospar.org/workareas/ eiha/marine-litter/regional-action-plan

[10] Simon, N.; Schulte, L. (2017): Stopping Global Plastic Pollution: The Case for an International Convention. Heinrich Böll Stiftung. Publication Series Ecology, Volume 43

[11] Sutherland, W.; Clout, M.; Cote, I.; Depledge, M.; Fellman, L.; Watkinson, A. (2010): A horizon scan of global conservation issues for 2010. Trends in Ecology & Evolution, 25, 1–7

[12] Ten Brink, P.; Lutchman, I.; Bassi, S.; Speck, S.; Sheavly, S.; Register, K.; Woolaway, C. (2009): Guidelines on the use of market-based instruments to address the problem of marine litter. Institute for European Environmental Policy IEEP), Brussels, Belgium, and Sheavly Consultants, Virginia Beach, Virginia, USA, 1-60

[13] UNEP (2005): Marine Litter, An analytical overview. United Nations Environment Programme (UNEP), Nairobi, 47 p

[14] Van Franeker, J.A. (2011): *Plastic soep komt op ons bord*, Milieu 2011 (6), S. 8-11

[15] Votiera, S.C.; Archibalda, K.; Morganb, G.; Morganb, L. (2010): The use of plastic debris as nesting material by a colonial seabird and associated entanglement mortality. Marine Pollution Bulletin 62: 168-172

[16] Werner, S.; Dau, K.; Neumann, J.; Stoefen O´Brien, A. unter Mitwirkung der Beteiligten des Runden Tisches Meeresmüll. (2017): Ein Jahr Runder Tisch Meeresmüll. www.muell-im-meer.de

[17] Werner, S.; Budziak, A.; van Franeker, J.; Galgani, F.; Hanke, G.; Maes, T.; Matiddi, M.; Nilsson, P.; Oosterbaan, L.; Priestland, E.; Thompson, R.; Veiga, J.; Vlachogianni, T. (2016): Harm caused by marine litter. MSFD GES TG Marine Litter – Thematic Report; JRC Technical report; EUR 28317 EN; doi: 10.2788/690366

[18] WWF Poland (2011): Ecological effects if ghost net retrieval in the Baltic Sea. Pilot Project: Collecting ghost nets. Final report. BalticSea2020

[19] Zalasiewicz, J.; Waters, C.N.; do Sul, I.; Corcoran, P.; Barnosky, A.D.; Cearreta A.; Edgeworth M.; Galuszka, A.; Jeandel, C.; Leinfelder, R.; McNeill, J.R.; Steffen, W.; Summerhayes, C.; Wagreich, M.; Williams, M.; Wolfe, A.P.; Yonan, Y. (2016): The geological cycle of plastics and their use as a stratigraphic indicator of the Anthropocene. Science Direct, Volume 13, Pages 4-17

Ansprechpartner

Stefanie Werner
Umweltbundesamt
Fachgebiet II 2.3 Meeresschutz
Wörlitzer Platz 1
06844 Dessau-Roßlau, Deutschland
+49 340-21032221
stefanie.werner@uba.de

Harmonisierung von Untersuchungsverfahren für (Mikro-)Plastik in der Umwelt

Ulrike Braun und Claus G. Bannick

Die steigende Präsenz von unabsichtlich in die Umwelt gelangten Kunststoffen erfährt in den letzten Jahren weltweit ein zunehmendes gesellschaftliches, politisches und wissenschaftliches Interesse [10, 25, 27]. Besondere Aufmerksamkeit erfahren Kunststoffpartikel kleiner 5 mm, sogenanntes Mikroplastik. Die Begrifflichkeiten Plastik und Mikroplastik adaptieren den englischen Begriff *plastics* und sind umgangssprachliche Begriffe für Kunststoff oder Mikrokunststoff. Mit dem Begriff Kunststoff werden definitionsgemäß nur die thermoplastischen und duroplastischen Kunststoffe gefasst. Aus werkstoffwissenschaftlicher Sicht sind Kunststoffe eine Teilgruppe der Polymere. Die aus synthetischen Polymeren aufgebauten Elastomere (z.B. Styrol Butadien Kautschuk), chemisch modifizierte natürlichen Polymere (z.B. Viskose, Zelluloseacetat), sowie auf synthetischen Polymeren basierenden Produkte (z.B. Fasern, Lacke, Reifenabriebpartikel) werden aber in den derzeitigen öffentlichen Debatten und laufenden Forschungsaktivitäten mit betrachtet. Auch aus ihnen können Mikropartikel entstehen, die als synthetische Polymere identifiziert werden. Zur Vereinfachung werden alle diese Materialien umgangssprachlich mit dem Begriff *Plastik/Mikroplastik* zusammengefasst.

Es wird unterschieden zwischen primärem und sekundärem Mikroplastik (MP). Primäres Mikroplastik sind Kunststoffpartikel, die vorsätzlich einem Produkt zugesetzt sind, zum Beispiel in Kosmetikartikeln, um dessen Eigenschaften zu optimieren. Sekundäres Mikroplastik stammt von fragmentierten größeren Kunststoffprodukten, die durch Alterung, UV Strahlung, biologische oder mechanische Beanspruchung entstehen. Eine erste vorläufige Abschätzung der Beiträge für Deutschland ergab [28], dass primäres

Mikroplastik nur ein sehr geringer Anteil am gesamten Mikroplastik in der Umwelt bildet (500 t/a). Ein wesentlich größerer Teil ist sekundäres Mikroplastik, wobei hier der Reifenabrieb (100.000 t/a) [15], das so genannte Littering (50.000 t/a) und Beiträge aus Sekundärrohstoffen (20.000 t/a) den größten Anteil der Einträge bilden.

Obwohl Bewertungskonzepte für die Umweltmedien bislang nicht vorliegen und damit auch Wirkungen, die von diesen Partikeln ausgehen bisher nicht klar sind, ist eine Erfassung von Stoffströmen und Vorkommen in der Umwelt von hohem Interesse. Die Identifikation von relevanten Quellen, Transportströmen und der Verbleib über alle Umweltkompartimente hinweg wäre eine Voraussetzung, um Ansätze von zielführenden Vermeidungsstrategien zu entwickeln, die Effektivität dieser zu erfassen und somit eine wesentliche Unterstützung den stetig steigenden Eintrag von Plastik in die Umwelt langfristig zu vermindern. Für die Ermittlung von Daten in den betroffenen Bereichen ist die Entwicklung von harmonisierten Untersuchungsverfahren notwendig, die die Probenahme, die Probenaufbereitung und die Detektion umfassen. Hierzu wurde auf nationaler Ebene im Rahmen des BMBF Forschungsschwerpunktes *Plastik in der Umwelt* ein erster Ansatz geschaffen [4], der eine Vergleichbarkeit von Ergebnissen ermöglichen soll. Berücksichtigt wird aktuell das Umweltkompartiment Wasser sowie die Beprobung von Feststoffen. Die Untersuchung von MP in Biota und Luft ist bisher noch nicht abgestimmt. Die in dem Papier abgestimmten, grundsätzlichen Überlegungen werden von Deutschland über DIN auch in die internationale (ISO) und europäische (CEN) Normung eingebracht.

1. Einteilung in Partikelklassen

Es wird zunächst eine stärkere Klassifizierung von Mikroplastik in sieben Größenklassen empfohlen (Tabelle 1). Die Partikel werden anhand ihrer maximalen Dimension in die Größenklasse eingeteilt. Die Klassierung orientiert sich an einem numerischen Modell und der *historischen* Definition. Die mengenmäßig deutlich häufiger auftretenden kleinen Partikel werden in engere Klassierungscluster gefasst, als die deutlich

Tabelle 1: Übersicht der Partikelklassen für Mikroplastik. Übersicht der Partikelkassen für Mikroplastik (*= mit einer durchschnittlichen Größe)

Bezeichnung	**Einheit**	**Großes Mikroplastik**	**Mikroplastik**					
Partikelgrößenklassen	µm	5.000 – 1.000	1.000 – 500	500 – 100	100 – 50	50 – 10	10 – 5	5 – 1
Durchschnittliche Partikelgröße	µm	3.000	750	300	75	30	7,5	3
Masse eines individuellen Partikels*	mg	14,13	0,221	0,014	2,2 E-04	1,4 E-05	2,2 E-07	1,4 E-08
Anzahl der Partikel in 14,13 mg	Zahl	1	64	1.000	6,4 E+04	E-07 E+06	1,4 E+07	1,0 E+09

weniger auftretenden größeren Partikel, welche jedoch stärker massenrelevant sind. Dadurch werden eine bessere methodische Realisierbarkeit von Verfahren u.a. die Umsetzbarkeit der Filtration und die Detektionsgrenzen in der Analytik möglich.

Andererseits ist somit grundsätzlich eine Einordnung der Partikelmengen/-massen in Wirkungsanalysen z.B. für die Umweltbewertung möglich, da z.B. von den kleinen Partikeln eine stärkere Wirkung erwartet wird [3].

2. Definition der richtigen Fragestellungen

Im Vorfeld einer Untersuchungsstrategie von MP in Umweltproben sollte das Ziel der Untersuchungsergebnisse klar identifiziert werden. Ausgehend von den Zielen ist eine geeignetes Detektionsverfahren für die Mikroplastikpartikel zu wählen. Verschiedene Detektionsverfahren liefern unterschiedliche Untersuchungsergebnisse.

Bestimmung von Eigenschaften individueller MP Partikel

Für das Verständnis der Wechselwirkung von MP Partikeln mit der Umwelt ist die hoch spezifische Charakterisierung von spezifischen Eigenschaften isolierter Partikel, z.B. der Sorte, den Alterungszustand, die Oberflächenstruktur oder -beschaffenheit von Interesse. Solche Untersuchungen können auch herangezogen werden, Quellen, Eintragspfaden und dem Verbleib von MP in der Umwelt zu analysieren. Diese Untersuchungen beinhalten zum Teil eine sehr aufwendige Probenaufbereitung zur Isolierung von Partikeln und benötigen eine umfangreiche analytische Ausstattung, die im Rahmen von Routine- oder Überwachungsmessungen aktuell nicht realisierbar sind.

Bestimmung von MP Partikelzahlen und -größenverteilungen

Die Bestimmung der Partikelsorten, -anzahl, -größe und -form ergibt ein sehr umfassendes und detailliertes Bild des Auftretens von MP in Umweltproben. Es ist zu erwarten, dass deutlich mehr kleine als große Partikel gefunden werden sollten. Die Analyse von Partikeln kleiner 500 µm ist analytisch aufwendig und für reale Proben bisher nur für MP Partikel größer 10 µm möglich. Häufig wird deshalb nur eine Teilmenge analysiert und auf eine Gesamtzahl an Partikeln extrapoliert. Dazu ist jedoch ein hohes Maß an Homogenität der analysierten Probe gewährleisten.

Bestimmung von MP Massengehalten

Die Ermittlung von Massengehalten ist aus regulatorischer Sicht für die Überwachung und die Kontrolle von Maßnahmen von besonderem Interesse, um Informationen zum Ausmaß des Vorkommens, z.B. auf Anlagen zu erhalten. Durch die Unterteilung in Größenklassen (Tabelle 1) wird eine Zuordnung der Gesamtgehalte zu einem spezifischen Partikelgrößenbereich und damit einer Fragestellung/Zielgruppe besser möglich. Die Gehalte der verschiedenen Kunststoffe können dabei unabhängig von Partikelform, -anzahl und -größe gleichförmig erfasst werden.

Unabhängig vom Detektionsverfahren erfolgt die Entscheidung über die Probennahmestrategie und -verfahren: Sie richtet sich der in der Regel nach dem zu beprobenden Umweltkompartiment und dem zu erwartenden Partikelvorkommen. Für die Beprobung von Wasser, Feststoffen (einschließlich Boden, Sediment, Klärschlamm, Kompost), Luft oder Biota sind Probennahme Strategien zu entwickeln und geeignete bestehende Ansätze weiter zu entwickeln.

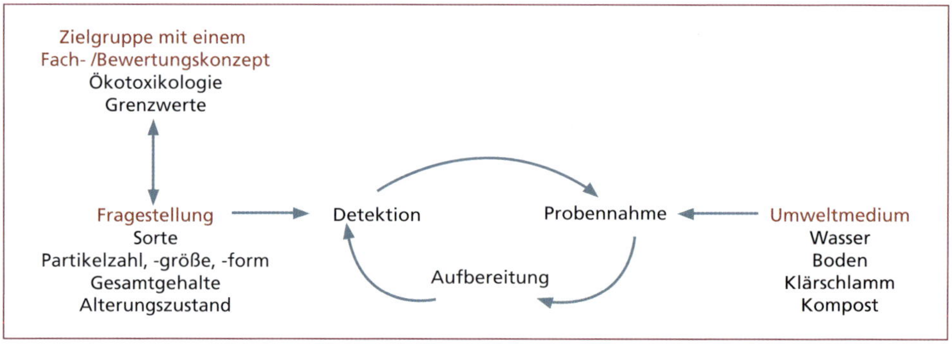

Bild 1: Darstellung der kausalen Zusammenhänge zur Entscheidungsfindung für die Analytik von Mikroplastik

Die Wahl der Probenaufbereitung richtet sich nach der Umweltprobe und den Vorrausetzungen des geplanten Detektionsverfahren. Obwohl sie mittig im chronologischen Ablauf der MP Analytik steht, stellt sie kein eigenständiger Analysenschritt dar, da sie sich nur nach der Sorte der Umweltprobe und den Vorrausetzungen der Detektionsverfahren richtet.

Eine Darstellung der kausalen Zusammenhänge zur Definition der richtigen Fragestellung ist in Bild 1 dargestellt.

3. Generelle Empfehlungen

Es ist im Vorfeld festzulegen, ob eine Hygienisierung von Proben notwendig ist. Für die Untersuchung von trockenen Proben aus Abwässern, Klärschlamm und Bioabfällen wird grundsätzlich eine Sterilisation empfohlen, wobei eine mögliche Degradation der polymeren Partikel berücksichtigt werden sollte. Möglich sind Dampfsterilisation, Strahlungssterilisation und Chemische Sterilisierung.

Während aller Analyseschritte – Probenahme, Aufbereitung, Detektion – ist auf maximale *kunststofffreie* bzw. kunststoffarme Arbeitsbedingungen zu achten. Alternativen aus Metall, Glas oder Silikon sind ideal, im Ausnahmefall können auch Kunststoffe verwendet werden, die nicht Bestandteil der anschließenden Analysen sind. Der Umgang mit Proben im Labor sollte möglichst in Laminar Flow Boxen erfolgen, um insbesondere eine Kontamination durch luftgetragene Partikel zu vermeiden.

Die Dokumentation und Ermittlung von Nullproben oder Blindwerten für die angewendeten Detektionsverfahren ist zwingend notwendig. Eine Bestimmung und Dokumentation von Wiederfindungsraten mittels definierter Referenzmaterialien (MP Partikelanzahl und/oder MP Massengehalte für MP von unterschiedlichen Polymersorten/Dichten, Partikelgrößen und Formen) ist für alle Analyseverfahren und -schritte darzustellen. Das kann über eine Probenaufstockung (Additionsverfahren) von Realproben mit geeigneten Referenzmaterialien erfolgen oder durch die Bestimmung von Wiederfindungsraten in geeigneten Referenzmischungen.

Die Bestimmung und Dokumentation von Kontrolluntersuchungen, insbesondere der Partikelstabilität muss unter Berücksichtigung aller Analyseschritte und unter für alle Proben vergleichbaren Bedingungen (gleiche Schritte, gleiche Dauer, gleiches Volumen) durchgeführt und dokumentiert werden. Abhängig von Polymersorte, Partikelgröße und Alterungszustand kann es zur physiko-chemischen Degradation und/oder mechanischen Fragmentierung kommen.

Die Darstellung der MP Ergebnisse soll in Zukunft einheitlich erfolgen. Es sollen zukünftig immer folgende Angaben gemacht werden:

- MP-Anzahl pro Volumen bei beprobten Gewässern (Anzahl/l) oder pro gesamter Trockenmasse bei beprobten Feststoffen (Anzahl/kg)
- MP-Masse pro Volumen bei beprobten Gewässern (µg/l) oder pro gesamter Trockenmasse bei beprobten Feststoffen (mg/kg)

Es ist immer eine genaue Darstellung und nachvollziehbare Dokumentation der Menge des beprobten Umweltaliquoten, der aufbereiteten Laborprobe und der untersuchten Probe anzugeben.

4. Detektionsverfahren

Merkmale der spezifischen chemischen Struktur von Polymeren können mittels spektroskopischer Methoden erfasst und Referenzspektren aus Datenbanken zugeordnet werden. Typische Verfahren sind hier Fourier Transformation Infrarotspektroskopie (FTIR) oder Raman Spektrometrie. Diese Geräte können in mikroskopisch auflösenden Versionen verwendet werden, beim FTIR wird zusätzlich differenziert nach der Messgeometrie (Transmissionsmodus oder *attenuated total reflection*, ATR), bzw. ist ihr der Einsatz von komplexen Detektionsmodulen möglich (*focal plane array*, FPA) [1, 13, 23]. Alternative spektroskopische Verfahren sind die Anfärbung der Partikel mit Nilred [17] und anschließende Detektion mittels Fluoreszenz Mikroskopen, sowie die Analyse der Partikel mit Nah Infrarot (NIR) Sonden [22] und Hyperspektralem Imaging Verfahren [14].

Bei thermoanalytischen Verfahren wird die Probe unter inerten Bedingungen pyrolysiert und spezifischen Zersetzungsprodukte der einzelner Polymere detektiert. Die für Polymere bekannteste Methode, Pyrolyse Gas Chromatographie Massenspektrometrie (Py-GC-MS) erhitzt nur eine geringe Probenmenge [8], im Gegensatz zu modifizierte Py-GC-MS Aufbauten mit vorangegangener Aufbereitung [7] oder Thermoextraktion Desorption GC-MS (TED-GC-MS) [5], welche für größere Probenmengen möglich sind. Eine weitere Alternative ist *diffencial scanning calorimetry* (DSC) [19].

Letztlich können auch mit chemischen Verfahren die Proben aufgeschlossen werden und als intaktes makromolekulares Molekül [6], als spezifische Degradationsfragmente von Polymeren oder Elemente detektiert werden [9, 29].

Ein Vergleich der Methoden ist in Tabelle 2 dargestellt, die ermittelten Werte/Angaben orientieren sich an Praxisproben, das heißt an MP-haltigen Realmaterialien. Die bestehenden Detektionsverfahren unterscheiden sich – unabhängig von den Parametern für Probenahme und Aufbereitung – in ihrer methodischen Leistungsfähigkeit und Realisierbarkeit pro Messung. Dazu zählen die analysierbare Probenmasse oder Partikelanzahl im Rahmen einer Messung, die Nachweisgrenzen in Bezug auf Partikelgröße und -masse, die notwendige Präparation der Probe im Messgerät sowie die Mess- und Auswertezeit pro Messung.

Die Detektionsverfahren unterscheiden sich – unabhängig von den Parametern für Probenahme und Aufbereitung – in ihrer Generierung des Ergebnisses pro Messung. Dazu zählen die Bestimmung der Polymersorte und mögliche Additive, die Analyse des Alterungszustandes, die Bestimmung von Partikelzahl, -größe, -form und Oberflächenbeschaffenheit wie auch die Bestimmung von Partikelmassen.

Grundsätzlich gilt, dass nur spektroskopische Verfahren Informationen über Partikelzahlen, -größen und -formen liefern können, thermoanalytische Verfahren jedoch nur Informationen über Massengehalte. Chemische Analysenverfahren liefern auch Massengehalte, sind nur für spezifische Polymere möglich. Die Ergebnisse von MP-Partikelanalysen lassen sich nur mit erheblichen Fehlern in Massengehalte umrechnen, da die Partikel oftmals nicht gleichmäßig sphärisch sind. Deshalb wird davon abgeraten.

Tabelle 2: Übersicht möglicher Detektionsverfahren mit zugeordneten methodischen Parametern (rot), sowie des generiertes Ergebnisses aus der Untersuchung (blau). Angaben beziehen sich auf reale Proben, unberücksichtigt ist die Probenaufbereitung, Abkürzungen sind im Text erläutert.

	Spektroskopisch							Thermoanalytisch				Chemisch		
	µ Raman	µ FTIR (trans)	FPA FTIR (trans)	µ ATR-FTIR	Nil red/ Fluorescence	NIR	Hyperspectral Imaging	Py-GC-MS	Mod. Py-GC-MS	TED-GC-MS	DSC	SEC	LC	ICP-MS
Analysierte Probenmasse	ng - µg	ng - µg	ng - µg	mg	mg	mg	mg	µg	mg	mg	mg	mg	mg	mg
Messbare Partikelzahl	103-105	103-105	103-105	1	103-105	Nicht definiert	102-103	1	Nicht definiert	Nicht definiert	Nicht definiert	Nicht definiert	Nicht definiert	Nicht definiert
Messzeit	h - d	h - d	h -d	min	h - d	min	min	h	h	h	h	h	h	min
Untere Nachweisgrenze	10 µm	20 µm	20 µm	25 - 50 µm	µm	1 %	300 µm	<< 1 -0,5 µg	0,5 – 2,5 µg	0,5 – 2,5 µg			8-50 µg/kg	ppm
Polymersorte	Ja	Ja	Ja	Ja	Nur Polymer	Ja	Ja	Ja	Ja	Ja	Nur PE, PP	Nur PS, PET	Nur PET, C	Nur Reifen
Degradationsstatus	Surface Oxid.	Nein	Nein	Oberflächen Oxid.	Nein	Nein	Nein	Oberflächen Oxid.	Nein	Nein	Mol. Gewicht	Mol. Gewicht	Nein	Nein
Partikelzahl, -größe, -form	Ja	Ja	Ja	Ja	Ja	Nein	Ja	Nein	Nein	Nein	Nein	Nein	Nein	Nein
Massengehalt	Nein	Nein	Nein	Nein	Nein	Nein	Nein	Ja	Ja	Ja	Ja	Ja	Ja	Ja

5. Probennahme

Das Probenvolumen von Wasser richtet sich nach Anzahl und Größe der zu untersuchenden Partikelmenge in den unterschiedlichen Wässern [2].

Das Probevolumen im unteren µm-Bereich kann deshalb geringer sein (im Milliliter-, bzw. Literbereich), weil die statistische Wahrscheinlichkeit, einen repräsentativen Querschnitt der zu untersuchenden kleinen Partikel zu erhalten, bei zahlenmäßig hohen Partikelvorkommen sehr groß ist. Soll bei der Probenahme der gesamte Größenbereich bis in den oberen µm-Bereich abgedeckt werden, sind auch hier deutlich größere Wassermengen zu filtrieren (50 Liter bis mehrere Kubikmeter). Für fast feststofffreie Gewässer mit einer sehr geringen Anzahl an Merkmalsträgern sind sehr große repräsentative Probenvolumen notwendig.

Eine Übersicht zu Empfehlungen für Probenahmevolumen sind in Tabelle 3 dargestellt, basierend auf Angaben aus der Literatur [18, 20, 21, 24, 26].

Tabelle 3: Übersicht von empfohlenen zu beprobenden Wasservolumen basierend auf Literaturangaben

	Sehr Feststoffreiche	Feststoffreiche	Feststoffarme	Fast Feststofffreie
Abfiltrierbare Stoffe/ Plankton	mehr als 500 mg/L	100-500 mg/l	1-100 mg/l	weniger als 1 mg/l
Beispiele	Klärwerkszulauf	Straßenabflusswasser	Klärwerksablauf Oberflächengewässer	Grundwasser, Mineralwasser, Trinkwasser
Empfohlenes Probenvolumen für Partikel-Analysen von 1.000 - 50 µm	50 l	5 m^3	15 m^3	5.000 m^3
Empfohlenes Probenvolumen für Partikel-Analysen von 50 - 1 µm	5 ml	500 ml	1 l	500 l

Bei allen Filtrationsverfahren von Wasser ist die Anwendung der dargestellten Partikelgrößenklassen in Tabelle 1 empfehlenswert, um einerseits Ergebnisse entsprechend der Größenklassen bewerten und Ergebnisse aus verschiedenen Untersuchungen vergleichen zu können. Darüber hinaus vermindert die Kaskadenfiltrationen die Bildung von Filterkuchen bei entsprechend großen Filtrationsflächen. Bei der Probenahme für Partikel kleiner 10 µm ist eine Druckfiltration notwendig (etwa 2 bis 6 bar), bedingt durch die geringe Wasserdurchlässigkeit der Filter.

Die Beprobung von Böden, Sedimenten und Sekundärrohstoffdüngern, wie Klärschlamme und Komposte, ist in Bezug auf die Untersuchung von Nähr- oder Schadstoffen, wie zum Beispiel Metallionen oder persistente, organische Substanzen, bereits in verschiedenen Verordnungen rechtlich reguliert und mit Normen zur Probenahme, Probenaufbereitung und entsprechenden Detektionsverfahren hinterlegt (ISO 10381, ISO 5667-13, DIN 19698, DIN 38414, Bundes-Bodenschutzverordnung, BBodSchV-1999, Klärschlammverordnung, AbfKlärV). Deshalb sollte eine Orientierung an diesen Verfahren erfolgen.

Eine repräsentative Entnahme von Bodenmaterial hängen von der Nutzung des Bodens und seinen Eigenschaften (Bodenart, Granularität, pH-Wert, organische Substanz, Trockenrückstand) sowie vom Muster einer zu erwartenden lokalen Verteilung ab. Eine Festlegung der räumlichen Verteilung der Einzelproben auf einer Teilfläche kann unterschiedlich erfolgen (z.B. punktförmig, streifenförmig, lokal begrenzte Verteilungen). Liegen Vorinformationen vor, soll sich die Beprobung an der erwarteten Belastungshistorie orientieren und in einer entsprechenden Beschreibung des Probenahmeplans dargestellt werden (z.B. kreuzförmige Probenahme, Transsekten, statistische Verteilung). Die Anzahl der Probenahmestellen orientiert sich an der zu beprobenden Fläche.

Für die Probenahme aus einem Klärschlammgemisch, Klärschlammkompost und Bioabfällen bestehen gesonderte Vorordnungen/Normen. Sie berücksichtigen insbesondere die Anzahl der Teilproben und -volumina. Darüber hinaus ist hier dargelegt, wie beim Arbeiten mit solchen frischen und gefriergetrockneten Proben die üblichen Sicherheitsregeln für das Arbeiten in mikrobiologischen Laboratorien, insbesondere nach der Verordnung über Sicherheit und Gesundheitsschutz bei Tätigkeiten mit biologischen Arbeitsstoffen, einzuhalten sind (z.B. durch 20-minütiges Erhitzen der Probe bei 121 °C im Autoklaven).

Die notwendige Probenmenge richtet sich nach dem Größtkorn und muss ausreichen um nach sachgerechter Probenvorbereitung die Laboruntersuchungen, sowie Rückstellproben zu gewährleisten. Grobmaterialien und Fremdmaterialien sind aus der gesamten Probemenge zu entnehmen. Die Aufbereitung der Feldprobe zu einer Laborprobe sollte anhand einer Grobsortierung/Grobzerkleinerung erfolgen sowie anschließender Homogenisierung (Fraktioniertes Teilen). Es empfiehlt sich eine Trockensiebung mittels 1 mm, die Obergrenze von (Tabelle 1). Entsprechend dem Richtwert für eine Laborprobe (< 2 mm Korngröße etwa 1 Liter oder 500 Gramm Feinboden) entspricht das bei einer Korngröße < 1 mm 0,5 Liter oder 250 Gramm Feinboden.

Die Überführung der Laborprobe in eine Prüfprobe umfasst gegebenenfalls eine Hygienisierung und eine adäquate Probenhomogenisierung (Rotationsprobenteiler/ Cross-Riffling-Verfahren), bei der Trocknung empfiehlt sich Gefriertrocknung, um eine starke Agglomeration der Böden zu vermeiden. Für fraktionierte Siebung empfiehlt sich für Sieblinien kleiner 100 µm Nasssiebung.

6. Probenaufbereitung

Die Wahl und die Reihenfolge des Aufbereitungsverfahrens richten sich nach der zu analysierenden Umweltmatrix und dem Detektionsverfahren. Grundsätzlich kann differenziert werden nach Verfahren zur Entfernung anorganischer (u.a. Silikate, Carbonate, Mineralien) und organischer Matrix (u.a. Huminstoffe, Bakterien, Zellulose). Da je nach Umweltkompartiment unterschiedliche Anteile und Zusammensetzungen der Matrix vorliegen, können bisher keine allgemein gültigen Empfehlungen gegeben werden. Kritisch ist bei der Probenaufbereitung insbesondere, dass einzelne Schritte als auch die Summe mehrere Schritte in der Regel sehr zeitaufwendig sind.

Die Entfernung der organischen Matrix wird für Proben aus Gewässern (Filtrate) für alle spektroskopischen Detektionsverfahren einschließlich von Aufbereitungsschritten zur Entfernung der anorganischen Matrix vorgeschlagen. Bei Proben aus Feststoffen (u.a. Boden, Sediment) ist eine Abtrennung der anorganischen Matrix unerlässlich. Bei thermoanalytischen Verfahren ist eine Abtrennung der organischen Matrix nicht immer notwendig.

Am häufigsten wird für die Entfernung der organischen Matrix die Behandlung der Proben mit oxidierenden Wasserstoffperoxid-Lösungen (Fenton-Reagenz) vorgeschlagen [11]. Eine Alternative ist die Aufbereitung mit Ozon-Wasser. Üblich ist auch die Behandlung der Proben mit verdünnten oder konzentrierten Säuren oder Basen. Eine Alternative ist die enzymatische Aufbereitung [16]. Sie wird als sehr schonend für MP eingeordnet, kritisch sind hier eher die langen Einwirkungszeiten von zwei Wochen und mehr.

Zur Die Dichteseparation wird zur Entfernung der anorganischen Matrix mittels gesättigter Salzlösungen (z.B. NaCl, $ZnCl_2$, Wolframate, NaI, $CaCl_2$, KBr) vorgeschlagen [12]. Diese Salzlösungen stellen verschiedene Dichtetrenngrenzen dar, und können Polymere kleiner dieser Dichtegrenze separieren. Kritisch kann dabei auch die Viskosität der Lösung sein und die statische Aufladung von Partikeln. Eine unterstützende Zentrifugation für den Separationseffekt ist möglich.

Kunststoffe

7. Ausblick

Die Präsenz von MP Partikeln in der Umwelt ist zwar mittlerweile allgegenwärtig dokumentiert, lässt bisher aber noch offen, ob und wenn welche Beeinträchtigungen von diesen Partikeln auf die Umweltsystemfunktionen ausgehen. Sicher ist hingegen, dass der steigende Eintrag von Kunststoffen in die Umwelt aus dem Vorsorgeprinzip heraus begrenzt werden sollte. Dafür sind jedoch valide Daten nötig, um das aktuelle Vorkommen zu bewerten, weitergehende Maßnahmen zu erlassen und deren Effektivität zu überprüfen.

Bisher liefert der überwiegende Anteil der wissenschaftlichen geprägten Untersuchungen Partikelzahlen, oft anhand nicht repräsentativ gewonnener Umweltproben. Deshalb sind sie auch kaum als Maßstab für regulatorische Maßnahmen geeignet. Eine besondere Herausforderung ist, dass aktuelle Verfahren häufig sehr zeit- und kostenaufwendig sind und in der Regel nur einzelne Stichproben Ergebnisse liefern.

Die Entwicklung von schnelleren, repräsentativen Verfahren findet zwar bereits statt, benötigt jedoch aber noch Entwicklungszeiten. Die Harmonisierung von Untersuchungsverfahren läuft, ist jedoch von einer standardisierten Analytik noch weit entfernt.

8. Quellen

[1] Anger, P.M., von der Esch, E., Baumann, T., Elsner, M., Niessner, R. and Ivleva, N.P. (2018) Raman microspectroscopy as a tool for microplastic particle analysis. TrAC Trends in Analytical Chemistry 109, 214-226.

[2] Bannick, C.G., Szewzyk, R., Ricking, M., Schniegler, S., Obermaier, N., Barthel, A.K., Altmann, K., Eisentraut, P. and Braun, U. (2018) Development and testing of a fractionated filtration for sampling of microplastics in water. Water Research.

[3] Bundesinstitut für Risikobewertung

[4] Bundesministerium für Bildung und Forschung: Diskussionspapier Mikroplastik-Analytik – Probenahme, Probenaufbereitung und Detektionsverfahren. Abgerufen: https://bmbf-plastik.de/publikation/diskussionspapier-mikroplastik-analytik

[5] Dümichen, E., Eisentraut, P., Bannick, C.G., Barthel, A.-K., Senz, R. and Braun, U. (2017) Fast identification of microplastics in complex environmental samples by a thermal degradation method. Chemosphere 174, 572-584.

[6] Elert, A.M., Becker, R., Duemichen, E., Eisentraut, P., Falkenhagen, J., Sturm, H. and Braun, U. (2017) Comparison of different methods for MP detection: What can we learn from them, and why asking the right question before measurements matters? Environmental Pollution 231(Part 2), 1256-1264.

[7] Fischer, M. and Scholz-Bottcher, B.M. (2017) Simultaneous Trace Identification and Quantification of Common Types of Microplastics in Environmental Samples by Pyrolysis-Gas Chromatography-Mass Spectrometry. Environmental Science & Technology 51(9), 5052-5060.

[8] Fries, E., Dekiff, J.H., Willmeyer, J., Nuelle, M.-T., Ebert, M. and Remy, D. (2013) Identification of polymer types and additives in marine microplastic particles using pyrolysis-GC/MS and scanning electron microscopy. Environmental Science: Processes & Impacts 15(10), 1949-1956.

[9] Fuller, S. and Gautam, A. (2016) A Procedure for Measuring Microplastics using Pressurized Fluid Extraction. Environmental Science & Technology 50(11), 5774-5780.

[10] Horton, A.A., Walton, A., Spurgeon, D.J., Lahive, E. and Svendsen, C. (2017) Microplastics in freshwater and terrestrial environments: Evaluating the current understanding to identify the knowledge gaps and future research priorities. Science of The Total Environment 586, 127-141.

[11] Hurley, R.R., Lusher, A.L., Olsen, M. and Nizzetto, L. (2018) Validation of a Method for Extracting Microplastics from Complex, Organic-Rich, Environmental Matrices. Environmental Science & Technology 52(13), 7409-7417.

[12] Imhof, H.K., Schmid, J., Niessner, R., Ivleva, N. and Laforsch, C. (2012) A novel, highly efficient method for the separation and quantification of plastic particles in sediments of aquatic environments. Limnology and Oceanography: Methods 10, 524-537.

[13] Käppler, A., Fischer, D., Oberbeckmann, S., Schernewski, G., Labrenz, M., Eichhorn, K.-J. and Voit, B. (2016) Analysis of environmental microplastics by vibrational microspectroscopy: FTIR, Raman or both? Analytical and Bioanalytical Chemistry, 1-15.

[14] Karlsson, T.M., Grahn, H., van Bavel, B. and Geladi, P. (2016) Hyperspectral Imaging and Data Analysis for Detecting and Determining Plastic Contamination in Seawater Filtrates. Journal of Near Infrared Spectroscopy 24(2), 141-149.

[15] Kocher, B. (2010) Stoffeinträge in den Straßenseitenraum - Reifenabrieb. BASt-Bericht V 188.

[16] Löder, M.G.J., Imhof, H.K., Ladehoff, M., Löschel, L.A., Lorenz, C., Mintenig, S., Piehl, S., Primpke, S., Schrank, I., Laforsch, C. and Gerdts, G. (2017) Enzymatic Purification of Microplastics in Environmental Samples. Environmental Science & Technology 51(24), 14283-14292.

[17] Maes, T., Jessop, R., Wellner, N., Haupt, K. and Mayes, A.G. (2017) A rapid-screening approach to detect and quantify microplastics based on fluorescent tagging with Nile Red. Scientific Reports 7, 10.

[18] Magnusson, K.N., Frederik (2014) Screening of microplastic particles in and down-stream a wastewater treatment plant, Swedish Enviromental Research Institute

[19] Majewsky, M., Bitter, H., Eiche, E. and Horn, H. (2016) Determination of microplastic polyethylene (PE) and polypropylene (PP) in environmental samples using thermal analysis (TGA-DSC). Science of The Total Environment 568, 507-511.

[20] Mintenig, S.M., Int-Veen, I., Löder, M.G.J., Primpke, S. and Gerdts, G. (2017) Identification of microplastic in effluents of waste water treatment plants using focal plane array-based micro-Fourier-transform infrared imaging. Water Research 108, 365-372.

[21] Murphy, F., Ewins, C., Carbonnier, F. and Quinn, B. (2016) Wastewater Treatment Works (WwTW) as a Source of Microplastics in the Aquatic Environment. Environmental Science & Technology 50(11), 5800-5808.

[22] Paul, A., Wander, L., Becker, R., Goedecke, C. and Braun, U. (2018) High-throughput NIR spectroscopic (NIRS) detection of microplastics in soil. Environmental Science and Pollution Research.

[23] Primpke, S., Lorenz, C., Rascher-Friesenhausen, R. and Gerdts, G. (2017) An automated approach for microplastics analysis using focal plane array (FPA) FTIR microscopy and image analysis. Analytical Methods 9(9), 1499-1511.

[24] Setala, O., Magnusson, K., Lehtiniemi, M. and Noren, F. (2016) Distribution and abundance of surface water microlitter in the Baltic Sea: A comparison of two sampling methods. Marine Pollution Bulletin 110(1), 177-183.

[25] Sul do, I., Juliana A. and Costa, M.F. (2014) The present and future of microplastic pollution in the marine environment. Environmental Pollution 185(0), 352-364.

[26] Talvitie, J., Heinonen, M., Pääkkönen, J.-P., Vahtera, E., Mikola, A., Setälä, O. and Vahala, R. (2015) Do wastewater treatment plants act as a potential point source of microplastics? Preliminary study in the coastal Gulf of Finland, Baltic Sea. Water Science & Technology 72 (9), 1495-1504

[27] Thompson, R.C., Olson, Y., Mitchell, R.P., Davis, A., Rowland, S.J., John, A.W.G., McGonigle, d. and Russell, A. (2004) Lostat Sea: Where Is All the Plastic? Science 304, 838.

[28] UBA (63/2015) Quellen für Mikroplastik mit Relevanz für den Meeresschutz in Deutschland, https://www.umweltbundesamt.de/sites/default/files/medien/378/publikationen/texte_63_2015_quellen_fuer_mikroplastik_mit_relevanz_fuer_den_meeresschutz_1.pdf.

[29] Wang, L., Zhang, J., Hou, S. and Sun, H. (2017) A Simple Method for Quantifying Polycarbonate and Polyethylene Terephthalate Microplastics in Environmental Samples by Liquid Chromatography–Tandem Mass Spectrometry. Environmental Science & Technology Letters 4(12), 530-534.

Ansprechpartner

Dr. Ulrike Braun
Bundesanstalt für Materialforschung und -prüfung (BAM)
Fachbereich 6.6: Nano-Tribologie
und Nanostrukturierung von Oberflächen
Unter den Eichen 87
12205 Berlin, Deutschland
+49 30-8104-4317
ulrike.braun@bam.de

Weitere beteiligte Institutionen

Umweltbundesamt

Kunststoffe

Markt für Kunststoffrecycling in Deutschland bis 2025

Dirk Briese

In dem Beitrag *Markt für Kunststoffrecycling in Deutschland bis 2025* wird dargestellt, wie sich das Recycling von Kunststoffen in Deutschland in den kommenden Jahren entwickeln wird. Dabei stehen die Verwertungswege von Altkunststoffen in Deutschland im Mittelpunkt.

Die Abfallwirtschaft und das Recycling von Kunststoffen in Deutschland sind wieder in Bewegung. Nachdem sich in den vergangenen Jahren die Verwertungswege für Abfälle und insbesondere Kunststoffe vergleichsweise wenig verändert haben, führen neue rechtliche Anforderungen wie die novellierte Gewerbeabfallverordnung und das neue Verpackungsgesetz dazu, dass für die Entsorgung teilweise neue Wege genutzt werden. Zudem wurde der Export nach China in der letzten Zeit stark eingeschränkt, sodass auch für diese Mengen neue Verwertungswege gefunden werden müssen.

Der Beitrag basiert im Wesentlichen auf den Ergebnissen der Studie *Der Markt für Kunststoffrecycling in Deutschland bis 2025* aus April 2018. Zudem fließen Ergebnisse aus den Studien *Waste-to-energy 2030* und *Gewerbeabfallentsorgung in Deutschland bis 2030*, die das Marktforschungsinstitut trend:**research** 2017 erstellt hat, in den Beitrag mit ein. Im Rahmen der Kunststoffrecycling-Studie wurden auf der Basis von exklusiven Expertengesprächen mit 21 Marktteilnehmern und weiteren Interviews im Gewerbeabfallmarkt sowie ergänzendem Desk Research aktuelle und erwartete Rahmenbedingungen sowie die Entwicklungen im Bereich des Kunststoffrecyclings beschrieben.

Im Fokus stehen, neben der qualitativen Beschreibung der Wirkungen von aktuellen und neuen rechtlichen Rahmenbedingungen, die Analyse der Entwicklung des Aufkommens und der Verwertungswege von Altkunststoffen bis 2025 – differenziert in drei Szenarien mit unterschiedlichen Annahmen.

1. Rahmenbedingungen

Die rechtlichen abfallwirtschaftlichen Rahmenbedingungen in Deutschland basieren auf den Regelungen der EU. Wichtigstes Gesetz zur Regelung der Abfallwirtschaft in Deutschland ist das Kreislaufwirtschaftsgesetz, das eine fünfstufige Abfallhierarchie festlegt und die Verwertung und Beseitigung von Abfällen und somit auch von Altkunststoffen grundlegend regelt.

Für das Kunststoffrecycling sind zudem die novellierte Gewerbeabfallverordnung und das 2019 in Kraft tretende Verpackungsgesetz von entscheidender Bedeutung. Beide Regelungen haben das Ziel, die stoffliche Verwertung zu stärken und den Anteil des Recyclings zu erhöhen. In den kommenden Jahren wird somit entscheidend sein, wie diese angestrebten Ziele in der Praxis umgesetzt und erreicht werden können.

Tabelle 1: Übersicht über die gesetzlichen Rahmenbedingungen in Deutschland

Gesetz	Inhalt
1. **Kreislaufwirtschaftsgesetz** (KrWG, 2012)	• Zentrales Bundesgesetz des deutschen Abfallrechts • Alle privaten, verwertbaren Abfallströme müssen (im Gegensatz zu gewerblichen Abfällen) der zuständigen Bezirksbehörde angedient werden (hoheitliche Aufgabe der lokalen Behörden) • Die letzte Änderung erfolgte im Juli 2017 (mit Art. 2 Abs. 9 des Gesetzes zur Modernisierung des Rechts der Umweltverträglichkeitsprüfung wurde das KrWG angepasst).
2. **Gewerbeabfallverordnung** (GewAbfV, Novelle 2017)	• Industrielle und kommerzielle Unternehmen sind verpflichtet, gewerblichen Abfall getrennt zu sammeln (soweit zumutbar und möglich) und qualitativ hochwertiges Recycling zu gewährleisten • Nicht getrennt gesammelte Abfälle müssen an Anlagen zur Aufbereitung gegeben werden • Die Abfallströme und Verwertungswege sind detailliert zu dokumentieren • Die Novellierung der Gewerbeabfallverordnung trat am 1. August 2017 in Kraft
3. **Verpackungsverordnung** (VerpackV, 1998)	• Alle Hersteller und Einzelhändler sind verpflichtet, an einem flächendeckenden Rücknahmesystem für Verkaufsverpackungen teilzunehmen • Definition von Recyclingquoten, die Hersteller zur Rücknahme von Verkaufsverpackungen verpflichten und als Anteil des von ihnen auf den Markt gebrachten Verpackungsvolumens gelten
4. **Verpackungsgesetz** (VerpackG, ab 2019)	• Das Verpackungsgesetz (VerpackG) wird am 1. Januar 2019 in Kraft treten und die bis dahin geltende Verpackungsverordnung ablösen • Ziel: Verpackungsentsorgung, die auf nachhaltiger und wettbewerbsneutraler Basis erfolgt und Erhöhung der Quoten für das werkstoffliche Recycling und Verschärfung der Pflichten/Definitionen • Zentrale Änderungen: Schaffung einer zentralen Stelle zur Stärkung der Transparenz in der Systembeteiligung und Unterstützung der Vollzugsbehörden bei der Bekämpfung des Unterlassens der Systembeteiligung
5. **Abfallverbringungsgesetz** (AbfVerbrG, 2007)	• Definition der Verbringung von Abfällen und ihrer Entsorgung und strafrechtlicher Vorschriften • Bis zum 1. Januar 2017: Erstellung von Plänen für behördliche Kontrollen sowie regelmäßige Überprüfung und Anpassung

Neben den rechtlichen Rahmenbedingungen sind für den aktuellen Altkunststoffmarkt in Deutschland die Einschränkungen der Exporte nach China von entscheidender Bedeutung. In den vergangenen Jahren wurde ein großer Teil der Altkunststoffe exportiert, sodass in Deutschland keine entsprechenden Entsorgungsanlagen benötigt wurden. Durch das weitgehende Verbot der Einfuhr von Kunststoffabfällen nach China müssen jetzt andere Verwertungswege gefunden werden.

2. Verwertungswege von Altkunststoffen

Für Altkunststoffe stehen generell die stoffliche oder die thermische Verwertung zur Verfügung. Für die stoffliche Verwertung ist eine hohe Reinheit der Kunststoffe erforderlich, die nur mit einer intensiven Sortierung und Aufbereitung erreicht werden kann. Deshalb werden stark verschmutze Kunststoffe häufig thermisch verwertet, da die Trennung und Aufbereitung zu aufwendig und kostenintensiv ist.

Das folgende Bild zeigt einerseits in den grünen Kästen den Stoffkreislauf der Kunststoffe und andererseits in Gelb die Inputstoffe, die von außen in den Kreislauf kommen und in Rot die Stoffe und Wege, die aus dem Kreislauf ausscheiden. Ziel der Kreislaufwirtschaft und speziell des Kunststoffrecyclings ist es, den Anteil der Stoffe, die innerhalb des Kreislaufs bleiben, so weit wie möglich zu steigern.

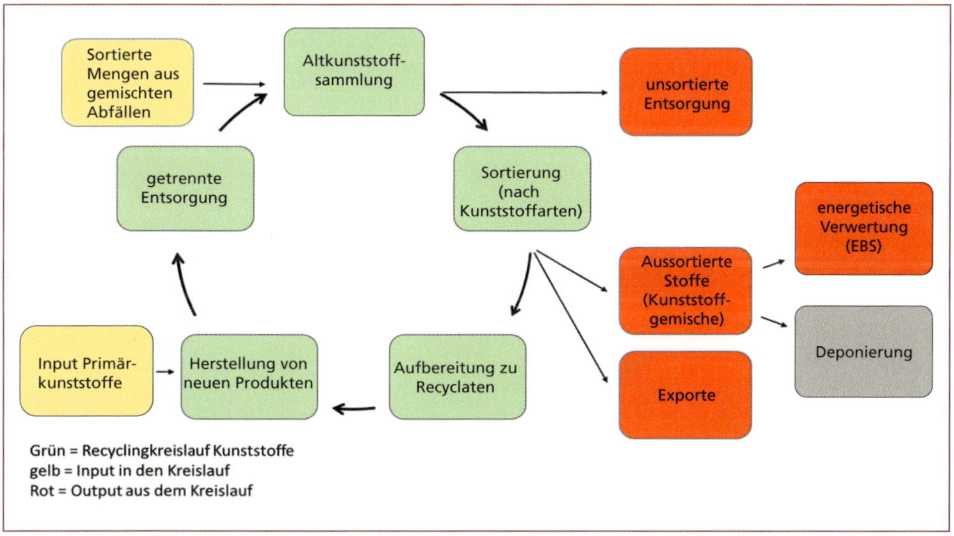

Bild 1: Übersicht der Verwertung von Altkunststoffen

Gewerbliche Altkunststoffe

Bei den gewerblichen Abfällen erfolgt die Entsorgung über private Entsorger. Diese sammeln die Abfälle – getrennt und gemischt – und verarbeiten sie weiter. Dabei werden die sortierten, hochwertigen Kunststoffe entweder an Dritte vermarktet oder in eigener Regie aufbereitet und an die Recycler und Verwerter weitergegeben. Ein hoher Anteil der Kunststoffe wurde in den vergangenen Jahren exportiert – überwiegend nach China.

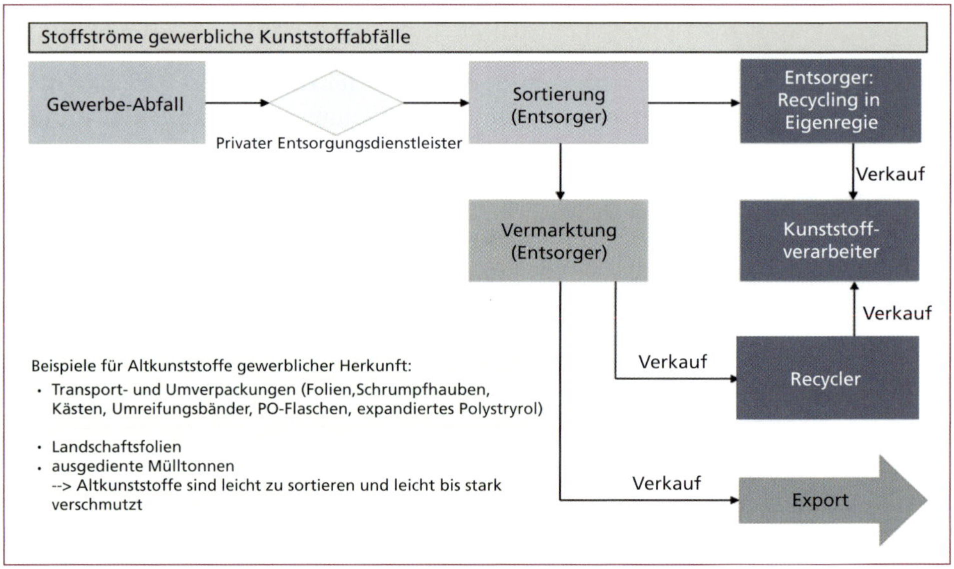

Bild 2: Stoffstrom gewerblicher Kunststoffabfälle

Private Altkunststoffe

Die Entsorgung bei den privaten Endverbrauchern ist komplizierter, da Verpackungen und Restabfälle von unterschiedlichen Systemen gesammelt werden. Während für den Restabfall eine Anschlusspflicht besteht und der öffentlich-rechtliche Entsorger verantwortlich ist, liegt die Verantwortung für die Entsorgung von Verpackungen bei den Verpackungsherstellern bzw. bei den dualen Systemen, die von den Herstellern mit der Entsorgung beauftragt werden.

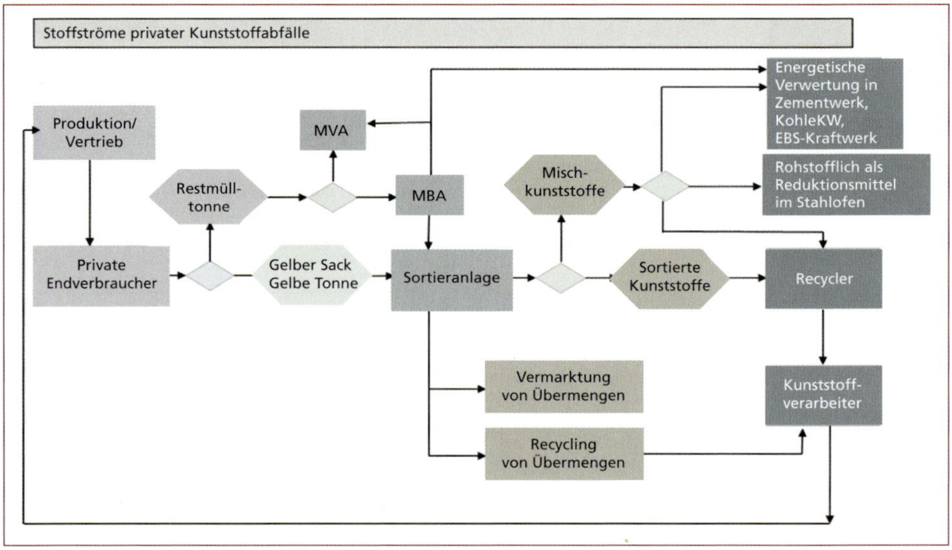

Bild 3: Stoffstrom privater Kunststoffabfälle

Da die Kunststoffabfälle bei privaten Personen in der Regel in einem Gemisch mit anderen Abfällen anfallen, müssen die Abfälle in einem Schritt sortiert werden, um ein Recycling zu ermöglichen. Aufgrund der häufig schlechten Trennung durch die Verbraucher und dem hohen Anteil an Fehlwürfen, insbesondere in der gelben Tonne/ im gelben Sack, ist die Sortierung mit hohem Aufwand verbunden und hochwertige, sortenreine Kunststoffe lassen sich kaum wirtschaftlich separieren. Aus diesem Grund werden die Kunststoffe zu großen Teilen zu Ersatzbrennstoffen aufbereitet und energetisch verwertet.

Für die Entsorgung von Kunststoffabfällen gibt es in Deutschland eine Reihe von weiteren Systemen, die sich teilweise auf spezielle Stoffarten und/oder Produkte spezialisiert haben. Neben den dualen Systemen, die für die Entsorgung von Verpackungen bei Privatpersonen verantwortlich sind, sind Flaschensammelsysteme – mit und ohne Pfand – die bekanntesten Sammelsysteme.

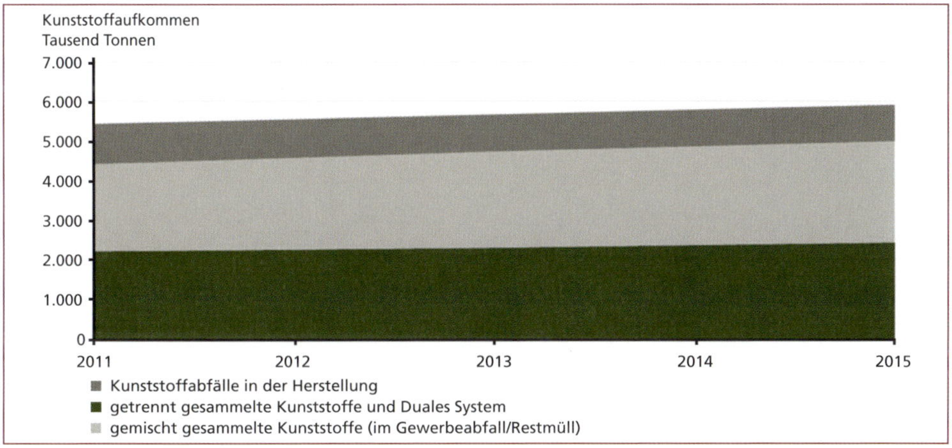

Bild 4: Entwicklung des Kunststoffaufkommens nach der Art der Sammlung 2011 bis 2015

Quelle: Umweltbundesamt

Daneben fällt ein Teil der Kunststoffabfälle im Restmüll bzw. im gemischten Gewerbeabfall an. Dieser Anteil wird somit nicht speziell gesammelt, sondern vom zuständigen Entsorger gesammelt und zusammen mit den restlichen Fraktionen in Abfallverbrennungsanlagen oder mechanisch-biologischen Aufbereitungsanlagen verwertet.

Die Anteile des Altstoffaufkommens nach Sammelsystemen in den vergangenen Jahren zeigt das nachfolgende Bild. Es ist zu erkennen, dass sich die Gesamtmenge leicht erhöht hat, die Anteile der einzelnen Sammelsysteme sich aber nur wenig verändert haben.

3. Import und Export

Für die Betrachtung des Status quo im Kunststoffrecycling ist es erforderlich, nicht nur den deutschen Markt alleine zu beachten, sondern auch die Import- und Exportströme zu analysieren. Eine besondere Bedeutung haben dabei die Exporte nach China, die in den vergangenen Jahren den größten Exportstrom gebildet haben. Diese sind aber seit Anfang 2018 deutlich eingeschränkt, da die chinesische Regierung die Anforderungen an die Qualität der importierten Stoffe soweit verschärft hat, dass kaum noch Importe von Altkunststoffen möglich sind.

Überblick über den internationalen Handel

Die deutschen Exporte waren in den vergangenen Jahren deutlich höher als die Importe. Die exportierten Mengen werden in der Regel stofflich verwertet. Die Importe sind in den vergangenen Jahren durchgehend gestiegen, während die Exporte schwankten. Das folgende Bild zeigt die Import-/Export-Bilanz der deutschen Altkunststoffe.

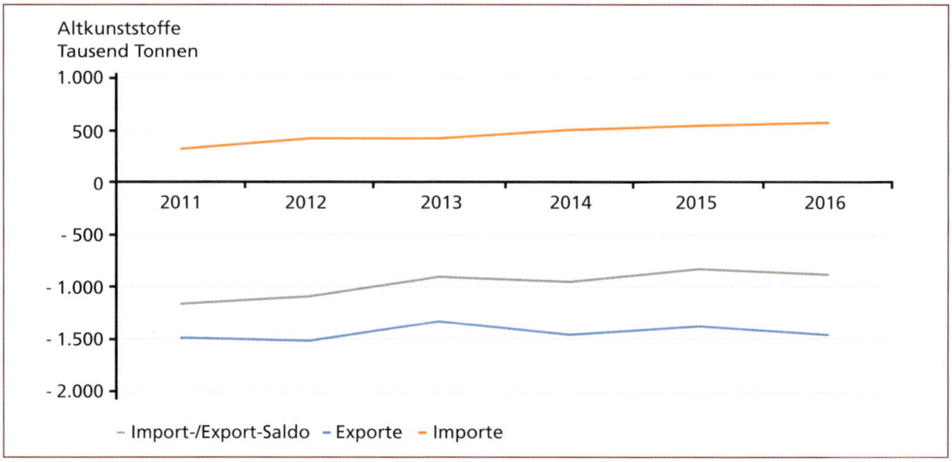

Bild 5: Import-/Export-Bilanz für Altkunststoffe von 2011 bis 2016

Quelle: Statistisches Bundesamt

Das Bild zeigt, dass die Altkunststoffexporte in 2016 auf knapp 1,5 Millionen Tonnen gestiegen sind, während sich die Importe nur auf etwa 0,6 Millionen Tonnen summierten. Somit ergibt sich ein Exportüberschuss von etwa 0,9 Millionen Tonnen.

Ursache für diesen Überschuss war, dass die Erträge für den Export nach China attraktiv waren und deshalb in Deutschland keine eigenen ausreichenden Aufbereitungskapazitäten aufgebaut wurden, da dies wirtschaftlich für die Kunststoffe mit geringeren Qualitäten nicht wirtschaftlich war. Zudem konnten die Kunststoffe auch mit geringen Qualitäten ohne großen Aufwand exportiert werden. Von den Altkunststoffexporten ging ungefähr die Hälfte nach China und Hongkong. Daneben werden größere Mengen in die Nachbarländer Niederlande, Österreich und Polen exportiert.

Bei den Importen ist Vietnam der wichtigste Handelspartner, vor Belgien und Österreich. Wie bei den Exporten setzt sich die Liste der Top 15-Länder aus den europäischen Nachbarländern, mit denen ein intensiver Handel stattfindet, und den asiatischen Ländern, aus denen viele Kunststoffe eingeführt werden, zusammen.

Tabelle 2: Wichtigste Exportländer für Altkunststoffe 2016

Altkunststoff-Exporte* 2016 Top 15-Länder	Tonnen
Volksrepublik China	564.099
Hongkong	202.685
Niederlande	132.917
Österreich	59.329
Polen	58.431
Malaysia	50.606
Indien	41.236
Tschechische Republik	30.574
Dänemark	27.444
Frankreich	26.458
Vietnam	25.856
Schweiz	24.877
Belgien	24.660
Luxemburg	23.559
Irland	21.168

Quelle: Statistisches Bundesamt

Tabelle 3: Wichtigste Importländer für Altkunststoffe 2016

Altkunststoff-Importe*2016 Top 15-Länder	Tonnen
Vietnam	85.816
Belgien (ab 1999)	85.014
Österreich	67.454
Malaysia	42.003
Schweiz	40.870
Schweden	39.681
Indien	37.211
Niederlande	26.751
Vereinigtes Königreich	26.109
Tschechische Republik	25.949
Italien	25.566
Norwegen	16.265
Hongkong	13.851
Spanien	8.912
Slowenien	7.074

Quelle: Statistisches Bundesamt

In 2017 sind die Exporte, aufgrund der bereits wirkenden Importbeschränkungen Chinas deutlich gesunken. Die Menge, die aus der EU nach China und Hongkong geliefert wurde, ist entsprechend um 39 Prozent gesunken. Die Gesamtexportmenge ist aufgrund dieses Einbruchs der China-Exporte insgesamt um 19 Prozent gesunken. Zudem sind die EU-Exporte nach Indien und Pakistan etwas geringer geworden. Im Gegensatz dazu stiegen vor allem die Exporte nach Vietnam, Malaysia und die Türkei. Diese konnten die Reduktion der chinesischen Importe aber nur teilweise ausgleichen, da die Verwertungskapazitäten für größere Mengen in diesen Ländern nicht ausreichen.

Bedeutung der Exporte

Die Exporte nach China waren für die Entsorgungssicherheit in Deutschland ein entscheidender Bestandteil. Die Ankündigung Chinas, die Altkunststoffimporte einzuschränken und nur noch Altkunststoffe mit sehr geringen Verunreinigungen zu akzeptieren, sorgt für Verunsicherung auf dem Markt.

Die Problematik besteht insbesondere in der sehr schnellen Umsetzung der Importbeschränkungen. Da diese erst wenige Monate vor Inkrafttreten bekannt wurden, konnten in Deutschland und Europa (noch) keine neuen Kapazitäten für die hochwertige stoffliche Verwertung der Altkunststoffe aufgebaut werden.

Eine Option in Deutschland für die Entsorgung ist die thermische Verwertung von sortierten und aufbereiteten Kunststoffen in Ersatzbrennstoffkraftwerken, in der Mitverbrennung oder in Abfallverbrennungsanlagen. Das stoffliche Verwertungspotenzial wird dabei nicht genutzt. Zudem sind die thermischen Verwertungsanlagen derzeit sehr stark ausgelastet – insbesondere in Deutschland, sodass das zusätzliche Potenzial für weitere Kunststoffabfälle gering ist. Erschwerend kommt hinzu, dass die Kunststoffe über einen hohen Heizwert verfügen, der auch den Heizwert des Abfalls in Abfallverbrennungsanlagen steigert und somit die Kapazität reduziert.

4. Marktentwicklung bis 2025

Die nachfolgende Marktprognose zeigt eine Übersicht über die zukünftige Entwicklung beim Kunststoffrecycling in Deutschland. Ziel ist es, mit der Darstellung das Verhältnis von Aufkommen und Verwertungswegen zu analysieren und somit zu ermitteln, ob in den kommenden Jahren mit Überkapazitäten oder mit Engpässen beim Kunststoffrecycling zu rechnen ist. Die Ergebnisse zeigen auch, ob in den kommenden Jahren stoffliche oder energetische Verwertungswege in verändertem Umfang genutzt werden.

Methodik der Prognose

In den Studien von trend**:research** werden jeweils – mit studieninhaltsspezifischen Schwerpunkten – Basisprämissen und szenariospezifische Prämissen als Grundlage für die Marktbetrachtung herangezogen. Die Grundlage für die Prämissen bilden sowohl die Ergebnisse aus dem Desk Research (u.a. Altkunststoffaufkommen und Verwertungswege) als auch die Informationen aus der telefonischen Befragung der Marktteilnehmer (u.a. Markteinschätzungen und Erwartungen).

Im Rahmen der Studien wird für die Marktprognose die eigens entwickelte Trend-Impact-Analyse, die auf der Szenariotechnik basiert, angewendet. Hierdurch besteht die Möglichkeit, zusätzlich exogene Schocks (z.B. Wirkung des Verpackungsgesetzes ab 2019) und deren Einfluss auf die Marktstrukturen zu berücksichtigen. In dem nachfolgenden Bild wird dies schematisch dargestellt.

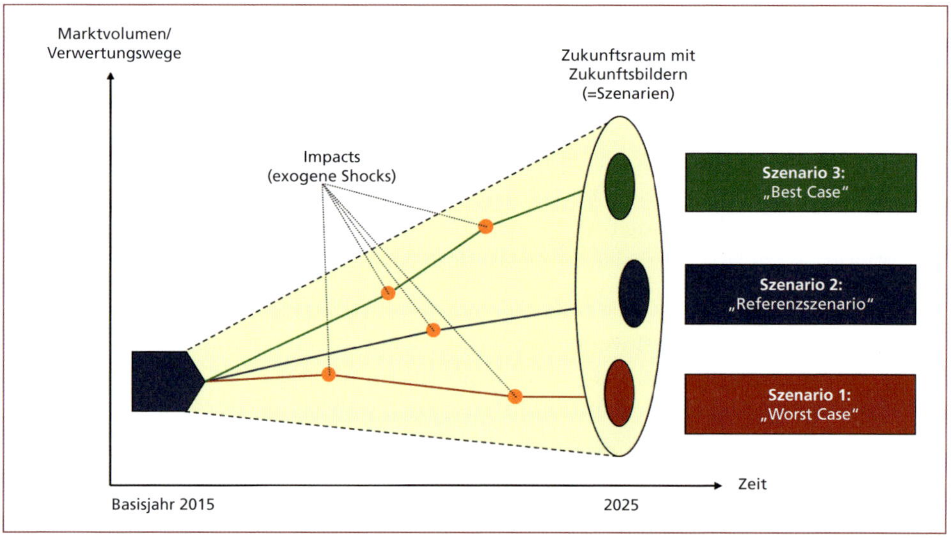

Bild 6: Auswirkungen exogener Schocks auf die Marktentwicklung (schematische Darstellung)

Als exogene Schocks bzw. Impacts werden Einflüsse auf die Marktentwicklung und das Markt- und Wettbewerbsverhalten von großer Intensität und mit nachhaltiger Wirkung bezeichnet. Beispielsweise wichtige neue rechtliche Rahmenbedingungen, der Eintritt neuer Wettbewerber in den Markt oder massive Veränderungen von Im- oder Exportmengen.

Das nachfolgende Bild zeigt schematisch die berücksichtigten Prämissen und deren Wirkung auf Aufkommen, Verwertungswege und Preise. Dabei wird deutlich, welche Prämissen die Altkunststoffmengen beeinflussen und welche sich in erster Linie auf die Verwertungswege bzw. Preise auswirken. Wie das Bild zeigt, wird zunächst die Entwicklung des Aufkommens ermittelt und im Anschluss die Entwicklung der Verwertungswege analysiert. Im dritten Schritt erfolgt die Prognose der Preise für das Kunststoffrecycling.

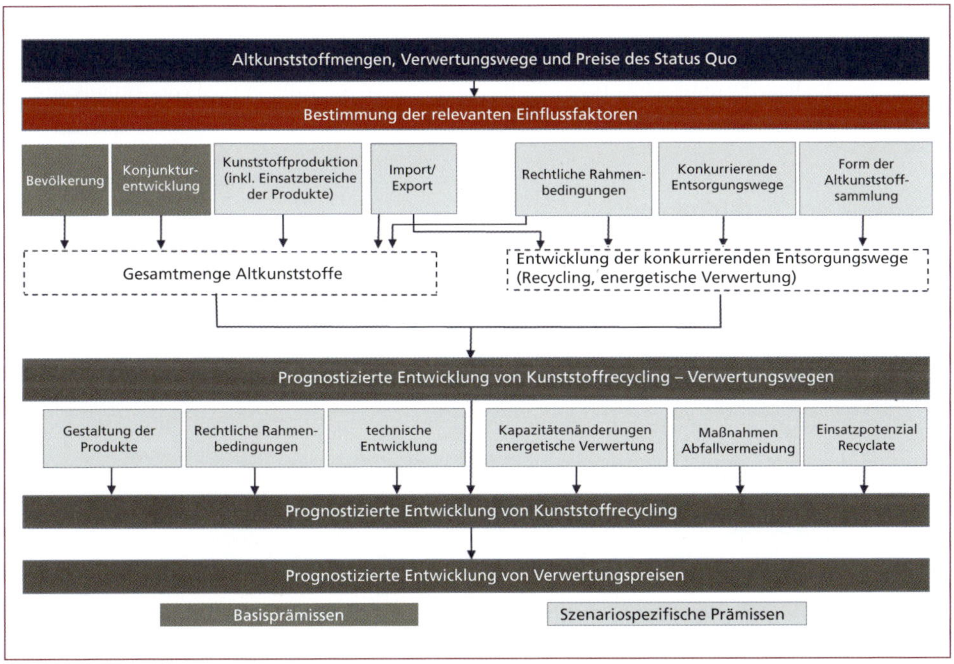

Bild 7: Marktmodell (einschließlich Prämissen)

Befragungsergebnisse zu Prämissen und Annahmen

Im Rahmen der Expertenbefragung wurden die Teilnehmer nach den Einflussfaktoren befragt, die ihrer Meinung nach die zukünftige Entwicklung des Altkunststoffaufkommens bestimmen. Aus Sicht der Befragten haben die Konjunkturentwicklung und die Gestaltung von Verpackungen (Kunststoffprodukten) den größten Einfluss auf das zukünftige Altkunststoffaufkommen. Aber auch alle anderen abgefragten Faktoren haben aus Sicht der Befragten einen hohen oder zumindest mittleren Einfluss auf die Entwicklung des Aufkommens von Altkunststoffen.

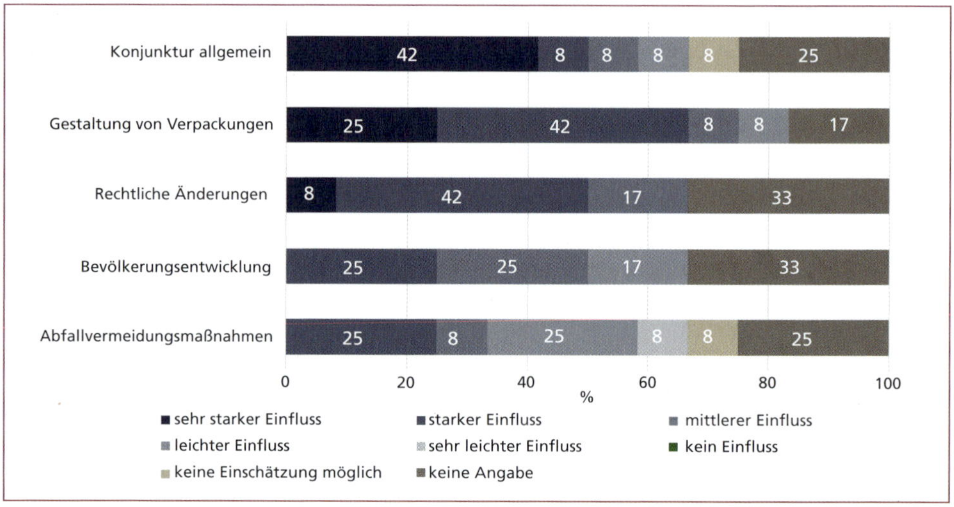

Bild 8: Bedeutung unterschiedlicher Einflussfaktoren auf das Aufkommen von Altkunststoffen (Befragungsergebnis)

Ergebnisse der Marktprognose

In den kommenden Jahren ist mit einer weiterhin steigenden Altkunststoffmenge in Deutschland zu rechnen. Insgesamt steigt die Menge in diesem Szenario von 5,9 Millionen Tonnen in 2015 auf 6,9 Millionen Tonnen in 2025. Dabei ist in nahezu allen Anfallorten mit einer wachsenden Menge in den kommenden Jahren zu rechnen.

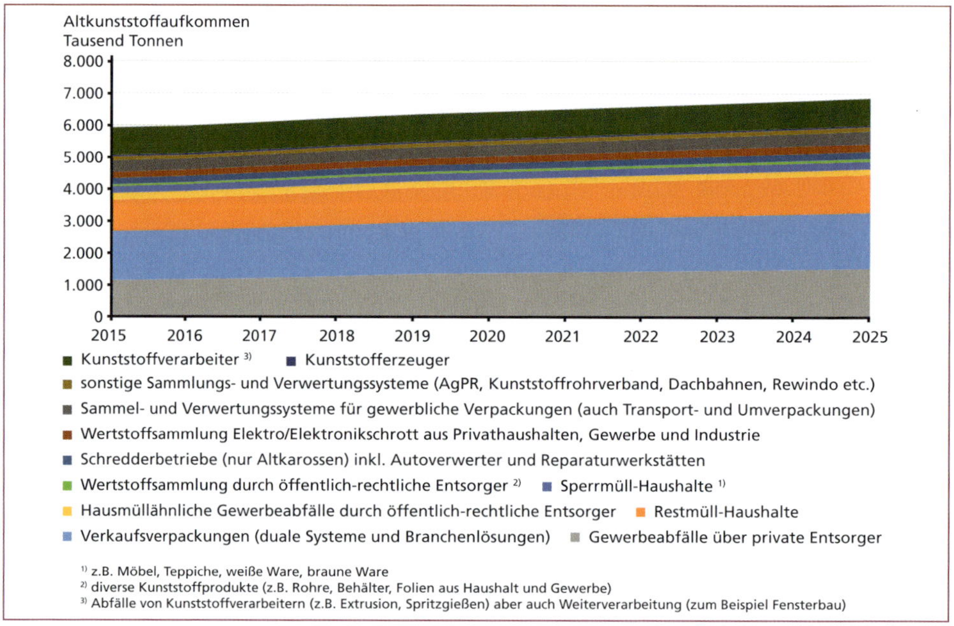

Bild 9: Entwicklung des Altkunststoffaufkommens nach Anfallorten bis 2025 – Referenzszenario

Im Referenzszenario steigt die stofflich verwertete Altkunststoffmenge von etwa 2,8 Millionen Tonnen in 2015 auf etwa 3,5 Millionen Tonnen in 2025. Dafür werden die Sortier- und die stofflichen Verwertungskapazitäten in Deutschland ausgebaut. In 2018 gelingt aber noch keine Steigerung der stofflichen Verwertung, da die Exportmengen von Altkunststoffen, die in erster Linie der stofflichen Verwertung zugerechnet werden, zurückgehen. Die leichte Steigerung der stofflichen Verwertung in Deutschland kann diesen Effekt nicht vollständig ausgleichen. Zudem müssen die zusätzlichen Verwertungskapazitäten erst geschaffen werden, bevor diese genutzt werden können.

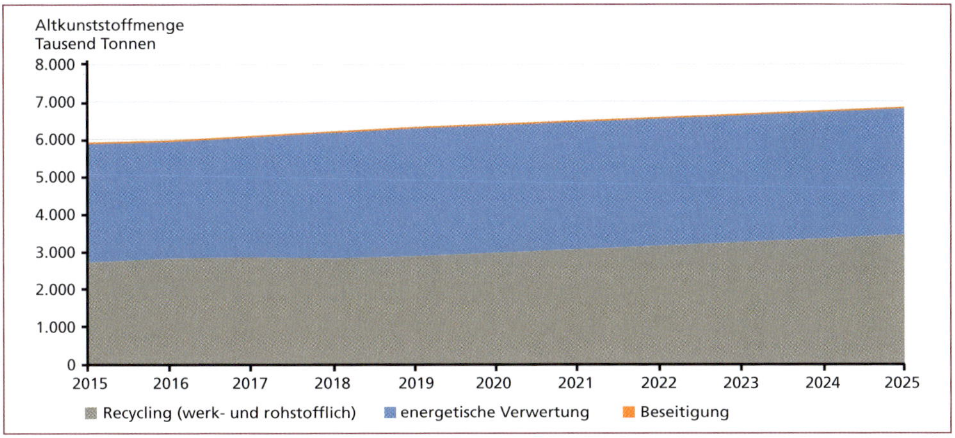

Bild 10: Entwicklung der Verwertungswege von Altkunststoffen bis 2025 – Referenzszenario

5. Fazit

Insgesamt werden Kunststoffe in vielen Bereichen des täglichen Lebens weiter an Bedeutung gewinnen. Somit wird auch die Verwertung von Altkunststoffen in den kommenden Jahren weiter an Relevanz gewinnen. Die Umweltverschmutzung, die sich durch die Entsorgung der Kunststoffe ergibt, wird dabei von der Öffentlichkeit verstärkt wahrgenommen. Sowohl die Verschmutzung der Meere so wie auch die Belastungen durch Mikroplastik werden immer häufiger in den Medien thematisiert. Somit gewinnen die nachhaltige Entsorgung und das Recycling von Kunststoffen an Bedeutung.

Diese Entwicklungen zeigen sich auch an der prognostizierten Marktentwicklung: das Aufkommen an Altkunststoffen steigt in den kommenden Jahren kontinuierlich weiter an. Gleichzeitig verschieben sich die Verwertungswege der Kunststoffe von der energetischen Verwertung zur stofflichen Verwertung. Wesentliche Treiber sind, neben der genannten Bedeutung der Ökologie, die rechtlichen Rahmenbedingungen, höhere Recyclingquoten fordern.

Die steigende Bedeutung des Recyclings wird auch zu einem Kapazitätsausbau bei den Verwertungsanlagen führen. Hier wird einerseits in zusätzliche Kapazitäten investiert und andererseits die Technologie verbessert, um höherwertige, reinere Kunststoffrecyclate herzustellen. Der Aufbau der Kapazitäten führt dazu, dass die exportierten

Kunststoffe

Kunststoffmengen sinken und ein höherer Anteil in Deutschland verwertet wird. Der Ausbau erfolgt aber vergleichsweise langsam, da die Kosten für das Recycling im Vergleich zu anderen Entsorgungswegen hoch sind und somit die rechtlichen Anforderungen nur langsam und mit Verzögerungen umgesetzt werden.

Ansprechpartner

Dirk Briese
trend:research GmbH
Parkstraße 123
28209 Bremen, Deutschland
+49 421-43730-0
info@trendresearch.de

Kunststoffrecycling lohnt sich nicht

Rainer Bunge

In der Schweiz werden Kunststoffabfälle überwiegend in MVA thermisch verwertet und nicht stofflich rezykliert. In den letzten Jahren sind die Umweltbehörden daher zunehmend unter politischen Handlungsdruck gekommen. Im Auftrag des Bundes, mehrerer Kantone und Umweltverbände, wurde eine Studie angelegt, um den ökologischen Nutzen und die damit verbundenen Kosten des Kunststoffrecyclings zu untersuchen. Diese Studie kommt zum Schluss, dass die Sammlung von gemischten Kunststoffabfällen zwar einen marginalen ökologischen Nutzen stiftet, dies aber bei untragbar hohen Kosten. Das Kunststoffrecycling ist aber nicht nur ineffizient, es ist auch wenig effektiv. Der Umweltnutzen würde pro Einwohner und Jahr, etwa der Einsparung einer Autofahrt von 30 Kilometern oder dem Verzicht auf ein Grillsteak oder dem Erwerb von CO_2-Zertifikaten im Gegenwert von 1 EUR (Basis 60 EUR/t CO_2) entsprechen. Auf Grundlage dieser Ergebnisse hat das Schweizer Bundesamt für Umwelt eine gesetzlich verankerte Durchsetzung der Kunststoffsammlung abgelehnt.

1. Massenflüsse von Kunststoffen

Die Massenflüsse von Kunststoffen durch die Anthroposphäre und die Umwelt sind sehr komplex und zum Teil noch gar nicht quantitativ erfasst. In diesem Abschnitt wird versucht eine grobe Übersicht zu schaffen, insbesondre im Zusammenhang mit dem Kunststoffrecycling.

1.1. Massenflüsse global

In Bild 1 sind die globalen Kunststoffflüsse skizziert. Die grünen und roten Pfeile symbolisieren die Massen- und Energieströme. Grüne Pfeile symbolisieren die Ströme in einem geordneten Entsorgungssystem; rote Pfeile entsprechen denen die im Zusammenhang mit einer ungeordneten Abfallwirtschaft stehen respektive denen, die in der Umwelt enden. Unterschieden wurden drei Abfallkategorien, nämlich Produktionsabfälle, Produktabfälle (z.B. Trinkhalme, Kinderspielzeug, Tupperware...) und Verpackungsabfälle.

In Ländern mit geordneter Abfallwirtschaft gelangt praktisch der gesamte Anteil an Kunststoffabfällen in das Entsorgungssystem und wird überwiegend umweltgerecht entsorgt. Allerdings gibt es drei *Lecks* durch welche die Kunststoffabfälle dennoch in die Umwelt gelangen können, nämlich:

1. Littering (illegale Abgabe von Abfällen in die Natur durch den Konsumenten),
2. Abrieb (z.B. Reifen, Schuhsohlen, Kosmetika, Textilien...),
3. Export von Separatsammelfraktionen (z.B. minderwertige Kunststoffabfälle in Schwellenländer).

Durch Littering gelangt ein insgesamt nur kleiner, aber augenfälliger, Anteil an Kunststoffen in die Umwelt (Bild 1). Ohne Frage wird sich dieses Problem kaum durch forciertes Kunststoffrecycling lösen lassen. Konsumenten, die zu wenig einsichtig sind um ihren Abfall in den nächsten Abfalleimer zu entsorgen, würden ihr illegales Entsorgungsverhalten auch bei einem erweiterten Recyclingangebot nicht ändern. Nicht forciertes Recycling, sondern die Verhängung drakonischer Strafen könnte eine Lösung für das Litteringproblem sein.

Ein im Vergleich mit Littering wesentlich größerer Anteil an Kunststoffen gerät dissipativ, insbesondere als *Produktabrieb*, in die Umwelt (Reifen, Schuhsohlen, Kosmetika, Textilien...). Dieses Problem ist aus ökologischer Perspektive, insbesondre in Hinblick auf die Freisetzung von Mikroplastik, viel gravierender, aber längst nicht so offenkundig, wie das Littering. Und auch dieses Problem wird durch Kunststoffrecycling nicht gelöst, sondern allenfalls durch produktseitige Maßnahmen oder End of Pipe Lösungen.

Ein drittes *Leck* von Kunststoffen in die Umwelt entsteht durch den *Export von Kunststoff-Sammelfraktionen* von Ländern mit einer geordneten Abfallwirtschaft in Länder mit einer ungeordneten Abfallwirtschaft. Ein substanzieller Anteil dieser Massenströme endet im Meer (*Plastikinseln*). Zur Orientierung: 2016 haben die Staaten der EU 46 % der zwecks *Recycling* separat gesammelten Kunststoffe nach Fernost verbracht, 87 % davon nach China [5]. Bis Ende 2017 war dies vor allem China, heute sind es in zunehmendem Masse Malaysia, Vietnam, Indonesien und andere Länder – vor allem in Südostasien. Auch dieses Problem lässt sich schon prinzipiell nicht durch ein noch weiter forciertes Kunststoffrecycling lösen.

Anmerkung: Der Aktionsplan der EU (100 % recycelbare Kunststoffe in 2030) löst also zumindest in Ländern mit geordneter Abfallwirtschaft kein Problem mit dem Eintrag von Kunststoffen in die Umwelt. Ganz im Gegenteil: Da das Kunststoffrecycling eine wichtige Ursache für den Eintrag von Kunststoffen in die Umwelt darstellt, würde die völlige Aufgabe der Kunststoffsammlung dieses Problem nachhaltig eliminieren [4].

Aber auch in den Schwellenländern würde durch das Kunststoffrecycling kein unmittelbares Umweltproblem gelöst, solange es keine Entsorgungsmöglichkeiten für die nicht verwertbaren Restfraktionen gibt. Dort wo keine geordnete Abfallwirtschaft durchsetzbar ist, ist die Idee von Kunststoffrecycling als Strategie zur Vermeidung von Umweltproblemen eine gefährliche Illusion, die den Blick auf nicht perfekte, dafür aber realistische, Lösungen verhindert (Einführung geordneter Deponien).

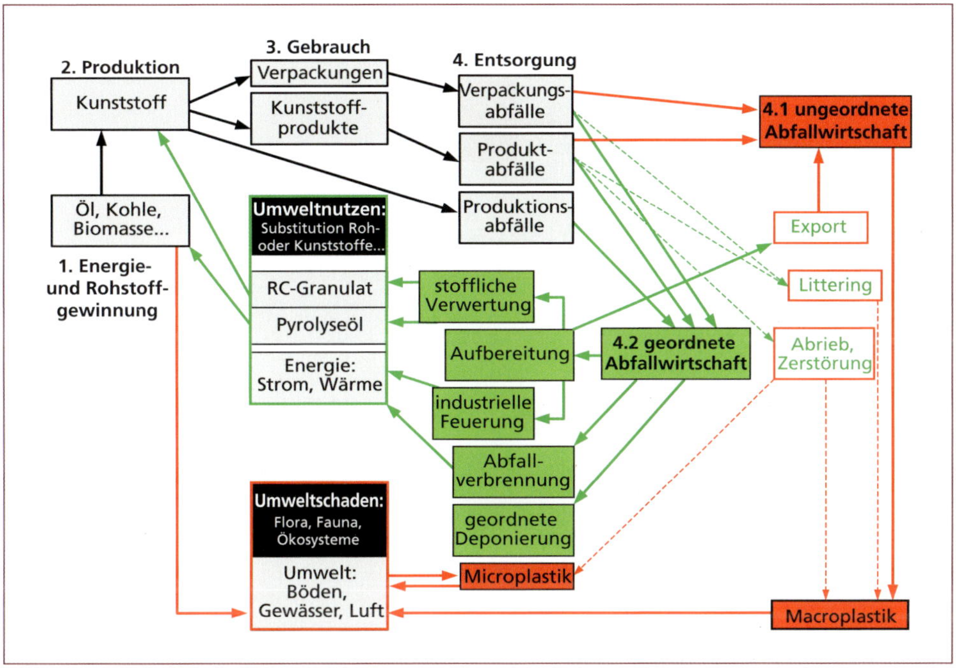

Bild 1: Schematische Darstellung der Massenflüsse von Kunststoffen. In einer geordneten Abfallwirtschaft ist der Pfad zwischen dem Kunststoffabfall und der Umwelt weitestgehend unterbrochen.

In Bild 2 ist das Schema vereinfacht erstens für Verpackungsabfälle und zweitens für Länder deren Abfallentsorgung auf Recycling und Abfallverbrennung beruht (also ohne Deponierung unbehandelter Abfälle). Hier reduziert sich der potenzielle Umweltnutzen des Recyclings (versus dem Referenzszenario MVA) im Wesentlichen auf das Fine-Tuning der Entsorgung respektive der ökologischen Optimierung der Rohstoffversorgung.

Relevant zur ökologischen Beurteilung des Kunststoffrecyclings gegenüber der thermischen Verwertung in MVA sind die Umweltauswirkungen der folgenden Massen- und Energieströme (Bild 2):

(48) Netto-Umweltnutzen der Verbrennung von 1 Tonne Verpackungsabfall in einer MVA (Gewinnung Energie und Metalle)

(49) Netto-Umweltnutzen des Recyclings der in Westeuropa stofflich verwertbaren Anteile aus 1 Tonne Verpackungsabfall (Substitution von Primärkunststoff durch RC-Granulat)

(42) Netto-Umweltschaden durch den Export der in Westeuropa stofflich nicht verwertbaren Anteile von minderwertigen Fraktionen aus 1 Tonne Verpackungsabfall zum *Recycling* in Schwellenländern (Eintrag von Kunststoffen in die Umwelt via Schwellenländer)

(47) Netto-Umweltnutzen der Verbrennung nicht rezyklierbarer Anteile aus 1 Tonne Verpackungsabfall in einer industriellen Feuerung, z.B. Zementwerk (Substitution Kohle)

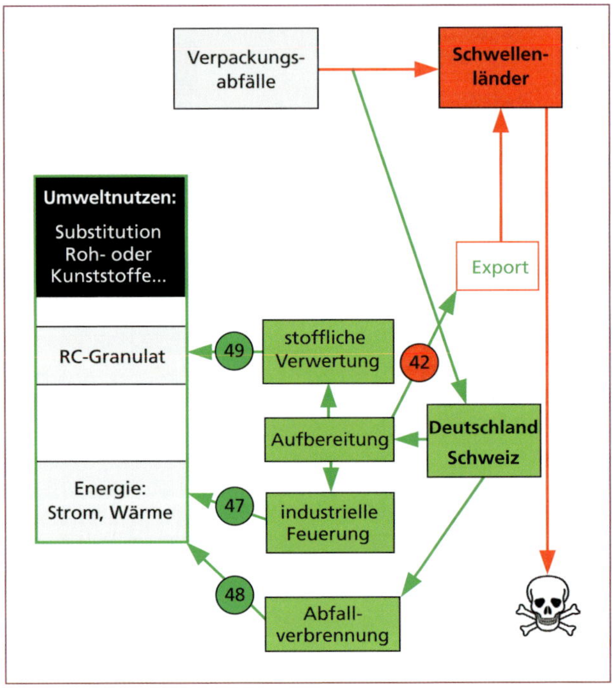

Bild 2:

Massen- und Energieströme mit Fokus auf Verpackungsabfälle. Schaden für die Umwelt entsteht vor allem durch den Export von *Recyclingfraktionen* in Schwellenländer – Stoffstrom (42).

Das Kunststoffrecycling ist ökologisch besser als die thermische Verwertung in MVA, wenn für den Umweltnutzen der Massen- und Energieströme in Bild 2 folgende Bedingung erfüllt ist: (47) + (49) – (42) > (48). Da die in Schwellenländer exportierten Kunststofffraktionen – Massenstrom (42) – mangels geordneten Deponien unsachgemäß abgelagert werden, fällt diese Ökobilanz vermutlich negativ aus. Durch das Kunststoffrecycling entsteht also kein ökologischer Nutzen, sondern ein Schaden. Gleichwohl haben wir in den folgenden Betrachtungen angenommen, dass der Massenstrom (42) vernachlässigbar sei und alle Kunststoffe innerhalb der Eurozone sachgemäß recycelt oder verbrannt werden – was allerdings nicht der Fall ist.

1.2. Kunststoffe in der Schweiz

In der Schweiz werden jährlich etwa 1 Million Tonnen Kunststoffe eingesetzt. Mehr als die Hälfte wird in langlebigen Produkten verbaut, z.B. im Baubereich, für Fahrzeuge oder Elektrogeräte. Etwa 300.000 t werden für Verpackungen (Haushalte, ohne

Gewerbe und Industrie) verwendet. Dazu zählen Kunststoffe wie Hohlkörper, Schalen, Haushalt-Verpackungsfolien (210.000 t) und Verbundverpackungen (90.000 t). Ein Teil dieser Verpackungen kann separat gesammelt und stofflich verwertet werden, der übrige Teil ist zu stark verschmutzt oder die Zielfraktion, der Kunststoff, ist als Teil von Verbundstoffen so stark eingeschlossen, dass ein stoffliches Recycling nicht möglich ist.

Da die Schweiz schon frühzeitig das im Abfallleitbild verankerte *Verbrennungsgebot* umgesetzt hat, wurde die stoffliche Nutzung von Kunststoffabfällen aus Haushalten, also das Kunststoffrecycling, hier nicht – wie in anderen Ländern – stark forciert. Ausgenommen davon waren über eine lange Zeit allein PET-Getränkeflaschen, welche mittlerweile in erheblichen Mengen (Verwertungsquote > 80 %) und relativ sortenrein gesammelt und weitgehend zu hochwertigen Produkten verwertet werden.

Heute werden in der Schweiz jährlich etwa 68.000 t Kunststoffabfälle aus Haushalten separat gesammelt. Davon entfallen etwa 50.000 t auf die PET-Flaschen Sammlung – gesammelte Menge, vor Sortierung und Aufbereitung. Die verbleibenden 18.000 t setzen sich aus übrigen Kunststoffabfällen aus Haushalten zusammen, die überwiegend durch Recyclingsysteme erfasst werden, die durch den Detailhandel freiwillig eingerichtet wurden.

2. Kunststoffe: Umweltnutzen und Umweltschaden

Das Thema Kunststoffabfälle bewegt den Konsumenten, denn er ist mehrmals täglich mit der Entsorgung von Kunststoffverpackungen konfrontiert. Und was den Konsumenten bewegt, bewegt auch die Politik und die Medien. So hat die Frage des Umgangs mit Kunststoffabfällen, insbesondere Verpackungen eine Eigendynamik angenommen, die sich teilweise von rationalen Erwägungen abgelöst hat.

Die folgenden Betrachtungen beziehen sich vorwiegend auf Kunststoffverpackungen, denn diese machen den größten Teil der durch den Konsumenten potenziell rezyklierbaren Kunststoffe aus.

Kunststoffe sind, im Vergleich zu den Alternativen, wie Glas, Pflanzenfasern oder Metall, in verschiedenster Weise nützlich, z.B.:

- Technische Vorteile: bruchfest, korrosionsbeständig, gut formbar, leicht bearbeitbar…,
- Convenience und Marketing: billige Wegwerfartikel, gefällige Präsentation verpackter Produkte,
- Ökologische Vorteile: geringer ökologischer Aufwand bei der Produktion, hervorragender Schutz verpackter Produkte, geringes Transportgewicht… .

Der ökologische Nutzen entsteht unter anderem dadurch, dass Kunststoffe leicht sind. Kunststoffverpackungen sparen dadurch Energie beim Transport der verpackten Produkte – im Vergleich z.B. zum viel schwereren Glas. Der wichtigste ökologische Vorteil von Kunststoffverpackungen liegt im Schutz des Produkts vor Beschädigung oder Zerstörung. So erhöhen Kunststoff-Kompositverpackungen die Haltbarkeit von

Esswaren, z.B. Fleisch oder Käse, markant (Vermeidung von Foodwaste). Andererseits belasten die Herstellung von Kunststoffen, und deren Entsorgung, die Umwelt. Eine Kunststoffverpackung ist per saldo dann ökologisch sinnvoll, wenn ihr produktseitiger ökologischer Nutzen höher ist als der Umweltschaden durch ihre Herstellung (Bild 1: roter Pfeil vom Kästchen *Rohstoffversorgung* zum Kästchen *Umwelt*) und Entsorgung (rote Pfeile von den Kästchen *Makroplastik* und *Mikroplastik* in das Kästchen *Umwelt*). In Ländern wo Kunststoffabfälle durch Recycling stofflich, und durch Verbrennung thermisch genutzt werden, also der entsorgungsseitige Umweltschaden vernachlässigbar ist, ist dies in der Regel der Fall.

In Ländern mit einer auf stofflicher und thermischer Verwertung aufgebauten Abfallwirtschaft ist die Ökobilanz der Entsorgung von Kunststoffen erstaunlicherweise grundsätzlich positiv. Dies unabhängig davon, ob der Kunststoff in MVA oder industriellen Feuerungen thermisch verwertet wird, oder rezykliert wird – der Nutzen für die Umwelt durch die ökologischen Gutschriften für Materialersatz oder Energiebereitstellung ist größer als der Schaden z.B. durch Emissionen. Damit reduziert sich die Frage *Kunststoffrecycling vs. MVA* auf die Frage welches dieser beiden Systeme den größeren Nutzen für die Umwelt abwirft.

Als Faustregel der Abfallwirtschaft gilt, dass die stoffliche Verwertung von Abfällen, also das Recycling, ökologisch besser ist als ihre thermische Verwertung. Sie ist aber, zumindest bei Kunststoffen, auch deutlich teurer. Der Mengensplit zwischen der stofflichen (Recycling) und der thermischen (MVA, industrielle Feuerungen) Verwertung von Kunststoffabfällen wird damit zum Optimierungsproblem zwischen dem ökologischen Nutzen einerseits und den anfallenden Kosten andererseits.

Als weitere Faustregel mag in Ländern mit einer geordneten Abfallwirtschaft dienen, dass der durch die Herstellung, Konsum und Entsorgung eines kunststoffverpackten Produktes ausgelöste Umweltschaden zu 99 % auf das Produkt und zu 1 % auf die Verpackung entfällt. Ein Verbot von Kunststoffverpackungen wäre zumindest in Ländern mit einer geordneten Abfallwirtschaft in den meisten Fällen entweder praktisch ökologisch wirkungslos oder sogar kontraproduktiv. Anstatt engagiert darüber zu diskutieren wie man die 1 % abfallbezogenen Umweltschaden weiter minimieren könnte, wäre es wohl sachdienlicher sich über eine Reduktion der 99 % konsumseitigen Umweltschaden Gedanken zu machen.

Durch die vergleichsweise aggressivere Sammlung von Kunststoffen in Deutschland (*gelber Sack*) kamen die Schweizer Umweltbehörden in den vergangenen Jahren unter politischen Handlungsdruck, die schon vor langer Zeit gesetzlich verankerte PET-Hohlkörpersammlung und die durch den Handel auf freiwilliger Basis eingeführte Sammlung von PE-Hohlkörpern, die Verwertung von Kunststoffen durch zusätzliche gesetzliche Maßnahmen zu fördern. Vor diesem Hintergrund wurde dem Institut UMTEC der Hochschule Rapperswil und der Umweltberatungsunternehmung Carbotech durch das Bundesamt für Umwelt, sowie zahlreiche Kantone und Verbände, der Auftrag für eine Studie erteilt. Ziel der Studie (KuRVe – **Ku**nststoff **R**ecycling und **Ve**rwertung) war es eine Erweiterung der Kunststoffsammlung unter den Aspekten der Kosten/Nutzen-Effizienz und der Effektivität, also des Potenzials zur Verbesserung der Schweizer Ökobilanz, zu untersuchen.

3. Kosten und Nutzen: der Ökoeffizienzindikator SEBI

Bei der Diskussion um die Umsetzung von Umweltmaßnahmen, die zwar ökologisch besser als das Referenzszenario sind, aber auch teurer, verläuft die Diskussion häufig entlang den politischen Leitplanken. Die eine Seite argumentiert mit dem ökologischen Vorteil, die andere Seite hält die höheren Kosten dagegen. Um diese unbefriedigende Situation aufzulösen, hatte das Bundesamt für Umwelt dem UMTEC 2015 den Auftrag zur Erstellung eines Indikators für die Ökoeffizienz von Umweltmaßnahmen erteilt (Projekt EconEcol). Neu einzuführende Umweltmaßnahmen sollten punkto Kosten/ Nutzen-Effizienz vor dem Hintergrund bereits eingeführter Maßnahmen beurteilt werden. Der in diesem Zusammenhang entwickelte Indikator für die Kosten/Nutzen-Effizienz (SEBI – Specific Eco Benefit Indicator) diente in dem Projekt (KuRVe) dazu die Einführung des Kunststoffrecyclings zu beurteilen.

3.1. Grundlagen des SEBI

Zur Quantifizierung des ökologischen Nutzens umweltrelevanter Maßnahmen dienen Methoden zur Ökobilanzierung. In der Schweiz ist die *Methode der ökologischen Knappheit* am meisten verbreitet. Hierbei werden umweltschädliche Tätigkeiten mit *Umweltbelastungspunkten* (UBP) belastet. Der Mechanismus ist etwa vergleichbar mit der ökologischen Bewertung klimarelevanter Emissionen mittels CO_2-Äquivalenten.

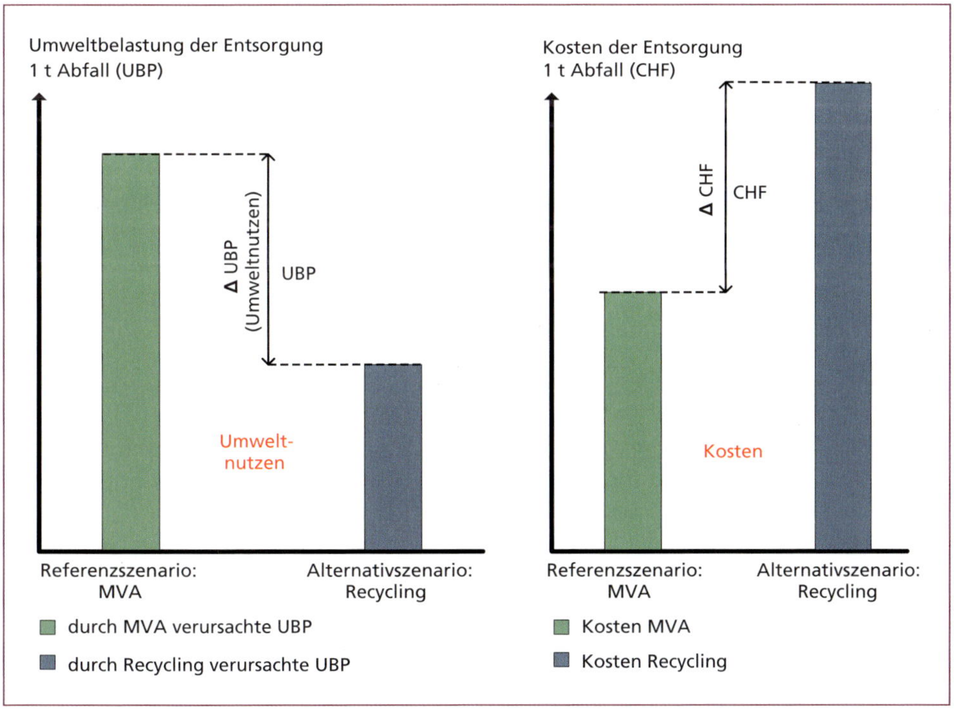

Bild 3: Grundlage zur Ermittlung der Ökoeffizienz einer Umweltmaßnahme (Recycling) gegenüber dem Referenzszenario (Verbrennung in MVA) sind der zusätzliche Umweltnutzen durch *vermiedene Umweltbelastungspunkte* und die zusätzlichen Kosten.

Der ökologische Vorteil eines Recyclingverfahrens wird als *Alternativszenario* mittels Ökobilanz mit einem *Referenzszenario* verglichen. Das Referenzszenario für das Kunststoffrecycling ist in der Schweiz die thermische Verwertung der Kunststoffe in MVA. Der ökologische Vorteil des Alternativszenarios gegenüber dem Referenzszenario wird in UBP/t gesammeltem Kunststoff ermittelt. Bei einem hochwertigen Recycling ist die Ökobilanz der Kunststoffsammlung positiv. Sie kann aber auch negativ ausfallen, z.B. dort, wo durch das Recycling von minderwertigen Kunststofffraktionen, insbesondere *mixed plastics*, erneuerbare Rohstoffe wie Holz durch Kunststoff substituiert werden. Beispiele sind Zaunpfähle, Sitzbänke und Europaletten. Werden diese aus Kunststoffen anstatt Holz gefertigt, so kann sich die Ökobilanz umkehren. Dies bedeutet, dass es ökologisch besser gewesen wäre den Kunststoff thermisch zu verwerten und dafür die entsprechenden Produkte aus Holz herzustellen.

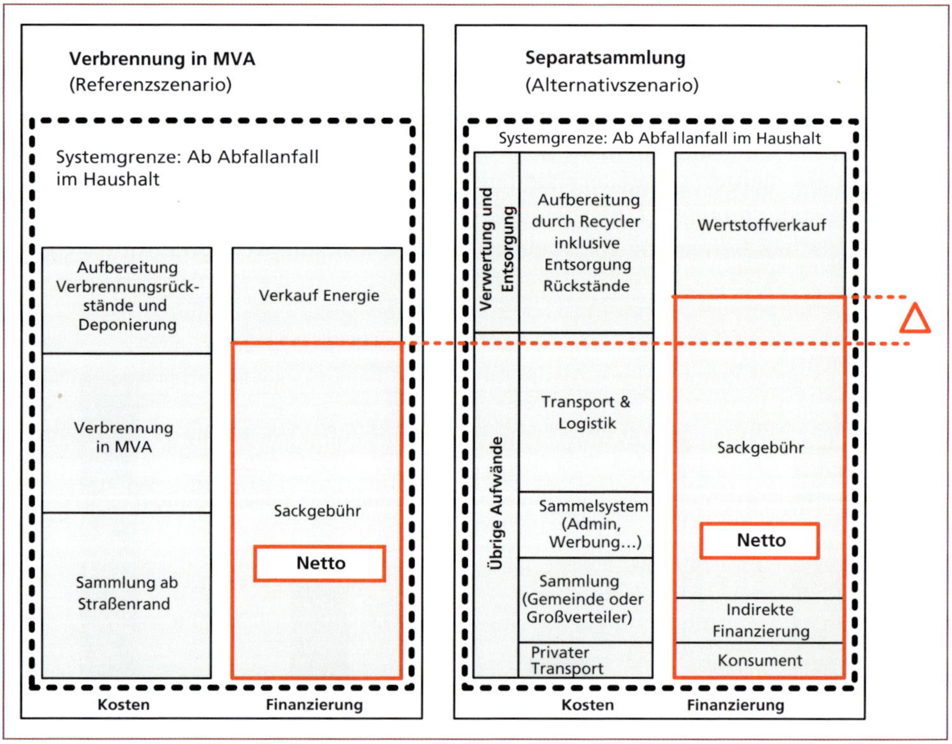

Bild 4: Schematische Darstellung der Mehrkosten von Alternativszenario Separatsammlung = Recycling (rechts) gegenüber Referenzszenario MVA (links).

$$\text{SEBI} = \frac{\text{Umweltnutzen gegenüber Referenzszenario}}{\text{Kosten gegenüber Referenzszenario}} = \frac{\text{vermiedene Umweltauswirkung}}{\text{zusätzliche Kosten}} \left[\frac{\text{vUBP}}{\text{CHF}}\right]$$

Die Quantifizierung des Kostenunterschiedes von Referenz- und Alternativszenario erfolgt in CHF/t gesammeltem Kunststoff. Aus der Öko- und Kostenbilanz kann ein Kosten/Nutzen-Effizienzindikator abgeleitet werden, der aus dem Quotienten des

Umweltvorteils, vermiedene Umweltbelastungspunkte pro Tonne (vUBP/t), und den zusätzlich aufgewandten Kosten in CHF/t besteht. Dieser *Specific Eco Benefit Indicator* (SEBI) gibt an, wie viel ökologischen Nutzen die Recyclingmaßnahme pro zusätzlich ausgegebenem Schweizer Franken gegenüber der thermischen Verwertung in einer MVA erzielt. Die Dimension des SEBI ist also: vUBP/CHF.

3.2. Ermittlung des SEBI für das Kunststoffrecycling

Als Vergleichsbasis (funktionelle Einheit) diente die Verwertung / Entsorgung von einer Tonne gesammelter, kurzlebiger Kunststoffe aus dem Haushalt. Die inhaltliche Systemgrenze wurde wie folgt definiert: Ab *Übergabe ins Entsorgungssystem* (z.B. *abgeholt ab Straßenrand* oder *angeliefert an Gemeinde-Sammelcontaine*r) bis *zurückgewonnener Wertstoff ab Recyclingwerk* bzw. bis *Energienutzung* und *Deponierung der MVA-Rostasche*. Als Referenzsystem (Vergleichsbasis) wurde die Entsorgung der Kunststoffe in einer durchschnittlichen Schweizer Müllverbrennungsanlage (MVA) betrachtet.

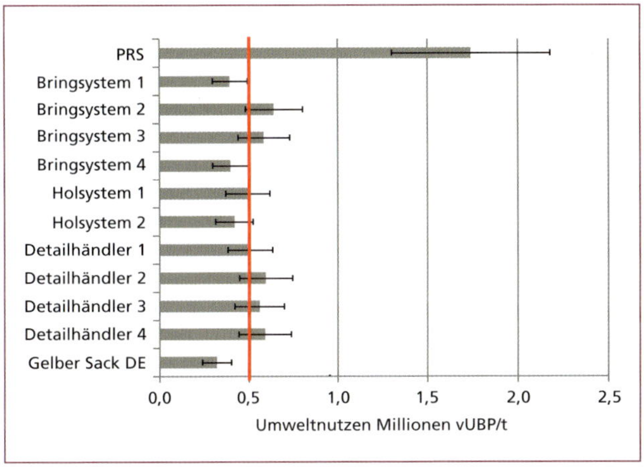

Bild 5:

Der Umweltnutzen des Kunststoffrecyclings liegt gegenüber der MV 4 bei etwa 0,5 Millionen vermiedenen UBP pro Tonne Sammelgut. Die verschiedenen untersuchten Recyclingsysteme sind anonymisiert. Zum Vergleich dient die PET-Sammlung (PRS – PET Recycling Schweiz).

Aus Bild 5 geht hervor, dass der ökologische Nutzen des Schweizer Kunststoffrecyclings gegenüber der Verbrennung bei etwa 500.000 UBP/t liegt. Deutlich darunter liegt das System *Gelber Sack*, da die Qualität der Sammelware so schlecht ist, dass nur ein kleiner Anteil tatsächlich stofflich hochwertig verwertet werden kann und das Sammelgut daher nur mit einer niedrigen ökologischen Gutschrift für die Substitution von Primärkunststoff belohnt werden kann.

Bei der Kunststoffsammlung könnte die systemorientierte Kostenbetrachtung auch um eine volkswirtschaftliche Betrachtungsweise ergänzt werden. Wird im Rahmen einer kurz- bis mittelfristigen Betrachtung der bestehende MVA-Park berücksichtigt, entzieht die separate Sammlung von Haushaltskunststoffen der lokalen MVA Abfall. Dies kann, wenn die MVA nicht ausgelastet ist, zu finanziellen Konsequenzen für den Betreiber, also in der Regel den Entsorgungs-Zweckverband, beziehungsweise in letzter Konsequenz für die Bevölkerung, führen (Tariferhöhung). Diese kurzfristigen volkswirtschaftlichen Kosten wurden in den nachfolgenden Resultaten nicht berücksichtigt.

Es wurde auch nicht berücksichtigt, dass mit der Separatsammlung von Kunststoffen der Siedlungsabfall abgereichert wird und dass diese leichten aber voluminösen Kunststoffe den nach Volumen abgerechneten Kehrichtsack finanziell *subventionieren*. Eine verstärkte Separatsammlung von Kunststoffen kann folglich dazu führen, dass der Abfallsack teurer wird, damit die Kosten der Abfallsammlung und Entsorgung getragen werden können. Berechnungen haben gezeigt, dass diese *verdeckten* volkswirtschaftlichen Zusatzkosten etwa 500 CHF/t separat gesammeltem Kunststoff betragen würden (Schweizer Durchschnitt).

Ebenfalls nicht berücksichtigt wurde der Umweltschaden durch den in Bild 2 dargestellten Massenstrom (42), der über den Export von Kunststoff-Sammelfraktionen in Schwellenländer verläuft, denn hierzu gibt es keine belastbaren Daten. Würde dieser Massenstrom einbezogen, würde vermutlich der ökologische Vorteil des Kunststoffrecyclings gegenüber der thermischen Verwertung in MVA so stark abnehmen, dass sich die Ökobilanz umkehrt, also die MVA ökologisch besser wird als das Recycling.

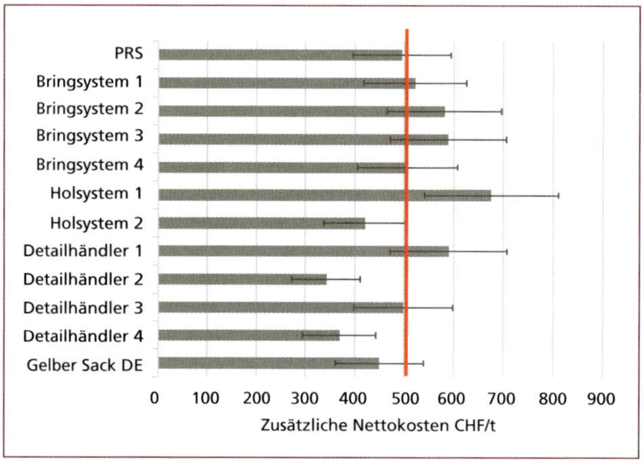

Bild 6:

Die gegenüber der thermischen Verwertung in MVA zusätzlichen Kosten des Kunststoffrecyclings liegen bei etwa 500 CHF/t.

Die zusätzlichen Kosten des Kunststoffrecyclings gegenüber einer thermischen Verwertung liegen bei etwa 500 CHF/t (Bild 6). Aus den Daten von Bild 5 und Bild 6 ergibt sich der über alle Systeme gemittelte SEBI zu ungefähr 500.000/500 =1.000 vUBP/CHF. Pro ausgegebenen CHF werden also 1.000 Umweltbelastungspunkte vermieden (Bild 7).

Interessant ist der Umstand, dass das PET-Recycling einen etwa dreimal so hohen ökologischen Ertrag ausweist wie die das Recycling der anderen Kunststoffe (vor allem PE). Der Grund hierfür ist der ökologisch wesentlich aufwändigere Herstellungsprozess von PET. Für das mittels Recycling substituierte PET ist daher die ökologische Gutschrift etwa dreimal so hoch wie für PE und die anderen durch die Separatsammlung erfassten Kunststoffe. Da, wie in Bild 6 dargestellt, die Kosten für das PET-Recycling in etwa gleich hoch sind, wie die Kosten zum Recycling der anderen Kunststoffe, ist folglich der SEBI des PET-Recyclings etwa dreimal so hoch wie der der anderen Kunststoffrecyclingsysteme (Bild 7).

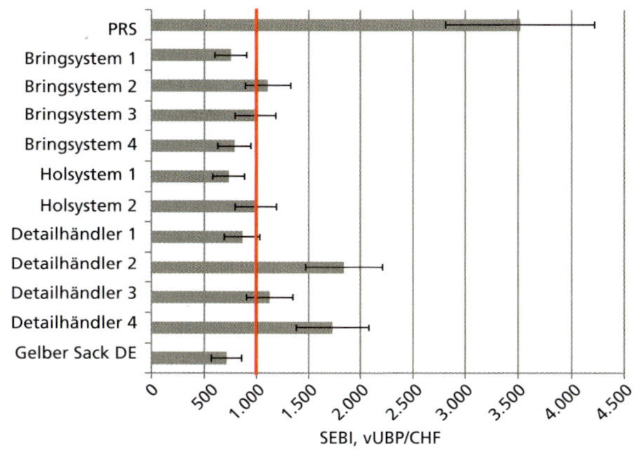

Bild 7:

Der SEBI ergibt sich durch Division der Daten aus Bild 5 und Bild 6 zu etwa 1.000 vUBP/CHF.

3.3. Vergleich der Ökoeffizienz des Kunststoffrecyclings mit anderen bereits in der Schweiz eingeführten Umweltmaßnahmen

Als Maßstab zur Beurteilung der Ökoeffizienz des Kunststoffrecylings dient der Vergleich mit der Ökoeffizienz anderer, bereits in der Schweiz eingeführter Recyclingmaßnahmen. Bild 8 zeigt, dass das Kunststoffrecycling am untersten Ende des in der Schweiz etablierten Ökoeffizienzspektrums liegt und damit um einen Faktor von etwa 18 weniger effizient als z.B. das Recycling von Elektrogroßgeräten und Elektronik ist. Zur Orientierung ist der SEBI für den Erwerb eines CO_2-Zertifikates für 40 CHF/t eingetragen. Auch dieser ist um etwa einen Faktor 10 höher als jener der Kunststoffsammlung.

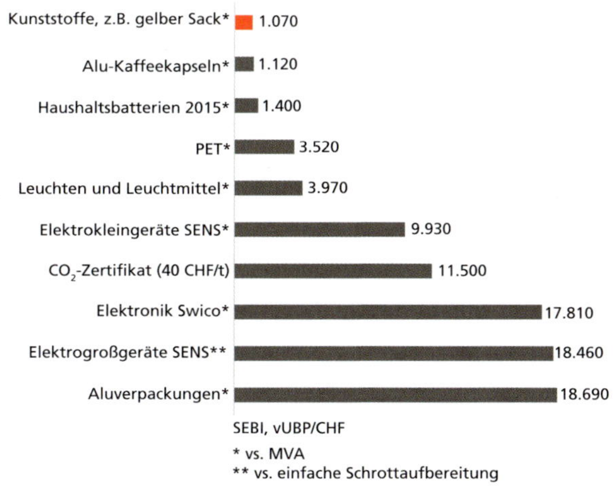

Bild 8:

Das Recycling von Kunststoffen liegt mit etwa 1.000 vUBP/CHF am ineffizienten Ende des SEBI-Spektrums. Zum Vergleich der SEBI durch den Erwerb eines CO_2-Zertifikates für 40 CHF/t: 11.500 vUBP/CHF.

4. Wirkungspotenzial: Ökoeffektivität

Neben der Ökoeffizienz ist auch die Ökoeffektivität zu beachten. Unter Ökoeffektivität verstehen wir den relativen Beitrag einer Umweltmaßnahme zur Verbesserung der Ökobilanz eines Entsorgungssystems insgesamt. Zur Beurteilung der Fragestellung, ob das Kunststoffrecycling in der Schweiz durch entsprechende Gesetzesvorgaben gefördert werden soll, ist nicht nur die Ökoeffizienz (SEBI) entscheidend, sondern auch, dass die Maßnahme überhaupt eine – gemessen an der Gesamtheit bereits eingeführter Maßnahmen – signifikante positive ökologische Wirkung hat.

In Bild 9 sind verschiedene Recyclingmaßnahmen in der Schweiz entsprechend der Ökoeffektivität aufgelistet. Zu sehen ist, dass das Kunststoffrecycling nur einen marginalen positiven Zusatzeffekt auf die Ökobilanz der Schweizer Abfallwirtschaft haben würde. Zum Vergleich: der gleiche Umweltnutzen wie durch die Kunststoffsammlung wäre auch durch den Verzicht auf 30 km Autofahrt, oder den Verzicht auf ein einziges Grillsteak, oder den Erwerb von CO_2-Zertifikaten im Gegenwert von 1 EUR (Basis 60 EUR/t CO_2), pro Einwohner und Jahr erzielbar. Dies gilt übrigens auch für die Glassammlung. Hier stellt sich allerdings die Frage der Kosten/Nutzen-Effizienz nicht, denn das Glasrecycling ist, im Gegensatz zur Kunststoffrecycling, nicht teurer sondern billiger als das Referenzszenario Müllverbrennung. Das Glasrecycling wäre daher auch dann sinnvoll wenn daraus überhaupt kein ökologischer Nutzen resultierte.

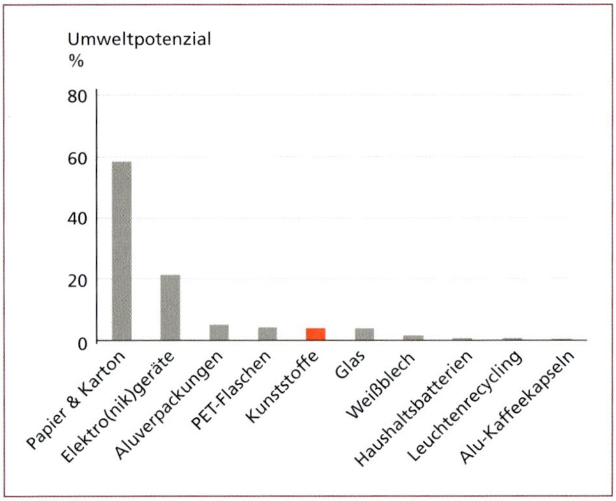

Bild 9:

Die Ökoeffektivität von Recyclingmaßnahmen in der Schweiz. Die Kunststoffsammlung bringt nur einen Zugewinn von etwa 2 % zu den bereits eingeführten Recyclingmaßnahmen.

Auch bei dieser Ökobilanz wurde der Umweltschaden durch den in Bild 2 dargestellten Massenstrom (42), der über den Export von Kunststoff-Sammelfraktionen in Schwellenländer verläuft, nicht berücksichtigt.

5. Fazit

Nicht nur ist das Kunststoffrecycling (vs. MVA) – im Vergleich zu anderen Umweltmaßnahmen – ineffizient; es hat auch nur eine marginale ökologische Effektivität. Und auch dies nur dann, wenn keine Sammelfraktionen in Schwellenländer exportiert werden – was aber in der EU in großem Masse geschieht. Vor diesem Hintergrund haben die Umweltbehörden in der Schweiz keinen Anlass dazu gesehen die Kunststoffsammlung per Gesetz einzuführen und der politische Druck in diese Richtung hat sich weitgehend aufgelöst.

Nichts spricht allerdings, aus Sicht der Schweizer Umweltbehörden, gegen die Durchführung *freiwilliger* Kunststoffsammlungen durch ökologisch vorbildlich handelnde Konsumenten oder den Detailhandel. Verschiedene Kantone fördern solche Sammlungen mittels Informationskampagnen und Hilfe bei der Koordination respektive der Ausgabe von Konzessionen.

Das Kunststoffrecycling ist weder effizient noch effektiv. Doch warum will der Konsument trotzdem Kunststoff separat sammeln? Der Konsument glaubt, und er möchte auch daran glauben, dass das Kunststoffrecycling einen wichtigen Beitrag zur Kompensation seiner Umweltauswirkungen leistet – obwohl das nicht stimmt.

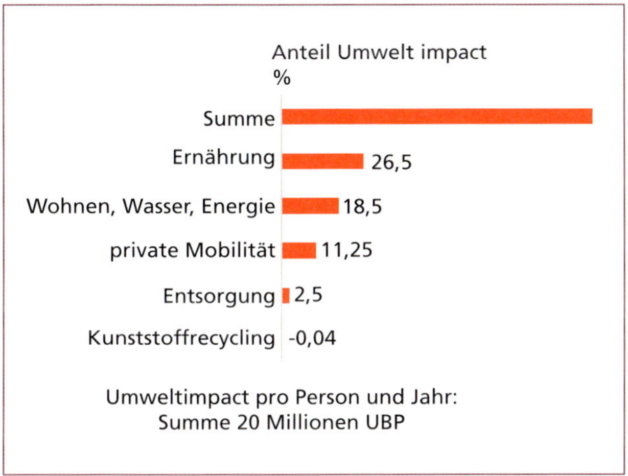

Bild 10:

56 % der durch den Durchschnittsbürger ausgelösten Umweltbelastung entfallen auf die Bereiche Ernährung + Wohnen + private Mobilität [4]. Auf die Abfallentsorgung entfallen insgesamt nur 2,5 %. Durch das Kunststoffrecycling kompensiert der Konsument nur 0,04 % seiner jährlichen Umweltauswirkungen. Dieser Umweltnutzen entspricht pro Person und Jahr 30 km Autofahren oder einem Grillsteak. Kunststoffrecycling ist also nicht nur ineffizient, sondern auch ineffektiv.

Der Konsument hat ein schlechtes ökologisches Gewissen – und dies völlig zu Recht! Ökologisch wirksam wären Verzichtsmaßnahmen, z.B. Einschränkung des Fleischkonsums, weniger Autofahren, weniger Heizen (Bild 10). Hierzu ist der Konsument aber nicht bereit und er sucht nach *Kompensationsmöglichkeiten*. Dieses Bedürfnis wird befriedigt, indem ihm durch die Behörden (Motiv: politischer Druck) oder private Unternehmungen (Motiv: finanzieller Gewinn) auch ineffiziente und ineffektive Maßnahmen angeboten werden. Ein Vergleich mit dem mittelalterlichen Ablasshandel drängt sich auf.

6. Literatur

[1] Bunge, R.; Dinkel, F.: Kurzbericht zur Studie KuRVe *Kunststoff Recycling und Verwertung*; Mai 2017

[2] Bunge, R.; Stäubli, A.; Pohl, T.: Kurzbericht zur Studie EconEcol *Kosten-Nutzen-Analyse von umweltbezogenen Massnahmen im Recyclingbereich*, aktualisierte Fassung August 2017

[3] Jungbluth, N.; Stucki, M.; Leuenberger, M.: ESU-services GmbH. Studie im Auftrag des Bundesamtes für Umwelt: *Gesamt-Umweltbelastung durch Konsum und Produktion der Schweiz*, BAFU 2011

[4] Paunio, M.: Save the oceans – Stop recycling plastic. The Global Warming Policy Foundation GWPF Briefing 32, 2018

[5] Velis, C. A.: Global recycling markets – plastic waste: A story for one player – China. Report on behalf of ISWA, Vienna, September 2014

Ansprechpartner

Professor Dr. Rainer Bunge
Hochschule Rapperswil
Institut für Umwelt- und Verfahrenstechnik UMTEC
Fachstellenleiter
Oberseestrasse 10
8640 Rapperswil, Schweiz
+41 55-222-4862
rbunge@hsr.ch

Kunststoffrecycling lohnt sich doch – eine Replik auf *KuRVe*

Thomas U. Probst und Thomas W. Fischer

Der Beginn der industriellen Kunststoffherstellung kann in Deutschland auf das Jahr 1939 datiert werden. Dies geht einher mit der Herstellung von Perlon bei den IG Farben. Und mit der Kunststoffproduktion ist auch immer eine nachgelagerte Kunststoffverarbeitung verbunden, bei der von Anfang an Produktions- und Verarbeitungsabfälle aufbereitet und im ursprünglichen Verarbeitungsprozess wieder eingesetzt werden. Während die Aufbereitung und das Recycling von Produktions- und Herstellungsabfällen selbstverständlich waren, hat das Recycling von Verpackungen vergleichsweise spät begonnen. Das Kunststoffrecycling von Leichtverpackungen (LVP) wurde in Deutschland erst ab 1994 umgesetzt. Neben dem Recycling von LVP, das häufig im Fokus der Betrachtungen steht, z.B. das Verpackungsgesetz (VerpackG), haben auch die Kunststoffabfälle aus Gewerbe und Industrie zentrale Bedeutung. Andere Herkunftsbereiche für Kunststoffabfälle, wie beispielsweise aus der Sammlung von Elektro- und Elektronikaltgeräten, aus Altfahrzeugen oder aus Bau- und Abbruchabfällen, werden in diesem Aufsatz nicht näher betrachtet.

Das Kunststoffrecycling wird in Deutschland neu geordnet [5]. Nicht zuletzt bedingt der Einfuhrstopp von Kunststoffabfällen in die VR China große Veränderungen des bestehenden Kunststoffrecyclings. Das Kunststoffrecycling in Europa findet in sehr unterschiedlicher Ausprägung statt. Eine Übersicht über das europäische Kunststoffrecycling gibt die Studie *Plastics the Facts* [4]. Der vorliegende Fachbeitrag ist eine Replik auf den Kurzbericht *KuRVe – Kunststoffrecycling und Verwertung, Ökonomisch-ökologische Analyse von Sammel- und Verwertungssystemen von Kunststoffen aus Haushalten in der Schweiz* [2].

In der Zusammenfassung des Kurzberichtes wird u.a. festgestellt:

Kunststoffsammlungen aus Haushalten haben, verglichen mit der Sammlung von PET-Flaschen, eine geringe Kosten/Nutzen-Effizienz. Dem verhältnismäßig kleinen ökologischen Nutzen stehen hohe Kosten gegenüber.

Und weiter:

Die wissenschaftliche Studie kommt zum Schluss, dass das Verhältnis von Kosten und Nutzen von separaten Sammlungen von Kunststoffabfällen in der Schweiz bei etwa einem Drittel der Effizienz des PET-Recycling-Systems liegt. Eine neue Sammlung von Kunststoffabfällen stiftet zwar einen ökologischen Nutzen – der Betrieb des Systems ist aber teuer. Der potenzielle ökologische Nutzen einer neuen Kunststoffsammlung pro Person und Jahr entspricht etwa der Einsparung einer Autofahrt von 30 Kilometern pro Person und Jahr.

Für die Replik zu dem Kurzbericht aus der Schweiz werden Aspekte das bestehende Kunststoffrecyclings in Deutschland dargestellt. Dabei werden ökonomische und ökologische Aspekte des Kunststoffrecyclings dargelegt, auch unter Berücksichtigung einiger Punkte aus dem schweizerischen Kurzbericht.

1. Die Kunststoffvorkette

Das Kunststoffrecycling ist maßgeblich von seiner Vorkette abhängig (Bild 1). Die Vorkette Sammeln, Sortieren und Aufbereiten sind Abfallbehandlungsprozesse. Erst das Recycling erfolgt unter dem Produktrecht und dem Stoffrecht. Die Anfallstelle bestimmt mit dem Gebrauch der Kunststoffprodukte zunächst die Qualität, die für das Sammeln, Sortieren, Aufbereiten und Recycling zur Verfügung stehen.

Die Kosten für das Sammeln und Sortieren können nicht einem nachfolgenden Kunststoffrecycling angelastet werden, da die Kosten im Fall der thermischen Nutzung von Kunststoffen, vergleichbar zu den Kosten für das Sammeln von Restabfall und dessen Verbrennung (MVA, EBS oder SBS) sind. Grenzkosten für das Kunststoffrecycling werden sicherlich durch die Preise der Müllverbrennung bestimmt. Für Kunststoffabfälle werden in der Regel Strafaufschläge wegen des erhöhten Heizwerts berechnet.

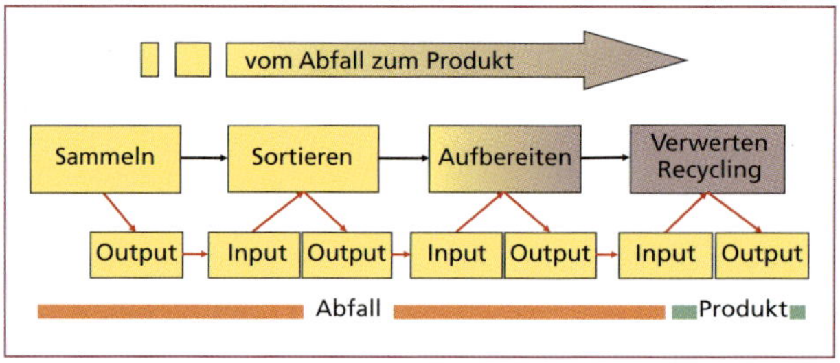

Bild 1:

Vorkette des Kunststoffrecyclings mit Abgrenzung von Abfall und Produkt

1.1. Das Sammeln

Die Kosten für Sammeln und thermische Nutzung von Restmüll können zu denjenigen für Sammeln und Sortieren von Kunststoffabfällen nur über aufwändige Berechnungen verglichen werden, da in Deutschland sehr unterschiedliche Sammelsysteme schon alleine bei LVP, das sind der Gelbe Sack, die Gelbe Tonne, der Wertstoffhof, zum Einsatz kommen. Und selbst das bildet die Realität häufig nur ungenügend ab, da beispielsweise Kombinationen von Sammelsystemen – Gelbe Tonne zusammen mit dem Wertstoffhof – Anwendung finden. Bei diesen Kombinationen werden dann häufig weitere Wertstoffe miterfasst. Die LVP-Sammlung wird darüber hinaus in zahlreichen Versuchsgebieten auch dazu genutzt, um Stoffgleiche Nichtverpackungen zu sammeln.

Deutschland ist also in seiner Erfassung bunt; die verschiedenen Systeme, die für den gleichen Wertstoff zum Einsatz kommen, sind von den örtlichen Gegebenheiten abhängig. So kommen in ländlichen Strukturen andere Systeme und deren Kombinationen zum Einsatz als in verdichteten Siedlungsgebieten. Die Erfassung von Kunststoffabfällen darf dabei auch nicht nur hinsichtlich der Kosten beurteilt werden, sondern auch hinsichtlich der Qualität der gesammelten Kunststoffabfälle. Bei Kombinationen von Erfassungssystemen sollte überdies berücksichtigt werden, dass häufig weitere Wertstoffe ökologisch vorteilhaft miterfasst werden.

Für ein intelligentes Kunststoffrecycling, das ökologisch und ökonomisch vorteilhaft ist, können als Grundsätze angeführt werden: a) Getrennthaltung der Kunststoffabfälle von anderen Stoffströmen, b) saubere und trockene Erfassung und c) möglichst Getrennthaltung nach den Kunststoffarten. Der Erfolg des Sammelns wird also maßgeblich vom Endnutzer bestimmt. Der Aufwand des Endnutzers für das Sammeln wird in der Regel in Bilanzierungen zu Recht nicht betrachtet; er ist aber entscheidend für das nachfolgende Kunststoffrecycling.

1.2. Das Sortieren

Das Sortieren ist der Aufbereitungsschritt, der maßgeblich vom Sammeln bestimmt wird. Schlechte Sammelqualitäten erzeugen in der Regel auch schlechte Sortierqualitäten. Die Sortierung der Kunststoffabfälle ist der zweite Schritt in der Kunststoffvorkette (Bild 1). Und damit sind die erzeugten Sortierqualitäten ebenfalls maßgeblich für das nachfolgende Kunststoffrecycling. Das Sortieren von LVP geschieht entweder nach der Artikelform oder der Kunststoffart, häufig aber auch in der Kombination von beiden Kriterien [1]. Die vom Dualen System Deutschland erarbeiteten Sortierqualitäten sind für die weltweite Vermarktung der LVP-Abfälle anerkannt. Sortierer und Recycler können aber auch unabhängig von Systemvorgaben bestimmte Sortierqualitäten frei vereinbaren.

Das Sortieren kann aber unterbleiben, wenn Pfandsammelsysteme zum Einsatz kommen, wie dies beispielsweise bei PET-Getränkeflaschen der Fall ist. Darüber hinaus macht eine Erfassung von Kunststoffabfällen über den Wertstoffhof in der Regel eine nachfolgende Sortierung überflüssig. Das Sortieren erzeugt Abfallqualitäten, die national, europaweit und weltweit gehandelt werden. Die erzeugten Sortierqualitäten haben letztlich über alle Kunststofffraktionen gesehen, einen positiven Marktwert. In Deutschland werden Sortieranlagen mit einer Kapazität von 30.000 bis 200.000 Tonnen eingesetzt.

2. Aufbereiten und Recycling

Aufbereiten heißen diejenigen Prozesse, die dem eigentlichen Recycling vorgelagert, aber immer noch abfalltypisch sind. Die Aufbereitung von Kunststoffabfällen, wie beispielsweise Waschen und Flotieren, kann auch als externe Lohnarbeit erfolgen. Die Aufbereitung von Kunststoffen ist also dem Kunststoffrecycling vorgelagert und erfolgt in der Regel in den Recyclinganlagen.

Das Kunststoffrecycling erzeugt im ersten Schritt Rezyklate, das sind Mahlgüter, Regranulate, Compounds und Agglomerate, die weltweit gehandelt werden und einen positiven Marktwert haben. Die Preise für die Rezyklate werden in Preisspiegeln und über Preisindizes abgebildet. In einem weiteren Verarbeitungsschritt werden die Rezyklate zu Halbzeugen oder Endprodukten umgeformt.

2.1. Die Ebenen des Kunststoffrecyclings

Versucht man das bestehende Kunststoffrecycling systematisch zu erfassen, so ist die Darstellung über eine Matrix, die den Input, den Output, die Anlagentechnik und das Recyclingverfahren in Abhängigkeit der Kunststoffarten abbildet, hilfreich (Tabelle 1). In einer vereinfachten Darstellung ergibt sich so eine 7x4-Matrix, die sich aber schon in der nächsten Differenzierung zu einer 15x13-Matrix erweitert. Das Besondere am Kunststoffrecycling in Deutschland ist seine Vielfalt. Es gibt unter den etwa 90 Kunststoffrecyclern kaum baugleiche Anlagen. Darüber hinaus variieren der Input, die Produkte und die Technik erheblich.

Tabelle 1: Recyclingmatrix als 7x4-Matrix in der ersten Näherung und als 15x13-Matrix in der Differenzierung

		PE HD, LD, LLD	**PP**	**PS** EPS, XPS	**PVC** w, h	**PET** Flaschen, Misch	**MK** PO, MPO, EBS	**TK**
Input								
post consumer	Sortierfraktionen							
post industrial								
Anderer								
Output								
Recyclate	Granulat							
	Mahlgut							
	Compound							
	Kompaktat/Agglomerat							
Produkte								
Recycling	werkstofflich							
	rohstofflich							
	energetisch							
Anlagentechnik	nass							
	trocken							

7 x 4 = 28
15 x 13 = 195

Das Kunststoffrecycling, das Rezyklate in der Qualität von Neuware erzeugt, findet üblicherweise breite Zustimmung. Ein schönes Beispiel hierfür sind die Mahlgüter und Regranulate, die aus gebrauchten PET-Getränkeflaschen sortenrein zurückgewonnen und dann wiederum zu PET-Flaschen umgeformt werden – das ist das so genannte bottle-to-bottle-Recycling. Das Recycling, das Rezyklate in der Qualität von Neuware erzeugt, hat zahlreiche Anwendungen und zwar über alle Standardkunststoffe hinweg. Ökologisch und ökonomisch sinnvoll ist dieses Recycling, wenn Rezyklate vermischt mit Neuware zum Einsatz kommen. Die Recyclinganlagen, die Rezyklate erzeugen, verarbeiten einen Input von 30.000 bis 90.000 Tonnen.

Häufig wird das Kunststoffrecycling als *downcycling* diffamiert, wenn kunststofffremde Artikel hergestellt werden. Bauzaunfüße, Rasengitter, Buhnen, Bretter und Pfosten, die aus Mahlgütern, Regranulaten und Agglomeraten durch Extrusion und Intrusion gefertigt werden, stehen hier nicht mit der Neuware, sondern mit baugleichen Produkten aus Beton, Holz oder Stahl im Wettbewerb. Ein Bauzaunfuß aus einer spezifischen Kunststoffmischung ist demjenigen aus Beton hinsichtlich Stabilität, Scherbelastung, Gewicht, Standzeit und Wetterfestigkeit überlegen. Auch beim Arbeitsschutz wird der aus Kunststoffen dem aus Beton deutlich überlegen sein. Diese Artikel finden sich beispielsweise in Baumärkten. Die Preise solcher Artikel können aus einschlägigen Produktkatalogen entnommen werden. Die Preise übertreffen dabei den zugrundeliegenden Materialwert bei weitem. Die Recyclinganlagen, die Mischkunststoffartikel herstellen, verarbeiten einen Input an Kunststoffabfällen von 25.000 bis 60.000 Tonnen.

2.2. Die Wertschöpfung durch das Kunststoffrecycling

In Deutschland bildet die aktuelle Coversio-Studie das *Stoffstrombild Kunststoffe in Deutschland 2017* ab. Aus diese Studie ergibt sich eine Kunststoffabfallmenge von 6,2 Millionen Tonnen von denen 3,24 Millionen Tonnen (52,7 %) energetisch genutzt werden und 2,87 Millionen Tonnen (46,7 %) stofflich verwertet werden. Aus der stofflichen Nutzung entstehen immerhin 1,88 Millionen Tonnen Rezyklate.

In der ersten Wertschöpfungsstufe können den Kunststoffrezyklaten (Mahlgut, Granulat, Compound) Nettopreise zwischen 550 EUR/t bis 1.380 EUR/t zugewiesen werden (Tabelle 2). In Tabelle 2 sind allerdings die Agglomerate nicht berücksichtigt. Agglomerate haben niedrigere Preise als die Mahlgüter. Die Preise für die Agglomerate, die für die stoffliche Kunststoffverwertung eingesetzt werden, liegen je nach Qualität zwischen 80 EUR/t und 160 EUR/t. Die Agglomerate, die für Ersatzbrennstoffe Anwendung finden, können mit 70 EUR/t bewertet werden. Mischkunststoffe und Folien werden häufig im ersten Schritt zu Agglomeraten aufbereitet, um dann zu Artikeln weiterverarbeitet zu werden. Aus den o.g. Rezyklatpreisen, einschließlich der Agglomerate, lässt sich bei einem Durchschnittspreis von 740 EUR/t ein Wert von mindestens 1,39 Milliarden EUR für die 1,88 Millionen Tonnen an Rezyklaten abschätzen.

Die Kosten für die erste Wertschöpfungsstufe können abgeschätzt werden, wenn einerseits die Inputkosten für die Ballenware und andererseits die Aufbereitungskosten für Mahlgut bzw. für Granulat abgezogen werden. Je nach Herkunftsbereich und Aufbereitungstechnik variieren die Inputkosten. Die weiteren Aufbereitungskosten, um Mahlgut oder Regranulat herzustellen, sind je nach Recyclinganlage, wie beispielsweise Trocken- oder Nassaufbereitung, sehr unterschiedlich.

Die zweite Verarbeitungsstufe übertrifft diejenige der Rezyklate bei weitem. In der zweiten Wertschöpfung entstehen aus den Rezyklaten sehr unterschiedliche Kunststoffartikel. Die unterschiedlichen Kunststoffartikel sind auf Grund ihrer Vielzahl preislich sehr schwer zu fassen. Die Preisfestsetzung für die Kunststoffartikel ist auch deswegen erschwert, weil unter anderem die Rezyklate in unterschiedlichen Mischungsverhältnissen zusammen mit Neuware verarbeitet werden, wie die PET-Getränkeflasche. Mischkunststoffartikel werden in der Regel vollständig aus Rezyklaten erzeugt. Mischkunststoffe werden in der Regel zu kunststofffremden Artikeln verarbeitet.

Und schließlich stellt der Maschinen- und Anlagenbau, der für das Kunststoffrecycling notwendig ist, eine weitere wirtschaftliche Größe dar, die in den Quartalsberichten der Kunststoffindustrie durchaus berücksichtigt wird. Der Maschinen- und Anlagenbau ist eine wichtige Exportgröße in den deutschen Handelsbilanzen.

	Ballenware	Mahlgut	Granulat	Compound
	EUR/t			
HDPE	240[1]	590[2]	970[4]	1.270[5]
LDPE	230[2]	590[2]	715[4]	1.205[5]
PP	200[2]	550[2]	875[4]	1.380[5]
PS	–	660[2]	885[4]	1.300[5]
h_PVC	–	570[1]	–	890[5]
PET_klar	480[3]	690[4]	1.030[4]	1.325[5]

[1] EUWID-Preisspiegel Altkunststoffe Deutschland
[2] Notierungen für Standardkunststoffe in plasticker
[3] EUWID-Preisspiegel gebrauchte PET-Einwegflaschen
[4] Kunststoffinformation Polymerpreise Regranulate
[5] EUWID-Notierungen Neuware

Tabelle 2:

Aktuelle Preise (Dezember 2018) für Ballenware und Recyclate

2.3. Umwelteffekte, die durch das Kunststoffrecycling bedingt werden

Das in Deutschland bestehende Kunststoffrecycling ist äußerst komplex (Tabelle 1). Verschiedenste Ökobilanzen wurden für Teilaspekte des Kunststoffrecyclings in Deutschland erstellt. Eine umfassende Ökobilanzierung des bestehenden Kunststoffrecycling findet sich jedoch nicht. Da das bestehende Kunststoffrecycling in Deutschland und auch in Europa beständig verändert und optimiert wird, hat ein Vergleich der Kunststoffverbrennung in MVAs mit dem Kunststoffrecycling nur eine begrenzte Aussagekraft.

Das Kunststoffrecycling spart in erheblichem Umfang Material und Energie ein, die sich im KMA – Kumulierten Materialaufwand und im KEA – Kumulierten Energieaufwand abbilden lassen. In Ökobilanzen werden die relevanten Umweltparameter bilanziert. Je nach angewandtem Recyclingverfahren werden unterschiedliche Werte für die Einsparung von Energie und Treibhausgasen ermittelt. Als Faustregel kann für die unterschiedlichsten Kunststoffe angeben werden, dass durch das Recycling ein Drittel bis zur Hälfte an Energie eingespart wird, die für die Neuherstellung notwendig ist.

Auch die CO_2-Einsparung durch das Kunststoffrecycling ist erheblich. Jede Tonne Recyclingkunststoff, die anstelle vergleichbarer Neuware zum Einsatz kommt, vermeidet spezifisch zwischen 1,45 und 3,22 Tonnen klimarelevante Treibhausgase in Form von CO_2-Äquivalenten [3]. Das Recycling von Kunststoffen leistet also einen beachtlichen Beitrag zur Reduzierung von CO_2-Emissionen.

3. Vergleichende Bewertung des Kunststoffrecyclings

Das Kunststoffrecycling in der Schweiz ist vor allem auf die Verwertung von PET-Getränkeflaschen ausgerichtet. Dieser Kunststoff lässt sich leicht vom Verbraucher aus dem im Haushalt anfallenden Kunststoffen aussortieren und nach Rücknahme über spezifische Sammelsysteme dem Recycling zuführen. Bei dieser Rücknahme entfällt eine aufwändige Nachsortierung. Die PET-Aufbereitung zu Mahlgütern oder Regranulaten ist in der Schweiz seit Jahren Standard. In der Schweiz ist somit ein Recyclingsystem etabliert, das sich auf nur eine Kunststoffart beschränkt – *cherry picking*.

Die in dem Kurzbericht angegebene spezifische Kunststoffsammelmenge von nur 68.000 Tonnen verwundert bei einer Bevölkerung von 8,5 Millionen Einwohnern. Im Jahr 2017 beträgt in Deutschland das Aufkommen an post consumer Verpackungsabfällen 3,08 Millionen Tonnen bei 82,8 Millionen Einwohnern; dies entspricht einer Kunststoffsammlung von 36 kg/Ew.

In dem Bericht werden dem Kunststoffrecycling die Kosten für Sammlung, Transport und Sortierung angelastet. Für Deutschland gilt, dass diese Kosten denen der Sammlung und Verbrennung von Restmüll in MVAs weitgehend entsprechen und daher dem Kunststoffrecycling nicht zugerechnet werden sollen.

Der schweizerische Kurzbericht differenziert überraschenderweise das Kunststoffrecycling in hochwertige, mittelwertige und niederwertige stoffliche Verwertung. Damit wird der Bericht bei Vergleich mit Deutschland aber nicht den unterschiedlichen Ebenen des Kunststoffrecyclings gerecht. Insbesondere das Recycling in kunststofffremde Anwendungen, in Anwendungen, die Beton, Holz oder Stahl ersetzen, wird hierdurch diskriminiert. Das Recycling von Mischkunststoffen, das beispielsweise Rasengitter oder Bauzaunfüße generiert, hat eine hohe Wertschöpfung. Das Mischkunststoffrecycling ist in Deutschland etabliert und unabdingbar, um die Vorgaben aus dem VerpackG zu erfüllen. Die Komplexität und die Interdependenzen des in Deutschland aufgebauten Kunststoffrecyclings werden von den schweizer Autoren in der Studie KuRVe nicht berücksichtigt.

Die im schweizerischen Bericht ausgeführten Betrachtungen zur Ökobilanzierung zur Sammlung und Verwertung von Kunststoffen aus Haushalten stimmen nicht mit denen überein, die aus deutschen Bilanzierungen hervorgehen.

Der Kurzbericht KuRVe führt mehrfach aus, dass ein mögliches Kunststoffrecycling den Kehrichtverbrennungsanlagen (KVA) Brennstoff entziehen würde. In Folge dessen könnten, um den Brennstoffverlust auszugleichen, höhere finanzielle Belastungen auf die Bevölkerung zukommen. Bei Vergleich mit deutschen MVAs, die an der Kapazitätsgrenze operieren, sind Kunststoffabfälle in der Müllverbrennung weitgehend unerwünscht.

Zusammenfassend lässt sich für Deutschland darstellen, dass nur die werkstoffliche Kunststoffverwertung aus Sicht der Kunststoffrecycler eine positive Wertschöpfung hat. Andere Verwertungsverfahren, dies gilt insbesondere für die energetische Nutzung von Kunststoffen in der Müllverbrennung, mit Verbrennungspreisen von 120 EUR/t bis 170 EUR/t, verursachen für die Bürger erhebliche Zusatzkosten.

Das deutsche Kunststoffrecycling ist im Umbruch. Die Aufbruchstimmung beim Kunststoffrecycling hat tiefgreifende Marktveränderungen zur Folge. So kaufen Kunststoffhersteller Kunststoffrecycler. Kunststoffverarbeiter investieren in das Kunststoffrecycling. Und Lebensmittelkonzerne kaufen Entsorger, die die Vorkette bis hin zum Recycling abbilden. Diese Entwicklungen sind marktgetrieben und dabei ökologisch sowie ökonomisch vorteilhaft. Kaum ein anderer Stoffstrom boomt so, wie das Kunststoffrecycling. Da verwundert es, dass dies zwar für Deutschland gilt, nicht aber für die Schweiz.

4. Quellen

[1] Der Grüne Punkt – Duales System Deutschland GmbH (Hrsg.): infos für lieferanten – Spezifikationen. Online: https://www.gruener-punkt.de/de/downloads.html

[2] Dinkel, F.; Kägi, T.; Bunge, R.; Pohl, T.; Stäubli, A.: Kurzbericht KuRVe (Kunststoff Recycling und Verwertung), Ökonomisch-ökologische Analyse von Sammel- und Verwertungssystemen von Kunststoffen aus Haushalten in der Schweiz. Basel, 13.07.2017

[3] mtm plastics GmbH: CO_2-Vermeidung durch Kunststoffrecycling. Online: http://www.chemie.de/news/148801/co2-vermeidung-durch-kunststoffrecycling.html

[4] PlasticsEurope und epro (Hrsg.): Plastics – the Facts 2017, An analysis of European plastics production, demand and waste data. Brüssel, 2018, online: https://www.plasticseurope.org/application/files/5715/1717/4180/Plastics_the_facts_2017_FINAL_for_website_one_page.pdf

[5] Probst, T. U.: Umbrüche beim Kunststoffrecycling. In: Nachrichten aus der Chemie, 09, 2018, 868

Ansprechpartner

Dr. rer. nat., Dr. rer. nat. habil., Dipl.-Chem. Univ. Thomas Probst
bvse – Bundesverband Sekundärrohstoffe und Entsorgung e.V.
Fränkische Straße 2
53229 Bonn, Deutschland
+49 228-9884920
probst@bvse.de

Separationstechnologie für schwarze Kunststoffe

Andreas P. Wunsch

Die Separation von Kunststoffen im Recycling stellt vorhandene Separationstechnologien immer wieder vor neue Herausforderungen. Dabei spielt es keine Rolle, ob es sich um Produktionsabfälle oder post-consumer-Material handelt.

So lassen sich verschiedene Kunststoffe über die unterschiedlichen Charakteristiken, wie zum Beispiel Kunststoffart, Dichte oder Farbe trennen. Hier ist die Anwendung einer Schwimm-Sink-, NIR- oder Farbsortierung möglich.

Allerdings können auch Kunststoffgemische auftreten, bei denen eine Separation über diese Materialeigenschaften eine Trennung nicht ermöglicht. Gerade im Bereich des Elektronikschrottrecyclings fallen Materialgemische mit dunkler Farbe und gleicher Dichte an.

Mit Hilfe der elektrostatischen Kunststoffseparation ist eine Trennung dieser Gemische erzielbar, da diese vollkommen unabhängig von Farbe, Dichte und Zusammensetzung arbeitet. Allerdings sind auch hier Grenzen gesetzt. Eine Kombination verschiedener Verfahren ist daher zielführend.

1. Wirkungsweise der tribo-elektrischen Aufladung

Der Effekt der elektrostatischen Aufladung war bereits 577 v. Chr. dem Griechen Thales von Milet (626 bis 547 v. Chr.) bekannt. Er stellte fest, dass ein an einem Bernstein (griechisch: electron) geriebenes Wolltuch leichte Gegenstände wie etwa Watte anzieht. Der französische Physiker Charles Dufay (1698 bis 1739) fand heraus, dass es zwei Arten von Elektrizität gibt:

- die Glas-Elektrizität (électricité vitreuse) und
- die Harz-Elektrizität (électricité résineuse).

Später führte Franklin die Begriffe *Positive Elektrizität* und *Negative Elektrizität* ein.

Man fand heraus, dass die Dielektrizitätskonstante eine Rolle im Verhalten der Kunststoffe zueinander spielt. Kunststoffe mit einer höheren Dielektrizitätskonstante laden sich positiv gegenüber Kunststoffe mit einer niedrigeren Dielektrizitätskonstante auf.

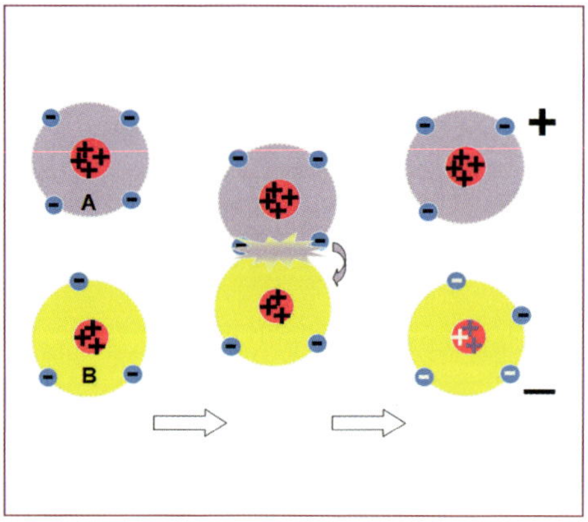

Bild 1: Vereinfachte Darstellung der tribo-elektrischen Aufladung

In der praktischen Anwendung bedeutet dies, dass zwei unterschiedliche Kunststoffe, mit unterschiedlichen Dielektrizitätskonstanten an Ihrer Oberfläche bei Kontakt Elektronen austauschen. Durch schnelles Trennen der Kunststoffteilchen haben die Elektronen keine Möglichkeit wieder zurück zu springen und verbleiben im jeweiligen Kunststoffteilchen. Je stärker der Impuls, und je schneller die Trennung, desto stärker ist die Aufladung.

Dieser Austausch von Elektronen ist somit unabhängig von der Farbe, oder Dichte der Kunststoffe.

2. Die elektrostatische Separation – Materialanforderung und Aufbereitung

Für die elektrostatische Kunststoffseparation ist die gegensätzliche Aufladung der einzelnen Kunststoffarten der Schlüssel für eine wirksame Trennung.

Die tribo-elektrische Aufladung geschieht ausschließlich an der Oberfläche der Kunststoffe. Aus diesem Grunde werden an die Oberfläche der Kunststoffe besondere Anforderungen gestellt, dies betrifft

- Materialfeuchte
- Staubfreiheit
- binäre Kunststoffmischung
- Materialtemperatur
- Freiheit von störenden Additiven

2.1. Materialfeuchte

Die Materialfeuchte spielt bei der tribo-elektrischen Aufladung eine große Rolle. Eine Aufladung zwischen zwei Kunststoffen kann nur erfolgen, wenn zwei Isolatoren vorliegen, damit die Ladung auf den Kunststoffteilchen verbleiben kann. Durch eine zu hohe Materialfeuchte wird die Oberfläche der Kunststoffe leitfähig und die unterschiedlichen Ladungen können wieder abfließen. Eine selektive Aufladung ist somit nicht möglich. Erfahrungen haben gezeigt, dass die Oberflächenfeuchte unter 0,2 Prozent liegen muss. Da, wie oben erwähnt, die gegensätzliche Aufladung der Kunststoffe nur an der Oberfläche geschieht, ist nur die Oberflächenfeuchte von Bedeutung. Die Materialfeuchte im Inneren des Kunststoffs ist irrelevant.

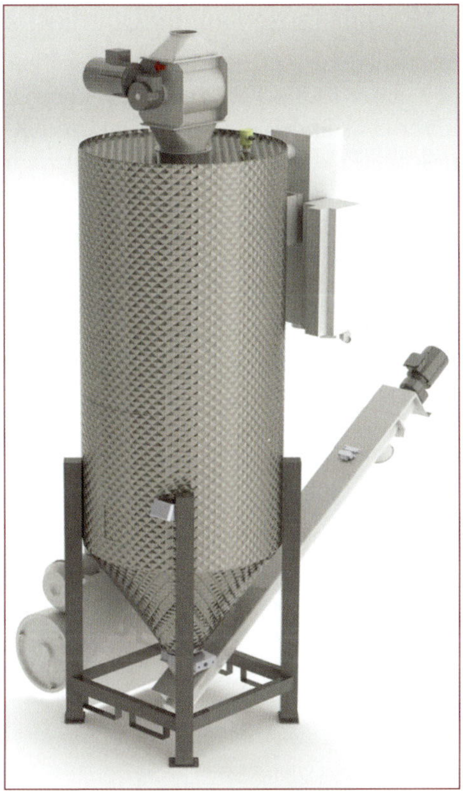

Bild 2: Beispielhafte Darstellung eines thermischen Trockners

Um diese geforderte Materialfeuchte erreichen zu können ist eine thermische Trocknung notwendig. Hierfür haben sich Warmlufttrockner bewährt.

In Abhängigkeit von Materialart und Eingangsfeuchte variieren die Trocknungszeiten. Es ist auch zu beachten, dass die Temperatur der Warmluft nicht zu hoch gewählt wird, damit keine stofflichen Veränderungen auftreten und Kunststoffe mit einem niedrigen Schmelzpunkt nicht aufschmelzen und verbacken.

2.2. Materialtemperatur

Die Temperatur der zu trennenden schwarzen Kunststoffe hat einen Einfluss auf die Qualität der elektrostatischen Aufladung. Die Beweglichkeit von Elektronen an der Oberfläche der Kunststoffe ist bei höheren Temperaturen größer. Versuche haben gezeigt, dass das Aufladeverhalten einzelner Mischungen nach einer Erwärmung deutlich besser ist. Der Unterschied zwischen der positiven und negativen Ladung ist dabei höher und eine bessere Separation ist im elektrischen Feld wird möglich.

2.3. Staubfreiheit

Bei der Zerkleinerung von Kunststoffen entsteht mehr, oder weniger Staub, welcher stark von der Art des Kunststoffes abhängt. Auch dieser Staub wird bei der tribo-elektrischen Aufladung entsprechend polarisiert. Dass bedeutet, dass sich Staubteilchen des

Kunststoffes A, welcher positiv geladen ist, an Teile des Kunststoffes B anlagern, welcher negativ geladen ist. Diese Überlagerung der Polaritäten beeinflusst die Separation, da die Differenz der unterschiedlichen Ladung verringert wird.

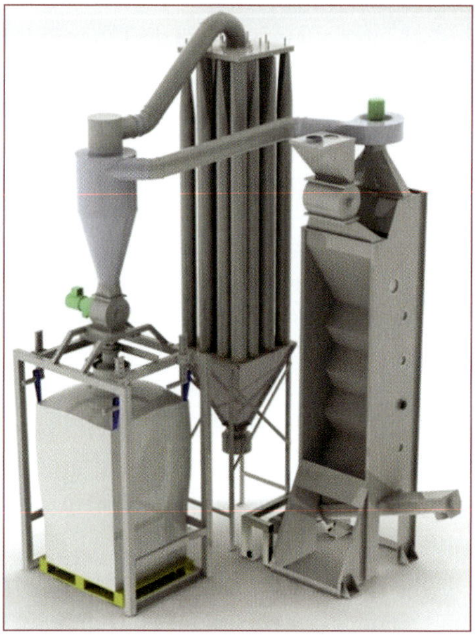

Bild 3: Beispielhafte Darstellung eines Entstaubers

2.4. Freiheit von störenden Substanzen an der Oberfläche

Verschiedene Aufbereitungsprozesse vor der elektrostatischen Trennung können unter Umständen die Separation im elektrischen Feld beeinflussen, oder gänzlich verhindern.

So werden zum Beispiel bei der Vorseparation von Polyolefinen sog. Entschäumer eingesetzt, die verhindern sollen, dass durch gelöste Reinigungsmittel und Seifen eine starke Schaumentwicklung entsteht. Umfangreiche Studien ergaben, dass der Einfluss dieser Entschäumer stark von seinen Inhaltsstoffen abhängt.

Ebenso werden im Elektronikschrottrecycling verschiedene Medien für eine Schwimm-Sink-Trennung eingesetzt. Hier kommen verschiedene Salze zum Einsatz, die unterschiedliche Einflüsse auf die elektrostatische Aufladung haben.

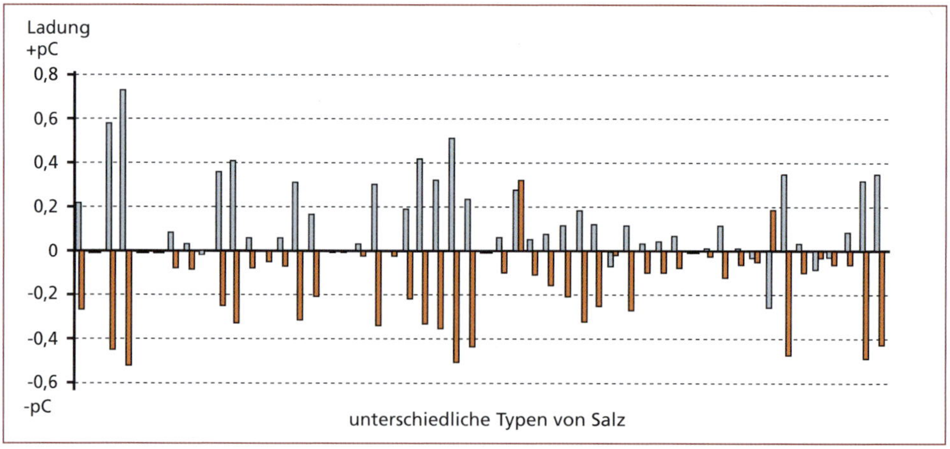

Bild 4: Einfluss unterschiedlicher Salze der Schwimm-Sink-Trennung auf die elektrostatische Separation

Studien der Firma hamos zu Folge ist eine gründliche Spülung der Kunststoffe mit Wasser nach einer Benetzung mit dem *falschen* Salz nicht mehr möglich. Das Salz lagert sich an der Oberfläche an und verhindert irreversibel eine elektrostatische Aufladung.

2.5. Binäre Stoffmischung

Da die elektrostatische Separation immer auf Basis der Aufladung in eine positiv geladene und eine negativ geladene Fraktion beruht, und keine dritte Ladung physikalisch zur Verfügung steht, können nur Zwei-Stoff-Gemische getrennt werden.

Allerdings ist es möglich eine dritte Kunststoffart aus einem solchen Gemisch abzutrennen, wenn diese nur in einem kleinen Massenanteil vorhanden ist.

+	POM	Polyoximethylen	
↑	PU	Polyurethan	
	PMMA	Polymethylmethacrylat	
	PC	Polycarbonat	*Plexiglas*
	PA	Polyamid	*Nylon*
	ABS	Acrylnitril-Butadien-Styrol	
	PS	Polystyrol	
	PP	Polypropylen	
	PE	Polyethylen	
	PET	Polyethylenterephtalat	*Polyester*
	RUC	Chlorkautschuk	
	Weich-PVC	Polyvinylchlorid (soft)	
	Hart-PVC	Polyvinylchlorid (rigid)	
↓		Silikon /silicone	
-	PTFE	Polytetraflourethylen	*Teflon*

Bild 5: Das Verhalten verschiedener Kunststoffe zueinander bei der tribo-elektrischen Aufladung

Hintergrund ist, dass sich verschiedene Kunststoffe nicht nur positiv, oder negativ zueinander aufladen, sondern sich auch in der Intensität der Ladung unterscheiden können. In der praktischen Anwendung im Elektronikschrottrecycling bedeutet dies, dass sich neben ABS und PS auch gefülltes PP (sogenanntes PP-20) im Eingangsmaterial befindet. Während der elektrostatischen Aufladung lädt sich das ABS positiv und das PS negativ auf. Wie im Bild 5 zu sehen ist, befindet sich PP auf der *negativen* Seite von ABS und PS und wird somit negativer als PS aufgeladen. Im elektrischen Feld bedeutet dies, dass das gefüllte PP weiter abgelenkt und abgetrennt wird.

3. Der elektrostatische Separator

Der elektrostatische Separator besteht im Wesentlichen aus der Aufladeeinheit und der Separationseinheit.

3.1. Aufladeeinheit

Wie oben angeführt ist es von großer Wichtigkeit, dass das zu trennende Materialgemisch sehr gut gegensätzlich aufgeladen wird. Nur dann ist eine Separation möglich. Am Beispiel des elektrostatischen Separators hamos EKS soll dies verdeutlicht werden.

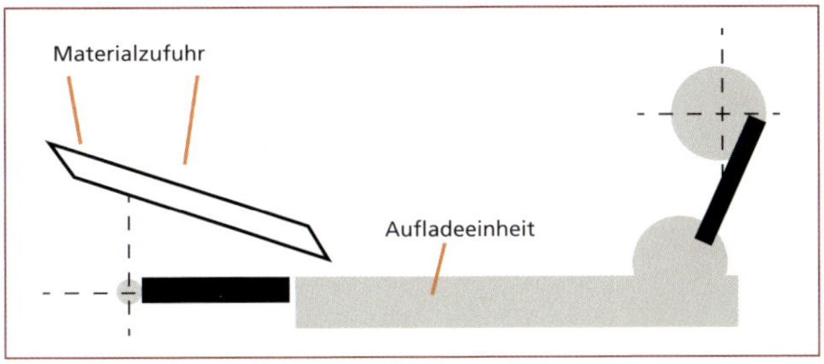

Bild 6:

Beispielhafte Aufladeeinheit

Zu separierendes Material wird zunächst in einem Aufgabebunker gegeben. Von dort wird es mittels eines Vibrationsförderers in die Aufladeeinheit dosiert. Die speziell gestaltete Aufladeeinheit wird mit hoher Geschwindigkeit nach oben und unten bewegt. Diese vertikale Bewegung bewirkt, dass das Material gegeneinander geschlagen, und dass das Material durch die Aufladeeinheit gefördert wird.

Studien haben ergeben, dass eine bestimmte Verweildauer in der Aufladeeinheit für eine optimale Separation nötig ist.

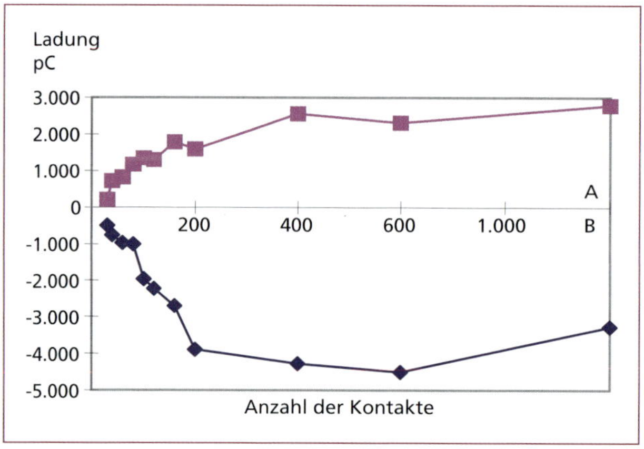

Bild 7:

Relation zwischen Anzahl der Kontakte und Ladung in der Aufladeeinheit

Wichtig ist, dass die Füllmenge der Aufladeeinheit immer konstant bleibt, damit immer genügend Partner zum Tausch der Elektronen vorhanden sind. Wird die Aufladeeinheit mit einer zu geringen Füllmenge betrieben, fehlen diese Partner und eine ungenügende Anzahl von Elektronen tauscht ihre Position von einem Kunststoff zu dem Anderen.

3.2. Separationseinheit

In der Separationseinheit werden die gegensätzlich aufgeladenen Kunststoffe entsprechend ihrer Ladung abgelenkt und separiert.

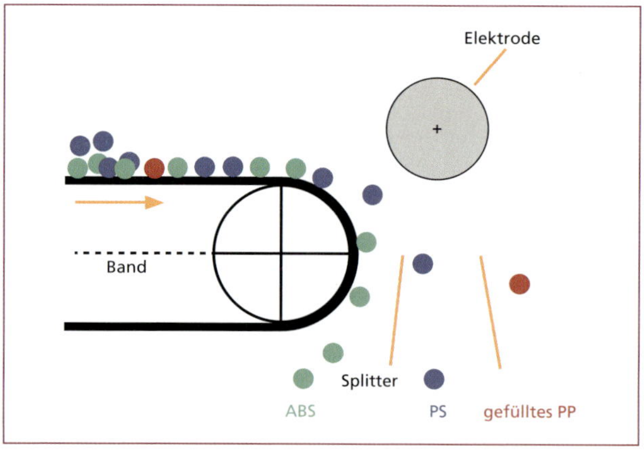

Bild 8:

Beispielhafte Separationseinheit

3.2.1. Die Ablenkung der Kunststoffe

Kunststoffe, die weder geladen, noch durch ein elektrisches Feld transportiert werden, würden lediglich nach dem Gesetz der Schwerkraft, oder/und der Zentrifugalkraft dieses Feld passieren. Erst die Ladung, oder das polare Feld ermöglichen eine Separation.

Hierfür wird ein Hochspannungsfeld benützt. Dieses Feld kann mit einer positiven, oder einer negativen Ladung betrieben werden. Die Art der Ladung entscheidet, ob positive geladene Kunststoffteile von der Elektrode angezogen, oder abgestoßen werden. Diese Elektrode wird mit bis zu 35.000 Volt betrieben. Je nach Art des Kunststoffes, der Zusammensetzung und des Separationsziels wird die entsprechende Polarität gewählt.

3.2.2. Die eigentliche Separation

Die eigentliche Separation der Kunststoffe findet nach dem elektrostatischen Feld statt. Hier wird der Materialstrom, welcher im elektrischen Feld aufgefächert wurde, mittels Trennbleche separiert. In der Regel werden hier drei Fraktionen erzeugt. Die Position der Trennbleche entscheidet über die erzielte Reinheit und Ausbringung eines Kunststoffes. Reinheit und Ausbringung stehen in starker Relation zueinander. Da das Trennblech in den Materialstrom gestellt wird, können sehr sortenreine Fraktionen erzielt werden, bei denen aber die Ausbringung relativ gering ist. Im Gegensatz dazu können sehr hohe Ausbringungen erzielt werden, die aber unter Umständen eine geringe Reinheit der jeweiligen Kunststofffraktion bedeuten.

In der Regel wird je Separationsdurchgang eine Kunststoffart sauber abgetrennt. Die anfallende Mischfraktion wird in einer zweiten Separationsstufe aufbereitet.

In Abhängigkeit von der Qualität des Eingangsmaterials und der geforderten Reinheiten ist eine einstufige Separation durchaus möglich. Hier werden beide Kunststoffe in nur einer Stufe in zwei sortenreine, entsprechend der geforderten Reinheit, Kunststofffraktionen abgetrennt.

4. Praktische Erfahrungen im Bereich der Separation von ABS und PS für WEEE

Im Elektronikschrottrecycling wird das Hauptaugenmerk auf die Separation von Metallen gelegt. Gerade Edelmetalle sind im Fokus.

Aber auch Kunststoffe sind es wert, separiert und zurückgewonnen zu werden. Die stoffliche Zusammensetzung im Bereich des Kunststoffes ist sehr vielfältig. Dies ist historisch und von der Vielzahl der Hersteller elektronischer Geräte bedingt. Auch die verschiedenen Anwendungen der einzelnen Kunststoffe bestimmen ihre Verwendung. So werden unter anderem Flammhemmer eingesetzt, welche es zu separieren gilt.

Wenn man nur die verwendbaren Kunststoffe aus dem Elektronikschrott betrachtet, findet man eine Majorität von ABS und PS. Diese beiden Kunststoffe machen circa einen Anteil von 50 bis 60 % aus, und sind somit interessant zu separieren.

Andere Kunststoffe, wie zum Beispiel PC, kommen auch in der ursprünglichen Zusammensetzung vor, sind aber wegen ihres geringen Aufkommens nicht interessant für einen umfangreichen Separationsprozess.

Das ABS und PS besitzen die idealen Voraussetzungen für eine elektrostatische Separation. Beide Kunststoffe sind hauptsächlich in schwarzer, oder dunkler Farbe gehalten und kommen in einer Mischung von circa 50/50 vor. Kunststoffe mit diesen Eigenschaften können gut elektrostatisch getrennt werden.

4.1. Vorbehandlungen

Wie in den oberen Kapiteln dargestellt, ist eine Vorbehandlung des Eingangsmaterials notwendig, um letztlich eine separierbare Mischung aus ABS und PS zu erhalten. Hierbei wird auf eine Kombination von Nass- und Trockenprozess gesetzt. Zu Beginn ist es wichtig, dass im Vorfeld alle Metalle bestmöglich abgetrennt wurden. Verbleibende Metalle behindern den nachfolgenden Separationsprozess.

Mit Hilfe mehrerer Separationsstufen werden alle störenden Inhaltsstoffe wie Staub, Fasern, Metalle und unerwünschte Kunststoffe separiert. Hierzu wird das Eingangsmaterial gesiebt, windgesichtet und mittels einer Schwimm-Sink-Trennung separiert. Diese erfolgt zweistufig, um alle störenden Kunststoffe, wie Polyolefine, PVC, Flammhemmer und so weiter abtrennen zu können. Letztlich bleibt eine weitestgehend reine ABS/PS-Mischung übrig.

Da die Vorbehandlung in der Regel mit größeren Korngrößen durchgeführt wird, ist eine anschließende Zerkleinerung der Kunststoffteile notwendig. Hier wird neben der Zerkleinerung das Material auch an der Oberfläche getrocknet. Dies ist für die weitere elektrostatische Separation wichtig, da so Verunreinigungen wie Holz, Metalle und leitfähige Kunststoffe abgetrennt werden können. Eine Entstaubung reinigt das Mahlgut von feinen Partikeln und Staub.

Nach einer abschließenden Trocknung und Erwärmung des ABS/PS-Gemisches kommen wir zu der elektrostatischen Kunststoffseparation.

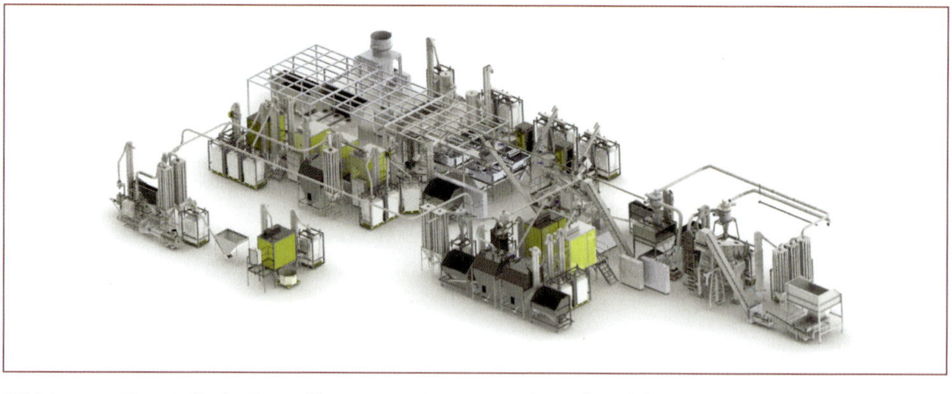

Bild 9: Beispielhafte Darstellung einer Separationslinie für Elektronikschrott

4.2. Die elektrostatische Separation

Das unter 4.1. vorbereitete Material wird nun mittels elektrostatischer Separation in eine saubere ABS- und eine saubere PS-Fraktion separiert.

Hierzu wird der Elektrostatische Separator so eingestellt, dass eine sortenreine ABS-Fraktion in der ersten Separationsstufe erzielt wird. Gleichzeitig werden noch vorhandene Verunreinigungen von gefülltem PP abgetrennt. Da dieses PP im gleichen Dichtebereich wie ABS/PS liegt, ist eine Separation mittels Schwimm-Sink nicht möglich. Somit erhält man in dieser Separationsstufe ein sauberes ABS, eine Mischung aus PS und ABS und eine PP20/PS-Fraktion.

Die Mischung aus PS und ABS wird danach in einer zweiten Separationsstufe weiterbehandelt. Hier wird nun der elektrostatische Separator so eingestellt, dass eine saubere PS-Fraktion entsteht. Auch hier wird gefülltes PP abgetrennt. Die letztlich verbleibende ABS/PS-Mischung wird der elektrostatischen Separation wieder zugeführt.

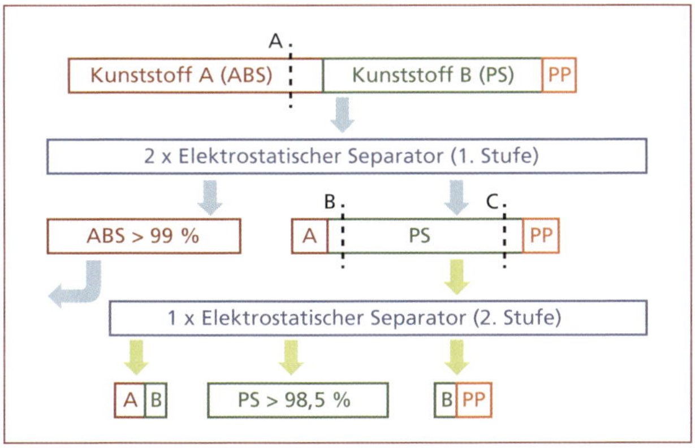

Bild 10:

Zweistufige elektrostatische Separation für ABS und PS

Durch die Rückführung der letztlich verbleibenden Mischung von ABS und PS ist der Materialverlust an ABS und PS sehr gering.

Bild 11: Saubere Kunststoffe ABS (links) und PS (rechts)

Kunststoffe

4.3. Die elektrostatische Separation von gefülltem PP

Kreide-gefülltes PP ist ein Material, welches in vielen elektronischen Geräten Verwendung findet. Dieses sogenannte PP20 ist mit etwa 20 Prozent Kreide gefüllt und hat exakt dieselbe Dichte wie ABS und PS. Nach der Schwimm-Sink-Trennung erhält man also dieses Polypropylen als Beifang zusammen mit ABS und PS.

Wie oben bereits erklärt ist es mit Hilfe der Elektrostatik möglich auch diese Verunreinigung aus der ABS und PS Fraktion zu separieren.

Ansprechpartner

Dipl.-Ing. Andreas Peter Wunsch
hamos GmbH Recycling- und Separationstechnik
Vertrieb
Im Thal 17
82377 Penzberg, Deutschland
+49 8856-9261-0
andreas.wunsch@hamos.com

Hürden für das Recycling von Kunststoffen aus Elektro(nik)-Altgeräten durch die Begrenzung von POPs
– Neufassung Stockholmer/Basler Konventionen und der EU POP VO –

Chris Slijkhuis

Kunststoffe

Innovative Recyclingtechnologien sind in der Lage, Kunststoffe mit Flammschutzmitteln zu trennen und somit REACH- und RoHS-konforme Sekundärrohstoffe herzustellen, die in neuen elektronischen oder in ähnlichen langlebigen Anwendungen eingesetzt werden können. Die größte Gefahr für eine erfolgreiche Entwicklung dieser Recyclingbranche stellt der rechtliche Rahmen dar. Zurzeit wird im Rahmen der POP-Verordnung ein neuer Vorschlag formuliert, der das Potenzial hat, diese neue Recycling-Industrie zu stoppen. Das EU Parlament hat sich für einen neuen Grenzwert für einen der häufig vorkommenden bromierten Flammhemmer entschieden, welcher nicht von der Verwertungsindustrie erreicht werden kann. Es laufen zurzeit Trilog Verhandlungen, die in den EU-Verträgen vorgesehen sind, wenn der EU Rat den Änderungsvorschlägen des Parlaments aus zweiter Lesung nicht zustimmt. Es ist noch nicht abzusehen wie diese Verhandlungen ausgehen. Und auch wenn dieses Problem schlussendlich gelöst wird, gibt es eine Reihe von anderen Herausforderungen.

1. Einleitung

Die Gesamtmenge an Kunststoffen für Elektro- und Elektronikprodukte in Europa beträgt etwa 3 Millionen Tonnen pro Jahr. Mit den Elektro- und Elektronikaltgeräten (WEEE) werden in der EU etwa 1,2 Millionen Tonnen Kunststoff getrennt gesammelt. Nur ein kleiner Prozentsatz dieser gesammelten WEEE-Kunststoffe enthält besorgniserregende Substanzen. Darunter sind zum Beispiel cadmiumhaltige Farbpräparate oder bromierte Flammhemmer, die in der Struktur der festen Kunststoffe eingebettet sind. Es hat sich in den letzten 15 Jahren eine Recyclingtechnologie entwickelt, welche in der Lage ist, diese wenigen WEEE-Kunststoffe mit besorgniserregenden Substanzen vom Gesamtstrom abzutrennen. In Europa werden diese Kunststoffe generell verbrannt, um die eingebetteten besorgniserregenden Substanzen zu zerstören.

Die europäische WEEE-Richtlinie legt Recyclingziele fest, die das Recycling von Kunststoffen vorschreiben. Dies hat zu kommerziellen Aktivitäten geführt, um das Recycling von Kunststoffen aus Elektro- und Elektronikaltgeräten zu ermöglichen. Die zurückgewonnenen Kunststoffe werden in vielen Fällen in neuen Elektro- und Elektronikgeräten (E&EE) eingesetzt und tragen damit wesentlich zur Umsetzung der Circular Economy in Europa bei.

Ein aktueller Gesetzesentwurf auf EU Ebene könnte das Ende für das Kunststoffrecycling aus Elektroaltgeräten bedeuten und steht damit im krassen Widerspruch zur angestrebten Kreislaufwirtschaft und den ambitionierten Zielen für die Wiederverwertung von Kunststoffen aus Elektroaltgeräten. Der Vorschlag ist vielleicht rechtlich verständlich, aber weder technisch noch wissenschaftlich untermauert oder umsetzbar.

2. Recycling von Kunststoffen aus Elektroaltgeräten (WEEE) macht Sinn

Kunststoffrecycling aus der Verwertung von Elektroaltgeräte (WEEE) ist unverzichtbar. Das erkannte das World Economic Forum in Davos bereits vor über einem Jahrzehnt: 2006 gründete die Müller Guttenbrunn-Gruppe gemeinsam mit MBA Polymers die erste industrielle Recyclinganlage für WEEE Kunststoffe in Kematen/Ybbs. Mit dieser Innovation wurde MBA Polymers im selben Jahr als Technology Pioneer im World Economic Forum anerkannt.

In diesem Werk, das mittlerweile zu hundert Prozent zur Müller-Guttenbrunn Gruppe gehört und als MGG Polymers GmbH firmiert, werden jährlich über 50.000 Tonnen an Kunststoffen aus Elektronikaltgeräten verwertet. MGG Polymers produziert daraus hochwertige technische Kunststoffe, welche wieder in neuen Elektro- und Elektronikgeräten, Automobilbauteilen oder anderen langlebigen Produkte eingesetzt werden.

Im Vergleich zu neu hergestellten Kunststoffen spart eine Tonne recycelter Kunststoff drei bis vier Tonnen CO_2 ein. Zudem benötigt man lediglich etwa zehn Prozent des Energiebedarfs im Vergleich zur Produktion von Neuware. Eine Lebenszyklusanalyse des Schweizer Forschungsinstituts EMPA zeigt, dass Kunststoffrecycling im Vergleich sowohl zur Verbrennung alter Kunststoffe als auch zur Herstellung neuer Kunststoffe die mit Abstand beste Option ist.

Die stoffliche Verwertung ist sechs- bis zehnmal besser als die Herstellung neuer Kunststoffe aus fossilen Rohstoffen und zeigt in allen Bereichen der Lebenszyklusanalyse bessere Werte. Aber auch in der Perspektive stoffliche Verwertung gegenüber der Verbrennungsoption zeigt sich, dass die stoffliche Verwertung der WEEE Kunststoffe viermal besser ist als die Verbrennung in einer Abfallverbrennungsanlage.

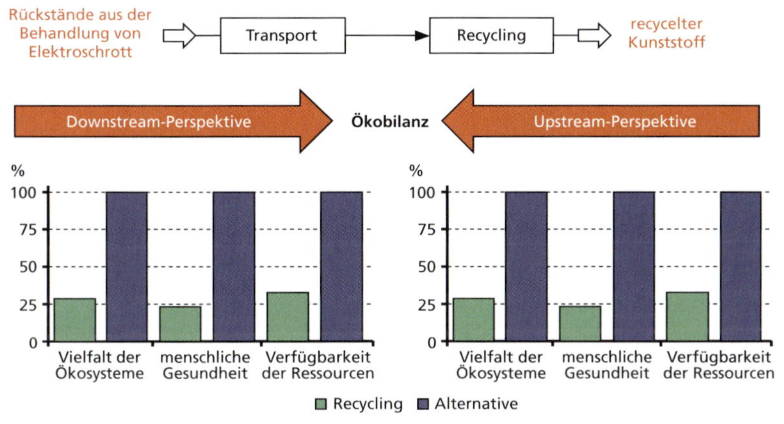

Bild 1: LCA Downstream und Upstream Perspektive

Bis auf zwei Ausnahmen erzeugt die Verbrennung der EAG Kunststoffe in einer Abfallverbrennungsanlage Umwelt-Einflüsse, welche die der stofflichen Verwertung um den Faktor 4 oder mehr überschreiten.

Die Verwertung von WEEE Kunststoffen macht daher Sinn.

3. Intelligente Techniken für gefährliche Substanzen

Intelligente Sortiertechniken sorgen dafür, dass Kunststoffe mit besorgniserregenden Substanzen aus den elektronischen Altgeräten vor der Wiederaufbereitung abgetrennt und in dafür geeigneten Verbrennungsanlagen entsorgt werden. Beispiele für diese besorgniserregenden Substanzen sind Cadmiumpräparate als frühere Farbstoffe (gelb, rot, orange) oder bestimmte Brom-Flammschutzmittel, die nicht mehr zugelassen sind.

Tatsächlich haben vor allem bromierte Flammschutzmittel (BFR – Brominated Flame Retardant) in den letzten Jahren besondere Aufmerksamkeit erlangt, sowohl aufgrund ihrer weit verbreiteten Verwendung im Brandschutz von Textilien, Baustoffen und Isolierungen, Fahrzeugausrüstungen sowie Elektro- und Elektronikgeräten als auch aufgrund der zunehmenden Sorge um ihre Auswirkungen auf die menschliche Gesundheit und die Umwelt. In Elektroaltgeräten werden diese Flammschutzmittel vor allem in Bauteilen eingesetzt, die in der Nähe von Hitzequellen im Gerät vorkommen. Das können Gehäuseteile sein, aber auch Komponenten von Verbindungs- und Kontaktelementen, Kabeln oder Leiterplatten.

Drei Flammschutzmittel-Familien dominieren den Markt für organische Flammschutzmittel:

- Tetrabrombisphenol A (TBBPA),
- Polybromierte Diphenylether (PBDEs) und
- Hexabromcyclododecan (HBCDD)

Die Familie der polybromierten Biphenyle ist schon seit einigen Jahrzehnten nicht mehr in Verwendung, obwohl sie noch immer in vielen Gesetzestexten vorkommt. Flammschutzmittel können entweder reaktiv sein, wenn sie chemisch an die Polymermatrix gebunden sind, oder sie werden während der Verarbeitung zugesetzt. Es gibt eine zunehmende Umweltbesorgnis über BFRs und diese beruht in auf ihrer Persistenz, Bioakkumulation und möglichen gesundheitsschädlichen Auswirkungen auf den Menschen. Es wurde von vielen dieser Substanzen nachgewiesen, dass diese in geringem Ausmaß in der Umwelt vorhanden sind und von lebenden Organismen aufgenommen werden; die langfristigen Auswirkungen auf Gesundheit und Umwelt sind jedoch nicht gut bekannt. Über Elektronikaltgeräte gibt es mittlerweile eine große Menge an Daten über das Auftreten von BFRs und in welchem Ausmaß diese in den einzelnen WEEE Kategorien vorkommen können. Vor allem in den angelsächsischen Ländern, wo der Einsatz von BFRs in Textilien und Polstermaterial gebräuchlich ist, sind weitaus weniger Daten verfügbar. Während BFRs in Hartkunststoffen gar nicht oder kaum freigesetzt werden, ist das selbstverständlich in Textilien oder Schaumstoffen anders, vor allem wenn sie sich zersetzen. Die Risikoprofile sind daher völlig separat zu betrachten.

In etwa 5 bis 10 % der in Elektronik-Altgeräten eingesetzten Kunststoffe sind mit Flammhemmerpräparaten versehen, d.h. mehr als 90 % der in Elektroaltgeräten eingesetzten Kunststoffe sind flammhemmerfrei. In den Elektroaltgeräte-Kunststoffen sind die wichtigsten bromierten Flammhemmer TBBPA (etwa 35 %), die Familie der PBDE's (30 %, davon Deca-BDE 20 bis 25 %) und DPBPE Decabromodiphenylethane (etwa 20 %). HBCDD Hexabromcyclododecan wird hauptsächlich in EPS-Schaumstoffen in der Baubranche eingesetzt und in Elektroaltgeräten kaum gefunden.

4. Die Komplexität der Gesetzgebung

Als Ergebnis dieser zunehmenden Besorgnis hat die Stockholmer Konvention einige der bromierten Flammhemmer als *POP's* persistente organische Schadstoffe (Persistant Organic Pollutants) gelistet. Die Grenzwerte dazu in Form von Low-POP Content Grenzwerten werden in der Basler Konvention festgelegt und werden in bestimmten Ausnahmen formuliert. Das Stockholmer Übereinkommen wurde in der EU in der Verordnung (EG) Nr. 850/2004 umgesetzt, in der Schweiz wurde es mittels Erlass 0.814.03 ins nationale Recht übernommen. Die Komplexität wird noch größer, wenn auch die anderen EU-Regelwerke betrachtet werden wie die Elektronik-Altgeräte Richtlinie, die RoHS-Richtlinie, REACH und die Abfallverbringungs VO, die alle Einfluss nehmen auf den Einsatz und die Entsorgung von BFR-haltigen Kunststoffen in Elektro- und Elektronikgeräten.

Polybromierte Biphenyle (PBBs) und einige PBDEs (Penta- und OctaBDE) wurden in allen Anwendungen verboten, Deca-BDE wurde jedoch 2004 aufgrund von Risikobewertungsberichten des Europäischen Chemikalienbüros (Europäische Union), in denen *keine identifizierten Risiken* für Mensch und Umwelt festgestellt wurden, von diesem Verbot ausgenommen.

Die Komplexität der Materie kann kaum besser dargestellt werden als in dieser Grafik.

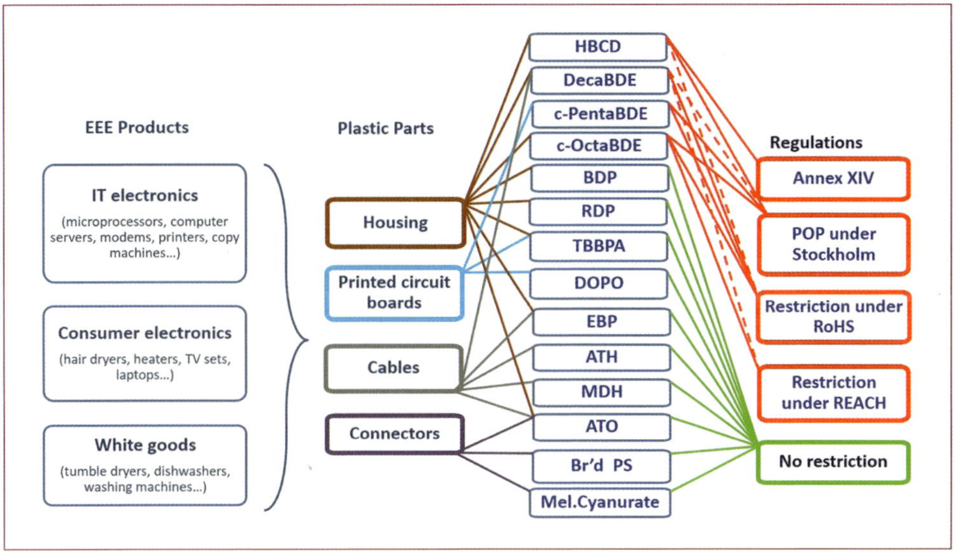

Bild 2: Komplexität der Gesetzgebung zu bromierten Flammschutzmitteln

Quelle: nach EFRA

Die Gehäuse von alten CRT-Bildschirmgeräten enthalten zum Beispiel bis zu 180.000 ppm Brom-Flammschutzmittel (ppm = parts per million). Mit unterschiedlichen modernen Trenntechniken ist nicht nur MGG Polymers in der Lage, diese Materialien so zu recyceln, dass die wiederaufbereiteten Kunststoffe weniger als die gesetzlichen 1.000 ppm dieser Flammschutzmittel enthalten. Die Technologie ist mittlerweile ausgereift und kennt mehrere Ausprägungen.

Seit 2004 sind mit der RoHS-Richtlinie zwei BFR-Familien in neuen Elektro- und Elektronikgeräten nicht mehr erlaubt. Dies sind die Familie der Polybromierten Biphenyle (PBB) und die Familie der Polybromierten Diphenyl-Ether (PBDE), beide mit einem Grenzwert von 0,1 % oder 1.000 ppm.

In der Stockholmer Konvention von 2008 wurden Octa-BDE und Penta-BDE als POPs gelistet und für beide wurde eine Ausnahme für das Recycling festgelegt. In der EU-POP-Verordnung wurden diese mit einem Grenzwert für Neuware mit 10 ppm und für Rezyklate mit 1.000 ppm umgesetzt.

Nachdem Deca-BDE 2004 aufgrund von Risikobewertungsberichten der Europäischen Chemikalien-Agentur ECHA erst als *ohne identifizierte Risiken* für Mensch und Umwelt eingestuft wurde, konnte offenbar schlussendlich für Deca-BDE doch eine Umweltauswirkung festgestellt werden. Daher nahm ECHA im Februar 2017, nach einer Auswirkungsanalyse, Deca-BDE in die REACH-VO mit einem Grenzwert von 0,1 % oder 1.000 ppm auf, ähnlich wie es bereits in der RoHS-Richtlinie der Fall war.

In der COP (Conference of Parties) 2017 der Basler und Stockholm Konventionen wurde ein Vorschlag besprochen, um Deca-BDE in die POP-Liste aufzunehmen. Einige NGO's die sich mit dem Thema befassen argumentierten, dass Deca-BDE in Spielzeug gefunden wurde, dies wurde mit einer Studie *Toxic Toys or Toxic Waste: Recycling POPs into new products* über Rubik's Cubes belegt. Obwohl diese nachweislich aus China kommen, wurde damit sehr aktiv Stimmung gemacht, vor allem unter den Entwicklungsländern ohne bestehende Verwertungsinfrastruktur. Das Endergebnis war, dass Deca-BDE in die POP-Liste aufgenommen wurde – allerdings ohne Ausnahme für Recycling.

Die Entscheidung für einen Grenzwert für Low POP Content wurde auf die COP der Basler Konvention von 2019 vertagt. Diese findet erst im April 2019 statt.

So war der Europäische Verband der Elektronik-Recycler (EERA) sehr überrascht letzten Juni die Information zu erhalten, dass es EU-Vorschläge gibt, die EU-POP-Verordnung zu ändern und zwar mit einem Grenzwert für *Unintentional Trace Contaminants (UTC)* von 10 ppm für Deca-BDE. Dieser Wert gilt für alle Produkte, die auf dem Markt gebracht werden, also auch Recycling-Produkte. Die Argumentation war relativ einfach – für c-Octa- und c-Penta-BDE gab es 2008 einen 10 ppm Grenzwert für Neuware und eine Ausnahme beim Recycling mit einem Grenzwert von 1.000 ppm für Recycling-Produkte. Ein UTC-Grenzwert von 10 ppm bedeutet das Ende es Recyclings.

Es laufen zurzeit Trilog-Verhandlungen, die in den EU-Verträgen dann vorgesehen sind, wenn der EU-Rat den Änderungsvorschlägen des Parlaments aus zweiter Lesung nicht zustimmt.

Nur wenige Tage vor dem Start der Trilog-Verhandlungen und mit einem sehr klugen Timing, veröffentlichten die Nichtregierungsorganisationen IPEN und Arnika eine neue Studie über Analysen von Spielzeug mit Brom-Dioxinen, in denen Werte zwischen 210 und 17.000 pg TEQ/g (nach der Dr. Calux Screening Methode) gefunden wurden. MGG Polymers hatte nach einer Präsentation von IPEN auf der Konferenz *Dioxin 2018* in Krakau beim gleichen Laboratorium Analysen durchführen lassen und kam zum Schluss, dass gute Verwerter unter 10 pg TEQ/g (auch nach Dr. Calux) blieben – weit unter dem EU-Grenzwert.

Die Schlussfolgerungen aus dieser Studie sind aus der EU-Recycling-Perspektive wie folgt:

1. Die untersuchten Produkte kommen höchstwahrscheinlich aus China oder zumindest aus dem Fernen Osten.
2. Diese Produkte gelangen ohne Kontrollen auf BFRs und natürlich schon gar nicht auf Br-Dioxine in die EU. Hier in der EU muss jedes recycelte Produkt auf REACH- und RoHS-Konformität überprüft werden.

3. Die großen Werteunterschiede sind wahrscheinlich darauf zurückzuführen, dass die Temperaturen in den Extrusionsprozessen in der EU sehr präzise gesteuert werden.
4. Viele EU-Normen erlauben die Verwendung von PCR-Kunststoffen in Spielzeug, Artikeln mit Lebensmittelkontakt und medizinischen Anwendungen nicht. Die PCR-Kunststoffe aus WEEE werden in Elektronik, Automobilen oder anderen nachhaltigen Produkten eingesetzt.

Es erscheint daher besser, Grenzwerte zu beschließen, die das Recycling von Kunststoffen aus Elektro- und Elektronikaltgeräten in der EU nicht nur weiterhin zulassen sondern darüber hinausgehend sogar stimulieren.

Diese Ansichten wurden offenbar von den im EU Rat Mitgliedstaaten übernommen. Der EU Ratsvorschlag ist wie folgt und zwar für alle PBDE's:

1. UTC Grenzwert 10 ppm für Substanzen (Neuware),
2. UTC Grenzwert 500 ppm für Mischungen (Rezyklate) und Artikel,
3. Low POP Content Grenzwert 500 ppm.

Es ist noch nicht abzusehen wie diese Verhandlungen ausgehen, weil die Vertreter des EU-Parlaments bis jetzt noch auf die 10 ppm bestehen.

5. Warum ein UTC Grenzwert von 10 ppm für Deca-BDE ein Problem ist

Grundsätzlich gibt es zwei wesentliche Gründe, warum ein 10 ppm Grenzwert für Deca-BDE für die WEEE Kunststoff Verwertungsindustrie ein Problem ist und damit die Verwertung dieser Kunststoffe unmöglich macht.

1. Es gibt keine Separationsprozesse, die hundert Prozent effektiv sind. In einem Separationsverfahren genügt in einer Mahlgutmischung nur *ein* Flake mit 80.000 ppm, der fälschlicherweise in die saubere Fraktion gelangt, auf 15.000 *saubere* Flakes, um den Grenzwert von 10 ppm zu überschreiten. Derartig präzise Separationsverfahren gibt es zurzeit noch nicht. Viele Studien belegen, dass die Recycling-Industrie viel erreicht, aber mit erkennbaren Schwankungen, abhängig von Gerätetyp, Bauteil und Kunststoff. Die 1.000 ppm Grenze, die in REACH aufgenommen wurde, ist ein realistischer Wert.

2. Für die gesetzeskonforme Verwertung werden Qualitätssicherungssysteme benötigt, die kosteneffizient, schnell und einfach durchzuführen sind. Diese Qualitätssicherungssysteme für Kunststoffrezyklate basieren auf kontinuierlich arbeitenden Analyseverfahren. In der Praxis haben sich das XRF-Analysen (Röntgenspektrometrie, X-Ray Fluorescence) bewährt. Diese können zwar keine PBDE-Kongenere oder einzelnen BFR-Substanzen erkennen, sind aber in der Lage, einfach und schnell ausreichend präzise Messergebnisse für den Gesamtgehalt an Brom in einer Probe zu generieren.

Diese können dann in regelmäßigen Zeitabständen durch externe Analysen bestätigt werden. So hat sich auch beim WEEE-Verwertungsstandard Cenelec EN-50625 diese Messung als Referenzmethode durchgesetzt.

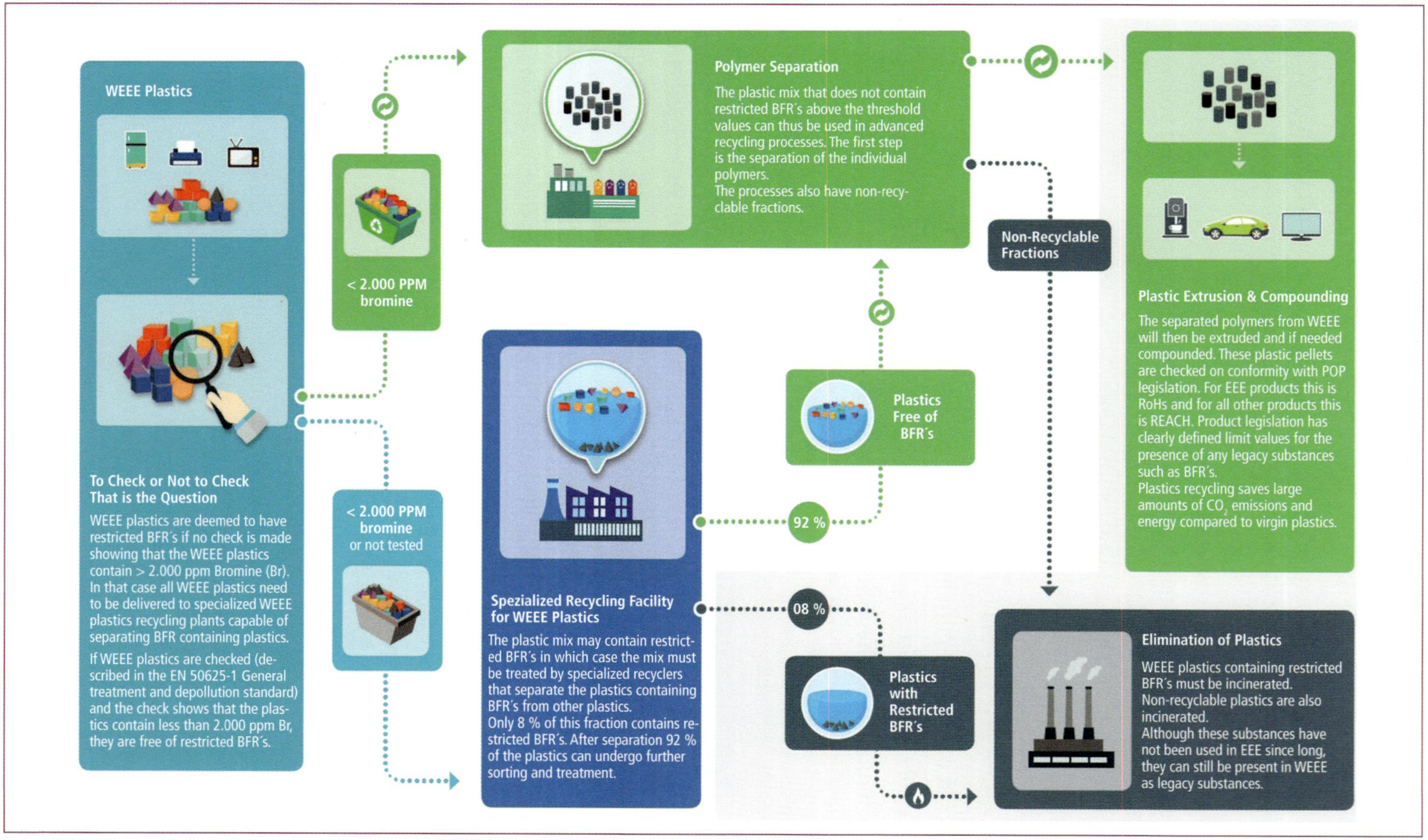

Bild 3: Behandlung von Kunststoffen aus Elektro(nik)-Altgeräten, die bromierte Flammschutzmittel enthalten

Quelle: EERA: Responsible recycling of WEEE containing BFR's – Broschüre 2018

Der EU-Fachverband der Elektronik-Verwerter (EERA) hat diesen Standard in einer Info-Grafik sehr klar dargestellt (Bild 3).

Natürlich kann man die Charakterisierung der WEEE-Fraktion und der darin enthaltenen BFRs mit verschiedenen anderen analytischen Strategien durchführen. Die Identifizierung und Quantifizierung von einzelnen bromierten Flammschutzmitteln in recycelten Kunststoffen kann auch durch BFR-Extraktion und Analyse mittels Gas- oder Flüssigkeitschromatographie durchgeführt werden, sehr präzise sogar. Allerdings ist dies mit großen Aufwendungen zur Probenvorbereitung in Kombination mit externen Laboratorien verbunden.

Ein Recycler kann es sich aber nicht leisten, wochenlang auf ein Ergebnis zu warten und noch weniger pro Probe finanzielle Aufwendungen tragen zu müssen, die dem Produktpreis des Rezyklats gefährlich nahe kommen. Daher hat sich der RoHS Konformität Screening Standard EN 62321-3-1 (2014) als praktische Methode zur Qualitätssicherung der WEEE-Kunststoff-Rezyklate durchgesetzt. Dieses Verfahren ist speziell dafür ausgelegt, nach Blei, Quecksilber, Cadmium, Chrom und Brom (Pb, Hg, Cd, Cr, Br) in einheitlichen Materialien zu suchen. Die XRF-Spektrometrie liefert Informationen über die Gesamtmenge des Elements; sie identifiziert jedoch keine Verbindungen. Deshalb ist bei der Screeninganalyse von Brom besondere Aufmerksamkeit notwendig, da das Ergebnis nur den vorliegenden Gesamtgehalt an Brom widerspiegelt. Das Vorliegen einzelner bromierter Flammschutzmittel wie PBB oder PBDE oder auch der noch zugelassenen BFRs wie TBBPA oder DPBPE muss mit einem Verifizierungsprüfverfahren bestätigt werden. Wenn dieses Verfahren auf gemischte WEEE-Kunststoffe angewendet wird, die aufgrund der Art ihrer Zusammensetzung selbstverständlich nicht einheitlich sind, muss bei der Auswertung der Ergebnisse mit Sorgfalt vorgegangen werden. Der XRF Screening Standard EN 62321-3-1 (2014) ist validiert für den in RoHS festgelegten Grenzwert von 1.000 ppm Brom.

Eine Änderung, der Wert zum Beispiel, wie es momentan in der UTC Diskussion der Fall sein könnte, bedeutet, dass die validierte Screening Methode EN 62321-3-1 auf den neuen Grenzwert validiert werden muss. Das braucht aber Zeit. Die EU Abfallverbände EERA, EuRIC und PRE verlangen daher eine Übergangsfrist, sollte der UTC Grenzwert für Deca-BDE oder die PBDEs gesamt unter 1.000 ppm festgelegt werden.

6. Stoffstromanalysen

Eine Schweizer Stoffstromanalyse zeigt die Veränderungen der Stoffkonzentrationen zwischen zwei Untersuchungsperioden; eine von 2003 (Implementierung der RoHS Richtlinie) und eine zweite im Jahr 2011. Diese Stoffstromanalysen zeigen, dass die Beschränkungen und Verbote beim Cadmium und bei persistenten organischen Schadstoffen (POP) wie den polybromierten Diphenylethern sowie bei den PCB sehr wirksam gewesen sind. Die größten Veränderungen im WEEE traten bei den Schadstoffen penta-BDE, octa-BDE und Cadmium auf; die Konzentrationen nahmen um bis zu 90 % ab – der Cadmium-Gehalt sogar um über 90 % ab in dieser Periode von 2003 bis 2011.

Es ist also zu erwarten, dass PBDEs in den nächsten etwa zehn Jahren aus dem Abfallstrom verschwinden.

Neue Chemikalien werden ständig in das Stockholmer Übereinkommen über persistente organische Stoffe aufgenommen und diese besorgniserregenden Stoffe werden (zu Recht) in die Liste der POP VO aufgenommen. Bisher war es so, dass die Gesetzgeber realistische Grenzwerte festlegten, wenn ein derartiger Stoff auf die Verbotsliste gesetzt wurde. Dadurch konnten Kunststoffe im Sinne des Umweltschutzgedankens recycelt und somit Energie und Rohstoffe eingespart werden.

Der konkrete Fall mit deca-BDE zeigt, dass es möglich ist, eine Recycling-Industrie durch Festlegung unüberlegter Grenzwerte derart zu gefährden, dass ein Fortbestand der Aktivitäten nicht mehr möglich ist und Produktionsschließungen die Folge sind.

Diese Impact Assessments (Auswirkungsanalysen) werden als Standard in REACH angewendet. Daher sollte für jede zukünftige Grenzwertänderung in der POP VO ein Impact Assessment mit allen sozio-wirtschaftlichen Überlegungen im Gesetzt verankert werden. Diese neue Industrie braucht ein Minimum an gesetzlichen Sicherheiten.

7. Weitere Herausforderungen für WEEE Kunststoff Recycler

Auf den WEEE Kunststoffverwerter in der EU warten noch einige anderen Herausforderungen, die überwiegend bis Mitte 2020 zu erwarten sind.

In April/Mai 2019 trifft sich die Conference of Parties der Basler Konvention. Auf dem Programm steht die Festlegung von Low POP Content Grenzwerten. Es liegen Vorschläge vor, die bis 50 ppm als LPC Grenzwert für Deca-BDE vorschlagen. Ein derartig niedriger Grenzwert ist wiederum eine Bedrohung für die EU WEEE-Kunststoff verwerter.

Die EU wird in der COP einen Low POP Content Schwellenwert von 500 ppm für alle PBDEs vorschlagen. Hier gelten die Bemerkungen über die Validierung der EN 62321-3-1 noch einmal.

Leider ist das noch nicht alles. Norwegen hat einen Vorschlag für Kunststoffe eingebracht, dessen Inhalt kurz gefasst ist, dass alle gemischten Kunststoffabfälle notifizierungspflichtig gemacht werden und kontaminierte Kunststoffabfälle (also wahrscheinlich auch Kunststoffe aus Elektroaltgeräten) als gefährliche Abfälle zu deklarieren sind. Dieser Vorschlag wird auch in der COP 2019 besprochen. Soweit bekannt existieren EU weit allerdings keine WEEE Kunststoffverwertungsanlagen, welche die gefährlichen Abfälle annehmen dürfen.

Dann gibt es noch eine sehr unklare Lage mit Bezug auf HP14 Einstufungen. Es fehlt an harmonisierten Analyseprotokollen in der EU und so kann es als Konsequenz vorkommen, dass in einigen Ländern WEEE Kunststoffe plötzlich als gefährliche Abfälle eingestuft werden.

In einem aktuellen Projekt entwickelt ECHA eine Datenbank für die Erfassung von besorgniserregenden Substanzen (SVHCs) auf Bauteil- bzw. Komponentenebene.

Die Vorschläge sehen vor, dass Recycler diese Datenbank aktiv nutzen sollten um Bauteile mit SHVCs nicht nur zu identifizieren sondern auch zu separieren. Das würde einen sehr großen Einfluss nehmen auf die Art und Weise wie komplexe Abfälle wie WEEE und ELVs verwertet werden und es würde ein kostspieliges Mikro-Management auf Bauteilebene beinhalten.

Und schließlich gibt es noch den Review der EU Abfall VVO. Grenzüberschreitender Verkehr mit WEEE Kunststoffen in Europa ist in einigen Ländern fast unmöglich, weil die Notifizierungen nicht oder nur mit größten Schwierigkeiten gewährt werden. Verbesserungen sind unbedingt notwendig, weil Sekundärrohstoffe in gesetzeskonforme Verwertungsanlagen für Primärrohstoffe transportiert werden müssen, um eine echte Kreislaufwirtschaft aufbauen zu können. Die EU Abfallverbringungs VO enthält in Artikel 14 das Konzept der Vorabzustimmung. Leider wird dieses Konzept in vielen EU-Staaten nicht anerkannt. Es wird momentan daran gearbeitet, dass Pilot-Projekte das Konzept *Fast Track Notifizierungen* austesten mit dem Zweck, dass dieses *Fast Track* Konzept in der 2020 Review der AVVO harmonisiert aufgenommen werden kann.

8. Literatur

[1] Di Ganghi J., Strakova J.: Toxic Toy or Toxic Waste, Recycling POPs into new products. Ipen and Arnika, 2015

[2] EERA: Responsible recycling of WEEE containing BFR's – Broschüre 2018

[3] Petrlík J., Behnisch P., DiGangi J.: Toxic Soup, Dioxins in Plastic Toys. Arnika, HEAL, BUND, IPEN, 2018

[4] Wäger, P. A., Hischier, R.: Life Cycle Analysis of MBA Polymers' post-consumer recycled plastics. EMPA, 2013

[5] Wäger P. A., Hischier R., Eugster M.: Environmental impacts of the Swiss collection and recovery systems for Waste Electrical and Electronic Equipment (WEEE): A follow-up. Science of the Total Environment, 2011

Ansprechpartner

Dipl.-Ing. Chris Slijkhuis
Müller-Guttenbrunn Gruppe
E-Waste
Public Affairs
Industriestraße 12
3300 Amstetten, Österreich
+43-664-3571522
slijkhuis@mgg-recycling.com

Auswirkungen neuer Anwendungsverbote für Flammschutzmittel in Kunststoffen auf das Recycling von Altfahrzeugen

Georg Mehlhart, Alexandra Möck und Daniel Goldmann

Bereits in der Vergangenheit sind eine Reihe polybromierter Diphenylether (PBDE) in die Liste der Stockholm Konvention der persistenten organischen Schadstoffe (POP) aufgenommen worden. Im Jahr 2017 wurde nun zusätzlich DecaBDE aufgenommen. Im Resultat ergeben sich daraus zum einen Anwendungsverbote, zum anderen Vorgaben für die Abfallbehandlung. Insbesondere wurden in der Fachöffentlichkeit die Festlegungen in der EU-POP-Regulierung zum maximalen Gehalt an PBDE (nun inklusive DecaBDE) in Sekundärrohstoffen diskutiert. Das EU Parlament hat sich diesbezüglich für 10 mg/kg ausgesprochen und der EU Rat votierte im November 2018 für 500 mg/kg. Zum Zeitpunkt der Drucklegung für diese Veröffentlichung waren die Verhandlungen zwischen Parlament und Rat hierzu noch nicht abgeschlossen.

Decabromdiphenylether (DecaBDE) ist ein Flammschutzmittel. Die gesamte Weltproduktion von DecaBDE lag im Zeitraum 1970 bis 2005 zwischen 1,1 bis 1,25 Millionen Tonnen [7]. Daten über die Verwendung von DecaBDE zeigen, dass vor 2008 80 bis 90 % in Elektro- und Elektronikgeräten verwendet wurden und die restlichen 10 bis 20 % auf Textilanwendungen entfallen [7]. Untersuchungen für die EU [22] und [25] bestätigen diese Aufteilung. Laut [22], gibt es allerdings keine ausreichenden Daten, um das Ausmaß, der daraus resultierenden Freisetzungen von DecaBDE in die Umwelt zu bestimmen.

Bereits 2005 wurde auf europäischer Ebene entschieden, dass PBDE nur noch mit maximal 0,1 Gew.-% je homogenem Werkstoff von Elektro- und Elektronikprodukten enthalten sein darf [12]. Zunächst sollte DecaBDE von diesen Einschränkungen ausgenommen werden. Nach einer Entscheidung des Europäischen Gerichtshofes ist seit Mitte 2008 das Inverkehrbringen von Elektro- und Elektronikprodukten mit Kunststoffen, die den Grenzwert überschreiten aber nicht mehr zulässig. Da DecaBDE als Flammschutzmittel typischerweise in Anteilen von 10 % bis 15 % dem Kunststoff zugemischt wurde, lief diese Begrenzung im Resultat auf ein Anwendungsverbot in Elektro- und Elektronikprodukten hinaus. Diese Regelung wurde aber nicht unmittelbar auf andere Produkte übertragen.

Infolgedessen hat sich das Nutzungsprofil dahingehend geändert, dass Fahrzeuge und Textilien nach dem Anwendungsverbot in Elektro- und Elektronikprodukten einen wesentlich größeren Anteil am DecaBDE-Einsatz ausmachten [7].

Für die europäische Automobilindustrie wurde DecaBDE erst im Februar 2017 durch eine Änderung der REACH-Verordnung in seiner Anwendung mit Wirkung vom 2. März 2019 eingeschränkt. Diese Festlegungen in REACH werden durch die aktuell anstehende Änderung der EU-POP-Regulierung überholt.

Im vorliegenden Artikel werden die verfügbaren Informationen zu DecaBDE in Altfahrzeugen zusammengeführt und mögliche Auswirkungen der EU-POP-Regulierung auf den Umgang mit Altfahrzeugen diskutiert. Begründungen für die Setzung der Grenzwerte werden hier nicht diskutiert.

1. Wo findet sich DecaBDE in Altfahrzeugen?

In [16] nennt Volkswagen für das Jahr 2013 Fahrzeugkomponenten und die darin enthaltenen Materialen, in denen DecaBDE in Konzentrationen von > 0,1 Gew.-% vorkommen können (Tabelle 1).

Tabelle 1: Komponenten die möglicherweise DecaBDE enthalten in aktuellen Fahrzeugen im Jahr 2013

Komponenten	Material
Schrumpfschlauch von Elektrokabeln (Anschlusskabel, Kabelbäume) in allen Teilen des Fahrzeugs (z.B. Heckscheibe, Außenspiegelhalterung, Antennenanschluss, Airbagmodul, etc.)	Verschiedene Thermoplaste
Abdeckungen (Sitze, alle Teile inkl. Kopfstütze), Hutablage, Türverkleidung, Dachverkleidung, A-/B-/C-/DSäulenverkleidung)	Kunstleder
Kraftstoffleitungen und dergleichen (Schrumpfabschnitte)	Thermoplastische Kunststoffe
Kabelbäume aus TPS-SEBS	TPS-SEBS
Polsterkissen (Scheuerschutz)	PA 6.6-Textil
Stoßfänger (gelegentlich)	Klebstoff

Quelle: Mehlhart, G.; Möck, A.; Goldmann, D. (2018): Effects on ELV waste management as a consequence of the decisions from the Stockholm Convention on DecaBDE, Oeko-Institut (2018), commissioned by ACEA

In einer Präsentation im Jahr 2015 berichtete ACEA [1] von einer sektorweiten Untersuchung, nach der DecaBDE in den folgenden Materialien gefunden wurde: PE, PP, Klebstoffe, Mikrofaserpolyester, TPS-SEBS, Nylon und typische Anwendungen, Sitzbezüge, Kühlventilatoren und Schläuche, elektrische Schalter und Gehäuse, Schrumpfschläuche, Kraftstoffsysteme, Tunnelisolierungen und Dichtungen.

In [16] finden sich weitere detaillierte Angaben der Zulieferer der Automobilindustrie, unter anderem zu den jeweiligen Konzentrationen in den unterschiedlichen Materialien und Produkten sowie Angaben zum Zeitpunkt, ab dem DecaBDE nicht mehr verwendet wurde. Demnach bestätigt sich die Vermutung, dass DecaBDE in einer Vielzahl von Komponenten in Altfahrzeugen vorkommen kann. Auch wenn die Verwendung ab 2008 zurückging, kann nicht ausgeschlossen werden, dass auch in einzelnen Fahrzeugen, die 2018 auf den Markt gebracht wurden, noch Komponenten verbaut wurden, die Materialien mit DecaBDE in Konzentrationen über 0,1 Gew.-% enthalten.

Unabhängige Analysen solcher Materialien und Komponenten liegen nur vereinzelt vor.

Laut [17] findet sich DecaBDE häufig in Fahrzeugteilen aus harten ABS- und HIPS-Kunststoffen, Elektronikteilen und deren Gehäuse sowie in Fahrzeugtextilien, insbesondere Sitzen und Kunstleder für Sitzbezüge und Innenverkleidungen. Typischerweise wurden 10 bis 15 % des DecaBDE-Gewichts den Kunststoffen zugesetzt. Textilien enthalten maximal 12 % davon [6].

Tabelle 2 zeigt eine Zusammenstellung von Ergebnissen unterschiedlicher Untersuchungen auf DecaBDE. Zum Teil sind allerdings die Originalquellen nicht öffentlich verfügbar. Daher ist nicht immer klar, ob die Proben aufgrund einer gezielten Vermutung auf hohe DecaBDE-Gehalte genommen wurden oder ob es sich um zufällige Stichproben handelt.

Die höchsten Werte weisen die Sitzbezüge auf: 22.500 mg/kg für den Pontiac 1997 und 22.700 mg/kg für den Mazda 1998. Für die weiteren hohen Werte (27.000 mg/kg für Sitzbezüge, 17.000 mg/kg für Innenmaterial und 7 000 mg/kg für Schallschutzmaterial) steht die Originalquelle nicht öffentlich zur Verfügung. Automarke, Alter des Fahrzeuges, das Material und ob es sich um Kunstleder handelt oder nicht, ist daher zurzeit nicht nachvollziehbar.

Tabelle 2: DecaBDE in Fahrzeugkomponenten/Materialien – Fortsetzung nächste Seite

Komponente / Material	**Land [Quelle]**	**Anzahl Proben**	**Erkennungs-rate**	**Konzentration** mg/kg	**min** mg/kg	**max** mg/kg
Sitzbezug, Pontiac transport 1997	NL [IVM u. IVAM]	1	1	22.500		
Sitzbezug, Mazda 1998	NL [IVM u. IVAM]	1	1	22.700		
Autositze, 1974–2002	NL [IVM u. IVAM]	11	2	→	nd	131 (#)
Sitzbezug, Chrysler Saratoga 1991	NL [IVM u. IVAM]	1	1	256		

Kunststoffe

Tabelle 2: DecaBDE in Fahrzeugkomponenten/Materialien – Fortsetzung

Komponente / Material	Land [Quelle]	Anzahl Proben	Erkennungs-rate	Konzentration mg/kg	min mg/kg	max mg/kg
Sitzschaumstoff (PUF), Pontiac 1997	NL [IVM u. IVAM]	1	1	522		
Sitzschaumstoff (PUF), Mazda 1998	NL [IVM u. IVAM]	1	0	nd		
Sitzschaumstoff (PUF), US Autos (*)	NL [IVM u. IVAM]	5	5	→	0,11	17
Interieur, Pontiac 1997	NL [IVM u. IVAM]	1	1	18		
Interieur, Mazda 1998	NL [IVM u. IVAM]	1	1	52		
Verschiedene Bauteile (**)	NL [IVM u. IVAM]	11	0	nd		
Sitzbezug	NO [Mepex Consult AS]	1	1	27.000		
Innenmaterial (Tür, Dachhimmel, Abdeckung)	NO [Mepex Consult AS]	1	1	17.000		
Leiterplatte Probe 1	NO [Mepex Consult AS]	1	1	200		
Leiterplatte Probe 2	NO [Mepex Consult AS]	1	0	nd		
Leiterplatte Probe 3	NO [Mepex Consult AS]	1	0	nd		
Leiterplatte Probe 4	NO [Mepex Consult AS]	1	1	33		
Schallschutzmaterial Probe 1	NO [Mepex Consult AS]	1	0	nd		
Schallschutzmaterial Probe 2	NO [Mepex Consult AS]	1	1	7.000		
Airbag-Material	NO [Mepex Consult AS]	1	0	nd		
Kofferraummaterial	NO [Mepex Consult AS]	1	0	nd		
Kühler, Außenmaterial	NO [Mepex Consult AS]	1	0	nd		
Sitzschaumstoff (PUF) (alte Autos)	SE [Niinipuu]	17	14	→	nd	2,1
Interieur	NL [Ballesteros-Gómez, A. et al.]	2	0	nd		
Interieur	CN [Chen, S. J. et al.]	5	3	8		

(*) US Autos = Chrysler (1993), Buick (1992), Ford (1993), Chevrolet (1999), Pontiac transport (1995)
(**) z.B. Dachhimmel, leichte Abdeckung, Teppich, Stoßstange, Luftschlauch, Isoliermaterial
nd = nicht nachgewiesen (*detected*)
(#) Wert eines 1998 gebauten Autos

Quellen: Ballesteros-Gómez, A.; de Boer, J.; Leonards, P.E.G. (2013): Novel analytical methods for flame retardants and plasticizers based on gas chromatography, comprehensive two-dimensional gas chromatography, and direct probe coupled to atmospheric pressure chemical ionization-high resolution time-of-flight-mass spectrometry. Analytical Chemistry, 85; Zitiert nach Bipro 2015a [5]

Chen, S.J.; Ma, Y.J.; Wang, J.; Tian, M.; Luo, X.J.; Chen, D.; Mai, B.X. (2010): Measurement and human exposure assessment of brominated flame retardants in household products from South China. Journal of Hazardous Materials, 176.; Zitiert nach Bipro 2015a [5]

Institute for Environmental Studies (IVM) & IVAM, University of Amsterdam (2013): POP-BDE waste streams in the Netherlands: analysis and inventory. Report R13-16

Niinipuu (2013): A comparative evaluation of brominated compounds in end-of-life vehicles. Polybrominated diphenyl ethers and polybrominated dibenzo-pdioxins and dibenzofurans in car seats. Master's thesis at the Department of Chemistry, Umeå University, Sweden; Zitiert nach Bipro 2015a [5]

Abgesehen von diesen fünf Proben mit hohen Werten, liegen alle Werte in der überprüften Literatur zwischen 0 und 522 mg/kg.

2. Könnte man die belasteten Komponenten während der Fahrzeugzerlegung entnehmen?

Die EU-POP-Regulierung erlaubt in Anhang V die Abfallbehandlung von POP-haltigen Abfällen in D9-, D10-, R1- und R4-Anlagen, wenn diese so betrieben werden, dass der Gehalt an persistenten organischen Schadstoffen zerstört oder unumkehrbar umgewandelt wird.

Hinsichtlich einer möglichen Vorbehandlung legt die EU-POP-Regulierung Folgendes fest:

Ein Vorbehandlungsverfahren vor der Zerstörung oder unumkehrbaren Umwandlung gemäß diesem Teil dieses Anhangs kann durchgeführt werden, vorausgesetzt, dass ein in Anhang IV aufgelisteter Stoff, der während der Vorbehandlung von dem Abfall isoliert wird, anschließend gemäß diesem Teil dieses Anhangs beseitigt wird. Wenn nur ein Teil eines Produkts oder Abfalls, wie ein Altgerät, persistente organische Schadstoffe enthält oder mit diesen verunreinigt ist, so wird dieser abgesondert und dann gemäß dieser Verordnung entsorgt.

In diesem Zusammenhang ist zu klären, wo und wie diese Absonderung stattfinden kann.

Um die Frage zu beurteilen, ob eine Entnahme bereits im Zuge der Vorbehandlung und der Entnahme anderer Komponenten mit gefährlichen Eigenschaften erfolgen kann, ist zu prüfen, ob die erforderlichen Informationen den Zerlegebetrieben verfügbar gemacht werden können, welche Effekte der zusätzliche Aufwand bei den Zerlegebetrieben verursachen würde und wie die separierten Komponenten entsorgt würden.

2.1. Erforderliche Informationen

Theoretisch könnte die Information über Komponenten, die Materialien mit DecaBDE enthalten, aus der Datenbank International Material Data System (IMDS) ersichtlich sein.

IMDS wurde im Jahr 2000 eingeführt und soll als leicht zugängliches Online-System den Fahrzeugherstellern und ihrer Lieferkette helfen, die Stoff- und Materialzusammensetzung ihrer Komponenten zu erfassen und zu verfolgen. Das System zielt nicht nur auf die Einhaltung der Gesetze, sondern ist auch integraler Bestandteil der Qualitätsprozesse der Branche. Zu den heutigen Systembenutzern gehören

- rund vierzig Markenhersteller, die mehr als 90 verschiedene Fahrzeugmarken repräsentieren und
- mehr als 120.000 Automobilzulieferer von Materialien und Komponenten.

IMDS ist aus technischen und wettbewerblichen Gründen kein *Full Material Disclosure*-System, sondern die Lieferanten sind lediglich verpflichtet 90 % der im Material/Bauteil verwendeten Stoffe zu melden. Die in der Global Automotive Declarable Substance List (GADSL) aufgeführten Materialien müssen jedoch unabhängig von ihrem Anteil im IMDS gemeldet werden. DecaBDE wurde erstmals 2005 in GADSL gelistet. Demnach kann geschlossen werden, dass spätestens seit 2005 die Informationen vorliegen, in welchen Komponenten DecaBDE verwendet wurde.

Allerdings sind die Benennungen gleicher Produkte sehr unterschiedlich. In vielen Fällen werden herstellerspezifische Abkürzungen und Produktnomenklaturen verwendet. Zudem erfolgt die Benennung in verschiedenen Sprachen ohne Standardübersetzungen. Weiterhin ist nicht festzustellen, ob die Komponente/das Material lediglich von einem Lieferanten angeboten, aber nie von einem Fahrzeughersteller verwendet wurde. Da IMDS keinen Verweis auf die Stückliste der Fahrzeughersteller bereitstellt, ist aus IMDS auch nicht ersichtlich, welche Komponente/welches Material in welchem Fahrzeug verwendet wird.

Mit IMDS ist es also nicht möglich eine Abfrage für die einzelnen Fahrzeuge (zum Beispiel anhand der Vehicle Indentification Number (VIN)) durchzuführen und zu überprüfen welche Komponenten/Materialien in diesem Fahrzeug tatsächlich verbaut sind.

Nur die Fahrzeughersteller selbst sind in der Lage diese Informationen mit einer Stückliste zu kombinieren. Diese Stücklisten werden aber aus verständlichen Gründen als ökonomisch sensible Informationen betrachtet und die Hersteller haben kein Interesse an einer Veröffentlichung. Zudem sind die Stücklisten praktisch individuell für jedes Fahrzeug, da auch innerhalb von Modellen sowohl die Ausstattung unterschiedlich ist als auch unterschiedliche Lieferanten zum Zuge kommen können. Ob eine Verknüpfung von IMDS mit den Stücklisten für den Altbestand rückwirkend (z.B. bis 2005) technisch möglich wäre und ob diese Stücklisten allen Herstellern noch vorliegen, ist derzeit nicht geklärt.

2.2. Erforderlicher Aufwand bei der Vorbehandlung

Wie zuvor dargelegt, können sich Komponenten, die Materialien mit DecaBDE enthalten, an vielen Stellen im Fahrzeug befinden. Sowohl in den Sitzbezügen, den Innenverkleidungen als auch z.B. als Schrumpfschläuche der Kabelverbindungen. Kabelverbindungen finden sich inzwischen in allen Bereichen der Fahrzeuge, wie in Bild 1 dargestellt.

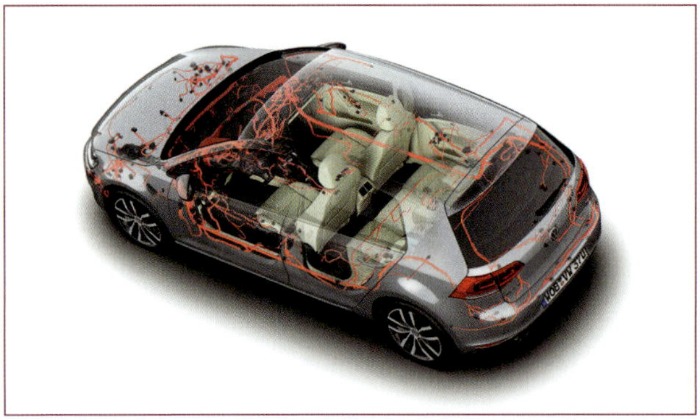

Bild 1:

Lage der Kabelbäume (in rot)

Quelle: Copyright Volkswagen

Eine Entnahme der Kabelverbindungen, inklusive der Schrumpfschläuche, würde laut Untersuchungen eines Fahrzeugherstellers zwischen 2,75 und 4 Stunden benötigen [16].

Im Vergleich dazu wurde im Jahr 2002 für Deutschland für die Vorbehandlung ein Zeitaufwand von 60 bis maximal 140 Minuten festgestellt [26], wobei Zerlegebetriebe mit einer kleineren Anzahl an Altfahrzeugen pro Jahr offenbar aufgrund ihrer Ausstattung für die Vorbehandlung länger benötigten. In der 2002 durchgeführten Befragung gaben die Zerlegebetriebe an, dass Armaturenbretter, Stoßfänger, Kunststofftanks und Fenster jeweils in weniger als 20 Minuten entfernt werden können.

Hinsichtlich der wirtschaftlichen Rahmenbedingungen der Zerlegebetriebe zeigen sich in einer 2015 publizierten Studie für Frankreich starke Unterschiede für die einzelnen Betriebe. Der ermittelte Bereich liegt dabei zwischen 225 EUR Verlusten, die pro Altfahrzeug entstehen, bis zu 110 EUR Gewinn [27]. Allerdings ist die wirtschaftliche Bewertung der Altfahrzeug-Behandlungskette komplex, da die Mehrheit der Unternehmen keine spezifische Kostenrechnung für diese Aktivität hat. Stattdessen werden diese oft mit anderen Aktivitäten kombiniert wie Kauf/Verkauf von beschädigten Fahrzeugen und Gebrauchtfahrzeugen, Reparatur von Fahrzeugen, Verkauf von gebrauchten Ersatzteilen und nicht zuletzt Handel mit Altmetall.

Anhand dieser Vergleichswerte aus der Literatur ist erkennbar, dass z.B. eine verpflichtende Entnahme der Kabelbäume die Behandlung der Altfahrzeuge für die Zerlegebetriebe allein aufgrund des Zeitaufwandes für die Zerlegung unrentabel machen würde.

2.3. Schlussfolgerungen hinsichtlich einer Entnahme von PBDE-haltigen Komponenten im Zerlegebetrieb

Derzeit besteht keine rechtliche Verpflichtung für die Hersteller die benötigten Informationen für eine gezielte Entnahme von DecaBDE-haltigen Komponenten/Materialien in Altfahrzeugen bereitzustellen. Eine Änderung der Rechtslage würde entsprechende Zeit in Anspruch nehmen. Ob die Informationen für die derzeit anfallenden Altfahrzeuge (mit einem Durchschnittsalter von 15 bis 20 Jahren) den Fahrzeugherstellern überhaupt noch vorliegen und von diesen bereitgestellt werden können, ist nicht sicher.

Vor diesem Hintergrund könnten die Zerlegebetriebe zwar bestimmte Materialien/ Komponenten generell aus allen Fahrzeugen entnehmen, dabei ist aber die Zielgenauigkeit einer solchen Entnahmen derzeit völlig unklar. Es ist damit zu rechnen, dass eine erhebliche Menge der entnommen Materialien/Produkte frei von PBDE ist.

Eine Prüfung im Zerlegebetrieb z.B. der Sitzbezüge und der Innenverkleidungen mit tragbaren Röntgenfluoreszenzanalyse (RFA)-Geräten ist zwar theoretisch denkbar, ignoriert aber völlig die Praxis der Zerlegebetriebe und ist angesichts der Kapazitäten der Überwachungsbehörden wohl auch nicht durchsetzbar.

Weiterhin würden die entnommen Materialien nicht nur wertvollen Platz bei den Zerlegebetrieben blockieren, sondern es ist auch davon auszugehen, dass diese separierten Materialien/Produkte aufgrund des geringen Metallgehaltes keinen Erlös erbringen, sondern zusätzliche Kosten verursachen.

Zusammengefasst gibt es derzeit keinen praktikablen Ansatz, wie eine Entnahme von DecaBDE-belasteten Komponenten/Materialien durch die Zerlegebetriebe sichergestellt werden sollte.

Wie bereits zuvor festgestellt, würde dadurch die Zerlegung unrentabel und in der Folge wäre eine komplette Neuorganisation der Umsetzung der Herstellerverantwortung für Altfahrzeuge in der EU erforderlich. Bei gleichbleibendem Niveau der staatlichen Überwachung des Sektors wäre auch ein entsprechendes Ausweichen in graue und schwarze Märkte mehr als wahrscheinlich um die zusätzlichen Kosten für eine solche Entnahme zu vermeiden.

Solche Ausweicheffekte sind ja bereits unter den derzeitigen Rahmenbedingungen feststellbar [16a].

3. Separierung und Verbleib von PBDE und DecaBDE in Schredderrückständen

Die Erreichung der Ziele der Altfahrzeugrichtlinie mit ihren hohen Recycling- und Verwertungsquoten ist derzeit praktisch nur mit einer Nachbehandlung und auch Verwertung der Schredderrückstände erreichbar.

Bild 2 zeigt eine schematische Übersicht über den Schredderprozess und Bild 3 die Nachbehandlung der Schredderrückstände. Die beiden Prozesse können an einem Standort als integrierte Anlage realisiert werden, teilweise werden Schredderrückstände von kleineren Anlagen auch zu zentralen Nachbehandlungsanlagen transportiert. Im Einzelnen können sich für verschiedene Anlagen Unterschiede in der Konfiguration und im Siebschnitt ergeben, die Darstellung dient lediglich dem grundsätzlichen Verständnis.

Die in Bild 2 blau dargestellten Endprodukte, gehen in R4 Behandlungsanlagen. Darunter versteht die EU-POP-Richtlinie Anlagen zur *Verwertung/Rückgewinnung von Metallen und Metallverbindungen aus Rückständen der Eisen- und Stahlerzeugung wie Stäuben oder Schlämmen aus der Gasreinigung oder Walzzunder oder zinkhaltigen Filterstäuben aus Stahlwerken, Stäuben aus den Gasreinigungsanlagen von Kupferschmelzen und ähnlichen Abfällen sowie bleihaltigen Laugungsrückständen aus der NE-Metallerzeugung. PCB-haltige Abfälle sind ausgenommen. Die Vorgänge beschränken sich auf die Rückgewinnung von Eisen und Eisenlegierungen (Hochofen, Schachtofen und Herdofen) und Nichteisenmetallen (Wälzrohrverfahren, Badschmelzverfahren in vertikalen oder horizontalen Öfen), sofern die betreffenden Anlagen als Mindestanforderung die in der Richtlinie 2000/76/EG des Europäischen Parlaments und des Rates vom 4. Dezember 2000 über die Verbrennung von Abfällen (1) festgesetzten Grenzwerte für PCDD- und PCDF-Emissionen einhalten, unabhängig davon, ob die Anlagen unter die genannte Richtlinie fallen, und unbeschadet der sonstigen geltenden Bestimmungen der Richtlinie 2000/76/EG und der Bestimmungen der Richtlinie 96/61/EG.*

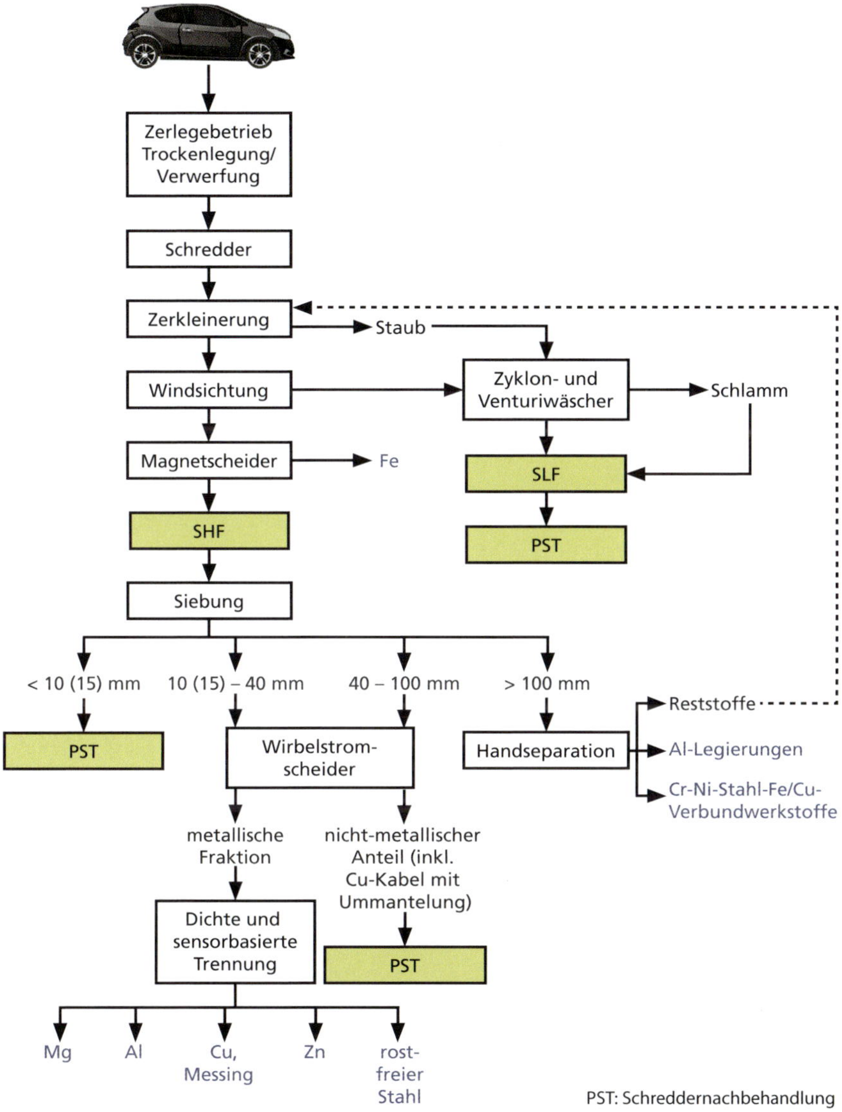

Bild 2: Schema des Schredderprozesses

Quelle: Mehlhart, G.; Möck, A.; Goldmann, D. (2018): Effects on ELV waste management as a consequence of the decisions from the Stockholm Convention on DecaBDE, Oeko-Institut (2018), commissioned by ACEA [überarbeitet}]

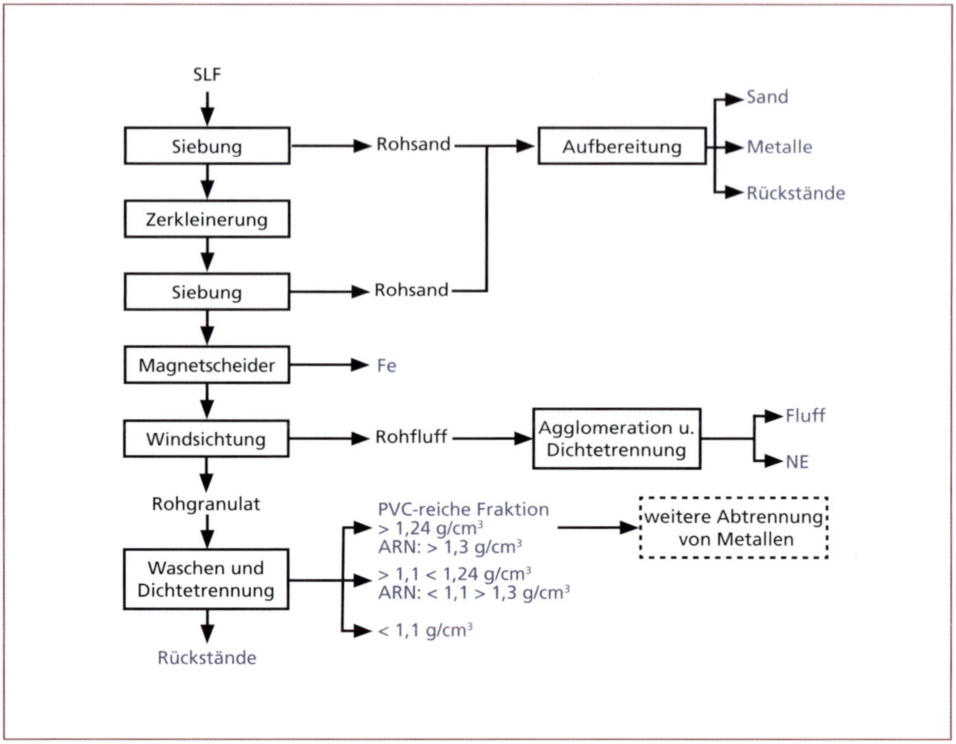

Bild 3: Schema der Schreddernachbehandlung

Quelle: Mehlhart, G.; Möck, A.; Goldmann, D. (2018): Effects on ELV waste management as a consequence of the decisions from the Stockholm Convention on DecaBDE, Oeko-Institut (2018), commissioned by ACEA [überarbeitet}]

Die Kunststoffe mit hohem Anteil an Flammschutzmitteln haben typischerweise eine Dichte von > 1,24 g/cm³ und sollten daher überwiegend in dieser Fraktion zu finden sein. In diese Fraktion fällt auch PVC, das ohnehin abgetrennt werden muss, um eine Verwertung der Kunststoffe im Hochofen oder Zementwerk zu ermöglichen. Weiterhin sind in dieser Fraktion PET und GFK.

In die Fraktion < 1,1 g/cm³ fallen Kunststoffe wie PE, PP und ABS, in der Fraktion dazwischen unter anderem verschiedene Polyamide (PA) und Elastomere für Gummibänder und Dichtungen.

4. Analyseergebnisse für unterschiedliche Outputfraktionen

Die Analyse auf PBDE und DecaBDE ist aufwendig und kann nur in speziell zertifizierten Laboren durchgeführt werden. Aus diesem Grund liegt hierzu bisher auch nur eine begrenzte Anzahl veröffentlichter Messungen vor. Tabelle 3 zeigt Werte für DecaBDE, gemessen in verschiedenen Fraktionen aus Schredderrückständen.

Tabelle 3: DecaBDE-Gehalte in unterschiedlichen Schredder-Fraktionen

Quelle	Land	Herkunft/Outputfraktion der Probe	DecaBDE mg/kg
[IVM und IVAM]	NL	ASR: Faseranteil	70
		ASR: < 1,1 g/cm^3 (Hartkunststoff)	0,2
		ASR : >1,1<1,3 g/cm^3 (schwarzer Weichkunststoff)	5,5
		ASR: >1,1<1,3 g/cm^3 (schwarzer Hartkunststoff)	2
		ASR: >1,1<1,3 g/cm^3(farbig)	1
		ASR: >1,1<1,3 g/cm^3 (weiß/grau)	3,3
[COWI]	NOR	ASR Fluff	11–40
[Japanese Ministry of the Environment]	JP	ASR von 70 Autos vor 1996	190–590 (Ø 406)
		ASR von 70 Autos nach 2000	37–180 (Ø 123)
[Japan Automobile Manufactors]	JP	ASR von Autos produziert 1999	335
		ASR von Autos produziert 2011/12	120
[Peacock, J.et al. (2012b)]	UK	ASR: Leichtfraktion (Textilien und Schaumstoff)	130–151 (Ø 138)
		ASR: gemischter Kunststoff geringer Dichte	11,5–229 (Ø 118)
		ASR: gemischter Kunststoff mittlerer Dichte	644–3.915 (Ø 2.163)
		ASR: gemischter Kunststoff hoher Dichte (nur eine Probe)	1.357
[ELVES]	Irland	201 Altautos (Ø 15a, 10-26a):	
		ASR	3,5
		ASR Feinkorn	2,5
[Sinkkonen, S. et al.]	FN	ASR Leichtfraktion	0,01
[BRMA]	UK	ASR	nd
[Mayer environmental]	UK	ASR; 400 Altautos (Ø 15a, 8-35 a)	3,1
[IVM und IVAM]	NL	gemischter SR: fiber fraction	155
		gemischter SR: 0-1 g/cm^3	27
		gemischter SR: <1,1 g/cm^3	6
		gemischter SR: >1,1 <1,3 g/cm^3	810
[Petreas, M.; Oros, D.]	US	gemischter SR Der ASR wurde 2004/5 von den sieben Autoschreddern in Kalifornien gesammelt (Hinweis: gemischter Input aus Autos und Großgeräten (Kühlschränke, Öfen usw.))	Ø 43,5
[ARN Recycling]	NL	gem. SR >1,1 <1,3 g/cm^3 Kunststoffanteil mittlerer Dichte	800
[IVM und IVAM]	NL	WEEE SR gemischter Kunststoff <1 g/cm^3	12
		gemischter Kunststoff >1<1.2 g/cm^3	6,4
		gemischter Kunststoff >1.2 g/cm^3	40
		WEEE SR gemischt (9 Proben)	550–3.300
[COWI]	NOR	WEEE Fluff	5–12
[Peacock, J. et al. (2012a)]	UK	WEEE SR	0,162–138.000
[Ma, J. et al.]	CN	WEEE SR	3,26 (0,98–6,39)
[Wäger, P. et al.]	EU	WEEE	500–3.000

ASR = Automotive Shredder Residue (Rückstand von Schreddern, die nur Fahrzeuge im Input haben)
gem. SR = gemischter Shredder Residue (Rückstand von Schreddern, die Fahrzeuge und anderes (z.B. Elektrogroßgeräte) im Input haben
WEEE SR = Rückstand von Schreddern für Elektroaltgeräte

Quellen Tabelle 3:

ARN Recycling (2015): Turning waste into raw materials - ELV automotive plastics recycling. Zitiert nach Bipro 2015a [5]

British Metals Recycling Association, BRMA (2013): BREF Style Report. Metal Fragmentising Operations. Industrial Emissions Directive. Project Reference 71983

COWI (2013): End-of-life vehicles and environmental pollutants in material flows at shredder plants

ELVES (2015): Analysis of Automotive Shredder Residue from the Composition, Recycling and Recovery Trial for End of Life Vehicles in the Republic of Ireland, Feb 2016 (2nd Edition)

Institute for Environmental Studies (IVM) & IVAM, University of Amsterdam (2013): POP-BDE waste streams in the Netherlands: analysis and inventory. Report R13-16

Japanese Ministry of the Environment (MOE) (2011): 2010 Survey to identify the characteristics of automotive shredder residue (summary). Zitiert nach Bipro 2015a [5]

Japan Automobile Manufactors (2015): Activities for exemption of recycled products from POPs Convention's ban on decaBDE. Zitiert nach Bipro 2015a [5]

Ma, J.; Addink, R.; Yun, S.; Cheng, J.; Wang, W.; Kannan, K. (2009): Dibenzofurans and polybrominated diphenyl ethers in soil, vegetation, workshop-floor dust, and electronic shredder residue from an electronic waste recycling facility and in soils from a chemical industrial complex in eastern China. Environmental Science & Technology, 43. Zitiert nach Bipro 2015a [5]

Mayer environmental (2016): Analysis of Automotive Shredder Residue from the Composition, Recycling and Recovery Trial for End of Life Vehicles in the United Kingdom. Report for SMMT

Peacock, J.; Turrell, J.; Lewin, K.; Glennie, E. (2012a): Analysis of Poly-Brominated Biphenyl Ethers (PBDEs) in Selected UK Waste Streams: PBDEs in waste electrical and electronic equipment (WEEE) and end of life vehicles (ELV); commissioned by Defra, WRc Report No.: UC8720.05

Peacock, J.; Turrell, J.; Lewin, K.; Glennie, E. (2012b): Analysis of Poly-Brominated Diphenyl Ethers (PBDEs) in UK Waste Streams: PBDEs in end of life vehicles (ELV) commissioned by Defra, - Addendum to WRc Report

Petreas, M.; Oros, D. (2009): Polybrominated diphenyl ethers in California wastestreams. Chemosphere, 74. Zitiert nach Bipro 2015a [5]

Sinkkonen, S.; Paasivirta, J.; Lahtiperä, M.; Vattulainen, A. (2004): Screening of halogenated aromatic compounds in some raw material lots for an aluminum recycling plant. Environment International, 30. Zitiert nach Bipro 2015a [5]

Wäger, P.; Schluep, M.; Müller, E. (2010): RoHS substances in mixed plastics from waste electrical and electronic equipment. Swiss Federal Laboratories for Materials Science and Technology, Final report.

In Tabelle 4 werden Ergebnisse für repräsentative Proben aus drei verschiedenen Schredderfraktionen auf DecaBDE dargestellt [2]:

- Gemischtes Feinkorn (mixed fines) sind Feinstoffe, zu denen die kleinsten Rückstände gehören, die während der Aufbrechphase entstehen; es kann davon ausgegangen werden, dass sie eine Mischung aus Schaumstoff und Kunststoff enthalten.
- Gemischte Automobilkunststoffe (MAP10) bestehen aus Hartplastik, Gummi und Elastomeren (85 %), Fluff und Holz (10 %), Metallen (5 %).
- Ersatzbrennstoff (SRF30) besteht aus Textilien und Schaumstoff (40 bis 50 %), Elastomeren und Kunststoffen (30 bis 35 %), Holz (10 %), Inerten (5 %), Metallen (<1 %).

Aus den vorhandenen Materialmassenbilanzen wird in [2] geschätzt, dass 40 % im MAP 10 und 80 % der Materialien im SRF30-Strom aus ELVs stammen. Haushaltsgroßgeräte (von denen erwartet wird, dass sie etwa 13 % des Kunststoffs in MAP 10 ausmachen) enthalten wahrscheinlich Flammschutzmittel und können daher zum Gesamtgehalt an POPs in MAP 10 beitragen. In SRF 30 stammen 20 % nicht von ELVs und können

HBCD enthalten. Die Stichprobe wurde zwischen November 2015 und Januar 2016 durchgeführt. Insgesamt wurden 30 Proben entnommen: 15 Proben von MAP 10 und 15 von SRF 30. Der DecaBDE-Gehalt in gemischten Feinkörnern liegt zwischen 14 und 78 mg/kg, in MAP 10 zwischen 30 und 270 mg/kg und in SRF 30 zwischen 33 und 110 mg/kg. [2]

Tabelle 4: DecaBDE-Gehalte in Schredderrückständen im Vereinigten Königreich (UK)

Gemischtes Feinkorn			MAP 10			SRF 30		
Gemischtes Feinkorn	*ECS waste*	Leicht-fraktion	MAP 10	*ECS waste*	Leicht-fraktion	SRF 30	*ECS waste*	Leicht-fraktion
DecaBDE mg/kg								
14	36	48	30	39	32	37	48	33
20			91	42	54	52	58	54
78			270	220	130	87	61	62
			230	230		100	68	
				260		110	90	

ECS = Eddy Current Separation = Wirbelstromtrennung;
ECS-waste: in der Quelle [2] ist diese Fraktion nicht eindeutig beschrieben, nach unserem Verständnis könnte es sich aber um die nicht-metallische Fraktion handeln (Bild 2)

Quelle: Amec Foster Wheeler Environment & Infrastructure UK Limited (2016): A further update oft he UK's Persistant Organic Pollutants Multi-media emissions inventory, Report for Defra, September 2016

Um eine größere Anzahl von Analysen zu ermöglichen, wurden in jüngster Zeit auch vermehrt Analysen auf den Brom-Gehalt mittels Röntgenfluoreszenzanalyse (RFA) durchgeführt, die, nach entsprechender Probenzusammenstellung und -aufbereitung, im Labor vor Ort durchgeführt werden können.

Allerdings ist es sehr schwierig, einen aussagekräftigen Zusammenhang zwischen der Brom-Konzentration (gemessen in Schredderrückständen unter Verwendung von RFA) und der Konzentration bromierter Flammschutzmittel (gemessen mit Gaschromatographie/Massenspektrometrie (GC-MS)), herzustellen, wie es von [24] 2018 anhand von 25 Proben gezeigt wurde. Trotz entsprechender Einschränkungen, aufgrund der geringen Anzahl an Analysen, kann allerdings festgestellt werden, dass in allen Fällen der in [24] dargestellte DecaBDE-Gehalt und auch der Gesamtgehalt an PBDE unter 30 % der gemessenen Brom-Gehalte lag (also mindestens um den Faktor 3 niedriger). DecaBDE hat einen Brom Gehalt von etwa 83 %. Insofern kann davon ausgegangen werden, dass Brom aus anderen Quellen in unterschiedlichem Ausmaß mitgemessen wurden.

Mit allen gebotenen Einschränkungen könnten die Brom-Messungen von ARN in Tabelle 5 daher durchaus wichtige Hinweise auf den Gehalt an DecaBDE liefern.

Tabelle 5 zeigt den Gehalt an Brom, DecaBDE und PBDE für Proben, die 2017/2018 über einen Zeitraum von zwei Monaten alle zwei Wochen aus einer Schreddernachbehandlung (PST)-Anlage entnommen wurden. Da für die Analysen auf Brom einerseits im Labor und andererseits vor Ort nicht dieselbe Probe verwendet wurde, sind die Ergebnisse nicht unmittelbar vergleichbar. Laut Tabelle 5 sind im Sand in 99 % aller Messungen weniger als 500 mg/kg Brom enthalten und im Granulat < 1,1 g/cm³ immer noch in 96 %. Fluff zeigt bereits höhere Bromkonzentrationen und die Gehalte im Granulat 1,1 ≤ 1,3 g/cm³ sowie im Granulat > 1,3 g/cm³ zeigen bereits Bromkonzentrationen von im Durchschnitt über 2.000 mg/kg.

Tabelle 5: Ergebnisse der Röntgenfluoreszenzanalyse (RFA) auf Brom für unterschiedliche Outputfraktionen der PST-Anlage von ARN

Outputfraktion	Anzahl der Proben	Min	Max	Median	Durchschnitt	Werte < 1.000	Werte < 500
	mg / kg Br						
Sand	72	30	515	197	211	100 %	99 %
Fluff	58	154	3.594	527	729	83 %	47 %
Granulat < 1,1 g/cm³	48	18	2.494	86	202	96 %	96 %
Granulat > 1,1 < 1,3 g/cm³	335	41	6.386	2.220	2.277	4 %	< 1 %
Granulat > 1,3 g/cm³	40	94	5.864	2.600	2.749	5 %	5 %

Quelle: ARN, PST-Anlage im Zeitraum 2015–2017 zitiert nach Mehlhart, G.; Möck, A.; Goldmann, D. (2018): Effects on ELV waste management as a consequence of the decisions from the Stockholm Convention on DecaBDE, Oeko-Institut (2018), commissioned by ACEA

Kunststoffe

Die in Tabelle 6 dargestellten Ergebnisse für DecaBDE, zeigen durchweg Gehalte von kleiner 50 mg/kg. Ein Grenzwert von 10 mg/kg dürfte aber auch für die Fraktionen Fluff und Kunststoffgranulat mit einer Dichte von < 1,1 mg/cm³ nicht sicher einzuhalten sein.

Das Verhältnis DecaBDE zu Brom kann lediglich für vier Analysen bestimmt werden, da in den anderen sechs Analysen die DecaBDE-Gehalte unter der Messgenauigkeit lagen. Demnach ergibt sich am 10.01.2018 bei einer vergleichsweise geringen Bromkonzentration im Granulat ein Verhältnis von 11/30 (37 %) für DecaBDE/Brom.

Datum	Brom (HUK)[1)]	Brom (ARN)[2)]	DecaBDE[3)]	ΣPBDE[3)]
	mg/kg			
Granulat < 1,1 g/cm³				
13.12.2017	341	27	< 50	< 200
27.12.2017	336	426	< 50	< 200
10.01.2018	< 100	30	11	< 100
24.01.2018	136	277	< 10	< 100
07.02.2018	< 100	566	12	< 100
Fluff				
13.12.2017	536	434	< 50	< 200
27.12.2017	340	448	< 50	< 200
10.01.2018	316	979	24	< 100
24.01.2018	117	272	27	< 100
07.02.2018	313	475	48	< 100

1) Analyse nach DIN EN 14582; 2) RFA nach Probenzerkleinerung und Homogenisierung;
1) und 2) nicht genau die gleiche Probe, sondern nur aus der gleichen Charge;
3) Analyse nach DIN EN ISO 22032

Tabelle 6:

Brom, DecaBDE und PBDE in Granulat < 1,1 g/cm³ und Fluff-Fraktionen der PST-Anlage von ARN (Niederlande)

Quelle: ARN, zitiert nach Mehlhart, G.; Möck, A.; Goldmann, D. (2018): Effects on ELV waste management as a consequence of the decisions from the Stockholm Convention on DecaBDE, Oeko-Institut (2018), commissioned by ACEA

5. Schlussfolgerungen und Ausblick

Wie in Kapitel 2 gezeigt, ist eine gezielte Entnahme, der mit PBDE belasteten Komponenten/Materialien im Rahmen der Vorbehandlung und Zerlegung unter den derzeitigen Bedingungen nicht möglich. Daher sind die Outputfraktionen des Schredders und entsprechend der Output der Schreddernachbehandlung (PST) in unterschiedlichem Maße mit PBDE belastet.

Eine Deponierung dieser Outputfraktionen der Schredder bzw. der PST kommt bei Beachtung der zu erwartenden Regeln der EU-POP-Regulierung nicht mehr in Frage, da die Deponierung keine anerkannte Methode zur Zerstörung der POP ist. Das ist insofern relevant, da laut Eurostat (Stand für das Jahr 2015) noch mindestens 260.000 t/a an Schredderleichtfraktion *entsorgt* werden, also keinem Recycling und auch keiner energetischen Verwertung zugeführt werden [16]. Der genaue Anteil der Deponierung an der entsorgten Menge ist nicht ausgewiesen. Die Deponierung dürfte aber angesichts der derzeit zulässigen Deponierung in vielen Mitgliedsländern und der Kosten für eine thermische Entsorgung überwiegen.

Sollen Schredder und PST als Vorbehandlung im Sinne der POP-Regulierung anerkannt werden, ergibt sich unseres Erachtens die zwingende Erfordernis, dass diese Schredder strikt die aktuellsten BAT-Anforderungen für Schredder einhalten, um den Austrag von PBDE in die Umwelt zu vermeiden Dies betrifft vor allem das Staubmanagement und die Vermeidung von Bränden und Verpuffungen durch die strikte Kontrolle der Lieferkette. Hierbei ist nicht eine physische Kontrolle am Anlageneingang gemeint, sondern vielmehr eine klare Absprache/Abstimmung mit den Zulieferern über die Lieferbedingungen, vor allem hinsichtlich der Gas- oder Kraftstofftanks, die vollständig entleert sein müssen. Es betrifft aber auch Risiken, die durch nicht-entnommene Lithium-Ionen-Batterien entstehen können. Schredder mit mehr als einem Brand/Verpuffung im Jahr sollten solange keine Altfahrzeuge mehr annehmen dürfen, bis ein klarer Management Plan vorliegt, wie die Lieferkette in der Zukunft instruiert und ggf. vertraglich fixiert verbessert werden kann.

Brom und PBDE beziehungsweise DecaBDE tauchen in den unterschiedlichen Outputfraktionen der PST-Anlagen in signifikant unterschiedlichen Konzentrationen auf.

Auch wenn die Datenlage derzeit nicht sehr belastbar ist, können doch erste Einschätzungen getroffen werden.

Für beide Fraktionen Granulat > 1,1 < 1,3 g/cm^3 und Granulat > 1,3 g/cm^3 wurden häufig hohe Konzentrationen an Brom gemessen, die eine sichere Einhaltung auch eines Schwellenwertes von 1.000 mg PBDE/kg nicht erwarten lässt. Einzelne Messwerte auf DecaBDE für diese Fraktionen [29] bestätigen diese Vermutung. Ein werkstoffliches Recycling für diese Fraktionen erscheint also keine Option. Auch bisher geht das Granulat > 1,3 g/cm^3 in der Regel in die energetische Verwertung. Für die Fraktion Granulat > 1,1 < 1,3 g/cm^3 kommt dagegen eine rohstoffliche Verwertung als Reduktionsmittel im Hochofen in Frage.

Die Fraktionen Fluff und Granulat < 1,1 g/cm^3 zeigen bereits deutlich geringere durchschnittliche Konzentrationen an Brom, allerdings sind für beide Fraktionen vereinzelt

Kunststoffe

deutliche Ausreißer zu verzeichnen. Einzelne Messwerte für DecaBDE (Tabelle 6 sowie [2]) geben Hinweise, dass hier nicht mit einer Überschreitung eines Schwellenwertes von 1000 mg PBDE/kg zu rechnen ist und vermutlich auch ein Schwellenwert von 500 mg PBDE/kg eingehalten werden kann. Ein Schwellenwert von 10 mg PBDE/kg kann jedoch auch für diese Fraktionen sicher nicht eingehalten werden.

Sand zeigt die geringsten Brom-Gehalte. Messwerte auf DecaBDE liegen nicht vor. Ob mit dem Sand ein Schwellenwert von 10 mg PBDE/kg eingehalten werden kann, ist derzeit also unklar.

Ob die Recyclingquote der Altfahrzeug-Richtlinie in größerem Maße durch werkstoffliche Verwertung eingehalten werden kann, wenn die Anforderungen an Sekundärkunststoffe, wie vom Europäischen Parlament gefordert, in der EU-POP-Richtlinie umgesetzt werden, ist derzeit in der Diskussion. Nach unserem Verständnis betrifft das werkstoffliche Recycling wenn überhaupt die PST Fraktionen Fluff und Granulat < 1,1 g/cm³. Diese könnten nach entsprechender Konditionierung allerdings ebenfalls wie das Granulat > 1,1 < 1,3 g/cm³ als Reduktionsmittel – und somit ebenfalls als Recycling in Form einer rohstofflichen Verwertung – genutzt werden. Alternativ wäre auch eine verstärkte Entnahme von leicht zugänglichen, unbelasteten Kunststoffen (Positiv-Liste) im Rahmen der Demontage denkbar, um die Recyclingquoten der Altfahrzeug-Richtlinie mit höherem Anteil einer werkstofflichen Verwertung einzuhalten. Hier kämen vor allem Stoßfänger und Außenverkleidungen in Betracht. Wie die bei den Demontagebetrieben anfallenden Mehrkosten für die Identifizierung, Entnahme, die Lagerung und Verwertung kompensiert würde, wäre entsprechend zu klären.

Finanzielle Förderung und Lizenzen

Der Artikel basiert in Teilen auf einem Projekt, dass von der European Automobile Manufacturers Association (ACEA) finanziert wurde. Der Schlussbericht [16] ist vom Öko-Institut veröffentlicht und kostenfrei verfügbar:

https://www.oeko.de/fileadmin/oekodoc/ACEA-DecaBDE-final-report.pdf.

Übersetzungen aus dem Englischen erfolgten teilweise mit DeepL einer frei verfügbaren software: www.DeepL.com

Die Fließbilder wurden mit der frei verfügbaren software draw.io erstellt: www.draw.io/

6. Quellen

[1] ACEA (2015): Presentation during the POP-RC11, 20th October 2015, Rome: Challenges for the automotive industry and possible solutions: POPs containing Spare parts under the Stockholm Convention

[2] Amec Foster Wheeler Environment & Infrastructure UK Limited (2016): A further update oft he UK's Persistant Organic Pollutants Multi-media emissions inventory, Report for Defra, September 2016

[3] ARN Recycling (2015): Turning waste into raw materials - ELV automotive plastics recycling. Zitiert nach Bipro 2015a [5]

[4] Ballesteros-Gómez A., de Boer J., Leonards P.E.G. (2013): Novel analytical methods for flame retardants and plasticizers based on gas chromatography, comprehensive two-dimensional gas chromatography, and direct probe coupled to atmospheric pressure chemical ionization-high resolution time-of-flight-mass spectrometry. Analytical Chemistry, 85; Zitiert nach Bipro 2015a [5]

[5] Bipro (2015a): Literature Study – DecaBDE in waste streams. Reference number: 2015/10094. Final Report. For: Norwegian Environment Agency.

[6] Bipro (2015b): Identification of potentially POP-containing Wastes and Recyclates – Derivation of Limit Values. Project No. (FKZ) 3712 33 342. For: Federal Environment Agency (Germany).

[7] Bipro (2017): Consultancy service on collecting, summarising and analysing information on c-DecaBDE in waste. Analysis of the information received by the Basel Convention related to c-DecaBDE as called for in decision BC-12/3. Reference number: 2016/4072. Final Report. For: Norwegian Environment Agency.

[8] British Metals Recycling Association, BRMA (2013): BREF Style Report. Metal Fragmentising Operations. Industrial Emissions Directive. Project Reference 71983

[9] Chen S.J., Ma Y.J., Wang J., Tian M., Luo X.J., Chen D., Mai B.X. (2010): Measurement and human exposure assessment of brominated flame retardants in household products from South China. Journal of Hazardous Materials, 176.; Zitiert nach Bipro 2015a [5]

[10] COWI (2013): End-of-life vehicles and environmental pollutants in material flows at shredder plants

[11] ELVES (2015): Analysis of Automotive Shredder Residue from the Composition, Recycling and Recovery Trial for End of Life Vehicles in the Republic of Ireland, Feb 2016 (2nd Edition)

[12] Europäische Kommission (2005): Änderung des Anhangs der Richtlinie 2002/95/EG des Europäischen Parlaments und des Rates zwecks Festlegung von Konzentrationshöchstwerten für bestimmte gefährliche Stoffe in Elektro- und Elektronikgeräten (2005/618/EG), 18. August 2005

[13] Institute for Environmental Studies (IVM) & IVAM, University of Amsterdam (2013): POP-BDE waste streams in the Netherlands: analysis and inventory. Report R13-16

[14] Ma, J.; Addink, R.; Yun, S.; Cheng, J.; Wang, W.; Kannan, K. (2009): Dibenzofurans and polybrominated diphenyl ethers in soil, vegetation, workshop-floor dust, and electronic shredder residue from an electronic waste recycling facility and in soils from a chemical industrial complex in eastern China. Environmental Science & Technology, 43. Zitiert nach Bipro 2015a [5]

[15] Mayer environmental (2016): Analysis of Automotive Shredder Residue from the Composition, Recycling and Recovery Trial for End of Life Vehicles in the United Kingdom. Report for SMMT

[16] Mehlhart, G.; Möck, A.; Goldmann, D. (2018): Effects on ELV waste management as a consequence of the decisions from the Stockholm Convention on DecaBDE, Oeko-Institut (2018), commissioned by ACEA

[16a] Mehlhart, G.; Kosińska, I.; Baron, Y.; Hermann (2017): Assessment of the implementation of Directive 2000/53/EU on End-of-life vehicles (the ELV Directive) with emphasis on the End-of-life vehicles of unknown whereabouts, Commissioned by European Commission, DG Environment

[17] Ministry of the Environment Finland (2016): Requirements for the management of waste containing persistent organic pollutants. Rules concerning waste in the POP Regulation and their application to waste electrical and electronic equipment and end-of-life vehicles. Unofficial translation, the original guideline has been published in Finnish.

[18] Mepex Consult AS (2012): Assessment of the need for new requirements for the environmentally sound treatment of end-of-life vehicles. 2012.; Zitiert nach Bipro 2017 [7]

[19] Niinipuu (2013): A comparative evaluation of brominated compounds in end-of-life vehicles. Polybrominated diphenyl ethers and polybrominated dibenzo-pdioxins and dibenzofurans in car seats. Master's thesis at the Department of Chemistry, Umeå University, Sweden; Zitiert nach Bipro 2015a [5]

[20] Japanese Ministry of the Environment (MOE) (2011): 2010 Survey to identify the characteristics of automotive shredder residue (summary). Zitiert nach Bipro 2015a [5]

[21] Japan Automobile Manufactors (2015): Activities for exemption of recycled products from POPs Convention's ban on decaBDE. Zitiert nach Bipro 2015a [5]

[22] OSPAR Background document on certain brominated flame retardants update 2009 Bo Nyström, Sweden; https://www.ospar.org/documents?d=7202

[23] Sinkkonen, S.; Paasivirta, J.; Lahtiperä, M.; Vattulainen, A. (2004): Screening of halogenated aromatic compounds in some raw material lots for an aluminum recycling plant. Environment International, 30. Zitiert nach Bipro 2015a [5]

[24] Strååt, M.; Nilsson, C.; (2018): Decabromodiphenyl ether and other flame retardants in plastic waste destined for recycling; Contract number (Swerea IVF): 16128142 2018.02.23

[25] Swedish Chemicals Inspectorate, KemI(2004): Dekabromdifenyleter (dekaBDE) - underlag till ett nationellt förbud, Rapport från ett regeringsuppdrag, Stockholm, November 2004 https://www.kemi.se/global/rapporter/2004/rapport-5-04.pdf

[26] tec4U Ingenieurgesellschaft mbH (2002): Beschreibung des Standes der Technik bei der Vorbehandlung, insbesondere der Trockenlegung von Altautos gemäß AltautoV, gefördert durch den Umweltforschungsplan des Bundesministeriums für Umwelt, Naturschutz und Reaktorsicherheit (FKZ) 200 33 323 (2002) Im Auftrag des Umweltbundesamtes

[27] Terra SA - Deloitte - BioIS (2015): Evaluation Economique de la filiere de traitment des véhicules hors d'usage (VHU), Ademe 2015

[28] Peacock, J.; Turrell, J.; Lewin, K.; Glennie, E. (2012a): Analysis of Poly-Brominated Biphenyl Ethers (PBDEs) in Selected UK Waste Streams: PBDEs in waste electrical and electronic equipment (WEEE) and end of life vehicles (ELV); commissioned by Defra, WRc Report No.: UC8720.05

[29] Peacock, J.; Turrell, J.; Lewin, K.; Glennie, E. (2012b): Analysis of Poly-Brominated Diphenyl Ethers (PBDEs) in UK Waste Streams: PBDEs in end of life vehicles (ELV) commissioned by Defra, - Addendum to WRc Report

[30] Petreas, M.; Oros, D. (2009): Polybrominated diphenyl ethers in California wastestreams. Chemosphere, 74. Zitiert nach Bipro 2015a [5]

[31] Wäger, P.; Schluep, M.; Müller, E. (2010): RoHS substances in mixed plastics from waste electrical and electronic equipment. Swiss Federal Laboratories for Materials Science and Technology, Final report.

Gesetzliche Grundlagen

Stockholm Convention: United Nations Environment Programme (UNEP): Stockholm convention on persistent organic pollutants (POPs).

Basel Convention: UNEP-Basel Convention on the control of transboundary movements of hazardous wastes and their disposal.

ELV Directive: Richtlinie 2000/53/EG des Europäischen Parlaments und des Rates vom 18. September 2000 über Altfahrzeuge

EU POP-Regulation: Verordnung (EG) Nr. 850/2004 des Europäischen Parlaments und des Rates vom 29. April 2004 über persistente organische Schadstoffe und zur Änderung der Richtlinie 79/117/EWG

Regulation (EU) 2017/227: Verordnung (EU) 2017/227 der Kommission vom 9. Februar 2017 zur Änderung von Anhang XVII der Verordnung (EG) Nr. 1907/2006 des Europäischen Parlaments und des Rates zur Registrierung, Bewertung, Zulassung und Beschränkung chemischer Stoffe (REACH) betreffend Bis(pentabromphenyl)ether

Regulation (EC) No 1907/2006: Verordnung (EG) Nr. 1907/2006 des Europäischen Parlaments und des Rates vom 18. Dezember 2006 zur Registrierung, Bewertung, Zulassung und Beschränkung chemischer Stoffe (REACH), zur Schaffung einer Europäischen Chemikalienagentur, zur Änderung der Richtlinie 1999/45/EG und zur Aufhebung der Verordnung (EWG) Nr. 793/93 des Rates, der Verordnung (EG) Nr. 1488/94 der Kommission, der Richtlinie 76/769/EWG des Rates sowie der Richtlinien 91/155/EWG, 93/67/EWG, 93/105/EG und 2000/21/EG der Kommission.

Ansprechpartner

Dr.-Ing. Georg Mehlhart
Öko-Institut e.V.
Senior Researcher
Ressourcen & Mobilität
Rheinstraße 95
64295 Darmstadt, Deutschland
+49 6151-8191-0
g.mehlhart@oeko.de

Kunststoffe

Weitere beteiligte Institutionen

Technische Universität Clausthal,
Institut für Aufbereitung, Deponietechnik und Geomechanik

Recycling und Rohstoffe

Herausgeber: Thomé-Kozmiensky und Daniel Goldmann

CD Recycling und Rohstoffe, Band 1 und 2 (2008/09)	ISBN: 978-3-935317-51-1	30,00 EUR
Recycling und Rohstoffe, Band 2 (2009)	ISBN: 978-3-935317-40-5	30,00 EUR
Recycling und Rohstoffe, Band 3 (2010)	ISBN: 978-3-935317-50-4	30,00 EUR
Recycling und Rohstoffe, Band 4 (2011)	ISBN: 978-3-935317-67-2	30,00 EUR
Recycling und Rohstoffe, Band 5 (2012)	ISBN: 978-3-935317-81-8	30,00 EUR
Recycling und Rohstoffe, Band 6 (2013)	ISBN: 978-3-935317-97-9	30,00 EUR
Recycling und Rohstoffe, Band 7 (2014)	ISBN: 978-3-944310-09-1	50,00 EUR
Recycling und Rohstoffe, Band 8 (2015)	ISBN: 978-3-944310-20-6	50,00 EUR
Recycling und Rohstoffe, Band 9 (2016)	ISBN: 978-3-944310-27-5	75,00 EUR
Recycling und Rohstoffe, Band 10 (2017)	ISBN: 978-3-944310-34-3	100,00 EUR
Recycling und Rohstoffe, Band 11 (2018)	ISBN: 978-3-944310-40-4	100,00 EUR

389,00 EUR
statt 555,00 EUR

CD Recycling und Rohstoffe, Band 1 und 2
Recycling und Rohstoffe, Band 2 bis 11

Paketpreis

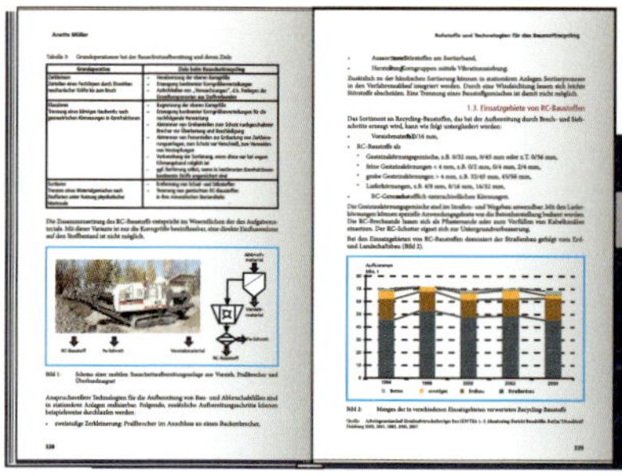

Bestellen Sie direkt beim TK Verlag oder unter www.vivis.de

TK Verlag GmbH
Dorfstraße 51
D-16816 Nietwerder-Neuruppin
Tel. +49.3391-45.45-0 • Fax +49.3391-45.45-10
E-Mail: order@vivis.de

Vivis

Elektro- und Elektronikgeräte

Abfallverbrennungsanlagen
– Deutschland –

2014 | 2015
ISBN: 978-3-944310-26-8
Hardcover: 581 Seiten, mit farbigen Abbildungen
Preis: **45,00 EUR**

2016 | 2017
ISBN: 978-3-944310-38-1
Hardcover: 407 Seiten, mit farbigen Abbildungen
Preis: **68,00 EUR**

Herausgeber: Elisabeth Thomé-Kozmiensky

In der aktuellen Ausgabe 2016 | 2017 wird die Dokumentation deutscher Abfallverbrennungsanlagen fortgeschrieben. Zusammen mit dem ersten Band liegen uns nun zwei Werke vor, die sich gut ergänzen. Für den Leser ergibt sich bei Durchsicht der Bücher ein guter Überblick über den aktuellen deutschen Anlagenpark mit umfassenden Angaben zu Technik und Umweltauswirkungen der thermischen Behandlungsanlagen.

Neue Anlagen sind hinzugekommen – insbesondere sind nun auch Ersatzbrennstoffkraftwerke dokumentiert – die übrigen Anlagendaten sind aktualisiert worden. Alle publizierten Informationen wurden von den Betreibern geprüft und freigegeben.

Im aktuellen Buch werden insgesamt 41 Anlagen dargestellt, davon:

- 33 Siedlungsabfallverbrennungsanlagen
- 7 Ersatzbrennstoffkraftwerke
- 1 Sonderabfallverbrennungsanlage.

Die Veröffentlichungen sind als Zwischenbericht zu verstehen, die Arbeiten werden weitergeführt.

Paketpreis
Abfallverbrennungsanlagen Deutschland 2014 | 2015 und 2016 | 2017
80,00 EUR
statt 113,00 EUR

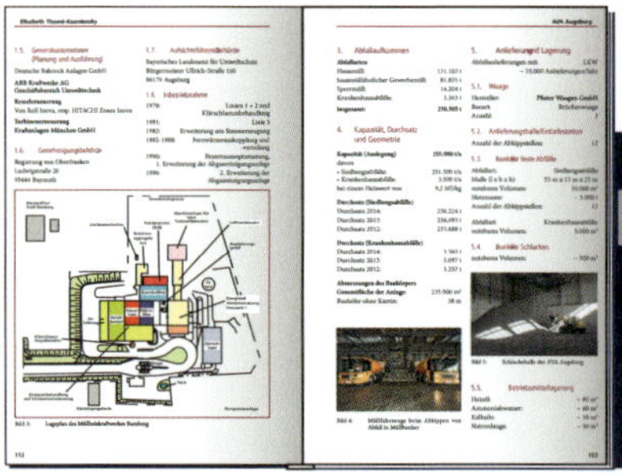

Bestellen Sie direkt beim TK Verlag oder unter www.vivis.de

TK Verlag GmbH
Vivis
Dorfstraße 51
D-16816 Nietwerder-Neuruppin
Tel. +49.3391-45.45-0 • Fax +49.3391-45.45-10
E-Mail: order@vivis.de

Rohstoffe im Kreislauf führen, Schadstoffe ausschleusen
– zum Umgang mit Elektroaltgeräten –

Bettina Rechenberg, Christian Kitazume, Regina Kohlmeyer, Axel Strobelt und Sina Kummer

Elektrogeräte enthalten sowohl eine Vielzahl von Wertstoffen als auch diverse Schadstoffe. In Deutschland gibt das Elektro- und Elektronikgerätegesetz (ElektroG) [9] den rechtlichen Rahmen für die Schadstoffentfrachtung vor. Aufgrund technischer und rechtlicher Entwicklungen in den letzten Jahren, der teilweise heterogenen Behandlungspraxis aufgrund zu allgemeiner Behandlungsanforderungen sowie Weiterentwicklungen auf europäischer Ebene ergibt sich die Notwendigkeit zur Konkretisierung und Weiterentwicklung.

Darüber hinaus hat sich die Bundesregierung im März 2016 im zweiten deutschen Ressourceneffizienzprogramm (ProgRess II) [6] das Ziel gesetzt, Anforderungen für eine hochwertige Verwertung von Elektroaltgeräten zu formulieren. Daher sollten bei der Weiterentwicklung auch Anforderungen zum Ressourcenschutz gestellt werden.

Die Bundesregierung kann in einer Behandlungsverordnung unter dem ElektroG weitergehende Anforderungen an die Behandlung von Elektroaltgeräten, einschließlich der Verwertung und des Recyclings, verbindlich festlegen. Das Umweltbundesamt (UBA) hat im Frühjahr 2018 in einem Bericht an das Bundesumweltministerium 57 aus Umweltsicht anspruchsvolle geräte- und bauteilspezifische Behandlungsanforderungen empfohlen. Diese konkretisieren und aktualisieren die Anforderungen an die Schadstoffentfrachtung gemäß ElektroG (§ 20 in Verbindung mit Anlage 4) zur Vereinheitlichung der Behandlungspraxis und berücksichtigen zusätzlich Aspekte des Ressourcenschutzes. Fachlichen Input dafür lieferten unter anderem die Studien [21] und [23] sowie ein vom UBA geleiteter Arbeitskreis mit mehreren thematischen Arbeitsgruppen, in denen unter Einbindung von knapp 200 relevanten Akteuren aus Wirtschaft, Wissenschaft, Verbänden und Behörden Empfehlungen für mögliche Behandlungsanforderungen an Elektroaltgeräte (EAG) entwickelt, diskutiert und bewertet wurden.

1. CENELEC-Normen als alleiniger Maßstab für Behandlungsanforderungen?

Im Jahr 2013 erteilte die EU-Kommission dem Europäischen Komitee für elektrotechnische Normung (CENELEC) das Mandat für die Normung der Entsorgung von Elektro(nik)altgeräten (EAG) gemäß dem Stand der Technik. Die daraufhin entwickelte Normenreihe EN 50625 sollte einheitliche Standards u.a. für die Erfassung und Behandlung von EAG schaffen und die unterschiedlichen Anforderungen an Behandlungsanlagen in den Mitgliedsstaaten der EU vereinheitlichen.

Eine direkte 1:1-Umsetzung der Behandlungsstandards der Normenreihe EN 50625 als alleinige verbindliche Behandlungsanforderungen in deutsches Recht wird vom UBA jedoch nicht für zweckdienlich erachtet, da

1. die Konkurrenz nationaler Anforderungen in der EU zur Weiterentwicklung der Umweltstandards führt,
2. die Überwachungsmethodik allein mit Grenz- und Zielwerten nicht ausreicht, um die Schadstoffentfrachtung sicherzustellen,
3. das Ziel der Ressourcenschonung in den Normen nicht hinreichend berücksichtigt wird.

1.1. Die Konkurrenz nationaler Anforderungen in der EU führt zur Weiterentwicklung der Umweltstandards

Europaweit einheitliche rechtliche Standards sollen verhindern, dass Elektroaltgeräterecycling in den Mitgliedsstaaten mit den niedrigsten Anforderungen durchgeführt wird. Die *Race-to-the-Bottom*-Theorie geht davon aus, dass durch kompetitive Umweltgesetzgebung Staaten mit niedrigen Umweltstandards für dort ansässige Unternehmen Wettbewerbsvorteile erzielen können [20]. In einer gemeinsamen Stellungnahme fordern Industrieverbände daher die rechtsverbindliche Umsetzung der CENELEC-Normen in der EU [7].

Im europäischen Kontext wird jedoch kein solcher Wettbewerb der Staaten um niedrige Umweltstandards beobachtet. [14] Die Annahme, dass Industrie stets in die Staaten mit den niedrigsten Umweltstandards abwandert, scheint sich hier also nicht zu bestätigen. Es konnte vielmehr der gegenteilige Effekt eines *Race to the Top* [14] beobachtet werden, durch welchen strengere Umweltstandards einzelner Mitgliedstaaten als Grundlage für eine rechtliche Harmonisierung verwendet werden. Die europaweit rechtsverbindliche Umsetzung der Normenreihe EN 50625 zur Vermeidung konkurrierender Behandlungsanforderungen verhindert demzufolge vielmehr die Weiterentwicklung von Umweltstandards. Daher schlägt das UBA Behandlungsanforderungen vor, die die CENELEC-Anforderungen im Einzelfall aufgreifen, jedoch über die Anforderungen der CENELEC-Normen hinausgehen.

1.2. Überwachungsmethodik allein mit Grenz- und Zielwerten reicht nicht aus, um die Schadstoffentfrachtung sicherzustellen

Zur Überwachung der Schadstoffentfrachtung bei der Behandlung von EAG setzen die CENELEC-Normen auf Grenz- und Zielwerte, um die ordnungsgemäße und vollständige Entfernung der Schadstoffe aus dem Abfallstrom zu gewährleisten. Die Grenzwertmethodik ist geeignet für Schadstoffe, die homogen in einem Werkstoff verteilt sind (wie beispielsweise Blei im Glas aus CRT-Monitoren). Sind Schadstoffe jedoch in einzelnen Bauteilen konzentriert, so betrifft der Grenzwert einen Schadstoff als Indikator für Schadstoffentfrachtung der Bauteilgruppe. Die Vollständigkeit der Schadstoffentfrachtung wird mit Hilfe eines Zielwerts für die Masse der zu entfernenden Bauteile überwacht.

Bei der Überwachung der Schadstoffentfrachtung mithilfe von Indikatorschadstoffen (z.B. Cadmium als Indikator für Batterieseparation und PCB für Kondensatoren) ist die Grenz- und Zielwertmethodik jedoch fehleranfällig:

1. Der Grenzwert wird eingehalten, obwohl die Schadstoffentfrachtung nicht ordnungsgemäß erfolgt, da der Indikatorschadstoff nicht in allen Bauteilen gleichermaßen enthalten ist bzw. der Schadstoff im Abfallstrom rückläufig ist (z.B. abnehmender Anteil Nickel-Cadmium-Batterien).
2. Der Grenzwert wird überschritten durch Kontaminationen aus anderen Materialien.
3. Der Zielwert wird verfehlt, da Materialzusammensetzung des EAG-Inputs nicht homogen ist und weniger schadstoffhaltige Bauteile enthalten sind.

1.3. Das Ziel der Ressourcenschonung wird in den Normen nicht hinreichend berücksichtigt

Die Anforderungen an die Behandlung der Normenreihe EN 50625 betreffen hauptsächlich den Bereich der Schadstoffentfrachtung von EAG, lediglich eine Anforderung, die Rückgewinnungsziele für Kupfer und Edelmetalle, stellt Anforderungen an die weitere Verwertung der Outputfraktionen mit dem Ziel, Ressourcen zu schonen.

2. Anforderungen an die Schadstoffentfrachtung

2.1. Methodik

Um den oben aufgeführten Limitierungen und möglichen Fehlern zu begegnen, hat das UBA eine integrierte Methode zur Schadstoffentfrachtung und Wertstoffseparierung sowie einen Ansatz zur Überwachung der Behandlungsanforderungen entwickelt (Bild 1). Diese umfasst qualitative Verfahrensanforderungen an die Separation von Schadstoffen (1), Grenz- und Zielwerte zur Überwachung der erfolgten Schadstoffentfrachtung anhand der Outputfraktionen (2 und 3) sowie ein Behandlungskonzept (4) zur Überwachung der qualitativen Behandlungsanforderungen anhand der Arbeitsabläufe in der Erstbehandlungsanlage und der Dokumentation der Stoffströme.

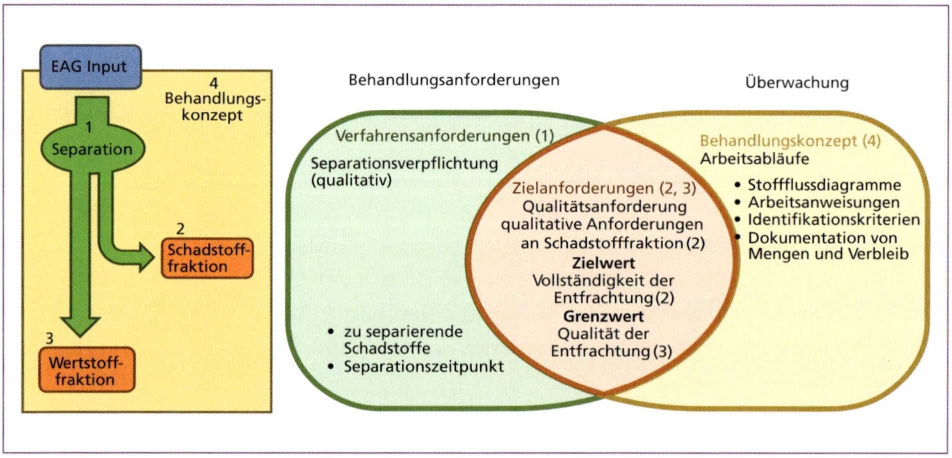

Bild 1: Methodik zur Schadstoffentfrachtung und Überwachung der Schadstoffentfrachtung

Die Überprüfung des Behandlungskonzepts erfolgt im Rahmen der Zertifizierung der Erstbehandlungsanlage gemäß § 21 ElektroG. Das Behandlungskonzept erlaubt die Überwachung der qualitativen Behandlungsanforderungen und der Schadstoffentfrachtung auch der nicht durch die Indikatorgrenzwerte erfassten Schadstoffe. Die Anwendung der Methodik wird im Folgenden beispielhaft anhand der Behandlungsanforderungen zur Schadstoffentfrachtung von Batterien und Kondensatoren erläutert.

2.2. Batterien und PCB

Kondensatoren, die PCB enthalten, sowie Elektrolytkondensatoren mit einer Höhe oder einem Durchmesser > 25 mm und Batterien sind gemäß ElektroG aus EAG zu entfernen. (§ 20 ElektroG in Verbindung mit Anlage 4) Die Überwachung dieser Anforderungen wird in der Normenreihe EN 50625 durch Grenz- und Zielwerte operationalisiert (Tabelle 1 und 2):

Tabelle 1:

Grenzwerte zur Überwachung der Schadstoffentfrachtung von Batterien und Kondensatoren aus Elektroaltgeräten gemäß TS 50625-3-1

	Batterien	Kondensatoren
Masse pro kg feinster nichtmetallischer Restfraktion	100 mg Cd	50 mg PCB

Quelle: CLC/TS 50625-3-1:2015, Sammlung, Logistik und Behandlung von Elektro- und Elektronik-Altgeräten (WEEE) – Teil 3-1: Spezifikation der Schadstoffentfrachtung – Allgemeines.

Tabelle 2:

Zielwerte zur Überwachung der vollständigen Schadstoffentfrachtung von Batterien und Kondensatoren aus Elektroaltgeräten nach Gerätekategorie gemäß TS 50625-3-1

Kategorie	Batterien	Kondensatoren
	kg/t	
Kleingeräte	1,8	0,9
Großgeräte		1,3
CRT-Bildschirmgeräte		1,0
Kühl- und Tiefkühlgeräte		0,08

Quelle: CLC/TS 50625-3-1:2015, Sammlung, Logistik und Behandlung von Elektro- und Elektronik-Altgeräten (WEEE) – Teil 3-1: Spezifikation der Schadstoffentfrachtung – Allgemeines.

Die Ziel- und Grenzwerte für die Schadstoffentfrachtung von Batterien und Kondensatoren wurden für die Empfehlungen für eine Behandlungsverordnung übernommen. Auf Grundlage einer Datenerhebung in den ersten drei Jahren nach Umsetzung der Behandlungsverordnung sollen diese Werte überarbeitet werden. Als qualitative Behandlungsanforderung empfehlen wir die Anforderung einer zerstörungsfreien Entnahme von Batterien und Kondensatoren folgendermaßen zu konkretisieren.

1. Gemäß § 14 Abs. 1 ElektroG müssen batteriehaltige EAG getrennt gesammelt werden. Batterien aus diesen Geräten, die ohne oder mit Standardwerkzeug zugänglich sind, sind möglichst frühzeitig, d.h. vor einem mechanischen Grobaufschluss, zu separieren.
2. Auch alle nicht zugänglichen Altbatterien sind zerstörungsfrei – bei Bedarf nach Grobaufschluss – zu separieren und müssen anschließend nach chemischen Systemen und Typengruppen untergliedert werden können.
3. Die Kondensatoren sind so zu separieren, dass keine Flüssigkeiten austreten.

Dies verhindert im Zusammenspiel mit den o.g. Grenzwerten, dass Aufschlussverfahren verwendet werden, durch die enthaltene Schadstoffe freigesetzt werden. Da die Indikatorgrenzwerte der Normenreihe EN 50625 nur einen Teil der Schadstoffe betreffen (vergleiche Bild 2), kann die Schadstofffreisetzung durch sie nicht vollständig überwacht werden. Mit Hilfe des Behandlungskonzepts stellt der Betrieb sicher, dass geeignete und effektive Prozesse zur ordnungsgemäßen Schadstoffentfrachtung verfügbar sind.

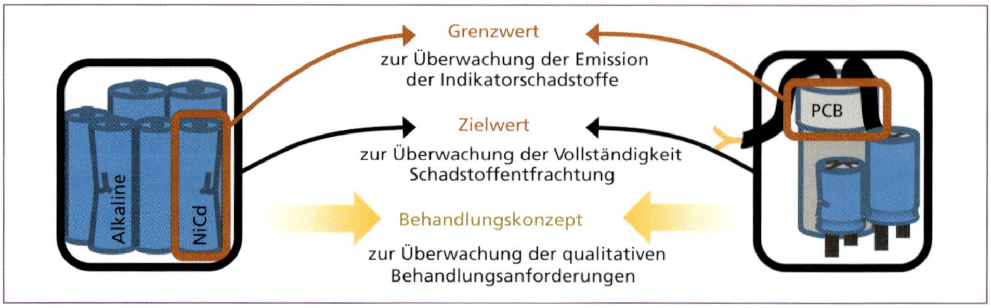

Bild 2: Die Überwachung der Schadstoffentfrachtung erfolgt durch Grenz- und Zielwerte in Kombination mit einem Behandlungskonzept zur Überwachung der qualitativen Behandlungsanforderungen

Die im Behandlungskonzept enthaltenen Arbeitsanweisungen und Identifikationskriterien (vergleiche Bild 1) erlauben dem Sachverständigen bei der Zertifizierung eine Beurteilung der Eignung des Konzepts einerseits und der praktischen Anwendung in der durchgeführten Behandlung andererseits. Auch der Separationszeitpunkt ist im Behandlungskonzept zu dokumentieren. So wird eine Überwachung der Schadstoffentfrachtung auch bei rückläufigem Vorkommen des Indikatorschadstoffs im Abfallstrom gewährleistet. Im Falle von Kontaminationen durch andere Materialien, die zur Überschreitung des Grenzwerts führen, kann die ordnungsgemäße Schadstoffentfrachtung durch das Behandlungskonzept nachgewiesen werden. Dafür ist die Ursache der Kontamination zu ermitteln und zu dokumentieren – Defizitanalyse mit Abhilfsmaßnahmen. Bei Verfehlen der Zielvorgabe ist die Überwachung der Vollständigkeit der Entfrachtung durch Beurteilung der Arbeitsanweisungen möglich.

2.3. Kunststoffe mit bromierten Flammschutzmitteln

Kunststoffe in EAG enthalten häufig bromierte Flammschutzmittel [17], deren Entfernung im Rahmen der Schadstoffentfrachtung gemäß ElektroG vorgeschrieben ist und deren Inverkehrbringen und Behandlung teilweise gemäß EU-POP-Verordnung reguliert sind. Dort werden u.a. für bestimmte Flammschutzmittel Grenzkonzentrationen für die Verwendung von Materialien als Rezyklate definiert. Für Stoffe im Anwendungsbereich der POP-Verordnung gilt ein Verbot der Verdünnung im Abfallbereich zur Einhaltung der Grenzwerte für die Verwertung. Gemäß der CENELEC-Normen ist eine Überwachung der Fraktionen zur Verwertung durch einen Indikatorgrenzwert von 2.000 ppm Brom festgelegt.

Dieser Grenzwert erlaubt rechnerisch Konzentrationen von bromierten Flammschutzmitteln, die Grenzwerte der POP-Verordnung [19] überschreiten. Zudem kann durch einen Grenzwert die Einhaltung des Vermischungsverbots nicht überwacht werden. Die vom UBA empfohlenen Behandlungsanforderungen sollen dazu dienen, die Verpflichtungen aus der POP-Verordnung auf die EAG-Behandlung umzusetzen und durchführbar zu gestalten (Bild 3). Kunststoffteile, die bromierte Flammschutzmittel enthalten, sind frühzeitig vor einer mechanischen (Grob-)Zerkleinerung zu separieren.

Zur Unterstützung wird das UBA eine Liste mit Verdachtsgeräten mit erhöhten Gehalten an regulierten Flammschutzmitteln erstellen. Hierzu wurden Analysen durchgeführt.

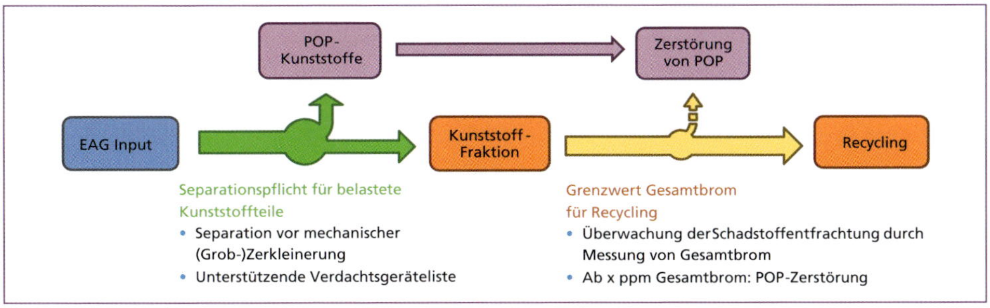

Bild 3: Schematische Darstellung der Methodik zur Schadstoffentfrachtung von EAG, die bromierte Flammschutzmittel enthalten

Für die Überwachung der Schadstoffentfrachtung von Kunststoffen mit bromierten Flammschutzmitteln schlägt das UBA vor, den Summenparameter-Ansatz von CENELEC zu übernehmen, um auf aufwändige Einzelstoffanalysen verzichten zu können. Der Gesamtbromgrenzwert für die stofflich verwerteten Fraktionen muss so festgelegt werden, dass die Konzentrationen an Flammschutzmitteln sicher unter den künftigen Grenzwerten der POP-Verordnung liegen.

3. Stärkung der Ressourcenschonung

Neben der Schadstoffentfrachtung lag der Schwerpunkt darauf, die Ressourcenschonung bei der Behandlung von Elektroaltgeräten zu stärken. Insbesondere für zwei im Aktionsplan des Kreislaufwirtschaftspakets der EU von 2015 [11] erwähnte Schwerpunktbereiche empfiehlt das UBA daher Behandlungsanforderungen für eine hochwertige Verwertung, unter anderem durch

- die Einführung materialspezifischer Quoten für die werkstoffliche Verwertung von Kunststoffen aus bestimmten Gerätegruppen und
- die Separation und Verwertung ressourcenrelevanter und kritischer Rohstoffe.

3.1. Kunststoffe

Die Stärkung der werkstofflichen Verwertung der Kunststoffe aus Elektroaltgeräten ist ein wichtiges Ziel bei der Formulierung von Behandlungsanforderungen, da die Kunststoffe sowohl eine hohe ökologische Relevanz als auch eine hohe Mengenrelevanz aufweisen und noch ungenutzte Potentiale hinsichtlich einer hochwertigen werkstofflichen Verwertung bestehen.

Nach Verpackungen (59 %) hatten Elektroaltgeräte im Jahr 2015 in der EU mit 8 % den zweitgrößten Anteil am Gesamtaufkommen an Kunststoffabfällen [13]. Geht man von einem durchschnittlichen Kunststoffanteil in Elektroaltgeräten von 16 bis 20 %

Elektro(nik)geräte

aus (16 Gew.-% in [3], 18 Gew.-% in [1] und 20 Gew.-% in [15]), war in den im Jahr 2016 gesammelten 782.214 Tonnen Elektroaltgeräten [5] ein theoretisches Potential von rund 130.000 Tonnen Kunststoffen enthalten.

Die mengenmäßig relevantesten Kunststoffe in Elektrogeräten sind nach [8]:

- ABS (Acrylnitril-Butadien-Styrol-Copolymere) mit einem Anteil von 33 %,
- PS (Polystyrol) mit einem Anteil von 19 % und
- PP (Polypropylen) mit einem Anteil von 18 %.

Sie machen zusammen rund 70 % der Kunststoffe aus und werden dementsprechend in erster Linie von den Kunststoffaufbereitern adressiert.

Die werkstoffliche Kunststoffverwertung aus Elektroaltgeräten bietet ein hohes Klimaschutzpotential: Nach [21] beträgt das Treibhausgaspotential der Primärproduktion der in den Elektroaltgeräten enthaltenen Kunststoffe etwa 350.000 Tonnen CO_2eq/a. Der Vergleich mit weiteren ressourcenrelevanten Materialien zeigt, dass das Treibhauspotenzial der Herstellung der Kunststoffe in einer Tonne gemischter Elektroaltgeräte das Treibhauspotenzial der Herstellung der umweltrelevanten Edelmetalle in einer Tonne PCs übersteigt (Bild 4).

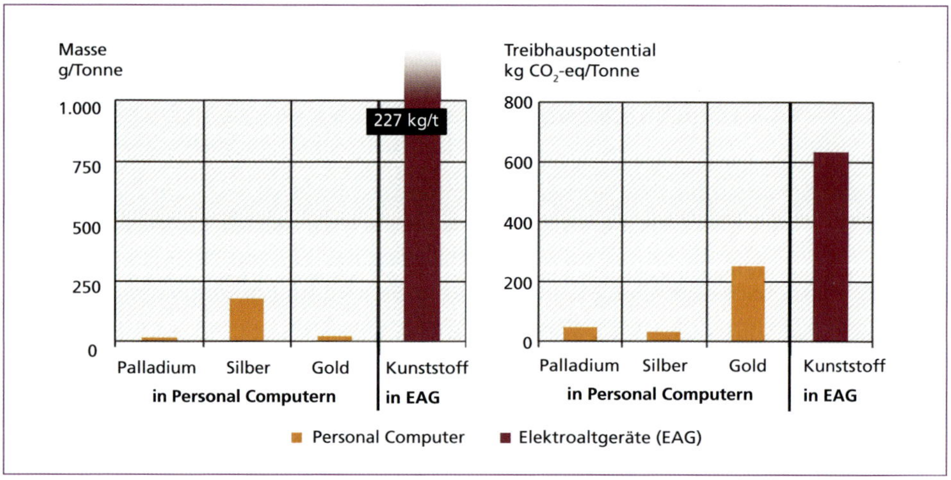

Bild 4: Massen und Treibhauspotentiale der Herstellung von Edelmetallen in PCs im Vergleich zu Kunststoffen in gemischten EAG

Quellen: Eigene Berechnungen auf Grundlage von Delgado, C., Barruetabena, L. und Salas, O. (2007): Assessment of the Environmental Advantages and Drawbacks of Existing and Emerging Polymers Recovery Processes. JRC Scientific and Technical Reports; Nuss, P. und Eckelman, M.J. (2014): Life cycle assessment of metals: a scientific synthesis. PLoS One, 9(7): e101298; Plastics Europe (2018): Informationszentrum Ökoprofile.; Sander, K., Schilling, S., Marscheider-Weidemann, F., Wilts, H., Gries, N.v., et al. (2012): Abfallwirtschaftliche Produktverantwortung unter Ressourcenschutzaspekten - Meilensteinbericht. UFOPLAN FKZ 3711 95 318.

Das UBA empfiehlt daher, zur Stärkung der werkstofflichen Verwertung spezifische Mindestquoten für die werkstoffliche Verwertung von Kunststoffen aus Elektroaltgeräten einzuführen (Tabelle 3). Die Werte wurden aus den durchschnittlich enthaltenen Kunststoffgehalten abgeleitet und berücksichtigen die praktische Eignung der jeweiligen

Kunststoffe für die werkstoffliche Verwertung (Tabelle 4). Die werkstoffliche Verwertung ist auf die schadstofffreien Fraktionen zu beschränken, zur Ausschleusung der Flammschutzmittel siehe Kapitel 2.3.. Das UBA schlägt vor, die Zielwerte drei Jahre nach Inkrafttreten der Behandlungsverordnung zu überprüfen.

Tabelle 3: Kunststoffanteile in Elektroaltgeräten sowie Empfehlung für eine Mindestvorgabe zur werkstofflichen Verwertung von Kunststoffen aus Elektroaltgeräten

Kategorie nach ElektroG	**Durchschnittlicher Kunststoffanteil innerhalb der Gerätekategorie**	**Materialspezifische Mindestquote für die werkstoffliche Verwertung von Kunststoffen, bezogen auf die Inputmasse an Elektroaltgeräten**	**Steigerung der Quote nach 5 Jahren**
	%		
Kat. 1 Wärmeüberträger	≈ 15 – 20	10	-
Kat. 2 Bildschirmgeräte: Flachbildschirme	Fernseher: ≈ 25 – 30 Monitor: ≈ 30 – 35	5 % der Flachbildschirmgeräte	+ 5
Kat. 4 Großgeräte (ohne PV-Module)	≈ 20	10	+ 2,5
Kat. 5 Kleingeräte (ohne PV-Module) + Kat. 6 (kleine ITK)	Haushaltskleingeräte ≈ 35 - 45 Unterhaltungselektronik ≈ 25 – 40 Spielzeug ≈ 70 – 80	10	5

Quelle: Auswertung verschiedener Quellen durch Sander, K.; Otto, S.J.; Rödig, L.; Wagner, L. (2018): Behandlung von Elektroaltgeräten (EAG) unter Ressourcen- und Schadstoffaspekten. UBA-Texte 31/2018. Dessau-Roßlau, April 2018.

Tabelle 4: Eignung der Kunststoffe für die werkstoffliche Verwertun

Kategorie nach ElektroG	**Charakteristik der enthaltenen Kunststoffe**
Kat. 1 Wärmeüberträger	• Lebensmittelkontaktmaterial → Kunststoffe frei von Flammschutzmitteln • nach Angaben der Betreiber von Kunststoff-Aufbereitungsanlagen sind 85 – 90 % der Kunststoffe werkstofflich verwertbar
Kat. 2 Bildschirmgeräte: Flachbildschirme	• < 10 % der Altgeräte können Flammschutzmittel enthalten. → Konzentration auf flammschutzmittelfreie Komponenten • Gerätefüße (Fernseher etwa 7 %, LCD-Monitor etwa 24 % (Fröhlich 2015)) und PMMA-Scheiben flammschutzmittelfrei
Kat. 4 Großgeräte (ohne PV-Module)	• geringer Anteil flammschutzmittelhaltiger Geräte • Auswirkungen des neuen Kategorie-Zuschnitts und des offenen Anwendungsbereichs auf Kunststoffanteile und -verwertbarkeit noch nicht genau absehbar
Kat. 5 Kleingeräte (ohne PV-Module) + Kat. 6 (kleine ITK)	• siehe Kategorie 4 • etwa 40 % an Zielkunststoffen ABS, PP, PS separierbar

Quellen: Auswertung verschiedener Quellen durch Sander, K.; Otto, S.J.; Rödig, L.; Wagner, L. (2018): Behandlung von Elektroaltgeräten (EAG) unter Ressourcen- und Schadstoffaspekten. UBA-Texte 31/2018. Dessau-Roßlau, April 2018; Wolf, J.; Brüning, R.; Nellesen, L.; Schiemann, J. (2017): Anforderungen an die Behandlung spezifischer Elektroaltgeräte unter Ressourcen- und Schadstoffaspekten. UBA-Texte 70/2017. Dessau-Roßlau, September 2017.; Fröhlich, H. (2015): Recycling von LCD-Bildschirmgeräten. Recycling und Rohstoffe, Band 8: S. 313-324

3.2. Edel- und Sondermetalle

Von den 10 Empfehlungen des UBA zur verbesserten Rückgewinnung von Edel- und Sondermetallen adressieren sechs Empfehlungen die möglichst vollständige Lenkung der edelmetallhaltigen Fraktionen in die Edelmetallrückgewinnung nach dem Stand der Technik und vier Empfehlungen die kritischen Rohstoffe Seltene Erden sowie Indium, Gallium und Silizium. Im Folgenden werden einige der Empfehlungen vorgestellt.

3.2.1. Verbesserung der Edelmetallrückgewinnung

Die Herstellung von Edelmetallen ist mit hohen Treibhausgasemissionen verbunden, weshalb aus Klima- und Ressourcenschutzsicht ihre Rückgewinnung aus Elektroaltgeräten so weit wie möglich verbessert werden sollte. Allein der Goldgehalt leiterplattenreicher Geräte wie Mobiltelefone, Digitalkameras oder Laptops weist ein ähnliches Treibhausgaspotenzial wie alle Materialien durchschnittlicher Elektroaltgeräte zusammen auf (Bild 5).

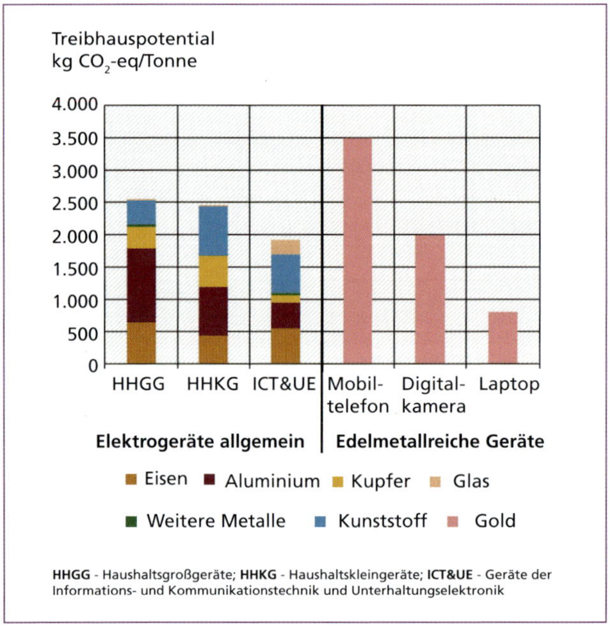

Bild 5:

Spezifisches Treibhauspotenzial relevanter Materialien / des Goldgehalts in ausgewählten Elektrogeräten

Quellen: Auswertung verschiedener Quellen und Berechnungen durch Sander, K.; Otto, S.J.; Rödig, L.; Wagner, L. (2018): Behandlung von Elektroaltgeräten (EAG) unter Ressourcen- und Schadstoffaspekten. UBA-Texte 31/2018. Dessau-Roßlau, April 2018

Leiterplatten bzw. edelmetallhaltige Fraktionen fallen während der Behandlung der Elektroaltgeräte an verschiedenen Stellen der Prozesskette an, von der manuellen Entnahme unbeschädigter Leiterplatten bis zur Verschleppung in edelmetallhaltige Stäube (Bild 6). Mit zunehmender mechanischer Beanspruchung steigt der Zerstörungsgrad der Leiterplatten, weswegen ein Teil der Edelmetalle nicht in die Leiterplattenfraktionen gelangt.

Wir empfehlen Behandlungsanforderungen, die zwei sich ergänzende Ansätze verfolgen, um die Edelmetallverluste während der Behandlung von Elektroaltgeräten zu verringern.

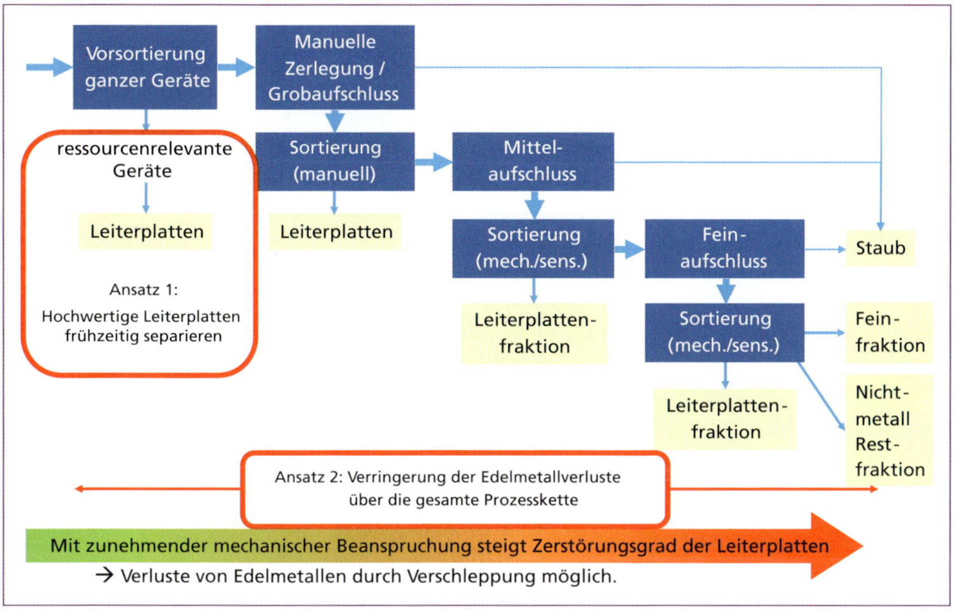

Bild 6: Schematische Darstellung der Erstbehandlung von Elektroaltgeräten mit Gewinnung von Leiterplatten- und edelmetallhaltigen Fraktionen

Ansatz 1: Hochwertige Leiterplatten frühzeitig separieren

Altgeräte mit besonders hochwertigen edelmetallreichen Leiterplatten (Tabelle 5) sollten vor einem mechanischen Aufschluss unzerstört entnommen und aus ihnen die jeweiligen Leiterplatten vorrangig manuell, ansonsten nach schonendem Grobaufschluss separiert werden. Es ist überwiegend mit keinem großen Zusatzaufwand zu rechnen, da dies teilweise bereits aktuelle Praxis ist und da sich die Separation der hochwertigen Leiterplatten aufgrund von Synergien mit obligatorischen Behandlungsschritten der Schadstoffentfrachtung oder empfohlenen Anforderungen zur Wertstoffseparation (z.B. PMMA-Scheiben aus Bildschirmgeräten) häufig effizient gestalten lässt (Tabelle 5).

Ansatz 2: Verringerung der Edelmetallverluste über die gesamte Prozesskette

Zur Steigerung der Rückgewinnung von Edelmetallen über die gesamte Behandlungskette wurden unterschiedliche Ansätze geprüft (Bild 7). Die Festlegung eines Mindest-Edelmetallrückgewinnungsgrads als Zielwert scheitert u.a. an der unbekannten Edelmetallmenge im EAG-Input (= 100 %). Daher wird ein Lösungsansatz vorgeschlagen, der ohne die Vorgabe bindender Zielwerte auskommt: Die Erstbehandler sollten verpflichtet werden, in Eigenregie als Teil des Behandlungskonzepts (Kapitel 2.1.) regelmäßig einen systematischen *kontinuierlichen Verbesserungsprozess* zur Verringerung ihrer identifizierten Edelmetallverluste durchzuführen. Aufgrund des hohen Wertes der Edelmetalle besteht hierfür für die Erstbehandler auch eine ökonomische Motivation. Für Entsorgungsfachbetriebe und Behandler mit CENELEC-Zertifizierung ist nur mit einem geringen Mehraufwand zu rechnen.

Tabelle 5: Leitgeräte mit besonders hochwertigen Leiterplatten zur frühzeitigen Separierung und Bewertung des zusätzlichen Behandlungsaufwands unter Berücksichtigung von Behandlungssynergien

Kategorie nach ElektroG	Geräteart/Bauteil	Synergie mit		Erwarteter Zusatz-aufwand
		Schadstoff-entfrachtung	empfohlener Wertstoffgewin-nung	
Kat. 1 Wärmeüber-träger, Kat. 4 Großgeräte	Smarte Geräte (*intelli-gente* Haushaltsgroß-geräte)	Kat 1.: FCKW/ Kohlenwasserstoffe, Kat. 4: --		↘ ↗
Kat. 2 Bildschirmgeräte	Flachbildschirm	Hg-Hintergrund-beleuchtung	PMMA	↘↘
	Laptop, Tablet	Hg-Hintergrundbe-leuchtung, Batterien		↘↘
Kat. 4 Großgeräte, Kat. 5 Kleingeräte	PC, Server	Knopfzelle		↘↘
	Laserdrucker	Tonerkartusche		↘↘
Kat. 5 Kleingeräte	Mobiltelefon, Smartphone, Digital-/Videokamera, DVD/CD Player mobil, Navigationssystem	Akku		(↗)
	Videospielkonsole			(↗)
	Router		Kunststoff	↗
	Festplatten		Nd-Magnet	(↗)

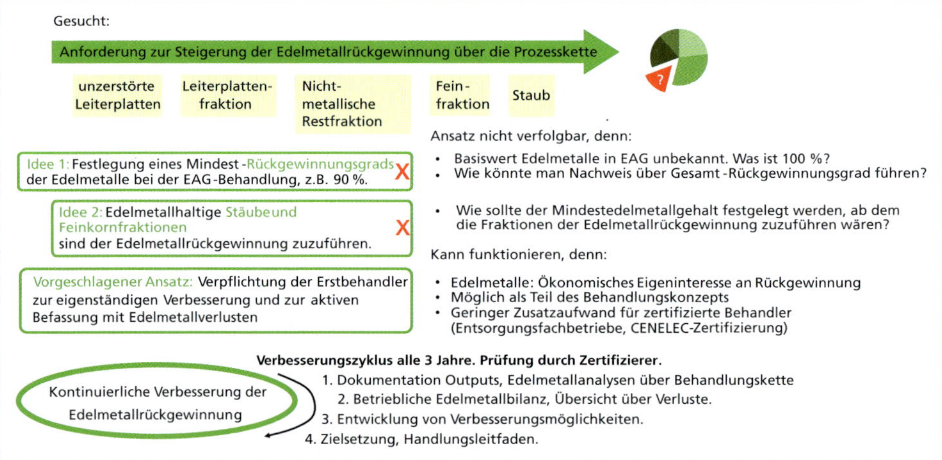

Bild 7: Behandlungsanforderung: Kontinuierlicher Verbesserungsprozess der Edelmetallrückgewinnung

3.2.2. Motivation des Recyclings kritischer Rohstoffe

Elektroaltgeräte enthalten eine Vielzahl kritischer Rohstoffe für die EU [12]. Hierzu gehören die Seltenen Erden in Magneten, Leuchtstoffen und Batterien, Indium in Flachbildschirmen und Photovoltaikmodulen sowie die Platingruppenmetalle in Leiterplatten (Kapitel 3.2.1.) und Kobalt in Batterien.

Für das Seltenerdelement Neodym kommen Studien aus Deutschland [2], der Schweiz [4] und den Niederlanden [22] übereinstimmend zu dem Ergebnis, dass die Sekundärproduktion von Neodymoxid aus Neodym-Eisen-Bor(NdFeB)-Magneten der Primärproduktion aus ökologischer Sicht vorzuziehen ist. Dabei weist die manuelle Separation der Magneten aufgrund geringerer Verluste weniger ökologische Belastungen auf als die Separation nach mechanischer Aufbereitung [4, 23].

Ein weiteres Motiv für das Recycling kritischer Rohstoffe ist die notwendige Sicherung von Rohstoffen insbesondere für Klimaschutz-Technologien wie Photovoltaikanlagen, Windenergieanlagen oder Elektromobilität. Zudem ist langfristig teilweise von steigenden Mengen an Sondermetallen in Elektroaltgeräten auszugehen.

3.2.3. Rückgewinnung kritischer Rohstoffe am Beispiel seltenerdhaltiger Magnete

Als Behandlungsanforderung empfiehlt das UBA, dass seltenerdhaltige Magneten mindestens aus Linearmotoren von Festplatten und aus Motoren von Pedelecs als separater Stoffstrom zu separieren und einem Verwertungsverfahren zuzuführen sind. Für Festplatten, die aus Gründen des Datenschutzes zerstört werden, gilt dies nur, sofern es die zeitlichen Vorgaben an die Datenvernichtung erlauben.

Die größten Einzelmengenströme für NdFeB-Magnete in Elektroaltgeräten stellen derzeit Festplatten mit einem Recyclingpotenzial in Europa von jährlich etwa 128 Tonnen Neodym-Praseodym (Nd-Pr) bis 2020 dar [18]. Langfristig werden die IT-Geräte durch andere Produktarten (insbesondere Elektromobilität inkl. Pedelecs) als wichtigste Neodym-Quellen im Abfall abgelöst werden [10]. Auch wenn die Zerlegung von Festplatten (derzeit) nicht wirtschaftlich ist, können sie als Initiator und *Türöffner* für die Schaffung großtechnischer Recyclinganlagen für NdFeB-Magnete dienen. Daher ist eine möglichst kurzfristige Einführung einer Separationsverpflichtung wünschenswert.

In den letzten Jahren wurden deutsche und EU-Projekte zur Entwicklung von Recyclingverfahren für NdFeB-Magnete mit über 36 Millionen Euro staatlich gefördert. Für deren großtechnische Umsetzung fehlt jedoch noch der ausreichende Input an Magnetabfällen [10]. Eine Separationsverpflichtung für NdFeB-Magneten aus Festplatten und Pedelecs in einer Behandlungsverordnung könnte zur Input-Generierung einen wichtigen Beitrag leisten.

4. Weitere Behandlungsempfehlungen

4.1. Photovoltaik-Module

Bei den Photovoltaik-Modulen (PV-Module) handelt es sich um einen Abfallstrom, der 2015 neu in den Anwendungsbereich des ElektroG aufgenommen wurde. Das ElektroG enthält bisher keine speziellen Anforderungen an ihre Behandlung. Da zukünftig mit einem mengenmäßigen Anstieg im Altgerätestrom zu rechnen ist, schlägt das UBA neu Behandlungsanforderungen für PV-Module vor.

Tabelle 6: Prognose der Abfallmengen an Photovoltaik-Modulen in Deutschland für die Jahre 2020 bis 2050

Jahr	Prognostizierte Abfallmenge Tonnen
2020	8.900 – 51.600
2025	14.000 – 22.000
2030	152.000 – 223.000
2035	1,8 Millionen – 2,9 Millionen
2050	4,9 Millionen – 9,6 Millionen

Quellen: Für 2020: Sander, K.; Otto, S.J.; Rödig, L.; Wagner, L. (2018): Behandlung von Elektroaltgeräten (EAG) unter Ressourcen- und Schadstoffaspekten. UBA-Texte 31/2018. Dessau-Roßlau, April 2018. Für 2025 bis 2050: Beckmann, J. (2012): Wieso Abfall? Entsorgung von Photovoltaik-Anlagen. In: Installateur, Heft 2.2012: S. 28-31.

2016 betrug die Menge verbauter PV-Module in Deutschland etwa 4 Millionen Tonnen. Der Marktanteil kristalliner Siliziummodule (c-Si) liegt bei 90 % am Gesamtmarkt, den restlichen Anteil bilden Dünnschichtmodule. Ab dem Jahr 2020 ist ein erhebliches Abfallaufkommen aus Altmodulen von etwa 8.900 bis 51.600 Tonnen zu erwarten (Berechnung [21] auf Basis von [16]), das überwiegend aus c-Si-Modulen besteht. Die hohe Dynamik im Abfallanfall wird aus der Mengenprognose in Tabelle 6 erkennbar.

Da zukünftig mit einem mengenmäßigen Anstieg im Altgerätestrom zu rechnen ist, schlägt das UBA neu Behandlungsanforderungen für PV-Module vor, die die Wert- und Schadstoffe in PV-Modulen betreffen (Bild 8). Die wichtigsten der 13 Empfehlungen werden im Folgenden ausgeführt.

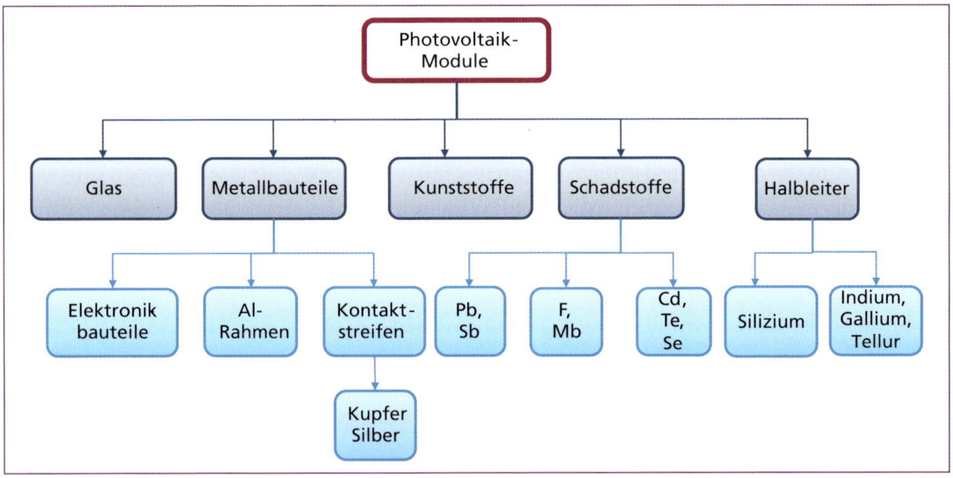

Bild 8: Werkstoffe und Bauteile von Photovoltaik-Modulen sowie mögliche enthaltene Wertstoffe und Schadstoffe

Die ordnungsgemäße Erfassung und Lagerung ist die Grundvorrausetzung für die weitere ordnungsgemäße Behandlung, Schadstoffentfrachtung und Verwertung der Module (Bild 9). Da Photovoltaikmodule unter das ElektroG fallen, ist in der Behandlungsverordnung klarzustellen, dass keine Vermischung und Behandlung der PV-Module mit anderen Abfällen, insbesondere Bauabfällen erfolgen darf. Desweiteren ist eine bruchsichere Entladung, Lagerung der PV-Module und Umgang mit den PV-Modulen sowie die witterungsgeschützte Lagerung beschädigter und schadstoffhaltiger Module und Fraktionen sicherzustellen.

Elektro(nik)geräte

Bild 9: Beispiel einer nicht ordnungsgemäßen Lagerung von Photovoltaikmodulen

Foto: M. Fabian, 2018

Siliziumbasierte Module enthalten u.a. Blei (in Loten), während Dünnschichtmodule u.a. Cadmium und Blei enthalten können. Derzeit sind die etablierten Recyclingverfahren für PV-Module auf eine getrennte Behandlung der Module je nach Modultyp (siliziumbasierte vs. nicht-siliziumbasierte/Dünnschichtmodule) ausgerichtet, um verschiedene schadstoffhaltige Stoffströme der Module voneinander zu separieren und Schadstoffverschleppungen und -verteilungen sowie Querkontaminationen unbelasteter Fraktionen zu vermeiden.

Für die hochwertige und umweltverträgliche Verwertung der Outputfraktionen werden Grenzwerte für maximale Schadstoffkonzentrationen in Glas und anderen Fraktionen zur Verwertung empfohlen (Tabelle 7). Schadstoffhaltige Fraktionen aus PV-Modulen dürfen, dem Verdünnungsverbot folgend und gemäß einer entsprechenden CENELEC-Anforderung, nicht mit schadstofffreien Fraktionen aus PV-Modulen vermischt oder verdünnt werden.

Tabelle 7: Grenzwerte für maximale Schadstoffkonzentrationen in Glas und anderen Fraktionen zur Verwertung aus der Behandlung von Photovoltaikmodulen

Schadstoff	Grenzwerte für die Outputfraktionen zur Verwertung aus der …		
	Behandlung siliziumbasierter Module	Behandlung nicht-siliziumbasierter Module und gemischter Modultypen	gemeinsamen Behandlung siliziumbasierter und nicht-siliziumbasierter Module
	mg/kg		
Pb-Gehalt	100	10	10
Cd-Gehalt	1	1	1
Se-Gehalt	1	10	1

Um zukünftige technologische Innovationen bei der Behandlung von PV-Modulen nicht auszuschließen, sind auch Verfahren für die gemeinsame Behandlung siliziumbasierter und nicht-siliziumbasierter Module zulässig, insofern der jeweils strengere Grenzwert eingehalten wird (Tabelle 7, rechte Spalte).

Die Gewinnung hochwertiger reiner Outputfraktionen trägt zur Ressourcenschonung bei und ermöglicht eine verbesserte Erlössituation für die Erstbehandler.

Glas: UBA empfiehlt eine Verpflichtung zur vorrangigen Verwertung von Glas aus PV-Modulen als Flachglas oder Behälterglas. Die Anforderungen der Glasindustrie sind hierfür einzuhalten.

Aluminium: UBA empfiehlt eine Verpflichtung zur werkstofflichen Verwertung von Aluminium aus der Behandlung der PV-Modulen.

Kritische Rohstoffe: Zur Stärkung der Rückgewinnung kritischer Rohstoffe aus Elektroaltgeräten wird die Anwendung von Verfahren zur Rückgewinnung von

a) Indium und Gallium ab 2030 und

b) Silber und Silizium ab 2025 aus Photovoltaik-Modulen vorgeschlagen.

Die Anforderungen sind drei Jahre nach Inkrafttreten der Behandlungsverordnung zu überprüfen, da die Rückgewinnungsverfahren noch nicht großtechnisch etabliert sind.

4.2. Schadstoffentfrachtung Beryllium

Beryllium gehört zu den kritischen Rohstoffen der EU [12]. Außerdem wirkt es toxisch und ist krebserregend. Das ElektroG enthält keine spezifische Anforderung an den Umgang mit berylliumhaltigen Bauteilen.

In der ersten Hälfte der 2000er-Jahre wurden etwa 1,5 Tonnen Berylliumoxid pro Jahr in keramischen Anwendungen im elektronischen Bereich in Europa eingesetzt.[16a] Berylliumoxid wird beispielsweise in Mobilfunk-Basisstationen und Röntgenanlagen und überwiegend im B2B-Bereich eingesetzt.

Bei einem mechanischen Aufschluss von Bauteilen mit Berylliumoxid-Inhalten kommt es aufgrund des keramischen Charakters von Berylliumoxid zu Staubemissionen mit hoher gesundheitlicher Relevanz. Daher empfiehlt das UBA eine verpflichtende Separation von berylliumoxidhaltigen Bauteilen aus gewerblichen Geräten vor einer mechanischen (Grob-)Zerkleinerung.

5. Zusammenfassung und Ausblick

Die vorgeschlagenen Behandlungsanforderungen betreffen die Gerätegruppen der Bildschirmgeräte und Photovoltaikmodule, die hochwertige Verwertung der Kunststoffe und edel- bzw. sondermetallhaltigen Bauteile sowie über das ElektroG hinausgehende Anforderungen an die Schadstoffentfrachtung. Sie setzen zwei Akzente:

1) Die Anforderungen konkretisieren und aktualisieren die Anforderungen an die Schadstoffentfrachtung gemäß ElektroG (§ 20 in Verbindung mit Anlage 4) zur Vereinheitlichung der Behandlungspraxis. Die Einführung der CENELEC-Normenreihe EN50625 als alleine verbindliche Behandlungsanforderungen unterstützt das UBA nicht. Zur Sicherstellung einer wirksamen Schadstoffentfrachtung ist es erforderlich, ergänzend zu quantitativen Ziel- und Grenzwerten auch qualitative Anforderungen an die Separation und Behandlung von Komponenten und Materialien sowie an die entstehenden Outputfraktionen zu stellen. Die Verpflichtung der Erstbehandlungsanlagen zur Erstellung eines Behandlungskonzepts dient der Etablierung überprüfbarer geeigneter Prozesse.

2) Die Anforderungen berücksichtigen zusätzlich Aspekte des Ressourcenschutzes. Ein Schwerpunkt liegt aufgrund des hohen Umweltentlastungspotenzials auf der hochwertigen werkstofflichen Verwertung der Kunststoffe durch materialspezifische Quoten. Daneben sollten auch Anforderungen zur Rückgewinnung von kritischen Rohstoffen aufgenommen werden.

Neben anspruchsvollen Anforderungen an die Behandlung von Elektroaltgeräten ist die Erfassungsqualität der Elektroaltgeräte eine Voraussetzung für eine umweltgerechte Entsorgung. Hier sind künftig ebenfalls anspruchsvolle Anforderungen notwendig, um eine hohe Qualität des Inputs der Erstbehandlungsanlagen sicherzustellen.

6. Quellen

[1] Association of Plastics Manufacturers in Europe (APME) (2001): Plastics: Insight into consumption and recovery in Western Europe 2000.

[2] Bast, U., Blank, R., Buchert, M., Elwert, T., Finsterwalder, F., et al. (2014): Recycling von Komponenten und strategischen Metallen aus elektrischen Fahrantrieben. Kennwort MORE (Motor Recycling). https://www.ifa.tu-clausthal.de/fileadmin/Aufbereitung/Dokumente_News_ETC/MORE_Abschlussbericht.pdf. (Zugriff 16.12.2018)

[3] Baxter, J., Wahlstrom, M., Zu Castell-Rüdenhausen, M., Fråne, A., Stare, M., et al, (2014): Plastic value chains - Case: WEEE (Waste Electrical and electronic equipment) in the Nordic region. Nordic Council of Ministers.

[4] Böni, H., Wäger, P., Thiébaud, E., Du, X., Figi, R., Nagel, O., Bunge, R., Stäubli, A., Spörry, A., Wolfensberger-Malo, M., Brechbühler-Peskova, M., Grösser, S. (2015): Projekt E-Recmet—Rückgewinnung von kritischen Metallen aus Elektronikschrott am Beispiel von Indium und Neodym. Schlussbericht. https://www.bafu.admin.ch/dam/bafu/de/dokumente/abfall/externe-studien-berichte/rueckgewinnung_vonkritischenmetallenauselektronikschrottambeispi.pdf (Zugriff 16.12.2018)

[5] Bundesministerium für Umwelt, Naturschutz und nukleare Sicherheit: Elektro- und Elektronikgeräte in Deutschland 2018: Daten 2016 zur Erfassung, Behandlung und Vorbereitung zur Wiederverwendung. Bonn, 2018. www.bmu.de/WS2742 (Zugriff 14.12.2018)

[6] Bundesministerium für Umwelt, Naturschutz, Bau und Reaktorsicherheit (2016): Deutsches Ressourceneffizienzprogramm II - Programm zur nachhaltigen Nutzung und zum Schutz der natürlichen Ressourcen. Berlin, November 2016. www.bmu.de/PU247 (Zugriff 14.12.2018)

[7] CECED, Digitaleurope, EERA and WEEE Forum (2016): Compliance with EN 50625. URL: http://www.weee-forum.org/system/files/documents/compliance_with_en_50625_position_paper_final.pdf (Zugriff 12.12.2018)

[8] Delgado, C., Barruetabena, L. und Salas, O. (2007): Assessment of the Environmental Advantages and Drawbacks of Existing and Emerging Polymers Recovery Processes. JRC Scientific and Technical Reports.

[9] ElektroG: Gesetz über das Inverkehrbringen, die Rücknahme und die umweltverträgliche Entsorgung von Elektro- und Elektronikgeräten vom 20. Oktober 2015 (BGBl. I S. 1739), das zuletzt durch Artikel 16 des Gesetzes vom 27. Juni 2017 (BGBl. I S. 1966) geändert worden ist.

[10] Elwert, T.; Hoffmann, M.; Schwarz, S. (2017): Can recycling of NdFeB magnets be expected in Europe before 2030? In: Proceedings of the European Metallurgical Conference 2017, Leipzig.

[11] Europäische Kommission (2015): Mitteilung der Kommission an das Europäische Parlament, den Rat, den Europäischen Wirtschafts- und Sozialausschuss und den Ausschuss der Regionen: Den Kreislauf schließen - Ein Aktionsplan der EU für die Kreislaufwirtschaft. COM(2015) 614 final. Brüssel, 02.12.2015.

[12] Europäische Kommission (2017): Mitteilung der Kommission an das Europäische Parlament, den Rat, den Europäischen Wirtschafts- und Sozialausschuss und den Ausschuss der Regionen über die Liste kritischer Rohstoffe für die EU 2017. COM(2017) 490 final, Brüssel, 13.09.2017. https://ec.europa.eu/transparency/regdoc/rep/1/2017/DE/COM-2017-490-F1-DE-MAIN-PART-1.PDF (Zugriff 16.12.2018)

[13] Europäische Kommission (2018): Mitteilung der Kommission an das Europäische Parlament, den Rat, den Europäischen Wirtschafts- und Sozialausschuss und den Ausschuss der Regionen: Eine europäische Strategie für Kunststoffe in der Kreislaufwirtschaft. COM(2018) 28 final. Brüssel, 16.01.2018.

[14] Holzinger, K., & Sommerer, T. (2011). 'Race to the Bottom or 'Race to Brussels'? Environmental Competition in Europe. JCMS: Journal of Common Market Studies, 49(2), 315-339.

[15] Huisman, J., Magalini, F., Kuehr, R., Maurer, C., Ogilvie, S., et al. (2007): 2008 Review of Directive 2002/96 on Waste Electrical and Electronic Equipment (WEEE). United Nations University, Study No. 07010401/2006/442493/ETU/G4.

[16] IRENA und IEA-PVPS (2016): End-of-Life Management: Solar Photovoltaic Panels. International Renewable Energy Agency and International Energy Agency Photovoltaic Power Systems.

[16a] Knudson, T. (2008): A Qualitative Overview of the Use of Beryllium, Beryllium-Containing Al loys and Beryllium oxide Ceramic in Electrical and Electronic Equipment (EEE). Februar 2008. http://hse-rohs.oeko.info/fileadmin/user_upload/Subst_Beryllium/Be_and_BeO_BrushWellmann.pdf (Zugriff 17.12.2018).

[17] Martinho, G., Pires, A., Saraiva, L. & Ribeiro, R. (2012). Composition of plastics from waste electrical and electronic equipment (WEEE) by direct sampling. Waste Management, 32(6), 1213-1217.

[18] N.N. (2017): REMANENCE Rare Earth Magnet Recovery for Environmental and Resource Protection: Report on the Rare Earth content of highlighted waste streams.

[19] Verordnung (EG) Nr. 850/2004 des Europäischen Parlaments und des Rates vom 29. April 2004 über persistente organische Schadstoffe

[20] Revesz, R. L. (1992). Rehabilitating interstate competition: Rethinking the race-to-the-bottom rationale for federal environmental regulation. NYUL Rev., 67, 1210.

[21] Sander, K.; Otto, S.J.; Rödig, L.; Wagner, L. (2018): Behandlung von Elektroaltgeräten (EAG) unter Ressourcen- und Schadstoffaspekten. UBA-Texte 31/2018. Dessau-Roßlau, April 2018. https://www.umweltbundesamt.de/publikationen/behandlung-von-elektroaltgeraeten-eag-unter (Zugriff 15.11.2018)

[22] Sprecher, B., Xiao, Y., Walton, A., Speight, J., Harris, R. et al. (2014): Life Cycle Inventory of the Production of Rare Earths and the Subsequent Production of NdFeB Rare Earth Permanent Magnets. Environmental Science and Technology, 48: S. 3951-3958.

[23] Wolf, J.; Brüning, R.; Nellesen, L.; Schiemann, J. (2017): Anforderungen an die Behandlung spezifischer Elektroaltgeräte unter Ressourcen- und Schadstoffaspekten. UBA-Texte 70/2017. Dessau-Roßlau, September 2017. URL: https://www.umweltbundesamt.de/publikationen/anforderungen-an-die-behandlung-spezifischer (Zugriff 15.11.2018)

Ansprechpartner

Direktorin und Professorin Dr. Bettina Rechenberg
Umweltbundesamt
Fachbereichsleiterin
Fachbereich III Nachhaltige Produktion und Produkte, Kreislaufwirtschaft
Wörlitzer Platz 1
06844 Dessau-Roßlau, Deutschland
+49 340-2103-0
bettina.rechenberg@uba.de

WEEE Compliance Promotion Exercise – aktuelle Herausforderungen und gute Beispiele zur Bewirtschaftung von Elektroaltgeräten aus den EU-28

Maximilian Kling und Ferdinand Zotz

Die ordnungsgemäße Umsetzung und Anwendung des europäischen Abfallrechts gehört zu den wichtigsten Prioritäten der EU-Umweltgesetzgebung und -politik. Um eine bessere Umsetzung geltenden Rechts in die nationale Praxis zu unterstützen, führt die Europäische Kommission regelmäßig sogenannte *Compliance Promotion Exercises* durch bzw. hat diese in der Vergangenheit durchgeführt.

Elektro- und Elektronikgeräte (EEE – *Electrical and Electronic Equipmet*) sind ein sich schnell entwickelnder Sektor, in dem die Geräteeigenschaften, die Materialien und Leistungsfähigkeit der Geräte einem ständigen Wandel unterzogen sind. Dem zunehmenden Trend bei Herstellung und Verkauf von EEE steht eine Verkürzung der Nutzungsdauer der Geräte gegenüber.

Infolgedessen stellt die zunehmende Menge an Elektro- und Elektronikaltgeräten (WEEE – *Waste Electrical and Electronic Equipment*), die Komplexität der Demontage und des Recyclings sowie die verschiedenen Inhaltsstoffe in WEEE eine Bedrohung für die Umwelt und die menschliche Gesundheit dar. Darüber hinaus ist die Vermeidung, Sammlung und Behandlung von WEEE ein entscheidendes Element für den Aufbau einer Kreislaufwirtschaft, in der wertvolle Ressourcen nicht verloren gehen.

Um diese Herausforderungen besser bewältigen zu können, hat die Europäische Union ihre WEEE-Gesetzgebung überprüft und anschließend überarbeitet. Infolgedessen wurde mit der Richtlinie 2012/19/EU (*WEEE2-Richtlinie*) die erste WEEE-Richtlinie ersetzt und trat am 13. August 2012 in Kraft.

In diesem Kontext behandelt der vorliegende Fachbeitrag eine Studie, die von Ramboll Environment & Health (ehemals BiPRO GmbH) in Kooperation mit Deloitte Frankreich im Auftrag der Europäischen Kommission von 2016 bis 2017 durchgeführt wurde. Die ausführliche Studie inkl. Zusammenfassung, Endbericht, Factsheets für 28 EU-Mitgliedstaaten und acht sogenannte *Policy Fiches* für ausgewählte Mitgliedsstaaten können unter >https://publications.europa.eu/en/publication-detail/-/publication/09c7215a-49c5-11e8-be1d-01aa75ed71a1/language-en< abgerufen werden.

Ziel der Studie ist die Richtlinien für die Bewirtschaftung von WEEE in Mitgliedsstaaten hinsichtlich des technischen Inhaltes zu überprüfen und die Fähigkeit der Mitgliedsstaaten, die Ziele der WEEE2-Richtlinie zu erreichen, zu bewerten und auf dieser Grundlage den Mitgliedsstaaten Unterstützung und Anleitung zu geben. Der Fokus liegt hierbei auf dem Erfüllen der wichtigsten WEEE2-Anforderungen, einschließlich der Zielquoten für die Sammlung und Verwertung von WEEE.

Weitere übergeordnete Ziele der Studie sind den Informationsaustausch zwischen den EU-Mitgliedstaaten über die Praktiken der Bewirtschaftung von WEEE zu ermöglichen und zu fördern, die derzeitige Sammlung und Behandlung von WEEE zu verbessern und das Erreichen der Anforderungen und Ziele der WEEE2-Richtlinie zu unterstützen.

1. Methodik

Um die oben genannten Ziele zu erreichen, umfasst das Projekt die folgenden Aufgaben.

1.1. Entwicklung eines Kriterienkatalogs zur Überprüfung der nationalen WEEE-Managementpraktiken aller EU-Mitgliedstaaten

Um die Überprüfung (*Screening*) der nationalen WEEE-Managementpraktiken in der EU durchzuführen, wurde eine Screening-Methodik entwickelt, die sowohl quantitative als auch qualitative Kriterien berücksichtigt. Ziel der Methodik war es, die allgemeine Bewirtschaftung von WEEE, inkl. aktueller Herausforderungen und bewährter Praxis zu evaluieren und verschiedene Gruppen von Mitgliedstaaten mit ähnlichen Merkmalen oder Herausforderungen zu erstellen. Es wurden nur Informationsquellen verwendet, die für alle 28 Mitgliedstaaten auf möglichst einheitliche und vergleichbare Weise verfügbar waren.

1.2. Überprüfung der Abfallbewirtschaftungspraxis anhand der Kriterien für die Auswahl von acht Mitgliedstaaten zur weiteren Detailanalyse

Die Überprüfung führt zu einer Gruppierung der Mitgliedsstaaten in drei Gruppen.

Tabelle 1: Übersicht Gruppierung EU-Mitgliedsstaaten

Gruppe A	Gruppe B	Gruppe C
hohe Leistungen bei quantitativen Kriterien UND Implementierung eines starken qualitativen Maßnahmenpakets	hohe Leistungen bei quantitativen Kriterien UND Implementierung von einigen qualitativen Maßnahmen	niedrige/ stagnierende Leistungen bei quantitativen Kriterien ODER Implementierung von wenigen oder keinen qualitativen Maßnahmen

Die Einteilung in die Gruppen A, B und C ist **nicht** als ein Ranking auf Grundlage des Erreichens rechtsverbindlicher Ziele der WEEE-Richtlinie durch die Mitgliedstaaten zu verstehen. Vielmehr wurden weitere Aspekte, wie etwa Fortschritte bei der Umsetzung von Maßnahmen zur Verbesserung des WEEE Managements und ergriffene Maßnahmen zur Zielerreichung, berücksichtigt. Die Methode ermöglicht es sowohl aktuelle Herausforderungen als auch bewährte Praxis zu bewerten. Auf der Grundlage der Einteilung in die Gruppen A bis C wurden acht Mitgliedstaaten in enger Zusammenarbeit mit der Europäischen Kommission für eine weitere Bewertung, und somit für die Durchführung von Stakeholder-Seminaren in den Mitgliedstaaten, und für die Ausarbeitung von Politikvorschlägen in Strategiepapieren (sogenannten *Policy Fiches*) ausgewählt:

- Bulgarien, Irland, Litauen und Frankreich aus Gruppe A, und
- Estland, Italien, Malta und Rumänien aus Gruppe C.

1.3. Erstellung eines Factsheets mit Informationen über das WEEE-Management für jedes der 28 EU-Mitgliedstaaten

Die Informationen über die WEEE-Gesetzgebung, statistische Daten und die praktische Umsetzung der WEEE-Anforderungen wurden mithilfe von Experteninterviews und Literaturauswertung generiert. Die gesammelten Informationen wurden in Factsheets für jedes der 28 EU-Mitgliedstaaten zusammengefasst und anschließend für das Screening verwendet. Der Inhalt der Factsheets wurde abschließend durch die zuständige Behörde jedes Mitgliedstaates bestätigt.

1.4. Organisation von Seminaren mit Interessengruppen in den acht ausgewählten Mitgliedstaaten

Ziel der organisierten Seminare war es, den Umgang mit WEEE zu diskutieren, wobei der Schwerpunkt auf bewährten Praxen, Erfolgsfaktoren und verbleibenden Herausforderungen für den jeweiligen Mitgliedstaat lag. Zudem wurden die Themen der einzelnen Seminare in enger Zusammenarbeit mit den zuständigen Behörden und unter Berücksichtigung der Beiträge anderer Interessengruppen festgelegt.

1.5. Erstellung von *Policy Fiches* einschließlich Beispiele für bewährte Praxis aus anderen Mitgliedsstaaten sowie spezifische Verbesserungsvorschläge

Um die entstandene Diskussion und die in den Seminaren geschaffene Dynamik weiter zu verfolgen, wurden, für alle acht besuchten Mitgliedstaaten, Dokumente über politische Ergebnisse, sogenannte Policy Fiches ausgearbeitet. Diese enthalten eine Zusammenfassung der wichtigsten Informationen aus dem jeweiligen Factsheet sowie eine Auflistung von länderspezifischen Erfolgsfaktoren und wichtigen Herausforderungen, die während des Projekts identifiziert wurden. Die Policy Fiches fassen die wichtigsten Aspekte zusammen, die während der Seminare behandelt wurden, und zeigen verschiedene Ansätze zur Lösung von Herausforderungen auf, indem sie Erfolgsfaktoren aus anderen Mitgliedstaaten übertragen. Ziel ist es, den Informationsaustausch zu erleichtern und Beispiele für bewährte Praxis und Erfolgsfaktoren zwischen den einzelnen Ländern der EU zu verbreiten.

1.6. Organisation eines Abschlussseminars in Brüssel

Ein Abschlussworkshop fand am 24. Oktober 2017 in Brüssel statt. Zu diesem wurden Interessengruppen und Experten aus allen Mitgliedstaaten eingeladen, um die Ergebnisse der Studie zu diskutieren.

2. Empfehlungen zur weiteren Verbesserung der Bewirtschaftung von WEEE in den EU-Mitgliedstaaten

Eine detaillierte Übersicht des aktuellen Stands der Bewirtschaftung von WEEE in den 28 EU-Mitgliedsstaaten kann dem veröffentlichten Bericht (siehe einleitender Text) entnommen werden. Im Folgenden liegt der Fokus auf der Darstellung der abgeleiteten Empfehlungen für Mitgliedsstaaten und EU Kommission.

Basierend auf den Ergebnissen der Studie, insbesondere auf der in den Mitgliedstaaten ermittelten bewährten Praxis, wurden die folgenden Empfehlungen für die Mitgliedstaaten ausgearbeitet. Ergänzt werden diese durch empfohlene Begleitmaßnahmen mit Blickrichtung auf die Europäische Kommission zur Verbesserung des WEEE-Managements in der EU. Bild 1 enthält eine grafische Zusammenfassung der Empfehlungen. Im Folgenden sind diese nochmals detaillierter beschrieben.

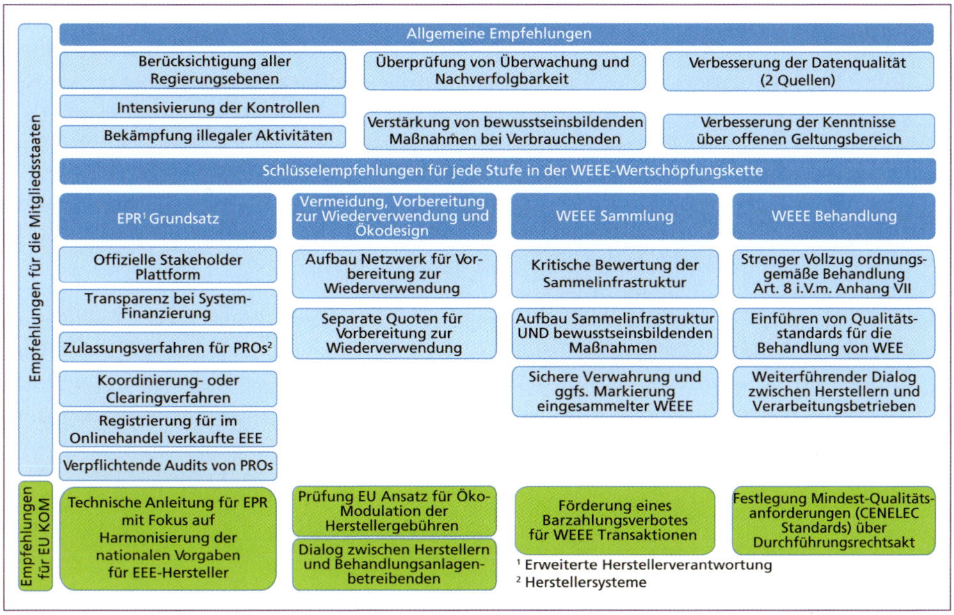

Bild 1: Übersicht der Empfehlungen aus der Studie an die Mitgliedstaaten sowie die Europäische Kommission

2.1. Allgemeine Empfehlungen

Die in den Aktionsplänen (in den Policy Fiches für die Mitgliedstaaten) und in den folgenden Abschnitten dieses Kapitels vorgeschlagenen Maßnahmen werden nur dann Wirkung entfalten, wenn sie von den zuständigen Behörden auf nationaler Ebene mit ausreichenden personellen und finanziellen Ressourcen ordnungsgemäß durchgesetzt werden. Daher werden den Mitgliedstaaten die folgenden allgemeinen Empfehlungen gegeben:

1) Berücksichtigung aller behördlichen Ebenen (national, regional, lokal) bei Formulierung und Durchsetzung von Anforderungen an das WEEE-Management;

2) Einführung oder Intensivierung von Kontrollverfahren durch die zuständigen Behörden für alle Akteure des WEEE-Managements, z.B. durch die Einführung eines Inspektionsplans für die WEEE-Bewirtschaftung, einschließlich der besonderen Berücksichtigung von WEEE in den Inspektionsplänen, die gemäß EU-Abfallverbringungsverordnung erforderlich sind;

3) Überprüfung und gegebenenfalls Verstärkung der Überwachungs- und Rückverfolgbarkeitsverfahren für WEEE, sowohl von WEEE aus privaten Haushalten als auch für WEEE von anderen Nutzern (business-to-business (b2b) WEEE), so dass alle Elektro- und Elektronikaltgeräte berücksichtigt werden;

4) Bekämpfung illegaler Aktivitäten, z.B. durch ein Barzahlungsverbot für WEEE-Transaktionen;

5) Einführung von bewusstseinsbildenden Maßnahmen bei Verbrauchenden oder Kampagnen zur Bekämpfung illegaler oder nicht konformer WEEE Behandlung unter Berücksichtigung der Ergebnisse und Empfehlungen des Projekts zur Bekämpfung des illegalen Handels mit WEEE aus dem Jahr 2015 (CWIT-Projekt);

6) Verbesserung der Qualität von WEEE-Daten durch die Einführung von Qualitätskontrollen der gesammelten Daten, durch Vergleiche von Daten aus verschiedenen Quellen und die Intensivierung des Dialogs mit Eurostat durch detaillierte Beschreibung und Erläuterung der nationalen Statistiken;

7) Information aller Akteure des EPR-Systems (*Extended Producer Responsibility* dt. erweiterte Herstellerverantwortung), insbesondere der Hersteller, über Auswirkungen im Zusammenhang mit dem Übergang zum offenen Geltungsbereich der Richtlinie, sowie die Einrichtung von angemessenen Kommunikationskanälen.

2.2. Empfehlungen zur Umsetzung des Grundsatzes der erweiterten Herstellerverantwortung (EPR)

Die Mitgliedstaaten haben das allgemeine EPR-Prinzip auf unterschiedliche Weise umgesetzt. Die vorliegende Studie kommt zu dem Schluss, dass es keine Form der Umsetzung des EPR-Grundsatzes gibt, die als leistungsstärker angesehen werden kann, solange die unterschiedlichen Anforderungen der EU-Gesetzgebung erfüllt sind. Auf Grundlage von Erfahrungswerten der Mitgliedstaaten werden die folgenden Maßnahmen empfohlen, um die Umsetzung des EPR-Grundsatzes zu verbessern:

1) Sicherstellung einer engen Zusammenarbeit zwischen öffentlichen und privaten Interessengruppen, etwa durch die Einrichtung eines formellen nationalen Austausches zur Erörterung der allgemeinen Funktionsweise und Weiterentwicklung des EPR-Systems für WEEE;

2) Transparenz bei der Finanzierung des WEEE-Managementsystems;

3) Sicherstellung der ordnungsgemäßen Meldung von EEE, die über Online-Händler verkauft werden, sowie die Registrierung solcher Hersteller;

4) Sicherstellung der Koordination aller Akteure und ihrer Aufgaben (z.B. zu den Sammelquoten) entweder durch eine zentrale Behörde oder durch ein Koordinations- bzw. Clearingsystem;

5) Überlegungen zur Einführung eines Zulassungsverfahrens für gemeinsame Systeme der Hersteller (PROs – *Producer Responsibility Organisations*), das – wo angebracht und verhältnismäßig – Anforderungen an deren Geschäftsbetrieb beinhalten;

6) Verbindliche Audits für PROs bzw. den zuständigen Systemen in den Mitgliedsstaaten durch unabhängige/ externe Auditoren.

Um die Umsetzung der obengenannten Punkte zu unterstützen, empfiehlt die Studie der Europäischen Kommission, folgende Maßnahmen zu ergreifen:

Leitlinien für die Umsetzung der EPR-Anforderungen

Orientierungshilfe für die Umsetzung der EPR-Anforderungen im Einklang mit den Änderungen von Artikel 8 der Richtlinie 2008/98/EC (Abfallrahmenrichtlinie) zur verbesserten Umsetzung des EU-Kreislaufwirtschaftspakets. Auch wenn dies nicht der Hauptfokus dieser Studie ist, sollte mit einer eventuellen Orientierungshilfe insbesondere auf eine weitere Vereinheitlichung der Pflichten für EEE Hersteller und Vertreiber zwischen den 28 Mitgliedsstaaten, im Sinne eines einheitlichen EU-Binnenmarkts hingearbeitet werden.

2.3. Empfehlungen zur Vermeidung von WEEE, zur Vorbereitung zur Wiederverwendung und zur Produktgestaltung

Die Vorbereitung zur Wiederverwendung wurde von den Beteiligten in allen EU-Ländern als Herausforderung hervorgehoben. Nur wenige Mitgliedstaaten haben Maßnahmen ergriffen, um die Vorbereitung zur Wiederverwendung aktiv zu fördern. Die Erfahrungswerte dieser Staaten lieferten Einblicke in deren Implementierung und Effizienz. Um die Vorbereitung der Wiederverwendung zu verbessern, könnten die Mitgliedstaaten folgende Maßnahmen in Betracht ziehen:

1) Unterstützung der Einrichtung eines Netzwerkes für die Vorbereitung zur Wiederverwendung für registrierte und zertifizierte Betreiber auf nationaler Ebene. Die Unterstützung könnte darin bestehen, einen Multi-Stakeholder-Austausch darüber einzuleiten, wie ein solches Netzwerk aufgebaut werden kann. Die Regierung könnte zudem eine finanzielle Unterstützung für den Aufbau eines solchen Netzes leisten, einschließlich des Aufbaus von Kapazitäten (quantitativ und qualitativ) bei den Beteiligten. Akteure innerhalb des Netzwerks könnten etwa aus der Sozialwirtschaft kommen. Hersteller und deren Systeme (PROs) sollten sowohl aus organisatorischer als auch aus finanzieller Sicht eng in das System einbezogen werden;
2) Erwägung der Einführung eines separaten *Ziels für die Vorbereitung zur Wiederverwendung* auf nationaler Ebene.

Um die Umsetzung der oben genannten Maßnahmen zu unterstützen und zu ergänzen, empfiehlt die Studie, dass die Europäische Kommission die folgenden Maßnahmen in Betracht zieht:

Modulation von Herstellergebühren (Öko-Modulation der Gebühren)

Ökodesign von Produkten wurde in allen EU-Mitgliedstaaten immer wieder als Herausforderung hervorgehoben. Die prinzipielle Modulierung von Herstellergebühren sind in den Änderungen der Abfallrahmenrichtlinie durch das EU-Kreislaufwirtschaftspaket verankert worden. Diese Anforderung hat zu Diskussionen zwischen den Interessengruppen über den Umfang der Umsetzung dieser Regel geführt. Einige Interessengruppen fordern, dass diese Regeln auf EU-Ebene genauer spezifiziert werden, um eine Vielzahl nationaler Kriterien zu vermeiden.

Im Einklang mit den Änderungen der Richtlinie 2008/98/EC (Abfallrahmenrichtlinie) sollte die Europäische Kommission bei der Ausarbeitung von Leitlinien zur Gebühren-Modulierung Informationen und Erfahrungen aus den Mitgliedstaaten berücksichtigen, die bereits modulierte Gebühren eingeführt haben (z.B. Frankreich).

Die Europäische Kommission sollte auch den Erlass von Durchführungsrechtsakten in Betracht ziehen, um Kriterien für die Modulation der Gebühren auf europäischer Ebene festzulegen. Zu diesem Zweck sollte sie die Erfolgsbedingungen und Schwerpunkte der Mitgliedstaaten für die Einführung modulierter Gebühren ermitteln und dabei insbesondere prüfen, für welche Produkte eine solche Modulation umsetzbar ist. Dabei sollte berücksichtigt werden, dass die Modulation einen ausreichenden Ansatz bietet, die Gestaltung der Produkte zu beeinflussen, um die Wiederverwendung und Recyclingfähigkeit der Produkte zu verbessern. Ebenfalls sollte überprüft werden, wie sichergestellt werden kann, dass die Kriterien auf dem Lebenszyklusansatz beruhen, leicht nachvollziehbar und auch in ihrer Verwaltung durchführbar sind.

2.4. Empfehlungen für die Sammlung von WEEE

Insgesamt haben die EU-Mitgliedstaaten seit der Verabschiedung der WEEE-Richtlinie bemerkenswerte Fortschritte bei der Sammlung von EEE gemacht. Die verschiedenen anwendbaren Maßnahmen zur Erhöhung der Sammlung sind allgemein bekannt und werden häufig umgesetzt. Mehrere Mitgliedstaaten müssen jedoch weiterhin große Anstrengungen unternehmen, um das neue ehrgeizige Sammelziel von 65 % (bezogen auf in Verkehr gebrachten EEE) / 85 % (bezogen auf anfallende WEEE) für das Jahr 2019 zu erreichen. Um die gesetzten Quoten zu erreichen, ist der Ausspruch *jedes Gerät zählt* mehr denn je von Bedeutung. Es besteht daher ein dringender Bedarf an einem Ausbau der Sammelnetzwerke, Sensibilisierungsmaßnahmen von EEE Nutzern und der Reduzierung des Verlustes aus überwachten WEEE-Kreisläufen. Um die Sammlung zu verbessern, sollten die Mitgliedstaaten die folgenden Maßnahmen in Betracht ziehen:

1) Durchführung einer kritischen Bewertung und gegebenenfalls Überprüfung der bestehenden Sammelinfrastruktur und weiterer Maßnahmen zur Verbesserung des Endnutzerverhaltens;

2) Aufbau einer ausreichenden Infrastruktur (inkl. Sammelstellen) für die Rückgabe von WEEE durch die Verbrauchenden und Bereitstellung von Informationen zu den verfügbaren Entsorgungsoptionen (d.h. kommunale Sammelstellen/ Händler-Sammelstellen/ spezielle WEEE-Sammelveranstaltungen, etc.);

3) Ergreifen von Maßnahmen, um das Bewusstsein der Verbrauchenden für den Zweck und die Vorteile der getrennten Sammlung von WEEE zu erhöhen (z.B. Sicherung wertvoller Ressourcen für die Wirtschaft, Schutz der Umwelt und der menschlichen Gesundheit vor schädlichen Stoffen, die durch unsachgemäße Behandlung freigesetzt werden) sowie eine Stärkung der Rolle des Verbrauchenden bei der Mitwirkung an der Wiederverwendung von EEE, sowie bei der Vorbereitung zur Wiederverwendung und das Recycling von WEEE;

4) Sicherstellung, dass die gesammelten WEEE an den Sammelstellen geschützt und gesichert sind;

5) Verbot von Barzahlungen bei Transaktionen im Zusammenhang mit WEEE und eine verpflichtende Vereinbarung aller Akteure, die WEEE einsammeln und behandeln mit einem Herstellersystem (PRO).

Um die Umsetzung der oben genannten Maßnahmen zu unterstützen und zu ergänzen, empfiehlt die Studie der Europäischen Kommission, die folgenden Maßnahmen zu ergreifen:

Unterstützung der Mitgliedsstaaten ein Verbot von Barzahlungen im Zusammenhang mit WEEE in Betracht zu ziehen.

2.5. Empfehlungen für die Behandlung von WEEE

Die Mitgliedstaaten sollten die folgenden Maßnahmen in Betracht ziehen, um die Qualität der WEEE Behandlung zu verbessern:

1) strenger Vollzug der Anforderungen an die ordnungsgemäße Behandlung gemäß Artikel 8 und Anhang VII der WEEE-Richtlinie;
2) Erwägung der Einführung spezifischer Qualitätsnormen für die Sammlung, Beförderung und Verwertung von WEEE, mit den bestehenden Normen (WEEELABEX, Europäische CENELEC Normen für die Sammlung, Beförderung und Behandlung von Elektro- und Elektronikaltgeräten) als Anregung.

Um eine ordnungsgemäße und effiziente Verwertung von WEEE zu unterstützen, wird dringend empfohlen, dass die Hersteller von EEE und die Betreiber von Verwertungsanlagen ihren Dialog fortsetzen, um einen Informationsaustausch über die Zusammensetzung von EEE gemäß Artikel 15 der WEEE-Richtlinie zu ermöglichen. So gilt beispielsweise die kürzlich eingeführte I4R-Plattform (*Information for Recyclers*) als sehr vielversprechend, sollte aber kontinuierlich erweitert und aktualisiert werden. Die I4R-Plattform (https://i4r-platform.eu/) bietet Verwertungs- und Recyclinganlagen und die Vorbereitung für Wiederverwendungsbetreiber mit Zugang zu WEEE-Recyclinginformationen gemäß den Anforderungen der Richtlinie 2012/19/EU

Um die oben genannten Empfehlungen an die Mitgliedstaaten zur besseren Durchsetzung der Verwertungsanforderungen der WEEE-Richtlinie zu unterstützen, empfiehlt die Studie, dass die Europäische Kommission erwägt, die folgenden Maßnahmen zu ergreifen:

Festlegung von Mindestqualitätsstandards für die Verwertung von Elektro- und Elektronikaltgeräten durch einen Durchführungsrechtsakt

Die Studie empfiehlt der Europäischen Kommission, die in Artikel 8 Absatz 5 der WEEE-Richtlinie gebotene Möglichkeit zu prüfen, Mindestqualitätsnormen durch den Erlass von Durchführungsrechtsakten festzulegen, um gleiche Wettbewerbsbedingungen bei der Verwertung von WEEE zu schaffen.

3. Literatur

Im Rahmen der beschriebenen Studie wurde eine umfassende Literaturrecherche sowie Expertenbefragung (z.B. von Behörden, EEE Herstellern, Herstellersysteme (PROs), Recyclingunternehmen, Nichtregierungsorganisationen und anderen Interessengruppen) betrieben. Beispielhafte Literatur waren u.a.

- die 28 Abfallwirtschaftspläne und Abfallvermeidungsprogramme der Mitgliedsstaaten,
- die Auswertung der Fragebogen für Berichte der Mitgliedstaaten über die Umsetzung – die Richtlinien 2012/19/EU und 2002/96/EG,
- EUROSTAT Daten zu WEEE,
- Publikationen zu WEEE auf europäischer Ebene,
- Publikationen zu WEEE auf nationaler Ebene
- etc.

Eine detaillierte Übersicht der verwendeten Literatur kann dem veröffentlichten Bericht bzw. den 28 Factsheets und 8 Policy Fiches (siehe einleitender Text) entnommen werden.

Ansprechpartner

Maximilian Kling
Ramboll Environment & Health GmbH
Senior Consultant
Sustainability & Environmental Performance
Werinherstraße 79, Gebäude 32A
81541 München, Deutschland
+49 89-978970-158
mkli@ramboll.com

65+
Wie steigern wir die Erfassungsquote für Elektroaltgeräte auf mindestens 65 % der in Verkehr gebrachten Neugerätemenge?

Dirk Schöps

1. Erfassungssituation für Elektroaltgeräte in Deutschland

Die Erfassung von Elektroaltgeräten ist in Deutschland durch das Elektro- und Elektronikgerätegesetz (im Folgenden: ElektroG) geregelt. In dem Gesetz steht unter vielen anderen Anforderungen die Mindesterfassungsquote für die Sammlung von Elektroaltgeräten. Seit mehreren Jahren verharrt die Erfassungsquote für Elektroaltgeräte zwischen 40 und 45 % der in den drei Vorjahren in Verkehr gebrachten Neugerätemenge. Die ab 2019 zu erreichende Mindesterfassungsquote beträgt 65 % der in den drei Vorjahren in Verkehr gebrachten Neugerätemenge. Diese Anforderung ist mit der aktuellen Erfassungspraxis voraussichtlich nicht zu erreichen. Dafür sind andere Managementmethoden bei der Erfassung erforderlich als bisher. Verantwortlich für die Erfüllung der Mindesterfassungsquote ist die Bundesrepublik Deutschland gegenüber der EU-Kommission. Sollte die Anforderung dauerhaft verfehlt werden, droht ein Vertragsverletzungsverfahren. Da die Abfallentsorgung in Deutschland grundsätzlich in der Hoheit der Bundesländer liegt, wird die Bundesregierung Ansprüche der EU-Kommission möglicherweise an die Landesregierungen durchreichen.

Für die vergleichende Darstellung wurden in diesem Artikel Daten jeweils aus dem selben Berichtsjahr verwendet. Das jüngste Berichtsjahr, über das alle Auswertungen vorliegen, ist 2016.

Bis zum 15.08.2018 wurden die Elektrogeräte in zehn Gerätekategorien eingeteilt. Die vorliegenden Auswertungen beziehen sich auf diese Kategorisierung. Die Effizienz der Sammlung bei den zehn Gerätekategorien ist sehr unterschiedlich. Aus der Darstellung in Bild 2 wird deutlich, in welchen Gerätekategorien das größte Potenzial liegt, das wir bei der Sammlung von Elektroaltgeräten erreichen können.

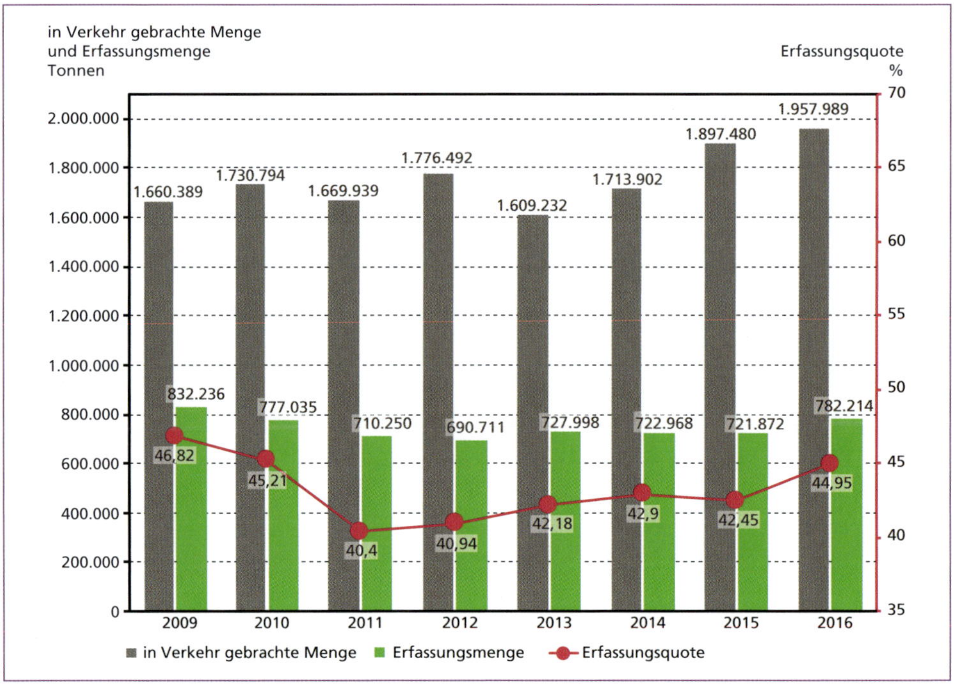

Bild 1: In Verkehr gebrachte Mengen Neugeräte, gesammelte Mengen Altgeräte und Sammelquoten von 2009 bis 2016

Quelle: Umweltbundesamt: Die wenigsten Haushaltsgroßgeräte werden ordnungsgemäß gesammelt, Pressemitteilung 36/2018

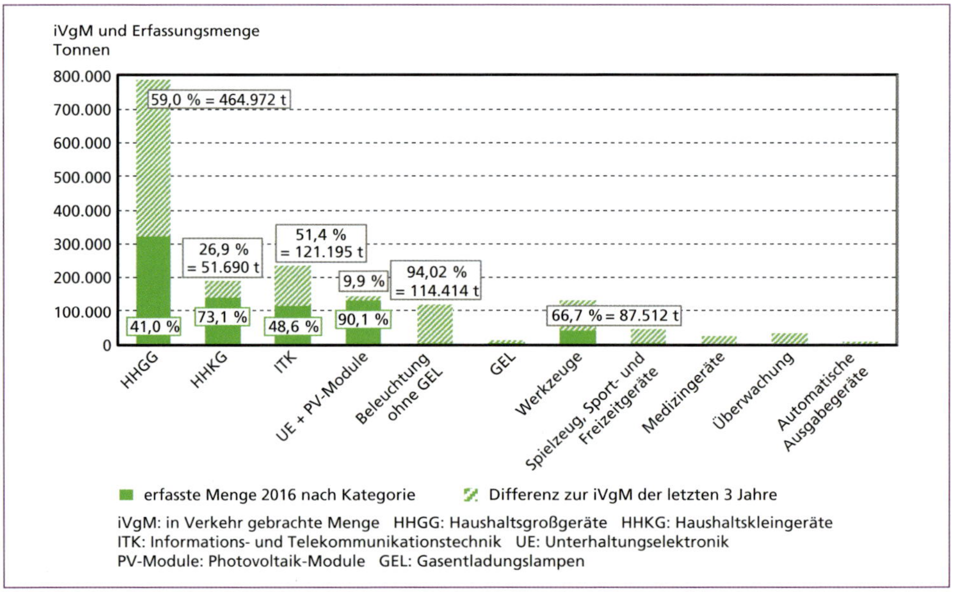

Bild 2: Sammelmengen und fehlende Mengen an Elektroaltgeräten 2016

Quelle: Umweltbundesamt: Die wenigsten Haushaltsgroßgeräte werden ordnungsgemäß gesammelt, Pressemitteilung 36/2018

Die größte Menge fehlt mit Abstand bei der Gerätekategorie 1, den Haushaltsgroßgeräten. Diese Gerätekategorie enthält vor allem Waschmaschinen, Wäschetrockner, Geschirrspüler, Elektroherde, Mikrowellenherde und Kühlgeräte. Wenn es gelungen wäre, die Fehlmenge von fast 465.000 t zusätzlich einzusammeln, hätte Deutschland für 2016 eine Sammelquote von mehr als 65 % der in Verkehr gebrachten Neugerätemenge ausweisen können. Das zweitgrößte Potenzial liegt – weit abgeschlagen – mit etwas über 121.000 t bei der Gerätekategorie 3, den Geräten der Informations- und Kommunikationstechnik, und das drittgrößte Potenzial mit über 114.000 t bei den Beleuchtungskörpern ohne Gasentladungslampen. Daraus wird deutlich, dass die größte Anstrengung zur Erhöhung der Sammelmenge den Haushaltsgroßgeräten gewidmet werden muss. Wenn die Verbesserung an dieser Stelle nicht gelingt, wird die Sammelquote von 65 % nicht zu erreichen sein.

Tabelle 1: Jahresstatistikmitteilung der Stiftung Elektroaltgeräte Register (ear) 2016

Kategorie	Hersteller					Vertreiber		örE
	b2b		b2c					
	Input	Output	Input	Output (AHK)	Output (ER)	Output	übergebene Altgeräte*	Output (EV)
1	43.982	260	804.931	112.467	14.839	62.435	16.542	126.961
2	2.257	62	200.755	5.159	155	3.537	534	55.987
3	81.715	13.580	160.586	27.656	885	6.832	302	79.387
4	1.314	31	240.581	40.523	1.587	4.851	1.397	85.279
5	51.767	256	94.917	4.609	3.243	1.008	178	7.273
6	13.842	336	132.546	3.054	1.583	1.395	33	23.835
7	6.919	5.519	46.965	58	-	140	2	3.343
8	22.004	2.011	4.652	22	29	27	-	1.047
9	16.095	379	19.459	44	-	52	1	1.312
10	12.608	4.097	30	-	-	46	4	1.950
gesamt	**252.503**	**26.531**	**1.705.422**	**193.592**	**22.321**	**71.373**	**18.993**	**386.374**

Weitere Erläuterungen:

- Spalte *Output (AHK)*: Mengen, die im Rahmen der Abholkoordination der Stiftung Elektro-Altgeräte Register von Herstellern abgeholt und verwertet wurden
- Spalte *Output (ER)*: Mengen, die auf dem Weg sog. Eigenrücknahmen von Herstellern freiwillig zurückgenommen wurden
- Spalte *Output (Vertreiber)*: Menge der von Vertreibern zurückgenommen Altgeräte
- Spalte *Output (EV)*: Menge der von öffentlich-rechtlichen Entsorgungsträgern (örE) in Folge von Optierung selbst verwerteten Altgeräte (sog. Eigenvermarktung)
- Spalte *Übergebene Altgeräte*: Mengen, die von Vertreibern gesammelt und im Anschluss an Hersteller oder öffentlich-rechtlichen Entsorgungsträgern übergeben wurden. Diese Mengen sind folglich in den Outputmengen der Hersteller und öffentlich-rechtlichen Entsorgungsträger enthalten.

Quelle: Stiftung Elektro-Altgeräte Register, Statistische Daten, https://www.stiftung-ear.de/de/service/statistische-daten/jahresstatistik-mitteilung, aufgerufen am 31.01.2019

Die größten Mengen an Elektroaltgeräten aus privaten Haushalten werden durch die öffentlich-rechtlichen Entsorgungsträger gesammelt. Mit der letzten Novellierung des ElektroG sind seit 2016 auch die Vertreiber mit mehr als 400 qm Verkaufsfläche rücknahmepflichtig. Weiterhin sind Hersteller von gewerblich genutzten Geräten (sogenannte b2b-Geräten) verpflichtet, den Besitzern eine Rückgabemöglichkeit anzubieten. Diese Möglichkeit wird jedoch selten genutzt, da andere Abgabemöglichkeiten einfacher und für die Besitzer kostengünstiger sind, wie die Abgabe an eine Erstbehandlungsanlage.

Für Elektroaltgeräte aus privaten Haushalten (sogenannte b2c-Geräte) bieten einige Hersteller kollektive Rücknahmen an. Die von Herstellern individuell oder kollektiv gesammelten Mengen liegen insgesamt jedoch weit unter 5 % der Gesamtmenge. Bild 3 zeigt die Jahresstatistikmitteilung der Stiftung Elektroaltgeräte Register für das Kalenderjahr 2016. Bei den dargestellten Werten handelt es sich jeweils um den gemeldeten Wert in Tonnen je Gerätekategorie. Unter *b2b* sind die von den Herstellern in Verkehr gebrachten (Input) und zurückgenommenen (Output) b2b-Geräte aufgeführt. b2b-Geräte sind solche Geräte, die für den Gebrauch in nicht-privaten Haushalten bestimmt sind, also für die gewerbliche Nutzung. Unter *b2c* werden die Angaben zu Geräten, die in privaten Haushalten genutzt werden können, dargestellt.

2. Datenanalyse

Die Ermittlung der gesammelten Mengen erfolgt in Deutschland auf zwei Wegen. Die Stiftung Elektro-Altgeräte Register erhält die Mitteilungen der gemäß ElektroG zur Rücknahme verpflichteten Hersteller, Vertreiber und öffentlich-rechtlichen Entsorgungsträger sowie der entsorgungspflichtigen Besitzer nach § 19 ElektroG. In 2016 war die Summe der von der Stiftung Elektro-Altgeräte Register gemeldeten Sammelmenge 703.904 t [6]. Die zweite Datenquelle ist Destatis, die Plattform des Statistischen Bundesamts zur Veröffentlichung statistischer Daten. Dort werden die Meldungen der statistischen Landesämter summiert dargestellt. In der Tabelle von 2016 über die zur Erstbehandlung angenommenen Elektro- und Elektronikaltgeräte weist Destatis eine Elektroaltgeräte-Menge von 782.200 t aus.[2] Die Differenz zwischen den Mengen der beiden Datenquellen beträgt etwa 78.000 t.

Bei Befragungen mehrerer Erstbehandlungsanlagen hat der Verfasser festgestellt, dass die Mitteilungen über die behandelten Elektroaltgerätemengen an die Stiftung Elektro-Altgeräte Register häufig unvollständig sind. Die Erstbehandlungsanlagen müssen die Daten über die Behandlungsergebnisse den zur Mitteilung Verpflichteten zur Verfügung stellen. Die Hersteller und öffentlich-rechtlichen Entsorgungsträger fragen die Daten bei den Erstbehandlungsanlagen regelmäßig ab. Vertreiber tun das zum überwiegenden Teil, aber nicht alle. Insbesondere die entsorgungspflichtigen Besitzer von b2b-Altgeräten unterlassen häufig die Mitteilung, wenn sie ihre Elektroaltgeräte an eine Erstbehandlungsanlage übergeben. Das ist eine mögliche Erklärung für die oben dargestellte Mengendifferenz. Die Mengen bei Destatis sind vermutlich deswegen höher, weil die Erstbehandlungsanlagen ihre Daten für die Abfrage durch die statistischen Landesämter aus ihren anlagenbezogenen Abfallbilanzen beziehen. Darin sind alle zur Behandlung angenommenen Elektroaltgeräte erfasst, die als solche deklariert waren. Das Umweltbundesamt trägt in seinen Berichten an das Bundesministerium für Umwelt, Naturschutz und nukleare Sicherheit dieser Erkenntnis Rechnung. Es verwendet die Zahlen von Destatis.

Es gibt auch sehr große regionale Unterschiede in den Sammelmengen der öffentlich-rechtlichen Entsorgungsträger. Manche Bundesländer veröffentlichen in vorbildlicher Weise in ihren Abfallbilanzen die von den öffentlich-rechtlichen Entsorgungsträgern erfassten Elektroaltgeräte aufgeschlüsselt nach Gebietskörperschaften. Dabei fallen beispielsweise in Schleswig-Holstein große Unterschiede ins Auge [4].

Tabelle 2: Gesammelte Abfallmengen 2016 in Schleswig-Holstein nach Gebietskörperschaften und Regionen, Elektroaltgeräte und Kältegeräte in kg pro Einwohner und Jahr

Angaben in kg/(Ew·a)		Alt-metalle	Texti-lien	Holz	E-Schrott	Kälte-geräte	weite-re	Summe	Sum-me*	2015*
ländliche Regionen		3,9	0,5	16,4	7,9	2,1	1,3	32,1	15.965	15.691
Schleswig-Flensburg		5,1	1,2	28,1	7,4	1,7	1,3	44,7	8.890	8.936
Nordfriesland		2,1	0	15,0	7,4	2,3	2,0	28,9	4.778	4.837
Dithmarschen		4,3	0	0,8	9,3	2,4	0,4	17,2	2.297	1.918
ländlich dichter besiedelte Regionen		2,7	2,6	14,2	6,2	1,5	0,7	28,0	26.013	25.110
Steinburg		3,2	0	19,7	7,2	1,6	1,2	32,8	4.333	3.033
Rendsburg-Eckernförde		5,6	2,8	29,0	8,3	1,9	0,4	48,0	13.059	12.508
Plön		0,06	6,2	0	2,9	0,8	0,1	10,1	1.299	1.237
Ostholstein		0	0,9	0	3,7	1,7	1,3	7,6	1.530	2.872
Herzogtum Lauenburg		3,0	3,5	14,1	7,2	1,3	0,7	29,8	5.793	5.460
Hamburger Umland		3,0	3,2	10,4	5,6	1,5	0,4	24,0	19.718	19.562
Stormarn		5,5	4,7	10,5	7,8	1,2	0,8	30,5	7.350	7.231
Segeberg		4,2	4,5	22,2	4,2	2,5	0,3	37,9	10.249	10.151
Pinneberg		0	0,9	0	5,0	0,9	0,04	6,8	2.119	2.180
städtische Regionen		2,5	1,0	13,9	5,2	0,7	0,4	23,7	14.925	13.404
Neumünster		0	0	35,6	2,6	0,7	0,1	39,0	3.128	1.479
Lübeck		1,6	1,2	5,5	5,0	0,8	0,2	14,2	3.065	2.974
Kiel		2,7	0,3	11,2	4,9	0,9	0,4	20,5	5.037	5.087
Flensburg		6,2	3,8	22,1	9,3	0	1,4	42,7	3.696	3.863
Schleswig-Holstein gesamt	2016	3,0	2,1	13,4	6,1	1,4	0,7	26,6	76.621	73.767
	2015	2,9	2,1	13,0	6,0	1,4	0,6	26,0	*Angaben in t	

Quelle: Landesamt für Landwirtschaft, Umwelt und ländliche Räume Schleswig-Holstein, http://www.umweltdaten.landsh.de/bestell/publabfall.html, aufgerufen am 02.02.2019

Die Sammelmengen reichten 2016 von 2,6 bis 9,3 kg pro Einwohner und Jahr. Die Ursache kann einerseits in der Gestaltung der kommunalen Sammlung liegen, andererseits aber auch in der Aktivität und Effizienz konkurrierender Sammelsysteme. Auffällig sind auch die Unterschiede der Sammelergebnisse in Bezug auf die Besiedlungsdichte. In ländlichen Gebieten sammeln öffentlich-rechtliche Entsorgungsträger mehr Elektroaltgeräte als in städtischen Gebieten. Diese Erkenntnis legt den Schluss nahe, dass es in städtischen Gebieten eine stärkere Konkurrenz zur kommunalen Sammlung gibt als in ländlichen Gebieten. Zahlen zu den Sammelmengen aus konkurrierenden Sammelsystemen sind jedoch nicht bekannt.

3. Ursachen für fehlende Sammelmengen und Maßnahmen zur Verbesserung

2018 hat das Umweltbundesamt eine Untersuchung zum Verbraucherverhalten bei der Rückgabe von Elektroaltgeräten veröffentlicht [5]. Darin wurde festgestellt, dass 83 % aller repräsentativ befragten Bürger die Rückgabemöglichkeiten für Elektroaltgeräte kennen und nutzen. Hierzu zählen die Abgabe am Wertstoffhof, die ordnungsgemäße Abholung über den Sperrmüll, die Nutzung von Depotcontainern sowie die Rückgabemöglichkeit über die Vertreiber. 60 % der Befragten fühlen sich gut informiert über die Rückgabemöglichkeiten von Elektroaltgeräten.

In dem Zusammenhang erhebt sich die Frage, warum trotz des 83 %igen Bürgerwissens über die Sammelsysteme nur 40 bis 45 % der in den drei Vorjahren in Verkehr gebrachten Neugerätemengen in die ordnungsgemäße Sammlung gelangen. Mit dem vielfach beschriebenen Horten von Elektroaltgeräten in Haushalten allein ist dieser Effekt nicht zu erklären. Insbesondere bei Haushaltsgroßgeräten können wir gesättigte Märkte unterstellen. Die wenigsten Verbraucher bewahren defekte Waschmaschinen, Herde oder Kühlgeräte im Haushalt lange auf. Damit dürfte die gesammelte Menge auch tatsächlich annähernd nur 40 bis 45 % der verfügbaren Elektroaltgerätemenge betragen.

Zur Verbesserung der Situation müssen die Ursachen genauer untersucht und Maßnahmen wirksam adressiert werden. Tabelle 3 zeigt einige mögliche Ursachen zur Erklärung der Defizite und mögliche Maßnahmen.

Ob und welche der in Tabelle 3 aufgeführten Maßnahmen durchführbar und wirksam sind, ist zu diskutieren und in Versuchen zu überprüfen. In der Spalte der Adressaten stehen mehrere Stakeholder, die unterschiedliche Interessen verfolgen. Allen ist gemeinsam, dass die Sammlung von Elektroaltgeräten nicht ihre Kernaufgabe ist. Teilweise stehen die Stakeholder in Wechselwirkungen zueinander. Solche Wechselwirkungen gibt es sowohl innerhalb der Stakeholdergruppen als auch von einer Stakeholdergruppe zur anderen. An dieser Stelle können Erkenntnisse aus dem Projekt GORmin weiterhelfen [1]. Die Sozialwissenschaftler aus dem Helmholtzzentrum für Umweltforschung in Leipzig entwickeln Governanceinstrumente für eine verantwortungsvolle Entwicklung von Rohstofftechnologien. Die Erkenntnisse aus dem Projekt dürften auf die Gewinnung von Rohstoffen durch eine effiziente Sammlung von Elektroaltgeräten übertragbar sein. Ansatzpunkte für die Governanceinstrumente sind die Rollen der Akteure, die verhaltensbestimmenden Werte, das lokale Wissen und das Grundverständnis von Konzepten.

Sehr vielversprechend sind auch die Untersuchungen der Umweltpsychologen der Otto-von-Guericke-Universität Magdeburg [3]. In Feldversuchen wurde festgestellt, dass die Effizienz der Elektroaltgerätesammlung vom Verhältnis aus der intrinsischen Motivation (von lateinisch intrinsecus *hineinwärts* oder *inwendig*) der Konsumenten zu den Verhaltenskosten bei der Abgabe von Elektroaltgeräten abhängig ist. Verhaltenskosten entstehen als Geldaufwand oder Zeitaufwand für die Zuführung von Elektroaltgeräten zu einer Sammelstelle. Während die intrinsische Motivation nur über lange Zeiträume von Jahren beeinflussbar ist, können die Verhaltenskosten sehr direkt und mit kurzfristigen Maßnahmen beeinflusst werden. Ein Beispiel dafür ist die haushaltsnahe Erfassung gegenüber dem Bringsystem.

Mit der Einbeziehung psychologischer und sozialwissenschaftlicher Kompetenzen bestehen realistische Chancen auf die Einführung und Umsetzung geeigneter Maßnahmen zur Erhöhung der der Sammelquoten von Elektroaltgeräten in Deutschland.

Tabelle 3: Mögliche Ursachen für die Verfehlung der Mindestsammelquote für Elektroaltgeräte mit adressierten Maßnahmen zur Verbesserung

Ursache	Maßnahme	Adressat
Bürger beteiligen sich nur manchmal an der ordnungsgemäßen Rückgabe	Pauschal festgelegte Informationspflichten sind zu konkretisieren	Gesetzgeber
s.o.	Verbraucheraufklärung - alters- und zielgruppengerecht	Hersteller, Vertreiber, örE
s.o.	Imagekampagnen	Erstbehandler
Verkauf funktionsfähiger Geräte als Gebrauchtgeräte, insbesondere ins Ausland	Ermittlung der Mengen, die ins Ausland ausgeführt und damit der in Verkehr gebrachten Menge entzogen werden	Kontrollinstanzen des Außenhandels
Verkauf von Elektroaltgeräten über Onlineplattformen	Untersagung des Angebots defekter Geräte	Betreiber der Onlineplattformen
Horten defekter Geräte	Verbesserung der Abgabemöglichkeiten durch höhere Kundenorientierung an verbrauchernahen Sammelstellen	öffentlich-rechtliche Entsorgungsträger, Vertreiber
illegale Entwendung ganzer Geräte durch Dritte in der Logistikkette zwecks Wiederverwendung	Vollzug umstellen von reaktivem Verhalten auf mehr Routinekontrollen und Ausnutzung der Ahndungsmöglichkeiten bei Fehlverhalten	oberste Abfallbehörden der Bundesländer
illegale Beraubung durch Dritte in der Logistikkette zur Wertstoffgewinnung	Zugriffsmöglichkeiten verringern durch möglichst kurze Verweildauer von Sperrmüll am Straßenrand, Sicherung der gesammelten Altgeräte vor dem unbefugten Zugriff	öffentlich-rechtliche Entsorgungsträger
Vertreiber nehmen Elektroaltgeräte an, verkaufen sie jedoch am System vorbei als Gebrauchtgeräte	Vollzug umstellen von reaktivem Verhalten auf mehr Routinekontrollen und Ausnutzung der Ahndungsmöglichkeiten bei Fehlverhalten	Untere Abfallbehörden der Bundesländer
Schrottsammler holen ohne Berechtigung Elektroaltgeräte von Haushalten ab	Hinweis auf die rechtlichen Anforderungen zur Einsammlung von Elektroaltgeräten an die Antragsteller für die Gewerbeanmeldung	Gewerbeanmeldestellen der Kommunen, IHK
Schrottverwertungsanlagen nehmen illegal und unter falscher Deklaration Elektroaltgeräte zur Behandlung an	Vollzug umstellen von reaktivem Verhalten auf mehr Routinekontrollen und Ausnutzung der Ahndungsmöglichkeiten bei Fehlverhalten	Untere Abfallbehörden der Bundesländer
die geteilte Produktverantwortung führt zur Vernachlässigung der Pflichten einzelner Stakeholder	Teilung der Produktverantwortung aufgeben oder besser regeln	Gesetzgeber

4. Quellen

[1] Bleicher, A.; Rutjes, H.; David, M.: Policy Brief des Helmholtzzentrums für Umweltforschung, Leipzig 2018

[2] Destatis, Tabelle: Zur Erstbehandlung angenommene Elektro- und Elektronikaltgeräte. In: https://www.destatis.de/DE/ZahlenFakten/GesamtwirtschaftUmwelt/Umwelt/Abfallwirtschaft/Tabellen/TabellenErstbehandlung.html, aufgerufen am 31.01.2019

[3] Kibbe, A.: Psychologische Determinanten von Recyclingverhalten, Symposium Chancen für den Harz, Goslar 2017

[4] Landesamt für Landwirtschaft, Umwelt und ländliche Räume Schleswig-Holstein, http://www.umweltdaten.landsh.de/bestell/publabfall.html, aufgerufen am 02.02.2019

[5] Schmiedel, U.; Löhle, S.; Bartnik, S.: Verbraucherumfrage zum Entsorgungsverhalten von Elektro(nik)altgeräten in: Umweltbundesamt Text 92/2018

[6] Stiftung Elektro-Altgeräte Register, Statistische Daten, https://www.stiftung-ear.de/de/service/statistische-daten/jahres-statistik-mitteilung, aufgerufen am 31.01.2019

Ansprechpartner

Dr. Dirk Schöps
REWIMET e.V.
Cluster Manager
Operations
Leibnizstraße 23
38678 Clausthal-Zellerfeld, Deutschland
+49 160-7202205
info@rewimet.de

Digitalisierung in der Kreislaufwirtschaft am Beispiel der automatisierten Demontage für Cascade Use Anwendungen und Recycling

Jan Henning Seelig, Sven Birkenfeld, Oliver Keich und Torsten Zeller

Der Ausbau der Ressourceneffizienz nimmt in Deutschland einen wichtigen Stellenwert ein, da die Schonung natürlicher Ressourcen nicht nur aufgrund ökologischer Aspekte, sondern auch aus wirtschaftlicher Sicht bedeutend ist. Eine gesicherte Rohstoffversorgung ist für eine stabile Wirtschaftsleistung unabdingbar. Branchen wie der Maschinen- und Anlagenbau profitieren zudem durch die Weiterentwicklung vorhandener sowie die Entwicklung neuer Recyclingtechnologien. Für die Etablierung einer ökonomisch sowie ökologisch tragfähigen Kreislaufwirtschaft werden zukünftig innovative Recycling- und Kaskadennutzungs-Strategien (vgl. Bild 3) eine entscheidende Rolle spielen. Essentiell sind dabei hochspezifische Rückgewinnungsverfahren, die durch die Verwendung digitaler Datenverarbeitung unterstützt werden. Der folgend vorgestellte Ansatz sieht eine automatisierte Demontage zur gezielten Gewinnung von Komponenten und Konzentraten vor und zielt damit auf ein möglichst hochwertiges Recycling technisch komplexer Produkte wie Elektro(nik)geräte oder Kraftfahrzeuge bzw. deren Komponenten ab.

Der vorliegende Fachbeitrag gibt eine Übersicht über die Ergebnisse, welche in zwei bereits abgeschlossenen Projekten und einem derzeit laufenden Projekt zur industriellen Demontage erzielt wurden. Im Einzelnen sind dies:

- Demontagefabrik im urbanen Raum – Erweiterte Stoffstromanalyse [3],
- Demontagefabrik im urbanen Raum – Konzeption und Planung [13] und
- Industrielle Demontagefabrik 4.0 [laufendes Projekt].

Tiefergehende Details sind in den entsprechenden Projektberichten nachzulesen.

Die Realisierung einer industriellen Demontagefabrik wird im Rahmen der Landesstrategie *Ressourceneffizienz Baden-Württemberg* vom Ministerium für Umwelt, Klima und Energiewirtschaft Baden-Württemberg gefördert. Das Bundesland konkretisiert seine ressortübergreifende Digitalisierungsstrategie mit dem Ziel, die Nachhaltigkeit und Innovationskraft, verbunden mit einem konkreten Nutzen für die Bürgerinnen und Bürger, zu intensivieren. In diesem Rahmen hat der Ausbau der baden-württembergischen Vorreiterrolle auf dem Gebiet der Digitalisierung der Industrie einen hohen Stellenwert.

1. Demontage – wozu?

Die Produkte der modernen Industriegesellschaft beinhalten aufgrund voranschreitender technischer Entwicklungen und Digitalisierung eine zunehmende Anzahl an Elementen, von denen einige unter Berücksichtigung unterschiedlicher Einflussfaktoren als versorgungskritisch für ansässige Industrien eingestuft werden [1, 2, 5, 7]. Mit der Primärgewinnung der benötigten Rohstoffe sind stets Umweltauswirkungen verbunden, bei manchen sind zudem negative soziale Auswirkungen in den Förderländern zu verzeichnen [12]. Ziel muss daher sein, die Rohstoffe lange in der Verwendung zu halten. Die Zielvorgaben des Kreislaufwirtschaftsgesetzes [6] sehen zu diesem Zweck die Etablierung einer Abfallhierarchie vor, in der die Wiederverwendung dem Recycling vorzuziehen ist (Bild 1).

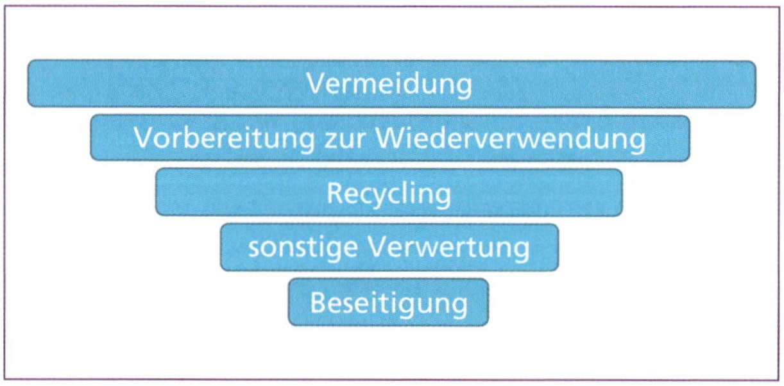

Bild 1:

Abfallhierarchie laut Kreislaufwirtschaftsgesetz

Quelle: Kreislaufwirtschaftsgesetz vom 24. Februar 2012 (BGBl. I S. 212), das zuletzt durch Artikel 2 Absatz 9 des Gesetzes vom 20. Juli 2017 (BGBl. I S. 2808) geändert worden ist.

Erst wenn eine Wiederverwendung nicht möglich ist, sind die betreffenden Produkte am Ende ihrer Nutzung zu recyceln. Um den Primärabbau zu reduzieren und die Ressourceneffizienz effektiv zu verbessern, muss dies möglichst hochwertig unter Vermeidung funktioneller Verluste geschehen, die das Anwendungsspektrum des Sekundärmaterials gegenüber dem Primärmaterial einschränken würden [9].

Eine hochwertige Kreislaufführung wird unter anderem durch folgende Umstände verhindert:

- Die bestehende Abfalllogistik zielt nicht auf die Unversehrtheit der Produkte in Sammlung und Transport ab. Die Vorbereitung zur Wiederverwendung erfordert daher die Etablierung verbesserter Logistikstrukturen.

- Die Marktpreise wirtschaftskritischer Rohstoffe aus der Primärgewinnung sind verhältnismäßig niedrig. Grund dafür ist die fehlende Internalisierung der externen Umwelt- und Sozialkosten. Die Erfordernis, diese Marktpreise mit sekundär gewonnenen Rohstoffen zu erreichen oder zu unterbieten, senkt die Gewinnspanne der Recyclingverfahren.
- In komplexen Produkten und den entsprechenden Abfallströmen liegen viele Elemente nur in geringen Konzentration vor. Dadurch ist beim Recycling der Quotient zwischen Input und Output sehr hoch und die Rückgewinnung unwirtschaftlich.
- Komplexe Produkte werden im Zuge des Recyclings oftmals einer maschinellen Zerkleinerung und Sortierung unterzogen. Dabei kommt es aufgrund von Anhaftungen und unvollständiger Auftrennung zu hohen Materialverlusten [8].

Die automatisierte Demontage kann einerseits als Werkzeug der Vorbereitung zur Wiederverwendung dienen und andererseits auch ein hochwertiges Recycling unterstützen, da sie folgende Vorteile bietet:

- Eine Einzelbehandlung der Geräte ermöglicht die individuelle Entscheidung zwischen Wiederverwendung und Recycling. Durch gerätespezifische Informationen kann der Marktwert des Gebrauchtgerätes bzw. einzelner Komponenten dem Demontageaufwand kalkulatorisch gegenübergestellt werden, wodurch eine individuelle Beurteilung der Wirtschaftlichkeit möglich ist.
- Wird die Wiederverwendung eines Produkts angestrebt, so muss eine Funktionsprüfung erfolgen. Diese kann aufgrund der ohnehin etablierten Einzelbehandlung in der Demontage mit geringerem Mehraufwand realisiert werden als in derzeitigen Recyclingsystemen.
- Gezielter Ausbau einzelner Bauteile oder Baugruppen fördert das Ersatzteilangebot.
- Durch gezielten Ausbau von Materialien können kostengünstig Vorkonzentrate bereitgestellt werden. Ein so erzeugtes, stabiles Angebot spezifischer Konzentrate fördert die Etablierung neuer, spezialisierter Rückgewinnungsverfahren, die andernfalls den Sprung von der Entwicklung zur Markteinführung nicht bewältigen.

2. Wirtschaftlichkeit der Demontage

Im Projekt *Demontagefabrik im urbanen Raum – Konzeption und Planung* [13] wurde eine Wirtschaftlichkeitsbetrachtung durchgeführt, um die grundlegende Umsetzbarkeit einer industriellen Demontage von EoL-Geräten (EoL = End-of-Life) zu überprüfen. Dazu wurde im ersten Schritt aufgrund folgender Kriterien eine Modell-Produktgruppe ausgewählt:

- für eine Demontage geeigneter technischer Aufbau,
- ausreichende mengenbezogene Verfügbarkeit für eine industrielle Umsetzung sowie
- Beinhaltung wirtschaftsstrategischer Rohstoffe.

Die Wahl fiel dabei auf elektrische Motoren und Generatoren in Form von Industrie-Elektromotoren, elektrischen Fahrrad-Antriebsmotoren und Nabendynamos. Die dabei gewonnenen Erkenntnisse lassen sich aufgrund des ähnlichen Aufbaus grundsätzlich auf Motoren und Generatoren aus dem Kfz-Bereich übertragen.

Die Tiefe einer Demontage kann je nach Anforderung unterschiedlich ausfallen. Ist der Zweck eine reine Materialrückgewinnung, so ist eine große Demontagetiefe erforderlich. Sollen hingegen Bauteile oder Baugruppen zur Wiederverwendung ausgebaut werden, so wird der Demontageaufwand entsprechend geringer ausfallen. Für die Wirtschaftlichkeitsbetrachtung wurde eine sauberen Trennung sämtlicher Materialien zugrunde gelegt, die möglichst hochwertige Konzentrate für die anschließende Vermarktung erzeugt. Da bei Bergung von Baugruppen bzw. Bauteilen von einem geringeren Demontageaufwand bei gleichzeitig höheren erzielbaren Preisen auszugehen ist, was den wirtschaftlichen Erfolg stark begünstigt, ist die Wirtschaftlichkeitsbetrachtung konservativ ausgelegt.

Ausschlaggebend für die Höhe der Kosten einer Demontage ist der benötigte Arbeitsaufwand. Um diesen für die betrachteten Produkte zu ermitteln, wurden manuelle Demontageversuche durchgeführt. Diese lieferten ebenfalls Daten zu den beinhalteten Materialmengen. Auf Basis dieser Erkenntnisse wurde zunächst die Wirtschaftlichkeit einer manuellen Demontage im industriellen Maßstab berechnet. (Eine detaillierte Darstellung der Berechnungsgrundlagen ist dem Abschlussbericht des Projekts [13] zu entnehmen). Dies erwies sich aufgrund des hiesigen Lohnniveaus als unwirtschaftlich. Die Ergebnisse dienten anschließend dazu, die durch eine roboterbasierte Automatisierung zu erreichende Verringerung der Demontagezeiten zu berechnen, die den wirtschaftlich selbsttragenden Betrieb (*schwarze Null*) der Demontagefabrik ermöglicht. Das Ergebnis dieser Modellrechnung ist die Erkenntnis, dass die Demontage durch Roboter den Zeitaufwand um etwa ein Drittel gegenüber der manuellen Vorgehensweise verringern müsste. Da eine solche Zeitersparnis durch moderne Datenverarbeitungs- und Automatisierungstechnik im Bereich des Möglichen liegt, wurden weiterführende Entwicklungen zur Realisierung einer automatisierten Demontagefabrik vorgenommen. Diese werden in Kapitel 3 dargestellt.

Eine Stoffstromanalyse diente in dem durchgeführten Projekt der Abschätzung zu erwartender Abfallmengen der betrachteten Produktgruppen. Da bei der Demontage ein erhöhter Mengendurchsatz bei gegebener Verarbeitungsgeschwindigkeit nur durch Parallelisierung der Demontagestationen erreicht werden kann, ist die absolute Menge des verarbeiteten Stoffstroms nicht entscheidend für die Wirtschaftlichkeit. Vielmehr ist die Beständigkeit des Input-Stoffstroms ausschlaggebend, um eine industrielle Demontagefabrik erfolgreich betreiben zu können. Die Demontagefabrik kann somit in unterschiedlicher Skalierung realisiert werden.

Beim bisher etablierten Recycling technisch komplexer Produkte wie Elektro(nik)geräte oder Kraftfahrzeuge, bei dem zumeist ein maschineller Zerkleinerungsschritt erfolgt, ist hingegen ein höherer Mengendurchsatz durch Upscaling der Verarbeitungsanlagen möglich. Dieser führt – bei gegebener Auslastung – durch Skaleneffekte oft zu einer besseren Wirtschaftlichkeit größerer Anlagen. Die Demontage ist demgegenüber bereits in kleinerem Maßstab realisierbar.

3. Realisierung der automatisierten Demontage

Bei der automatisierten Demontage eines Produktes sind im Vergleich mit der Montage zusätzliche Herausforderungen zu überwinden:

- Die unbekannte Zusammensetzung angelieferter EoL-Produktchargen macht eine Identifizierung der EoL-Produkte notwendig.
- In der Demontage werden verschiedene Produkttypen an den gleichen Stationen verarbeitet. Diese müssen daher eine hohe Flexibilität aufweisen.
- Veränderungen aus der Nutzungsphase, wie beispielsweise ausgetauschte Schrauben oder Verschmutzungen, treten auf und dürfen die Arbeitsabläufe nicht stören.

Zwecks Überführung der Demontage in die industrielle Anwendung wurde ein Konzept zur Ausgestaltung einer Demontagefabrik entwickelt, das diese Herausforderungen berücksichtigt. Dieses basiert auf Ergebnissen des Projekts *Demontagefabrik im urbanen Raum – Konzeption und Planung* [13] und wird im Folgenden vorgestellt.

3.1. Ausgestaltung der Demontagefabrik

Bild 2 gibt eine schematische Übersicht über die mögliche Ausgestaltung einer industriellen Demontagefabrik. Der Modellstoffstrom wurde gegenüber den in [13] dargestellten Projektergebnissen um Kfz-Traktionsmotoren, aufgrund deren ähnlichen Aufbaus sowie ihrer Eignung für ReUse und Refurbishment im Sinne einer Kaskadennutzung, erweitert.

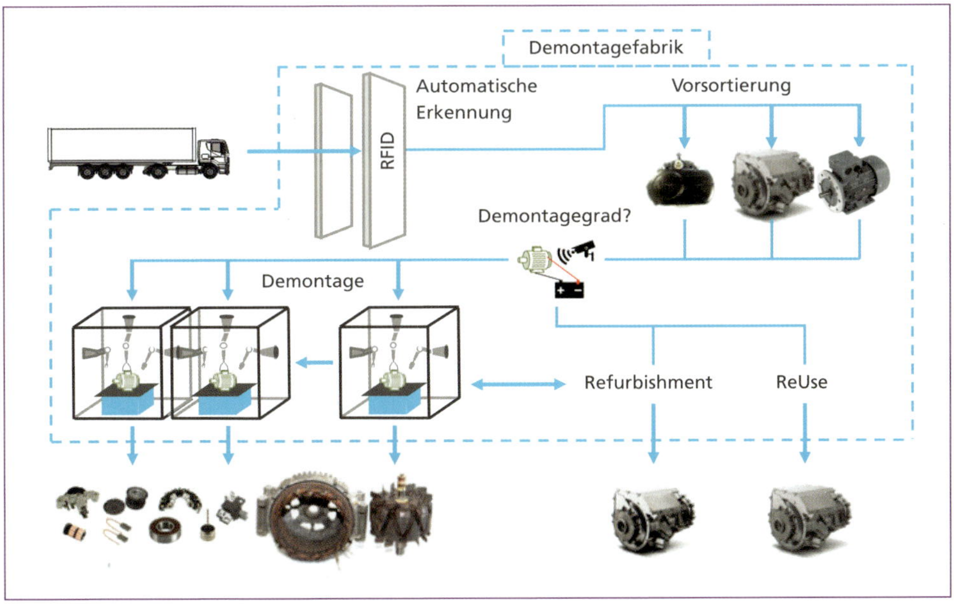

Bild 2: Konzept zur Ausgestaltung einer industriellen Demontagefabrik für Elektromotoren (Industrie-Elektromotoren, Kfz-Traktionsmotoren und Antriebsmotoren aus dem Fahrradbereich)

Elektro(nik)geräte

Der Ablauf notwendiger Arbeitsschritte innerhalb der Demontagefabrik ist wie folgt geplant:

Anlieferung der EoL-Produkte als gemischte Charge

Die Demontagefabrik ist als zentralisierte Einrichtung vorgesehen. Mit dem Ziel der Vermeidung unnötiger Transportaufwände wird daher davon ausgegangen, dass die zu verarbeitenden Antriebe bereits ausgebaut in die Demontagefabrik gelangen. Die Entscheidung darüber, ob die Verarbeitung eines spezifischen EoL-Produkts aus ökonomischen oder ökologischen Gesichtspunkten vorteilhaft ist, sollte dabei bereits vor der Anlieferung erfolgen. Zu diesem Zweck ist die Nutzung einer zentralen Demontage-Datenbank vorgesehen, zu der Sammelstellen oder zuliefernde Entsorgungsbetriebe entsprechend Zugang benötigen. Durch Nutzen eines Markiersystems (z.B. RFID) und das Bereitstellen einer automatisierten Datenauswertung kann die Entscheidungsfindung schnell und ohne weiteres Detailwissen ermöglicht werden. Die gleiche Datenbank dient innerhalb der Demontagefabrik der Information über die Zusammensetzung der Charge bei Anlieferung.

Vorsortierung

Nach Anlieferung erfolgt eine manuelle Vorsortierung zwecks Zuordnung der verschiedenen EoL-Produkte in spezialisierte Demontagemodule. In einer Studie von Spitzbart et al. [10], in der unterschiedliche Szenarien zur Demontage von Elektrokleingeräten verglichen wurden, erwiesen sich Szenarien, die eine Vorsortierung umfassten, hinsichtlich Effizienzsteigerung und Kostenoptimierung als sehr vorteilhaft und ermöglichen demnach eine 15 bis 20%ige Steigerung der wirtschaftlichen Performance. Ein weiterer Vorteil der Vorsortierung ist die Möglichkeit zur Ausschleusung bei der Sammlung aufgetretener Fehlwürfe aus dem Input-Stoffstrom.

Zwecks Vorselektion ist die eindeutige Identifizierung der Produkte notwendig. Im Idealfall ist diese wiederum durch ein einheitliches Markiersystem möglich. Sind die entsprechenden Markierungen nicht lesbar, so ist eine Identifizierung alternativ mittels bildgebender Verfahren realisierbar. Eine Separation in Unterkategorien, die sich nach der Konstruktionsweise der Geräte richten, bedingt eine Minimierung der nötigen Werkzeugausstattung bzw. -wechsel in den Demontagemodulen und dient zudem der Zuordnung zu den automatisierten Prüfplätzen.

Automatisierte Vorprüfung

Um hinsichtlich einer angestrebten Kaskadennutzung den größtmöglichen Mehrwert zu erzielen, werden die zur Wiederverwendung vorgesehenen EoL-Produkte einer optischen und funktionalen Prüfung unterzogen. Digitale Szenenanalyse kann dabei eingesetzt werden, um durch optische Aufnahmen Informationen über das EoL-Produkt zu gewinnen, die schließlich mit zuvor festgelegten Prüfparametern bzw. einer Referenzdatenbank abgeglichen werden können. Einerseits haben Verschleißzustand und Einsatzfähigkeit Einfluss auf den Wert, andererseits können korrosions- oder transportbedingte Schäden den Demontageprozess be- oder verhindern.

Die Entscheidung über die Demontagetiefe muss auf Basis eines multikriteriellen Ansatzes erfolgen. Durch Anbindung an die zentrale Demontage-Datenbank sind beispielsweise Informationen über Materialinhalte und Demontagezeiten abrufbar. Für den Fall, dass eine individuelle Produkterkennung auf Basis eines Markiersystems etabliert werden kann, ist im Sinne eines *Track and Trace* der individuelle Lebensweg eines Produktes nachvollziehbar. Dies ermöglicht unter anderem einen durch statistische Auswertung zu erzielenden Erkenntnisgewinn hinsichtlich Lebensdauer bzw. Ausfallwahrscheinlichkeit. Zusätzlich müssen Informationen über die Marktlage für wiederaufbereitete Produkte bzw. einzelne Baugruppen oder Bauteile des jeweiligen EoL-Produkts einfließen. Dazu zählen die Nachfrage sowie die erzielbaren Einnahmen.

Die weitere Behandlung und die Demontagetiefe werden auf Basis dieser Daten festgelegt und die Information daraufhin mit dem individuellen Produkt verbunden. Die unterschiedlichen Optionen der Kaskadennutzung, welche Einfluss auf die Demontagetiefe haben, sind in Bild 3 dargestellt.

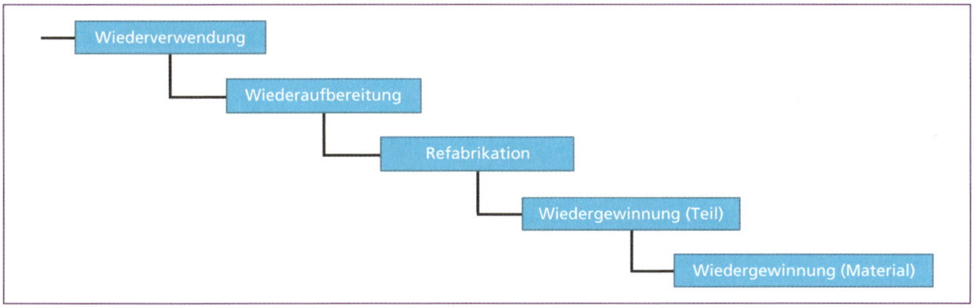

Bild 3: Optionen der Kaskadennutzung demontierbarer EoL-Produkte

Die Verwertungsmöglichkeit, welche nur bei geprüft einwandfreiem Zustand eines Produkts möglich ist und keine Demontage erforderlich macht, ist die direkte Wiederverwendung (ReUse). Bei der Wiederaufbereitung (Refurbishment) wird durch Überholung und Instandsetzung die Einsatzfähigkeit wiederhergestellt. Dies erfordert eine zerstörungsfreie Demontage mit mehr oder weniger großer Demontagetiefe. Refabrikation (Remanufacturing) unterscheidet sich von der Wiederaufbereitung dadurch, dass das verarbeitete Produkt auf den Qualitätsstandard eines Neuteils gebracht wird. Auch eine Aktualisierung des technischen Standards gegenüber dem Originalzustand bei (Erst-)Auslieferung ist möglich. Refabrikation erfordert insgesamt einen höheren Aufwand als die Wiederaufbereitung, kann jedoch insgesamt ökologisch wie ökonomisch vorteilhaft sein.

Sind die bisher genannten Optionen aufgrund des Produktzustands nicht möglich, so bleibt die Möglichkeit zur Wiedergewinnung einzelner Bauteile (Parts Recovery), die wiederum für die Wiederaufbereitung anderer Geräte eingesetzt werden. Die letzte zu wählende Option ist die Wiedergewinnung enthaltener Materialien (Material Recovery) aus einem zu demontierenden EoL-Produkt. Diese Option kann aufgrund eines schlechten Produktzustands, mangelnder Nachfrage oder nicht gegebener Wirtschaftlichkeit gewählt werden und erfordert die tendenziell höchste Demontagetiefe.

In dem Konzept der Demontagefabrik sind Prüfeinrichtungen vorgesehen, die automatisiert funktionsspezifische Prüfmechanismen anwenden. Diese sollen eventuelle Schäden erkennen, die nicht durch optische Auswertung zu ermitteln sind. Anwendbar wären im Bereich der Elektromotoren beispielsweise elektrische oder akustische Prüfparameter.

Funktionsfähige EoL-Produkte können bereits hier separiert und bei gegebener Möglichkeit zur direkten Wiederverwendung vermarktet werden. Defekte sowie zur Wiederaufbereitung, Refabrikation bzw. Wiedergewinnung von Teilen oder Materialien vorgesehene Geräte werden demontiert.

Demontage

In der Demontagefabrik werden, wie in Bild 2 dargestellt, mehrere Demontagestationen (sogenannte Demontagemodule) parallel betrieben. Dabei können sowohl gleich ausgestattete Module zur Anpassung an den Mengendurchsatz vorhanden sein als auch Module mit unterschiedlich spezialisierter Ausstattung für verschiedene EoL-Produktklassen. In jedem Fall sind die Demontagemodule im Konzept der Demontagefabrik so geplant, dass diese jeweils zur Verarbeitung eines Spektrums verschiedener Gerätetypen befähigt sind.

Ob ein Demontagemodul zur vollständigen Demontage eines Produktes befähigt sein sollte, oder eine Übergabe teildemontierter Produkte zwischen unterschiedlichen Demontagemodulen stattfinden muss, um eine wirtschaftlichere Betriebsweise zu erreichen, ist im Einzelfall von den notwendigen Arbeitsschritten abhängig und dementsprechend zu prüfen.

Da in einem einzelnen Demontagemodul stets verschiedene Arbeitsschritte durchgeführt werden, ist eine sehr flexible maschinelle Ausstattung erforderlich. Im Gegensatz zu einer Montagestrecke, bei der unterschiedliche Stationen für einen definierten Teilschritt vorgesehen sind, ist durch die Verwendung von Industrierobotern mit Werkzeugwechselsystemen ein Gesamtsystem einzurichten, welches verschiedenste Handling-, Spann- und Trennaufgaben erfüllen kann. Jedes Modul kann bei Veränderungen des Input-Stoffstroms der Demontagefabrik durch Austausch der Werkzeugausstattung an ein verändertes Produktspektrum angepasst werden.

Zwecks Wertstoffgewinnung ist im Demontagemodul eine bestmögliche Separation der Stoffströme zu etablieren. Für alle Wertstoffkategorien sind dazu eigene Behälter bereitzustellen, was einer automatisierten Sortierung nach gemeinsamer Sammlung vorzuziehen ist [10].

3.2. Entwicklung eines automatisierten Demontagemoduls

Die Entwicklung eines automatisierten Demontagemoduls ist Gegenstand des derzeit am CUTEC Clausthaler Umwelttechnik Forschungszentrum durchgeführten Projekts *Industrielle Demontagefabrik 4.0* (Förderkennzeichen L75 18003). Dieses soll dem Nachweis dienen, dass das Erreichen wirtschaftlicher Demontagezeiten durch roboterbasierte

Automatisierung möglich ist. In den folgenden Unterkapiteln werden erste Ergebnisse zur Ausgestaltung des Demontagemoduls hinsichtlich der digitalen Datenverarbeitung und der erforderlichen maschinellen Ausstattung vorgestellt.

Als Modellstoffstrom für die Entwicklung des Moduls wurden Kfz-Lichtmaschinen gewählt. Diese Produktgruppe ist bereits Gegenstand des Wiederaufbereitungsgeschäfts unterschiedlicher Hersteller im Kfz-Bereich. Eine Kaskadennutzung ist in dieser Hinsicht somit teilweise etabliert. Die notwendigen Arbeitsschritte der Demontage werden dabei bisher weitgehend manuell durchgeführt.

3.2.1. Digitale Datenverarbeitung

Jedes einzelne Demontagemodul soll zur weitgehend selbständigen Demontage unterschiedlicher Lichtmaschinentypen fähig sein. Die Komplexität dieser Aufgabenstellung wird zusätzlich durch die Vielzahl möglicher nutzungsbedingter Veränderungen erhöht. Die daher notwendige Flexibilität ist nur durch Einsatz digitaler Informationsverarbeitung zu erreichen. Die benötigten Funktionalitäten sind in Bild 4 dargestellt.

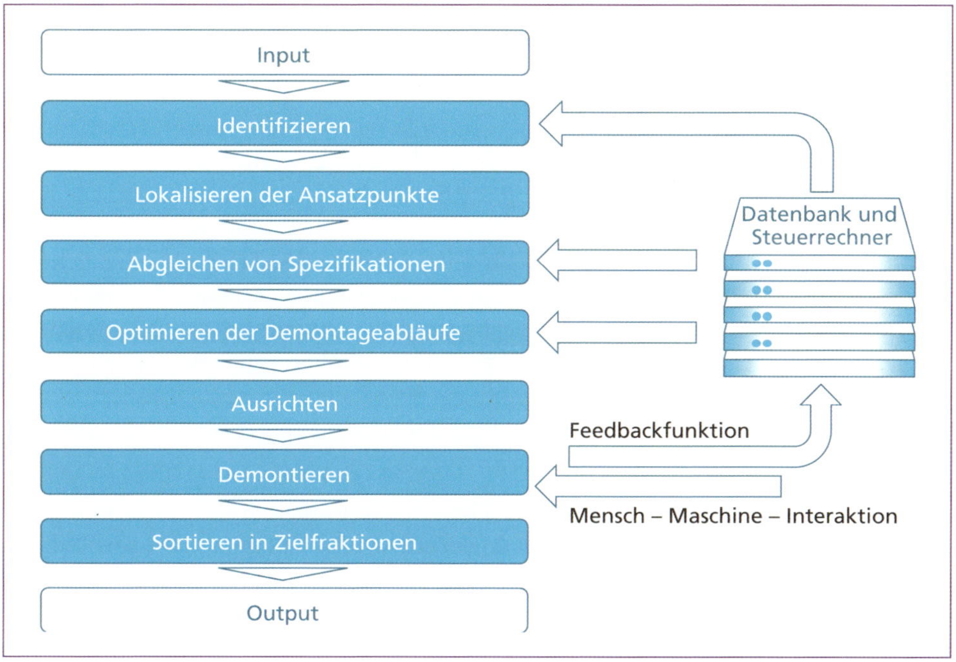

Bild 4: Durch digitale Datenverarbeitung zu unterstützende Funktionalitäten eines Demontagemoduls

Im hier entwickelten Konzept ist die stückweise Verbringung der Lichtmaschinen in die Module vorgesehen. Ein flexibel gestaltetes Demontagemodul muss zunächst fähig sein, den vorliegenden Input zu identifizieren sowie dessen Positionierung zu erkennen. Nach Abrufen der zugehörigen Konstruktionsdaten für die vorliegende Lichtmaschine können die Ansatzpunkte für die Demontagewerkzeuge, wie beispielsweise Schraubenköpfe, Druck- oder Greifpunkte, lokalisiert werden. Die Auswertung der optisch erfassten Daten beinhaltet den Abgleich mit den werkseitigen Spezifikationen. Softwareseitig werden dabei die optisch erfassten Daten mit hinterlegten Modellen aus der Demontage-Datenbank gematcht (Bild 5), was einen hohen Aufwand hinsichtlich der Algorithmen zur Szenenanalyse erfordert.

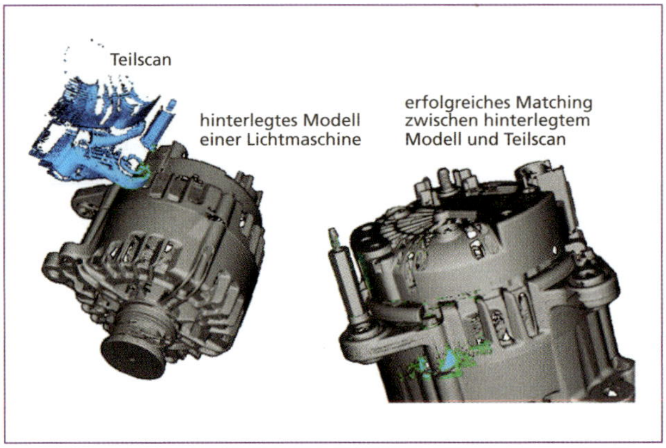

Bild 5:

Links: Visualisierung des digitalen Matchings zwischen einem per 3D-Scanner erfassten Bildausschnitt (Teilscan, blau) und einem in der Demontage-Datenbank hinterlegtem digitalen Modell einer Lichtmaschine (grau); rechts: erfolgreiche Positionsbestimmung

Erkannte Abweichungen, wie geänderte Schraubenköpfe, werden in die Planung der Demontageabläufe zwecks Optimierung der benötigten Zeiten einbezogen. Die Bilderkennung muss dabei fähig sein, einerseits schnell ähnliche Produkttypen voneinander zu unterscheiden und andererseits auch feine Details, wie beispielsweise Schraubenköpfe und deren Orientierung, eindeutig auszumachen. Anhand der ermittelten Position der Lichtmaschine und der beabsichtigten Reihenfolge der Arbeitsschritte werden anschließend Steuerbefehle für die Industrieroboter generiert. Die optische Datenerfassung wird während der Demontage für Szenenanalysen eingesetzt, um die Präzision der Abläufe zu gewährleisten und bei Abweichungen von den Sollwerten entsprechend einzugreifen.

Die physischen Aufgaben während der Demontage umfassen die Ausrichtung der Lichtmaschine, das Trennen einzelner Materialien und Komponenten sowie deren Entfernen aus dem Arbeitsbereich und sortiertes Ablegen. Beim Demontieren ist mit dem Auftreten unvorhersehbarer Problemstellungen zu rechnen, zu deren Überwindung menschliches Eingreifen notwendig sein wird. Damit die Demontage bei dem erneuten Eintreten einer gleichartigen Problemstellung unterbrechungsfrei abläuft, ist die Ermöglichung einer Mensch-Maschine-Interaktion sowie die Hinterlegung des dabei erarbeiteten Lösungswegs in der Datenbank erforderlich. Dazu ist es langfristig vorgesehen, eine Feedbackfunktion zu integrieren. Aufgrund der datenseitigen Vernetzung mehrerer Demontagemodule innerhalb der Demontagefabrik „lernen“ sämtliche Module durch die in einem Modul eingetretene und gelöste Problemstellung. Der Lernprozess ist somit durch den parallelen Betrieb vieler Module zu beschleunigen.

3.2.2. Maschinelle Ausstattung

Die Planung der maschinellen Ausstattung des Demontagemoduls (Bild 6) basiert auf den Erkenntnissen über notwendige Arbeitsschritte aus manuellen Vorversuchen der Demontage von Lichtmaschinen.

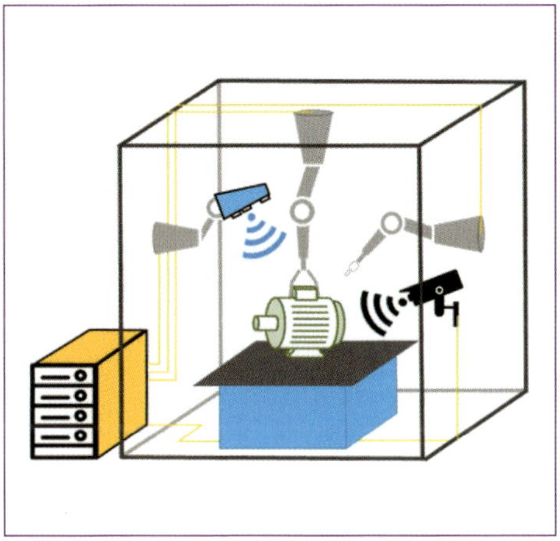

Bild 6: Konzeptdarstellung des Demontagemoduls mit Kamera und 3D-Scanner zur optischen Datenerfassung, Steuerrechner, Industrierobotern und zentralem Spanntisch

Durch umfangreiche Gespräche mit Marktteilnehmern sowie das Testen verschiedener Produkte wurde die geeignete Ausstattung für die optische Erfassung ausgewählt. Die Bilderkennung durch einen 3D-Scanner erwies sich hinsichtlich Handhabung und erzeugter Datenqualität als sinnvollste Option für die schnelle Unterscheidung ähnlicher Produkttypen und die Darstellung feiner Details für das Generieren präziser Maschinenbefehle. Zusätzlich werden 2D-Kameras für die Szenenanalyse während des Demontageprozesses eingesetzt.

Die Berechnungen zu Positionserkennung und Matching der vom 3D-Scanner ausgegebenen Punktwolke mit den hinterlegten Modellen sind zeitkritisch, da die Roboter in der dazu notwendigen Zeitspanne nicht mit der eigentlichen Demontage beginnen können. Zur Beschleunigung der Rechenzeiten wird daher im Projekt ein System für einen Steuerrechner mit Datenbankanbindung erstellt, welches auf die Ressourcen der GPU (Graphics Processing Unit) zugreift. Diese weist im Vergleich mit der CPU (Central Processing Unit) eine für die gestellten Aufgaben geeignetere Architektur auf. Die Rechenperformance der Grafikkarte ist somit ausschlaggebend für die Performance des Gesamtsystems.

Da eine mehrfache Neuausrichtung der Lichtmaschine bis zur vollständigen Demontage nötig ist, ist ein 6-Achs-Industrieroboter ausschließlich für deren Handling vorgesehen. Die in den Vorversuchen verwendeten Lichtmaschinen aus dem Kfz-Bereich haben ein Gewicht von bis zu zehn Kilogramm. Da die Wirtschaftlichkeit stark von den benötigten Demontagezeiten abhängt, ist von hohen Beschleunigungskräften auszugehen. Beim Handling ist somit ein sicheres und präzises Greifen essentiell. Die Ansatzpunkte für die Greifer sind je nach Lichtmaschinen-Modell unterschiedlich ausgeprägt. Aus Zeitgründen ist einerseits auf möglichst universell einsetzbare Geometrien der mit den Lichtmaschinen in Kontakt stehenden Greifbacken zu achten, andererseits wird bei stark abweichenden Formen (Ansatzpunkten) trotzdem ein Wechsel des Greifwerkzeuges notwendig. In dem Demontagemodul ist daher der Einbau eines Werkzeugwechselsystems für den Handling-Roboter geplant.

Zur Unterstützung der Handling-Aufgaben wird zudem ein zentraler Arbeitstisch mit integriertem Spannsystem dienen. Hier wird die Lichtmaschine eingespannt, wenn ein Umgreifen, also ein Wechsel der Ansatzpunkte oder der Orientierung der Greifbacken notwendig wird. Neben diesem Handling-System für die Gesamtmaschine sind zwei weitere, kleinere 6-Achs-Industrieroboter für Schraub- und Greifaufgaben zur Demontage von Einzelteilen und deren Entfernen aus dem Arbeitsbereich vorgesehen. Da diese ein deutlich erweitertes Aufgabenspektrum abdecken müssen, sind auch hier entsprechende Werkzeugwechselsysteme vorgesehen.

4. Fazit und Ausblick

Die Fortschritte auf dem Gebiet der digitalen Datenverarbeitung rücken die Realisierung einer industriellen Demontagefabrik technisch und wirtschaftlich in den Bereich des Möglichen. Wie dargestellt, hängt die Wirtschaftlichkeit bei gegebenen EoL-Produkten, neben den für die erzeugten Produkte, Bauteile oder Konzentrate erzielbaren Preisen, wesentlich von den Kosten der Demontage ab. Je schneller der Demontageprozess, desto geringer ist der entsprechende Kostenaufwand. Die Automatisierung der Demontage kann daher eine positive Gesamtbilanz für ein Spektrum an Anwendungsfällen ermöglichen, bei denen die manuelle Demontage nicht wirtschaftlich betrieben werden kann. Eine hohe Flexibilität des Demontagesystems ist dabei notwendig, um bei variierender Zusammensetzung des Inputs eine stabile Auslastung zu gewährleisten.

Flexibilität und Geschwindigkeit werden wesentlich durch die aktuelle digitale Bildverarbeitung ermöglicht. Einerseits hat die optische Datenerfassung im dreidimensionalen Raum eine Auflösung erreicht, die ein hochpräzises Erfassen der Werkzeugansatzpunkte ermöglicht. Andererseits macht es die fortschreitende Steigerung der Berechnungsgeschwindigkeiten gleichzeitig möglich, die dadurch erzeugten Datenmengen zeitnah zu verarbeiten. Neben der Demontage führt diese Entwicklung im Recyclingbereich beispielsweise auch zur Entwicklung schneller und präziser Multisensorsysteme für automatische Sortierstrecken [4, 11].

Die Idee, durch Demontage von EoL-Produkten Fortschritte hin zu einer Kaskadennutzung und damit zur Stärkung der Kreislaufwirtschaft zu erreichen, ist nicht neu. Der aktuelle Stand der digitalen Datenverarbeitung schafft jedoch erstmals eine Ausgangslage, in der diese auch aus wirtschaftlicher Sicht interessant wird. Im Rahmen des Projekts *Industrielle Demontagefabrik 4.0* werden Grundlagen geschaffen, die eine notwendige Basis für die Ausweitung der Demontage auf weitere Produktgruppen darstellen.

Wir danken dem Ministerium für Umwelt, Klima und Energiewirtschaft Baden-Württemberg für die Förderung der Projekte.

5. Literatur

[1] Erdmann, L.; Behrendt, S.; Feil, M.: Kritische Rohstoffe für Deutschland *Identifikation aus Sicht deutscher Unternehmen wirtschaftlich bedeutsamer mineralischer Rohstoffe, deren Versorgungslage sich mittel- bis langfristig als kritisch erweisen könnte.* Berlin: adelphi, 2011, 134 S.

[2] Europäische Kommission: Report on Critical Raw Materials for the EU - Critical Raw Materials Profiles. Brüssel: Europäische Kommission, 2014, 202 S.

[3] Faulstich, M.; Benker, B.; Seelig, J. H.; Franke, M.; Reh, K.: Demontagefabrik im urbanen Raum - Erweiterte Stoffstromanalyse, Abschlussbericht. Clausthaler Umwelttechnik-Institut GmbH (CUTEC), veröffentlicht durch: LUBW Landesanstalt für Umwelt, Messungen und Naturschutz Baden-Württemberg. Karlsruhe, 2015, S. 150

[4] Flamme, S.: ARGOS – Steigerung des funktionellen Recyclings entlang der Wertschöpfungskette durch Echtzeitanalyse metallreicher Aufbereitungsprodukte. In: CUTEC Clausthaler Umwelttechnik Forschungszentrum (Hrsg.): Innovative Technologien für Ressourceneffizienz – Forschung zur Bereitstellung wirtschaftsstrategischer Rohstoffe (r4) – ZWISCHENERGEBNISSE. Clausthal, CUTEC Clausthaler Umwelttechnik Forschungszentrum, 2018, 120 S. URL: https://www.r4-innovation.de/files/Broschuere_R4_06092018.pdf

[5] Goldfarb R.; Berger B.; George M.; Seal R.: Critical Mineral Resources of the United States – Economic and Environmental Geology and Prospects for Future Supply. Professional Paper 1802. Reston, Virginia: U.S. Geological Survey, 2017, 862 S.

[6] Kreislaufwirtschaftsgesetz vom 24. Februar 2012 (BGBl. I S. 212), das zuletzt durch Artikel 2 Absatz 9 des Gesetzes vom 20. Juli 2017 (BGBl. I S. 2808) geändert worden ist.

[7] Kroop S.; Kaufhold T.; Lohmeyer R.; Mocker M.; Franke M. u. a.: Analyse kritischer Rohstoffe für die Landesstrategie Baden-Württemberg. Sulzbach-Rosenberg: Fraunhofer-Institut für Umwelt-, Sicherheits- und Energietechnik. UMSICHT; Stuttgart: Universität Stuttgart, Institut für Siedlungswasserbau, Wassergüte und Abfallwirtschaft, 2014, 274 S.

[8] Reuter M.; Hudson C.; van Schaik A.; Heiskanen K.; Meskers C.; Hagelüken C.: Metal Recycling - Opportunities, limits, infrastructure, A Report of the Working Group on the Global Metal Flows to the International Resource Panel. Paris, UNEP Division of Technology, Industry and Economics, 2013, 314 S.

[9] Seelig, J. H.; Stein, T.; Zeller, T.; Faulstich, M.: Ressourcen- und Klimaschutz durch Kreislaufwirtschaft. In: Kranert, M.; Cord-Landwehr, K. (Hrsg.): Einführung in die Kreislaufwirtschaft - Planung - Recht - Verfahren, 5. Auflage. Wiesbaden, Vieweg + Teubner Verlag, Springer Fachmedien Wiesbaden GmbH, 2016, S. 47-64. ISBN 978-3834818379

[10] Spitzbart M.; Schneider F.; Salhofer S.; Stengeli A.; Luger T.: Semimanuelle Demontage von Elektro(nik)-Kleingeräten. Berichte aus Energie- und Umweltforschung 22/2008, Bundesministerium für Verkehr, Innovation und Technologie, Wien, 2008, 91 S.

[11] STEINERT: E-Schrott Aufbereitung: Kombiniere und sortiere mit der STEINERT KSS. In: recovery Recycling Technology Worldwide 6/2017, Bauverlag BV GmbH, Gütersloh, 2017. URL: https://www.recovery-worldwide.com/download/1259473/recovery_6_2017.pdf

[12] Van der Voet, E., Salminen, R., Eckelman, M., Norgate, T., Mudd, G., Hisschier, R.: Environmental Risks and Challenges of Anthropogenic Metals Flows and Cycles, A Report of the Working Group on the Global Metal Flows to the International Resource Panel. Paris, UNEP Division of Technology, Industry and Economics, 2013, 232 S.

[13] Zeller, T.; Birkenfeld, S.; Keich, O.; Nawothnig, B.; Seelig, J. H.: Demontagefabrik im urbanen Raum - Konzeption und Planung, Abschlussbericht. Clausthaler Umwelttechnik-Institut GmbH (CUTEC). Karlsruhe: LUBW Landesanstalt für Umwelt, Messungen und Naturschutz Baden-Württemberg, 2016, 221 S.

Ansprechpartner

Dipl.-Biol., M. Eng. Jan Henning Seelig
CUTEC Clausthaler Umwelttechnik Forschungszentrum
Ressourcentechnik und -systeme
Gruppenleiter Stoffströme
Leibnizstraße 23
38678 Clausthal-Zellerfeld, Deutschland
+49 5323-933-280
jan.seelig@cutec.de

Funktionierende Kreislaufwirtschaft am Beispiel der Altlampensammlung
– Möglichkeiten kollektiver Rücknahmesysteme –

Sarah Tschachtli, Hermann Nordsieck, Christian Brehm und Wolfgang Rommel

Seit Inkrafttreten des Elektro- und Elektronikgerätegesetz (ElektroG) müssen auch LED- und Gasentladungslampen in Deutschland getrennt gesammelt und zurückgenommen werden. Glühlampen und Halogenlampen sind vom ElektroG ausgenommen und können über den Restabfall entsorgt werden. Führende Lichthersteller haben

2005 das nicht gewinnorientierte Gemeinschaftsunternehmen Lightcycle gegründet, um die auch als Leuchtmittel bezeichneten LED- und Gasentladungslampen getrennt von den Leuchten zu erfassen, für die Hersteller zurückzunehmen und einem fachgerechten Recycling zuzuführen. Die Leuchten werden als Teil der Elektroklein- oder Elektrogroßgeräte erfasst.

1. Bedeutung des Sammelsystems für die Getrennterfassung von Altlampen

Die europäische Gesetzgebung definiert hohe Ansprüche an die europäischen Länder. Mit der Novelle des ElektroG [2] steht die Elektroaltgeräterücknahme und deren Akteure vor der Herausforderung, die Rücknahmemengen deutlich zu steigern. Ab 2019 gilt eine Sammelquote von 65 % der in Verkehr gebrachten Mengen.

2017 wurden alleine in Deutschland 7.347 Tonnen Altlampen (Leuchtmittel) durch das kollektive Rücknahmesystem gesammelt, zurückgenommen und fachgerecht verwertet. Dabei lag der Anteil der Lampen, die über die Abholanordnungen der Stiftung Elektro-Altgeräte-Register (ear) und damit über die gesetzliche Verpflichtung gesammelt wurden, bei rund einem Drittel. Der Großteil der Altlampen wurde über die ergänzende Sammlung in Handel, Industrie und Gewerbe zurückgenommen. 87 % der Bestandteile der gesammelten Altlampen konnten recycelt werden.

Seit Lightcycle seine Handelspartnerschaften ausbaut hat, ist zudem die Zahl der bundesweiten Sammelstellen auf über 10.000 gestiegen. Hiervon gibt es etwa 3.000 bei kommunalen Rücknahmestellen. Verbrauchernahe flächendeckende Rückgabemöglichkeiten wurden dadurch deutschlandweit geschaffen. Die Organisation der Sammlung und Rücknahme erfolgt durch das kollektive Rücknahmesystem. So konnte eine fachgerechte und einheitliche Erfassungsstruktur etabliert werden, die geeignet ist, sowohl Synergien zu schaffen als auch die Wiedererkennung sowie die Handhabung für die Verbraucher zu fördern und zu vereinfachen.

In den letzten Jahren konnten die Sammelmengen kontinuierlich gesteigert werden. Im Jahr 2017 wurden etwa 93 % aller abgegebenen Lampen in Deutschland zurückgenommen. Das ist deutlich mehr, als dem Marktanteil der beteiligten Inverkehrbringer bzw. Systempartner entspricht.

2. Gesamterfolg der Altlampensammlung gemessen an den Anforderungen des ElektroG

Betrachtet man das ElektroG, so beschäftigt sich ein Großteil der Paragraphen mit der kommunalen Sammlung. Dies reicht von der Erfassung an den kommunalen Wertstoffhöfen, über die ear-Abholkoordination bis hin zur Verwertung. Eine große Rolle spielt hierbei die Datenerfassung und die Regelung der Beziehung der Akteure im Bereich der kommunalen Sammlung. Außerhalb der kommunalen Sammlung finden sich kaum Regelungen, abgesehen von ein paar Grundsätzen.

Beim Aufbau des Herstellerrücknahmesystems für Altlampen wurde neben der Ausführung der kommunalen Sammlung vor allem auch darauf Wert gelegt, im gewerblichen Einsatz der Dual-Use Produkte sinnvolle, verbrauchernahe sowie einheitliche Erfassungsstrukturen zu schaffen. Hierzu wurde ein flächendeckendes Rückgabenetzwerk von 400 Großmengensammelstellen – vor allem bei privaten Entsorgungsunternehmen – eingerichtet, um dem gewerblichen Verbraucher, bzw. dessen Dienstleister aus Facility Management oder E-Handwerk deutschlandweit eine Rückgabestelle zu bieten.

Bei ordnungsgemäßer Abgabe und Befüllung der Transportbehältnisse ist die Rückgabe entgeltfrei. Dadurch wird dem Elektro-Handwerk eine einfache Abgabemöglichkeit geboten. Das E-Handwerk – insbesondere auch die Auszubildenden – werden regelmäßig über diese Möglichkeit der Rückgabe und das fachgerechte Recycling informiert. Darüber hinaus wurden sowohl rund 600 Sammelstellen bei Großverbrauchern (z.B. Industrieunternehmen, Universitäten, Behörden usw.) geschaffen, als auch die Möglichkeit, Direktabholungen zu beauftragen.

2.1. Menge in Verkehr gebrachter Lampen

Um den Erfolg der Lampensammlung zu bewerten, ist die Menge in Verkehr gebrachter Lampen heranzuziehen. Hier gibt es teilweise gravierende Unterschiede zwischen den von der Stiftung ear gemeldeten Zahlen und den nach Auswertung der Statistik-Daten von der Bundesrepublik an die Kommission gemeldeten Werten. Gemeinsam berichten beide Quellen in den letzten Jahren von stark abnehmenden Mengen in Verkehr gebrachter Gasentladungslampen (Bild 1). Die Veränderung ist zum Teil darauf zurück zu führen, dass Bauformen mit geringem Stückgewicht wie T5-Lampen oder Halogen-Metalldampflampen ältere und schwerere Lampen verdrängen. Dies bedeutet, dass die Stückzahl weniger stark als die Gesamtmasse abgenommen hat. Wesentlicher ist aber ein stark angestiegener Marktanteil der deutlich leichteren LED-Lampen.

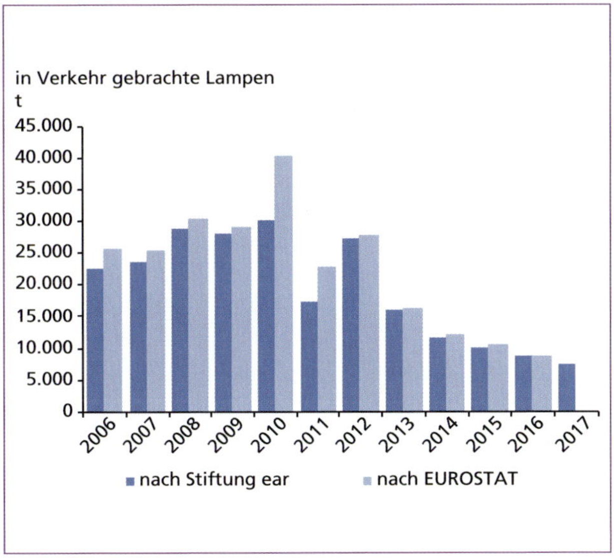

Bild 1:

Menge in Verkehr gebrachter Gasentladungslampen nach Angaben der Stiftung ear (die Masse der Werte bis 2011 wurde aus den Stückzahlen abgeleitet) und nach EUROSTAT

Quellen: Stiftung ear (2019): Geräteartbezogene b2c-Inputmengen. Mitteilung auf der Website der Stiftung ear, Fürth (online abrufbar unter https://www.stiftung-ear.de/de/service/statistische-daten/inputmengen, letzter Zugriff 30.1.2019) EUROSTAT (2019): In Verkehr gebrachte Elektro- und Elektronikgeräte, Sammlung und Behandlung von Altgeräten, nach Jahr, Land, Geräte-Kategorie und Behandlungsart, in Anzahl (sofern verfügbar), Tonnen, Prozent (%) und kg pro Einwohner (online, Zugriff über https://ec.europa.eu/eurostat/web/waste/key-waste-streams/weee. Zuletzt abgerufen: 30.1.2019

Elektro(nik)geräte

Die Veränderungen bei den in Verkehr gebrachten Lampenarten wirken sich nur stark verzögert auf die Zusammensetzung der gesammelten Altlampen aus.

2.2. Sammelmengen und -quote

Die deutliche Abnahme der Mengen in Verkehr gebrachter Lampen (Bild 1) bildet sich in den Sammelmengen (noch) nicht ab. Obwohl mit einer Verzögerung zwischen dem in Verkehr bringen und dem Anfall als Altlampen zu rechnen ist, spricht das indirekt für einen Anstieg der Sammelquote und somit für den Erfolg einer ergänzenden Sammlung eines kollektivem Rücknahmesystems zusätzlich zu der Abholkoordination der Stiftung ear.

Die aktuellsten offiziellen Zahlen zu den Erfassungsquoten beschreiben die Situation im Jahr 2016. Diesen zufolge liegt die gemäß ElektroG berechnete Sammelquote bei 55,2 % der im Bezugszeitraum (2013 bis 2015) in Verkehr gebrachten Lampen. Damit wurde der bis 2019 geltende Zielwert der Erfassungsquote von 45 % merklich überschritten. Wird nur die Rücknahmemenge der Abholkoordination der Stiftung ear betrachtet, würde die geforderte Sammelquote von 45 % (jährlich ab dem 01.01.2016) etwa zur Hälfte erreicht, was bedeutet, dass der alleinige Fokus auf die Abholkoordination der ear zur Erreichung des gesetzlichen Ziels nicht ausreicht.

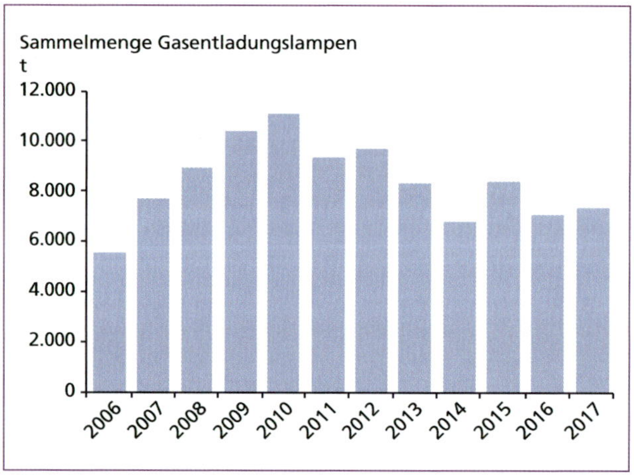

Bild 2:

Sammelmenge an Gasentladungslampen nach EUROSTAT (2017: Sammelmenge Lightcycle)

Quelle: EUROSTAT (2019): In Verkehr gebrachte Elektro- und Elektronikgeräte, Sammlung und Behandlung von Altgeräten, nach Jahr, Land, Geräte-Kategorie und Behandlungsart, in Anzahl (sofern verfügbar), Tonnen, Prozent (%) und kg pro Einwohner (online, Zugriff über https://ec.europa.eu/eurostat/web/waste/key-waste-streams/weee. Zuletzt abgerufen: 30.1.2019

2.3. Verbleib nicht erfasster Lampen – Aufkommen von Gasentladungslampen im Hausmüll

Abgesehen von Schwächen bei den Zahlen in Verkehr gebrachter Elektrogeräte stellt sich wie bei den sonstigen Elektroaltgerätekategorien auch bei Gasentladungslampen die Frage nach dem Verbleib der von der Altgerätesammlung nicht erfassten Geräte. Die Autoren gehen davon aus, dass (im Gegensatz zu manch anderen Elektroaltgeräten) statistisch nicht erfasste Exporte in andere Mitgliedsländer oder in das Nicht-EU-Ausland keine wesentliche Rolle spielen, weil damit kein Nutzen verbunden wäre.

Somit bleibt die Entsorgung über andere Abfallströme als Senke. Neben der Wertstoffsammlung und gegebenenfalls dem Sperrmüll bleibt als wahrscheinlichste Senke die Entsorgung mit dem Hausmüll.

Informations- und Aufklärungskampagnen sind eine elementare Grundlage, um das öffentliche Bewusstsein für die besondere Entsorgungsnotwendigkeit von Altlampen zu schärfen. Kontinuierliche zielgruppengerechte Kommunikation zu den bestehenden Rückgabemöglichkeiten sowie eine hohe Wiedererkennbarkeit sind die Basis, um beim Verbraucher über Kenntnis, Akzeptanz und Motivation die gesonderte Rückgabe zu erreichen. Laut der jährlich durchgeführten repräsentativen Emnid-Umfragen nennen bei der ungestützten Abfrage mittlerweile 76 % der Deutschen auf Anhieb eine korrekte Rückgabestelle von Altlampen für die fachgerechte Entsorgung, entweder die kommunale Sammelstelle auf dem Wertstoff-, Abfall- oder Recyclinghof oder den Handel. Um die breite Bevölkerung über den Weg zur nächsten Sammelstelle aufzuklären, wird auf eine starke Online-Präsenz gesetzt, kontinuierliche Informationsarbeit und regelmäßige öffentlichkeitswirksame Kampagnen. Vor Ort in den Städten und Gemeinden ist Lightcycle, oft in Kooperation mit der kommunalen Abfallwirtschaft präsent. An Schülerinnen und Schüler richtet sich die als UN-Dekadeprojekt ausgezeichnete Bildungsinitiative *Rohstoffexpedition im Rahmen der Lightcycle Rohstoffwochen*, die zum Thema Umweltschutz und Ressourcen-Schonung aufklärt.

Dennoch landen auch heute noch Gasentladungslampen im Hausmüll. Die bifa Umweltinstitut GmbH hat in dem Zeitraum von Ende 2011 bis Mitte 2017 insgesamt 34 Hausmüllanalysen in insgesamt 25 unterschiedlichen Entsorgungsgebieten öffentlich-rechtlicher Entsorgungsträger (Landkreise, Städte, Zweckverbände) im süddeutschen Raum (hauptsächlich Bayern) durchgeführt. Dabei wurden neben einer Vielzahl unterschiedlicher Parameter zur Darstellung der Hausmüllzusammensetzung auch die Anzahl der in der Stichprobe vorgefundenen Energiesparlampen je Untersuchungscluster bzw. Schichtung dokumentiert und ausgewertet. Bei diesen Analysen wurden im Mittel 0,19 Gasentladungslampen (bzw. deren Reste) je Einwohner und Jahr ermittelt. Im Umkehrschluss kann daher abgeleitet werden, dass im Jahresmittel jeder fünfte Einwohner eine Gasentladungslampe in den Hausmüll wirft.

Das Ergebnis unserer Untersuchungen liegt etwas höher als die von Sander et al. [3] ermittelte Zahl von 0,1 Lampen je Einwohner und Jahr.

Die Einzelergebnisse zeigen sehr große Streuungen. Eine nähere Betrachtung der erhobenen Werte für Energiesparlampen im Hausmüll hinsichtlich Unterschiede zwischen Siedlungsstrukturen oder verschiedenen Jahreszeiten ergab deshalb keine signifikanten Ergebnisse.

3. Zusammensetzung des Sammelguts

Das Sammelgut enthält die Vielfalt der unterschiedlichen Bauarten von Gasentladungslampen, die in privaten Haushalten und im gewerblichen Bereich eingesetzt werden. Während vor der Einführung von Kompaktleuchtstofflampen (*Energiesparlampen*,

1980) neben Glühlampen nur röhrenförmige Entladungslampen und Hochdruck-Quecksilberdampflampen zur Verfügung standen, werden heute neben diesen Lampentypen verschiedenste weitere Bauarten wie Kompaktleuchtstofflampen mit und ohne integriertes Vorschaltgerät, Halogen-Metalldampflampen und andere Hochintensitätslampen sowie LED eingesetzt. All diese Bauarten finden sich im Sammelgut.

Die Unterschiede in der Bauart bedeuten Unterschiede beim Recycling. Kenntnisse über die Zusammensetzung des Lampengemisches können neben der zur Identifizierung des Anteils an LED im Sammelgut (Unterscheidung der Unterkategorie von Elektroaltgeräten nach ElektroG) auch zur Bewertung der Recyclingfähigkeit herangezogen werden. Ausgehend von einer Untersuchung zur Bestimmung des mittleren Lampengewichts im Jahr 2007 wurde die Zusammensetzung des Sammelguts mehrfach im Rahmen von Sortieranalysen ermittelt. Bei diesen Untersuchungen sind die Eigenheiten des Sammelguts und die des Erfassungssystems zu berücksichtigen.

3.1. Altlampen-Sortieranalysen: Ansatz, Grenzen und Möglichkeiten

Altlampen werden von Lightcycle bundesweit über zwei Sammelkanäle erfasst. Dies sind einerseits die Sammelstellen in der Abholkoordination der Stiftung ear bei öffentlich-rechtlichen Entsorgungsträgern (Sammlung nach §13 Abs. 1 ElektroG), anderseits die ergänzende Rücknahme des kollektiven Rücknahmesystems *Lightcycle* (Sammlung nach §16 Abs. 5 ElektroG). Im Rahmen des kollektiven Rücknahmesystems werden sowohl Sammelstellen betrieben, bei denen Lampen aus der Kleinmengensammlung im Handel zusammengefasst und auch größere Mengen (> 50 Stück) angenommen werden, als auch Direktabholungen bei Großverbrauchern, bei denen mehr als etwa 1 Tonne Altlampen pro Jahr anfallen, durchgeführt.

Somit sind insgesamt drei Arten von Sammelstellen zu unterscheiden:

- Sammelstellen in der Abholkoordination der Stiftung ear bei öffentlich-rechtlichen Entsorgungsträgern,
- eigene Sammelstellen des kollektiven Rücknahmesystems Lightcycle und
- Direktabholungen bei Anfallstellen als Teil des kollektiven Rücknahmesystems.

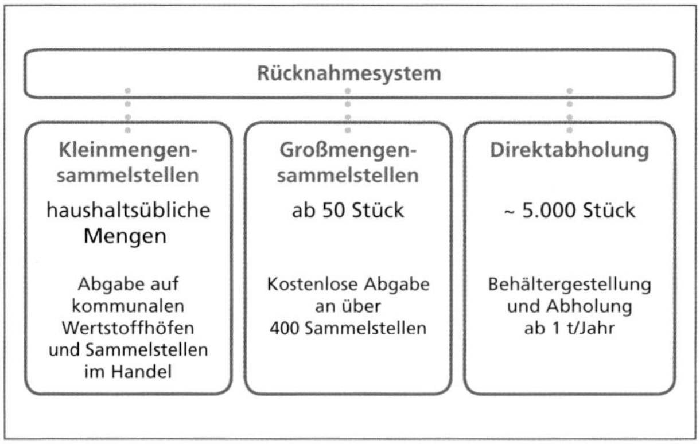

Bild 3:

Überblick über das Altlampen-Rücknahmesystem

Quelle: Lightcycle Retourlogistik und Service GmbH

Das Sammelgebiet umfasst das Gesamtgebiet der Bundesrepublik Deutschland. Es ist in mehrere Sammelregionen aufgeteilt, in denen verschiedene Logistikfirmen beauftragt sind.

Für die Sammlung werden zwei Arten von Transportbehältern eingesetzt:

- Rungenpaletten zur Aufnahme stabförmiger Lampen (> 60 cm Länge) und
- Gitterboxen mit Einleger zur Aufnahme der Lampen anderer Bauart.

Die Zusammenstellung der Sortierproben erfordert eine sorgfältige Planung der Stichprobenahme, um die Unterschiede zwischen Sammelkanälen, Regionen und Sammelbehältern sowie gegebenenfalls auftretende saisonale Schwankungen berücksichtigen zu können. Diese Planung wird nachfolgend kurz skizziert:

Mit den beiden Arten der für die Sammlung eingesetzten Transportbehälter werden sehr unterschiedliche Lampen erfasst, so dass Rungenpaletten und Gitterboxen getrennt betrachtet werden. Während auf den Rungenpaletten nur stabförmige Lampen gesammelt werden, deren Einzelgewicht sich hauptsächlich aufgrund der Länge und des Durchmessers der Lampen unterscheidet, findet sich in den Gitterboxen ein Gemisch von Lampen sehr unterschiedlicher Bauart und Größe. Die Einzelgewichte verschiedener Lampen schwanken zwischen etwa 8 und 800 g. Bei einseitiger Befüllung mit sperrigen Lampen kann das Nettogewicht einer Gitterbox recht gering sein (< 50 kg) oder aber bei kleinformatigen kompakten Lampen sehr hoch (> 250 kg). Auch bei Rungenpaletten kommt es vor, dass einzelne Transportbehälter einseitig mit relativ kurzen Lampen oder sehr langen Lampen gefüllt sind. Der Bereich der Gewichte je Transportbehälter geht bei den Rungenpaletten von rund 150 bis 400 kg (jeweils netto). Damit gibt das mittlere Gewicht je Transportbehälter einen Anhaltspunkt dafür, ob Veränderungen in der Zusammensetzung des Lampengemisches zu befürchten sind.

Als Basisdaten zur Planung der Sortieranalysen werden die mittleren Nettogewichte der Transportbehälter ausgewertet. Diese zeigen regelmäßig keine saisonalen Trends, so dass davon ausgegangen werden kann, dass das Lampengemisch eine zeitlich stabile Zusammensetzung hat. Zwischen den Sammelregionen sind hingegen geringe Unterschiede festzustellen. Mit den unterschiedlichen Sammelkanälen werden unterschiedliche Quellen der Altlampen angesprochen. In der Praxis befinden sich in den verschiedenen Sammelkanälen aus fast jedem Herkunftsbereich Lampen. So finden sich in den Sammelbehältnissen aus der ear-Abholkoordination nicht nur Lampen aus scheinbar privaten Haushalten oder Kleingewerbe, sondern beispielsweise auch Lampen aus der Straßenbeleuchtung oder von Großverbrauchern. Ebenfalls finden sich in der gewerblichen Sammlung auch Altlampen aus privaten Haushalten, die beispielsweise durch das E-Handwerk gesammelt und entsorgt werden. Daher sind Unterschiede in den mittleren Nettogewichten der Transportbehälter aus den verschiedenen Sammelkanälen nur teilweise vorhanden.

Der Ansatz der Stichprobenentnahme umfasst daher eine doppelte Schichtung: einerseits die Schichtung nach Art des Transportbehälters, andererseits eine Schichtung nach Sammelkanal. Eventuelle Unterschiede zwischen den Sammelregionen werden durch proportionale Auswahl von Stichprobeneinheiten berücksichtigt. Die Zahl der Stichprobeneinheiten je Schicht ist annähernd doppelt so groß wie es die einschlägigen Sortierrichtlinien für Hausmüllsortieranalysen fordern. Unter Zugrundelegen normalverteilter Werte können dadurch für die wichtigsten Ergebnisse der Sortieranalysen Vertrauensbereiche von weniger als 5 % bzw. besser als 0,5 %-Punkte erreicht werden.

Aus den Ergebnissen der Sortieranalyse ist es möglich, die mittleren Lampengewichte und die Anteile häufig auftretender Bauarten mit guter Präzision zu ermitteln. Insbesondere kann eine Veränderung der Zusammensetzung des Sammelguts verfolgt werden. Mit vertretbarem Aufwand ist es jedoch nicht möglich, den Anteil selten auftretender Lampentypen mit sehr hoher Präzision zu bestimmen.

3.2. Anteile der Bauarten

Die Lampen stellen eine eigene Kategorie als auch eine eigene Sammelgruppe nach ElektroG dar. Diese bestehen aus der Geräteart der Gasentladungslampen als auch der sonstiger Lampen (insbesondere den LED-Lampen). LED- und Gasentladungslampen sind vom Aussehen vielfach identisch und werden auch als Ersatz oder Austauschlampen gegenseitig eingesetzt. Langfristig wird die LED-Lampe die Gasentladungslampe in vielen Einsatzbereichen ersetzen.

Anhand der Ergebnisse von Sortieranalysen der eingesammelten Altlampen ist ersichtlich, dass aus der Vielfalt der Bauarten von LED- und Gasentladungslampen hinsichtlich der Stückzahlen die klassischen stabförmigen Lampen und die Kompaktleuchtstofflampen besonders relevant sind. Von den übrigen Bauarten sind stückzahlmäßig die Hochdruckentladungslampen wichtig. Diese kommen in sehr unterschiedlichen Ausführungen und Größen vor (Bild 4).

Von den stückzahlbezogenen Anteilen kann auf die Massenanteile rückgeschlossen werden, wenn die Lampengewichte herangezogen werden. Diese betragen für die auf Rungenpaletten transportierten stabförmigen Lampen > 60 cm Länge im Mittel knapp 200 g/Stk., für die in Gitterboxen gesammelten Lampen (stabförmig ≤ 60 cm Länge, Kompaktleuchtstofflampen, sonstige Bauformen, nicht stabförmige LED) rund 70 g/Stk.

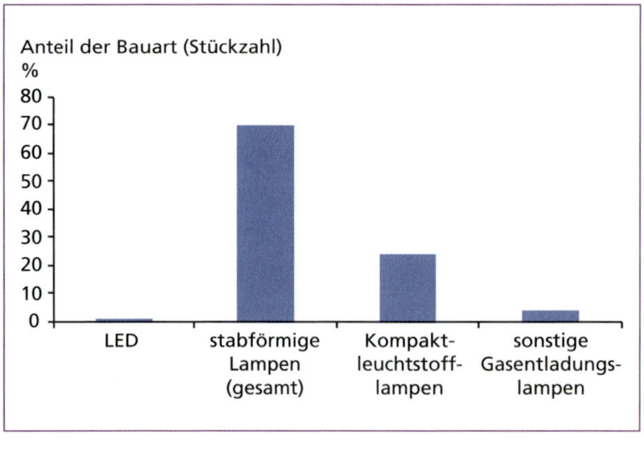

Bild 4:

Stückzahlanteile der Lampen-Bauarten im Sammelgut (Stand 2017)

4. Historische Entwicklung

Die Veränderungen von Anteilen der Lampentypen bei den in Verkehr gebrachten Lampen sind mit Verzögerung auch im Sammelgut zu beobachten. Typisch hierfür ist zum Beispiel das Ausscheiden von *dicken* stabförmigen Lampen des Typs T12 aus den stabförmigen Lampen bis 1,8 m Länge oder das Ausscheiden von Kompaktleuchtstofflampen mit konventionellem integriertem Vorschaltgerät. Hingegen war eine Zunahme von Hochdruckentladungslampen geringer Größe als Ergebnis durchgeführter Sortieranalysen festzustellen. Derartige Lampen werden vielfach zur Schaufensterbeleuchtung oder zum Ausleuchten von Verkaufsflächen eingesetzt. Im Laufe der letzten 10 Jahre haben die Veränderungen der Zusammensetzung des Sammelguts zu einer Abnahme des mittleren Lampengewichts von 187,2 auf 163,2 g je Lampe geführt (Bild 5).

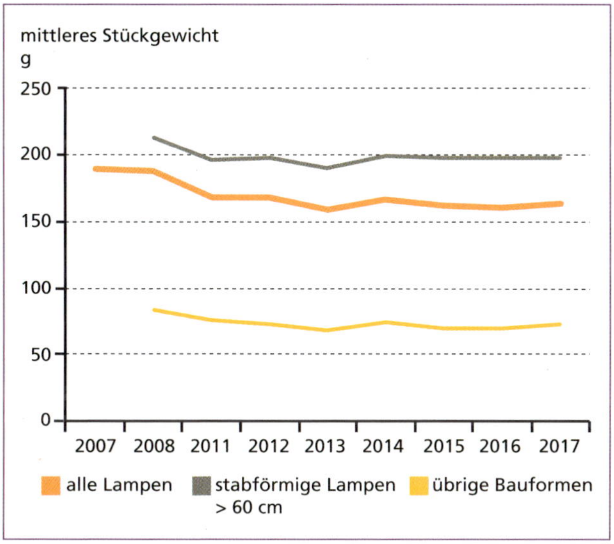

Bild 5:

Veränderung des mittleren Lampengewichts

4.1. Entwicklung des LED-Anteils

LED-Lampen traten zunächst als Ersatz von Glüh- und Halogenlampen in einzelnen Gitterboxen auf. Die Anzahl und der Massenanteil werden seit 2012 ermittelt. Mittlerweile kann von einem regelmäßigen Auftreten von LED-Lampen in den Gitterboxen gesprochen werden. Inzwischen (2018) liegt im Sammelgut aus den Gitterboxen der Masseanteil von LED-Lampen bei 3,9 ± 0,9 % (gewogenes Mittel der Schichten). Den Untersuchungen der letzten Jahre zufolge steigt die Häufigkeit von stabförmigen LED-Lampen auch auf den Rungenpaletten zwar langsam, aber kontinuierlich an. Mittlerweile werden auf mehr als der Hälfte der Rungenpaletten stabförmige LED-Lampen vorgefunden. Der Massenanteil liegt derzeit bei 0,6 ± 0,2 % (gewogenes Mittel der Schichten), siehe Bild 6.

Eine Detailauswertung der Daten zeigt, dass im gewogenen Mittel die Hälfte der 2017 insgesamt von Lightcycle gesammelten LED-Lampen über das ergänzende kollektive Rücknahmesystem erfasst wurde.

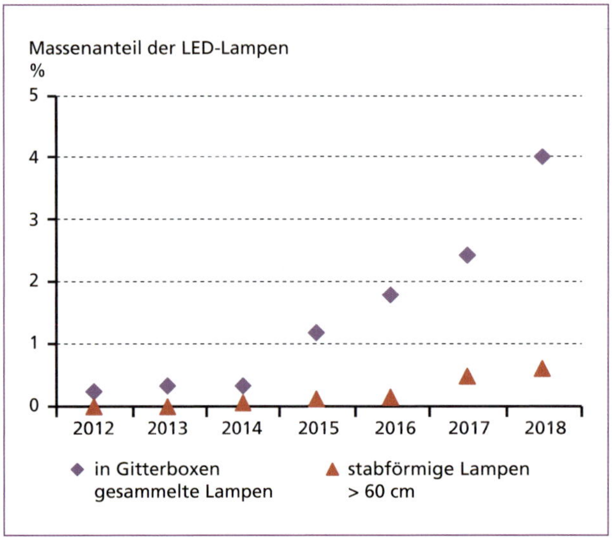

Bild 6:

Entwicklung des LED-Anteils an den in Gitterboxen bzw. Rungenpaletten gesammelten Lampen

4.2. Lampenalter

Anhand gesetzlich vorgeschriebener Kennzeichnungen ist eine Zuordnung des Zeitraums des Inverkehrbringens von Gasentladungslampen möglich. Das ermöglicht die Unterteilung von drei Altersgruppen:

- jünger als 13.08.2005: alle Lampen
  - mit unterstrichenem Tonnensymbol (oder Angabe eines entsprechenden Produktionsjahrs, nicht aber Lampen, die andere Mülltonnensymbole tragen)
  - LED-Retrofit Lampen,
- jünger als 01.01.1996 und älter als 13.08.2005: alle Lampen
  - mit CE-Kennzeichen aber ohne unterstrichenem Tonnensymbol und
- älter als 01.01.1996: alle Lampen
  - ohne CE-Kennzeichen.

Schon vor 2005 wurden viele Lampen mit einen Tonnensymbol gekennzeichnet, dieses war aber nicht mit dem Jahr bzw. dem Unterstrich versehen. Dank dieses Details war bislang eine eindeutige Unterscheidung der vor bzw. nach August 2005 verkauften Lampen möglich. Seit August 2015 muss das Herstellungsjahr bzw. der Unterstrich unter dem Tonnensymbol nicht mehr angebracht werden, damit entfällt die Unterscheidung zwischen ganz jungen Lampen und solchen, die zwischen 1996 und Mitte 2005 in Verkehr gebracht wurden. Viele der aktuell verkauften Lampen sind weiterhin mit dem unterstrichenen Tonnensymbol gekennzeichnet, so dass ein aus der Änderung der Kennzeichnungsvorschriften resultierender Fehler noch vernachlässigt werden kann. LED werden ausnahmslos der Gruppe *jünger als 13.8.2005* zugeordnet.

Die Unterscheidung der Kennzeichnung ist sehr zeitaufwendig, sie wird daher nur an einem Teil der Stichprobe durchgeführt. Für die Bestimmung der Altersgruppe wird beim Zählen der Lampen systematisch jede 10. Lampe zur Seite gelegt.

Mit Verlauf der Zeit wird seit dem Stichtag der Anteil der Lampen der Altersgruppe *jünger als 13.8.2005* naturgemäß zunehmen. Inzwischen besteht mehr als die Hälfte des Sammelguts aus Lampen, die nach Inkrafttreten des ElektroG 2005 in Verkehr gebracht wurden. Dementsprechend nehmen die Anteile der beiden anderen Altersgruppen ab. Auffällig ist die geringe Abnahme bei den Lampen, die keines der oben genannten Symbole tragen (Bild 7). Dazu trägt einerseits bei, dass das Lampenalter nicht normal, sondern rechtsschief verteilt ist. Allgemein unterliegt die Lebensdauer von elektrischen und elektronischen Geräten einer stark rechtsschiefen Weibull-Verteilung. Hinzu kommt, dass wenig genutzte Lampen kaum einem Verschleiß ausgesetzt sind.

Die ältesten Lampen im Sammelgut, deren Alter recht eindeutig zu identifizieren ist, sind die mehr als 30 Jahre alten Kompaktleuchtstofflampen mit konventionellem Vorschaltgerät, beispielsweise die damals weit verbreitete Lampe Philips SL 18, die 1980 auf den Markt kam. Die jüngsten Lampen, deren Zeitpunkt des Verkaufs eingegrenzt werden kann, sind Frühausfälle aktueller Modelle von LED-Lampen.

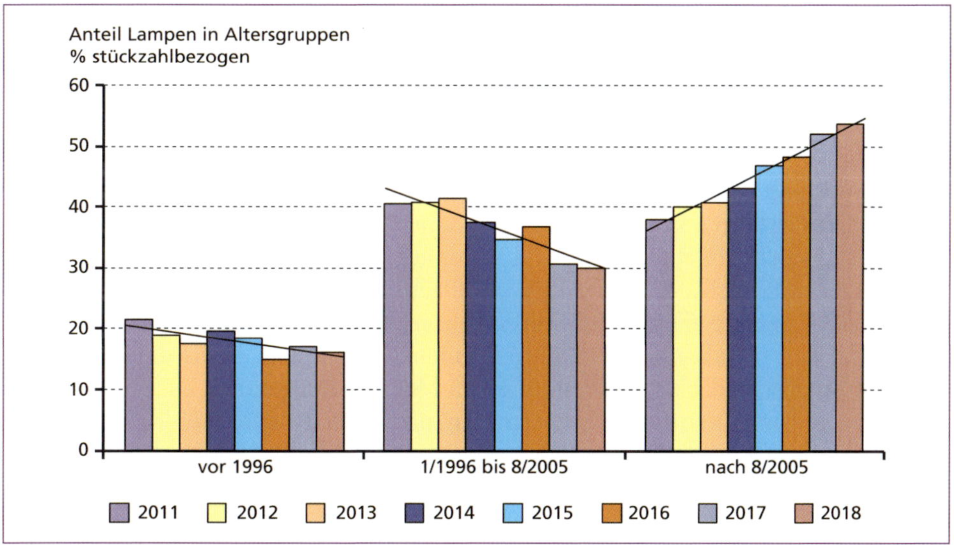

Bild 7: Aufteilung der Lampen in die Altersgruppen bezogen auf Stückzahl (alle Lampen)

5. Verwertungsverfahren

Das Recycling stofflich verwertbarer Lampenbestandteile wie Glas und Metalle setzt eine Schadstoffentfrachtung voraus. Auf diesem Schritt folgen Aufbereitungsschritte, bei denen die stofflich verwertbaren Fraktionen auf die zum Einsatz oder zum Einschleusen in bestehende Recyclingverfahren erforderliche Reinheit gebracht werden.

Von den Sammelstellen werden die Altlampen zusammengeführt und durch beauftragte Speziallogistikunternehmen zu den Verwertungsanlagen transportiert. Bei der Behandlung der Altlampen sind laut ElektroG ökologische Standards wie das Separieren schadstoffhaltiger Stoffe und Bauteile zu erfüllen. In den Recyclingverfahren werden die Altlampen in drei Hauptfraktionen getrennt (Bild 8). Für stabförmige Lampen kommen vor allem das Kapp-Trenn- und das Glasbruch-Wasch-Verfahren zum Einsatz. Nicht-stabförmige Lampen werden in verschiedenen Varianten einer Zerlegung bzw. Zerkleinerung und mechanischen Aufbereitung unterzogen.

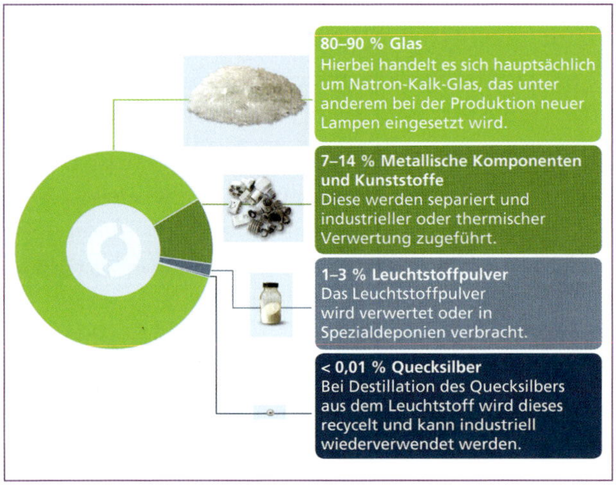

Bild 8:

Haupt-Output Fraktionen bzw. verwertbare Bestandteile von Altlampen beim Recycling

Quelle: Arbeitsgemeinschaft Lampen-Verwertung (AGLV)

Das Kapp-Trenn-Verfahren wird ausschließlich für stabförmige Leuchtstofflampen genutzt. Das Verfahren kann in drei Arbeitsschritte unterteilt werden: Zerlegung der Altlampen, Leuchtstoffabtrennung und Sammlung des Glases. Bei der Altlampenzerlegung werden zunächst die Lampenenden abgetrennt. Anschließend wird der quecksilberhaltige Leuchtstoff aus der Glasröhre ausgeblasen. Im nächsten Schritt wird das gereinigte Natron-Kalk-Glas der Röhre in einem Brecher zerkleinert und über einen Wirbelstromabscheider zur Abtrennung von Metallresten geführt. Die abgetrennten Lampenenden enthalten das nicht zusammen mit dem Natron-Kalk-Glas verwertbare Einschmelzglas (bei Altlampen vielfach Bleiglas), Aluminium-Endkappen, unter anderem als Isolator eingesetzte Kunststoffe und Anschlussdrähte bzw. -stifte.

Das Glasbruch-Wasch-Verfahren hat den Vorteil, dass es sich im Prinzip für Lampentypen aller Art sowie für das Recycling von Lampenbruch eignet. Zu Beginn werden die Lampen zerkleinert und anschließend mittels Wasser vom Leuchtstoff gereinigt. In einem Sedimentationsbecken und einem Lamellenklärer setzt sich das quecksilberhaltige Leuchtstoffpulver ab. Das Glasbruchgemisch wird durch Sieben, Metallabscheidung und optische Sortierung in die Bestandteile Natron-Kalk-Glas, Einschmelzglas, Kunststoffe und Metalle getrennt.

Auch die übrigen Verfahren zur Behandlung von Altlampen setzen auf die Teilschritte Zerlegung bzw. Zerkleinerung, Abtrennung des quecksilberhaltigen Leuchtpulvers und Auftrennen in verwertbare Fraktionen.

Bei allen Verfahren wird auf eine Unterdruckatmosphäre und Abluftreinigungssysteme geachtet, so dass keine Schadstoffe entweichen können – auch das unter Normalbedingungen flüchtige Quecksilber nicht.

Das Natron-Kalk-Glas lässt sich energiesparend bei der Produktion neuen Glases verwenden, so dass der Produktkreislauf hier geschlossen ist.

Bedingt durch die unterschiedliche Zusammensetzung des Einschmelzglases kann ein Teil dieses Glases nicht zur Neuproduktion von Natron-Kalk-Glas eingesetzt werden. Auch diese Fraktion wird jedoch zum größten Teil stofflich verwertet. Auch das beim Zerlegen von Hochdruckentladungslampen anfallende Mischglas kann nicht ohne weiteres zusammen mit dem Natron-Kalk-Glas verwertet werden. Neben der Hauptmenge sehr reinen Natron-Kalk-Glases wird daher mit diesen anderen Glasarten (Einschmelzglas und Mischglas) eine einzelne Unterfraktion von Glas geringerer Qualität erzeugt.

Die Metalle werden im Nachgang der Lampenzerlegung und Schadstoffentfrachtung weiter aufgetrennt, so dass sie ebenfalls als Sekundärrohstoff verwertet werden können. Dies geschieht teilweise im Zug der Altlampenbehandlung, teilweise aber auch in Betrieben, die auf die Aufarbeitung und Trennung verunreinigter Mischmetalle spezialisiert sind.

Die Mischfraktion *Elektronik-Platinen, Kunststoffe und Metallsockel* aus der Zerlegung von Kompaktleuchtstofflampen wird an Elektronikschrottverwerter abgegeben. Für die in den Lampen als Sockel bzw. Gehäuse und in den Platinen integrierter Vorschaltgeräte verbauten Kunststoffe ist eine Auftrennung in verwertbare Kunststoffarten derzeit nicht darstellbar, so dass sie energetisch verwertet werden. Mit der energetischen Verwertung werden gegebenenfalls die in Kunststoffteilen eingesetzten Flammschutzmittel zerstört.

6. Hindernisse der Verwertung

Ein gravierendes Hindernis für die Verwertung des Natron-Kalk-Glases war das Ende der Leuchtstofflampenproduktion in Deutschland. Alle Verwerter haben aber neue Verwertungswege für das Natron-Kalk-Glas gefunden.

Die Qualität des Mischglases aus der Verwertung von Hochintensitätslampen wird eingeschränkt durch die Werkstoffe, aus denen die Brenner gefertigt sind. Die Brenner bestehen aus Quarzglas oder durchscheinender Keramik, Materialien, die bei der Glasherstellung stören. Die Verwertung als Ersatzbaustoff (z.B. für Drainagen) oder in der Baustoffindustrie unterliegt der Konkurrenz durch andere für diese Zwecke geeignete Abfallstoffe. Der Anteil an Mischglas kann hier nicht genau beziffert werden. Eine Abschätzung aus dem Anteil der Lampen in *sonstigen Bauformen* lässt einen Höchstwert von einigen Prozent der gesamten Outputströme erwarten.

Für das Leuchtstoffpulver besteht derzeit keine Möglichkeit des Recyclings. Die Anlage der Firma Solvay in La Rochelle (ehemals Rhodia) zur Rückgewinnung der Selten-Erd-Elemente aus Leuchtstoffen wurde Anfang 2017 aus Wirtschaftlichkeitsgründen stillgelegt.

Neben dem Marktgeschehen, das die Akzeptanz der Materialien und Kosten bzw. Erlöse bestimmt, ist langfristig mit Veränderungen bei der Verwertbarkeit des Sammelguts zu rechnen. Bei dem zu erwartenden Anstieg des Anteils der LED-Lampen ist mit geringeren Anteilen hochwertig verwertbaren Glases zu rechnen und mit einer Zunahme der Platinen- und Kunststoff-Fraktion. Moderne LED-Lampen haben nur noch selten Metall-Gehäuse, so dass auch längerfristig nur ein geringfügiger Anstieg des Anteils der leicht verwertbaren Metall-Fraktionen im Output des Lampenrecyclings zu erwarten ist. Die Verwertungsverfahren werden sich dieser Herausforderung stellen müssen, wenn die Recyclingquote langfristig über 80 % bleiben soll.

Die Verwertung der Output-Fraktionen kann auch aufgrund einer als unzureichend angesehenen Schadstoffentfrachtung eingeschränkt werden. Derzeit gilt für das Glas zur Verwertung ein Quecksilber-Grenzwert von 5 mg/kg. Dieser wird von den Verfahren direkt oder nach einer thermischen Nachbehandlung eingehalten.

Für die Metall-, Kunststoff- und Mischfraktionen ist kein gesetzlicher Grenzwert festgelegt. Die einschlägige Norm (DIN EN 50625 [1]) sieht vor, dass eine Quecksilberkonzentration von 100 mg/kg in den Fraktionen zur Verwertung nicht überschritten werden soll. Dieser Wert wird bei allen Lampenverwertern für die Fraktionen zur Verwertung eingehalten. Dazu ist teilweise eine Vorbehandlung durch Ausheizen und/oder mechanische Nachbehandlung zur Entstaubung erforderlich. Dem Erfolg derartiger Nachbehandlungsschritte sind technische Grenzen gesetzt.

Wenn, wie in Österreich und der Schweiz, wesentlich geringere Grenzwerte vorgeschrieben werden (dort 10 mg/kg), hat das nicht zwangsläufig eine bessere Schadstoffentfrachtung zur Folge. In Österreich werden Altlampen nur noch gesammelt, aber nicht mehr verwertet, sondern zur Verwertung in Nachbarländer exportiert. Wenn Grenzwerte festgelegt werden, die bei der Lampenverwertung nicht eingehalten werden können, kann das auch dazu führen, dass einzelne Chargen aufbereiteten Materials entsorgt werden müssen, obwohl sie stofflich verwertet werden könnten. Wenn die mit dem Recycling verwertungsfähiger Sekundärrohstoffe verbundene Umweltentlastung verhindert wird, könnte das Festlegen extrem niedriger Grenzwerte den Zweck einer Gesamtminimierung der Umweltbelastung verfehlen.

7. Aussicht (Nutzen von kollektiven Rücknahmesystemen)

Informations- und Aufklärungskampagnen von kollektiven Rücknahmesystemen schärfen das Bewusstsein der Deutschen für die besondere Entsorgungsnotwendigkeit der Altlampen.

Die wichtigste Zielgruppe sind neben den Verbrauchern die professionellen Anwender, die die Leuchtmittel austauschen. Hier trägt die Kooperation mit dem Zentralverband der Deutschen Elektro- und Informationstechnischen Handwerke (ZVEH) dazu bei, die fachgerechte Entsorgung im Berufsalltag der E-Handwerker zu verankern. Regelmäßige Anzeigen und kontinuierliche Medienarbeit sollen das Themenbewusstsein stärken. Die Informations- und Aufklärungskampagnen haben bei Lightcycle nicht nur einen hohen Stellenwert, sondern auch einen schriftlich fixierten Rahmen: 2010 hat sich das

Unternehmen zusammen mit dem ZVEH, Handelsverbänden, dem Bundesverband der Verbraucherzentralen und dem Bundesumweltministerium dazu verpflichtet, die Verbraucher über die besondere Entsorgungsnotwendigkeit zu informieren und die Abgabe der Altlampen einfacher zu gestalten. Die Initiative setzt die Produktverantwortung der Hersteller in der Rücknahme vorbildlich um. Lightcycle ist das einzige Altlampenrücknahmesystem in Deutschland mit einem proaktiven und nachhaltigen Kommunikationsansatz.

Richtige Entsorgung ist immer eine bewusste Handlung eines Bürgers. Deshalb sind zielgruppengerechte Informations- und Aufklärungskampagnen neben einfachen und wiedererkennbaren Rückgabemöglichkeiten wesentliche Voraussetzungen, um höhere Rücklaufmengen erzielen zu können. Nur durch eine höhere Rückgabebereitschaft, kann ein Mehr an fachgerechter Entsorgung erreicht werden.

Herstellerrücknahmesysteme können, durch entsprechende Anforderungen, viel dazu beitragen, dass eine Sammlung außerhalb der ear-Abholkoordination, erfolgreich im Handel, der Industrie und im Gewerbe stattfindet. Hierzu gibt es neben der Altlampensammlung in Deutschland zahlreiche Beispiele auch in den Europäischen Nachbarländern. Dort sind die Sammelziele der EU in Reichweite, während Deutschland im Europäischen Mittelmaß verharrt.

8. Literatur

[1] DIN EN 50625-2-1 (2015): Anforderungen an die Behandlung von Elektro- und Elektronik-Altgeräten (WEEE) - Teil 2-1: Anforderungen an die Behandlung von Lampen; Deutsche Fassung EN 50625-2-1:2014. Beuth Verlag, Berlin

[2] ElektroG (2017): Elektro- und Elektronikgerätegesetz vom 20. Oktober 2015 (BGBl. I S. 1739), das zuletzt durch Artikel 16 des Gesetzes vom 27. Juni 2017 (BGBl. I S. 1966) geändert worden ist.

[3] Sander, K.; Schilling, S.; Wagner, J.; Günther, M. (2015): Maßnahmen zur Optimierung der Entsorgung von quecksilberhaltigen Gasentladungslampen und anderen Lampenarten. Umweltbundesamt (Hrsg.) TEXTE 03/2015, Dessau, 2015

Ansprechpartner

Dipl.-Ing. Sarah Tschachtli
bifa Umweltinstitut GmbH
Projektmanagerin
Nachhaltige Siedlungsabfallwirtschaft
Am Mittleren Moos 46
86167 Augsburg, Deutschland
+49 821-7000-174
stschachtli@bifa.de

Weitere beteiligte Institutionen

Lightcycle Retourlogistik und Service GmbH

Aufbereitung von Kühlgeräten, differenziert nach dem Treibmittel FCKW oder Pentan zur Reduktion der Betriebskosten und Optimierung der Entsorgung

Stefan Schwellinger und Thomas Dietershagen

Die ALBA Electronics Recycling GmbH wurde 1998 durch den Zusammenschluss zweier regionaler Recyclingunternehmen gegründet. Seit 2007 sind wir Teil der weltweit tätigen ALBA Group und gehören zu den führenden Recycling-unternehmen für Elektro- und Elektronikschrott in Deutschland. Am Unternehmenssitz in Eppingen, Baden-Württemberg, und zwei weiteren Standorten in Bayern und Rheinland-Pfalz sind insgesamt 160 Mitarbeiter beschäftigt.

In meiner Funktion als Leiter des Bereichs Qualitäts- und Umweltmanagement bin ich seit nunmehr 18 Jahren unter anderem für die Anlagengenehmigungen, die Betreuung von Überwachungs-, Zertifierungs- und Kundenaudits, sowie für die Durchführung interner Audits und sonstiger dem QM/UM-System unterliegender Prüfungen zuständig.

Die vorrangige Aufgabe beim Recycling von Elektroaltgeräten ist die Durchführung einer umweltgerechten Schadstoffentfrachtung. Hierbei werden umweltschädliche Bauteile und Stoffe in einer Art und Weise entfernt, dass eine Gefährdung der Umwelt ausgeschlossen wird. In unseren eigenen, hoch spezialisierten Recyclinganlagen verwerten wir alle Arten von Elektro(nik)altgeräten und gewinnen wertvolle Rohstoffe zurück, die wir der Industrie zur Verfügung stellen und dadurch gleichzeitig den Verbrauch von Primärrohstoffen reduzieren.

ALBA steht seit Jahrzehnten für Fachwissen, Qualität und Effizienz. Wir entwickeln beständig neue Recyclingtechnologien an unseren Standorten. Im Bereich des Kühlgeräte-Recyclings sind wir das einzige Unternehmen in Deutschland, das Kühlgeräte in zwei separaten Aufbereitungsanlagen, getrennt nach FCKW-haltigen und FCKW-freien Kühlgeräten, recycelt.

1. Aufbau und Funktion von Kühlgeräten

Anhand der unterschiedlichen Aufbereitungstechniken unterscheiden wir zwischen Kompressions- und Absorptionskühlgeräten. Gemäß dem Thema dieses Beitrags werden nachfolgend jedoch ausschließlich Kühlgeräte mit Kompressortechnik betrachtet.

Der Aufbau von Kompressionskühlgeräten ist prinzipiell immer gleich und unabhängig von den verwendeten Kälte- und Treibmitteln. Die wesentlichen Bestandteile des Kühlkreislaufs sind der Verdampfer (Rohrsystem, das sich im Innenraum befindet), der Kompressor (auch Verdichter genannt) und der Verflüssiger (Rohrsystem, das sich an der Rückseite befindet).

Vereinfacht dargestellt macht man sich bei Kühlgeräten zwei physikalische Grundprinzipien zu Nutze: die Gesetzmäßigkeit des thermischen Gleichgewichts und das Druck-Temperatur-Gesetz. Beim thermischen Gleichgewicht streben zwei unterschiedlich temperierte Gegenstände einen Wärmeaustausch bis zum Erreichen der gleichen Temperatur an. Und das Druck-Temperatur-Gesetz besagt, dass bei steigendem Druck auch die Temperatur ansteigt und umgekehrt.

Starten wir die Betrachtung des Kühlkreislaufs am Ende des Verflüssigers, bevor das Kältemittel von der Rückseite des Kühlgeräts in den Innenraum gelangt. An dieser Stelle durchströmt das flüssige Kältemittel das Drosselorgan und wird durch den dabei entstehenden Druckabfall abgekühlt. Sobald das nun kühle Kältemittel in den Verdampfer gelangt, tritt die Gesetzmäßigkeit des thermischen Gleichgewichts ein. Das bedeutet, dass der Innenraum Wärme abgibt und kälter wird, wogegen das Kältemittel diese Wärme aufnimmt, verdampft und als Gas weiter zum außenliegenden Kompressor strömt. Hier wird das Kältemittel verdichtet und unter hohem Druck in den Verflüssiger befördert. Durch die Druckerhöhung steigt die Temperatur des Kältemittels stark an. Diese Wärme wird nun an die Umgebung abgegeben und das Kältemittel kondensiert, das heißt, es wird flüssig. Von hier an beginnt der Kühlkreislauf erneut.

1.1. Kälte- und Treibmittel in Kühlgeräten

Kältemittel nehmen bei niedriger Temperatur und niedrigem Druck Wärme auf und geben diese bei höherer Temperatur und höherem Druck wieder ab. Sie transportieren die Wärmeenergie aus dem Inneren des Kühlgerätes und sorgen somit für die Kälteerzeugung. Um 1930 hatte man mit den FCKW ein brauchbares Medium gefunden, um Kühlgeräte gefahrlos in privaten Haushalten einsetzen zu können.

Treibmittel werden als Hilfsmittel zur Herstellung von Schaumstoffen eingesetzt. In der Kühltechnik hat sich Polyurethan-Schaum (PUR) als ideales Material für die Isolierung von Kühlgeräten herausgestellt. Mit der Verwendung als Treibmittel im Polyurethan-Schaum (PUR) fanden die FCKW einen weiteren Einsatzbereich in den Kühlgeräten.

Im Laufe der Jahre erkannte man die klimaschädigende Wirkung von FCKW und machte sich auf die Suche nach Ersatzstoffen. Mittlerweile werden umwelt- und klimaverträgliche halogenfreie Ersatzstoffe in Kühlgeräten eingesetzt.

Es gibt zwei wichtige Parameter zur Bewertung der Umweltverträglichkeit von Kälte- bzw. Treibmitteln: das Ozonabbaupotenzial ODP und das Treibhauspotenzial GWP. ODP (Ozone Depletion Potential) ist eine Maßzahl für den relativen Effekt des Abbaus der Ozonschicht. ODP von Null bedeutet, dass der Stoff die Ozonschicht nicht angreift. GWP (Global Warming Potential) ist eine Maßzahl für den relativen Beitrag eines Gases zum Treibhauseffekt. Je niedriger das GWP, desto umweltverträglicher ist ein Stoff.

Tabelle 1: Treibhauspotenziale (GWP 100) und Ozonschicht schädigendes Potenzial (ODP)

industrielle Bezeichnung	chemische Bezeichnung	Treibhauspotenzial (GWP 100)	Ozonabbaupotenzial (ODP)
Fluorchlorkohlenwasserstoffe (FCKW)			
R11	Trichlorfluormethan	4.750	1
R12	Dichlordifluormethan	10.900	1
teilhalogenierte Fluorchlorkohlenwasserstoffe (HFCKW)			
R22	Chlordifluormethan	1.810	0,055
teil(chlor)fluorierte Kohlenwasserstoffe (HFKW)			
R134a	1,1,1,2-Tetrafluorethan	1.430	0
Kohlenwasserstoffe (halogenfreie Stoffe)			
R600a	Isobutan	3	0
R601	Pentan	5	0

Quelle: Umweltbundesamt, Webseite. Online: www.umweltbundesamt.de

1.1.1. FCKW – Fluorchlorkohlenwasserstoffe

Fluorchlorkohlenwasserstoffe sind nicht brennbar, sehr beständig, gehen keine Reaktionen mit anderen Stoffen ein, sind nahezu ungiftig und eignen sich daher hervorragend für den technischen Gebrauch. Sie werden als Treibmittel (R11) von Isolierschäumen eingesetzt und finden auf Grund der Fähigkeit, große Wärmemengen während des Verdampfens absorbieren zu können, Anwendung als Kältemittel (R12) in Kühl- und Gefriergeräten, sowie Klimaanlagen.

Doch gerade die Beständigkeit und die chemische Stabilität stellten sich als große Nachteile für unser Klima heraus. Im Laufe der 1970er und 80er Jahre erkannte man, dass die Freisetzung von Fluorchlorkohlenwasserstoffen in erheblichem Maße für den Abbau der Ozonschicht verantwortlich ist. Ohne den Schutz der Ozonschicht kann kurzwellige UV-Strahlung bis zur Erdoberfläche dringen und Pflanzen, Tiere und Menschen schädigen.

Als weiteren negativen Umwelteinfluss verstärken FCKW durch Absorption der Sonneneinstrahlung den Treibhauseffekt und tragen so zur globalen Erwärmung bei.

Zum Schutz der Ozonschicht einigte sich die internationale Staatengemeinschaft im Jahr 1987 mit dem Montrealer Protokoll auf ein Verbot der massenhaft als Treibgase, Kühlmittel oder für Schaumstoffe verwendeten FCKW. Im Jahr 1991 erließ die Bundesregierung die FCKW-Halon-Verbots-Verordnung, wonach in Deutschland seit 1995 keine Kühlschränke mehr mit dem Ozonkiller FCKW hergestellt werden dürfen [2].

1.1.2. FCKW-Ersatzstoffe

Als FCKW-Ersatzstoffe bezeichnet man Stoffe, die an Stelle der Fluorchlorkohlenwasserstoffe Anwendung finden. Vereinfacht lassen sie sich in drei Gruppen einteilen:

- teilhalogenierte FCKW (HFCKW),
- voll- und teilfluorierte Kohlenwasserstoffe (FKW und HFKW) und
- halogenfreie Kohlenwasserstoffe (KW).

Auf der Suche nach möglichen Ersatzstoffen wurde der Fokus zunächst auf Stoffe mit sehr ähnlichen Eigenschaften gelegt. Die erste Wahl fiel auf teilhalogenierte Fluorchlorkohlenwasserstoffe (HFCKW). Da diese jedoch ebenfalls die Ozonschicht schädigen, wenn auch in geringerem Maße als FCKW, sind auch HFCKW heute weitgehend verboten.

Eine weitere verwandte Stoffgruppe sind die voll- und teilfluorierten Kohlenwasserstoffe (FKW und HFKW), die bis heute Anwendung finden. Da Stoffe dieser Gruppe kein Chlor enthalten, tragen sie nicht zum Abbau der Ozonschicht bei. Sie besitzen aber ein hohes Treibhauspotenzial und wurden daher 2016 als neueste Stoffgruppe in das Montrealer Protokoll aufgenommen, mit dem Ziel, ihren Einsatz weltweit schrittweise zu vermindern [2].

Nicht zuletzt dank der kritischen Diskussion über das hohe Treibhauspotenzial der HFKW haben sich mittlerweile die halogenfreien Kohlenwasserstoffe als FCKW-Ersatzstoffe in Kühlgeräten durchgesetzt. Hier sind in erster Line Isobutan (R600a) als Kältemittel und n-Pentan (R601) als Treibmittel zu nennen. Diese Kohlenwasserstoffe greifen die Ozonschicht nicht an und haben ein sehr niedriges Treibhauspotenzial. Sie haben sehr gute thermodynamische Eigenschaften, wodurch die Einsatzmengen im Vergleich zu den anderen Kältemitteln deutlich geringer sind. Sie haben jedoch einen Nachteil: Diese neue Generation von kohlenwasserstoffbasierten Kälte- und Treibmitteln ist hoch entzündlich und erfordert daher für Kühlgeräte-Recyclinganlagen spezielle Sicherheitskonzepte.

2. Aufbereitung von Kühlgeräten

Seit 1998 betreiben wir am Standort Eppingen eine Aufbereitungsanlage für Kühlgeräte. Zu dieser Zeit war es gängige Praxis, Kühlgeräte mit FCKW-freier Isolierung (z.B. Styroporisolierung) nach der ersten Behandlungsstufe in einem Metallshredder weiter zu verarbeiten.

Da bei dieser Art der Verarbeitung jedoch lediglich die Eisen- und Nichteisen-Metalle zurückgewonnen wurden, haben wir bereits Anfang der 2000er Jahre mit der Entwicklung eines Anlagenkonzepts zur separaten Aufbereitung von FCKW-freien Kühlgeräten begonnen.

Im Jahr 2004 erhielten wir unsere erste Genehmigung nach BImSchG für eine Anlage zur Aufbereitung von Altkühlgeräten mit FCKW-freier Isolierung. Seit diesem Zeitpunkt betreiben wir an unserem Standort in Eppingen separate Anlagen zur Aufbereitung von FCKW-haltigen und FCKW-freien Kühlgeräten. Damit betreiben wir momentan die einzige Anlage in Deutschland mit getrennter Verarbeitung. Alle anderen Anlagen verarbeiten die Kühlgeräte im sogenannten Mischbetrieb.

Die Anlieferung der zu behandelnden Kühlgeräte erfolgt in der Regel in geschlossenen Containern. Die Entladung erfolgt händisch, um Beschädigungen an den Kühlgeräten zu vermeiden. Anschließend erfolgt im Annahmebereich die Sortierung der Kühlgeräte. Für die darauffolgende separate Verarbeitung unterscheiden wir die Kühlgeräte nach der vorhandenen Kältetechnik sowie den eingesetzten Kälte- und Treibmitteln.

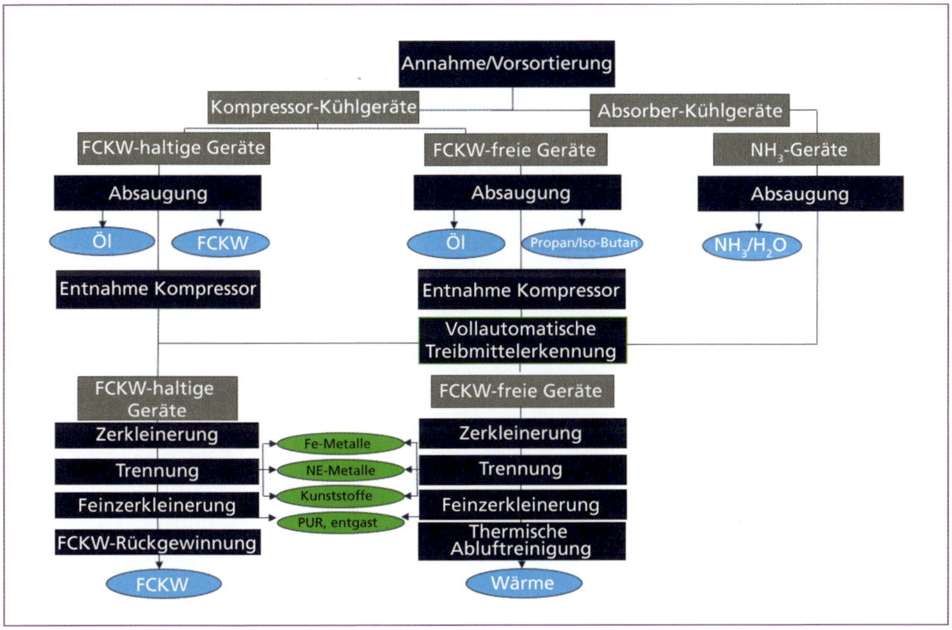

Bild 1: Behandlungsprozess Kühlgeräte

Quelle: ALBA Electronics Recycling GmbH

2.1. Stufe 1 – Absaugung Kühlkreislauf

Die Vorgehensweise der Behandlungsstufe 1 ist für alle Kompressor-Kühlgeräte prinzipiell gleich, unabhängig vom Kältemittel. Dennoch betreiben wir auch in diesem Bereich je eine Anlage für FCKW/FKW-haltige (R12, R22, R134a, R404a, R407c) und FCKW-freie (R600a) Kältemittel.

Im Wesentlichen bestehen die Stufe 1-Behandlungsanlagen aus einer zweibahnigen Auflagestation mit Hubtischen, mehreren Absaugstellen, einer Kältemittel/Öl-Trennanlage sowie Arbeitsplätzen zur Entnahme der Kompressoren und Kondensatoren.

Bevor mit der eigentlichen Behandlung, der Absaugung des Kühlkreislaufes, begonnen wird, erfolgt eine manuelle Entnahme der Glaseinlagen, Gitter, sonstiger unbefestigter Teile, Kabel, Kondensatoren und Quecksilberschalter.

Beim Auflegen und vor dem Absaugen kontrollieren die Mitarbeiter anhand der Kältemittel-Kennzeichnung auf dem Kompressor, ob es sich auch um das *richtige* Kältemittel handelt. Im nächsten Schritt werden an mehreren Kühlgeräten gleichzeitig die Kühlkreisläufe an der tiefsten Stelle abgesaugt. Dies geschieht durch Anstechen mittels spezieller Absaugzangen. Der Absaugvorgang des Kältemittel/Öl-Gemisches wird entsprechend der angewandten Technik automatisch oder manuell gestartet und der Kältemittel/Öl-Trennanlage zugeführt. Als finaler Arbeitsschritt werden die Kompressoren nach Beendigung des Absaugvorganges ausgebaut, angebohrt und restentleert. Das hierbei aufgefangene Öl wird ebenfalls der Kältemittel/Öl-Trennanlage zugeführt.

In der Trennanlage wird das Öl unmittelbar vom Kältemittel abgeschieden. In weiteren Stufen erfolgt über acht Stunden bei einer fest eingestellten Temperatur die vollständige Trennung. Nach dem abgeschlossenen Trennvorgang werden die Kältemittel in Druckbehältern und die Öle in Lagerbehälter abgefüllt. Durch den Trennvorgang wird der Grenzwert von 0,2 % Halogen im zurückgewonnenen Öl sicher unterschritten und es kann der Altölverwertung zugeführt werden.

2.2. Stufe 2 – Zerkleinerung Kühlgerät

Nachdem in Stufe 1 die Kühlgeräte trockengelegt und schadstoffentfrachtet wurden, erfolgt in der zweiten Behandlungsstufe die mechanische Behandlung der Kühlgerätekorpusse. Hierzu gehört der gesamte Zerkleinerungsprozess mit anschließender Materialseparation und Rückgewinnung des Treibmittels.

Auf Grund der unterschiedlichen Eigenschaften der Treibmittel FCKW/FKW und Pentan verarbeiten wir die Kühlgeräte in zwei getrennten Anlagen. Entsprechend der Treibmittel erfolgte die Benennung der Anlagen. FCKW/FKW-haltige Treibmittel werden in der FCKW-Anlage, das halogenfreie Treibmittel Pentan in der PENTAN-Anlage zurückgewonnen.

Während FCKW technisch gesehen unkritisch sind (nicht brennbar, nicht giftig), müssen bei Freisetzung des hochentzündlichen Pentans spezielle Vorsorgemaßnahmen bzgl. Brand- und Explosionsschutz getroffen werden.

2.2.1. Stufe 2 FCKW-Anlage

Die Behandlungsstufe ist komplett eingehaust und wird über einen konstanten Luftstrom abgesaugt. Dadurch steht das komplette System unter konstantem Unterdruck, wodurch diffuse Emissionen verhindert werden.

Über ein Transportsystem werden die Kühlgeräte durch ein Schleusensystem in die geschlossene Aufbereitungsanlage befördert. In mehreren Verfahrensschritten werden die kompletten Kühlgeräte mechanisch zerkleinert. Durch die Anwendung verschiedener Zerkleinerungsmethoden wird sichergestellt, dass die Materialverbunde nahezu vollständig aufgeschlossen werden. Anschließend wird das aufgeschlossene Materialgemisch in mehreren Trenneinrichtungen in Isolierschaum, Eisen-, Kunststoff- und NE-Metall-Fraktion getrennt. Die Fraktionen werden über Fördereinrichtungen aus der Aufbereitungsanlage in nebenstehende Transportbehälter geschleust.

Die Erfassung der im Isolierschaum der Altkühlgeräte enthaltenen FCKW erfolgt zunächst durch eine Zellentgasung des Isolierschaums mit einer anschließenden Feinentgasung und Brikettierung. Die nun FCKW-freien Isolierschaum-Briketts werden ebenfalls aus der Anlage in Transportbehältnisse befördert.

Die aus dem Isolierschaum freigesetzten FCKW werden mittels eines definierten Luftstromes erfasst und der Rückgewinnungsanlage zugeführt. Diese besteht aus zwei parallel arbeitenden Aktivkohlefiltern sowie einer nachgeschalteten dritten Filterstufe. Das zurückgewonnene FCKW aus der Aktivkohleadsorptionsanlage wird nach der Desorption in einen Vorlagetank gepumpt. Die gereinigte Abluft wird aus der Anlage in die Atmosphäre abgegeben.

Über eine kontinuierliche Emissionsmesseinrichtung werden die anfallenden Mess- und Statussignale an einen Emissionsrechner weitergegeben und verarbeitet.

2.2.2. Stufe 2 PENTAN-Anlage

Die Anlage besteht im Wesentlichen aus einer zweibahnigen Auflagestation, zwei automatischen Isolationsschaum-Detektionsplätzen, einer gekapselten Zerkleinerung, diversen gekapselten Materialtrenneinrichtungen, einer Isolationsschaumpresse sowie verschiedenen Materialausträgern.

Bevor die Kühlgeräte in die Behandlungsstufe 2 gelangen, werden sie in eine Messstation transportiert. Hier erfolgt eine automatische Detektion zur Unterscheidung der Treibmittel im Isolierschaum (PUR-Schaum). Unter der automatischen Detektion versteht man eine autark arbeitende Einheit, welche automatisch die Treibmittel im PUR-Schaum analysiert und zweifelsfrei erkennt, ob es sich um FCKW/FKW- oder Pentan-Kühlgeräte handelt. Der Messroboter schlägt während der Messung einen Bolzen in das Kühlgerät ein, wodurch einige Poren des PUR-Schaums zerstört werden und das Gas in den Messkopf des Roboters entweichen kann. In der anschließenden Analyse erfolgen insgesamt drei Messungen pro Kühlgerät. Bei der ersten und zweiten Messung werden die Türen und bei der dritten Messung der Korpus des Kühlgerätes überprüft. Diese Messungen sind notwendig, da man nicht ausschließen kann, dass bei der Produktion der Türen und des Korpus unterschiedliche Treibmitteln verwendet wurden.

FCKW-haltige Geräte und Geräte ohne eindeutige Messergebnisse werden aussortiert. Alle anderen Geräte werden über Schleusensysteme der gekapselten und abgesaugten Zerkleinerung zugeführt. Im Zerkleinerungsprozess findet eine Zellentgasung des PUR-Schaums statt, durch die das Treibmittel Pentan freigesetzt wird. Da Pentan brennbar und explosiv ist, wurden für den Brand- und Explosionsschutz spezielle Konzepte erarbeitet, die später erläutert werden.

Die zerkleinerten Fraktionen werden anschließend auf eine Vibrationsrinne transportiert. Hier werden zunächst die Eisenmetalle abgetrennt und ausgeschleust. Anschließend wird der leichte PUR-Schaum abgesaugt, in ein Puffersilo gefüllt, brikettiert und in Transportbehälter gefüllt. Der restliche Materialstrom besteht aus NE-Metallen und Kunststoffen, die durch einen Wirbelstromscheider voneinander separiert und als Monofraktionen in Transportbehälter abgefüllt werden.

Auf Grund der durch die Freisetzung von Pentan vorhandenen Explosionsgefahr, haben wir ein Sicherheitskonzept integriert, das anstelle der üblichen Sickstoff-Inertisierung auf Verdünnung durch Umgebungsluft basiert. Im Zuge dessen wird mit einem hohen Luftstrom die Pentan-Konzentration kleiner 10 % der unteren Explosionsgrenze (UEG) gehalten. Diese Prozessluft wird direkt der nachgeschalteten dritten Stufe (Verbrennungsanlage) zugeführt.

Um sicher zu stellen, dass der Grenzwert < 10 % UEG nicht überschritten wird, hat der Anlagenbauer URT das in Bild 2 dargestellte Sicherheitskonzept aufgestellt. Hierbei wird die Pentan Konzentration redundant (zwei unabhängig voneinander arbeitende Messsensoren mit unterschiedlich angeordneten Messgasentnahmestellen) bezüglich UEG überwacht.

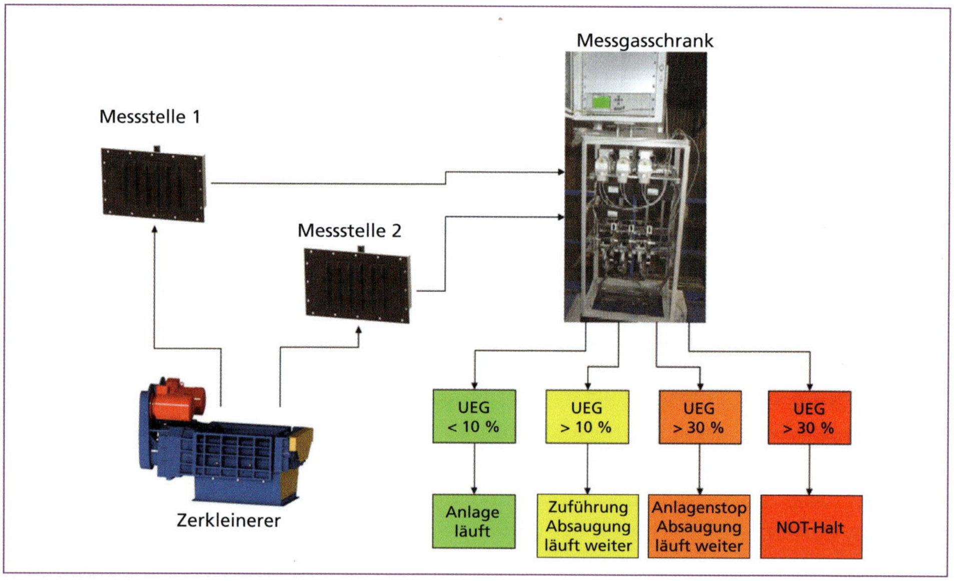

Bild 2: Sicherheitskonzept für Zerkleinerung Pentan Kühlgeräte

Quelle: URT Umwelt- und Recyclingtechnik GmbH

Darüber hinaus wurden der Zerkleinerungsbereich und weitere exponierte Aggregate mit einer automatischen Branddetektion und einer anschließenden vollautomatischen Löschung ausgestattet. Die Löschung erfolgt jeweils zweistufig. Sobald ein Brand detektiert wird, erfolgt zunächst die Löschung mit Wasser. Sollte diese Löschung die detektierte Temperatur nicht absenken, wird die Löschung mit einem Spezialschaum eingeleitet.

2.3. Stufe 3 – Entsorgung Kälte- und Treibmittel

Unter der Behandlungsstufe 3 versteht man die Entsorgungsvorgänge der zurückgewonnenen Kälte- und Treibmittel. Diese Verfahren können sowohl vor Ort wie auch in externen Entsorgungsanlagen erfolgen.

Während in unserem Fall die zurückgewonnen FCKW/FKW extern entsorgt werden, ist für unsere PENTAN-Anlage die vor Ort betriebene Stufe 3 ein elementarer Baustein. Ohne die Möglichkeit, den hohen Prozessgasstrom in der direkt angebundenen Behandlungsstufe 3 zu verwerten, wäre das Konzept nicht durchführbar.

Das durch die Zerkleinerung freigesetzte Pentan wird zunächst einem Staubfilter zugeführt, bevor es anschließend zusammen mit dem abgesaugten Kältemittel Butan verbrannt wird. Die Flamme für die Verbrennung wird durch die Zufuhr von Erdgas erzeugt. Durch die sehr hohe interne Wärmerückgewinnung läuft das System bereits ab einer geringen Kälte-/Treibmittel-Konzentration *autotherm*, das heißt, der Energieeintrag durch die Kälte-/Treibmittel ist ausreichend, um die Oxidation ohne Brennstoffzufuhr (Gas) aufrecht zu erhalten.

Für die Abluftreinigung wurde eine Feststoffabscheidung nach dem thermischen Oxidations-Prinzip gewählt. Die einzige Bedingung für den Einsatz der thermischen Abgasreinigung ist die Brennbarkeit der Kälte-/Treibmittel. Die im Prozessabgas in Nebel-, Dampf- oder Gasform enthaltenen organischen und anorganischen Stoffe werden oxidiert bzw. verbrannt. Bei der thermischen Oxidation reagieren und verbinden sich die enthaltenen Kohlenwasserstoffe mit Sauerstoff und werden in Wasserdampf und Kohlendioxid umgewandelt.

3. Wirtschaftliche Betrachtung

Jährlich werden in Deutschland etwa 3,5 Millionen Kühlgeräte verkauft [1], dementsprechend kann in etwa von der gleichen Anzahl entsorgter Kühlgeräte ausgegangen werden. Dazu kommen noch geschätzte 500.000 Tiefkühl- und gewerbliche Geräte. Die Verarbeitung erfolgt, nach unserem Kenntnisstand, in 14 Recyclinganlagen mit Kapazitäten größer 100.000 Geräte sowie in einigen Anlagen, deren Kapazität nicht genauer bezifferbar ist und die ausschließlich die Behandlungsstufe 1 durchführen.

Durch das FCKW-Verbot kommen Pentan-Geräte seit etwa 2002/03 in einer Größenordnung von etwa 10 % vor. Diese Mengen konnten auch ohne technische Umrüstung relativ problemlos verarbeitet werden. In den folgenden Jahren stieg der Anteil der

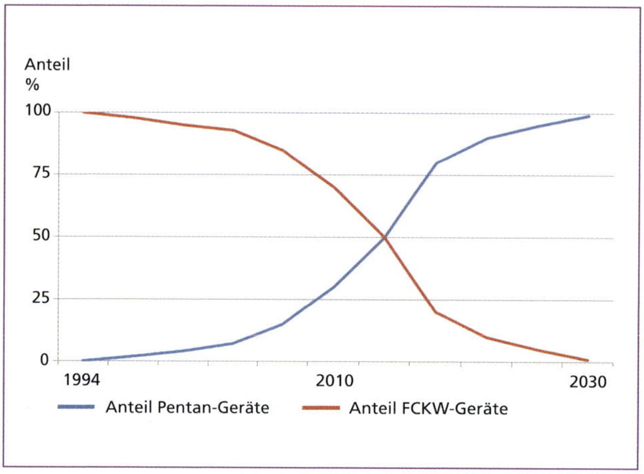

Bild 3:

Qualitative zeitliche Verläufe der Anteile an FCKW- und Pentan-Geräten

Quelle: ALBA Electronics Recycling GmbH

Pentan-Geräte kontinuierlich an, 2006 betrug er bereits 15 bis 20 % und stellte somit ein nicht zu unterschätzendes Brand- und Explosionsrisiko dar. In Folge des nun immer größer werdenden Anteils an Pentan-Geräten im Verarbeitungsprozess kam es immer öfter zu Bränden und Explosionen.

Der Einsatz des FCKW-Ersatzstoffs Pentan stellte neue Herausforderungen bzgl. Brand- und Explosionsschutz an die Recyclinganlagen. Hieraus ergaben sich zwei Lösungsansätze. Variante 1 sah vor, die Pentan-Geräte nach der Behandlungsstufe 1 auszuschleusen und die weitere Verarbeitung in Shredderanlagen durchzuführen. Variante 2 beinhaltete die Inertisierung der Behandlungsstufe 2. Inertisierung bedeutet, dass durch Zugabe eines Inertgases, z.B. Stickstoff, der Luftsauerstoff verdrängt wird und damit eine explosionsfähige Atmosphäre vermieden wird. Mit dieser Variante konnten weiterhin alle Geräte in der Anlage verarbeitet werden.

Mit Einführung der europäischen Norm EN 50574 im Jahr 2012 und deren Folgenorm EN 50625-2-3 wurden die Anforderungen an das Kühlgeräterecycling in einem Maß angehoben, dass bestehende Shredderanlagen diese Normvorgaben nicht einhalten konnten. Somit blieb für die Verarbeitung der Pentan-Geräte nur die Inertisierung.

Hinsichtlich unserer PENTAN-Anlage lag es nahe, den bereits eingeschlagenen Weg der separaten Aufbereitung weiter zu entwickeln. Gemeinsam mit dem Anlagenhersteller URT erfolgte die technische Umsetzung unseres Konzeptes. Neben den technischen Lösungen lieferten die Wirtschaftlichkeitsberechnungen weitere Argumente für eine zügige Umsetzung einer neuen PENTAN-Anlage.

Für den Betriebskostenvergleich, der sich ausschließlich auf die Verarbeitung von Pentan-Kühlgeräten bezieht, wurden folgende Anlagenvarianten miteinander verglichen:

- PENTAN-Anlage mit nachgeschalteter Abluftbehandlung,
- gemischte Anlage mit Aktivkohleadsorption und
- gemischte Anlage mit Kryokondensation.

Die Betriebskosten enthalten die Beschaffungskosten der Verbrauchsstoffe (Flüssigstickstoff, Gas und Strom) sowie die Kosten für Entsorgung, Wartung und Verschleiß.

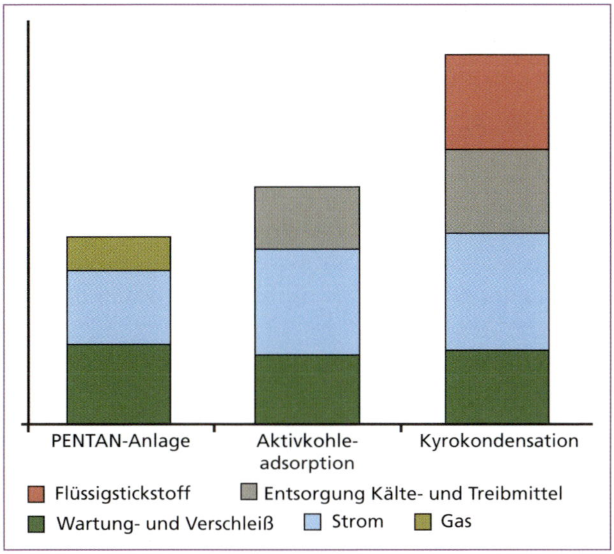

Bild 4:

Vergleich der Betriebskosten

Quelle: ALBA Electronics Recycling GmbH; URT Umwelt- und Recyclingtechnik GmbH

Inertisierungskosten

Je nach Anlagentechnik fallen unterschiedlich hohe Kosten für die Inertisierung an. Für die PENTAN-Anlage ist, wie unter Kap. 2.2.2. beschrieben, kein Einsatz eines Inertgases erforderlich. Es fallen somit keine Inertisierungskosten an. Bei der Variante Aktivkohleadsorption wird das Inertgas Stickstoff mittels Luftzerleger (Stickstoffgenerator) erzeugt. Die für die Stickstofferzeugung anfallenden Stromkosten sind als indirekte Kosten der Inertisierung hinzu zu rechnen. Bei der Anlage mit Kryokondensation wird für die Inertisierung Flüssigstickstoff verwendet. Somit ergeben sich die Inertisierungskosten aus den Beschaffungskosten des Flüssigstickstoffs. Im Vergleich zu den anderen Anlagenvarianten fallen hier die höchsten Kosten an.

Entsorgungskosten für Kälte- und Treibmittel

Da die Entsorgungskosten für die Ausgangsfraktionen Metalle, Kunststoffe und PUR-Schaum anlagenunabhängig sind, werden nachfolgend nur die Entsorgungskosten für Kälte- und Treibmittel erläutert. In der PENTAN-Anlage entstehen keine direkten Entsorgungskosten. Nachdem das Kältemittel (Butan) aus der Behandlungsstufe 1 abgesaugt und in Gasflaschen abgefüllt ist, kann es dem Verbrennungsprozess nach Bedarf zugeführt werden. Das aus Stufe 2 freigesetzte Treibmittel (Pentan) wird, wie unter Kap. 2.3. beschrieben, direkt der nachgeschalteten Stufe 3 zugeführt. Durch die Verbrennung der Kälte- und Treibmittel werden keine externen Entsorgungskosten verursacht. Die durch die Verbrennung anfallenden Gaskosten sind jedoch als indirekte Entsorgungskosten aufzuführen. Im Mischbetrieb lässt sich das zurückgewonnene Treibmittel-(FCKW/FKW/Pentan)-Gemisch nicht auftrennen. Das bedeutet, dass Pentan zu den hohen FCKW-Kosten entsorgt wird. Dagegen besteht in Stufe 1 durchaus die Möglichkeit, das Kältemittel Butan separat zu entsorgen. Nach unserem Kenntnisstand erfolgt jedoch auch hier in der Regel eine gemeinsame Entsorgung.

Energiekosten

Die Anlage mit Kryokondensation hat auf Grund der höchsten Leistungsaufnahme einen deutlich höheren Stromverbrauch gegenüber den beiden anderen Anlagenvarianten. Im Falle der Aktivkohleadsorption ist zu berücksichtigen, dass die aufgeführten Stromkosten neben dem Anlagenverbrauch zusätzlich den Stromverbrauch des Stickstoffgenerators zur Erzeugung des Inertgases enthalten. Die PENTAN-Anlage hat, bedingt durch den Einsatz energieeffizienter Technik, eine deutlich geringere Leistungsaufnahme und damit einen geringeren Stromverbrauch verglichen mit den beiden anderen Anlagen.

Ressourcenschonung und Klimabilanz

Je nach angewandtem Entsorgungsweg, wird das zurückgewonnene FCKW/FKW/Pentan-Gemisch einer Beseitigung oder Verwertung zugeführt. Im Falle einer Beseitigung geht die kalorische Energie des Pentans verloren. Nicht so jedoch in der PENTAN-Anlage. Die aus der Verbrennung der Behandlungsstufe 3 gewonnene Wärmeenergie wird zum Heizen der Anlagenhalle verwendet. Die hierdurch eingesparte Menge an Erdgas lässt sich als weiterer wirtschaftlicher Nutzen beziffern. Eine zusätzliche positive Begleiterscheinung ist die gute Klimabilanz, die sich durch die direkte energetische Verwertung der Kälte- und Treibmittel ergibt. Die direkt nachgeschaltete Verbrennung spart Transportkosten und ist umweltfreundlicher, da durch den Transport des Gases zur Weiterverarbeitung oder externen Verbrennung Treibhausgasemissionen, und damit Umweltbelastungen entstehen würden. Die energetisch aufwändige Zwischenverflüssigung des Gases, um dieses transportfähig zu machen, entfällt somit auch.

Wartungs- und Verschleißkosten

Die Wartungs- und Verschleißkosten sind in allen drei Anlagenvarianten in etwa gleich. Da für die PENTAN-Anlage jedoch keine Erfahrungswerte vorliegen, planen wir für die ersten drei Jahre einen deutlich höherer Wartungs- und Betreuungsaufwand ein.

4. Regelungen und Kontrollen im Bereich Kühlgeräte-Aufbereitung

In den vergangenen Jahren kamen immer wieder Vorwürfe bezüglich der unsachgemäßen Entsorgung von Kühlgeräten in Deutschland auf. Herstellern wurde vorgeworfen, ihrer Entsorgungsverantwortung nicht gerecht zu werden. Zugleich wurde von den Betreibern der Behandlungsanlagen eine größere Transparenz sowie vermehrte Kontrollen gefordert.

Basierend auf der täglichen Dokumentation unserer Betriebstagebücher legen wir seit Jahren plausible Quartals- und Jahresbilanzen vor. Momentan arbeiten wir an der systematischen Erstellung von Monatsbilanzen. Unsere Aufbereitungsanlagen sind nach BImSchG genehmigt. Neben den Anforderungen aus diesen Betriebsgenehmigungen unterliegen wir den rechtlichen Regelungen des Elektro- und Elektronikaltgerätegesetzes (ElektroG), der Entsorgungsfachbetriebe Verordnung (EfbV) und der Technischen Anleitung zur Reinhaltung der Luft (TA-Luft). Zusätzlich erfüllen wir die Anforderungen der europäischen Normen CENELEC EN 50625-2-3 und CENELEC TS 50625-3-4.

Neben den jährlichen Leistungstests gemäß TA-Luft, den jährlichen Auditierungen nach ElektroG und EfbV belegen zweiunddreißig Herstelleraudits in den vergangenen zehn Jahren, dass das Thema Kühlgeräte-Recycling sehr ernst genommen und sach- wie umweltgerecht ausgeführt wird.

5. Fazit

Noch immer sind große Mengen von Altkühlgeräten im Markt, die sowohl Polyurethan-Schaum im Isolierkörper als auch Kältemittel enthalten, welche stark FCKW/FKW-belastet sind. Es besteht daher weiter die Notwendigkeit, solche Altgeräte fachgerecht aufzubereiten und die darin enthaltenen FCKW/FKW umweltgerecht zu entsorgen.

Für unser Unternehmen haben wir unter den gegebenen Umständen mit dem Konzept der getrennten Verarbeitung von FCKW-haltigen und FCKW-freien Kühlgeräten das nach unserer Ansicht optimale Verfahren gefunden. Auf Grund der abnehmenden Mengen von FCKW-Geräten und der damit verbesserten Auslastung unserer PENTAN-Anlage gehen wir nach derzeitigem Sachstand davon aus, dass die Wirtschaftlichkeit unserer Anlage weiter zunehmen wird.

Mit der getrennten Verarbeitung haben wir eine Möglichkeit geschaffen, Primärdaten sowohl für FCKW- wie auch Pentan-Geräte zu erfassen. Wir sind der einzige Betreiber einer Kühlgeräte-Recyclinganlagen, der gegenwärtig über eine solche Datenbasis verfügt. Dies bietet uns die Möglichkeit, zukünftig Primärdaten zur Verfügung zu stellen, die beispielsweise für eine Beurteilung von Zielwerten hilfreich sein können.

6. Literatur

[1] Statista GmbH. Online: https://de.statista.com/outlook/16010100/137/kuehlschraenke/deutschland

[2] Umweltbundesamt, Hintergrundpapier: 1987–2017: 30 Jahre Montrealer Protokoll

Ansprechpartner

Dipl.-Ing. Stefan Schwellinger
ALBA Electronics Recycling GmbH
Leiter Qualitäts- und Umweltmanagement
Heilbronner Straße 13
75031 Eppingen, Deutschland
+49 7262-612-60
stefan.schwellinger@alba.info

Elektromobilität

Materialkreisläufe der Energiewende: Potentiale, Technologien, Nachhaltigkeit

Liselotte Schebek, Oliver Gutfleisch, Jürgen Gassmann und Jörg Zimmermann

Die Problematik des Klimawandels hat auf nationaler und internationaler Ebene die Transformation des Energiesystems (*Energiewende*) initiiert, durch die sich die Basis der Energieversorgung von fossilen hin zu regenerativen (*low-carbon*) Technologien verschiebt. Energiesysteme der Zukunft werden vor allem auf der Stromerzeugung durch Windkraft, Photovoltaik und Wasserkraft beruhen; auf der Systemebene kommen weitere Komponenten zur Speicherung von Energie oder zur Nutzung von Spitzenlast-Strom hinzu. Mit einer solchen Energiewende geht in erheblichem Ausmaß auch eine *Materialwende* einher [11]: Während die fossile Energieversorgung vor allem auf der Wandlung chemischer Energie in Verbrennungskraftwerken beruht, nutzen erneuerbare Energien die mechanische Energie von Wind und Wasser durch Generatoren auf Basis von Permanentmagneten oder die Strahlungsenergie der Sonne mittels Halbleitermaterialien. Für diese und weitere Technologien der Energiewende wie Brennstoffzellen, Katalysatoren, Batterien oder Thermokonverter gilt, dass ihre Leistungsfähigkeit ganz wesentlich von Funktionsmaterialien abhängt. Dies sind Werkstoffe mit speziellen, magnetischen, optischen, halbleitenden, thermoelektrischen, etc. Eigenschaften und verdanken ihre Funktion ihrer spezifischen Elektronenstruktur. Typische Beispiele im Periodensystem der Elemente sind Metalle wie die Seltenen Erden (SE) für

Permanentmagnete in Windturbinen und Motoren oder Ga, Ge, In für Halbleiter und Solarzellentechnologien. Solche Technologie- oder auch Strategiemetalle werden in oft vergleichsweise geringen Mengen und meist als Beiprodukte anderer Hauptmetalle weltweit an nur wenigen Standorten abgebaut.

Aus dieser Konstellation resultieren mögliche Risiken der Versorgung, unter anderem durch politisch instabile Lieferländer, die in Verbindung mit der großen strategischen Bedeutung solcher Elemente für Hochtechnologien heute unter dem Schlagwort der Kritikalität von Rohstoffen in der politischen Diskussion sind.

Schon 2013 wies ein Report des Joint Research Center der EU darauf hin, dass gerade im Bereich der Funktionsmaterialien für die Energiewende erhebliche Risiken durch kritische Rohstoffe bestehen [15]. Ein neuerer Report der World Bank [21] stellt heraus, dass mit steigendem Ambitionierungsgrad von Decarbonisierungsszenarien der Bedarf an strategischen Rohstoffen erheblich steigt. So wird beispielsweise der Anstieg der Nachfrage an Metallen für Lithium-Ionen Batterietechnologie (u.a. Kobalt, Lithium, Mangan und Nickel) beim Übergang von einem 4 °C zu einem 2 °C Szenario auf das 10-fache abgeschätzt. Vor diesem Hintergrund stellt sich die Frage, ob die Risiken aus kritischen Rohstoffen durch Bereitstellung von Sekundärrohstoffen aus dem Recycling der Materialien von Energietechnologien verringert werden können. Faktisch sind heute für Funktionsmaterialien von Energietechnologien noch kaum Materialkreisläufe etabliert. Die Gründe dafür liegen einerseits im technologischen Bereich. Vielfach fehlen innovative Verfahren, die auf die spezifische Zusammensetzung komplexer Funktionsmaterialien abgestimmt sind und ökologisch und ökonomisch effizient sind. Im ökonomischen Bereich liegen die Gründe in vergleichsweise niedrigen Preisen von Primärmetallen, die nicht die sozialen und ökologischen Kosten der Förderung spiegeln. Ein anderer Aspekt liegt in der zeitlichen Dynamik der Einführung neuer Technologien, deren *Bestände* in den nächsten Jahren erst aufgebaut werden, so dass der Rücklauf von *Altprodukten* (End-of-Life = EoL) und damit relevanten Mengen von Ausgangsmaterial des Recyclings erst in der Zukunft erwartet werden kann [19]. Dieser Effekt wird in der Literatur angesprochen (z.B. [5]), bislang liegen aber nur wenige Untersuchungen vor, die im Detail die zeitliche Entwicklung entsprechender Materialflüsse für das Recycling untersuchen.

Im Folgenden werden an Hand zweier Fallbeispiele (Batterien und Magnete) sowohl technologische Ansätze des Recyclings als auch systematische Untersuchungen zu den globalen Stoffkreisläufen und den Beiträgen eines möglichen Recyclings zur Rohstoffsicherheit dargestellt.

1. Lithiumbatterien

1.1. Einsatzgebiete und Nachfrageentwicklung

Handys, Power Tools und andere mobile Geräte beziehen ihre Energie heutzutage meist aus Lithium-Ionen-Batterien, die sich durch eine besonders hohe Leistungsdichte auszeichnen. Lithiumbatterien (oder Lithium-Ionen-Batterien) im engeren Sinne sind

Primärzellen, die im Unterschied zu Lithium-Ionen-Akkumulatoren nicht wieder aufladbar sind. Bei beiden stellt Lithium einen wesentlichen Bestandteil des Kathodenmaterials dar. Im vorliegenden Beitrag wird der Begriff Lithiumbatterien vereinfachend und entsprechend des umgangssprachlichen Gebrauchs als Sammelbegriff für Lithiumbatterien und Lithium-Ionen-Akkumulatoren verwendet. Ein erheblicher Anstieg der Nachfrage wird in naher Zukunft aus der Elektromobilität erwartet, die derzeit die wesentliche Strategie der Energiewende im Verkehrsbereich darstellt. Darüber hinaus gewinnen leistungsfähige Energiespeicher auch in stationären Anwendungen an Bedeutung, z.B. im Gebäudebereich in Verbindung mit Photovoltaikanlagen. Auch in vielen mobilen Anwendungen im Alltag sind sie allgegenwärtig.

Der funktionale Teil der Zelle von Lithium-Ionen-Batterien besteht aus eine Anode, einer Kathode, einem Separator zwischen den Elektroden und dem Elektrolyten. Als Anodenmaterial werden meist Graphit oder Lithiumtitanat eingesetzt. Auf der Kathodenseite sind weit mehr unterschiedliche Materialien im Einsatz. Die häufigsten Vertreter sind Lithium-Kobalt-Oxid (LCO), Lithium-Mangan-Oxid, Lithium-Nickel-Mangan-Kobalt-Oxid (NMC), Lithium-Nickel-Kobalt-Aluminium-Oxid (NCA) und Lithium-Eisen-Phosphat ($LiFePO_4$ oder LFP). Das Kathodenmaterial liegt als Beschichtung auf einer Aluminiumfolie vor. Der typische Aufbau einer Batterie mit NMC-Kathode und Graphit-Anode ist in Bild 1 dargestellt.

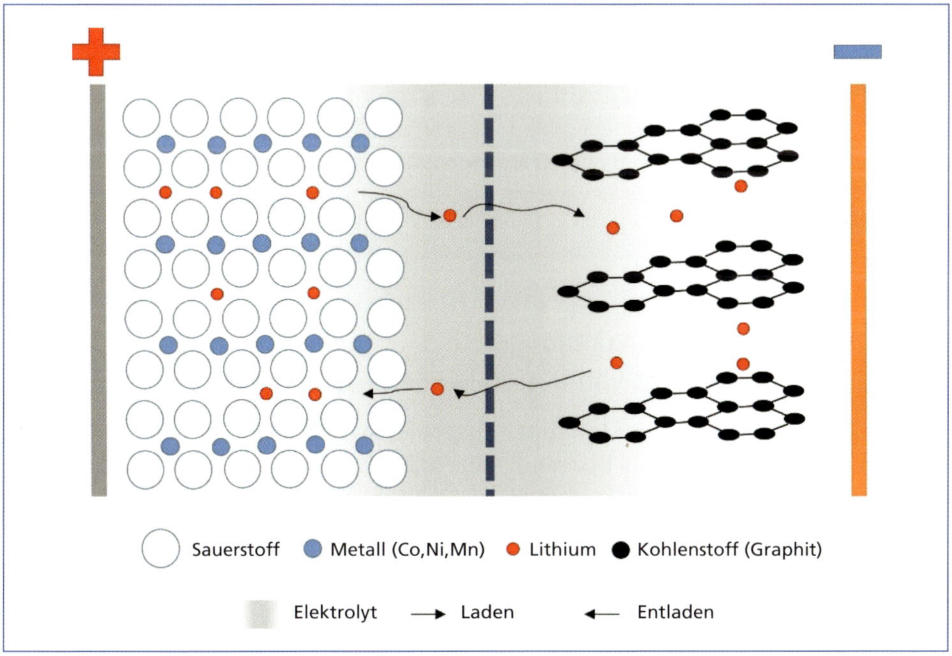

Bild 1: Typischer Aufbau einer Batterie mit NMC-Kathode und Graphit-Anode

Buchert et al. [3] haben in einer Studie zum Projekt LithoRec II Mittelwerte für die Zusammensetzung von handelsüblichen Lithium-Ionen-Batterien mit NMC-Kathode und Graphit-Anode zusammengestellt.

Batterie	Gesamt	100,0 %
Pack + Modul	Stahl (inkl. Schrauben)	7,3 %
	Kabel	1,1 %
	Elektronikbauteile (WEEE)	2,1 %
	Kunststoffe	5,7 %
	Aluminium	18,5 %
Zellgehäuse	Aluminium	5,1 %
Anode	Kohlenstoff	9,5 %
	Kupfer	10,1 %
	Sonstige	0,8 %
Kathode	Mangan	7,4 %
	Lithium	1,2 %
	Kobalt	1,0 %
	Nickel	2,0 %
	Aluminium	6,2 %
	Sauerstoff	5,5 %
	Sonstige	1,9 %
Separatoren	Kunststoffe	4,4 %
Tabs	Kupfer	0,5 %
	Aluminium	0,1 %
	Sonstige	0,1 %
Elektrolyt	Lösungsmittel	9,6 %

Tabelle 1:

Gemittelte Materialzusammensetzung von NMC-Batterien in Masse-%

Quelle: Buchert, M.; Suttner, J.: Ökobilanzen zum Recyclingverfahren LithoRec II für Lithium-Ionen-Batterien, https://www.erneuerbar-mobil.de/sites/default/files/publications/endbericht-kobilanzen-zum-recyclingverfahren-lithorec-ii-fuer-lithium-ionen-batterien_1.pdf

Als kritische Rohmaterialien in Batterien werden zurzeit Kobalt und Graphit genannt [6]. Vor dem Hintergrund des erwarteten Nachfrageanstiegs könnte aber auch Lithium selbst zukünftig in die Kategorie der kritischen Elemente fallen.

1.2. Spezifische Rahmenbedingungen und Stand des Recyclings von Batteriesystemen

Im Jahr 2030 werden über drei Millionen ausgediente Auto-Batteriesysteme in Europa anfallen (Bild 2). Die aktuelle Recyclingkapazität beträgt jedoch lediglich 25.000 t/a, das entspricht etwa 250.000 Systemen pro Jahr. Nicht alle vorhandenen Prozesse sind derzeit auf große, leistungsstarke Batteriesysteme aus dem Automobilbereich ausgelegt. Diese benötigen zusätzliche Bearbeitungsschritte in der Vorbehandlung, um Aluminiumgehäuse und Elektronikbauteile, die zu wertvoll für die Verbrennung sind, zu sichern.

Industrielle Recyclingprozesse für Lithium-Ionen-Batterien sind gegenwärtig vorrangig von der Rückgewinnung der besonders werthaltigen Metalle Kobalt, Nickel und Kupfer geprägt. Die Basis bildet dabei meist die rohstoffliche Rückgewinnung in Form eines pyrometallurgischen Hochtemperaturverfahrens, wobei die Batterien oder die demontierten Module oder Zellen in einem Hochofen aufgeschmolzen werden [16].

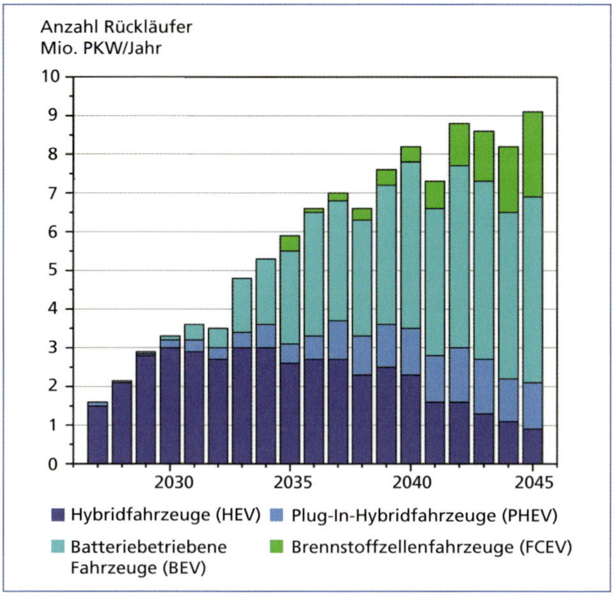

Bild 2:

Anzahl der Rückläufer elektrisch betriebener Automobile in Europa unterteilt nach Fahrzeugtyp

Quelle: MORE 2014: https://www.ifa.tu-clausthal.de/fileadmin/Aufbereitung/Dokumente_News_ETC/MORE_Abschlussbericht.pdf

Pyrometallurgische Verfahren sind prozesssicher und lassen viel Freiheit bei der Wahl des Inputmaterials. So lassen sich Lithium-Ionen-Akkus aus Kleingeräten ebenso verarbeiten wie Traktionsbatterien aus dem Automobilbereich. In Bild 3 ist beispielhaft die Kombination aus pyro- und hydrometallurgischen Verfahren dargestellt.

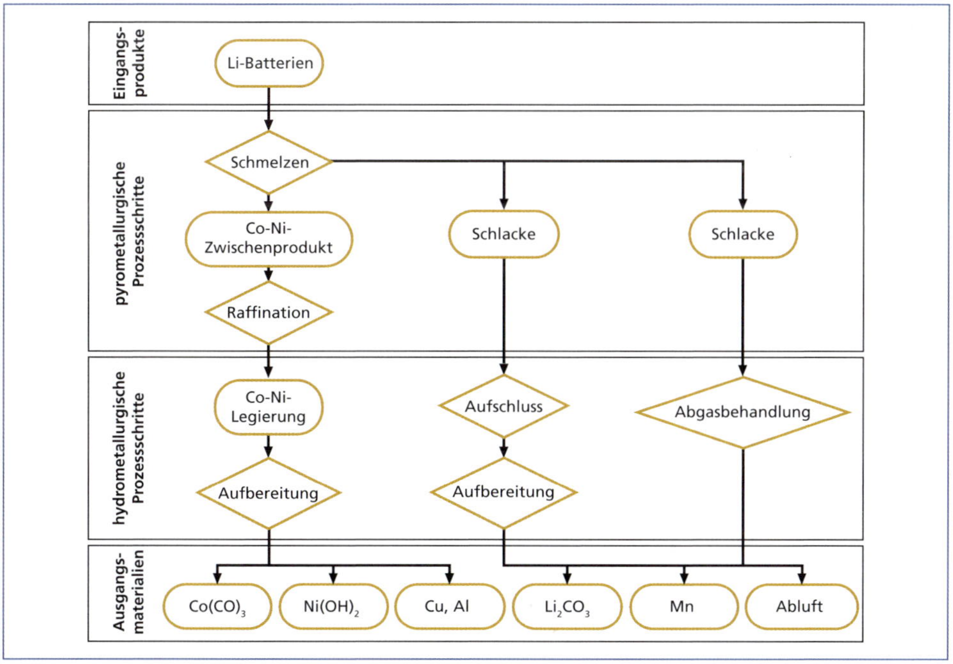

Bild 3: Beispielprozess für eine kombinierte pyro- und hydrometallurgische Rückgewinnung der Metalle aus Lithium-Batterien

Elektromobilität

Schwächen der auf Pyrometallurgie basierenden Verfahren sind der hohe Energieverbrauch und der Materialverlust. Im pyrometallurgischen Prozess gehen Graphit und organische Bestandteile wie Elektrolyt und Gehäuseteile aus Kunststoff durch Verbrennung vollständig verloren. Unedle Metalle wie Aluminium, Mangan und Lithium fallen als Oxide in der entstehenden Schlacke an und werden meist nicht mehr wiedergewonnen. Im Fall von Kobalt geht die Forschung hin zur Entwicklung von kobaltarmen oder -freien Kathodenmaterialien. Dies dürfte zukünftig einen wesentlichen Einfluss auf die Wirtschaftlichkeit von Recyclingprozessen haben.

Über die pyrometallurgischen Verfahren hinaus existieren verschiedene Forschungsprojekte zum Lithium-Batterie-Recycling, die zum Teil in industriell genutzten Pilotanlagen umgesetzt wurden. Die aktuelle Entwicklung verschiebt sich daher von klassischen industriellen Prozessen hin zur innovativen Rückgewinnung von Funktionsmaterialien, die speziell auf neue Batterietypen zugeschnitten sind.

1.3. Neue Forschungsansätze

Ziel aktueller Forschungsansätze ist es, mit neuartigen hocheffizienten Prozessen Funktionsmaterialien wie die Elektrodenmaterialien anstatt Elemente zurückzugewinnen. Hier wird von werkstofflichem (oder *funktionellem*) Recycling gesprochen.

Beispiele zur effizienten Aufbereitung von Batterien sind rein mechanische Prozesse, da diese deutlich weniger an Energie verbrauchen als Hochtemperaturprozesse und dennoch für einen hohen Durchsatz (> 1 t/Tag) geeignet sind. In der elektrohydraulischen Zerkleinerung von Lithium-Ionen-Batterien, die am Fraunhofer IWKS gemeinsam mit dem Maschinenhersteller ImpulsTec aufgebaut wurde, werden durch kontrollierte Schockwellen die Batterien in ihre Einzelteile zerlegt [14] (Bild 4). So können Gehäuseteile, Elektrodenfolien und Aktivmaterialien einfach voneinander getrennt werden. Besonders für Kathodenaktivmaterial mit geringem Kobaltanteil, beispielsweise Batterien mit Lithium-Eisen-Phosphat als Aktivmaterial, ist diese Technologie vorteilhaft. Der Materialwert der metallischen Bestandteile spielt eine geringere Rolle, da die funktionalisierte Verbindung zurückgewonnen wird.

Wie in den etablierten industriellen Prozessen ist die Vorbehandlung bzw. Vorselektierung entscheidend. Das Recycling von Elektrodenaktivmaterial oder bestimmten Zelltypen ist nur effektiv, wenn verschiedene Batterievarianten im Vorfeld getrennt werden können. Dazu stehen aktuell die händische Sortierung oder die Sortierung nach Klassierung durch Röntgentransmission zur Verfügung. Für eine automatisierte Vorsortierung wäre eine Markierung der Zellen im Produktionsprozess im Sinne des *Designs for Recycling* nötig. Dieses Problem wird derzeit beispielsweise im 2018 gestarteten EU-Projekt AutoBatRec2020 (gefördert vom European Institute of Innovation and Technology (EIT), Konsortium EIT Raw Materials) angegangen. In diesem Projekt sollen die derzeitigen manuellen Demontageprozesse automatisiert oder durch alternative Zerkleinerungsverfahren ersetzt werden, die eine aufwendige Demontage überflüssig machen. So soll der Recyclingprozess effizienter werden und zu einer höheren Ausbeute an Materialien führen.

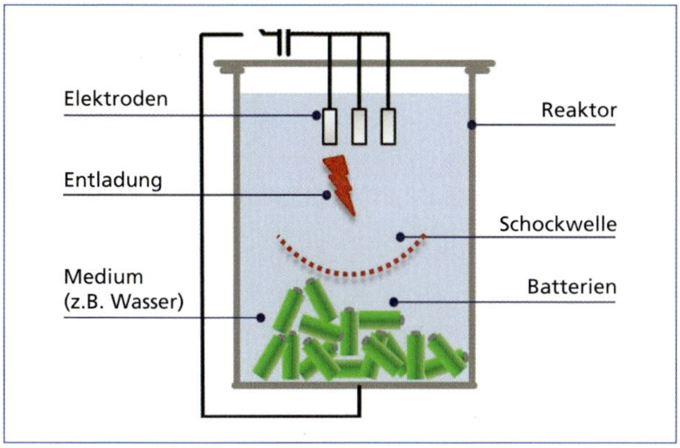

Bild 4:

Schematische Darstellung der elektrohydraulischen Zerkleinerung von Batterien

1.4. Globale Stoffkreisläufe

Lithiumbatterien enthalten wie gezeigt mehrere kritische Rohstoffe. Die Frage der Stoffflüsse von Lithium selbst ist insofern von besonderem Interesse, als für dieses Element die Nachfrage aus Elektromobilität absehbar diejenige aus anderen Anwendungsfeldern wesentlich übersteigen wird. Vor diesem Hintergrund wurde der potentielle Beitrag des Recyclings zur Deckung der Nachfrage nach Lithium mit einer dynamischen Materialflussanalyse (MFA) untersucht [23]. Methodische Basis ist der in der Literatur beschriebene *stock dynamics*-Ansatz [18], der die Flüsse an EoL-Material aus der Entwicklung des Bestands (*Lagers*) an Produkten berechnet. Dieses Materialflussmodell der globalen Lithium-Stoffflüsse bildete die Grundlage für eine Szenarioanalyse zum Beitrag des Recyclings von Batterien aus der Elektromobilität. Dazu wurden zwei Projektionen der IEA für die Entwicklung im Transportsektor verwendet: Das Baseline-Szenario (BL) basiert auf der Fortführung aller gegenwärtigen Rahmenbedingungen der Energie- und Klimapolitik. Im Unterschied dazu beschreibt das BLUE Map-Szenario (BM) die Umsetzung fokussierter Maßnahmen zur Verringerung der CO_2-Emissionen des Transportsektors bis 2050, insbesondere durch Steigerung des Anteils der Elektromobilität. Die modellierten Ergebnisse weisen den Lithium-Bedarf sowie den Rücklauf aus Batterien von E-Fahrzeugen für beide Projektionen im Zeithorizont bis 2050 aus. In der Base-Case Projektion steigt der Marktanteil von EVs (electric vehicle) und FCVs (fuel cell vehicle) nur gering und nur HEV (hybrid electric vehicle) erreichen einen nennenswerten Marktanteil (etwa 18 % bis 2050). Der kumulierte Lithiumverbrauch steigt von 2010 bis 2050 um ungefähr das zehnfache an. In der BLUE Map-Projektion erreicht die Lithium-Nachfrage 2050 annähernd 15 Mt bis zum Jahr 2050 auf Grund des angenommenen hohen Marktanteils der EVs bis zu 85 %. Davon entfällt der größte Anteil des Lithiumbedarfs auf PHEVs (plug-in hybrid electric vehicle) (6,2 Mt) und BEVs (battery electric vehicle) (7,7 Mt) wegen der höheren Batteriekapazität mit höheren Lithiumanteil. Der Lithium-Outflow folgt zeitlich, wie nicht anders zu erwarten, dem Inflow nach. Während sein Anteil im Jahr 2025 noch zu vernachlässigen ist, entspricht er im Jahr 2050 in der Größenordnung in etwa dem Inflow.

Das reale Potential für ein Recycling hängt von der Prozesskette aus Erfassung der Altbatterien sowie der Effizienz der einzelnen Prozesse der Aufarbeitung ab. Dies wurde in der Modellierung durch verschiedene Annahmen für die Rückgewinnungsrate in der gesamten Prozesskette analysiert.

In optimistischen Szenarien kann 2050 die aus EoL-Batterien stammende Menge an sekundärem Lithiumcarbonat bei einer angenommenen Rückgewinnungsrate von 40 % in etwa 25 % des benötigten Ausgangsmaterials für die Produktion von Lithiumbatterien decken. Für die reale Implementierung von Stoffkreisläufen ist eine wesentliche Voraussetzung, dass das durch Recycling produzierte Lithium die Qualität für die Batterieproduktion aufweist, denn die anderen Verwendungen können diese Mengen nicht aufnehmen.

2. Permanentmagnete

2.1. Einsatzgebiete und Nachfrageentwicklung

Aufgrund ihrer hervorragenden magnetischen Eigenschaften werden für Hybrid oder vollelektrische Fahrzeuge größtenteils Seltenerd-basierte Permanentmagnete auf der Basis von Nd-Fe-B eingesetzt. Neben den aktuellen Einsatzgebieten von Nd-Fe-B-Magneten in klassischen Motoren, in der Medizintechnik und in der Separation, in Lautsprechern und der IT Technologie sowie in Elektromotoren unterschiedlichster Leistungsstärke von kleinen Servomotoren bis großen Industriemotoren, wird die Nachfrage für Magnete in Traktionsmotoren für Elektrofahrzeuge, Generatoren in der Windkraft, Robotik und Automatisierung für die Energiewende in Zukunft stark steigen (Bild 5).

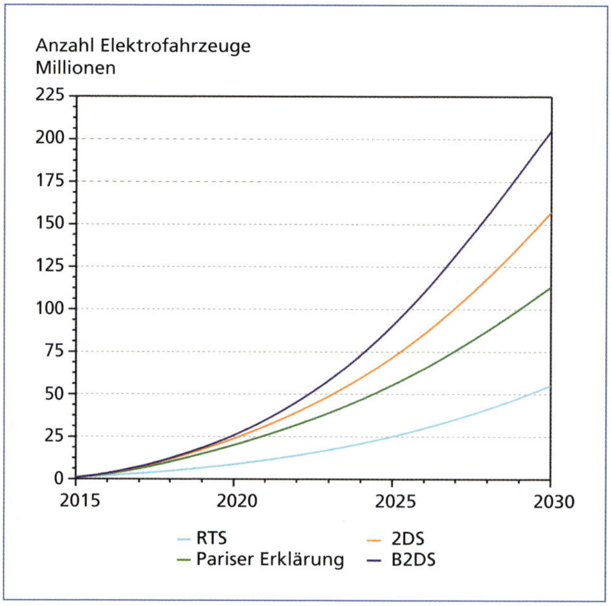

Bild 5:

Prognostizierte Entwicklung der weltweiten Elektrifizierung von Kraftfahrzeugen. RTS – Referenztechnologieszenario, CO_2 Ausstoß nach der *Pariser Erklärung*, 2DS – Begrenzung der Erderwärmung auf 2 °C, B2DS – (beyond 2DS) Begrenzung der Erderwärmung auf 1,75 °C

Quelle: EV Outlook 2017: International Energy Agency Global EV Outlook 2017

In Hochleistungspermanentmagneten auf Basis von Nd-Fe-B sind etwa 30 Ma.-% Seltene Erden enthalten, üblicherweise Neodym oder eine Mischung aus Neodym und Praseodym. Beim Einsatz der Magnete bei höheren Temperaturen, wird ein Teil der leichten Seltenen Erden (Nd) durch Dysprosium ersetzt, wodurch die Koerzitivfeldstärke der Magnete (der Widerstand gegen die Entmagnetisierung) erhöht wird. Neben den Seltenen Erden sind die Magnete hauptsächlich aus Eisen und in geringen Konzentrationen aus Übergangsmetallen und Bor aufgebaut, welche die Eigenschaften (Magnetismus, Korrosion, Herstellung) positiv beeinflussen.

2.2. Spezifische Rahmenbedingungen und Stand des Recyclings von Permanentmagneten

Derzeit gibt es kein im industriellen Maßstab etabliertes Verfahren, nach dem Alt-Magnete aus EoL-Produkten recycelt werden können, so dass die Legierungen und die darin enthaltenen kritischen Elemente im Metallschrott verloren gehen [3]. Wie in Bild 6 gezeigt, lassen sich Verfahren für das Recycling von Altmagneten in drei Gruppen einteilen: direkte Wiederverwendung (Re-Use), werkstoffliches und rohstoffliches Recycling [2].

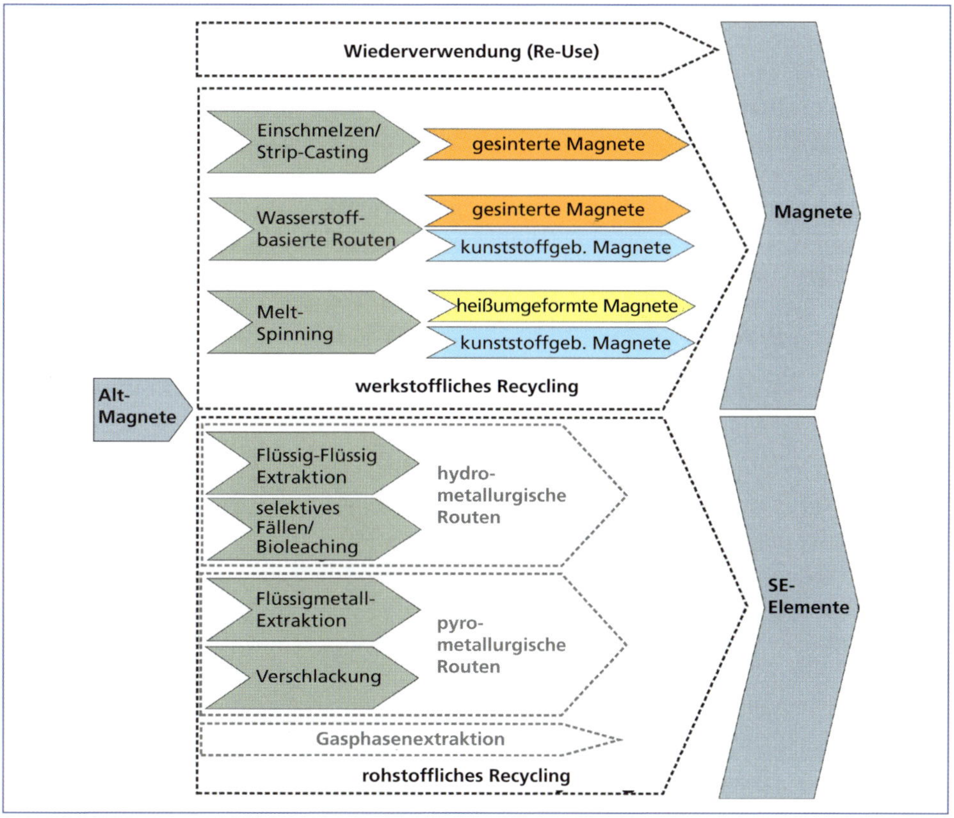

Bild 6: Auswahl von Recyclingverfahren für seltenerdhaltige Altmagnete nach

Quelle: Gauß, R.; Diehl, O.; Brouwer, E.: Buckow, A.; Güth,K.; Gutfleisch, O.: Verfahren zum Recycling von seltenerdhaltigen Permanentmagneten. In: Chemie Ingenieur Technik, 2015, 87, Iss. 11, pp 1477-1485

Die Wiederverwendung (Re-Use) ist allerdings eher auf Einzelfälle beschränkt, da die Geometrie der Magnete und die magnetischen Eigenschaften nur in wenigen Fällen den Anforderungen eines neuen Produktes entsprechen dürften.

Das rohstoffliche Recycling ist auf die Rückgewinnung einzelner Elemente oder Verbindungen aus den magnetischen Legierungen ausgerichtet, um diese wieder in etablierte industrielle Produktionsrouten einzuspeisen. Hauptforschungsansätze zum rohstofflichen Recycling sind pyro- und hydrometallurgische Verfahren sowie Gasphasenreaktionen [2]. Bei diesen Prozessen wird die Synergie zur Primärproduktion von Seltenen Erden genutzt, in der hydrometallurgische Verfahren wie Flüssig-Flüssig-Reaktionen oder selektives Fällen etabliert sind. Diese Verfahren sind allerdings sehr energieintensiv und es werden große Mengen an Säuren für die Reduktion der Seltenerdelemente verbraucht [8]. Ein neuer vielversprechender Ansatz zum Recycling von seltenerdhaltigen Stäuben, z.B. aus Filteranlagen, ist das so genannte Bioleaching. Hierbei wird die Fähigkeit von Mikroorganismen genutzt, möglichst selektiv feste Substanzen in lösliche, extrahierbare Elemente zu überführen. Dieses Verfahren wird bereits bei der Primärextraktion von Kupfer eingesetzt [19], befindet sich für SE-Elemente aber noch in der Forschung [1].

Zuletzt bietet das werkstoffliche Recycling die Möglichkeit eines sogenannten *Short-Loop-Ansatzes*, bei dem eine vorliegende Legierung komplett recycelt wird. Zudem können die magnetischen Eigenschaften durch Hinzugabe von Additiven gezielt eingestellt und die Mikrostruktur bzw. die Geometrie der recycelten Magnete für spezifische Anwendungen angepasst werden. Vorteilhaft beim werkstofflichen Recycling ist die erhebliche Reduktion des Energieverbrauches oder des Einsatzes von Chemikalien, die bei der Primärproduktion von Seltenerderzen oder bei der Trennung von Seltenerdelementen (aus Erzen oder Altmagneten) benötigt werden.

2.3. Neue Forschungsansätze

Eine Möglichkeit des werkstofflichen Recyclings von Permanentmagneten sind Wasserstoff-basierte Routen, wie *hydrogen decrepitation* (HD, Wasserstoffversprödung) [7, 13] oder *hydrogenation, disproportionation, desorption, and recombination* (HDDR) [12].

Es ist bekannt, dass sich die geometrische Struktur von seltenerdhaltigen Verbindungen durch Wasserstoffaufnahme zerstören lässt. Dies wird während der Produktion von Nd-Fe-B-Magneten aus reinen Elementen genutzt, indem die Ausgangslegierungen mittels Wasserstoff vorzerkleinert werden. Zusätzlich zur Pulverisierung des vorher festen Materials, erleichtert die Wasserstoffversprödung die nachfolgende Feinstmahlung der Pulver. Dieser bereits industriell etablierte Prozess kann auch auf das Recycling von Altmagneten übertragen werden. Wie in Bild 7 schematisch dargestellt, besteht ein hochdichter seltenerdhaltiger Magnet aus $Nd_2Fe_{14}B$-Körnern, die von einer Neodym-reichen Korngrenzenphase umschlossen sind. In einer Wasserstoffatmosphäre wird der Wasserstoff in das Kristallgitter der Nd-reichen Phase und der Matrixphase eingebaut, was zu einer Volumenzunahme führt. Die daraus resultierenden Spannungen können vom restlichen Material nicht abgebaut werden, weshalb der Magnet bricht und entlang der Korngrenzen pulverisiert wird.

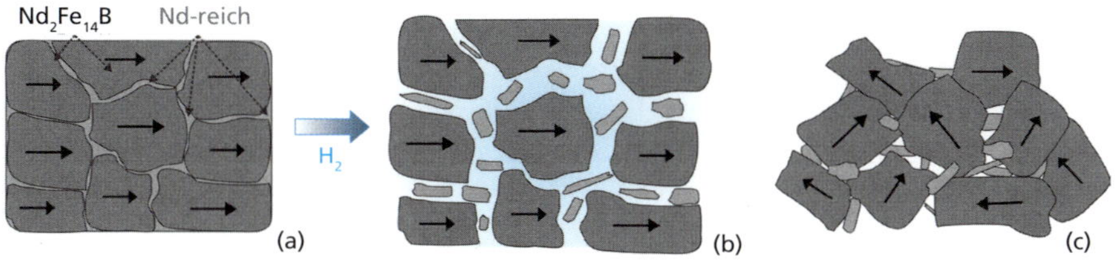

Bild 7: Schematische Abbildung der Wasserstoffversprödung von Nd-Fe-B

Quelle: Gauß, R.; Diehl, O.; Brouwer, E.: Buckow, A.; Güth,K.; Gutfleisch, O.: Verfahren zum Recycling von seltenerdhaltigen Permanentmagneten. In: Chemie Ingenieur Technik, 2015, 87, Iss. 11, pp 1477-1485

Im Anschluss an die Wasserstoffversprödung kann das Pulver auf eine Partikelgröße von 3 bis 5 µm mittels einer Gegenstrahlmühle gemahlen werden. Nach der Ausrichtung der Pulver zwecks Realisierung der Anisotropie im Festkörper, kann das Material gepresst und gesintert werden. In Bild 8 ist die Mikrostruktur eines Recyclingmagneten gezeigt. Prinzipiell unterscheidet sich diese nicht von Magneten, welche aus Primärelementen hergestellt wurden. Neben den $Nd_2Fe_{14}B$-Körnern ist an den Korngrenzen ein dünner Saum Nd-reicher Phase erkennbar. Zusätzlich befinden sich im Magnet Nd-reiche Trippelpunkte, welche in dieser Form ebenfalls typisch für die Mikrostruktur eines Nd-Fe-B Magneten sind.

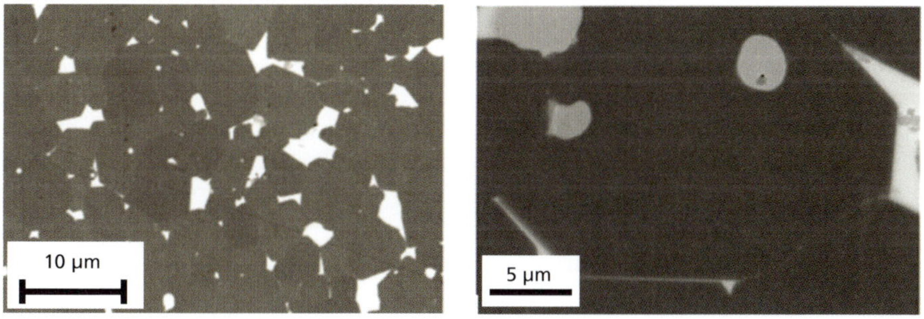

Bild 8: Mikrostruktur von Nd-Fe-B, hergestellt aus recycelten Altmagneten

Magnetische Eigenschaften von Recyclingmagneten sind in Bild 9 für zwei Temperaturen in Abhängigkeit der Zugabe von SE-Hydriden gezeigt. Die Entmagnetisierungskurve der Altmagnete ist als Referenz gestrichelt dargestellt. Da die Altmagnete einem Elektromotor entnommen wurden, ist der Gehalt an schweren Seltenen Erden wie Dysprosium relativ hoch (8,6 Ma.-%). Hieraus resultiert die hohe Koerzitivfeldstärke bei vergleichsweise geringer Remanenz der Altmagnete. Für Magnete, hergestellt aus reinem Recyclingpulver, sinkt die Remanenz um etwa 7 % und die Koerzitivfeldstärke um etwa 15 %. Im Falle der Remanenz kann dies durch eine erschwerte Ausrichtung von recycelten Pulvern und im Falle der Koerzitivfeldstärke durch Oxidanteile im Magneten in Verbindung gebracht werden. Durch Zugabe und Mischung von feinkörnigem

SE-Hydrid-Pulver zu dem Nd-Fe-B-Rezyklatpulver kann die Koerzitivfeldstärke wiederum gesteigert werden, ohne Remanenz einzubüßen. Zu hohe Anteile nichtmagnetischer Elemente im Magneten haben eine zu starke Verdünnung der $Nd_2Fe_{14}B$-Phase zur Folge, weshalb die magnetischen Eigenschaften wieder abnehmen. Werden anstelle von Neodym Dy-Hydride eingesetzt, lässt sich die ursprüngliche Koerzitivfeldstärke der Altmagnete wieder erreichen, ohne Einbußen in der Remanenz hinnehmen zu müssen. Höhere Gehalte an DyH_2 vergrößern die Koerzitivfeldstärke weiterhin, wobei allerdings simultan auch die Remanenz verringert wird.

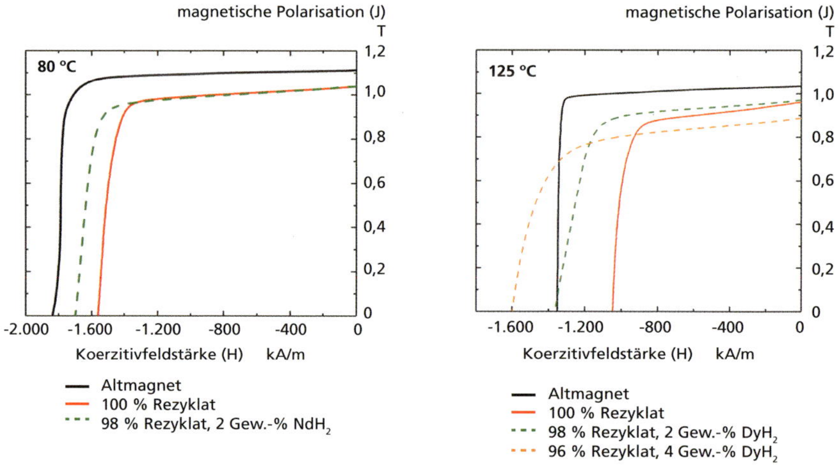

Bild 9: Magnetische Eigenschaften von recycelten Magneten mit NdH_2-Zugabe (links) und DyH_2-Zugabe (rechts). Als Referenz sind die magnetischen Eigenschaften der Altmagnete jeweils schwarz für Messungen bei 80 °C (links) und 125 °C (rechts) gezeigt

Recyclingmagnete lassen sich aufgrund der magnetischen und mikrostrukturellen Eigenschaften prinzipiell nicht von Magneten, produziert aus reinen Elementen (Primärmagneten), unterscheiden. Für die hier gezeigten Recyclingmagnete ist ein Einsatz in Applikationen zur Umsetzung der Energie- und Mobilitätswende denkbar, was die Nachhaltigkeit dieser Technologien weiter erhöht.

2.4. Globale Stoffkreisläufe

Als kritische Rohstoffe in Seltenerd-basierten Permanentmagneten sind neben Neodym auch Dysprosium, Praseodym und Terbium zu nennen. Dementsprechend sind Recyclingverfahren vor allem auf die Rückgewinnung dieser Elemente ausgerichtet. In einer aktuellen Studie wurde das Potential an Sekundärmaterialien in den aus unterschiedlichen Anwendungsfeldern zurücklaufenden EoL-Produkten mit Nd-Fe-B-Magneten untersucht [20, 22]. Dazu wurden zwei Szenarien für die erwartete Veränderung der Nachfrage an Nd-Fe-B-Magneten in insgesamt 11 Anwendungfeldern im Zeithorizont von 2020 bis 2030 entwickelt (Tabelle 2).

Tabelle 2: Wachstumsrate der Nd-Fe-B-Magnet-Nachfrage nach Anwendungsfeldern, Zeithorizont 2020 und 2030

Anwendungsfeld	durchschnittliche Wachstumsrate der Nd-Fe-B Nachfrage Zeithorizont 2020 bis 2030	
	Szenario geringe Nd-Fe-B Nachfrage	Szenario hohe Nd-Fe-B Nachfrage
	%	
elektrische Zweiräder	3	7
Hybrid- und Elektrofahrzeuge	5	20
sonstige Motoren	10	12
Windgeneratoren/Windkraftanlagen	14	26
sonstige Generatoren	0	3
Festplattenlaufwerke (Hard Disc Drive, HDD)	-3	2
Klimaanlagen	9	10
Magnetabscheider	1	4
Magnetresonanztomographie	-8	-2
Schallwandler	-2	3
sonstiges	8	12

Quelle: Schulze, R.; Buchert, M.: Estimates of global REE recycling potentials from NdFeB magnet material. In: Resources, Conservation and Recycling, Volume 113, October 2016, pp. 12-27

Mit einem globalen dynamischen Materialflussmodell wurden die in den Jahren 2020, 2025 und 2030 zu erwartenden Rückflüsse aus den genannten Anwendungsfeldern modelliert, wobei verschiedene Annahmen zur Effizienz der abfallwirtschaftlichen Sammlung, Demontage und Recyclingverfahren hinterlegt wurden. Zudem konnte ein relevantes Potential für die Rückgewinnung der genannten SE-Metalle aus Produktionsabfall der Herstellung von Nd-Fe-B-Magneten identifiziert werden.

Entsprechend der Entwicklung der Anwendungsfelder von Magneten sowie der verschiedenen Gebrauchsdauern der entsprechenden Produkte ändert sich die Zusammensetzung des aus der Nutzung zurückkommenden Stroms an EoL-Produkten über die Zeit. Zum gegenwärtigen Zeitpunkt stellen elektrische Zweiräder, Schallwandler, Magnetabscheider und Festplattenlaufwerke HDD und sonstige Motoren die größten Materialströme an EoL-Produkten dar. Im Jahr 2030 stellt sich dies anders dar. In beiden Szenarien dominieren die Gruppen der sonstigen Motoren (v.a. in den Bereichen Industriemotoren und Automatisierung), der Traktionsmotoren der E-Mobilität und elektrische Zweiräder die EoL-Materialströme. Insgesamt zeigen die Szenariostudien, dass in den Jahren 2020 bis 2030 etwa 20 % der globalen Nachfrage nach Neodym und Praseodym sowie etwa 22 bis 23 % der Nachfrage nach Dysprosium und Terbium für Nd-Fe-B-Permantenmagneten aus Sekundärmaterial bereitgestellt werden könnte. Da wegen der erwarteten großen Nachfrageentwicklung in vielen Anwendungsfeldern der Bedarf nach Permanentmagneten insgesamt schneller steigt als die rücklaufende Menge an Altprodukten, bleibt der Beitrag der Sekundärmaterialen über den untersuchten Zeitraum bis 2030 in etwa konstant.

Eine Schlussfolgerung aus diesen Ergebnissen ist, dass sich Recyclingverfahren für Permantenmagneten auf ein über die Zeit graduell änderndes Eingangsmaterial einstellen müssen. Gerade Magnetmaterialien besitzen hier jedoch eine große Flexibilität, da sich durch die Variation des Anteils einzelner Elemente unterschiedliche Ausgangsmaterialien an vorgegebene Anforderungen der Nutzung anpassen lassen [22].

3. Schlussfolgerungen und Ausblick

Die Energiewende geht einher mit einer umfassenden Materialwende, das heißt der Änderung der Rohstoffbasis von Energietechnologien. Recycling ist ein Schlüsselfaktor, um den zukünftigen Bedarf an Rohstoffen für Low-Carbon-Technologien zu sichern. Zur erfolgreichen Etablierung von Recyclingverfahren müssen effiziente Verfahren für die Rückgewinnung spezifischer Rohstoffe und Funktionsmaterialen entwickelt werden. Gleichzeitig müssen die komplexen Materialkreisläufe selbst und ihre zeitliche Dynamik in den Fokus genommen werden: Welche Potentiale enthält das Lager langlebiger Produkte, in welchen Zeiträumen werden diese zurück in die Kreislaufwirtschaft fließen, welche Materialzusammensetzungen sind hier zu erwarten? Diese Informationen sind zentral für die erfolgreiche Schaffung von Wertschöpfungsketten. Auf dieser Grundlage kann schlussendlich die Nachhaltigkeit unterschiedlicher Recyclingstrategien beurteilt werden und eine Entlastungswirkung für Indikatoren wie Rohstoffverbrauch und Klimawandel erreicht werden.

4. Literatur

[1] Auerbach, R.; Bokelmann, K.; Stauber, R.; Gutfleisch, O.; Schnell, S.; Ratering, S.: Critical raw materials – Advanced recycling technologies and processes: Recycling of rare earth metals out of end of life magnets by bioleaching with various bacteria as an example of an intelligent recycling strategy. In: Minerals Engineering 134, 2019, pp. 104-117

[2] Binnemanns, K.; Jones, P.T.; Blanpain, B.; van Gerven, T.;Yang, Y.; Walton, A.; Buchert, M.: Recycling of rare earths: A critical review. In: J. Cleaner Prod., 2013, 51, pp. 1-22

[3] Buchert, M.; Suttner, J.: Ökobilanzen zum Recyclingverfahren LithoRec II für Lithium-Ionen-Batterien, https://www.erneuerbar-mobil.de/sites/default/files/publications/endbericht-kobilanzen-zum-recyclingverfahren-lithorec-ii-fuer-lithium-ionen-batterien_1.pdf

[4] Buchert, M.; Manhart, A.; Sutter, J.: Untersuchungen zu Seltenen Erden. Permanentmagneten im industriellen Einsatz in Baden-Württemberg, Freiburg: Öko-Institut e.V., 2014, www.oeko.de/oekodoc/2053/2014-630-de.pdf

[5] Buchholz, P.; Brandenburg, T.: Demand, Supply, and Price Trends for Mineral Raw materials Relevant to the Renewable Energy Transition – Wind Energy, Solar Photovoltaic Energy, and Energy Storage. DOI: 10.1002/cite.201700098. Chemie Ingenieur Technik, Volume 90, Iss 1-2, 2018

[6] CRM: Report on Critical Raw Materials and the Circular Economy https://publications.europa.eu/en/publication-detail/-/publication/d1be1b43-e18f-11e8-b690-01aa75ed71a1/language-en/format-PDF/source-80004733

[7] Diehl, O.; Schönfeldt, M.; Brouwer, E.; Dirks, A.; Rachut, K.; Gassmann, J.; Güth, K.; Buckow, A.; Gauß, R.; Stauber, R.; Gutfleisch, O.: Towards an Alloy Recycling of Nd–Fe–B Permanent Magnets in a Circular Economy. In: Journal of Sustainable Metallurgy, June 2018, Volume 4, Issue 2, pp. 163-175

[8] Erecon: Strengthening the European rare earths supply-chain: Challenges and policy options, A report by the European rare earths competency network (ERECON), Ares (2015)2544417

[9] EV Outlook 2017: International Energy Agency Global EV Outlook 2017

[10] Gauß, R.; Diehl, O.; Brouwer, E.: Buckow, A.; Güth,K.; Gutfleisch, O.: Verfahren zum Recycling von seltenerdhaltigen Permanentmagneten. In: Chemie Ingenieur Technik, 2015, 87, Iss. 11, pp. 1477-1485

[11] Gauß, R.; Gutfleisch, O.: Magnetische Materialien — Schlüsselkomponenten für neue Energietechnologien In: P. Kausch et al. (Hrsg.): Rohstoffwirtschaft und gesellschaftliche Entwicklung, Berlin, Heidelberg: Springer-Verlag, 2016, DOI 10.1007/978-3-662-48855-3_8

[12] Gutfleisch, O.; Güth, K.; Woodcock, T. G.; Schulz, L.: Recycling Used Nd-Fe-B Sintered Magnets via a Hydrogen-Based Route to Produce Anisotropic, Resin Bonded Magnets. In: Adv. Energy Mater., 2013, 3, pp. 151-155

[13] Gutfleisch, O.; Harris, R.: Fundamental and pratical aspects of the hydrogenation, disproportionation, desorption and recombination process. In: J. Phys. D: Appl. Phys. 1996, Volume 29, Iss. 29, pp. 2255-2265

[14] Horn, D.; Zimmermann, J.; Stauber , R.; Gutfleisch, O.: New efficient Recycling Process for Li-ion Batteries, Konferenzbeitrag https://mediatum.ub.tum.de/1462985?show_id=1462984&style=full_text

[15] JRC 2013: Critical Metals in the Path towards the Decarbonisation of the EU Energy Sector, JRC report on Critical Metals in the Energy Sector. https://setis.ec.europa.eu/sites/default/files/reports/JRC-report-Critical-Metals-Energy-Sector.pdf

[16] Laucournet, R.; Garin, G.; Senechal, E.; Yazicioglu, B.: Report on the ELIBAMA-Project, Li-ion batteries recycling – The batteries end of life

[17] MORE 2014: https://www.ifa.tu-clausthal.de/fileadmin/Aufbereitung/Dokumente_News_ETC/MORE_Abschlussbericht.pdf

[18] Müller, D. B.: Stock dynamics for forecasting material flows. Case study for housing in The Netherlands. In: Ecological Economics, 59, pp. 142-156

[19] Sander, K.; Gößling-Reisemann, S.; Zimmermann, T.; Marscheider-Weidemann, F.; Wilts, H.; Schebek, L.; Wagner, J.; Heegn, H.; Pehlken, A.: Recyclingpotenzial strategischer Metalle (ReStra). Abschlussbericht. Im Auftrag des Umweltbundesamtes. Umweltforschungsplan des Bundesministeriums für Umwelt, Naturschutz, Bau und Reaktorsicherheit. Hrsg.: Umweltbundesamt. Dessau-Roßlau. Texte 68/2017

[20] Schnell, H.: Biomining: Theory, Microbes and Industrial Processes (Ed: D.E. Rawling). Berlin: Springer-Verlag, 1997

[21] Schulze, R.; Buchert, M.: Estimates of global REE recycling potentials from NdFeB magnet material. In: Resources, Conservation and Recycling, Volume 113, October 2016, pp. 12-27

[22] Schulze, R.; Weidema, B. P.; Schebek, L.; Buchert, M.: Recycling and its effects on joint production systems and the environment – the case of rare earth magnet recycling – Part 1 – Production model. In: Resources, Conservation and Recycling; ELSEVIER; Volume. 134, 2018, pp. 336-346

[23] World Bank 2017: The Growing Role of Minerals and Metals for a Low Carbon Future, June 2017; World Bank, International Bank for Reconstruction and Development/The World Bank

[24] Yang, Y.; Walton, A.; Sheridan, R.: REE Recovery from End-of-Life NdFeB Permanent Magnet Scrap: A Critical Review. In: J. Sustain. Metall. 2017, Volume 3, Iss. 1, pp. 122.149. https://doi.org/10.1007/s40831-016-0090-4

[25] Ziemann, S.; Müller, D. B.; Schebek, L.; Weil, M.: Modeling the potential impact of lithium recycling from EV batteries on lithium demand: A dynamic MFA approach. In: Resources, Conservation & Recycling; ELSEVIER; 133 (2018), pp. 76-85

Ansprechpartner

Professor Dr. rer. nat. Liselotte Schebek
TU Darmstadt
Fachbereich Bau- und Umweltingenieurwissenschaften
Institut IWAR, Leitung Fachgebiet Stoffstrommanagement und Ressourcenwirtschaft
Franziska-Braun-Straße 7
64287 Darmstadt, Deutschland
+49 6151-16-20720
l.schebek@iwar.tu-darmstadt.de

Weitere Institutionen

Fraunhofer IWKS

Rohstoffe für die Verkehrswende

Kristine Sperlich, Mechthild Baron und Vera Susanne Rotter

Die Ausführungen dieses Artikels stammen weitestgehend aus dem Sondergutachten *Umsteuern erforderlich: Klimaschutz im Verkehrssektor* des Sachverständigenrates für Umweltfragen (SRU), das im November 2017 veröffentlicht wurde [39]. Ausgangspunkt und damit Hauptfokus des Gutachtens ist das Ziel, die CO_2-Emissionen im Verkehrssektor drastisch zu senken, sodass die verbleibenden Emissionen kompatibel mit den Zielen von Paris sind. Als eine wichtige technische Lösungsstrategie wird dabei die Elektromobilität betrachtet. Da die Umstellung auf diese mit einem deutlich veränderten Rohstoffbedarf einhergeht, werden auch Rohstoff- und Kreislaufwirtschaftsaspekte im Rahmen des Gutachtens vertieft betrachtet. Diese Aspekte bilden die Grundlage und den Schwerpunkt dieses Artikels.

1. Notwendigkeit der Neuausrichtung im Verkehrssektor

Die Bundesregierung hat sich – ebenso wie die EU – das Ziel gesetzt, die Treibhausgasemissionen bis 2050 um 80 bis 95 % gegenüber 1990 zu senken [4]. Der Sachverständigenrat für Umweltfragen (SRU) spricht sich dafür aus, eine Minderung um 95 % anzustreben, da Deutschland nur so einen angemessenen Beitrag zu den in Paris vereinbarten Klimaschutzzielen [47, 48] leisten kann. Dies erfordert eine umfassende Dekarbonisierung in allen Sektoren (Energiewirtschaft, Verkehr, Gebäude, Industrie, Landwirtschaft und Sonstige).

1.1. CO_2-Emissionen des Verkehrssektors

Der Verkehrssektor ist derzeit für etwa ein Fünftel der Treibhausgasemissionen Deutschlands verantwortlich. Während in anderen Sektoren seit 1990 zum Teil deutliche Emissionsminderungen erzielt wurden, sind die Emissionen des Verkehrs im gleichen Zeitraum sogar leicht angestiegen [43, 44]. Der größte Teil der Treibhausgasemissionen stammt dabei aus dem Straßenverkehr. Zwar wurden in den vergangenen Jahrzehnten Verbesserungen der Fahrzeugeffizienz erreicht, diese sind durch die gleichzeitige Zunahme der Verkehrsleistung, der Motorenleistung und des Gewichts der Fahrzeuge aber aufgezehrt worden.

Der Klimaschutzplan 2050 der Bundesregierung hat für den Verkehrssektor das ambitionierte Zwischenziel einer Treibhausgasminderung von 40 bis 42 % bis zum Jahr 2030 gesetzt. Angesichts eines knappen verbleibenden Emissionsbudgets, das noch mit den Zielen von Paris vereinbar ist, ist ein unverzügliches und konsequentes Umsteuern erforderlich.

1.2. Die *Dekarbonisierungskaskade* – Kombination von Vermeidung, Verlagerung, Effizienz und neuen Antrieben

Angesichts der vielfältigen negativen Umwelt- und Gesundheitswirkungen des Verkehrssektors kann eine nachhaltige Mobilität nur durch die Kombination verschiedener Strategien erreicht werden (Bild 1) (ausführlich in [39], Kapitel 4.2).

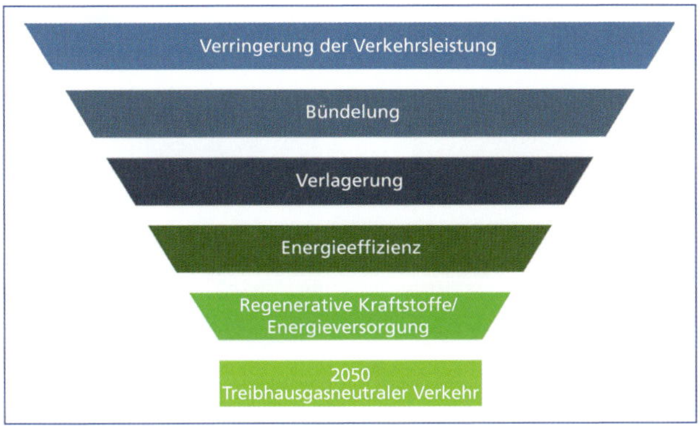

Bild 1:

Dekarbonisierungskaskade – Kombination von Maßnahmen zur Verringerung der CO_2-Emissionen im Verkehrssektor

Quelle: SRU (Sachverständigenrat für Umweltfragen), Umsteuern erforderlich: Klimaschutz im Verkehrssektor. Sondergutachten, SRU, Berlin, 2017

Erforderlich ist, dass sich Mobilitätsmuster und die Organisation des Verkehrs in weiten Bereichen verändern. Zentrales Element eines klimagerechten und nachhaltigen Verkehrssystems muss die Verringerung des motorisierten Individualverkehrs sowie die Stärkung intelligenter und integrierter Mobilitätslösungen sein. Verkehrsvermeidung und eine Verlagerung auf Schiene, ÖPNV, Rad- sowie Fußverkehr verringern nicht nur die Emission von Treibhausgasen und den Energieverbrauch, sondern mindern auch weitere Probleme des Verkehrs wie Flächenverbrauch, Lärm und Unfallrisiken. Ein weiterer wichtiger Hebel für die Dekarbonisierung des Verkehrs ist eine technologische Transformation bei den Antrieben, die den Umstieg von fossilen auf erneuerbare Energien unterstützt. Gleichzeitig muss eine offensive Effizienzstrategie verfolgt werden.

Die direkte Elektrifizierung – das heißt die Umstellung auf Elektromobilität – ist aufgrund ihres sehr hohen Wirkungsgrads besonders geeignet, die Klima- und Umweltauswirkungen des Verkehrs grundlegend zu verringern. Eine großflächige Nutzung strombasierter synthetischer Kraftstoffe würde aufgrund hoher Umwandlungsverluste mit einem um ein Vielfaches größeren Strombedarf einhergehen und damit mit hohen Investitionen und Umweltauswirkungen in diesem Sektor. Es sollten daher jene Verkehrsmodi weitgehend auf elektrische Antriebe umgestellt werden, bei denen eine direkte Elektrifizierung technisch umsetzbar und wirtschaftlich darstellbar ist. Neben dem Schienenverkehr, der bereits heute größtenteils elektrifiziert ist, eignet sich dafür vor allem der Straßenverkehr. Die Nutzung synthetischer Kraftstoffe sowie begrenzter Mengen nachhaltiger Biokraftstoffe sollte möglichst auf jene Einsatzbereiche beschränkt bleiben, in denen eine direkte Elektrifizierung technisch oder ökonomisch nicht realisierbar ist. Dies betrifft weite Teile des Luft- und Seeverkehrs, die nach derzeitigem Stand nicht direkt elektrifizierbar sind, da Kraftstoffe im Vergleich zu Batterien eine höhere Energiedichte aufweisen.

Um die Ziele gemäß der Dekarbonisierungskaskade (Bild 1) zu erreichen, ist ein Mix aus vielen verschiedenen Maßnahmen notwendig. Einen Überblick über die wichtigsten Maßnahmen aus Sicht des SRU gibt Bild 2 (ausführlich in [39], Kapitel 5.1 bis 5.4 und 5.6 bis 5.14).

Bild 2: Empfehlungen des SRU (Auswahl) zur Dekarbonisierung des Verkehrssektors (SGV=Schienengüterverkehr)

2. Rohstoffe für alternative Antriebe

Die Umstellung auf alternative Antriebstechnologien – inklusive der notwendigen Infra-struktur und Stromerzeugung (Kapitel 3.) – wird zu einer verstärkten Nachfrage nach bestimmten Rohstoffen führen. Diese Rohstoffe werden größtenteils außerhalb der EU gewonnen, oft mit starken lokalen und regionalen Umwelt-, Gesundheits- und Sozialwirkungen.

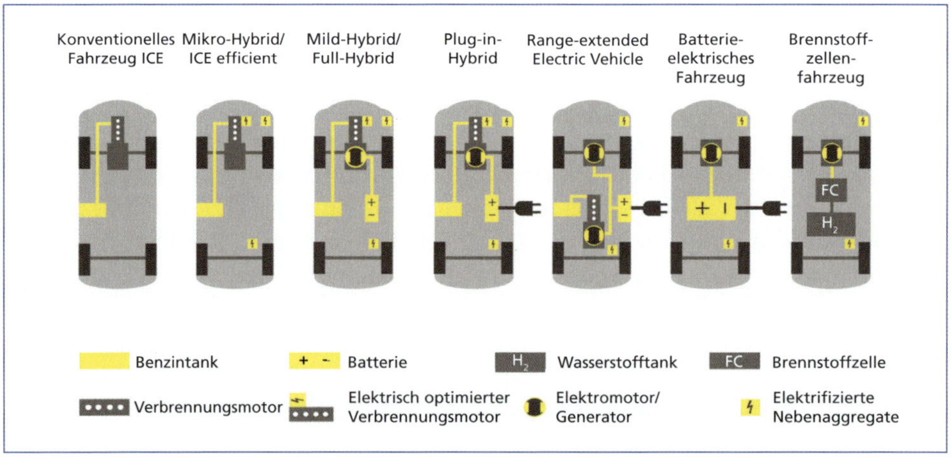

Bild 3: Übersicht über verschiedene Antriebsarten für Fahrzeuge

Quelle: e-mobil BW - Landesagentur für neue Mobilitätslösungen und Automotive Baden-Württemberg, Strukturstudie BWe mobil 2015. Elektromobilität in Baden-Württemberg, Stuttgart, 2015

Bild 3 illustriert beispielhaft die wesentlichen alternativen Antriebstechnologien im Pkw-Segment. Die Stärken und Schwächen unterscheiden sich bezüglich Energieverbrauch, Kosten, Gesundheitsbelastungen, Infrastrukturbedarf, Energiesystem-Dienlichkeit und Rohstoffbedarf.

Im Folgenden werden – zunächst unabhängig von der aus Sicht des Wirkungsgrades getroffenen Empfehlung möglichst batterieelektrische Antriebe zu nutzen – die Rohstoffbedarfe für die drei wesentlichen Technologien direkte Elektrifizierung, Brennstoffzellenfahrzeuge und Fahrzeuge mit Nutzung synthetischer Kraftstoffe (PtX) beschrieben (ausführlich unter Berücksichtigung weiterer Aspekte wie notwendige Infrastruktur und Kosten in [39], Kapitel 4.2.2). In den weiteren Kapiteln dieses Artikels wird dann der Schwerpunkt auf batterieelektrische Fahrzeuge gelegt.

2.1. Rohstoffbedarf für die direkte Elektrifizierung von Fahrzeugen

Hinsichtlich des Rohstoffbedarfs werden für die Antriebskomponenten Batterie, Leistungselektronik und Elektromotor andere Materialien benötigt als für konventionelle Antriebe. Gleichzeitig fallen – bei reinem Elektroantrieb – Komponenten wie Tank,

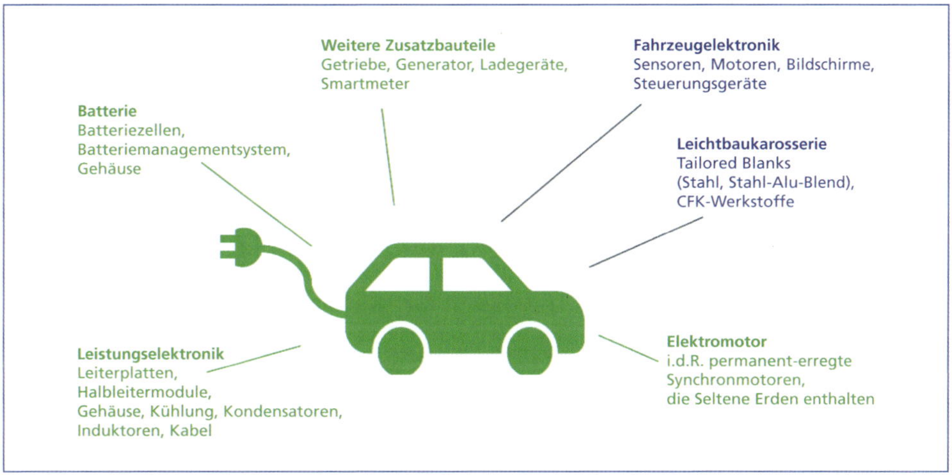

Bild 4: Komponenten batterieelektrischer Fahrzeuge (blau: auch in Fahrzeugen mit Verbrennungsmotor verwendet; grün: spezielle Komponenten für Elektrofahrzeuge)

Quellen:

In: SRU (Sachverständigenrat für Umweltfragen), Umsteuern erforderlich: Klimaschutz im Verkehrssektor, Vorstellung des Sondergutachtens (C. Hornberg, C. Kemfert, V.S. Rotter (Vortragende)), Berlin, 23.11.2017

Buchert, M., et al.: Ressourceneffizienz und ressourcenpolitische Aspekte des Systems Elektromobilität. Arbeitspaket 7 des Forschungsvorhabens OPTUM: Optimierung der Umweltentlastungspotenziale von Elektrofahrzeugen. Anhang zum Schlussbericht, Berlin, Darmstadt, Freiburg, 2011

Bulach, W., et al.: Elektrofahrzeugrecycling 2020. Schlüsselkomponente Leistungselektronik, in: K.J. Thomé-Kozmiensky, D. Goldmann (Hrsg.), Recycling und Rohstoffe. Bd. 10, TK Verlag, Neuruppin, 2017, S. 339-355

Elwert, T., et al.: Aktuelle Entwicklungen und Herausforderungen beim Recycling von Elektro- und Hybridfahrzeugen, in: K.J. Thomé-Kozmiensky, D. Goldmann (Hrsg), Recycling und Rohstoffe. Bd. 9, TK Verlag, Neuruppin, 2016, S. 275-294

Helms, H., et al.: Weiterentwicklung und vertiefte Analyse der Umweltbilanz von Elektrofahrzeugen, UBA-Texte Nr. 27/2016, Dessau-Roßlau, 2016

Marscheider-Weidemann, F., et al.: Rohstoffe für Zukunftstechnologien 2016. Deutsche Rohstoffagentur in der Bundesanstalt für Geowissenschaften und Rohstoffe (Hrsg.), Berlin, 2016

Katalysator oder Auspuffanlage weg. Hybridfahrzeuge mit beiderlei Antrieben haben dementsprechend einen höheren Rohstoffbedarf, da alle Komponenten vorgehalten werden müssen. Zwar enthalten auch heutige Fahrzeuge bereits elektronische Bauteile, aufgrund der benötigten Leistungselektronik und weiteren Zusatzbauteilen stellen zukünftige Fahrzeuge aber komplexere Produkte dar als heutige (Bild 4).

Batterien werden derzeit vor allem auf Basis von Lithium-Metalloxiden gefertigt und erreichen für vollelektrische Pkw Gewichte von bis zu 300 kg [10]. Als Aktivmaterialien der Kathode werden hauptsächlich Nickel-Kobalt-Mangan-Verbindungen, Nickel-Kobalt-Aluminium-Verbindungen oder Lithium-Eisenphosphat-Verbindungen eingesetzt [15]. In der Leistungselektronik finden neben Aluminium, Eisen und Kupfer auch Kleinmengen an Zinn, Gold, Silber, Gallium, Indium, Tantal, Niob, Germanium und Palladium Verwendung [8, 9]. Für den Elektromotor werden in der Regel Permanentmagnete verwendet, für die verschiedene Seltene Erden, insbesondere Neodym, Dysprosium und Praseodym, benötigt werden.

2.2. Rohstoffbedarf für die Elektrifizierung mittels Wasserstoff und Brennstoffzelle

Ebenso wie für batterieelektrische Fahrzeuge werden für den Antrieb eines Brennstoffzellenfahrzeuges Rohstoffe für den Elektromotor (Kupfer, Neodym, Dysprosium), eine (jedoch kleinere) Batterie (Lithium, Metalloxide) als Zwischenspeicher und die notwendige Leistungselektronik (Kupfer, Edel und Sondermetalle) benötigt. Zusätzlich sind die Brennstoffzelle selbst und der Wasserstofftank Teile des Antriebssystems, für die Rohstoffe benötigt werden. In der Brennstoffzelle wird Platin als Katalysator eingesetzt. [22]

2.3. Rohstoffbedarf für den Einsatz synthetischer Kraftstoffe im Verbrennungsmotor

Für die Herstellung des Antriebs ändert sich der Rohstoffbedarf gegenüber dem derzeitigen Status nicht, da weiterhin konventionelle Verbrennungsmotoren genutzt werden können. Mit dem enorm hohen Strombedarf für die Produktion synthetischer Kraftstoffe geht jedoch ein sehr hoher Rohstoffbedarf für den notwendigen Bau Erneuerbarer-Energie-Anlagen einher.

2.4. Rohstoffe für verschiedene Antriebsarten im Vergleich

Die Zusammensetzung von Fahrzeugen mit Verbrennungsantrieb hat sich durch die Veränderungen der Karosseriewerkstoffe und die Zunahme von Elektronik in den letzten Jahren kontinuierlich verändert [35]. Fahrzeuge mit alternativen Antrieben weisen demgegenüber allerdings erhebliche Unterschiede durch andere Komponenten auf.

Tabelle 1 zeigt die für spezifische Komponenten notwendigen Rohstoffe für batterieelektrische Fahrzeuge, Brennstoffzellenfahrzeuge und herkömmliche Fahrzeuge mit Verbrennungsmotor im Vergleich.

Tabelle 1: Rohstoffbedarf für Systemkomponenten von konventionellen, batterieelektrischen und Antrieben mit Brennstoffzellen (2010)

	Au	Ag	Cu	Ga	In	Ge	Pt	Pd	Nd	Dy	Tb	Li	Co
Elektromobiler Antrieb													
Elektromotor			●	·					•	•	•	•	
Leistungselektronik	·	•	●	·	·	·		·					
Lithium-Ionen-Batterie			●									●	●
Kabel			●										
Brennstoffzellenkomponenten (Systemmodul, Stack, H_2-Tank)			●	·			•		•	•	•	•	
Ladestation/-säule inkl. Ladekabel		·	●	·	·	·							
Antriebsunabhängige Komponenten													
Standardverkabelung Auto		•	●										
Weitere Elektroanwendungen (Lenkung, Bremsen, Elektronik)			●										
Konventioneller Antrieb													
Antriebskomponenten (Motor, Lichtmaschine, Katalysator)			●				•	•					

● Einsatz im kg-Bereich je PKW • Einsatz im g-Bereich je PKW · Einsatz im mg-Bereich je PKW

Quellen:

In: SRU (Sachverständigenrat für Umweltfragen), Umsteuern erforderlich: Klimaschutz im Verkehrssektor. Sondergutachten, SRU, Berlin, 2017

Buchert, M., et al.: Ressourceneffizienz und ressourcenpolitische Aspekte des Systems Elektromobilität. Arbeitspaket 7 des Forschungsvorhabens OPTUM: Optimierung der Umweltentlastungspotenziale von Elektrofahrzeugen. Anhang zum Schlussbericht, Berlin, Darmstadt, Freiburg, 2011

Treffer, F., Entwicklung eines realisierbaren Recyclingkonzeptes für die Hochleistungsbatterien zukünftiger Elektrofahrzeuge - Lithium-Ionen Batterierecycling Initiative - LiBRi. Verbundprojekt. Gemeinsamer Abschlussbericht des Konsortiums, Hanau, 2011

2.5. Leichtbau als Mittel zur Verminderung des Energieverbrauchs

Seit vielen Jahren wird versucht, das Gewicht von Fahrzeugen durch Leichtbau zu vermindern. Dabei wurden Leichtbauweisen nicht nur aus Gründen des Klimaschutzes entwickelt, sondern auch aufgrund steigender Kraftstoffpreise. In den vergangenen Jahren erreichte Gewichtsreduzierungen wurden allerdings häufig durch neue Sicherheitstechnik, Umwelttechnik und Komfortverbesserung überkompensiert. Mit Blick auf die Elektromobilität hat der Leichtbau vor allem Bedeutung für die Erhöhung der Reichweite der Fahrzeuge [22].

Die im Automobilbau hauptsächlich bisher verfolgten Ansätze sind (ebd.):

- der Einsatz von Leichtmetallen, insbesondere der Ersatz von Stahl durch Aluminium,
- der Einsatz von Tailored Blanks unter Verwendung hoch- und höchstfester Stähle und
- die Nutzung von kohlenstofffaserverstärkten Kunststoffen (CFK).

Eine Weiterentwicklung stellen beispielsweise hybride Tailored Blanks dar, die hoch- und höchstfeste Stähle mit Aluminium kombinieren [22]. Weitere werkstoffliche Optionen zur Gewichtsreduzierung werden erforscht, so zum Beispiel der Einsatz von Metallschäumen (ebd.). (ausführlich in [39], Kapitel 4.2.3, Kasten).

2.6. Recycling zukünftiger Fahrzeuge

Die übliche Recyclingroute für Altfahrzeuge führt von der Trockenlegung und gegebenenfalls Demontage einzelner Teile über den Schredder in die Post-Schredder-Behandlung (Behandlung und Verwertung der beim Schreddern erhaltenen Fraktionen). Hierbei werden Ersatzteile, Eisen- und Nichteisenmetalle gewonnen sowie eine Schredderleichtfraktion (SLF) und eine Schredderschwerfraktion erzeugt. Es ist jedoch anzumerken, dass das Recycling nicht allumfassend als hochwertig eingestuft werden kann. So führt zum Beispiel der Eintrag von Kupfer in die Stahlfraktion dazu, dass der Stahl nicht wieder in eine hochwertige Anwendung wie den Fahrzeugbau gehen kann, sondern als Baustahl weiterverwendet wird [1, 33].

Die Leistungselektronik von batterieelektrischen Fahrzeugen (10 bis 20 kg je Fahrzeug) setzt sich vor allem aus Aluminium (58 %), Eisen (9 %), Kupfer (12 %) und Kunststoffen (19 %) zusammen [9]. Die ebenfalls enthaltenen Rohstoffe Gold, Silber, Palladium, Tantal, Niob und Antimon machen zusammen weniger als 1 % aus (ebd.). Durchläuft die Leistungselektronik die oben genannten Prozesse, gelangen Aluminium, Eisen und Kupfer in die weitere Aufbereitung. Die nur in Kleinstmengen vorhandenen Metalle finden sich staubförmig in allen Fraktionen wieder [9], vor allem aber in der SLF, die energetisch verwertet wird [54]. Eine alternative Behandlungsroute setzt auf Demontage der Leistungselektronik und Aufbereitung mit den Verfahren des Elektroaltgeräterecyclings [9]. Gegenüber der Aufbereitung im Autoschredder können auf diesem Wege höhere Rückgewinnungsquoten für Gold, Silber und Palladium erreicht werden (ebd.). Auch die Rückgewinnungsquoten von Zinn und Kupfer steigen etwas [36]. Der Verfahrensweg ist bereits jetzt trotz höherer Kosten wirtschaftlich, setzt aber eine – möglichst einfache – Demontage und den zusätzlichen Transport zur Aufbereitung voraus (ebd.).

Bei der Verwertung der Batterien der verschiedenen Fahrzeuge mit alternativen Antrieben werden derzeit in der Regel nur die händisch oder mechanisch abtrennbaren Materialien (z.B. Stahl oder Aluminiumgehäuse, Kupfer, Leiterplatten) sowie die Kathodenrohstoffe Kobalt und Nickel rezykliert, während das eingesetzte Lithium nicht zurückgewonnen wird [15]. Die Rückgewinnung von Lithium ist über pyrometallurgische Prozesslinien technisch bereits heute möglich, jedoch aufgrund des niedrigen Energieverbrauchs der Primärproduktion (Lithiumgewinnung aus Lithiumseen) unter aktuellen Marktbedingungen nicht wirtschaftlich [41, 49]. Im Rahmen ökobilanzieller Betrachtungen, zum Beispiel im Projekt LithoRec (hydrometallurgische Aufbereitung), wurde festgestellt, dass eine Lithiumrückgewinnung für sich allein betrachtet ökologisch nicht für alle Umweltwirkungskategorien positiv abschneidet. Dies kann sich jedoch ändern, wenn sich der Aufwand für die Primärgewinnung erhöht (z.B. eine energieintensivere Gewinnung aus Lithiumerzen statt aus Lithiumseen) bzw. Fortschritte in der Recyclingtechnologie erreicht werden.

Die derzeit dominierende Variante der permanentmagnetisch erregten Synchronmotoren enthält Neodym-Eisen-Bor-Magnete mit Magnetmassen von 1 bis 3 kg je Motor. Der Anteil an Seltenerdelementen liegt bei etwa 32 % [22]. Ein Teil des Neodyms lässt sich durch Praseodym ersetzen. Hier spielen Knappheiten und Preise eine bedeutende Rolle bei der Weiterentwicklung von Konkurrenztechnologien (ebd., S. 39).

Technisch ist es möglich, die NdFeB-Magnete zerstörungsfrei aus den Motoren zu entfernen. Einer direkten Wiederverwendung stehen jedoch das unterschiedliche Design und die stetige Weiterentwicklung der Magnet- und Motorentechnologien entgegen. Untersuchungen zum werkstofflichen Recycling ergaben eine schlechtere Qualität der gewonnenen Sekundärrohstoffe als durch rohstoffliches Recycling. Durch eine hydrometallurgische Aufbereitung können reine Seltene Erden als Oxide gewonnen werden, die allerdings eine weitere Aufbereitung (Reduktion zu Seltenerdmetallen), die noch weiter erforscht und umgesetzt werden müsste, erfordern [3].

Leichtbauwerkstoffe aus Metallen haben generell eine hohe Recyclingfähigkeit. Wenn hybride Werkstoffe genutzt werden, ist die manuelle oder mechanische Trennbarkeit der unterschiedlichen Metalle eine Voraussetzung für ein hochwertiges Recycling [22]. Um ein funktionelles Recycling zu erreichen, wäre allerdings eine legierungsspezifische Trennung notwendig. Dies findet beispielsweise für Aluminium nicht statt, sodass wenig legierte Knetlegierungen, die in der Regel für Karosseriebleche eingesetzt werden, gemeinsam mit stärker legierten Gusslegierungen recycelt werden [20, 22, 23]. Somit kann das aus Karosserien recycelte Aluminium in der Regel nicht wieder für denselben Zweck eingesetzt werden, sondern es muss dafür Primäraluminium verwendet werden.

Weiterhin können die spezifischen Eigenschaften bestimmter Stahlsorten, die sich aus dem Zusatz spezieller Legierungselemente ergeben, nach dem Recycling nur genutzt werden, wenn die verschiedenen Stähle getrennt erfasst oder entsprechend sortiert und anschließend spezifisch rezykliert werden [29, 46]. Dies trifft zum Beispiel auf HSLA-Stahl zu [46], der vermehrt zum Leichtbau im Automobilbereich eingesetzt wird. In den aktuellen Recyclingprozessen werden Legierungselemente aber zum Teil verschlackt und nicht oder wenig funktional genutzt [24, 25].

Für CFK-Werkstoffe hat sich bisher kein Verfahren für eine stofflich hochwertige Verwertung durchgesetzt. Sie werden derzeit vorranging thermisch verwertet. Mittels Pyrolyse lassen sich prinzipiell auch Fasern zurückgewinnen. Diese sind jedoch aufgrund ihrer verkürzten Länge nicht wieder im Automobilbau oder weiteren hochwertigen Anwendungen (z.B. Rotorblätter) einsetzbar [56]. Weitere Verfahren, wie zum Beispiel die Herstellung von Garnen aus Rezyklat-Fasern, befinden sich in der Erforschung (ebd.). GFK-Werkstoffe werden vor allem in der Zementindustrie verwertet. So werden der Energiegehalt und die Eigenschaften der mineralischen Fasern für die Herstellung von Zementklinker genutzt [28, 56].

Die großtechnische Umsetzung der entwickelten Verfahren wird von den Rücklaufmengen an Altfahrzeugen sowie politischen, rechtlichen und wirtschaftlichen Anreizen abhängen.

3. Rohstoffe für die notwendige Infrastruktur

Die Energieversorgung des Verkehrs sollte zukünftig größtenteils auf der direkten und indirekten Nutzung elektrischen Stroms basieren. Angesichts der Abkehr von der Atomkraft bis zum Jahr 2022 und der vielfältigen Hindernisse technischer, ökologischer, ökonomischer und gesellschaftlicher Natur für die CCTS-Technologien (CCTS – Carbon Capture, Transport and Storage), wird regenerativ erzeugter klimaneutraler Strom künftig die maßgebliche Primärenergiequelle aller Sektoren sein.

Ein klimaneutrales Verkehrssystem wird deshalb zu einer deutlichen Zunahme des Strombedarfs im Verkehrssektor führen (ausführlich in [39], Tabelle 3-1). Dies bedeutet zusätzliche Rohstoffbedarfe und den Einsatz neuer Stoffe und Materialien sowie neue Herausforderungen bezüglich ihrer Kreislaufführung für Stromerzeugungstechnologien, Netze und Speicher (Bild 5). Zu berücksichtigen ist, dass durch die Umstellung von der Nutzung fossiler Energieträger auf erneuerbare Energieträger zukünftig auch Rohstoffbedarfe wegfallen werden. So werden für die Exploration und Produktion von Öl zum Beispiel spezifische, legierte Stahlsorten (insbesondere für Rohrleitungen), Kupfer für Motoren sowie Platingruppenmetalle und Seltene Erden für Katalysatoren benötigt [58]. Außerdem entfällt natürlich der Bedarf an Öl selbst für Kraftstoffe.

Bild 5: Energieinfrastruktur für Elektromobilität

Quelle: SRU (Sachverständigenrat für Umweltfragen), Umsteuern erforderlich: Klimaschutz im Verkehrssektor, Vorstellung des Sondergutachtens (C. Hornberg, C. Kemfert, V.S. Rotter (Vortragende)), Berlin, 23.11.2017 [angepasst]

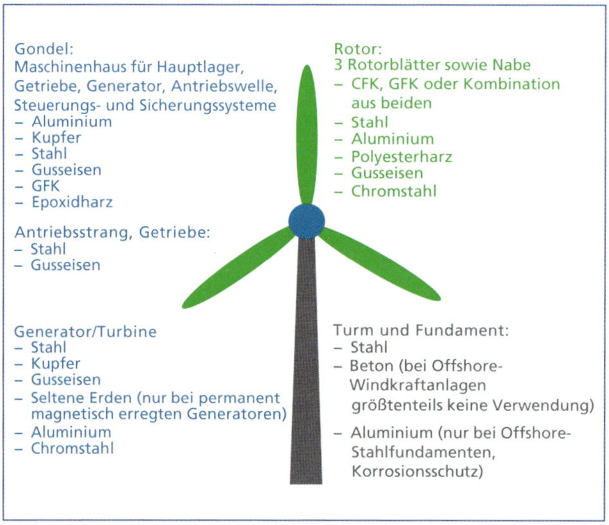

Bild 6:

Rohstoffe für Windkraftanlagen

Quellen:

In: SRU (Sachverständigenrat für Umweltfragen), Umsteuern erforderlich: Klimaschutz im Verkehrssektor. Sondergutachten, SRU, Berlin, 2017

BMWi (Bundesministerium für Wirtschaft und Energie), Offshore-Windenergie. Ein Überblick über die Aktivitäten in Deutschland. Ein gutes Stück Arbeit, Berlin, 2015

Marscheider-Weidemann, F., et al.: Rohstoffe für Zukunftstechnologien 2016. Deutsche Rohstoffagentur in der Bundesanstalt für Geowissenschaften und Rohstoffe (Hrsg.), Berlin, 2016

UBA (Umweltbundesamt), Die Nutzung natürlicher Ressourcen. Bericht für Deutschland 2016, Dessau-Roßlau, 2016

Die verschiedenen Szenarien zum Umbau des Stromsektors gehen von unterschiedlichen Annahmen der zu installierenden Leistung sowie des verwendeten Technologiemixes zur Stromerzeugung aus. Gemeinsam ist den Szenarien die deutliche Dominanz von Windkraftanlagen und Photovoltaikmodulen. Für diese besteht ebenso wie für den Netzausbau und benötigte Speichermedien ein Rohstoffbedarf (ausführliche Beschreibung der eingesetzten Rohstoffe und der Recyclingfähigkeit in [39], Kap 3.5).

Bild 6 zeigt vereinfacht die Rohstoffe, die für die verschiedenen Bestandteile einer Windkraftanlage eingesetzt werden.

Die für Photovoltaikmodule verwendeten Rohstoffe und Materialien sind in Bild 7 zusammengestellt.

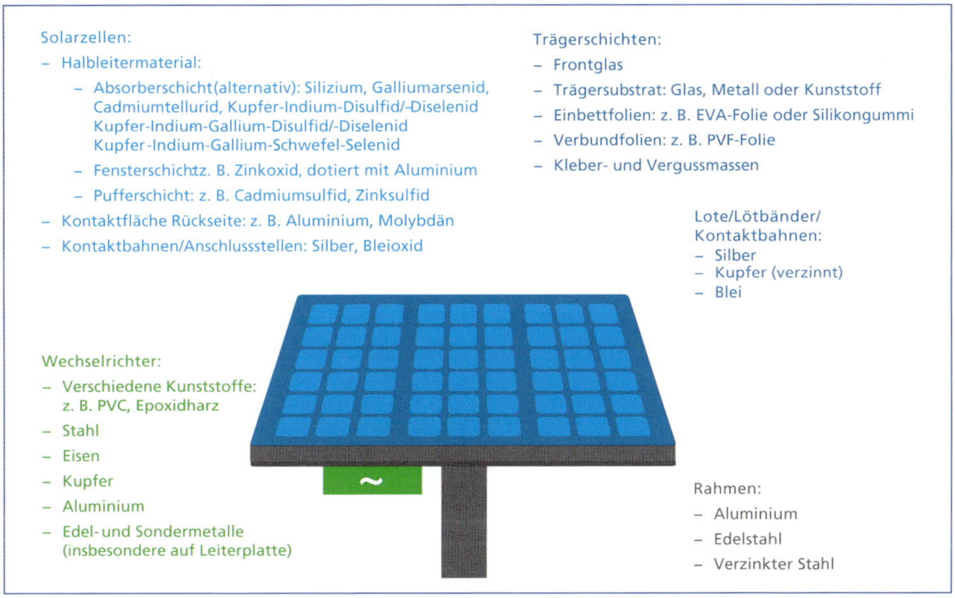

Bild 7: Rohstoffe und Materialien für Photovoltaikmodule

Quellen:

In: SRU (Sachverständigenrat für Umweltfragen), Umsteuern erforderlich: Klimaschutz im Verkehrssektor. Sondergutachten, SRU, Berlin, 2017

Marscheider-Weidemann, F., et al.: Rohstoffe für Zukunftstechnologien 2016. Deutsche Rohstoffagentur in der Bundesanstalt für Geowissenschaften und Rohstoffe (Hrsg.), Berlin, 2016

Wambach, K., et al.: Optimierung des ökologischen Fußabdrucks neuer Werkstoffe in einer Kreislaufwirtschaft. Herausforderungen und Lösungen für kabonfaserverstärkte Kunststoffe und Solarmodule, in: K.J. Thomé-Kozmiensky, D. Goldmann (Hrsg.) Recycling und Rohstoffe. Bd. 10, TK Verlag, Neuruppin, 2017, S. 261-282

Weckend, S., et al.: End-of-Life Management. Solar Photovoltaic Panels, Abu Dhabi, Paris, 2016

Ausgebaut werden müssen auch die Anbindungen an das Übertragungsnetz, das Übertragungsnetz selbst sowie die Verteilnetze. Wesentlich genutzte Rohstoffe sind Kupfer für Erdkabel und Aluminium (Leitung) und Stahl (Masten) für Freilandleitungen.

Strom kann mittels unterschiedlicher technischer Möglichkeiten gespeichert werden. So eignen sich für die Kurzzeitspeicherung (Speicherdauer von Stunden bis zu Tagen zur Lastverschiebung) insbesondere Batterien (Akkumulatoren) und Pumpspeicherkraftwerke. Für die Langzeitspeicherung (saisonale Speicherung, über Wochen und Monate) kommt vor allem die Herstellung von Wasserstoff inklusive der Rückverstromung infrage.

4. Rohstoffverfügbarkeiten und verantwortungsbewusster Umgang mit Rohstoffen über den gesamten Lebensweg

4.1. Die Dynamik der Verfügbarkeit von Primär- und Sekundärrohstoffen

Der Ausbau neuer Technikpfade kann zu Herausforderungen führen, die sich als Hemmnis oder gar Begrenzung erweisen können. Neben Fragen der technischen Machbarkeit, der gesellschaftlichen Bereitschaft für einen Wandel und ökonomischen Grenzen stellt sich auch die Frage, ob ausreichende Mengen an Rohstoffen in einem engen Zeitraum für die Verallgemeinerbarkeit einer Technologie verfügbar sind. Das Ziel einer Dekarbonisierung aller Sektoren schafft und verschärft weltweite Konkurrenzen um Rohstoffe. (Generelle Ausführungen zu Rohstoffen finden sich in [39], Kapitel 2.3.2.)

Der Rohstoffbedarf kann prinzipiell aus zwei Quellen bereitgestellt werden: der Primärgewinnung (Bergbau) und der Sekundärgewinnung (Recycling). Wenn die Nachfrage nach einem Rohstoff ansteigt, führt dies in der Regel zunächst zu höheren Preisen auf dem Markt. Da das Angebot nur zeitverzögert angepasst werden kann (von der Erkundung einer Mine bis hin zum Beginn der Produktion vergehen etwa zehn Jahre), entwickeln die Wirtschaftsakteure Ausweichstrategien, in deren Folge sich der Rohstoffmarkt wieder entspannt (sogenannter Regelkreis der Rohstoffversorgung) [52]. Dabei kann es sich um die Erhöhung der Materialeffizienz, den Einsatz von Substituten, das Ausweichen auf andere Technologien oder die Gewinnung und den Einsatz von Sekundärrohstoffen handeln.

Viele der benötigten Rohstoffe können aufgrund der erstmaligen Einführung der Technologien in großen Mengen und ihrer langen Lebensdauer jedoch erst zeitverzögert durch Sekundärrohstoffe bereitgestellt werden. Sie müssen deshalb – bis der Bestandsaufbau abgeschlossen ist und ein Rohstoffrücklauf nach Ende der Nutzung über die Verwertung und Aufbereitung erfolgt – über die Primärgewinnung bezogen werden. Bild 8 zeigt, dass die Menge an diesen Rohstoffen, die ins anthropogene Lager (Materialbestand der von Menschen angelegten bzw. geschaffenen Infrastrukturen, Gebäude und Güter des täglichen Konsums [45]) eingehen, solange steigt, bis eine gewisse Marktsättigung eingetreten ist. Danach kommt es zu einer Erhaltung des gesättigten Marktes oder zu einem Austausch mit anderen Produkten (graue gestrichelte Linie). Enthalten diese Produkte andere Rohstoffe, sinkt die Gesamtmenge eines bestimmten Rohstoffes im Lager wieder. Greifen Maßnahmen wie Verlagerung und Vermeidung des Straßenverkehrs, aber auch Materialeffizienzgewinne, die sich im Verlauf der Weiterentwicklung der Technologien ergeben, kommt es mittel- und langfristig zu einer Senkung des Primärrohstoffbedarfs (blaue Linie). Zeitverzögert wird der Rücklauf von Fahrzeugen aus dem sogenannten anthropogenen Lager beginnen und durch Recycling werden Recyclingrohstoffe zur Verfügung stehen (rote Linie) Dies führt zu einer weiteren Senkung des Primärrohstoffbedarfs (grüne Linie). Je quantitativ und qualitativ hochwertiger das Recycling ist, desto mehr Sekundärrohstoffe stehen zur Verfügung (rot gestrichelte Linie), was zu einer weiteren Senkung des Primärrohstoffbedarfs führt (grün gestrichelte Linie). Es ist zu beachten, dass auch Sekundärrohstoffe aus anderen

Bereichen für Fahrzeuge eingesetzt werden können bzw. auch aus Fahrzeugen gewonnene Sekundärrohstoffe für andere Produkte. Jedoch stehen derzeit entsprechende Mengen an Sekundärrohstoffen auch aus anderen Altprodukten nicht bereit.

Es ist also wichtig, dass bereits jetzt die Weichen dafür gestellt werden, dass die in Elektrofahrzeugen genutzten Rohstoffe sowohl quantitativ als auch qualitativ hochwertig rezykliert werden können und somit mittel- und langfristig der Primärrohstoffbedarf gesenkt werden kann.

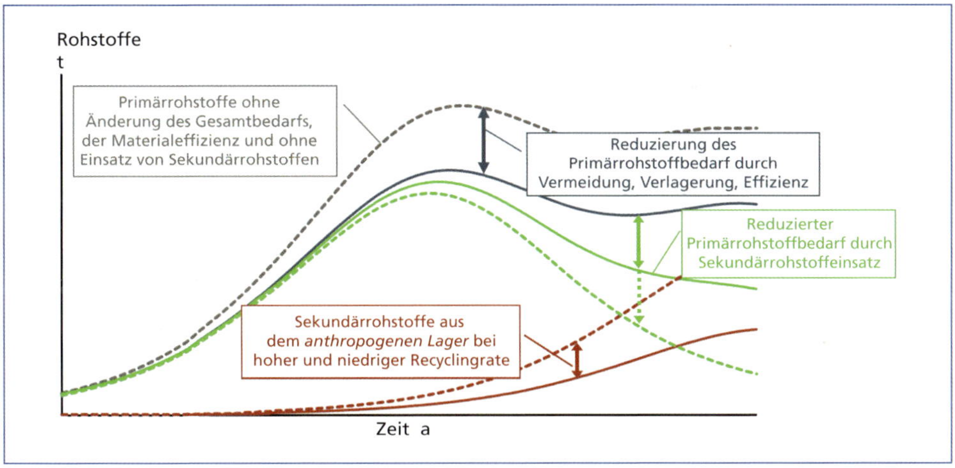

Bild 8: Schematische Darstellung des Aufbaus des anthropogenen Lagers bei Einführung von Technologien, die neue / andere Rohstoffe benötigen, unter verschiedenen Bedingungen sowie zeitverzögerte Bereitstellung von Sekundärrohstoffen nach Zuführung der Produkte in die Entsorgung

Quelle: SRU (Sachverständigenrat für Umweltfragen), Umsteuern erforderlich: Klimaschutz im Verkehrssektor, Vorstellung des Sondergutachtens (C. Hornberg, C. Kemfert, V.S. Rotter (Vortragende)), Berlin, 23.11.2017

In jedem Fall – auch bei Ausweichen auf Alternativtechnologien, Erhöhung der Materialeffizienzen, Substitution von Rohstoffen und Einführen hochwertiger Recyclingsysteme – wird eine Erhöhung der Produktionsmengen erforderlich sein, um den weltweiten Bedarf an Rohstoffen für Dekarbonisierungstechnologien zu decken.

4.2. Rohstoffe als Bremsfaktor für die Dekarbonisierung des Verkehrssektors?

Da bezüglich der zukünftigen Technologieentwicklung kaum absehbar ist, wann welche Rohstoffe in welcher Menge benötigt werden [2, 57], ist es schwierig, zukünftige Rohstoffkonkurrenzen und Engpässe zu identifizieren. Denn welche Rohstoffe in welchen Mengen wann für den Verkehrssektor nachgefragt werden, wird von einer Vielzahl von Faktoren bedingt: die Entwicklung der Verkehrsleistung, das Flottenwachstum, die Anteile der Verkehrsträger, die Marktanteile der Antriebstechnologien und die Weiterentwicklung der Technik.

So zeigen z.B. Schätzungen von Marscheider-Weidemann et al. [22] für 42 ausgewählte rohstoffrelevante Zukunftstechnologien, dass allein deren zukünftige Nachfrage die derzeitigen Förderkapazitäten für einige Rohstoffe deutlich übersteigen kann (Bild 9). Für den Mobilitätssektor werden als rohstoffintensiv eingestuft:

- Neodym, Dysprosium, Praseodym, Terbium, Kupfer (elektrische Traktionsmotoren für batterieelektrische, Hybrid- und Brennstoffzellenfahrzeuge),
- Platin (Brennstoffzelle) und
- Lithium, Kobalt, Mangan (Li-Ionen-Akkumulatoren für Pkw).

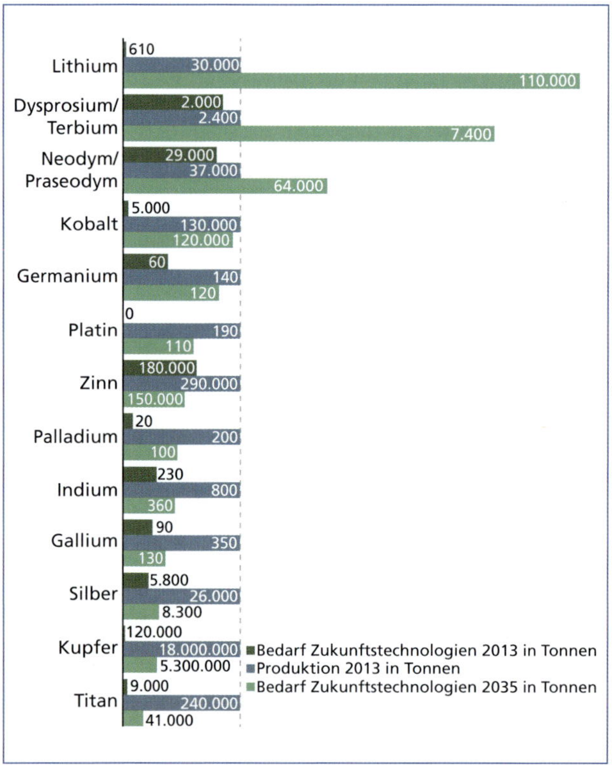

Bild 9:

Bedarf unterschiedlicher Rohstoffe für ausgewählte Zukunftstechnologien (Schätzungen für 2013 und 2035) im Vergleich zur Primärproduktion der jeweiligen Rohstoffe im Jahr 2013

Quelle: Marscheider-Weidemann, F., et al.: Rohstoffe für Zukunftstechnologien 2016. Deutsche Rohstoffagentur in der Bundesanstalt für Geowissenschaften und Rohstoffe (Hrsg.), Berlin, 2016 [überarbeitet]

Studien, die den Rohstoffbedarf und die Konkurrenzen global, europäisch oder national betrachten, mit verschiedenen Ausbau- und Technologiepfaden [4, 7, 23, 28, 29] kommen erwartungsgemäß zu unterschiedlichen Ergebnissen. Zusammenfassend lässt sich sagen, dass sich die Studien weitgehend in der Risikobewertung für Seltene Erden einig sind. Auch Kobalt und Lithium werden mehrfach genannt. Eine Einschätzung, dass einzelne Technologien aufgrund von Rohstoffmangel keine Zukunft haben, findet sich nicht, allerdings kann es zu Rohstoffkonkurrenzen und temporären Engpässen kommen (ausführlich in [39], Kapitel 3.5.4 und Kapitel 4.3.6).

5. Umsteuern im Verkehrssektor: Mehr als CO_2 und Rohstoffe?

5.1. Umweltwirkungen von Elektromobilität über den Lebensweg

Die Betrachtung des gesamten Lebensweges von konventionell und elektrisch betriebenen Fahrzeugen zeigt klare Unterschiede in der Herstellungs- und der Nutzungsphase. Herkömmliche Fahrzeuge sind in der Herstellung weniger aufwendig, benötigen aber in der Nutzungsphase erdölbasierte Energieträger, die gefördert, aufbereitet und transportiert werden müssen. Auch sind die Emissionen von CO_2, NO_x, Feinstaub und Lärm im Vergleich hoch und wirken sich negativ auf Umwelt und Gesundheit aus.

Elektrisch betriebene Fahrzeuge verursachen dagegen in der Herstellung aufgrund der benötigten Rohstoffe höhere Umweltbeeinträchtigungen, erreichen aber während der Nutzungsphase – bereits beim derzeitigen Strommix – eine bessere ökologische Bilanz [15, 27]. Die negativen Auswirkungen in der Herstellungsphase werden unter anderem durch den Bedarf an Lithium, Kobalt und Seltenen Erden verursacht, sodass es zu einer Verschiebung des negativen Wirkpotenzials von der Fahrzeugnutzung hin zur Fahrzeugherstellung kommt [11].

5.2. Umweltwirkungen verschiedener Mobilitätsstrategien und -technologien in der Nutzungsphase

Die verschiedenen Wege zur Umstrukturierung des Verkehrssektors sollten nicht nur auf ihre Effektivität zur Minderung von Treibhausgasemissionen hin betrachtet werden, sondern auch bezüglich ihrer Wirkungen auf andere Umweltaspekte. Denn Ziel sollte auch eine Entlastung hinsichtlich anderer negativer Auswirkungen des Verkehrs sein. Tabelle 2 zeigt eine qualitative Bewertung der verschiedenen möglichen Strategien (vgl. Kapitel 1.2.) auf sonstige Umweltwirkungen während der Nutzungsphase. Die Bewertung verdeutlicht, dass Veränderungen des Verkehrssektors zahlreiche Synergieeffekte im Hinblick auf andere Umweltauswirkungen haben können, dies jedoch nicht in jedem Fall für jede Umweltbelastung zutrifft.

Tabelle 2: Ko-Benefits und Trade-Offs verschiedener Optionen der Verkehrswende für lokale Umweltaspekte in der Nutzungsphase

	Technologieumstieg			Energieeffizienz	Verlagerung	Vermeidung
	direkt-elektrisch	Wasserstoff	PtX			
NO_x	(Power to Gas/Liquid)	xx	(x)	(x)/–	x	xx
PM10	x	x	(x)	(x)/–	x	xx
Lärm	(x)	(x)	(x)	–	x	xx
Flächenverbrauch	–	–	–	–	x	xx

xx Es gibt einen deutlichen Ko-Benefit der Technologie/ Maßnahme für die entsprechende Emission/ Umweltbelastung
x Es gibt einen mittleren Ko-Benefit der Technologie/ Maßnahme für die entsprechende Emission/ Umweltbelastung
(x) Es gibt einen geringen Ko-Benefit der Technologie /Maßnahme für die entsprechende Emission/ Umweltbelastung
– Es gibt keinen Ko-Benefit der Technologie/ Maßnahme für die entsprechende Emission/ Umweltbelastung

Quelle: SRU (Sachverständigenrat für Umweltfragen), Umsteuern erforderlich: Klimaschutz im Verkehrssektor. Sondergutachten, SRU, Berlin, 2017

Neben den direkten Umweltwirkungen in der Nutzungsphase sind den verschiedenen Maßnahmen und Optionen auch die Umweltwirkungen, die in der Vorkette entstehen, anzurechnen. Nur so können die lokalen Ko-Benefits der Nutzungsphase in ein vollständigeres Bild der Umwelt- und Gesundheitsauswirkungen der alternativen Optionen im Verkehrssektor eingeordnet werden [26].

6. Strategien und Maßnahmen zur verbesserten Rohstoffgewinnung und Kreislaufführung bei der Einführung von Elektromobilität

Mit dem durch die Dekarbonisierung des Verkehrssektors hervorgerufenem Rohstoffbedarf gehen Umwelt- und Gesundheitsbelastungen sowie soziale Verwerfungen einher, die jedoch nicht innerhalb Deutschlands/ Europas, sondern in Drittstaaten stattfinden. Des Weiteren kann es bei einigen Rohstoffen aufgrund begrenzter Minenkapazitäten oder Regulierungen der Förderländer zu Engpässen kommen. Die Frage nach der Rohstoffsicherheit wird oft mit einem verbesserten Recycling und einer Rückführung von Rohstoffen in den Kreislauf beantwortet. In der Realität gibt es jedoch vielfältige Gründe, warum dies nicht ausreichend funktioniert bzw. Recyclingpotenziale nicht optimal ausgeschöpft werden (ausführlich in [39], Kapitel 2.3.2).

Mit der Marktdurchdringung der Elektromobilität werden die in den Fahrzeugen und der zugehörigen Infrastruktur verbauten Rohstoffe Teil des sogenannten anthropogenen Lagers. Mit Blick auf eine Reduzierung der Primärrohstoffentnahme gilt es, diesen Lagerbestand am Ende der Produktnutzungsdauer wirksamer als bisher zu bewirtschaften und hieraus qualitativ hochwertige Sekundärrohstoffe bereitzustellen. Dafür müssen neue Entsorgungsstrukturen geschaffen werden, die eine echte Kreislaufführung ermöglichen, sowie gesetzliche Anforderungen angepasst werden.

Gerade in einem vergleichsweise abgegrenzten, an der Startlinie zu einer Transformation stehenden Sektor wie dem Verkehr besteht die Chance, politisch entsprechende Voraussetzungen für Rohstoffbezug und Kreislaufführung festzulegen.

Nachfolgend werden entsprechende Maßnahmen kurz beschrieben (ausführlich in [39], Kapitel 5.5).

6.1. Etablierung internationaler Umwelt- und Sozialstandards bei der Rohstoffgewinnung

Bereits in den deutschen Ressourceneffizienzprogrammen (ProgRess, ProgRess II) sowie im Integrierten Umweltprogramm (IUP) werden die Verantwortung Deutschlands für seinen Rohstoffbezug klargestellt und verschiedene Ansätze zur Minimierung der dadurch verursachten Umweltwirkungen aufgeführt. Nach wie vor fehlt es aber an der konkreten Umsetzung. Dabei ist es notwendig, dass sich Deutschland bei der Weiterentwicklung der nationalen und europäischen Rohstoffstrategien mit großem Nachdruck dafür stark macht, ein internationales Rohstoffabkommen abzuschließen [30, 32, 37].

Kurzfristig sollten aber auch bilaterale Ansätze verfolgt werden. In diesem Rahmen könnten beispielsweise die von Deutschland geschaffenen Rohstoffpartnerschaften, die bisher eher das Ziel der Versorgungssicherheit verfolgen, um das Ziel der nachhaltigen Gewinnung von Rohstoffen erweitert werden [31]. Um durch die anspruchsvolle Standardsetzung keine Verschiebung hin zum großindustriellen Bergbau zu induzieren, müssen Wege für den Kleinbergbau entwickelt und gefördert werden [21].

Das Öko-Institut hat die besonderen Herausforderungen der Elektromobilität für den Rohstoffsektor bearbeitet und einige dieser Ziele mit konkreten Vorschlägen unterlegt [27]:

- Schaffung einer globalen Industrieallianz für nachhaltiges Primärlithium unter der Federführung der Automobilindustrie in Zusammenarbeit mit relevanten Bergbauunternehmen und Zulieferbetrieben, Batterie und Kathodenherstellern sowie Recyclingunternehmen,
- Einführung von verbindlichen unternehmerischen Sorgfaltspflichten (Due Diligence) entlang der Handelsketten für Kobalt (Nutzung des Systems aus dem OECD Framework *Due Diligence Guidance for Responsible Supply Chains from Conflict-Affected and High-Risk Areas*),
- Know-How-Transfer für nachhaltigen Bergbau und
- Aufbau eines globalen Recyclingsystems für Li-Ionen-Batterien.

6.2. Rohstoffinventar

Aus Rohstoffen werden Produkte gefertigt, die eine sehr unterschiedliche Nutzungsdauer haben, bevor sie in den Stoffkreislauf zurückgeführt werden oder aber diesem verloren gehen [45]. Es ist bekannt, dass diese Produkte erhebliche Mengen an nachgefragten Rohstoffen enthalten, unbekannt sind jedoch Menge, Zustand, Ort und Einbausituation. Die Bereitstellung von zuverlässigen Angaben, welche Stoffströme in welchen Zeitrhythmen zu erwarten sind, ermöglicht Planung und Planungssicherheit bei Entwicklung und Implementierung neuer und angepasster Technologien. So wird ganzheitliche Rohstoffplanung möglich, welche sowohl die Verfügbarkeit von primären als auch von sekundären Quellen berücksichtigt.

Methoden zur Bestimmung und Fortschreibung länderspezifischer anthropogener Materiallager und Stoffinformationen als Rohstoffwissensbasis für Politik und Wirtschaft werden derzeit entwickelt [14, 16, 17, 34]. Die sich in Entwicklung befindlichen Datenbanken können die Grundlage für ein nationales bzw. europäisches Inventar bilden, stehen jedoch vor der Herausforderung, sowohl den nicht dokumentierten Lagerbestand abzuschätzen als auch Vorgaben für eine systematische Datenerfassung zu ihrer Fortschreibung festzulegen.

Mit Blick auf die Einführung der Elektromobilität bietet sich die Chance, direkt mit Beginn der massenrelevanten Marktdurchdringung die damit verbundenen Stoff- und Materialflüsse zu kartieren, Nutzungsdauern zu bestimmen und somit einen Überblick zu erhalten, wann welche Materialien zur Sekundärrohstoffgewinnung bereitstehen, um diese letztlich bewirtschaften zu können.

Der Aufbau des Inventars sollte dabei nicht nur für Fahrzeuge aller Antriebsarten erfolgen, sondern mittelfristig auch für andere Produkte, darunter insbesondere auch die für die Energieerzeugung und -speicherung installierten Anlagen, aber auch Endverbraucherprodukte wie elektrische und elektronische Geräte. So kann festgestellt werden, ob ähnliche Abfallströme verschiedener Produkte gleichzeitig anfallen und für das Recycling zusammengeführt werden sollten. Denkbar ist, das Inventar bei der BGR in Zusammenarbeit mit dem UBA und destatis anzusiedeln.

6.3. Kreislaufpass und anspruchsvolle Recyclinganforderungen

Damit die im Materiallager vorhandenen Stoffe und Materialien am Ende ihrer Nutzungsdauer auch tatsächlich hochwertig rezyklierbar sind, ist es notwendig, auf Produktebene Stoffe und Materialien einzusetzen, die jeweils für sich hochwertig rezyklierbar sind, sich aber auch aus dem komplexen Materialverbund eines Bauteils bzw. des gesamten Produktes separieren lassen. Insbesondere gilt es auch, Downcycling zu verhindern (Kapitel 2.6.).

Zur Entwicklung von spezifischen Recyclingtechnologien für Elektrofahrzeuge fanden und finden eine Reihe staatlich geförderter Projekte statt, die allerdings jeweils nur einzelne Komponenten von Elektrofahrzeugen in den Blick nehmen (z.B. EcoBatRec [53], LithoRec [49], LiBri [41], MORE [3], ElMoRel [36]). Die Wirtschaftlichkeit einer Separierung von Bauteilen, die Edel- und Sondermetalle enthalten, aus Altfahrzeugen wurde ebenfalls untersucht [12, 18]. Auch Fragen des Recyclings von Leichtbaumaterialien für den Karosseriebau wurden adressiert [13].

Um das Ziel einer Verwertung im echten Sinne zu erreichen und somit qualitativ hochwertige Sekundärrohstoffe bereitzustellen, müssen Elektrofahrzeuge jedoch auch als Ganzes betrachtet werden. Voraussetzung ist eine belastbare Methodik zur Messung der Recyclingfähigkeit. Schon der erste Schritt, das heißt die Frage, wie die Einzelkomponenten und -module separiert werden, ist für die Qualität des Sekundäreinsatzes oft entscheidend. Bereits bei der Produktentwicklung ist die Recyclingfähigkeit einzubeziehen. Befragungen im Rahmen der FOREL-Studie haben gezeigt, dass insbesondere in den ersten beiden Phasen der Produktentwicklung im Fahrzeugsektor (Konzept- und Entwurfsphase) kaum eine Beachtung der Recyclingfähigkeit im Vergleich zu Kosten und Werkstoffeigenschaften erfolgt [19].

Dass ein Fahrzeug (unabhängig von der Antriebsart) hochwertig rezyklierbar ist und wie dies erreicht werden soll, sollte zukünftig in einem *Kreislaufpass* dokumentiert werden [6, 40]. Dieser sollte als Voraussetzung für die Typzulassung gemäß der Typengenehmigungs-Richtlinie 2005/64/ EG gelten. Dabei wäre sowohl auf der Stoff-/ Materialebene als auch auf der Bauteilebene bzw. bezüglich des gesamten Fahrzeuges aufzuzeigen, wie ein möglichst vollständiges und hochwertiges Recycling am Ende der Nutzungsdauer erreicht werden kann.

In diesem Zuge ist es notwendig, die Definition von Recycling bzw. stofflicher Verwertung zu konkretisieren. Solange Downcycling [29, 46] auch dort stattfindet, wo es vermieden werden könnte, kann keine echte Kreislaufwirtschaft erreicht werden. Im Rahmen des EU-Kreislaufwirtschaftspaketes sowie der Diskussionen zu ProgRess III sollte dringend eine Debatte zur Hochwertigkeit des Recyclings gestartet werden.

Die im *Kreislaufpass* hinterlegten Daten fließen gleichzeitig in das Inventar (Kapitel 6.2.) ein. Zur Ausgestaltung des *Kreislaufpasses* könnten bestehende Informationssysteme wie IDIS (International Dismantling Information System – Demontageinformationssystem für Altfahrzeuge) und IMDS (International Material Data System – Materialdaten-System der Automobilindustrie) genutzt werden.

Spezifisch für Elektrofahrzeuge ist es notwendig, den Anwendungsbereich und die Ziele der Altfahrzeug- und der Batterie-Richtlinie zu überprüfen und anzupassen. Dabei muss – für alle Antriebsarten geltend – eine Abkehr von den derzeit verankerten Massenquoten hin zu bauteilspezifischen Anforderungen vollzogen werden. Auch ist eine Definition von Qualitätsstandards der gewonnenen Sekundärrohstoffe bzw. eine klare Definition der besten verfügbaren Techniken über die gesamte Recyclingkette zur Erreichung einer hochwertigen stofflichen Verwertung aufzunehmen. So sollten für Bauteilgruppen wie Karosserie, Motor, Batterie und Leistungselektronik spezifische Recyclingziele verankert werden.

7. Fazit und Ausblick

Der Verkehrssektor steht vor großen Veränderungen. Ein wichtiger Beweggrund dafür ist der Klimaschutz. Damit Deutschland einen angemessenen Beitrag dazu leistet, ist eine Abkehr von fossilen Brennstoffen nötig. Diese klimapolitische Herausforderung ist gleichzeitig die Chance, den durch unsere vom Auto geprägte Mobilität verursachten ökologischen und gesundheitlichen Problemen aktiv zu begegnen. Hierfür ist ein Mix verschiedener Maßnahmen notwendig, die zügig eingeführt werden müssen.

Auch bezüglich der für die Dekarbonisierung notwendigen Rohstoffe sind eine Reihe von Maßnahmen notwendig. Die Kombination der verschiedenen vorgeschlagenen Maßnahmen für Primär- und Sekundärrohstoffe unterstützt wesentlich die Wahrnehmung der Verantwortung für Umwelt- und Sozialstandards bei der Rohstoffgewinnung in Drittländern sowie die Einführung einer echten Kreislaufwirtschaft.

Die Verkehrswende wird nur gelingen, wenn sie umwelt-, klima- und gesundheitspolitische Anforderungen mit wirtschaftlichen Chancen und gesellschaftlich attraktiven Mobilitätsangeboten verbinden kann. Dafür ist es auch notwendig, Kohärenz zwischen den verschiedenen Strategien für Klima-, Rohstoff- und Kreislaufwirtschaftspolitik herzustellen. Denn in den meisten politischen Plänen und Programmen (insbesondere Klimaschutzplan 2050, Nationaler Entwicklungsplan Elektromobilität, Ressourceneffizienzprogramm, EU-Kreislaufwirtschaftspaket, Integriertes Umweltprogramm 2030) fehlt derzeit noch eine enge inhaltliche Verzahnung der Zielrichtung Klimaschutz mit der Rohstoff- und Kreislaufwirtschaft (ausführlich in [39], Kapitel 2.3.3, 2.3.4 und 2.4). Dabei müssen auch Zielkonflikte klar adressiert werden.

Wichtig für jegliche mit der Mobilität verbundene negative Auswirkung ist: Jede Form der Vermeidung hat die größten positiven Umweltwirkungen. Substitution durch weniger umweltbelastende Stoffe, effizientere Nutzung (auch durch eine längere Lebensdauer und bessere Auslastung der Fahrzeuge), Rückholbarkeit und Recycling sind die Second-Best-Möglichkeiten, die aber ausgebaut werden müssen, um Primärrohstoffe durch Sekundärrohstoffe ersetzen zu können.

8. Literatur

[1] Allwood, J.M., Daehn, K., Serrenho, A., Automobiles and Sustainability: Bridging the gap between environmental security and commercial reality, Berlin, 2016

[2] Angerer, G., Buchholz, P., Gutmer, J., Hagelüken, C., Herzig, P., Littke, R., Thauer, R.K., Wellmer, F.-W., Rohstoffe für die Energieversorgung der Zukunft. Geologie, Märkte, Umwelteinflüsse, acatech - Deutsche Akademie der Technikwissenschaften, Nationale Akademie der Wissenschaften Leopoldina, Union der deutschen Akademien der Wissenschaften, München, Halle (Saale), Mainz, 2016

[3] Bast, U., Blank, R., Buchert, M., Elwert, T., Finsterwalder, F., Hörnig, G.K., T., Langkau, S., Marscheider-Weidemann, F., Müller, J.-O., Thürigen, C., Treffer, F., Walter, T., Recycling von Komponenten und strategischen Metallen aus elektrischen Fahrantrieben. Abschlussbericht zum Verbundvorhaben MORE (Motor Recycling), München, Stuttgart, Hanau, Erlangen, Clausthal-Zellerfeld, Darmstadt, Karlsruhe, 2014

[4] BMUB (Bundesministerium für Umwelt Naturschutz Bau und Reaktorsicherheit), Klimaschutzplan 2050. Klimaschutzpolitische Grundsätze und Ziele der Bundesregierung, Berlin, 2016

[5] BMWi (Bundesministerium für Wirtschaft und Energie), Offshore-Windenergie. Ein Überblick über die Aktivitäten in Deutschland. Ein gutes Stück Arbeit, Berlin, 2015

[6] Brunner, P.H., Kral, U., Urban Mining und ‚Letzte Senken': Schlüsselelemente einer Smart City, Smart City: Wiener Know-How aus Wissenschaft und Forschung, Schmid Verlag, Wien, 2013

[7] Buchert, M., Jenseit, W., Dittrich, S., Hacker, F., Schüler-Hainsch, E., Ruhland, K., Knöfel, S., Goldmann, D., Rasenack, K., Treffer, F., Ressourceneffizienz und ressourcenpolitische Aspekte des Systems Elektromobilität. Arbeitspaket 7 des Forschungsvorhabens OPTUM: Optimierung der Umweltentlastungspotenziale von Elektrofahrzeugen. Anhang zum Schlussbericht, Berlin, Darmstadt, Freiburg, 2011

[8] Buchert, M., Jenseit, W., Merz, C., Schüler, D., Ökobilanz zum *Recycling von Lithium-Ionen-Batterien* (LithoRec). Endbericht, Freiburg, Darmstadt, Berlin, 2011

[9] Bulach, W., Schüler, D., Sellin, G., Elwert, T., Schmid, D., Goldmann, D., Buchert, M., Kammer, U., Elektrofahrzeugrecycling 2020. Schlüsselkomponente Leistungselektronik, in: K.J. Thomé-Kozmiensky, D. Goldmann (Hrsg.), Recycling und Rohstoffe. Bd. 10, TK Verlag, Neuruppin, 2017, S. 339-355

[10] Elwert, T., Goldmann, D., Römer, F., Buchert, M., Schüler, D., Aktuelle Entwicklungen und Herausforderungen beim Recycling von Elektro- und Hybridfahrzeugen, in: K.J. Thomé-Kozmiensky, D. Goldmann (Hrsg), Recycling und Rohstoffe. Bd. 9, TK Verlag, Neuruppin, 2016, S. 275-294

[11] Frieske, B., Klötzke, M., Kreyenberg, D., Bienge, K., Hillebrand, P., Hüging, H., Koska, T., Monscheidt, J., Ritthoff, M., Soukup, O., Tenbergen, J., Begleitforschung zu Technologien, Perspektiven und Ökobilanzen der Elektromobilität. (STROMbegleitung) im Rahmen der Förderung des Themenfeldes *Schlüsseltechnologien für die Elektromobilität (STROM)*. Abschlussbericht des Verbundvorhabens an das Bundesministerium für Bildung und Forschung (BMBF), Stuttgart, Wuppertal, 2014

[12] Groke, M., Kaerger, W., Sander, K., Bergamos, M., Optimierung der Separation von Bauteilen und Materialien aus Altfahrzeugen zur Rückgewinnung kritischer Metalle (ORKAM), UBA-Texte Nr 2/2017, Dessau-Roßlau, 2017

[13] Gude, M., Just, G., Kaufhold, J., Müller, M., Stegelmann, M., Meschut, G., Gerkens, M., Zäh, M.F., Hofmann, D., Greitemann, J., Kamps, T., Stock, J., Lieberwirth, H., Krampitz, T., FOREL Studie. Chancen und Herausforderungen im ressourceneffizienzten Leichtbau für die Elektromobilität, Dresden, Freiberg, Paderborn, München, 2015

[14] Hedemann, J., Meinshausen, I., Ortlepp, R., Schiller, G., Liebich, A., Möller, A., Kartierung des anthropogenen Lagers in Deutschland. Entwicklung eines dynamischen Stoffstrommodells und Aufbau einer Datenbank zur Prognose des Sekundärrohstoffaufkommens (KartAL II), UBA-Texte Nr. 58/2017, Dessau-Roßlau, 2017

[15] Helms, H., Jöhrens, J., Kämper, C., Giegrich, J., Liebich, A., Vogt, R., Lambrecht, U., Weiterentwicklung und vertiefte Analyse der Umweltbilanz von Elektrofahrzeugen, UBA-Texte Nr. 27/2016, Dessau-Roßlau, 2016

[16] Huisman, J., Habib, H., Brechu, M.G., Downes, S., Leroy, P., Herreras-Martínez, L., Løvik, A.N., Wäger, P., Cassard, D., Tertre, F., Mählitz, P., Rotter, V.S., Chancerel, P., Söderman, M.L., ProSUM Harmonisation paper for external feedback and consultation, o. O., 2016

[17] Huisman, J., Leroy, P., Tertre, F., Söderman, M.L., Chancerel, P., Cassard, D., Løvik, A.N., Wäger, P., Kushnir, D., Rotter, V.S., Mählitz, P., Herreras, L., Emmerich, J., Hallberg, A., Habib, H., Wagner, M., Downes, S., Prospecting Secondary Raw Materials in the Urban Mine and Mining Wastes (ProSUM). Final Report, Brüssel, 2017

[18] Kohlmeyer, R., Groke, M., Sander, K., Bergamos, M., Perspektiven der zunehmenden Fahrzeugelektronik für das Altfahrzeugrecycling, in: K.J. Thomé-Kozmiensky, D. Goldmann (Hrsg.) Recycling und Rohstoffe. Bd. 8, TK Verlag, Neuruppin, 2015, S. 184-205

[19] Lieberwirth, H., Krampitz, T., Stegelmann, M., Fahrzeuge und Batterien. Recycling als Bestandteil des Life Cycle Assessment der Fahrzeugindustrie, in: K.J. Thomé-Kozmiensky, D. Goldmann (Hrsg) Recycling und Rohstoffe. Bd. 9, TK Verlag, Berlin, 2016, S.. 295-308

[20] Løvik, A.N., Modaresi, R., Müller, D.B., Long-Term Strategies for Increased Recycling of Automotive Aluminum and Its Alloying Elements, Environmental Science & Technology, 48 (2014) 4257-4265

[21] Manhart, A., Gandenberger, C., Bodenheimer, M., Rüttinger, L., Griestop, L., Ungewollte Verschiebungseffekte durch Standards und Zertifizierung. Relevanz und Lösungsansätze für den Bereich der abiotischen Rohstoffe, RohPolRess-Kurzanalyse, Umweltbundesamt (Hrsg.), Dessau-Roßlau, 2015

[22] Marscheider-Weidemann, F., Langkau, S., Hummen, T., Erdmann, L., Espinoza, L.T., Angerer, G., Marwede, M., Benecke, S., Rohstoffe für Zukunftstechnologien 2016. Deutsche Rohstoffagentur in der Bundesanstalt für Geowissenschaften und Rohstoffe (Hrsg.), Berlin, 2016

[23] Modaresi, R., Müller, D.B., The Role of Automobiles for the Future of Aluminum Recycling, Environmental Science & Technology, 46 (2012) 8587-8594

[24] Nakajima, K., Takeda, O., Miki, T., Matsubae, K., Nakamura, S., Nagasaka, T., Thermodynamic analysis of contamination by alloying elements in aluminum recycling, Environmental Science & Technology, 44 (2010) 5594-5500

[25] Nakajima, K., Takeda, O., Miki, T., Nagasaka, T., Evaluation method of metal resource recyclability based on thermodynamic analysis, Materials Transactions, 50 (2009) 453-460

[26] Öko-Institut, Elektromobilität - Faktencheck. Fragen und Antworten, Berlin, 2017

[27] Öko-Institut, Strategien für die nachhaltige Rohstoffversorgung der Elektromobilität. Synthesepapier zum Rohstoffbedarf für Batterien und Brennstoffzellen, Agora Verkehrswende (Hrsg.), Berlin, 2017

[28] Quicker, P., Stockschläder, J., Neue problematische Einsatzstoffe in der Abfallverbrennung, in: K.J. Thomé-Kozmiensky, M. Beckmann (Hrsg.) Energie aus Abfall. Bd. 14, TK Verlag, Neuruppin, 2017, S. 41-60

[29] Reck, B., Funktionelles und nicht-funktionelles Recycling am Beispiel Edelstahl, in: K.J. Thomé-Kozmiensky, D. Goldmann (Hrsg.) Recycling und Rohstoffe. Bd. 7, TK Verlag, Neuruppin, 2014, S. 309-319

[30] Rüttinger, L., Griestop, L., Heidegger, J., International Council on Mining and Metals (ICMM). UmSoRess Steckbrief, Berlin, 2015

[31] Rüttinger, L., Schüler, F., Scholl, C., Bach, A., Die deutschen Rohstoffpartnerschaften. Analyse der Umsetzung und Ausblick, RohPolRess-Kurzanalyse, Umweltbundesamt (Hrsg.), Dessau-Roßlau, 2016

[32] Rüttinger, L., Wittmer, D., Scholl, C., Bach, A., OECD-Leitsätze für multinationale Unternehmen, OECD-Leitlinien für die Erfüllung der Sorgfaltspflicht zur Förderung verantwortungsvoller Lieferketten für Mineralien aus Konflikt- und Hochrisikogebieten. UmSoRess Steckbrief, Berlin, 2015

[33] Sander, K., Kohlmeyer, R., Rödig, L., Wagner, L., Altfahrzeuge - Verwertungsquoten 2015 und Hochwertigkeit der Verwertung, in: K.J. Thomé-Kozmiensky, D. Goldmann (Hrsg.) Recycling und Rohstoffe. Bd. 10, TK Verlag, Neuruppin, 2017, S. 305-325

[34] Schiller, G., Ortlepp, R., Krauß, N., Steger, S., Schütz, H., Fernández, J.A., Reichenbach, J., Wagner, J., Baumann, J., Kartierung des anthropogenen Lagers in Deutschland zur Optimierung der Sekunddärrohstoffwirtschaft, UBA-Texte Nr. 83/2015, Dessau-Roßlau, 2015

[35] Schmid, D., Zur-Lage, L., Perspektiven für das Recycling von Altfahrzeugen. Moderne Fahrzeuge und angepasste Recyclingverfahren, in: K.J. Thomé-Kozmiensky, D. Goldmann (Hrsg.) Recycling und Rohstoffe. Bd. 7, TK Verlag, Neuruppin, 2014, S. 105-126

[36] Schüler, D., Bulach, W., Degreif, S., Buchert, M., Sellin, G., Elwert, T., Goldmann, D., Schmid, D., Kammer, U., Elektrofahrzeugrecycling 2020 – Schlüsselkomponente Leistungselektronik ElmoReL 2020. Endbericht, Darmstadt, Clausthal-Zellerfeld, Wolfsburg, Langelsheim, Goslar, 2017

[37] SRU (Sachverständigenrat für Umweltfragen), Umweltgutachten 2012. Verantwortung in einer begrenzten Welt, Erich Schmidt, Berlin, 2012

[38] SRU (Sachverständigenrat für Umweltfragen), Umsteuern erforderlich: Klimaschutz im Verkehrssektor, Vorstellung des Sondergutachtens (C. Hornberg, C. Kemfert, V.S. Rotter (Vortragende)), Berlin, 23.11.2017

[39] SRU (Sachverständigenrat für Umweltfragen), Umsteuern erforderlich: Klimaschutz im Verkehrssektor. Sondergutachten, SRU, Berlin, 2017

[40] SRU (Sachverständigenrat für Umweltfragen), Wohnungsneubau langfristig denken. Für mehr Umweltschutz und Lebensqualität in den Städten, Berlin, 2018

[41] Treffer, F., Entwicklung eines realisierbaren Recyclingkonzeptes für die Hochleistungsbatterien zukünftiger Elektrofahrzeuge – Lithium-Ionen Batterierecycling Initiative – LiBRi. Verbundprojekt. Gemeinsamer Abschlussbericht des Konsortiums, Hanau, 2011

[42] UBA (Umweltbundesamt), Die Nutzung natürlicher Ressourcen. Bericht für Deutschland 2016, Dessau-Roßlau, 2016

[43] UBA (Umweltbundesamt), Nationale Trendtabellen für die deutsche Berichterstattung atmosphärischer Emissionen 1990-2015, Dessau-Roßlau, 2017

[44] UBA (Umweltbundesamt), Themen. Klima/Energie. Treibhausgas-Emissionen, Dessau-Roßlau, 2017

[45] UBA (Umweltbundesamt), Urban Mining - Ressourcenschonung im Anthropozän, Dessau-Roßlau, 2017

[46] UNEP (United Nations Environment Programme), Recycling Rates of Metals. A Status Report, UNEP, Nairobi, 2011

[47] UNFCCC (United Nations Framework Convention on Climate Change), Adoption of the Paris Agreement. Proposal by the President. Draft decision -/CP.21, Geneva, 2015

[48] UNFCCC (United Nations Framework Convention on Climate Change), Paris Agreement, Geneva, 2015

[49] Verbundprojekt LithoRec II, LithoRec II – Recycling von Lithium-Ionen-Batterien. Abschlussberichte der beteiligten Verbundpartner, Berlin, 2016

[50] Wambach, K., Rommel, W., Kerner, S., Optimierung des ökologischen Fußabdrucks neuer Werkstoffe in einer Kreislaufwirtschaft. Herausforderungen und Lösungen für kabonfaserverstärkte Kunststoffe und Solarmodule, in: K.J. Thomé-Kozmiensky, D. Goldmann (Hrsg.) Recycling und Rohstoffe. Bd. 10, TK Verlag, Neuruppin, 2017, S. 261-282

[51] Weckend, S., Wade, A., Heth, G., End-of-Life Management. Solar Photovoltaic Panels, Abu Dhabi, Paris, 2016

[52] Wellmer, F.-W., Dalheimer, M., The feedback control cycle as regulator of past and future mineral supply, Mineralium Deposita, 47 (2012) 713-729

[53] Weyhe, R., Friedrich, B., Demonstrationsanlage für ein kostenneutrales, ressourceneffizientes Processing ausgedienter Li-Ion Batterien der Elektromobilität – EcoBatRec, Abschlussbericht, Mühlheim, Aachen, 2016

[54] Widmer, R., Du, X., Haag, O., Restrepo, E., Wäger, P.A., Scarce Metals in Conventional Passenger Vehicles and End-of-Life Vehicle Shredder Output, Environmental Science & Technology, 49 (2015) 4591-4599

[55] e-mobil BW - Landesagentur für neue Mobilitätslösungen und Automotive Baden-Württemberg, Strukturstudie BWe mobil 2015. Elektromobilität in Baden-Württemberg, Stuttgart, 2015

[56] Woidasky, J., Weiterentwicklung des Recyclings von faserverstärkten Verbunden, in: K.J. Thomé-Kozmiensky, D. Goldmann (Hrsg.) Recycling und Rohstoffe. Bd. 6, TK Verlag, Neuruppin, 2013, S. 241-260

[57] World Bank, The Growing Role of Minerals and Metals for a Low Carbon Future, Washington DC, 2017

[58] Zepf, V., Simmons, J., Reller, A., Ashfield, M., Rennie, C., Materials critical to the energy industry. An introduction, 2nd ed, British Petrol (Hrsg.), London, 2014

Ansprechpartner

Prof. Dr. Vera Susanne Rotter leitet das Fachgebiet Kreislaufwirtschaft und Recyclingtechnologien der TU Berlin und wurde im Juli 2016 in den Sachverständigenrat für Umweltfragen berufen (SRU). Kristine Sperlich arbeitet seit Januar 2017 als persönliche wissenschaftliche Mitarbeiterin für Prof. Rotter in ihrer Funktion als Mitglied des SRU. Dr. Mechthild Baron ist langjährige wissenschaftliche Mitarbeiterin des SRU.

Dr. Mechthild Baron
Sachverständigenrat für Umweltfragen
Wissenschaftliche Mitarbeiterin
Luisenstraße 46
10117 Berlin, Deutschland
+49 30-263696-127
mechthild.baron@umweltrat.de

Professor Dr. Vera Susanne Rotter
TU Berlin
FG Kreislaufwirtschaft und Recyclingtechnologien
Straße des 17. Juni 135; Sekr. Z2
10623 Berlin, Deutschland
+49 30-31422619
vera.rotter@tu-berlin.de

Kristine Sperlich
Sachverständigenrat für Umweltfragen
Wissenschaftliche Mitarbeiterin
Luisenstraße 46
10117 Berlin, Deutschland
+49 30-31425136
kristine.sperlich@campus.tu-berlin.de

Neueste Szenarien zum Rohstoffbedarf der Elektromobilität und Recyclingpotential zur Bedarfsbefriedigung

Peter Dolega

Der weltweite Anstieg von Verkaufszahlen elektrisch angetriebener Fahrzeuge sowie Prognosen über den weiteren Marktverlauf implizieren unterschiedliche Herausforderungen. Insbesondere die Nachfrageentwicklung der benötigten Schlüsselrohstoffe ist häufig Gegenstand kontroverser Diskussionen. Im Fokus liegen vor allem Lithium und Kobalt, deren Förderung von unterschiedlichen ökologischen und sozialen Herausforderungen begleitet ist. Zunehmend gewinnt aufgrund des Trends zu kobaltärmeren Kathoden, auch Nickel mehr Aufmerksamkeit.

Das Öko-Institut hatte im Herbst 2017 in einer umfassenden Arbeit für die Agora Verkehrswende Rohstoffbedarfe errechnet und Empfehlungen für eine optimierte und gleichzeitig umweltgerechte und sozialgerechte Rohstoffversorgung formuliert [5].

Im Rahmen des BMBF geförderten Projekts Fab4Lib werden basierend auf neuesten globalen Mobilitätsszenarien sowie aktuellen Entwicklungen im Bereich der Lithium-Ionen-Zellen Rohstoffszenarien für die Elektromobilität erneut berechnet. Dieser Beitrag beruht auf diesen Ergebnissen.

Für die Stützjahre 2016, 2030 und 2050 werden globale Rohstoffbedarfe für Lithium-Ionen-Zellen ermittelt. Darüber hinaus werden für Lithium, Kobalt und Nickel soziale und ökologische Probleme bei der Primärförderung skizziert sowie Recyclingpotentiale näher beleuchtet, welche eine wesentliche Rolle bei der Entlastung auf der Primärförderseite spielen. Aufgrund der hohen Entwicklungsdynamik im Elektromobilitätssektor und den damit verbundenen Wertschöpfungsketten ist eine regelmäßige Aktualisierung von Rohstoffszenarien notwendig.

1. Entwicklungsszenarien der Elektromobilität

Um eine möglichst akkurate Hochrechnung von Rohstoffbedarfen der Batteriezellenproduktion zu ermöglichen, werden Mobilitätsszenarien mit einer hohen Detailtiefe benötigt, die mit Annahmen zu Batteriezusammensetzungen verrechnet werden.

In dieser Arbeit wird auf globale Mobilitätsszenarien aufgebaut, die von der International Energy Agency (IEA) veröffentlicht wurden [17]. In dieser Arbeit werden nur Rohstoffbedarfe im Bereich der Straßenverkehrsmittel erfasst. Andere Applikationen von Lithium-Ionen-Batterien, beispielsweise im portablen Bereich werden nicht betrachtet. Zudem werden aufgrund der schwierigen Prognose, Technologien, die sich disruptiv auf den Markt auswirken können (z.B. Feststoffbatterien), nicht berücksichtigt. Dementsprechend wird unterstellt, dass über den betrachteten Zeitraum die Lithium-Ionen-Technologie marktführend bleibt.

1.1. Übersicht über aktuelle Mobilitätsszenarien

Diverse Institute und Unternehmen publizieren regelmäßig Szenarien zur Entwicklung des Verkehrssektors und adressieren dabei auch die Entwicklung von Elektrofahrzeugen [vgl. 3, 4, 12, 15, 16, 17, 18, 19, 22]. Die Publikationen setzen unterschiedliche Schwerpunkte und unterscheiden sich beispielsweise in den zugrundeliegenden Annahmen und Zielen, den betrachteten Zeithorizonten sowie hinsichtlich ihrer Detailtiefe. Weiterhin werden teilweise unterschiedliche geographische Räume berücksichtigt oder nur bestimmte Fahrzeugsegmente betrachtet.

Eine belastbare Abschätzung hinsichtlich des Rohstoffbedarfs von Elektrofahrzeugen erfordert detailliert aufgeschlüsselte, globale Szenarien. Insbesondere die Unterscheidung nach Fahrzeugtypen (z.B. Busse, Pkw oder Motorräder) sowie Antrieb (z.B. vollelektrisch, Hybrid oder Brennstoffzelle) sind notwendig, um die unterschiedlich dimensionierten Batterien und deren Rohstoffbedarfe abzubilden.

Die Daten der IEA entsprechen diesen Kriterien und sind zudem überwiegend frei zugänglich, sodass auf deren Basis Szenarien für den Rohstoffbedarf berechnet werden.

1.2. Methodik

Die verwendeten Daten der IEA beziehen sich auf den Fahrzeugbestand im jeweiligen Jahr. Um den gesamten jährlichen CO_2-Ausstoß einer Fahrzeugflotte zu berechnen ist diese Darstellung ideal. Für die Berechnung des jährlichen Rohstoffbedarfs hingegen werden auch jährliche Zulassungs- oder Verkaufszahlen benötigt.

In dieser Arbeit werden anhand von drei Stützjahren (2016, 2030, 2050) die Verkaufszahlen von Fahrzeugen und die damit entstehenden Rohstofferfordernisse betrachtet. Im Basisjahr wurden die Verkaufszahlen weitestgehend durch verfügbare Statistiken ermittelt und durch Expertenschätzungen ergänzt. Die Verkaufszahlen für die Stützjahre 2030 und 2050 wurden aus den Bestandszahlen der IEA ermittelt. Hierbei wurden für die unterschiedlichen Fahrzeugtypen spezifische mittlere Lebensdauern angenommen und mithilfe einer Gauß-Verteilung die jährlichen Verkaufszahlen aus dem Bestand ermittelt.

Das betrachtete B2DS-Szenario bildet die Ambitionen des Pariser Abkommens ab und hat einen maximalen globalen Durchschnittstemperaturanstieg von 1,75 °C bis zum Jahr 2100 zum Ziel [17].

1.3. Ergebnisse

Bild 1 zeigt die prognostizierte Entwicklung von PKW nach dem B2DS-Szenario. Im linken Teil des Bildes sind die globalen Verkaufszahlen und im rechten Teil sind die globalen Bestandszahlen zu sehen. Die Fahrzeuge werden farblich nach dem Antrieb unterschieden. Es werden Verbrennungsmotoren (ICE), Hybrid-PKW (HEV), Plug-in-Hybride (PHEV), vollelektrische PKW (BEV) sowie Brennstoffzellenfahrzeuge (FCEV) betrachtet.

Im Startjahr 2016 umfasst die globale Fahrzeugflotte knapp 1,1 Milliarden PKW, welche fast ausschließlich mit konventionellen Verbrennungsmotoren angetrieben werden. Im Verkauf spielen alternativer Antriebe mit einem Anteil von knapp 4 % bereits eine größere Rolle.

2030 sinkt der Verkauf konventioneller Antriebe gegenüber 2016, während es einen signifikanten Zuwachs an alternativen Antrieben gibt. Vor allem vollelektrische Antriebe und Plug-in-Hybride erreichen deutliche Absatzzuwächse. Von den etwa 90 Millionen PKW-Verkäufen sind knapp die Hälfte alternative Antriebe. Der globale PKW-Bestand steigt auf über 1,5 Milliarden Fahrzeuge, davon sind etwa 20 % vollelektrisch oder Hybride.

Im letzten Betrachtungsjahr 2050 steigt die Bedeutung elektrischer Antriebe gegenüber 2030 nochmal entscheidend an. Insgesamt werden im Jahr 2050 über 130 Millionen PKW verkauft – keines davon mit konventionellem Antrieb. Die globale Flotte wächst auf fast 2 Milliarden PKW an, von denen mehr als drei Viertel über alternative Antriebe verfügen, Verbrennungsmotoren machen nur noch etwa ein Viertel des Bestandes aus.

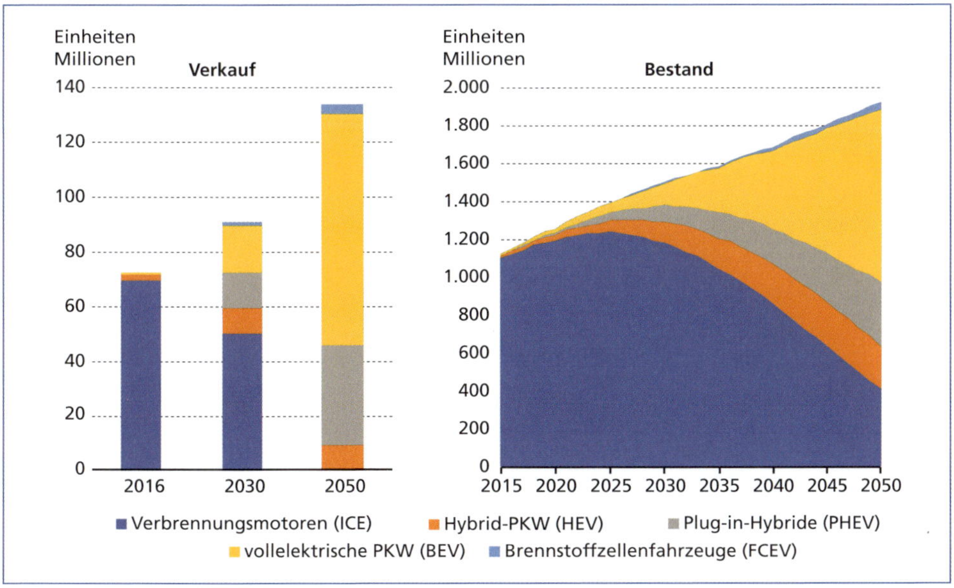

Bild 1: Entwicklung der Verkaufs- (links) und Bestandszahlen (rechts) von PKW nach dem B2DS-Szenario

Elektromobilität

Zur Berechnung des gesamten jährlichen Rohstoffbedarfs für Batteriezellen werden neben den PKW auch Szenarien für die Fahrzeugtypen Pedelecs, Krafträder, Busse, Minibusse sowie schwere LKW (HFT; über 15,5 t Gesamtfahrzeuggewicht) und leichte LKW (MFT; 3,5 bis 15,5 t) benötigt. In Bild 2 sind analog zu den PKW die Verkaufszahlen der einzelnen Typen nach Antrieben für die Jahre 2016, 2030 und 2050 dargestellt.

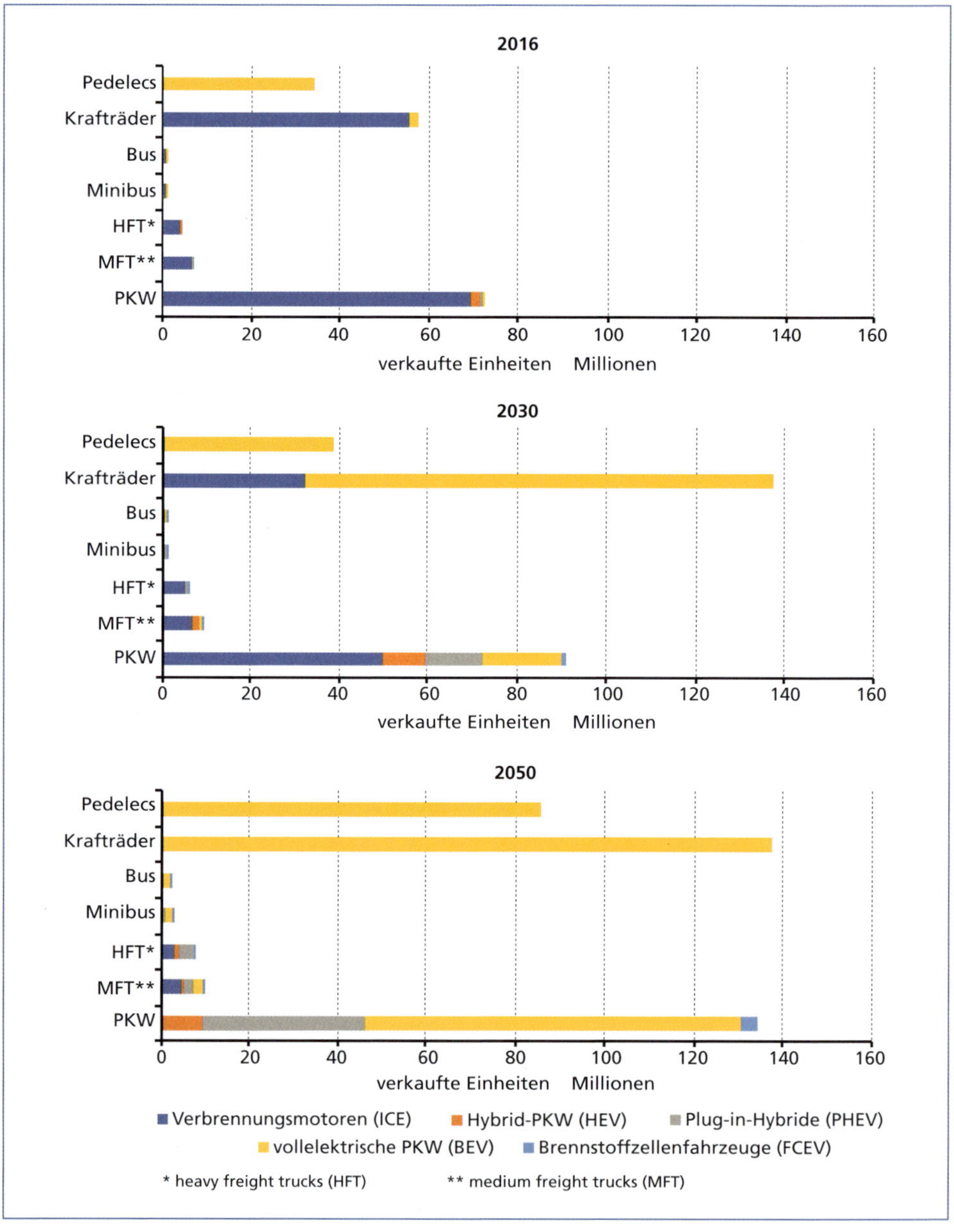

Bild 2: Entwicklung der Verkaufszahlen im B2DS Szenario nach Typ und Antrieb

Im Startjahr 2016 sind die im Vergleich am häufigsten verkauften Fahrzeugtypen PKW mit etwas mehr als 70 Millionen Einheiten, gefolgt von Krafträdern mit fast 60 Millionen verkaufter Einheiten und etwa 43 Millionen Pedelecs. Schwere und leichte LKW kommen auf etwa 10 Millionen verkaufte Einheiten während Busse und Minibusse zusammen knapp unter einer Million verkaufter Einheiten bleiben. Bei den verkauften Antrieben überwiegen die Verbrenner deutlich. Bei Krafträdern und PKW werden geringfügige Absätze alternativer Antriebe, vor allem von Hybriden verzeichnet. Einzig bei den Bussen spielen batterieelektrische Antriebe eine wichtige Rolle. Vor allem durch den Absatzmarkt in China sind fast ein Drittel der verkauften Busse im Jahr 2016 vollelektrisch [18].

Im Stützjahr 2030 findet eine dynamische Entwicklung statt, vor allem bei den Krafträdern steigt die Nachfrage deutlich auf fast 140 Millionen verkaufter Einheiten an, von denen fast 80 % vollelektrisch sind. Pedelecs verzeichnen eine geringfügigen Zuwachs. Hybride und Plug-in Hybride werden bei LKW zunehmend nachgefragt und bei den Bussen setzt sich der Trend zu alternativen Antrieben weiter fort.

Im letzten Betrachtungsjahr 2050 sind in allen Fahrzeugsegmenten batterieelektrische Antriebe dominierend. Konventionelle Antriebe werden bei den Fahrzeugtypen PKW, Bus, Minibus, und Krafträdern nicht mehr verkauft. LKW sind ebenfalls zunehmend von alternativen Antrieben geprägt, insbesondere Oberleitungs-LKW mit Plug-In-Antrieb werden nachgefragt. Weniger als die Hälfte der LKW sind mit konventionellen Antrieben ausgestattet.

Insgesamt zeichnet sich also über das B2DS-Szenario ein rasanter Anstieg elektrischer Antriebe ab. Insbesondere vollelektrische Antriebe gewinnen schnell an Bedeutung im PKW-, Bus- und Kraftrad-Segment. Generell ist mit rapide steigenden Verkaufszahlen elektrischer Fahrzeuge in allen Segmenten zu rechnen.

2. Rohstoffbedarf der Lithium-Ionen-Zellen

Die hier präsentierten Entwicklungsszenarien des Verkehrssektors prognostizieren einen rasanten Anstieg elektrisch angetriebener Fahrzeuge. Im folgenden Kapitel werden die korrespondierenden Nachfrageentwicklungen für die Schlüsselrohstoffe Lithium, Kobalt und Nickel skizziert. Die Rohstoffe werden durch ihre Nutzung als Kathodenmaterial bei der Zellherstellung einen starken Nachfragezuwachse erfahren, der zum Teil deutlich über der heutigen Primärförderung liegt. Neben der Rohstoffversorgung werden ökologische und soziale Herausforderungen umrissen und Recyclingpotentiale thematisiert, welche zu einer deutlichen Dämpfung der Nachfrage nach primär gefördertem Material führen können.

In Absprache mit Experten und den aktuellsten Literaturwerten wurden Annahmen zur Entwicklung der künftigen Marktanteile unterschiedlicher Batterietypen getroffen. In dieser Arbeit liegt der Fokus auf Lithium-Ionen-Batterien. Andere Speichertechnologien wie bspw. Feststoffbatterien werden nicht berücksichtigt, da aufgrund der schwer zu prognostizierenden Marktreife gegenwärtig kein Markteinritt absehbar ist.

2.1. Lithium

Lithium-Ionen-Batterien hängen wesentlich von dem im Namen enthaltenen Element Lithium ab. Über die letzten Jahre gewann Lithium immer mehr an Bedeutung im Anwendungsbereich der Batterien. Seit 2015 ist das Hauptanwendungsfeld des Elements im Batteriesektor. Im Jahr 2017 wurde mehr als die Hälfte des Lithiums in Batterien verwendet. Neben Batterien geht etwa ein Drittel in die Keramik- und Glasproduktion, weitere wichtige Felder sind Schmierfette und die Polymerherstellung [29].

Bild 3 zeigt die die Nachfrageentwicklung nach Lithium für Traktionsbatteriezellen im Verkehrssegment und stellt diese der Primärförderung im Jahr 2016 gegenüber. Im ersten Betrachtungsjahr werden etwa 10.000 t Lithium für elektrische Antriebe benötigt. Dies entspricht etwa einem Viertel der Primärförderung von 38.000 t in 2016. Im Jahr 2030 steigt der Bedarf deutlich an und erreicht etwa 240.000 t, von denen 10 % über Recyclingmaterial gedeckt werden könnten. Bis 2050 steigt der jährliche Lithiumbedarf auf 1,1 Millionen Tonnen. Der Bedarf an primär gewonnenem Material könnte durch konsequente Sammlung und Recycling von Altbatterien um 40 % gepuffert werden.

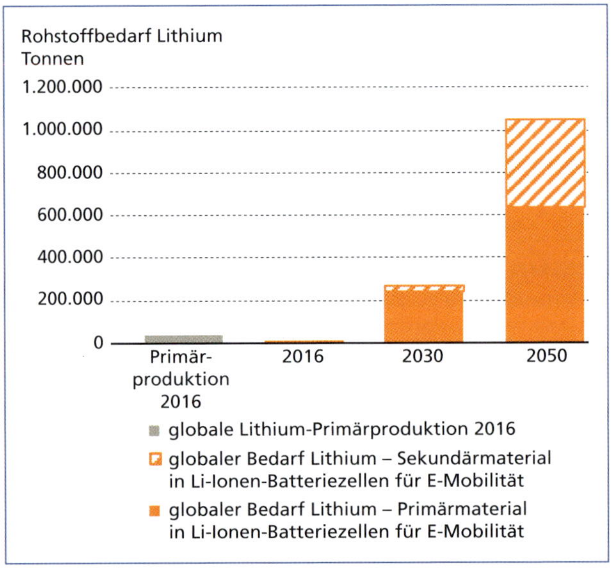

Bild 3:

Rohstoffbedarf für Lithium im B2DS-Szenario

Produktion, Reserven und Ressourcen

Aktuell wird Lithium aus zwei sehr unterschiedlichen Lagerstätten gewonnen. Etwa die Hälfte des weltweiten gewonnenen Lithiums stammt aus dem Festgesteinstagbergbau in Australien, China, Simbabwe, Portugal und Brasilien. Die andere Hälfte wird aus Salzwasserseen bzw. Salaren in Chile, Argentinien, China und den USA gewonnen [19].

Vier Unternehmen dominieren fast 90 % der globalen Produktion 2016: Talison Lithium (Australien) 39,8 %; SQM (Chile) 22 %; Albemarle (USA) 16,2 %; FMC (USA) 9,7 %) [24]. Darüber hinaus spielt China eine zunehmend stärkere Rolle, so hat das chinesische Unternehmen Tianqi zuletzt einen Anteil von 24 % an SQM erworben, zudem liegt eine 50 prozentige Beteiligung an der größten australischen Lithium-Mine Greenbushes vor [22].

Entsprechend der präsentierten Elektromobilitätsszenarien wird bis 2030 sechs Mal mehr Lithium für Traktionsbatterien benötigt, als 2016 primär gefördert wurden, bis 2050 sogar 27 Mal mehr. Häufig wird aufgrund dieses prognostizierten rasanten Anstiegs die Frage nach der Rohstoffverfügbarkeit gestellt. Nachfolgend werden daher kurz verfügbare Reserven und Ressourcen beleuchtet.

Etwa drei Viertel der weltweit verfügbaren Lithiumreserven befinden sich in Salzseen. Diese sind im Vergleich mit Festgesteinslagerstätten zwar kapitalintensiver und können langsamer auf Marktbedingungen reagieren, haben aber niedrigere Förderkosten und können einfacher skaliert werden [24]. Die Salzseen liegen vor allem in Südamerika im *Lithium-Dreieck* – Argentinien, Chile und Bolivien. Die weltweit größten Lithium-Ressourcen befinden sich in sechs großen Salzseen in Argentinien und im bolivianischen Salar de Uyuni [14, 28, 29].

Die vom USGS veröffentlichten Reserven für 2018 (16 Millionen t) sind fast viermal so hoch wie die vor zehn Jahren veröffentlichten [27, 29]. Dies deutet darauf hin, dass der steigende Lithiumbedarf mit hohen Explorationsaufwendungen verbunden ist. Das Budget für die Exploration in Lithium-Projekten ist deutlich gestiegen. Marktuntersuchungen von S&P zeigen, dass 2017 die Ausgaben für Lithiumexploration viermal so hoch waren wie zwei Jahre zuvor. Zudem hat sich die Anzahl der Explorationsunternehmen in der gleichen Zeitspanne versechsfacht [7].

Werden die Reserven von 16 Millionen t mit dem prognostizierten Jahresbedarf von 1,1 Millionen t Lithium für 2050 verglichen, scheint der Vorrat tendenziell knapp zu sein. Beim Berücksichtigen der verfügbaren Ressourcen von 53 Millionen t relativiert sich dies jedoch.

Soziale und ökologische Herausforderungen

Der stark steigende Abbau des Rohstoffs bedeutet auch einen Eingriff mit Umwelt- und Sozialfolgen, welcher im Falle von Lithium je nach Art des Abbaus sehr unterschiedlich sein kann.

Mehr als 40 % der heutigen Lithiumproduktion stammt aus dem Festgesteinsbergbau. Vor allem das das Mineral Spodumen wird in Australien im Tage- und Untertagebau gewonnen. Die damit verbundenen Umweltauswirkungen sind ähnlich wie bei der Gewinnung und Raffination anderer Erze. Insbesondere entstehen potentiell Risiken für die Biodiversität, Belastung durch Staub- und Lärmentwicklung, Schwermetallbelastung etc. [8]. Allerdings ist davon auszugehen, dass aufgrund der strengen Umweltschutzgesetze in Australien entsprechende Standards angewendet werden und somit die Risiken begrenzt sind. In China sind auch einige Lithiumreserven verortet, beispielsweise in Tibet [26]. Es kann nicht davon ausgegangen werden, dass Best-Practise im Bergbau wie bspw. in Australien oder Kanada in Tibet bereits realität ist. Allerdings befindet sich Chinas Bergbauindustrie derzeit im Wandel, der Green Mining Standard soll künftig zu höheren Umweltstandards in der Industrie führen [vgl. 10].

Die Gewinnung des Rohstoffs aus Salzseen wird medial deutlich häufiger thematisiert. Die Hauptproblematik beim Abbau liegt, darin, dass die Lagerstätten sich in Salzseen in extrem ariden Gebieten befinden. Die Extraktion erfolgt durch das Hochpumpen von Sole in Evaporationsbecken, wo die anschließende Konzentration und Ausfällung verschiedener Salze im Zuge der Verdunstung stattfindet. Das verdampfte Wasser wird den lokalen Wasserkreisläufen entzogen und beeinflusst die Hydrologie der regionalen und überregionalen Gebiete [23]. Der spezifische Wasserverbrauch im Erzbergbau liegt in der Größenordnung von 100 bis 500 m^3/t Metall bei einem Metallgehalt von 1 % [13]. Bei Salzseen liegt der Wert beispielsweise im Salar de Olavorz in Argentinien bei rund 1.400 m^3 Wasser für 1 Tonne Lithium – ohne zusätzliche Wasseraufbereitung für weitere Prozessschritte [24]. Weitere Nachteile ergeben sich durch die lange Prozessdauer der Verdampfung die etwa 18 Monate dauert sowie Verluste durch Staubverwehung [9].

2.2. Kobalt

Batterien entwickelten sich ähnlich wie bei Lithium zum Hauptanwendungsgebiet für Kobalt. Etwa 50 % des Bedarfs entfallen auf diese Anwendung, zudem sind weitere Wichtige Applikationen Superlegierungen und Industriekatalysatoren [5].

Bild 4 zeigt analog zu Bild 3 nun die Rohstoffbedarfe für Kobalt. Im Startjahr 2016 beträgt der Bedarf knapp 20.000 t und steigt bis 2030 auf etwa 400.000 t an. Im letzten Betrachtungsjahr 2050 wird ein Bedarf von knapp über 800.000 t prognostiziert. Die Primärförderung 2016 betrug etwa 110.000 t. Es wird deutlich, dass auch bei Kobalt ein signifikanter Nachfrageanstieg zu erwarten ist.

Weiterhin wird davon ausgegangen, dass mit hohen Sammel- und Rückgewinnungsquoten im Jahr 2030 ein Zehntel des Bedarfs über Recycling befriedigt werden kann. Bis 2050 steigt der Anteil bis auf 40 % an, dementsprechend spielt das Recycling aus strategischer Sicht eine wesentliche Rolle.

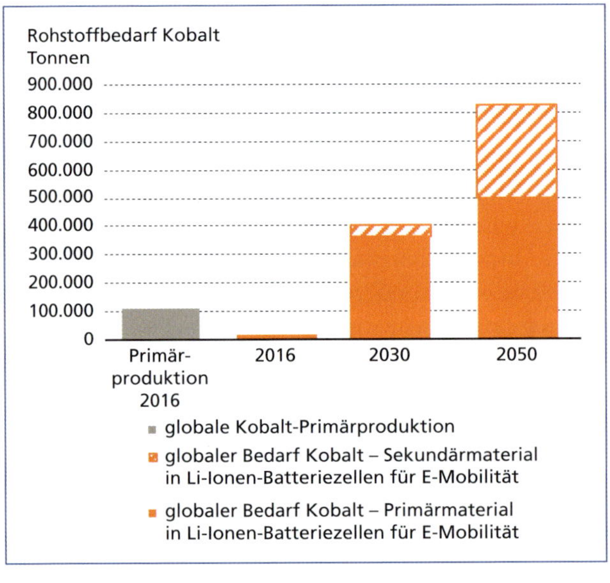

Bild 4:

Rohstoffbedarf für Kobalt im B2DS-Szenario

In den Szenarien ist bereits berücksichtigt, dass der sich heute abzeichnende Trend hin zu Kobaltärmeren Varianten der NMC-Lithium-Ionen-Zellen (NMC = Nickel-Mangan-Kobalt) fortgeführt wird. Dementsprechend findet bis zum Ende des Szenarios eine Entwicklung von NMC 1:1:1 über NMC 6:2:2 zu NMC 8:1:1 und langfristig zu NMC 90:5:5. Ohne diese Tendenz würde der Bedarf nach Kobalt für Traktionsbatterien noch signifikant höher ausfallen.

Produktion, Reserven und Ressourcen

Die Minenproduktion von Kobalt summiert sich im Jahr 2016 auf rund 110.000 t dabei ist es in den meisten Lagerstätten mit Kupfer und Nickel vergesellschaftet [29]. Nur eine industrielle Mine in Marokko fördert Kobalt als Hauptprodukt und steuert etwa 2 % der Weltproduktion bei, weiterhin wird etwa 44 % jeweils als Nebenprodukt aus Kupfer- und Nickelminen gefördert. Der Rest wird vor allem im Kleinbergbau in der Demokratischen Republik Kongo gewonnen (11 %) [25]. Im Kongo werden zudem insgesamt die größten Mengen gefördert, etwa 58 % der Weltförderung in 2016, wobei der wesentliche Anteil (etwa 80 %) in industriellen Kupfer-Kobalt Minen abgebaut wird. Die globalen Raffineriekapazitäten hingegen werden stark von China (46 %) dominiert. In Europa sind zudem etwa 23 % der weltweiten Raffineriekapazitäten installiert [29].

Auch bei den Reserven spielt die Demokratische Republik Kongo eine wesentliche Rolle, rund die Hälfte der 7 Millionen t an Reserven sind hier verortet. Global gesehen werden gegenwärtig mehr als 25 Millionen t Kobaltressourcen ausgewiesen, wobei auch hier mit etwa zwei Dritteln wesentliche Anteile auf den Kongo entfallen [29].

Die starke Konzentration der Produktion, Reserven und Ressourcen auf die Demokratische Republik Kongo gepaart mit der instabilen politischen Lage im Land können zu Bedenken hinsichtlich der Versorgung führen. Es ist davon auszugehen, dass im Zuge von Explorationsbemühungen keine physischen Verknappungen zu erwarten sind, temporäre Verknappungen sind aber nicht auszuschließen.

Soziale und ökologische Herausforderungen

Im vorangegangenen Kapitel wurde mit dem Kleinbergbau eine der wesentlichen sozialen Herausforderungen der Kobaltförderung angerissen. Der Kleinbergbau im Kongo ist an sehr schlechte Arbeitsbedingungen und Sicherheitsstandards geknüpft, zudem stellt Kinderarbeit ein wesentliches Problem dar. Schätzungen gehen von bis zu 150.000 Arbeitern im regionalen Kobaltkleinbergbau aus [2]. Zunehmend wird die Unternehmensverantwortung im downstream Bereich thematisiert, die vor allem auch Unternehmen entlang der Lieferkette von Elektrofahrzeugen betrifft [1]. Die Unternehmen stehen unter zunehmenden öffentlichen Druck eine nachhaltige Rohstoffförderung in ihren Lieferketten sicherzustellen. Der zunächst am einfachsten erscheinende Weg, den Kauf von Kobalt aus dem Kongo zu vermeiden, ist jedoch kein realistisches und wünschenswertes Szenario. Aufgrund der bereits beschriebenen hohen Produktions- und Reservenkonzentration, ist ein Ausweichen auf andere Länder nur bedingt möglich. Vor allem aber werden die Probleme in der Demokratischen Republik Kongo durch Ausweichen auf andere Anbieter nicht gemildert.

Dementsprechend sollten Unternehmen ein aktives Engagement im Rahmen ganzheitlicher Ansätze im Land in Betracht ziehen, um die lokalen Arbeitsbedingungen und die Beseitigung von Kinderarbeit durch Unterstützung von Familien (stabiles Haushaltseinkommen, Bildung usw.) zu fördern [5, 24].

2.3. Nickel

Im Vergleich mit Kobalt und Lithium spielen gegenwärtig Batterieanwendungen im Falle von Nickel eine verhältnismäßig geringe Rolle. Die Anwendung als Legierungselement in der Stahlindustrie trägt zu etwa zwei Dritteln der Nachfrage nach dem Rohstoff bei. 2016 betrug die Minenproduktion knapp über 2 Millionen t Nickel. Demgegenüber gestellt ist ein Bedarf von lediglich 21.000 t für Traktionsbatteriezellen (Bild 5) [29]. Allerdings steigt der Bedarf sehr dynamisch an, zum einen wegen dem allgemeinen Trend hin zu elektrischen Antrieben, aber auch wegen den bevorzugten Varianten der NMC Batterie mit weniger Kobalt (und damit mehr Nickel). 2030 liegt der Bedarf bereits bei etwa 1,4 Millionen t und 2050 über 7 Millionen t. Bei guter Sammlung und einem konsequenten Recycling, kann davon ausgegangen werden, dass 2030 etwa 10 % und 2050 etwa 40 % des Bedarfs aus sekundären Quellen gedeckt werden könnten.

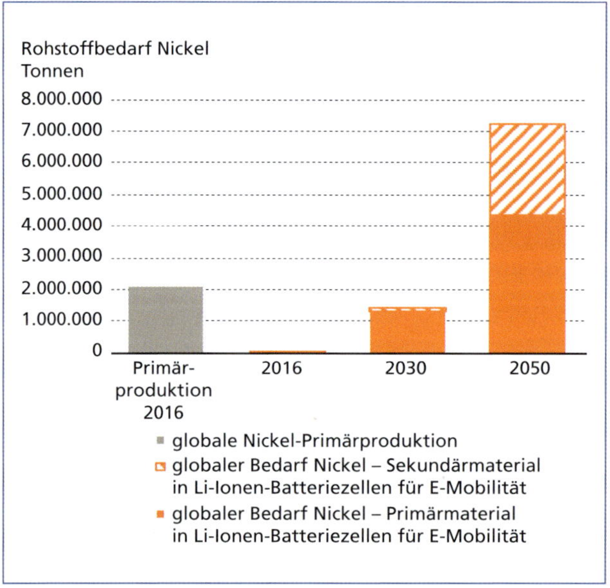

Bild 5:

Rohstoffbedarf für Nickel im B2DS-Szenario

Reserven und Ressourcen

Die bergbauliche Produktion von Nickel ist auf viele Staaten verteilt. Mit etwa 350.000 t waren die Philippinen der größte Nickelproduzent 2016 und produzierten etwa ein Viertel des globalen Outputs. Daneben sind Russland, Kanada und Australien wichtige Bergbauländer [29]. Damit liegt keine starke Konzentration auf wenige Länder oder geographische Regionen vor.

Auch bei den Reserven ist eine Streuung erkennbar, etwa ein Viertel der Reserven liegen in Australien und etwa ein Zehntel in Russland und Brasilien. Der Rest verteilt sich auf eine Vielzahl von Ländern. Mit 74 Millionen t liegen die Reserven auch deutlich über den erwarteten Bedarf [29].

Dementsprechend ist nicht davon auszugehen, dass es zu einer Versorgungsknappheit oder gar zu einer physischen Verfügbarkeitslimitierung kommt.

Soziale und ökologische Herausforderungen

Umweltauswirkungen des Nickelbergbaus unterscheiden sich stark nach der Art des abgebauten Erzes. Das Element wird aus sulfidischen Erzen und aus lateritischen Lagerstätten zu gleichen Teilen gewonnen. Sulfidische Erze enthalten Schwefel, welches im Zuge der Erzaufbereitung, Zerkleinerung und Aufmahlung mobilisiert wird. Durch die vergrößerte Reaktionsoberfläche kann Schwefel mit Sauerstoff reagieren und Schwefelsäure bilden. Dadurch entsteht *Acid Mine Drainage*, also saure Grubenwässer, die zum einen den pH-Wert von Gewässern absenken können und zudem Schwermetalle lösen und diese in der Umwelt verteilen.

Nickel aus lateritischen Lagerstätten liegt oberflächennah vor und wird daher im Tagebau gefördert. Aufgrund höherer Feuchtigkeit im Erz ist der Energieaufwand höher als bei sulfidischen Erzen. Zudem ist das Treibhausgaspotential lateritischer Erze bis zu vier Mal so hoch wie das sulfidischer [5].

Bei beiden Lagerstättentypen wird in der Raffination und Aufbereitung Schwefeldioxid ausgestoßen, welches sauren Regen hervorrufen kann. Optimierung in der Aufbereitung können zu einer signifikanten Reduktion des Schwefeldioxids beitragen [21].

3. Einordnung der Rohstoffbedarfe für Traktionsbatteriezellen

Die laut dem B2DS-Szenario zu erwarteten Hochlaufzahlen von Elektrofahrzeugen unterstreichen, dass von einem deutlichen Anstieg bei den Rohstoffen Lithium, Kobalt und Nickel auszugehen ist. Ferner gilt dies auch für die in dieser Arbeit nicht thematisierten Rohstoffe Graphit, Silizium und Kupfer. Graphit wird für die Anode von Lithium-Ionen-Zellen benötigt welche künftig wahrscheinlich auch Silizium enthalten werden.

Die Betrachtung der projizierten Bedarfe in Gegenüberstellung aktueller Förderung und der Reserven zeigt, dass zum Teil temporäre Verknappungen von Schlüsselrohstoffen möglich sind. Ein wesentlicher Beitrag zur Entlastung der primären Nachfrage und damit auch dem Vermeiden potentieller Umwelt- und Sozialwirkungen kann vom Recycling geleistet werden. Die Bereitstellung von Schlüsselrohstoffen aus dem Recycling von Traktionsbatterien muss als zusätzliches Standbein für die Rohstoffversorgung strategisch verstanden werden. Insbesondere in Europa, als einer der Hauptabsatzmärkte für Elektrofahrzeuge, werden potentiell große Sekundärrohstoffquellen für Lithium, Kobalt, Nickel etc. auf den Straßen unterwegs sein.

Recyclingverfahren für Lithium-Ionen-Batterien sind mittlerweile zunehmend etabliert. In der Vergangenheit zielten Recyclingverfahren vor allem. auf teure Metalle wie Kobalt und Nickel ab. Aufgrund des geringen Lithiumpreises wurde Lithium bis in die jüngere Vergangenheit nicht recycelt und war Teil der Schlackenfraktion [5]. Seit Ende 2017 wird nach Informationen von Umicore die lithiumhaltige Schlacke aus deren Recyclingprozess an einen exterenen Prozess zur Lithiumrückgewinnung überführt. Steigende Lithiumpreise und der Aufbau von Recyclingkapazitäten sind ein wesentlicher Treiber für die Rückgewinnung des Lithiums.

Durch die hohen Kobaltpreise ist das Recycling bereits etabliert. Die Rückgewinnung aus Katalysatoren, Superlegierungen und Batterien ist bereits gängige Praxis [24]. Nickel wird heute ebenfalls recycelt, beispielsweise aus Edelstählen [5].

Umwelt-und Sozialprobleme bei der primären Rohstoffgewinnung wurden kurz skizziert. Bei einem starken Anstieg der Nachfrage sind auch entsprechende Maßnahmen auf Seiten der Industrie zu erwarten, um die Probleme einzudämmen. Die Entwicklung in diese Richtung gestaltet sich gegenwärtig positiv. Das Bewusstsein sozialökologischer Herausforderungen entlang der Lieferketten und insbesondere bei der Gewinnung ist weltweit gestiegen und führte zur Gründung einer Reihe von Initiativen. Um nur zwei Beispiel zu nennen: die im Februar 2017 gegründete Automotive-Partnerschaft *Drive Sustainability* verfolgt die Standardisierung und Harmonisierung von Lieferkettenansätzen [11]; oder die Global Battery Alliance, welche auf eine verantwortungsvolle Wertschöpfungskette abzielt [30]. Es bleibt abzuwarten, ob die Initiativen den Erwartungen der Zivilgesellschaft und ihren eigenen erklärten Zielen gerecht werden können.

4. Literatur

[1] Amnesty International: This is what we die for. 2016. URL: https://www.amnesty.org/download/Documents/IOR3056702017ENGLISH.PDF. Letzter Zugriff: 18.01.2018

[2] Amnesty International: Time To Recharge: Corporate Action And Inaction To Tackle Abuses In The Cobalt Supply Chain. 2017 URL: https://www.es.amnesty.org/uploads/media/Time_to_recharge_online_1411.pdf Letzter Zugriff: 18.01.2018

[3] Bloomberg New Energy Finance: Global EV Outlook 2018. URL: https://www.transportenvironment.org/sites/te/files/EV%20market%20trends%20and%20outlook%20%28by%20Colin%20McKerracher%29.pdf Letzter Zugriff: 18.01.2018

[4] BP: BP Energy Outlook 2018. URL: https://www.bp.com/content/dam/bp/en/corporate/pdf/energy-economics/energy-outlook/bp-energy-outlook-2018.pdf Letzter Zugriff: 18.01.2018

[5] Buchert, M.; Degreif, S.; Dolega, P.: Strategien für die nachhaltige Rohstoffversorgung der Elektromobilität. Synthesepapier zum Rohstoffbedarf für Batterien und Brennstoffzellen, Öko-Institut e.V., Agora Verkehrswende (Hrsg.), Berlin Oktober 2017.

[5] Cobalt Institute: Cobalt Uses – Rechargeable Batteries. URL: https://www.cobaltinstitute.org/rechargeable-batteries.html Letzter Zugriff: 18.01.2018

[7] De Coff, S.: Lithium — Exploration budgets more than double for 2nd year. S&P Global Market Intelligence. 2017.

[8] Dehoust, G.; Manhart, A.; Schmidt, G.; Vogt, R.; Kämper, C.; Giegrich, J.: Erörterung ökologischer Grenzen der Primärrohstoffgewinnung und Entwicklung einer Methode zur Bewertung der ökologischen Rohstoffverfügbarkeit zur Weiterentwicklung des Kritikalitätskonzeptes (ÖkoRess I). Methode für einen standortbezogenen Ansatz. TEXTE 87/2017. URL https://www.umweltbundesamt.de/sites/default/files/medien/1410/publikationen/2017-09-28_texte_87-2017_oekoress_standortbezogene_bewertung_1.pdf Letzter Zugriff: 18.01.2018

[9] Deutsche Rohstoffagentur (DERA): DERA Rohstoffinformation Nr. 33: Rohstoffrisikobewertung Lithium. 2017. URL: https://www.deutsche-rohstoffagentur.de/DERA/DE/Downloads/Studie_lithium_2017.pdf;jsessionid=27F3806851D649159703B4CC10674D1B.1_cid284?__blob=publicationFile&v=2. Letzter Zugriff: 18.01.2018

[10] Dolega, P.; Schüler, D.: China's approach towards responsible sourcing. 2018. URL: http://www.stradeproject.eu/fileadmin/user_upload/pdf/STRADE_PB_03_2018_China_responsible_sourcing.pdf Letzter Zugriff: 18.01.2018

[11] Drive Sustainability: Vision and Mission. 2018. URL: https://drivesustainability.org/vision-and-mission/ Letzter Zugriff: 18.01.2018

[12] Ernst & Young (2017): Electric Vehicles Global Scenario. 2017. URL: https://www.investindia.gov.in/sites/default/files/2018-03/Electric%20Car%20-%20Global%20Scenario-%20How%20do%20you%20balance%20the%20pace%20of%20innovation%20with%20regulations.pdf Letzter Zugriff: 18.01.2018

[13] Europäische Kommission: Best Available Techniques Reference Document for the Management of Waste from the Extractive Industries: Draft. 2009. URL: http://eippcb.jrc.ec.europa.eu/reference/BREF/mmr_adopted_0109.pdf Letzter Zugriff: 18.01.2018

[14] Evans, K.: Lithium. In: Gunn, G.: Critical Metals Handbook, 2014.

[15] Exxon (2018): 2018 Outlook for Energy: A View to 2040. 2018. URL: http://cdn.exxonmobil.com/~/media/global/files/outlook-for-energy/2018/2018-outlook-for-energy.pdf Letzter Zugriff: 18.01.2018

[16] IEA International Energy Agency: Energy Technology Perspectives 2016. URL: https://www.iea.org/publications/freepublications/publication/EnergyTechnologyPerspectives2016_ExecutiveSummary_EnglishVersion.pdf Letzter Zugriff: 18.01.2018

[17] IEA International Energy Agency: Energy Technology Perspectives 2017. URL: https://www.iea.org/publications/freepublications/publication/EnergyTechnologyPerspectives2017ExecutiveSummaryEnglishversion.pdf Letzter Zugriff: 18.01.2018

[18] IEA International Energy Agency: Global EV Outlook 2018. URL: https://www.oecd-ilibrary.org/docserver/9789264302365-en.pdf?expires=1530606964&id=id&accname=ocid56027324&checksum=EA73073EF3E8DA7877AD1A9D539D1333 Letzter Zugriff: 18.01.2018

[19] IEEJ (2018): IEEJ Outlook 2018. URL: https://eneken.ieej.or.jp/data/7690.pdf Letzter Zugriff: 18.01.2018

[20] Jamasmie C.: China's Tianqi Lithium buys minority stake in SQM for $4.1bn. 2018. URL: http://www.mining.com/chinas-tianqi-lithium-buys-minority-stake-sqm-4-07bn/ Letzter Zugriff: 18.01.2018

[21] Mudd, G.: Global trends and environmental issues in nickel mining: Sulfides versus laterites; in: Ore Geology Reviews 38, 2010: S. 9 – 26.

[22] OPEC (2017): World Oil Outlook 2017. URL: http://www.opec.org/opec_web/flipbook/WOO2017/WOO2017/assets/common/downloads/WOO%202017.pdf Letzter Zugriff: 18.01.2018

[23] Rodrigo A.; Vincent, J.: Estimating The Opportunity Cost Of Lithium Extraction In The Salar De Uyuni, Bolivia. 2009. URL: https://dukespace.lib.duke.edu/dspace/bitstream/handle/10161/1554/Aguilar,%20Rodrigo_MP_2009.pdf Letzter Zugriff: 18.01.2018

[24] Schüler, D.; Dolega, P.; Degreif, S.: Social, economic and environmental challenges in primary lithium and cobalt sourcing for the rapidly increasing electric mobility sector. 2018. URL: http://www.stradeproject.eu/fileadmin/user_upload/pdf/STRADE_PB_Li_Co_EMobility.pdf Letzter Zugriff: 18.01.2018

[25] Shedd K.B.; McCullough E.A.; Bleiwas, D.L.: Global trends affecting the supply security of cobalt. Mining Engineering: 37–42., 2017.

[26] Song W.J et al.: Migration Behavior of Lithium during Brine Evaporation and KCl Production Plants in Qarhan Salt Lake. Minerals 2017, 7, 57. URL: https://pdfs.semanticscholar.org/af99/b39223b89cadc6813fde2a4bf9e42ec4ebc2.pdf Letzter Zugriff: 18.01.2018

[27] USGS: Mineral Commodity Summaries 2008. URL: https://minerals.usgs.gov/minerals/pubs/mcs/2008/mcs2008.pdf Letzter Zugriff: 18.01.2018

[28] USGS: Mineral Commodity Summaries 2017. URL: https://minerals.usgs.gov/minerals/pubs/mcs/2017/mcs2017.pdf Letzter Zugriff: 18.01.2018

[29] USGS: Mineral Commodity Summaries 2018. URL: https://minerals.usgs.gov/minerals/pubs/mcs/2018/mcs2018.pdf Letzter Zugriff: 18.01.2018

[30] World Economic Forum: Major Push to End the Hidden Human Toll and Pollution behind Smartphone and Electric Car Batteries. 2017. URL: https://www.weforum.org/press/2017/09/major-push-to-end-the-hidden-human-toll-and-pollution-behind-smartphone-and-electric-car-batteries/ Letzter Zugriff: 18.01.2018

Ansprechpartner

Peter Dolega, M.Sc.
Öko-Institut e.V.
Ressourcen & Mobilität
Wissenschaftlicher Mitarbeiter
Rheinstraße 95
64295 Darmstadt, Deutschland
+49 6151-8191-102
p.dolega@oeko.de

Elektromobilität

Wir sind Aluminium

Metalle

Innovatives Polymetallrecycling – Herausforderungen und Lösungsansätze an Schnittstellen der Prozesskette

Elinor Rombach und Bernd Friedrich

Die hohe Nachfrage nach modernen metallischen Werkstoffen macht es erforderlich, ein umfassendes Recycling von Metallen zu realisieren – auch um einer nachhaltigen Nutzung der entsprechenden mineralischen und metallhaltigen Rohstoffe gerecht zu werden. Vor dem Hintergrund einer langfristigen Sicherung der Rohstoffbasis für Hightech-Produkte stehen hierbei neben Massenmetallen, wie Aluminium, Kupfer, Blei und Zink, insbesondere wirtschaftsstrategische Metalle, wie Kobalt, Tantal, Wolfram etc. im Fokus aktueller Forschungsarbeiten. Ausgangspunkt für die hier vorgestellten Beiträge zur Optimierung der Schnittstelle Aufbereitung0/Metallurgie innerhalb der Prozesskette zur Rückführung komplexer, metallhaltiger Abfallströme in die Metallproduktion ist die Idee einer ressourceneffizienten Kreislaufwirtschaft.

1. Randbedingungen moderner Metallrecyclingverfahren

Das Recycling von Metallen ist seit Beginn ihrer Nutzung eine wichtige Rohstoffquelle zur Metallversorgung. Hierbei hat es der wirtschaftliche Wert metallhaltiger Abfälle seit jeher lohnend gemacht, diese im Kreislauf zu führen.

Heute stehen neben dem wirtschaftlichen Interesse verstärkt ökologische Aspekte im Vordergrund:

- Schonung von Ressourcen,
- Verminderung von Emissionen und Abfällen,
- Entlastung von Deponien und
- Einsparung an Energie.

Von besonderer Bedeutung bei der Verwertung metallhaltiger Abfälle ist die Tatsache, dass in den meisten Fällen Metalle hergestellt werden können, die in ihrer Qualität den aus Primärrohstoffen hergestellten Metallen völlig entsprechen. Somit ist Metallrecycling im Gegensatz zu beispielsweise Kunststoffen oder Zellulose im Allgemeinen nicht mit einer Degradation der Eigenschaften verbunden. Dies gilt uneingeschränkt für Kupfer, Zink und Blei sowie eingeschränkt für Eisen und Aluminium. [7]

Tabelle 1: Metallqualität beim Recycling der wichtigsten Gebrauchsmetalle

Metalle	Raffinationsmöglichkeit im Recyclingkreislauf	Qualität des Sekundärmetalls
Kupfer	vollständig	wie Primärmetall
Blei	vollständig	wie Primärmetall
Zink	vollständig	wie Primärmetall
Aluminium	nur sehr begrenzt	vermindert*
Eisen und Stahl	nur begrenzt	leicht vermindert
Ferrolegierungen	Raffination nur im Ausnahmefall	stark vermindert

*bei Sortenreinheit wie Primärmetall

Zunehmend wird das Metallrecycling in die Diskussion um eine ressourceneffiziente Kreislaufwirtschaft in der Metallindustrie einbezogen. So zielt die aktuelle Rohstoffstrategie Europas (*Circular Economy*) auf Kreislaufsysteme ab, in denen *[...] der Wert von Produkten, Materialien und Ressourcen in der Wirtschaft so lange wie möglich erhalten bleibt und die Erzeugung von Abfällen minimiert wird [...], um eine kohlenstoffarme, ressourceneffiziente und wettbewerbsfähige Wirtschaft zu entwickeln.* [4]. Die strukturellen Voraussetzungen dieser europäischen Strategie auf Metallrecyclingprozesse lassen sich wie folgt zusammenfassen [5]:

1. **Technisch:** Der Abfall muss seinen Weg in (neue) akzeptierte Produkte finden. Der Fokus wird damit auf Qualität und Leistung der angewandten Recyclingprozessrouten gelegt.
2. **Wirtschaftlich:** Die Verkaufserlöse müssen die Kosten der gesamten Recyclingkette decken. Neben einer umfassenden Abfallsammlung, Optimierung der Prozesskette sowie einer Berücksichtigung der economy of scale besteht die besondere Herausforderung darin, qualitativ hochwertiges Recycling für komplexe Abfallströme zu realisieren. Auch müssen angemessene Anreize zum Recycling generiert werden.

3. **Stofflich:** Stoffliches Metallrecycling gilt als Schlüsseltechnologie für Ressourceneffizienz. Auf der Versorgungsseite müssen die Sekundärrohstoffe den Primärrohstoffen gleichgestellt werden. Auf der Nachfrageseite müssen gleichzeitig Produktdesign und Materialnutzung einen möglichst hohen Beitrag zur Substitution primärer Rohstoffe leisten.

Was die Organisation der favorisierten Kreislaufwirtschaft angeht bedeutet dies auch, die Abfallströme stofflich sinnvoll zu trennen. Um eine Verdünnung von besonders wertvollen Metallinhalten zu vermeiden, sollten beispielsweise End-of-Life (EoL)-Produkte ohne dissipative Metallinhalte in einem möglichst frühen Stadium der Recyclingkette getrennt gesammelt werden. Zusätzlich erlaubt die produkttechnische Möglichkeit des *Design for Recycling* auf der Erzeugerseite eine frühzeitige Stoffgruppentrennung.

Die klare und restriktive Linie mit der die Europäische Union aber auch die Bundesregierung die Verwirklichung der seit Jahren definierten Ziele verfolgt, lässt sich unter anderem an der Verankerung stetig konkreter werdender Gesetzesvorgaben auf den obersten rechtlichen Hierarchieebenen ablesen, die aktuell insbesondere auf komplexe metallhaltige EoL-Produkte abzielen. Dies ist darauf zurückzuführen, dass sich die Idee der Produktverantwortung zunehmend als der Schlüssel zur Lösung des Abfallproblems erweist:

- das Kreislaufwirtschaftsgesetz (KrWG) von 1996,
- das Elektro-/Elektronikgerätegesetz (ElektroG) von 2005,
- das Batteriegesetz (BattG) von 2009 und
- das Verpackungsgesetz (VerpackG), das ab Januar 2019, die seit 1991 geltende Verpackungsverordnung ersetzt.

Ist ein Reuse nicht möglich, wird von der Rechtsseite generell stoffliches Recycling favorisiert. Für die Zirkulation von Batteriewertstoffen wurden hierzu beispielsweise Mindestquoten auf verschiedenen Recyclingebenen eingeführt: *Sammelquoten* (> 45 %) für die logistische Stoffstromerfassung sowie *Recyclingquoten* (> 50 - > 75 %, je nach Batterietyp) für die technische Metallrückgewinnung. Der europäische zero-waste-Ansatz favorisiert sogar die Kreislaufwirtschaft im geschlossenen Produktionssystem und beinhaltet damit auch die Vision, ein abfallfreies Polymetallrecycling zu realisieren (Bild 1, links).

Dem Leitgedanken folgend, ein Maximum der in einer Wertschöpfungskette eingesetzten Metalle wirtschaftlich zu gewinnen und die damit verbundenen Umweltbelastungen so weit wie möglich zu reduzieren, beinhaltet Ressourceneffizienz alle zielgerichteten Maßnahmen, die der Realisierung von Nachhaltigkeit dienen. Vor diesem Hintergrund sind die aktuellen Herausforderungen an ein modernes, zukunftsgerichtetes Metallrecycling äußerst interdisziplinär und komplex.

In diesem Zusammenhang gewinnt die Analyse und Beurteilung der verschiedensten Recyclingkonzepte enorm an Bedeutung, insbesondere weil zahlreiche Faktoren das Verhältnis von Nutzen zu Aufwand und damit die Effizienz des Recyclings begrenzen:

- Mindestmetallgehalte der Sekundärrohstoffe (Abfälle),
- Entstehung von (toxischen) Sekundärabfällen oder gasförmigen Emissionen,
- Vielzahl der verschiedenen Legierungstypen und Verunreinigungen,
- steigende Anzahl und Miniaturisierung von Verbundwerkstoffen und
- erreichbare Metallqualität.

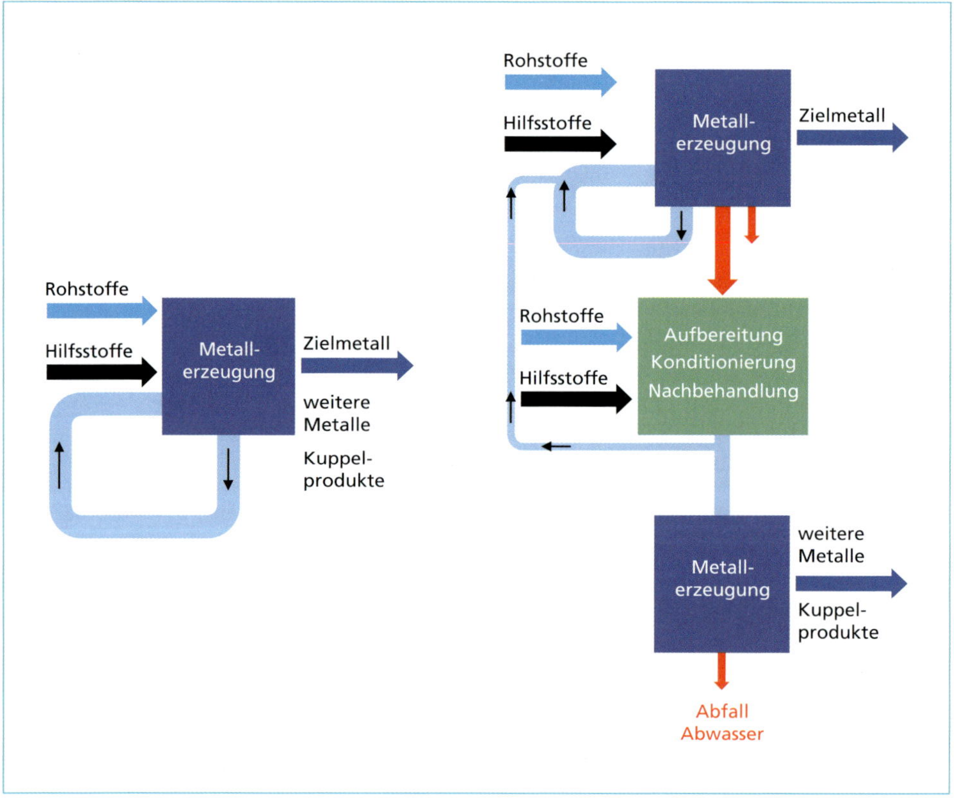

Bild 1: Kreislaufmodelle zum ressourceneffizienten Metallrecycling; links: abfallfrei, rechts: abfallarm

Im Bereich des Metallrecyclings sind die Bemühungen zur Verbesserung der Abfallvermeidung und -verwertung seit Jahren anhand eines stetig komplexer werdenden Stoffstroms erkennbar. So nahm die Zahl der Materialkreisläufe nicht nur werksintern sondern auch extern deutlich zu. Durch materialabgestimmte Zusatzmaßnahmen konnten immer komplexere metallhaltige Abfälle in konventionellen oder neuen Recyclingprozessen erfasst werden (Bild 2).

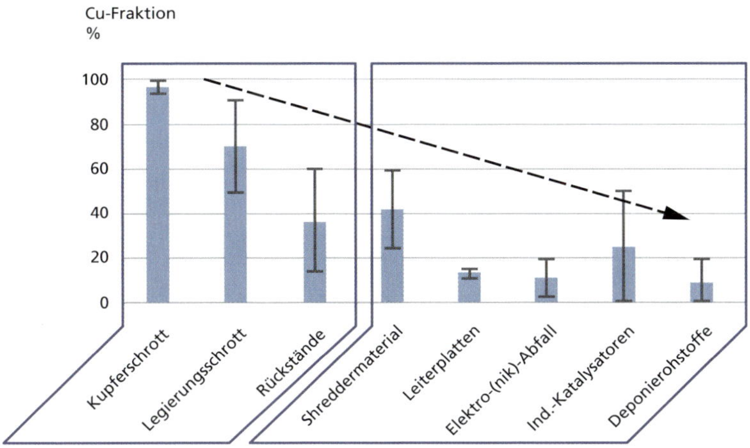

Bild 2: Typische Kupfersekundärrohstoffe; links: konventionell, rechts: modern

Hierbei beinhaltet der Begriff komplexer metallhaltiger Abfall nicht nur einen hohen Verunreinigungsgrad an nichtmetallischen Störstoffen, wie Kunststoffen und Organik in WEEE oder Alkalien und Halogenide in Stäuben und Shreddermaterial, sondern auch eine Zunahme an verschiedenen Metallinhaltsstoffen. Diese deutliche Erhöhung der Metallbandbreite in Hightech-Produkten ist am Entwicklungsverlauf für Energietechnologien klar erkennbar (Bild 3). Aber auch moderne EoL-Produkte wie Handys oder Computer(-chips) beinhalten bis zu 60 verschiedene Metalle, teils in geringsten Konzentrationen.

Die aktuellen Herausforderungen für moderne Recyclingverfahren sind insbesondere:

- Preisschwankungen auf den Energie-/Rohstoffmärkten:
  - Zunahme und Fluktuation bei Rohstoffpreisen, z.B. infolge politischer Konflikte und Rohstoffknappheit,
  - Monopolähnliche Situationen in verschiedenen Rohstoffmärkten, z.B. Seltene Erdelemente (SEE) in China und
- Zunehmende Dissipation von Metallen/Materialkomplexität in innovativen Produkten:
  - Für Technologiemetalle, wie Refraktärmetalle (Ta, W usw.), *Seltene Erd Elemente* (La, Ce, Dy usw.), Edelmetalle und Sondermetalle (Te, Ga, Sb usw.), bestehen oft noch keine hinreichenden Konzepte zu Recycling und Ressourceneffizienz [1]. Dies zeigt sich auch an den entsprechend niedrigen Recyclingraten von größtenteils unter 1 % [9].

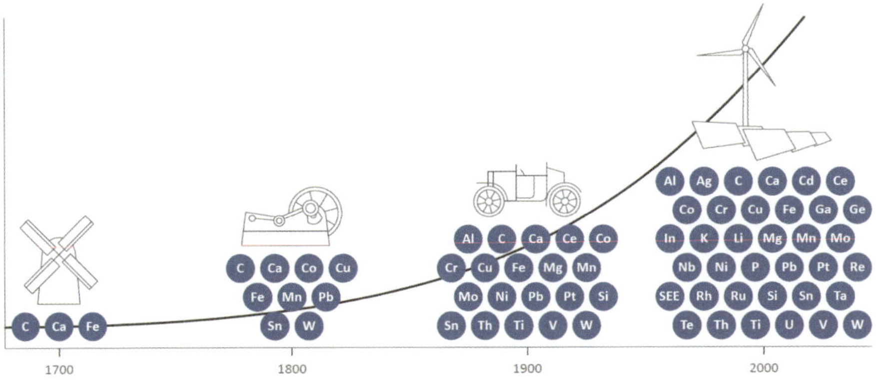

Bild 3: Zeitliche Entwicklung des technologisch bedingten Elementeinsatzes am Beispiel Energietechnologie

Quelle: Angerer, G., Buchholz, P., Gutzmer, J., Hagelüken, C., Herzig, P., Littke, R., Thauer, R.K., Wellmer, F.-W.: Rohstoffe für die Energieversorgung der Zukunft: Geologie-Märkte-Umwelteinflüsse (Schriftenreihe Energiesysteme der Zukunft). München 2016

2. Ressourceneffizienzpotentiale beim stofflichen Metallrecycling

Die derzeit gesetzlich geforderten Bemühungen zur Steigerung der Ressourceneffizienz sind seit Jahren Bestandteil unternehmerischen Handelns innerhalb der Metallrecyclingindustrie. Dies ist durch zahlreiche Verfahrensentwicklungen zur Verringerung von Massenbewegung, Energieeinsatz und Emissionen nachzuweisen, auch wenn – nach gängiger Meinung – ein Teil dieser Maßnahmen der Leistungssteigerung und nicht der Ressourceneffizienz zugerechnet wird. Einige Beispiele mögen dies verdeutlichen [6]:

- **Stoffspezifische Maßnahmen im Prozessverbund**, wie Sortierung der Einsatzmaterialien (z.B. metallische/nichtmetallische Schrotte, Reinmetalle/Legierungen, Knet-/Gusslegierungen), Mehrfachnutzung von Stoffen (z.B. Laugelösungen/Elektrolyte), oder qualitätsbeeinflussende Maßnahmen für Kuppelprodukte durch Zusätze (Hochofenschlacken) oder Kreislaufführung (Filterstäube) sind wichtige Bestandteile zur Abfallvermeidung und -verwertung.

- Durch eine stetige **Verbesserung der Aufbereitungstechnik** (z.B. für Bleiakkus, Kabel-, Elektronik- oder Automobilschrott), durch den Einsatz materialabgestimmter Vorbehandlungsverfahren (z.B. Verflüchtigung, Agglomeration oder Entchlorung) und die Implementierung spezifischer Konditionierungsverfahren (z.B. Pyrolyse) wurde es möglich, immer komplexere Abfälle emissionsarm als Sekundärrohstoffe in die Metallgewinnung zurückzuführen.

- Mit der **Entwicklung abgasarmer Prozesse** wie Vakuum- oder Elektroofenverfahren sowie dem zunehmenden Einsatz der Sauerstofftechnologie wurden die fluiden, gasförmigen Trägermedien für Schadstoffe und die Schadstoffentstehung selbst gesenkt.

- Die **Nutzung chemischer Reaktionswärmen**, mit denen z.B. beim Verblasen von Metallschmelzen in Konvertoren der Kupfer- oder Eisen-Metallurgie Metallschrotte aufgeschmolzen werden, stellt einen wichtigen Schritt zur Brennstoffeinsparung dar.

- In endothermen pyrometallurgischen Prozessen wurden zahlreiche, teils sehr verschiedene **Effizienzmaßnahmen zur Optimierung des Energiehaushalts** durchgeführt, wie die Wahl der Brennstoffart, die Art der Rohstoffzuführung, wärme- und abgastechnische Systemabdichtungen sowie Verfahrensneuentwicklungen im Badschmelzbereich.

Die Implementierung von Ressourceneffizienzmaßnahmen selbst ist also nicht neu. Neu ist dagegen deren erweiterte technische Anwendbarkeit. Die Schwierigkeit liegt darin, dass ein effizientes und innovatives Metallrecycling einerseits nur über komplette Recyclingprozessrouten zu realisieren ist und andererseits die Ansatzpunkte zur Effizienzverbesserung den Einzelakteuren dieser Prozessrouten (Konsumenten, Aufbereiter, Metallurgen) weitgehend verborgen bleiben.

Meist ist der Transfer von der anthropogenen Ressource zur technisch-wirtschaftlich nutzbaren Reserve nur für elektrochemisch edlere Metallinhalte in relevanten Konzentrationen möglich. Allzu oft scheitert eine Nutzung dissipativ verteilter, unedler Metallbestandteile, da der hierzu notwendige Prozessaufwand in keinem sinnvollen Verhältnis zum Verkaufserlös steht. Zusätzlich können enthaltene Störstoffe zu unerwünschten Prozess- und Umweltproblemen sowie zu Metallverzettelungen und Qualitätseinbußen bei den hergestellten (Recycling-)Produkten führen. Da also in der realen Kreislaufwirtschaft Auslassventile für Schadkomponenten der Sekundärrohstoffe unabdingbar sind, werden zusätzliche Prozessschritte und Anlagen zu deren Abtrennung benötigt. Dementsprechend muss ein ressourceneffizientes Metallrecycling für komplexe Abfallstoffströme in einem Produktionssystem mit Verwertungskaskade erfolgen (Bild 1, rechts).

Bedingt durch die enge Verzahnung im Recyclingprozessverbund sind Effizienzpotentiale insbesondere an der Schnittstelle Aufbereitung/Metallurgie zu finden. So kann z.B. ein aus wissenschaftlich-technischer Perspektive gesehen effizienter mechanischer Aufbereitungsprozess, der nicht auf die Anforderungen der nachfolgenden Metallgewinnung abgestimmt ist, deren Effizienz drastisch verringern. Hier gilt es, die techno-ökonomisch sinnvolle Aufbereitungstiefe und damit das Optimum für beide konsekutiven Prozessschritte zu ermitteln. Technische Neuerungen können den Aufwand in der jeweiligen Prozessstufe (Aufbereitung, Metallurgie) verringern; hierdurch wird das Optimum an der betrachteten Schnittstelle verschiebbar (Bild 4).

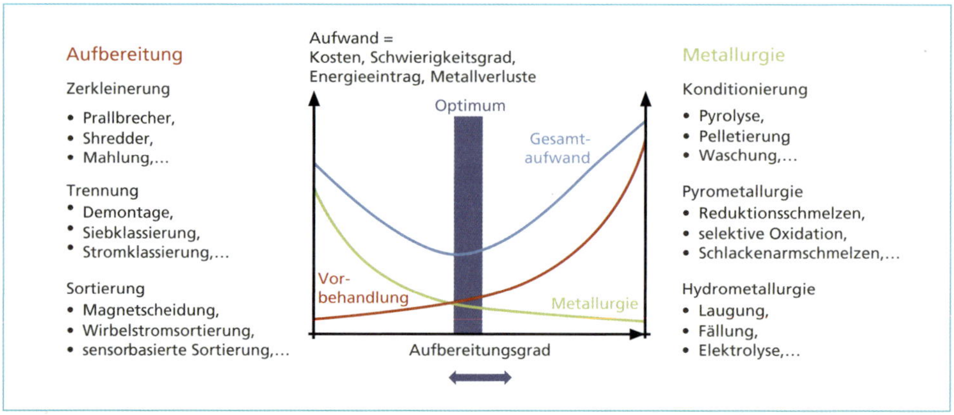

Bild 4: Recyclingaufwand in Abhängigkeit des Aufbereitungsgrades und möglicher Prozessmodule an der Schnittstelle Aufbereitung/Metallurgie

2.1. Die Aufbereitung im Prozessverbund

Die **klassische Aufbereitung** ist auf Primärrohstoffe mit lagerstättentypischen Merkmalen fokussiert. Die Aufschlusszerkleinerung zielt auf Korngrößen weit unter 1 mm ab. Die Sortierprozesse werden grundsätzlich mehrstufig geführt und maximieren das Wertstoffausbringen und den Wertstoffgehalt des Konzentrats. Die Hauptziele dieser primären Aufbereitung liegen in der Wertmetallkonzentrierung, einhergehend mit der Sicherstellung einer definierten Materialkonsistenz bei ausreichender Homogenisierung.

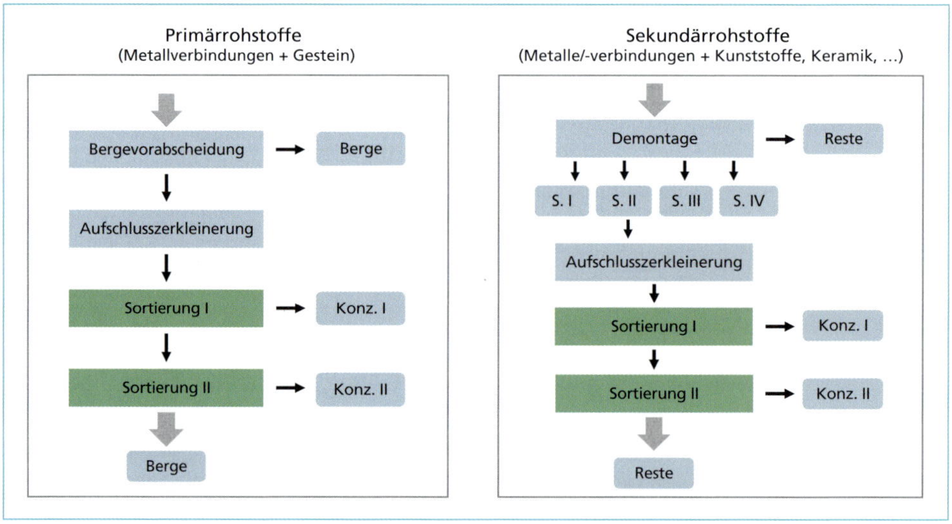

Bild 5: Vereinfachte Fließbilder der primären und sekundären Aufbereitung

Quelle: Friedrich, B., Pretz, T., Rombach, E.: Chancen und Herausforderungen einer intensivierten Zusammenarbeit der Aufbereitung und Metallurgie. Vortrag: Aufbereitungstechnisches Seminar, Leoben, Januar 2019. https://www.researchgate.net/publication/330798916_Chances_and_Challenges_of_Intensified_Cooperation_of_Processing_and_Metallurgy_-_Chancen_und_Herausforderungen_einer_intensivierten_Zusammenarbeit_der_Aufbereitung_und_Metallurgie

In **sekundären Aufbereitungsprozessen** werden Abfälle (Sekundärrohstoffe) mit ihren breiten Merkmalsverteilungen für das Metallrecycling vorbereitet. Komplexe Materialströme wie polymetallische Elektronikabfälle werden nach Sorten klassifiziert und demontiert, wobei Sorten mit jeweils begrenzter Heterogenität erzeugt werden. Jede Sorte wird einem angepassten mechanischen Aufschlussprozess zugeführt. Sortierprozesse werden häufig aufgrund geringer Durchsätze einstufig durchgeführt. Hierbei wird optional auf Wertstoffausbringen, Wertstoffgehalt des Konzentrats oder Massenausbringen optimiert. Generell ist der Sortieraufwand umgekehrt proportional zur Partikelgröße. Hauptziele der sekundären Aufbereitung liegen in der Materialhomogenisierung, verbunden mit einer Konzentrierung und einer Vorseparierung des Metallinhaltes.

Tabelle 2: Kenngrößen und Randbedingungen der Aufbereitung im Vergleich

	Primärrohstoffe	Sekundärrohstoffe
Durchsatz	> 10.000 t/d	< 100 t/d
Variabilität Rohstoff	gering	max. Heterogenität
Marktwert Konzentrat	immer positiv	positiv oder negativ (Verbunde)
Aufwand Restentsorgung	gering (Skalierungsfaktor)	hoch (negativer Marktwert)
staatlicher Lenkungseinfluss	gering	sehr hoch
Massenzugriff	sicher (Bindung an Bergbau)	riskant ((in-)formeller Wettbewerb)
Trennkorngröße	< 0,1 mm	> 1mm, (meist >10mm)
Konzentrat	Produktstatus	selten Produkt-, meist Abfallstatus
Energieaufwand	hoch (geringe Ausgangskonzentration)	gering (begrenzte Aufschlussfähigkeit)
Ausbringen	hoch (optimierte Nassaufbereitung)	niedrig (Verbunde, trockene Aufbereitung mit geringer Tiefe)
Metallverluste	gering	hoch (in Sortierresten und Stäuben)

Quelle: Friedrich, B., Pretz, T., Rombach, E.: Chancen und Herausforderungen einer intensivierten Zusammenarbeit der Aufbereitung und Metallurgie. Vortrag: Aufbereitungstechnisches Seminar, Leoben, Januar 2019. https://www.researchgate.net/publication/330798916_Chances_and_Challenges_of_Intensified_Cooperation_of_Processing_and_Metallurgy_-_Chancen_und_Herausforderungen_einer_intensivierten_Zusammenarbeit_der_Aufbereitung_und_Metallurgie

Aufgrund der äußerst variablen Menge und heterogenen Zusammensetzung von komplexen Abfallströmen, stoßen einzelne Aufbereitungsverfahren schnell an ihre technischen und wirtschaftlichen Grenzen. Dementsprechend werden insbesondere bei der Aufbereitung von Metall-Kunststoff-Verbunden Verluste in Konzentrat-Ausbringen und -Qualität in Kauf genommen (Bild 6). Bei Steigerung der Aufschlusstiefe – beispielsweise durch Erhöhung der Anzahl an Arbeitsstufen – besteht die Gefahr der Wertmetallverzettelung. So wurden bei starken mechanischen Aufschlüssen von Abfällen aus dem Elektronikbereich (WEEE) deutliche Metallverluste in Feinkorn (d < 10 mm) und Staub festgestellt (Au: 30 bis 75 %; In: 100 %).

Weitere Herausforderungen liegen in den qualitativen Restriktionen für erzeugte Konzentrate und angefallene Sortierreste. Zahlreiche unvorhersehbare Einflussfaktoren wie Verbraucherverhalten, gesetzliche Rahmenbedingungen und Marktakzeptanz führen hier zu großen Kalkulationsunsicherheiten.

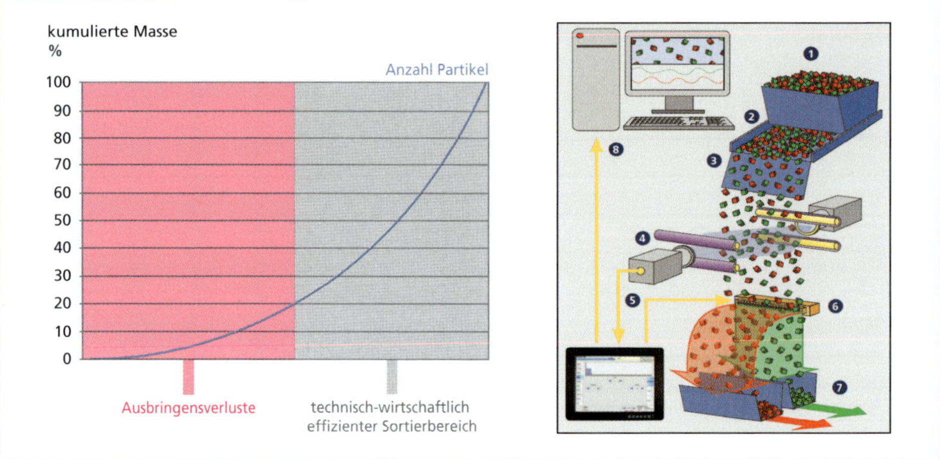

Bild 6: Gängiger Arbeitsbereich für eine technisch sinnvolle Sortierung

Quelle: Friedrich, B., Pretz, T., Rombach, E.: Chancen und Herausforderungen einer intensivierten Zusammenarbeit der Aufbereitung und Metallurgie. Vortrag: Aufbereitungstechnisches Seminar, Leoben, Januar 2019. https://www.researchgate.net/publication/330798916_Chances_and_Challenges_of_Intensified_Cooperation_of_Processing_and_Metallurgy_-_Chancen_und_Herausforderungen_einer_intensivierten_Zusammenarbeit_der_Aufbereitung_und_Metallurgie

2.2. Die Metallurgie im Prozessverbund

Die **klassische Metallurgie** zeichnet sich durch ein offenes Produktionssystem aus. Definierte Rohstoffe, d.h. homogenisierte Metallkonzentrate, werden mit hohen Durchsatzmengen in metallurgischen Reaktoren verarbeitet. Hierbei wird die gesamte metallurgische Arbeit auf ein klares Zielmetall fokussiert. Anfallende Kuppelprodukte weisen üblicherweise nicht zwingend das end-of-waste-Kriterium auf. So landen Schlacken, die als Senken für die Verunreinigungen des Zielmetalls fungieren, oft auf Deponien - bestenfalls in einfachen Verwertungen (z.B. im Straßenbau). In den letzten 50 Jahren wurden zunehmend Sekundärrohstoffe in die Reaktoren der Primärmetallurgie integriert. Derzeit gängige Schrottanteile liegen bereits zwischen 15 und 50 % der Inputcharge zur Gewinnung von Kupfer, Blei oder Zink. Das unter solchen Bedingungen durchgeführte Metallrecycling ist jedoch für komplexe Abfallströme nur suboptimal. So gehen beispielsweise bei der Einschleusung von Leiterplattenschrott in die konventionelle Kupferverhüttung unedlere und/oder niedrig konzentrierte Metalle, wie Tantal und Wolfram, verloren. Zusätzlich verursachen Störkomponenten, wie Organik, Prozessprobleme infolge einer kaum kontrollierbaren Energie- und Kohlenstoffbilanz (Bild 7).

Metallurgische Recyclingprozesse werden typischerweise nur mit mittelgroßen bis kleinere Durchsatzmengen betrieben. Eine flexibel zusammengesetzte, heterogene Rohstoffpalette wird zu einem oder mehreren Zielmetallen so verarbeitet, dass dabei anfallende Kuppelprodukte, wie Schlacken, end-of-waste Eigenschaften aufweisen. Die Entfernung von Störkomponenten aus den eingesetzten Abfallstoffströmen hat gerade in reinen Recyclinghütten einen hohen Stellenwert. Nur so gelingt es, Störungen in den metallurgischen Aggregaten langfristig zu vermeiden (beispielhaft dargestellt in Bild 8).

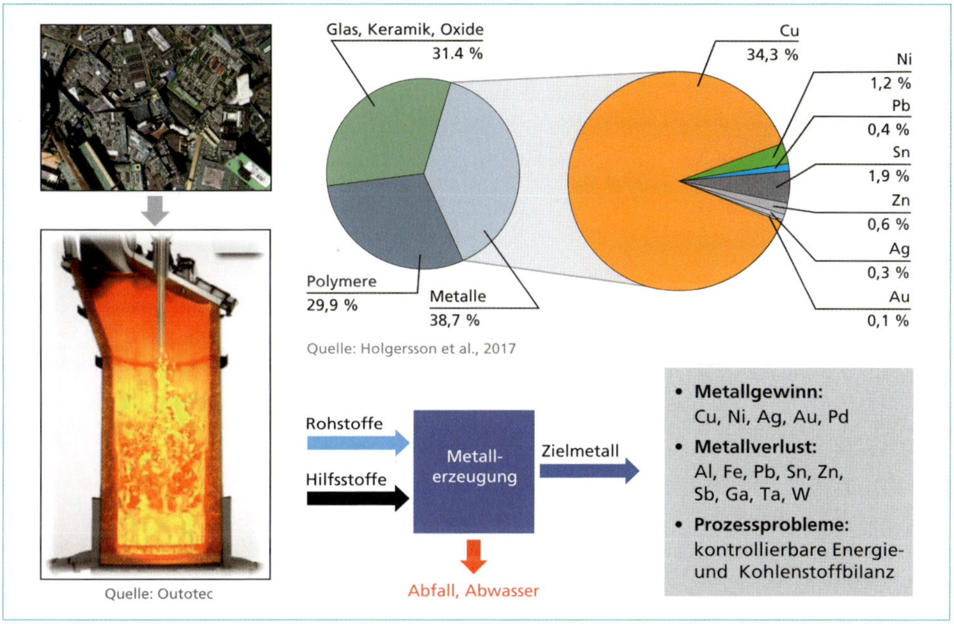

Bild 7: Metallrückgewinnung durch Integration von Leiterplattenschrott in Primäraggregate der Kupfergewinnung

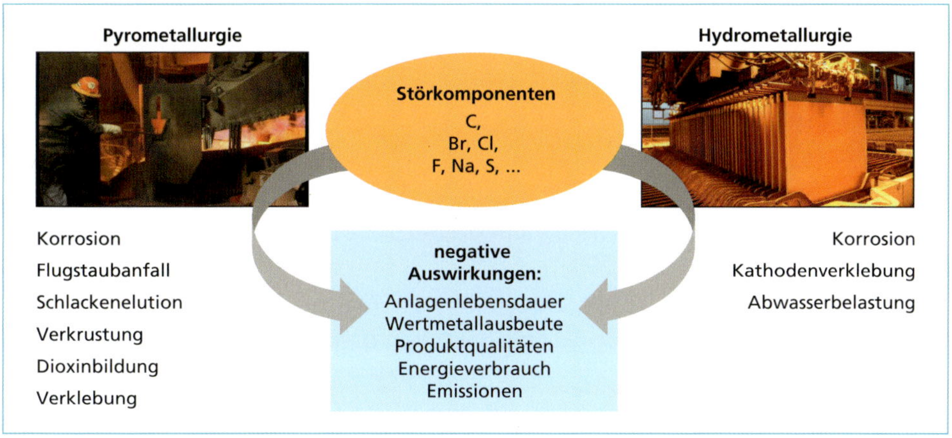

Bild 8: Prozesstechnische Auswirkungen ausgewählter Störkomponenten komplexer Sekundärrohstoffe auf die Metallurgie

2.3. Die Schnittstelle Aufbereitung - Metallurgie im Prozessverbund

Die Realisierung eines innovativen Polymetallrecyclings bedingt generell eine stärkere Verzahnung der Metallurgie mit der Aufbereitung (Bild 9). Im Wesentlichen geht es darum, Schadkomponenten aus Stoffströmen zu entfernen und/oder Inputmaterialien so vorzubereiten, dass nachfolgende Prozessschritte störungsfrei und effizient betrieben werden können. Lösungs- und Optimierungsansätze der modernen Aufbereitung liegen insbesondere in einer Flexibilisierung und damit in der modularen Auslegung der mechanischen Verfahrensschritte, angepasst an die Metallurgie. Aber auch die Metallurgie hat die Möglichkeit, durch Konditionierungsprozesse den Aufwand und das Ausbringen der Aufbereitung positiv zu beeinflussen. Ein Beispiel hierzu ist der Einsatz der Pyrolyse zur Abtrennung von Kunststoffen aus kleinteiligen Metall-Kunststoffverbunden (Leiterplattenschrott) [3]. Durch diese *Prä-Metallurgie* kann die nachgeschaltete Aufbereitung deutlich bessere Ergebnisse für *Entgiftung* und Metallanreicherung liefern.

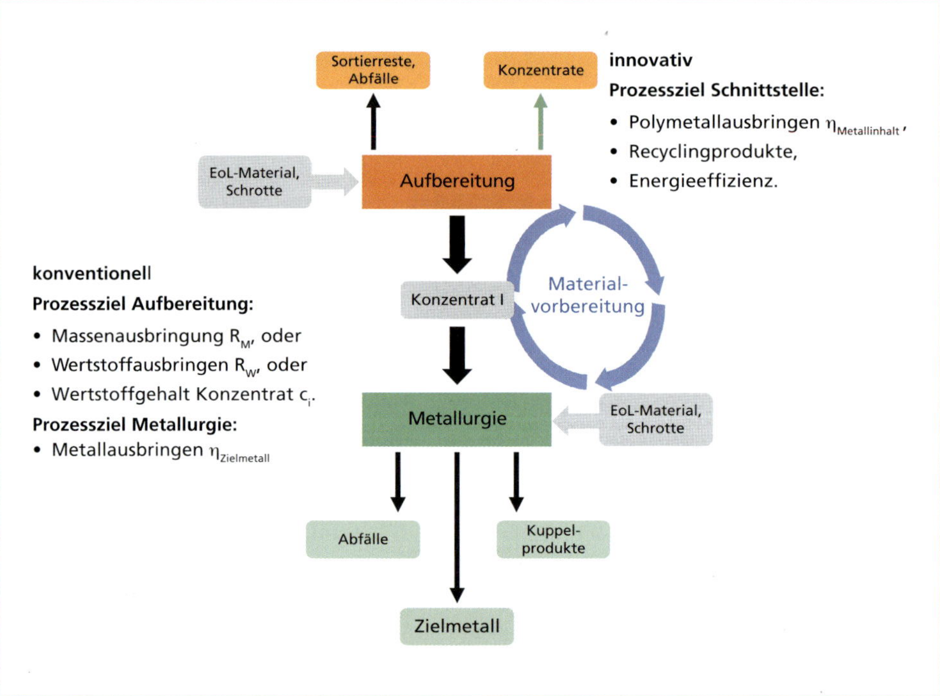

Bild 9: Verzahnung von Aufbereitung und Metallurgie im Prozessverbund des Recyclings

Um das gesetzlich geforderte ressourceneffiziente Optimum an der Schnittstelle zu finden, sind die Prozessingenieure beider Fachdisziplinen gleichermaßen gefordert (Bild 10).

Prinzipiell bietet die Aufbereitung die Möglichkeit, Störkomponenten abzutrennen, heterogene Stoffgemische zu homogenisieren, Metallgehalte zu konzentrieren und Materialkomponenten zu trennen. Allerdings führt der Erhalt bisher gewohnter Konzentrationen bei komplexen Materialströmen zu Verlusten im Wertstoffausbringen. Bei Abreicherung von Störkomponenten müssen Chargier-Eigenschaften erhalten werden. Zur Vermeidung wertvoller Metallverluste sollte die Staubentwicklung der Aufschlusszerkleinerung minimiert werden. Innovative Prozessmodule, wie sensorgestützte Verfahren zur Klassifikation von Abfällen *ähnlicher* Eigenschaften oder trockene Feinkornsortierung zur Vermeidung von Abwasser müssen in der Praxis weiterentwickelt werden und stärker zum Einsatz kommen.

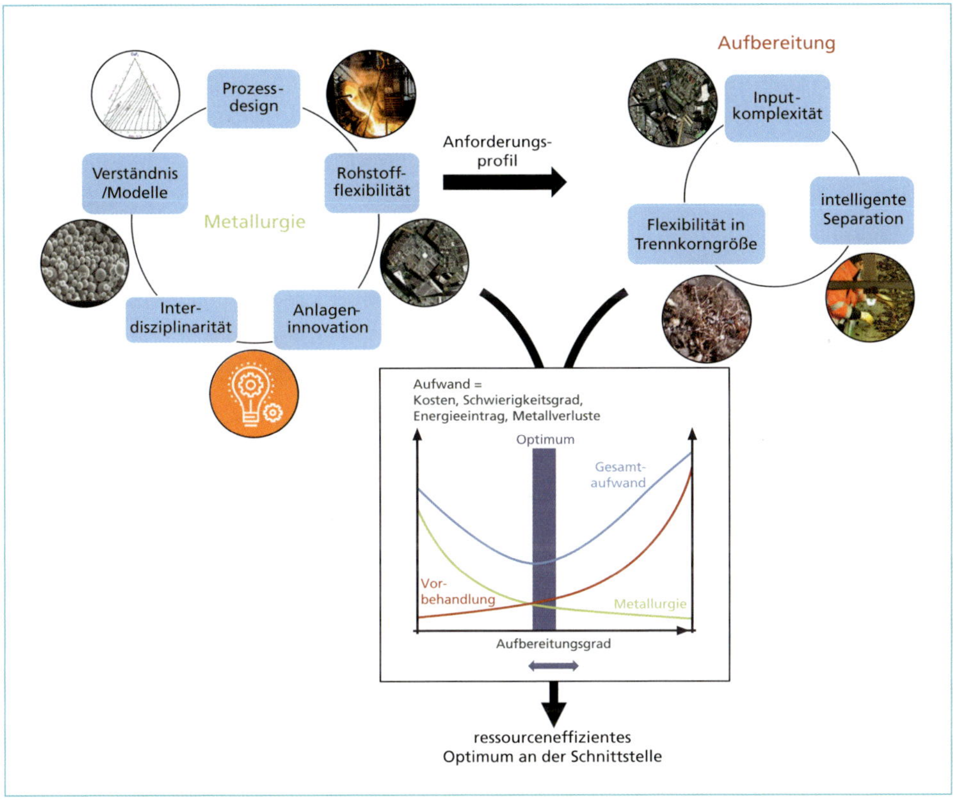

Bild 10: Anforderungsprofil an Prozessingenieure zur Realisierung innovativer Recyclingverfahren

Prinzipiell bietet die Metallurgie die Möglichkeit aus vorhomogenisierten Stoffgemischen, Metalle anzureichern, zu trennen und zu raffinieren. Je nach Materialkonsistenz und physikalisch/chemischen Eigenschaften der Zielmetalle, werden diese in Rein- oder Verbindungsform ausgebracht. Um hierbei Verzettelungen zu vermeiden, müssen sowohl die Prozesse als auch die Kuppelprodukte (z.B. Schlacken) designt werden.

Generell muss die höhere Flexibilität der Aufbereitung für die Metallurgie besser nutzbar gemacht werden. Zur Realisierung innovativer Recyclingverfahren nach dem Multi-Metall-Ansatz sollte die Aufbereitung als Material-Dienstleiter für zunehmend spezialisierte metallurgische Prozesse agieren.

3. Beispielansatz: Ressourceneffizientes Polymetallrecycling ausgedienter Li-Ionen Batterien

Von großer Bedeutung sind Lithium-Ionen-Akkus im Bereich Elektromobilität, wo sie als Energiequelle für die Motoren in Elektrofahrzeugen dienen. Aufgrund der zukünftig zu erwartenden vermehrten Einführung von Elektrofahrzeugen, ist auch mit einem steigenden Bedarf an Lithium sowie einem hohen Aufkommen an ausgedienten Lithium-Ionen-Batterien zu rechnen. Insofern wird für die kommenden Jahre eine deutlich höhere Nachfrage an Lithium, einhergehend mit einem starken Preisanstieg auf dem Weltmarkt prognostiziert. Aus diesem Grund wird die Möglichkeit, Lithium aus entsorgten Akkumulatoren zurückzugewinnen, immer attraktiver, zumal auch hier der Gedanke einer Kreislaufwirtschaft ohne Abfallprodukte eine wesentliche Rolle spielt.

Einer Roland Berger Studie [8] zu Folge entfallen auf die Rohmaterialien mindestens 13 % der Batteriekosten, während fast die Hälfte der Kosten in der Zellproduktion entsteht. Mit der anlaufenden Massenfertigung der Zellen, wird sich der Fertigungskostenanteil verringern, und sich dementsprechend der Rohmaterialkostenanteil proportional vergrößern. Eine Dämpfung der Rohstoffabhängigkeit und Kostensteigerung kann demgegenüber nur durch die Schließung inländischer Stoffkreisläufe verwirklicht werden.

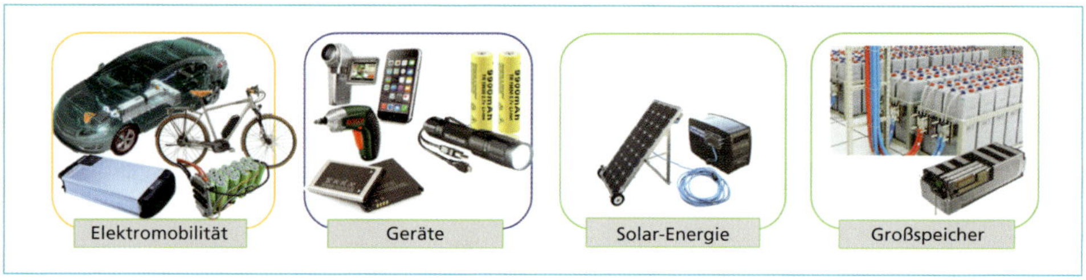

Bild 11: Anwendungsbereiche von Li-Ionen Batterien

In Anbetracht der zukünftigen Entwicklung des Lithiummarktes und des Wertmetallinhaltes (Li, Cu, Ni, Co) sind Lithium-Ionen Batterieschrotte jeder Art schon heute ein begehrtes Recyclingmaterial. Insbesondere der hohe Weltmarktpreis für Kobalt, welcher im Herbst 2017 mehr als viereinhalb mal so hoch wie der Lithiumpreis lag, macht eine Wiedergewinnung dieses Metalls erforderlich [2]. Eine Beispielzusammensetzung eines Batterieschrott-Gemisches zeigt Bild 12.

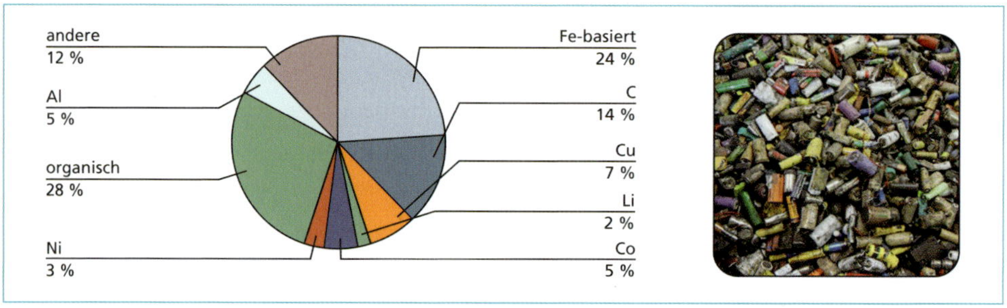

Bild 12: Zusammensetzung von Li-Ionen Batterieschrott

Aktuell stehen aber heute keine Entsorgungskapazitäten zur Verfügung, die zu wirtschaftlich tragbaren Konditionen ohne Zuzahlung die Einhaltung der gesetzlichen Bestimmungen gewährleisten. Um dieses Spannungsfeld aufzulösen, müssen die **Zielstellungen** innovativer Verfahren sein:

- signifikante Steigerung zurückgewonnener **Wertstoffe** mit positivem Markterlös (sowie grundsätzliche Sicherung der gesetzlichen Mindestquote von > 50 %),
- Senkung der **Behandlungskosten**,
- in der Bilanzierung der vorgenannten Punkte eine vollständige **Neutralisation** von Entsorgungskosten für Batteriemodule,
- hohe **Robustheit** des Verfahrens gegenüber Störgrößen (z.B. Ladungszustand) und Störstoffen (Nicht-Batterien, Anbauteile usw.),
- hohe **Flexibilität/Nutzbarkeit** für alle gängigen und zukünftigen Li-Ion Zelltypen/-Chemie,
- geringste **Emissionen** und
- Generierung von Produkten und Zwischenmaterialien, die in der frühesten möglichen Verfahrenstiefe in bestehende, **hochpreisige** Stoffströme eingebracht werden können.

3.1. Konventionelle Recyclingrouten

Bestehende Anlagen zum großindustriellen Recycling von Li-Ionen Batterieschrott arbeiten pyrometallurgisch und sind vollständig auf Kobalt- bzw. Nickel-basierte Altbatterien ausgerichtet. Der Großteil der enthaltenen Basismetalle wird bewusst verschlackt und so einer Wertschöpfung entzogen (Bild 13). Dies erklärt auch die resultierenden hohen Entsorgungsgebühren für Co-arme Batterien, die mit mehreren Euro/kg eine signifikante wirtschaftliche Belastung in der Gesamtkalkulation von Elektrospeichermodulen darstellen. Die so erzeugte Schlacke besteht vorwiegend aus mineralischen Komponenten. Sie wird nach dem Abstich aus dem Ofen abgekühlt, erstarrt, zerkleinert und im Straßenbau eingesetzt. Eine wirtschaftliche Rückgewinnung des Lithiums und anderer Metalle (Fe, Al) aus der Schlacke ist nach heutigem Stand nicht möglich.

Um die Batterieherstellungskosten zu senken, werden in der Automobilindustrie immer häufiger Co/Ni-arme bzw. -freie Elektrodenmaterialien wie Li-Mangan-Spinell (LMS), Li-Nickel-Mangan-Co (NMC) oder Nickel-Co-Aluminium (NCA) verwendet. Zukünftig bestehen zu entsorgende (H)EV-Altbatterielieferungen aus einem Mix unterschiedlichster Li-Ion-Subtypen, die für die existierenden Recyclingverfahren aufgrund der verdünnten Zielmetalle Co/Ni nur bedingt geeignet sind, zudem hohe Kosten verursachen (notwendige Zusatzschritte) oder schlichtweg von der Annahme ausgeschlossen sind.

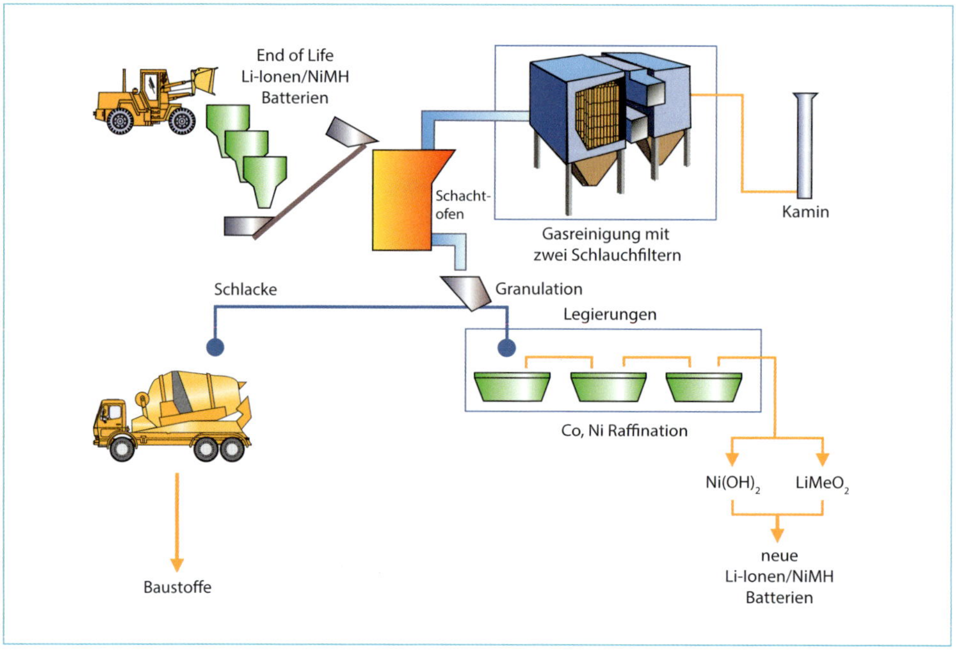

Bild 13: Pyrometallurgische Verarbeitung von Li-Ionen- und Nickel-Metallhydrid-Batterieschrott (UMICORE)

Quelle: Elwert, T., Goldmann, D., Römer, F. et al.: Current Developments and Challenges in the Recycling of Key Components of (Hybrid) Electric Vehicles. Recycling 1 (2015).

Wie in Bild 14 dargestellt, erfolgt in derzeit gängigen Recyclingrouten für weitgehend sortenreine Mischschrotte zunächst eine grobe Vordemontage, um das jeweilige Modul einer Entladung zugänglich zu machen. Nach einem langwierigen Entladeprozess wird das Modul bis auf Zellebene demontiert (1) und im ersten Teilschritt innerhalb des pyrometallurgischen Aggregates pyrolysiert - die Standardverfahren realisieren diese Pyrolyse beispielsweise im oberen Segment eines Schachtofens, bei Elektroofenbasierter Technologie in einem separaten Drehrohr-Calciner (3). Diese pyrometallurgische Behandlung bindet die Schwermetalle Kobalt, Kupfer und Nickel in einer Schmelze, während alle weiteren enthaltenen Metallkomponenten vollumfänglich verschlackt und anschließend deponiert werden.

Da die beschriebenen Prozessvarianten nicht ausschließlich Li-Batterien verarbeiten, sondern eine Vielzahl von weiteren Abfällen (E-Schrotte, Katalysatoren, Produktionsabfälle oder sogar metallhaltige Primärerze) integrieren, können sie nicht auf die Minimierung von Wertmetallverlusten aus Li-Ionen Batterien optimiert werden. Zwar können hier selektiv edlere Schwermetalle mit hoher Reinheit generiert werden, die aber mit hohen Kosten, deutlichen Metallverlusten, enormen Deponiemengen und entsprechend geringer Nachhaltigkeit erkauft worden sind. Auffallend ist zudem, dass aktuelle Prozessrouten (Bild 13 bzw. Pfad 1–>3 in Bild 14) mit Recyclingeffizienzen unterhalb von 30 % den gesetzlich vorgeschriebenen Wert deutlich unterschreiten (Altbatterierichtlinie EU/66/2006: > 50 %).

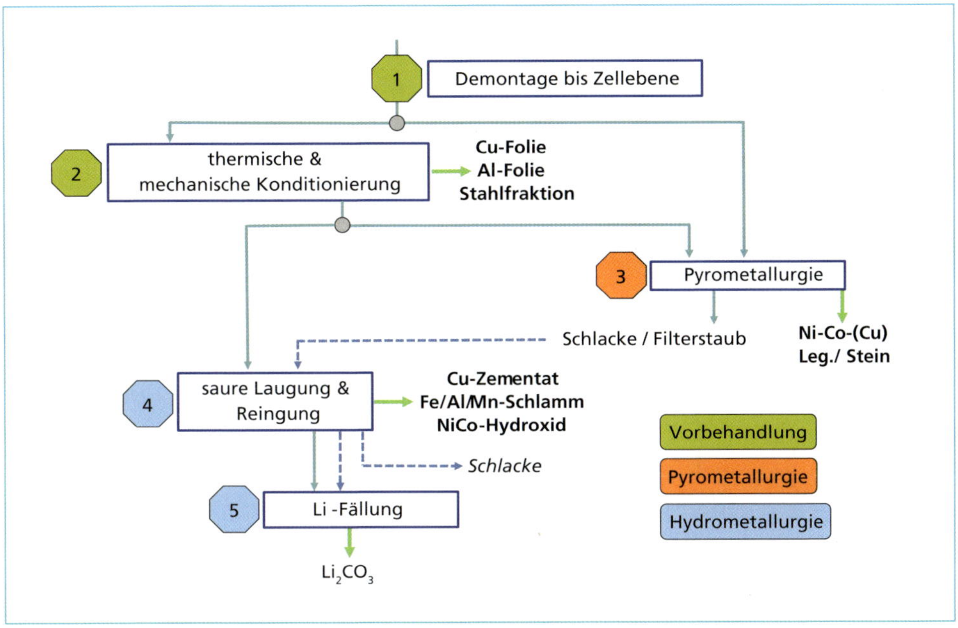

Bild 14: Schema aktueller und optimierter Prozessrouten zum Recycling von Li-Ionen Batterieschrott (konventionell: Route 1->3; optimiert durch zusätzliche thermische und mechanische Konditionierung: Route 1->2->3; weiter optimiert durch Integration der Hydrometallurgie: Route 1->2->4->5)

3.2. Innovative, Schnittstellen-optimierte Recyclingrouten

Diese nachfolgend beschriebenen Prozessalternativen zielen auf ein universelles, materialeffizientes und ökonomisch optimiertes Recycling, und sind schematisch in den Bildern 14 und 15 dargestellt:

Optimierung durch zusätzliche thermische und mechanische Konditionierung:

Modul A: Mit der Vordemontage werden leicht entfernbare Anbauteile wie Leistungselektronik, Kabel, Metall- und Kunststoffkomponenten separiert und stellen bereits in diesem Stadium Fraktionen mit positivem Erlös dar.

Modul B: Innerhalb einer thermischen Konditionierungsstufe schließt sich eine energieeffiziente, weil autotherme Entfernung von Elektrolyten, Kunststoffen und Halogenen an. Dabei werden die äußeren chargierten Modulzellen bis zur Erweichungstemperatur des Separators angeheizt und geben nach innerem Kurzschluss ihre Restladung als thermische Energie sukzessive an die benachbarten Zellen ab. Der enthaltene Elektrolyt verfügt bei dieser Temperatur bereits über einen so hohen Dampfdruck, dass die Zellgehäuse mit Überdruck öffnen. Mit der nun selbst fortschreitenden Erwärmung werden die weiteren organischen Bestandteile pyrolysiert. Die hierzu notwendige Energie kann durch Verbrennung des Pyrolysegases quasi autotherm generiert werden. Ebenso wird der Binder der aktiven Elektrodenmasse (AM) graphitisiert und ermöglicht so erst die spätere Abtrennung der aktiven Masse von den Elektrodenfolien.

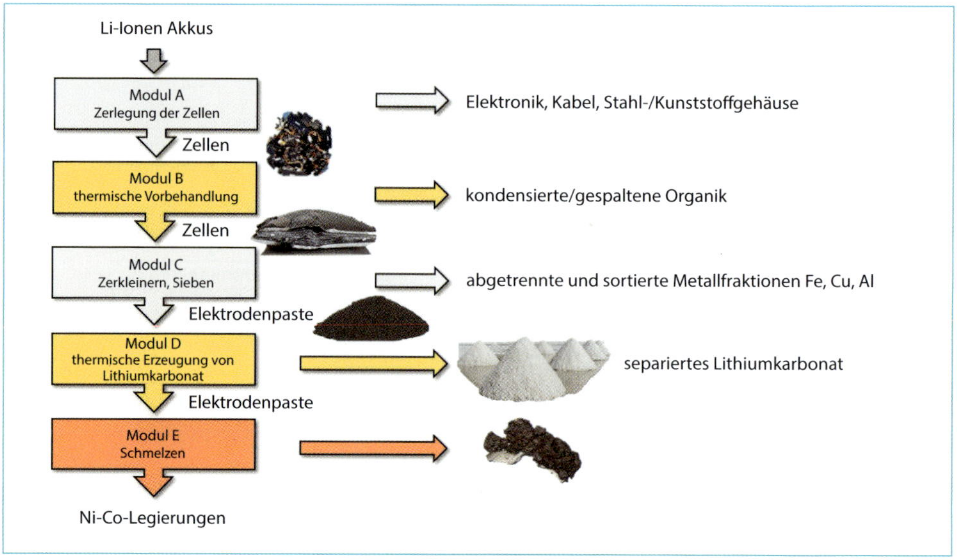

Bild 15: Optimiertes pyrometallurgisches Prozesskonzept zum ressourceneffizienten Recycling von Li-Ionen Batterieschrott (entsprechend Route 1->2->3 in Bild 14)

Modul C: Das deaktivierte und Kunststoff-freie Modul kann anschließend gefahrenfrei mechanisch aufgeschlossen und klassifiziert werden. Die Herausforderung der mechanischen Behandlung der Batteriezellen ist dabei die Minimierung der Querkontaminationen zwischen den Output-Fraktionen.

Module D und E (Module Pyrometallurgie für Elektrodenmasse): Die nach der thermischen Konditionierungsstufe abgetrennte und inerte Elektrodenmasse wird in bestehende industrielle Verfahrensrouten vermarktet, beispielsweise einer pyrometallurgischen Arbeitsstufe (vgl. (3) in Bild 14).

Weitere Optimierung durch Integration der Hydrometallurgie:

Modul A, B und C: identisch zur beschriebenen Optimierung durch zusätzliche Pyrometallurgie.

Modul Hydrometallurgie für Elektrodenmasse: Die nach der thermischen Konditionierungsstufe abgetrennte und inerte Elektrodenmasse wird in bestehende industrielle Verfahrensrouten vermarktet, beispielsweise einer nass-chemischen Aufarbeitung (vgl. (4) in Bild 14). Diese hydrometallurgische Verfahrensvariante ermöglicht eine grundsätzlich selektivere Metalltrennung.

Modul Hydrometallurgie für Schlacke: Zur Erhöhung der Recyclingeffizienz besteht prinzipiell die Möglichkeit, in einem Nachbehandlungsschritt das Lithium aus der Schlacke hydrometallurgisch zu extrahieren (vgl. Pfad 4->5 in Bild 14). Dabei wird die erstarrte Schlacke gemahlen und mit einem wässrigen Lösungsmittel, z.B. einer Säure, behandelt; hierdurch geht das Lithium aus dem Feststoff in die wässrige Lösung (4) über. Da während des Laugens neben dem Lithium auch einige weitere Metalle in der Lösung angereichert werden, müssen diese zunächst durch Veränderungen des pH-Wertes und Zugabe verschiedener Additive selektiv ausgefällt werden, bevor das Lithium als festes und reines Lithiumkarbonat aus der Lösung abgeschieden werden kann (5).

Der Hauptvorteil der optimierten Recyclingrouten besteht darin, durch eine zusätzliche kostengünstige Materialvorbehandlung (mechanische Aufbereitung) ein sauberes, spezifiziertes und Abnehmer orientiertes Cu-Al-Konzentrat z.B. für Aluminiumbronze zu generieren. Durch diese gewichtsmäßig bedeutenden Fraktionen lässt sich damit gerade bei Zell-Chemien mit geringem Co/Ni-Gehalt eine wesentliche Wertschöpfung erzielen. Abgesehen von den Kunststoffanteilen der Li-Ionen Batterieschrotte (Downcycling) aus der Demontage und den angefallenen Pyrolyseölen (thermische Verwertung) weisen alle Produktfraktionen einen positiven Marktwert auf – und das ohne Durchführung exzessiver und teurer Behandlungsschritte. Da die abgetrennte Elektrodenmasse 30 bis 50 Gewichtsprozent der Li-Ion Zellen ausmacht, erfolgt allein durch die mechanische Vorbehandlung eine signifikante Aufkonzentrierung des Lithiums – parallel mit weiteren strategische Wertinhalten, z.B. Co, Ni, Mn, Fe, C und P.

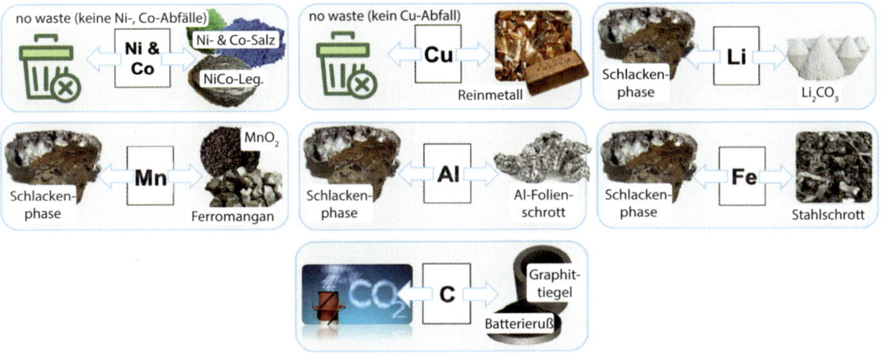

Bild 16: Ausbringen der Wertmetalle auf die Produkte verschiedener Recyclingrouten für Li-Ionen Batterieschrott; links: jeweils ohne und rechts: jeweils mit Schnittstellenoptimierung

Fazit: Zusammenfassend lässt sich feststellen, dass nach derzeit gängiger Praxis insbesondere Ni/Co-arme bzw. -freie Li-Ionen Batterieschrotte nur mit erheblichem Kostenaufwand und zudem ohne ausreichende Recycling- und Ressourceneffizienz recycelt werden können. Die beschriebenen Prozessalternativen nutzen robuste, größtenteils mechanische und damit kostengünstige Verfahrenstechniken. Die Verfahrenstiefe wird dabei bewusst beschränkt und generiert Produkte bzw. Metallkonzentrate, die eine verbesserte Wertschöpfung ermöglichen (z.B. spezifiziertes Cu-Al-Konzentrat für AlCu-Bronze, Lithium als Karbonat/Hydroxid usw.). Basismetalle wie Al/Fe/Cu werden nicht mehr verschlackt, sondern tragen zum Erreichen der gesetzlich vorgeschriebenen Recyclingeffizienz von mindestens 50 % bei.

4. Zusammenfassung und Ausblick

Ressourceneffizientes Metallrecycling ist wegen der zunehmenden Komplexität moderner Sekundärrohstoffe und der teils begrenzten Kreislaufführung in den eingesetzten metallurgischen Aggregaten nur durch Multi-Metall-Ansätze realisierbar. Die aktuellen Herausforderungen für eine sinnvolle Gestaltung geeigneter Prozessketten sind interdisziplinär und komplex. Eine Bewertung des Recyclingnutzens ist nur nach einer ganzheitlichen Betrachtung der kompletten Recyclingrouten möglich.

Bedingt durch die enge Verzahnung sind Effizienzpotentiale insbesondere an der Schnittstelle Aufbereitung-Metallurgie zu finden. Die Chancen und die Schwierigkeiten einer intensivierten Zusammenarbeit an dieser Schnittstelle wurden im vorliegenden Beitrag herausgearbeitet und am Beispiel des Recyclings von Li-Ionen Batterieschrott qualitativ verdeutlicht. Generell können die Anforderungen an ein innovatives und ressourceneffizientes Metallrecycling wie folgt zusammengefasst werden:

1. Versorgung mit qualitativ hochwertigen Sekundärrohstoffen:
   - Anreize für Schrottsammlung,
   - Förderung sortenreiner Erfassung,
   - Design für Recycling,
   - Trennung hochkomplexer Materialverbunde,
   - optimierte Zerkleinerung/Sortierung (z.B. sensorgestützte Sortierung) und
   - metallurgische Aufkonzentrierung (z.B. Basismetall als Sammler).
2. Prozessdesign für hochwertige Recyclingprodukte:
   - detaillierte Schrottcharakterisierung,
   - Entfernung von wertvollen Metallen aus unedleren Metallen (z.B. Silber aus Blei),
   - Prozesskettenoptimierung (z.B. verlustminimierte Aufbereitung / Metallrückgewinnung, Schnittstellenoptimierung) und
   - Verknüpfung mit bestehenden Prozessrouten.
3. Energiesparen für hohe Ressourceneffizienz:
   - hochselektive kurze Prozessketten und
   - Nutzung autothermer Potenziale (z.B. Organik).

Die vorliegende Betrachtung der zukünftigen Anforderungen und Chancen einer konsequenten Optimierung der Schnittstelle Aufbereitung - Metallurgie zeigt, dass dieses Ziel nur erreicht werden kann, wenn mehr Kommunikation und Kooperation beider Technikbereiche erfolgt. Hierbei muss sich stets das flexiblere System an das vor-/nachgeschaltete Aggregat anpassen.

Wir danken Prof. Thomas Pretz vom I.A.R. der RWTH Aachen University für die inhaltliche Zuarbeit im Bereich der Aufbereitung.

5. Literatur

[1] Antrekowitsch, H., Luidold, St. et al.: Aktuelle Entwicklungstrends und zukünftige Herausforderungen im Bereich der Nichteisenmetallurgie. In: BHM Berg- und Hüttenmännische Monatshefte 160 (2015) 10-11, S. 495–500

[2] Boyden, A., Soo, V.K.; Doolan, M.: The Environmental Impacts of Recycling Portable Lithium-Ion Batteries. Procedia CIRP 48, 2016

[3] Diaz, F., Trentmann, A., Latacz, D., Friedrich, B.: Thermische Konditionierung (Pyrolyse) zur Verbesserung der Rückgewinnbarkeit kritischer Metalle aus Elektro- und Elektronik-Altgeräten. In: Thomé-Kozmiensky, K. J.; Goldmann, D. (Hrsg.): Recycling und Rohstoffe, Band 9. Neuruppin: TK Verlag Karl Thomé-Kozmiensky, 2016, S. 373-389

[4] EC Communication 2015: Closing the loop – An EU action plan for the Circular Economy.

[5] Hagelüken, C.: persönliche Mitteilung 19.02.2018

[6] Rombach, E.: Ressourceneffizienz beim Metallrecycling – Teil 2 Metallrückgewinnung. Vorlesungsskript IME der RWTH Aachen University, 2018

[7] Rombach, G.: Grenzen des Recyclings. Schriftenreihe des IME – Bd. 4. Aachen: Shaker, 2002

[8] Schlick, T., Hertel, G. et al.: Zukunftsfeld Elektromobilität - Chancen und Herausforderungen für den deutschen Maschinen und Anlagenbau. Studie Roland Berger. VDMA, Mai/2011

[9] UNEP (2011). Recycling Rates of Metals-A Status Report. http://www.unep.org/

Ansprechpartner

Dr.-Ing. Elinor Rombach
RWTH Aachen University
Wissenschaftliche Angestellte und Lehrbeauftragte
IME Metallurgische Prozesstechnik und Metallrecycling
Intzestraße 3
52056 Aachen, Deutschland
+49 241-8090230
erombach@ime-aachen.de

Prof. Dr.-Ing. Dr. h.c. Bernd Friedrich
RWTH Aachen University
Institutsdirektor
IME Metallurgische Prozesstechnik und Metallrecycling
Intzestraße 3
52056 Aachen, Deutschland
+49 241-8090850
bfriedrich@ime-aachen.de

Perspektiven des Stahlrecyclings – Beitrag zur weltweiten CO_2-Reduktion wird noch signifikanter

Daniela Entzian

Die Wiederverwertung von Metallen durch Einschmelzen wird seit Jahrtausenden praktiziert. Stahl und Eisen sind die heute weltweit am meisten recycelten Stoffe. Durch Recycling lassen sich jährlich mehr als eine Milliarde Tonnen an Primärrohstoffen einsparen.

Die Stahlrecyclingunternehmen handeln im Einklang mit den Zielen der Kreislaufwirtschaft. Es ist verstanden worden, dass zunehmende Ressourcenknappheit und begrenzte Aufnahmefähigkeit der Erde gegenüber Abfällen den Abschied von der linearen Wirtschaft unabdingbar machen.

Im Gegensatz zum linearen Wirtschaften werden in der Kreislaufwirtschaft Abfälle zu jedem Zeitpunkt als Stoffe mit Wert betrachtet. Die Europäische Kommission hat Ende 2015 ein Paket zur *Circular Economy* vorgelegt, um Wirtschaft und Konsum nachhaltiger zu gestalten. Ziel ist es, *linear* verlaufende Stoffströme vom Rohstoff über Produkte bis hin zum Abfall in Kreisläufe zu überführen, in denen möglichst viel stofflich verwertet (recycelt) wird. Die zirkuläre Wirtschaft ist mehr als Recycling. Im Vordergrund steht die Steigerung der Effizienz zur Minimierung des Ressourcenbedarfs über den gesamten Produktlebenszyklus hinweg. Die Stahlschrottbranche ist zentraler Dienstleister in der Wertschöpfungskette der Stahlindustrie und wird auch in Zukunft eine entscheidende Rolle bei der weiteren Entwicklung der zirkulären Wirtschaft spielen. Stahlschrott sorgt dafür, dass der Rohstoffbedarf der Stahlindustrie durch qualitätsgesicherte Sekundärrohstoffe sichergestellt ist.

1. Recyclingeigenschaften von Stahlschrott

Kaum ein anderer Werkstoff besitzt so günstige Recyclingeigenschaften wie Stahlschrott. Beispielsweise sprechen wir von permanentem Material, denn der Werkstoff ist beliebig oft zu 100 Prozent und prinzipiell ohne Qualitätsverlust wiederverwertbar. Alle Stahlsorten können eingeschmolzen werden und neuer Stahl mit verschiedenen Eigenschaften daraus hergestellt werden. Daher kann auch Schrott von Stählen geringerer Güte zu Stählen höherer Qualität bei entsprechender sekundärmetallischer Behandlung verarbeitet werden. Dies ist bei anderen Materialien typischerweise nicht möglich – im Gegenteil ist das Recyclingprodukt oft von geringerer Qualität, z.B. bei Beton, Holz oder Kunststoff. Auch deshalb ist Stahl das am meisten recycelte Material. Stahl wird nicht verbraucht, sondern immer wieder neu genutzt. Aufgrund der magnetischen Eigenschaft von Stahl lassen sich Schrotte leicht aus Abfallströmen separieren.

2. Ressourcenschonung durch Stahlschrotteinsatz

Mit der Bereitstellung von Sekundärrohstoffen leistet die Stahlrecyclingwirtschaft nicht nur in Deutschland einen bedeutenden Beitrag zum Umwelt- und Ressourcenschutz. Sie schont Primärressourcen bereits an der Quelle. Damit werden zudem negative Effekte durch Rohstoffförderung in den Abbauländern vermieden. Fast die Hälfte des in Deutschland erzeugten Rohstahls wird aus Stahlschrott erschmolzen.

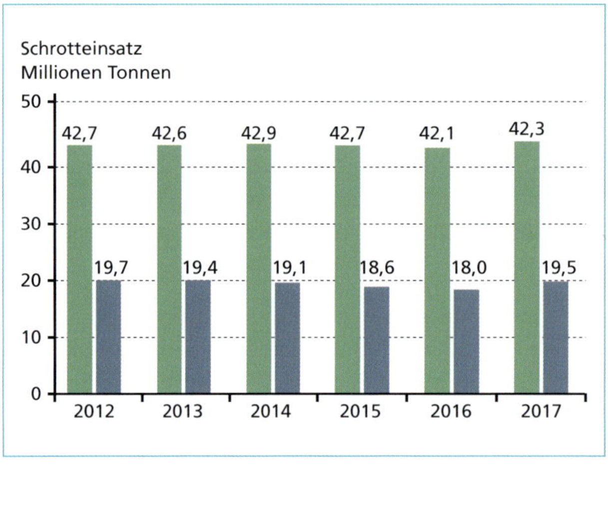

Bild 1:

Schrotteinsatz bei der Rohstahlproduktion in Deutschland

Metalle

In Zukunft wird das Recycling noch wichtiger, da die Erzgehalte in den Lagerstätten weiter abnehmen. Dadurch müssten perspektivisch immer größere Mengen an Abraum bewegt und immer mehr Energie eingesetzt werden, um Metalle zu gewinnen.

Für jede Tonne Stahl, die aus Stahlschrott erschmolzen wird, müssen 1,5 Tonnen Eisenerz und Kohle nicht abgebaut und nicht über lange Strecken transportiert werden.

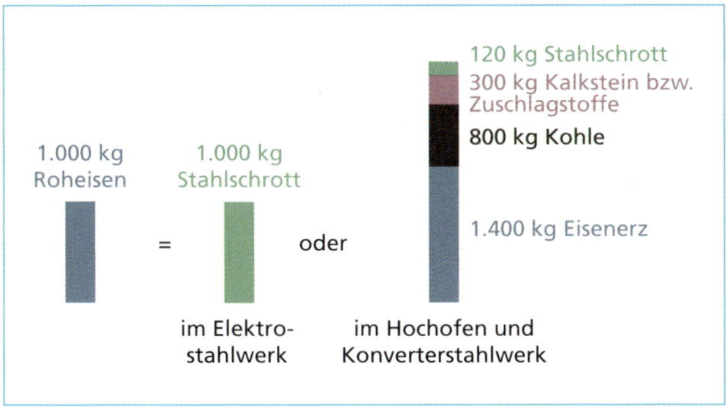

Bild 2:

Ersparnis von Ressourcen durch Einsatz von Stahlschrott

Quelle: worldsteel.org

Das Deutsche Ressourceneffizienzprogramm (ProgRess II) nennt die durch Effizienzsteigerungen und Innovationssprünge bedingte Substitution von Primärrohstoffen durch Sekundärrohstoffe (Stahlschrott) in der Stahlproduktion als wesentlichen Treiber des sinkenden Bedarfs an Primärrohstoffen für inländischen Konsum und inländische Investitionen, sichtbar im Indikator Raw Material Consumption (RMC).

Zudem müssen die Massenrohstoffe für die Stahlerzeugung wie Eisenerz und Kokskohle nahezu zu 100 % importiert werden. Deutschland importierte im Jahr 2014 Metallrohstoffe für die Eisen- und Stahlindustrie im Wert von insgesamt 39 Milliarden EUR. Bei Stahlschrott ist Deutschland jedoch unabhängig von Importen und trägt zum Aufbau einer ressourcenschonenden effizienten Kreislaufwirtschaft maßgeblich bei.

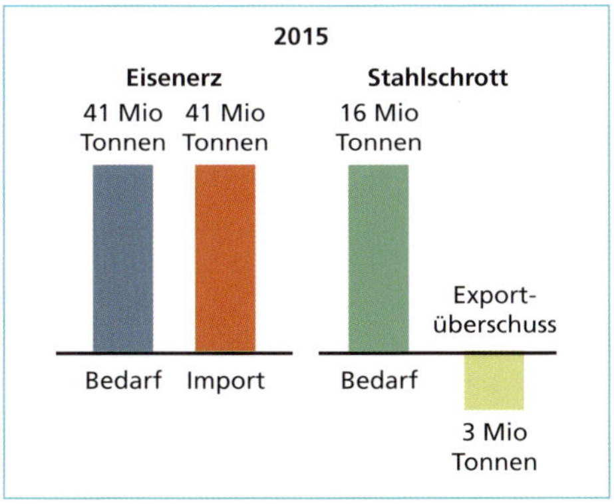

Bild 3: Bedarf und Verfügbarkeit von Eisenerz und Stahlschrott

Quelle: WV Stahl

Auch die Energiebilanz ist deutlich günstiger beim Recycling. Nur 64 % der Energie sind notwendig, die für die Stahlproduktion aus Primärrohstoffen aufgewendet werden müssen.

Die Verwendung von Stahlschrott hat eine direkte positive Hebelwirkung auf die Ressourceneffizienz. Doch um auch in Zukunft im Sinne einer zirkulären Wirtschaft den Anteil von Schrotten an der Stahlproduktion zu erhöhen, kommt der gezielten Steuerung von Legierungselementen und der Zusammenstellung der Schrottsorten zur Einhaltung der

Grenzgehalte eine große Bedeutung zu. Um die metallurgischen Prozesse bestmöglich und effizient zu steuern, werden die Schrotte durch intelligentes Stoffstrommanagement in die jeweils korrekten Anwendungsfälle gelenkt. Als ein Beispiel für die intelligente Steuerung von Stoffströmen kann die Verwendung von kupferhaltigem Schrott in der Gießereiindustrie zur Herstellung von kupferhaltigen Gusswerkstoffen betrachtet werden. Der identische Schrott wäre in einem anderen Prozess durch den hohen Kupferanteil nicht einsetzbar, im konkreten Beispiel substituiert er sogar ein NE-Metall zur Legierung.

3. Ausgangssituation bei den CO_2-Emissionen

Seit Beginn der Industrialisierung hat sich die CO_2-Konzentration in der Atmosphäre um 35 % erhöht. Vor allem Asien hat an dieser Entwicklung einen großen Anteil. Der weltweite CO_2-Ausstoß lag im Jahr 2015 bei 32.300 Millionen Tonnen. Davon entfiel die Hälfte auf die drei größten Emittenten China (knapp 30 %), USA (15 %) und Indien (6 %). China hat zwischen 1990 und 2017 die CO_2-Emissionen beinahe verdreifacht und damit weltweit die höchste Wachstumsrate zu verzeichnen. Deutschland, eine der führenden Industrienationen der Welt mit einem Anteil von etwa 3 % an der globalen Wirtschaftsleistung, verursacht etwa 2,2 % der weltweiten CO_2-Emissionen. Mit 730 Millionen Tonnen CO_2-Emissionen im Jahr 2015 ist Deutschland größter CO_2-Emittent in Europa und zählt zu den zehn größten Treibhausgasemittenten der Welt.

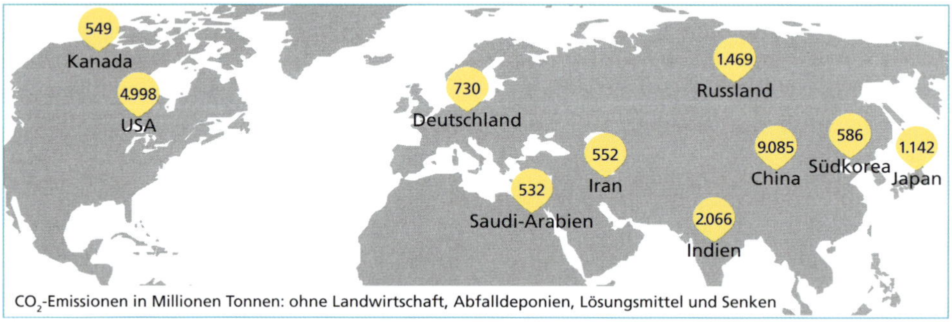

Bild 4: Die Top 10-Länder hinsichtlich CO_2-Emissionen für das Jahr 2015

Quelle: Internationale Energieagentur © 2017 IW Medien/iwd

Deutschland und Europa haben bereits ein erhebliches Maß an Energieeffizienz erreicht. Laut Angaben der Internationalen Energieagentur ist ein Anstieg der CO_2-Emissionen hauptsächlich in Schwellen- und Entwicklungsländern zu erwarten.

Mit Abstand die größten Emittenten von CO_2 sind der Energiesektor, der Transportsektor sowie die Industrie. Vor allem die Metallindustrie (z.B. Eisen und Stahl), die Herstellung mineralischer Produkte (Zement) und die chemische Industrie mit der Herstellung von Grundchemikalien sind dafür verantwortlich.

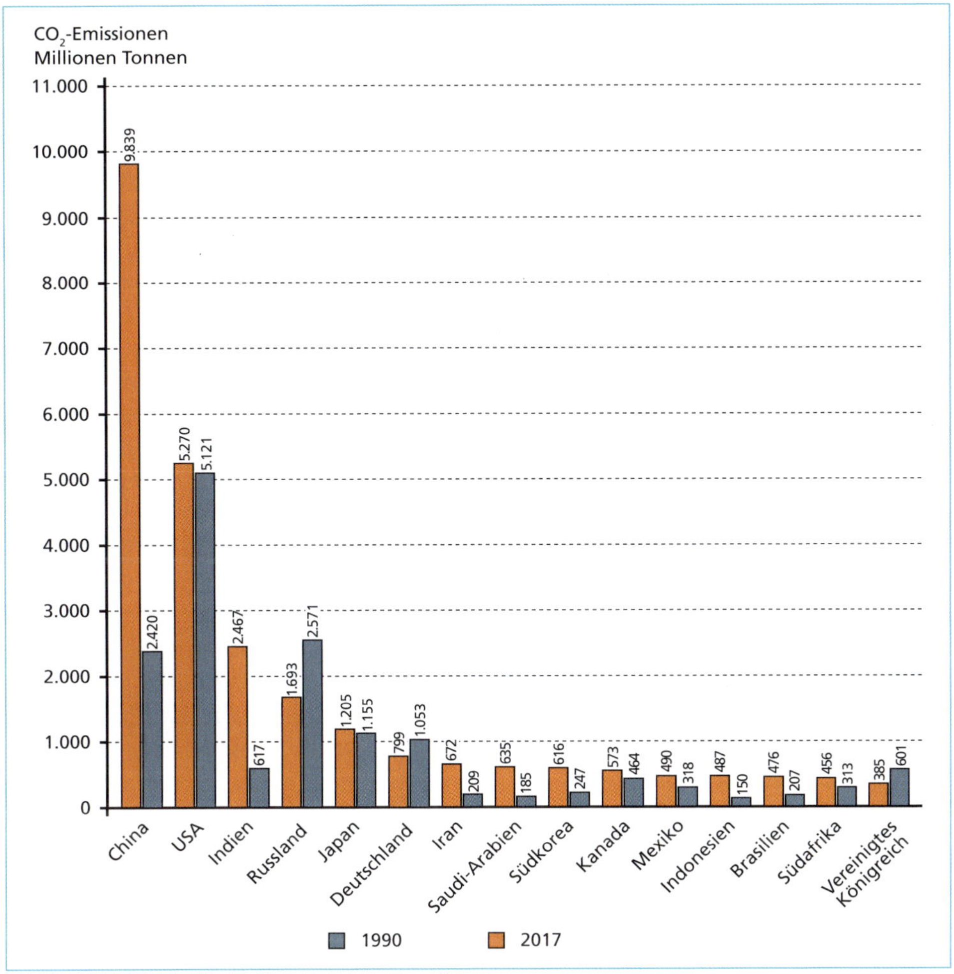

Bild 5: Höhe der CO_2-Emissionen in ausgewählten Ländern und Regionen im Jahresvergleich 1990 und 2017

Quelle: statista.com

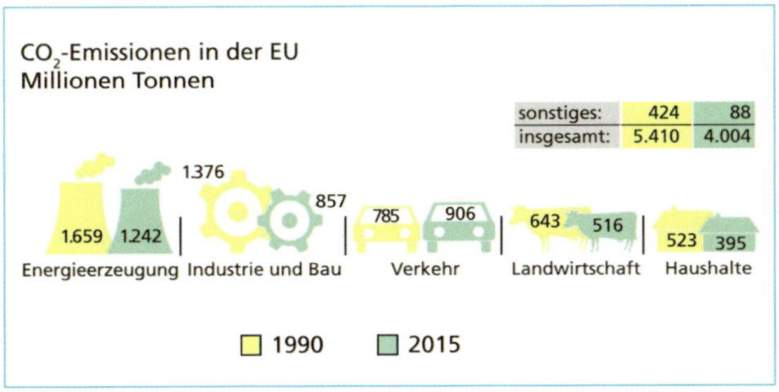

Bild 6:

CO_2-Emissionen in der EU nach Sektoren

Quelle: Europäische Umweltagentur © 2017 IW Medien/iwd

3.1. Entwicklung der CO_2-Emissionen der Stahlindustrie

Die CO_2-Emissionen in der Stahlerzeugung – in Deutschland jährlich etwa 50 Millionen Tonnen – entstehen im Wesentlichen bei der Roheisen- und Rohstahlproduktion. 65 bis 70 % der Gesamtemissionen pro Tonne produzierten Stahls fallen auf dieser Ebene an. Seit 1990 hat die Stahlindustrie in Deutschland den pro Tonne produzierten Rohstahls anfallenden Energieaufwand kontinuierlich um über 40 % reduziert. Damit konnten die CO_2-Emissionen je produzierter Tonne Stahlfertigprodukt seit 1990 um 19 % gesenkt werden. Neben den Maßnahmen zur Energieeffizienzsteigerung hat die Senkung des Reduktionsmittelverbrauchs, wie die Verbesserung der Koksqualität, maßgeblich zur Senkung der CO_2-Emissionen beigetragen. Weitere Senkungspotenziale konnten unter anderem. durch die Nutzung von Nebenproduktbrennstoffen, verstärkte Nutzung von Biomasse und durch den Einsatz von erneuerbaren Energien realisiert werden. Die Herstellung einer Tonne Stahl verbraucht heute die Hälfte der Energie gegenüber den 1970er Jahren. Weitere bedeutende CO_2-Reduktionen sollen durch die Einführung von CO_2-Abscheidung und -Speicherung (CCS, engl. Carbon Capture Storage) oder die CO_2-Umwandlung in chemische Grundstoffe (Carbon2Chem) erreicht werden. Diese Verfahren sind jedoch auf große Mengen Strom angewiesen. Zukunftsaufgabe ist es folglich, den Anteil der Stromerzeugung aus erneuerbaren Quellen noch erheblich zu steigern. Eine durchgreifende technische Innovation zeichnet sich dadurch ab, dass auf fossilem Kohlenstoff im Hochofenprozess von Anfang verzichtet wird und stattdessen in sogenannten Reduktionsanlagen Eisenerz zunächst mithilfe von Wasserstoff in Eisenschwamm umgewandelt wird. Erst danach wird Eisenschwamm in einem Elektrolichtbogenofen unter Beigabe von Schrott zu Stahl geschmolzen. Wasserstoff reagiert ebenfalls wie Kohlenstoff mit dem Sauerstoff im Eisenerz, bildet jedoch kein klimaschädliches CO_2, sondern H_2O, also Wasser. Eine Herausforderung bleibt der schnell wachsende Bedarf an Wasserstoff und der zusätzliche Energiebedarf, der zu seiner Herstellung erforderlich ist.

Weltweit hat die Stahlindustrie einen Anteil von 7 % an den menschgemachten CO_2-Emissionen. Diesen Anteil wollen die Stahlhersteller künftig senken. Bei der Weltklimakonferenz in Kattowitz im Dezember 2018 bekräftigten 190 Staaten, die Erderwärmung auf zwei Grad zu begrenzen, gemessen an vorindustriellen Werten. Sowohl die EU als auch Deutschland haben sich ambitionierte Klimaschutzziele gesetzt. Deutschland strebt an, bis zur Mitte des Jahrhunderts weitgehend treibhausgasneutral zu werden. Der Klimaschutzplan 2050 bestätigt die Minderungsziele von mindestens 55 % bis 2030 und von mindestens 70 % bis 2040.

3.2. Beitrag des Einsatzes von Stahlschrott zur Senkung der CO_2-Emissionen

In vielen Studien wurde bereits nachgewiesen, dass der Einsatz von Stahlschrott zum Klima- und Ressourcenschutz beiträgt. Dazu werden in der Regel die unterschiedlichen Herstellungsrouten der Stahlerzeugung miteinander verglichen.

Es gibt für Stahl zwei Herstellungsrouten: die Hochofen-Route zur Primärerzeugung von Rohstahl und die Elektrostahlroute zur Stahlherstellung aus Schrott. Dabei fallen für beide Verfahren unterschiedlich hohe CO_2-Emissionen auf allen Stufen des Stahlproduktionsprozesses von der Rohstoffgewinnung über Verkokung, Stahlerzeugung, Warmwalzen, Kaltwalzen und Vergütung bis zum Endprodukt an. Stahl, der aus Stahlschrott produziert wird, benötigt deutlich weniger Energie und Rohstoffe als Stahl, der aus Erzen gewonnen wird. Schrott wird auch in integrierten Hüttenwerken eingesetzt. Bei der Hochofen-Route wird vereinfacht dargestellt zunächst das Roheisen aus Erzen erschmolzen. Beim anschließenden *Frischen* im Blasstahlwerk wird Sauerstoff in die Schmelze geblasen, wodurch unerwünschte Begleitelemente entfernt werden. Bei Temperaturen von 2.500 bis 3.000 °C wird so aus Roheisen Stahl. Zur Nutzung dieser Wärmeenergie wird der Schmelze gezielt Stahlschrott zugesetzt, der dadurch material- und energieeffizient wiederverwertet wird. Im Konverter können bis zu 25 % Schrott zugesetzt werden. Bei der Elektroofen-Route wird ausschließlich vorsortierter Stahlschrott direkt im Lichtbogen eingeschmolzen. Dabei entstehen Temperaturen von bis zu 3.500 °C. In diesem Fall sind die CO_2-Emissionen indirekt, weil sie von der jeweiligen Art der Stromerzeugung abhängen.

Werden die Werte für die CO_2-Emissionen in beiden Herstellungsrouten verglichen, kann festgestellt werden, dass den Werten eine Schwankungsbreite zugrunde liegt, die u.a. von folgenden Faktoren abhängig ist:

- dem alter und Stand der Technik der bilanzierten Anlage,
- der bilanziellen Berücksichtigung oder Nichtberücksichtigung des Schrotteinsatzes in der Hochofenroute,
- dem verwendeten Strommix für den Elektrolichtbogenofen,
- den betrachteten Erzquellen und der Eisenerzkonzentration für die Hochofenroute und
- den verwendeten Systemgrenzen (Bei den meisten Rechnungen wird der Schrott für den Elektrolichtbogenofen als neutraler Input gerechnet, das heißt ohne Umweltlasten der Vorketten. Doch auch bei Multirecycling steht am Beginn des ersten Lebenszyklus ein Stahlprodukt aus Primärrohstoffen.).

3.3. Ersparnis von CO_2-Emissionen durch den Schrotteinsatz im Elektrolichtbogenofen

Bild 7 zeigt den Vergleich der beiden Produktionsrouten für Deutschland mit den spezifischen CO_2-Emissionen von 1,744 Tonnen CO_2/t Rohstahl aus der Hochofenroute und mit 0,395 Tonnen CO_2/t Rohstahl aus dem Elektrolichtbogenofen. Dabei wird eine Einsparung von etwa 1,35 Tonnen CO_2/t Rohstahl bei der Elektrolichtbogenroute erzielt. Der Anteil der beiden Prozessrouten in Deutschland 2015 (70,4 % für die Hochofenroute und 29,6 % für die Elektrolichtbogenroute) sind berücksichtigt.

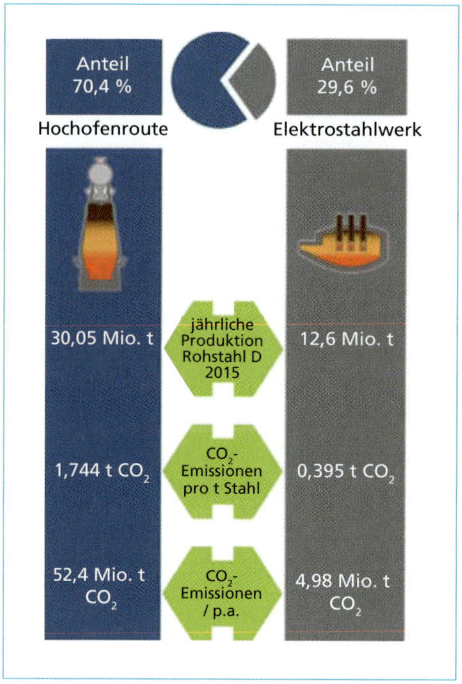

Bild 7: Vergleich der Hochofenroute mit dem Elektrostahlwerk aus Klimasicht (Werte für 2015)

Allein durch die Produktion von 12,6 Millionen Tonnen Rohstahl auf Basis des Sekundärrohstoffs Stahlschrott über die Elektrostahlroute hilft die Stahlrecyclingwirtschaft, in Deutschland etwa 17 Millionen Tonnen CO_2-Emissionen im Jahr einzusparen.

Weltweit ist Stahlschrott das am meisten recycelte Material. Durch den Einsatz von etwa 630 Millionen Tonnen Stahlschrott, die 2017 in Stahlwerken und Gießereien weltweit eingesetzt wurden, konnten 950 Millionen Tonnen CO_2 eingespart werden, die bei der Herstellung von Stahl durch Primärrohstoffe entstanden wären.

4. Perspektiven des Stahlrecyclings

Stahlschrott bleibt permanente Rohstoffquelle für die Gesellschaft, da etwa 70 % des jemals produzierten Stahls noch im Gebrauch sind. Folglich wird zukünftig Stahlrecycling in steigendem Maße einen bedeutenden Beitrag zur Rohstofflieferung leisten. Schrott ist dabei nicht gleich Schrott. Es wird sogenannter Kreislaufschrott, Neuschrott und Altschrott unterschieden. Kreislauf- und Neuschrott sind Produktionsreste im Stahlherstellungsprozess oder in der industriellen Fertigung, beispielsweise in Form von Stanzabfällen oder Spänen. Altschrott fällt am Ende des Lebenszyklus von Infrastruktur, Gebäuden, Produkten, Fahrzeugen oder Maschinen an. Die Verfügbarkeit von Kreislaufschrott und Neuschrott steht in engem Zusammenhang mit dem Niveau der aktuellen Stahlproduktion. Die Verfügbarkeit von Altschrotten dagegen hängt vom historischen Stahlverbrauch der verschiedenen Sektoren und von der Länge der Lebenszyklen verschiedener Produkte sowie von effizienten Recyclingprogrammen ab.

Etwa 630 Millionen Tonnen Stahlschrott wurden 2017 weltweit zur Stahlherstellung von 1,6 Milliarden Tonnen eingesetzt. 35,5 % der globalen Rohstahlproduktion wurde 2017 durch Sekundärrohstoffe gedeckt. Seit 1900 wurden mehr als 25 Milliarden Tonnen Stahl recycelt. Dadurch wurde der Eisenerzverbrauch um 35 Milliarden Tonnen gesenkt, der Verbrauch von Kohle um 18 Milliarden Tonnen.

4.1. Herausforderungen durch Verbundwerkstoffe

Zur Weiterentwicklung der zirkulären Wirtschaft wird die Optimierung von Erfassung, Sortierung und Aufbereitung von Schrotten immer wichtiger. Bedingt durch die hohen Anforderungen an Stahlprodukte und deren Funktionalität nimmt die Komplexität bei der Zusammensetzung der Stahlprodukte zu. Auch die Kombination von Stahl mit anderen Materialien, wie Kunststoff (sog. Komposite) wächst an, um die Bedürfnisse der Industriegesellschaft zu bedienen. Das wiederum bringt neue Herausforderungen für die Metallurgie in den Elektrostahlwerken und den Oxygenstahlwerken mit sich. Entsprechend muss auch die Stahlrecyclingwirtschaft als Dienstleister und Sekundärrohstofflieferant mit diesen Herausforderungen umgehen und mit innovativen Sortier- und Aufbereitungstechniken qualitätsgesicherten Sekundärrohstoff zur Verfügung stellen. Eine intelligente Schrottlogistik der Entfallstellen und sensorgestützte Analyseverfahren unterstützen die Sortierung von Gemischen in sortenreine Einsatzstoffe.

4.2. Chancen durch die Digitalisierung

Chancen ergeben sich durch die Digitalisierung entlang der gesamten Wertschöpfungskette von der Entfallstelle bis zum Stahlwerk. Fortschritte bei der Digitalisierung werden weniger durch Einzelinnovationen getrieben sein, sondern durch das Verknüpfen von Einzelkomponenten zu Systemlösungen. Die Digitalisierung hat sich zu einem Treiber dieser Systembildung entwickelt. Die Hebel – digitale Daten, Automatisierung, digitale Nutzerschnittstelle, Vernetzung – bilden die Grundlage für innovative Systeme, die zur Effizienzsteigerung auf allen Stufen der Wertschöpfungskette beitragen. Die Entsorgungs- und Recyclingwirtschaft steht bei der Digitalisierung noch am Anfang. Eine Untersuchung der Unternehmensberatung Roland Berger im Auftrag des Bundesumweltministeriums hat festgestellt, dass die Kreislaufwirtschaft auf einer Skala von 0 bis 100, auf der die so genannte *Readiness* für die digitale Revolution gemessen wird, bei 30 % steht. Die Digitalisierung kann beispielsweise durch Kombination von intelligenter Software mit optimierter Sensorik dazu beitragen, die Sortenreinheit der Sekundärrohstoffe zu steigern und dadurch eine effizientere Wiederverwertung gewährleisten. Interaktive Kommunikation, z.B. zwischen Fahrzeugen, Ferndiagnose bei technischen Problemen, vorausschauende Wartung sowie automatisches Fahren werden sicherlich zu den Innovationstreibern im Bereich Abfallsammlung und -transport zählen. Online-Marktplätze für den Handel mit Sekundärrohstoffen weisen neue Wege, indem sie wertschöpfende Interaktionen zwischen Erzeugern, Dienstleistungsanbietern und Kunden ermöglichen.

4.3. Entwicklung des Stahlschrotteinsatzes weltweit

Obwohl der Stahlschrotteinsatz signifikante ökologische und ökonomische Vorteile gegenüber der Stahlerzeugung mit Primärrohstoffen hat, überrascht auf den ersten Blick, dass sich der Anteil des Schrotteinsatzes an der Rohstahlproduktion weltweit von 42,6 % im Jahr 2000 auf 35,5 % im Jahr 2017 verringert hat. Diese Entwicklung hängt eng mit dem Aufstieg Chinas zum weltgrößten Stahlhersteller zusammen. Im Jahr 2000 lag Chinas Anteil an der weltweiten Rohstahlproduktion bei lediglich 15 %, bis 2017 hat sich der Anteil auf fast 50 % erhöht. Zudem hat sich die Rohstahlproduktion in diesem Zeitraum nahezu verdoppelt. Als sich schnell entwickelnde Volkswirtschaft hat China nur zu einem geringen Teil Altschrott für die Stahlherstellung zur Verfügung. Verbraucher greifen daher im Wesentlichen auf Primärrohstoffe wie Eisenerz und Kokskohle zurück. Die schrottintensive Elektrostahlproduktion hat derzeit einen Anteil von lediglich 6,5 %. Die zunehmende Bedeutung Chinas bei der globalen Stahlproduktion und der vergleichsweise geringe Schrotteinsatz (18 %) erklären den prozentualen Rückgang des weltweiten Schrotteinsatzes in den letzten Jahren.

Absolut betrachtet hat China indessen schon heute mit 148 Millionen Tonnen im Jahr 2017 den höchsten Schrotteinsatz in der Rohstahlproduktion weltweit zu verzeichnen und liegt damit vor der EU-28 mit 93,3 Millionen Tonnen. Laut Angaben des chinesischen Metallrecycling-Verbands plant die Regierung, den jährlichen Stahlschrotteinsatz auf über 150 Millionen Tonnen im Jahr zu 2020 steigern und die Entsorgungsinfrastruktur des Landes weiter auszubauen.

	Stahlschrotteinsatz		**Rohstahlerzeugung**	
	2017	Änderung	2017	Änderung
	Mio. t	%	Mio. t	%
China	147,9	N.A.*	831,728	+ 3,0
EU-28	93,35	+ 5,6	168,140	+ 3,8
USA	58,8	+ 3,7	81,612	+ 4,0
Japan	35,8	+ 6,6	104,662	- 0,1
Südkorea	30,5	+ 11,3	71,030	+ 3,6
Türkei	30,3	+ 17,0	37,524	+ 13,1
Russland	28,5	+ 2,5	71,340	+ 1,3
Gesamt	**425**	**N.A.***	**1.366**	**+ 4,8**

*kein direkter Vergleich mit dem Vorjahr aufgrund von statistischen Sondereffekten

Tabelle 1:

Stahlschrotteinsatz und Rohstahlproduktion in Schlüsselländern und -regionen

Quelle: World Steel Recycling in Figures, BIR.org

4.4. Zukünftige Verfügbarkeit von Stahlschrott

Der weltweite Rohstoffverbrauch wird sich laut einer Studie der Organisation für wirtschaftliche Zusammenarbeit und Entwicklung (OECD) aufgrund der expandierenden Weltwirtschaft, des Bevölkerungswachstums und steigenden Lebensstandards sowie des Trends zur Urbanisierung bis 2060 nahezu verdoppeln. In der Folge wird die Stahlnachfrage nach Schätzungen der World Steel Association auf etwa 2 Milliarden Tonnen im Jahr 2030 ansteigen. Um im gleichen Zeitraum eine Halbierung der weltweiten CO_2-Emissionen zur erreichen, müssten laut Schätzungen der internationalen Energieagentur weitere 300 bis 500 Millionen Tonnen Stahl zusätzlich für den Aufbau der erforderlichen Infrastruktur für den Übergang zu erneuerbaren Energien produziert werden. Diese Entwicklungen haben Einfluss auf die zukünftige Schrottverfügbarkeit.

Die World Steel Association prognostiziert einen Anstieg der globalen Schrottverfügbarkeit auf etwa 1 Milliarde Tonnen im Jahr 2030, bis 2050 auf 1,3 Milliarden Tonnen. Den größten Anteil dieses Wachstums werden Schwellenländer haben. Allein in China wird das Schrottaufkommen auf 300 Millionen Tonnen bis 2030 und 400 Millionen Tonnen bis 2050 anwachsen. Dieses Wachstum spiegelt die bemerkenswerte Entwicklung der Rohstahlproduktion des Landes seit 2000 wider. In Regionen wie Indien und den ASEAN Staaten wird eine kontinuierlich steigende Rohstahlproduktion ebenfalls zum erwarteten Anstieg der Schrottverfügbarkeit beitragen.

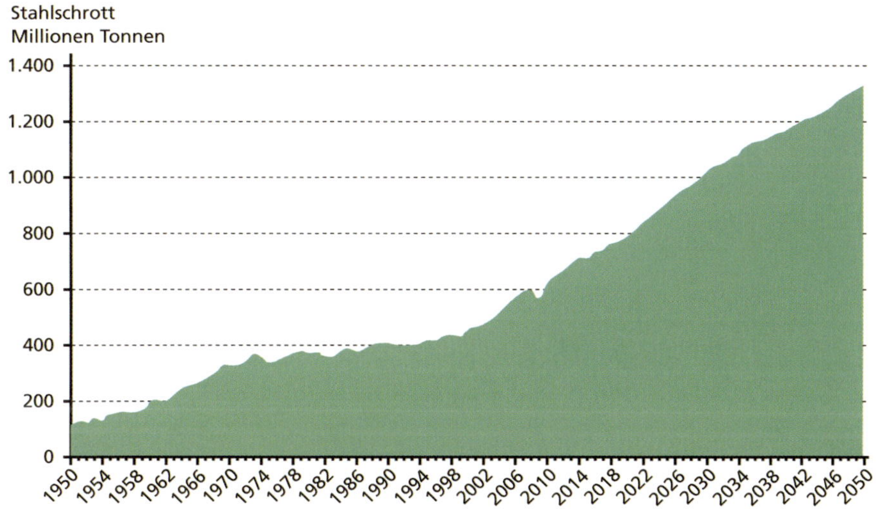

Bild 8: Prognose zur Verfügbarkeit von Stahlschrott weltweit

Schrott wird zunehmend die natürlichen Ressourcen als wesentliche Rohstoffquelle zur Stahlproduktion ersetzen. Mit dieser Entwicklung ist eine strukturellen Veränderung in den stahlproduzierenden Ländern hin zu den für den Schrotteinsatz optimierten Elektrolichtbogenöfen zu erwarten. Solange Stahlproduktion und Stahlnachfrage weiter wachsen, reicht der verfügbare Schrott zur Deckung der gesamten Rohstoffnachfrage jedoch nicht aus. Schrott ist hinsichtlich der kurzfristigen Verfügbarkeit durchaus ein knappes Gut. Eine Parallelität der Verfahren in der Produktion von Stahl wird daher auch in Zukunft vorhanden sein. Doch nach heutigen wissenschaftlichen Betrachtungen wird das Elektrostahlverfahren an Bedeutung gewinnen und mit ihm auch der Sekundärrohstoff Stahlschrott. Langfristig wird die schrottbasierte Stahlerzeugung das dominierende Verfahren sein.

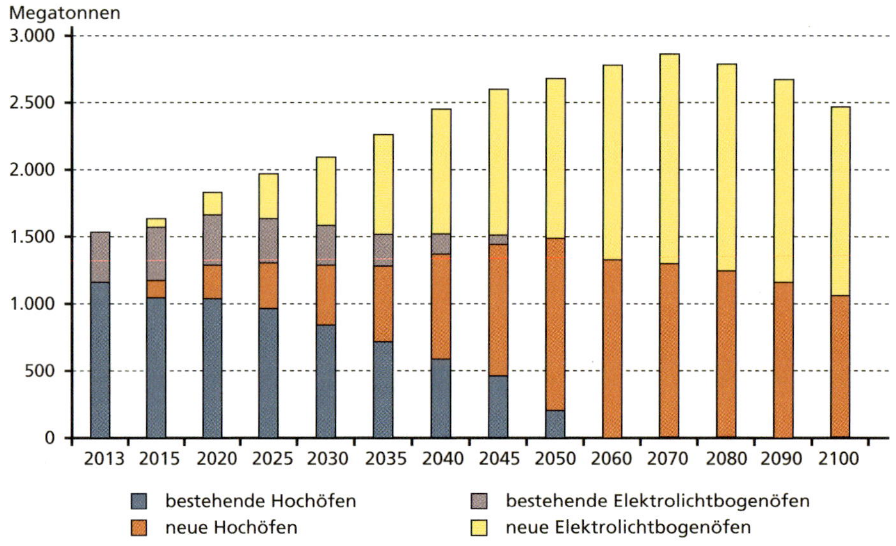

Bild 9: Prognostizierte Weltrohstahlproduktion nach Verfahren

Quelle: Xylia,, M.; Silveira , S.; Duerinck, J.; Meinke-Hubeny, F.:Weighing regional scrap availability in global pathways for steel production processes. Energy Efficiency (2018) 11

6. Schlussbemerkung

Die ökologischen und ökonomischen Vorteile unterstreichen den bedeutenden Beitrag, den das Stahlrecycling schon heute zur Erreichung der Klimaziele und zur Schonung der natürlichen Ressourcen leistet. Die Verdopplung der Weltrohstahlproduktion seit 2000 wird perspektivisch zu einer Erhöhung der globalen Verfügbarkeit des Sekundärrohstoffs Stahlschrott führen und damit auch zu einem Strukturwechsel hin zu einer immer mehr schrottbasierten Rohstahlproduktion. Neue Werkstoffe, Leichtbau und die Maßgaben der zirkulären Wirtschaft werden Auswirkungen auf Zusammensetzung und Menge der zukünftigen Schrotte haben. Die Stahlrecyclingbranche muss diesen Herausforderungen begegnen und Verfahren zur verbesserten Detektion, Trennung und Sortierung solcher Werkstoffe entwickeln. In diesem Zusammenhang gilt es, die Chancen der Digitalisierung zu nutzen, transparente Informationsflüsse zu schaffen und den Austausch mit Herstellern und Abnehmern zu intensivieren.

Vor dem Hintergrund der international noch sehr unterschiedlichen Umweltstandards sind nicht zuletzt Politik und Gesellschaft dazu aufgerufen, attraktive Rahmenbedingungen für CO_2-vermeidende Verfahren sowie für den bevorzugten Einsatz von Sekundärrohstoffen zu schaffen.

7. Literatur

[1] Broadbent, C.; Steel's recyclability: demonstrating the benefits of recycling steel to achieve a circular economy. Int J Life Cycle Assess (2016) 21:

[2] Bundesministerium für Umwelt, Naturschutz, Bau und Reaktorsicherheit: Deutsches Ressourceneffizienzprogramm II – Programm zur nachhaltigen Nutzung und zum Schutz der natürlichen Ressourcen. 2016

[3] Bureau of International Recycling: Report on the Environmental Benefits of Recycling, October 2008

[4] Bureau of International Recycling: World Steel Recycling in Figures 2013 -2017.2018

[5] Damgaard, A.; Larsen, A.; Christensen, T.; Recycling of metals: accounting of greenhouse gases and global warming contributions, Waste Management and Research, 2009

[6] Hiebel, M., Nühlen, J.: Technische, ökonomische, Ökologische und gesellschaftliche Faktoren von Stahlschrott (Zukunft Stahlschrott). Fraunhofer-Institut für Umwelt-, Sicherheits- und Energietechnik UMSICHT (Hrsg.): Onlinefassung der Studie im Auftrag der Bundesvereinigung Deutscher Stahlrecycling- und Entsorgungsunternehmen e.V. (BDSV), Oberhause, November 2016

[7] Institut der Deutschen Wirtschaft iwd: Klimapolitik:Die CO_2-Welt, 2017

[8] Kundak, M., L. Lazi, L.;,. Arnko, J., CO_2 Emission in the Steel Industry, Metalurgija 48 (2009)

[9] McKinsey&Company: Tsunami, spring tide or high tide?: The growing importance of steel scrap in China, Metal and Mining, March 2017

[10] Roland Berger GmbH (Hrsg.): Die Digitalisierung der GreenTech-Branche, 2016

[11] Willeke, R. Fachbuch Stahlrecycling – vom Rohstoff zum Stahl. München-Gräfelfing: Reed Elsevier, Deutschland, 1998 Wirtschaftsvereinigung Stahl: Fakten zur Stahlindustrie in Deutschland 2017, 2017

[12] Wirtschaftsvereinigung Stahl: Fakten zur Stahlindustrie in Deutschland 2017. 2018

[13] Wirtschaftsvereinigung Stahl: Klimaschutz mit Stahl, 2015

[14] World Steel Organisation: Steel Facts 2018

[15] World Steel Organisation: The future of global scrap availability, May 2018

[16] World Steel Organisation: Steel's Contribution to a Low Carbon Future and Climate Resilient Societies, 2018

[17] Xylia, M.; Silveira , S.; Duerinck, J.; Meinke-Hubeny, F.:Weighing regional scrap availability in global pathways for steel production processes. Energy Efficiency (2018) 11

Ansprechpartner

Daniela Entzian
BDSV Bundesvereinigung Deutscher Stahlrecycling- und Entsorgungsunternehmen e.V.
Referentin Betriebswirtschaft und Steuern
Berliner Allee 57
40212 Düsseldorf, Deutschland
+49 211-828953-25
daniela.entzian@bdsv.de

Rückgewinnung von Edel- und Sondermetallen: Potenziale, Maßnahmenoptionen und ihre Bewertung

Siegfried Kreibe, René Peche und Michael Krupp

Ansätze zur Rückgewinnung von Sondermetallen wurden bereits in vielen Forschungsprojekten entwickelt. Der Umsetzung stehen vor allem wirtschaftliche Herausforderungen entgegen, insbesondere die derzeit noch geringen Mengen an verfügbaren Abfällen. Dies gilt auch für die Rückgewinnung von Edelmetallen aus bestimmten Abfällen. Auch technische und organisatorische Hürden sowie Informationsdefizite spielen eine Rolle. Erst wenn die Analyse über den technischen Kernprozess hinaus die gesamten Abläufe von der Erfassung über die Demontage und/oder Aufbereitung bis hin zur Rückgewinnung der Metalle oder anderer marktfähiger Produkte erfolgt, können Chancen und Herausforderungen realistisch eingeschätzt werden.

Im Projekt ILESA (*Edel- und sondermetallhaltige Abfallströme intelligent lenken: Bündelung, Zwischenlagerung, Rückgewinnungsgrad*) untersuchte das bifa-Umweltinstitut gemeinsam mit der Hochschule Augsburg und avocado Rechtsanwälte im Auftrag des Umweltbundesamtes zahlreiche edel- und sondermetallhaltige Abfallströme.

Ein zentrales Ziel war es, Maßnahmen zu identifizieren, mit denen die Rückgewinnung von Edel- und Sondermetallen aus den untersuchten Abfallströmen verbessert oder überhaupt erst ermöglicht werden kann. Dieser Beitrag zeigt an zwei konkreten Beispielen, welche Maßnahmen hierzu in Betracht kommen und was damit erreicht werden kann.

1. Verwertungsprozesse, Bündelungs- und Informationskonzepte

1.1. Seltenerdmetallhaltige Magnetwerkstoffe

Erschwert wird der Aufbau von Verwertungslösungen für Neodym-Eisen-Bor-Magnete (NdFeB-Magnete) aus Abfällen zunächst dadurch, dass in den Abfallströmen mit den größten Aufkommen (derzeit vor allem Festplatten) die Magnetmenge pro Einzelgerät sehr klein ist, während Abfallströme mit großen Einzelmengen (z.B. Windenergieanlagen) derzeit nur ein geringes Gesamtpotential aufweisen.

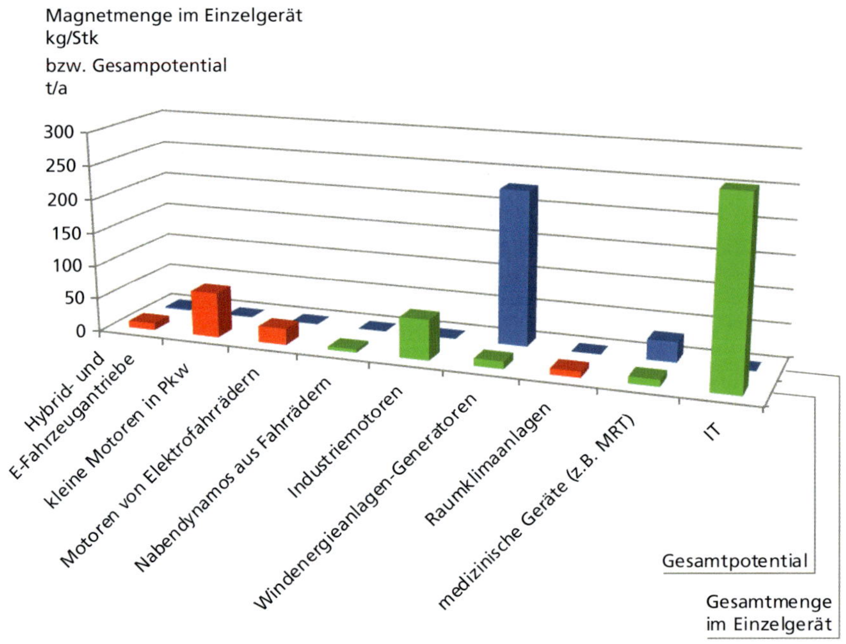

Bild 1: Massenanteil von NdFeB-Magnetwerkstoffen pro Einzelgerät und Anteil im Abfall in Deutschland im Jahr 2020 (rote Balken: künftig erhebliche Mengensteigerung zu erwarten). Quellen: Werte für Gesamtpotenzial beruhen auf Daten von [5, 6], ausgenommen PKW (Antrieb Hybrid- und Elektrofahrzeuge) [Annahme 4.000 Fahrzeuge mit etwa 2,4 kg Magnetmaterial pro Fahrzeug [8]] und PKW (kleine E-Motoren) [Annahme 134 g Magnetmaterial in Magneten pro Fahrzeug (Basis: [3]: etwa 30 bis 50 g Seltenerdmetalle je nicht aktuelles Fahrzeug) bei 500.000 Altfahrzeugen; hier nur erfasste Altfahrzeuge, Potenzial höher, aber nicht bekannt]

Bei Elektrofahrrädern, Pkw und Raumklimaanlagen wird allerdings mit einem starken Mengenwachstum gerechnet.

Insgesamt größter Kostenfaktor ist die Demontage der Magnete. Für vergleichsweise große Magnete erscheint eine wirtschaftliche Demontage insbesondere in größeren Betrieben langfristig nicht unrealistisch. Zur wirtschaftlichen Umsetzung der Gesamtprozesskette bis zur Gewinnung marktfähiger Materialfraktionen sind aber Durchsätze erforderlich, die nur mit wachsenden Abfallströmen und Mengenbündelung erreichbar sein dürften. Neben regulatorischen Maßnahmen können Handreichungen für Demontagebetriebe zur Übertragung von Lean-Management-Ansätzen auf die Zerlegeprozesse die Reduzierung des Demontageaufwandes unterstützen.

Die erforderliche Entmagnetisierung sollte bei einem zentralen Aufbereiter in großen und effizienten Durchlauföfen erfolgen.

Grundsätzlich sind zwei Arten der Bündelung zu unterscheiden: Bündelung in der Abholung und Bündelung in der Aufbereitung und Verarbeitung. Bei der Abholung senkt ein gemeinsamer Transport von (gekennzeichneten) Mengen aus unterschiedlichen Anwendungsbereichen, aber einheitlichen Anfallstellen in der Regel die Transportkosten. An welchen Stellen der Prozesskette zur Aufbereitung und Verarbeitung Teilmengen gebündelt, also vermischt werden sollten, hängt unter anderem von Größe und Einheitlichkeit der Teilmengen, den enthaltenen Fremdstoffen, dem vorgesehenen Aufbereitungsverfahren und den Anforderungen an die Qualität des Sekundär-Magnetmaterials sowie von den Anforderungen der Abnehmermärkte der Sekundärmaterialien und der Höhe der zu erwartenden Vergütung ab. Magnetmaterial, das in größerer Menge in gut definierter Form und Zusammensetzung anfällt, könnte gegebenenfalls direkt, etwa zur Rückgewinnung von Magnetlegierungen, weiterverarbeitet werden. Anstelle einer manuellen Entfernung sollten insbesondere bei kleinteiligen Magneten in großen Stückzahlen (z.B. aus Festplatten) mechanische bzw. automatische Separationsverfahren eingesetzt werden.

Eine Aufbereitung bis hin zur Separation reiner Seltenerdmetalle oder -metalloxide erfordert sehr aufwändige Trennprozesse und ist wohl nur in einer bestehenden Anlage, ggf. im Ausland, realistisch. Künftige zentrale Aufbereiter für NdFeB-Magnete würden sich, sofern sie nicht bereits solche Prozesse betreiben, voraussichtlich auf die Rückgewinnung von Magnetlegierungen und/oder die Abtrennung von Seltenerdmetalloxid-Konzentraten beschränken, die dann an Aufbereitungsspezialisten für Seltenerdmetalle abgegeben werden.

Interessierte Akteure könnten einen weitgehend unbesetzten voraussichtlichen Wachstumsmarkt besetzen, sobald insbesondere Altprodukte mit großen Magneten in größerer Zahl entsorgt werden. Es bleibt jedoch das Risiko der Refinanzierung der Investitionskosten. Fraglich ist, welche Vergütung an Erstbehandler gezahlt werden muss, um Lieferbereitschaft und Lieferqualität zu sichern. Abnahmebereitschaft und Konditionen der Verwerter von Seltenerdmetallkonzentraten respektive Preisschwankungen am Rohstoffmarkt sind kaum prognostizierbar. Änderungen an Magnet-Rezepturen oder Produktdesigns können ebenfalls das Geschäft gefährden. Trotz aller Schwierigkeiten erscheint eine Umsetzung denkbar.

Regulatorische Maßnahmen können unterstützend wirken. Denkbar sind insbesondere:

- eine Pflicht zur Kennzeichnung von Motoren mit NdFeB-Magneten, die Einzelmagnete ab einer definierten Masse enthalten,
- eine Verpflichtung, NdFeB-Magnete, die als solche bekannt bzw. erkennbar sind, sowie solche aus gekennzeichneten Motoren und Geräten auszubauen und einer Verwertung zuzuführen und
- die Verpflichtung zum demontagegerechten Einbau von NdFeB-Magneten, sofern kein Zielkonflikt mit Energie- und Materialeffizienz besteht.

1.2. Edelmetallhaltige Bauteile aus Altfahrzeugen

Die über die Elektronikkomponenten verteilte Leiterplattenmenge je Altfahrzeug kann derzeit mit etwa einem Kilogramm abgeschätzt werden. Allerdings können bei Weitem nicht alle Leiterplatten und Elektronikbauteile mit vertretbarem Aufwand ausgebaut werden [3]. Ein weiteres Hemmnis besteht darin, dass je Altfahrzeugverwerter nur kleine Mengen an Fahrzeugelektronik anfallen. Zur Separation von edelmetallhaltigen Fraktionen aus Elektronikkomponenten können Prozesse der Elektroaltgeräteaufbereitung genutzt werden, die größtenteils verfügbar sind. Zunächst kann dabei der manuelle Ausbau von leiterplattenhaltigen Bauteilen erfolgen sowie das Aufbrechen von Gehäusen und Freilegen der enthaltenen Leiterplatten z.B. in Prallmühlen mit anschließender manueller oder automatischer Sortierung [1]. Aus den gewonnenen Leiterplatten-Sortierfraktionen werden in Kupferhütten oder anderen metallurgischen Prozessen die Edelmetalle zurückgewonnen.

Die Wirtschaftlichkeit könnte dadurch verbessert werden, dass Altfahrzeug-Demontagebetriebe leicht ausbaubare edelmetallhaltige Komponenten separieren und sie mit demontierten, aber nicht verkaufbaren Gebrauchtteilen bündeln. Bei der Abholung sollten etablierte Abholbeziehungen zu z.B. Entsorgungslogistikern und Aufbereitern ausgebaut werden. Für letztere wäre bei der Abhollogistik eine Bündelung ähnlicher edelmetallhaltiger Abfallströme, z.B. aus der Werkstattentsorgung, vorteilhaft. Handreichungen für die Demontagebetriebe zur Übertragung von Lean-Management-Ansätzen auf Demontageprozesse können die Reduzierung des Demontageaufwandes unterstützen. Ein marktgetriebener Ansatz mit erheblicher Mengenwirkung erscheint für diesen Abfallstrom dennoch nicht realistisch.

Sollte ein regulatorisch getriebener Ansatz realisiert werden, so sind folgende, überwiegend zunächst im europäischen Recht zu verankernde Regelungen denkbar:

- Designvorgaben an die Fahrzeugindustrie zum demontagegerechten Einbau größerer Elektronikkomponenten in Fahrzeuge und
- die Verpflichtung zum Ausbau größerer Fahrzeugelektronik-Komponenten und zur Zufuhr zu einem Verwertungsprozess, bei dem Leiterplatten abgetrennt und der Edelmetallrückgewinnung zugeführt werden.

2. Ökologisch optimaler Rückgewinnungsgrad von Edel- und Sondermetallen

Im Rahmen dieses Vorhabens wurde ein Werkzeug entwickelt, das eine Abschätzung und Einordnung realistisch erreichbarer Rückgewinnungsgrade ermöglicht. Der Rückgewinnungsgrad ergibt sich aus einer Abfolge von Ausbeuten über die Prozessschritte der Recyclingkette von der Erfassung über die Separation und die Aufbereitung bis zur Rückgewinnung. Hierzu erfolgt eine Identifikation und qualitative bis halbquantitative Bewertung von Maßnahmen zur Steigerung des Rückgewinnungsgrades in einem Tabellenkalkulations-Tool. Die zugrundeliegende Bewertungsmethode umfasst folgende Stufen:

1. Definition der Ausgangsparameter für jede Teilmenge eines Abfallstroms (z.B. Gehalt an Zielmetallen),
2. Gliederung des Ausgangsprozesses in vier Verfahrensschritte (Erfassung, Separation, Aufbereitung, Rückgewinnung) sowie Abschätzung der derzeitigen Ausbeute pro Verfahrensschritt,
3. Verbesserungsansätze
   a) Sammlung von Maßnahmenoptionen (Verbesserungsansätzen) zu den einzelnen Verfahrensschritten und
   b) Abschätzung der Verbesserung der Ausbeute pro Verfahrensschritt,
4. qualitative/halbquantitative Bewertung der Maßnahmenoptionen hinsichtlich sechs Parameter, die untereinander zu gewichten sind: Umweltbelastungen durch die Maßnahme (Global Warming Potential, Toxikologie), Energieverbrauch (Kumulierter Energieaufwand), Effekt auf die Ausbeute an Nicht-Zielmaterialien sowie Machbarkeit (Realisierungschancen, Realisierungsaufwand),
5. Überführung der qualitativen Bewertung jeder Maßnahmenoption in einen Zahlenwert sowie Ranking der Maßnahmenoptionen innerhalb der Verfahrensschritte,
6. Verrechnung der Zielmetall-Ausbeuten der Maßnahmenoptionen, die innerhalb der Verfahrensschritte am besten abgeschnitten haben, mit ihren Neuwarenwerten sowie der Menge an Treibhausgasen, die für die Primärproduktion der zurückgewonnenen Zielmetalle freigesetzt worden wären, und
7. Gesamtbewertung.

Das Tabellenkalkulations-Tool wurde exemplarisch auf zwei Beispiele angewendet.

2.1. Abfallstrom NdFeB-Magnete

Zur Analyse des Abfallstroms NdFeB-Metalle wurden die drei mengenmäßig wichtigsten Teilströme analysiert, auf die in 2020 voraussichtlich etwa 85 % des gesamten Potenzials an NdFeB-Magneten entfallen werden: Magnete aus IT, Magnete aus Industriemotoren und Magnete aus kleinen E-Motoren aus PKW.

In der Ausgangssituation für diesen seltenerdmetallhaltigen Abfallstrom (Abschätzung: 402 Tonnen NdFeB-Magnetmaterial pro Jahr mit steigender Tendenz) wird davon ausgegangen, dass derzeit die betrachteten Zielmetalle Dysprosium, Neodym und Praseodym während der Recyclingprozesskette vollständig verloren gehen. Durch Umsetzung verschiedener Maßnahmenoptionen/Verbesserungsansätze in den Verfahrensschritten des Recyclingprozesses mit realistisch abgeschätzten Ausbeutesteigerungen kann ein Rückgewinnungsgrad (Gesamtausbeute) von 6,8 % erzielt werden (Tabelle 1). Das entspricht Einsparungen

- an treibhauswirksamen Emissionen in Höhe von etwa 258.000 kg CO_2-Äquivalenten,
- an fossilen Brennstoffen und regenerativen Energieträgern in Höhe von etwa 5,85 Millionen MJ sowie
- an Kosten für den Einkauf von Primärrohstoffen in Höhe von 675.000 EUR.

Tabelle 1: Angenommene Ausbeuten aus dem seltenerdmetallhaltigen Abfallstrom *NdFeB-Magnete*

Verfahrensschritt	Ausgangssituation			nach Umsetzung ausgewählter Maßnahmenoptionen/ Verbesserungsansätze					
				bei realistisch abgeschätzten Ausbeuten			bei sehr optimistisch abgeschätzten Ausbeuten		
	IM	IT	AF	IM	IT	EF	IM	IT	EF
	%								
Erfassung	30	50	50	30	65	52	60	70	85
Vorseparation	0	0	0	50	20	30	70	85	80
Aufbereitung	0	0	0	50	60	60	85	80	80
Verwertung	0	0	0	85	85	85	90	90	90
GESAMT	**0**			**6,8**			**42,3**		

IM = Magnete aus Industriemotoren (60 t/a = 15 % der betrachteten Gesamtmenge)
IT = Magnete aus IT (275 t/a = 68 % der betrachteten Gesamtmenge)
AF = Magnete aus kleinen E-Motoren aus Pkw (67 t/a = 17 % der betrachteten Gesamtmenge)

Mit sehr optimistischen Annahmen hinsichtlich der Steigerung der Ausbeuten für die gleichen Maßnahmenoptionen/Verbesserungsansätze ergibt sich ein Rückgewinnungsgrad von etwa 42 %.

Die damit zurückgewonnenen Zielmetallmengen entsprechen

- treibhauswirksamen Emissionen in Höhe von etwa 1,6 Millionen kg CO_2-Äquivalenten,
- einem Verbrauch an fossilen Brennstoffen und regenerativen Energieträgern in Höhe von etwa 36,1 Millionen MJ sowie
- Kosten für den Einkauf von Primärrohstoffen in Höhe von 4,1 Millionen EUR.

Von diesen Umweltentlastungs- und Kosteneffekten sind noch die Umweltbelastungen bzw. Kosten abzuziehen, die durch den Recyclingprozess verursacht werden.

2.2. Leiterplatten aus Altfahrzeugen

In der Ausgangssituation für diesen edelmetallhaltigen Abfallstrom (Annahme: 1.000 Tonnen Leiterplatten pro Jahr mit steigender Tendenz bei zugleich sinkendem Edelmetallgehalt) wird davon ausgegangen, dass derzeit die betrachteten Zielmetalle Gold, Silber, Palladium und Platin während der Recyclingprozesskette für Altfahrzeuge vollständig verloren gehen. Durch Umsetzung verschiedener Maßnahmenoptionen/ Verbesserungsansätze in den Verfahrensschritten mit realistisch abgeschätzten Ausbeutesteigerungen kann für den gesamten Recyclingprozess ein Rückgewinnungsgrad (Gesamtausbeute) von 5,9 % erzielt werden (Tabelle 2). Das entspricht Einsparungen

- an treibhauswirksamen Emissionen in Höhe von etwa 227.000 kg CO_2-Äquivalenten,
- an fossilen Brennstoffen und regenerativen Energieträgern in Höhe von etwa 3,3 Millionen MJ sowie
- an Kosten für den Einkauf von Primärrohstoffen in Höhe von 566.000 EUR.

Tabelle 2: Angenommene Ausbeuten im edelmetallhaltigen Abfallstrom *Leiterplatten aus Altfahrzeugen*

Verfahrensschritt	Ausgangssituation	nach Umsetzung ausgewählter Maßnahmenoptionen/ Verbesserungsansätze	
		bei realistisch abgeschätzten Ausbeuten	bei sehr optimistisch abgeschätzten Ausbeuten
	%		
Erfassung	50	52 (Werbung, Öffnungszeiten etc.)	85
Vorseparation	0	40 (Ausweitung manueller Demontage)	60
Aufbereitung	0	30 (Prallmühle und Sortierschritt)	85
Verwertung	95	95 (Kupferhütte)	96
GESAMT	**0**	**5,9**	**41,6**

Mit sehr optimistischen Annahmen hinsichtlich der Steigerung der Ausbeuten für die gleichen Maßnahmenoptionen/Verbesserungsansätze ergibt sich ein Rückgewinnungsgrad von knapp 42 %.

Die mit dem ermittelten Rückgewinnungsgrad von 41,6 % erhaltenen Zielmetalle entsprechen

- treibhauswirksamen Emissionen in Höhe von etwa 1,6 Millionen kg CO_2-Äquivalenten,
- einem Verbrauch an fossilen Brennstoffen und regenerativen Energieträgern in Höhe von etwa 23,4 Millionen MJ sowie
- Kosten für den Einkauf von Primärrohstoffen in Höhe von 3,97 Millionen EUR.

Von diesen Umweltentlastungs- und Kosteneffekten sind noch die Umweltbelastungen bzw. Kosten abzuziehen, die durch den Recyclingprozess verursacht werden.

3. Implementierung der Maßnahmen zur Stärkung des Recyclings von Edel- und Sondermetallen

Die im Projekt entwickelten Maßnahmenoptionen wurden qualitativ bewertet mit Blick auf Steigerung der zurückgewonnenen Menge Zielmetalle, Grad der Verbindlichkeit, Realisierungschancen, Realisierungsaufwand und Effekte auf die Verwertung anderer Metalle.

3.1. Seltenerdmetallhaltige Magnetwerkstoffe

Zur Stärkung des Recyclings seltenerdmetallhaltiger Magnetwerkstoffe könnten folgende Maßnahmen zweckmäßig sein:

M 1: Kennzeichnungspflicht

Kennzeichnung von Motoren (oder anderen Anwendungen) z.B. auf dem Typenschild, die Einzelmagnete größer als z.B. 20 g enthalten oder eine Gesamtmenge größer als z.B. 200 g. Der Kennzeichnungs-Code gibt den Magnettyp an (z.B. NdFeB), gegebenenfalls erweitert mit Angabe aller in Anteilen von mehr als 1 Ma.-% enthaltenen Seltenerdmetalle (z.B. NdPrDyFeB). Zu prüfen wäre, ob die Kennzeichnung auch eine Unterscheidung von polymergebundenen und Sinter-Magneten ermöglichen sollte.

Hinweis: Gegebenenfalls Kennzeichnungspflicht für alle Permanentmagnettypen, damit auch der vermehrte Einsatz anderer seltenerdmetallhaltiger Magnettypen erfasst wäre und Ausweichbewegungen durch Wechsel des Magnettyps vermieden würden bzw. nachvollziehbar sind.

Hinweis: Bei automatischer Sortierung könnte die Kennzeichnung sehr einfach gehalten werden (z.B. NdFeB).

M 2: Ausbau-, Verwertungs- und Informationspflicht

Für Motoren bzw. Geräte mit nicht motorengebundenen Magneten, die als NdFeB-haltig erkennbar (z.B. in Festplatten) oder, wie unter M 1 beschrieben, gekennzeichnet sind, Ausbaupflicht und Verpflichtung, die ausgebauten Magnete einer Verwertung zuzuführen, durch die Seltenerdmetalle ersetzt werden.

Hinweis: Eine Pflicht zum Ausbau ist nur dort zielführend, wo eine Kennzeichnungspflicht besteht oder z.B. aufgrund der Demontagehinweise das Vorhandensein von NdFeB-Magneten bekannt ist. Gegebenenfalls kann in die genannten Regelwerke eine Formulierung aufgenommen werden wie

… sind auszubauen aus Geräten, die entsprechend gekennzeichnet sind oder bei denen das Vorhandensein NdFeB-haltiger Magnete allgemein bekannt ist.

M 3: Verpflichtung zum verwertungsgerechten Design

Zu prüfen: Erscheint eine Vorgabe *Magnete müssen mit einfachen Mitteln unzerstört ausgebaut werden können* unter Abwägung aller Gesichtspunkte vertretbar (mögliche Zielkonflikte mit Energie- und Materialeffizienz)?

Wenn ja: Prüfung der Möglichkeiten zur Verpflichtung der Hersteller bzw. Importeure der sondermetallhaltigen Elektro- und Elektronikgeräte bzw. Fahrzeuge. Wenn eine solche Vorgabe nicht vertretbar ist, dann muss auch die Verpflichtung zum Ausbau eingeschränkt werden, z.B. *Ausbau, sofern technisch möglich, wirtschaftlich zumutbar und unter Beachtung der sozialen Folgen*. Ob der Aufwand vertretbar ist, könnte in technischen Leitlinien anhand von Kriterien oder Bauteillisten beschrieben und regelmäßig aktualisiert werden.

M 4: Verwertungsquote

Einführung einer speziellen sondermetallbezogenen Verwertungsquote mit Bezug auf die der Verwertung zugeführte Menge: allenfalls mit großem Aufwand zu überwachen, denn hierzu müssten sowohl die separierten und der Verwertung zugeführten Mengen als auch die Ausbeuten der Verwertungsprozesse ermittelt und zusammengeführt werden (vgl. daher die Möglichkeit einer entsprechenden Anpassung der Mitteilungspflichten im ElektroG und in der AltfahrzeugV).

M 5: Schaffung der Möglichkeit zur Einrichtung von Langzeitzwischenlagern

Für NdFeB-Magnete oder Teile, die z.B. zu mindestens 10 % aus NdFeB-Magneten bestehen; Möglichkeit zur Einrichtung und Unterhaltung privatwirtschaftlich betriebener Langzeitzwischenlager, dazu Änderungen der Anforderungen an die Langzeitlagerung in § 23 DepV.

M 6: Bündelungsworkshops

Unter Einbeziehung von Demontagebetrieben, Aufbereitern und für Demontagebetriebe (auch in anderen Feldern) tätigen Logistikern und Verwertern.

M 7: Förderung der Entwicklung von Transport- und Behältersystemen für NdFeB-Magnetabfälle

Ausschreibung eines Forschungsprojekts unter Beteiligung von Praxispartnern; Schritt 1: Prüfung der Eignung von Systemen, die zur Bereitstellung von Neu-Magneten eingesetzt werden.

M 8: Initiierung Erfassungs- und Demontagenetzwerk für Elektrofahrräder

Anstoßen einer freiwilligen Kooperation zwischen Fahrrad-Herstellern, -Händlern und -Verwertern z.B. durch einen Workshop.

Bewertung der Maßnahmenoptionen:

Als wirksame Maßnahmen mit hoher Verbindlichkeit stellen sich M 2 in Kombination mit M 1 dar, die durch M 3 und/oder M 4 zusätzlich gestärkt werden könnten. Insbesondere der Realisierungsaufwand für M 3 und M 4 ist jedoch recht hoch. Maßnahmen mit insgesamt günstigen Bewertungen, die mit geringem Aufwand zu realisieren wären, sind M 6 und M 8. Beide Maßnahmen haben zudem positive Effekte auf die Verwertung anderer Metalle. Der Grad der Verbindlichkeit ist hier jedoch deutlich geringer.

3.2. Edelmetallhaltige Leiterplatten und Lambdasonden aus Altfahrzeugen

Zur Stärkung der Rückgewinnung von Edelmetallen aus Fahrzeugelektronik könnten folgende Maßnahmen zweckmäßig sein:

M 1: Designvorgaben an die Fahrzeugindustrie

Verpflichtung zum demontagegerechten Einbau (z.B. VDI Richtlinie 2243: recyclingorientierte Produktentwicklung) größerer Elektronikkomponenten in Fahrzeuge; Verankerung in der Altfahrzeugrichtlinie und in der AltfahrzeugV, gegebenenfalls in Form zusätzlicher bzw. ergänzter Anhänge; nur zielführend in Kombination mit einer Ausbauverpflichtung für Altfahrzeug-Demontagebetriebe.

Eingrenzung auf relevante Komponenten, um unangemessenen Aufwand zu vermeiden; als erste Grundlage einer Auswahl-Orientierung könnte die Separationsempfehlung von [3] dienen.

Zu prüfen: Zuvor sollte geprüft werden, in welchem Umfang Konflikte mit den Designzielen Gewichtsreduzierung und Materialeffizienz auftreten können.

M 2: Ausbau-, Verwertungs- und Informationspflicht

Verpflichtung zum Ausbau größerer Fahrzeugelektronik-Komponenten aus Altfahrzeugen und zur Zufuhr zu einem Verwertungsprozess, bei dem Leiterplatten abgetrennt und der Edelmetallrückgewinnung zugeführt werden.

Soweit neue Anforderungen an die Ausschleusung von edelmetallhaltigen Bauteilen aus Altfahrzeugen im Rahmen der Demontage gesetzlich festgelegt werden sollten, würde dies auch bedeuten, dass die Hersteller den Demontagebetrieben entsprechend ergänzte Demontagehinweise zur Verfügung stellen müssen, aus denen sich ergibt, wie diese edelmetallhaltigen Bauteile ausgebaut werden können.

M 3: Altfahrzeugrücklauf verbessern

Steigert das Potenzial zur Rückgewinnung von Edelmetallen sowohl im Falle der Demontage edelmetallhaltiger Teile als auch – mit deutlich schlechteren Ausbeuten – beim Schreddern noch in den Altfahrzeugen enthaltener, nicht demontierter Bauteile.

M 4: Schredderoptimierung

Förderung von Projekten zur Verbesserung der Edelmetallausbeute (wie auch der Ausbeute weiterer Metalle wie Stahl, Kupfer und Aluminium) aus Schredderfraktionen im Falle nicht demontierter edelmetallhaltiger Bauteile; z.B. durch Ausschreibung eines Forschungsprojekts unter Beteiligung von Praxispartnern.

M 5: Bündelungs-Workshops

Im Rahmen von Bündelungs-Workshops werden Möglichkeiten erarbeitet, bestehende Netzwerke zu nutzen und auszubauen. Sinnvoll könnte das Zusammenbringen von Demontagebetrieben (und ggf. weiteren Betrieben mit ähnlichen Abfällen aus anderen Branchen) mit deren potenziellen Abnehmern und Logistikern zur Erweiterung bestehender oder zur Entwicklung neuer Netzwerke sein. Ziel ist es, dass entsprechende Vereinbarungen getroffen werden, um bereits etablierte Abholbeziehungen zu nutzen und neue Verbindungen aufzubauen.

Bewertung der Maßnahmenoptionen:

Die einzige wirksame Maßnahme mit hoher Verbindlichkeit bei insgesamt günstiger Bewertung ist M 2. Hier ist der Realisierungsaufwand jedoch recht hoch. Die Maßnahmen M 3, M 4 und M 5 weisen insgesamt günstige Bewertungen auf. Auch diese Maßnahmen haben positive Effekte auf die Verwertung anderer Metalle, der Grad der Verbindlichkeit ist hier jedoch eher gering.

3.3. Übergeordnete Maßnahmen

Über die zuvor für einzelne Abfallströme dargestellten spezifischen Maßnahmenoptionen hinaus bestehen weitere übergeordnete Handlungsmöglichkeiten zur Effizienzsteigerung der betriebsinternen und der betriebsübergreifenden Logistik, die auf die Abfall- bzw. Stoffstrombewirtschaftung in den Betrieben insgesamt, nicht nur speziell auf die edel- und sondermetallhaltigen Abfallströme abzielen, aber dennoch positive Auswirkungen auf die Rückgewinnung der Zielmetalle aus den Abfällen haben können. Dabei handelt es sich um Maßnahmen, die im Bereich der Demontage und Verwertung angesiedelt sind:

- die Förderung der Entwicklung eines Recycling-Warenwirtschaftssystems (RWWS), betriebsintern und/oder betriebsübergreifend,
- die Ausarbeitung einer Handreichung *Lean Management*,
- die Entwicklung und Verbreitung von Füllstanderfassungssystemen, beispielsweise zur Unterstützung eines RWWS, sowie
- die stoffstromübergreifende Bündelung, welche auf eine bessere Auslastung der logistischen Ketten bei Transporten zielt. Wird ein Umschlagpunkt zwischengeschaltet, ist die Bündelung weitgehend unabhängig von den Inhaltsstoffen der transportierten Objekte. Die Bündelungspotenziale ergeben sich über die räumliche Nähe der Abholadressen bzw. nach dem Umschlagpunkt der Zieldestinationen. Dies lässt sich beispielsweise durch Bündelungs-Workshops unterstützen.

Bild 2 zeigt stoffstromübergreifende Bündelungsoptionen über die hier dargestellten Abfallströme hinaus, durch die der Aufwand für die Kleinmengenlogistik reduziert werden kann.

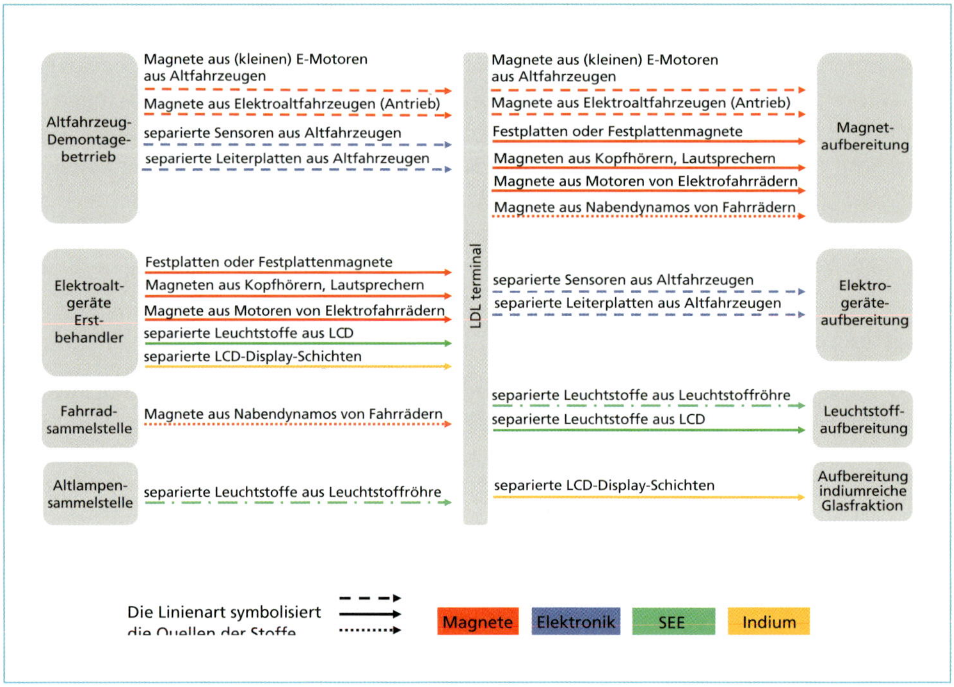

Bild 2: Bündelungspotenziale ausgewählter Stoffströme

4. Angemessenheit von Maßnahmen

Der Aufwand für die Realisierung und Umsetzung von Maßnahmen zur Stärkung des Recyclings sollte in angemessenem Verhältnis zum erwarteten ökologischen Nutzen stehen. Daher wurde das Umweltentlastungspotential durch das Recycling der Zielmetalle in den betrachteten Abfallströmen, das sich durch die Vermeidung der Primärproduktion ergibt, anhand des Leitparameters Treibhausgasemissionen abgeschätzt (Bild 3).

Der mögliche ökologische Nutzen von Maßnahmen zur Verbesserung des Recyclings beschränkt sich auf den Anteil der aus diesem Potenzial tatsächlich zurückgewonnenen Metalle. Aufgrund unvollständiger Erfassung und von Verlusten entlang der Prozesskette kann die tatsächlich zu erwartende Ausbeute wesentlich geringer sein. Von diesem Brutto-Nutzen sind dann noch die Treibhausgasemissionen abzuziehen, die durch die Recyclingprozesse verursacht werden.

Selbst im Falle von NdFeB-Magneten und bei künftig erheblich steigenden Mengen wird zwar das Potenzial voraussichtlich auf bis zu wenige tausend Einwohnerwerte steigen, der zu erwartende Nutzen mit Blick auf die Treibhausgasemissionen dürfte durch Exporte in Form von Gebrauchtgeräten, Verluste entlang der Verwertungskette und Treibhausgasemissionen aus der Verwertung allerdings dennoch einige Hundert Einwohnerwerte in Deutschland kaum übersteigen. Mindestens aus Sicht des Klimaschutzes erscheinen daher in Implementierung und Umsetzung aufwendige, gesetzgeberische Maßnahmen kaum angemessen.

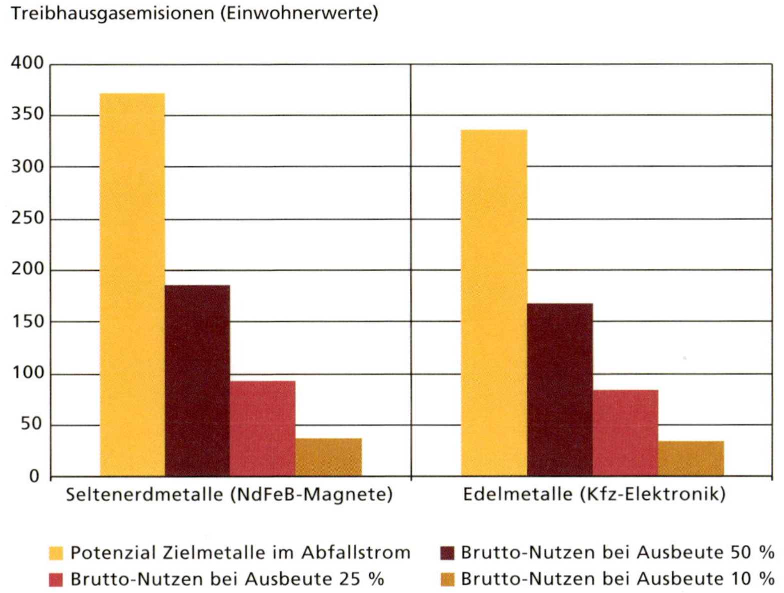

Bild 3: Brutto-Umweltentlastungspotenzial der Zielmetalle in den betrachteten Abfallströmen durch Verzicht auf ihre Primärproduktion; dargestellt anhand des Leitparameters Treibhausgasemissionen (Angaben in Einwohnerwerten); Carbon Footprint Einwohnerwerte Deutschland: 11,4 Tonnen CO_2 eq/a

Quellen: Bulach, W.; Schüler, D.; Sellin, G.; Elwert, T.; Schmid, D.; Goldmann, D.; Buchert, M.; Kammer; U.: Elektrofahrzeugrecycling 2020 – Schlüsselkomponente Leistungselektronik. Endbericht zum BMBF Forschungsprojekt ElmoReL 2020. Förderkennzeichen 16EM2032-1. Darmstadt., S. 37f., 2017.

Carbon Footprint Zielmetalle: Dy, Tb: Umweltbundesamt: Treibhausgas-Emissionen in der Europäischen Union: Pro-Kopf-Emissionen. https://www.umweltbundesamt.de/daten/klima/treibhausgas-emissionen-in-der-europaeischen-union#textpart-2. aufgerufen am 05.04.2018, 2018.

alle anderen: PLoS: Life Cycle Assessment of Metals: A Scientific Synthesis. http://journals.plos.org/plosone/article?id=10.1371/journal.pone.0101298. aufgerufen am 31.03.2018, 2014.

Für die Frage nach der Angemessenheit von (rechtlichen) Maßnahmen zur Stärkung der Rückgewinnung von Edel- und Sondermetallen sind neben dem Klimaschutz weitere Aspekte relevant, beispielsweise:

- weitere Umweltbelastungen aus der Primärgewinnung der Metalle,
- die Versorgungssicherheit insbesondere mit kritischen Rohstoffen,
- die Rohstoffsicherung insbesondere für zukünftig immer relevanter werdende Klimaschutz-Technologien wie Photovoltaikanlagen, Windenergieanlagen oder Elektromobilität und
- die mittel- oder langfristig voraussichtlich steigenden Mengen vieler der untersuchten Edel- und Sondermetalle in den Abfallströmen.

Auch bei der Bewertung dieser Aspekte sind jedoch die bei den meisten betrachteten Abfallströmen zu erwartenden erheblichen Verluste entlang der Verwertungskette zu berücksichtigen.

Dennoch sind weitere Aktivitäten zur Verbesserung bzw. Realisierung der Rückgewinnung der Zielmetalle aus den betrachteten Abfallströmen sinnvoll und wünschenswert. So kann in bestimmten Konstellationen, etwa bei direktem Zugriff eines Geräteherstellers oder Verwerters auf geeignete Abfallmengen eine Separation von Zielmetallen ökologisch und möglicherweise auch wirtschaftlich vorteilhaft sein, sofern in genau diesen Konstellationen Abnehmer für das gewonnene Material zur Verfügung stehen. Auch können ausgeprägte Preisspitzen bei hohem Bedarf gute Voraussetzungen zum Aufbau begrenzter Rückgewinnungsaktivitäten sein, weil vorübergehend Abnehmer auf internationalen Märkten auftreten. Und schließlich gelingt es einzelnen Akteuren immer wieder, kreative Lösungen für Teilmengen von Abfallströmen zu entwickeln. Zudem ist in einigen der genannten Felder nicht auszuschließen, dass einzelne Akteure eigeninitiativ umfassendere Lösungen aufbauen, und sei es, um auf diesem Wege andere, wirtschaftlich aussichtsreichere Aktivitäten zu stützen.

Gezielte und begrenzte staatliche Aktivitäten können hilfreich sein, wenn sie die Eigeninitiative der Beteiligten unterstützen. So können Akteure etwa in Form von Bündelungs-Workshops oder Round-Table-Gesprächen zusammengebracht werden. Für die Teilnehmer kann das insbesondere dann interessant sein, wenn grundsätzliche Verbesserungen angestrebt sind, bei denen eine mögliche Rückgewinnung der hier betrachteten Metalle nur einer von vielen denkbaren positiven Effekten ist. Dies ist etwa der Fall bei der Entwicklung von Recycling-Warenwirtschaftssystemen oder bei der Entwicklung von Lean-Management-Handreichungen speziell für kleine und mittlere Unternehmen.

Gesetzgeberische Maßnahmen, die auf einer übergeordneten Ebene angreifen, können die Voraussetzungen für Eigeninitiative der Akteure verbessern. So führen Maßnahmen zur Verbesserung der vorschriftsmäßigen Erfassung von Altprodukten wie Altfahrzeuge oder Elektroaltgeräte zu größeren für interessierte Akteure greifbaren Mengen an Edel- oder Sondermetallen, insbesondere aber zu größeren Mengen an Massenmetallen. Die Schaffung einer Möglichkeit zur Langzeitzwischenlagerung geeigneter separierter Komponenten oder Materialien durch Verwerter trägt ebenfalls zur Ausweitung ihres Handlungsspielraums bei. Dies kann beim Aufbau von Lösungen helfen, und zwar nicht nur für die hier betrachteten Metalle.

Der ausführliche Ergebnisbericht zum Projekt wird in Kürze in der Schriftenreihe UBA-Texte des Umweltbundesamtes erscheinen. Dort findet sich neben der Analyse weiterer Abfallströme auch eine ausführliche rechtliche Bewertung der gesetzgeberischen Ansätze, eine Analyse der Option einer Schaffung von Möglichkeiten zur Langzeitzwischenlagerung und eine ausführliche Beschreibung des Tabellenkalkulationstools zur Bewertung von Maßnahmen und zur Abschätzung realistisch zu erwartender Ausbeuten.

5. Literatur

[1] Bulach, W.; Schüler, D.; Sellin, G.; Elwert, T.; Schmid, D.; Goldmann, D.; Buchert, M.; Kammer; U.: Elektrofahrzeugrecycling 2020 – Schlüsselkomponente Leistungselektronik. Endbericht zum BMBF Forschungsprojekt ElmoReL 2020. Förderkennzeichen 16EM2032-1. Darmstadt., S. 37f., 2017

[2] ecoinvent: v3.4. https://www.ecoinvent.org. aufgerufen 31.03.2018, 2017

[3] Groke, M.; Kaerger, W.; Sander, K.; Bergamos, M.: Optimierung der Separation von Bauteilen und Materialien aus Altfahrzeugen zur Rückgewinnung kritischer Metalle (ORKAM). UBA-Texte 02/2017. Hrsg. Umweltbundesamt. Dessau-Roßlau, S. 87-89, 2017

[4] PLoS: Life Cycle Assessment of Metals: A Scientific Synthesis. http://journals.plos.org/plosone/article?id=10.1371/journal.pone.0101298. aufgerufen am 31.03.2018, 2014

[5] Sander, K.; Gößling-Reisemann, S.; Zimmermann, T.; Marscheider-Weidemann, F.; Wilts, H.; Schebeck, L.; Wagner, J.; Heegn, H.; Pehlken, A. et al.: Recyclingpotenzial strategischer Metalle (Projekt ReStra). UBA-Texte 68/2017. Hrsg. Umweltbundesamt. Dessau-Roßlau. https://www.umweltbundesamt.de/publikationen/recyclingpotenzial-strategischer-metalle-restra, S. 35, 2017

[6] Sander, K.; Schilling, S.; Marscheider-Weidemann, F.; Wilts, H.; von Gries, N.; Hobohm, J.: Abfall-wirtschaftliche Produktverantwortung unter Ressourcenschutzaspekten (Projekt RePro.). Meilensteinbericht August 2012. Dessau-Roßlau. http://www.oekopol.de/archiv/material/603_RePro_Meilensteinbericht_1.pdf., S. 58, 2012

[7] Umweltbundesamt: Treibhausgas-Emissionen in der Europäischen Union: Pro-Kopf-Emissionen. https://www.umweltbundesamt.de/daten/klima/treibhausgas-emissionen-in-der-europaeischen-union#textpart-2. aufgerufen am 05.04.2018, 2018

[8] Zepf, V.: Das verkannte Recyclingpotential der Seltenen Erden – Quantitative Ergebnisse für Neodym in Deutschland. In: Thomé-Kozmiensky, K. J.; Goldmann, D. (Hrsg.): Recycling und Rohstoffe, Band 8. Neuruppin: TK Verlag Karl Thomé-Kozmiensky, 2015, S. 463-476

Ansprechpartner

Dr. Siegfried Kreibe
bifa Umweltinstitut GmbH
Stellvertretender Geschäftsführer
Am Mittleren Moos 46
86167 Augsburg, Deutschland
+49 821-7000-178
skreibe@bifa.de

Metalle

Superlegierungsschrotte auf Basis von Nickel und Cobalt
– Aufbereitung und Qualitätssicherung auf dem Weg zurück zum High Tech Metall –

Joachim Lüning

Wenn man das nächste Mal in einem Flugzeug sitzt, auf der Startbahn auf zweihundert bis dreihundert Stundenkilometer beschleunigt wird bis ein paar hundert Tonnen vom Boden abheben, sollte einem bewusst werden, dass in den Triebwerken, die wir rechts und links unter den Flügeln sehen, vielleicht Temperaturen von etwa 1.500 °C herrschen – Temperaturen oberhalb der Schmelzpunkte der eingesetzten Metalle.

Dass sich die Triebwerke nicht augenblicklich in eine flüssige Phase verwandeln und als glutroter Strahl geschmolzenen Metalls herabtropfen, ist das Resultat einiger raffiniert zusammengestellter Materialien: Superlegierungen.

Der Begriff *Superlegierung* wurde erstmals kurz nach dem Zweiten Weltkrieg verwendet, um eine Gruppe von Legierungen zu beschreiben, die für den Einsatz in Turboladern und Flugzeugtriebwerken entwickelt wurden und eine hohe Leistung (Hochtemperaturfestigkeit und Oxidationsbeständigkeit) bei erhöhten Temperaturen erforderten. Das Anwendungsspektrum, für das Superlegierungen verwendet werden, hat sich auf viele andere Bereiche ausgedehnt und umfasst auch Gasturbinen für Kraftwerke, Raketentriebwerke, Chemie- und Mineralölanlagen, Medizin sowie Warmarbeitswerkzeuge in der Metallindustrie.

Superlegierungen sind besonders gut für diese anspruchsvollen Anwendungen geeignet, da sie auch nach langen Einwirkzeiten je nach Legierung bei über 650 °C und teilweise auch über 1.000 °C ihre Eigenschaften behalten. Ihre Vielseitigkeit beruht auf der Tatsache, dass sie diese hohe Festigkeit mit einer guten Tieftemperaturduktilität und einer ausgezeichneten Oberflächenstabilität kombinieren [1].

Das Recycling dieser Superlegierungen, sei es aus Produktionsabfällen oder End of Life-Maschinen und -Anlagen, hat sich in den letzten Jahrzehnten zu einer eigenen Industrie einiger Spezialisten entwickelt. Aus den grundlegenden Inhaltselementen wie Eisen, Nickel, Cobalt, Chrom und Molybdän, sowie den Zusätzen von Aluminium, Titan, Niob, Wolfram, Tantal und Hafnium, um nur einige zu nennen, kann der Halbzeughersteller oder die Gießerei über die Primärmetalle nach seiner Rezeptur die entsprechende Legierung jederzeit herstellen. Bekommt er aber aus dem Recycling einen aufbereiteten Schrott, der höchsten Qualitätsansprüchen hinsichtlich äußerer Beschaffenheit und chemischer Analytik genügt, so ist dies ein nahezu gleichwertiger Ersatz für die sonst eingesetzten Primärmetalle und Vorlegierungen. Der Benefit besteht darin, die sonst für Primärmetalle verlangten Prämien über der Börsennotierung nicht zahlen zu müssen. Ebenso gelten für Schrotte in der Regel Abschläge zur Börsennotierung. Stattdessen erhält er also einen günstigeren Sekundärrohstoff, mit dem er ein qualitativ absolut gleichwertiges Produkt herstellen kann. Außer der pyrometallurgischen Behandlung durch Umschmelze und Raffination gibt es auch für bestimmte Ausgangsstoffe eine hydrometallurgische Aufarbeitung, mit der die reinen Metalle aus einem komplexen Gemisch wiedergewonnen werden können.

Die Siegfried-Jacob-Gruppe mit ihren darauf spezialisierten Unternehmen Siegfried Jacob Metallwerke GmbH & Co. KG (Ennepetal), Nickelhütte Aue GmbH (Aue) und Ireland Alloys Ltd. (Hamilton, UK) deckt hier nahezu alle Möglichkeiten der Aufbereitung von Rückständen und Schrotten aus Superlegierungen ab.

1. High Tech Metalle

Eine Faustregel für den Werkstoffeinsatz bei einer Temperatur T_E lautet:

$$T_E \leq 0{,}4\ T_m \quad [T] = K \qquad (1)$$

T_E: Einsatztemperatur T_m: Schmelztemperatur

Oberhalb dieser Einsatztemperatur führen Kriechprozesse im Metallgitter und erhöhte Korrosionsneigung zu frühzeitigem Verschleiß. Schaut man sich die so berechneten möglichen Einsatztemperaturen einiger Metalle an, so wird einem schnell klar, dass diese Metalle oder deren Legierungen den Anforderungen für einen Einsatz in einer Gasturbine oder Flugzeugtriebwerk nicht gewachsen sind. Lediglich Refraktärmetalle wie Molybdän, Tantal, Rhenium oder Wolfram erlauben Einsätze oberhalb von 1.000 °C.

Metall	T_m	T_E	Metall	T_m	T_E
	°C			°C	
Mn	1.244	498	Ni	1.453	581
Co	1.492	597	Fe	1.535	614
Ti	1.727	691	Pt	1.774	710
Cr	1.920	768	Nb	1.950	780
Mo	2.622	1.048	Ta	3.030	1.212
Re	3.170	1.268	W	3.380	1.352

Tabelle 1:

Schmelz- und Einsatztemperaturen gebräuchlicher Metalle

Legiert man die in der Tabelle genannten Elemente miteinander oder mit anderen Elementen, so verändern sich die Eigenschaften der miteinander legierten Substanzen massiv, was zur Verbesserung bzw. Verschlechterung bezüglich Festigkeit, Duktilität oder Oxidationsneigung führt [2]. Als Superlegierung bezeichnet man dann eine Legierung, die bei hohen Temperaturen auch oberhalb von 0,7 T_m verwendet werden kann. Kriech- und Oxidationsbeständigkeit stehen an erster Stelle der Design-Kriterien. Superlegierungen können auf Eisen, Cobalt oder Nickel basieren, wobei letzteres am besten für Flugmotoren geeignet ist [5].

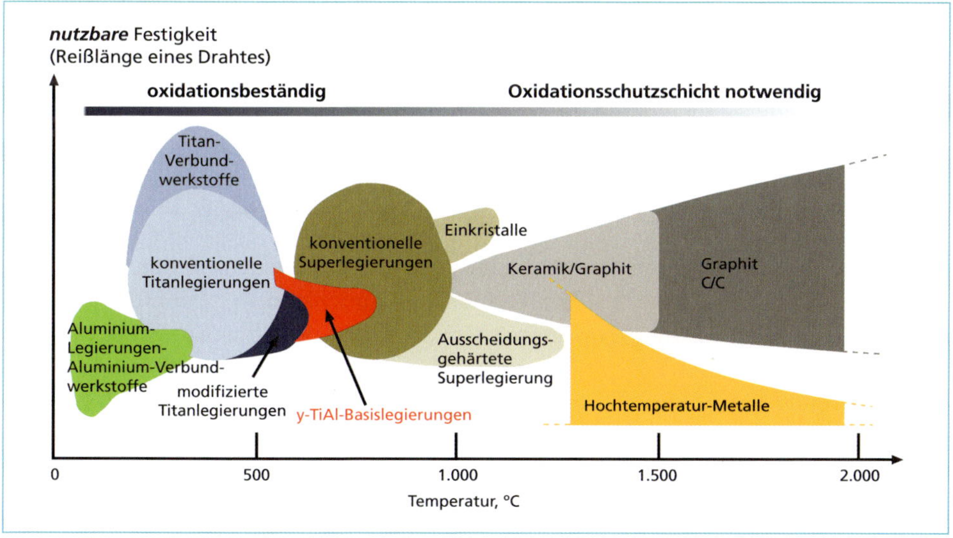

Bild 1: Nutzbare Festigkeit einiger Werkstoffgruppen in Abhängigkeit von der Temperatur

Quelle: Kättlitz, O.: Technologische Entwicklung zur Herstellung von near-net shape Niederdruckturbinenschaufeln aus dem intermetallischen Werkstoff Titanaluminid im Feinguss, Dissertation, RWTH Aachen: 2004, S. 21

Nicht nur die verwendeten Metalle für die entsprechenden Legierungen haben einen Einfluss auf die Beständigkeit des Werkstoffes. Die Art der Ausbildung des Gefüges beim Abkühlen bzw. während des Warmhaltens nach dem Gießprozess ist entscheidend. Das Bild 1 zeigt die Ausprägung der Festigkeit der verwendeten Werkstoffe für verschiedene Temperaturbereiche. Superlegierungen, ob konventionell, monokristallin oder ausscheidungsgehärtet, können im Temperaturbereich bis 1.200 °C ohne Kühlung eingesetzt werden, wobei Einkristalle die eindeutig höhere Festigkeit aufweisen, weswegen diese vor allem für Turbinenflügel verwendet wird. Die neu entwickelten TiAl-Legierungen können mittlerweile einen großen Bereich abdecken, der sonst nur mit Superlegierungen möglich war. Durch ihre geringere Dichte und dadurch geringeres Gewicht der Bauteile leisten sie einen wesentlichen Beitrag zur Kraftstoffersparnis.

2. Historische Entwicklung der Superlegierungen

Die Nachfrage nach temperaturbeständigen Stählen hat ihren Ursprung schon zu Zeiten der industriellen Revolution. Nickel, Chrom und Cobalt wurden dem Stahl hinzugefügt bis diese Elemente sogar das Eisen ersetzten. A.L. Marsh experimentierte mit Ni-Cr-Legierungen für Heizleiter und erhielt dafür 1906 das Patent. E. Haynes entwickelte 1907 Co-Cr-Legierungen, um temperaturbeständige und harte Werkzeuge für die Produktion von Motoren für Automobile herzustellen [5].

1929 gelang es mehreren Metallurgen unabhängig voneinander durch Zusatz geringer Mengen Aluminium, Titan und/oder Niob zu den bekannten NiCr-80-20 Legierungen die Kriechfestigkeit und Oxidationsbeständigkeit deutlich zu erhöhen [8]. In den 1930er Jahren wurde Vitallium® auf Cobalt-Basis mit Chrom und Molybdän entwickelt. Es ist biokompatibel und wird auch heute noch für Endoprothesen und Zahnspangen verwendet. Weitere Elemente wurden in der Folgezeit hinzugefügt, so auch Wolfram und Tantal, um die Festigkeit weiter zu erhöhen. In den frühen 70er Jahren wurde Hafnium eingeführt, um die Duktilität zu verbessern. Ende der 80er Jahre wurde Rhenium eingesetzt, um wiederum die Kriechbeständigkeit zu erhöhen [9].

Die Erfindung des Vakuumschmelzens (etwa 1905) und dessen Weiterentwicklung erlaubte eine genauere Kontrolle der Elementzusammensetzung. Außerdem verhinderte es das unbeabsichtigte Einlegieren von Stickstoff oder Sauerstoff aus der Luft und ermöglichte das Entfernen von eingeschlossenen Gasen aus der Schmelze. Die Vakuumschmelze erlaubte auch den Zusatz von Refraktärmetallen wie Niob und bot die Möglichkeit, die Menge an zugesetztem Tantal und Aluminium zu erhöhen. Diese Herstellungsmethode brachte den Durchbruch überhaupt, solch komplexe Legierungen frei von nichtmetallischen Verunreinigungen mit genau steuerbarer chemischer Zusammensetzung herzustellen [5].

Die Temperaturbeständigkeit als Funktion der Zeit bzw. historischen Entwicklung zeigt das Bild 2.

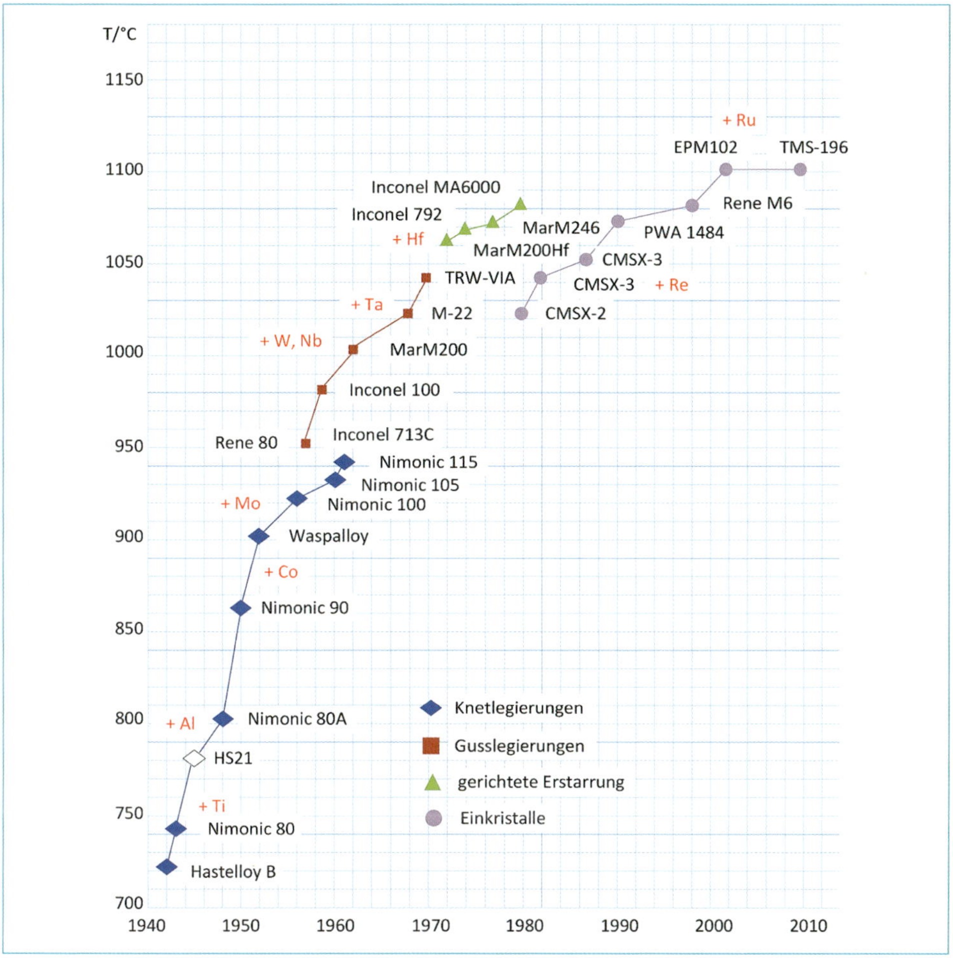

Bild 2: Entwicklung und Temperaturbeständigkeit von Superlegierungen

Quelle: Srivastava, R.R.; Kim, M.; Lee, J.; Jha, M.K.; Kim, B.-S.: Resource Recycling of Superalloys and Hydrometallurgical Challenges. In: Journal of Material Science, Springer, New York, 2014

Noch heute dominieren die durch ihre damaligen und zum Teil noch existierenden Hersteller festgelegten Produktnamen wie *Hastelloy*, *Inconel*, *Nimonic*, *Waspalloy* oder *Stellite*. Solche und weitere Produktnamen werden auch heute noch synonym für eine jeweilige Werkstoffkategorie verwendet [6].

3. Recyclingkreislauf

Bei der Herstellung von Bauteilen aus Superlegierungen fällt ein großer Anteil an Schrotten an. Die Verarbeitung durch Gießen, Schmieden, Walzen sowie die Endbearbeitung durch Drehen, Fräsen und Schleifen führt zu den verschiedensten Schrotten und Rückständen, die die Inhaltsstoffe der verwendeten Legierung in mehr oder minder guter Qualität beinhalten.

Ein großer Teil der Schrotte, die im Schmelzbetrieb entstehen, kann dort wieder direkt eingesetzt werden (Kreislaufschrott). Die Analytik ist bekannt und kann bei der Zusammensetzung einer neuen Charge berücksichtigt werden. Verlässt die Superlegierung als Halbzeug den Schmelzbetrieb zur Weiterverarbeitung, so muss der später entstehende Produktionsschrott einer qualitätsgesicherten Sortierung und Aufbereitung unterzogen werden, damit die Anforderungen für den Wiedereinsatz im Schmelzbetrieb erfüllt werden können. Hier hat sich ein geschlossener Kreislauf zwischen den rund 20 Schmelzbetrieben weltweit, den Herstellern von Bauteilen aus Superlegierungen und den wenigen Schrottaufbereitern, die technologisch überhaupt in der Lage sind, solche Schrotte zu einem hochwertigen Sekundärrohstoff zu verarbeiten, gebildet. Die Revision von Gas- und Flugzeugturbinen sowie der Abbruch von Chemie- und Ölförderanlagen führt zu Altschrotten, die einer besonders anspruchsvollen Aufbereitung hinsichtlich Analytik, und damit Sortenreinheit, sowie mechanischer Bearbeitung bedarf.

Kreislauf-, Produktions- und Altschrotte sind die Quellen für den Recyclingkreislauf auf dem Weg zurück zum High Tech Metall. Bild 3 fasst die Wege der Schrotte mit ihren verschiedenen Erscheinungsformen zusammen.

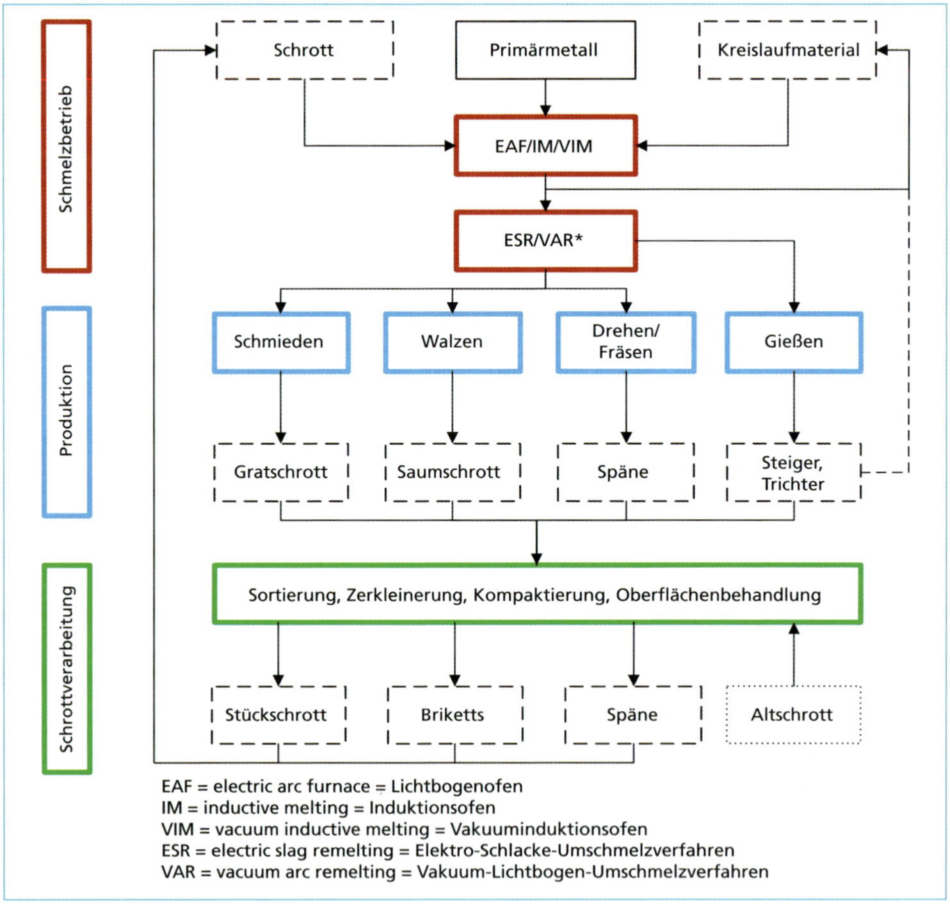

Bild 3: Materialfluss bei der Aufbereitung von Superlegierungen

Neben der pyrometallurgischen Behandlung der Schrotte zur Wiedergewinnung der schon fertig zusammengesetzten Legierungen gibt es auch schon seit den 1950er Jahren Ansätze zur hydrometallurgischen Aufbereitung. Sei es das Lösen in heißer Schwefelsäure [4] oder Salzsäure mit anschließender Solventextraktion, die elektrolytische Rückgewinnung von Cobalt [7] oder die elektrolytische Lösung der Legierung und Gewinnung eines unlöslichen Schlamms, der Tantal, Rhenium, Wolfram und Molybdän enthält [10]. Die hydrometallurgischen Schrittketten sind sehr aufwendig und kostenintensiv, so dass sie sich nur bei teuren Elementen wie Rhenium, Tantal oder Platin lohnen. Einige Firmen haben sich schon darauf spezialisiert, die Methoden sind aber betriebsgeheim und können hier nicht beschrieben werden. Eine Kombination pyrometallurgischer und hydrometallurgischer Verfahren führt die Nickelhütte Aue für Rückstände wie Schleifstäube durch. Thermische Umwandlung zu einem sulfidischen Stein mit Nickel und Cobalt und anschließender Druckaufschluss mit Hilfe von Schwefelsäure unter Zufuhr von Sauerstoff führt zu den entsprechenden Sulfaten. Anschließend werden über verschiedene Extraktionsprozesse Nickel und Cobalt als reine Sulfate gewonnen.

4. Analytik

Zur Qualitätssicherung der Superlegierungsschrotte sind verschiedene Analysemethoden notwendig. Einerseits muss bei der legierungsscharfen Sortierung eines jeden Teils in möglichst kurzer Zeit eine hinreichend genaue Analyse zur Unterscheidung vorliegen, zum anderen braucht der Schmelzbetrieb eine repräsentative Vollanalyse über alle relevanten Elemente, die er in seine Gattierung (Schmelzrezeptur) einrechnen muss. Auch die Analyse aller anderen Begleitelemente, d.h. die Elemente, die nicht in der Analysevorschrift stehen, muss der Schmelzbetrieb wissen. Er braucht Fertigungssicherheit. Beim Einsatz von Rein-Metallen hat er im Gegensatz zum Schrott unerwünschte Beimengungen nicht zu befürchten. Deshalb ist eine moderne, allumfassende Analytik unverzichtbar, um den Qualitätsanforderungen des Schmelzbetriebes gerecht zu werden.

Seit der Entwicklung der Spektralanalyse durch Bunsen schon in der Mitte des 19. Jahrhunderts haben sich neben der klassischen Nassanalytik nunmehr drei instrumentelle Methoden zur Analyse von metallischen Legierungen entwickelt:

- Optische Emissionsspektroskopie OES,
- Röntgenfluoreszenzspektroskopie RFA und
- Laserinduzierte Plasmaspektroskopie LIPS.

Alle vorgenannten Methoden werden auch in mobilen tragbaren Geräten verwendet, so dass der Qualitätsprüfer in seinem Lager die einzelnen Schrottteile prüfen und sortieren kann [3]. Aufgrund verschiedener physikalischer Gesetzmäßigkeiten ergeben sich Unterschiede in der Genauigkeit und Geschwindigkeit der Methoden.

4.1. Optische Emissionsspektroskopie

Die optische Emissionsspektroskopie (OES) basiert auf der Eigenschaft der äußeren Elektronen von Atomen, die nach einer Anregung durch Energiezufuhr (Hochspannungsfunken) nach kurzer Zeit wieder ihren ursprünglichen Energiezustand erreichen. Die dabei freigesetzte Energie erscheint in Form von sichtbarem und ultraviolettem Licht. Die Wellenlänge des emittierten Lichtes ist elementspezifisch, die Energiemenge korreliert mit der Konzentration des Elementes in der entsprechenden Legierung. Durch Kalibration des Gerätes mit Proben bekannter Zusammensetzung und Umrechnung der Messdaten einer unbekannten Probe in Konzentrationen erfolgt eine vollständige Analyse.

Ein entscheidender Vorteil dieser Methode ist, dass alle Elemente von Lithium bis Uran analysiert werden können. Für die Analytik von Superlegierungen ist hier die Möglichkeit der Bestimmung von Bor, Kohlenstoff und Phosphor maßgeblich, welche nicht durch Röntgenfluoreszenz bestimmt werden können. Nachteil dieser Methode ist, dass bei hohen Konzentrationen der einzelnen Legierungsbestandteile die Beeinflussung der Elemente gegenseitig zu ungenauen Messungen führen kann.

Bild 4:

Mobiles Emissionsspektrometer

Für die Qualitätssicherung bei der Schrottverarbeitung werden mobile und stationäre Emissionsspektrometer verwendet. Die stationären Geräte haben den Vorteil, dass sie aufgrund einer größeren Optik und kürzerer Lichtwege wesentlich genauer sind. Für die Sortierung vor Ort im Lager werden mobile Geräte verwendet, wobei in der Regel das von der Probe emittierte Licht über eine mehrere Meter lange Glasfaser in die Optik des Spektrometers geleitet wird. Dies sorgt für die entsprechende Flexibilität am Arbeitsplatz des Schrottsortierers.

Die OES benötigt unter den gängigen Methoden zur mobilen Metallanalyse die längsten Messzeiten, je nach Messprogramm und Gerät zwischen 10 und 30 Sekunden. Eine Ausnahme hiervon stellt die FUESS-Methode dar. Für einen erfahrenen Sortierer ist dies heute immer noch die schnellste Methode für kleinstückiges Material.

Bild 5: Messung an einem stationären Emissionsspektrometer

Bild 6: Schnellanalyse mit FUESS

FUESS: Das zu prüfende Teil wird direkt auf eine Elektrode gelegt und ein Hochspannungsfunken erzeugt. Das entstehende Licht erscheint durch ein Prisma aufgespalten auf eine Wellenlängenskala projiziert. Hier kann der Sortierer aufgrund seines Erfahrungsschatzes innerhalb weniger Sekunden an Stärke, Farbe und Wellenlänge erkennen, um welche Legierung es sich handelt. Ebenso kann dabei durch eine Referenzprobe mit einem zweiten Funken ein Vergleichsspektrum erzeugt werden.

4.2. Röntgenfluoreszenzspektroskopie

Die wichtigste und genaueste instrumentelle Methode zur Analyse von Superlegierungen ist die Röntgenfluoreszenz (RFA). Hierbei werden kernnahe Elektronen durch hochenergetische Strahlung aus einer Röntgenröhre oder einem – heute aber kaum noch verwendeten – radioaktiven Strahler aus dem Atom herausgeschlagen. Die Besetzung der frei gewordenen Orbitale durch Elektronen aus höheren Energieniveaus erzeugt eine Fluoreszenzstrahlung, wie bei der OES mit elementspezifischen Linien. Auch hier erfolgt die Kalibration des Gerätes mit Proben bekannter Zusammensetzung. Da aber die gegenseitige Beeinflussung der Elemente gering ist, gibt es hier standardlose Kalibrationen, die völlig unbekannte Legierungen relativ genau bestimmen können.

Wie bei der OES werden auch bei der RFA mobile und stationäre Spektrometer verwendet. Hier unterscheiden sich aber die Techniken der Detektion bzw. Messung der Fluoreszenzstrahlung. Die mobilen Geräte besitzen einen energiedispersiven Detektor, mit dem in kurzer Zeit das gesamte Spektrum der Probe aufgenommen werden kann. Der interne Rechner gibt nach einigen Sekunden das Ergebnis auf einem kleinen LED-Display aus. Für eine Sortierung von Superlegierungen ist dies die zuverlässigste Methode. Zum Ausschluss von Fehlern durch verschmutzte Oberflächen muss vor der Messung die Messstelle angeschliffen werden.

Bei den größeren stationären RFA-Geräten erfolgt die Detektion wellenlängendispersiv. Jede einzelne relevante Elementlinie wird angefahren und gemessen. Dies kann einige Minuten dauern, liefert aber die genauesten Ergebnisse.

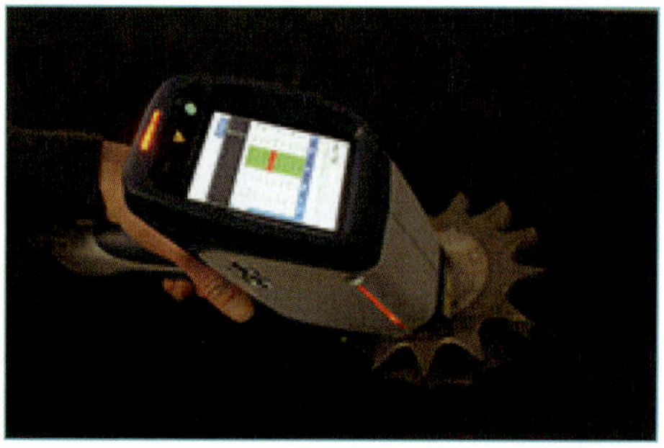

Bild 7: Mobiles Röntgenfluoreszenzspektrometer

Bild 8: Stationäres Röntgenfluoreszenzspektrometer

4.3. Laserinduzierte Plasmaspektroskopie

Die Technik der laserinduzierten Plasmaspektroskopie (LIPS) beruht darauf, dass ein kleiner aber sehr starker Kurzpulslaser eine winzige Menge der Probe aus der Oberfläche herausschlägt und in ein Plasma überführt. Dieses Plasma leuchtet dann mit einem materialspezifischen Lichtspektrum. Die spektrale Verteilung des Lichtes wird auch hier wie bei der OES in Echtzeit aufgenommen, jedoch ist LIPS entscheidend schneller. Aus diesen Daten wird die Elementverteilung an dem Messpunkt bestimmt. Die Methode unterscheidet sich von der OES nur durch die Art der Anregung der Atome.

Für die Qualitätsbestimmung bei Superlegierungen kommen nur mobile tragbare LIPS-Geräte in Frage. Die Messdaten erscheinen nach etwa 1 bis 2 Sekunden auf dem Display. Damit ist die Methode genau so schnell wie FUESS. Die Genauigkeit der Messung ist aber wie bei der OES beschränkt. Ein Nachteil ist der relativ kleine Brennfleck, der je nach Korngröße im Gefüge die Genauigkeit der Messung beeinflusst.

4.4. Vergleich der Messmethoden

Für die Verwendung zur Schrottsortierung (Qualitätsdifferenzierung) und die exakte chemische Analyse (vollständige Charakterisierung) stehen die gleichen vorgenannten spektroskopischen Methoden zur Verfügung. In der Anwendung müssen aber je nach Erfordernis unterschiedliche Schwerpunkte gesetzt werden.

4.4.1. Mobile Spektrometer

Die Messungen durch mobile (tragbare) Spektrometer im Schrottlager stellen heute die gängige Methode zur Qualitätsfeststellung dar. Es kann direkt am Werkstück teilweise ohne besondere Vorbereitung gemessen werden. Die Vor- und Nachteile der Methoden zeigt die Tabelle 2 im Überblick:

Tabelle 2: Vor- und Nachteile der Messmethoden bei tragbaren Spektrometern

	Optische Emissionsspektroskopie OES	**Röntgenfluoreszenz-spektroskopie** RFA	**Laserinduzierte Plasmaspektroskopie** LIPS
Vorteile	kann ab Lithium aufwärts messen	völlig zerstörungsfrei	geringes Gewicht
	keine Genehmigung oder Sachkunde erforderlich	geringes Gewicht	äußerst kurze Messzeit
		größte Messfläche	
Nachteile	hohes Gewicht	kann leichte Elemente nicht oder nur beschränkt messen	kleiner Brennfleck erfordert sehr ruhige Hand
	Oberflächenvorbereitung nötig		
	lange Messzeiten	Strahlenschutzbeauftragter erforderlich	je nach Laserklasse: Schutzbrille und Laserschutzbeauftragter erforderlich

4.4.2. Stationäre Spektrometer

Für stationäre Spektrometer (OES und RFA) im Labor ist eine aufwändige Probenvorbereitung notwendig, da es für die Probe geometrische Anforderungen, i.d.R. ein zylindrisches Probestück mit 30 bis 40 mm Durchmesser und einer Höhe von etwa 20 mm gibt. Dies geschieht durch Umschmelzen einer repräsentativen Menge einer Schrottcharge in einem Induktionsofen. Geschieht dies unter normalen atmosphärischen Bedingungen, so werden Elemente wie Aluminium, Titan, Chrom oder Eisen oxidiert und verschlacken. Der für eine Analyse abgegossene Regulus hat nun nicht mehr die Zusammensetzung wie die eingesetzten Schrottstücke. Zur Bestimmung einer exakten Analyse zur weiteren Verarbeitung in einen Vakuumofen muss daher auch die Schrottprobe in einem speziellen Vakuumofen entweder induktiv oder in einem Lichtbogen umgeschmolzen werden. Hier bleiben alle Bestandteile erhalten. Die anschließend durchgeführte Analyse ist dann repräsentativ für die gesamte Schrottcharge.

Für die exakte Analyse von Superlegierungen hat die wellenlängendispersive Röntgenfluoreszenz ganz klare Vorteile gegenüber der OES. Da das Röntgenspektrum linienärmer ist, lässt es sich viel exakter auswerten. Oft liegen die Gehalte von Eisen, Chrom, Cobalt und Nickel in ähnlichen Größenordnungen. Die OES-Software kann dann nicht eindeutig feststellen, welches das eigentliche Basiselement ist. Hohe Elementgehalte lassen sich durch die gegenseitige Beeinflussung der Spektrallinien nur mit unzureichender Genauigkeit messen. Aber wie für die mobilen Geräte gilt auch hier, dass die OES den Vorteil hat, auch leichte Elemente recht genau zu messen.

4.5. Sonstige Analysenmethoden

Für die Bestimmung von Kohlenstoff und Schwefel gibt es noch die Möglichkeit der simultanen Bestimmung durch Verbrennung im Sauerstoffstrom und Quantifizierung der entstehenden Gase mit einem Detektor. Zur Bestimmung von Gasen wie Wasserstoff, Stickstoff und Sauerstoff in der Legierung wird die Trägerheißgasextraktion verwendet. Diese Methoden werden aber nur bei ganz bestimmten analytischen Anforderungen angewendet und sind nicht grundsätzlich für die Qualitätssicherung von Superlegierungsschrotten notwendig.

5. Schrottverarbeitung

Die Anforderungen an die Beschaffenheit von Superlegierungsschrotten sind um ein Vielfaches größer als die für üblichen legierten Schrott zur Herstellung von Rostfrei- oder Werkzeugstahl durch Umschmelze mit einem Lichtbogenofen im Stahlwerk. Zum einen erfordern die für Superlegierungen verwendeten Vakuumöfen eine bestimmte Kleinstückigkeit, um kontinuierlich zufördern zu können, damit die Schmelze im thermischen Gleichgewicht mit einer ausreichenden Badbewegung bleibt und sich keine Brücken bilden. Zum anderen dürfen die Schrotte keine schädlichen Anhaftungen wie Farben, Öle und Fette, Folien oder andere Beschichtungen sowie Zunderschichten aufweisen.

5.1. Schrottzerkleinerung

Zur Erreichung einer durch den Schmelzbetrieb vorgegeben Stückigkeit der Schrotte stehen dem Schrottaufbereiter verschieden Aggregate zur Verfügung. Rohre, Stangen und andere Materialien mit geringeren Wandstärken können mit Hilfe einer Alligatorschere auf die gewünschte Größe zerkleinert werden. Bei größeren Stärken oder dickeren Blechen kann durch ein Plasmaschneidgerät ein chargierfähiger Schrott auch kleinster Stückigkeit erreicht werden. Für dünnere Bleche erzielt man mit Tafelscheren eine ausreichende Produktivität.

Bild 9:

Alligatorschere

Bild 10:

Plasmabrenntisch

5.2. Späneverarbeitung

Dreh- und Frässpäne aus der Bearbeitung von Halbzeugen sind für den Einsatz im Vakuumofen ebenso gut geeignet wie Stückschrotte. Dies ist aber nur unter bestimmten Bedingungen möglich. Schon beim Dreh- oder Fräsprozess muss gewährleistet sein, dass die Späne sortenrein erfasst werden. Dann erst kann die weitere Aufarbeitung erfolgen. Zunächst müssen über Brech- und Mahlwerke die Späne soweit zerkleinert werden, dass sie über Fördereinrichtungen (Schnecken, Bänder, Spiralförderer usw.) transportiert werden können und eine bestimmte Mindestschüttdichte aufweisen. Im nächsten Schritt werden die anhaftenden Kühlschmierstoffe durch Zentrifugieren weitestgehend entfernt.

Damit diese Späne aber in einem Vakuumofen eingesetzt werden können, müssen jegliche Reste noch anhaftender Öle entfernt werden, da diese beim Schmelzprozess zu reinem Kohlenstoff pyrolysieren, der als Legierungsbestandteil unerwünscht ist. Die *Endreinigung* erfolgt entweder durch Waschen mit detergentienhaltigem Wasser und anschließender Trocknung oder in geschlossenen Reinigungsanlagen mit Petrolether oder Perchlorethylen. Auch die Reinigung mit überkritischem Kohlendioxid ist möglich. Dieses umweltschonende Verfahren hat sich aber bisher gegen die Reinigung mit organischen Lösungsmitteln nicht durchsetzen können.

Als letzter Schritt, um die Späne einsatzfähig zu machen, erfolgt noch bei Bedarf eine Brikettierung. Unter hohem Pressdruck werden die Späne zu zylindrischen Briketts mit 80 bis 150 mm Durchmesser und Höhe verarbeitet. Das Produkt weist dann eine hohe Schüttdichte auf und kann wie stückiger Schrott chargiert werden.

5.3. Oberflächenbearbeitung bei Stückschrotten

Altschrotte, die während ihres Einsatzes in der Chemie oder in thermisch beanspruchten Maschinen Veränderungen der Oberfläche durch Oxidation oder andere chemische Reaktionen erfahren haben, müssen vor der weiteren Verwendung behandelt werden. Auch Neuschrotte, die z.B. durch Plasmaschneiden bearbeitet wurden, gehören dazu. Zur Reinigung der Oberflächen haben sich Muldenbandstrahlanlagen bewährt. Die Schrotte werden hierzu über ein Band kontinuierlich auf einer schiefen Ebene aufwärts befördert und über ein Schleuderrad mit Stahlkugeln beschossen, bis die gewünschte oxidfreie Oberfläche erreicht ist.

Bild 11: Altschrott aus Gasturbinen vor der Bearbeitung

Bild 12: Turbinenschaufeln nach dem Kugelstrahlen

Metalle

Am Ende erhält man einen qualitativ absolut hochwertigen Schrott, der fertig für den Einsatz im Vakuumofen ist. Leider ist dieses Verfahren für bestimmte keramische Beschichtungen nicht anzuwenden. Diese Schrotte bedürfen je nach Beschichtung weiterer Vorbehandlungen, auf die aber hier nicht weiter eingegangen werden kann.

6. Vom Schrott zurück zum High Tech Metall: Zurückgewinnen

Die Entwicklung der Superlegierungen war nur über das Vakuumschmelzverfahren möglich. Heute ist das Vakuuminduktionsschmelzen (VIM) eines der am häufigsten angewendeten Verfahren für sortenreine und extrem saubere Schrotte aus Superlegierungen. Hier kann noch eine Raffinationsbehandlung im flüssigen Zustand erfolgen und die Einstellung der endgültigen chemischen Zusammensetzung vorgenommen werden. Sortenreine, aber qualitativ nicht so hochwertige Schrotte, können auch unter Luftzufuhr (airmelt) in Induktions- oder Lichtbogenöfen vorgeschmolzen werden. Hierbei gehen allerdings oxidierbare Bestandteile über die Schlacke verloren und es erfordert diesen energieintensiven Zwischenschritt.

Zur weiteren Raffination der zunächst aus Schrotten hergestellten Superlegierungen sind noch ein bis zwei Stufen erforderlich. In der Regel wird zunächst das Elektroschlacke-Umschmelzverfahren (ESR) angewendet. Die erhaltene Elektrode (Gussblock) aus VIM und/oder airmelt tropft durch eine hoch erhitze Schlacke und erstarrt langsam und kontrolliert am Boden, was die Festigkeit und die Struktur verbessert. Nichtmetallische Verunreinigungen werden in der Schlacke abgeschieden.

Häufig schließt sich noch eine weitere Stufe, die Vakuum-Lichtbogenumschmelze (VAR) an. Der Kunde, z.B. ein Hersteller von Flugzeugtriebwerken, gibt vor, mit welchen Raffinationsschritten die Herstellung des von ihm gewünschten Halbzeugs zu erfolgen hat (double/triple-melt). Im Rahmen der Qualitätssicherung muss hier auch die Rückverfolgbarkeit bis zum Schrottentfall gewährleistet sein.

Letztendlich verlässt das Schmelzwerk ein Superlegierungsblech, -block, -stab, -rohr oder ein fertiges Gussteil, dem man nicht mehr ansieht und bei dem es auch analytisch nicht mehr nachweisbar ist, dass es aus Schrott hergestellt wurde.

7. Zusammenfassung und Ausblick

Superlegierungsschrotte auf Basis von Eisen-, Nickel- oder Cobalt-Legierungen können als Sekundärrohstoff zur Herstellung auch kritischer Bauteile z.B. in Flugzeugtriebwerken verwendet werden. Voraussetzung dafür ist die sortenreine bzw. legierungsscharfe Erfassung, eindeutige Bestimmung der chemischen Zusammensetzung und die entsprechende Bearbeitung im Hinblick auf Stückigkeit und Oberflächenbeschaffenheit.

Im Laufe der Zeit sind immer wieder neue Legierungen entwickelt worden, die zum Zeitpunkt der Verwendung den höchsten Anforderungen genügten. Diese Legierungen fallen heute als Altschrotte an, werden aber als Legierung nicht mehr hergestellt. Beispielhaft seien hier wolframhaltige Legierungen erwähnt. Als Nickelträger können sie bei entsprechender Verdünnung in der Schmelze für die Herstellung von rostfreien

Stählen verwendet werden. Durch dieses nicht-funktionelle Recycling gehen diese Metalle aber dem Wirtschaftskreislauf verloren.

Eine Herausforderung für die Zukunft wird es sein, die immer komplexer werdenden Bauteile mit ihren Beschichtungen und Verbünden sortenrein aufzuarbeiten. Zur Verhinderung nicht-funktionellen *Downcyclings* müssen auch alternative hydro- und pyrometallurgische Wege begangen werden, um die Elemente wiederzugewinnen, die heute für eine Superlegierung nicht mehr gefragt sind.

Die zunehmende Herstellung von komplexen Bauteilen auf pulvermetallurgischem Wege über 3D-Druck oder Sintern erfordert hochreine Pulver für die Herstellung. Hier sind die Recyclingbetriebe gefragt, neue Wege aufzuzeigen, die den Verbrauch an Primärmetallen einschränken können.

8. Literatur

[1] Bowman, R. NASA Lewis Research Center: Superalloys: A Primer and History. In: Supplement zum 9th International Symposium on Superalloys, Champion, PA: 2000, S. 1

[2] Christ, H.-J.: Werkstoffeinsatz bei hohen Temperaturen. In: Script zur Vorlesung am Lehrstuhl für Materialkunde und Werkstoffprüfung, Universität Siegen: 2016, S. 4-5

[3] EU-Recycling: Schnell, sicher, schadlos – Schnellanalyse von Legierungen. In: EU-Recycling 07/2017, S. 31

[4] Hall, J.D.: Method of preparation of metal salts, US Patent 2.716.588, 1955

[5] Kracke, A.: Superalloys, The Most Successful Alloy System of Modern Times – Past, Present and Future. In: Ott, E.A.; Groh, J.R.; Banik, A.; Dempster, I.; Gabb, T.P.; Helmink, R.; Liu, X.; Mitchell, A.; Sjöberg, G.P.; Wusatowska-Sarnek, A. (Hrsg.): 7th International Symposium on Superalloy 718 and Derivatives, Pittsburgh, PA, 2010, S. 2

[6] Pariser, G.: Super- und Speziallegierungen. In: BDSV (Hrsg.): Handbuch Legierter Stahlschrott. Düsseldorf, 2018, S. 81

[7] Pearson, D.: Recovery of cobalt from metallurgical wastes. In: International Conference on Cobalt: Metallurgy and Uses. Benelux Metallurgie (Hrsg.), Brüssel, 1989, S. 139–148

[8] Sims, C.T.: A History of Superalloy Metallurgy for Superalloy Metallurgist. In: M. Gell et al. (Hrsg.): Superalloys 1984. Warrendale, PA, 1984, S. 401-404

[9] Srivastava, R.R.; Kim, M.; Lee, J.; Jha, M.K.; Kim, B.-S.: Resource Recycling of Superalloys and Hydrometallurgical Challenges. In: Journal of Material Science, Springer, New York, 2014

[10] Stoller, V.; Olbrich, A.; Meese-Marktscheffel, J.; Mathy, W.; Erb, M.; Nietfeld, G.; Gille, G.: Process for electrochemical decomposition of superalloys, US Patent 2003/0136685 A1

Ansprechpartner

Dr. Joachim Lüning
Siegfried Jacob Metallwerke GmbH & Co. KG
Betriebsleitung Metallurgie und Qualitätswesen
Jacobstraße 41-45
58256 Ennepetal, Deutschland
+49 2333-9850
j.luening@jacob-metall.de

Systemkonzeptionierung in der Planung von Großschredderanlagen unter dem Einfluss umweltrechtlicher Veränderungen

Torben Kraffczyk und Daniel Goldmann

Die aktuell beschlossenen und teilweise noch diskutierten Forderungen des europäischen Merkblatts für Abfallbehandlungsanlagen (WT BREF) [6] und der technischen Anleitung zur Reinhaltung der Luft (TA Luft) [1] stellen die Betreiber von Abfallbehandlungsanlagen und demzufolge Schredderbetriebe zur Eisen-, Konsumgüter- und Metallschrottverarbeitung vor neue Herausforderungen. Dabei steht weniger die Frage nach der technischen Umsetzbarkeit der neuen Rahmenbedingungen, als vielmehr die Frage nach dem wirtschaftlichen Nutzen dieser, im Fokus der Unternehmen.

Aus gegebenem Anlass arbeitet die TSR Recycling GmbH & Co. KG mit der Verwendung der sieben Kerneinflussfaktoren auf die Weiterentwicklung von Auto-Schredderanlagen in Deutschland (Bild 1). Dieses Systemkonzept dient der Planung und Projektierung von Großschreddern und wird u.a. dafür herangezogen, die Verbindung zwischen den gesetzlichen Herausforderungen und den strategischen Managemententscheidungen der Betreiber aufzuzeigen – ein systemischer Ansatz als Grundlage der objektiven Risikobetrachtung.

1. Die sieben Kerneinflussfaktoren

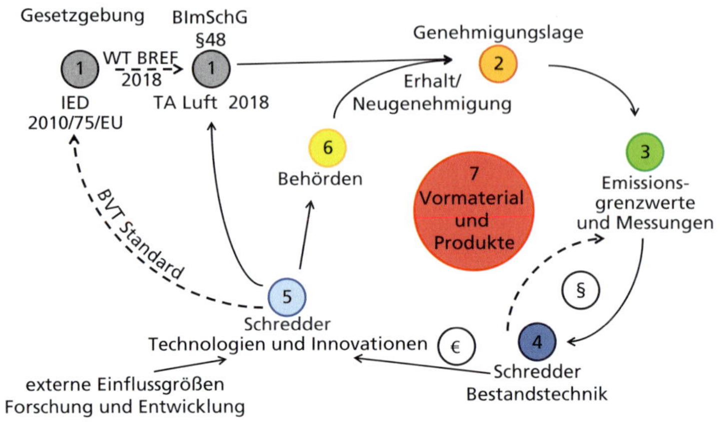

Bild 1: Die sieben Kerneinflussfaktoren auf die Weiterentwicklung von Schredderanlagen

Quelle: Kraffczyk, T.; Goldmann, D.: Der Einfluss von umweltrechtlichen Änderungen auf die Weiterentwicklung von Schredderanlagen. Clausthal-Zellerfeld: GDMB, 2018, World of Metallurgy – ERZMETALL 71, No. 4, S. 214-220

Dabei geht es speziell in der vorliegenden Ausarbeitung weniger um die Beschreibung und logische Zusammenführung der einzelnen Einflussfaktoren und Ihrer Wirkbereiche im Gesamtkonzept, als vielmehr um die Analyse der Rahmenbedingungen um den Prozessschritt von Säule 4 zu 5. Wie dem Kreislauf in Bild 1 zu entnehmen ist, bildet die neue umweltrechtliche Gesetzeslage das Anforderungsprofil an den Schredder der Zukunft. Der Istzustand wird auf Basis der Säulen 2 und 4 beschrieben, wo hingegen der eigentliche Entwicklungsaufwand in der Verknüpfung neuer technologischer Ansätze und der Zusammenarbeit mit den Behörden steckt (Einflussfaktor 5 und 6). Die Zusammensetzung des Vormaterials und das daraus generierte Produktportfolio haben maßgeblichen Einfluss auf beiden Ebenen, die gegenwärtigen und zukünftigen Produktionsprozesse am Schredder. Die Gestaltung eines neuen Produktionsprozesses unter der Einbindung der genannten Einflussfaktoren, fordert eine risikominimierende Entscheidungsgrundlage, deren Herleitung in den folgenden Abschnitten erläutert wird.

2. Risikomanagement in der Entwicklungsphase

Im Rahmen einer simplifizierten Verfahrensbetrachtung stellt sich die Verarbeitung des Vormaterials im Schredder als eine lineare Prozesskette dar: *Input – Process – Output*. Der Produktionsprozess hat einen technischen Aufbau und idealer Weise eine verfahrenstechnisch relevante Struktur. Er folgt einer Logik und bindet Ressourcen. Diese Ressourcen wiederum definieren sich über Parameter und generieren Daten, die ein Betreiber in Form von absoluten und relativen Kennzahlen zu Informationen verarbeiten kann. Die Produktion dient der Herstellung von Produkten, die als strategische Erfolgsfaktoren im Unternehmen angesehen werden. Dabei wird der für die Produktion aufzuwendende direkte und indirekte Input, dem Output gegenübergestellt [4].

In der Entscheidungsfrage zur Planung einer Großschredderanlage ist zu beantworten, welche Erfolgsfaktoren in der Zukunft unter den umweltrechtlichen Veränderungen noch Bestand haben? Wie gestalten sich Investitions- und Betriebskosten einer innovativen Produktionsstätte? Begünstigt die Produktivität des Schredders den *Return-of-Invest*? Welchen Einfluss nimmt die Marktentwicklung in den kommenden 10 bis 15 Jahren, auch in Bezug auf die Veränderung der stofflichen Zusammensetzung des Vormaterials?

Antworten auf diese Fragen setzen ein absolutes Prozessverständnis der gegenwärtigen Bestandstechnik (Bild 1 - Säule 4) voraus. Wobei der Begriff *absolut* sowohl technische, produktionsrelevante und kaufmännische Parameter einschließt. Nur ein maximales Verständnis aller operativen Segmente [5] im Schredderprozess führt zu einer validen Beantwortung der Risikofrage im genannten Kontext.

3. Datenerhebungen an Großschredderanlagen

3.1. Produktionscontrolling

Das Controlling hat die Aufgabe der Steuerung und Planung sowie der Umsetzung von Tätigkeiten und Maßnahmen. Controllingsysteme werden als monetäre Bewertungsgrundlagen für den Produktionsprozess eingesetzt, wobei das System so zu optimieren ist, dass eine wahrheitsgetreue Abbildung der betrachteten Produktionsprozesse und deren Wirkzusammenhänge stattfindet [4]. Um eine stoffstromorientierte Bewertung von Leistungsparametern an Schredderanlagen zur Eisen- und Metallschrottverarbeitung abzubilden, ist es notwendig ein Controllingtool einzusetzen, welches gemäß der Beschreibung in Kapitel 3.2., einer mehrstufigen Leistungskennzahlendarstellung folgt.

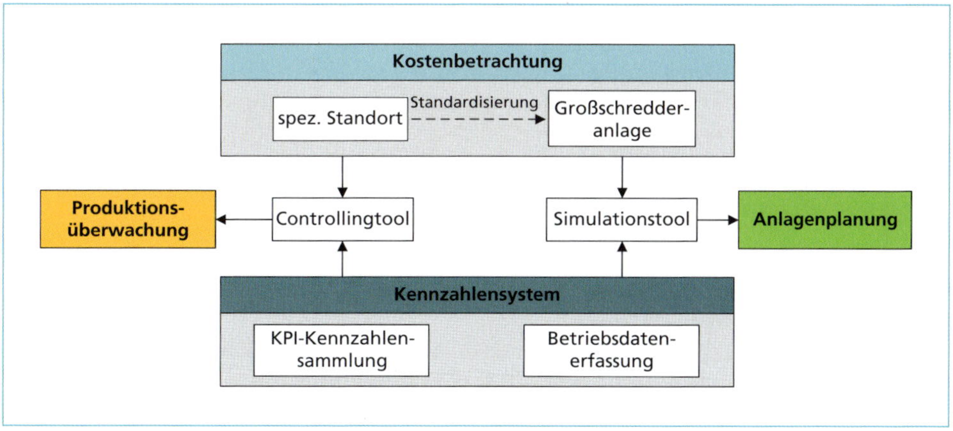

Bild 2: Herleitung des Produktionscontrollings im Schredderbetrieb

Die in Bild 2 skizzierten Zusammenhänge beschreiben die Herleitung des etablierten Controllingsystems als Teil der Produktionsüberwachung. Die standortspezifische Kostenbetrachtung liefert in Verbindung mit dem benchmarkfähigen Kennzahlensystem dafür verwertbare Betriebsdaten. Diese begründen im Rahmen einer Kostenstandardisierung wiederum die Datenbasis der Produktionskostensimulation einer neu geplanten Großschredderanlage (Kapitel 5).

3.2. Kennzahlensystem und Auswertung von Betriebsdaten

Die genannte Mehrstufigkeit des Systems wird über die Verwendung monetärer und nicht-monetärer Kennzahlen dargestellt. Der sogenannte *Key Performance Indicator* (KPI) bildet damit die Grundlage der zielorientierten Datenauswertung am Schredder. Für den Bereich der Anlagen- und Produktionsprozesse werden unter anderem die Zielgrößen Kosten, Auslastung, Verfügbarkeit, Produktivität und Effektivität festgelegt. Kosten sind der Schlüssel aller aufgezählten Zielgrößen und im Aufgabenfeld der Prozesswirtschaftlichkeit, Teil der monetären Betrachtung [4].

Die Auslastung bzw. Verfügbarkeit eines Schredders hat maßgeblichen Einfluss auf die Kosten des hergestellten Produkts. Das Konzept der Gesamtanlageneffektivität (OEE) verfolgt die Darstellung und Klassifizierung ungenutzter Potenziale im Produktionsprozess und wird den nicht-monetären Kennzahlen zugeordnet. Als relative Größe setzt sich die OEE aus dem Produkt von drei Teilkennzahlen zusammen: dem Verfügbarkeits-, Leistungs- und Qualitätsgrad bzw. -faktor. Jede der genannten Teilkennzahlen spiegelt einen Verlustbereich der Anlage wider [3].

3.3. Monetäre Kennzahlen als Kostenstruktur

Die Darstellung der monetären Zahlen im Schredderprozess erfolgt über die Aufschlüsselung der den Verbrauchern zugeordneten Kostenstellen auf die operativen Segmente bzw. Prozesseinheiten der Produktionsanlage (Bild 3).

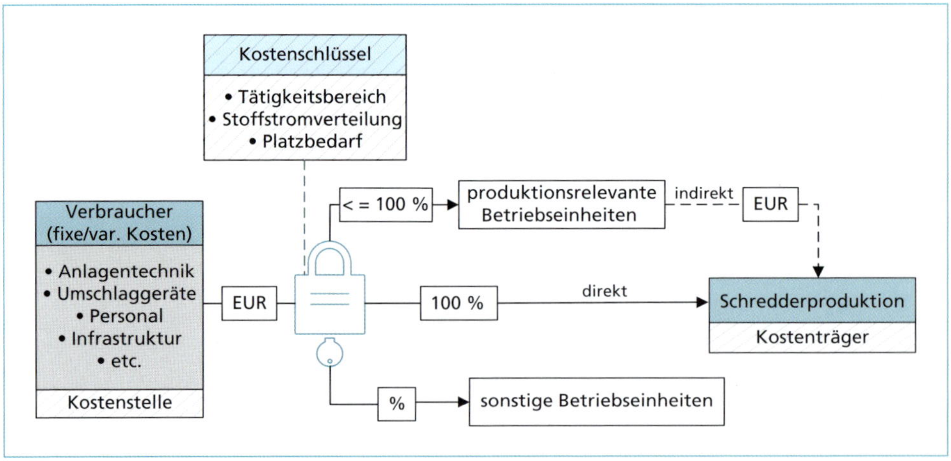

Bild 3: Spezifische Kostenzuordnung im Produktionsprozess

Die Zuordnung der fixen und variablen Kosten kann direkt oder indirekt erfolgen. Für den Kostenträger (hier Schredderproduktion) irrelevante Betriebseinheiten wie beispielsweise NE-Lagerhaltung oder Schneidbrennarbeiten zur Kupolschrottherstellung, werden aus der Kostenbetrachtung ausgeschlossen. Für die Anlagentechnik des Schredders ergeben sich die beschäftigungsabhängigen variablen Kosten ohne die Verwendung eines Kostenschlüssels, direkt aus der Summe der Energie-, Instandsetzung- und Wartungskosten in der betrachteten Periode, im Verhältnis zu den Produktionsstunden der Anlage. Aus der Summe der Abschreibungs-, Zins- und den sonstigen Kosten bezugnehmend auf die Arbeitstage der Produktion innerhalb der betrachteten Periode, bilden sich die fixen Kosten. Die Vorgehensweise der Kalkulation eines Verrechnungssatzes in Abhängigkeit zu der Maschinenlaufzeit (Maschinenstundensatzrechnung) ist in Unternehmen mit hohem Mechanisierungs- und Automatisierungsgrad sinnvoll [2].

Die Bewertung der Umschlaggeräte und sonstiger (semi-)mobilen Betriebseinheiten wird in äquivalenter Form geführt. Um jedoch die ermittelten Kosten pro Betriebsstunde eines Umschlaggerätes auf die Produktionsstunde der Schredderanlage beziehen zu können, wird ein Umschlagfaktor eingesetzt. Er zeigt auf, wie viele Betriebsstunden ein Umschlaggerät pro Produktionsstunde der Schredderanlage durchschnittlich läuft. Die Berechnung unterliegt der Annahme, dass Betriebseinheiten auch außerhalb der effektiven Produktionszeit des Schredders Arbeiten verrichten, die dem Produktionsprozess dienen.

Personalkosten die auf Grund der Diversifikation des Tätigkeitsbereiches (z.B. Fe-Handel, Administration und Verwaltung) nicht direkt dem Fertigungsprozess oder einer seiner Betriebseinheiten zuzuordnen sind, werden anteilig mittels der Stoffstromverteilung (Bild 3) erfasst. Der Anteil der für den Schredder relevanten Input- und Outputmengen in Bezug auf die Gesamthandels- bzw. Umschlagmenge des Standorts, gibt prozentual den Verrechnungsschlüssel des Verbrauchers vor. Es findet also eine anteilige Verrechnung der Personalkosten nach der Verteilung der Stoffströme statt.

In der Produktionskostensimulation werden die durchschnittlichen variablen und fixen Personalkosten über Fremdpersonal und Festangestellte abgebildet. Personalkosten für Festangestellte gelten ausschließlich als fixe Kosten. Der Einsatz des Fremdpersonals ist stark abhängig vom Produktionsprozess und den nachgelagerten Absatzwegen des Schredderoutput. Die daran gebundene Fluktuation des Fremdpersonals führt zu der Festlegung eines variablen Kostengefüges in Form einer stundenbasierten Lohnstruktur.

Bei der Aufschlüsselung der Infrastrukturkosten wiederum, werden die Kosten für den Produktionsprozess u.a. anteilig auf die durch den Geschäftsbereich eingenommene Fläche umgelegt. Die Diagramme in Bild 4 zeigen beispielhaft auf, wie die prozentuale Verteilung der Kosten an einem Schredderstandort für den Produktionsprozess aussehen kann.

Die variablen Gesamtkosten sind durch die laufende Unterhaltung des Schredders in Form von Instandhaltungs- und Energiekosten geprägt. Zudem ist der Anteil der fixen Personalkosten bei der Anlange verhältnismäßig groß. Ein Anzeichen dafür, dass der Schredder bereits abgeschrieben ist.

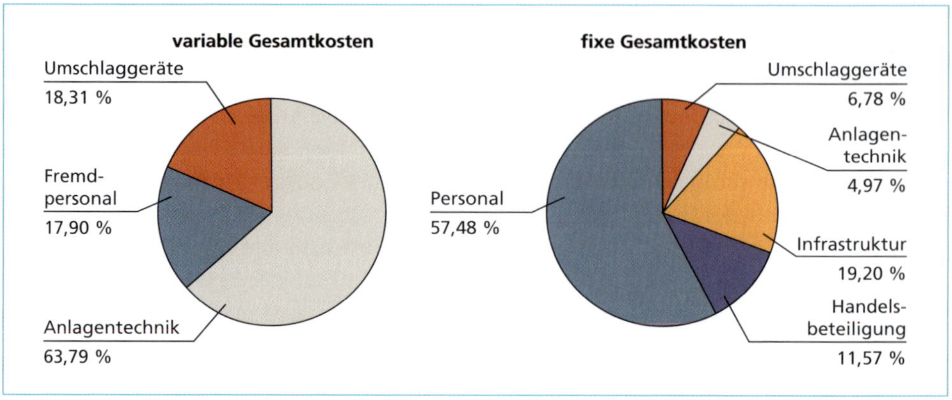

Bild 4: Prozentuale Verteilung der Kosten am Schredder in Bezug auf die betrachteten Verbrauchergruppen

3.4. Nicht-monetäre Kennzahlen als Leistungsmessung

Die bereits im oberen Teil dieser Ausarbeitung (Kapitel 3.2.) genannten nicht-monetären Leistungskennzahlen ergänzen die Kostenermittlung um die Erhebung der Massenströme und helfen die im monetären Ansatz erfassten KPIs zu interpretieren. Ziel ist neben der Erfolgsrechnung des Schredderprozesses, die Ursachenermittlung für eine effiziente oder ineffiziente Verarbeitung der Inputströme zu absatzfähigen Produkten. So wird die Verfügbarkeit der Anlage über Stillstandzeiten und das entsprechende Leistungsspektrum über Durchsätze abgebildet. Die Erfassung von Stillstandzeiten über geplante und nicht geplante Ausfälle ermöglicht eine paretoabhängige Analyse der Ausfallgründe.

Der Qualitätsfaktor steckt u.a. in der prozentualen Verschiebung von werthaltigem Material der Schredderleicht- in die Schwerfraktion. Mit der sortenspezifischen Auswertung der Outputmengen in Bezug zur Inputsorte, wird eine Grundlage geschaffen, um die Qualität der produzierten Stoffströme zu gewichten. Durch die Erfassung der Warenströme ist es möglich periodengerechte Ein- und Verkaufspreise einzubinden. Unter der Voraussetzung fixierter Preise, kann eine unmittelbare Verarbeitung der Einkaufsmengen nach dem Wareneingang in Form von Monochargen sowie mit einer direkt nachgeschalteten Bewertung der Wertstoffzusammensetzung im Produkt, zu einer aussagekräftigen Erfolgsrechnung auf Tagesbasis führen. Zukünftig ist damit ein echter Effekt in der Veränderung der Zusammensetzung des Vormaterials abbildbar. Die daraus gewonnenen Erkenntnisse wiederum helfen den monetären Einfluss einer Anlagenverbesserung gemäß dem geforderten Stand der Technik zu verstehen und das Risiko bei der Entscheidung über eine Investition zu minimieren.

4. Abbildung des Kennzahlensystems in der Netzwerkstruktur

Auf die Fragestellung, wie in der Zukunft die Wirtschaftlichkeit der Schredderanlage transparent und realitätsnah abgebildet werden kann, um als Betreiber auf die täglich fluktuierenden Anforderungen zu reagieren, ist bereits ein Ansatz geliefert.

Die Herausforderung der Datenerhebung steckt dabei weniger in der Verfügbarkeit, als in der fehlerfreien und kostengünstigen Erfassung dieser Datensätze.

Es gilt den gelieferten KPI-Schredderstandard so in den Produktionsprozess zu integrieren, dass er dem Betreiber die Daten automatisiert zur Verfügung stellt und so wenig Ressourcen, wie möglich bindet. Das Bild 5 zeigt auf, wie eine solche Datenerhebung aussehen kann.

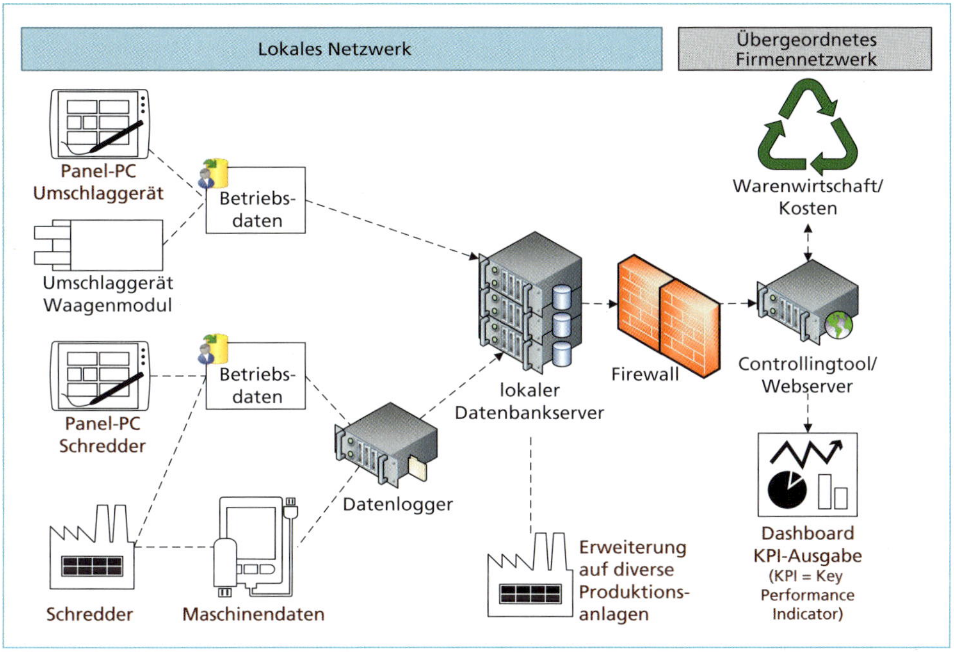

Bild 5: Automatisierte Erhebung von Kennzahlen im Schredderprozess

Die erläuterte Betriebsdatenauswertung (Controllingtool/Webserver) ist von der eigentlichen Datenerfassung entkoppelt und befindet sich außerhalb der lokalen Netzwerkstruktur des Schredderstandortes. Ein zentraler SQL-Datenserver übernimmt die lokal geschriebenen Informationen vom Schredder und seiner Betriebseinheiten.

Die Daten am Schredder sind weitaus umfangreicher als die für den Produktionsprozess relevanten Datensätze der Umschlaggeräte. Wo ein Radlader primäre Sorten und Mengen ausgibt, liefert der Schredder neben Durchsatzmengen auch Informationen über Betriebszustände und physikalische Kenngrößen – Werte, die eher der Interpretation der nicht-monetären Kennzahlen dienen. In Betriebsbereichen in denen die Möglichkeit einer automatisierten Mengenerfassung (z.B. bei gravimetrischen Bandwaagen) nicht besteht, müssen Tonnagen sortengebunden stationär oder in Form von integrierten Waagenmodulen erfasst werden. Eine Panel-PC im Umschlaggerät ermöglicht die Zuordnung erforderlicher Produktionskennwerte (z.B. Sorten) im Wiegeprozess.

Auf Grund der Redundanz zwischen der lokalen Datenerfassung an der Anlage und der Übertragung an die Auswerteeinheit im übergeordneten Zentralnetzwerk, können die Daten nur eingeschränkt in Echtzeit ausgewertet werden (einmal täglich oder pro Stunde). Eine echtzeitnahe Betrachtung der KPIs ist in Form einer rudimentären Visualisierung als Dashboardlösung bei der Betriebsleitung vor Ort möglich. Wobei auch hier die Firewall Erzeuger- und Auswertesystem voneinander isoliert.

Die Integration aller Kosten erfolgt über eine Schnittstelle im Zentralnetzwerk. Durch die Einbindung bewährter Controllingsoftware zur Steuerung der Warenwirtschaft, ist eine händische Eingabe der Kostensätze und ihrer spezifischen Aufschlüsselung nicht mehr notwendig. Auch die Informationen zu den täglichen Ein- und Verkaufspreisen sowie der Lagerbestandbewertung, können über diese Schnittstelle bezogen werden. Die beschriebene Konstellation macht unter Berücksichtigung der genannten Rahmenbedingungen bei der Produktion des Vormaterials, eine stoffstromorientierte Bewertung von Leistungsparametern an der Schredderanlagen letztendlich erfolgreich.

Das individuell auf die Anforderungen des Unternehmers entwickelte Controllingtool in Form einer Webapplikation innerhalb des bestehenden Firmenportals, ersetzt die officebasierte Arbeitsdatei und bietet vielschichtige Optionen zur Datenauswertung durch z.B. Produktionstagesberichte, eine systematische Berichterstattung an die Geschäftsleitung, oder eine reine Maschinendatenauswertung als Benchmark zwischen den einzelnen Schredderbetrieben. Dabei liegt die Stärke des Systems in ihrer Vergleichbarkeit und bietet Ansätze der gesamtunternehmerischen Standardisierung von Fertigungs- und Handelsprozessen.

Die Gesamtstruktur des beschriebenen Konzepts kommt so einer umfänglichen Geschäftsressourcenplanung (ERP-System) sehr nahe und kann auf weitere Betriebseinheiten, wie Schrottscheren oder Paketpressen etc. erweitert werden.

5. Schredderplanung durch Produktionskostensimulation

Die in Kapitel 4 beschriebene Plattform zur Betriebs- und Maschinendatenauswertung schafft Transparenz im Wertschöpfungsanteil der Anlage. In Hinblick auf die Weiterentwicklung der Unternehmung unter dem Einfluss umweltrechtlicher Veränderungen, ist es sinnvoll die Datensätze aus den geschäftlichen Aktivitäten der letzten Jahre zu berücksichtigen. Über die Zeit gemittelte Kosten und Betriebskennzahlen liefern eine Kalkulationsgrundlage für die Simulation der Zukunft. Die Verwendung der gesammelten Erfahrungswerte ermöglicht die Abbildung diverser, auch standortspezifischer Erfolgsrechnungen. Eine hohe Anpassungsfähigkeit im Markt und die stetige Optimierung der Schreddertechnik, definieren dabei Rahmenbedingungen, die den Spielraum einer Anlageplanung stark einschränken. Der Unterschied in der Einbindung des WT BREF auf nationaler Ebene und daraus resultierenden Wettbewerbsvorteilen zwischen den Anrainerstaaten, bleibt ebenfalls berücksichtigt.

Die geforderte Risikominimierung in der Planung von Neuanlagen funktioniert schlussendlich nur in der Verbindung von Technik und Warenwirtschaft. Es ist notwendig den Effekt des Vormaterials sowohl auf den zukünftigen Absatzkanal zu bewerten, als auch den Einfluss dieses auf die Emissionen der Schredderanlage zu berücksichtigen. Die etablierte KPI-Auswertung am Großschredder verlangt auf Basis des neuen Anlagedesigns, eine Risikobewertung der stoffstrombasierten Warenwirtschaft über die kommenden 10 bis 15 Jahre. Dabei steht die endgültige Klärung der Investitions- und Stoffstromfrage unter eine Reihe von Herausforderungen.

Das heterogene Vormaterial benötigt bei den hohen Durchsatzleistungen der Anlage ausreichend große Lagerflächen für eine Batchfahrweise. Die Verwertung der Inputströme als Batch bzw. Monocharge zielt auf eine genaue Bewertung der Materialzusammensetzung ab und soll eine kundenspezifische Vergütung der Produkte ermöglichen. Dafür bedarf es einer echtzeitnahen Materialauswertung und Kategorisierung der Outputströme am Schredder. Eine gewinnbringende Preisbildung benötigt eine produktionsseitige Steuerung von Einkaufstätigkeiten, kreative Vertriebsstrategien und eine zentrale Vereinheitlichung der Warenbewegung. Die Form der Erfassung und Auswertung von Betriebs- und Maschinendaten ist als Standard zu leben. Dieser Standard liefert einen einheitlichen Sortenkatalog und verhindert nachgeschaltete Datenbewegungen und Modifikationen.

Die Weiterentwicklung einer Schredderanlage ist damit weitaus komplexer, als die verfahrenstechnische Auslegung des Anlagendesigns. Unter dem Einfluss der genannten Rahmenbedingungen, schließt der Prozess perspektivisch eine Reorganisation des unternehmerischen Denkens mit ein.

6. Fazit und Ausblick

Emissionsrechtliche Veränderungen haben einen starken Einfluss auf den Betrieb und die Weiterentwicklung von Auto-Schreddern im Metall- und Schrottrecycling. Sie sind gleichzeitig Überwachungsorgane und Innovationstreiber, reagieren auf ökologische Trends und bieten die Chance der Veränderung altbewährter Strukturen in der Aufbereitung. Solche Veränderungen können dann erfolgreich herbeigeführt werden, wenn der Status Quo einer Unternehmung transparent und bewertbar ist.

Die Systemkonzeptionierung zur Planung von Großschredderanlagen hilft dabei die Brücke zwischen der Bestandstechnik und den Forderungen an das neue System zu bauen. Die Erkenntnisse über heutige Betriebskennzahlen formen einen Baukasten zur Schreddersimulation und erweitern das Verständnis für perspektivische Einflussfaktoren auf Gesetzesebene, im Markt und in der Technik. Die automatisierte Erfassung und Auswertung von KPIs an Schreddern ist an dieser Stelle weniger innovativ, als vielmehr ein Aufbruch in neue Strukturen, mittels der Anwendung bewährter Technik der Industrie 4.0. Herausforderungen zeichnen sich folglich eher in der Zusammenführung bestehender Systeme, wie Maschinentechnik, Produktionscontrolling, Warenwirtschaft und IT-Infrastrukturen ab, als in der Entwicklung neuer Technologien zur Datenerhebung per se.

Die ermittelten Zahlen zeigen heute bereits, dass die prognostizierten Investitonsvolumina, unter dem Einfluss der emissionsrechtlichen Forderungen, weit über der bewährten Kalkulationsgrundlage der vergangenen Jahrzehnte liegen und allein aus dieser Prämisse heraus das Verständnis um den Schredder in Deutschland neu ordnen werden. So gilt es in Zusammenarbeit mit den Behördenvertretern Lösungen zu finden, die ökologische Auflagen auch ökonomisch und sozial gestalten und damit den Betrieb der betrachteten Recyclinganlagen weiter attraktiv machen.

7. Literatur

[1] Bundesministerium für Umwelt, Naturschutz und nukleare Sicherheit: Neufassung der Ersten Allgemeinen Verwaltungsvorschrift zum Bundes-Immissionsschutzgesetz (Technische Anleitung zur Reinhaltung der Luft – TA Luft). Entwurf Stand 16.07.2018

[2] Daum, A.; Greife, W.; Przywara, R.: BWL für Ingenieurstudium und -praxis. 3. Auflage. Wiesbaden: 2018 Springer Vieweg, 2018, S. 99, 100, 115-117

[3] Focke, M.; Steinbeck, J.: Steigerung der Anlagenproduktivität durch OEE-Management. Definitionen, Vorgehen und Methoden – von manuell bis Industrie 4.0. Wiesbaden: Springer Gabler, 2018, S. 12-15

[4] Gottmann, J.: Produktionscontrolling. Wertströme und Kosten optimieren. Wiesbaden: Springer Gabler, 2016, S. 18-21, 47, 48

[5] Kraffczyk, T.; Goldmann, D.: Der Einfluss von umweltrechtlichen Änderungen auf die Weiterentwicklung von Schredderanlagen. Clausthal-Zellerfeld: GDMB, 2018, World of Metallurgy - ERZMETALL 71, No. 4, S. 214-220

[6] Pinasseau, A.; Zerger, B.; Roth, J.: Best Available Techniques (BAT) Reference Document for Waste Treatment. Luxembourg: Publications Office of the European Union, 2018

Ansprechpartner

Torben Kraffczyk, M.Sc., B.Eng.
TSR Recycling GmbH & Co. KG
Technischer Leiter Region Südwest
Technik
Lagerstraße 25
68169 Mannheim, Deutschland
+49 152-01619543
t.kraffczyk@tsr.eu

Weitere beteiligte Institutionen

Technische Universität Clausthal,
Institut für Aufbereitung, Deponietechnik und Geomechanik

Beitrag zur Entwicklung des Recyclings von Magnetwerkstoffen mit Legierungsanteilen aus Elementen der Lanthanoidengruppe mittels Sortier- und Aufbereitungsverfahren in der Prozessvorbereitung

Thomas Rump, Ralf Holzhauer und Rüdiger Deike

Seltene Erden sind ein unverzichtbarer Rohstoff zukunftsweisender Technologien. Die Gruppe der Seltenen-Erden-Metalle besteht aus 15 Elementen der Lanthanoiden, dazu gehören Lanthan, Cer, Praseodym, Neodym, Samarium, Europium, Gadolinium, Terbium, Dysprosium, Holmium, Erbium, Thulium, Ytterbium und Lutetium. Außerdem gehört Yttrium wegen seiner chemischen und physikalischen Ähnlichkeiten und seines häufigen geologischen Vorkommens mit den Lanthanoiden und Scandium wegen seiner chemischen Ähnlichkeit zur Seltenen-Erden-Gruppe. Das Seltenen-Erden-Element und Lanthanoid Promethium kommt in der Natur nur sehr selten und instabil vor.

Etwa 20 % der Seltenen-Erden-Produktion werden für Magnete verwendet [1]. Neben Neodym und Samarium kommen vor allem Praseodym, Terbium und Dysprosium in Seltenen-Erden-Dauermagneten vor, welche sich durch eine hohe Energiedichte auch bei hohen Temperaturen auszeichnen. Sie finden Anwendung in Motoren, Festplatten, der Magnetresonanztomographie, der Energieerzeugung, Mikrophonen und Lautsprechern sowie der magnetischen Kühlung [2]. Die Magnete haben, geprägt durch ihre Anwendungen eine hohe Vielfalt, da sie zusätzlich zu verschiedenen Formen in vielfältigen Herstellungsverfahren produziert werden. Unterschieden werden beispielsweise isotrope Magnete (ohne Vorzugsrichtung) und anisotrope Magnete (axiale, diametrale oder polorientierte Vorzugsrichtung). Neben gesinterten Seltenen-Erden-Magneten gibt es außerdem kunststoffgebundene-Magneten. In den Dauermagnetwerkstoffen liegen bestimmte Seltenen-Erden-Elemente im Vergleich zu ihren Vorkommen in der Natur in deutlich höheren Konzentrationen vor, so dass der Frage nachgegangen werden muss, ob und auf welche Art und Weise die Seltenen-Erden-Elemente aus Abfällen, die im Verlauf der Fertigung anfallen, sowie aus End of Life-Produkten recycelt werden können.

1. Ansätze und Bedeutung des Recyclings von Magnetwerkstoffen

Mit über 80 % der weltweiten Produktion von Seltenen Erden, ist China mit Abstand der größte Rohstofflieferant Seltener Erden. Deutschland ist mit einem Importanteil chinesischer Seltener Erden von über 90 % besonders abhängig. Ziel der chinesischen Regierung ist es Seltene-Erden-Produkte im eigenen Land herzustellen. Außerdem wird es durch verstärkte Umweltschutzvorschriften in China auf kurz oder lang zu einer Preissteigerung der Seltenen Erden kommen. Trotz des sinkenden Wachstums der chinesischen Wirtschaft wird für Seltene-Erden-Magnete ein jährliches Wachstum von über 15 % des jetzigen Bedarfs vorhergesehen. Dieses Wachstum besteht insbesondere durch eine erhöhte Nachfrage nach Zukunftstechnologien wie der Elektromobilität oder dem Bau von Windkraftanlagen. Gleichzeitig geht die chinesische Regierung gegen illegalen Abbau vor und grenzt den Abbau Seltener Erden durch Quoten ein [5]. Der Aufbau von Recyclingstrukturen außerhalb Chinas bietet daher die Chance die Entkopplung der weltweiten Industrie von Chinas Rohstoffen zu ermöglichen.

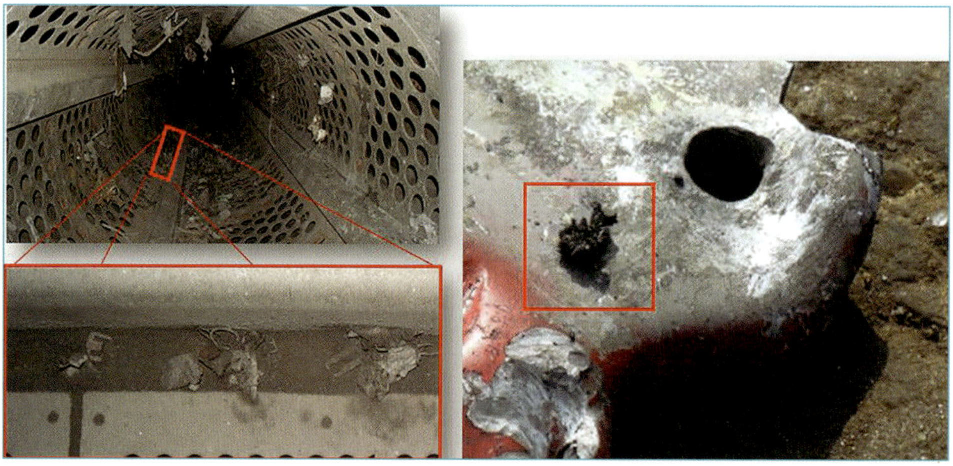

Bild 1: Verbleibwege der Magnete – links: Magnete in der Siebtrommel einer Rostascheaufbereitung; rechts: Magnete im Stahlschrott der Schredder-Schwerfraktion der Automobilverwertung

Durch die unterschiedlichen Konzentrationen von Dauermagneten in den Anwendungen gelten verschiedene Rahmenbedingungen für die Rückgewinnung. Die Rückgewinnung aus großvolumigen Magnetanwendungen der Energieerzeugung oder der Magnetresonanztomographie ist ungleich der Aufkonzentration sortenreiner, feinteiliger Magnetfraktionen aus Massen- und Konsumgütern. Zurzeit finden sich die Magnete in den Fe-Fraktionen verschiedenster Anwendungen wieder, wie in Bild 1 dargestellt ist. Dabei handelt es sich um Magnete in der Siebtrommel einer Rostascheaufbereitung sowie um Magnete im Stahlschrott der Schredder-Schwerfraktion aus der Automobilverwertung.

Da die Magnete mit der Fe-Fraktion verwertet werden, findet eine Verdünnung statt, die aus heutiger Sicht unumkehrbar ist. Daher gilt es Verfahren zu entwickeln, die es ermöglichen Magnete aufzukonzentrieren. Die Anforderungen an diese Verfahren bestehen darin, einerseits die Magnete vom Eisen zu trennen und andererseits gleichzeitig oder in einem nächsten Schritt die Magnete nach Legierungen oder den Hauptlegierungsanteilen zu sortieren. Dieses dient dem Ziel Magnetkonzentrate aus Schrott zu erhalten. Diese hochreinen Konzentrate können dann Recyclingverfahren zugeführt werden, die auf die Legierungen zugeschnitten sind.

Solche Verfahren könnten eine Alternative zur Rückführung der Konzentrate in die Primärproduktion darstellen. Die Rückführung der Konzentrate in die Primärproduktion bietet den Vorteil, dass der Schritt der Aufkonzentration entfällt, da die Lanthanoide vergesellschaftet vorkommen und in mehrstufigen Verfahren aufwendig getrennt werden müssen. Gleichzeitig ist es aber die längste und damit aufwendigste Recyclingroute. Wenn das Recyclingverfahren auf ein Magnetkonzentrat zugeschnitten werden kann, könnte es sein, dass es eine wirtschaftliche Alternative zur Primärproduktion darstellen würde, da weniger Verfahrensschritte notwendig wären um wieder einen Magneten zu erhalten. Außerdem wäre es eine ökologisch wertvolle Alternative, da die Seltenen Erden in natürlichen Erzen sehr häufig vergesellschaftet mit radioaktiven Thorium vorliegen, das in Dauermagneten nicht vorliegt, so dass notwendige Schritte der Aufbereitung und Entsorgung, die im Rahmen der Primärproduktion zu berücksichtigen sind, beim Recycling nicht anfallen.

2. Eisen-Magnet-Trennung
Verfahren zur Sortierung von Dauermagneten

Um die geforderte Aufkonzentration der Dauermagnete zu erreichen, kommen zum Herauslösen der Magnete Zerkleinerungsaggregate wie Schredder, Mühlen, Brecher und Stanzen zur Anwendung. Der Schredderprozess ist wichtig, um den Verbund von Funktionskomponenten aufzuheben. Schreddergut wird durch Zerreiben, Zermahlen, Zerreißen, Zertrümmern oder Zerschneiden erzeugt. Die Reibungsarbeit im Mahlwerk hat eine unterschiedliche Erwärmung der Materialien zur Folge. Durch das Zerkleinern kommen die Partikel stark deformiert, mit heterogenen Bruchkanten und Rissen aus dem Schredder.

Durch eine anschließende Vorsortierung können Störstoffe wie Kunststoff und Papier ausgesondert werden, so dass ein reines Schrott-Magnet-Gemisch zurückbleibt. Der Schritt ist erforderlich, um Materialien mit niedrigem Schmelzpunkt oder geringer Entzündungstemperatur vor der thermischen Behandlung zu entfernen. Weiterhin verhindert er in späteren Prozessen die Wechselwirkungen der Teile untereinander. So können Dämmstoffe die Erwärmung der Dauermagnete verzögern. Es können verschiedene Sortierprozesse zur Verhinderung negativer Einflüsse vorgeschaltet werden, an deren Ende ein Dauermagnet-Eisen-Gemisch stehen sollte, das es zu trennen gilt.

Die anschließende Erwärmung durch die Annäherung des Stoffstromes an die Curietemperatur der Dauermagnete bewirkt eine Teilentmagnetisierung. Die Verbindungen zu den Eisenpartikeln werden damit geschwächt, aber nicht unterbrochen. Einige der Elementarmagnete richten sich nicht mehr zum Feld mit den Eisenteilchen aus. Die Weissschen Bezirke werden kleiner. Die Anziehungskraft sinkt. Bei diesem Prozess ist es wichtig, die richtige Temperatur homogen über eine Verweilzeit im Wärmestrom zu erreichen. Werden die Magnete zu stark oder zu schwach erhitzt, gibt es Auswirkungen auf die Sortierreinheit. Das Bereitstellen von Wärmeenergie bedeutet jedoch einen hohen Aufwand, den es zu optimieren gilt.

Nach der Teilentmagnetisierung werden über die Zusammenschaltung von Förderbändern Verbunde aus Eisen-Magnet-Schrott aufgelöst und der Stoffstrom wird über die gesamte Bandbreite verteilt. Optimal ist es, wenn das Gemisch gleichmäßig verteilt auf das Band des Wirbelstromabscheiders gelangt, so dass eine Wechselwirkung der Teile ausgeschlossen werden kann. Die Lage und Orientierung der Teile wird hier stark beeinflusst aber nicht kontrolliert [7].

Es folgt die Wirbelstromtrennung. Werden elektrisch gut leitende Partikel einem magnetischen Wechselfeld ausgesetzt, so werden nach dem Induktionsgesetz Wirbelströme induziert, die senkrecht zu diesem Feld liegen. Um diese Felder herum baut sich nach dem Biot-Savartschen-Gesetz ein weiteres dem Induktionsfeld entgegengesetztes Magnetfeld auf, das in der klassischen Anwendung des Wirbelstromabscheiders zum Auslenken elektrisch gut leitender Partikel führt.

Hochleistungspermanentmagnetscheider gibt es sowohl in einer einfachen konzentrischen Bauform als auch mit einem exzentrisch liegenden Polrad, das die Auslenkwirkung besser beeinflusst. Da konzentrische Systeme bei Eisen oder eisenhaltigen Produktströmen die Eisenteile auf Grund ihres hohen Einwirkungsgrades nicht aus dem Wirkungsbereich lassen und durch wiederholt hohe Wirbelströme erhitzen, besteht die Gefahr, dass Eisenteile sich im Förderbandgurt einbrennen. Daher werden Mitnehmer auf dem Förderband installiert, um die Eisenteilchen aus dem Magnetfeld hinauszuziehen [4]. Diese konzentrischen Wirbelstromabscheider mit einem Mitnahmesystem sind für die Eisen-Magnet-Trennung im Labormaßstab erprobt und als geeignet empfunden worden. Am Polrad des Wirbelstromabscheiders haften Eisenteile am Förderband. Die Dauermagneten richten sich zum Wechselfeld aus, das wirkende Drehmoment sorgt für eine starke, akustisch wahrnehmbare Flatterwirkung. Die Massenträgheit der Magnete und die relativ hohe Frequenz des Polrades sorgen dafür, dass sich die Gegenpole im Laufe des Passierens ausreichend gegenüberstehen und abstoßen. Je nach Überlagerung der Gegenpolflächen wird der Magnet abgestoßen und fliegt mit einer schiefen Wurfbahn in den Auffangbehälter. Dabei bleibt das Flattern in der Flugphase erhalten. Das Eisen bildet durch die Mitnehmer des Förderbands eine eigene Fraktion.

Einige Magnete folgen dieser Theorie nicht. Sie sorgen für eine Verunreinigung der Eisenfraktion. Neben bereits erwähnten Ursachen tragen Polabstand und -prägung, die Frequenz, die Bandgeschwindigkeit, die Rotationsrichtung und eine verbleibende Wechselwirkung der Teile untereinander zu der Verunreinigung bei.

2.1. Potential der Eisen-Magnet-Trennung am Beispiel von Festplattenschrott

Das zuvor beschriebene Verfahren der Eisen-Magnet-Trennung ist bislang nur im Labormaßstab erprobt. Dabei wurden vor allem Magnete mit Kantenlängen > 20 mm unter standardisierten Bedingungen verwendet, um die Auswirkungen verschiedener Parameter auf die Sortierquote zu überprüfen. Eine noch nicht geklärte Frage ist daher die Übertragbarkeit der Ergebnisse auf reale Stoffströme. Als Ausgangsmaterial für die durchzuführende Potentialanalyse standen zerkleinerte Festplatten, die mit dem Zerkleinerungsaggregats VAZ 800 des Herstellers Vecoplan behandelt wurden, zur Verfügung. Ziel des im Folgenden beschriebenen Versuches war es, die Übertragbarkeit der Laborergebnisse auf einen praxisrelevanten Stoffstrom nachzuweisen und aus den vorliegenden Ergebnissen eine Sortierquote zu bestimmen.

Die Praxisrelevanz des zur Verfügung stehenden Stoffstromes ist durch die Zertifizierung des Zerkleinerungsaggregates zur Datenvernichtung nach DIN 66399 gegeben. Diese Norm fordert eine definierte, mechanische Behandlung der Festplatten, welche den Verbund der Festplattenkomponenten aufhebt. Das zur Verfügung stehende Ausgangsmaterial hatte ein Gewicht von 7 kg und ist in Bild 2 dargestellt.

Bild 2:

Mischmaterial als Ausgangsprodukt des Festplattenzerkleinerer VAZ 800

Auf Grund der mengenmäßigen Begrenzung des Versuchsmaterials bedurfte es einer sorgfältigen Versuchsplanung und eines Probenahmekonzepts (Bild 3). Zunächst wurde eine Fe/Magnet-Fraktion aus dem Mischmaterial (Bild 2) mittels eines Überbandmagneten gebildet. Da die Magnete in geringen Korngrößen vorlagen, wurden die Parameter der Erwärmungsstufe auf Grund von Erfahrungswerten auf die Sortierung von kleinen Magneten eingestellt. Für die Erwärmungsstufen waren dies 140 °C und 170 °C sowie 20 °C als Referenzgröße. Die Drehzahlen des Wirbelstromabscheiders wurden mit 2.000 U/min und mit 2.500 U/min festgelegt. Die Fe/Magnet-Fraktion wurde in sechs gleichgroße Portionen aufgeteilt, die infolge der Behandlungen in den Erwärmungsstufen und der unterschiedlichen Drehzahlen der Wirbelstromabscheider entsprechende Wertepaare von Prozessparametern aufwiesen.

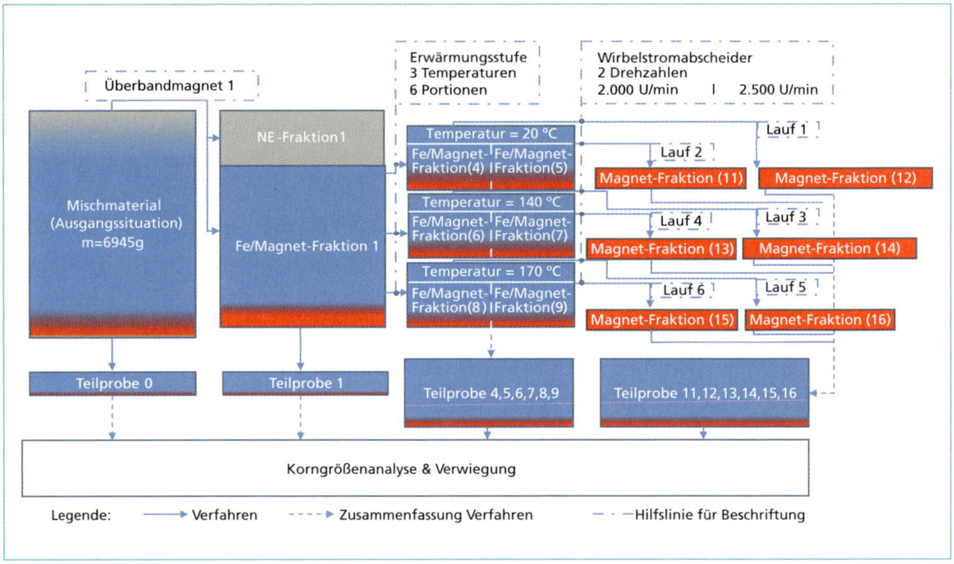

Bild 3: Versuchsplanung und Probenahmekonzept

Das entwickelte Probenahmekonzept sah die Entnahme einer Teilprobe in Anlehnung an LAGA PN98 vor. Sie erfolgte vor und nach jedem Prozessschritt, um die Auswirkungen sichtbar zu machen. Die Teilproben wurden zunächst nach Korngrößen aufgeschlüsselt, verwogen und dokumentiert. Bild 4 zeigt die aufgeschlüsselte Teilprobe 13. Neben den Dauermagneten, die größtenteils in der 0 bis 1 mm Fraktion vorzufinden sind, finden sich in der Teilprobe auch Nickel, Kupfer und Aluminium wieder, welche visuell identifiziert wurden.

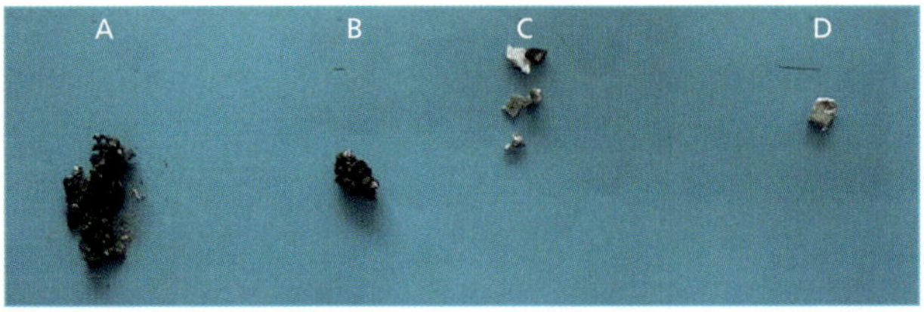

Fraktion	Einheit	A	B	C	D
Korngröße	mm	0-1	1-5	5-10	10-20
Masse	g	10,92	5,99	1,92	0,96

Bild 4: Aufgeschlüsselte Teilprobe 13 – aussortierte Magnet-Fraktion

Nach der Auswertung der Teilproben konnten die gewonnenen Magnete (nach Wirbelstromabscheider) auf den Gehalt der Magnete in der Fe/Magnet-Fraktion bezogen werden. Diese Bezugsgröße wurde gewählt, da die Auswirkung des Überbandmagneten auf die Sortierquote nicht primärer Teil der Fragestellung war.

2.2. Ergebnis des Sortierversuchs

Der NE-Anteil inklusive Verlusten aus Fe- und Magnet-Fraktion beträgt 28 Ma-%. Die vorliegende Fe/Magnet-Fraktion hat einen Magnetanteil von 20 Ma-%. Die Korngrößenverteilung der Fe/Magnet-Fraktion ist am Beispiel der Teilprobe 1 in Bild 5 dargestellt. Die Verhältnisse der aussortierten Magnetfraktionen nach dem Wirbelstromabscheider bezogen auf den Magnetgehalt nach dem Überbandmagnet sind ebenfalls in Bild 5 dargestellt. Insgesamt wurden Sortierquoten zwischen 8 und 41,5 Ma-% erreicht. Innerhalb der Korngrößenverteilungen schwanken die Sortierquoten stark.

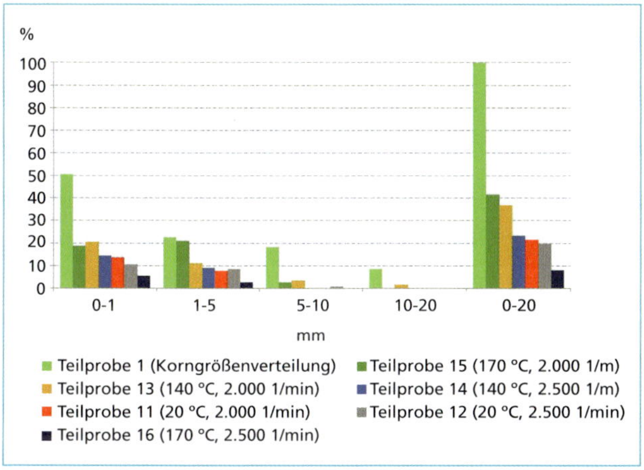

Bild 5:

Verhältnis der aussortierten Magnetfraktionen nach dem Wirbelstromabscheider bezogen auf den Magnetgehalt nach dem Überbandmagnet; dargestellt in Korngrößenbereichen (links) und dargestellt für die Gesamtfraktion (rechts)

Um den Zusammenhang zwischen den Anlagenparametern und den Sortierquoten darzustellen, sind in Bild 6 die Sortierquoten für die Korngrößen 0-1 mm, 1-5 mm und die Gesamtfraktion nach Parameterpaaren angeordnet.

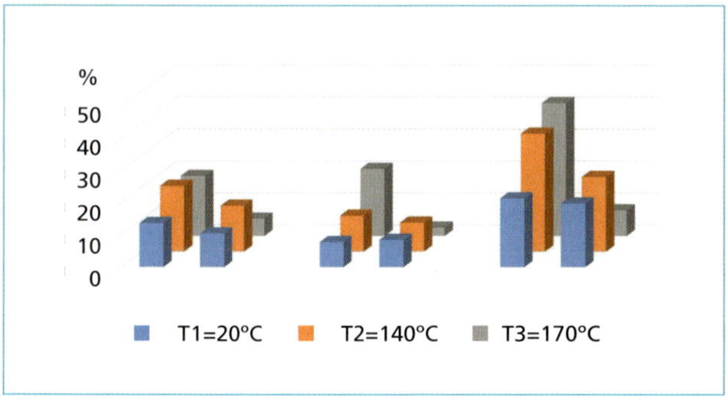

Bild 6:

Sortierquoten für unterschiedliche Korngrößen in Abhängigkeit der Temperaturen und Drehzahlen

Metalle

In Bild 6 wird deutlich, dass eine zunehmende Drehzahl nur geringe Auswirkungen auf die Sortierquote hat. Mit zunehmender Temperatur, kann jedoch eine deutlich bessere Sortierquote erreicht werden. Eine Ausnahme bildet die Erhöhung der Temperatur in der 0-1 mm Fraktion von 140 auf 170 °C bei 2.000 U/min. In allen Fraktionen ist die Sortierquote bei der Erhöhung der Temperatur von 140 auf 170 °C bei 2.500 U/min deutlich eingebrochen [3].

2.3. Diskussion der erreichten Sortierquote

Die Erkenntnisse der Eisen-Magnet-Trennung aus Stoffströmen zerkleinerten Festplattenschrottes zeigen ein zu erwartendes Potential der Eisen-Magnet-Trennung von etwa 41,5 Ma-% der enthaltenden Magnete. Außerdem ist die größere Auswirkung der Temperatur im Vergleich zur Drehzahl in kleinen Korngrößenklassen erkennbar.

Da in Festplatten hauptsächlich NdFeB-Magnete verbaut werden ist eine Übertragbarkeit der Ergebnisse auf andere Magnetwerkstoffe zu prüfen. Es wurde bereits untersucht ob dieses Verfahren erweitert werden kann, um damit auch die erforderliche Magnetklassifizierung durchzuführen.

3. Klassifizieren von Dauermagneten

Im Folgenden ist die Frage zu untersuchen, ob sich das bisher beschriebene Verfahren der Eisen-Magnet-Trennung auch zur Klassifikation von Dauermagneten verwenden lässt.

Die in IEC 60404-8-1:2015 festgelegten Ansprüche an die Zusammensetzungen und Eigenschaften von Dauermagnetmaterialien spiegeln sich in Form von materialspezifischen Entmagnetisierungskurven wider. Entmagnetisierungskurven sind Kurvenbündel (Bild 7) von Hysteresekurven (oberes Bündel) und Polarisationskurven (unteres Bündel) in Abhängigkeit der eingestellten Temperaturen. Das Bild 7 zeigt diese Eigenschaften für einen temperaturstabilen Seltenen-Erden-Magnet aus einer Samarium-Kobalt-Legierung Sm_2Co_{17}, dessen Längen/Durchmesserverhältnis (L/D) Rückschlüsse auf die Steigung der Arbeitsgraden zulassen. Die Arbeitsgrade eines Dauermagneten ist eine Ursprungsgrade, deren Steigung durch das L/D-Verhältnis, also durch die geometrischen Eigenschaften des Dauermagneten geprägt ist. Der Schnittpunkt der Arbeitsgraden mit der Hystereseschleife bildet den Arbeitspunkt des Magneten. Das Material, die Volumenverhältnisse und die Magnetisierungsrichtung sind die festzulegenden Kriterien bei der Konstruktion von Dauermagneten.

Durch eine mögliche Verschiebung des Arbeitspunktes durch Erwärmung kann immer dann von reversiblen Magnetfeldschwächungen ausgegangen werden, wenn die Entmagnetisierungskurve an der Schnittstelle mit dem Arbeitspunkt einen durchgängig linearen Verlauf aufweist. Verschiebt sich die Krümmung der Hysteresekurve vom linken Bereich des Arbeitspunktes in den rechts davon gelegenen Teil, dann ist von einer irreversiblen Schwächung des Magnetfeldes auszugehen.

Es stellt sich die Frage, ob materialspezifische Entmagnetisierungsvorgänge als Trennfaktoren für das weitere Auftrennen von Dauermagnetgemischen unter anschließender Anwendung des Eisen-Magnet-Trennungsverfahrens in Betracht gezogen werden können.

Wenn dem so wäre, könnte ein Ablauf entwickelt werden, bei dem ein Magnetgemisch auf Grund seiner nicht erfolgten Entmagnetisierung am Eisen haften bleibt und somit von einem anderen Magnetgemisch, das entmagnetisiert wurde, getrennt werden kann. Alternativ könnte geprüft werden, ob sehr stark bis komplett entmagnetisierte Magnete, die sich dann wie Eisen verhalten, von einer Gruppe schwach entmagnetisierter Magnete, die ausgeworfen werden sollen, trennen lassen.

Die Abstände der Krümmungen der Hysteresekurven verschiedener Dauermagnetmaterialien sind besonders groß für kleine L/D-Verhältnisse, also flache, großflächige Magnete. Das Bild 7 zeigt für einen Sm_2Co_{17}-Dauermagneten, dass in dem blauen Bereich von ausreichenden Abständen zwischen den Entmagnetisierungskurven ausgegangen werden kann. (Bereich I, blau). Im braunen Bereich II liegen die Entmagnetisierungskurven bereits zu dicht aneinander [6].

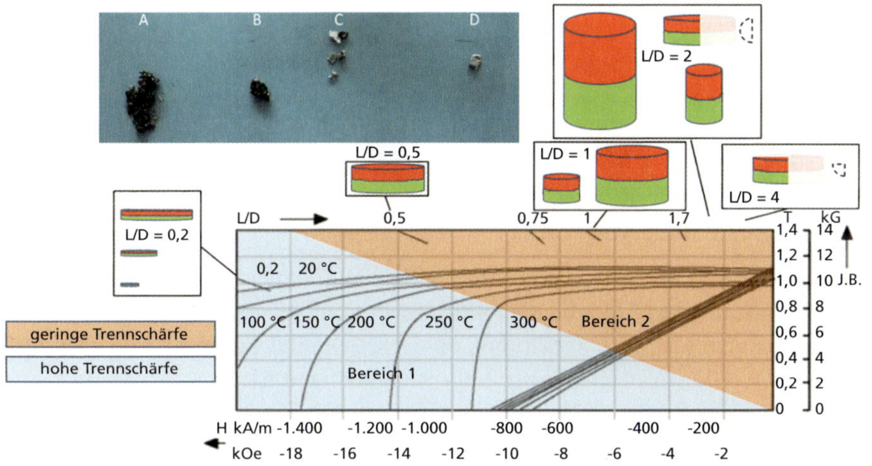

Bild 7: Entmagnetisierungskurven eines Sm_2Co_{17}-Dauermagneten (Hysteresekurvenbündel oben und Polarisationskurvenbündel unten); Andeutung der Lage der Arbeitsgraden verschiedener, zylindrischer Dauermagnete bei gleicher Polarisationsrichtung (rot, grün-Übergang); Bereiche der Klassifizierbarkeit: Bereich I (blau), Bereich II (braun)

Quelle: IBS MAGNET: Dauermagnete aus Samarium-Cobalt : Sm_2Co_{17} (190/159) Va-comax 225 HR *. URL https://www.ibsmagnet.de/products/dauermagnete/deltamagnet.php, 2017, abgerufen am 29.09.2015

Ein Vergleich der in Bild 7 eingezeichneten Beispielmagnete mit den vorhandenen Magneten der geschredderten Festplatten (vgl. Bild 5) zeigt, dass nicht davon auszugehen ist, in praxisrelevanten Stoffströmen unterschiedlich zusammengesetzte Magnete zu finden, die sich mit dem Verfahren der Eisen-Magnet-Trennung sicher trennen lassen [3].

4. Zusammenfassung und Fazit

Dauermagnete werden anwendungsbezogen in komplexen Herstellungsverfahren mit einem hohen Maß an Optimierungsbestreben gefertigt, wobei die aktuellen Ansätze des Recyclings diesem Bestreben allerdings nicht genügen. Die automatisierte, mechanische Aufkonzentration von hochreinen Seltenen-Erden-Magneten und Seltenen-Erden-Magnetgemischen bietet sich vor allem in den Bereichen einer starken Verdünnung an. Die Rückgewinnung aus Festplatten, Altfahrzeugen, Elektroschrott und Mischungen einzelner Gruppen von Selten-Erden-Magneten ist möglich. Inwiefern Magnetgemische klassifiziert werden können ist abhängig von den vorliegenden Geometrien der Magnete. Nach der Aufkonzentration vorliegende Seltenen-Erden-Magnetgemische oder Seltenen-Erden-Magnete können zurzeit nur in die Primärproduktion zurückgeführt werden.

Die Eisen-Magnet-Trennung ist ein Verfahren, das automatisiert Magnetgemische aufkonzentrieren kann. An geschredderten Festplatten wurden im Mittel bis zu 42 Ma-% der enthaltenen Dauermagnete aussortiert. Im Bereich der 1-5 mm Fraktion konnten sogar 92 Ma-% der enthaltenen Dauermagnete aufkonzentriert werden. Das Aufkonzentrieren von Dauermagneten ist damit bis hin zu nahezu staubförmigen Magneten möglich.

Die Klassifizierung von Dauermagneten aus Magnetgemischen ist stoffspezifisch zu betrachten. Das Zerkleinern der Magnete spricht theoretisch eher für eine Verschlechterung der Rahmenbedingungen bei der Klassifizierung der Magnete mit einem Wirbelstromabscheider. Sollte eine Magnet-Magnetgemisch-Trennung darstellbar sein, ermöglicht sie die Rückführung von klassifizierten Dauermagneten in darauf abgestimmte Recyclingverfahren.

Die großvolumige Rückgewinnung von Dauermagneten, z.B. aus Windkraftanlagen kann als Treiber für den Aufbau eines Altmagnetemarktes am ehesten dienen. Einhergehend können im nächsten Schritt aus reich an Seltenen Erden und geschredderten Stoffströmen wie Festplattenschrott, Altfahrzeugen und Elektroschrott Magnete vor allem aus der staubförmigen Fe-Fraktion aufkonzentriert und dem dann benutzten Recyclingsystemen zugeführt werden. Ein nicht überwundenes Problem ist der Umgang mit kunststoffgebundenen Magneten.

5. Literatur

[1] Bundesanstalt für Geowissenschaften und Rohstoffe: Seltene Erden, Rohstoffwirtschaftliche Steckbriefe. Hannover: 2014

[2] Friedrichs, P.; Meyer, F. M.: REE Database Management System, Evaluation of REE Deposits and Occurrences. In: Blanpain, B.; Kitamura, S.-Y.; Schoenung, J.M.: Journal of Sustainable Metallurgy. Berlin: Springer-Verlag, 2017, S.13–31

[3] Rump, T.: Beitrag zur Entwicklung des Recyclings von Magnetwerkstoffen mit Legierungsanteilen aus Elementen der Lanthanoidengruppe mittels Sortier- und Aufbereitungsverfahren in der Prozessvorbereitung, Dissertation, Universität Duisburg-Essen, 2018

[4] Schubert, H.: Handbuch der Mechanischen Verfahrenstechnik. Weinheim: Wiley-VCH, 2003

[5] Schüler-Zhou, Y.: Chinas Rohstoffpolitik für Seltene Erden. In: Bundesanstalt für Geowissenschaften und Rohstoffe: Commodity TopNews 57. Hannover, 2018

[6] Spiecker, T.: Klassifizieren gebrauchter Dauermagnete – Rückschlüsse auf die Sortierquote durch Übertragung der Berechnung magnetischer Kreise von permanenterregten Synchronmaschinen. In: Graduierteninstitut NRW: Wissenschaftlicher Diskurs: *Ressourcen – Wissen: Hebung ungenutzter Potentiale*. Bochum, 2017

[7] Spiecker, T.: Wirtschaftliche und energetische Optimierung der Rückgewinnung von Hochleistungsmagneten durch theoretische Verhaltensuntersuchungen im elektromagnetischen Wechselfeld. Gelsenkirchen: Westfälische Hochschule Gelsenkirchen, Bocholt, Recklinghausen, Zentrum für Recyclingtechnik, Masterarbeit, 2014

Ansprechpartner

Thomas Rump
Westfälische Hochschule
Wissenschaftlicher Mitarbeiter
Neidenburger Straße 43
45897 Gelsenkirchen, Deutschland
+49 209-9596-0
thomas.rump@w-hs.de

Weitere beteiligte Institutionen

Universität Duisburg-Essen,
Institut für Technologien der Metalle

Removal, Treatment and Utilisation of Waste Incineration Bottom Ash

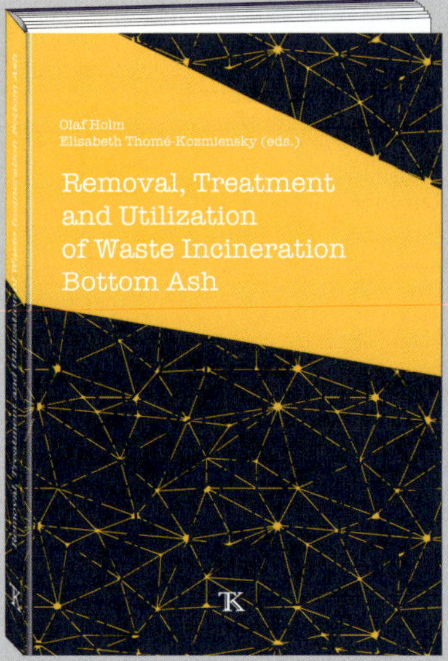

ENGLISH

Hardcover: etwa 144 Seiten,
mit farbigen Abbildungen,
Autorenverzeichnis
inkl. Kontaktdaten

Erscheinungsjahr: 2018

Preis: **75,00 EUR**

ISBN: 978-3-944310-44-2

Herausgeber: Olaf Holm und Elisabeth Thomé-Kozmiensky

Das Buch Removal, Treatment und Utilisation of Waste Incineration Bottom Ash beinhaltet grundlegende Informationen zur Aufbereitung und Verwertung von Aschen aus der Müllverbrennung und stellt verschiedene Aufbereitungsmöglichkeiten vor, die weit über den Stand der Technik hinaus gehen.

Themenschwerpunkte sind die:

- trockene Aufbereitung trocken ausgetragener Aschen,
- trockene Aufbereitung nass ausgetragener Aschen (u.a. mit anschließender Wäsche der Restmineralik) und
- nasse (und umgehende) Aufbereitung nass ausgetragener Aschen,

jeweils unter den Aspekten der Metallrückgewinnung und der Verwertung der Restmineralik.

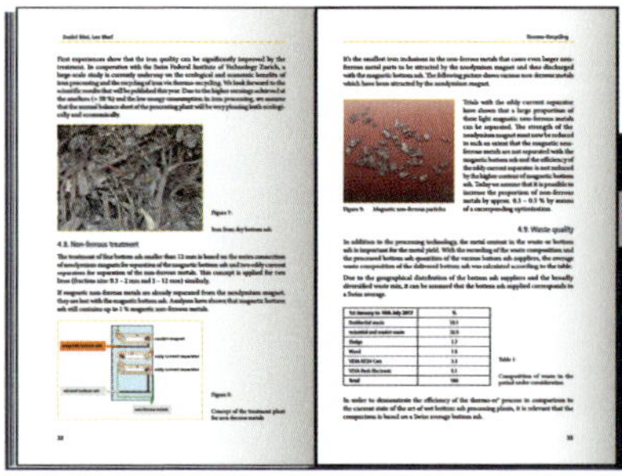

Bestellen Sie direkt beim TK Verlag oder unter www.vivis.de

TK Verlag GmbH
vivis
Dorfstraße 51
D-16816 Nietwerder-Neuruppin
Tel. +49.3391-45.45-0 • Fax +49.3391-45.45-10
E-Mail: order@vivis.de

Innovationen im Bereich der Wirbelstrom-Sortiertechnik

Georg Doninger, Christian Karl und Helmut Flachberger

Das Prinzip der Wirbelstrom-Sortiertechnik beruht auf der Induktion von Wirbelströmen in elektrisch leitenden Partikeln, wenn diese einem zeitlich veränderlichen Magnetfeld ausgesetzt werden. Dadurch bilden die Leiter ein dem ursprünglichen Magnetfeld entgegengesetztes Feld aus, woraus eine elektrodynamische Kraftwirkung resultiert. Diese Kräfte werden zur Sortierung von elektrisch leitenden Partikeln aus einem Aufgabestrom genutzt.

Die Bauarten von Wirbelstromscheidern lassen sich allgemein nach Art der Magnetquelle (Permanentmagnet oder Elektromagnet) und der Relativbewegung, je nachdem ob sowohl Magnetsystem als auch Partikel oder nur die Partikel in Bewegung sind, klassifizieren, wobei heute nahezu ausschließlich bewegte Permanentmagnetsysteme industriellen Einsatz finden.

Dabei hat sich die Ausführung mit horizontalem Polrad in zentrischer oder exzentrischer Ausführung als Stand der Technik zur Sortierung von Nichteisen (NE)-Metallen in unterschiedlichsten Anwendungsfällen etabliert, wobei die exzentrische Variante vor allem für feinere Partikel < 10 mm [1] angewendet wird, da mit selbiger der Anstellwinkel des Polrades variiert werden kann. Die Magnete sind mit alternierender Polarität entlang des Polradumfanges angeordnet. Das Funktionsprinzip eines Wirbelstromscheiders mit exzentrischem Polrad ist in Bild 1 ersichtlich. Das Aufgabegut wird mittels Förderband zur abwurfseitigen Umlenktrommel transportiert, in welcher das Polrad mit hoher Drehzahl rotiert. Die elektrisch leitenden Partikel erfahren dabei neben einer radialen und tangentialen Kraft auch ein entgegen der Drehrichtung wirkendes Moment.

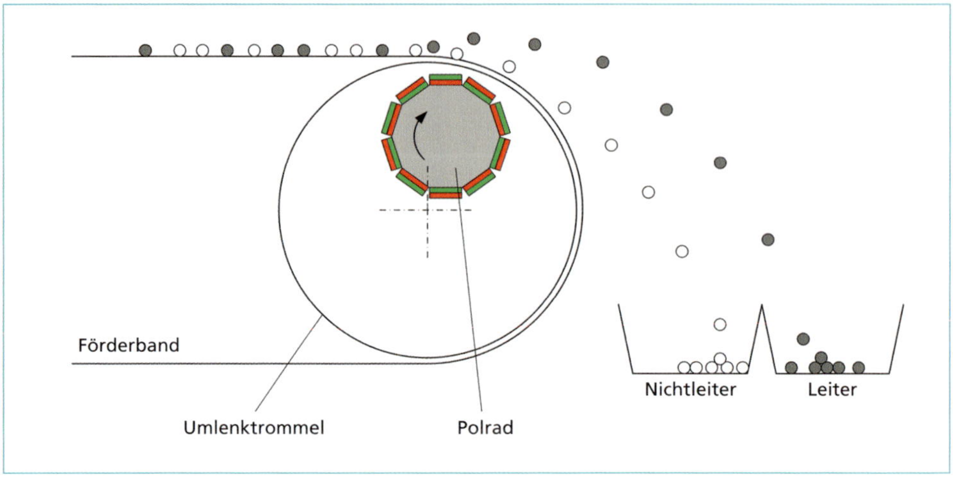

Bild 1: Funktionsprinzip eines Wirbelstromscheiders mit exzentrischem Polrad

Als vorteilhaft erweisen sich an dieser Bauart vor allem hohe Werte der magnetischen Flussdichte an der Bandoberfläche, der Polwechselfrequenz und der Durchsatzleistung. Während die Trajektorien von Partikeln > 5 mm maßgeblich von den radialen bzw. tangentialen Kraftkomponenten bestimmt werden, nimmt der Einfluss des Momentes mit abnehmender Korngröße zu. Dies führt dazu, dass kleine Partikel < 5 mm [7] zu rollen beginnen und damit randomisierenden Effekten durch Wechselwirkungen zwischen Förderband und Partikel unterliegen, was zu einer Abnahme der Trennschärfe führt.

Zur Verbesserung der Sortierung kleiner Partikel wird gemäß [5] eine Verringerung der Polweite sowie eine Erhöhung der Polwechselfrequenz vorgeschlagen. Dieser Trend ist auch bei heutigen Wirbelstromscheidern mit exzentrischem Polrad deutlich erkennbar. So liegen die maximalen Frequenzen derzeit bei etwa 1.500 Hz, wobei dies einerseits durch höhere Drehzahlen oder andererseits durch eine höhere Polpaarzahl, bei Hinnahme von geringerer magnetischer Flussdichte an der Oberfläche, technisch umgesetzt wird.

1. Entwicklungsprojekt ENOS – statischer Wirbelstromscheider

Zur Sortierung von kleinen Partikeln wurde in einem mehrjährigen Forschungsprojekt gemeinsam mit dem Lehrstuhl für Aufbereitung und Veredlung an der Montanuniversität Leoben diese Tendenz in Frage gestellt, und der gegensinnige Ansatz – geringe Polwechselfrequenz bei hoher Flussdichte – untersucht, wobei hierfür eine statische Ausführung des Magnetsystems hinsichtlich folgender Vorteile als zweckmäßig erschien:

- hohe Trennschärfe durch
  - reduzierte Streuung aufgrund punktueller Krafteinwirkung und
  - geringere Partikel-/Partikel-Wechselwirkungen,

- Sortierung kleiner Partikelgrößen durch punktuelle Kraftwirkung,
- hohe Durchsatzleistungen durch hohe Bandgeschwindigkeiten und
- Kostenreduktion durch
  - Einsparungen bei den Investitionskosten durch
    - weniger Magnetwerkstoff und
    - keine Antriebseinheit für das Polrad sowie
  - Einsparungen bei den Betriebskosten durch
    - niedrigeren Energieverbrauch und
    - geringen Wartungsaufwand.

Den Ergebnissen der vorab durchgeführten Literaturrecherche kann entnommen werden, dass statische Magnetsysteme bereits in mehreren Modifikationen getestet wurden, sich allerdings aufgrund niedriger Durchsatzleistung sowie geringer Trennschärfe nicht durchgesetzt haben. So wird das Aufgabegut beispielhaft

- durch ein geschlossenes Magnetsystem geblasen (Bild 2 A) [6],
- über eine mit Magneten alternierender Polarität bestückte Rutsche geführt (Bild 2 B) [4],
- mit einem Förderband über ein gleichartiges Magnetsystem geführt (Bild 2 C) [3] oder
- über die Mantelfläche eines Kegelstrumpfes, unter welchem das Magnetsystem spiralförmig angeordnet ist, geleitet (Bild 2 D) [2].

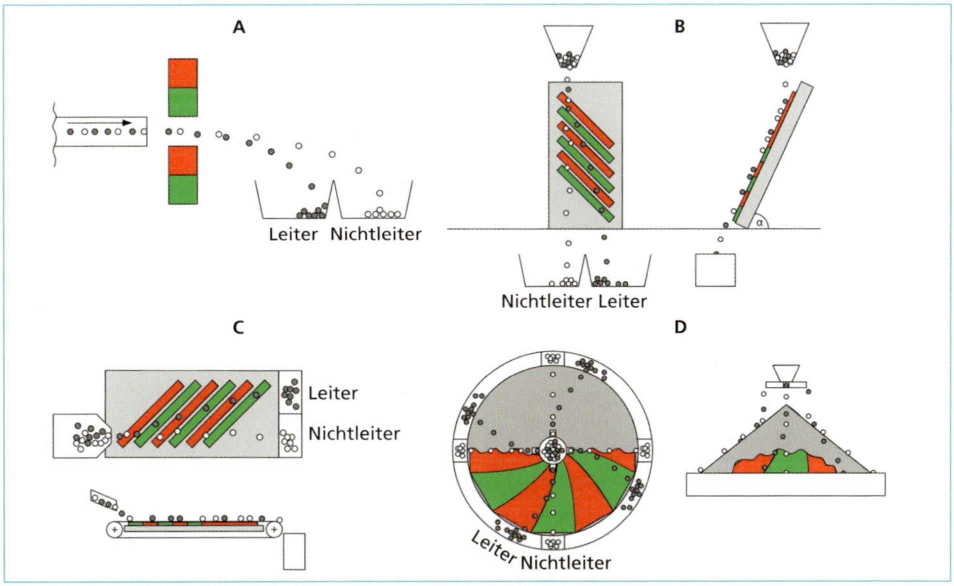

Bild 2: Bauarten von Wirbelstromscheidern mit statischem Magnetsystem

Als Gemeinsamkeit aller Bauarten kann dabei festgehalten werden, dass zur Sortierung der elektrisch leitenden Partikel stets die tangentiale Kraftkomponente herangezogen wurde, indem die Partikel entweder seitlich zur Förderrichtung abgelenkt oder aus einem Aufgabestrom abgebremst werden, was sich allerdings aufgrund von Partikel-/ Partikel-Wechselwirkungen negativ auf die Trennschärfe auswirkt.

Daher wurde als Vorgabe für den statischen Wirbelstromscheider das gezielte Abstoßen durch radiale Kraftwirkung definiert.

1.1. Auslegung des Magnetsystems

Mithilfe von Finite-Elemente (FEM)-Software wurde zunächst ein Modell zur Berechnung der Kräfte auf ein Partikel definierter Geometrie und Leitfähigkeit als Grundlage für die Auslegung des Magnetsystems erstellt und zur Beantwortung konstruktiver bzw. prozessrelevanter Fragestellungen (z.B. betreffend die Anordnung des Magnetsystems, die Anzahl der Polwechsel, die erforderliche Bandgeschwindigkeit) genutzt.

Die Ergebnisse der diesbezüglichen Berechnungen zeigten, dass zum einen ein Polwechsel für eine radial abstoßende Kraftwirkung ausreichend ist und zum anderen die Bandgeschwindigkeit – da nur selbige den erforderlichen Relativgeschwindigkeitsunterschied zwischen Partikel und Magnetsystem gewährleistet – maximiert werden soll.

Bezüglich der Auslegung des Magnetsystems konnte mithilfe der FEM-Software festgestellt werden, dass durch Variation des Verlaufes von tangentialer und radialer Flussdichte an der Bandoberfläche der Kraftvektor zweckmäßig gesteuert werden kann, weshalb zur Untersuchung dieses Sachverhaltes ein mit vier Magnetsystemen ausgestatteter Prototyp konstruiert wurde. In Tabelle 1 sind die Magnetsysteme sowie deren Unterscheidungsmerkmale ersichtlich, welche derart ausgelegt wurden, dass das Verhältnis der Maximalwerte von tangentialer zu radialer Flussdichte ($B_{Tan,Max}$ und $B_{Rad,Max}$) an der Bandoberfläche bei zwei Modifikationen größer Eins ist, bei den beiden anderen ist dieses kleiner Eins. Außerdem wurde bei beiden Varianten je einmal die Flussdichte B und einmal deren Gradient maximiert.

Magnetsystem	$B_{Tan,Max}/B_{Rad,Max}$	B_{Max}	Gradient
A	> 1	↑	↓
B	< 1	↑	↓
C	< 1	↓	↑
D	> 1	↓	↑

Tabelle 1:

Unterscheidungsmerkmale der Magnetsysteme des Prototypen

1.2. Aufbereitungstechnische Untersuchungen

Untersuchungen mit Prüfkörpern

Die Verifizierung der aus der FEM-Simulation gewonnenen Erkenntnisse erfolgte mithilfe eines Trajektorien aufzeichnenden Kamerasystems anhand von Prüfkörpern. Bei diesen handelt es sich um Aluminium-, Kupfer- und Bleizylinder bzw. -scheiben mit definiertem Durchmesser-/Höhe-Verhältnis sowie bekannter elektrischer Leitfähigkeit und Dichte (Bild 3).

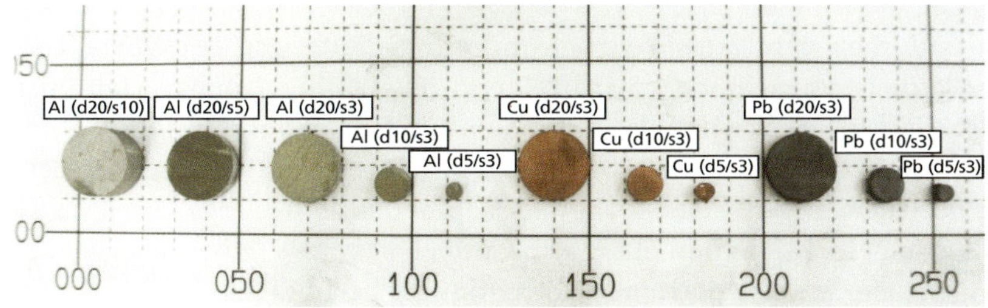

Bild 3: Zur Überprüfung der Simulationsergebnisse hergestellte Prüfkörper

Zur Veranschaulichung der Vorgehensweise sind die aufgezeichneten Trajektorien der Aluminium Prüfkörper mit einem Durchmesser von 20 mm und einer Höhe von 3 mm bei einer Bandgeschwindigkeit von 3,0 m/s für alle vier Magnetsysteme in Bild 4 (links) dargestellt. Die Simulationsergebnisse, denen zufolge das Magnetsystem B mit einer magnetischen Flussdichte von etwa 850 mT an der Bandoberfläche die größte radial abstoßende Kraft aufweist, konnten in den Untersuchungen für alle Prüfkörper bestätigt werden. Dieses wurde deshalb mit dem Produktnamen ENOS für die Serienreife ausgewählt.

Der direkte Vergleich zwischen dem statischen Magnetsystem und dem exzentrischen Wirbelstromscheider STRATOS der Firma IFE Aufbereitungstechnik GmbH sowie der Ballistik ist in Bild 4 (rechts) anhand von Prüfkörpern ersichtlich. Es ist deutlich erkennbar, dass die abstoßende Kraft mit rotierendem Magnetsystem höher als jene des statischen Magnetsystems ist, selbige jedoch für eine Sortierung ausreichend ist. Darüber hinaus wird bei Betrachtung der Lage der Abhebepunkte deutlich, dass die Prüfkörper bei rotierendem Magnetsystem zu einem früheren Zeitpunkt abheben, während diese bei statischem System deutlich näher an das Maximum der Flussdichte an der Bandoberfläche herangeführt werden.

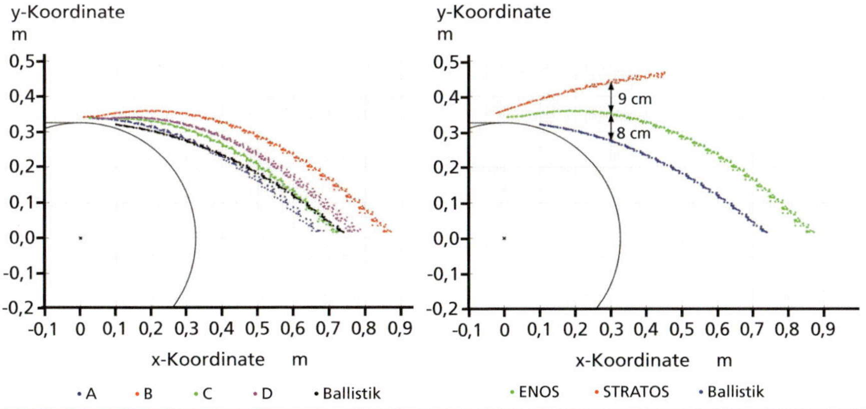

Bild 4: Links: Vergleich der Trajektorien aller Magnetsysteme anhand eines Aluminium-Prüfkörpers (Durchmesser 20 mm, Höhe 3 mm) bei einer Bandgeschwindigkeit von 3,0 m/s; rechts: Vergleich der Trajektorien eines Aluminium-Prüfkörpers (Durchmesser 20 mm, Höhe 3 mm) zwischen statischem und rotierendem Magnetsystem bei einer Bandgeschwindigkeit von 3,0 m/s

Metalle

Anwendungsbeispiel aus der Kabelschrottaufbereitung

Als anwendungsorientiertes Beispiel und zur Erläuterung der Vorteile des statischen Wirbelstromscheiders wird folgend das Aufbereitungsverfahren für ein Kupfer (Cu)- / Blei (Pb)-Granulat mit einem Cu-Gehalt von etwa 95 % und einem Pb-Gehalt von 5 % (Schüttdichte 3,8 t/m^3) aus der Kabelschrottaufbereitung betrachtet, welches nach derzeitigem Stand nicht weiter aufbereitet wird. Als Ziel wurde dabei die Herstellung einer Cu-Fraktion mit einem Cu-Gehalt von 99 % bei gleichzeitig hohem Ausbringen definiert. Die maximale Korngröße lag bei etwa 2,0 mm, der k_{80}-Wert bei 1,8 mm.

Der Aufbereitungsstammbaum sowie die Bilanz sind in Bild 5 bzw. Tabelle 2 ersichtlich. In einem ersten Schritt wurden mittels zweistufiger Wirbelstromsortierung eine Zwischenfraktion und eine vermarktungsfähige NE-Fraktion mit einem Cu-Gehalt von 99,65 % bei einem Inhaltsausbringen von 80,9 % generiert. Im zweiten Schritt wurde die Zwischenfraktion unter Verwendung eines Linearschwingsiebes mit einer Maschenweite von 1,25 mm in eine kupferreiche Feinfraktion < 1,25 mm mit einem Cu-Gehalt von 96,2 % und eine bleireiche Reststofffraktion aufgegliedert. Der Cu-Gehalt der Reststofffraktion konnte dabei auf immerhin 51,22 % reduziert werden.

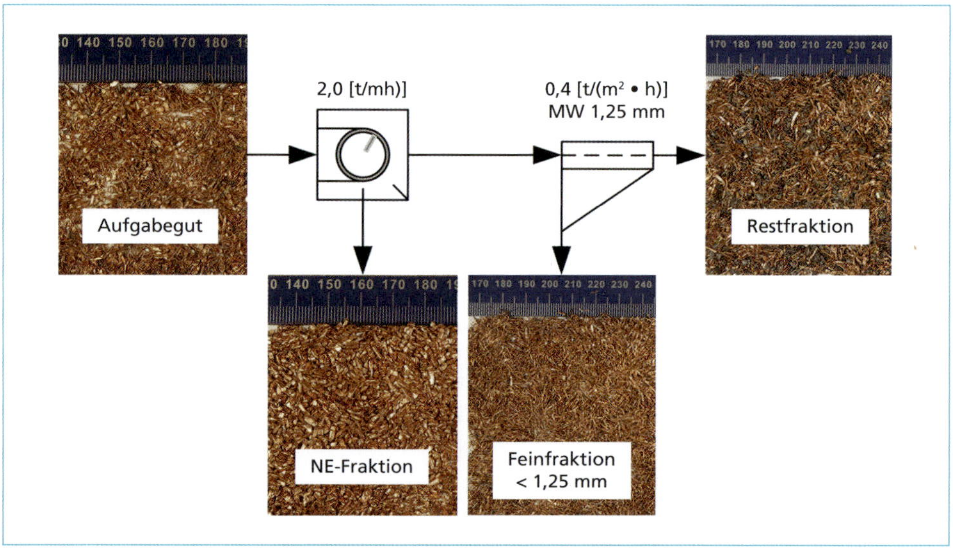

Bild 5: Aufbereitungsstammbaum des Cu-Pb-Granulates

	Masse	Cu-Anteil	Cu-Ausbringen
		%	
NE-Fraktion	77,0	99,65	80,9
Feinfraktion <1,25 mm	14,2	96,20	14,4
Restfraktion	8,8	51,22	4,8
Aufgabe	100,0	94,88	100,0

Tabelle 2:

Bilanztafel des Aufbereitungsprozesses des Cu-Pb-Granulates

Aus der Bilanztafel geht eindrucksvoll hervor, dass das Ziel der Erzeugung einer markttauglichen Cu-Fraktion auch durch Vereinigung der Produkte *NE-Fraktion* und *Feingutfraktion < 1,25 mm* bei einem Masseausbringen von 91,2 % erreicht werden kann.

Das Trajektorien aufzeichnende Kamerasystem wurde auch für diesen Anwendungsfall zur Ermittlung der optimalen Betriebsparameter der Wirbelstromsortierung eingesetzt. So sind in Bild 6 die Trajektorien der vorab handsortierten Teilmengen der Cu- und Pb-Partikel sowie die Verteilung selbiger in der Splitterebene ersichtlich. Da die Cu-Litzen in beiden Fraktionen zu finden waren und im Anschluss an die Wirbelstromsortierung gesiebt wurden, sind deren Trajektorien in Bild 6 nicht dargestellt und wurden auch zur Einstellung des Splitters nicht berücksichtigt. Die tatsächliche Lage der Splitterkante kann in Abhängigkeit der jeweiligen Anforderung hinsichtlich Ausbringen oder Anreichern auf die gewünschte Position eingestellt werden.

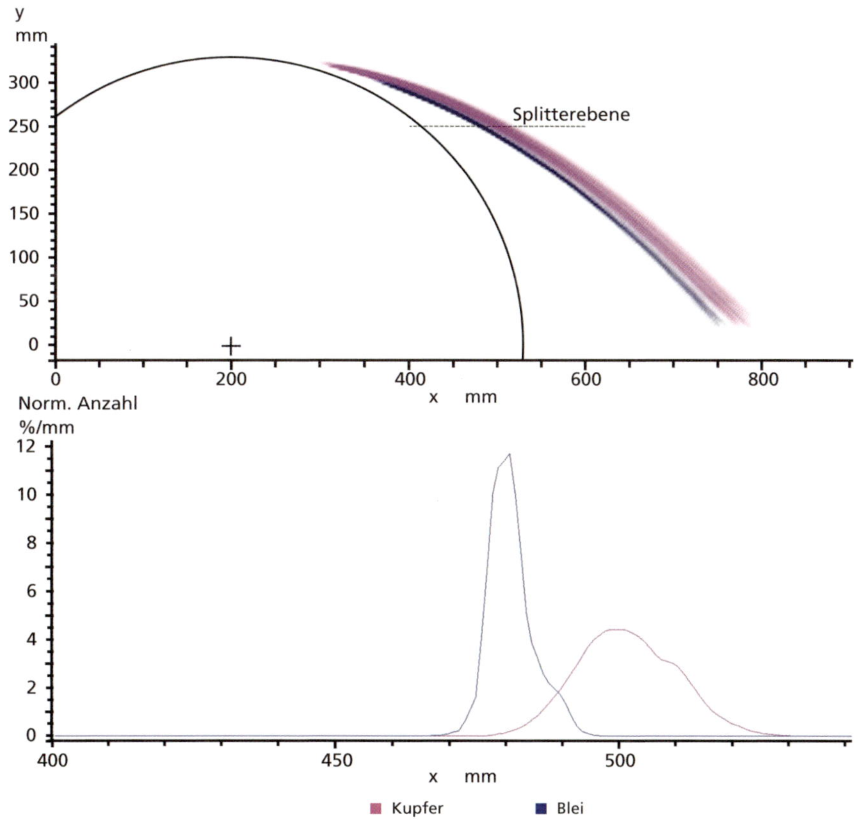

Bild 6: Kameraaufnahmen der Flugbahnen des Cu-/Pb-Granulates bei einer Bandgeschwindigkeit von 2,25 m/s mit statischem Magnetsystem; oben: Aufzeichnung der Trajektorien von Cu- und Pb-Partikeln; unten: Verteilung der Cu- und Pb-Partikel in der Splitterebene

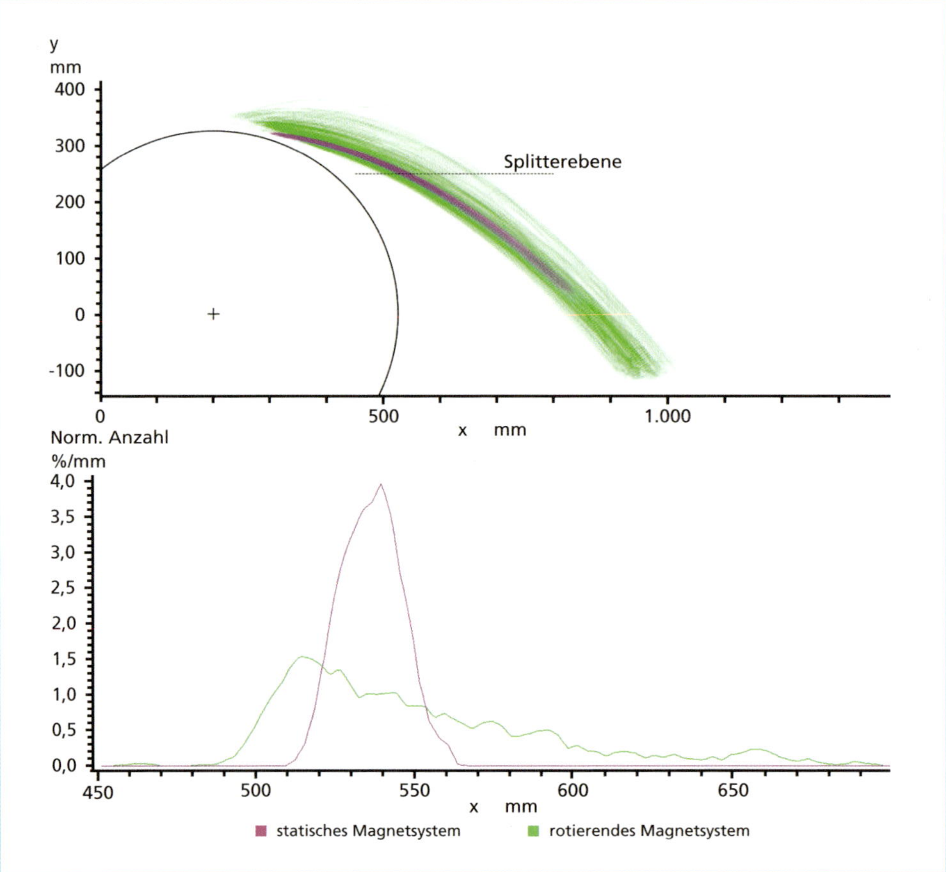

Bild 7: Kameraaufnahmen der Flugbahnen der Cu-Partikel aus dem Cu-/Pb-Granulat bei einer Bandgeschwindigkeit von 2,5 m/s; oben: Aufzeichnung der Trajektorien mit statischem und rotierendem Magnetsystem; unten: Verteilung der Cu-Partikel in der Splitterebene

1.3. Zusammenfassung

Die Vorteile des statischen Wirbelstromscheiders lassen sich anhand dieses Anwendungsbeispiels wie folgt zusammenfassen.

- hohe Trennschärfe und geringe Streuung:

  Die aufgenommenen Trajektorien der Cu-Partikel sind zum direkten Vergleich bei einer Bandgeschwindigkeit von 2,5 m/s zwischen statischem Magnetsystem und exzentrischem Polradscheider mit einer Polwechselfrequenz von 900 Hz in Bild 7 dargestellt. Der Nachteil von Polradscheidern, wonach die Rollbewegung kleiner Partikel aufgrund des magnetischen Wechselfeldes zu einer hohen Streuung und damit zu einer Reduktion der Trennschärfe führt, ist eindeutig ersichtlich. Während die Streuung mit rotierendem Magnetsystem etwa 20 cm beträgt, kann selbige mit statischem System durch punktuelle Kraftwirkung auf 5 cm vermindert werden.

- hohe Durchsatzleistung:

  Mit dem statischen Wirbelstromscheider können hohe Durchsatzleistungen erzielt werden, da die gesamte Breite des Förderbandes bzw. des Magnetsystems genutzt werden kann. So betrug die Durchsatzleistung im konkreten Anwendungsfall 2,0 t/(m • h). Auf Basis von Erfahrungswerten aus bisher durchgeführten Versuchen sind – in Abhängigkeit des Aufgabegutes – Bandgeschwindigkeiten bis zu 3,5 m/s möglich.

- Sortierung feiner Korngrößen:

  Die zu verarbeitende Korngröße kann mithilfe des statischen Wirbelstromscheiders im Vergleich zu exzentrischen Polradscheidern maßgeblich herabgesetzt werden. Im Anwendungsbeispiel des Cu-Pb-Granulates beträgt die untere Korngröße etwa 0,5 mm.

- Sortierung einer dritten schwachmagnetischen Fraktion:

  Eine Verlängerung des Magnetsystems mit Magnetpolen geringerer Flussdichte ermöglicht zusätzlich eine Separation einer schwachmagnetischen Fraktion. Diese Verlängerung wurde beispielsweise bereits zur Abtrennung einer Edelstahl-Fraktion aus Kabelschrott eingesetzt.

Die Vorteile des statischen Wirbelstromscheiders wurden anhand des Beispiels der Aufbereitung eines Cu-Pb-Granulates angeführt. Weitere bereits erprobte Einsatzgebiete sind unter anderem WEEE-Schrotte, Shredderleichtfraktionen oder NE-Fraktionen, wobei die maximal zu verarbeitende Korngröße etwa 6 mm beträgt. Aufgrund der im Vergleich zu rotierenden Polradscheidern niedrigeren elektrodynamischen Kräfte ist eine Einteilung des Aufgabegutes in enge Partikelklassen unerlässlich. Zudem ist es notwendig, dass die zu sortierenden, elektrisch leitenden Partikel unmagnetisch sind bzw. keine magnetischen Haftpartikel enthalten, da ansonsten die abstoßenden Kräfte geringer als die magnetischen Anziehungskräfte sind. So ist der statische Wirbelstromscheider beispielsweise zur Sortierung von NE-Partikeln aus MVA-Schlacke aufgrund magnetischer Anbackungen ungeeignet. Aus Sicht des Herstellers stellt diese Entwicklung im Bereich der Wirbelstrom-Sortiertechnik somit keinen Ersatz, sondern vielmehr eine wirkungsvolle Ergänzung zu den bestehenden Bauarten dar.

2. Entwicklungsprojekt VIOS – Wirbelstromscheider mit exzentrischem Polrad

In Ergänzung zur Entwicklung des statischen Wirbelstromscheiders wurde als weiteres Ziel des Forschungsprojektes die Konstruktion eines neuen Polrades für einen exzentrischen Wirbelstromscheider definiert, wobei auch hier der zugrunde liegende Leitgedanke – Erhöhung der abstoßenden Kraft auf elektrisch leitende Partikel durch Steigerung der magnetischen Flussdichte bei gleichzeitiger Akzeptanz von niedrigerer Polwechselfrequenz – den Ausgangspunkt darstellte.

Im Gegensatz zum statischen Wirbelstromscheider wurde das Magnetsystem des Polrades dahingehend ausgelegt, dass elektrisch leitende Partikel gezielt in tangentiale Richtung beschleunigt werden. Diese Überlegung entstammte dem definierten Anwendungsbereich des Wirbelstromscheiders, mit welchem typische Einsatzgebiete (WEEE, MVA-Schlacke, Shredderleichtfraktion, etc.) sowie Partikelklassen (< 10 mm) abgedeckt werden sollten, da nach [7] im Partikelgrößenbereich 5 bis 20 mm die tangentiale Kraftkomponente als maßgeblich zur Sortierung angeführt wird.

2.1. Auslegung des Magnetsystems

Mithilfe der FEM-Software konnten das Magnetfeld sowie die auf elektrisch leitende Partikel wirkenden Kräfte des exzentrischen Wirbelstromscheiders STRATOS, welcher vor Projektbeginn den Stand der Technik im Bereich der Wirbelstrom-Sortiertechnik verkörperte, berechnet werden. Die Anordnung der Magnete entlang des Polradumfanges entspricht dabei jener wie in Bild 1. Durch Überprüfung mehrerer Magnetsysteme konnte gemäß den Simulationsergebnissen das Verhältnis von tangentialer zu radialer Kraft erhöht werden.

Der Wirbelstromscheider mit dem neuen Polrad wurde mit dem Produktnamen VIOS versehen. Ausgewählte Kennwerte zum Vergleich beider Bauarten sind in Tabelle 3 ersichtlich. Demgemäß wurde die Flussdichte an der Bandoberfläche um etwa 50 % erhöht, während die maximale Polwechselfrequenz um ein Drittel reduziert wurde.

Tabelle 3: Vergleich ausgewählter Kennwerte zwischen den exzentrischen Polradscheidern STRATOS und VIOS

	maximale Flussdichte	$B_{Tan,Max}/B_{Rad,Max}$	Polpaarzahl	Durchmesser Polrad	maximale Polwechselfrequenz
Einheit	mT	-	-	mm	Hz
STRATOS	350	> 1	18	390	900
VIOS	530	< 1	12	390	600

2.2. Aufbereitungstechnische Untersuchungen

Untersuchungen mit Prüfkörpern

Der Vergleich beider Bauarten erfolgte wiederum zuerst anhand von aufgenommenen Trajektorien der Prüfkörper. So sind zur Illustration in Bild 8 die Flugbahnen eines Cu-Prüfkörpers (Durchmesser 20 mm, Höhe 3 mm) beider Wirbelstromscheider bei einer Bandgeschwindigkeit von 3,8 m/s und einer Polwechselfrequenz von 900 Hz (STRATOS) bzw. 600 Hz (VIOS) dargestellt. Die aus der Simulation erhaltenen Erkenntnisse, wonach die tangentiale Beschleunigung mit dem neuen Magnetsystem höher ist, kann hier trotz einer Polwechselfrequenzdifferenz von 300 Hz dargelegt werden.

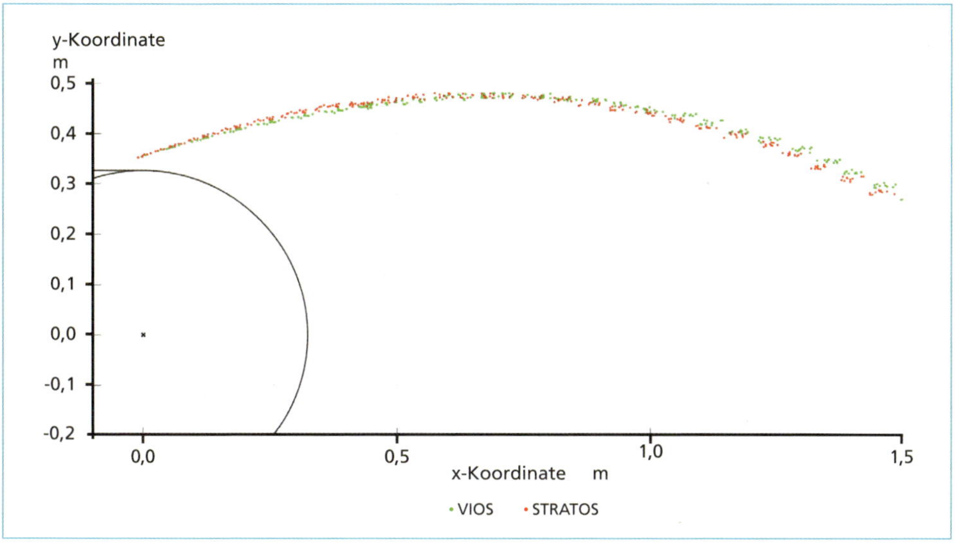

Bild 8: Vergleich der Trajektorien eines Cu-Prüfkörpers (Durchmesser 20 mm, Höhe 3 mm) zwischen den exzentrischen Polradscheidern VIOS und STRATOS bei einer Bandgeschwindigkeit von 3,8 m/s

Untersuchungen an einer Abfallverbrennungsschlacke (MVA-Schlacke)

Ein weiterer Vergleich zwischen beiden Bauarten erfolgt anhand eines Anwendungsbeispiels zur Sortierung von NE-Partikeln aus MVA-Schlacke (Bild 9). Dabei wurden vorab mittels eines Linearschwingsiebes die Fraktionen 50/10, 10/7 und 7/4 mm erzeugt und aus jeder Fraktion die starkmagnetischen Partikel mittels Schwachfeldmagnettrommel entfernt. Da die geometrischen Abmessungen der Umlenktrommel und des Polrades gleich sind, können die Sortierergebnisse bei identen Betriebseinstellungen einander vergleichend gegenübergestellt werden. Die Einstellung des Splitters erfolgte derart, dass ohne rotierendes Magnetsystem kein Partikel in die NE-Fraktion gelangen kann. Durch Probeteilung und Handklaubung der NE-Fraktionen wurden die Sortierergebnisse gegenübergestellt. Diese zeigten, dass mithilfe des entwickelten Polrades sowohl das Masseausbringen als auch der NE-Gehalt in den sortierten NE-Fraktionen erhöht werden konnte (Tabelle 4).

Bild 9:

MVA-Schlacke in den Fraktionen 50/10 mm (Links), 10/7 mm (Mitte) und 7/4 mm (Rechts)

Tabelle 4: Gegenüberstellung der Sortierergebnisse der MVA-Schlacke mit den Polradscheidern VIOS und STRATOS

	Fraktion 50/10 mm		Fraktion 10/7 mm		Fraktion 7/4 mm	
	Masse	NE-Gehalt	Masse	NE-Gehalt	Masse	NE-Gehalt
Einheit	%					
STRATOS	7,6	86,2	6,4	76,6	3,8	75,4
VIOS	9,5	86,9	8,9	83,7	4,6	79,8

2.3. Zusammenfassung

Die Simulationsergebnisse aus der FEM-Simulation, wonach der Wirbelstromscheider VIOS die elektrisch leitenden Partikel bevorzugt in tangentialer Richtung beschleunigt, ließen sich mit den Prüfkörpern validieren. Im Vergleich zum Wirbelstromscheider STRATOS konnte trotz einer geringeren Polwechselfrequenz eine höhere Tangentialgeschwindigkeit erreicht werden. Tatsächlich sind die Unterschiede der Trajektorien der getesteten Prüfkörper zwischen beiden Bauarten oft sehr gering. Prinzipiell kann die höhere Flugbahn mit niedriger tangentialer Geschwindigkeit dem STRATOS, und die flachere, aber mit höherer Geschwindigkeit dem VIOS zugeordnet werden. Aus Sicht der Autoren kann bezüglich der aufbereitungstechnischen Untersuchungen an realen Reststoffströmen festgehalten werden, dass die Wahl zwischen beiden Wirbelstromscheidern in Abhängigkeit des Aufgabegutes oft nur durch praktische Versuche entschieden werden kann.

3. Schlussbetrachtung und Ausblick

Neben der Erweiterung und Schärfung der Kenntnisse hinsichtlich der Wirbelstrom-Sortiertechnik wurden mithilfe von FEM-Software in einem mehrjährigen Forschungsprojekt zwischen der Firma IFE Aufbereitungstechnik GmbH und dem Lehrstuhl für Aufbereitung und Veredlung an der Montanuniversität Leoben zwei neue Bauarten von Wirbelstromscheidern entwickelt. Während der exzentrische Wirbelstromscheider VIOS zur gezielten tangentialen Beschleunigung von elektrisch leitenden Partikeln in typischen Anwendungsgebieten und Partikelklassen durch hohe tangentiale Beschleunigung besticht, konnte mit dem Wirbelstromscheider ENOS erstmals die Sortierung von Leitern durch radiale Abstoßung mit einem statischen Magnetsystem bewerkstelligt werden. Eine fortsetzende Entwicklungsarbeit wird weiterhin der Auslegung des statischen Magnetsystems gewidmet, da hier aus Sicht der Autoren noch Optimierungspotential vorhanden ist.

Die kritische Hinterfragung des derzeitigen Trends, nach welchem die Polwechselfrequenz im Bereich der Wirbelstrom-Sortiertechnik vor allem zur Sortierung feiner Partikel mehr und mehr steigt, erwies sich in gegenständlichem Forschungsprojekt als berechtigt. So konnten vor allem mit dem statischen Wirbelstromscheider für feine Partikelklassen hohe Trennschärfen bei gleichzeitig hohen Durchsatzleistungen erzielt werden.

4. Literatur

[1] Martens, H.; Goldmann, D.: Recyclingtechnik. Fachbuch für Lehre und Praxis, 2. Aufl. Springer Vieweg, 2016, Wiesbaden.

[2] Paterson, M.M.: Multi-size materials separator (US4313543), 1982.

[3] Paterson, M.M.; Fabuss B.M.: Transit materials separator (US4248700), 1979.

[4] Schlömann, E.: Separation of nonmagnetic metals from solid waste by permanent magnets. I. Theory. Journal of Applied Physics 46(11):5012–5021. doi:10.1063/1.321491, 1975.

[5] Schubert, H.: Handbuch der Mechanischen Verfahrenstechnik. John Wiley & Sons, Hoboken, 2012.

[6] Tröndle, H.M.: Verfahren zur Trennung elektrisch leitender und halbleitender Mineralpartikel von elektrisch nichtleitenden Mineralpartikeln und Einrichtung zur Durchführung dieses Verfahrens (DE2059166A1), 1970.

[7] Zhang, S.; Rem; P.C.; Forssberg, E.: The Investigation of Separability of Particles Smaller Than 5 mm by Eddy Current Separation Technology. Part I. Rotating Type Eddy Current Separators. Magnetic and Electrical Separation 9(4):233–251. doi:10.1155/1999/29832, 1999.

Ansprechpartner

Dipl.-Ing. Georg Doninger
IFE Aufbereitungstechnik GmbH
Technischer Angestellter
Forschung und Entwicklung
Patertal 20
3340 Waidhofen a.d. Ybbs, Österreich
+43 664-8373206
georg.doninger@ife-bulk.com

Weitere beteiligte Institutionen

Montanuniversität Leoben

Wir sind Aluminium

LIBS-basierte Sortierung
– Eine Lösung für Automobilschrott –

Claudius Laska, Georg Rombach und Nils Bauerschlag

Sensorgestützte Sortiersysteme zur Trennung von Aluminiumschrotten sind bereits seit langem in der Entwicklung. Laserinduzierte Plasmaspektroskopie (LIBS für engl. laser-induced breakdown spectroscopy) stellt in diesem Zusammenhang die neueste Technologie dar, die seit kurzem die Marktreife erreicht hat. Diese Technologie ist bis heute die Einzige, um verschiedene Aluminiumknetlegierungen wie 5.xxx- und 6.xxx-Legierungen zu sortieren. Bereits 1991 konnte eine Erfassungsrate von 100 Stücken pro Sekunde in einer Schrottmischung demonstriert werden. [4]

Aufgrund der hohen Nachfrage an Aluminium für verschiedenste Anwendungen und die lange Lebensspanne vieler Produkte ist der durchschnittliche recycelte Anteil von Aluminiumprodukten nur etwa 25 % [3]. Um die hohen Anforderungen enger Materialspezifikationen erfüllen zu können werden nach gängiger Praxis der Chargenvorbereitung Schrotte mit Primärmetall und niedriglegiertem Schrott verdünnt. Dadurch gab es bis jetzt keinen großen Druck zur Markteinführung einer LIBS-basierten Legierungssortierung. Dieses hat sich mit der stark gewachsenen Produktion von Aluminiumblechen und Strangpressteilen für Automobilanwendungen geändert.

Nach den globalen Richtlinien zur CO_2-Reduktion wird der Leichtbau für Transportanwendungen in den nächsten Jahren deutlich zunehmen. In Europa wird der mittlere Aluminiumgehalt in PKWs von 156 kg (2016) bis zu 178 kg im Jahre 2025 ansteigen [1]. Dies entspricht einer zusätzlichen Nachfrage von fast 500.000 t basierend auf einer jährlichen Produktion von 17 Millionen Fahrzeugen. Bei dem Material handelt es sich hauptsächlich um Karosseriebleche. Es gibt sogar Szenarien, die von einer Nachfrage von 196 kg pro PKW(Bild 1) ausgehen.

Nur 50 % der Walzprodukte, die an die Presswerke der Automobilhersteller gehen, fließen in ein finales Produkt ein. Der Rest kommt als Schrottmischung von hauptsächlich 5.xxx- und 6.xxx-Legierungen wieder zurück. Um eine sinnvolle Nutzung dieser Materialien in Gießereien zu ermöglichen, muss die Aluminiumindustrie Sortierlösungen basierend auf der LIBS Technologie implementieren. Die Hydro Aluminium Rolled Products GmbH hat daher in eine Pilotanlage am F&E Zentrum Bonn investiert, um eine industrielle Implementierung zu ermöglichen und zukünftig neue Sortiermöglichkeiten zu entwickeln. Dies soll auch die in der Sortierung anspruchsvollen End-of-Life Materialien einschließen.

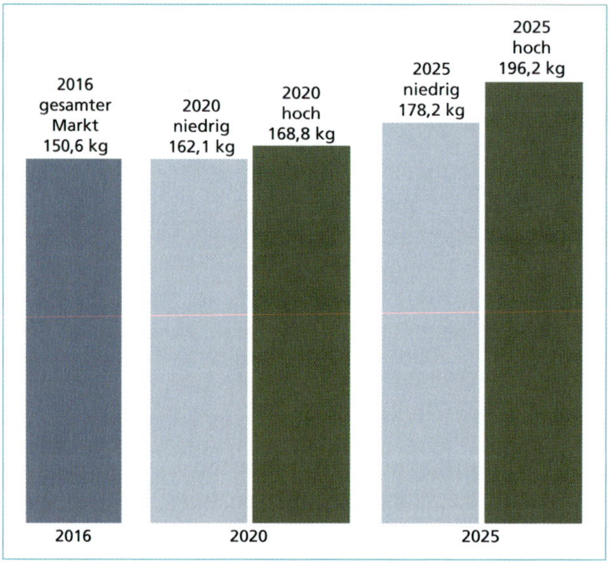

	2020		2025	
	niedrig	hoch	niedrig	hoch
	%			
CAGR (Jahr 2016)	1,9	2,9	1,9	3,0
Wachstum (Jahr bezogen auf 2016)	7,7	12,1	18,3	30,3

Bild 1:

Prognostizierte Entwicklung der Aluminiumgehalte in europäischen Fahrzeugen

Quelle: Ducker Worldwide: Aluminium Content in Cars. Summary report prepared for European Aluminium, June 2016

1. Verarbeitung und Sortierung von Aluminiumschrotten

Der erfolgreiche Einsatz von Aluminiumschrotten zum Umschmelzen und zum Recycling ist abhängig von den Zielspezifikationen der Produkte. Aluminiumschrott hat viele verschiedene Qualitäten im Hinblick auf Oberflächenverunreinigungen, Metallverunreinigungen und maßgeblich auf die Mischung von verschiedenen Legierungszusammensetzungen. In allen Fällen begrenzt das Ausmaß dieser Verunreinigungen den Einsatz in Gießereien, insbesondere für die Qualitäten der niedriglegierten Knetlegierungen. Eine hochentwickelte Verarbeitungs- und Sortierkette ist erforderlich bevor das Umschmelzen stattfindet. Das Ausmaß an Verunreinigungen in den Sekundärrohrstoffen muss auf ein vernünftiges Maß reduziert werden. Außerdem ist eine hohe Wiedergewinnung von Aluminium für jeden einzelnen Prozessschritt zwingend.

Es gibt eine Vielzahl von Technologien, die zum Aussortieren von den für das Umschmelzen problematischen Verunreinigungen, zum Beispiel eisenhaltige Schrotte oder Kunststoffe, eingesetzt werden können. Für die Trennung von unerwünschten Aluminiumlegierungen im Schrott können Sortieranlagen auf Basis von Röntgentechnologie oder LIBS eingesetzt werden.

Sortierrückstände sind in den meisten Fällen nicht von großem Interesse für die Herstellung von Aluminium. Daher sollten Sortiertechnologien immer sicherstellen, dass das Sortierprodukt die richtigen Qualitäten aufweist, und dass sehr wenig Aluminium im Rahmen der Sortierung verloren geht.

2. Grundsätzliche Schritte bei der Sortierung von Aluminiumschrotten

Der erste Schritt in einer Sortierlinie für Aluminiumschrotte ist das Abscheiden von magnetisierbaren eisenhaltigen Schrotten mittels Magnetabscheider. Hierzu gibt es verschiedene am Markt verfügbaren Technologien z.B. Überbandmagnetabscheider oder Trommelmagnetabscheider. Diese Technologien werden in der Sortierkette manchmal kombiniert, um sicherzustellen, dass der Anteil an eisenhaltigen Schrotten im Sortierprodukt gering ausfällt. Nach der Magnetabscheidung folgt häufig ein Wirbelstromabscheider, der die Kunststoffe von dem Sortiergut trennen soll. Der nächste Schritt ist die Abscheidung von Schwermetallen wie Kupfer, Messing und Zink aus dem Aluminiumschrott. In den letzten zehn Jahren wurde die Röntgentechnologie zunehmend als Alternative zur Schwimm/Sink-Trennung eingesetzt. Außerdem können Röntgensysteme auch dazu verwendet werden, um zwischen verschiedenen Aluminiumlegierungen zu unterscheiden, wenn der Schwermetallgehalt eine gewisse Grenze überschreitet. Dementsprechend ist es zum einen möglich Gusslegierungen von Knetlegierungen zu trennen, aber auch 2.xxx- von 7.xxx-Legierungen aus einer Mischung von Knetlegierungsschrotten.

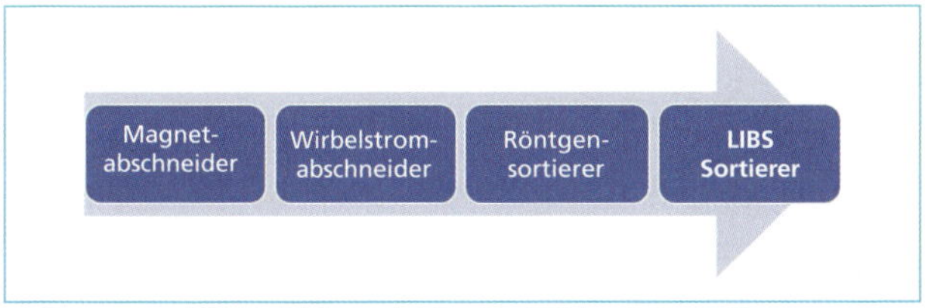

Bild 2:

Prozesskette der Aluminiumsortierung

Abhängig von den Technologien und deren Kombinationen ist mit dem Ziel möglichst viel Aluminium wiederzugewinnen ein Wertstoffausbringen von über 90 % erreichbar. Die Effizienz jedes einzelnen Sortierschritts ist dabei stark vom Material und seinen Eigenschaften wie Schrottgröße und dem Grad der Verunreinigung abhängig.

Die genannten Sortierschritte sind bereits in Anlagen nach dem aktuellen Stand der Technik z.B. bei Hydro St. Peter in Dormagen oder in der UBC-Prozesslinie der Rheinwerk-Hütte in Neuss integriert. Wenn Produktionsschrotte von der Automobilblechpresslinie berücksichtigt werden, wäre auch nach den vorgenannten Sortierschritten immer noch eine Mischung aus 5.xxx- und 6.xxx-Legierungsgruppen vorhanden.

Der Einsatz solcher unsortierten Automobilschrotte führt zu einer großen Varianz hinsichtlich der Qualitäten des Sortierproduktes aufgrund von schwankenden Mischungsverhältnissen der Eingangsschrotte. Der einzige Weg um unterschiedliche Legierungen innerhalb dieser Schrottmischungen zu unterscheiden ist bis zum jetzigen Zeitpunkt eine sensor-gestützte Sortieranlage, die auf der LIBS-Technologie basiert.

3. Ziel der LIBS-Sortierung von Automobilschrotten

Produktionsschrotte aus der Automobilindustrie sind meistens eine Mischung aus 5.xxx- und 6.xxx-Legierungen. Dementsprechend hat die Mischung keinen definierten Magnesium- oder Siliziumgehalt und kann nur verwendet werden, wenn mit Primärmetall verdünnt wird oder die Mischung mit niedriglegiertem Material so gemischt wird, dass entweder der Magnesiumgehalt oder der Siliziumgehalt zu dem Zielprodukt passt. Eine direkte Trennung dieser Legierungsgruppen ist daher notwendig, um die Recyclingeffizienz zu erhöhen.

Da die neuesten Entwicklungen in der Sortiertechnik gute Ergebnisse zeigen, können LIBS-Sortierer inzwischen verwendet werden, um 5.xxx- und 6.xxx-Legierungen voneinander zu trennen. Bei der LIBS-basierten Sortierung wird jedes Schrottstück einzeln mit einem hochenergetischen Laser beschossen, um einen kleinen Teil des Materials zu verdampfen. Das dabei entstehende leuchtende Plasma sendet elementspezifisches Licht aus, welches anschließend in einem Spektrometer analysiert werden kann. Das Plasma, das auf einem 5.xxx-Schrottstück erzeugt wird, unterscheidet sich also von einem Plasma, das auf einer 6.xxx-Legierung erzeugt wird.

4. Dilemma im Hinblick auf die Schrottqualitäten

Ein Dilemma bei den genannten Sortierschritten ist immer das Ziel entweder eine reine Aluminiumfraktion zu erzeugen, was bedeutet so viel Verunreinigungen wie möglich abzutrennen, oder ein hohes Wertstoffausbringen anzustreben, wodurch einigen Verunreinigungen erlaubt wird, den Sortierschritt zu passieren, während gleichzeitig sichergestellt sein muss, dass Verluste an Aluminium minimal bleiben.

In beiden Fällen bleiben Sortierrückstände, oft als Abfallstrom bezeichnet, übrig, die für die Aluminiumindustrie zum Umschmelzen nicht von Interesse sind. Der Fokus liegt daher auf der Qualität von nur einem die Anlage verlassenden Massenstrom, dem Produktstrom.

Wenn es sich um Produktionsschrotte aus der Automobilindustrie für Karosserieanwendungen handelt, ändert sich dieser Fokus. Für diese Sortieraufgabe muss die Qualität beider Ausgangsströme, der 5.xxx- und 6.xxx-Legierungen, in einem gewissen Konzentrationsbereich liegen, um effizient weiterverarbeitet werden zu können. Die Qualität und das Ausbringen beider Ausgangsströme muss daher maximiert werden. Das Ausbringen für einen oder sogar beide Ausgangsströme steht weiterhin eng mit dem Business Case in Verbindung, der neben dem Durchsatz die Grundlage für eine Investition in eine solche Technologie darstellt.

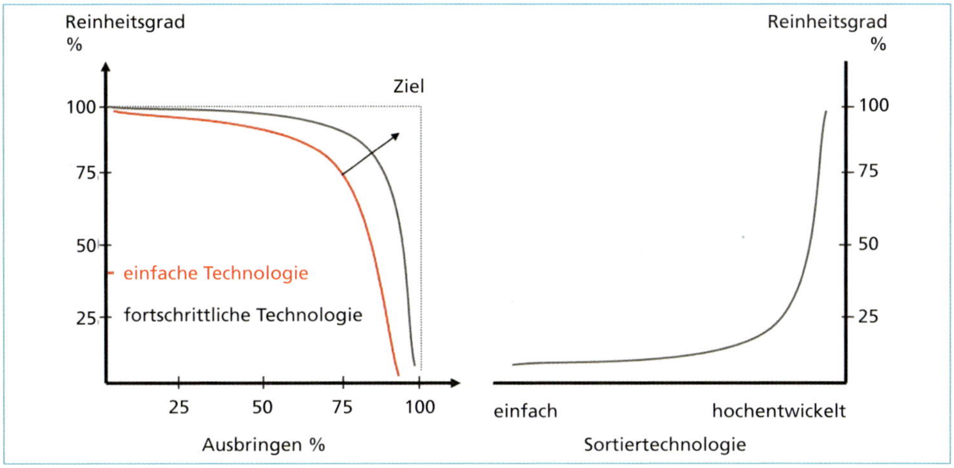

Bild 3: Reinheit vs Ausbringen

Quelle: Rombach, G.: Metallurgie und Prozesstechnik von Aluminiumschmelzen (Lecture RWTH Aachen University, 2018)

Zusätzlich ist die Sortierung von Produktionsschrotten aus der Automobilindustrie stark von deren Eingangsqualitäten abhängig. Die zu sortierenden Schrotte stellen eine zufällige Mischung von 5.xxx- und 6.xxx-Legierungen dar. Das bedeutet, dass das Verhältnis von diesen Legierungen nicht bekannt ist und sich täglich ändern kann. Das Verhältnis ist also nur abhängig davon was im Presswerk der Automobilhersteller produziert wird.

Sortierung hat in den meisten Fällen das Ziel die Fraktion mit dem geringsten Anteil abzutrennen. Dies ist gängige Praxis um den Sortieraufwand wie beispielsweise den Verbrauch an Druckluft zu reduzieren. In diesem Zusammenhang gilt es sicherzustellen, dass bei wechselnden Eingangsqualitäten beide Ausgangsströme in einem gleichbleibenden Konzentrationsbereich bleiben. Die notwendige Sortiereffizienz von LIBS wird daher von den wechselnden Eingangsqualitäten beeinflusst. Das folgende Beispiel in Bild 4 zeigt dies deutlich.

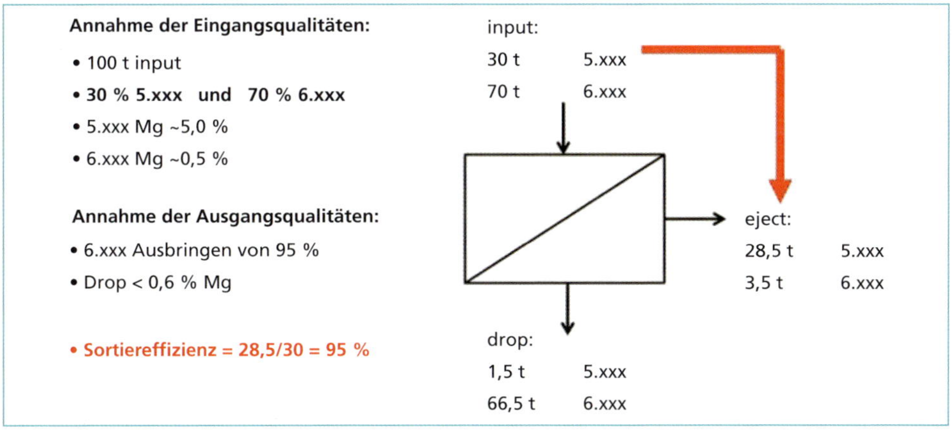

Bild 4: Beispiel 1 zur Ermittlung der Sortiereffizienz in Abhängigkeit von der Schrotteingangsqualität

Wie aus dem ersten Beispiel deutlich wird, muss die Sortiereffizienz bei 95 % liegen, wenn der 6.xxx-Ausgangsstrom (drop) nur einen Magnesiumgehalt von weniger als 0,6 % haben soll. Außerdem wird ein Wertstoffausbringen von 95 % der 6.xxx-Fraktion für einen hinreichenden Business Case benötigt.

Nach Bild 5 muss die Sortiereffizienz dafür bei wechselnder Eingangsqualität von einem 30/70 zu einem 50/50-Verhältnis auf 98 % erhöht werden.

Annahme der Eingangsqualitäten:

- 100 t input
- **50 % 5.xxx und 50 % 6.xxx**
- 5.xxx Mg ~5,0 %
- 6.xxx Mg ~0,5 %

Annahme der Ausgangsqualitäten:

- 6.xxx Ausbringen von 95 %
- drop < 0,6 % Mg

- **Sortiereffizienz = 49/50 = 98 %**

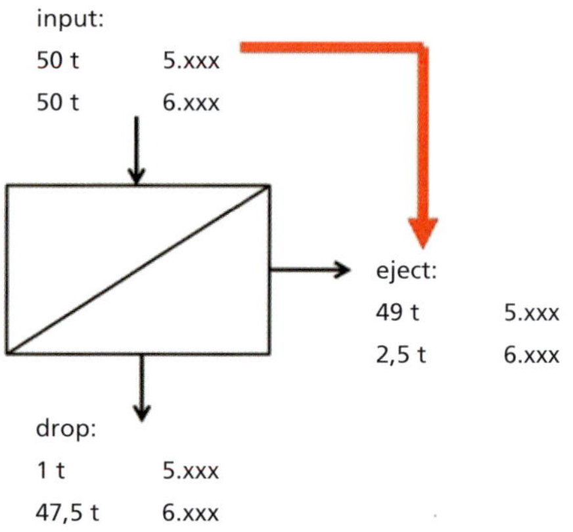

Bild 5: Beispiel 2 zur Ermittlung der Sortiereffizienz in Abhängigkeit von der Schrotteingangsqualität

5. LIBS-Sortierung bei der Hydro

Wie im November 2017 bekanntgegeben ist Hydro eine Kooperation mit Austin AI aus Austin, TX, dem Hersteller einer LIBS-basierten Sortiermaschine eingegangen. Im Zuge einer intensiven Evaluierungsphase und durch die Durchführung verschiedener Versuche auf verschiedenen LIBS Systemen wurde in diesem System das größte Potential für eine effiziente Sortierung gesehen.

Das Austin AI LIBS System verfolgt den Ansatz einer Schurren-Sortiermaschine. Aufgrund dieser Tatsache hat die Maschine im Vergleich zu anderen LIBS-Sortiermaschinen einen kleineren Flächenbedarf von etwa 12 bis 15 m^2. Die Schrottpartikelgröße die auf dieser Anlage sortiert werden kann, ist in einem günstigen Bereich von etwa 40 bis 110 mm. Abhängig von den Schrottqualitäten und insbesondere der Dicke des Schrottmaterials können Durchsätze von 3 bis 5 mt/h erreicht werden. Daher wurde in einen ersten Prototypen dieser Maschine investiert, die im August 2017 im F&E Zentrum Bonn installiert wurde. Seitdem wird kontinuierlich daran gearbeitet das System zu verbessern und die Möglichkeiten der Sortieranlage zu untersuchen.

Im Rahmen der ersten Versuche waren die Ergebnisse bereits sehr positiv und es konnten extrem hohe Reinheiten erreicht werden. Dies liegt an dem sehr guten LIBS-Modul ChemLine, das von TSI Inc aus Shoreview, Minnesota hergestellt wird.

Bild 6: LIBS-System der Hydro Aluminium Rolled Products im F&E Zentrum Bonn

6. Erste Ergebnisse

Bei dem untersuchten Eingangsmaterial handelt es sich um Automobilschrott, der, wie in Kapitel 2 dargestellt, vorbehandelt wurde. Die Eingangsqualität stellt eine gewöhnliche Mischung aus etwa 1/3 6.xxx-Legierungen und 2/3 5.xxx-Legierungen dar.

Das Ziel des ersten Versuchs war eine reine 6.xxx-Fraktion durch die Unterscheidung von hohen und niedrigen Magnesiumkonzentrationen zu erzeugen.

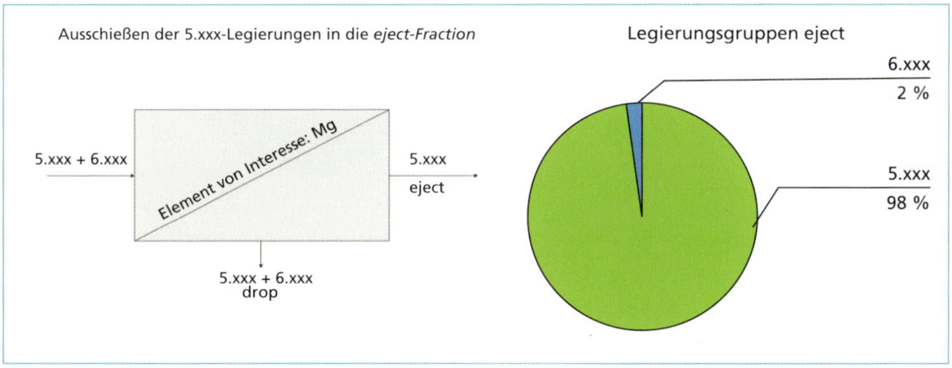

Bild 7: Ergebnisse für reine 6.xxx-Fraktion

Die Reinheit in der Austragsfraktion liegt bei etwa 98 % (Bild 7), wenn nur über den Magnesiumgehalt jedes Schrottstücks sortiert wird. 2 % des Materials wurden aufgrund von überlappenden Schrottstücken falsch sortiert. Überlappung von Stücken kann dazu führen, dass zwei Stücke gleichzeitig durch die Luftdruckdüsen ausgetragen werden. Diese Art von Fehlsortierung ist bei sensorgestützen Sortierverfahren ein gängiges Problem.

In einem zweiten Versuch war es das Ziel eine reine 5.xxx-Fraktion von der gleichen Schrottquelle zu generieren.

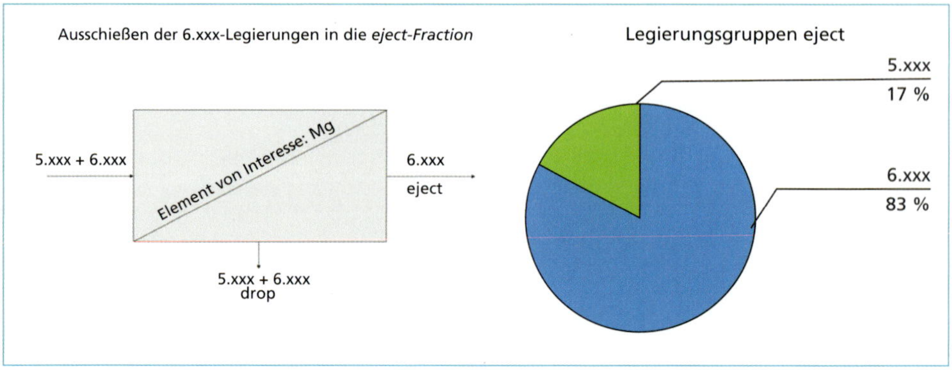

Bild 8: Gewinnung von 5.xxx Legierungen durch Sortierung über Mg

Die Reinheit der hergestellten 6.xxx-Fraktion ist bei 83 % (Bild 8). Die deutlich niedrigere Reinheit (Differenz 15 %) kam, wie bereits erwähnt, u.a. durch Überlappung von Schrottstücken zustande. Die Analyse der Daten zeigte, dass einige Stücke nicht korrekt vom Laser erkannt wurden. Die Ergebnisse konnten durch die Zuhilfenahme eines zusätzliches Sortierkriteriums für Silizium deutlich verbessert werden.

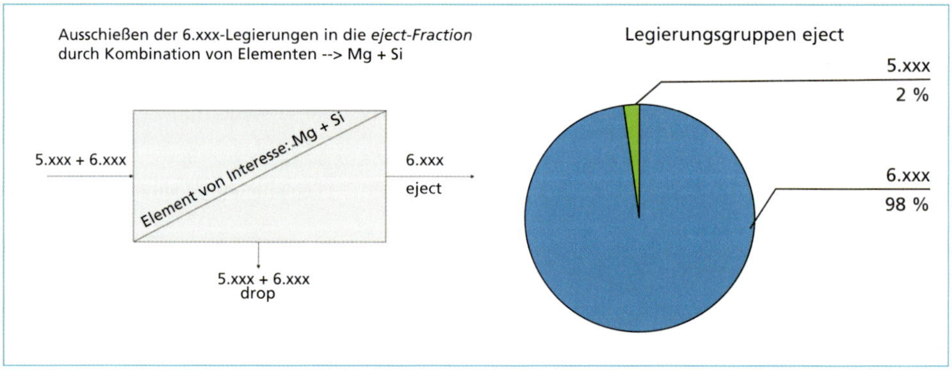

Bild 9: Gewinnung von 5.xxx Legierungen durch Sortierung über Mg und Si

Das Ergebnis zeigt, dass durch eine Kombination von Elementen (Mg + Si) die höchste Genauigkeit erreicht werden konnte (Bild 9). Im Rahmen von zukünftigen Versuchen wird die Rückgewinnungsrate weiter optimiert.

7. Fazit

LIBS-basierte Sensoren sind bis heute die Vielversprechendsten um Produktionsschrotte aus der Automobilindustrie zur sortieren, obwohl die Sortierung von 5.xxx- und 6.xxx-Legierungen im Vergleich zu anderen Sortieraufgaben anspruchsvoller ist. Zunächst besteht eine Unsicherheit bezüglich der Zusammensetzung der Eingangsmaterialien. Außerdem müssen beide Sortierprodukte hohe Qualitätsanforderungen erfüllen, was bedeutet, dass für beide Produkte eine hohe Reinheit und ein hohes Ausbringen gewährleistet werden muss.

Da die Sortiereffizienz in engem Zusammenhang mit den Eingangsqualitäten steht, muss die Sortierung eine hohe Genauigkeit aufweisen. Die LIBS-Analyse ist abhängig von der Signalstärke die im Spektrometer detektiert wird, daher müssen alle Oberflächeneffekte, die sich auf das Signal auswirken bei der Sortierentscheidung berücksichtigt werden. Außerdem zeigen nicht alle gängigen Legierungselemente die gleiche analytische Genauigkeit, so dass bei der Auswahl von Sortierkriterien eine intelligente Kombination von Elementen erfolgen muss.

8. Quellen

[1] Ducker Worldwide: Aluminium Content in Cars. Summary report prepared for European Aluminium, June 2016

[2] Rombach, G.: Metallurgie und Prozesstechnik von Aluminiumschmelzen (Lecture RWTH Aachen University, 2018)

[3] Rombach, G.: Raw Material Supply by Aluminium Recycling – Efficiency Evaluation and Longterm Availability. The Diamond Jubilee Issue, Acta Materialia 61 (2013) 1012–1020

[4] Sattler, H.P.: Schrottsortieren mit Laser – ein automatisches Aufarbeitungsverfahren für vermischte NE-Metalle von Automobilshredder. VDI Berichte 934, Düsseldorf 1991

Ansprechpartner

Dr. Claudius Laska
Hydro Aluminium Rolled Products GmbH
Projektleiter
Prozessentwicklung
Georg-von-Boeselager-Straße 21
53117 Bonn, Deutschland
+49 228-552-2004
claudius.laska@hydro.com

Kostenfreie Artikel

WIE FINDE ICH DIE FÜR MICH INTERESSANTEN FACHARTIKEL?

www.vivis.de

Möglichkeit 1: Fachartikel-Suche nach Thema

Auf der Startseite www.vivis.de befindet sich oben rechts der Button **Fachbeiträge**, den Sie bitte auswählen. Wenn Sie die Unterkategorie **Beiträge** anklicken, gelangen Sie zu der Themenliste. Hier sind die Oberbegriffe alphabetisch aufgelistet. Teilweise untergliedern sie sich noch in Unterthemen. Wenn Sie eines dieser Themen auswählen, finden Sie die dazu passenden, bei uns verfügbaren Beiträge mit den zugehörigen bibliographischen Angaben.

Möglichkeit 2: Fachartikel-Suche nach Tagung

Wenn Sie Artikel zu einer bestimmten Konferenz bzw. aus einem bestimmten Tagungsband suchen, gehen Sie in den Bereich Fachbücher. Dort sind die im TK Verlag erschienen Bücher – thematisch geordnet – zu finden. Die aktuellen Bücher finden Sie in der Kategorie **Neuerscheinungen**. Haben Sie das gesuchte Buch gefunden, folgen Sie dem Link **Inhaltsverzeichnis**.

Durch Klicken auf den Beitragstitel öffnet sich ein Fenster mit dem gesuchten Beitrag im PDF-Format. Dieser kann einfach und schnell heruntergeladen werden.

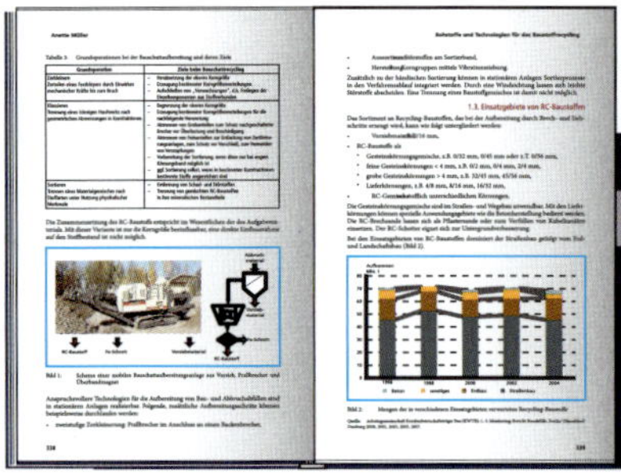

Sollten Sie Interesse an mehreren Beiträgen aus dem gleichen Buch haben, bietet es sich an, dieses direkt bei uns zu bestellen. Lieferbare Bücher sind in der Rubrik **Fachbücher** zu finden.

TK Verlag GmbH

Dorfstraße 51
D-16816 Nietwerder-Neuruppin
Tel. +49.3391-45.45-0 • Fax +49.3391-45.45-10
E-Mail: order@vivis.de

vivis

Sensorgestützte Sortierung von legierten Metallschrotten

Martin Geisler, Sven Connemann und Cord Fricke-Begemann

Der Handel mit legierten Metallschrotten ist ein globales Geschäft. Die Warenströme umspannen die ganze Welt, um Industrie- und Schwellenländer mit kritischen Rohstoffen zu versorgen. Der Schrott ist dabei ein knappes Gut und das Recycling durch die Wertigkeit der Materialien selbsttragend. Die Preisbildung der gehandelten Ware steht unter dem Einfluss immer volatilerer Rohstoffmärkte an die sich die Recyclingunternehmen anpassen müssen. Um die von Schmelzwerken geforderten Qualitäten einhalten zu können, kommen modernste Technologien zur Erkennung und Sortierung von Legierungen zum Einsatz. Der folgende Beitrag behandelt das Recycling legierter Metallschrotte allgemein und die Notwendigkeit zum Einsatz sensorgestützter Sortierprozesse. Im Fokus steht der Einsatz der Laser-Emissionsspektroskopie zur Legierungsidentifikation.

1. Recycling und Handel von legierten Metallschrotten

Rohstoffe sind ein entscheidender Faktor zur Wohlstandssicherung im Industrieland Deutschland. Seit Jahrzehnten sind insbesondere Energierohstoffe wie Öl und Gas Themen der öffentlichen Debatte. Die Energiewende, der Ausstieg aus Kernenergie und fossilen Energieträgern, hat die Diskussionen in den letzten Jahren immer wieder befeuert. Daneben spielt die Versorgung der deutschen Wirtschaft mit Industriemetallen eine untergeordnete Rolle in der Öffentlichkeit. Es schien als handele es sich um Märkte, die sich über Angebot und Nachfrage sehr ausgewogen selbst regulieren. Erst als die Preise begannen sich extrem volatil zu verhalten, setzte ein Umdenken ein. Zahlreiche Initiativen wurden von der Politik ins Leben gerufen und die

Beschaffung kritischer nichtenergetischer mineralischer Rohstoffe rückte bei Unternehmen in den Fokus [7]. Für die Versorgungssicherheit mit Metallen ist das Recycling ein bedeutender Faktor, da Metalle ohne Qualitätsverlust immer wieder eingeschmolzen und wiederverwendet werden können. Die deutsche Industrie ist auch deshalb auf das Recycling angewiesen, da Deutschland dahingehend selbst keine bedeutenden Bodenschätze besitzt und somit die Förderung von Erzen in Deutschland keine Rolle spielt. Für das Recycling liegen die Metalle selten in ihrer reinen Form vor. In der Regel werden Metalle in Gemischen verwendet, den sogenannten Legierungen. Eine Legierung in der Metallurgie ist ein Gemenge mit metallischem Charakter aus zwei oder mehr Elementen, von denen mindestens eines ein Metall ist. Aus der Vielfalt an Elementen und deren Kombination zu verschiedenen Legierungen hat sich im Laufe der Jahrzehnte eine enorme Materialkomplexität ergeben. Diese lässt sich im Bereich der technisch genutzten Metalle wie folgt kategorisieren [3]:

- Eisen (Fe) und Eisenlegierungselemente (Mn, Si, Cr, Ni, etc.),
- Nichteisenmetalle (NE-Metalle) (Cu, Pb, Sn, etc.),
- Leichtmetalle (Al, Mg, Ti),
- Edelmetalle (Au, Ag, Pt, etc.),
- Refraktärmetalle (W, Mo, Ta),
- Hochtechnologiemetalle (Li, Ga, In, etc.) und
- Seltenerdmetalle (Sc, Y, Ce, etc.).

Den größten Anteil am Recyclingstrom haben dabei die Eisen-Kohlenstoff-Legierungen. Nach DIN EN 10020 gelten Eisenwerkstoffe mit einem Kohlenstoffanteil über zwei Prozent als Gusswerkstoffe, darunter wird von Stahl gesprochen. Stähle wiederum werden in drei Klassen eingeteilt: die unlegierten Stähle, die nichtrostenden Stähle und andere legierte Stähle. Sowohl unlegierte als auch legierte Stähle lassen sich in Qualitäts- und Edelstähle einteilen. Die Edelstähle zeichnen sich durch eine höhere Reinheit und höhere Festigkeitswerte aus. Schwefel- und Phosphorgehalt dürfen maximal 0,025 Prozent betragen. Die Gleichsetzung von Edelstahl und rostfreiem Stahl aus der Umgangssprache ist damit nach dieser Definition nicht richtig.

Die Verfügbarkeit legierter Metallschrotte ist begrenzt. Die zur Verfügung stehende Menge hängt von verschiedenen Faktoren ab. Die Lebensdauer der Produkte, in denen die Legierungen eingesetzt werden, bestimmen die Zeitspanne bis zum Rücklauf. Anschließend bestimmen die Sammelquote, Verluste im Prozess und die technische Recyclingfähigkeit die erzielbaren Recyclingquoten [7]. Wie die zur Verfügung stehenden Schrotte nach der Wiedergewinnung gehandelt werden, wird im nächsten Abschnitt erläutert.

1.1. Handel von legierten Metallschrotten

Die Wirtschaftlichkeit des Recyclings legierter Schrotte hängt zum einen von der Legierung, den enthaltenden Elementkonzentrationen und ihrer Wertigkeit, zum anderen von den eingesetzten Recyclingverfahren und deren Kosten ab. Liegen die

Kosten der Wiedergewinnung der Sekundärrohstoffe unter den Kosten des Einsatzes von Primärrohstoffen, ist das Recycling wirtschaftlich sinnvoll, sofern auch die Qualitätsanforderungen eingehalten werden [3]. Primär- und Sekundärmarkt beeinflussen sich dabei gegenseitig. Bei höheren Preisen für Primärmetall steigt die Verfügbarkeit der entsprechenden Schrotte. In Phasen fallender oder niedriger Preise werden Schrotte in Erwartung steigender Preise zurückgehalten [7].

Schrotte werden am Markt wie Produkte gehandelt. Sie werden in unterschiedliche Qualitäten unterschieden wie z.B. im Bereich Kupfer in Kupferkabel, Kupferblech oder Kupfer-Raff, der schlechtesten Qualitätsstufe für Reinkupfer. Legierte Schrotte werden hinsichtlich ihrer Legierungselemente und deren Konzentration kategorisiert. Für einen rostfreien CrNi-Stahl, wie den in Deutschland unter dem Handelsnamen bekannten V2A, ist der Gehalt an Chrom und Nickel entscheidend. Zusammen mit dem Basiselement Eisen werden die beiden Elemente entsprechend ihrer Konzentration in der Legierung mit ihrem jeweiligen Preis multipliziert und dann summiert. Auf die Summe wird dann der Schrottabschlag gebildet, welcher ebenfalls Schwankungen unterworfen ist.

Der Preis des Sekundärmetalls orientiert sich an den Preisen der jeweiligen Primärmetalle, welche auf unterschiedliche Weise festgesetzt werden können. Ausschlaggebend für den Chrompreis sind die quartalsweise ausgehandelten Lieferverträge zwischen den größten Produzenten und Abnehmern, während Nickelmetall an der Börse, der London Metal Exchange, gehandelt wird. Durch Wirtschaftskrisen, Handelsbeschränkungen oder aber auch Spekulationen sind extreme Preisschwankungen möglich. Ein Beispiel aus dem Jahr 2018 zeigt die Entwicklung des Cobaltpreises. Innerhalb von fünfzehn Monaten hat sich der Preis ausgehend von 32.500 USD pro Tonne verdreifacht, um im Anschluss innerhalb weniger Monate wieder unter 60.000 USD pro Tonne zu fallen. Innerhalb weniger Tage verlor Cobaltmetall in diesem Zeitraum zwanzig Prozent an Wert [8]. Diese Volatilität birgt Risiken für die betroffenen Handelsunternehmen. Geringe Margen im Handel mit Sekundärrohstoffen sowie eine schwierige Marktsituation verschärfen die Risiken.

Um die entsprechenden Preise für die gekauften Legierungen festsetzen und abrechnen zu können, muss die Legierungszusammensetzung bekannt sein. Da die Nachvollziehbarkeit durch die Mischprozesse innerhalb des Schrotthandels nicht gegeben ist, muss eine entsprechend aufwendige Wareneingangsprüfung stattfinden. Diese wird im nächsten Abschnitt beschrieben.

1.2. Identifikation von Legierungen

Kern der Wareneingangsprüfung im Handel mit legierten Schrotten ist die Identifikation der gelieferten Legierung, die Anteilsbestimmung der enthaltenen Elemente sowie, falls nötig, die Sortierung. Wie aufwendig dieser Prozess gestaltet wird hängt von dem gehandelten Material und dessen entsprechenden Qualitätsanforderungen ab. So existieren im Bereich der legierten Schrotte Massenmärkte, wie beispielsweise der Markt der rostfreien Stähle. Hinsichtlich Tonnage und Anforderungen an den Recyclingprozess unterscheiden sie sich von Märkten mit kleineren Volumen, wie den Nickelbasis-Superlegierungen oder dem Titanmarkt.

Gängige Hilfsmittel bei der Identifizierung von Legierungen sind portable Spektrometer. Bild 1 zeigt einen mobilen Röntgenfluoreszenz-Analysator. Im linken Teil ist zu erkennen wie das Messgerät auf die Oberfläche des zu identifizierenden Stücks aufgesetzt wird. Dabei ist auf eine saubere, öl- und rostfreie Oberfläche zu achten. Nach wenigen Sekunden, abhängig von den Elementen, die bestimmt werden sollen, erscheint im Display die ermittelte Zusammensetzung. Der rechte Teil der Abbildung zeigt das Messergebnis eines V4A-Stahls.

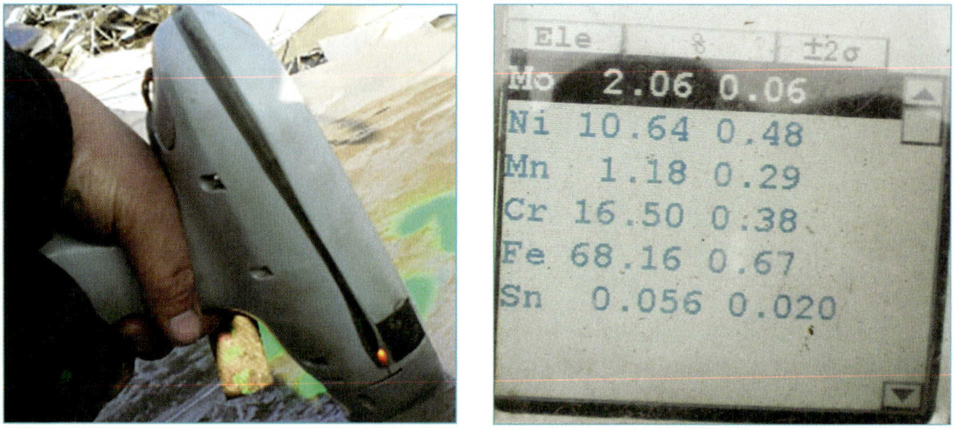

Bild 1: links: Messung mittels Röntgenfluoreszenz-Spektrometer; rechts: Darstellung Messergebnis

Neben der Röntgenfluoreszenz werden weitere Technologien zur Identifikation eingesetzt, wie zum Beispiel die optische Emissionsspektrometrie. Neu im Markt der mobilen Analysatoren ist die LIBS-Technologie (Laser-Induced Breakdown Spectroscopy). [6]

Trotz des Einsatzes modernster Technik sind bei der Wareneingangsprüfung Sorgfalt und Erfahrung unabdingbar. In den Massenmärkten findet keine vollständige, sondern eine repräsentative Überprüfung der Wareneingänge statt. Nach dem ökonomischen Prinzip ist so viel wie nötig aber so wenig wie möglich zu prüfen.

1.3. Anforderungen in Nischenmärkten

Die repräsentative Überprüfung von Wareneingängen ist allerdings nicht für alle Märkte und Metallschrotte geeignet. Für bestimmte Materialströme verlangen die Schmelzwerke eine sortenreine Aufbereitung. Dies kann eine vollständige Überprüfung aller Schrottstücke einschließen. Neben den oben genannten Nickelbasis-Superlegierungen und Titanlegierungen sind Schnellarbeitsstahl und Hartmetall weitere Beispiele für solche Nischenmärkte.

Neben den Masseanteilen der einzelnen Elemente an den Legierungen gibt es weitere Sortierkriterien, die zu beachten sind. Die Schmelzwerke geben spezifische Vorgaben hinsichtlich der maximalen und minimalen Abmessungen und des maximalen und minimalen Gewichts je Schrottstück. Ebenso ist auf bestimmte Beschichtungen, Verunreinigungen und Anhaftungen zu achten.

Stand der Technik hinsichtlich der Sortierung ist die Handklaubung und Sichtprüfung. Unterstützt wird der Prozess, wie oben erwähnt, durch verschiedene spektrometrische Verfahren. Für Metallschrotte mit geringen Einzelgewichten pro Stück und geringwertigen Legierungen ist dieser Sortierprozess häufig nicht wirtschaftlich. Dadurch entstehen Materialströme, in denen nicht alle Elemente gezielt verwertet und wiedergewonnen werden. Es kommt zum Downcycling, was in diesem Zusammenhang insbesondere die stoffliche Verwertung von Elementen in Materialien meint, in welchen sie entweder unerwünscht sind oder technisch nicht genutzt werden.

Ziel sollte es sein ein solches Downcycling zu verhindern und die Kreisläufe aller Legierungselemente zu schließen. Das Projekt PLUS (Pilotanlage zur lasergestützten Sortierung von Sonderlegierungen) versucht dieses Ziel durch den Einsatz von Automatisierungs- und Lasertechnik zu erreichen.

2. PLUS

PLUS wird im Rahmen der Fördermaßnahme *r+Impuls – Innovative Technologien für Ressourceneffizienz – Impulse für industrielle Ressourceneffizienz* durch das Bundesministerium für Bildung und Forschung gefördert. Projektpartner sind das Fraunhofer-Institut für Lasertechnik ILT und die Cronimet Ferroleg. GmbH.

Das Projekt ist auf die legierungsspezifische Sortierung innerhalb der Materialklassen Schnellarbeitsstahl (HSS), Hartmetall (HM) und Titan ausgerichtet. Die Klassen sind in Tabelle 1 gegenübergestellt.

Tabelle 1: PLUS - Materialklassen

Materialklassen (Plus-Klasse)	**Basiselement**	**Legierungselemente (keine vollständige Auflistung)**
Schnellarbeitsstahl (1xx)	Eisen	Molybdän, Wolfram, Vanadium, Cobalt, Chrom
Titan (2xx)	Titan	Aluminium, Niob, Vanadium
Hartmetall (3xx)	Wolfram	Cobalt, Kohlenstoff, Nickel

Die Hauptkomponenten der Pilotanlage sind die Objekterkennung, das LIBS-Modul und der automatisierte Austrag in mehrere Zielfraktionen. Die Komponenten werden in den folgenden Kapiteln vorgestellt.

2.1. Analyse mit Laser-Induced Breakdown Spectroscopy (LIBS)

2.1.1. Das LIBS-Verfahren

Die Laser-Induced Breakdown Spectroscopy (kurz: LIBS, deutsch: Laser-Emissionsspektrometrie) ist eine Methode zur schnellen und berührungslosen chemischen Analyse von festen, flüssigen oder gasförmigen Stoffen. Das Prinzip dieses Verfahrens ist in Bild 2 dargestellt. Ein hochenergetischer Laserpuls wird auf ein zu analysierendes Objekt fokussiert. Ein Teil der Laserstrahlung wird lokal absorbiert und erwärmt somit die Probe. Bei gepulsten Lasern mit Pulsdauern zwischen 1 ns und 100 ns wird ab Intensitäten oberhalb von $1x10^6$ W/cm^2 eine mikroskopische Materialmenge verdampft und in den Plasmazustand überführt. Die durch den Laserpuls eingebrachte Energie stimuliert das Plasma, das aus Elektronen, Atomen, Ionen und Molekülen besteht, zu elementspezifischen Linienemissionen, die sich vom UV- bis hin zum IR-Spektralbereich erstrecken. Nach einigen zehn Mikrosekunden ist das laser-induzierte Plasma abgekühlt und zerfallen [4, 5]. Bei festen Objekten verbleibt ein Krater in der untersuchten Probe. Aufgrund der Vielzahl von Elementen, die gleichzeitig spektrometrisch analysiert werden können, zählt LIBS zu den Multi-Element-Verfahren. Aufgrund dieser Eigenschaft und der berührungslosen Analysemöglichkeit ist LIBS insbesondere für online Analyseaufgaben prädestiniert. In den vergangenen Jahren wurde eine Vielzahl von Industrieanwendungen mit dieser Methode realisiert [2, 6].

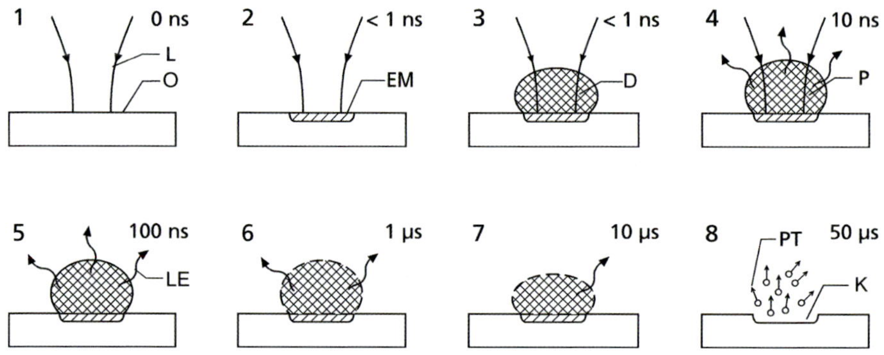

L: Laserstrahl, O: Objekt, EM: erhitzte Materialmenge, D: Materialdampf, P: Plasma, LE: elementspezifische Linienemission, PT: Materialpartikel, K: Krater

Bild 2: Prinzip der Laser-Emissionsspektrometrie

2.1.2. LIBS-Analyse an Testchargen

Für die Sortierung von Metallteilen auf Förderbändern anhand ihrer Zusammensetzung hat das Fraunhofer-Institut für Lasertechnik ILT das Verfahren der scannenden LIBS-Analyse entwickelt [1]. Zur Erstellung von Machbarkeitsstudien, zur Analyse kleinerer Probenchargen und zur Präsentation der LIBS-basierten Analyse dient am Fraunhofer ILT in Aachen die iSort Sortieranlage (Bild 3). Sie besteht im Wesentlichen aus einem Förderband, einer Objekterkennung, dem LIBS-Analyse Modul und einer Druckluft-basierten Sortierung.

Im ersten Schritt werden durch die, auf dem Laserlichtschnittverfahren beruhende, Objekterkennung Proben auf dem Förderband lokalisiert und ihre Oberflächenform ausgewertet. Einen Teil der Verarbeitung der 3D-Höheninformation veranschaulicht Bild 4. Die von der Objekterkennung automatisch erkannten Objektränder sind grün und die umschreibenden Rechtecke sind lila im Graustufenbild dargestellt. Des Weiteren wird eine Vielzahl von Positionen (gelb) auf jedem Objekt auf die Eignung zur folgenden LIBS-Analyse hin überprüft.

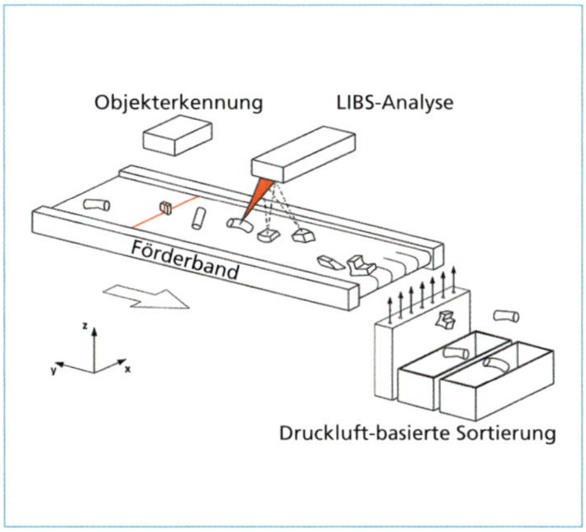

Bild 3: links: Foto der LIBS-basierten elementspezifischen Sortieranlage; rechts: schematische Darstellung der wesentlichen Anlagenkomponenten

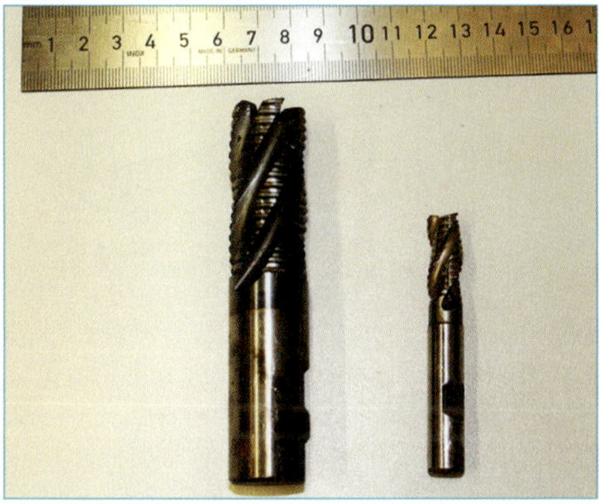

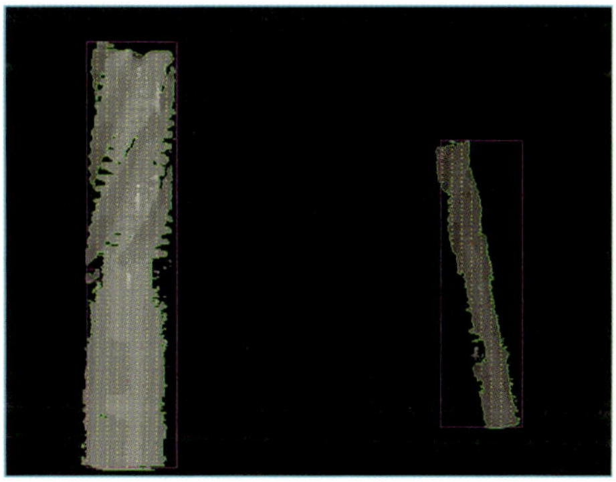

Bild 4: Höheninformation der Objekterkennung; links: Foto von zwei unterschiedlichen Gewindeschneidern; rechts: mit der Objekterkennung gemessene und ausgewertete Höheninformation derselben Gewindebohrer

Das Prinzip der nachfolgenden LIBS-Analyse ist in Bild 5 dargestellt. Ein gepulster Laserstrahl aus einem Nd:YAG-Laser wird über zwei bewegliche Spiegel auf die zu analysierenden Proben im Messvolumen gelenkt. Eine integrierte Fokussiereinheit, die aus einer beweglichen Plankonkavlinse und einem fokussierenden Linsendublett besteht, ermöglicht eine rasche Änderung der Fokuslage mit einem maximalen Hub von etwa 120 mm. Auf diese Weise können unterschiedliche Höhen der Analyseproben berücksichtigt werden.

Die emittierte Plasmastrahlung wird entgegengesetzt zur Propagationsrichtung des Laserstrahls über die beiden Scannerspiegel auf einen im 45°-Winkel zur optischen Achse positionierten dichroitischen Spiegel gelenkt. Dieser reflektiert die Messstrahlung auf eine Quarzlinse, die das Licht in eine Glasfaser einkoppelt. Von diesem Lichtwellenleiter wird das Licht des LIBS-Plasmas in das Spektrometer geführt, wo es spektral aufgespalten und von CCD-Zeilensensoren aufgenommen wird. Die so gewonnenen Spektren werden zur Analyse der chemischen Zusammensetzung der Probe verwendet.

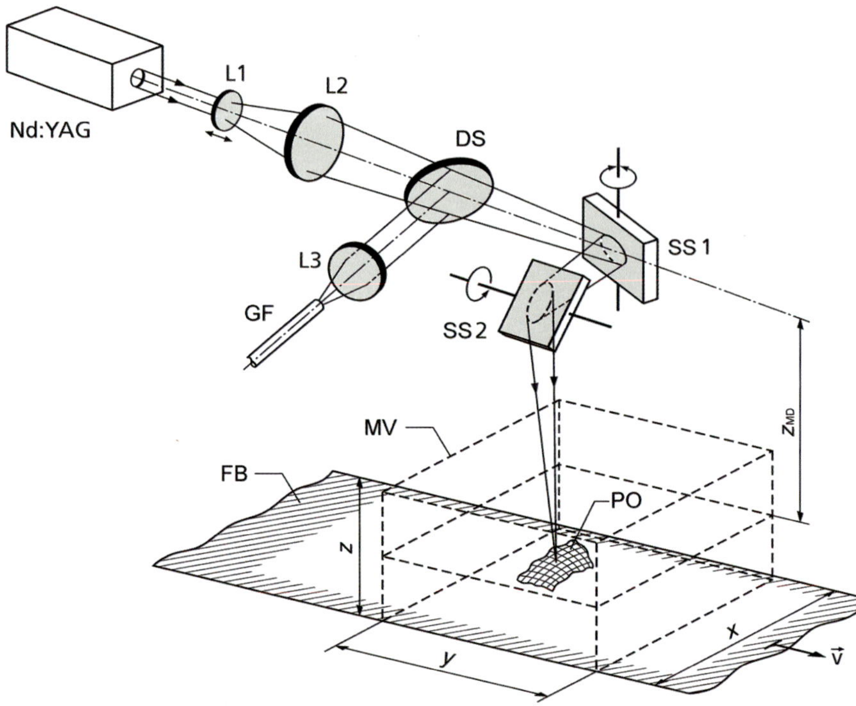

Nd:YAG-Laser, L1: Zerstreuungslinse, L2: Objektivlinse, DS: Dichroitischer Spiegel, SS1, SS2: Scannerspiegel, PO: Probenoberfläche, FB: Förderband, MV: Messvolumen, L3: Linse, GF: Glasfaser zum Spektrometer

Bild 5: Schematische Darstellung des LIBS-Analysenvorgangs

Zur Untersuchung der Machbarkeit der Unterscheidung der Legierungsklassen innerhalb der der drei Materialklassen HSS, HM und Titan wurden Analysen an einer bereitgestellten Materialcharge durchgeführt. Diese besteht aus zu recycelnden Proben die somit Oberflächenverschmutzungen sowie für das Bulk-Material nicht repräsentative Beschichtungen aufweisen. Um eine Beeinflussung der LIBS-Analyse durch diese Deckschichten zu verhindern wird ein sogenannter maßgeschneiderter Laserpulszug verwendet. Dieser besteht aus einem ersten Anteil mit mehreren Laserpulsen geringerer Energie zur effektiven Laserablation und einem zweiten, um eine Zeit $\Delta t^{RP\text{-}DP}$, verzögerten Doppelpuls zur Erzeugung intensiver Laserplasmen [9].

Während des Durchlaufs der Probe durch das Messvolumen muss der Laserstrahl der Probe folgen, damit Reinigungs- und Doppelpuls auf die gleiche Position auf der Probenoberfläche fokussiert werden.

Metalle

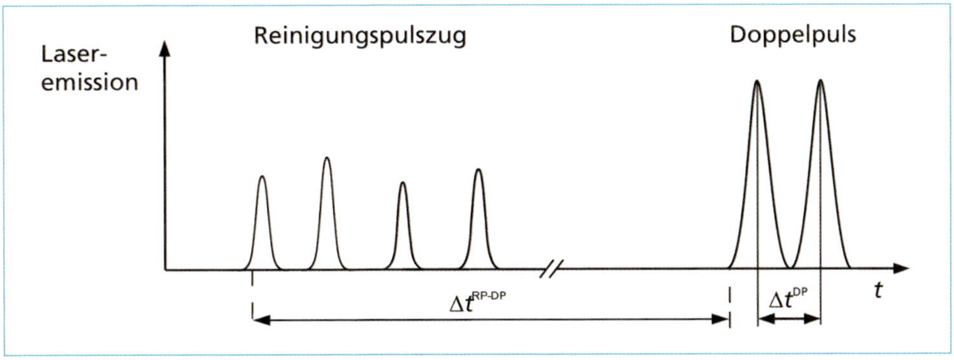

Bild 6: Anwendung eines maßgeschneiderten Pulszuges zur Vorreinigung der Probenoberfläche am Ort der LIBS-Analyse

Die Geschwindigkeit des Förderbandes lässt sich von 0,15 bis 5 m/s frei einstellen. Hierdurch können je nach Anforderung an die Analytik entweder bis zu 60 Messungen an einer Probe durchgeführt oder ein hoher Probendurchsatz mit jeweils einer Messung erzeugt werden. Bild 7 zeigt Fotos von LIBS-Analyse an einem Bohrer bei einer Förderbandgeschwindigkeit von 0,3 m/s.

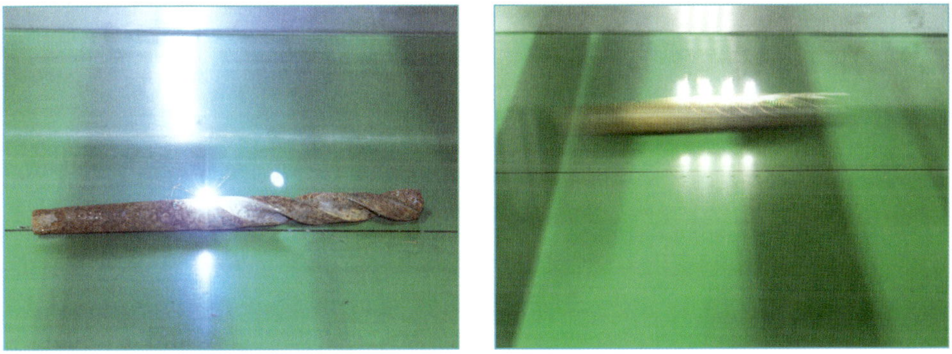

Bild 7: Links: Foto einer LIBS-Analyse an einem Bohrer; rechts: mit langer Belichtungszeit aufgenommenes Foto zur Visualisierung mehrerer Analysen an einer Probe

Die Klassifikationslogik in PLUS folgt den realen Gegebenheiten des Recyclings legierter Metallschrotte. Die drei Hauptklassen Schnellarbeitsstahl, Hartmetall und Titan liegen bei der Rückführung der Schrotte grundsätzlich getrennt vor, können jedoch geringe Verunreinigungen aufweisen. Ziel der Klassifikation in PLUS ist die Unterscheidung der gebildeten Subklassen. Die Subklassen unterscheiden sich hinsichtlich der Legierungselemente, welche entweder in verschiedenen Konzentrationen vorliegen oder auch nur in einzelnen Subklassen Verwendung finden. Die festgelegten Grenzwerte für die Klassifikation ergeben sich aus der Zusammensetzung der Legierungen und werden im Projekt so weit wie möglich gefasst, um eine eindeutige Zuordnung zu den Subklassen zu ermöglichen.

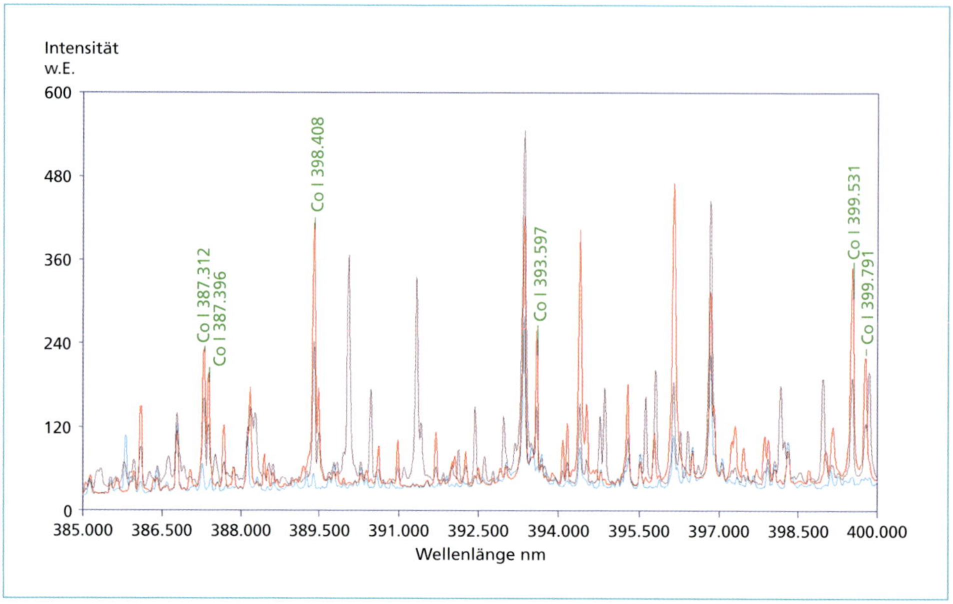

Bild 8: Beispielspektren der Legierungsklassen 304 bis 306 im Wellenlängenbereich von 385 bis 400 nm; einzelne Emissionslinien von Cobalt sind beispielhaft gekennzeichnet

Zur leichteren Benennung der Klassen und zur automatisierten Datenverarbeitung wurden die sogenannten Plus-Klassen als Bezeichner für die im Rahmen des PLUS-Projektes verwendeten Materialien eingeführt. Diese Bezeichner sind zusammengesetzt aus der Hauptklasse (1xx, 2xx oder 3xx) und der jeweiligen Subklasse (xx = 01-11). Das Klassenschema ist für spätere zusätzliche Anwendungen erweiterbar. Anhand der Materialspezifikationen wurden Kriterien zur Unterscheidung der einzelnen Klassen voneinander bestimmt. Die Matrixelemente sind für die Hauptklasse 100/HSS Eisen, für 200/Titan Titan und für 300/HM Wolfram. Zur Unterscheidung der einzelnen Legierungsklassen müssen die Gehalte der Elemente Fe, Ti, W, Co, Al, Nb und Ni laserspektroskopisch gemessen werden. Des Weiteren werden die Elemente Mo, V, Cr, Mn, Sn, Zr, C, Cu, Pd untersucht.

Zur Untersuchung der Möglichkeiten einer laserspektroskopischen Materialklassifizierung wurden LIBS-Messungen durchgeführt und anhand der Messdaten Streudiagramme zu den Materialklassen erstellt. Hierfür wurden die Signale von über 60 Spektrallinien ausgewählt, in jedem Spektrum integriert und über jeweils fünf Messungen gemittelt. Die so erhaltenen Messvektoren wurden standardisiert und unter Berücksichtigung ihrer Klassenzugehörigkeit einer linearen Diskriminanzanalyse unterzogen. Als Beispiel der so erzielten Ergebnisse dienen die Streudiagrammen (Bilder 9 und 10) der zur Verfügung gestellten Proben der Klassen HSS und Titan.

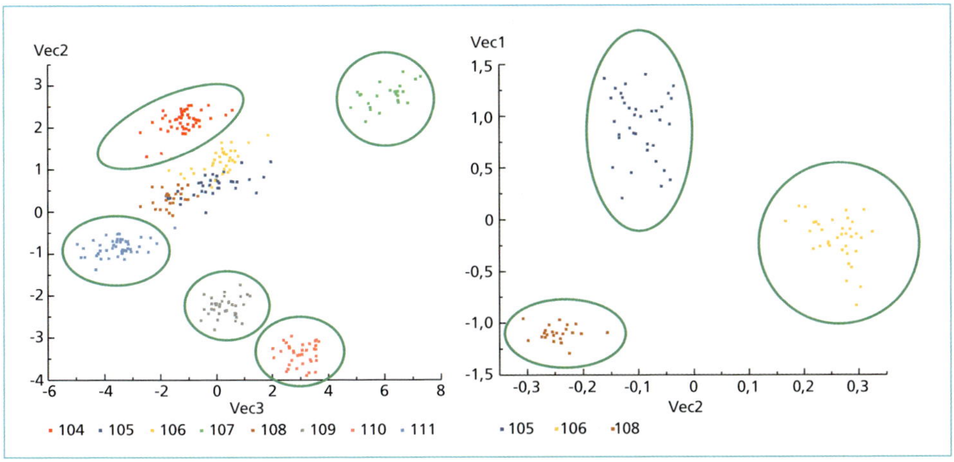

Bild 9: Links: Streudiagramm der HSS-Klassen 104 bis 111; rechts: die im linken Diagramm nicht eindeutig zu trennenden Klassen 105, 106 und 108 sind unter Verwendung anderer Vektoren klar voneinander trennbar

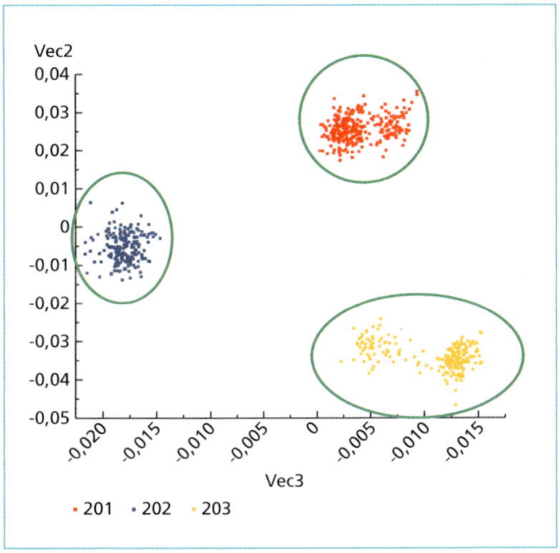

Bild 10: Streudiagramm der Titanklassen 201 bis 203

2.2. Automatisierter Austrag

Nach der Identifikation der Metallschrotte durch das LIBS-Modul der Pilotanlage erreicht das Material auf dem Förderband den automatisierten Austrag. Zum Einsatz kommt ein über dem Förderband hängender Delta-Roboter. Die Kriterien zur Auswahl der Austragstechnik waren Handhabungskapazität, Geschwindigkeit, Flexibilität und Prozesssicherheit sowie die Wirtschaftlichkeit. Ein solches System wird industriell derzeit vor allem bei der Sortierung gleichförmiger Teile eingesetzt. Für das PLUS-Projekt ist somit eine der Herausforderungen die Variabilität der Objekt-Geometrie

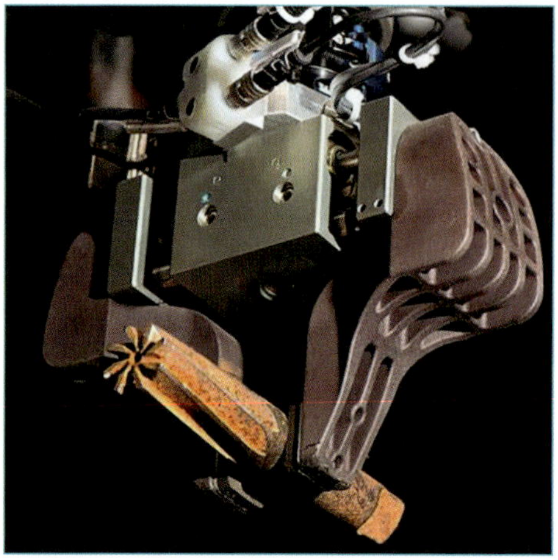

Bild 11: Klemmgreifer mit HSS-Schrott

zu beherrschen. Der erste Testgreifer für diesen Zweck ist in Bild 11 dargestellt. Es handelt sich um einen pneumatischen Klemmgreifer, der sich insbesondere eignet stab- oder stiftförmige Objekte zu greifen. Neben mechanischem Klemmen könnte das Erfassen der Schrottteile auch über einen Vakuum-Sauger realisiert werden. Die Untersuchungen im Rahmen der Versuchsphase des Projekts werden zeigen, welche Greiferlösungsansätze zu einer möglichst flexiblen, durchsatzorientierten, prozesssicheren und ökonomisch sinnvollen Applikation führen.

Für die Pilotanlage ist nach dem Greifen der Schrottteile vom Band der Abwurf auf bis zu sechs verschiedene Abwurfrutschen geplant. Die gewünschten Zielfraktionen können diesen Rutschen flexibel zugeordnet werden.

3. Zusammenfassung und Ausblick

Das Recycling legierter Schrotte leistet einen wichtigen Beitrag den europäischen Wirtschaftsstandort mit versorgungskritischen Metallen zu versorgen. Die Rahmenbedingungen für diese Versorgung werden komplexer. Die Materialvielfalt erhöht sich, nicht nur aus Sicht der Werkstofftechnik allgemein, sondern auch innerhalb einzelner Produkte. Dies führt im Recycling zu mehr gemischten Massenströmen mit kleiner werdenden Anteilen der einzelnen Fraktionen. Die Anforderungen an Identifikation und Handhabung im Metallrecycling steigen. Technologien wie die in diesem Beitrag beschriebene Laser- und Robotertechnik gewinnen damit an Bedeutung. Entscheidend für die Verbreitung dieser Technologien im Recycling wird sein, inwieweit die automatisierten Systeme auf die Unwägbarkeiten bei der Aufbereitung von Wertstoffen, wie den legierten Metallschrotten, reagieren können.

4. Literatur

[1] Aydin, Ü.; Noll, R.; Makowe, J.: Automatic sorting of aluminium alloys by fast LIBS identification. In: Progress in analytical chemistry in the steel and metal industries: 7th International Workshop on Progress in Analytical Chemistry in the Steel and Metal Industries, 16 to 18 May 2006 in Luxemburg CETAS, Verlag Glückauf, 2006 S.309-314

[2] Connemann, S.; Ambrosch, R.; Bergmann, K.; Britten, S.; Brumm, H.; Eschen, M.; Fricke-Begemann, C.; Gehlen, C.; Kurylak, W.; Noll, R.; Sellin, G.; Siguier, M.; Tori, A.; Veglia, F. Next generation urban mining – Laser-based sensing and sorting of electronic scrap. In: Pretz, T.; Wotruba, H.; Feil, A.: 8th Sensor-based sorting & control 2018, S. 29-37

[3] Martens, H,: Goldmann, D.: Recyclingtechnik. 2. Auflage. Springer Vieweg Verlag, Wiesbaden, 2016, S. 107-120

[4] Noll, R.: Laser-Induced Breakdown Spectroscopy. Fundamentals and Applications. Heidelberg: Springer Berlin Heidelberg, 2012, S. 467-488

[5] Noll R.; Sturm, V.; Aydin, Ü.; Eiler, D.; Gehlen, C.; Höhne, M.: Laser-induced breakdown spectroscopy - From research to industry, new frontiers for process control. In: Spectrochimica Acta Part B: Atomic Spectroscopy 63 (10), 2008, S. 1159–1166

[6] Noll, R.; Fricke-Begemann, C.; Connemann, S.; Meinhardt, C.; Sturm, V.: LIBS analyses for industrial applications - an overview of developments from 2014 to 2018. In: Journal of Analytical Atomic Spectrometry 33 (6), 2018, S. 945-956

[7] Pilarsky, G.: Wirtschaft am Rohstofftropf: Der Kampf um die wichtigsten mineralischen Ressourcen. Springer Gabler Verlag, Wiesbaden, 2014, S. 13-92

[8] The London Metal Exchange (Hrsg.): LME Cobalt Price graph. https://www.lme.com/Metals/Minor-metals/Cobalt#tabIndex=2; aufgerufen am 19.01.2019

[9] Werheit, P.; Fricke-Begemann, C.; Gesing, M.; Noll, R.: Fast single piece identification with a 3D scanning LIBS for aluminium cast and wrought alloys recycling. In: Journal of Analytical Atomic Spectrometry, 26, 2011, S. 2166-2174

Ansprechpartner

Dipl.-Wirt.-Ing. Martin Geisler
CRONIMET Ferroleg. GmbH
Projektmanager
Südbeckenstraße 22
76189 Karlsruhe, Deutschland
+49 721-95225-507
geisler.martin@cronimet.de

Sven Connemann, M. Sc.
Fraunhofer-Institut für Lasertechnik ILT
Lasermesstechnik und EUV-Technologie
Steinbachstraße 15
52074 Aachen, Deutschland
+49 241-8906-8050
sven.connemann@ilt.fraunhofer.de

Dr. Cord Fricke-Begemann
Fraunhofer-Institut für Lasertechnik ILT
Messtechnik
Gruppenleiter Materialanalytik
Steinbachstraße 15
52074 Aachen, Deutschland
+49 241-8906-196
cord.fricke-begemann@ilt.fraunhofer.de

Verfahren zur Entölung von kühlschmierstoffbehafteten Metallspänen und -schlämmen

Carsten Reschke, Daniel Schubert, Holger Biedermann und Rüdiger Deike

In metallverarbeitenden Betrieben fallen jährlich durch spanende Fertigungsverfahren wie Drehen, Bohren und Fräsen etwa 1,5 Millionen Tonnen an Metallspänen [5] sowie durch Schleifen 280.000 Tonnen an Schleifschlämmen [6] an. Zur Kühlung der Werkstücke und Werkzeuge, um die Reibung während des Bearbeitungsprozesses zu verringern und um die abgetrennten Metallteilchen aus dem Arbeitsbereich zu entfernen, werden Kühlschmierstoffe (KSS) verwendet. Die anfallenden Späne und Schlämme werden daher mit KSS versetzt. Da KSS aus mineralischen oder synthetischen Ölen bestehen, lassen sich diese Späne und Schlämme nicht wieder direkt in den Wertstoffkreislauf zurückführen. In dieser Form gelten die Schlämme in der Regel als gefährliche Abfälle [1], die nur unter hohen Auflagen transportiert und verarbeitet werden dürfen.

Preiswerte Verwertungsmöglichkeiten wie ein Einsatz in der Zement- oder Gießereiindustrie sind überwiegend nur für Stoffe mit niedrigen Ölgehalten gegeben, die zudem meist niedrig legiert sind. Für Werkstoffe mit hohen Anteilen an wirtschaftsstrategischen Legierungselementen (W, Ni, Nb, Mo, Cr, V, Co usw.) [3], die in der Regel auch höhere Ölgehalte aufweisen, bleiben diese Wege verschlossen, da die höheren Gehalte an teuren Legierungselementen extrem störend wirken würden.

Durch eine Entölung der Schlämme und Späne würden aus kostenpflichtig zu verwertenden Abfällen verkaufsfähige Wertstofffraktionen, die dem Wertstoffkreislauf wieder zugeführt werden könnten. Unternehmen mit eigenen Schmelzaggregaten und einem hohen Aufkommen an Schlämmen und Spänen könnten diese direkt wieder in ihrem Produktionsprozess einsetzen, da die chemische Analyse bekannt ist und so die Gefahr eines Eintrags an unerwünschten Fremdelementen deutlich reduziert ist. Betriebe mit geringen Mengen an Schlämmen und Spänen könnten diese der Sekundärrohstoffindustrie zukommen lassen und so zurück in den Rohstoffkreislauf bringen.

Der volkswirtschaftliche Nutzen des Entölens ist darin zu sehen, dass der Import von nicht substituierbaren teuren wirtschaftsstrategischen Legierungselementen verringert wird. Eine Verringerung der Rohstoffimporte ist von daher wichtig, da die globale, wirtschaftliche und politische Entwicklung in den letzten Jahren, einhergehend mit drastischen Preissteigerungen, deutlich gezeigt hat, dass sich die deutsche Wirtschaft durch oligopolistische und zum Teil monopolistische Strukturen im Rohstoffbereich teilweise in nicht unerheblichen Abhängigkeitsverhältnissen befindet. [3]

Im Rahmen des BMBF Förderaufrufes *r+Impuls – Innovative Technologien für Ressourceneffizienz – Impulse für industrielle Ressourceneffizienz* soll in dem Projekt *KOMPASS – Kontinuierliche Öl- und Metallrückgewinnungs-Prozessanlage für Schlämme und Späne* ein Verfahren entwickelt werden, mit dem Metallschlämme und -späne aus der Metallbearbeitung mit höheren Ölgehalten und insbesondere mit höheren Anteilen an wirtschaftsstrategischen Metallen [3] auf eine wirtschaftliche und umweltfreundliche Art und Weise von Kühlschmierstoffen befreit und entölt werden können. Ziel dieses Vorhabens ist der Bau einer Anlage, die dieses Verfahren in einem industriellen Maßstab umsetzt.

1. Entölungsverfahren

Bisherige Entölungsverfahren für Späne und Schleifschlämme haben meist den Nachteil, dass sie entweder keine vollständige Entölung erreichen oder dass sie sehr kostenintensiv und damit nur für teure Materialien wirtschaftlich sinnvoll sind. So sind physikalische Verfahren wie Zentrifugieren oder Pressen nur für eine Vorentölung geeignet, da der Massenanteil des Restöls mit Werten zwischen 5 bis 10 % für eine metallurgische Verwertung noch zu hoch ist. [9]

Mit chemischen Verfahren, zu denen die Extraktion mit Lösungsmitteln oder mit überkritischem CO_2 gehören, lassen sich Restölgehalte von unter 1 % erreichen, womit das Material metallurgisch verwertbar wird. Diese Verfahren sind jedoch verfahrenstechnisch aufwendig und energieintensiv. Die Durchsatzmengen liegen deutlich unter denen der physikalischen Verfahren. Die sich daraus ergebenden hohen Betriebskosten machen diese Verfahren nur für sehr werthaltige Materialien wirtschaftlich. [8]

Bei thermischen Verfahren werden die Ölanhaftungen durch eine Temperaturerhöhung über den Siedepunkt hinaus in die Gasphase überführt und so von den Schlämmen oder Spänen entfernt. Dadurch lässt sich eine nahezu vollständige Ölfreiheit erreichen. Nachteilig hierbei sind die entstehenden Rauchgase, die gesondert behandelt werden müssen. Die Wirtschaftlichkeit dieser Verfahren ist durch die einzubringende Wärmemenge begrenzt. Es muss neben dem zu verdampfenden Öl stets das Metall mit aufgeheizt werden, was die benötigte Energie bei hohen Durchsatzmengen weiter ansteigen lässt. Beispiele für thermische Verfahren sind das Sintern, bei dem das Öl abbrennt und die Vakuumdestillation, bei der durch eine Druckverminderung das Öl bei niedrigeren Temperaturen verdampft werden kann. [7, 10]

Aus den oben genannten Nachteilen ergibt sich der Bedarf nach Verfahren, die eine kostengünstige und umweltgerechte Entölung von Schlämmen und Spänen mit sehr niedrigen Restölgehalten bieten. Dabei muss aufgrund ihrer morphologischen Eigenschaften bei der Verfahrensauslegung ein Unterschied zwischen Spänen und Schlämmen gemacht werden.

1.1. Entölung von Spänen

Für die Entölung von Spänen wurde im Zeitraum 1998 bis 2000 im Rahmen eines AiF-Forschungsvorhabens [2] von dem Institut für Energie- und Umwelttechnik e.V. (IUTA) eine Technikumsanlage entwickelt und gebaut. Die Anlage besteht im Kern aus dem Senkrechtschneckenförderer, der im Gegenstromverfahren hochgeförderte ölhaltige Schleifschlämme mit warmen Wasser und Tensiden reinigt. In Bild 1 ist die Anlage dargestellt. Dieses Verfahren ist trotz nachgewiesener Machbarkeit für die Entölung von Spänen nie großtechnisch eingesetzt worden. Das Entölen von Schleifschlämmen wurde in dem damaligen Projekt nur getestet und nicht systematisch untersucht. Im Frühjahr 2013 wurde diese Anlage vom Institut für Technologien der Metalle gekauft und in Zusammenarbeit mit der RHM Rohstoff-Handelsgesellschaft mbH aufgebaut. Wesentliche Nebenaggregate sind unter anderem eine Vakuumdestillationsanlage zur Kreislaufwasserführung und ein Koaleszensabscheider, der das ölverschmutzte Abwasser der Reinigungsschnecke in seine Bestandteile Öl und Wasser auftrennt und wieder nutzbar macht. Dadurch arbeitet diese kontinuierlich laufende Prozessanlage abwasserfrei, da das aufbereitete Wasser mit der benötigten Waschwassertemperatur für die Reinigung aus der Vakuumdestillationsanlage entnommen werden kann. Das dabei gewonnene Öl wird in einem gesonderten Behälter aufgefangen. Die gereinigten Schleifschlämme und –späne werden aus dem Kopf der Schnecke in ein Fass abgeführt. Diese Arbeiten wurden fortgeführt, um Erkenntnisse für den Bau einer industriell nutzbaren Anlage zu erhalten. Grundlegende Zielsetzung war dabei ein möglichst niedriger Restölgehalt bei einem möglichst hohen Materialdurchsatz. Der Restölgehalt wird mit Hilfe einer Soxhlet-Extraktion [4] oder der am Lehrstuhl für Metallurgie der Eisen- und Stahlerzeugung entwickelten thermischen Entölung unter Schutzgas (siehe Kapitel 1.2.1.) gemessen. Der prozentuale Ölgehalt einer Probe

$$\text{ÖG} = \frac{m_{\text{Probe,vor}} - m_{\text{Probe,nach}}}{m_{\text{Probe,vor}}} \cdot 100\ \% \qquad (1)$$

ergibt sich dabei aus der Differenz der Massen vor ($m_{Probe,vor}$) und nach ($m_{Probe,nach}$) der Anwendung des Messverfahrens.

Durch verschiedene Änderungen an dem Senkrechtschneckenförderer konnten an dieser Anlage Durchsätze bis zu 770 kg/h bei einem Restölgehalt von unter 0,1 % erreicht werden. Somit ist die Entölung von Spänen mit diesem Verfahren gut kontrollierbar. Von diesen Ergebnissen ausgehend wurde eine Anlage im industriellen Maßstab entwickelt und bei der Firma RHM gebaut. Diese Anlage hat eine Kapazität von etwa 2 t/h veröltem Material.

Bild 1:

Senkrechtschneckenförderer

1.2. Entölung von Schleifschlämmen

Versuche mit Schleifschlämmen am Senkrechtschneckenförderer ergaben, dass sich diese damit nicht effizient reinigen lassen. Ein stabiles Förderverhalten ließ sich nur schwer einstellen, da der Förderstrom des Schleifschlamm-Wasser-Gemisches leicht abriss. Schleifschlammrückstände in der Anlage kompaktierten bereits nach kurzer Standzeit der Anlage, sodass diese beim Wiederanlaufen blockierte und anschließend aufwendig gereinigt werden musste. Das beste Reinigungsergebnis mit Schleifschlämmen (Ursprungsölgehalt $ÖG_{ur}$ etwa 12 %), das mit dieser Anlage erreicht werden konnte, lag bei etwa 8 %. Daraus ergibt sich, dass der Reinigungserfolg

$$RE = \frac{ÖG_{ur} - ÖG_{rest}}{ÖG_{ur}} \quad (2)$$

des Schneckenförderers bei lediglich 33 % liegt. Mit einem Restölgehalt von 8 % ist der Schleifschlamm metallurgisch nicht verwertbar. Der Grund für den geringen Reinigungserfolg ist, dass das abgewaschene Öl bei den geringen Korngrößen der Schlämme von unter 30 µm durch Tenside ersetzt wird. Dies ließ sich durch Analysen des Schlamms und der Waschflüssigkeit nachweisen. Die am Schlamm angelagerten Tenside zeigen bei einem Flammenvergleich ähnlich negative Eigenschaften wie Öl. Der Flammenvergleich dient als schnelle qualitative Überprüfung des Entölungserfolges. Dafür werden etwa 2 kg Stahl oder Eisen aufgeschmolzen und einmal als Referenz 50 g unbehandelter Schleifschlamm auf die Schmelze gegeben und anschließend jeweils 50 g der behandelten Proben. Ein Vergleich von Rauchentwicklung, Dauer und Höhe der Flammenbildung von unbehandeltem und behandeltem Schlamm lässt schnell qualitative Rückschlüsse auf den Reinigungserfolg zu und gleichzeitig wird der reale Einsatz in einem Schmelzbetrieb nachgestellt. Bild 2 zeigt einen solchen Vergleich von drei Schleifschlammproben eine Sekunde nach Aufgabe auf die Schmelze.

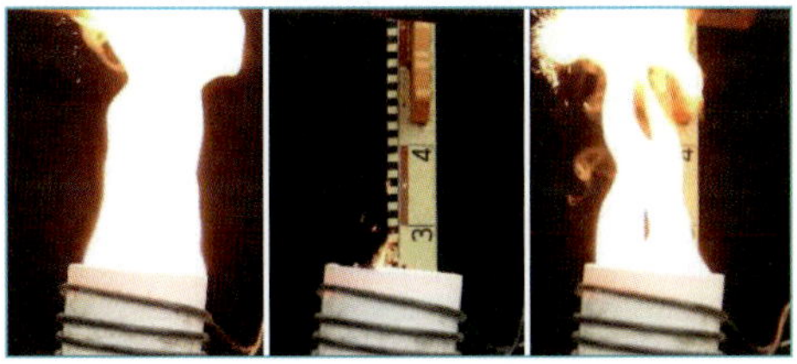

Bild 2: Flammenvergleich dreier Schlammproben 1 s nach Aufgabe: unbehandelt (links), vollständig entölt (Mitte), mit Tensiden gewaschen (rechts)

Die Flammenentwicklung des unbehandelten (links) und des mit Tensiden gewaschenen Materials (rechts) sind nahezu identisch. Der mit der Soxhlet-Apparatur vollständig entölte Schlamm in der Mitte, dessen Ursprungsölgehalt somit bekannt war, zeigt so gut wie keine Flammenbildung.

Aufgrund der schlechten Reinigungsergebnisse durch das Waschen mit Tensiden im Senkrechtschneckenförderer wurde nach alternativen Entölungsverfahren gesucht.

1.2.1. Thermische Entölung unter Schutzgas

Es wurde ein Aufbau entwickelt, bei dem der Schleifschlamm unter einer Schutzgasatmosphäre erhitzt werden kann. Dies soll verhindern, dass sich das am Schleifschlamm anhaftende Öl entzündet und abbrennt. Das Verfahren ähnelt dem der Vakuumdestillation, ist gerätetechnisch aber einfacher zu realisieren. Statt eines Druckbehälters und einer Vakuumpumpe wird lediglich ein geschlossener Behälter mit Gaszufuhr um das zu erwärmende Material benötigt. Der schematische Aufbau des Laborversuchs ist in Bild 3 dargestellt. Das zu behandelnde Material befindet sich in einem Al_2O_3-Tiegel der in einem Tongraphit-Tiegel steht. Der Tongraphit-Tiegel bildet einerseits das äußere Gefäß, in dem sich das Schutzgas befindet, andererseits dient er der Aufheizung der Probe durch einen Induktionsofen, da sich der Schleifschlamm durch Induktion nicht direkt erwärmen lässt. Zwischen den beiden Tiegeln befindet sich ein Thermoelement, mit dem der Induktionsofen geregelt wird. Durch eine Durchführung im Boden des Tongraphit-Tiegels wird ein Schutzgas wie Argon eingeleitet. Der Tiegel wird nach oben mit einem Zylinder aus Borosilikatglas verschlossen, der an seinem oberen Ende eine Gasabführung besitzt. Über die Gasabführung lässt sich der Argon-Öldampf-Strom in einen Kondensator leiten, in dem das Öl abgeschieden und so zurückgewonnen werden kann.

Die Schleifschlamm-Proben weisen nach der Behandlung Restölgehalte von unter 0,1 % auf. Damit liegt der Reinigungserfolg mit dieser Methode bei über 99 %.

Dieser Aufbau lässt sich ebenfalls als Messgerät nutzen, mit dem der Restölgehalt von Schlämmen und Spänen bestimmt werden kann. Dazu werden die Massen der Probe vor und nach dem Verdampfen des Öls bestimmt. Bezogen auf die ursprüngliche Masse ergibt sich aus dieser Gewichtsdifferenz der Massenanteil an extrahierbaren Stoffen.

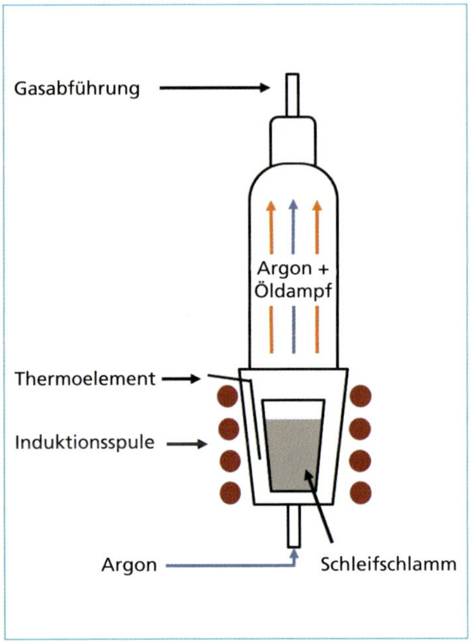

Bild 3: Schematischer Aufbau der thermischen Entölung unter Schutzgas

Im Gegensatz zu der üblichen Soxhlet-Extraktion ist das Verfahren der thermischen Entölung unter Schutzgas deutlich schneller. Bei der Soxhlet-Extraktion wird das zu untersuchende Material mit einem im Kreis laufenden Lösungsmittel gespült und anschließend wird die Probe in einen Abzug gestellt, bis das Lösungsmittel restlos verdunstet ist. Dieser Vorgang benötigt ungefähr einen Tag. Die thermische Entölung unter Schutzgas benötigt für das Aufheizen und Verdampfen des Öls etwa eine halbe Stunde und anschließend eine weitere halbe Stunde bis die Probe so weit abgekühlt ist, dass sie zurückgewogen werden kann. Somit ist eine deutliche Zeitersparnis gegenüber der herkömmlichen Methode gegeben. Vergleichende Messungen zeigen, dass die durchschnittliche Messabweichung beider Methoden bei 0,5 % liegt.

Eine weitere denkbare Nutzung dieser Methode wäre das großtechnische Entölen von Schleifschlämmen. Zum Verdampfen des Öls ließe sich z.B. niederkalorische Wärme aus Schmelzbetrieben nutzen. Das Schutzgas, aus dem der Öldampf kontinuierlich abgeschieden wird, könnte im Kreis geführt werden, um einen Verbrauch möglichst gering zu halten.

1.2.2. Adsorptive Entölung

Bei der adsorptiven Entölung wird der verölte Schleifschlamm mit einem Adsorbens in Kontakt gebracht. Ziel ist es, dass das Öl vom Schleifschlamm auf das Adsorptionsmittel übergeht und so der Schlamm gereinigt wird. Es wurden Laborversuche mit mehreren potenziellen Adsorptionsmitteln durchgeführt, zu denen unter anderem kommerzielle Ölbindemittel, Trockenkoks, Aktivkohle und verschiedene Stahlwerksschlacken gehören. Dafür wurden jeweils 150 g Adsorptionsmittel und 75 g Schleifschlamm mit einem Rollenmischer für eine Stunde miteinander vermischt. Anschließend wurde durch Sieben der Schleifschlamm vom Adsorbens getrennt. Verölter Schlamm neigt zum Agglomerieren wohingegen entölter Schlamm in einzelne Partikel zerfällt, die abgesiebt werden können. Dieses Prinzip ist in Bild 4 dargestellt. Das Adsorbens bleibt aufgrund seiner Korngröße ebenfalls auf dem Sieb liegen. Durch dieses Verfahren konnten abhängig vom Adsorptionsmittel Restölgehalte von unter 2,5 % erreicht werden, was einem Entölungserfolg von über 80 % entspricht.

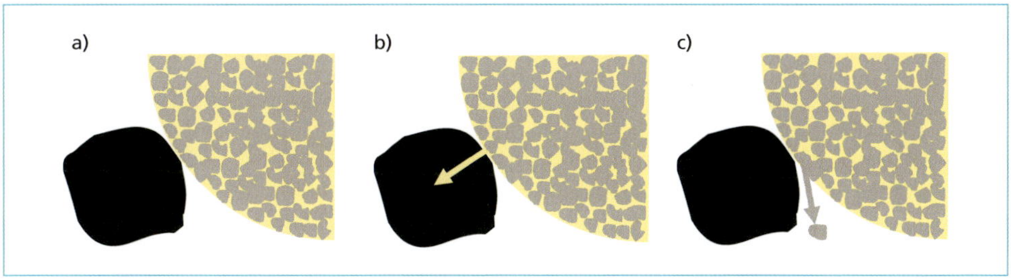

Bild 4: Prinzip der adsorptiven Entölung: a) Adsorptionsmittel (schwarz) und durch Öl (gelb) agglomerierte Partikel (grau) treten in Kontakt b) Öl wird adsorbiert c) entölter Partikel löst sich aus dem Agglomerat und lässt sich absieben

Mit dem Adsorbens, dass das beste Adsorptionsergebnis aufwies, wurde eine 30 kg Probe hergestellt (Adsorbens/Schleifschlamm-Verhältnis: 1:1) und in Zusammenarbeit mit einem Siebhersteller anschließend getrennt. Der so abgesiebte Schleifschlamm wies einen Restölgehalt von 0,8 % auf, womit der Reinigungserfolg bei 93,3 % liegt. Bild 5 zeigt den Flammenvergleich mit diesem Material eine Sekunde nach Aufgabe auf die Schmelze. Links ist die Flammenentwicklung des unbehandelten Schleifschlamms als Vergleich abgebildet. In der Mitte wird das durch die adsorptive Entölung gereinigte Material gezeigt, das so gut wie keine Flammenbildung zeigt. Das lässt auf einen niedrigen Restölgehalt schließen und somit auf eine unproblematische metallurgische Weiterverwendung. Das rechte Bild zeigt die Flammenentwicklung des beladenen Adsorptionsmittels. Diese ist ähnlich stark wie die der unbehandelten Probe links, was auf einen ähnlichen Ölgehalt schließen lässt.

Bild 5:

Flammenvergleich dreier Proben 1 s nach Aufgabe: unbehandelt (links), adsorptiv entölt (Mitte), Adsorptionsmittel (rechts)

Aufgrund der vielversprechenden Reinigungsergebnisse wird derzeit eine Prototypenanlage gebaut, die einen Durchsatz von 300 kg/h Schleifschlamm haben wird. An dieser Anlage werden verschiedene Adsorptionsmittel untersucht und die entsprechenden Anlagenparameter ermittelt, um den Reinigungserfolg noch weiter zu steigern.

Für die verschiedenartigen, beladenen Adsorptionsmittel muss ein jeweils geeigneter Verwertungsweg gefunden werden. Durch die reine Entsorgung würde sich das ursprüngliche Problem bloß verlagern. Aktivkohle lässt sich reaktivieren und ist danach im Prozess wiederverwendbar. Trockenkoks wird im Hochofen als Brennstoff eingesetzt.

Durch die Beladung mit Öl wird der spezifische Brennwert gesteigert und es ließe sich Brennstoff einsparen. Beladene Hochofenschlacken könnten in Abhängigkeit von der Zusammensetzung in der Zementindustrie eingesetzt werden.

2. Verwertung des gereinigten Materials

Das gereinigte Material muss für eine metallurgische Verwertung eingeschmolzen werden. Späne lassen sich relativ problemlos direkt oder durch Pressen brikettiert zum restlichen Einsatzmaterial hinzugeben und so wieder einschmelzen. Bei den unbrikettierten Spänen ist der Vorteil, dass Lücken im restlichen Einsatzmaterial aufgefüllt werden können und so die Ofenbeladung optimiert werden kann.

Bei entölten Schlämmen ist ein Brikettieren nicht ohne Weiteres möglich. Beim Pressen ohne Bindemittel bildet der Pressling kein Brikett, sondern zerfällt wieder zu Pulver. Versuche mit Bindemitteln ergaben zwar stabile Briketts, bei der Aufgabe auf eine Schmelze kam es jedoch durch die Bindemittel wieder zu unerwünschten Flammenbildungen und teilweise zu Verpuffungen. In einer weiteren Variante wird untersucht, ob durch eine gezielte und zu steuernde Oxidation chargierfähige Agglomerate der entölten Schlämme erzeugt werden können. In Bild 6 ist ein Gefügeauschnitt aus einem Schleifschlammagglomerat, das auf diese Weise erzeugt worden ist, lichtmikroskopisch mittels der Differential-Interferenz-Kontrastmikroskopie dargestellt. Bei den hellen Partikeln handelt es sich um Metallpartikel, die in eine gezielt hergestellte oxidische Matrix eingebunden sind.

Bild 6:

Metallpartikel (hell violett) eingebunden in eine oxidische Matrix (dunkel)

Eine weitere Möglichkeit ist das Einbringen des pulvrigen Schleifschlamms. Dabei gibt es zwei Wege: Entweder werden alle Einsatzmaterialien vor dem Einschalten des Ofens chargiert oder das Basismaterial wird aufgeschmolzen und der Schleifschlamm z.B. durch Einblasen zur flüssigen Schmelze hinzugegeben. Um die Ausbringung des Schleifschlamms in die Schmelze zu beurteilen, wurden die chemischen Zusammensetzungen der einzelnen Materialen und die Zusammensetzung der abgegossenen

Schmelze untersucht. Aus den theoretisch maximal zu erwartenden Gehalten der einzelnen Elemente und den tatsächlich gemessenen Werten ergibt sich so die Ausbringung. Tabelle 1 zeigt die chemische Zusammensetzung eines Schmelzversuchs, bei dem die Materialien vor Beginn des Versuchs in den Tiegel gegeben und gleichzeitig aufgeschmolzen wurden. Anhand des theoretisch zu erwartenden und des gemessenen Kohlenstoffgehalts ergibt sich eine Ausbringung des Schleifschlamms von über 97 %. In Bild 7 sind die theoretischen Ausbringungen (Soll %) im Vergleich zu den tatsächlichen Ausbringungen (Ist %) verschiedener wirtschaftsstrategischer Rohstoffe dargestellt. Bei dieser Art der Zugabe bildete sich kaum Schlacke auf der Badoberfläche. Bei dem Versuch, bei dem das Schleifschlammpulver auf die flüssige Schmelze gegeben wurde, lag das Ausbringen bei 78 % und es kam zu einer deutlichen Schlackebildung.

Tabelle 1: Chemische Zusammensetzung eines Schmelzversuchs (Masse Basismaterial: 478,5 g - Masse Schleifschlamm: 93,95 g)

	C	Si	Mn	P	S	Cr	Mo	Al	V	W
	%									
Basismaterial	0,415	0,307	0,608	0,012	0,025	0,182	0,044	0,029	0,002	0,007
Schleifschlamm	3,087	0,896	< 0,001	0,137	0,083	0,460	0,162	< 0,001	0,095	0,070
Basismaterial + Schleifschlamm	0,832	0,570	0,448	0,031	0,033	0,225	0,059	0,005	0,014	0,014
theoretisch zu erwartende Gehalte	0,854	0,404	0,508	0,033	0,035	0,228	0,063	0,024	0,017	0,017

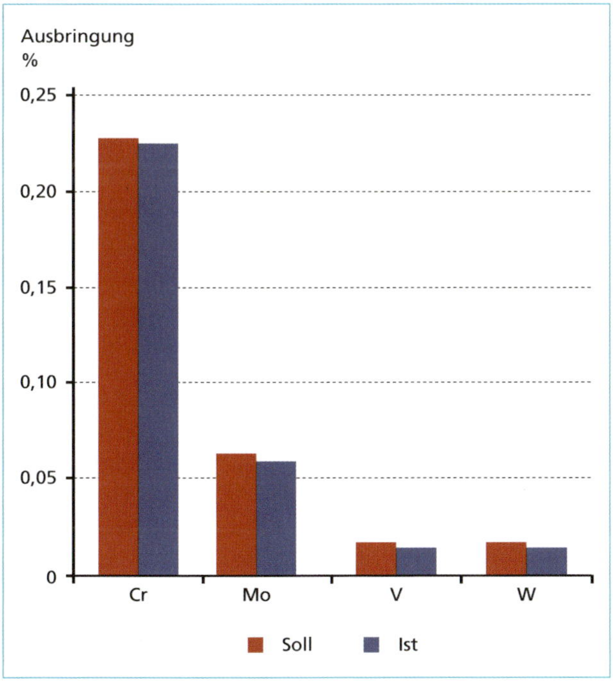

Bild 7:

Vergleich des Ausbringens von Cr, Mo, V und W bei der Zugabe eines losen, entölten Schleifschlammes mit der Chargierung des metallischen Einsatzmaterials.

3. Zusammenfassung

Im Rahmen des BMBF geförderten Projekts *KOMPASS – Kontinuierliche Öl- und Metallrückgewinnungs-Prozessanlage für Schlämme und Späne* werden Entölungsverfahren für Metallspäne und -schlämme untersucht, die mit Kühlschmierstoffen belastet sind. Ziel dieses Vorhabens ist es, diese Materialien metallurgisch wiederverwertbar zu machen, um sie so in den Rohstoffkreislauf zurückführen zu können. Durch einen entsprechenden Entölungsprozess könnte für Schlämme unter Umständen die Einstufung als gefährlicher Abfall entfallen. Bei Metallspänen ist die Verwendung eines Senkrechtschneckenförderers, in dem die Späne im Gegenstromprinzip mit Tensiden gewaschen werden, sehr effektiv. Restölgehalte von unter 0,1 % werden auf dieses Weise erreicht. Auf Grundlage der Versuchsanlage wird eine großtechnische Anlage mit einem Durchsatz von 2 t/h gebaut.

Für Schleifschlämme ist dieses Verfahren aufgrund der durch die geringen Korngrößen anders funktionierenden Wirkmechanismen nicht einsetzbar. Es wurde deshalb nach alternativen Verfahren gesucht. Ein Weg ist eine thermische Entölung bei der das Öl unter einer Schutzgasatmosphäre verdampft wird. Die Öldämpfe lassen sich aus dem Gasstrom kondensieren und so wiedergewinnen. Der Ölgehalt des behandelten Schleifschlamms liegt unter 0,1 %. Diese Methode eignete sich auch als Alternative für die bisher übliche Soxhlet-Extraktion zur Bestimmung des Restölgehalts, da die Verdampfung unter Schutzgas bei vergleichbarer Messgenauigkeit deutlich schneller durchführbar ist.

Eine großtechnische Anwendung wäre ebenfalls denkbar, wenn günstige Energie zum Erhitzen des Schleifschlamms z.B. niederkalorische Abwärme bereit steht. Eine weitere Möglichkeit zur Reinigung von Schleifschlämmen ist eine adsorptive Entölung. Dazu wird der Schleifschlamm mit einem Adsorptionsmittel vermischt. Das Öl geht vom Schleifschlamm, der im verölten Zustand zum Agglomerieren neigt, auf das Adsorbens über, wodurch der Schlamm entölt wird. Als Folge lösen sich einzelne Partikel aus der Agglomeration, die daraufhin abgesiebt werden können. Der auf diese Weise entölte Schleifschlamm hat einen Restölgehalt von unter 1 %. Für die verschiedenartigen beladenen Adsorbenzien muss jeweils ein sinnvoller Weg der Weiterverarbeitung gefunden werden, um die Abfallproblematik nicht bloß zu verlagern. Dafür kommen eine Regeneration des Adsorbens, die Nutzung als Brennstoff im Hochofen oder als Brenn-/Einsatzstoff in der Zementindustrie in Frage.

Für die metallurgische Verwertung der gereinigten Späne ist es möglich, diese zu brikettieren oder direkt in den Ofen zu chargieren. Schleifschlamm lässt sich nicht ohne Bindemittel brikettieren, die bisherigen Bindemittel neigen unter Umständen bei der Aufgabe zur Flammenbildung. Eine Aufgabe des ungebundenen Pulvers ist auf zwei Arten möglich. Entweder wird das Pulver auf eine flüssige Schmelze gegeben, dabei liegt der Grad der Einbringung aber nur bei etwa 78 % oder das Pulver wird zu Beginn mit den metallischen Einsatzstoffen in den Ofen gegeben, dann wird ein Ausbringen von über 97 % erreicht.

4. Literatur

[1] Abfallverzeichnis-Verordnung-AVV. 2012

[2] Erich, E.: Rückgewinnung von Bearbeitungsölen aus Schleifschlämmen und Anschwemmfilterschlämmen der Metallverarbeitenden Industrie. AiF-Forschungsvorhaben Nr.: 11902 N, Berichtszeitraum: 01.11.1998 – 30.11.2000, Duisburg: IUTA, 2001

[3] Gandenberger, C.; Glöser, S.: Die Versorgung der deutschen Wirtschaft mit Roh- und Werkstoffen für Hochtechnologien – Präzisierung und Weiterentwicklung der deutschen Rohstoffstrategie. Innovationsreport. Berlin: 2012

[4] Gey, M. H.: Instrumentelle Analytik und Bioanalytik. Berlin Heidelberg: Springer, 2008

[5] Guschall-Jaik, B.; Kölling, B.; Zocher, N.: Leitfaden für den umweltgerechten Umgang mit Metallspänen. Bonn: bvse, 2014

[6] Kißler, H: Aufkommen und Qualitäten von ölhaltigen Schleifschlämmen in Deutschland. Pforzheim: ABAG-itm, 2015

[7] Mannesman Demag: Der richtige Dreh für die thermische Entölung; UTA, 5, 1996, S. 396-397

[8] Schepers, A.: Einsatzmöglichkeiten wiedergewonnener Kühlschmierstoffe und Feststoffe aus Schleifschlämmen; Dissertation. Bremen: Institut für Werkstofftechnik Bremen, 2004

[9] Spanke, V.: Entölung feinstkörniger Metallschlämme durch Verfahren der physikalischen Aufbereitungs-technik am Beispiel von Walzzunder und Schleifschlämmen; BMFT Projektnummer 14706622. Goslar: NOELL Abfall- und Energietechnik GmbH, 1994

[10] Wantzen, B.: Vakuum-Thermisches-Recycling von Schleifschlämmen. Umwelt, 27, 1997, S.18-19

Ansprechpartner

Dipl.-Ing. Carsten Reschke
Universität Duisburg-Essen
Lehrstuhl für Metallurgie der Eisen- und Stahlerzeugung
Wissenschaftlicher Mitarbeiter
Friedrich-Ebert-Straße 12
47119 Duisburg, Deutschland
+ 49 203-379-1155
carsten.reschke@uni-due.de

Professor Dr.-Ing. Rüdiger Deike
Universität Duisburg-Essen
Institut für Technologien der Metalle (ITM)
Lehrstuhl für Metallurgie der Eisen- und Stahlerzeugung
Friedrich-Ebert-Straße 12
47119 Duisburg, Deutschland
+49 203-379-3455
ruediger.deike@uni-due.de

Metalle

Rückgewinnung von Zink aus Stahlwerksstäuben durch gemeinsame Behandlung mit chloridhaltigen Reststoffen

Christopher Hamann, Marina Spanka, Dirk Stolle, Christian Adam und Gerhard Auer

Im Zuge der Eisen- und Stahlproduktion entstehen neben Roheisen und Stahl als primären Produkten eine Reihe von Nebenprodukten wie Schlacken, Stäube und Schlämme. Während beispielsweise für Schlacken etablierte Verwertungswege existieren, gibt es für andere Reststoffe, insbesondere für zink- und bleihaltige Filterstäube und -schlämme aus der Abgasreinigung, nach wie vor erhebliche Verwertungsprobleme [1, 6]. Die hohen Schwermetallgehalte machen eine Deponierung dieser Stäube und Schlämme allerdings kostenintensiv und ökologisch problematisch. Zudem stellen die relativ hohen Zink- und Eisenfrachten ein Wertstoffpotential dar, welches eine Aufarbeitung des Materials unter Rückgewinnung der Zink- und Eisenfrachten als sekundäre Rohstoffe ökologisch wie ökonomisch attraktiv machen kann [2, 9].

Für das Recycling von zinkreichen Stahlwerksstäuben, beispielsweise aus der Elektrostahlroute, existieren eine Reihe von pyrometallurgischen, hydrometallurgischen und hybriden Verfahren. Ökonomisch durchgesetzt hat sich allerdings nur der sogenannte Wälzprozess, in dem Zink und Blei, die im Material meist als Oxide vorliegen, mittels eines Reduktionsmittels pyrometallurgisch bei Temperaturen von etwa 1.100 bis 1.400 °C in einem Drehrohrofen reduziert, in elementarer Form verdampft und so selektiv aus dem Feststoff entfernt werden [2, 7]. Die Metalldämpfe reoxidieren schließlich oberhalb der Aufgabemischung unter Luftzugabe in der sauerstoffreichen Ofenatmosphäre und werden in Form von Zink- und Bleioxid in einem Filter abgeschieden. Das so erhaltene, sogenannte Wälzoxid wird schließlich als Zinkkonzentrat verkauft. Trotz seiner Marktdominanz weist der Wälzprozess eine Reihe von Nachteilen auf, die die Entwicklung alternativer Verfahren nach wie vor attraktiv machen [1].

So fallen beispielsweise große Mengen an Wälzschlacke an, die zumeist deponiert werden. In der Wälzschlacke sind allerdings ein Großteil des Eisens sowie Reste an Zink und Blei enthalten, die somit der Rückgewinnung entgehen. Zudem ist das Recycling von Filterstäuben und -schlämmen mit Zinkgehalten ≤ 15 Ma.% – insbesondere von Gichtgasschlamm aus der Roheisenerzeugung – mittels des Wälzprozesses aufgrund der niedrigeren Zinkgehalte ökonomisch unattraktiv. Da auch alternative Verfahren wie der DK-Prozess momentan nicht mehr für das Recycling von Gichtgasschlamm angewendet werden [9], wird der Großteil des Gichtgasschlammes nach wie vor auf Deponien verbracht [6], womit die enthaltenen Zink-, Kohlenstoff- und Eisenfrachten dem Rohstoffkreislauf entzogen werden.

Vor diesem Hintergrund wird in einem Kooperationsprojekt zwischen der Ferro Duo GmbH und der Bundesanstalt für Materialforschung und -prüfung (BAM) ein Verfahren entwickelt, in dem die in den Filterstäuben und -schlämmen enthaltenen Schwermetalle (Zink, Blei, Cadmium, Quecksilber usw.) nach Zugabe eines Chlordonators selektiv in einem thermochemischen Prozess in Chloride überführt und bei Temperaturen zwischen 650 und 1.100 °C verdampft werden. Das primäre Ziel ist es, die behandelten Filterstäube und -schlämme nach vollständiger selektiver Eliminierung der Schwermetallfrachten zu sekundären Rohstoffen umzuwandeln. Zudem wird angestrebt, die in Form von Zinkchlorid aus dem Abgas abgeschiedene Zinkfracht als weiteren sekundären Rohstoff zurückzugewinnen.

1. Zink- und bleihaltige Filterstäube und -schlämme aus der Eisen- und Stahlproduktion

Neben Schlacken fallen sowohl im integrierten Hüttenwerk als auch im Elektrostahlwerk im Zuge der Abgasreinigung große Mengen an Stäuben (aus der Trockenabscheidung) und Schlämmen (aus der Nassabscheidung) an. Grundsätzlich ist die chemisch-mineralogische Zusammensetzung dieser Stäube und Schlämme von der chemischen und mineralogischen Zusammensetzung der Beschickung der jeweiligen Öfen abhängig [4, 5, 10]. Wie in Bild 1 gezeigt, besteht beispielsweise Gichtgasschlamm, der in der Abluftreinigung eines Hochofens anfällt, überwiegend aus Eisenoxiden, Kohlenstoffträgern, Calcit, Dolomit sowie Quarz. Elektroofenstaub, der in der Abluftreinigung eines Elektrolichtbogenofens anfällt, besteht hingegen zum Großteil aus Eisenoxiden. Prozesstechnisch bedingt reichern sich zudem volatile Elemente wie Natrium, Kalium und Chlor sowie volatile Schwermetalle wie Zink, Blei, Cadmium und Quecksilber bevorzugt in diesen Materialien an. Der Grad der Schwermetallanreicherung ist dabei typischerweise abhängig von der durchschnittlichen Schwermetallkonzentration in der Beschickung und zudem eine Funktion der Korngröße des Materials [9]. Elektroofenstäube weisen bedingt durch den Einsatz galvanisierten (zinkhaltigen) Schrottes im Elektrolichtbogenofen mit Abstand die höchsten Zinkkonzentrationen auf, während Stäube und Schlämme aus der Hochofenroute im Wesentlichen aus Eisenoxiden und Kohlenstoffträgern bestehen und deutlich geringere Zinkgehalte aufweisen. Zudem weisen grobkörnige Stäube, beispielsweise Gichtgasstäube, durchschnittlich deutlich niedrigere Gehalte an Zink und Blei auf, als feinkörnige Schlämme, beispielsweise Gichtgasschlämme.

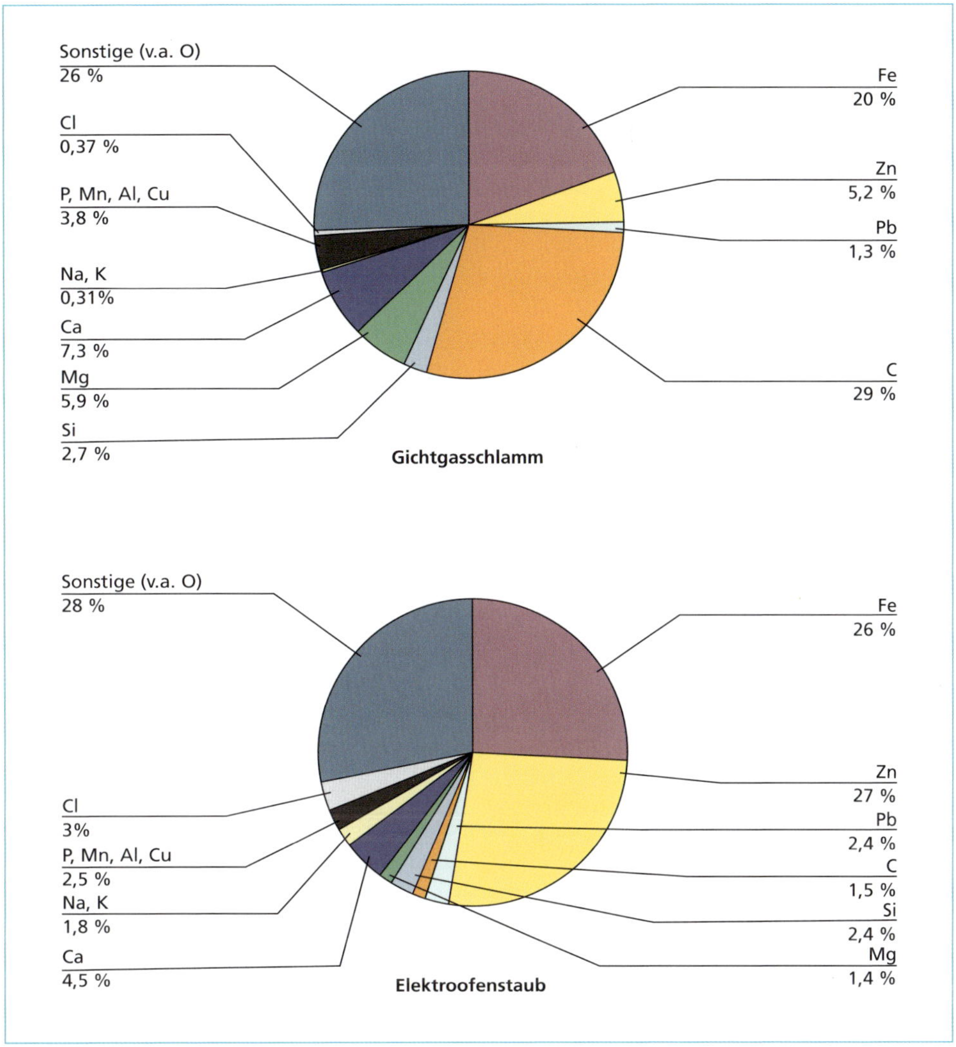

Bild 1: Durchschnittliche chemische Zusammensetzung von Gichtgasschlamm und Elektroofenstaub

Quelle: Bartusch, H. et al.: Produktion und Energie, Band 2. Erhöhung der Energie- und Ressourceneffizienz und Reduzierung der Treibhausgasemissionen in der Stahl-, Eisen- und Zinkindustrie (ERESTRE). KIT Scientific Publishing: Karlsruhe, 161 S.

Für die meisten grobkörnigen, niedrig-zinkhaltigen Stäube (beispielsweise Sinterstaub oder Gichtgasstaub) existieren etablierte, zumeist interne Verwertungswege. Eine interne Verwertung ist jedoch meistens nicht möglich, wenn das Material zu hohe Zink- und Bleigehalte aufweist [9]. Die Rückführung von Gichtgasschlamm in den Hochofen ist beispielsweise prozesstechnisch problematisch, da diese Elemente an der Feuerfestausmauerung des Hochofens kondensieren und so einen kontrollierten Ofenbetrieb erschweren bis vollständig verhindern [3]. Dies ist insbesondere bei Gichtgasschlämmen der Fall, aber auch Elektroofenstäube aus der Elektrostahlroute werden meist nicht intern recycelt. Stattdessen werden hoch-zinkhaltige Stäube und

Schlämme in Deutschland zumeist extern recycelt (z.B. mittels des Wälzprozesses [2]); niedrig-zinkhaltige Stäube und Schlämme, deren Recycling momentan ökonomisch unattraktiv ist und deren interne Verwertung aufgrund der Zink- und Bleigehalte nicht möglich ist, werden hingegen meist deponiert [9]. Das hier entwickelte Verfahren ist so konzipiert, dass sowohl niedrig- als auch hoch-zinkhaltige Filterstäube und -schlämme mit ein und demselben Verfahren recycelbar sind.

2. Verfahrensprinzip

Der Grundgedanke hinter dem entwickelten Verfahren ist, die deutlich geringeren Siedepunkte von Zink- und Bleichlorid gegenüber den elementaren oder oxidischen Formen auszunutzen (Tabelle 1) und Zink und Blei als gasförmige Chloride selektiv aus dem Ausgangsmaterial zu entfernen. Dafür müssen die im Ausgangsmaterial enthaltenen und in der Regel als Oxide vorliegenden Schwermetalle zunächst durch Zugabe eines Chlordonators in Chloride umgewandelt werden. Vereinfacht lässt sich dazu folgende grundlegende Reaktionsgleichung formulieren:

$$2MO(s) + 2Cl_2(g) \rightarrow 2MCl_2(g) + O_2(g) \qquad (1)$$

wobei MO für ein Metalloxid und MCl_2 für das entsprechende Metallchlorid steht.

	Schmelzpunkt	Siedepunkt
	°C	
Zn	419	907
Pb	327	1.740
Fe	1.538	2.862
ZnO	1.975	2.360
PbO	888	1.470
FeO	1.369	3.414
Fe_2O_3	1.539	> 3.000
Fe_3O_4	1.538	> 3.000
$ZnCl_2$	290	732
$PbCl_2$	500	950
$FeCl_2$	677	1.023

Tabelle 1:

Schmelz- und Siedepunkte relevanter Zink-, Blei- und Eisenverbindungen

Bild 2 zeigt die Änderung der freien Reaktionsenthalpie ΔG für die Chlorierung von ZnO, PbO, FeO, CaO, Fe_2O_3 (Hämatit), Fe_3O_4 (Magnetit) und $ZnFe_2O_4$ (Franklinit) als Funktion der Temperatur entsprechend der grundlegenden Reaktion (1). Es folgt, dass die ΔG-Werte für die Chlorierung von Zink- und Bleioxid bei allen Temperaturen deutlich niedriger sind als die der Eisenoxide und in weiten Temperaturbereichen negativ sind.

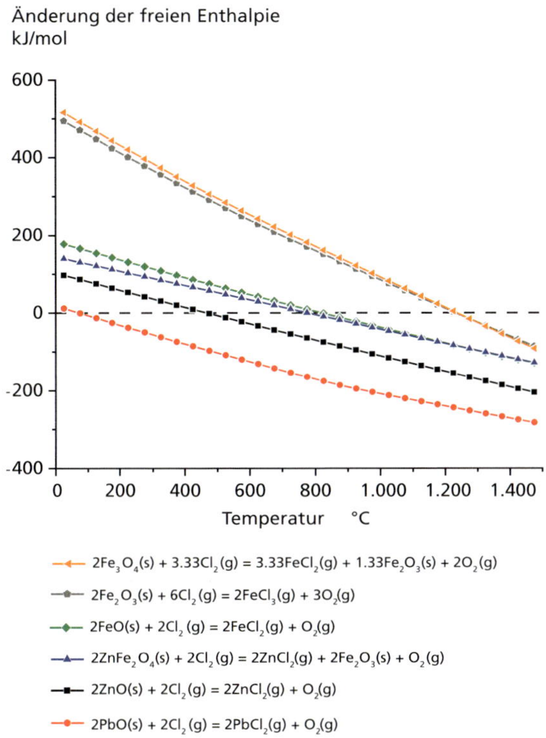

Bild 2:

Änderung der freien Enthalpie ΔG der Chlorierungsreaktionen von Zink-, Blei-, und Eisenoxiden als Funktion der Temperatur

Das bedeutet, dass die Chlorierung von Zink- und Bleioxid thermodynamisch deutlich günstiger ist, als die Chlorierung der Eisenoxide. Bild 3 zeigt schließlich den Anteil gasförmiger Verbindungen einiger ausgewählter Metallchloride im Temperaturbereich von 0 bis 1.500 °C, modelliert mit der Software HSC Chemistry 8.1 [8]. Für das Modell wurde jeweils 1 mol des entsprechenden Feststoffes als Basis genommen und dann der Anteil an gasförmigen Verbindungen als Funktion der Temperatur unter konstantem Druck (1 bar) und unter Erhaltung der Gesamtmasse des Systems berechnet. Aus den Verläufen der ΔG-Kurven (Bild 2) und der Dampfdruckkurven (Bild 3) folgt, dass die selektive thermochemische Eliminierung von Zink und Blei aus den Stahlwerksstäuben durch gezielte Bildung von gasförmigen Chloriden prinzipiell durchführbar ist. Dies gilt insbesondere, wenn die Menge an verfügbarem Chlor und die Prozesstemperatur gezielt begrenzt werden, so dass bevorzugt Zink- und Bleioxide, nicht jedoch die Eisenoxide oder andere Nebenbestandteile in die entsprechenden Chloride überführt und verdampft werden. Die thermodynamische Betrachtung zeigt dabei auch den signifikant niedrigeren theoretischen Arbeitsbereich des entwickelten Verfahrens (etwa 650 bis 1.100 °C) im Vergleich zu herkömmlichen pyrometallurgischen Verfahren (> 1.100 °C).

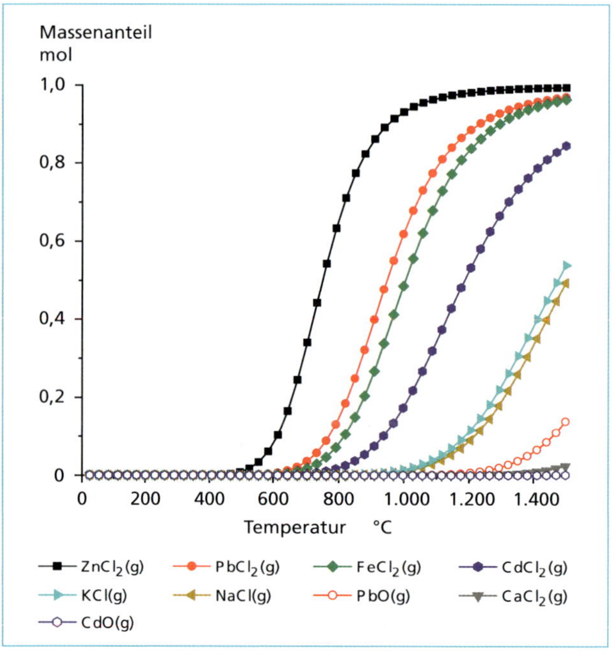

Bild 3:

Anteil gasförmiger Verbindungen einiger ausgewählter Chloride und Oxide als Funktion der Tempe-ratur und bezogen auf je 1 mol Feststoff

Anstelle einer gasförmigen Chlorquelle (z.B. Chlorgas oder gasförmige Salzsäure) kommen prozesstechnisch gesehen eher chlorhaltige Lösungen oder Feststoffe in Frage. Dies macht einen vorherigen Mischungs- und Granulationsschritt notwendig, erlaubt aber eine gezielte Steuerung der Materialeigenschaften und insbesondere des Chlorgehaltes der Aufgabemischung. Ein weiterer Vorteil ist, dass damit alle Einsatzstoffe direkt in der Beschickung vorliegen und der Einsatz hoch-korrosiver Prozessgase entfällt. Besonders elegant ist das Verfahren dann, wenn beide Komponenten – das heißt nicht nur die zink- und bleihaltigen Filterstäube und -schlämme, sondern auch die Chlorquelle – Abfallstoffe sind und das Verfahren so durch die Vermeidung von Entsorgungskosten wirtschaftlichen Rückenwind erhält. Als geeignete Chlorquellen haben sich neben Salzsäure bisher Eisen(II)-chlorid-Lösungen aus der Stahlbeize und Titandioxidindustrie sowie Bypass-Stäube aus der Zementindustrie erwiesen. Dieser Ansatz lässt sich wie folgt als schematische Reaktionsgleichung formulieren:

Zn/Pb in Material A + Cl in Material B → $ZnCl_2/PbCl_2$ + mineralischer Reststoff (2)

wobei der resultierende mineralische Reststoff eine deutlich verringerte Konzentration an Zink und Blei enthält und je nach Zusammensetzung der Ausgangsmaterialien hauptsächlich aus Eisen, Calcium, Silicium und Magnesium in oxidischer Form sowie, im Fall des Gichtgasschlammes, aus Kohlenstoff besteht.

3. Erste Ergebnisse im Labor- und Technikumsmaßstab

Erste Versuche mit verschiedenen zink- und bleihaltigen Stoffen auf der einen Seite sowie chlorhaltigen Stoffen auf der anderen Seite werden seit Mitte 2018 im Rahmen des oben erwähnten Kooperationsprojekts im Labor- und Technikumsmaßstab an der BAM durchgeführt. Bisher wurden sowohl Gichtgasschlamm als auch Elektroofenstaub aus deutschen Eisen- und Stahlwerken thermochemisch behandelt. Als Chlorquellen kamen bisher Eisen(II)-chlorid-Lösungen ($FeCl_2$) aus der Stahlbeize und Titandioxidindustrie sowie Bypass-Stäube aus der Zementindustrie zum Einsatz. Daneben wurden Versuche mit Salzsäure (HCl) als Referenz durchgeführt. Im Folgenden werden Auszüge aus den bisher erzielten Ergebnissen dargestellt.

3.1. Thermochemische Eliminierung von Schwermetallen aus Gichtgasschlamm

Die grundsätzliche Machbarkeit des Verfahrens wurde zunächst im Labormaßstab untersucht. In einem ersten Schritt wurde eine Mischung aus Gichtgasschlamm und HCl mittels Thermogravimetrie unter Inertatmosphäre (Argon) von Raumtemperatur auf 1.200 °C aufgeheizt und die freigesetzten Gase zeit- bzw. temperaturaufgelöst (in 50 °C-Schritten) in Waschflaschen geleitet. Die Zink- und Bleikonzentration der einzelnen Waschlösungen wurde anschließend mittels optischer Emissionsspektrometrie (ICP–OES) bestimmt. Bild 4 zeigt die Konzentration von Zink und Blei in den Waschlösungen als Funktion der Temperatur. In Übereinstimmung mit den thermodynamischen Vorbetrachtungen (Bild 3) lassen sich ab etwa 600 °C signifikante Konzentrationen an Zink und ab etwa 750 °C an Blei in den Lösungen nachweisen.

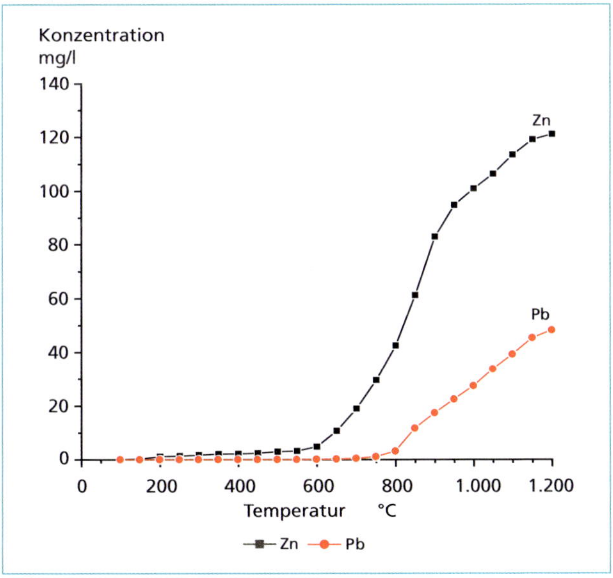

Bild 4:

Temperaturaufgelöster Verlauf der Zink- und Bleikonzentrationen in den Waschlösungen eines thermogravimetrischen Experiments, in dem eine Mischung aus Gichtgasschlamm und HCl von Raumtemperatur auf 1.200 °C aufgeheizt wurde; das freigesetzte Gas wurde in 50 °C-Schritten in Waschflaschen geleitet und aus diesen Waschlösungen wurden die Zink- und Bleikonzentrationen mittels ICP–OES bestimmt

In einem zweiten Schritt wurden verschiedene Mischungen aus Gichtgasschlamm und $FeCl_2$ sowie Gichtgasschlamm und HCl mit verschiedenen Chlorkonzentrationen sowohl unter Luft als auch Argonatmosphäre in Muffelöfen thermochemisch in Korundtiegeln bei einer Temperatur von 1.000 °C behandelt. Die Zusammensetzung der Ausgangsmischungen (*Edukte*) und der thermochemisch behandelten Mischungen (*Produkte*) wurden nach Totalaufschluss mittels ICP–OES bestimmt. Der Grad der Schwermetallabreicherung, R_i(%), wurde dann prozentual auf Basis der gemessenen Konzentrationen in den Edukten und Produkten als

$$R_i=(1-w_{(i,\mathrm{Produkt})}/w_{(i,\mathrm{Edukt})}) \bullet 100\ \% \qquad (3)$$

definiert, wobei $w_{i,\ \mathrm{Produkt}}$ der Massenanteil des Elementes *i* im thermochemisch behandelten Produkt und $w_{i,\ \mathrm{Edukt}}$ der Massenanteil des Elementes *i* in der unbehandelten Ausgangsmischung ist. Tabelle 2 und Bild 5 zeigen beispielhafte Zink- und Bleikonzentrationen einiger Edukte und Produkte verschiedener Versuche. Hohe Schwermetallabreicherungsgrade (98,7 % für Zink und 99,7 % für Blei) konnten mit Mischungen mit $FeCl_2$ als Chlorquelle und bei Zugabe von Argon in den Ofenraum erzielt werden. Die in diesen Versuchen erzielten Zink- und Bleikonzentrationen in den Produkten liegen typischerweise bei etwa 300 mg/kg Zink und 20 mg/kg Blei (gegenüber etwa 28.000 mg/kg Zink und 8.000 mg/kg Blei im unbehandelten Gichtgasschlamm). Die Referenzversuche mit HCl als Chlorquelle zeigten ähnlich hohe Abreicherungsgrade für Blei (99,7 %), jedoch leicht niedrigere Abreicherungsgrade für Zink (94,6 %). Interessanterweise zeigten Versuche unter Luftatmosphäre deutlich geringere Abreicherungsgrade für Blei (75,4 %); für Zink wurde keine nennenswerte Abreicherung gefunden.

Tabelle 2: Versuchsparameter, Zink- und Bleikonzentrationen und Abreicherungsgrade für Zink und Blei einiger ausgewählter Versuche mit Mischungen aus Gichtgasschlamm (GGS) und Salzsäure (HCl) bzw. Eisen(II)-chlorid-Lösungen ($FeCl_2$)

Mischung	molares Verhältnis (Zn+Pb)/2Cl	Gas	*T*	*t*	Konzentration Edukte		Konzentration Produkte		Abreicherungsgrad	
					Zn	Pb	Zn	Pb	Zn	Pb
			°C	min	mg/kg		mg/kg		%	
1 GGS + HCl[1)]	1:1	Ar	1.000	180	23.438	7.881	1.229	20	94,8	99,7
2 GGS + HCl[1)]	1:2	Ar	1.000	180	23.981	8.300	1.285	19	94,6	99,8
3 GGS + HCl[2)]	1:1,33	N2	1.100	202	23.626	6.911	113	22	99,5	99,7
4 GGS + HCl[1)]	1:1,33	Luft	1.000	20	28.240	7.998	37.104	1.965	– 31,4	75,4
5 GGS + $FeCl_2$[1)]	1:1	Ar	1.000	180	22.639	7.693	308	23	98,6	99,7
6 GGS + $FeCl_2$[1)]	1:2	Ar	1.000	180	20.002	6.792	266	25	98,7	99,6
7 GGS + $FeCl_2$[1)]	1:1,33	Luft	1.000	20	28.240	7.998	37.495	4.165	– 32,8	47,9

1) thermochemische Behandlung im Muffelofen; 2) thermochemische Behandlung im Pendelrohrofen; *T* = Temperatur; *t* = Verweildauer im Ofen

In einem dritten Schritt wurden größere Mengen einer Referenzmischung von Gichtgasschlamm und HCl in einem Pendelrohrofen mit Quarzglasreaktor von Raumtemperatur auf 1.100 °C in einer Stickstoffatmosphäre erhitzt und bei einer Zieltemperatur von 1.100 °C thermochemisch behandelt. Die aus diesem Versuch resultierenden Abreicherungsgrade (Tabelle 2; Mischung 3) liegen bei 99,5 % für Zink und bei 99,7 % für Blei, was Konzentrationen im behandelten Feststoff von 113 mg/kg Zink und 22 mg/kg Blei entspricht.

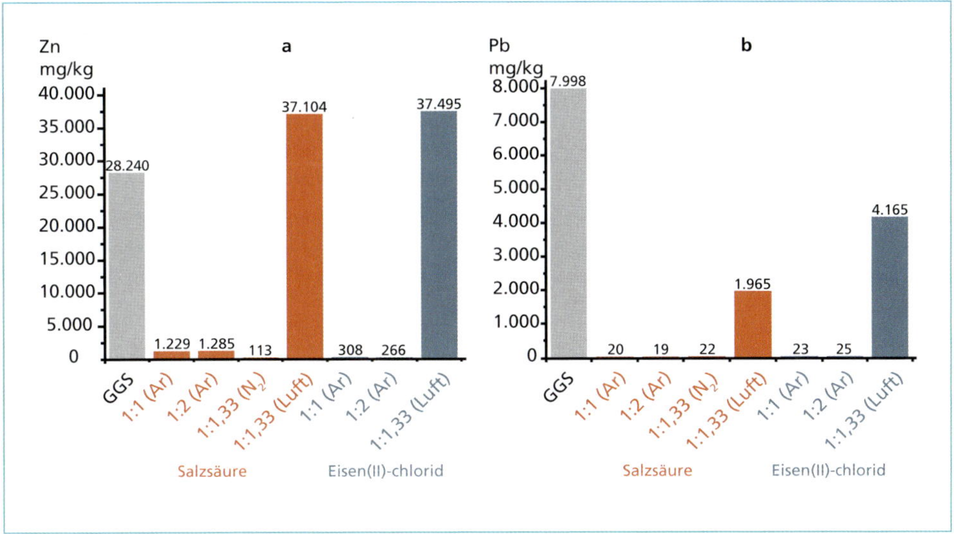

Bild 5: Zink- und Bleikonzentrationen in verschiedenen, gemäß Tabelle 2 thermochemisch behandelten Mischungen aus Gichtgasschlamm (GGS) und Salzsäure (rot) bzw. Eisen(II)-chlorid-Lösung (blau) im Vergleich zu den Zink- und Bleikonzentrationen des unbehandelten Gichtgasschlammes (grau; vgl. Tabelle 2); für jeden Versuch ist das molare Verhältnis an (Zn + Pb) : 2Cl sowie die Prozessatmosphäre angegeben

3.2. Thermochemische Eliminierung von Schwermetallen aus Elektroofenstaub

Basierend auf den Versuchsreihen mit Gichtgasschlamm wurden verschiedene Mischungen von Elektroofenstaub und $FeCl_2$ bzw. HCl unter analogen Versuchsbedingungen in einem Pendelrohrofen mit Quarzglasreaktor thermochemisch bei Temperaturen von 650, 800 und 1.100 °C unter Stickstoffatmosphäre behandelt. Tabelle 3 und Bild 6 zeigen beispielhafte Zink- und Bleikonzentrationen der Edukte und Produkte jeweils einer Versuchsreihe. Es zeigt sich, dass die Schwermetallabreicherung sowohl in den Mischungen aus Elektroofenstaub und HCl als auch in den Mischungen mit $FeCl_2$ eine Funktion der Temperatur ist, mit niedrigen Abreicherungsgraden für Zink und Blei bei 650 °C und hohen Abreicherungsgraden bei 1.100 °C. Auch hier zeigen die Versuche mit $FeCl_2$ höhere Abreicherungsgrade für Zink und Blei als die Versuche mit HCl. Bereits bei 800 °C wurden mit $FeCl_2$ als Chlordonator ähnlich hohe Schwermetallabreicherungsgrade erzielt (98,5 % für Zink und 98,4 % für Blei), wie bei 1.100 °C mit HCl als Chlordonator (98,1 % für Zink und 99,4 % für Blei). Bei 1.100 °C und mit $FeCl_2$ als Chlordonator wurden schließlich 99,7 % an Zink und 99,7 % an Blei aus dem Elektroofenstaub entfernt, was etwa 860 mg/kg Zink und 40 mg/kg Blei im gereinigten Feststoff entspricht.

Tabelle 3: Versuchsparameter, Zink- und Bleikonzentrationen und Abreicherungsgrade für Zink und Blei einiger ausgewählter Versuche mit Mischungen aus Elektroofenstaub (EAFD) und Salzsäure (HCl) bzw. Eisen(II)-chlorid-Lösungen ($FeCl_2$)

Mischung	molares Verhältnis (Zn+Pb)/2Cl	Gas	*T*	*t*	Konzentration Edukte		Konzentration Produkte		Abreicherungsgrad	
					Zn	Pb	Zn	Pb	Zn	Pb
			°C	min	mg/kg		mg/kg		%	
1 EAFD + HCl	1:1,33	N_2	650	138	335.632	12.734	101.704	1.404	69,7	89,0
1 EAFD + HCl	1:1,33	N_2	800	1.089	335.632	12.734	61.548	515	81,7	96,0
1 EAFD + HCl	1:1,33	N_2	1.100	1.109	335.632	12.734	6.487	72	98,1	99,4
2 EAFD + $FeCl_2$	1:1,33	N_2	650	416	335.632	12.734	31.701	1.348	90,6	89,4
2 EAFD + $FeCl_2$	1:1,33	N_2	800	889	335.632	12.734	4.886	203	98,5	98,4
2 EAFD + $FeCl_2$	1:1,33	N_2	1.100	325	335.632	12.734	862	38	99,7	99,7

T = Temperatur; *t* = Verweildauer im Ofen

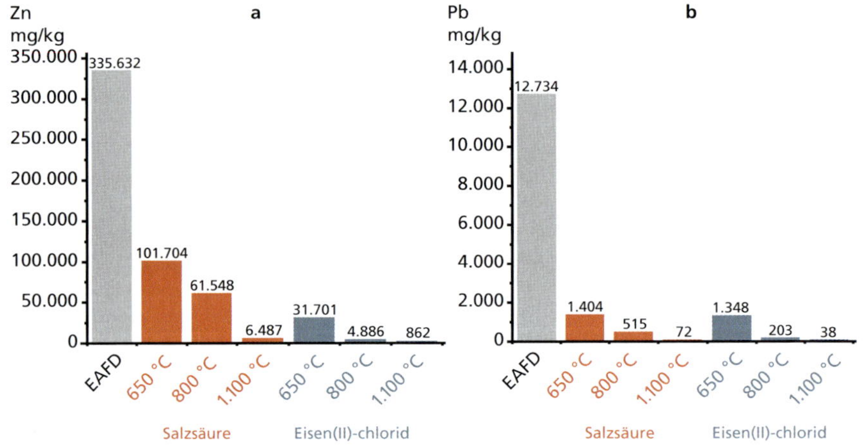

Bild 6: Zink- und Bleikonzentrationen in thermochemisch bei 650, 800 und 1.100 °C behandelten Mischungen aus Elektroofenstaub (EAFD) und Salzsäure (rot) bzw. Eisen(II)-chlorid-Lösung (blau) im Vergleich zu den Zink- und Bleikonzentrationen des unbehandelten Elektroofenstaubes (grau; vgl. Tabelle 3)

Die thermochemische Eliminierung von Zink und Blei aus den Stahlwerksstäuben ist auch mittels Röntgendiffraktometrie und Rasterelektronenmikroskopie nachvollziehbar. In Bild 7 sind Pulverdiffraktogramme des unbehandelten und des thermochemisch bei 650 und 1.100 °C mit $FeCl_2$ behandelten Elektroofenstaubes dargestellt. Im Pulverdiffraktogramm des unbehandelten Materials sind zinkhaltige Phasen (Zinkit und Franklinit, wobei Franklinit dieselbe Struktur hat wie andere Spinelle und so mittels Pulverdiffraktometrie nicht eindeutig bestimmbar ist) deutlich zu erkennen. In der

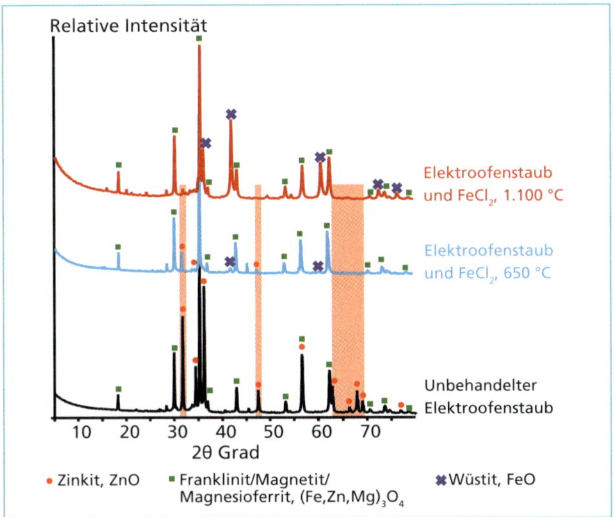

Bild 7:

Röntgenpulverdiffraktogramme des unbehandelten Elektroofenstaubes und von thermochemisch bei 650 und 1.100 °C mit $FeCl_2$ behandeltem Elektroofenstaub (vgl. Tabelle 3 und Bild 6); die Eliminierung von Zinkit (ZnO) ist bereits bei 650 °C deutlich im Röntgenpulverdiffraktogramm zu sehen; bei 1.100 °C sind die Zinkit-Peaks komplett verschwunden (siehe rot hinterlegte Bereiche)

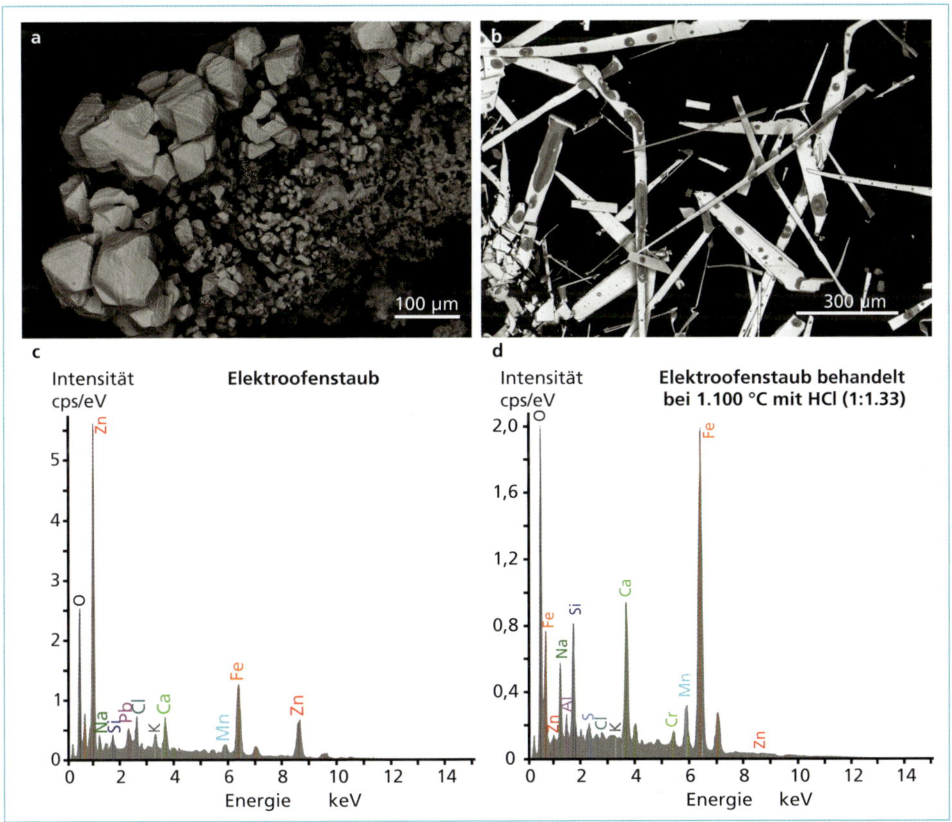

Bild 8: Rasterelektronenmikroskopische Aufnahmen (Rückstreuelektronenbilder) von (a) Magnetit-Kristallen im mineralischen Rückstand und von (b) Zink- und Bleichlorid-Kristallen, an der Tiegelwand eines Muffelofen-Experimentes, in dem Gichtgasschlamm bei 1.000 °C mit HCl thermochemisch behandelt wurde; (c) und (d) zeigen typische EDX-Spektren von unbehandeltem Elektroofenstaub (c) und von bei 1.100 °C mit HCl in einem Pendelrohrofen mit Quarzglasreaktor behandeltem Elektroofenstaub (d)

bei 650 °C behandelten Probe zeigen die Zinkit-Peaks bereits deutlich niedrigere Intensitäten, als in der unbehandelten Probe. In der bei 1.100 °C behandelten Probe sind die Zinkit-Peaks hingegen vollständig verschwunden. Zudem wird anhand der bei 1.100 °C behandelten Probe deutlich, dass der gereinigte Feststoff im Wesentlichen aus den Eisenoxiden Magnetit und Wüstit besteht. In Bild 8 sind schließlich rasterelektronenmikroskopische Aufnahmen von Magenetitkristallen in thermochemisch bei 1.000 °C mit HCl behandeltem Gichtgasschlamm und von aus der Gasphase abgeschiedenen Zink- und Bleichlorid-Kristallen desselben Experimentes gezeigt, welche die resultierenden mineralischen Phasen des Verfahrens – wie in Gleichung (2) formuliert ein entzinkter und entbleiter mineralischer Rückstand auf der einen und Zink- und Bleichlorid auf der anderen Seite – beispielhaft verdeutlichen. Die thermochemische Eliminierung von Zink und Blei aus den Stahlwerksstäuben lässt sich auch gut mittels energiedispersiver Röntgenspektroskopie nachvollziehen, wie in Bild 8 am Beispiel von Elektroofenstaub gezeigt. In der unbehandelten Probe lassen sich Zink und Blei eindeutig in den EDX-Spektren identifizieren, während sie in der bei 1.100 °C mit HCl behandelten Probe verschwunden sind.

4. Fazit

Die bisher im Labor- und Technikumsmaßstab durchgeführten Versuche zeigen, dass die selektive thermochemische Eliminierung von Schwermetallen aus Stahlwerksstäuben in Form von Schwermetallchloriden nach Zugabe eines Chlordonators nicht nur prinzipiell durchführbar ist, sondern exzellente Abreicherungsgrade von bis zu 99,7 % des in den Stahlwerksstäuben enthaltenen Zinks und Bleis ermöglicht. Die so gereinigten mineralischen Rückstände weisen im Fall von Gichtgasschlamm minimal erreichbare Zink- und Bleigehalte von etwa 110 mg/kg Zink und 20 mg/kg Blei auf. Elektroofenstaub, der mit dem hier vorgestellten Verfahren thermochemisch behandelt wurde und der im Vergleich zum Gichtgasschlamm deutlich höhere Ausgangskonzentrationen an Zink und Blei aufweist, zeigt hingegen minimal erreichbare Zink- und Bleigehalte von etwa 860 mg/kg Zink und 40 mg/kg Blei. Die gereinigten, entzinkten und entbleiten mineralischen Materialien bestehen im Wesentlichen aus Eisen in metallischer oder oxidischer sowie Calcium, Silicium und Magnesium in oxidischer Form und stellen so einen sekundären, nicht mehr als gefährlich einzustufenden Rohstoff für die Eisen- und Stahlproduktion dar. Der Einsatz alternativer Chlorquellen (z.B. Bypass-Staub aus der Zementproduktion) und insbesondere die Abscheidung, Aufreinigung und Vermarktung von Zinkchlorid aus der im Prozess entstehenden Gasphase sind weitere Verfahrensaspekte, die im weiteren Verlauf des Projektes betrachtet werden.

Danksagung

Dieses Projekt ist über das Zentrale Innovationsprogramm Mittelstand (ZIM-Förderkennzeichen ZF4044221CM7) durch das Bundesministerium für Wirtschaft und Energie aufgrund eines Beschlusses des Deutschen Bundestags gefördert. A. Grabner und A. Hanna danken wir für die technische Unterstützung.

5. Quellen

[1] Antrekowitsch, J.: Stahlwerksstaubrecycling im 21. Jahrhundert – aktuelle Entwicklungen und Herausforderungen. In: Thomé-Kozmiensky, K. J.; Goldmann, D. (Hrsg.): Recycling und Rohstoffe, Band 8. Neuruppin: TK Verlag Karl Thomé-Kozmiensky, 2015, S. 363-370

[2] von Billerbeck, E.; Ruh, A.; Dae-Soo, K.: Verarbeitung von Filterstäuben aus der Elektrostahlerzeugung im Wälzprozess. In: Thomé-Kozmiensky, K. J. (Hrsg.): Mineralische Nebenprodukte und Abfälle. Neuruppin: TK Verlag Karl Thomé-Kozmiensky, 2014, S. 387-397

[3] Esezobor, D. E.; Balogun, S. A.: Zinc accumulation during recycling of iron oxide wastes in the blast furnace. Ironmaking & Steelmaking, 33, 2006, S. 419-425

[4] Mansfeldt, T.; Dohrmann, R.: Chemical and mineralogical characterization of blast-furnace sludge from an abandoned landfill. Environmental Science & Technology, 38, 2004, S. 5977-5984

[5] Martins, F. M.; dos Reis Neto, J. M.; da Cunha, C. J.: Mineral phases of weathered and recent electric arc furnace dust. Journal of Hazardous Materials, 154, 2008, S. 417-425

[6] Müller, J.; Deike, R.; Mayer, W.: Steigerung der Ressourceneffizienz der Eisen- und Stahlindustrie durch ein optimiertes Stoffstrommanagement. In: Thomé-Kozmiensky, K. J.; Goldmann, D. (Hrsg.): Recycling und Rohstoffe. 2017, S. 103-116

[7] Pickles, C. A.: Thermodynamic analysis of the selective carbothermic reduction of electric arc furnace dust. Journal of Hazardous Materials, 150, 2008, S. 265-278

[8] Roine, A.; Kobylin, P.: HSC Chemistry 8.0. In, Outotec Research Center, Pori, Finland, 2014

[9] Sassen, K. J.; Hillmann, C.: Verwertung eisenhaltiger Rohstoffe zu Roheisen und Zinkkonzentrat. In: Thomé-Kozmiensky, K. J. (Hrsg.): Mineralische Nebenprodukte und Abfälle, Band 2. Neuruppin: TK Verlag Karl Thomé-Kozmiensky, 2015, S. 431-446

[10] Vereš, J.; Lovás, M.; Jakabský, Š.; Šepelák, V.; Hredzák, S.: Characterization of blast furnace sludge and removal of zinc by microwave assisted extraction. Hydrometallurgy, 129-130, 2012, S. 67-73

Ansprechpartner

Dr. rer. nat. Christopher Hamann
Bundesanstalt für Materialforschung und -prüfung (BAM)
Abt. 4.4 Thermochemische Reststoffbehandlung und Wertstoffrückgewinnung
Richard-Willstätter-Straße 11
12489 Berlin, Deutschland
+49 30 8104 5672
christopher.hamann@bam.de

Dr. rer. nat. Gerhard Auer
Ferro Duo GmbH
Vulkanstraße 54
47053 Duisburg, Deutschland
+49 175 3117338
g.auer@ferroduo.de

Verwertung von Klärschlamm

Hardcover: etwa 350 Seiten, mit farbigen Abbildungen, Autorenverzeichnis inkl. Kontaktdaten

Preis: **75,00 EUR**

Mit dem Inkrafttreten der Verordnung zur Neuordnung der Klärschlammverwertung vom 3. Oktober 2017 werden weitreichende Veränderungen in der Aufbereitung und Behandlung von Klärschlämmen erforderlich. Zum einen schränkt die Verordnung zukünftig die herkömmliche Verwertung in der Landwirtschaft deutlich ein. Zum anderen wird dem bundespolitischen Ziel einer weitergehenden Kreislaufwirtschaft Rechnung getragen. Der Fokus liegt hierbei folgerichtig auf dem enthaltenen Phosphor, welches seitens der Europäischen Kommission seit 2014 als *kritischer Rohstoff* eingestuft wird.

Diverse Verfahrensansätze zur Phosphorrückgewinnung direkt aus Klärschlämmen oder indirekt aus den Rückständen einer thermischen Behandlung befinden sich in unterschiedlichsten Entwicklungsstadien.

Vor dem Hintergrund einer hinsichtlich Spezifikation (Größe, Ausbaustufen) und Umfeld (urban, ländlich, lokale Verwertungsmöglichkeiten) der Kläranlagen äußerst heterogenen Branche stellt sich für viele Betreiber die Frage nach sinnvollen technischen Lösungen und wirtschaftlich passenden Konzepten. Das im Rahmen der Berliner Klärschlamm-Konferenz im Herbst 2018 erscheinende Fachbuch bietet eine Übersicht zur veränderten Rechtslage sowie zu aktuellen Verfahrensansätzen und Praxiserfahrungen.

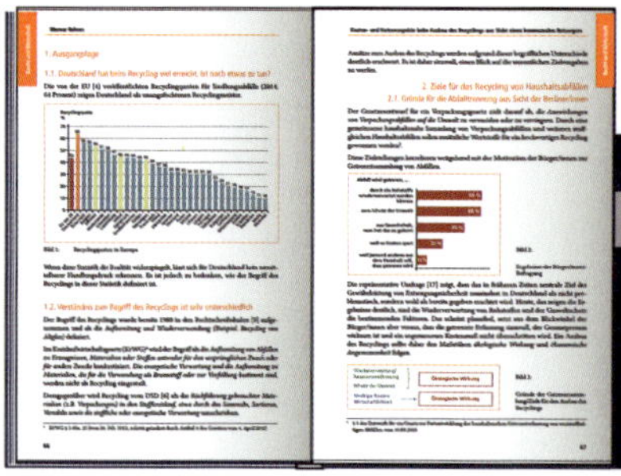

Bestellen Sie direkt beim TK Verlag oder unter www.vivis.de

TK Verlag GmbH

Dorfstraße 51
D-16816 Nietwerder-Neuruppin
Tel. +49.3391-45.45-0 • Fax +49.3391-45.45-10
E-Mail: order@vivis.de

vivis

Dank

Dank

Die Herausgeber danken den an diesem Buch beteiligten Personen und Unternehmen.

An erster Stelle danken wir den Autoren, die mit ihren Manuskripten den Rohstoff für dieses Buch geliefert haben. Für sie war es zusätzliche Arbeit und Belastung. Herausgeber und Verlag danken den Autoren mit dem ihren Leistungen angemessenen Umgang mit ihren Manuskripten und mit der Qualität der Präsentation. Dazu gehört auch die Vorstellung der Hauptautoren im Anhang jedes Beitrags; hier finden die Leser nicht nur die Kontaktdaten der Autoren, sondern auch deren Porträtfotos, soweit die Autoren dies erlauben.

Die Qualität des Buchs ist auch dem Engagement der Unternehmen zu verdanken, die mit den Inseraten eine weitere Voraussetzung für die Qualität der Redaktion, des Satzes und des Drucks sowie der buchbinderischen Verarbeitung geschaffen haben. Dank der Qualität und der Zahl der Beiträge erreicht die werbende Wirtschaft ein interessantes Fachpublikum.

Die Mitarbeiter des Verlags waren besonders gefordert, wenn Manuskripte hohe Anforderungen an die Bearbeitung stellten.

Das Verlags-Team

Claudia Naumann-Deppe und Janin Burbott-Seidel haben die Buchplanung sowie die Zusammenarbeit mit den Autoren und der Druckerei geleitet. Sie haben gemeinsam mit Ginette Teske, Sarah Pietsch, Roland Richter und Cordula Müller zahlreiche Zeichnungen und Tabellen angefertigt und die Druckvorlage gesetzt. Auf vielfältige Weise haben Gabi Spiegel, Dagmar Neumann und unsere Praktikantin Lena Bischkopf die Buchproduktion durch umfangreiche vor- und nachgelagerte Augaben unterstützt.

Großen Dank schulden Herausgeber und Verlag der Beltz Grafische Betriebe GmbH für die sorgfältige Verarbeitung unserer Vorlagen zu einem ansehnlichen Buch hoher Qualität. Die Mitarbeiter dieses Unternehmens schafften es wiederum, das Buch pünktlich auszuliefern.

Das Zusammenwirken von Autoren, Redaktion, Druckvorstufe und Druckerei kommt dieser Publikation zugute. Das Ergebnis dieser Arbeit wird von den Lesern geschätzt, weil die Bücher über lange Zeit als wichtige Informationsquelle betrachtet werden und die tägliche Arbeit unterstützen.

Daher wird auch dieses Buch die verdiente Verbreitung und Würdigung finden.

Es ist uns ein Bedürfnis, den an diesem Buch Beteiligten voller Bewunderung für ihre hervorragenden Leistungen zu danken.

März 2019

Stephanie Thiel *Olaf Holm* *Elisabeth Thomé-Kozmiensky*

Daniel Goldmann *Bernd Friedrich*

Autorenverzeichnis

Inserentenverzeichnis

Förderer

ferroduo

Hydro

SJM
SIEGFRIED JACOB METALLWERKE GMBH & CO. KG

STADLER®
Technik von ihrer besten Seite

Wir danken den Inserenten

EU-Recycling
+ Umwelttechnik
Das Fachmagazin für den europäischen Recyclingmarkt

RECYCLING
magazin

ReSource
Abfall • Rohstoff • Energie Fachzeitschrift für nachhaltiges Wirtschaften

320°
Deutschlands
Online-Magazin für die
Recyclingwirtschaft

DETAIL Business Information GmbH — S. 394

Messerschmittstraße 4
80992 München
Tel.: +49-89-381620-0
Fax: +49-89-381620-877
E-Mail: info@recyclingmagazin.de
www.recyclingmagazin.de

MSV Mediaservice & Verlag GmbH — S. 378

Münchner Straße 48
82239 Alling/Biburg
Tel.: +49-8141-5300-20
Fax: +49-8141-5300-21
E-Mail: info@msvgmbh.eu
www.eu-recycling.com

Ferro Duo GmbH — S. 474, 592

Vulkanstraße 54
47053 Duisburg
Tel: +49-203-729738-0
Fax: +49-203-729738-18
E-Mail: info@ferroduo.de
www.ferroduo.de

Hydro Aluminium Rolled Products GmbH — S. 450, 556

Georg-von-Boeselager-Straße 21
53117 Bonn
Tel.: +49-2285-52-2226
Fax: +49-2285-52-1919
E-Mail: info.gv@hydro.com
www.hydro.com/de

RHOMBOS-VERLAG Bernhard Reiser — S. 46

Kurfürstenstraße 15/16
10785 Berlin
Tel.: +49-30-261-6854
Fax: +49-30-261-6300
E-Mail: info@rhombos.de
www.rhombos.de

Siegfried Jacob Metallwerke GmbH & Co. KG S. 452, 504

Jacobstraße 41-45
58256 Ennepetal
Tel.: +49-2333-985-0
Fax: +49-2333-985-1188
E-Mail: info@jacob-metall.de
www.jacob-metall.de

STADLER Anlagenbau GmbH S. 178, 232

Robert-Bosch-Straße 4
88361 Altshausen
Tel.: +49-7584-9226-0
Fax: +49-7584-9226-24
E-Mail: info@w-stadler.de
www.w-stadler.de

Thomé-Kozmiensky Verlag GmbH

Dorfstraße 51
16816 Nietwerder
Tel.: +49-3391-4545-0
Fax: +49-3391-4545-10
E-Mail: tkverlag@vivis.de
www.vivis.de

Verlag 320° S. 158

Nebelhornstraße 4
86836 Untermeitingen
Tel.: +49-8232-50318-20
Fax: +49-8232-50318-19
E-Mail: info@320grad.de

Schlagwortverzeichnis

F

G

H

I

K

T

U

V

W

Z